ISBN 978-0-266-31534-6
PIBN 11026965

1 MONTH OF
FREE
READING

at

www.ForgottenBooks.com

By purchasing this book you are
eligible for one month membership to
ForgottenBooks.com, giving you
unlimited access to our entire
collection of over 700,000 titles via
our web site and mobile apps.

To claim your free month visit:

www.forgottenbooks.com/free1026965

English
Français
Deutsche
Italiano
Español
Português

www.forgottenbooks.com

Mythology Photography **Fiction**
Fishing Christianity **Art** Cooking
Essays Buddhism Freemasonry
Medicine **Biology** Music **Ancient**
Egypt Evolution Carpentry Physics
Dance Geology **Mathematics** Fitness
Shakespeare **Folklore** Yoga Marketing
Confidence Immortality Biographies
Poetry **Psychology** Witchcraft
Electronics Chemistry History **Law**
Accounting **Philosophy** Anthropology
Alchemy Drama Quantum Mechanics
Atheism Sexual Health **Ancient History**
Entrepreneurship Languages Sport
Paleontology Needlework Islam
Metaphysics Investment Archaeology
Parenting Statistics Criminology
Motivational

MÉMOIRES COURONNÉS

ET

AUTRES MÉMOIRES.

MÉMOIRES COURONNÉS

ET

AUTRES MÉMOIRES

PUBLIÉS PAR

L'ACADÉMIE ROYALE DE MÉDECINE DE BELGIQUE.

—

COLLECTION IN-8°. — TOME XV

BRUXELLES,

HAYEZ, IMPRIMEUR DE L'ACADÉMIE ROYALE DE MÉDECINE DE BELGIQUE
RUE DE LOUVAIN, 112.

—

1902

TITRES DES MÉMOIRES

CONTENUS DANS LE TOME QUINZIÈME.

––––––

═══════════

DU RÔLE

DES

CELLULES MIGRATRICES

PROVENANT

DU SANG ET DE LA LYMPHE

DANS

L'ORGANISATION DES TISSUS CHEZ LES ANIMAUX
A SANG CHAUD

PAR

Louis QUERTON

ÉTUDIANT EN MÉDECINE A L'UNIVERSITÉ LIBRE
DE BRUXELLES.

(Travail fait à l'Institut universitaire de Physiologie.

BRUXELLES

HAYEZ, IMPRIMEUR DE L'ACADÉMIE ROYALE DE MÉDECINE DE BELGIQUE
RUE DE LOUVAIN, 112

—

1897

MÉMOIRE

ADRESSÉ A L'ACADÉMIE ROYALE DE MÉDECINE DE BELGIQUE, EN RÉPONSE A LA QUESTION
SUIVANTE DU CONCOURS DE 1893-1896 :

« Du rôle des cellules migratrices provenant du sang et de la lymphe dans l'organisation
des tissus chez les animaux à sang chaud. »

Le prix — une médaille de la valeur de 1,000 francs — a été décerné à
l'auteur, pour un mémoire portant pour devise : *Il est nécessaire que la
science soit quelque chose de positif.* (VAN HELMONT, *Principes de physique.*
première partie, chap. II, p. 43.)

DU RÔLE

DES

CELLULES MIGRATRICES

CHAPITRE I.

INTRODUCTION.

Le sujet mis au concours par l'Académie de médecine est ainsi libellé : « Du rôle des cellules migratrices provenant du sang et de la lymphe dans l'organisation des tissus chez les animaux à sang chaud. »

Cette question comporte l'étude expérimentale de l'intervention des leucocytes dans le processus de la constitution des tissus; c'est à son examen que seront consacrées les pages suivantes.

Mais l'exposé de nos expériences et de nos conclusions, de même que l'étude critique des travaux nombreux qui ont été faits dans cette direction, supposent une connaissance parfaite du leucocyte, de sa structure, de son évolution, de ses propriétés et de ses fonctions. Avant d'aborder la question de savoir si les cellules migratrices du sang et de la lymphe participent d'une manière quelconque à la genèse des tissus, il s'agit de connaître ce qu'est le globule blanc. Comment faut-il le comprendre, cet élément que tous les travaux modernes nous font apparaître comme jouissant d'une plasticité fonctionnelle et anatomique à tel point considérable, qu'elle rend compte du grand polymorphisme de la cellule et de sa grande variabilité fonctionnelle?

Tandis que, il y a peu d'années encore, les globules blancs du sang étaient considérés comme constituant une série d'individualités distinctes, aujourd'hui il est presque généralement admis que les nombreuses formes de ces éléments que l'on rencontre dans le sang, dans la lymphe et dans les tissus, ne représentent que les différentes phases de l'évolution individuelle d'une même cellule.

De nombreux arguments viennent à l'appui de cette thèse. Cl Everard, J. Demoor et J. Massart (18'), en étudiant les modifications des leucocytes dans l'infection et dans l'immunisation, ont constaté l'existence dans le sang de formes de passage entre les différents globules blancs. Dans ses observations physiologiques, J. Demoor (16') a pu trouver différents faits qui confirment l'idée de l'évolution progressive des leucocytes. Stiénon (62') a puisé dans ses recherches cliniques une série d'arguments en faveur de la même théorie. L'expérimentation est d'ailleurs venue confirmer ces observations. Marquevitch (40), étudiant par un procédé expérimental ingénieux le leucocyte dans le courant circulatoire lui-même, a démontré nettement l'existence des transformations des différentes formes l'une dans l'autre. Sherrington (57-58) a fourni « l'expérience décisive » (Delage) : il a pu cultiver à froid des leucocytes pendant un temps suffisamment long pour observer les modifications successives qui font du globulin un leucocyte plurinucléaire. Sherrington n'est pas parvenu à obtenir nettement la forme éosinophile. Mais, d'après les observations de Mesnil (12), le leucocyte éosinophile n'est autre chose qu'un leucocyte plurinucléaire ayant acquis des granulations spéciales. Beaucoup d'autres auteurs sont arrivés à la même conclusion; aussi peut-on dire que l'accord est presque général.

Voici comment, d'après les idées actuelles, nous pouvons décrire l'évolution du leucocyte :

Le premier stade est le globulin ou lymphocyte. Cet élément a un volume comparable à celui du globule rouge. Il est formé d'un noyau unique, sphérique, compact, se colorant uniformément et d'une manière intense par l'hématoxyline, et d'une couche de protoplasme extrêmement mince et très peu colorable par l'éosine.

Progressivement, cette cellule acquiert un noyau vésiculeux, qui se teinte très peu par les matières colorantes nucléaires. Ce noyau est limité par une membrane présentant par-ci par-là des épaississements; il affecte des formes très diverses : il peut être sphérique, réniforme, en fer à cheval, quelquefois même annulaire. Il est rarement situé au centre de la cellule. Quand le noyau n'est pas sphérique, on constate que son bord concave est tourné vers la portion centrale de la masse protoplasmique. Le protoplasme s'accroît beaucoup, il devient très abondant ; il est homogène et se colore faiblement par l'éosine. Ce deuxième stade est appelé stade du leucocyte à noyau vésiculeux.

D'une manière insensible, par une série très riche de formes intermédiaires, le globule blanc passe au troisième stade, celui du leucocyte plurinucléaire. Dans cette forme, le noyau est compact, formé de masses irrégulières, très denses, se teintant très fortement par l'hématoxyline et unies par des filaments souvent extrêmement ténus. Il est parfois constitué par un filament irrégulièrement pelotonné et ne présentant pas d'épaississements. Rarement le noyau est fragmenté, et on trouve alors, éparses dans la cellule, un grand nombre de masses nucléaires isolées. Le protoplasme est abondant, grumeleux ou franchement granuleux. Les granulations protoplasmiques diffèrent d'une cellule à l'autre par leur taille, leur abondance et leur pouvoir de fixation des matières colorantes; c'est en se basant sur l'aspect de ces granulations que Ehrlich (18) a divisé les leucocytes en une série de classes distinctes, qu'il considère comme spécifiques.

Le quatrième stade est celui du leucocyte éosinophile, caractérisé par la présence dans le protoplasme de granulations brillantes, sphériques et se colorant en rouge intense par l'éosine. Il est à noter pourtant que certains auteurs n'admettent l'existence pour le leucocyte que des trois premiers stades, le leucocyte éosinophile étant considéré comme une race cellulaire distincte.

Cette évolution que nous venons de décrire se poursuit d'une manière constante. C'est ainsi que nous trouvons toujours dans le sang une quantité déterminée de chaque stade de globules blancs. Que les conditions d'existence de l'organisme changent, et nous voyons aussitôt le nombre absolu de leucocytes varier et la proportion de leurs différentes formes se modifier complètement. C'est que les altérations organiques les plus légères se répercutent aussitôt sur les cellules mobiles, en entraînant des modifications dans leur distribution, en changeant leur vitesse de développement individuel ou en déterminant la destruction intense de l'une ou de l'autre forme.

Mais l'évolution du leucocyte est-elle toujours la même? Tout globule blanc passe-t-il nécessairement par les phases globulin, cellule à noyau vésiculeux, cellule à noyau polymorphe, cellule éosinophile? Ou bien une forme quelconque peut-elle, dans certaines circonstances spéciales, subir des transformations autres que les modifications habituelles? — C'est là une question du plus haut intérêt et que l'on doit fatalement se poser aujourd'hui que la grande plasticité du globule blanc est admise.

Tel est le problème que nous allons chercher à résoudre par l'étude du mécanisme de l'organisation de tissus nouveaux chez les vertébrés à sang chaud, ayant atteint l'âge adulte.

Physiologiquement, la formation des tissus est due à des excitations résultant de la vie même de l'organisme et auxquelles Verworn (70) donne le nom de *tropischen Reize*. La constitution d'un tissu pathologique ainsi que son développement sont le résultat d'actions exercées sur l'économie vivante par les agents mécaniques, physiques, chimiques ou biologiques (microorganismes pathogènes). Quand ces irritations sont exagérées ou accumulées, elles amènent fréquemment, mais pas toujours, la production de phénomènes inflammatoires. La seule présence dans les tissus de corps étrangers, même peu irritants, aboutit rapidement à la constitution d'un tissu nouveau. La destinée de ce dernier est très variable : tantôt il sert à remplacer des éléments détruits (régénération, cicatrisation), tantôt il s'ajoute simplement au tissu préexistant (hypertrophie). Si l'agent irritant est un corps étranger peu nocif, le tissu nouveau l'entoure et l'isole du reste de l'organisme. Dans le cas contraire, les phénomènes qui se produisent sont plus complexes : il s'établit de la suppuration qui a pour résultat dernier d'éliminer des tissus le corps étranger. Enfin, le tissu nouveau peut constituer une tumeur.

Seul, le tissu d'origine inflammatoire nous intéresse ici. Dans tous les cas où la formation d'un tissu est accompagnée d'une inflammation, un des phénomènes les plus importants qui en résultent est l'émigration de globules blancs du sang. Quel est le but de cette émigration? — Les leucocytes, sortis des vaisseaux, réagissent contre l'agent irritant. Des recherches nombreuses ont démontré qu'il s'établit une véritable lutte entre les cellules mobiles et l'agent qui est la cause de l'inflammation. Dans les expériences de Heger (28'), faites en 1878, le corps étranger était constitué par des fils colorés par le carmin, le bleu de Prusse, le cinabre; le conflit des leucocytes avec les éléments passifs du corps étranger était évident, et l'auteur en concluait déjà que les cellules fixes des tissus pouvaient être « mobilisées » par les cellules migratrices. Quoi qu'il en soit, si dans ce conflit les leucocytes sont vainqueurs, l'ennemi est rapidement éliminé de l'organisme. Si, au contraire, les leucocytes sont vaincus, il se produit de la suppuration. Dans certains cas, les cellules migratrices sont incapables d'éliminer le corps étranger, et celui-ci n'a pas d'action nocive sur les leucocytes. Alors s'organise un tissu nouveau, toujours de nature conjonctive, auquel on donne généralement le nom de tissu de granulation.

Quelles sont les cellules qui forment ce tissu?

Bien que les nombreux auteurs qui ont étudié le tissu de granulation donnent aux éléments qui le constituent des noms différents : *fibroblastes, cellules embryonnaires, cellules épithéloïdes, clasmatocytes*, etc., ils sont cependant tous d'accord sur les caractères anatomiques et les propriétés physiologiques de ces cellules. Celles-ci sont volumineuses et possèdent un protoplasme abondant. Tantôt rondes, tantôt de forme irrégulière, elles présentent un gros noyau caractéristique. Ce noyau vésiculeux, arrondi et excentrique, rarement irrégulier, est limité par une membrane mince, constituée d'une série de granulations chromatiques unies les unes aux autres. Ces cellules sont peu nombreuses au début de l'inflammation ; leur arrivée coïncide avec le commencement de l'organisation du tissu nouveau. Peu à peu, elles prennent des formes diverses : fuseau, étoile. Elles sont à la fois mobiles et phagocytes. Elles se multiplient par division indirecte.

Autant l'accord est parfait pour ce qui concerne la morphologie et la physiologie de ces éléments, autant le désaccord est grand au sujet de leur origine.

Pour les uns, ils ne sont autre chose que les dérivés des cellules fixes du tissu conjonctif. Pour les autres, ce sont de gros leucocytes uninucléaires venus du sang.

Le même désaccord a régné pendant longtemps au sujet de l'origine des globules du pus. Il n'est peut-être pas sans intérêt de rappeler rapidement ici l'évolution des idées concernant la provenance des agents de la suppuration.

Voici, d'après Ziegler (77, p. 253), quelle est l'origine des globules du pus : « Depuis que Cohnheim a découvert la migration des leucocytes et a révélé l'existence d'une source, antérieurement ignorée, des amas de cellules et surtout du pus que l'on trouve dans les tissus enflammés, on s'est bien souvent demandé si toutes ces cellules rondes proviennent réellement du sang. Avant que le phénomène de la migration fût connu, on était forcé d'admettre que toutes ces cellules étaient dues à la prolifération des cellules « irritées » par « l'action irritative de l'inflammation ». La connaissance de la migration des globules blancs a fait naître des doutes sérieux sur la théorie ci-dessus. Cohnheim lui-même (*Archives de Virchow*, vol. XL), avant qu'il eût constaté la diapédèse sous le microscope, avait établi qu'il était impossible d'admettre que tous les globules du pus provinssent des cellules fixes; il avait démontré aussi que les cellules migratrices du tissu conjonctif, découvertes par von Recklinghausen, ne peuvent pas être la source des globules du pus si nombreux.

« Un grand nombre de recherches instituées depuis cette époque et dues soit à Cohnheim (*Nouvelles recherches sur l'inflammation*. Berlin, 1873, et *Archives de Virchow*, vol. LXI), soit à d'autres auteurs, notamment à Key et Wallis (*Archives de Virchow*, vol. LV) et Ebert (*Recherches de l'Institut pathologique de Zurich*, fasc. 263), ont montré que les globules du pus proviennent exclusivement du sang, et que les éléments cellulaires ayant les caractères des éléments lymphatiques ou des globules du pus, ne se forment pas aux dépens des cellules fixes des tissus. La plupart des cellules fixes périssent, ou pour le moins tombent en dégénérescence et, dans cet état, se mêlent à la masse de l'exsudat.

» Cette théorie n'a pas manqué de contradicteurs. Parmi les opposants se trouvent notamment Böttcher (*Archives de Virchow*, vol. LVIII et LXII) ainsi que Stricker (*Études de l'Institut de pathologie expérimentale de Vienne*, 1870; mémoires divers dans l'*Annuaire médical de Vienne*, 1871-1883, et *Leçons de pathologie générale*, Vienne, 1877 à 1883) et ses élèves. Mais toutes les objections opposées à la théorie de Cohnheim ont été réfutées depuis par des expériences très soigneuses des auteurs ci-dessus, de sorte qu'on peut considérer comme établi que les cellules des foyers inflammatoires qui ont les caractères des globules du pus, ne proviennent pas des cellules fixes ».

Lorsque les éléments du sang étaient peu ou pas connus, on attribuait également l'organisation des tissus nouveaux à l'intervention exclusive des cellules fixes. En 1862, Recklinghausen découvre la mobilité des corpuscules du pus. En 1867, Cohnheim démontre la sortie des globules blancs hors des vaisseaux pendant l'inflammation. En ce moment, les leucocytes sont en honneur et on leur fait jouer un rôle prépondérant dans l'organisation des tissus. Ziegler, en 1875 (75,76), conclut de ses recherches que les globules blancs sont capables de se transformer en cellule conjonctive.

Plus tard, l'étude de la prolifération des cellules fixes vient modifier les idées. A la suite de blessures, d'inflammations d'origines diverses, beaucoup d'auteurs constatent, au niveau des tissus enflammés, la présence de cellules en voie de division karyokinétique. Sous l'impulsion de Ziegler et de Grawitz surtout, la plupart des tissus sont étudiés à ce point de vue. Ils attribuent aux cellules fixes les figures de division mitosique que l'on rencontre dans ces cas. Il en résulte une période de faveur pour les cellules fixes, pendant laquelle Ziegler (78) lui-même modifie son opinion. Sans nier la participation des leucocytes, il croit à une intervention prépondérante des cellules fixes.

D'autre part, la multiplication des leucocytes est bien connue aujourd'hui : on sait qu'ils se divisent par voie indirecte (Flemming, Spronck (62), Dekhuyzen (16), etc.). Aussi est-on en droit de se demander si les figures mitosiques que l'on trouve dans les foyers inflammatoires appartiennent aux cellules fixes, ou bien si ce sont des divisions de leucocytes sortis des vaisseaux.

Sans vouloir faire ici l'historique complet de la question, dont l'importance nous a paru nécessiter un chapitre spécial, nous avons cru utile, pour la facilité du lecteur et malgré les redites auxquelles nous nous exposons, de signaler rapidement les idées émises sur le mode de formation du tissu de granulation et les auteurs qui les ont principalement défendues.

On voit par l'aperçu qui précède que, suivant les époques et les idées régnantes, l'opinion des auteurs s'est modifiée. Le fait même prouve combien la question est complexe, combien expérimentalement elle est difficile, combien les causes d'erreur sont nombreuses. Il n'est pas aisé, en effet, de donner des arguments définitifs en faveur de l'une ou de l'autre théorie.

Examinons maintenant la valeur des preuves fournies par les deux écoles.

Ziegler en 1875 (75,76), Senfleben (61), Tillmans (65) et d'autres, qui accordent aux leucocytes la faculté de se transformer, basent leur opinion sur l'observation de stades intermédiaires entre les cellules rondes qu'ils considèrent comme leucocytes et les cellules conjonctives nouvelles.

On peut ajouter que Yersin (74), Tschistowitch (64), Metchnikoff (43), Borrel (10), qui admettent la participation des leucocytes à la formation du tubercule, prétendent avoir observé tous les stades intermédiaires entre les leucocytes uninucléaires et les cellules épithéloïdes constituant le tubercule.

Van der Stricht (69), de son côté, a constaté des formes de passage entre les globules blancs et les cellules conjonctives, dans le tissu adénoïde embryonnaire.

Mais les adversaires de cette théorie objectent qu'il n'est nullement prouvé que l'élément qui se transforme vienne du sang, et considèrent le fibroblaste comme un dérivé des cellules fixes du tissu atteint par l'inflammation.

Au point de vue morphologique et physiologique, il est certain qu'il y a analogie complète entre les globules blancs à noyau vésiculeux et les cellules décrites par les auteurs comme étant le point de départ du tissu nouveau. Mais est-ce là une preuve suffisante de leur origine sanguine? — C'est plutôt une impression. La confusion est facile, car, parlant des leucocytes uninucléaires, Metchnikoff (44, p. 132) dit : « Parmi ces leucocytes, qu'on désigne sous le nom de leucocytes mononucléaires, il y a des cellules avec un noyau rond ou ovale, mais parfois aussi un noyau en forme de rein ou de fève. Cette espèce de leucocyte a une ressemblance avec certains éléments fixes du tissu conjonctif, ainsi qu'avec des cellules endothéliales et des cellules de la pulpe splénique. On est donc souvent embarrassé, surtout lorsqu'on trouve ces leucocytes mononucléaires en dehors des vaisseaux, pour les distinguer des autres espèces de cellules mentionnées ».

Aux arguments donnés jusqu'ici peuvent être jointes les deux considérations importantes qui sont fournies par l'étude des phénomènes inflammatoires chez les animaux à sang froid.

Metchnikoff (44, p. 158), ayant lésé la nageoire d'un têtard de batracien et examinant ensuite pendant plusieurs jours et même plusieurs semaines sur le vivant, a constaté facilement que chez cet animal les cellules plurinucléaires se transforment d'abord en uninucléaires par l'effet d'une fusion des noyaux (fait non constaté chez les animaux à sang chaud), et ensuite en véritables cellules étoilées. Cette observation, faite sur le vivant, nous paraît être d'une grande valeur. L'expérience suivante est plus démonstrative encore : Metchnikoff produit une lésion avec un instrument chargé de carmin. Celui-ci, englobé par les leucocytes émigrés, reste dans ces cellules qui, se transformant bientôt, deviennent des cellules conjonctives, « facilement reconnaissables, dit l'auteur, par les appendices caractéristiques en forme de bois de cerf ». Cette expérience serait concluante, s'il était prouvé que les cellules fixes ne sont pas phagocytes. Citons à ce sujet l'opinion de Metchnikoff (44, p. 124) : « Malgré des tentatives nombreuses, dit-il, je n'ai jamais réussi à constater l'englobement des corps étrangers par les prolongements protoplasmiques des cellules fixes. Les recherches dirigées vers ce point et répétées pendant plusieurs années de suite, m'ont persuadé que les cellules fixes définitivement formées ne s'incorporent jamais de grains de carmin ou autre corps étranger ».

Arnold (2) a fourni également, en faveur de la théorie de l'intervention des leucocytes dans l'organisation des tissus, un argument important. Ayant introduit dans la cavité péritonéale de grenouilles, des corps étrangers, principalement de la moelle de sureau, il a constaté la pénétration à l'intérieur de ces corps de nombreuses cellules, et leur transformation, alors qu'un examen attentif ne faisait découvrir aucune modification dans le tissu conjonctif voisin (mésentère, péritoine). D'autre part, cet auteur a observé l'existence dans le sang de cellules absolument identiques à celles qui participent à l'organisation du tissu conjonctif. Il en conclut que les leucocytes peuvent se transformer.

Ranvier (48), de son côté, prétend avoir constaté in vitro la transformation du leucocyte en cellule conjonctive, à laquelle il donne le nom de « clasmatocyte ».

En résumé, voici les arguments qui parlent en faveur de la participation des leucocytes à l'organisation des tissus :

1° La ressemblance morphologique entre les cellules en voie de transformation dans les foyers inflammatoires et les leucocytes uninucléaires ;

2° Les phénomènes d'émigration et de phagocytose qui leur sont communs;

3° L'existence de formes de passage entre les leucocytes et les cellules conjonctives nouvelles;

4° La possibilité de trouver autour des corps étrangers beaucoup de cellules, alors que le tissu conjonctif voisin ne présente aucune modification;

5° La possibilité pour le leucocyte de se diviser en dehors des vaisseaux, permettant de leur attribuer les divisions karyokinétiques que l'on rencontre dans les tissus enflammés;

6° La transformation du leucocyte *in vitro*, constatée par Ranvier.

La plupart de ces faits sont contestés par les auteurs qui accordent aux cellules fixes des tissus la propriété de reprendre une vitalité qu'elles paraissaient avoir perdue, de s'accroître, de se déplacer, de prendre un aspect toujours le même et de se transformer alors en cellules fixes. Ces observateurs affirment d'ailleurs avoir constaté des formes de passage entre les cellules conjonctives et la cellule ronde à noyau vésiculeux. Grawitz(23, p. 73), qui a publié sur cette question de nombreux travaux, décrit les modifications par lesquelles passent les cellules fixes. Il observe dans les tissus enflammés des cellules diverses : 1° De grosses cellules en voie de division mitosique; 2° Des cellules à gros noyau vésiculeux, semblable au noyau des cellules endothéliales; 3° De petits éléments dont le noyau unique se colore d'une façon intense, d'autres dont le volume est plus considérable, d'autres encore qui se présentent avec un noyau irrégulièrement chargé de chromatine. Parmi ces cellules, les petites formes sont, d'après Grawitz, semblables aux leucocytes uninucléaires; mais les formes volumineuses, surtout celles qui présentent un noyau en division, ont des caractères bien définis et bien spécifiques. Ces cellules ne peuvent plus être confondues avec les leucocytes, dit cet auteur; il faut les considérer comme des cellules conjonctives : « Dieze Zellen gleichen in ihren kleinsten Formen einkernigen Leucocyten, in ihren grösseren Formen mit Uebergang zur Kerntheilung sind sie mit einkernigen Leucocyten nicht mehr zu verwechseln, *ich kann sie nur für Gewebszellen halten* ».

Wilhelm Viering (71), dans ses recherches sur la régénération des tendons, arrive à la même conclusion.

De nombreux travaux faits dans le laboratoire de Ziegler, surtout ceux de Podwyssotzki (46), Krafft (33), Fischer (21), Coen (13), prouvent que la plupart des tissus possèdent la propriété de s'accroître très rapidement. Ces auteurs, de même que Bizzozero, Canalis (9) et d'autres, attribuent cet accroissement, qui se présente généralement deux jours après le début de l'irritation, à la multiplication des cellules fixes. Celles-ci posséderaient d'ailleurs la faculté d'émigrer.

Quel est, dans cette théorie, le rôle joué par les leucocytes dans les foyers inflammatoires? — A la suite du travail de son élève Nikiforoff (45), Ziegler (78, p. 575), en 1891, admet que les globules blancs se détruisent et servent à la nutrition des cellules fixes du tissu.

Si on examine attentivement les figures dessinées par les auteurs précédents, spécialement celles qui accompagnent les travaux de Grawitz (23) et de Nikiforoff (45), on est en droit de se demander si les cellules regardées par eux comme conjonctives ou d'origine conjonctive ne sont pas plutôt des cellules migratrices du sang. Les observations faites jusqu'ici ne permettent pas de se prononcer. Nikiforoff (45, p. 400) lui-même est loin d'être exclusif. Il déclare seulement ne pas avoir pu trouver de preuve certaine de la transformation de leucocytes uninucléaires en cellules fixes : « Sichere Anhaltspunkte für die Annahme einer Weiterentwickelung eines Theils der mononucleären Formen der emigrirten Leucocyten habe ich nicht finden können, kann allerdings auch nicht sicher ausschliessen, dass aus den Blutgefässen stammenden Zellen sich weiterentwickeln und zu epitheloïden Zellen und Fibroblasten sich umgestalten. Nach dem was ich beobachtet habe, neige ich nicht indessen mehr zu der Anschauung, dass in der Granulationen die mononucleären Leucocyten durch Fragmentirung der Kerns in polynucleären Formen sich umwandeln und alsdann von Phagocytes aufgenommen werden ».

Tel est actuellement l'état de cette question de l'intervention des leucocytes dans l'organisation des tissus. Tour à tour affirmée et niée, cette intervention est aujourd'hui aussi douteuse qu'il y a vingt ans. Malgré le grand nombre de travaux faits à ce sujet, aucun argument irréfutable n'a pu être fourni pour ou contre l'une ou l'autre théorie.

Les recherches qui font l'objet de ce mémoire ont eu pour but de contrôler les faits déjà constatés et de chercher à élucider, par des méthodes expérimentales, si le leucocyte est capable de parcourir une évolution autre que celle qu'il suit habituellement.

CHAPITRE II.

HISTORIQUE.

On peut trouver dans les ouvrages de Ziegler (75, 76), datant de 1875-1876, la nomenclature des travaux parus jusqu'à cette époque, dans lesquels il est question de la transformation des leucocytes. Ziegler, par une méthode ingénieuse sur laquelle nous aurons à revenir plus tard, a démontré que les cellules formant les tissus inflammatoires possèdent la propriété de se déplacer. Or Cohnheim, dans ses expériences célèbres, avait démontré l'émigration des globules blancs du sang dans les tissus enflammés. Ziegler admit que les éléments mobiles qu'il découvrait étaient d'origine sanguine, et il conclut à l'intervention des leucocytes dans l'organisation des tissus.

Max Schede (55), étudiant le sort des globules blancs émigrés lors de l'inflammation érysipélateuse, a constaté qu'après cinq ou six jours un certain nombre de leucocytes étaient définitivement transformés en cellules fixes.

Renaut (49), dans son *Traité d'histologie*, a considéré les leucocytes comme formant une réserve cellulaire destinée à réparer les pertes subies par l'organisme.

Si cette opinion était partagée à cette époque par beaucoup de savants [Tillmans (65), Senfleben (61)], elle était aussi vivement combattue par d'autres, parmi lesquels il faut citer : Ewitsky (19), Böttcher (11), Baumgarten (8), Marchand (38, 39), etc. Ces derniers auteurs prétendaient que seules les cellules fixes, surtout les cellules endothéliales, fournissaient les cellules génératrices des tissus inflammatoires.

De 1880 à 1890, de nombreux travaux furent publiés dans lesquels la faculté de prolifération des différents tissus est étudiée en détail. Il résulta de ces recherches que les cellules conjonctives, les cellules épithéliales peuvent se diviser par voie indirecte. Ces travaux sont cités par Ziegler (77) dans son *Traité d'anatomie pathologique* (p. 230 pour le tissu conjonctif, p. 234 pour les cellules musculaires, p. 219 pour les cellules épithéliales).

Signalons maintenant quelques auteurs qui, plus récemment, sont arrivés à la même conclusion : Ribbert (50), Baumgarten (8), Lewin (35), Nikiforoff (45).

Arrêtons-nous un instant au travail de ce dernier pathologiste, qui est particulièrement intéressant. Nikiforoff étudie l'organisation du tissu de granulation autour de tubes de drainage et de baguettes de verre introduits dans le tissu cellulaire sous-cutané du chien. Ses préparations sont colorées au Biondi-Heidenhain. L'auteur s'attache à étudier les stades successifs de cette organisation après quarante-huit heures, trois jours, quatre jours, etc. Il constate dans le tissu de néoformation la présence de divers éléments. Au début, il rencontre surtout de petites cellules à noyau lobé, parfois fragmenté, qu'il considère comme des leucocytes plurinucléaires. Il existe aussi, à cette période de formation du tissu nouveau, des leucocytes à un seul noyau fortement chromatique, à protoplasme peu abondant; mais ils sont très rares. Après quarante-huit heures apparaissent des cellules plus volumineuses que les éléments précédents. Ces cellules à protoplasme abondant présentent des formes diverses : allongées en fuseau, ramifiées, le plus souvent sans prolongement. Leur noyau est très caractéristique; il est arrondi ou bien à contour irrégulier. Il présente un aspect vésiculeux; sa chromatine est surtout abondante à la périphérie. Nikiforoff a observé dans ces grandes cellules des noyaux en division mitosique. Et il insiste sur le fait que les figures karyokinétiques se rencontrent surtout au voisinage des vaisseaux capillaires. Leur nombre va en croissant à mesure que l'organisation du tissu nouveau progresse. En même temps les leucocytes plurinucléaires, si abondants au début, diminuent en nombre. L'auteur traite longuement des propriétés phagocytaires de ces fibroblastes. Il rencontre en effet, dans ces cellules, de nombreuses inclusions de leucocytes plurinucléaires entiers ou fragmentés, et il attribue à cette phagocytose la disparition des leucocytes dans le tissu de granulation développé.

Nikiforoff admet la présence dans ce tissu de deux sortes de leucocytes : les petits lymphocytes uninucléaires, qu'il considère comme le point de départ des autres formes de globules blancs, et les leucocytes plurinucléaires. Des stades intermédiaires nombreux existent entre les deux formes. Tous les globules blancs possèdent un ou plusieurs noyaux fortement chromatiques et un volume dépassant peu celui des globules rouges du sang.

L'origine des grosses cellules à noyau vésiculeux doit être attribuée, d'après l'auteur, aux cellules fixes qui subissent une série de modifications, deviennent mobiles, se divisent par mitose, phagocytent et se transforment de nouveau en cellules conjonctives. Elles seules interviennent dans la formation du tissu, et comme leur origine est exclusivement conjonctive, il faut conclure que les éléments blancs n'interviennent pas directement dans la régénération.

C'est à la suite de ce travail que le professeur Ziegler (78, p. 575) a déclaré au Congrès de Berlin, en 1890, qu'il fallait considérer le tissu de granulation comme formé par des cellules dérivées des cellules fixes du tissu conjonctif préexistant et envisager les leucocytes comme des cellules nutritives des éléments conjonctifs. Marchand (39, p. 577) et Grawitz (26, p. 578) se sont ralliés à cette manière de voir.

A la même époque (1890), Ballance, en collaboration avec Sherrington (5) et Edmunds (4), a repris les anciennes expériences de Ziegler. Il introduisait sous la peau et dans la cavité péritonéale d'animaux, des chambres de verre construites d'une façon très élégante. Ces auteurs ont aussi étudié les stades successifs de l'organisation du tissu inflammatoire. Et ils considèrent les grosses cellules fusiformes ou étoilées qui s'introduisent dans les chambres de verre comme des dérivés des cellules conjonctives ne pouvant pas être confondus avec les leucocytes. Ils les appellent *Plasmazellen*.

Grawitz, de Greiswald (23, 24, 25), dans une série de travaux, a décrit les modifications que subissent les cellules fixes pour devenir cellules rondes à noyau vésiculeux. Il a donné à des cellules capables de se modifier le nom de « cellules dormantes ». Ses élèves Viering (76) dans le tissu des tendons, Schmidts (60) dans le tissu graisseux, Kruse (34) dans le tissu de la cornée, ont décrit les mêmes transformations des cellules fixes.

Beaucoup d'auteurs ont étudié les phénomènes inflammatoires de la cornée ; les uns admettent l'intervention des leucocytes, la plupart attribuent la régénération exclusivement aux cellules fixes. Nous renvoyons au travail de Kruse (34) pour ce point spécial.

Ebert (17), Manasse (37), Toupet (66, 67), Cornil (14, 15), etc., sont aussi d'avis que les cellules fixes seules fournissent les éléments du tissu inflammatoire. Barfurt (7) nie toute participation des leucocytes dans l'organisation des tissus chez les batraciens.

Examinons plus en détail les recherches de Toupet sur les modifications cellulaires dans l'inflammation simple du péritoine (66). Cet auteur constate, vingt-quatre heures après avoir fait une injection de nitrate d'argent, que le péritoine est infiltré de cellules qu'il considère comme étant en voie de division directe. Ces cellules présentent, en effet, un noyau plus ou moins lobé; mais il suffit d'examiner les figures du travail de Toupet (fig. XXII et XXIII) pour se convaincre que ces cellules sont des leucocytes plurinucléaires. Après quarante-huit heures, le péritoine présente à peu près le même aspect. Beaucoup de cellules atteintes par le nitrate d'argent sont en voie de dégénérescence. La fibrine est abondante. « Beaucoup de cellules, dit Toupet, sont rangées le long des vaisseaux (p. 21) et sont à l'état de repos; dans quelques noyaux, la chromatine est très apparente et commence à se pelotonner, mais seulement en forme de couronne; nous n'avons pas rencontré à cette période de l'inflammation une seule plaque équatoriale ».

Après septante-deux heures, on observe des mitoses en nombre considérable. « Les éléments en karyokinèse paraissent appartenir exclusivement à l'endothélium, soit des vaisseaux, soit du péritoine. L'endothélium des vaisseaux peut revendiquer pour sa part au moins la moitié des cellules en division indirecte. Elles sont surtout nombreuses au niveau des petits vaisseaux. Il est facile de voir ces cellules gonflées, fortement colorées, entourées d'une zone complètement claire, et qui semblent avoir refoulé devant elles les globules rouges contenus dans l'intérieur du vaisseau : nul doute qu'elles n'appartiennent à l'endothélium vasculaire. (Fig. 2, 4, 5.) »

A la lecture de cette phrase, on sent que l'auteur n'est pas bien convaincu de la nature endothéliale de ces cellules. Et si nous regardons ses figures 2, 4 et 5, nous trouvons dessinées, à l'intérieur des vaisseaux, des cellules en voie de division ne présentant

aucun rapport avec la paroi vasculaire. Aujourd'hui, à la suite
des recherches de Spronck (62) qui ont démontré la division indirecte des leucocytes dans le courant circulatoire, nous pouvons
nous demander si les cellules considérées par Toupet comme
cellules endothéliales, ne sont pas plutôt des globules blancs en
voie de mitose. L'auteur continue : « C'est à côté des vaisseaux que
l'on trouve ensuite le plus ordinairement les éléments en division
indirecte; tantôt ces éléments sont appliqués directement contre
la paroi vasculaire, tantôt ils appartiennent aux cellules grais-
seuses, qui, comme on le sait, accompagnent presque toujours
les vaisseaux du péritoine ; enfin, *mais beaucoup plus rarement,*
on peut observer des cellules en karyokinèse loin de tout vaisseau, soit sur une travée fibreuse du grand épiploon, soit au
milieu d'un espace circonscrit par les mailles des capillaires ».

Nous avons rapporté les termes mêmes employés par Toupet,
parce que, dans nos recherches, nous aurons à revenir sur les
observations de cet auteur.

Toupet considère que le nombre de cellules migratrices venant
des vaisseaux est peu considérable dans le péritoine enflammé.
Celles qu'il y rencontre dégénèrent rapidement. Enfin, il fait
remarquer que la description qu'il donne des stades successifs de
l'inflammation, est un peu schématique. En effet, le moment où
ces différents phénomènes se produisent, l'apparition des figures
karyokinétiques, par exemple, dépend du degré d'inflammation,
de la quantité de nitrate d'argent injectée, et peut-être aussi de
l'état de l'animal en expérience.

Ranvier (47), en 1891, a aussi étudié l'inflammation expérimentale du péritoine. Il a constaté l'accumulation de cellules
dans ce tissu, avant qu'il se soit produit des karyokinèses. Les
figures de division mitosique n'apparaissent qu'à la fin du
deuxième jour.

Parmi les auteurs qui admettent la transformation des leucocytes, signalons d'abord Wagner (72), qui, en 1885, a décrit le
remplacement des cellules épithéliales par des globules blancs
émigrés du sang.

· Arnold (1, 2, 3) attribue l'organisation du tissu de granulation,
au moins en partie, à l'intervention des leucocytes. En 1887, il
écrivait (1, p. 303) : « Pour éviter tout malentendu, je dois faire
ressortir que je suis loin de négliger ou de nier la divison des

éléments fixes des tissus dans la prolifération inflammatoire, et en particulier dans la formation du tissu de granulation. En général, je suis convaincu que le procédé de division de ces éléments joue un très grand rôle. . . ». Puis plus loin : « Mais, d'un autre côté, il faut admettre qu'un certain nombre des cellules du tissu de granulation peuvent être des cellules migratrices transformées ».

De même que Ribbert (50) admet aussi la participation des globules blancs dans la régénération des ganglions lymphatiques, de même Haasler (27) dit que dans la régénération de la moelle des os, les leucocytes et non les cellules fixes interviennent.

Van der Stricht (69) décrit la transformation de globules blancs en cellules du tissu adénoïde chez différents embryons.

Ranvier (47, 48) accorde aussi aux leucocytes la propriété de se transformer en cellules conjonctives, auxquelles il donne le nom de clasmatocytes. Il dit (47, p. 105) : « Les clasmatocytes proviennent de cellules lymphatiques, de leucocytes qui, après être sortis des vaisseaux sanguins, ont voyagé dans les interstices du tissu conjonctif. La comparaison des formes intermédiaires autorise à le dire. » Dans un travail plus récent, le même auteur (48, a constaté cette modification *in vitro*.

Nous avons parlé plus haut des expériences de Metchnikoff (44) prouvant la transformation de leucocytes en cellules conjonctives. Nous n'y reviendrons pas.

Signalons enfin les travaux de dermatologistes, tels que Unna (68), Hodara (29). Ce dernier, comparant les caractères des cellules plasmatiques et des corpuscules lymphatiques, conclut qu'il est encore impossible de décider si ces cellules plasmatiques dérivent de cellules conjonctives ou de globules blancs. Unna, au contraire, considère les *Plasmazellen* comme des dérivés de cellules conjonctives.

Deux travaux, l'un de Hammert (28), l'autre de Bungner (12), faits récemment dans le laboratoire de Ziegler, à Fribourg, affirment la non-intervention des leucocytes dans l'organisation des tissus, sans fournir d'arguments nouveaux en faveur de cette thèse.

La participation du leucocyte à la formation du tubercule a été également tour à tour affirmée et niée. Yersin (74), Tschistowitch (64), Metchnikoff (43), Borrel (10) l'admettent. Baumgarten (8), Falk (20), Strauss (63) et bien d'autres attribuent la formation du tubercule à l'intervention exclusive des cellules fixes. On peut trouver dans ces travaux la bibliographie spéciale de cette question.

Les observations de Borrel (10) méritent cependant d'être exposées ici en détail. Cet auteur étudie la formation du tubercule dans le poumon à la suite d'injections, dans les vaisseaux qui se rendent à cet organe, de bacilles tuberculeux. Il constate que les bacilles introduits dans la circulation sont immédiatement (après quelques minutes) appréhendés par les leucocytes plurinucléaires. Le premier stade de la formation du tubercule pulmonaire est l'accumulation, autour des vaisseaux, de leucocytes plurinucléaires. Ceux-ci, à la fin du deuxième jour, se désagrègent. Arrivent alors des leucocytes uninucléaires, grandes cellules à gros noyau vésiculeux et peu chromatique, à protoplasme abondant, présentant des expansions nombreuses. Au niveau du tubercule apparaissent des cellules géantes, formées par la « conglomération pure et simple des leucocytes uninucléaires ». Les gros leucocytes et les cellules géantes sont chargés de grains de chromatine, débris de leucocytes plurinucléaires. Dans les alvéoles pulmonaires existent des cellules identiques aux leucocytes uninucléaires (cellules à poussière) et que l'auteur démontre être d'origine sanguine. Elles forment des tubercules alvéolaires.

Du troisième au vingtième jour, on voit dans les tubercules des figures de division mitosique. Elles appartiennent à des éléments migrateurs. « J'ai compté, dit Borrel, jusqu'à sept leucocytes en karyokinèse dans la coupe d'un seul vaisseau. » L'accroissement du tubercule est dû à l'arrivée de nouveaux leucocytes.

L'auteur constate en même temps que les lymphatiques prennent un développement considérable. Les ganglions péribronchiques renferment de nombreuses figures de division. Dans la figure 4, planche XII, Borrel a dessiné une alvéole remplie de cellules épithéloïdes. L'épithélium est intact, sans figures de division. Ces cellules épithéloïdes sont essentiellement phagocytes, elles prolifèrent activement dans les alvéoles.

L'auteur conclut que la cellule tuberculeuse est toujours une cellule lymphatique.

CHAPITRE III.

MÉTHODE.

Pour étudier l'organisation du tissu conjonctif inflammatoire, tous les auteurs ont employé le même procédé : ils introduisaient dans l'organisme des corps étrangers autour desquels se formait du tissu nouveau.

La nature des corps employés était très variable.

En 1876, Ziegler (76) introduisait dans le tissu cellulaire sous-cutané de petites chambres formées de deux lames de verre intimement unies l'une à l'autre.

Après lui, Senftleben (61), Tillmans (65), Arnold (2), Nikiforoff (45), Hammert (28) ont repris les mêmes expériences en se servant de fragments de poumons et d'artères, de morceaux d'organes durcis et creusés de cavités diverses, de rondelles de moelle de sureau et de tiges de jonc, de tubes de drainage et de tiges de verre, de morceaux d'éponge, et en les plaçant dans la cavité thoracique ou péritonéale, ou bien encore dans le tissu cellulaire sous-cutané.

En 1891, Ballance et Sherrington (5) se sont servis de nouveau des chambres de verre pour faire leurs expériences.

Ces chambres nous paraissent préférables aux autres corps étrangers, parce qu'elles présentent un espace capillaire dans lequel pénètrent les cellules, ce qui facilite l'observation. Si Ziegler a souvent échoué dans ses expériences, c'est qu'en 1876 il était impossible d'éviter la suppuration.

Aujourd'hui, grâce aux progrès de l'antisepsie, il est facile d'introduire des corps étrangers dans l'organisme sans provoquer la formation de pus. Nous avons donc pu reprendre, en les modifiant, des méthodes anciennes et obtenir des résultats très nets.

Voici notre procédé expérimental : Nous réunissons, au moyen d'un fil, deux petits deckglass et nous émoussons leurs bords à la flamme du bec de Bunsen. Nous laissons séjourner pendant trente minutes, dans une étuve à 120°, les lamelles ainsi que les instruments qui devront servir à l'opération. Nous débarrassons de ses poils la région de l'animal où nous voulons introduire les lamelles. En sectionnant la peau, nous évitons le plus possible de provoquer des hémorragies. Dans nos premières expériences, nous placions les lamelles à l'endroit même de l'incision; plus tard, nous avons trouvé avantageux de les pousser bien loin au delà, en lésant le moins possible les tissus voisins. En opérant ainsi, on peut, en effet, obtenir la formation autour des lamelles d'une capsule nettement limitée des tissus voisins. Il est alors plus facile d'en étudier l'origine que dans les cas où il s'est formé de nombreuses adhérences. Après avoir suturé la plaie, nous lavons une dernière fois au sublimé à 2 %₀. Nous laissons la plaie à nu, et au bout de très peu de temps nous obtenons une réunion par première intention, sans jamais constater de traces de pus.

Après un séjour dans l'organisme, qui varie entre un et vingt jours, les lamelles sont retirées en même temps que le tissu nou-veau qui les entoure. En sectionnant le fil qui fixe les lamelles l'une à l'autre, nous détachons facilement la capsule conjonctive. Nous plaçons le tout dans le sérum de Kronecker. Nous exami-nons rapidement au microscope les lamelles détachées l'une de l'autre, ainsi que les membranes conjonctives lorsqu'elles sont suffisamment minces pour être observées par transparence. Nous fixons ensuite ces pièces au sublimé concentré à froid, ou par la liqueur de Flemming. Pour la coloration, nous employons de préférence le carmin aluné seul ou associé à l'éosine. Nous avons utilisé également le picrocarmin et la double coloration à l'éosine et à l'hématoxyline.

Nos expériences ont été faites sur le lapin et le cobaye, mais principalement sur ce dernier animal.

Pour rechercher si les cellules migratrices du sang et de la lymphe participent à l'organisation du tissu conjonctif formé autour des lamelles, nous utilisons la méthode dont s'est servi autrefois Cohnheim pour démontrer l'origine leucocytaire des globules du pus. Nous introduisons dans la cavité péritonéale, en même temps que les lamelles, du carmin finement pulvérisé, comme faisait Metchnikoff (44) dans ses expériences sur les têtards de batraciens. Pour répondre à l'objection toute naturelle des auteurs qui admettent les propriétés phagocytaires des cellules fixes, dans une deuxième série d'expériences nous injectons dans le tissu cellulaire sous-cutané du carmin finement pulvérisé en suspension dans l'eau. Dans d'autres expériences, nous introduisons directement le carmin dans le courant circulatoire par la veine jugulaire. Dans les deux cas, les lamelles sont placées dans la cavité péritonéale.

Le passage dans le sang des grains de carmin introduits dans le tissu cellulaire sous-cutané ne peut se faire que par l'intermédiaire des leucocytes. En supposant même que quelques grains de carmin puissent être entraînés mécaniquement par. le courant circulatoire, on ne devrait pas s'en inquiéter, car on sait aujourd'hui que les corps introduits dans le sang sont absorbés avec une extrême rapidité par les globules blancs qui sont des protecteurs du sang (Wérigo). Il est admis également que les leucocytes, contenant des particules solides en assez grande quantité pour que leur volume augmente de moitié, peuvent continuer à remplir leur fonction de cellules sanguines et diffuser dans tous les tissus. Si donc, à la suite d'injection de grains de carmin sous la peau, nous retrouvons des cellules chargées de matière colorante dans le tissu entourant les lamelles. nous pourrons dire que ces cellules viennent du sang.

Dans une dernière expérience, nous faisons à un cobaye des injections souvent répétées de petites quantités ($^1/_2$ c. c., $^1/_4$ c. c.) de toxine diphtéritique. Lorsque l'animal est jugé suffisamment vacciné (ce qui nous est révélé par les modifications subies par les leucocytes du sang', nous introduisons une chambre de verre dans la cavité péritonéale. Les lamelles retirées peu de temps après sont examinées comme précédemment.

CHAPITRE IV.

RECHERCHES PERSONNELLES.

Nous nous sommes proposé dans nos recherches d'étudier si les leucocytes interviennent dans l'organisation des tissus. A cet effet, nous avons fait quatre séries d'expériences :

1· Etude des différents stades de l'organisation du tissu de granulation et des éléments qui le constituent;

2· Étude du même tissu chez des animaux ayant reçu des injections de carmin;

3· Étude du tissu conjonctif voisin du tissu de granulation ;

4· Étude du tissu de granulation chez les cobayes vaccinés.

A. — *Étude du tissu de granulation.*

Nous abandonnons pendant un temps variable des lamelles de verre sous la peau ou dans la cavité péritonéale des animaux en expérience.

La durée du séjour des corps étrangers dans l'organisme n'est pas un criterium absolu du degré de développement du tissu de granulation. Si Nikiforoff (45) et Ballance (4) décrivent un tissu de granulation de vingt-quatre heures, de quarante-huit heures, etc., il ne faut pas attacher à cette durée une signification absolue, car nous avons constaté que la rapidité de l'organisation du tissu autour des lamelles dépend du degré de vascularité des tissus voisins et de l'intensité des phénomènes inflammatoires. La formation du tissu est très rapide autour des lamelles séjournant au milieu de tissus sectionnés. Au contraire, les lamelles placées sous la peau, au sein de tissus lésés le moins possible, ne s'entourent de membranes organisées qu'après un temps souvent très long. De même, l'organisation est toujours plus rapide dans la cavité péritonéale que sous la peau, et d'autant plus rapide que les tissus voisins des lamelles ont été plus maltraités pendant l'opération.

S'il ne peut être question de décrire un tissu de granulation de quarante-huit heures, deux jours, etc., il est utile cependant de distinguer différents stades dans son évolution.

Le premier stade est la formation autour et entre les lamelles d'un exsudat fibrineux. Celui-ci se présente au début sous forme d'un voile extrêmement mince, tendu entre les fils qui unissent les lamelles l'une à l'autre. Il n'est pas possible d'en faire une préparation microscopique ; mais comme le même exsudat se forme entre les lamelles — plus lentement, il est vrai — nous pouvons facilement l'étudier à l'état frais et sur des préparations fixées et colorées.

Cet exsudat est constitué par des filaments qui s'entrecroisent de façon à former un réticulum d'une finesse extraordinaire. Dans les mailles de celui-ci se trouvent de petites cellules en nombre considérable. Ces cellules (fig. 1, *e*, *f*, *s*) présentent presque toutes un noyau plus ou moins lobé, rarement fragmenté. En examinant avec de très forts grossissements, on reconnaît presque toujours, en effet, le filament unissant les différents lobes nucléaires (fig. 1, s). Le protoplasme est plus ou moins abondant et le noyau se colore fortement par les matières colorantes nucléaires, telles que l'hématoxyline et le carmin aluné. On rencontre aussi, mais beaucoup plus rarement, de petites cellules dont le protoplasme est à peine visible, le noyau occupant presque toute la cellule. Ce noyau est rond et fortement chromatique. Nous nous bornons en ce moment à la description anatomique de ces cellules; nous déterminerons dans le chapitre suivant quelle est leur origine.

Plus tard cet exsudat se modifie. Il s'épaissit, devient peu à peu opaque et forme une véritable membrane autour des lamelles, qu'il est encore possible d'étudier par transparence. De même, dans les chambres de verre, il s'est formé une fine pellicule qui, lorsqu'on sépare les lamelles, reste adhérente à l'une d'elles, généralement l'inférieure.

Ces membranes sont formées par le réticulum fibrineux, dans les mailles duquel nous retrouvons les mêmes cellules qu'au début. Mais leur aspect est complètement modifié par la présence d'un nouvel élément qui devient peu à peu prédominant. Il s'agit de cellules (fig. 1, a, b, c, d), en général plus volumineuses, à noyau se colorant peu par les matières colorantes nucléaires. A la périphérie de ce noyau se trouve une rangée très nette de fines granulations chromatiques (fig. 1, b, m, p). A l'intérieur existent un, rarement plusieurs corpuscules (fig. 1, i). Le reste du noyau paraît vésiculeux. Il est difficile de donner de tous ces éléments une description unique, car ils sont très variables. Leur volume est plus ou moins considérable, leur protoplasme est plus ou moins abondant (fig. 1). Le noyau offre des formes très diverses : généralement arrondi (fig. 1, b, i, m, p, r), il est toujours situé à la périphérie de la cellule ; souvent il est en forme de rein (fig. 1, a) ou de fer à cheval (fig. 1, k). Dans ce cas, la partie échancrée est toujours tournée vers le centre de la cellule. Ces éléments sont au début tous arrondis. A côté d'eux apparaissent des cellules présentant les mêmes caractères, mais dont la forme est irrégulière (fig. 2, 3, 4). Elles possèdent un ou plusieurs prolongements. Sur les fines membranes entourant les lamelles, les mêmes éléments se rencontrent, reposant sur un treillis de fibrine (fig. 5).

A mesure que les cellules à noyau vésiculeux augmentent en nombre, les petits éléments à noyau lobé du début paraissent subir certaines modifications. Les noyaux se fragmentent. Dans la cellule apparaissent plusieurs grosses granulations nettement arrondies. Ces mêmes granulations se rencontrent isolées ou à l'intérieur des grosses cellules à noyau vésiculeux (fig. 1, *i*, *j*). Nous interpréterons plus tard ce phénomène.

Entre les lamelles, en même temps que les grandes cellules à noyau unique, vésiculeux, on rencontre souvent des cellules à plusieurs noyaux (fig. 1, *h*). Ceux-ci sont parfois en nombre considérable. Ils ressemblent absolument au noyau vésiculeux décrit plus haut. Le protoplasme cellulaire est d'autant plus abondant que le nombre de noyaux est plus considérable. Dans les cas où ils sont très abondants, ils sont disposés en cercle à la périphérie ; le centre de la cellule en est généralement dépourvu. Ces éléments renferment aussi souvent des inclusions présentant les caractères des cellules à noyau lobé ou des débris de ces cellules. Ballance (4) a constaté aussi la présence de ces masses dans les chambres de Ziegler.

A un stade plus avancé de l'organisation du tissu, les grandes cellules de forme irrégulière prédominent entre les lamelles et dans les membranes qui les entourent. Ces cellules présentent généralement un gros noyau arrondi ; parfois cependant il est échancré. Elles possèdent un seul prolongement (fig. 3, *a*), ou bien elles sont allongées de façon à offrir l'aspect d'un fuseau (fig. 2 et 3, *b*). D'autres présentent plusieurs prolongements irréguliers (fig. 4). Ces diverses formes se rencontrent entre les lamelles d'abord isolées, plus tard accolées les unes aux autres, leurs prolongements étant intimement anastomosés. Dans les membranes entourant les lamelles, ces cellules forment un véritable tissu (fig. 5) sur la couche de fibrine qui bientôt ne se voit plus par transparence.

Dans certains cas, on rencontre surtout des cellules en forme de fuseau ; dans d'autres cas, les éléments étoilés prédominent. Il est à remarquer que ces cellules s'organisent plus rapidement en tissu autour des lamelles qu'à l'intérieur des chambres formées par celles-ci.

Pour étudier les stades ultérieurs de l'organisation du tissu de granulation, il est nécessaire d'utiliser la méthode des coupes, les membranes entourant les lamelles étant devenues opaques.

Nous allons décrire les coupes de membranes formées autour des lamelles dans la cavité péritonéale du cobaye. Ces coupes ont été faites dans les parties de la capsule qui, ne reposant pas sur le péritoine, n'affectent aucune adhérence avec les tissus voisins. Il ne peut être douteux, dans ce cas, que nous ayons affaire à du tissu néoformé et non à du tissu conjonctif préexistant, modifié par l'inflammation.

Sur la face de la coupe en contact avec les lamelles, nous trouvons l'exsudat fibrineux avec des cellules à noyau lobé, de petites cellules à noyau rond et parfois des globules rouges (fig. 7). A mesure qu'on s'éloigne de cette face de la coupe, le nombre de ces éléments va en diminuant, tandis qu'apparaissent les cellules à noyau vésiculeux (fig. 7, c). Celles-ci, peu nombreuses dans le réseau de fibrine, deviennent abondantes dans la zone voisine, qui elle-même passe insensiblement à une troisième région formée presque exclusivement par des éléments en voie d'organisation conjonctive (fig. 8). Dans cette partie de la coupe se rencontre un nombre peu considérable de cellules à noyau lobé. L'élément prédominant est une cellule allongée, à protoplasme abondant, à noyau rond ou allongé dans le même sens que la cellule (fig. 8, a'). Cette cellule se transforme peu à peu, le protoplasme se modifie, devient fibrillaire, se fusionne avec celui des cellules voisines (fig. 8, a).

Dans les cellules non encore transformées en cellules conjonctives, on rencontre un nombre considérable de figures de division mitosique (fig. 8, c). Celles-ci se rencontrent, mais plus rarement, à la limite de l'exsudat fibrineux (fig. 7, d). Nous avons pu constater les divers stades de la karyokinèse dans ces cellules. Les figures de division étaient en certains endroits très nombreuses. Il est important de signaler que nous n'avons jamais rencontré de noyau en voie de mitose dans des cellules conjonctives complètement formées.

Dans ce tissu conjonctif de formation nouvelle, nous avons rencontré plus tard des vaisseaux. Leur mode de formation n'est pas encore nettement établi aujourd'hui. D'après ce que nous avons observé, nous penchons vers l'idée que ces vaisseaux se forment par un mécanisme analogue au processus embryonnaire décrit par beaucoup d'auteurs, entre autres par Van der Stricht (69) chez différents embryons. Cette question étant encore très discutée, nous nous proposons de la traiter dans un prochain travail.

Nous n'avons pas jugé nécessaire de donner ici plus longuement la description du tissu de granulation. L'anatomie de ce tissu a été bien faite par Ziegler (76) et après lui par Nikiforoff (45), Ballance et Sherrington (5).

B. — *Étude du tissu de granulation chez des animaux ayant reçu des injections de carmin en poudre.*

Nous avons, dans le paragraphe précédent, étudié la structure des éléments qui interviennent dans la formation du tissu conjonctif autour des corps étrangers introduits dans l'organisme.

Nous avons constaté la propriété que possèdent ces éléments d'émigrer dans l'espace capillaire compris entre les lamelles de verre. Nous avons signalé à l'intérieur de ces mêmes cellules des inclusions de leucocytes à noyau lobé ou de granules de chromatine. Ce fait prouve la nature phagocytaire de ces éléments. Il permet, d'autre part, de comprendre la disparition des petites cellules à noyau lobé.

. Nous allons maintenant étudier spécialement les propriétés phagocytaires des fibroblastes.

Dans une première série d'expériences, nous introduisons dans la cavité péritonéale, en même temps que les lamelles, une matière colorante finement pulvérisée. Celle-ci doit être facilement reconnaissable au microscope. Elle doit aussi ne pas s'altérer par les divers traitements que l'on fait subir aux préparations ; elle doit, par conséquent, être insoluble dans les réactifs employés. Enfin, il est indispensable qu'elle n'exerce sur les leucocytes aucune action nocive. Le carmin nous a paru le plus favorable pour ce genre de recherches.

Dans le tissu nouveau formé autour des lamelles dans ces expériences, nous avons trouvé de nombreux fibroblastes chargés de fins granules de carmin (fig. 6, *a, d, e, f*). La propriété phagocytaire de ces éléments était ainsi nettement démontrée. Nous avons souvent rencontré des particules colorées dans des cellules conjonctives complètement formées, aussi bien entre les lamelles que dans le tissu qui les entourait.

Les expériences de Wérigo (73), celles de Borrel (10) et de beaucoup d'autres auteurs ont démontré que les corps étrangers introduits dans le sang sont englobés avec une rapidité extraordinaire par les leucocytes et éliminés par eux. D'autre part, il est certain que les globules blancs ne sont nullement entravés dans leur évolution et dans leur fonctionnement normal par la présence de matières inertes à l'intérieur de leur protoplasme.

Nous nous sommes basé sur ces données pour rechercher si les cellules migratrices du sang participent à l'organisation du tissu de granulation.

Si nous injectons dans la veine jugulaire d'un cobaye du carmin finement pulvérisé et en suspension dans l'eau, les cellules formant le tissu de granulation chez cet animal se montrent indemnes de matière colorante. Ce fait doit probablement être attribué à l'élimination trop rapide du carmin par les leucocytes du sang.

Dans ses recherches sur la protection du sang par les globules blancs, Wérigo (73) a observé l'accumulation de leucocytes chargés de corps étrangers dans le foie, la rate et le poumon. Nous avons aussi constaté que, chez les animaux ayant reçu des injections de carmin, ces différents organes avaient pris une teinte spéciale. Des fragments placés dans une solution d'ammoniaque coloraient ce liquide en rouge vif. Cette coloration était évidemment due à la dissolution dans l'ammoniaque du carmin accumulé dans le foie, la rate et le poumon.

L'élimination de la matière colorante est beaucoup moins rapide dans les cas où l'injection est faite dans le tissu cellulaire sous-cutané. Alors le carmin passe progressivement dans le courant circulatoire charrié par les leucocytes. Pour obtenir ce résultat, il est nécessaire de prendre certaines précautions : si on pousse l'injection dans un tissu peu vasculaire, comme la peau ou la couche musculaire sous-cutanée, le liquide se résorbe, mais les grains de carmin restent à l'endroit où l'injection a été faite. Il est donc indispensable d'injecter dans le tissu cellulaire sous-cutané, où la présence de nombreux espaces lymphatiques facilite l'absorption du carmin par les leucocytes.

En même temps que nous faisons une injection sous la peau, nous introduisons dans la cavité péritonéale du cobaye des lamelles destinées à provoquer la formation d'un tissu nouveau. Il est utile dans cette expérience de renouveler l'injection un certain temps après l'introduction des lamelles. Nous avons eu soin également de nous assurer, par l'examen direct du sang, que les leucocytes étaient chargés de grains de carmin.

Ce procédé nous a fourni des résultats intéressants que nous allons maintenant rapporter.

Les éléments cellulaires contenus entre les lamelles sont, comme précédemment, des cellules à noyau lobé, surtout abondantes au début, de petites cellules à noyau rond, à protoplasme peu abondant. Ces dernières sont toujours en nombre très restreint et jamais elles ne renferment de carmin. Au contraire, les cellules à noyau polymorphe en étaient fréquemment chargées.

La forme de ces éléments permet de les considérer comme des leucocytes ayant atteint leur dernier stade, le stade plurinucléaire. La présence de matière étrangère dans leur protoplasme le démontre d'une façon irréfutable. Il est en effet admis aujourd'hui qu'à cette phase de son évolution, le leucocyte est essentiellement phagocyte.

Les petites cellules à noyau rond, fortement chromatique, sont considérées par la plupart des auteurs qui ont étudié le tissu de granulation, comme des lymphocytes, c'est-à-dire des leucocytes au premier stade. Il est démontré que ces cellules sont dépourvues de propriétés phagocytaires. Le fait que les lymphocytes sont toujours, dans nos expériences, dépourvus d'inclusions, concorde avec ces idées.

Examinons maintenant l'aspect que présentent les grosses cellules à noyau vésiculeux à la suite des injections de carmin. Nous avons rencontré un nombre considérable de ces cellules chargées de matière colorante aussi bien à l'intérieur des lamelles que dans le tissu en voie d'organisation (fig. 6, *b*, *c*, *g*, *k*, *l*, et fig. 7, *c'*). Nous en avons souvent observé dont le protoplasme était complètement bourré de particules de carmin. Souvent aussi nous avons vu ces grains contenus dans un espace clair (fig. 6, *k*). Dans ce cas, il s'était donc formé une véritable vacuole. Ballance (5) a également constaté, à l'intérieur des fibroblastes, l'existence de vacuoles renfermant des corps étrangers. Le mode de formation des vacuoles chez les amibes a été bien décrit par Le Dantec (34').

Nous avons signalé dans le paragraphe précédent les formes diverses qu'affectent les cellules à noyau vésiculeux. Toutes ces formes renferment également du carmin dans les expériences de cette deuxième série.

Entre les lamelles, on rencontre un nombre considérable de cellules fusiformes ou étoilées présentant des inclusions colorées (fig. 6, *a, d, e, f*). De même, dans le tissu en voie de formation, les cellules à protoplasme très abondant, subissant la transformation en fibrilles conjonctives, sont fréquemment chargées de particules de carmin (fig. 7, *c'*).

L'examen de nos préparations permet de se convaincre que le carmin n'a pu être absorbé par ces cellules à l'endroit où se forme le tissu nouveau. En effet, on ne rencontre jamais de grains de carmin isolés, pas même dans l'exsudat contenant des globules rouges; toujours ils sont inclus dans les cellules.

Nous avons été frappé, à diverses reprises, par l'existence de particules colorées à l'intérieur de cellules dont le noyau était en voie de division mitosique (fig. 6, *h, i*). Nous n'avons été convaincu de ce fait qu'après l'avoir fréquemment constaté. En examinant ces figures à un très fort grossissement, on découvre des grains de carmin qui passent inaperçus lorsque l'examen microscopique est fait à un grossissement faible. Dans ce cas, le doute n'est plus possible. Les cellules en division karyokinétique peuvent contenir du carmin. Cette observation prouve, d'une part, que ces figures de division appartiennent à des leucocytes venus du sang, et, d'autre part, que la présence de corps étrangers inertes à l'intérieur d'une cellule ne trouble nullement son fonctionnement normal.

L'injection de la matière colorante étant pratiquée de telle façon que son transport dans la cavité péritonéale, où se forme le tissu de granulation, n'est possible que par l'intermédiaire du courant circulatoire, une seule objection peut se produire : les particules de carmin, dira-t-on, sont entraînées par le sang, sans que les leucocytes interviennent. A cela nous répondons : En admettant même que la pression du liquide circulant, si faible qu'elle soit dans les espaces lymphatiques du tissu cellulaire sous-cutané, puisse entraîner des grains de carmin, l'observation directe démontre qu'il n'y a jamais de carmin libre dans le sang. On sait, d'autre part, avec quelle rapidité les leucocytes s'emparent de tout corps étranger inerte qui pénètre dans le sang.

Nous sommes donc obligé d'admettre que *les cellules qui forment le tissu de granulation sont, au moins en partie, d'origine sanguine.*

Il faut faire remarquer que le nombre de leucocytes qui pas-

sent dans le tissu cellulaire où se trouve la matière injectée et y
absorbent du carmin, doit être forcément restreint. Il n'est donc
pas étonnant qu'un grand nombre de fibroblastes ne contiennent
pas d'inclusions colorées. Nous verrons ultérieurement si ces
cellules peuvent avoir une autre origine.

Arrêtons-nous, pour le moment, à cette conclusion : Ainsi que
le faisait supposer l'analogie d'aspect et de forme, les grosses
cellules à noyau vésiculeux du tissu de granulation sont, au moins
en partie, des leucocytes uninucléaires ayant subi des modifications spéciales, consistant principalement dans l'accroissement du
protoplasme et du noyau.

C. — *Étude du tissu conjonctif voisin du tissu de granulation.*

Pour étudier les modifications que subit le tissu conjonctif situé
au voisinage des lamelles, nous avons utilisé exclusivement les
préparations obtenues en opérant dans la cavité péritonéale du
cobaye. L'incision étant pratiquée sur la paroi latérale de l'abdomen, il est facile de pousser les lamelles au niveau de la ligne
médiane. Nous évitons le plus possible de léser les tissus. Après
un temps variant avec l'intensité de l'inflammation produite, les
lamelles sont enkystées dans un tissu qui, dans certains cas,
n'affecte de rapport qu'avec le péritoine sur lequel il repose. A ce
niveau, le péritoine est fortement congestionné, d'un rouge vif.
Lorsque le tissu formé autour des lamelles n'est pas encore très
abondant, nous pouvons, par une faible traction, le détacher du
tissu péritonéal sous-jacent. Au contraire, lorsque les lamelles
sont entourées d'un tissu épais, celui-ci est très adhérent au péritoine. Dans ce cas, nous enlevons, en même temps que le tissu
néoformé, les tissus sous-jacents.

Au voisinage de l'endroit où reposent les lamelles, le péritoine
apparaît épaissi, et cet épaississement va en diminuant progressivement à mesure que l'on s'éloigne des lamelles.

Si l'on examine des coupes du péritoine auquel adhère le tissu
de granulation, on voit nettement la limite qui sépare ce dernier
du tissu péritonéal. Celui-ci est recouvert d'un exsudat fibrineux
analogue à celui que nous avons décrit plus haut comme existant
au premier stade de l'organisation du tissu de granulation. Nous

amas de cellules plus ou moins volumineuses (fig. 9). Ces amas,
très peu considérables en certains endroits, sont souvent formés
par la réunion de nombreuses cellules. Il existe aussi des cellules
rondes isolées à la surface du péritoine. Les cellules, pressées les
unes contre les autres, affectent des formes très variées : les unes,
placées à la périphérie des amas, sont arrondies ; les autres, com-
primées, présentent une forme irrégulièrement cubique. Ces cellules à protoplasme généralement abondant, non granuleux, possèdent un seul noyau, de forme et de volume variables (fig. 9). Le
plus souvent, il est arrondi, et dans ce cas toujours excentrique.
Fréquemment ses contours sont irréguliers. La chromatine y est
peu abondante, disposée sous forme de grains à la périphérie ; à
l'intérieur se trouvent un ou plusieurs corpuscules colorés ; le
reste apparaît clair.

Si nous examinons le péritoine plus épaissi, nous constatons
que ces amas cellulaires se sont fusionnés de manière à former
une véritable couche constituée souvent par plusieurs plans de
cellules. A ce niveau, parmi les éléments décrits plus haut, on
rencontre un nombre plus ou moins considérable de leucocytes
plurinucléaires. Nous y avons aussi rencontré assez fréquemment
des cellules en voie de division mitosique. Ces dernières
n'existent pas sur le péritoine peu épaissi.

Pour autant qu'on peut le voir par transparence, les cellules
du péritoine paraissent normales.

Mais cet examen se fait mieux sur les coupes. Celles-ci présentent à la surface une ou plusieurs couches de cellules à noyau
vésiculeux, de formes irrégulières (fig. 10). Ces cellules se trouvent
parfois isolées dans le tissu péritonéal lui-même. Mais il est facile
de se convaincre que les cellules du péritoine n'ont subi aucune
modification. Au niveau des capillaires, surtout à la limite du
péritoine et de la couche musculaire, nous avons souvent rencontré un certain nombre de cellules identiques à celles qui se
trouvent à la surface.

Le même fait a été signalé plus haut dans le péritoine fortement
enflammé. Nikiforoff (45) a aussi constaté dans le tissu cellulaire
sous-cutané enflammé l'existence de ces cellules au voisinage des
capillaires. Fréquemment, d'après cet auteur, on trouve parmi
ces cellules des figures de division karyokinétique. Toupet (67)
dit nettement que, dans le péritoine enflammé, les mitoses se

rencontrent presque exclusivement à l'intérieur et autour des capillaires sanguins. Nous avons constaté le même fait. Et nous avons même rencontré des cellules à noyau vésiculeux, identiques à celles qui recouvrent le péritoine à l'intérieur des vaisseaux (fig. 11, e). Leur origine n'est donc pas douteuse : elles proviennent du courant sanguin.

Cette étude anatomique du péritoine enflammé nous permet de conclure à la participation des leucocytes uninucléaires vésiculeux à l'organisation du tissu de granulation. Les cellules fixes du péritoine interviennent-elles également? Nous sommes loin de nier qu'un certain nombre de figures karyokinétiques que nous avons observées dans le péritoine enflammé puissent appartenir aux cellules conjonctives, mais nous devons déduire de nos observations que l'intervention des leucocytes uninucléaires se produit bien avant que l'on constate la prolifération des cellules fixes.

Voici, en résumé, la succession des phénomènes :

L'inflammation provoquée par la présence des lamelles reposant sur le péritoine détermine d'abord la formation d'un exsudat qui entoure les lamelles, s'organise en tissu conjonctif. En même temps que se forme cet exsudat, le péritoine se modifie. Cette modification consiste d'abord dans l'émigration de leucocytes plurinucléaires et de rares lymphocytes qui s'accumulent dans les espaces conjonctifs distendus par le liquide exsudé. Il se produit ensuite une émigration d'un nombre considérable de leucocytes uninucléaires vésiculeux qui subissent aussi bien dans le péritoine que dans l'exsudat qui recouvre celui-ci, la transformation en cellules conjonctives.

En ce moment, le péritoine présente un nombre considérable de cellules en voie de mitose, surtout nombreuses au niveau des capillaires. La plupart de ces figures de division appartiennent manifestement à des leucocytes uninucléaires émigrés, car on les rencontre presque exclusivement à l'intérieur et au pourtour des vaisseaux. On trouve des karyokinèses en petit nombre sur les travées conjonctives, loin des vaisseaux ; elles peuvent être attribuées aussi bien aux cellules du péritoine qu'aux leucocytes émigrés en voie de transformation conjonctive.

Cette inflammation du péritoine se propage progressivement au pourtour des lamelles. Le tissu péritonéal s'épaissit par suite de la distension des lacunes conjonctives par le liquide exsudé et de l'arrivée de leucocytes plurinucléaires d'abord, de leucocytes uninucléaires vésiculeux ensuite.

A une certaine distance de l'endroit où les lamelles reposent sur le péritoine, le deuxième stade de l'inflammation se produit directement, c'est-à-dire que seuls les leucocytes uninucléaires émigrent. Aussi le péritoine, qui présente au pourtour des lamelles le minimum d'épaississement, est-il simplement chargé d'une couche plus ou moins épaisse de leucocytes vésiculeux que l'on rencontre également à l'intérieur du tissu péritonéal, principalement au niveau des capillaires.

C'est l'observation de ce dernier tissu qui nous a permis de saisir le mécanisme de l'inflammation provoquée par la présence des lamelles à la surface du péritoine. En prenant certaines précautions pour ne pas trop léser les tissus voisins, on peut aisément répéter nos expériences. Mais il est indispensable d'éviter la formation d'adhérences avec l'épiploon ou les intestins, adhérences qui se produisent fréquemment.

D. — *Étude du tissu de granulation chez le cobaye vacciné.*

Dans certaines circonstances, principalement à la suite de l'infection de l'organisme, le sang subit des altérations profondes et multiples. Ces modifications atteignent particulièrement les leucocytes, qui varient en qualité et en quantité.

Les recherches de ces dernières années (Goldscheider et Jacob (22), Holtzmann (30), Jacob (31), etc.) ont démontré qu'à la suite de la pénétration dans l'organisme de produits infectieux, le nombre des leucocytes contenus dans le sang diminue d'abord, puis augmente rapidement. On a appelé la première phase de ce phénomène : hypoleucocytose; la deuxième : hyperleucocytose. En même temps que se produit cette modification du nombre total des globules blancs, les diverses formes de leucocytes subissent aussi des variations quantitatives. A la période en général très courte d'hypoleucocytose, on constate principalement une diminution du nombre des leucocytes plurinucléaires. Au contraire, au stade d'hyperleucocytose, la forme plurinucléaire prédomine, en même temps que les leucocytes à noyau vésiculeux deviennent relativement rares. Si l'infection cesse, le sang reprend ses caractères normaux. Si une nouvelle infection se produit, les mêmes phénomènes d'hypo- et d'hyperleucocytose se manifestent.

Nous nous sommes basé sur ces données pour résoudre la question suivante : Si nous maintenons le sang d'un cobaye au stade d'hyperleucocytose, c'est-à-dire si nous diminuons autant que possible le nombre des leucocytes à noyau vésiculeux du sang, quelles seront les modifications concomitantes que l'on pourra noter dans le phénomène de l'organisation du tissu de granulation ?

Pour faire cette recherche, nous injectons à un cobaye une dose faible (0.5 c. c.) de toxine diphtéritique. Nous déterminons préalablement l'état du sang, le poids et la température. La même détermination est faite après l'injection. Et lorsque la température est revenue à la normale, nous injectons de nouveau 0.25 c.c. de toxine.

Nous renouvelons cette injection en prenant les mêmes précautions aussi longtemps que l'examen du sang nous montre que l'animal est suffisamment vacciné. En ce moment, le nombre de leucocytes à noyau vésiculeux a considérablement diminué.

Nous introduisons alors des lamelles de verre dans la cavité péritonéale du cobaye.

Par de nouvelles injections de toxine, nous maintenons l'animal dans l'état où il se trouvait au moment de l'introduction des lamelles. Nous notons, chaque fois que nous injectons, le poids et la température. L'examen du sang est fait très fréquemment pour nous assurer que les leucocytes vésiculeux continuent à être peu abondants.

Le cobaye meurt quarante heures après le moment où il a reçu les lamelles dans la cavité péritonéale. Les chambres de verre sont retirées en même temps que le péritoine sur lequel elles reposent.

Il ne s'est formé dans ce cas, autour des lamelles, qu'un exsudat fibrineux peu abondant. L'organisation de tissu nouveau est nulle. Entre les lamelles se trouvent beaucoup de leucocytes plurinucléaires et un petit nombre de vésiculeux.

Nous faisons ensuite l'examen du péritoine comme nous l'avons rapporté plus haut.

Chez le cobaye non vacciné, le péritoine, à certains endroits, est recouvert exclusivement par des leucocytes uninucléaires vésiculeux. Au contraire, chez le cobaye vacciné à la surface péritonéale, on rencontre toujours des amas de cellules formés en grande partie de leucocytes plurinucléaires (fig. 13, a).

Il résulte de l'examen de nos préparations que l'arrivée des globules blancs à noyau vésiculeux au niveau des lamelles a été manifestement retardée à la suite des injections de toxine diphtéritique.

Cette seule expérience ne suffit pas pour conclure définitivement. Nous avons entrepris une nouvelle série de recherches dans ce sens. Nous en publierons ultérieurement les résultats.

CHAPITRE V.

CONCLUSIONS.

Voici les conclusions qui se dégagent, croyons-nous, de nos recherches sur le rôle des cellules migratrices provenant du sang et de la lymphe dans l'organisation des tissus chez les animaux à sang chaud.

L'introduction de lamelles de verre dans l'organisme, au sein de tissus vasculaires, détermine la production de phénomènes inflammatoires caractérisés par :

1° L'émigration d'un nombre considérable de leucocytes plurinucléaires à noyau dense, à protoplasme granuleux, et par l'exsudation simultanée d'un liquide qui se coagule au contact des corps étrangers, d'où résulte la formation d'un exsudat cellulofibrineux ;

2° L'émigration, à un moment variable, et dépendant de l'intensité de l'irritation, de leucocytes uninucléaires vésiculeux, à protoplasme abondant et homogène ;

3° La prolifération par mitose de ces leucocytes vésiculeux parvenus au niveau du tissu irrité, prolifération se manifestant à l'intérieur et au pourtour des vaisseaux capillaires ;

4° La transformation des leucocytes vésiculeux en cellules conjonctives et la fusion de nombreuses cellules semblables en tissu conjonctif formant une capsule autour des corps étrangers ;

5° La désintégration simultanée des globules blancs à noyau polymorphe qui se retrouvent à l'intérieur des leucocytes à noyau vésiculeux ;

6° L'apparition dans le tissu enflammé de figures de division qui peuvent être attribuées aux cellules fixes et qui démontrent l'intervention accessoire du tissu préexistant dans l'organisation inflammatoire.

Quels sont, d'après nos observations, les arguments qui démontrent l'origine sanguine des éléments du tissu de granulation?

1° Il y a analogie complète de structure et de fonction entre les leucocytes uninucléaires vésiculeux du sang et les cellules considérées par tous les auteurs comme génératrices du tissu conjonctif nouveau ;

2° Ces fibroblastes apparaissent *d'abord* au voisinage des capillaires ;

3° L'arrivée des fibroblastes autour des corps étrangers coïncide avec la présence de nombreux leucocytes uninucléaires vésiculeux dans les vaisseaux du tissu conjonctif voisin ;

4° Un nombre considérable de fibroblastes existent au niveau des corps étrangers, alors que les cellules du tissu conjonctif voisin ne présentent aucune apparence de division mitosique, pas même de modifications nucléaires ou protoplasmiques ;

5° Les figures karyokinétiques se rencontrent *d'abord* exclusivement au voisinage des capillaires ;

6° Les mitoses s'observent simultanément à l'intérieur et au pourtour des vaisseaux ;

7° Les noyaux en division indirecte qui se rencontrent plus tard dans les lacunes ou sur les travées conjonctives, peuvent être attribués aussi bien aux leucocytes émigrés qu'aux cellules fixes du tissu. Rien ne permet de les distinguer ;

8° La diminution du nombre de leucocytes uninucléaires vésiculeux du sang retarde l'accumulation de fibroblastes au voisinage des corps étrangers ;

9° A la suite d'injection de carmin en poudre dans le tissu cellulaire sous-cutané, on retrouve les leucocytes uninucléaires chargés de particules colorées dans le tissu de granulation du péritoine. Ils y sont en voie de division mitosique ou en voie de transformation conjonctive. La présence de grains de carmin à l'intérieur de ces cellules est la preuve de leur origine sanguine.

Jusqu'ici nous avons envisagé exclusivement l'organisation du tissu inflammatoire autour de lamelles de verre introduites dans l'organisme. Aussi nos conclusions ne peuvent-elles s'appliquer qu'à ce cas spécial.

Nous sommes porté à croire que dans d'autres conditions, le processus de formation du tissu peut être tout à fait différent. La régénération simple, par exemple, ne s'accompagne pas de phénomènes inflammatoires; les cellules du tissu doivent donc seules intervenir dans ce cas. Le nom de cellules fixes qu'on a donné à ces cellules tend à les faire considérer (cela est surtout vrai pour les cellules conjonctives) comme des éléments dans lesquels la fonction trop spécialisée a diminué la vitalité. Peut-être quand on connaîtra mieux l'origine des cellules migratrices, le terme de cellule fixe sera-t-il moins absolu.

Si nous cherchons quels sont les phénomènes pathologiques qui présentent le plus d'analogies avec le cas étudié par nous, nous rencontrons aussitôt les questions complexes de la formation du tubercule, des transformations scléreuses, de l'origine des cellules dites embryonnaires.

L'histoire du tubercule est encore bien douteuse, mais les phénomènes constatés par Borrel (10) au début de la formation des tubercules dans le poumon, ont une analogie frappante avec ceux que nous avons observés dans la constitution du tissu de granulation.

D'autre part, l'étude expérimentale des altérations fréquentes auxquelles les pathologistes donnent le nom de scléroses : artériosclérose, cirrhose du foie, sclérose rénale, etc., conduirait probablement, d'après les idées actuelles, à des résultats intéressants au point de vue de l'intervention des leucocytes.

Enfin, il serait utile d'étudier expérimentalement l'origine, dans diverses circonstances, des cellules dites embryonnaires, par exemple des cellules rondes (*Decidualzellen* de Friedlander) qui se rencontrent dans la muqueuse utérine en voie de transformation pendant la grossesse.

Nous avons commencé l'étude expérimentale de ces différentes questions. Les résultats partiels obtenus jusqu'ici nous portent à attribuer aux leucocytes un rôle important dans ces néoformations.

Dans le présent mémoire, nous avons tenu à ne fournir que des résultats définitifs. C'est pourquoi nous nous sommes limité à la question de l'origine du tissu de granulation, comptant publier ultérieurement le résultat de nos recherches encore incomplètes sur la constitution des autres tissus pathologiques.

Il nous reste à dire un mot. Après avoir mis sous forme d'énoncé très court les conclusions immédiates qui découlent de nos expériences, nous devons attirer l'attention sur une conclusion d'importance plus générale et se rapportant à la physiologie cellulaire proprement dite.

L'évolution normale du leucocyte peut être modifiée dans certaines circonstances spéciales.

Des travaux nombreux ont démontré que le cycle normal des transformations du globule blanc est souvent accéléré par les modifications de l'état général de l'organisme. Par exemple, lors de l'infection par un micro-organisme, le lymphocyte devient très rapidement leucocyte plurinucléaire.

Il résulte de nos recherches que l'évolution du globule blanc n'est pas toujours la même. Alors que, à l'état normal, le gros leucocyte uninucléaire vésiculeux se transforme toujours en cellule plurinucléaire, dans certaines conditions pathologiques, ce même élément peut subir d'autres modifications protoplasmiques et nucléaires, et devenir fibroblaste, puis cellule conjonctive. Le protoplasme et le noyau augmentent de volume. La forme cellulaire se modifie, la structure du protoplasme devient fibrillaire, le leucocyte uninucléaire vésiculeux est devenu cellule conjonctive qui concourt à la formation du tissu inflammatoire.

Nos recherches ont été faites à l'Institut universitaire de physiologie de l'Université de Bruxelles. Nous sommes heureux de pouvoir exprimer toute notre reconnaissance à M. le professeur P. Heger et à M. Demoor, dont les conseils nous ont été si utiles.

Nous remercions ici publiquement MM. les professeurs Giard, de Paris, Errera, Yseux, Lameere, Dallemagne, de Bruxelles, qui ont bien voulu nous recevoir dans leur laboratoire et qui nous ont guidé dans l'étude des sciences biologiques.

Protocole des expériences.

A. *Étude du tissu de granulation chez le lapin.*

EXPÉRIENCE I. — 17 janvier 1896, 4 h. soir : Introduction de trois lamelles de Ziegler dans le tissu cellulaire sous-cutané d'un lapin, à la région latérale de l'abdomen.

18 janvier, 11 h. matin : Une des lamelles est retirée et examinée. Il existe autour des lamelles et dans l'espace compris entre elles un exsudat dans lequel se trouvent un grand nombre de leucocytes plurinucléaires.

18 janvier, 4 h. soir : Une seconde lamelle est retirée et examinée. Même aspect que la précédente. L'exsudat est un peu plus abondant.

20 janvier, 4 h. soir : La troisième lamelle est enlevée. L'examen est fait à la chambre chaude de Zeiss, maintenue à 37° : réticulum fibrineux, chargé de nombreuses cellules ; la plupart renferment des granulations très réfringentes. Pas d'organisation de tissu nouveau autour des lamelles.

EXPÉRIENCE II. — 25 janvier 1896, 5 h. soir : Introduction de trois lamelles de Ziegler sous la peau d'un lapin, à la région latérale et dorsale du thorax.

3 février, 2 h. soir : Nous enlevons une des lamelles entourée d'une fine membrane tendue entre les fils unissant les lamelles l'une à l'autre. Entre celles-ci, l'examen microscopique montre la présence d'un exsudat fibrineux chargé de leucocytes plurinucléaires, de grosses cellules rondes à noyau vésiculeux et d'un petit nombre d'éléments fusiformes et étoilés.

5 février, 11 h. matin : Une deuxième lamelle est examinée. Entre les lamelles, on constate un commencement d'organisation ; les cellules étoilées et fusiformes sont accolées les unes aux autres. Les leucocytes plurinucléaires sont moins abondants.

7 février, 11 h. matin : La troisième lamelle est retirée. Même constatation que pour le cas précédent. L'organisation du tissu de granulation est plus considérable.

EXPÉRIENCE III. — 5 février 1896, 9 h. matin : Injection de carmin finement pulvérisé en suspension dans l'eau, dans le tissu cellulaire sous-cutané d'un lapin, au niveau de l'abdomen.

6 février, 10 h. matin : Introduction, dans le tissu cellulaire sous-cutané de la région latérale et dorsale du thorax, de trois lamelles de Ziegler.

7 février, 10 h. matin : Examen de la lymphe. Nous ne constatons pas de granules de carmin à l'intérieur des leucocytes.

13 février, 2 h. soir : Enlèvement d'une lamelle. On ne rencontre pas, à l'examen direct, de matière colorante à l'intérieur des leucocytes. Ceux-ci présentent généralement des granulations réfringentes. Autour des lamelles, il y a une organisation peu abondante de tissu.

15 février, 10 h. matin : Une deuxième lamelle est retirée. Même résultat.

17 février, 10 h. matin : Enlèvement de la troisième lamelle. Même résultat. L'organisation du tissu est plus considérable.

EXPÉRIENCE IV. — 15 février 1896, 10 h. matin : Introduction d'une lamelle de Ziegler dans la cavité péritonéale d'un lapin.

24 février, 10 h. matin : Enlèvement de la lamelle, qui est entourée d'une couche épaisse de tissu, ayant contracté des adhérences nombreuses avec les tissus voisins.

B. *Étude du tissu de granulation chez le cobaye, dans la cavité péritonéale.*

EXPÉRIENCE V. — 25 février 1896, 4 h. soir : Nous introduisons dans la cavité péritonéale de quatre cobayes une lamelle de Ziegler, en même temps qu'une certaine quantité de carmin finement pulvérisé.

28 février, matin : Un cobaye mort. Les leucocytes contenus entre les lamelles sont chargés de grains de carmin. Autour des lamelles existe une fine membrane formée de fibrine et de leucocytes plurinucléaires ayant englobé du carmin.

3 mars, 3 h. soir : Enlèvement des lamelles d'un second cobaye. Elles sont entourées d'un tissu de granulation épais, adhérent aux tissus voisins. Il est teinté de rouge par le carmin. Entre les lamelles se trouvent des leucocytes et des cellules fusiformes et

étoilées. L'examen des préparations fraîches ou fixées fait découvrir des particules de carmin à l'intérieur de ces différentes cellules. Il existe également du carmin à l'intérieur des cellules constituant le tissu de granulation.

5 mars, 9 h. matin : Un troisième cobaye est tué. Les lamelles sont entourées de membranes épaisses, adhérentes au péritoine et à l'épiploon. Entre elles existe une véritable membrane de tissu nouveau. Les éléments qui constituent ce tissu renferment des grains de carmin.

11 mars : Le quatrième cobaye est trouvé mort. Les lamelles sont entourées d'un tissu très épais.

EXPÉRIENCE VI.— 14 mars 1896, 2 h. soir : Dans les expériences précédentes, les lamelles étaient retenues au moyen d'un fil, au niveau de l'endroit où nous avions pratiqué l'incision. Dans les expériences suivantes, les lamelles sont libres dans la cavité péritonéale, à une certaine distance de la plaie. Nous évitons ainsi la formation d'adhérences.

Un cobaye A reçoit :

1° Dans la cavité péritonéale, une lamelle de Ziegler ;

2° Dans le tissu cellulaire sous-cutané de la région dorsale du thorax, 3.5 c. c. d'eau tenant en suspension du carmin finement pulvérisé.

Un cobaye B reçoit :

1° Sous la peau de la région dorsale du thorax, une lamelle de Ziegler ;

2° Dans la cavité péritonéale, 2 c. c. de carmin en suspension dans l'eau.

16 mars, 2 h. soir : Autopsie du cobaye A, mort le matin. Cause de la mort, inconnue. Les lamelles libres dans la cavité péritonéale sont entourées d'une fine membrane. Presque tous les leucocytes contenus dans l'espace capillaire compris entre les lamelles, renferment des particules de carmin. Les cellules fusiformes et étoilées, moins nombreuses, en renferment aussi.

21 mars, 10 h. matin : A l'autopsie du cobaye B, nous trouvons les lamelles introduites sous la peau non entourées de tissu nouveau. Un nombre peu considérable de leucocytes se trouvent entre les lamelles. Ils sont chargés de carmin.

EXPÉRIENCE VII. — 10 avril 1896, 3 h. soir : Trois cobayes reçoivent une injection de 2 $1/2$ c. c. d'eau tenant en suspension du carmin finement pulvérisé. Cette injection est faite sous la peau de la région dorsale du thorax.

En même temps, nous introduisons des lamelles de Ziegler dans la cavité péritonéale de chacun des trois cobayes. L'incision est faite latéralement; les lamelles sont placées au niveau de la ligne médiane.

11 avril, 10 h. matin : Examen du sang des trois cobayes. Aucun leucocyte ne renferme du carmin.

Nouvelle injection sous-cutanée de 1 c. c.

Une injection de 3 c. c. de carmin est faite sous la peau de deux autres cobayes qui reçoivent également des lamelles de Ziegler dans la cavité péritonéale.

13 avril : Autopsie d'un des cobayes opérés le 10 avril. Les lamelles sont libres dans la cavité péritonéale. Une fine membrane les entoure; elle est formée de fibrine et de leucocytes plurinucléaires. A l'intérieur de la chambre de verre se trouvent un petit nombre de cellules fusiformes et étoilées *sans carmin*. Injection, aux quatre cobayes restants, de 2 c. c. de carmin.

L'examen du sang, fait peu de temps après l'injection, montre que les leucocytes ne renferment pas de carmin.

15 avril, 2 h. soir : Autopsie d'un deuxième cobaye. Les lamelles présentent microscopiquement le même aspect que chez l'animal précédent. Pas de carmin à l'intérieur des cellules.

17 avril : Autopsie d'un troisième cobaye. Même résultat. Le tissu de granulation est plus épais, mais les cellules qui le constituent ne contiennent pas de particules de carmin.

19 avril : Autopsie d'un quatrième cobaye. Même résultat négatif.

Cherchant quelle pouvait être la cause de notre insuccès dans cette série d'expériences, nous constatons chez le cobaye, aux endroits où les injections de carmin ont été faites, des traînées rouges siégeant dans la peau, épaisse à ce niveau. Le contenu de ces amas, examiné au microscope, est constitué par des grains de carmin. Ce fait nous explique le résultat négatif obtenu dans cette expérience. *Les particules injectées dans la peau elle-même n'ont pas été résorbées par les leucocytes.*

Le cinquième cobaye n'a pas été examiné.

EXPÉRIENCE VIII. — 1er mai 1896 : Injection de 3 c. c. de carmin sous la peau de la région dorsale du thorax de trois cobayes. Nous prenons les précautions nécessaires pour que l'injection soit faite dans le tissu cellulaire sous-cutané.

. Introduction de lamelles de Ziegler dans la cavité péritonéale des trois animaux.

4 mai : Autopsie d'un cobaye. Les lamelles sont entourées d'une membrane qui, en différents endroits, est légèrement teintée de rouge. Cette coloration est surtout manifeste au niveau du fil qui entoure les lamelles. Le péritoine sur lequel repose la chambre de verre est fortement congestionné. Des fragments sont fixés et coupés au microtome ou examinés par transparence.

Le foie, la rate, le poumon présentent une coloration rouge anormale. Des fragments de ces organes placés dans une solution d'ammoniaque communiquent à celle-ci une teinte rouge vif de carmin.

L'examen du contenu des lamelles et des éléments du tissu qui les entoure fait voir un nombre considérable de cellules de formes diverses, chargées de matière colorante.

7 mai : Autopsie d'un deuxième cobaye. Le tissu entourant les lamelles est très abondant. Il adhère au péritoine. Celui-ci est enlevé en même temps que le tissu de granulation. Des fragments du foie, de la rate et du poumon colorent en rouge-carmin la solution d'ammoniaque.

Le contenu des lamelles présente un grand nombre de cellules chargées de grains colorés.

Le troisième cobaye, trouvé mort, n'a pu être examiné.

EXPÉRIENCE IX. — 4 août 1896, 10 h. matin. Poids du cobaye : 525 grammes. Température : 38°.

1. Sang pris sur l'animal normal. Nombre de leucocytes normal.

Lymphocytes nombreux.

Leucocytes vésiculeux.

Leucocytes plurinucléaires.

11 h. matin : Injection sous la peau de $\frac{1}{2}$ c. c. de toxine diphtéritique.

2. Sang pris trente minutes après l'injection. Nombre de leucocytes diminué.

Lymphocytes.

Leucocytes vésiculeux.

Leucocytes plurinucléaires.

2 1/2 h. soir :

3. Sang pris trois heures et demie après l'injection. T., 38°,8. Nombre de leucocytes considérablement diminué.

Lymphocytes moins nombreux.

Leucocytes vésiculeux plus rares.

Leucocytes plurinucléaires plus nombreux.

5 h. soir : T., 36°,8.

5 août, 10 1/2 h. matin : T., 37°,9.

4. Sang pris dix-sept heures et demie après l'injection : Hyperleucocytose abondante.

Nouvelle injection de 1/4 c. c. de toxine.

2 h. soir : T., 40°.

5. Sang pris trois heures et demie après l'injection : Hyperleucocytose faible.

Le sang renferme des masses protoplasmiques dues probablement à la fusion de leucocytes.

5 1/2 h. soir : T., 37°,9.

6. Sang pris six heures après l'injection : Hyperleucocytose abondante.

Les amas protoplasmiques persistent. Nouvelle injection de 1/4 c. c. de toxine.

6 août, 10 1/2 h. matin : T., 37°,3.

Poids du cobaye : 520 grammes.

7. Sang pris dix-sept heures après l'injection : Hyperleucocytose intense.

11 h. matin : Nouvelle injection de 1/4 c. c. de toxine.

11 3/4 h. matin : T., 36°,6.

8. Sang pris trois quarts d'heure après l'injection : Hypoleucocytose.

2 h. soir : T., 36°,5.

9. Sang pris trois heures après l'injection : Hyperleucocytose persistante.

10. Sang pris six heures après l'injection : Hyperleucocytose.

Les leucocytes vésiculeux sont excessivement rares. Nouvelle injection de 1/4 c. c. de toxine.

Introduction d'une chambre de Ziegler dans la cavité périto-néale.

7 août, 11 $1/2$ h. matin : T., 36°.

Poids du cobaye : 500 grammes.

11. Sang pris dix-huit heures et demie après l'injection : Hyperleucocytose.

Nouvelle injection de $1/4$ c. c. de toxine.

2 h. soir : T., 36°,1.

12. Sang pris deux heures et demie après l'injection : Hyperleucocytose légère.

4 $1/2$ h. soir : Nouvelle injection de $1/2$ c. c. de toxine.

6 h. soir : T., 36°.

8 août, 11 h. matin : Cobaye mort entre 8 et 11 h. est autopsié. Les lamelles sont entourées d'un léger exsudat fibrineux sur lequel on rencontre exclusivement des leucocytes plurinucléaires. Il en est de même entre les lamelles. Le péritoine, au voisinage de l'endroit où reposent les lamelles, est congestionné. Des fragments sont enlevés et examinés.

Les capsules surrénales sont rouges. Les reins sont tuméfiés. Le cobaye est mort de diphtérie, probablement à la suite de l'injection de $1/2$ c. c. faite la veille.

BIBLIOGRAPHIE.

1. ARNOLD. *Ueber Theilungsvorgänge an der Wanderzellen, ihre progressive und regressive Metamorphose.* (*Archiv f. mikrosk. Anatomie*, Bd. XXX, 1837, p. 303.)

2. ARNOLD. *Sur les cellules migratrices et en particulier sur leur origine et leurs transformations.* (*Revue des sciences médicales* de Hayem. 1891, n° 1, p. 84.)

3. ARNOLD. *Ueber die Geschicke der Leucocyten bei der Fremdkörperembolie.* (*Archives de Virchow*, Bd. CXXXIII, 3, p. 1.)

4. BALLANCE et EDMUNDS. *Ligation in continuity.* London, 1891, p. 93.

5. BALLANCE et SHERRINGTON. *Ueber die Entstehung des Narbengewebes, das Schicksal der Leucocyten und die Rolle der Bindegewebskörperchen.* (*Centralbl. f. allgem. Pathol.*, 1890, n° 22, p. 697.)

6. BARDENHEUER. *Des processus histologiques dans l'inflammation du tissu cellulaire sous-cutané, provoquée par la térébenthine.* (*Beitr. zur pathol. Anatomie* v. Ziegler t. X, 1891.)

7. BARFURT. *Zur Regeneration des Gewebes.* (*Archiv f. mik. Anatomie*, 1891, vol. XXXVII, p. 406.)

8. BAUMGARTEN. *Zeitsch. f. klin. Med.*, 1885, et *Centralbl. f. allgem. Path.*, n° 24, 1890

9. BIZZOZERO et CAKALIS. *De la scission des éléments cellulaires dans les foyers inflammatoires.* (*Giorn. della R. Acad. di med. di Torino*, 1885.)

10. BORREL. *Tuberculose pulmonaire expérimentale.* (*Annales de l'Institut Pasteur*, 1893, n° 8, p. 595.)

11. BÖTTCHER. *Archives de Virchow*, vol. LVIII et LXII.

12. BUNGNER. *Sur l'enkystement des corps étrangers accompagné du développement d'agents chimiques et microparasites.* (*Ziegler's Beitr.*, Bd. XIX, p. 33.)

13. COEN. *Ueber die pathologisch-anatomischen Veränderungen der Haut nach Einwirkung von Iodtinctur. Beiträge zur normalen und pathologischen Anatomie der Milchdrüsen, etc.* (*Ziegler's Beiträge*, Bd. II, pp. 87, 88.)

14. CORNIL. *Sur la division indirecte dans les cellules épithéliales des tumeurs.* (*Archives de physiologie*, 1886, t. VIII, p. 310.)

15. CORNIL et TOUPET. *Sur les caryocinèses des cellules épithéliales du rein par empoisonnement cantharidien.* (*Archives de physiologie*, 1837, t. X, p. 71.)

16. DEKHUYZEN. *Ueber Mitose in freien im Bindegewebe gelegenen Leucocyten.* (*Anat. Anzeiger*, 1891, n° 8, p. 220.)

16'. DEMOOR. *Contribution à l'étude de la physiologie de la cellule.* (*Archives de biologie*, t. XIII, 1894, p 74.)

17. EBERT *Kern- und Zelltheilung während der Entzündung und Regeneration.* (*Internat. Beitr. zur wissensch. Medecin*, Bd. II, 1891, p. 75.)

18. EHRLICH. *Farbenanalytische Untersuchungen zur Histologie und Klinik des Blutes.* 1. Theil (Berlin, 1891).

18'. ÉVERARD, MASSART et DEMOOR. *Sur les modifications des leucocytes dans l'infection et dans l'immunisation.* (*Annales de l'Institut Pasteur*, février 1893, p. 157.)

19. EWETZKY. *Entzündungsversuche an Knorpel.* (*Arb. a. d. pathol. Instit. v. Ebert*, III. Leipzig, 1895.)

20. FALK. *Ueber die exsudativen Vorgänge bei der Tuberkelbildung.* (*Archives de Virchow*, 1835, Bd. CXXXIX, p. 122.)

21. Fischer. *Experimentelle Untersuchungen über die Heilung von Schnittwünden der Haut.* (Inaug. Diss. Tübingen, 1888.)

22. Goldscheider et Jacob. *Weitere Mittheilungen über die Leucocyten Frage.* (Phys. Gesellsch., 10 nov. 1893. *Arch. f. Anat. u. Phys.,* 1894, *Phys. Abth.,* 1. u. 2. Heft.)

23. Grawitz. *Die histologischen Veränderungen bei der eitzigen Entzündung im Fett. und Bindegewebe.* (*Archives de Virchow,* 1889, Bd. CXVIII, p. 73.)

24. Grawitz. *Ueber die schlummernden Zellen des Bindegewebes und ihr Verhalten bei progressiven Ernährungsstörungen.* (*Archives de Virchow,* 1892, Bd. CXXVII.)

25. Grawitz. *Ueber die Gewebsveränderungen bei der Entzündung und ihre biologische Bedeutung.* (*Berlin. klin. Wochenschr.,* n° 28, p. 707, 1892.)

26. Grawitz. *Centralbl. f. allgem. Pathol.,* 1890, p. 578.

27. Haasler. *Ueber die Regeneration des zerstörter Knochenmarkes und ihre Beeinflussung durch Iodoform.* (*Arch. f. klin. Chirurgie,* p. 108, 1895.)

28. Hammert. *Sur les formes des cellules émigrantes au voisinage des corps étrangers chez les animaux à sang froid et de leurs modifications ultérieures.* (*Ziegler's Beiträge,* Bd. XIX, p. 1.)

29. Heger. *Étude critique et expérimentale sur l'émigration des globules blancs du sang.* Bruxelles, 1878.

29. Hodara. *Kommen in den blutbereitenden Organen des Menschen normalerweise Plasmazellen vor ?* (*Monatsch. für prakt. Dermatolog.,* vol. XXII, 2.)

30. Holtzmann. *Contribution à l'étude de la leucocytose.* (*Archives des sciences biologiques,* t. II, n° 4.)

31. Jacob. *Sur l'hyperleucocytose artificielle.* (Phys. Gesellsch., 21 juillet 1893. *Arch. f. Anat. u. Phys.,* 1893. *Phys. Abth.,* 6. Heft.)

32. Kiener et Duelert. *Sur le mode de formation et de guérison des abcès.* *Archives de médecine expérimentale et d'anatomie pathologique,* 1893, n° 6.)

33. Krafft. *Zur Histogenese der periostalen Calus.* (*Ziegler's Beiträge,* Bd. I, Heft 1, 1884.)

34. Kruse. *Sur le développement, la structure et les altérations pathologiques de la cornée.* (*Archives de Virchow,* Bd. CXXVIII, 2.)

34'. Le Dantec. *Recherches sur la digestion intra-cellulaire chez les protozoaires.* *Annales de l'Institut Pasteur,* 1890, p. 776. — *Id.,* 1891, p. 163.)

35. Lewin. *Zur Histologie der akuten Entzündungen.* (*Revue des sciences médicales de Hayem,* 1892, p. 460.)

36. Löwit. *Studien zur Phys. und Pathol. des Blutes und der Lymphe.* Iena, 1892.

37. Manasse. *Ueber Granulationsgeschwülste mit Fremdkörperriesenzellen.* (*Archives de Virchow,* Bd. 136, p. 245.)

38. Marchand. *Untersuchungen über die Eintheilung von Fremdkörpern.* (*Ziegler's Beiträge,* Bd. IV, 1888.)

39. Marchand. *Centralbl. f. allgem. Pathol.,* 1890, p. 577.

40. Marquevitch. *Modifications morphologiques des globules blancs au sein des vaisseaux sanguins.* (*Archives scientifiques de biologie. Institut impérial de médecine expérimentale de Saint-Pétersbourg,* t. III, n° 5, 1895.)

41. Marschalko. *Ueber die sogenannten Plasmazellen, ein Beitrag zur Kenntniss der Herkunft der entzündlichen Infiltrationszellen.* (*Arch. f. Dermatol. und Syphilis,* Bd. XXX, 1895, Heft 1, p. 1.)

42. Mesnil. *Sur le mode de résistance des vertébrés inférieurs aux invasions microbiennes artificielles.* (*Annales de l'Institut Pasteur,* 25 mai 1895.)

43. Metchnikoff. *Archives de Virchow,* juillet 1888, p. 88.

44. Metchnikoff. *Leçons sur la pathologie comparée de l'inflammation,* 1892. Paris, p. 158.

45. NIKIFOROFF. *Recherches sur l'origine et le mode de développement du tissu de granulation.* (*Ziegler's Beiträge*, Bd. VIII, 1890, p. 400.)

46. PODWISSOSKY. *Experimentelle Untersuchungen über die Regeneration der Drüsengewebe.* (*Ziegler's Beiträge*, Bd. I, 1886; Bd. II, 1887.)

47. RANVIER. *Des clasmatocytes* (*Journal de micrographie*, 1890, p. 105.) — *De l'endothélium du péritoine et des modifications qu'il subit dans l'inflammation expérimentale.* (*Journal de micrographie*, 1891, p. 171.)

48. RANVIER. *Transformation in vitro des cellules lymphatiques en clasmatocytes.* (*Journal de micrographie*, 1891, p. 169, et *Comptes rendus de l'Académie des sciences*, 6 et 27 avril 1891, p. 922.)

49. RENAUT. *Traité d'histologie pratique*, 1er fasc., p. 92.

50. RIBBERT. *Ueber Regeneration und Entzündung der Lymdrüsen.* (*Ziegler's Beiträge*, Bd. VI.)

51. RIBBERT. *Archives de Virchow*, 1895, Bd CXLI.

53. RIBBERT. *Ueber die Entstehung der Geschwulste.* (*Deutsch. med. Wochenschrift*, 1895, nos 1 à 4.)

54. ROUGET. *Migrations et métamorphoses des globules blancs.* (*Archives de physiologie*, 1874, p. 820.)

55. SCHEDE. *Revue des sciences médicales* de Hayem, vol. I, p. 97.

56. SCHELTEMA. *Ueber die Veränderungen im Unterhautbindegewebe bei der Entzündung.* (*Deutsch. med. Wochenschrift*, 1886, r° 24.)

57. SHERRINGTON. *Formation of scar-tissue.* (*Journal of physiologie for 1889.*)

58. SHERRINGTON. *Note on some changes in the blood of the general circulation consequent upon certain inflammations of acute and local caracter.* (*Proceedings of the Royal Society*, vol. LV, p. 186.)

59. SHERRINGTON. *On varieties of leucocytes.* (Deuxième Congrès international de physiologie. Liége, 1892.)

60. SCHMIDTS. *Schlummernde Zellen im normalen und pathologischveränderten Fettgewebe.* (*Archives de Virchow*, vol. CXXVIII, p. 58.)

61. SENFTLEBEN. *Archives de Virchow*, vol. LXXII à LXXIV.

62. SPRONCK. *Over regeneratie en hyperplasie van leucocyten in het circuleerd bloed.* (*Nederl. Tijdschr. voor geneeskunde*, 29 Maart 1889.)

62¹'. STIÉNON. *Recherches sur la leucocytose dans la pneumonie aiguë.* (*Annales de la Société royale des sciences médicales de Bruxelles*, t IV, 1895, p. 6.)

63. STRAUSS. *Tuberculose et son bacille*, 1895.

64. TSCHISTOWITCH. *Annales de l'Institut Pasteur*, juillet 1889, p. 347. (Pl. VI, fig. 5 et 7.)

65. TILLMANS. *Archives de Virchow*, vol. LXXVIII.

66. TOUPET. *Sur les modifications cellulaires dans l'inflammation simple du péritoine.* (Thèse de Paris, 1887.)

67. TOUPET. *Résultats de quelques recherches sur la caryocinèse.* (*Société anatomique*, 1887, p. 449.)

68. UNNA. *Ueber Plasmazellen in Lupus.* (*Monatsch. für prakt. Dermatologie*, 1895, t. XII.)

69. VAN DER STRICHT. *Nouvelles recherches sur la genèse des globules rouges et des globules blancs du sang.* (*Archives de biologie*, 1892, t. XII. Pl. II, fig. 7 à 11.)

70. VERWORN. *Allgemeine Pathologie.* Jena, 1895, p. 350.

71. VIERING. *Experimentelle Untersuchungen über die Regeneration des Sehnengewebes.* (*Arch. de Virchow*, 1891, vol. CXXV, p. 252.)

72. WAGNER. *Ueber die Rolle der Leucocyten in plastischen Processus bei den Wirbellosen.* (*Zool. Anz.*, 1888, p. 386.)

73. Wérigo. *Les globules blancs protecteurs du sang.* (*Annales de l'Institut Pasteur*, 1892, n° 7, p. 478.)

74. Yersin. *Annales de l'Institut Pasteur*, 1888, p. 257.

75. Ziegler. *Experimentelle Untersuchungen über die Herkunft der Tubercelelemente.* Brochure. Würzbourg, 1875.

76. Ziegler. *Untersuchungen über pathologische Bindegewebs' und Gefäss Neubildung.* Brochure. Würzbourg, 1876.

77. Ziegler. *Traité d'anatomie pathologique.* Traduction française de la sixième édition, vol. I, p. 268.

78. Ziegler. *Centralbl. f. allgemein. Pathologie*, 1890, p 575 (1).

(1) Signalons encore trois travaux parus récemment et qui s'occupent de la formation de tissus nouveaux :

Cornil. *Sur l'organisation des caillots intravasculaires et cardiaques dans l'inflammation des vaisseaux et de l'endocarde* (Journal de l'anatomie et de la physiologie normale, etc , de Duval, 1897, n° 3, p. 201.)

Schujeninoff. *Ueber die Veränderungen der Haut und der Schleimhäute nach Aetzungen mit Trichloressigsäure, rauchender Salpetersäure und Höllenstein.* (Ziegler's Beiträge, 1897, Bd. XLI, H. 1, p. 1.)

Tedeschi. *Anatomisch experimenteller Beitrag zum Studium der Regeneration des Gewebes des Centralnervensystems.* (Ziegler's Beiträge, 1897, Bd. XLI, H. 1, p. 1.)

(*Note ajoutée pendant l'impression.*)

EXPLICATION DES FIGURES.

Nous nous sommes servi, pour faire nos dessins, du microscope Koristka, de l'oculaire compensateur 4, des objectifs apochromatiques : 3 millimètres à sec, 1ᵐᵐ,5 à immersion homogène.

Lapin. — Tissu cellulaire sous-cutané.

Fig. 1. — Différentes cellules émigrées à l'intérieur des chambres de verre. (Objectif 5 millimètres, immersion homogène, coloration carmin aluné.)

> *e, f, s.* Cellules à noyau lobé fortement chromatique.
>
> *a, c, d, g.* Cellules à noyau vésiculeux, réniforme.
>
> *b, m, i, p.* Cellules à noyau vésiculeux, arrondi et excentrique.
>
> *h.* Cellule présentant deux noyaux vésiculeux.
>
> *i, j, n.* Cellules renfermant dans leur protoplasme des granulations chromatiques.

Fig. 2 — Cellules fusiformes à l'intérieur des chambres de verre. (Objectif immersion homogène, coloration carmin aluné.)

Fig. 3. — Cellules à l'intérieur des chambres de verre.

> *a.* Cellules à trois prolongements courts.
>
> *b, b.* Cellules fusiformes. (Objectif 3 millimètres à sec, coloration picro-carmin.)

Fig. 4. — Cellule étoilée à l'intérieur des chambres de verre. (Objectif immersion homogène, coloration picro-carmin.)

Fig. 5. — Réticulum fibrineux entourant les lamelles. (Objectif 3 millimètres à sec, coloration picro-carmin.)

> *a, a'.* Cellules rondes de grandeur variable.
>
> *b.* Cellules fusiformes accolées.

Cobaye. — Cavité péritonéale.

Fig. 6. — Cellules de formes diverses existant entre les lamelles ou dans la capsule conjonctive en voie d'organisation, dans lesquelles se trouvent des grains de carmin. (Objectif immersion homogène, coloration carmin aluné.)

b, *c*, *l*. Grosses cellules rondes à noyau vésiculeux sphérique.

k. Cellule ronde à noyau vésiculeux réniforme.

a. Grosse cellule à noyau vésiculeux, légèrement allongée.

d, *e*, *f*. Cellules à noyau vésiculeux, fusiformes.

h, *i*. Cellules en voie de division mitosique.

j. Cellule en voie de division mitosique.

Fig. 7. — Coupe de l'exsudat fibrineux entourant les lamelles. (Objectif immersion homogène, coloration carmin aluné.)

A. Partie la plus voisine de la lamelle.

B. Partie la plus éloignée de la lamelle.

a. Leucocytes plurinucléaires.

b. Globules rouges.

c, *c*. Grosses cellules rondes à noyau vésiculeux.

c', *c'*. Grosses cellules rondes à noyau vésiculeux, renfermant dans leur protoplasme des grains de carmin.

d. Karyokinèse.

Fig. 8. — Coupe de la capsule conjonctive entourant les lamelles (dans sa portion la plus externe). (Objectif immersion homogène, coloration carmin aluné.)

A. Partie la plus voisine de la lamelle.

B. Partie la plus éloignée de la lamelle.

a. Fibrilles conjonctives de nouvelle formation.

a'. Cellule en voie de transformation conjonctive.

b. Grosses cellules rondes à noyau vésiculeux, sphérique.

b'. Cellule à noyau réniforme.

c. Grosses cellules à noyau en voie de mitose.

c'. Noyau présentant un filament nucléinien très apparent.

Fig. 9. — Péritoine, vu par transparence, légèrement enflammé, pris au voisinage des lamelles. (Objectif immersion homogène, coloration carmin aluné et éosine.)

a. Tissu conjonctif péritonéal.

b. Cellule ronde à noyau vésiculeux.

b'. Cellule cubique à noyau vésiculeux.

Fig. 10. — Coupe du péritoine légèrement enflammé, pris au voisinage des lamelles. (Objectif immersion homogène, coloration carmin aluné.)

a. Tissu conjonctif péritonéal.

b. Grosse cellule de forme irrégulière, à noyau vésiculeux, appli sur le péritoine.

b'. La même cellule dans le tissu péritonéal.

FIG. 11. — Coupe du péritoine situé sous les lamelles, fortement enflam Le dessin représente la limite du péritoine et de la couche muscu (Objectif immersion, coloration carmin aluné et éosine.)

A. Portion la plus superficielle.

B. Portion profonde.

a. Tissu conjonctif péritonéal.

a'. Lacunes conjonctives.

b. Faisceau musculaire.

c. Cellule ronde à noyau vésiculeux dans le tissu conjonctif péritoné

c'. La même cellule avec un noyau plus chromatique.

c". La même cellule avec un noyau réniforme.

d. Capillaire.

d'. Noyau de l'endothélium.

e. Leucocyte à noyau vésiculeux à l'intérieur du vaisseau.

FIG. 12. — La même coupe. Autre région.   Fig. 7

a. Tissu conjonctif péritonéal.

b. Grosses cellules à noyau vésiculeux.

c. Vaisseau capillaire.

c'. Son endothélium.

d. Leucocyte uninucléaire vésiculeux à l'intérieur du vaisseau.

e. Leucocyte uninucléaire à noyau en division mitosique.

FIG. 13. — Péritoine vu par transparence, légèrement enflammé, pris au voisinage des lamelles chez un cobaye vacciné. (Objectif immersion homogène, coloration hématoxyline-éosine.)

a. Leucocytes plurinucléaires.

b. Leucocytes uninucléaires vésiculeux à noyau sphérique et excentrique.

b'. Le même, plus volumineux.

b". Le même, légèrement allongé.

c. Leucocyte éosinophile.

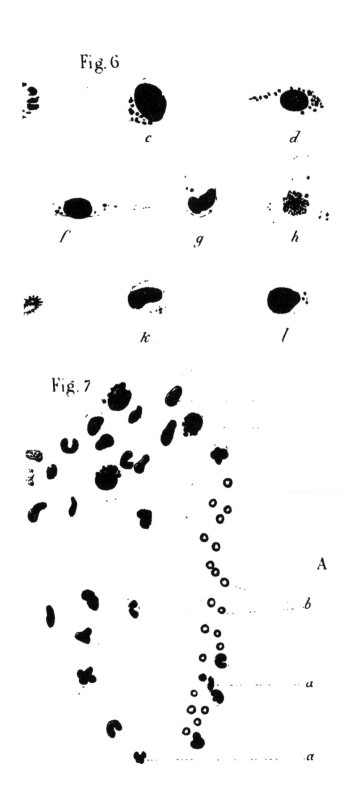

Fig. 13

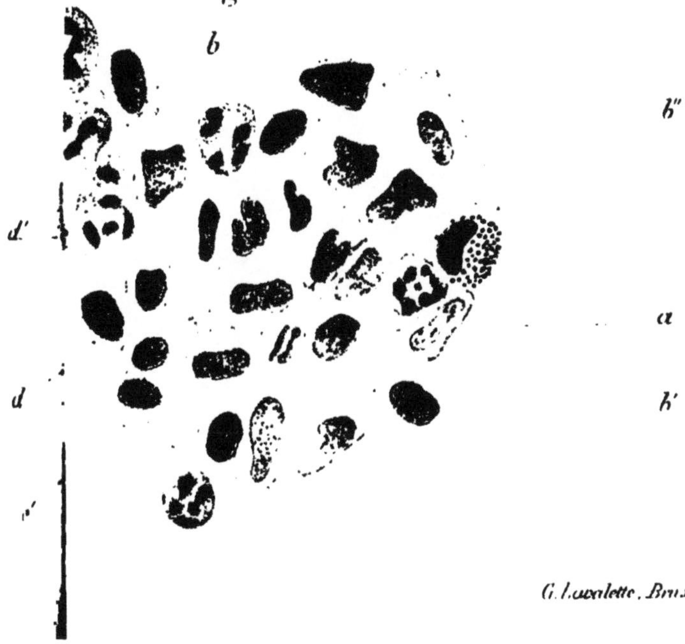

G. Lavalette, Bruxelles

DE

A PUTRÉFACTION

AU POINT DE VUE

DE L'HYGIÈNE PUBLIQUE

ET

DE LA MÉDECINE LÉGALE

PAR

E. MALVOZ
Chargé de cours à l'Université de Liége
Directeur de l'Institut provincial de bactériologie

BRUXELLES

HAYEZ, IMPRIMEUR DE L'ACADÉMIE ROYALE DE MÉDECINE DE BELGIQUE
RUE DE LOUVAIN, 112

—

1898

MÉMOIRE

ADRESSÉ A L'ACADÉMIE ROYALE DE MÉDECINE DE BELGIQUE, EN RÉPONSE A LA QUESTION
SUIVANTE DU CONCOURS DE 1896-1897 :

« De la putréfaction au point de vue de l'hygiène publique et de la médecine légale. »

Le prix — une médaille de la valeur de 1,000 francs — a été décerné à l'auteur, pour un mémoire — déposé le 15 avril 1897 — portant pour devise : *Tout ce qui pue ne tue pas, tout ce qui tue ne pue pas.* (BOULEY.

AVANT-PROPOS.

_____

Ce mémoire a été adressé à l'Académie royale de médecine de Belgique, en réponse à une question de concours ainsi posée : « De la putréfaction au point de vue de l'hygiène publique et de la médecine légale. »

En élaborant ce travail, l'auteur s'est préoccupé bien plus d'apporter en contribution les résultats de ses propres investigations et d'augmenter nos connaissances dans ce domaine si mal connu, que de fournir une œuvre d'érudition embrassant toutes nos connaissances sur la putréfaction. La putréfaction est un des phénomènes naturels les plus importants; ses manifestations sont d'une variété et d'une complexité extrêmes. A n'envisager que ses applications médicales, on pourrait presque soutenir que toute la bactériologie n'est, en grande partie, qu'une étude de la putréfaction. La plupart, sinon tous les microbes ont, en effet, une existence saprophytique dont la connaissance intéresse au plus haut point l'hygiéniste.

L'auteur de ce mémoire a pensé que l'Académie avait voulu surtout provoquer de nouvelles recherches, dans l'une ou l'autre direction spéciale, sur les applications de la putréfaction à l'hygiène et à la médecine légale.

Ce travail est principalement consacré à des recherches personnelles, et en grande partie nouvelles, concernant les applications de la putréfaction à la médecine légale. C'est la partie originale du mémoire. Mais pour bien faire ressortir quelle est l'importance des questions d'hygiène et de médecine légale auxquelles se rattache l'étude de la putréfaction, un exposé général de ce dernier phénomène, au point de vue théorique d'abord, puis dans ses rapports avec l'hygiène, précédera la partie personnelle du mémoire.

DE

LA PUTRÉFACTION

AU POINT DE VUE

DE L'HYGIÈNE PUBLIQUE

ET

DE LA MÉDECINE LÉGALE.

PREMIÈRE PARTIE.

INTRODUCTION.

La putréfaction.

Si la putréfaction était un phénomène biologique bien défini, il serait absolument superflu, dans un mémoire consacré à l'étude de ses applications à l'hygiène et à la médecine légale, de l'envisager au point de vue général.

Mais, non seulement on désigne couramment sous le nom de putréfaction un grand nombre de phénomènes très différents, mais on ne s'entend même pas sur la définition qu'il faut donner de ce terme.

Et pourtant, les phénomènes de putréfaction sont aussi vieux que le monde, ils se produisent constamment sous nos yeux, ils sont d'une importance extrême dans l'économie naturelle.

Malgré cette universelle dispersion, leur compréhension a échappé pendant si longtemps aux efforts de la pensée, leur vraie cause a mis tant de siècles à nous être révélée, qu'à l'heure actuelle encore, on fait un véritable abus de ce terme, appliqué indifféremment à une foule de faits très dissemblables.

Cependant, de la signification qu'il faut assigner au terme putréfaction, du sens que l'on doit attacher au phénomène, dépendent la direction et le développement que nous devons donner à ce mémoire. Il est donc indispensable que nous commencions par préciser le plus exactement possible ce qu'est la putréfaction et quelles sont ses diverses manifestations.

Pour le vulgaire, toutes les fois qu'une substance organique, animale ou végétale, s'altère en répandant des gaz infects, il y a putréfaction. Mais, ainsi que le fait observer Duclaux (1), qu'il s'agisse de décomposition animale ou végétale, le développement de gaz désagréablement odorants est une fonction composée de la nature des êtres qui entrent en action et de la nature de la substance sur laquelle ils agissent. Il ne doit donc pas entrer en ligne de compte ; il peut y avoir des putréfactions sans odeur et des putréfactions foncièrement identiques, mais très désagréablement odorantes. Ce n'est point, par conséquent, dans une question d'odeur qu'il faut chercher la définition, bien qu'en fait la plupart des putréfactions dégagent de très mauvaises odeurs.

En réalité, ce qui distingue le plus la putréfaction d'autres phénomènes de même essence, de même causalité, qui constituent les phénomènes de la *fermentation*, c'est la complexité de la substance en jeu. On parle couramment de la putréfaction d'un bouillon, d'une viande, d'un cadavre ! En réalité, ces corps sont composés d'un très grand nombre de substances dont chacune, prise à part, serait susceptible de subir une décomposition spéciale si elle était isolée et abandonnée à elle-même.

---

(1) L'étude de la putréfaction est traitée magistralement par DUCLAUX, *Chimie biologique*, 1887, et FLÜGGE, *Die Mikroorganismen*, vol. I. 3ᵉ édition, 1896.

Chacune de ces décompositions devrait recevoir un nom particulier. Du sucre se transforme en acide lactique, de la graisse en acides gras, de l'albumine en peptone, de la peptone en produits moins complexes. Toutes ces actions sont différentes l'une de l'autre, et il faudrait une dénomination particulière pour désigner chacune d'elles.

Eh bien, c'est à l'ensemble de toutes ces actions que l'on applique en général le terme putréfaction.

Mais, dans cette compréhension des choses, on serait amené à ranger la digestion normale, par exemple, ou bien la transformation des graisses sous l'influence de la lumière solaire, dans les phénomènes de la putréfaction !

On saisit tout de suite la nécessité de préciser davantage et de restreindre le sens de ce mot, si l'on ne veut pas aboutir à la plus inextricable confusion.

Dans les substances organiques abandonnées à la décomposition naturelle, on ne trouve pas seulement des peptones, des acides et des bases, mais on y voit une infinité de micro-organismes. La science a même démontré que ces derniers étaient les véritables agents de ces décompositions putrides.

On a été amené ainsi à introduire dans la définition de la putréfaction la notion microbienne et on a appelé putréfaction la décomposition d'une masse organique en divers produits, apparaissant simultanément ou successivement, sous l'influence des microbes. On écartait ainsi de l'étude de la véritable putréfaction les modifications, peu importantes en général, que subissent les matières organiques abandonnées à elles-mêmes quand elles sont soustraites à l'influence des germes d'infiniment petits. Ces modifications consistent dans de simples combustions, des changements de consistance, de coloration, de saveur, de réaction même ; parfois, si la substance organique est soumise à l'action de la lumière solaire directe, ces actions chimiques peuvent s'exagérer et on peut même assister à la production de substances nouvelles, comme dans la transformation des tanins, des graisses par l'action de la lumière du soleil. Mais il n'y a dans toutes ces altérations, qui restent toujours superficielles, rien de comparable aux décompositions intenses, profondes et parfois d'une extraordinaire rapidité qui se produisent dans les substances organiques complexes attaquées par les microbes de la putréfaction.

Il faut donc s'entendre — et c'est ce qu'ont fait la plupart des auteurs — pour réserver le nom de putréfaction aux décompositions des matières organiques sous l'influence de l'activité microbienne.

On tend même de plus en plus à ne ranger dans l'étude de la putréfaction que la décomposition des substances organiques *azotées,* principalement des substances albuminoïdes; de la sorte, on écarte du sujet les fermentations alcoolique et lactique des sucres, la fermentation butyrique des graisses, etc. Ces fermentations coexistent à la vérité, très souvent, à côté de celles qui constituent les vraies putréfactions, dans les milieux albumineux en décomposition; mais elles s'accomplissent précisément aux dépens des corps résiduaires de la putréfaction.

Nous réserverons donc le terme de putréfaction à la décomposition des substances organiques azotées, principalement des substances albuminoïdes, par l'action microbienne, décomposition accompagnée souvent d'un dégagement abondant de produits gazeux, à odeur désagréable.

Cette définition est loin d'être parfaite. C'est cependant celle à laquelle se rallie Flügge dans la toute récente édition de son grand traité des *Micro-organismes,* et c'est le sens que l'on tend de plus en plus à réserver au mot de putréfaction.

Ainsi comprise, la putréfaction embrasse un nombre encore très considérable de phénomènes naturels.

Étudions d'abord quelles sont les principales actions chimiques qui s'accomplissent dans une substance organique azotée en proie à l'action des saprophytes.

Pour ce qui concerne les substances albuminoïdes proprement dites, il ne semble pas qu'elles puissent subir la putréfaction par l'attaque directe des microbes.

Il faut qu'elles aient été d'abord transformées en peptones. Mais la plupart des bactéries qui jouent un rôle dans la putréfaction ont la propriété de sécréter les diastases qui produisent cette peptonisation.

D'autre part, il semble probable que dans plus d'une circonstance, les substances albuminoïdes qui seront livrées aux saprophytes aient subi déjà, par l'une ou l'autre action physico-chimique, la peptonisation préalable nécessaire : dans ces dernières conditions, un microbe de putréfaction non peptonisant (le coli-bacille, par exemple) attaque activement l'albumine transformée et fabrique de vrais produits putrides (1).

On explique, d'après ces données, que l'addition d'un peu de ferment pepsique favorise et accélère en général la putréfaction.

Après les matières albuminoïdes, on note les substances géla-tineuses comme très susceptibles de subir les décompositions putrides; puis viennent les peptones, déjà signalées, et bien d'autres corps azotés moins complexes, tels que la lécithine, la leucine, que l'on considère d'ailleurs comme élément constitutif de la molécule d'albumine.

On ignore encore par quel mécanisme intime la molécule d'al-bumine est décomposée dans la putréfaction. Ce que l'on sait, c'est qu'il se forme des produits identiques lorsque l'on soumet l'albumine à l'influence des acides et des alcalis. C'est en traitant l'albumine desséchée par l'hydrate de baryte, en obtenant de cette façon des corps très variés, tels que la leucine, la tyrosine, le glycocolle, la butalamine, etc., etc., que Schützenberger a établi la constitution supposée de la molécule d'albumine.

Dans la décomposition des albumines par les microbes de la putréfaction, on voit aussi se former des substances excessivement variées.

Il faudrait énumérer la plupart des corps de la chimie orga-nique, si l'on devait donner la liste complète des substances qui peuvent apparaître dans la putréfaction, car à la suite des pre-mières substances qui se forment et qui sont les vrais produits de l'activité des saprophytes, il faut placer tous les corps de moins en moins complexes produits par toute la série des fermentations s'accomplissant aux dépens des substances provenant de la putré-faction des albumines.

Ces produits ultimes sont des gaz, tels que l'anhydride carbo-nique, le méthane, l'hydrogène, l'azote, les hydrogènes phos-phoré et sulfuré, les acides formique, acétique, butyrique, valérianique, palmitique, crotonique, lactique, oxalique, l'ammo-

(1) Deux auteurs italiens ont publié récemment un travail dans le but de démontrer que cette peptonisation de l'albumine dans la putréfaction n'existe pas. Mais leur travail est passible de telles objections que nous nous rangeons à l'opinion générale de tous les auteurs. — FERMI et PAMPERSI, *Centralblatt für Bakteriologie*, 18 septembre 1896, p. 387.

niaque, le carbonate d'ammoniaque, le sulfhydrate d'ammoniaque, la propylamine, la triméthylamine, etc.

Mais ce qu'il importe le plus de connaître, au point de vue médical surtout, ce sont les corps importants qui se forment dans les premières phases de la décomposition des albumines, et qui sont les véritables produits putrides. Ils appartiennent à des familles chimiques très différentes.

Il y a d'abord des AMINES et parmi celles-ci on note surtout la *putrescine* (tétraméthylendiamine) et la *cadavérine* (pentaméthylendiamine).

Ces corps ont été trouvés par Brieger dans les cadavres en putréfaction.

L'*éthylendiamine* a été reconnue dans des poissons en décomposition.

Un corps très important, qui est une amine complexe, est la *neurine* (triméthylhydroxyéthylènammonium), obtenue par Brieger dans la putréfaction de la viande vers le sixième jour, avec ses proches : *muscarine* et *neuridine*.

La neurine, qui est un des noyaux de la lécithine, très répandue dans l'organisme, provient probablement de la dislocation de celle-ci.

Au groupe des AMIDES complexes appartiennent la *leucine* (acide amido-caproïque) et la *tyrosine* (acide paraoxyphényl-amido-propionique), corps très banaux dans la putréfaction.

La *guanidine* (qui résulte de la cyanamide combinée à l'ammoniaque) a été trouvée dans certaines décompositions putrides.

Toutes ces substances appartiennent à la série des dérivés du carbone à chaîne ouverte.

Comme substances de la *série aromatique*, on a des DÉRIVÉS PHÉNOLIQUES (*phénol, crésol, indol, skatol*, etc.), puis des DÉRIVÉS DE LA PYRIDINE, notamment la *collidine* ($C^8H^{11}N$) et la *parvoline* ($C^9H^{13}N$)

Toutes ces substances, et bien d'autres encore, se retrouvent dans des putréfactions variées et sont considérées comme des *produits banaux* de la décomposition putride.

Enfin, il existe un certain nombre de substances très peu stables, très délicates, très complexes, que l'on appelle aujourd'hui *protéines, toxalbumines*, que l'on peut retrouver dans certaines décompositions provoquées par les microbes saprophytes,

mais qui sont bien plutôt le résultat de l'activité spécifique des
bactéries pathogènes, telles que les germes du tétanos, de la
diphtérie, etc.

Ce qui intéresse surtout le médecin, c'est le caractère *toxique* de
certains produits de la putréfaction. Il y a déjà longtemps que
cette toxicité de certaines décompositions avait frappé l'attention
des physiologistes. On sait que la première constatation en fut
faite par Panum, qui annonça, il y a déjà une quarantaine
d'années, avoir obtenu un « extrait toxique » des mélanges en
décomposition. Bergmann et Schmiedeberg y décelèrent une
« sepsine ». Puis successivement Zuelzer et Sonnenschein, Hager,
Otto, Selmi retiraient des corps en putréfaction des extraits
toxiques, dont les effets rappelaient l'action de la conicine, de
l'atropine, du curare, de la delphinine, etc.

La plupart des caractères chimiques de ces extraits semblaient
prouver qu'ils contenaient des substances voisines des alcaloïdes
végétaux.

Ce fut Selmi qui proposa pour tout le groupe de ces substances
le nom de *ptomaïnes* ou alcaloïdes cadavériques (1). Mais tous
ces savants n'étaient pas arrivés à isoler de tous ces extraits un
individu chimique bien déterminé. C'est Nencki (1876) qui fit la
première découverte d'une substance définie, dont il établit la
formule : c'était un corps cristallisé isomère avec la *collidine*, de la
formule brute $C^8H^{11}N$, abondant dans la gélatine en putréfaction.

Plus tard, Gautier et Etard retiraient de la chair du poisson en
putréfaction la *parvoline* ($C^9H^{13}N$) et l'*hydrocollidine* ($C^8H^{13}N$).

Guareschi et Mosso, Salkowski, Pouchet découvraient successivement, dans les viandes en putréfaction, d'autres alcaloïdes.

Mais aucun savant n'a plus contribué à faire un peu de lumière
sur la nature des substances présentes dans les décompositions
putrides que Brieger.

Il trouva qu'un grand nombre des bases azotées si abondantes
dans ces milieux étaient dépourvues d'action toxique, tandis que
d'autres, au contraire, étaient de véritables poisons très puissants.

Ce fut à ces bases azotées toxiques que Brieger donna le nom
de « toxines ». Cette expression a reçu dans les dernières années

---

1. Consultez FLÜGGE, *Die Mikroorganismen*. Leipzig, 1896. — GAUTIER, *Les toxines
microbiennes et animales*. Paris, 1896.

une tout autre acception ; on la réserve plutôt aux protéines spécifiques. Quoi qu'il en soit, Brieger reconnut comme bases non
toxiques, ou seulement toxiques à très fortes doses, la *neuridine*
($C^5H^{14}N^2$) retirée du cadavre humain au troisième jour, et aussi
de la viande et du fromage en décomposition ; la *guanidine*
($C^7H^{17}NO^2$) retirée de la gélatine et des choux pourris ; la *diméthyl-
amine*, la *triméthylamine*, la *putrescine* et la *cadavérine*, la *saprine*,
la *choline*, etc., toutes substances retirées des cadavres en putréfaction.

Comme substances au contraire très toxiques, on note la *neurine*, qui se forme probablement par hydratation de la choline.
Et malgré la différence très minime entre la choline et la neurine,
au point de vue de leur formule brute, on observe entre elles les
plus grandes différences quant à la toxicité. La choline est peu
toxique, la neurine est un poison violent.

La *muscarine* ($C^5H^{15}NO^3$), produit d'oxydation de la choline, a
été considérée comme le poison de la muscardine : elle a été
trouvée par Brieger dans les poissons en putréfaction.

D'autres bases toxiques ont encore été signalées par Brieger
dans les cadavres, surtout à partir du septième jour jusque la
troisième semaine. Une de ces ptomaïnes produisait une forte
diarrhée chez le lapin, une autre des troubles nerveux. Une autre
ptomaïne toxique, dont l'action rappelait le curare, a été retirée de
la chair du cheval en putréfaction (*méthylguanidine*).

Quant à la *peptotoxine*, qui serait la substance toxique de beaucoup de peptones, la question reste ouverte de savoir s'il s'agit là
d'un produit normal de la digestion artificielle de la fibrine, ou
bien si elle se forme grâce à certains artifices de préparation, ou
encore si elle n'est pas due à des bactéries accidentelles.

Il importe de ne pas perdre de vue, en effet, qu'en assignant un
caractère toxique à beaucoup de substances retirées des décompositions putrides, on a pu commettre plus d'une erreur. Les
réactifs employés dans les manipulations (l'alcool amylique, par
exemple) sont ou bien toxiques, ou bien accompagnés d'impu-
retés toxiques. De plus, il semble bien possible que certains
réactifs puissent provoquer, aux dépens des albumines ou de leurs
produits de décomposition non toxiques, la formation de corps
pourvus de toxicité et que l'on suppose, malgré leur production
artificielle, préexister dans la substance putride.

C'est ainsi que la choline, qui est le noyau de beaucoup de ptomaïnes, est peu résistante aux réactifs et se transforme facilement en neurine très toxique. Il est vrai que le contraire peut s'observer, et que certains réactifs pourraient transformer des corps toxiques en produits de dislocation non toxiques. Ainsi s'expliquerait, par l'extrême sensibilité de certaines ptomaïnes et toxines, le résultat négatif de maintes recherches dans des cas d'empoisonnement.

Enfin, il faut noter dès à présent que la plupart des essais ayant pour but de démontrer la toxicité des ptomaïnes ont été effectués par voie sous-cutanée ou intra-veineuse, et que les effets sont loin d'être les mêmes quand on les administre par voie digestive.

Le nombre, la variété et la complexité des produits que l'on peut retrouver au sein des substances organiques en putréfaction font prévoir qu'il s'agit là de phénomènes soumis eux-mêmes à l'action de multiples influences capables de les modifier considérablement suivant l'importance de l'une ou de l'autre d'entre elles. C'est ce que l'on observe en fait.

Une des influences les plus intéressantes est la *composition du milieu*. C'est ainsi que la présence de substances hydrocarbonées à côté des substances organiques azotées en proie aux saprophytes, retarde en général la putréfaction. Du bouillon peptonisé additionné de sucre et ensemencé par du coli-bacille, par exemple, ne donne pas d'indol, tandis que celui-ci est formé abondamment dans le bouillon peptonisé simple. En présence de substances nutritives de deux sortes, les microbes choisissent d'abord les plus faciles à attaquer, et ce sont les hydrocarbonées.

C'est peut-être là l'explication de ce fait d'observation que chez les nourrissons consommant du lactose avec le lait, on ne trouve pas d'indol et de skatol dans les déjections.

Mais le facteur qui intervient surtout pour faire varier les produits de la putréfaction est la *nature des espèces microbiennes* qui interviennent dans le processus. Suivant qu'entre en jeu telle ou telle espèce bactérienne, ou bien un mélange de ces espèces, les produits putrides formés sont très différents.

Il a fallu, pour déterminer si une espèce microbienne donnée mérite le qualificatif de « bactérie de putréfaction », dans le sens donné à ce terme, instituer des expériences au moyen de cultures pures. On a appris ainsi à connaître un très grand nombre d'espèces microbiennes, susceptibles de produire, aux dépens de substances organiques azotées, les produits putrides les plus variés. Il n'est pas toujours facile, il faut le reconnaître, de déterminer si tel microbe est véritablement un agent de putréfaction.

La chose est évidente quand il s'agit de microbes tels que le *bacillus fluorescens liquefaciens*, formant facilement de la peptone et des acides gras volatils, le *bacillus butyricus* de Hueppe, producteur de peptone, de leucine, de tyrosine et d'ammoniaque, le *bacillus putrificans coli* de Bienstock, donnant de la peptone, de l'ammoniaque, des acides gras, de la tyrosine, du phénol, de l'indol et du skatol, le *bacterium coli* ou *coli-bacille* dont les cultures peptonisées donnent si nettement l'indol, les *proteus*, agents actifs de la putréfaction des cadavres.

Les *bacillus ureæ, prodigiosus, fluorescens putridus*, producteurs de triméthylamine, doivent aussi être considérés comme saprophytes.

Mais il existe quelques microbes que l'on est obligé de ranger parmi les agents de la putréfaction en se basant seulement sur la production de gaz infects indéterminés au point de vue chimique. Tels les *bacillus saprogenes, coprogenes fœtidus, pyogenes fœtidus*, et plusieurs *anaérobies*.

Le *bacterium termo*, si souvent cité autrefois comme un des principaux agents de la décomposition putride, n'est pas une espèce bien déterminée. Un grand nombre de microbes décrits sous ce nom n'étaient que le *bacillus fluorescens liquefaciens*, si répandu dans la nature.

Il faut remarquer qu'un grand nombre de bactéries douées du pouvoir saprophytique n'attaquent que superficiellement la molécule d'albumine. Peu de microbes sont comparables, à ce point de vue, au *bacillus putrificans coli* de Bienstock, qui présente la propriété de pousser très loin la destruction de l'albumine en produits de moins en moins complexes.

Tels sont les principaux microbes que l'on peut considérer comme doués du pouvoir de provoquer des putréfactions au vrai sens du mot

On n'a pas fait mention — pas plus qu'il n'en sera question au cours de toute cette étude — d'autres êtres vivants, tels que des cryptogames et certains insectes que l'on trouve à la surface des viandes, des fromages et des cadavres en décomposition. Ces parasites, qui jouent certes un grand rôle dans la destruction de la matière organique morte, ne sont pas de véritables saprophytes, doués du pouvoir de peptoniser l'albumine et de commencer l'œuvre de sa destruction.

En fait, quels sont les microbes que l'on observe dans la *putréfaction spontanée* des corps contenant des substances organiques azotées?

Les espèces qui interviennent sont tellement variables suivant les circonstances de temps et de lieu, suivant tous les innombrables facteurs modifiant les substances du substratum, qu'il est impossible de découvrir un ordre déterminé dans l'apparition et la succession de ces microbes. Une substance organique qui entre en putréfaction est constamment sous la dépendance des circonstances extérieures de température, d'humidité, de pression, d'électricité, etc. De plus, au fur et à mesure que la putréfaction s'accomplit, la réaction, la concentration, la composition du substratum changent à tout instant. Aux dépens de corps neutres se forment des acides; des bases se constituent par la décomposition des corps azotés. Toutes ces substances réagissent les unes sur les autres.

Le milieu favorable à une espèce microbienne devient bientôt infertile pour elle, et une autre bactérie apparaît.

Il ne faut pas oublier d'ailleurs qu'aux microbes de la putréfaction peuvent se mêler des bactéries qui ne sont pas, à proprement parler, des saprophytes, mais qui peuvent vivre aux dépens des produits de ces derniers.

Ce sont ces innombrables variations qui font de la putréfaction spontanée un des processus naturels les plus variables et les plus inconstants, d'une complexité extrême et d'une étude souvent inabordable.

Parmi les *circonstances extérieures* qui influent le plus sur la marche de la putréfaction, il faut faire une place à part à l'*action de l'oxygène.*

Il y a longtemps que l'on a observé que c'est surtout à l'abri de l'air que s'accomplit la véritable putréfaction gazeuse, à odeur désagréable et qu'en présence d'un large accès d'oxygène, les substances putrescibles sont rapidement comburées, avec peu ou point de gaz.

La langue allemande a même le mot *Verwesung* pour désigner ce dernier phénomène, en opposition avec le terme *Fäulniss* (décomposition putride).

Ce fait ne pouvait manquer d'échapper à la sagacité de Pasteur. Il a été le point de départ de l'une de ses plus belles découvertes, la théorie de l'anaérobiose (1).

Observant ce qui se passe dans un liquide, tel que du bouillon, une macération de légumineuses, abandonné à la putréfaction, Pasteur remarqua qu'il se formait à la surface une couche gélatineuse fourmillant de microbes, tandis que l'intérieur présentait un trouble uniforme, dû à la présence d'autres colonies bactériennes. Il reconnut bientôt que la couche superficielle était formée d'êtres aérobies, c'est-à-dire de micro-organismes utilisant l'oxygène de l'air et comburant énergiquement les matières organiques de la surface du liquide.

Cette activité de combustion était telle que l'oxygène ne pouvait pénétrer dans les couches profondes. Dès lors, ne pouvaient vivre et se multiplier dans celles-ci que des germes anaérobies, c'est-à-dire des microbes empruntant l'oxygène indispensable aux substances organiques elles-mêmes. Si l'on soumettait au préalable le liquide organique à l'ébullition et si on empêchait ensuite la pénétration de l'air, c'étaient les anaérobies qui se développaient seules, et alors on assistait à la formation de véritables produits putrides, avec gaz infects, parce que dans ce milieu réducteur l'hydrogène se mélangeait d'hydrogènes sulfuré et phosphoré qui, au contact de l'air, s'oxydent et perdent beaucoup de leur odeur.

On peut donc dire que dans un liquide organique abandonné à l'air, se forment deux zones distinctes. Dans l'une, la zone superficielle, ce sont surtout des actions comburantes qui se produisent et les substances organiques sont rapidement minéralisées sans véritable putréfaction (*Verwesung*). Dans l'autre, on observe principalement des actions réductrices avec dégagements gazeux (H, H^2S, N, H^3P); c'est ici que s'accomplit la dislocation de la molécule albumineuse donnant tous les produits putrides qui ont été signalés (*Fäulniss*).

---

(1) PASTEUR, *Recherches sur la putréfaction* (*Comptes rendus*, 1863, t. LVI, p. 1189).

Ces notions rendent compte des processus si variés observés dans la putréfaction naturelle.

S'il était possible d'étaler suffisamment à l'air tous les détritus de la vie organique, les cadavres de tout ce qui a eu vie, de telle façon que pour chacune des parcelles, l'accès de l'air fût constamment renouvelé et que l'oxygène la pénétrât complètement, les substances organiques seraient rapidement détruites, sans que rien de nuisible ou de désagréable résultât de ces décompositions. Mais il est exceptionnel de rencontrer ces conditions dans la nature, surtout au début de la putréfaction. Aussi est-ce principalement par l'activité anaérobie des infiniment petits que se décomposent la plupart des substances putrescibles, tout au moins aux débuts de l'attaque. Mais la vie anaérobie est plus lente que l'autre. De plus, les microbes qui vivent en anaérobies ne se multiplient plus dès qu'ils ont fabriqué certaines substances entravant leur propre développement. De sorte que si l'air ne finissait pas par arriver jusqu'au sein de ces produits putrides et des microbes qui les accompagnent, ces produits resteraient accumulés sans destruction ultérieure. C'est ce qui s'observe dans certains liquides et dans certains cadavres.

Mais, comme le dit si bien Duclaux, quand l'air est apporté continuellement, aérobies et anaérobies se prêtent un mutuel appui, les premiers complétant et poussant plus à fond la destruction des substances commencée par les seconds.

De la sorte, le substratum organique est complètement détruit et minéralisé, surtout si à l'action des microbes vient se joindre celle d'agents très actifs de combustion, tels que les cryptogames.

Ces différences si grandes entre la décomposition à l'air et celle qui se passe dans un milieu non aéré ont été le point de départ de la célèbre théorie de la fermentation proposée par Pasteur.

Pour le fondateur de la bactériologie, la fermentation, c'est la vie sans air. Tous les savants ne se sont pas ralliés à cette théorie. Pour quelques chimistes, Hoppe-Seyler entre autres, les différences signalées s'expliqueraient par de simples actions chimiques. En présence d'un large afflux d'oxygène, l'hydrogène naissant décomposerait la molécule d'oxygène (O^2); deux atomes de H se combineraient à un atome d'O pour former de l'eau (H^2O), tandis que l'autre atome d'O mis en liberté jouirait de propriétés toutes

spéciales d'oxydation. C'est pour cela que, à l'air, les vrais produits
de réduction et de putréfaction, H, H^2S, PH^3, n'apparaissent pas,
étant rapidement oxydés, de même qu'un grand nombre d'autres
substances qui ne sont pas attaquées par la molécule fermée
d'oxygène sont détruites par l'atome d'O actif, et transformées en
combinaisons plus simples. Les processus seraient donc, ainsi
que Flügge le fait remarquer, identiques à ceux que l'on observe
au sein de l'organisme vivant, où l'on voit les matières albuminoïdes nutritives oxydées par l'oxygène du sang, sans subir de
putréfaction, sans qu'il se forme d'hydrogène sulfuré ou phos-
phoré, tant l'oxygène est abondant.

Quel que soit, du reste, le mécanisme mis en œuvre par la
nature pour l'attaque et la destruction de la matière organique,
un fait est certain et il domine toute l'étude de la putréfaction :
c'est que, dans l'économie naturelle, c'est grâce aux besoins
nutritifs des infiniment petits que les corps compliqués provenant des animaux et des végétaux sont bientôt entamés et
entraînés dans une série de dislocations qui les ramènent aux
corps les plus simples du monde minéral.

DEUXIÈME PARTIE.

La putréfaction
au point de vue de l'hygiène publique.

§ 1. — *La putréfaction*
comme agent général d'assainissement.

La première impression qu'éveille dans l'esprit l'idée de putréfaction est celle de phénomènes désagréables, nuisibles et même
dangereux, contre lesquels l'hygiène ne saurait trop nous pré-
munir. Il suffit pourtant d'un seul instant de réflexion pour
comprendre que si ces actions compliquées, ces fermentations
variées qui constituent la putréfaction, n'existaient pas, la vie
elle-même deviendrait impossible à la surface de la terre. Quel
serait, en effet, le sort des plantes et des animaux si, après leur
mort, les infiniment petits ne les détruisaient pas, s'ils étaient
livrés à l'action des simples forces physico-chimiques? Ils subiraient des modifications tellement lentes, dans les conditions de
leur abandon, que bientôt leurs cadavres encombreraient le sol,
et que toute vie nouvelle deviendrait impossible. C'est que les
grands végétaux ne se constituent qu'après avoir élaboré leurs
tissus au moyen de l'air et de ses éléments gazeux, de l'eau et des
substances simples que les pluies entraînent dans le sol, et avec
le concours indispensable de la chaleur et de la lumière solaires.

Mais les substances organiques compliquées des végétaux, une
fois produites, sont devenues solides, insolubles dans l'eau ;
il serait impossible de les faire servir comme telles à la nutrition
de végétaux semblables à ceux dont elles font partie. Il faut donc,
de toute nécessité, que, par l'un ou l'autre mécanisme, ces
matières organiques redeviennent de l'eau, de l'acide carbonique,
des sels ammoniacaux, des substances minérales solubles. Dans

la nature, ce sont les infiniment petits de la putréfaction qui opèrent cette décomposition des grands végétaux morts et font rentrer leurs éléments simples dans la circulation générale. Ainsi est maintenue la composition normale de l'atmosphère et du sol indispensable à la vie des végétaux.

Les animaux, de leur côté, vivent de végétaux ou en tout cas d'animaux vivant de végétaux. Pour eux aussi, il est indispensable que la vie végétale puisse se renouveler indéfiniment dans la nature.

La putréfaction de leurs cadavres et des résidus de leur vie aboutissant à leur minéralisation, fournit sans cesse de nouveaux aliments à la vie végétale.

Ces notions de la rotation indéfinie de la matière auxquelles la science expérimentale a apporté la confirmation éclatante des travaux de Pasteur, ont frappé de tout temps les observateurs de la nature. Duclaux, qui consacre à leur exposé plusieurs chapitres magistraux de sa *Microbiologie*, rappelle que les auteurs de l'antiquité avaient remarqué qu'à un moment donné la mort vient détruire ce qu'a fait la vie et qu'il faut que tout ce qui a fait partie des matériaux d'un être organisé retourne après lui à l'atmosphère et à l'eau. Lucrèce a développé cette idée : « Tout ce qui semble détruit, dit-il, ne l'est pas, car la nature refait un corps avec les débris d'un autre, et la mort seule lui vient en aide pour donner la vie. »

Cette idée alla se précisant de plus en plus à travers tout le moyen âge jusqu'à ce que Lavoisier, en 1794, à une époque où l'analyse organique n'était pas encore née, où, comme le fait observer Duclaux, on ne savait rien ou presque rien sur la constitution des animaux ou des végétaux, conçut parfaitement la réalité des choses.

« Les végétaux, dit Lavoisier, puisent dans l'air qui les environne, dans l'eau et en général dans le règne minéral, les matériaux nécessaires à leur organisation. Les animaux se nourrissent de végétaux ou d'autres animaux qui ont été eux-mêmes nourris de végétaux, en sorte que les matériaux dont ils sont formés sont toujours, en dernière analyse, tirés de l'air et du règne minéral. Par quels procédés la nature opère-t-elle cette circulation entre les trois règnes ? Comment parvient-elle à former des substances fermentescibles, combustibles et *putrescibles* avec des matériaux qui n'ont aucune de ces propriétés? La cause et le mode de ces phénomènes ont été jusqu'à présent entourés d'un voile presque impénétrable. On entrevoit cependant que, puisque la combustion et la *putréfaction* sont les moyens que la nature emploie pour rendre au règne minéral les matériaux qu'elle en a tirés pour former des végétaux ou des animaux, la végétation et l'animalisation doivent être des opérations inverses de la combustion et de la *putréfaction.* »

Quelle admirable intuition avait Lavoisier de l'essence de tous ces phénomènes si importants! Aujourd'hui, grâce aux travaux sur l'analyse organique, grâce surtout aux immortelles conquêtes de Pasteur, le voile est déchiré et nous connaissons la cause et le mode des phénomènes dont parle Lavoisier.

Ce sont les infiniment petits qui, en satisfaisant leurs besoins nutritifs, assurent le retour rapide de la matière organique au monde minéral; sans eux, les animaux et les végétaux morts ne subiraient que des combustions lentes; même l'action de la lumière solaire, si intense cependant quand elle peut pénétrer tous les corps organiques, ne s'exercerait que d'une manière à peine sensible dans les conditions naturelles où ces corps sont placés après la mort.

On ne va donc pas trop loin quand on dit, avec Duclaux, que les microbes sont les grands, presque les uniques agents de l'hygiène du globe; « ils en font disparaître, plus rapidement que les chiens de Constantinople ou les fauves du désert, les cadavres de tout ce qui a eu vie. Ils protègent les vivants contre les morts. Ils font même plus : s'il y a encore des vivants, si après des centaines de siècles que ce monde est habité, la vie s'y poursuit toujours également facile et abondante, c'est encore à eux qu'on le doit(1)».

L'hygiène moderne s'est merveilleusement approprié les infiniment petits, agents des putréfactions, pour les faire servir à ses besoins et leur faire produire, dans les meilleures conditions possibles, leur maximum d'effet utile. Si les choses étaient abandonnées à elles-mêmes, si les déjections, les ordures ménagères, les cadavres étaient laissés à la surface du sol au hasard des décompositions spontanées, malgré l'activité des infiniment petits, l'existence serait bientôt intenable, surtout dans les endroits

(1) DUCLAUX, *Le microbe et la maladie*, p. 12.

où la vie est dense. Aussi est-ce la préoccupation de l'hygiéniste de trouver les meilleurs moyens d'*accélérer* les décompositions putrides et de faciliter l'action destructive des micro-organismes. Il dispose les sépultures de telle sorte que la putréfaction des cadavres s'effectue le plus rapidement possible. Il supprime dans les villes les puisards, les fosses fixes, où ne s'accomplissent que de lentes modifications anaérobies, bientôt arrêtées comme toutes les fermentations de ce genre, et, par des égouts bien construits, envoie toutes les matières organiques usées soit à des cours d'eau à large débit, bien aérés, à courant rapide, dans lesquels les microbes aérobies, avec le concours de la lumière solaire, détruisent rapidement les déchets de la vie, soit à des champs d'épandage où il confie aux microbes du sol la grande tâche épuratrice.

Toutes ces grandes mesures d'assainissement sont basées sur les merveilleuses activités des microbes, et l'hygiène moderne, quelle que soit l'application qu'elle en tire, ne fait qu'observer les lois de leur biologie, mises en lumière par la bactériologie (1).

Ce n'est pas ici le lieu d'exposer les détails concernant l'installation des cimetières, la construction des égouts, la création des champs d'épandage : ce sont des notions connues et que nous ne faisons qu'indiquer en passant pour montrer leurs rapports avec l'étude générale des applications de la putréfaction à l'hygiène.

Nous signalerons seulement une erreur répétée assez souvent et qui consiste à soutenir que l'épuration des eaux d'égout par le sol est due surtout à la végétation. Le sol nu, avec ses seuls microbes, sans végétation, suffit parfaitement pour la purification complète des matières organiques qu'on lui fournit. Le paysan qui fume son champ ne fait pas autre chose que de confier aux micro-organismes le soin de fabriquer les nitrates, les sulfates, les substances minéralisées nécessaires au développement des plantes (2).

---

(1) L'utilisation des actions microbiennes, en vue de la destruction rapide des matières putrescibles contenues dans les eaux-vannes, fait actuellement l'objet d'expériences très intéressantes à Barking et à Sutton, en Angleterre. M. le professeur Puizeys a décrit le procédé dans son récent rapport sur l'épuration des eaux de la Vesdre et M. le professeur Van Ermengem dans son exposé de l'assainissement des villes du littoral belge (Gand, 1898).

(Note ajoutée pendant l'impression.)

(2) Nous n'avons pas parlé de la formation de l'humus, ni de l'utilisation de l'azote de l'air par les végétaux, grâce aux microbes : ces études ne se rattachent qu'indirectement à la putréfaction.

Tout au plus peut-on dire, quand il s'agit de champs d'épandage recevant de trop grandes quantités de liquide à épurer, que l'absorption de l'eau par les plantes et son évaporation aident à la concentration des matières et par suite facilitent indirectement leur destruction par les saprophytes.

§ 2. — *Les saprophytes et la digestion.*

Les microbes de la putréfaction nous apparaissent comme les agents principaux des processus de destruction des matières organiques mortes. On a même été plus loin, et l'idée d'un rôle plus grand encore a séduit Pasteur pendant longtemps. Frappé de l'existence dans le tube digestif des animaux d'innombrables microbes doués du pouvoir de décomposer les albumines et les sucres, de fabriquer des peptones, des sucres assimilables, Pasteur s'était demandé si la vie serait encore possible avec un intestin débarrassé complètement de ces infiniment petits. Il y aurait, disait-il, un très grand intérêt à nourrir un jeune animal (lapin, cobaye, chien, poulet), dès sa naissance, avec des matières nutritives pures, privées artificiellement et complètement des microbes communs. Nencki combattit vivement cette idée, en faisant observer que les produits ordinaires de l'action des bactéries sont des acides aromatiques, des acides gras, du phénol, du scatol, de l'indol, de l'ammoniaque et des produits gazeux ; que tous ces produits n'ont qu'une valeur nutritive nulle pour les animaux, qu'ils sont même plutôt nuisibles, et qu'il n'y avait pas de raisons, dès lors, pour assigner aux bactéries un rôle dans la digestion. A quoi Duclaux répondit (1) qu'avant d'arriver à ces produits ultimes de régression, les bactéries fournissent des produits moins complexes, comme les peptones, et assimilables ; que leurs diastases sont identiques aux diastases digestives de l'organisme, que les bacilles du lait, par exemple, sécrètent une diastase tout à fait pareille à celle du pancréas. Au surplus, les cellules des tissus donnent, elles aussi, naissance à des résidus peu ou point assimilables, absolument comparables à ceux de la vie des bactéries et s'éliminant comme ceux-ci par les divers émonctoires.

(1) *Annales de l'Institut Pasteur*, 1895, p. 897.

Les discussions se seraient prolongées longtemps encore si un travail expérimental, fait avec toute la rigueur voulue, n'était venu trancher la question. Ce travail, dû à la collaboration féconde de Nuttal et Thierfelder (1), vient de prouver que les bactéries n'ont aucun rôle à jouer dans la nutrition des jeunes animaux, tout au moins tant que la nourriture est animale. Il faudrait, disent les auteurs, de nouvelles expériences pour décider s'il en est de même pour les diverses nourritures végétales.

Les expériences de Nuttal et Thierfelder ont eu un grand retentissement; il était impossible de les passer sous silence dans un travail consacré à l'étude de la putréfaction.

§ 3. — *La putréfaction et les maladies infectieuses en général.*

Cet exposé général suffira pour montrer la haute importance de l'étude de la putréfaction considérée comme agent général d'assainissement.

Mais c'est le propre d'un grand nombre de phénomènes naturels d'une incontestable utilité d'être toujours en balance avec une somme plus ou moins grande d'inconvénients.

La putréfaction a certes ses dangers, mais ce n'est pas aller trop loin que d'avancer qu'ils ont été exagérés et que, plus la science se perfectionne, plus se restreint la nomenclature des effets de la « putridité », du « méphitisme » et de la « pestilence ».

Il n'y a pas bien longtemps, — c'était avant l'ère bactériologique, — la plupart des maladies infectieuses étaient attribuées à l'absorption de substances — absolument indéterminées d'ailleurs — provenant des matières organiques subissant la putréfaction banale. Sous le nom de « miasmes », de « virus », on désignait ces substances insaisissables, dégagées par les milieux en putridité, se répandant dans l'atmosphère et pouvant s'abattre, croyait-on, sur des populations entières.

Cette idée se trouve exprimée dans une foule d'ouvrages de l'ancienne médecine.

Il faut bien reconnaître d'ailleurs que l'assimilation entre les phénomènes de putréfaction et ceux de fermentation d'une part, les maladies d'autre part, a dû hanter beaucoup d'esprits. Un

(1) *Zeitschrift für physiologische Chemie*, t. XXI, 1895.

grand nombre de plaies mal soignées, telles qu'on les observait autrefois, présentent bientôt un écoulement de liquide gazeux, à odeur repoussante, tout comme une substance organique en décomposition. Des maladies générales, telles que les infections succédant à l'accouchement, aux grands traumatismes, sont accompagnées d'altérations du sang, de changements des organes rappelant ceux des cadavres en putréfaction. Aussi a-t-on donné de tout temps les noms de « septicémie », de « fièvre putride » à ces maladies. Et de la similitude dans les effets, on concluait à la similitude des causes. D'autre part, que d'épidémies n'ont pas leurs foyers de prédilection dans les endroits malpropres, encombrés, méphitiques!

Aussi ne faut-il pas s'étonner que pendant longtemps on ait cru que les maladies infectieuses en général étaient dues à la pénétration dans les tissus et le sang de matières organiques en décomposition, du fameux « poison putride », engendrant tantôt la fièvre typhoïde, tantôt le choléra, la peste, la septicémie, la pyémie! La putréfaction a ainsi joué de tout temps, en médecine, un rôle étiologique très considérable.

La même confusion régnait d'ailleurs dans les théories des fermentations. Les transformations du sucre en alcool, du vin en vinaigre, du beurre en acides gras, du lait en acide lactique, etc., étaient dues, croyait-on, à l'ébranlement communiqué à ces substances par des particules organiques provenant elles-mêmes de matières en décomposition.

C'est à Pasteur que l'on doit l'inappréciable service d'avoir introduit, dans l'étude des fermentations d'abord, dans celle des maladies ensuite, la notion si importante et si claire de la *spécificité*.

La maladie n'est plus un phénomène vague pouvant s'accomplir sous l'influence de matières putrides banales et quelconques: c'est un phénomène spécifique. C'est un micro-organisme bien déterminé, spécial à chaque maladie, qui en est la cause. Il ne provient pas de la matière organique morte, se décomposant et s'organisant pour former un être vivant; la génération spontanée n'existe pas dans les conditions actuelles de la nature; le microbe est issu d'un germe semblable à lui, doué des mêmes propriétés; il appartient à une espèce vivante bien déterminée. Et autant de fermentations, autant de maladies infectieuses, autant de micro-organismes spécifiques. Les uns attaquent les matières albuminoïdes, comme dans la digestion normale : ce sont ceux que l'on trouve aux débuts de la putréfaction ; d'autres s'emparent des produits élaborés par les premiers et poussent un peu plus loin la dislocation de l'albumine, fabriquant des acides avec les graisses, de l'alcool avec le sucre, de l'ammoniaque avec les bases organiques azotées; d'autres enfin — et ce sont les plus dangereux — sont les agents des maladies infectieuses : adaptés à la vie parasitaire, *ne se rencontrant qu'accidentellement dans les milieux putrides,* ils provoquent le choléra, la peste, le charbon, la tuberculose, la septicémie, la fièvre puerpérale, etc. Ainsi se sont précisées de mieux en mieux les notions modernes de la bactériologie sur la spécificité des microbes. Elles sont la base de la prophylaxie du choléra, du charbon, de la diphtérie, de toutes les grandes maladies infectieuses. Grâce à elles, on peut espérer supprimer un jour, et complètement, ces affections des cadres nosologiques. Quel chemin parcouru depuis le temps où l'on croyait que toute souillure, toute émanation provenant de la décomposition putride banale était capable de provoquer une maladie !

§ 4. — *Action des produits putrides sur l'organisme infecté.*

Réduite ainsi à ses véritables limites, la putréfaction, avec ses produits, peut-elle, et dans quelle mesure, occasionner des troubles de la santé ?

Autant on errait quand on plaçait au premier rang le rôle des agents putrides dans la genèse des épidémies, autant on risquerait de se tromper gravement si l'on voulait méconnaître la part d'influence qui leur revient dans le développement de certaines infections.

Il semble bien démontré que certaines substances produites par les bactéries habituelles de la putréfaction soient capables, lorsqu'elles sont introduites dans l'organisme en même temps que des microbes pathogènes spécifiques, d'aggraver la maladie et de hâter sa terminaison fatale. Il y a plus : souvent des germes infectieux qui, en raison de la quantité trop faible de la dose inoculée, ou de leur atténuation, ou de l'état plus ou moins réfractaire de l'organisme attaqué, resteraient sans effet, ces germes arriveront, grâce à l'action concomitante de produits putrides, à se développer et à manifester leurs propriétés pathogènes.

Roger (1) a étudié à ce point de vue original l'infection par le bacille du charbon symptomatique. Le lapin est réfractaire dans les conditions habituelles ; mais si l'on injecte à cet animal de l'extrait de viande putréfiée ou des produits de culture de microbes saprophytes, tels que le *micrococcus prodigiosus*, le *proteus vulgaris*, la résistance est facilement vaincue par le microbe du charbon symptomatique.

Des streptocoques devenus inactifs peuvent être rendus très virulents par l'injection préalable de *m. prodigiosus*.

Des cultures de *proteus* — microbe de putréfaction — et des streptocoques ou des pneumocoques non virulents peuvent créer une infection que seul chaque microbe ne produirait pas.

On sait que l'un des plus sûrs moyens utilisés dans les laboratoires pour faire réussir une inoculation de culture de microbes tétaniques, c'est d'injecter préalablement le *m. prodigiosus*. Dans la nature, le bacille tétanique est d'ailleurs toujours accompagné de divers microbes saprophytes du sol, qui favorisent probablement sa pullulation dans les plaies.

Monti a constaté que les microbes de la pneumonie reprennent leur virulence perdue quand on les injecte en même temps que certaines bactéries de putréfaction.

On commence à comprendre comment tous ces saprophytes et leurs produits peuvent à l'occasion jouer le rôle d'éléments favorisant l'infection. L'extrême sensibilité des leucocytes au moindre changement du milieu, la facilité avec laquelle certaines substances les attirent ou les repoussent, sont des facteurs qui doivent intervenir puissamment dans toutes ces actions compliquées qui se passent au sein d'un organisme infecté.

Bouchard (2) a très habilement tiré parti de toutes ces données expérimentales pour l'explication de faits établis depuis longtemps par la clinique et l'observation en faveur du rôle joué par les fermentations intestinales et les émanations qui se dégagent des foyers putrides, dans la genèse de certaines maladies infectieuses.

(1) *Comptes rendus de la Société de biologie*, n° 20. Substances chimiques favorisant l'infection.

(2) *Essai d'une théorie de l'infection*. (Congrès de médecine de Berlin, 1890.)

Ainsi s'éclaire d'une nouvelle lumière, ainsi se précise la compréhension de l'action du méphitisme, de la malpropreté, de l'encombrement et de la misère : la diminution de la résistance organique et l'exaltation de la virulence des microbes pathogènes, par les microbes putrides et les substances qu'ils élaborent, sont les deux grands facteurs qui interviennent dans l'action parfois néfaste de la putréfaction.

Mais les produits putrides, il faut l'admettre d'après d'assez nombreuses observations, ne sont pas toujours des substances favorisant le développement des maladies infectieuses.

Pasteur avait déjà noté que certains saprophytes *retardent* le développement de la maladie charbonneuse. Cantani a même fondé la *bactériothérapie* en affirmant que l'inhalation de bactéries de putréfaction entravait la marche envahissante de la tuberculose pulmonaire. Les bactériologistes savent que des injections de streptocoques, de *bacillus pyocyaneus* (saprophyte), de la toxine du microbe de Friedländer (saprophyte), s'opposent plus ou moins aux effets d'une inoculation du microbe du charbon.

Rumpf a soutenu que l'injection de cultures stérilisées de *bacillus pyocyaneus* était très favorable dans le typhus abdominal.

Kostjurin et Kraiynsky (1), dans un bon travail expérimental, confirment l'idée émise pour la première fois par Pasteur et prouvent que par des injections convenablement conduites de toxines de putréfaction, on peut empêcher le développement du charbon chez les animaux.

Mais les recherches les plus complètes que nous possédions sur cette question et dont les résultats donnent le plus à réfléchir, sont celles qui ont. été publiées dans le récent travail de Chelmonski (2). Ce savant a voulu savoir si les extraits de substances en putréfaction n'étaient pas capables d'exercer une *influence favorable* sur l'évolution de quelques maladies infectieuses de l'homme. Il a pris de la viande en pleine putréfaction et à divers moments de celle-ci ; il en a préparé un extrait et a vérifié

---

(1) *Ueber Heilung des Milzbrandes durch Fäulnisstoxine bei Thieren.* (*Centralblatt für Bakteriologie,* 1891, X, p. 553.)

(2) *Klinische Untersuchungen über den Einfluss des Fäulnissextracten auf den Verlauf mancher Infectionskrankheiten.* (*Deutsches Archiv für klinische Medicin,* mai 1896.)

d'abord ses effets sur l'organisme sain, en injection à travers la peau. Ni chez les lapins ni chez l'homme, il n'a jamais obtenu d'abcès local. Même en inoculant au lapin le milieu putride non débarrassé de ses microbes, il ne s'est pas produit d'inflammation prononcée au point d'introduction.

Les effets généraux ont été, dans tous les cas, quelques variations de la courbe thermique, un peu de malaise parfois ; mais il s'agissait de phénomènes peu prononcés, qui se sont dissipés très rapidement. Puis les extraits ont été injectés à des malades atteints de fièvre typhoïde. On a noté très soigneusement tous les signes cliniques. On a constaté régulièrement une tendance à la chute de température et un effet plutôt favorable sur l'évolution générale de la maladie.

Des essais du même genre ont été institués sur le typhus à rechutes, sur la variole, la scarlatine, la rougeole, l'érysipèle, la pneumonie. Il est très difficile de savoir si un effet favorable a été obtenu ; mais ce qui est certain, c'est que les injections n'ont eu aucune suite fâcheuse, bien au contraire.

Chez les tuberculeux, la réaction a été semblable à celle de la tuberculine, qui apparaît de plus en plus comme une substance nullement spécifique.

Chelmonski croit que c'est sur le système nerveux que se porte surtout l'action de ces produits putrides. Il se base, pour émettre cette opinion, sur les résultats vraiment surprenants qu'il a vus se produire chez un malade atteint de myélite transverse, absolument incapable de marcher, et qui, après le traitement par ces extraits, s'est senti pendant quelque temps beaucoup plus vigoureux et a pu faire quelques pas.

Nous voilà bien loin des effets néfastes des produits de la putréfaction ! Que penser de toutes ces contradictions apparentes entre les données fournies par les travaux qui viennent d'être passés en revue, les uns tendant à prouver que des microbes saprophytes et leurs produits favorisent l'infection, les autres qu'ils la contrarient ?

Il suffit de songer un instant à l'extrême complexité et à l'infinie variété des produits putrides pour se rendre compte de ces différences. On ne perdra pas de vue non plus que les diverses maladies infectieuses sont produites par des microbes nettement distincts, de sensibilité très différente, et que ce qui peut agir favorablement sur le développement de l'un n'a pas nécessairement la même action sur l'autre, et peut même agir en sens inverse.

Il n'est donc pas possible, dans l'état actuel de nos connaissances, de donner une réponse générale à la question de savoir si les microbes de putréfaction exercent ou non une influence nuisible sur l'organisme infecté ou en puissance d'infection.

Tout dépend des microbes considérés, de la nature de la substance putride, du moment de la putréfaction et de bien d'autres facteurs encore que nous ne connaissons pas. On comprend que de pareils travaux aient rebuté jusqu'à présent la plupart des savants ; ils sont, en effet, d'une difficulté presque inabordable.

§ 5. — *Action directe des produits de la putréfaction sur l'organisme.*
La putréfaction et les accidents alimentaires.

L'action *directe* des produits de la putréfaction sur l'organisme a été indiquée dans l'introduction de ce mémoire (1). Grâce aux travaux de Brieger, de Gautier, etc., on sait positivement qu'il existe dans certains milieux organiques en décomposition putride, et à un moment donné, des substances bien définies, telles que la neurine, la muscarine, la méthylguanidine, douées de propriétés toxiques et dont la composition chimique est parfaitement déterminée. On sait aussi que l'on peut trouver dans les cultures de certains saprophytes, comme dans les milieux organiques où ils se développent, des « toxines », des « protéines », des « toxalbumines », noms donnés à ces substances toxiques très compliquées et très instables, capables de produire sur l'organisme les effets les plus prononcés à des doses infiniment petites.

Mais que l'on remarque bien que le caractère toxique de certaines de ces ptomaïnes de Brieger et des protéines est prouvé, non pas, en général, par des essais d'ingestion, mais par des inoculations sous-cutanées ou intraveineuses.

Or, si ce sont là des données très précieuses, il ne faut cependant pas perdre de vue que rien n'autorise à les généraliser et à admettre, par exemple, que l'introduction dans le tube digestif de toutes ces substances produira *nécessairement* des accidents. L'admirable protection dont jouit l'organisme par sa muqueuse

(1) Pages 11 et suivantes.

digestive, par son foie, contre une foule de substances, douées de propriétés toxiques quand elles sont introduites par une autre voie que l'intestin, est un fait suffisamment prouvé pour qu'il soit inutile d'insister davantage sur son importance.

Qui ne sait que les toxines les plus violentes, celles de la diphtérie, du tétanos, par exemple, n'ont presque pas d'action quand on les introduit dans l'intestin?

C'est probablement pour avoir méconnu la réalité de ce grand rôle protecteur de la muqueuse digestive que l'on a pendant si longtemps attribué une action prépondérante aux produits putrides banaux, dans les accidents observés à la suite de l'ingestion de certains aliments. Que d'empoisonnements dits « alimentaires » sont encore imputés tous les jours à l'intoxication par les ptomaïnes vulgaires de la putréfaction!

Il ne sera pas nécessaire de développer ici toutes les considérations qui légitiment la réaction si prononcée qui s'est produite dans les dernières années contre l'ancienne théorie des empoisonnements alimentaires. Ce sera un des plus grands services rendus à l'hygiène publique dans ces derniers temps, que l'intervention de l'Académie de médecine de Belgique dans la question si importante du rôle des viandes comme causes d'accidents graves. La discussion magistrale que cette question a provoquée a fait définitivement la lumière, et l'on sait aujourd'hui, grâce surtout aux brillants travaux de M. le professeur Van Ermengem, que ce n'est pas aux alcaloïdes de la putréfaction banale qu'il faut demander la raison de la plupart des accidents alimentaires dont fourmille la littérature médicale de ces dernières années. Certes, on n'a pas attendu jusqu'aujourd'hui pour reconnaître que les substances alimentaires, les viandes en particulier, quand elles provoquent des accidents, n'agissent pas toujours de la même façon. On avait parfaitement noté que, dans certains cas, on avait affaire à des phénomènes d'infection plutôt qu'à des symptômes d'intoxication. Et les accidents infectieux avaient été attribués à des microbes pathogènes provenant vraisemblablement d'un animal atteint d'une affection spécifique, tandis que les intoxications proprement dites étaient expliquées par les effets de la putréfaction banale des substances alimentaires en mauvais état de conservation. On avait même cru pouvoir se baser sur les symptômes cliniques seuls pour reconnaître à laquelle de ces deux causes il fallait rapporter les accidents. En cas d'accidents dus à des bactéries pathogènes, c'étaient les symptômes locaux et généraux d'entérite cholériforme, se développant graduellement un certain temps après l'ingestion, qui dominaient la scène ; en cas d'intoxication ptomaïnique, on avait surtout des phénomènes nerveux, des paralysies musculaires, sans accidents inflammatoires proprement dits, et apparaissant très tôt après la consommation de l'aliment.

Ces derniers troubles ayant été observés surtout après l'ingestion de saucisses, on leur avait donné le nom de *botulisme*, et l'on croyait que les effets si graves observés étaient dus à l'action des ptomaïnes de la putridité. C'était aux accidents de cette catégorie que l'on faisait jouer le principal rôle, considérant les troubles dus à des bactéries spécifiques comme de véritables raretés.

Il était cependant un fait qui avait frappé depuis longtemps plusieurs observateurs : c'est que bien des aliments manifestement gâtés et corrompus sont d'une innocuité incontestable. Que de fromages avancés, de gibiers faisandés ne consomme-t-on pas tous les jours sans le moindre inconvénient !

Et pourtant on sait si les ptomaïnes de Brieger y sont abondantes ! Dans les pays chauds, surtout en Orient, la consommation d'aliments en pleine corruption est presque la règle. Les poissons pourris constituent l'aliment de prédilection de plus de trois cents millions d'Indiens, Indo-Chinois, Malais, Polynésiens et nègres de toutes races (1).

N'était-il pas naturel de se demander si la putréfaction vulgaire pouvait être rendue responsable des troubles survenus à la suite de l'ingestion de certaines viandes ? Il y avait bien les anciennes expériences de Schmidt, de Panum, de Schmiedeberg et de Bergmann, semblant démontrer le grand danger des produits de la putréfaction. Mais, à la réflexion, on s'apercevait qu'il s'agissait là d'extraits très complexes, peu ou pas stérilisés, administrés par voie intraveineuse, sous-cutanée ou intra-péritonéale.

Et l'intestin lui-même, à l'état normal, n'était-il pas un véritable foyer de putridité, habité par d'innombrables micro-organismes décomposant les matières albuminoïdes et produisant une grande

---

(1) Voir les discours prononcés par M. Van Ermengem à l'Académie de médecine de Belgique dans la discusion sur les accidents alimentaires.

quantité de substances toxiques, au point que Stich, en injectant dans les veines d'un animal un extrait de matières fécales normales, observait les accidents les plus graves?

Et les chiens, ces animaux que l'on a vus souvent très malades au cours des épidémies alimentaires, ne supportent-ils pas admirablement les ptomaïnes vulgaires des cadavres en pleine pourriture dont ils aiment à se nourrir?

Il apparaissait ainsi qu'il n'était pas possible d'expliquer par la putréfaction banale un grand nombre d'accidents alimentaires, d'autant plus que l'aliment incriminé avait présenté bien souvent les meilleures apparences extérieures et n'était nullement envahi par la putréfaction.

On doit à Johne, Gärtner, Gaffky et Paak, Poels et Dhont, Flügge, Basenau, etc., d'avoir apporté la lumière dans ces questions si embrouillées et d'avoir successivement démontré qu'un nombre de plus en plus grand des accidents consécutifs à l'ingestion des viandes devait être attribué à des microbes *spécifiques*, provenant le plus souvent d'un animal malade.

Mais c'est surtout M. Van Ermengem qui a renversé définitivement l'ancienne théorie, en ce qu'elle avait de trop général et de trop absolu, et qui a remis le rôle de la putréfaction à sa vraie place. En décrivant les microbes spécifiques de l'épidémie de Moorseele (1) et des accidents de Gand (2), M. Van Ermengem a confirmé les travaux des auteurs précités et démontré que les accidents cholériformes provoqués par certaines viandes ou aliments préparés avec elles étaient dus soit à la pullulation dans l'organisme de microbes spécifiques, soit à l'action de leurs toxines quand la préparation a été stérilisée, soit à la combinaison de ces effets; il a prouvé, sans contradiction possible, que la putréfaction banale n'était pas en cause.

Mais des recherches du même savant limitant davantage encore la fameuse influence des ptomaïnes vulgaires de la putréfaction, sont celles qui ont paru tout récemment (3) et qui nous annoncent

1, *Recherches sur les empoisonnements produits par la viande de veau a Moorseele* (*Bulletin de l'Académie royale de médecine de Belgique*, 1893.)

2) *Recherches sur des cas d'accidents alimentaires produits par des saucissons.* (*Revue d'hygiène*, 1896.)

(3) *Untersuchungen über Fälle von Fleischvergiftung mit Symptomen von Botulismus* *Centralblatt für Bakteriologie*, mars 1896, [et *Archives de pharmacodynamie* Gand, 1897. Ajouté pendant l'impression].)

la découverte, au cours d'une enquête sur des accidents botuliniques observés à Ellezelles (Hainaut), d'un bacille tout spécial, qui a été dénommé *bacillus botulinus*. Les accidents consistaient principalement en phénomènes nerveux, surtout visuels (troubles de l'accommodation, ptosis, diplopie, mydriase, dysphagie, aphonie, constipation, pas d'irritation gastro-intestinale). Ils étaient dus à l'usage d'une viande de conserve salée et fumée, de jambon mangé cru. Il est hors de doute que, sans les investigations de M. Van Ermengem, on eût attribué la mort des deux victimes à l'intoxication par les alcaloïdes de la putréfaction. Mais le savant professeur de Gand a trouvé dans la chair, cause des accidents, et dans les organes des deux victimes, un microbe nouveau, tout différent de celui de Moorseele, strictement anaérobie et fabriquant des toxines d'une activité extraordinaire, plus puissantes même que celles du tétanos ! Ce *bacillus botulinus* serait parfois présent dans les milieux extérieurs et trouverait accidentellement un terrain de culture dans des produits alimentaires variés. Il provoquerait, par la toxine qu'il fabrique dans l'organisme envahi par lui, les troubles nerveux et paralytiques signalés comme dus au botulisme. Il est à remarquer, en effet, que les accidents rangés sous ce dernier nom ont toujours été provoqués soit par l'ingestion de saucisses, de gros boudins fabriqués dans le Wurtemberg et la Saxe, soit par des conserves de viandes en boîtes obtenues par le procédé Appert, soit par des pâtés de gibier conservés sous la graisse, soit encore par des poissons salés (esturgeons, saumons, etc.), abondamment consommés en Russie. Or tous ces produits alimentaires, remarque M. Van Ermengem, sont ceux qui réalisent le mieux, par leur mode de préparation et de conservation, les conditions de la vie anaérobie nécessaires à l'existence et à la pullulation du *bacillus botulinus*.

On est ainsi amené à croire que même les accidents du botulisme et de l'ichthyosisme, attribués à la putréfaction banale et à ses produits, sont dus, eux aussi, à de véritables influences spécifiques !

C'est là l'opinion du professeur de Gand.

En fait, elle paraît très vraisemblable. La lecture des observations rapportées par les auteurs concernant les accidents dus aux saucisses, aux conserves en boîtes, etc., nous a donné la conviction, après avoir mis à part les cas vraiment exceptionnels où les méfaits peuvent être attribués à des métaux toxiques ou à la putridité manifeste de l'aliment, que la théorie de M. Van Ermengem rend le mieux compte des phénomènes observés. C'est l'impression que nous a faite notamment le travail de Remlinger (1), citant un grand nombre d'accidents dus à des viandes en conserves; là aussi, ce n'est pas la putréfaction banale qui paraît en cause, mais ce sont tantôt des bacilles semblables à celui de Moorseele, tantôt des microbes comparables au *bacillus botulinus*. L'erreur de la plupart des observateurs paraît devoir être attribuée à un défaut de technique : le *bacillus botulinus* ou les microbes du même groupe ne peuvent être isolés que par les méthodes difficiles des cultures anaérobies. Il sera indiqué, à l'avenir, de suivre les prescriptions formulées par M. Van Ermengem pour les expertises de ce genre (2).

Il va sans dire que nous ne nions pas l'influence de la putridité dans les accidents alimentaires. Avec M. Van Ermengem, nous reconnaissons qu'il y a lieu de tenir compte de l'action des ptomaïnes vulgaires, mais plutôt à titre de substances favorisant l'infection ou l'intoxication spécifiques. La coexistence d'altérations d'origine pathologique et d'altérations putréfactives doit être prise en grande considération.

Certaines substances putrides, on l'a dit déjà, exercent une influence prédisposante sur certaines infections. Les microbes saprophytes et leurs produits peuvent diminuer la résistance organique en mettant obstacle aux mécanismes de défense. On est ainsi amené à penser que l'ingestion de viandes infectées de microbes pathogènes spécifiques, provenant soit de l'animal même atteint de l'affection, soit d'une contamination accidentelle survenue après le découpage et la préparation, sera beaucoup plus dangereuse si ces viandes ont subi ultérieurement la putréfaction que si elles sont consommées fraiches.

1) *Accidents causés par les viandes conservées en boîtes, leur pathogénie, leur prophylaxie.* (*Annales d'hygiène et de médecine légale*, novembre 1896.)

(2) Un travail récent de Pouchet fournit une nouvelle application de la bactériologie aux expertises concernant les accidents alimentaires. Mais l'hygiéniste français méconnaît absolument et très injustement la part prise par M. Van Ermengem dans cette question. *Annales d'hygiène*, mars 1897.)

Ainsi s'expliquerait le fait que les accidents s'observent surtout en été, quand la putréfaction est très activée. C'est ce que M. Van Ermengem a nettement exprimé en disant : « Autant je suis disposé à croire que l'on a exagéré le danger des viandes faisandées ou partiellement décomposées, provenant de bêtes saines, autant je suis convaincu des menaces sérieuses pour la santé offertes par des viandes envahies à la fois par des saprophytes de putréfaction et par des germes de certaines maladies (1). »

A la suite de ces accidents alimentaires, d'origine carnée, il faut placer les troubles de la santé déterminés parfois par un aliment de premier ordre, le *lait,* et qui paraissent dus à l'action de plusieurs microbes sinon essentiellement saprophytes, tout au moins susceptibles de manifester quelques propriétés de ces derniers.

Certains laits occasionnent les *diarrhées estivales des nourrissons.* Le lait incriminé a un aspect presque normal, quoiqu'il fourmille de bactéries. Ces dernières ont été surtout étudiées par Flügge et Luhbert (2). On a isolé particulièrement douze espèces anaérobies dont les spores résistent à une température de 100°. Elles peptonisent la caséine, sans altérer le lait d'une façon bien apparente.

Trois de ces espèces sont très pathogènes et font périr les animaux, après ingestion de leurs cultures, en leur donnant une forte diarrhée.

A l'autopsie, on ne trouve pas les microbes en dehors du tube digestif où ils agissent par leurs toxines.

Ces bactéries ne se multiplient activement qu'au delà de 22°. Ce sont surtout les tout petits enfants qui sont sensibles à la matière toxique fabriquée par elles.

Des indications très importantes pour l'hygiène résultent des notions mises en lumière par Flügge et ses élèves. Il importe, par les temps chauds surtout, de stériliser sous pression le lait immédiatement après sa récolte ou de le conserver dans la glace, afin d'éviter complètement la multiplication de ces anaérobies, qui ne

---

(1) *Discours à l'Académie royale de médecine de Belgique,* 1895, p. 702

(2) LUBBERT, *Ueber die Natur der Giftwirkung peptonisirender Bakterien der Milch.* (*Zeitschrift für Hygiene,* 1896, XXII.)

se fait qu'au delà de 20°. On sait quelle importance les cliniciens — Marfan notamment — attachent à cette question de
l'hygiène des nourrissons.

§ 6. — *Les matières en putréfaction dans les champs d'épandage et la santé publique.*

Une autre catégorie de dangers des substances subissant la
décomposition putride provient des champs d'épandage. C'est une
des principales mesures sanitaires que l'hygiène moderne ait
préconisées, que la pratique de confier aux bactéries saprophytiques du sol, loin des villes, le soin de hâter la décomposition
des matières organiques de toute espèce provenant des cités
populeuses.

Quels dangers pour la santé publique cette pratique peut-elle
présenter ?

Les matières usées, entraînées par les égouts vers les champs
d'irrigation et abandonnées à la putréfaction, pourraient nuire
surtout, semble-t-il, soit par les gaz dégagés, soit par les microbes
pathogènes déposés à la surface du sol, entraînés ensuite dans
l'atmosphère ou vers les nappes aquifères profondes et par
celles-ci transportés vers d'autres endroits, propageant ainsi les
maladies infectieuses les plus graves.

Ces objections paraissent théoriquement très sérieuses.

En faveur du rôle des gaz, bien que l'on n'admette plus la
doctrine anglaise de Parkes, Murchison, Peakok, etc., expliquant
la propagation des maladies infectieuses par des gaz provenant de
la putréfaction, il faut tenir compte des expériences d'Alessi (1),
montrant que les microbes pathogènes ont plus de prise sur les
organismes soumis à l'influence des gaz émanant de foyers putrides
que sur d'autres.

En faveur du passage des microbes pathogènes dans les nappes
aquifères, il y a la possibilité de fissures des terrains ou d'une
filtration trop rapide.

En fait, il faut bien reconnaître que la pratique n'a guère
justifié ces craintes.

(1) ALESSI, *Sui gas putridi come gas predisponenti all' infezioni tifoïde. (Annales
de l'Institut expérimental d'hygiène de l'Université de Rome,* 1894, nouvelle série,
vol. IV, p. 59.)

L'expérience faite aux environs de Paris et de Berlin fait justice de tous ces reproches. Il n'y a pas longtemps qu'une discussion soulevée à la Société de médecine de Berlin (1) a apporté de nouveaux documents favorables aux champs d'épandage. Aucune odeur vraiment gênante n'y est perçue, les ouvriers s'y portent très bien ; un hôpital de convalescents est même installé près de Berlin au voisinage de ces champs.

Nulle part on n'a vu le sol recevant les eaux d'égouts devenir un marécage. Édimbourg pratique cette expérience depuis cent cinquante ans. A Gennevilliers, Berlin, Dantzig, jamais on n'a vu les champs d'irrigation, à condition d'être convenablement drainés et d'être établis sur un sol approprié, devenir un sol palustre.

Quant à la propagation de la fièvre typhoïde par les champs d'épandage, Weyl, après avoir rappelé la rareté de la fièvre typhoïde dans le département du Nord, malgré l'épandage des matières fécales pratiqué presque partout sur les terres cultivées, a cité l'opinion des médecins exerçant au voisinage des grands champs d'irrigation établis en Allemagne. A Dantzig, jamais la mortalité des habitants des champs d'épandage n'a dépassé celle des citadins.

A Gross-Lichterfelde et à Whalstatt, localités où le génie militaire a établi des irrigations à l'eau d'égout, jamais on n'a constaté le moindre inconvénient chez les personnes du service. Mais les chiffres les plus éloquents sont fournis par Berlin. La fièvre typhoïde est plutôt moins fréquente au voisinage des champs irrigués qu'ailleurs. On a observé quinze cas seulement en dix ans. Virchow proteste énergiquement, avec raisons à l'appui, contre l'opinion que quelques-uns de ces cas auraient été provoqués par les irrigations.

Certes, comme toute œuvre humaine, les champs d'épandage peuvent présenter leurs dangers, et il est bien certain que les quelques notions, malheureusement très incomplètes, que l'on possède à présent sur le sort des bactéries pathogènes dans les milieux en putréfaction, justifient certaines réserves. C'est ainsi, pour citer seulement quelques faits, que les expériences de MM. Di Mattei et Canalis (2) semblent avoir établi que les microbes de la

(1) *Berliner klinische Wochenschrift*, 1896, n° 2
(2) *Annales de l'Institut Pasteur*, 1890, p. 680.

fièvre typhoïde et du choléra ne sont pas aussi facilement détruits qu'on l'avait pensé d'abord par les milieux en putréfaction. Di Mattei et Canalis ont eu le grand mérite de pénétrer plus à fond ce problème difficile et d'instituer des expériences plus précises que celles de leurs devanciers, tels que Koch, Frankland, Nicati et Rietsch, etc. Ils ont varié les conditions expérimentales et établi que l'action sur les microbes d'un liquide putride est très différente aux diverses phases de la décomposition. On peut conclure de leurs données qu'il serait imprudent de compter absolument sur la putréfaction pour détruire rapidement les germes du choléra et du typhus contenus dans les déjections. Mais EN FAIT, dans la pratique, les dangers que ces expériences pourraient faire redouter, soit pour les personnes travaillant dans les champs irrigués, soit pour l'eau des nappes souterraines, ces dangers ne se réalisent guère et sont d'une importance tellement minime qu'ils laissent au système de l'épuration par le sol son caractère d'excellente mesure d'assainissement. On se demande d'ailleurs quel système pratique pourrait lui être préféré, quand il s'agit du traitement des eaux d'égout de villes aussi populeuses que Paris, Berlin, etc.

§ 7. — *La putréfaction et les cimetières.*

Une dernière question qui se rattache à l'étude de la putréfaction, dans ses rapports avec l'hygiène, est celle de la nocuité des *cimetières.*

Les cadavres enfouis dans le sol pour y être abandonnés à la putréfaction spontanée ne peuvent-ils devenir une cause de dangers, soit par les produits de leur décomposition, soit par les microbes pathogènes qu'ils peuvent renfermer à l'occasion?

On sait que cette question a fait l'objet de travaux considérables et d'interminables discussions. Les dangers des cimetières étaient naguère considérés comme très grands et l'on a attribué à leur voisinage maintes épidémies.

Les uns ont considéré les émanations de gaz s'échappant des cimetières comme capables de provoquer des maladies, les autres ont pensé que des germes de microbes pathogènes pouvaient remonter à la surface du sol et de là, par l'air, propager des épidémies à distance.

Il faut reconnaître que c'étaient là, le plus souvent, des allégations sans preuves, des observations manquant de base scientifique.

La théorie de la nocuité des cimetières, proclamée jadis comme un véritable dogme, est bien ébranlée depuis que les faits ont été étudiés à la lumière de l'expérimentation.

Le danger de dégagements gazeux nuisibles n'est plus admis par personne. Les travaux de Schutzemberger, les belles études de MM. Brouardel, Du Mesnil, Ogier, Bordas, etc., prouvent que les gaz délétères engendrés par la décomposition des cadavres ne parviennent pas à la surface du sol, si les corps, comme c'est la règle ordinaire, sont inhumés à la profondeur de 1^m,50. Lorsque, dans certains cas, on a cru devoir accuser les cimetières de répandre dans l'atmosphère des gaz méphitiques, une enquête bien dirigée a prouvé que c'était à des causes tout à fait étrangères, par exemple au voisinage d'un purin, qu'il fallait attribuer ces odeurs.

Dans les cimetières actuels, le sol ne renferme que de l'acide carbonique en plus ou moins grande quantité. Le seul danger sérieux est pour les ouvriers remuant à l'occasion ces terres riches en acide carbonique.

Le danger de la saturation du sol par les matières organiques ne paraît pas mieux démontré que celui des émanations pestilentielles. On a craint pendant longtemps qu'au bout d'un certain temps d'usage la terre des cimetières ne finît par être saturée de substances organiques et ne devînt impropre à la disparition ultérieure de nouveaux cadavres. M. Schützemberger a prouvé par des expériences que la combustion de ces matières organiques est complète après cinq ans dans une terre moyenne, perméable à l'air, et que, par conséquent, il n'y a pas lieu de s'arrêter à l'idée d'une saturation de la terre par les matières organiques.

Quant à la propagation des microbes provenant du cadavre vers la surface du sol, elle ne pourrait se faire que grâce au transport par des insectes, par des vers de terre, etc. C'est, on le sait, aux vers que Pasteur attribue la dissémination des germes charbonneux de la profondeur vers la surface dans les *champs maudits*. Mais cet élément de contagion ne paraît jouer aucun rôle pour les autres maladies. On va voir que les microbes pathogènes du choléra, de la fièvre typhoïde, ces affections humaines que l'on redoute surtout, sont assez vite détruits dans les cadavres ; qu'au surplus, ils ne se disséminent pas loin des corps ensevelis ; arrivassent-ils même exceptionnellement à la surface du sol, leur faible résistance à la dessiccation, à la lumière les ferait disparaître rapidement.

En fait, il n'existe pas d'observations démontrant que des microbes spécifiques des cadavres, autres que ceux du charbon, aient pu, à la suite de leur propagation à la surface du sol, provoquer l'une ou l'autre épidémie.

Reste la question de la contamination des nappes aquifères. Les cadavres pourraient polluer les eaux sous-jacentes, soit par les substances putrides solubles qu'ils dégagent, soit par les micro-organismes, pathogènes ou non, qu'ils renferment.

On comprend qu'il ne soit guère possible, en raison du grand nombre de facteurs en jeu, tenant à la nature du sol, à la profondeur du cadavre, à son ancienneté, à la distance qui le sépare de la nappe aquifère, de donner, dans un exposé général, la juste mesure de ces dangers. Il est certain, en tout cas, que c'est là la plus sérieuse objection que l'on puisse faire à certains cimetières.

Les études et les expériences ont démontré, en ce qui concerne les produits solubles de la putréfaction, que ces derniers ne parviennent comme tels jusque dans les eaux souterraines que lorsque les cadavres sont très voisins de ces nappes. Cette souillure de l'eau par les produits solubles est une souillure banale, dont on a certainement exagéré les dangers, mais que l'hygiène doit combattre aussi bien à cause des effets parfois nuisibles de la putridité sur l'organisme, qu'en raison du voisinage dangereux qu'indique la présence dans l'eau de ces substances organiques. Quant à la propagation des microbes des cadavres vers les eaux souterraines, le danger n'existe que si la nappe aquifère vient osciller au voisinage des corps. Les craintes seront surtout légitimes s'il s'agit de cadavres infectieux dans les premiers mois de leur inhumation. En effet, les beaux travaux d'Esmarch (1), de Petri (2) et surtout de Lösener (3) nous fournissent des documents

(1) Esmarch, *Das Schiksal der pathogenen Mikroorganismen im todten Körper.* *Zeitschrift für Hygiene,* 7, 1889)

(2) Petri, *Versuche über das Verhalten der Bakterien in beerdigten Thierleichen.* *Arbeiten a. d. kais. Ges. Amt.,* Bd. VII, Heft 1, p. 1.)

(3) Lösener, *Ueber das Verhalten von pathogenen Bakterien in beerdigten Kadaveren* (*Arbeiten a. d. kais. Ges. Amt.,* vol. XII.)

précieux pour l'étude de la question qui nous occupe. Les expériences de Lösener ont été instituées de 1893 à 1895, à l'Office sanitaire impérial de Berlin. Le travail antérieur de Petri avait porté sur le sort des microbes des cadavres de petits animaux, enfouis dans le sable. Il avait montré que, dans ces conditions, les germes pathogènes étaient, en général, rapidement détruits. Mais il importait d'étudier surtout les grands animaux. L'observation de tous les jours enseigne que les petits animaux se décomposent très vite.

La municipalité de Berlin mit à la disposition de Lösener deux parcelles des champs d'irrigation de Blankenfelde; chose précieuse, toutes les variétés possibles de constitution du sol et d'humidité étaient réunies à ces endroits. Comme cadavres, on choisit les porcs, à cause de la facilité avec laquelle on peut se les procurer. Les germes étudiés furent ceux du charbon, des suppurations, du choléra, de la fièvre typhoïde, de la tuberculose, du tétanos et du rouget.

Les corps étaient entourés de toile, placés dans un cercueil en bois, et enfin dans des fosses, à la profondeur légale des sépultures. Avant l'enfouissement, on introduisait les bactéries pathogènes par l'artère axillaire, en cultures de cinq à six litres. De plus, on injectait encore des cultures dans la plèvre et le péritoine. Plusieurs fois, on plaça dans l'abdomen des foies, des rates, des poumons de tuberculeux, des cobayes et des souris charbonneuses, cholériques, etc. Dans certains cas, les bières étaient enfouies de façon à rester complètement à sec, d'autres fois, à être presque toujours submergées. En somme, toutes les conditions d'humidité, de sécheresse, de profondeur ont été réalisées.

Dans l'immense majorité des cas, on a constaté que le bacille typhique avait été rapidement détruit dans les corps inhumés. Jamais Lösener n'a trouvé ce microbe dans la terre entourant le cercueil.

Pour le bacille cholérique, les expériences indiquent une survie plus longue que ne le faisaient pressentir les travaux de Petri et Esmarch. Mais elles établissent que le danger de diffusion du choléra après exhumation est très peu sérieux. Les constatations de Dunbar, à Hambourg, concordent sur ce point avec celles de Lösener.

De fort nombreuses expériences ont porté sur la tuberculose.

Après cent vingt-trois jours, on retrouvait encore des bacilles colorables, mais ils étaient morts, comme le prouvèrent les inoculations.

La terre entourant la bière, les cadavres des animaux dans lesquels on avait enfermé des organes tuberculeux, n'ont jamais présenté de bacilles de Koch.

Les microbes du tétanos — c'était à présumer — se conservaient beaucoup mieux dans les cadavres, mais la terre des endroits habités contient en abondance ces microbes. Un cadavre tétanique ne constitue donc pas un danger spécial.

On trouve aussi à la surface du sol des microbes de la suppuration : les cadavres contenant des streptocoques, des staphylocoques n'apporteraient à la terre aucun élément dangereux bien nouveau.

Pour le charbon, Lōsener a constaté que le microbe se conservait longtemps dans les cadavres, à condition qu'avant l'ensevelissement il y eût déjà une bonne quantité de spores formées.

La conclusion qui découle de ces importantes expériences, c'est que la souillure du sol par les bacilles pathogènes des cadavres est bien peu à craindre, surtout si le sol est suffisamment poreux. Il faudrait vraiment que les nappes aquifères fussent tout à fait au contact des corps pour que le danger devînt sérieux. Quant aux exhumations des cadavres infectieux, elles ne sont réellement à redouter que dans les premiers mois, sauf pour les maladies à microbes donnant des spores.

Il résulte de ces notions que les préoccupations les plus légitimes de l'hygiéniste, en matière de sépulture, doivent se porter du côté de la protection des eaux du voisinage (1).

Un terrain destiné à un cimetière doit être étudié minutieusement au point de vue de la nature du sol, de la profondeur des nappes aquifères, de leurs oscillations et de la direction d'écoulement de celles-ci. On indique souvent les terrains les plus élevés comme particulièrement propres à l'installation des cimetières. Les connaissances hydrologiques actuelles enseignent que les sources alimentant les centres habités dans les plaines ont leur origine au flanc des coteaux : l'indication donnée est donc loin d'être justifiée.

(1) BROUARDEL et DU MESNIL, *Annales d'hygiène*, novembre 1896.

Les corps seront inhumés de telle façon qu'une distance de 2 à 3 mètres au moins les sépare de la nappe souterraine à son niveau le plus élevé. En outre des motifs déjà exposés, une raison spéciale justifie cette prescription, c'est que les corps, quand ils sont inhumés dans un sol humide, se transforment facilement en gras de cadavre, comme on le verra à l'étude de la putréfaction en médecine légale, et que la décomposition est ainsi ralentie. Au contraire, dans un sol perméable, sec, bien drainé, la décomposition marche très vite et est accomplie après deux ou trois ans au maximum. Plus le cadavre inhumé sera en contact avec l'air par le fait de la perméabilité du sol, de la porosité de la bière, plus sa destruction sera rapide et complète, cette décomposition étant surtout active quand elle est produite à la fois par des germes aérobies et par des cryptogames et des insectes venant compléter l'œuvre des premiers. Au contraire, dans un sol humide ou imperméable, la putréfaction est considérablement retardée; elle ne peut alors être produite que par des microbes vivant en anaérobies et, dans ces conditions, leur multiplication est lente et bientôt retardée en présence des produits fabriqués.

Il importe encore d'éviter un grand nombre de substances telles que la sciure de bois mélangée de produits antiseptiques ou aromatiques, les feuilles de caoutchouc, de carton bitumé, les enveloppes de zinc ou de plomb; toutes ces pratiques retardent beaucoup la putréfaction des cadavres en s'opposant à la multiplication des germes aérobies (1). Or le but essentiel de l'hygiéniste, son principal souci en présence de l'encombrement de plus en plus grand des cités, doit être de faire disparaître le plus rapidement possible les corps de ceux qui meurent; en dehors de la crémation — que bien des raisons font repousser — il n'y a que l'inhumation dans les conditions indiquées qui soit à même de rendre en peu de temps à la nature les éléments indispensables aux végétaux et aux animaux eux-mêmes, renfermés en si grande abondance dans les cadavres.

(1) L'apport de l'air est tellement nécessaire pour activer la destruction des cadavres et leur minéralisation que M Coupry. de Nantes, a proposé un système particulier consistant en drainages permettant l'accès de l'air directement autour de la bière. Des essais faits à Saint-Nazaire, où le sol, composé de terre glaise, est impropre à la destruction des corps qui se transforment simplement en gras de cadavre, ont prouvé que l'on pouvait obtenir une décomposition complète en un an environ.

TROISIÈME PARTIE.

La putréfaction dans ses applications
à la médecine légale.

L'étude de la putréfaction est une de celles qui intéressent le plus le médecin légiste. Il n'est pas un des faits exposés dans les pages précédentes, consacrées aux applications de la putréfaction à l'hygiène, qui ne puisse devenir l'objet de l'une ou l'autre question relevant de la médecine légale. L'étude des accidents alimentaires, par exemple, intéresse tout autant le médecin légiste que l'hygiéniste.

Mais il est tout un chapitre de l'étude de la putréfaction qui fait pour ainsi dire partie de la médecine légale : c'est la *putréfaction des cadavres*. C'est au cours de médecine légale que l'on enseigne les particularités des modifications subies par les corps après la mort; ce sont les maîtres de la médecine légale, les Devergie, les Orfila, les Casper, qui ont établi les notions les plus importantes que nous possédions sur la putréfaction cadavérique. Il devait tout naturellement en être ainsi. A chaque instant, le médecin légiste se trouve placé en face de questions concernant la date de la mort, l'aspect des lésions, la détermination du milieu où un cadavre a séjourné, le sort des poisons dans l'organisme après la mort, questions dont la solution nécessite une connaissance approfondie des phénomènes de la putréfaction.

La bactériologie devait éclairer d'une lumière toute nouvelle cette étude si importante. Aussi longtemps que l'on ignora la véritable nature des agents qui président à la décomposition cadavérique, on ne put guère aller, dans les descriptions, au delà des principales modifications macroscopiques qui s'accomplissent suivant les divers milieux où peut séjourner un cadavre. La bactériologie devait permettre d'expliquer le mécanisme des phénomènes, démontrer comment et par qui ils sont provoqués, quels sont leur succession et leur enchaînement. Déjà les travaux de Brieger, de Hoffa, de Hauser, de plusieurs autres savants, ont

montré quelles bactéries intervenaient dans la décomposition
putride et quelles substances elles fabriquent dans ces conditions.

Max Beck, Ottolenghi, Kühne, Bordas, Dallemagne, Van
Ermengem, Malvoz ont porté leur attention sur la flore microbienne des cadavres en putréfaction et expliqué, par leurs
recherches, bien des particularités restées jusque-là sans interprétation.

Mais ce sujet est tellement vaste, il y a tant de facteurs en jeu,
que les connaissances acquises jusqu'aujourd'hui sont encore très
incomplètes.

C'est ce qui nous a décidé à apporter notre part de contribution, au moyen d'investigations personnelles, à cette attrayante
étude, aussi importante par les faits généraux auxquels elle se
rapporte, que par ses applications pratiques.

Un fait a frappé depuis longtemps les observateurs, c'est que
la putréfaction du cadavre a une marche toute spéciale chez les
nouveau-nés. Aussi est-il nécessaire de consacrer un exposé à
part à la putréfaction de ces derniers. Nous diviserons cette étude
en trois parties : la première consacrée à la putréfaction des
cadavres en général, exception faite des nouveau-nés, la seconde
à la putréfaction des nouveau-nés (fœtus et mort-nés), la troisième à quelques applications spéciales de la putréfaction des
cadavres à la médecine légale (action des saprophytes sur les
poisons, etc.).

Nous renverrons pour ce qui concerne les accidents alimentaires, les sépultures, etc., à la partie de ce mémoire consacrée
aux applications de la putréfaction à l'hygiène.

I. — PUTRÉFACTION DES CADAVRES EN GÉNÉRAL.

§ 1. — *Flore microbienne de l'organisme au moment de la mort.*

La putréfaction, telle qu'elle a été définie, est essentiellement un
phénomène bactériologique. On ne peut donc comprendre la
marche de la décomposition putride si l'on ne connaît pas la nature
et la répartition des microbes qui vont envahir le cadavre après
la mort.

Quelle est la flore microbienne de l'organisme normal au moment où les processus de destruction vont commencer ?

Il y a d'abord un grand nombre de microbes, d'espèces variées, à la surface de la peau, particulièrement à certains endroits de prédilection, tels que les plis naturels, le cuir chevelu, etc. On trouve notamment des staphylocoques, des streptocoques sur la peau la plus saine. L'épiderme protège admirablement, pendant la vie, l'organisme contre leur pénétration. Ces microbes ne se *multiplient* guère à la surface de la peau, les conditions de température et d'humidité étant loin de leur être favorables.

Mais dans les grandes cavités du corps en communication avec l'extérieur, les conditions sont bien différentes et on y trouve beaucoup plus de microbes qu'à la surface de la peau.

Dans la bouche, d'abord, vivent de nombreux saprophytes : les uns président à certaines fermentations, d'autres jouent un rôle dans la carie dentaire. Il y a même, dans la cavité buccale, de véritables microbes pathogènes. On sait que Pasteur, le premier, y découvrit un micrococque produisant la septicémie chez les animaux, découverte confirmée dans la suite par Fränkel, qui démontra que ce microbe était l'agent de la pneumonie. Parfois on trouve dans la bouche, à l'état normal, le bacille dit pseudo-diphtérique. Kreibohm et Biondi ont signalé la présence dans la cavité buccale de toute une série de microbes mortels pour les animaux, mais qui ne semblent jouer aucun rôle dans la pathologie humaine.

Il est bien facile de s'expliquer cette abondance de microbes dans la bouche, comme du reste dans beaucoup de cavités du corps en rapport avec l'air : la température, l'état d'humectation continue, la présence de restes d'aliments favorisent leur pullulation.

On trouve encore des microbes, en plus ou moins grand nombre, dans les cavités du nez, dans le mucus du larynx, de la trachée et même des bronches (von Besser). Ce que l'on trouve surtout dans l'arbre respiratoire, ce sont des streptocoques, des diplocoques encapsulés, du *micrococcus tetragenus*, du bacille de Friedländer, en somme peu d'espèces considérées comme véritablement putréfactives.

C'est dans le tractus intestinal qu'il faut chercher les saprophytes ; ils y sont en extrême abondance. Déjà dans le contenu de l'estomac, on trouve des espèces microbiennes variées. C'est une erreur de croire que le suc gastrique stérilise l'estomac. Des expériences faites par Mac Fadyan à l'Institut de Flügge ont prouvé que même la forte acidité du suc gastrique du chien suffisait à peine pour détruire un microbe aussi sensible aux agents chimiques que le bacille-virgule du choléra. La plupart des microbes, il est vrai, ne se *multiplient* guère dans l'estomac, mais ils le franchissent aisément et arrivent dans l'intestin grêle. Ici les meilleures conditions se trouvent réalisées, non seulement pour la conservation des germes, mais pour leur pullulation. La réaction alcaline, en particulier, favorise singulièrement cette dernière. Il semble que le contenu intestinal, par l'ensemble de ses propriétés, soit tout particulièrement favorable à la nutrition de certains microbes bien déterminés, au point que ces derniers arrivent rapidement à prendre le pas sur les autres germes apportés par les aliments et à constituer, presque à eux seuls, la flore intestinale. On a même donné le nom de bacilles intesti-naux, de *coli-bacilles*, à ces micro-organismes prépondérants dans l'intestin. Il est bien probable que sous ce nom on a décrit plusieurs espèces différentes, mais présentant un certain nombre de traits communs. C'est Escherich qui a le premier décrit ces microbes et prouvé qu'à l'occasion ils pouvaient provoquer des accidents pathologiques graves dans l'organisme (1).

De plus, on a trouvé dans l'intestin des microbes anaérobies; ils sont même parfois assez abondants pour que l'on puisse admettre que la multiplication a pu s'effectuer dans le tube digestif. Il est probable que les conditions de l'anaérobiose peuvent être réalisées dans certains recoins de l'intestin. C'est particulièrement le tractus intestinal des herbivores qui est riche en microbes anaérobies, apportés en abondance avec les herbes, les fourrages, etc., toujours plus ou moins imprégnés de terre : la terre arable, on le sait, est le grand réceptacle des anaérobies résistants (2).

---

(1) On trouvera une excellente description des microbes du tractus intestinal dans le mémoire de DALLEMAGNE : *Contribution a l'étude des microbes du tube gastro-intestinal des cadavres.* (*Bulletin de l'Académie de médecine de Belgique*, 1894.)

(2) Des recherches récentes semblent prouver que le bacille du tétanos et celui de l'œdème malin, dont les spores se trouvent si répandues dans le sol des endroits habités, accompliraient leur évolution *végétative* dans l'intestin des chevaux et des vaches; leurs spores seraient éliminées avec les excréments et disséminées ainsi à la surface du sol.

Un fait important a été signalé par tous ceux qui ont étudié les microbes de l'intestin : c'est que les cultures dans les milieux les plus variés révèlent beaucoup moins d'espèces microbiennes que l'examen microscopique direct ne le faisait prévoir. Il est probable que beaucoup de micro-organismes sont tués par l'action bactéricide de la salive, du suc gastrique et de certains produits de désassimilation de l'intestin; on retrouve encore leurs cadavres à l'examen microscopique, mais ils sont devenus incapables de pulluler dans les cultures. Ajoutons que les anaérobies stricts ne poussent pas dans les cultures habituelles et que peut-être certains microbes de l'intestin, ne peuvent se développer dans ces dernières.

La présence de ces innombrables microbes au sein du contenu intestinal entretient là, même chez l'être le plus sain, un vaste foyer de putridité, avec transformation continue des peptones en indol, scatol, gaz mal odorants, dérivés sulfo-conjugués et autres produits de décomposition des albumines et des sucres. Nencki et ses élèves (1) ont fait l'étude magistrale des actions chimiques qui s'accomplissent dans l'intestin sous l'influence des saprophytes.

L'appareil urinaire contient peu de microbes à l'état normal; la réaction acide de l'urine, le lavage continuel de la muqueuse sont des conditions défavorables.

Le vagin renferme dans les plis de sa muqueuse quelques espèces microbiennes qui ne remontent guère au delà du col utérin. Ce sont surtout des microcoques, strepto- et staphylocoques, dont le rôle saprophytique est de bien peu d'importance. Cette flore de l'appareil génito-urinaire n'a en somme rien de comparable, en importance, aux innombrables commensaux de l'intestin.

Si les grandes cavités du corps communiquant avec l'extérieur renferment des germes vivants en plus ou moins grande abondance, le sang et les organes profonds — le foie, la rate, la moelle osseuse — sont, *à l'état de santé*, bien protégés contre leur envahissement. Ce fait, démontré pour la première fois par Pasteur au moyen d'admirables expériences, a été confirmé par la plupart

_____

(1) NENCKI, *Archives des sciences biologiques de Saint-Pétersbourg*, II.

des observateurs. Il est vrai que, dans ces derniers temps, Nocard, Porcher et Desoubry (1) ont fait connaître quelques résultats tendant à prouver que, au cours de la digestion, des microbes pouvaient être résorbés par les lymphatiques de l'intestin et passer dans la grande circulation. Si même cette pénétration s'effectue, elle est de fort peu d'importance au point de vue de notre sujet, parce que, en tout cas, ces germes sont très rapidement détruits dans l'organisme. Nous n'avons jamais eu nous-même, sur plus de cinquante autopsies d'animaux sains sacrifiés en pleine santé et examinés immédiatement, de cultures positives du sang, du foie, de la rate,.etc.

Le mécanisme par lequel l'organisme se défend, à l'état normal, contre l'invasion de ces innombrables microbes, dont un grand nombre sont des germes de putréfaction et qui pullulent à la surface des muqueuses, est bien loin d'être connu. Il y a là sans doute le jeu mystérieux d'actions bactéricides et d'influences phagocytaires.

§ 2. — *Marche générale de la décomposition cadavérique.*

Nous connaissons à présent les ennemis du dehors et du dedans avec lesquels l'organisme sera aux prises dès que la vie aura cessé. Aussi bien à la surface de la peau que des muqueuses se trouvent des microbes prêts à se multiplier et à profiter des riches matériaux nutritifs qu'il leur était impossible d'utiliser pendant la vie, tant l'organisme était bien protégé contre leur envahissement.

On peut prévoir, d'après les notions qui ont été exposées, que l'attaque sera surtout vive et prononcée du côté du tube digestif, et tout particulièrement de l'intestin. C'est là qu'abondent les véritables saprophytes, doués de la propriété de décomposer les substances albuminoïdes. En fait, c'est bien par l'abdomen que commence la putréfaction cadavérique, et les ménagères qui enlèvent les intestins des animaux destinés à l'alimentation, dans le but de les mieux conserver, appliquent ce fait d'observation,

---

(1) Nocard, *La Semaine médicale*, 1893, n° 8.   Porcher et Desoubry, *Comptes rendus de la Société de biologie*, 1893, p. 344.

vieux comme le monde, que ce sont ces organes qui sont le point de départ de la décomposition putride.

Quelles que soient les conditions du milieu extérieur (température, humidité, séjour dans l'air, dans l'eau, dans le sol, etc., etc.), c'est de l'intestin que partent les innombrables saprophytes qui vont procéder à l'œuvre de la décomposition des organes.

La marche des phénomènes est, en général, la suivante :

Après la mort, — il s'agit toujours de sujets normaux tués ou morts par accident, en pleine santé, — les microbes de l'intestin, au moyen de leurs diastases, détruisent les cellules de la muqueuse, traversent les tuniques grâce à leurs mouvements propres ; ils se répandent surtout là où la voie d'accès est la plus facile. Aussi les trouve-t-on surtout dans les ramifications de la veine porte et dans les lymphatiques. Ils gagnent ainsi le foie, envahi d'autre part par des germes venus des voies biliaires. D'autres microbes parviennent dans la cavité péritonéale, pullulent dans la sérosité qui s'y accumule de plus en plus après la mort ; de là ils gagnent la rate, les cavités pleurale et péricardique.

Les gros vaisseaux finissent par être, eux aussi, envahis par les bactéries.

Pendant que ces phénomènes s'accomplissent, des germes partis de la bouche, de l'arbre respiratoire et, en moins grand nombre, de l'appareil génito-urinaire, pénètrent peu à peu dans les organes voisins. Mais comme ces microbes sont beaucoup moins abondants que ceux de l'intestin, qu'en grande partie ils ne sont pas doués des mêmes propriétés saprophytiques, leur rôle, dans la putréfaction commençante, est plus effacé que celui des parasites du tractus digestif.

Enfin, la peau elle-même finit par être traversée par les microbes venus de l'extérieur. Seulement, à cause de la grande résistance du tégument cutané, ce n'est que tardivement que cette pénétration s'effectue, à moins que la peau n'ait subi des altérations spéciales, comme la macération des noyés, les plaies des brûlés, etc.

Souvent aussi on voit se déposer et se développer sur la peau des cryptogames, des larves d'insectes pouvant, dans certaines circonstances, contribuer activement à la destruction du cadavre. Mais ces phénomènes ne constituent plus la véritable putréfaction.

C'est à l'activité de tous ces infiniment petits, envahissant le cadavre par l'intestin, par l'arbre respiratoire, par la peau, que sont dues les modifications si considérables qui constituent les phénomènes de la putréfaction. A part l'extrême complexité de ces derniers, les choses ne sont pas, au fond, différents de celles qui s'accomplissent au sein d'une substance riche en albumines, en graisses et en hydrates de carbone, que l'on abandonne à la décomposition putride. Les parties molles sont attaquées les premières, les parties dures résistent longtemps ; les os, les cheveux, les poils ne sont détruits qu'en dernier lieu.

Les microbes agissent par leurs diastases sur les matières albuminoïdes, qui sont ainsi transformées en peptones. Certains faits nous autorisent à penser que cette peptonisation s'accomplirait parfois au sein de l'organisme, sans intervention microbienne : dans ces conditions, l'attaque microbienne ultérieure serait grandement facilitée et accélérée. Quoi qu'il en soit, la peptonisation une fois produite, on voit apparaître, pour peu que les circonstances extérieures soient favorables, tous ces innombrables produits de la dislocation des albumines, étudiés dans la partie générale de ce mémoire. Ces substances réagissent les unes sur les autres ; les graisses et les sucres, par leurs fermentations, se décomposent en substances plus simples qui, à leur tour, entrent dans les combinaisons les plus variées avec les produits putrides.

Ainsi apparaissent ces modifications si profondes, connues de tous, du sang, des organes et des tissus du cadavre en décomposition. Mais il importe, dès à présent, de noter que toutes les altérations ne sont pas provoquées par les saprophytes et ne sont pas, à proprement parler, des décompositions putrides. On lira plusieurs observations que nous avons faites et qui prouvent que l'on peut noter souvent des modifications *très profondes* de la couleur, de la consistance et de l'aspect des organes, sans la moindre intervention de micro-organismes.

Un des premiers signes macroscopiques de la putréfaction du cadavre est l'apparition de la tache verdâtre abdominale. Elle est due à l'action, sur la matière colorante du sang de la paroi du ventre, des gaz produits en abondance dans l'intestin par les germes qui y pullulent. Ce développement de gaz distend plus ou moins vite l'abdomen ; le diaphragme même est soulevé et parfois jusqu'au troisième espace intercostal. Cette distension gazeuse a pour effet de refouler le liquide contenu dans les gros vaisseaux vers la périphérie. C'est ainsi que l'on peut voir se produire ce que Brouardel a appelé la *circulation posthume*, qui peut aller jusqu'à provoquer, dans les plaies des membres, l'issue de liquides donnant aux lésions l'aspect de blessures faites pendant la vie. Cette circulation favorise encore la dispersion des microbes intestinaux de plus en plus loin de leur point de départ.

Les organes, tels que le foie, la rate, les poumons, après avoir subi des changements de coloration, se ramollissent et se désagrègent, des bulles gazeuses y apparaissent, rendant parfois l'organe capable de flotter à la surface de l'eau, le foie, par exemple.

Quand les microbes venus des cavités internes parviennent à la région cutanée, ils se mêlent aux saprophytes venus du dehors. Ainsi se produisent des bulles, des phlyctènes, si bien connues des médecins légistes.

La distension de l'abdomen peut aboutir à la perforation; dès lors, tous les microbes du dehors pénètrent largement dans les profondeurs du corps et la décomposition prend une allure extrêmement rapide.

Si l'on envisage les divers organes au point de vue de leur résistance à la putréfaction, on constate que c'est l'utérus qui se conserve le mieux, bien qu'il soit, par le vagin, en communication directe avec l'extérieur. Ce fait a une grande importance pratique : il permet d'entreprendre avec fruit des examens des lésions utérines très longtemps après la mort. Les reins se conservent moins bien que l'utérus, mais mieux que le foie. C'est le contraire chez les fœtus, d'après nos observations rapportées plus loin.

Les poumons résistent assez longtemps à la putréfaction; ils se décomposent moins vite que le foie et la rate. Quand la putréfaction est assez avancée, on voit des bulles gazeuses parfois très grandes sur les faces antérieures et latérales, tandis que les faces postérieures sont le siège d'hypostases.

La putréfaction du cerveau varie beaucoup d'un sujet à l'autre. D'après Brouardel (1), elle serait plus lente chez l'adulte que chez le nouveau-né.

_____

(1) BROUARDEL, *La mort et la mort subite.*

Pour Bordas (1), il semble que ce soient aussi les *proteus* qu'il faille considérer comme les principaux agents de la putréfaction des cadavres.

Ottolenghi (2) a décrit dans les cadavres humains toute une flore microbienne des plus variées, mais ce travail ne fournit pas, à propos de chacun des microbes, l'énumération des caractères complets sur lesquels l'auteur s'est basé pour les identifier, et il nous paraît qu'il y a là des erreurs manifestes.

Beck (3), d'après l'étude de dix cadavres de sujets morts subitement, décrit dans leurs organes le *bacillus saprogenes*, le *bacillus fluorescens*, le bacille d'Emmerich, un microbe semblable au bacille de l'œdème malin, les *proteus vulgaris* et *Zenkeri*.

Esmarch (4), qui a étudié le sort des microbes pathogènes dans les cadavres, ne fournit pas de données bien précises sur les saprophytes qu'il a dû rencontrer. Nous trouvons cependant dans son travail un renseignement important : malgré l'emploi de cultures à l'abri de l'oxygène, le vibrion septique n'a été rencontré que bien rarement, sauf, bien entendu, dans les cadavres d'animaux injectés au moyen de ce microbe.

Tous ces auteurs ne mentionnent guère la présence des microbes du groupe *bacterium coli* au sein des cadavres en décomposition. Il est vraiment étrange que les divers rôles, tant saprophytiques que pathologiques, joués par cet important microbe, soient restés si longtemps méconnus. Il est vrai que ses colonies sur gélatine sont très variables d'aspect, que les produits fabriqués dépendent beaucoup de la composition du milieu de culture; aussi a-t-on pris souvent pour des microbes tout spéciaux, auxquels on donnait des noms nouveaux, de simples coli-bacilles.

Malvoz (5), dans son travail sur la fièvre typhoïde, rapporte la relation de nombreuses autopsies de sujets morts à la suite d'affections variées; les organes soumis à l'épreuve des cultures montraient comme microbes dominants les coli-bacilles et les *proteus*.

(1) BORDAS, *Étude de la putréfaction*. (Thèse de Paris, 1894.)

(2) OTTOLENGHI, *Ueber die Fäulnissbakterien im Blute des menschlichen Leichnams*. (*Vierteljahrschrift*, 1892, p. 9.)

(3) BECK, *Arbeiten aus dem pathologisch-anatomischen Institut*. Tubingen, 1891.

(4) ESMARCH, *Das Schicksal der pathogenen Microorganismen im todten Körper*. (*Zeitschrift für Hygiene*, 1889, vol. 7.)

(5) MALVOZ, *Recherches bactériologiques sur la fièvre typhoïde*. (*Mémoires couronnés de l'Académie royale de médecine de Belgique*, in-8°, 1892.)

Dallemagne (1), de son côté, au cours de ses belles recherches sur les microbes du tractus intestinal chez le cadavre, découvrait ce fait si curieux de la tendance, après la mort, à une sorte d'unification de la flore gastro-intestinale, surtout en faveur du *bacterium coli*. Ce microbe, après la mort, devenait de plus en plus prépondérant dans l'intestin.

Malvoz (2), de nouveau, retrouvait surtout les *coli*, les *proteus*, le *bacillus fluorescens* et le *bacillus subtilis* dans les cadavres de nouveau-nés abandonnés à la putréfaction.

Lösener (3), qui a étudié, comme Esmarch, le sort des microbes pathogènes des cadavres, signale comme colonies trouvées au sein des organes en putréfaction les *proteus*, le *bacterium fluorescens liquefaciens* (jusqu'à la fin de la première année), des bacilles rappelant, d'après lui, le bacille typhique et qui sont sans doute des *bacterium coli* atypiques, jusqu'après un an. Après dix-huit mois à deux ans, on retrouve presque exclusivement, dit-il, ces microbes et le *bacterium coli* type.

Nous pouvons ajouter à toutes ces données la relation de deux observations personnelles. On a si rarement l'occasion de pratiquer des exhumations plusieurs mois après la mort que c'est une vraie bonne fortune pour un bactériologiste qui poursuit l'étude de la flore des cadavres, que de pouvoir se livrer à cette recherche

OBSERVATION I. — Le 15 février 1897, nous sommes chargé par la Justice de pratiquer à X... l'autopsie d'une femme de 56 ans, enterrée depuis le 15 août 1896. Il s'agit de rechercher les causes de la mort. Le cadavre est renfermé dans un cercueil en zinc, contenu lui-même dans une bière en chêne. Le sol est argileux. Le corps était relativement bien conservé, c'est-à-dire que l'on pouvait encore parfaitement reconnaître les altérations des organes internes Il existait notamment une hémorragie cérébrale encore très nette. Le ralentissement de la décomposition cadavérique doit être expliqué par la présence d'une enveloppe métallique. condition défavorable à la putréfaction rapide, et par ce fait que la personne avait le tube digestif

---

(1) DALLEMAGNE, *loc cit*, pp. 65 et suivantes

(2) MALVOZ, *Recherches bactériologiques sur la putréfaction des nouveau-nés* (*Bulletin de l'Académie royale de médecine de Belgique*, 1893.)

(3) LÖSENER, *Arbeiten aus dem Kaiserl. Gesund.*, Bd. 12, Heft 2.

presque complètement vide; le médecin traitant nous expliqua que la malade avait été soumise à de fortes purgations; dans ces circonstances, les saprophytes intestinaux devaient être beaucoup moins nombreux que normalement.

On a fait des cultures, aérobies et anaérobies, des principaux organes. Ces cultures n'ont pas donné le vibrion septique. Les microbes les plus abondants étaient les coli-bacilles et le *proteus mirabilis*. La rate, le foie, le sang du cœur, ensemencés avec une seule anse de platine, fournissaient des milliers de colonies. L'intestin donnait surtout des coli-bacilles et moins de *proteus;* on notait l'inverse pour les autres organes.

OBSERVATION II. — Le 15 mars 1897, nous pratiquions à X .. l'autopsie d'un homme de 50 ans, enterré depuis la fin de décembre. Le corps est dans un cercueil en bois. Le terrain est argilo-sablonneux. Le corps est en très bon état de conservation; on peut reconnaître parfaitement une adipose cardiaque avec hypertrophie considérable; le foie, la rate, les poumons sont mous et d'une coloration sale, mais sans grande décomposition.

Les cultures ont donné, encore une fois, des coli-bacilles presque purs dans l'intestin, et, dans le foie, la rate, le sang du cœur, des *proteus* et des coli-bacilles en nombre à peu près égal.

Ces deux observations sont bien en concordance avec les constatations de Lösener. Les microbes les plus fréquents et les plus abondants dans les cadavres abandonnés à la putréfaction appartiennent aux espèces coli-bacillaires et aux divers *proteus*. En France, on a surtout attaché de l'importance au vibrion septique anaérobie, comme microbe de la décomposition des cadavres. Nous ne pouvons, ni par nos observations ni par celles des autres auteurs, confirmer cette thèse que ce vibrion serait le grand facteur de la putréfaction cadavérique. On verra plus loin que ce n'est que dans des circonstances toutes particulières, notamment chez des animaux morts par le vide, que l'on peut retrouver des microbes plus ou moins assimilables au vibrion septique (œdème malin).

Il est vraiment étrange que les rôles si importants joués par le *bacterium coli* ou les microbes de cette famille, tant en pathologie qu'en physiologie, soient restés si longtemps méconnus. Il est vrai que ces bacilles se présentent avec des caractères très différents suivant les divers milieux où on les recueille : sur gélatine en plaques, ils apparaissent tantôt sous forme de petites masses globuleuses, saillantes (variété opaque), tantôt sous l'aspect de fines pellicules transparentes. Certaines variétés coagulent le lait rapidement, d'autres très lentement. Il n'est pas étonnant, dès lors, que ce microbe ait passé souvent inaperçu, tout simplement parce qu'on lui donnait un autre nom, à cause de différences minimes avec le *bacterium coli* type.

Mais le *bacterium coli* jouit-il des propriétés d'un véritable microbe de putréfaction, comme les *proteus*, dont le rôle saprophytique n'est pas discuté?

Baginsky et Bordas ne considèrent pas le coli-bacille comme un vrai microbe de putréfaction; leur opinion nous paraît provenir d'une erreur d'observation. *Dans les conditions où ils se sont placés*, le *bacterium coli* n'a pas formé les produits habituels de la putréfaction, mais il n'en résulte pas que ce microbe ne puisse être un agent actif de la dislocation des albumines. Les recherches de MM. Van Ermengem et Vanlaer (1), Peré (2) prouvent que le coli-bacille décompose les matières protéiques en donnant naissance à de véritables produits de putréfaction.

« Les micro-organismes du groupe coli, disent MM. Van Ermengem et Vanlaer, montrent des propriétés de saprophytes et de ferments bien caractérisés. Comme les levures, etc., ils ont le pouvoir de vivre aux dépens des combinaisons minérales les plus simples. Ce sont, en outre, des ferments de putréfaction caractérisés par la présence d'indol, de phénol et d'autres produits de décomposition putride auxquels ils donnent naissance. »

Il suffit de cultiver le *bacterium coli* sur un milieu solide préparé avec la poudre de viande Adrian, pour constater le développement d'une odeur repoussante, véritablement fécaloïde.

Peré a expliqué pourquoi Baginsky et d'autres auteurs ont méconnu l'action saprophytique du coli-bacille. Ces savants

---

(1) VAN ERMENGEM et VANLAER, *Propriétés biochimiques du bacterium coli.* (*Annales de la Société de médecine de Gand*, 1892)

(2) PERÉ, *Contribution à la biologie du bacterium coli et du bacille typhique.* (*Annales de l'Institut Pasteur*, 1892.)

n'ayant pu trouver ni tyrosine ni indol dans les liquides de
cultures de ce microbe, avaient conclu à son rôle à peu près
nul dans la décomposition des matières albuminoïdes. Peré a fait
voir que si l'on fait la culture du *bacterium coli* à la fois en présence de matières sucrées et de substances albuminoïdes, les
microbes attaquent surtout les premières, les secondes étant
pour ainsi dire préservées. Mais si l'on supprime du milieu les
substances hydrocarbonées, l'attaque des matières abuminoïdes
s'effectue bien et elle s'accompagne de la formation d'indol,
scatol, etc.

Mais la décomposition n'est bien active que si les substances
albuminoïdes sont peptonisées. Cette peptonisation s'effectue-t-
elle dans les cadavres grâce à certaines diastases produites avant
ou après la mort, soit par les cellules de l'organisme, soit par
certains microbes? Le *bacterium coli*, en tout cas, n'a pas la propriété de peptoniser l'albumine. Il y aurait de bien intéressantes
recherches à faire pour expliquer le mécanisme intime de l'action
saprophytique des coli-bacilles dans les cadavres.

Certains auteurs (Bordas) ont pensé qu'il y avait une certaine
loi dans la succession des divers microbes de la putréfaction des
cadavres. On a même rapproché ce fait des constatations si
curieuses de Megnin sur les diverses espèces d'insectes se succédant à la surface des corps en décomposition. Nos recherches ne
confirment pas cette thèse : il serait impossible, à l'heure actuelle,
d'après la présence de telle ou telle espèce microbienne, de déterminer la date approximative de la mort.

Nous connaissons maintenant la marche générale de la décomposition cadavérique et les principaux microbes qui président aux
phénomènes de la putréfaction.

C'est un fait d'observation aussi ancien que le monde, que la
marche des processus, quelles que soient la nature du cadavre et les
causes de la mort, est sous la dépendance étroite des conditions
extérieures où le corps sera placé. Nous devons dès lors nous occuper
de ces FACTEURS EXTERNES, qui jouent un si grand rôle dans la putréfaction des cadavres, et nous étudierons successivement la *température extérieure*, l'*état de l'atmosphère*, le *séjour dans l'air, l'eau, le
sol*, etc.

§ 4. — *Action des influences extérieures sur la putréfaction des corps.*

1. — Température.

Le facteur le plus important au point de vue extérieur est la *température ambiante.* Tout le monde sait que les grands froids conservent admirablement les cadavres, tandis que les chaleurs de l'été provoquent une décomposition extraordinairement intense.

Ces phénomènes macroscopiques sont-ils en rapport avec le degré plus ou moins considérable de l'invasion microbienne? En d'autres termes, dans ces cadavres si bien conservés par le froid, les microbes restent-ils cantonnés dans les cavités qui sont leur habitat naturel, ou bien les trouve-t-on déjà dans les organes profonds, sans qu'ils aient pu provoquer de putridité reconnaissable macroscopiquement?

Pour vérifier ce point, nous avons institué les expériences suivantes :

OBSERVATIONS. — Nous avons pris sept cobayes d'un poids moyen de 300 grammes, que nous avons tués par un coup de marteau sur la tête. Ils ont été abandonnés pendant l'hiver, dans l'écurie du laboratoire, à une température ayant varié de 0 à 6°.

De sept en sept jours, on autopsiait un cadavre et on soumettait les organes à l'épreuve des cultures, Les ensemencements du tube digestif ont toujours montré les microbes habituels (coli-bacilles, *proteus*), mais à aucun moment, même après la septième semaine, les organes internes (foie, rate, sang du cœur) n'ont donné de microbes; ils étaient stériles. *On était cependant frappé, au fur et à mesure que l'observation se poursuivait, des changements de plus en plus prononcés dans l'aspect, la couleur et la consistance des organes.* Ceux-ci devenaient de plus en plus mous, la coloration passait au gris sale, des épanchements liquides apparaissaient dans les séreuses. Mais on ne trouvait pas de gaz et on ne percevait aucune odeur désagréable. L'absence de ces signes et la stérilité des organes permettent d'affirmer qu'il ne s'agissait pas là de vraie putréfaction.

Ce sont de simples réactions physico-chimiques qui s'accomplissent dans ces conditions (diastases?).

Ces constatations ont un certain intérêt pratique. Ce n'est pas tant l'examen macroscopique des organes qui doit faire conclure à la présence ou à l'absence de putréfaction, que le résultat des cultures. On verra plus loin les résultats d'autopsies d'animaux soumis à l'action de la toxine diphtérique et abandonnés à eux-mêmes après leur mort : les organes présentaient des altérations très prononcées, sans intervention microbienne, partant sans putréfaction véritable. De plus, on peut dire que *si, dans un cadavre placé dans des conditions de température inférieures à 5 ou 6°, on trouve, quelques jours après la mort, des microbes dans le sang, la rate, etc., on peut conclure à leur présence pendant la vie dans les organes.*

Si l'on abandonne des animaux à une température supérieure à 6°, par exemple à la température qui règne au commencement du printemps et qui est en moyenne de 10 à 16°, l'invasion bacillaire des organes profonds après la mort est encore très lente. (Nous envisageons toujours les animaux tués en pleine santé.)

OBSERVATIONS. — Le 12 février, on tue six lapins par un coup sur la nuque. On les abandonne dans une chambre sans feu. La moyenne de la température a été de 6 à 12°.

Après un jour, on examine le premier lapin. Il est parfaitement conservé; pas la moindre odeur; téguments abdominaux un peu verdâtres par l'action des gaz de l'intestin sur l'hémoglobine. Pas de liquide dans les cavités séreuses. Les organes sont parfaitement conservés.

Les cultures du péritoine, de la plèvre, du foie, du sang du cœur, du tissu sous-cutané, du rein, sont restées stériles. L'intestin et la trachée donnent les microbes habituels, très peu nombreux d'ailleurs pour la trachée.

Un autre lapin est examiné après deux jours. La coloration verdâtre est un peu plus accentuée; il existe un peu de liquide clair, jaunâtre, dans les cavités séreuses. Les organes sont bien conservés. Les cultures du péritoine, de la plèvre, du sang du cœur, du rein, du poumon, du tissu cellulaire, du foie, sont stériles. L'intestin et la trachée donnent les microbes habituels.

Un troisième lapin, abandonné trois jours, se comporte comme le précédent.

Le quatrième lapin est examiné après cinq jours. La tache verte abdominale est plus grande. Liquide plus abondant dans les séreuses. Les organes deviennent mous et friables. Pas d'odeur désagréable.

Les cultures (péritoine, foie, cœur, veine porte, rein, tissu cellulaire, plèvre) sont stériles.

Un cinquième lapin est autopsié après sept jours. La coloration verdâtre des téguments abdominaux est très prononcée; on voit des traînées livides le long des vaisseaux péritonéaux; les épanchements séreux sont abondants, le foie et la rate sont très mous; pas d'odeur de putréfaction.

Les cultures, tant aérobies qu'anaérobies, sont stériles.

Mêmes résultats pour le sixième lapin, après dix-huit jours, avec accentuation des altérations, sans putréfaction véritable (organes profonds stériles en cultures aérobies et anaérobies, pas de gaz de putréfaction, pas d'odeur désagréable).

Ces recherches prouvent à nouveau que certaines altérations de consistance et de couleur des organes ne sont nullement en rapport avec la présence de microbes saprophytes et sont purement physico-chimiques.

De plus, même à une température déjà élevée (12°), l'exode des microbes des cavités naturelles au sein des organes met beaucoup de temps à s'accomplir; un résultat positif de cultures du sang ou de la rate d'un cadavre maintenu à des températures inférieures à 12°, autorise à admettre que ces microbes étaient déjà pendant la vie dans les organes profonds. Ce qui se rapporte au lapin s'applique davantage encore à l'homme, d'après les expériences de Thrombetta (1), qui a démontré que la putréfaction est d'autant plus rapide que l'animal est plus petit.

Mais si l'on opère à des températures plus élevées, voisines de 20°, on assiste assez rapidement à une véritable putréfaction, en rapport avec l'invasion bacillaire générale.

OBSERVATIONS. — Trois lapins sont tués par un coup sur la nuque le 13 mai. Le temps est assez chaud (18 à 20°).

Après vingt-quatre heures, le premier lapin est examiné. Pas d'odeur. Les organes sont en bon état. Assez bien de liquide dans les séreuses.

Les cultures des organes profonds (cœur, veine porte, foie, rein, péritoine, plèvre), tant aérobies qu'anaérobies, sont stériles.

(1) THROMBETTA, *Die Fäulnissbakterien.* (*Centralblatt für Bakteriologie,* 1894, 10, p. 664.)

Le deuxième lapin est examiné après quarante-huit heures. Déjà il dégage une odeur très perceptible de putréfaction. Les cultures aérobies du foie, de la veine porte, du liquide péritonéal, du liquide pleural, donnent des colonies microbiennes, mais peu abondantes (*bacterium coli, proteus*). Les cultures dans le vide n'ont pas donné d'anaérobies stricts (vibrion septique).

Le troisième lapin, examiné après six jours, dégage une forte odeur de putréfaction, le ventre est vert, les organes mous, mi-liquides. Le foie, le péritoine, la plèvre ont donné en cultures aérobies de nombreuses colonies (surtout le *b. coli* et les *proteus*). Le sang du cœur était stérile : *c'est une constatation que nous avons faite souvent, que ce résultat négatif des cultures du sang du cœur, alors que le foie et la rate donnaient de nombreuses colonies.*

Ces essais montrent bien quelle influence considérable la température extérieure joue dans la rapidité plus ou moins grande de l'invasion des saprophytes dans les diverses parties du cadavre. Extrêmement lente à s'accomplir par les froids de l'hiver, encore tardive aux températures modérées, la propagation des microbes hors des grandes cavités naturelles se fait rapidement en été, même chez les sujets tués en pleine santé.

Il est inutile d'insister sur l'importance que présentent ces constatations pour le médecin légiste chargé d'expertises bactériologiques et obligé de déterminer si tel microbe trouvé par lui a été apporté dans les organes pendant la vie ou après la mort.

2. — Sécheresse de l'air (momification).

A côté de la température se place, comme facteur extérieur modifiant beaucoup la putréfaction, l'état de sécheresse ou d'humidité de l'air. Dans un air complètement sec, les cadavres ne subissent pas de véritable putréfaction, mais une décomposition particulière, appelée *momification* Les connaissances que l'on possède sur la biologie des micro-organismes enseignent qu'ils ne peuvent se développer dans un milieu nutritif donné, que si ce dernier présente une certaine humidité. Si l'air est tellement sec que les liquides du cadavre s'évaporent avant que l'invasion bacillaire ne se soit produite, il est impossible que les actions putréfactives s'accomplissent. C'est ce que l'on observe parfois pour les cadavres abandonnés dans le désert, ou dans certains caveaux, dans certains sols sablonneux (île Maurice). Cette momification était voulue chez les Égyptiens, qui l'obtenaient en entourant les cadavres de bandelettes serrées, imprégnées d'essences antiseptiques.

On rencontre quelquefois ces cadavres momifiés dans nos pays. Brouardel (1) en cite un cas remarquable observé il y a quelques années à Nantes.

Ces corps ayant subi la momification sont envahis par toutes sortes d'insectes. C'est leur description qui a rendu célèbre le travail de Mégnin (2) sur la faune des cadavres. Mégnin a découvert qu'il y avait un véritable ordre chronologique dans la succession des insectes et que l'on pouvait, d'après l'espèce en jeu, déterminer approximativement la date de la mort.

3. — Nature du milieu ambiant (air, eau, terre, etc.)

A côté de l'influence de la température et de la sécheresse se place celle du milieu dans lequel le cadavre est plongé.

Dans l'eau, par exemple, la putréfaction n'est pas du tout la même qu'à l'air. A côté de l'influence de la température du liquide, du fait que dans les eaux courantes la surface du corps est continuellement lavée, du défaut d'oxygénation de l'eau, il faut encore considérer cette circonstance que de l'eau s'introduit plus ou moins vite dans les grandes cavités naturelles du cadavre. Si cette eau est riche en germes microbiens, elle peut exercer une grande influence sur la marche de la putréfaction. Il faut ajouter, s'il s'agit d'un cadavre de véritable noyé, que l'eau pénètre dans le sang pendant la submersion (Brouardel et Vibert).

Les conditions du cadavre sont ainsi tout autres que celles d'un sujet sain. Cependant, si la température de l'eau est basse, malgré les conditions favorisant la putréfaction de ces cadavres, celle-ci pourra être retardée. Mais si l'on vient à retirer le noyé de l'eau et si on l'expose à une température quelque peu élevée, la décomposition putride se met en train avec une grande rapidité.

(1) BROUARDEL, *La mort et la mort subite*, p. 96.
(2) MÉGNIN, *La faune des cadavres*, 1894.

On verra plus loin la relation d'une observation montrant cette prédisposition à l'invasion saprophytique des cadavres de noyés.

En été, quand la température des eaux est suffisamment élevée, la putréfaction peut s'opérer très vite et le développement gazeux devenir tellement abondant que le cadavre vient, après quelques ·jours, flotter à la surface.

Brouardel fait remarquer que, dans l'eau, la première tache verte qui apparaît ne se montre pas au niveau du cæcum, comme cela a lieu quand le corps se putréfie à l'air libre, mais au niveau du sternum. Il ajoute (1) qu'il ne peut expliquer la cause de cette variation. Ne faudrait-il pas faire intervenir la présence de saprophytes dans le poumon, introduits avec le liquide submergeant ?

On a remarqué que la transformation graisseuse des cadavres, dont il sera bientôt question, s'observe plus fréquemment dans l'eau qu'à l'air libre.

Dans le sol, la putréfaction suit une marche différente suivant que celui-ci est poreux et absorbant, ou bien qu'il est plus ou moins imperméable et n'y laisse pas circuler les gaz.

Les phénomènes diffèrent encore suivant que le corps est enfermé dans un cercueil bien clos ou dans une bière mal fermée ; ils ne sont pas les mêmes dans un cercueil en bois et un cercueil métallique.

On doit à M. Bordas (2) une belle étude de toutes ces questions.

Dans un sol poreux, les liquides du cadavre sont absorbés au fur et à mesure qu'ils sont mis en liberté. Le cadavre est, de cette façon, assez largement aéré pour que les germes aérobies s'y multiplient et activent la décomposition putride.

Si le sol est très sec et très chaud, les microbes ne se développent que modérément et l'œuvre de destruction sera surtout accomplie par des cryptogames et des insectes.

L'enfouissement du cadavre dans une matière terreuse qui aurait été séchée au four réaliserait l'idéal pour la minéralisation rapide du cadavre (3).

On a remarqué de tout temps qu'il y a des cimetières ou des

(1) BROUARDEL, *La mort et la mort subite*, p. 76.
(2) BORDAS, *Étude sur la putréfaction*. Thèse de Paris, 1894.
(3) BROUARDEL, *La mort et la mort subite*, p. 87.

portions de cimetière où les corps sont rapidement détruits, d'autres où ils se conservent presque indéfiniment. C'est ce que Brouardel dénomme d'une façon pittoresque les « cimetières dévorants » et les « cimetières conservateurs ».

Dans les terrains humides, par exemple dans la terre glaise, on observe même que la décomposition putride est bientôt arrêtée, et souvent elle est remplacée par ce qu'on appelle la transformation en gras de cadavre ou *adipocire*. Les corps noyés dans une eau courante, à une température pas trop élevée, peuvent aussi subir cette sorte de décomposition. Elle commence vers le quatrième mois. Les cadavres sont ainsi transformés en une masse pâteuse, blanchâtre ; le poids du corps a quelque peu diminué, mais souvent la forme et même le volume du cadavre sont conservés.

L'analyse a démontré que cette matière est formée de savons et d'acides gras fixes, palmitique et stéarique.

Bien des travaux ont été faits sur le mécanisme de la formation de cette singulière substance. Certains auteurs, constatant qu'elle remplaçait souvent les muscles, tout en conservant leur forme, étaient d'avis que l'adipocire résulte d'une transformation sur place de la substance musculaire.

On objecta à cette opinion qu'il n'existe aucun phénomène soit chimique, soit microbien, produisant la transformation d'une substance azotée en matière grasse.

Il est vrai que, dans certaines putréfactions, il y a production d'acides gras, mais il s'agit des acides les plus bas de la série.

D'autres ont pensé qu'il se produisait tout simplement un déplacement de la distribution de la graisse existant primitivement chez le cadavre, et notamment à l'intérieur du muscle. C'est l'opinion de Zillner et Kraus.

L'explication la plus vraisemblable a été fournie par Duclaux [1]. Elle est basée sur des faits analogues observés dans la fabrication du fromage. Par la putréfaction des matières azotées, il se forme de l'ammoniaque qui saponifie la matière grasse. Quand l'air se renouvelle suffisamment, ces savons alcalins se résinifient ; ils deviennent noirs, solubles dans l'eau et sont entraînés avec le reste. Au contraire, dans un sol humide, là où l'oxydation n'est

[1] DUCLAUX, *Microbiologie*.

pas possible, surtout quand l'épiderme reste intact (fait noté souvent chez les adipocireux), le savon formé reste en place. Au fur et à mesure que la putréfaction se continue et que l'ammoniaque disparaît, combinée ou non, la réaction alcaline tend de plus en plus à faire place à une réaction acide (acide carbonique) : cet acide décompose les savons alcalins et laisse des acides gras.

D'autres variations dans la marche de la décomposition cadavérique doivent être attribuées au séjour du corps dans des cercueils contenant des substances antiseptiques, ou dans des bières imperméables. Dans ces conditions, les cadavres, d'après Brouardel, se conservent très longtemps, la perte de poids est minime. Après deux ou trois ans, ce que l'on observe, c'est la transformation en une espèce de cambouis clapotant dans le cercueil et répandant une odeur épouvantable.

Il s'agit là sans doute de putréfactions anaérobies qui, comme toutes les fermentations de ce genre, s'arrêtent assez tôt en présence d'une certaine quantité de produits formés.

Aussi l'on s'est, à Paris, prononcé contre ces procédés de conservation, estimant que le but à atteindre est la minéralisation la plus rapide possible des corps par des êtres aérobies.

Le meilleur procédé consiste à mettre les corps dans un bon cercueil en bois, avec une couche absorbante de sciure de bois non antiseptisée. Brouardel fait du reste observer très judicieusement que l'addition de sublimé, de phénol, d'essences, produits parfois très impurs, peut singulièrement compliquer des recherches toxicologiques et embarrasser les experts. Dans les cercueils de plomb et de zinc, les corps subissent également un retard dans la décomposition, retard que l'on s'explique fort bien par les notions qui ont été exposées.

Une particularité très importante à connaître pour le médecin légiste au point de vue de l'action des influences extérieures sur la putréfaction des cadavres, c'est le sort de ces derniers dans les fosses d'aisances. Mais cette étude n'a guère d'intérêt que pour la question de l'infanticide.

Elle sera étudiée quand on exposera les particularités de la putréfaction des nouveau-nés.

§ 5. — *Action des facteurs internes.*

Les saprophytes de la décomposition cadavérique sont très sensibles aux influences extérieures : rien qu'à ce point de vue l'expert doit apporter la plus grande prudence dans l'appréciation de la date de la mort.

Il ne faut jamais émettre d'opinion sans avoir le plus de renseignements possible sur les conditions dans lesquelles le cadavre a été trouvé, sur l'état habituel des corps dans le cimetière ou la partie de cimetière où l'exhumation a été faite, et encore, avec toutes ces données, risque-t-on de se tromper si l'on ne conclut pas avec une large approximation.

Et pourtant on n'a parlé jusqu'à présent que des conditions variables de la putréfaction des cadavres, quels qu'ils soient, sans égard aux différences résultant de leur constitution et de leurs particularités propres.

Or, de ce chef, des variations plus considérables encore que celles résultant des influences extérieures s'observent dans le tableau de la décomposition putride. On pourrait les envisager comme les « facteurs internes » de la putréfaction. C'est cette étude qui a surtout attiré l'attention des observateurs dans ces dernières années, en raison de l'importance de plus en plus grande que ces facteurs semblent jouer dans la décomposition cadavérique.

1. — Influence de l'âge, de la constitution, de la taille, etc.

On savait déjà que l'âge, la constitution, l'état de maigreur ou d'embonpoint, la taille, etc., sont des facteurs d'une certaine influence sur la putréfaction. Les sujets maigres se conservent mieux que les gras, les cadavres des jeunes enfants se décomposent plus vite que ceux des adultes.

C'était aux variations produites par ces facteurs que l'on rapportait les constatations si curieuses faites à diverses reprises dans des exhumations de victimes d'accidents, de grèves, d'émeutes, en général d'individus tués en pleine santé.

Plus d'une fois on avait été surpris de trouver, à côté de corps
en pleine putréfaction, des cadavres paraissant admirablement
conservés. Brouardel aime à rappeler à ce propos les exhumations
pratiquées à Paris, sur la place de la Bastille, là où des victimes
des émeutes de juillet 1830 avaient été enterrées. Pour expliquer
les différences notées d'un corps à l'autre au point de vue de la
putréfaction, Brouardel émit le premier l'idée que la raison devait
être cherchée, en partie au moins, dans la flore microbienne
intestinale, si différente d'un sujet à l'autre, même à l'état de
santé. Il est des personnes qui, sous les plus belles apparences
de l'embonpoint, ont toujours des selles désagréablement odorantes; sans aucun doute, elles ont dans l'intestin des microbes
différents en quantité et en qualité des sujets qui ne présentent
pas ce désagrément. Et, après la mort, la décomposition putride,
qui est sous la dépendance des bacilles intestinaux, pourra être
influencée par cette flore spéciale.

On comprend encore que le cadavre d'un sujet débarrassé au
moment de la mort d'une proportion plus ou moins grande des
microbes de son tube digestif (diarrhée, purgation, etc.), ne sera
pas dans les mêmes conditions qu'un organisme tout à fait
normal. Par contre, une constipation opiniâtre, une obstruction
intestinale surtout favorisent généralement la putréfaction.

2 — Influence du genre de mort.

Les processus deviendront plus complexes encore et leur
tableau s'éloignera de plus en plus de ce qui s'observe normalement, si l'on considère les cadavres de sujets ayant succombé à
l'une ou l'autre maladie aiguë ou chronique. Les modifications
imprimées à la vitalité des tissus et des organes, à leur résistance, à leur constitution chimique par les diverses maladies, sont
tellement considérables que leur putréfaction, en d'autres termes
leur attaque par les saprophytes, doit être considérablement
influencée par ces altérations. C'est ce que la pratique a vérifié
depuis longtemps. Il est d'observation ancienne que certaines
maladies favorisent la putréfaction, que d'autres, au contraire, la
retardent. Les maladies infectieuses, en général, appartiennent à
la première catégorie; certains empoisonnements, à la seconde.

Pour ce qui concerne les maladies infectieuses, on conçoit que la présence des microbes spécifiques dans le sang et les organes, ou de leurs toxines, doive modifier les conditions de l'attaque des saprophytes. Dans le choléra, par exemple, tantôt le bacille virgule est à l'état de culture pure dans l'intestin, semblant avoir étouffé les parasites normaux du tube digestif; tantôt les coli-bacilles, les *proteus* sont plus ou moins abondants à côté du microbe spécifique. Aussi n'est-il pas deux cadavres de cholériques qui se décomposent de la même façon. Et ce qu'on dit du choléra s'appliquerait à la fièvre typhoïde, au charbon, aux entérites alimentaires, etc.

En dehors des maladies infectieuses, l'organisme peut être profondément modifié par une foule d'autres causes.

Un facteur qui peut jouer un grand rôle dans la décomposition est la quantité de sang contenue dans l'organisme. Après de grandes hémorragies, les organes sont presque exsangues : la putréfaction de ces organes est toute différente de celle des tissus congestionnés.

On a remarqué que certaines influences nerveuses, par un mécanisme encore inconnu, ont une action prononcée sur la nutrition des tissus. Ce fait n'avait pas échappé à l'observation de Brown-Séquard, qui fait jouer un rôle tout spécial à l'inhibition dans les processus putréfactifs des animaux soumis à l'influence du choc nerveux.

C'est encore un fait d'observation vulgaire que la chair des animaux tués après un long surmenage se décompose plus rapidement que celle d'un animal tué en pleine santé. Les chasseurs savent que du gibier tombant sous leur plomb après une longue course se conserve très mal. Jusqu'à présent, on avait interprété ce phénomène curieux par l'accumulation au sein de l'organisme de produits de désassimilation fabriqués en grand excès et insuffisamment éliminés.

Quelles différences encore, au point de vue de la marche de la putréfaction, entre certains asphyxiés — noyés, pendus, étranglés — et un homme mort en pleine santé !

On n'en finirait pas s'il fallait énumérer tous les facteurs internes qui sont capables de donner une allure particulière à la décomposition putride.

Mais on n'a guère étudié la putréfaction observée dans ces

diverses conditions qu'au point de vue purement macroscopique.

*Les altérations si prononcées des organes que l'on constate rapi-
dement chez certains cadavres sont-elles en rapport avec un développement microbien d'intensité particulière ? Quelle est l'influence de
la maladie, de l'asphyxie, de l'empoisonnement, sur l'exode des
microbes des cavités naturelles du corps ?*

Les observations que nous allons rapporter répondent, en
partie, à ces questions.

OBSERVATIONS. — Le 26 octobre, on prend quatre lapins de même poids;
le premier est tué par un coup de marteau sur la tête, le second est pendu,
le troisième noyé dans l'eau alimentaire, le quatrième empoisonné par le
gaz d'éclairage.

On abandonne pendant cinq jours à la température de la chambre (15° en
moyenne).

Tous ces animaux, après ce temps, étaient restés en assez bon état apparent de conservation (température relativement basse). Cependant le ventre
était déjà vert, le foie et la rate surtout, ramollis et décolorés. De la sérosité
rougeâtre était épanchée dans les plèvres, le péritoine. Le lapin empoisonné
par le gaz présentait l'aspect rouge vif du sang et des organes si particulier dans l'intoxication par l'oxyde de carbone.

Les cultures des organes profonds, notamment le sang et la rate, sont
restées stériles pour le lapin tué, pour le pendu, pour l'asphyxié par le gaz.
Mais les organes profonds du noyé contenaient d'abondants microbes, surtout du coli-bacille, et quelques colonies liquéfiantes.

Ainsi donc nous retrouvons encore une fois ici cette constatation faite déjà, que l'aspect macroscopique des organes renseigne mal sur leur richesse ou leur pauvreté en germes saprophytiques. Les trois premiers animaux ne présentaient pas, de l'un à
l'autre, de différences bien grandes de leurs organes; cependant,
l'un d'eux renfermait d'abondants micro-organismes dans le sang
et la rate. C'était le lapin mort par submersion. Nous croyons que
chez un animal qui succombe par asphyxie dans l'eau, la pénétration du liquide dans le sang pendant les derniers spasmes y
introduit des germes venus soit du liquide submergeant lui-même,

soit des premières portions du tube digestif. De la sorte, ces cadavres sont beaucoup plus vite envahis par la putréfaction dès que les conditions extérieures de température deviennent favorables. On sait que, dans les morgues, les corps des noyés sont ceux qui, en été, se décomposent le plus rapidement.

Les expériences qui suivent montrent, plus nettement encore que les précédentes, jusqu'à quel point les organes peuvent paraître décomposés après la mort, tout en ne présentant pas de véritable putréfaction.

Observations. — Le 22 novembre, on prend six cobayes d'un poids moyen de 300 grammes. A trois d'entre eux, nous injectons 1 centimètre cube d'une toxine diphtérique, obtenue au moyen d'une culture de bacilles diphtériques très virulents filtrée à la bougie Chamberland.

Les trois animaux à la toxine sont morts après vingt-quatre à trente-six heures. Au fur et à mesure qu'un cobaye succombait, on tuait un témoin par un coup de marteau sur la tête. Tous les animaux ont été abandonnés à l'écurie, où il faisait très froid (de 2° à 4°), et cela dans le but d'observer ce qui allait se passer dans ces conditions difficiles de décomposition.

Après deux jours, on prend un tué et un intoxiqué. La différence de l'un à l'autre est frappante. Malgré la température basse, le cobaye empoisonné par la toxine paraît en pleine décomposition; l'estomac est très ballonné, le foie, la rate sont très mous; il y a du liquide abondant dans les séreuses, le cœur est rempli de sang noir. Au contraire, l'autre cobaye est en parfait état, il a l'aspect d'un animal qui viendrait d'être tué; pas d'épanchements, pas de ramollissements, pas de ballonnement.

Malgré les différences si prononcées de l'un à l'autre, toutes les cultures des organes internes (foie, rate, cœur), aérobies et anaérobies, sont restées stériles pour les deux animaux.

Les différences n'ont fait que s'accentuer de plus en plus dans la suite.

Après dix jours, le troisième cobaye intoxiqué présentait une véritable fonte de ses organes, sans odeur à la vérité, et *les cultures étaient aussi stériles que celles du témoin dont la conservation était parfaite.*

A la suite de certaines asphyxies, on constate presque régulièrement des altérations très prononcées du cadavre, en rapport avec les phénomènes de congestions passives produits pendant la vie. Ces modifications des organes favorisent-elles leur décomposition putride ?

OBSERVATIONS. — Un lapin de 2ᵏᵍ,500 est pendu au moyen d'un nœud coulant, puis abandonné à la putréfaction, couché sur le flanc, en même temps qu'un lapin du même poids tué par un coup sur la nuque. L'expérience est faite en juillet, par les temps chauds.

L'autopsie est faite après cinq jours.

Au point de vue macroscopique, les altérations paraissent beaucoup plus prononcées chez l'animal pendu. Celui-ci présente une coloration vert brunâtre de la paroi abdominale beaucoup plus prononcée que chez le témoin. Il y a de grandes traînées brunes le long des vaisseaux péritonéaux. Chez les deux animaux, épanchements séreux déjà abondants. Les poumons sont assez bien conservés de part et d'autre, mais la rate et le foie sont très mous, décolorés ; chez le lapin pendu, la rate est transformée en une petite masse formée d'une capsule contenant une matière liquide rouge sale.

Malgré les altérations plus frappantes chez le lapin pendu, les cultures bactériologiques ont fourni beaucoup moins de colonies que chez le témoin.

Les cultures aérobies du témoin ont donné :

Foie : Colonies innombrables.

Veine cave :   id.

Péritoine :   id.

Rate :   id.

Les anaérobies (tubes de Roux) ont donné les mêmes microbes, mais poussant plus lentement et plus discrètement.

Les cultures, tant aérobies qu'anaérobies, du pendu ont été négatives pour le sang de la veine cave, du cœur, pour le péritoine ; il n'y a que les plaques aérobies du foie qui aient donné quelques rares colonies.

Il semble donc que l'asphyxie par pendaison ne donne pas les mêmes résultats au point de vue de l'envahissement microbien des organes, que l'asphyxie par submersion. Malgré les modifications congestives des organes de l'animal pendu, la pullulation saprophytique est modérée dans ce genre de mort.

Au contraire cette pullulation est intense chez les animaux noyés ; vraisemblablement s'accomplit-elle, en partie du moins, pendant les derniers moments de la vie, grâce à la pénétration du liquide submergeant dans le sang.

L'examen extérieur des organes est donc insuffisant pour se prononcer sur leur envahissement microbien, et partant sur les décompositions putrides, au vrai sens du mot, qui s'y accomplissent.

Même à des températures relativement élevées, il est des circonstances où les migrations bactériennes d'un organe à l'autre peuvent être singulièrement retardées, comme le montrent les observations suivantes :

OBSERVATIONS. — Le 7 novembre 1896, on prend six cobayes d'un poids moyen de 300 à 350 grammes, soumis au même régime depuis longtemps.

Trois sont asphyxiés par le gaz d'eclairage; on s'est arrangé pour que la mort ne se produise pas brusquement, mais seulement après quelques minutes, dans le but d'obtenir un véritable empoisonnement par l'oxyde de carbone. Tout de suite après, trois autres cobayes (témoins) sont tués par un coup de marteau sur la tête.

Les six animaux sont abandonnés dans une chambre-étuve réglée à 20-21°, très aérée.

Après trois jours, on prend un cobaye de chaque lot. A cette température élevée à laquelle les animaux sont restés soumis jour et nuit, le cobaye témoin, il fallait s'y attendre, était déjà en décomposition putride, avec odeur, et les cultures du foie et de la rate ont donné d'assez abondantes colonies (surtout *bacterium coli* et *proteus*); le sang du cœur était stérile (constatation faite souvent même chez les animaux très putréfiés).

Au contraire, le cobaye intoxiqué, beaucoup mieux conservé, avec le sang et les organes rouge vif, avec un foie, une rate bien consistants, n'a pas donné de colonies microbiennes dans les cultures aérobies et anaérobies.

Après sept jours de cette température chaude, les autres animaux, intoxiqués et témoins, étaient en pleine décomposition, avec des microbes abondants au sein des organes.

Il ne faut pas oublier que, d'après les expériences de Trombetta (1), les petits animaux, tels que souris, cobayes, sont ceux qui se décomposent le

(1) TROMBETTA, *loc. cit.*

plus vite. Nous avons vu plus d'une fois des lapins sains, tués par un coup à la nuque et placés quatre ou cinq jours dans l'étuve à 20°, laisser les cultures ensemencées avec le foie, la rate et le sang du cœur, complètement stériles.

Le 1er décembre 1896, nous faisons ingérer à un lapin de 3 kilogrammes environ, au moyen de la sonde œsophagienne, 2 centimètres cubes d'une solution à 4 °/₀ d'acide cyanhydrique, additionnée de 4 centimètres cubes d'eau. L'animal est mort après une heure. Il n'a eu ni vomissements ni diarrhée, mais il a uriné très abondamment. Troubles de la coordination des mouvements, manège, etc. En même temps on tue par un coup sur la nuque un autre lapin de 2kg,900. Les deux animaux étaient soumis depuis longtemps au même régime nutritif.

On abandonne les deux lapins pendant six jours à 20°. Après ce temps, on est frappé de la grande différence qu'ils présentent.

Le lapin empoisonné par l'acide prussique ne dégage pas d'odeur, la rate et le foie sont rouges et fermes; pas de ballonnement intestinal, grandes hémorragies pulmonaires.

Le témoin est déjà très décomposé; l'intestin est fortement ballonné, la rate et le foie sont très mous, d'une coloration grisâtre. Le résultat des cultures s'est montré en rapport avec ces différences. Le foie et la rate donnent des colonies très abondantes de *bacterium coli* surtout; encore une fois, malgré une putridité assez avancée, le sang du cœur était stérile, comme nous l'avons constaté si souvent déjà.

Il y a donc dans certains empoisonnements, comme le montrent les expériences précédentes, un retard très prononcé dans l'invasion microbienne des organes et leur décomposition putride (1).

A quelle cause attribuer ce ralentissement de la putréfaction dans l'empoisonnement par l'oxyde de carbone et l'acide cyanhydrique?

Peut-être y a-t-il une certaine action antiseptique. Peut-être

(1) Le Dr Vleminckx a présenté, au Congrès de médecine légale de 1897, une observation d'empoisonnement par l'acide prussique, avec conservation parfaite du cadavre après un mois. Nos expériences concordent bien avec cette observation. *(Note ajoutée pendant l'impression.)*

aussi, comme le dit Brouardel pour l'oxyde de carbone, l'absence d'oxygène nuit-elle au développement des premières colonies microbiennes, qui auraient ainsi beaucoup de peine à se former (1). Il en serait peut-être de même dans l'asphyxie par pendaison.

Cette explication de Brouardel, vraie peut-être pour les faits précités, ne rend pas compte des expériences suivantes, montrant une véritable putréfaction, et très intense, chez les animaux que l'on fait mourir par l'action du vide.

OBSERVATIONS. — On prend quatre gros cobayes. Deux animaux sont placés dans la cloche à vide; l'air est complètement aspiré au moyen de la trompe; les cobayes succombent après trois à quatre minutes.

On tue par un coup sur la tête les deux témoins. Les animaux sont placés dans la chambre-étuve à 20-21°.

Après quatre jours, la différence est énorme entre les asphyxiés et les témoins. Les premiers présentent une distension considérable de l'abdomen; les tissus sont prêts à crever. A l'ouverture, odeur putride repoussante; on trouve des gaz abondants dans le tissu sous-péritonéal; l'intestin est très ballonné, se déchire au moindre attouchement; rate presque liquide, verdâtre. Les poumons et le cœur sont assez bien conservés. La putréfaction a très manifestement son point de départ dans l'abdomen.

Les témoins ne dégagent pas d'odeur; pas de ballonnement prononcé; foie et rate ramollis; organes thoraciques bien conservés. Pas de gaz sous la séreuse péritonéale.

Les cultures rendent parfaitement compte de ces différences.

Chez les témoins, le foie et la rate ont donné des colonies aérobies (particulièrement un *proteus* liquéfiant rapidement), tandis que les plaques aérobies du foie et de la rate des deux asphyxiés par le vide sont restées stériles;

_____

(1) BROUARDEL *(La mort et la mort subite)* cite un étonnant exemple de conservation à la suite de l'asphyxie par l'oxyde de carbone. Un individu loue une chambre à laquelle attenait un petit cabinet noir; il s'asphyxie dans ce cabinet. Le propriétaire de l'hôtel ne s'étonne pas outre mesure de la disparition de son locataire. Mais, voyant qu'il ne revient pas, il se décide à louer sa chambre après avoir fait un nettoyage sommaire. Le nouveau locataire pénétrant, le soir de son installation, dans le petit cabinet noir, y trouve le cadavre de son prédécesseur en parfait état de conservation, bien que la mort remontât à plus de deux mois.

mais ces organes contenaient d'abondants anaérobies stricts, ayant l'aspect et les dimensions du vibrion septique. *Ce sont même les seules expériences dans lesquelles nous ayons retrouvé si nettement ce dernier microbe auquel on a fait jouer autrefois un rôle prépondérant dans les putréfactions les plus variées.*

On sait que l'on rencontre aussi le vibrion septique chez les animaux charbonneux, quelques heures après la mort, quand la température est très élevée. C'est probablement à l'absence d'oxygène chez ces animaux qu'il faut attribuer, comme chez nos cobayes, la prépondérance prise par les anaérobies stricts de l'intestin sur les autres microbes. Mais il nous paraît que ce sont là des circonstances exceptionnelles, et que, le plus générale-ment, ce sont des aérobies, ou des germes à la fois aérobies et anaérobies, qui constituent surtout la flore microbienne des cadavres.

5. — Influence de l'invasion intravitale des microbes intestinaux sur la putréfaction.

Les quelques faits et observations qui viennent d'être exposés témoignent des grandes différences imprimées à la marche de la putréfaction par divers genres de mort.

Mais on remarquera que nous n'avons envisagé dans la plupart de nos expériences que des animaux sains qui ont succombé rapi-dement, à la suite d'asphyxie ou d'empoisonnement, dans des con-ditions telles qu'à part les modifications produites dans les organes par le genre de mort, ces animaux étaient à peu près identiques aux témoins tués brusquement en pleine santé. C'est ainsi qu'au point de vue très important de la flore microbienne du tube digestif, à laquelle est dévolue, en grande partie au moins, l'œuvre saprophytique, tous les animaux étudiés pou-vaient être considérés comme normaux, en ce sens que les microbes de la putréfaction se trouvaient, au moment de la mort, dans leurs cantonnements habituels.

Mais les recherches de ces toutes dernières années ont mis en lumière un fait que nous considérons comme d'une importance capitale, tant au point de vue de l'étude de la putréfaction que des théories bactériologiques elles-mêmes. Nous voulons parler de *l'invasion intravitale des microbes de l'intestin qui s'effectue chez un grand nombre de malades au cours d'affections les plus diverses.*

Partant de cette notion que le sang et les organes profonds d'un organisme sain ne contiennent pas de microbes ; considérant qu'au cours des autopsies pratiquées dans les services hospitaliers, quelques heures seulement après la mort, on ne trouve pas de signes visibles de putréfaction, les bactériologistes avaient admis que la présence, dans les organes de tels cadavres, de micro-organismes déterminés, démontrait leur rôle pathogénique et leur relation de cause à effet avec les symptômes morbides. Trouvait-on dans la rate d'un cadavre, quelques heures après la mort, du *bacterium coli*, des *proteus*, des staphylocoques, on n'était pas éloigné d'affirmer qu'ils étaient la cause des phénomènes observés pendant la vie.

Or bien des erreurs semblent avoir été commises sur la foi de ce genre de raisonnement, et il faut savoir gré à Bouchard, Charrin, Würtz et Herman (1), Malvoz (2), Beco (3) et, plus récemment, Chvosteck (4) d'avoir, par leurs travaux, attiré l'attention sur la voie fausse dans laquelle presque tout le monde s'était engagé. On sait bien aujourd'hui, et d'une façon indubitable, que si chez un sujet tué en pleine santé, on ne trouve pas de microbes dans les organes profonds, il existe un grand nombre d'états morbides au cours desquels on voit les micro-organismes normaux du tube digestif, et peut-être aussi ceux des autres cavités naturelles, faire effraction à travers les muqueuses protectrices et se répandre plus ou moins loin dans l'organisme. Nombreuses sont les autopsies de sujets ayant succombé à des affections variées et au cours desquelles l'examen de la rate, fait immédiatement après la mort (Beco), donne des cultures fécondes.

Bien plus, si l'on soumet des animaux à l'influence du froid, du surmenage, d'autres actions déprimantes de ce genre, et si l'on sacrifie l'animal déjà très malade, on peut trouver dans des organes tels que le foie et la rate, d'abondants microbes appartenant aux espèces intestinales (*bacterium coli*, *proteus*, par exemple). Mais c'est surtout quand on provoque expérimenta-

(1) *Archives de médecine expérimentale*, 1891, p. 734.

(2) MALVOZ, *Recherches bactériologiques sur la fièvre typhoïde*. (*Mémoires de l'Académie royale de médecine de Belgique*, 1892.)

(3) BECO, *Annales de l'Institut Pasteur*, 1895, n° 3.

(4) CHVOSTECK, *Ueber die Verwerthbarkeit postmortaler bacteriologischer Befunde*. (*Wiener klin. Wochenschr.*, n° 49, 1896.

lement une irritation quelque peu intense de la muqueuse intestinale que l'on assiste à cet exode intravital des saprophytes du
tube digestif. Würtz l'a obtenu au moyen de l'arsenic et Beco par
l'émétique. Chose très curieuse, on peut même réaliser ces effets
quand l'irritant est introduit par voie sous-cutanée, comme Würtz
l'a prouvé pour l'acide arsénieux et Chvosteck pour la tuberculine.

On admet généralement que ces inoculations irritantes ont pour
résultat d'amoindrir le rôle protecteur que joue, par un mécanisme encore inconnu, la muqueuse digestive vis-à-vis des germes
innombrables de l'intestin. Et dans un grand nombre de maladies,
à un moment plus ou moins éloigné de la mort, les mêmes
effractions intestinales de microbes s'effectueraient avec plus ou
moins de facilité.

On n'a guère tiré parti jusqu'à présent de ces importantes
constatations qu'au point de vue de l'interprétation à donner à la
présence de tel ou tel microbe dans les organes à l'autopsie.

*Mais l'étude de la putréfaction ne semble pas avoir bénéficié de ces
constatations.*

*Il nous a paru que la connaissance de ces faits était de nature à
expliquer un grand nombre de ces variations dans la marche de la
décomposition putride, notées si souvent d'un sujet à l'autre et attribuées presque invariablement à des causes purement individuelles,
telles que l'âge, la nutrition, etc.*

N'est-il pas logique d'admettre que, toutes choses égales d'ailleurs, un organisme déjà envahi au moment de la mort par d'innombrables microbes venus de l'intestin, offrira à la décomposition putride des conditions autrement favorables qu'un sujet dont
les saprophytes du tube digestif n'ont pas franchi les limites
habituelles ?

Et les applications médico-légales de ces faits nous apparaissaient susceptibles d'acquérir une importance inattendue. N'avait-
on pas vu, comme dans l'affaire Barré et Lebiez, des tronçons de
cadavres, des membres découpés, se conserver pendant très longtemps, alors que le tronc s'était putréfié rapidement, phénomène
explicable par le bon état de santé de la victime? Mais en eût-il
été de même si, pour l'une ou l'autre raison, cette victime empoi-
sonnée ou déjà malade avait, au moment de la mort, présenté le
phénomène de l'envahissement général des saprophytes intesti-

naux, et n'eût-on pas vu, dans ces circonstances, tous les tronçons du corps être envahis presque en même temps par la putréfaction?

C'est frappé de ces faits nouveaux et convaincu de leur importance pour la médecine légale que nous avons institué les expériences suivantes, ayant pour but de montrer combien variées et intéressantes seront les applications pratiques de ces notions.

Nous avons étudié d'abord la marche de la putréfaction chez les animaux empoisonnés par l'arsenic. Nous avions toujours été frappé de ce que bien des auteurs de médecine légale admettent un retard dans la putréfaction à la suite de ce genre d'empoisonnement. Or, Würtz et Beco trouvaient qu'aucune substance ne valait mieux que l'arsenic pour provoquer l'exode intravital des saprophytes de l'intestin. Comment concilier ces faits contradictoires?

Il est vrai que plusieurs savants avaient réagi contre cette opinion si répandue du retard et même de l'absence de putréfaction proprement dite chez les cadavres de sujets empoisonnés par l'arsenic. Tandis que Hofmann, Maschka, Brouardel penchaient pour cette dernière opinion, Löwig (1), un des premiers, montra tout ce qu'elle avait d'erroné. Il fut bientôt suivi de Zaayer (2), qui, chargé par la justice de l'examen des cadavres victimes de la célèbre empoisonneuse hollandaise, la femme Vanderlinder, eut la chance rare de pouvoir pratiquer l'autopsie de seize personnes ayant succombé à une intoxication arsenicale. Les exhumations furent pratiquées depuis le vingtième jour jusque trois ans après le décès.

Tenant compte de toutes les conditions dans lesquelles les cadavres se trouvaient, — constitution et âge des personnes, enveloppes des corps, nature du sol, profondeur, — Zaayer conclut que la momification, c'est-à-dire cette dessiccation du cadavre sans décomposition putride, n'est pas un phénomène se rencontrant plus spécialement dans l'intoxication arsenicale.

Bien au contraire, cet état de conservation des corps s'observe plus régulièrement chez des personnes ayant succombé à d'autres

---

(1) Löwig, *Arsenikvergiftung und Momification*, 1886.

(2) Zaayer, *De toestand der lijken na arsenicum-vergiftiging.* (*Mémoires de l'Académie royale des sciences d'Amsterdam*, t. XXV, 1887.)

causes de mort, et, en thèse générale, on peut dire qu'au point
de vue médico-légal, il n'y a aucune bonne raison de soupçonner
un empoisonnement par l'arsenic plutôt que tout autre, parce
que l'on serait en présence d'un cadavre bien conservé et même
momifié.

Dans une bonne revue générale sur l'empoisonnement par
l'arsenic, Schumburg (1) se rallia à la manière de voir de Zaayer.
Il s'était imposé la tâche de noter l'état de conservation des corps
signalé dans les cas les plus importants d'intoxication arsenicale
publiés par divers auteurs, tels que Liman, Sonnenschein,
Maschka, Taylor, etc. Ce travail portant sur une littérature médicale très complète, montra deux fois la momification, soit dans
5 °/₀ des cas; neuf fois la momification de la paroi abdominale
seule, soit dans 22.5 °/₀ des cas; treize fois aucune particularité,
soit dans 32.5 °/₀ des cas; enfin seize fois on notait une putréfaction très prononcée, soit dans 40 °/₀ des cas. Schumburg fait
remarquer, à propos des treize cas dans lesquels rien n'est signalé
au point de vue des signes de la putréfaction, que ceux-ci
existaient très vraisemblablement.

Malgré l'opinion justifiée de Zaayer et de Schumburg, l'idée
que l'intoxication arsenicale assure la bonne conservation du
cadavre et même sa momification, reste ancrée dans l'esprit de
beaucoup de médecins légistes et même de maîtres de la médecine légale. On oublie que la momification s'observe dans
maintes circonstances chez des cadavres de sujets morts à la
suite des affections les plus variées, et que ce phénomène est dû
surtout à des conditions extérieures telles que la chaleur et la
sécheresse de certains sols et de certains caveaux.

En présence des faits nouveaux mis en lumière par Würtz et
Beco, il était du plus grand intérêt d'étudier, à la lumière de la
bactériologie, les conditions de la putréfaction chez les intoxiqués
par l'arsenic.

Nous n'avons pas eu à notre disposition de cadavres humains:
nous avons opéré seulement sur des lapins.

Mais au point de vue des questions que nous avions à résoudre,
c'était là plutôt un avantage, puisque nous pouvions opérer dans

---

(1) SCHUMBURG, *Ueber Arsenikvergiftung in gerichtsärztlicher Beziehung.* (*Viertel-
jahrsschrift,* 1893, Bd. V.)

les conditions les plus comparables possible. Nous n'avions qu'à choisir des animaux de même âge et de même poids approximatifs, à les placer dans des conditions identiques en même temps que des témoins, pour que les données fussent concluantes.

Il est loin d'en être de même quand il s'agit de cadavres humains; la putréfaction, on l'a vu, varie suivant tant d'influences extrinsèques et intrinsèques qu'il est presque impossible de comparer entre eux deux sujets donnés ayant succombé à un empoisonnement par l'arsenic. C'est même là, semble-t-il, qu'il faut chercher la raison des différences si grandes constatées par Zaayer et Schumburg, chez les cadavres dont ils ont relevé les signes de décomposition. La difficulté de se rendre un compte exact des conditions de la putréfaction par l'étude de cadavres humains tels qu'ils se rencontrent dans les services hospitaliers d'autopsies, est bien mise en relief par l'observation classique de Casper. On eut à examiner, en 1848, à Berlin, quatorze cadavres de citoyens tués sur une barricade, pendant la journée révolutionnaire du 18 mars; ces cadavres gisaient sur les dalles de la morgue. Bien qu'il fût question d'individus tués en pleine santé, il n'y en avait pas deux qui présentaient les mêmes signes de putréfaction !

Les questions que nous nous sommes posées peuvent être ainsi résumées :

Des animaux sensiblement identiques sont tués brusquement, en pleine santé, en même temps que d'autres déjà intoxiqués par l'arsenic.

Quelles différences va-t-on observer dans la marche et l'intensité des décompositions cadavériques ?

Quels sont, après des périodes de temps de plus en plus éloignées du moment de la mort, les microbes présents dans les organes de ces divers animaux? Existe-t-il une relation entre la présence de ces microbes et les processus de décomposition ?

OBSERVATIONS. — Une première série d'animaux (série I) comprend six lapins d'un poids moyen de 1,100 à 1,200 grammes, tués par section du bulbe et abandonnés sur un support à claire-voie, bien baignés par l'air, dans une chambre à une température moyenne de 12° à 14°.

Nous considérons cette série d'animaux comme représentant les conditions normales de la putréfaction, en ce sens qu'il s'agit là de bêtes tuées en pleine santé, non soumises préalablement à l'une ou l'autre influence pathogène.

Ces animaux ont été autopsiés et leurs organes soumis aux cultures bactériologiques, à divers intervalles de temps après la mort.

Le lapin numéro 1 a été examiné immédiatement après la mort. Les organes étaient parfaitement sains, les cultures de l'intestin ont donné les microbes habituels des selles du lapin (*bacterium coli, proteus, bacillus subtilis*) (1), et celles des autres organes (sang de la veine porte, sang du cœur, foie, rate, muscle psoas) sont restées absolument stériles.

Ces cultures avaient été ensemencées très largement au moyen de plusieurs anses plongées profondément dans les organes, après cautérisation de leur surface, et bien chargées de matière. Elles consistaient en ensemencements sur plaques de gélatine de Koch maintenues à 20° et en bouillons à 37°. Des cultures anaérobies (en bouillon soumis au vide) sont restées également stériles.

Les autres lapins, nᵒˢ 2, 3, 4, 5 et 6, ont été examinés successivement après trois, cinq, sept, dix et quinze jours.

Les numéros 2, 3, 4, 5 n'ont pas présenté de microbes aérobies ou anaérobies dans les cultures, sauf, bien entendu, pour l'intestin. Les organes cependant n'avaient pas l'aspect frais qu'ils revêtaient chez le lapin numéro 1; ils étaient mous, décolorés (et d'autant plus que l'on s'éloignait du moment de la mort), mais sans vraie putridité, sans développement de gaz. Ces altérations après la mort, opérées sans intervention microbienne, ne sont pas de la putréfaction véritable; elles sont dues aux réactions (2) qui s'effectuent

---

(1) De nombreux examens que nous avons faits du contenu intestinal des lapins, pris au voisinage du cæcum et vers le milieu de l'intestin grêle, nous ont toujours montré comme microbes prédominants, d'abord le *bacterium coli* (variétés transparente et opaque), puis les *proteus vulgaris* et *mirabilis* de Hauser; moins souvent, le *bacillus subtilis*. Ce sont là les vrais commensaux du tube digestif. Ce n'est qu'accidentellement que les cultures donnent de rares microcoques et spirilles. Cependant, quand on fait une préparation *microscopique* des selles, on trouve les formes microbiennes les plus variées, que ne donnent pas les cultures, tant aérobies qu'anaérobies. Ce sont sans doute des microbes introduits avec l'alimentation et qui n'ont pas trouvé dans l'intestin des conditions favorables de développement : ils sont ou très atténués ou même complètement détruits.

(2) Peut-être des diastases interviennent-elles dans la production de ces altérations.

entre les substances multiples des organes privés de vie et qui s'accompagnent de changements de consistance, de coloration et de réaction. Les microbes ne sont pour rien dans ces phénomènes.

Le lapin numéro 6, abandonné quinze jours, est le seul dont les ensemencements aient proliféré, et encore est-ce seulement le sang de la veine porte, près de l'intestin, qui a donné le *bacterium coli* en culture pure.

Cette résistance extraordinaire à l'invasion des saprophytes du corps des lapins et d'autres animaux tués en pleine santé, à condition que la température ne soit pas trop élevée, c'est-à-dire dans les conditions fréquentes des locaux pendant une grande partie de l'année, a déjà été notée dans une autre partie de ce travail. Kühne (1) cite des faits de ce genre : il a observé que des lapins tués brusquement, abandonnés à l'air, ne présentaient pas de germes dans les organes tels que le foie, la cavité abdominale, même très longtemps après la mort. Kühne parle notamment d'un animal abandonné deux mois sans que l'on ait pu trouver des microbes hors de l'intestin. Beco est arrivé à des constatations identiques.

Prenons un second lot de six animaux de même poids et nourris comme les précédents (série II).

Inoculons à chacun d'eux la même quantité d'acide arsénieux, sous forme de liqueur de Fowler, par une piqûre sous la peau, et abandonnons-les dans les mêmes conditions.

Pour obtenir la mort de ces lapins, nous avons injecté quatre jours de suite 1 centimètre cube de liqueur de Fowler, de façon à provoquer une intoxication pas trop rapide. Ce n'est qu'à partir du troisième jour que les animaux commencent à devenir bien malades ; le quatrième jour, ils présentent une forte diarrhée, et ils succombent à la suite de la dernière injection.

Le premier de la série (lapin numéro 7) a été autopsié tout de suite après la mort, en même temps que le lapin numéro 1 (témoin de la série I). On notait comme lésions une forte congestion des vaisseaux abdominaux, une rougeur intense de la muqueuse stomacale et intestinale.

Confirmant les données de Würtz et Beco, nous avons constaté que le foie,

(1) KÜHNE, *loc. cit.* (*Archiv für Hygiene*, 1891.)

la rate, le sang du cœur même (on sait combien cet organe est souvent stérile), contenaient d'abondants bacilles intestinaux (*bacterium coli, proteus*).
Les cultures anaérobies sont restées stériles. Ces microbes, présents dans les
organes pendant la vie, n'avaient pas encore provoqué la décomposition
putride.

Mais les autres animaux n'ont pas tardé, à la différence des lapins témoins
de la série I, à présenter des phénomènes de décomposition relevant véritablement de la putréfaction proprement dite : coloration verdâtre de l'abdomen avec sérosité gazeuse du tissu sous-cutané du ventre, grande quantité de liquide rougeâtre, avec petites bulles, dans le péritoine et les plèvres ;
ramollissement et décoloration prononcée du foie et de la rate, bulles sous
les plèvres viscérales, etc. Odeur putride très nette. Au fur et à mesure que
l'on examinait des animaux abandonnés pendant plus longtemps (température de 12 à 14°), on trouvait la putridité de plus en plus prononcée.
Le lapin numéro 12, dernier de la série, abandonné quinze jours était véritablement pourri, au sens vulgaire du mot. On se rappelle que l'animal
témoin de la première série était beaucoup mieux conservé.

Et partout on obtenait des résultats positifs des cultures aérobies (rate,
foie, cœur), *bacterium coli* dominant avec *proteus* liquéfiant la gélatine. Pas
de microbes anaérobies stricts. Les cultures des muscles psoas ont même
donné dans plusieurs cas des résultats positifs ; or les muscles d'un animal
sain ne présentent que très longtemps après la mort des microbes dans leur
trame.

On voit par ces résultats que, bien loin d'assurer la conservation des organes, l'intoxication arsenicale peut, au contraire, les
prédisposer à une décomposition plus rapide et plus intense que
dans les conditions habituelles. Ce fait nous paraît explicable, en
grande partie du moins, par cette circonstance que, au moment
de la mort déjà, l'animal empoisonné est envahi un peu partout
par des saprophytes venus de l'intestin. Ceux-ci ne restent pas,
après la mort, inertes dans ces organes ; ils pullulent bientôt,
comme dans un bouillon de culture où on les aurait semés,
attaquant les albumines, donnant des gaz et d'autres produits
putrides, même à la température relativement basse d'environ 15°.

Mais on remarquera immédiatement qu'il s'agit là d'animaux
intoxiqués d'une façon relativement lente, puisqu'il a fallu plu-

sieurs jours pour provoquer la mort à la suite de petites doses répétées du poison.

Qu'advient-il quand on détermine la mort rapide des animaux par l'administration d'une forte dose de toxique agissant d'un coup?

Nous avons inoculé trois lapins (série III, numéros 13, 14, 15) en leur injectant sous la peau 6 centimètres cubes de liqueur de Fowler; ils sont morts après quatre ou cinq heures, avec une diarrhée excessivement abondante.

Le lapin numéro 13, autopsié immédiatement après la mort, présentait une très forte hyperémie des organes de l'abdomen; la muqueuse intestinale notamment était le siège d'une vive congestion avec ecchymoses; l'intestin grêle était presque vide. Les cultures des organes profonds (sauf l'intestin) sont restées stériles (aérobies et anaérobies). Au point de vue bactériologique, ce lapin se comportait donc comme un témoin tué brusquement.

C'est là une constatation faite par Beco, qui a vu que l'émigration intravitale des microbes de l'intestin chez les animaux soumis à l'influence de l'arsenic, de l'émétique, etc., se faisait surtout dans les cas où l'intoxication s'est produite d'une façon quelque peu lente. L'administration d'une forte dose de poison en une fois, de façon à amener la mort après quelques heures, n'assure pas la généralisation dans l'organisme des bacilles intestinaux. Mais néanmoins, les animaux ainsi intoxiqués par l'arsenic ne présentent pas de résistance particulière à la putréfaction. Il nous a même paru qu'ils se décomposaient un peu plus vite que les lapins normaux.

Rien n'autorise donc à admettre, d'après tous ces essais, que l'arsenic retarde la putréfaction. Dans beaucoup de cas, au contraire, celle-ci est très manifestement accélérée.

Jusqu'à présent, il s'agit d'expériences d'inoculations sous-cutanées de poison. Si nous avons commencé nos recherches de cette façon, c'était pour nous placer dans les mêmes conditions que Würtz.

Ce savant fait observer d'ailleurs que les symptômes d'empoisonnement sont presque identiques, que l'arsenic soit introduit par voie digestive ou par la peau.

Dans les deux cas, on note une vive congestion intestinale, des hémorragies, de la diarrhée, etc.

Mais on pourrait penser, *a priori*, que peut-être l'introduction du poison dans l'estomac, par suite d'une action plus ou moins antiseptique sur les microbes du tube digestif, était capable de modifier les conditions de la putréfaction et de donner, à ce dernier point de vue, une allure toute différente aux processus. Nous avons institué deux nouvelles séries d'expériences (IV et V).

Au moyen d'une sonde, nous avons introduit de la liqueur de Fowler dans l'estomac.

La série IV comprend trois lapins (numéros 16, 17, 18) ayant reçu quatre jours de suite 1 centimètre cube de toxique; ils sont morts du cinquième au sixième jour.

La série V comprend trois lapins (numéros 19, 20, 21) empoisonnés en une fois au moyen de 5 centimètres cubes de liquide; ils ont succombé en quatre à six heures.

Les résultats ont été absolument identiques à ceux des premières expériences.

Les cultures de l'intestin, en particulier, ont donné partout des résultats positifs : *le toxique, aux doses mortelles employées, n'avait donc exercé aucune action antiseptique sur les bacilles habituels de la putréfaction.*

Il semble donc contraire à la vérité d'admettre que l'intoxication arsenicale assure la bonne conservation des cadavres.

Non seulement la décomposition putride n'est pas retardée chez les animaux soumis à l'action de l'arsenic, mais elle est, au contraire, favorisée, que le poison soit introduit par le tube digestif ou par voie sous-cutanée. C'est surtout à la suite d'une intoxication lente, au cours de laquelle on observe la pénétration dans les organes profonds des saprophytes intestinaux, que cette décomposition putride est manifestement facilitée.

Il n'y a pas de raison pour admettre que les choses se passent différemment chez l'homme. La flore microbienne des organes

après la mort ne diffère guère de celle du lapin : ce sont les coli-
bacilles, les *proteus*, les *bacillus subtilis* qui dominent.

De plus, la statistique de Schumburg démontre que l'on a
trouvé, à la suite de l'empoisonnement par l'arsenic, plus de cas
à décomposition accélérée qu'à putréfaction retardée.

Que l'on puisse rencontrer des cadavres contenant de l'arsenic
et en bon état de conservation, même momifiés, on ne peut en
douter, puisque de bons observateurs signalent le fait. Il ne suffit
pas que des bacilles saprophytes se trouvent répandus dans l'organisme au moment de la mort pour que la putréfaction se produise. Des conditions favorables de température, d'humidité, etc.,
sont encore indispensables. On comprend ainsi qu'un cadavre,
même riche en microbes, placé dans un caveau où la dessiccation
des corps se produit rapidement, ne subisse pas la décomposition
putride. *Mais ici la momification se produira malgré l'arsenic et
non à cause de l'arsenic.*

On a constaté parfois chez les cadavres de sujets empoisonnés
par l'arsenic la bonne conservation de l'estomac contrastant avec
la putréfaction avancée du reste du cadavre. Ce fait n'est pas
étonnant, si une *très forte* dose d'acide arsénieux, en nature
parfois, a pénétré dans l'estomac. Cette dose peut être suffisante
pour neutraliser l'action destructive des microbes de cet organe,
déjà retardée par le suc gastrique, mais elle est sans action
sur les saprophytes intestinaux qui envahissent facilement les
organes.

*Comment expliquer cette assertion d'auteurs aussi autorisés que
Casper, Liman, Maschka, Hofmann, etc., qui ont admis pendant
longtemps que l'arsenic favorise la conservation des cadavres empoisonnés par cette substance?*

Ces auteurs croyaient, semble-t-il, que les composés arsenicaux avaient une action très prononcée sur les micro-organismes et
que ces derniers étaient, sinon tués, tout au moins paralysés dans
leur développement, en présence de ces substances.

Mais cette assertion n'est accompagnée d'aucune preuve expérimentale. On comparait un cadavre empoisonné par l'arsenic à
celui d'un animal mort auquel on a, dans un but de conservation
par exemple, injecté ce toxique. On réussit de cette façon, paraît-il,

à empêcher la putréfaction de la bête. Mais il faut pour cela des doses très considérables d'arsenic, infiniment plus considérables que celles qui sont ingérées en cas d'empoisonnement aigu ou chronique. On n'est pas autorisé à conclure de ce que l'on observe la suite d'un embaumement par l'arsenic à ce qui doit se passer chez les victimes d'un empoisonnement.

Il faut ajouter que l'action des composés arsenicaux sur les ferments organisés et sur les microbes saprophytes était admise par beaucoup de personnes sans que l'on se préoccupât de savoir sur quelles preuves elle reposait. On perdait de vue que chez un homme empoisonné par un composé arsenical, une grande partie du poison s'élimine pendant la vie par les vomissements et les selles; que ce qui reste du toxique est disséminé dans tout l'organisme. A cette dose minime, les micro-organismes peuvent-ils être influencés?

Nous n'avons pas trouvé, dans la littérature scientifique, de travaux un peu complets nous permettant de répondre à cette question. Koch, dans son grand travail sur les désinfectants, indique seulement, et tout incidemment, que l'acide arsénieux tue le microbe du charbon à la dose de 1 gramme pour mille et seulement après dix jours de contact.

Warikoff (1) n'a même pas constaté cette action.

Duclaux, qui consacre dans sa *Microbiologie* de longs chapitres à l'étude des antiseptiques, ne mentionne pas les composés arsenicaux.

Aussi avons-nous cru devoir faire les essais nécessaires pour déterminer l'action antiseptique de l'arsenic sur les microbes les plus abondants dans les cadavres, le *bacterium coli* et le *proteus*.

A des milieux de culture appropriés, nous avons ajouté soit de la liqueur de Fowler, soit une solution, saturée à chaud, d'acide arsénieux. Le milieu choisi a été la gélatine au bouillon de viande peptonisé. Après stérilisation, nous avons ensemencé tous ces milieux au moyen de cultures pures de *bacterium coli* et de *proteus mirabilis*. Les cultures étaient de 10 centimètres cubes.

Une première série de cultures comprenait des tubes de *b. coli* auxquels

_____

(1) Thèse de Dorpat, 1883.

nous avions ajouté, avant l'ensemencement, respectivement une, deux, trois, quatre, cinq, six gouttes de liqueur de Fowler. A notre grand étonnement, malgré la dose déjà assez forte de toxique ajoutée, ces cultures ont proliféré parfaitement. Non seulement le bacille n'était point paralysé dans son développement, mais il donnait un dépôt gras, abondant, comme dans une culture ordinaire.

Ce n'est qu'à partir de l'addition de douze gouttes que le développement s'est montré retardé. Dans ces conditions, on n'observait plus qu'une mince pellicule à la surface de la gélatine. Mais il a fallu aller jusque vingt gouttes de toxique pour empêcher complètement la multiplication du *b. coli*. On peut donc fixer approximativement à 1 centigramme pour 10 grammes la quantité d'acide arsénieux nécessaire pour arrêter la multiplication des coli-bacilles, ce qui correspond à 1 gramme de toxique pour 1 kilogramme.

Le *proteus* est moins résistant; néanmoins, il prolifère dans les cultures renfermant, pour 10 centimètres cubes, 1^{mgr}, 5 d'AS^2O^3, soit 15 centigrammes pour 1 kilogramme.

Les résultats ont été sensiblement les mêmes pour l'acide arsénieux ajouté aux cultures que pour la liqueur de Fowler

Il ne s'agit évidemment pas de comparer ce qui se passe dans un tube de culture aux phénomènes biologiques proprement dits.

Ces essais nous paraissent cependant assez concluants pour nous permettre d'affirmer qu'il faudrait une quantité énorme d'arsenic dans le corps d'un homme, quantité qui n'est jamais absorbée dans un empoisonnement, pour paralyser la multiplication des saprophytes (1).

Les expériences que nous avons faites sont bien en concordance avec ces notions. Bien loin d'être retardée, la putréfaction, dans l'empoisonnement par l'arsenic, est, toutes choses égales d'ailleurs, singulièrement favorisée dans bien des cas. *C'est le grand fait, mis en lumière dans ces derniers temps, de la généralisation intravitale des saprophytes du tube digestif au cours de certaines intoxications, qui nous a amené à ces constatations.* Mais celles-ci ne sont point particulières à la putréfaction des

---

(1) Une communication de RAOUL BOUILHAC (*Comptes rendus*, 24 novembre 1894) a attiré l'attention sur le peu d'influence qu'exercent les composés arsenicaux vis-à-vis des végétaux inférieurs.

cadavres empoisonnés par l'arsenic. Les choses se passent de la
même façon si l'on soumet des animaux à l'influence de l'alcool
et de certaines toxines microbiennes.

OBSERVATIONS. — On fait prendre pendant quatre jours de suite à un lapin
du poids de 2ᵏˢ,800, au moyen de la sonde œsophagienne, 20 grammes
d'alcool à 60°; après chaque ingestion, l'animal reste profondément assoupi,
couché sur le flanc jusqu'au lendemain matin. Il meurt vingt heures après la
dernière prise d'alcool. A ce moment, on tue un lapin sain, témoin, du poids
de 2ᵏˢ,700. Les animaux sont abandonnés dans une chambre à 20°.

Le lendemain déjà on constate une différence frappante entre les deux animaux. Le lapin alcoolisé présente un énorme ballonnement du ventre, il
s'en dégage une odeur infecte.

L'autre animal est pour ainsi dire normal, le ventre est affaissé, pas
d'odeur. A l'autopsie, le premier lapin montre les téguments abdominaux
complètement verts; liquide rouge sale dans la cavité péritonéale, ballonnement intestinal très prononcé.

La rate est transformée en une pulpe liquide. La muqueuse stomacale
présente de grandes plaques hémorragiques.

Foie ramolli, gris sale; partout il se dégage une odeur infecte. Les organes
thoraciques sont moins altérés; la putréfaction a manifestement son point
de départ dans l'abdomen.

Le témoin n'a pas même de tache verte abdominale; pas d'épanchement,
pas de ballonnement de l'intestin; la rate est ferme, d'un rouge vif. L'animal
est tellement bien conservé qu'il sera mangé par la famille du domestique.

Le résultat des cultures est absolument en rapport avec les constatations
macroscopiques.

Le témoin avait ses organes profonds (foie, rate, cœur) stériles, comme
nous l'avons noté si souvent dans ces conditions. Au contraire, les mêmes
cultures du lapin alcoolisé ont donné toutes des résultats positifs; la plupart
des colonies, très abondantes d'ailleurs, étaient des coli-bacilles et des
proteus.

Cette accélération de la décomposition putride chez les animaux alcoolisés doit être expliquée, encore une fois, par l'invasion intravitale très prononcée des microbes de l'intestin, que
Würtz a démontré s'effectuer chez les animaux. Plusieurs méde-

cins légistes, interrogés par nous, nous ont déclaré avoir été frappés plusieurs fois par l'intensité de la décomposition putride chez les alcoolisés. D'autres facteurs, tels que les altérations des tissus, interviennent sans doute aussi, mais si les microbes n'étaient pas distribués un peu partout dans les organes au moment de la mort, on n'observerait certainement pas une putréfaction aussi rapide.

On a vu ailleurs que la toxine diphtérique ne provoquait pas l'exode des microbes du tube digestif pendant la vie. Mais Chvosteck (1) a annoncé que la tuberculine se comportait différemment et produisait jusqu'à un certain point cette invasion.

Nous avons soumis des animaux à l'action de cette toxine puissante, en vue d'étudier son influence sur la putréfaction.

OBSERVATIONS. — On injecte à deux cobayes, sous la peau, 1 centimètre cube de tuberculine de l'Institut Pasteur. Les animaux sont morts du troisième au quatrième jour. Ils ont été abandonnés à l'écurie, où il faisait froid, précisément à côté des cobayes morts à la suite de l'injection de toxine diphtérique. Ces derniers ont présenté, comme il a été dit ailleurs, des modifications de plus en plus prononcées des organes, sans vraie décomposition putride, sans l'intervention de microbes ; les cobayes tuberculinés se sont putréfiés très vite et leurs organes profonds fournissaient dans les cultures d'abondantes colonies microbiennes aérobies.

On pourrait varier toutes ces expériences à l'infini. Nous croyons que celles qui viennent d'être relatées et qui concernent spécialement l'intoxication par l'arsenic et par certaines protéines microbiennes, suffisent pour appuyer et confirmer cette thèse, que l'étude de la putréfaction des cadavres, si importante pour la médecine légale, trouvera de nouveaux éclaircissements et de nombreuses applications pratiques dans les notions mises en lumière par Würtz, Beco, Chvosteck, etc. A côté des influences extérieures de température, d'humidité, de milieu ambiant, à côté des conditions internes dépendant de l'âge, de la taille, de la nutrition, le médecin légiste doit mettre en parallèle le genre de mort, quand il doit apprécier la signification des lésions de

(1) CHVOSTECK, loc. cit.

putréfaction qu'il observe. Et ce qui le préoccupera particulièrement, c'est de savoir si ce genre de mort est de ceux qui ont
pour effet de provoquer, déjà pendant la vie, la migration et
l'envahissement des saprophytes dans les organes les plus profonds. Ayant toujours à l'esprit cette importante notion, il sera
très prudent quand il s'agira d'assigner l'une ou l'autre propriété
pathogène à un micro-organisme rencontré dans un cadavre,
même frais. De plus, il n'oubliera pas que la décomposition
putride survient beaucoup plus vite que normalement chez les
cadavres ainsi envahis par des germes au moment de la mort et
il tiendra compte de cette notion dans la détermination de
l'époque de la mort.

On sait maintenant que le froid, le surmenage, par exemple,
ont pour résultat de provoquer cet envahissement microbien.
N'est-ce pas là une des raisons pour lesquelles les animaux sur-
menés sont si rapidement envahis par la décomposition, comme
si chez eux il existait déjà une véritable putréfaction sur le
vivant?

Ces notions, essentiellement basées sur les progrès de la bactériologie, ne seront pas une des moins intéressantes applications
de cette science nouvelle à la médecine légale.

II. — La putréfaction des nouveau-nés.

La putréfaction des nouveau-nés — en comprenant dans cette
étude les fœtus morts dans la matrice et les enfants ayant
succombé au moment de la naissance ou très peu de temps après
celle-ci — présente, par plusieurs de ses caractères, des signes
tellement différents de ceux que l'on observe dans la décomposition des autres cadavres, qu'elle nécessite un chapitre à part.

Ces différences s'expliquent facilement. Un fœtus qui succombe
dans l'utérus sans ouverture des membranes de l'œuf, est absolument soustrait aux influences microbiennes : ce n'est même pas
la putréfaction qu'il subit, mais une véritable digestion ou parfois une momification.

Si les membranes sont rompues, il se trouve à peu près dans
les mêmes conditions qu'un mort-né, mais s'il n'est pas à terme,
les téguments cutanés peuvent être tellement mous qu'ils offrent
un terrain de culture admirablement préparé pour les sapro-

phytes venus de l'extérieur. Aussi la décomposition putride de ces fœtus de quelques mois, dont la peau n'a pas encore la fermeté de l'enfant à terme, marche-t-elle parfois très vite, quand les conditions extérieures sont favorables, à plus forte raison après leur expulsion de la matrice (fœtus macérés).

§ 1. — *Flore microbienne des nouveau-nés.*

Mais ce qui constitue la différence essentielle entre la putréfaction des nouveau-nés et celle des autres corps, c'est la répartition toute différente chez les uns et chez les autres des saprophytes qui commencent l'œuvre de la décomposition cadavérique.

Il est démontré que ce n'est que plusieurs heures après la naissance, parfois même plusieurs jours, que la flore microbienne du tube digestif est constituée; les *bacterium coli*, les *bacillus lactis aerogenes*, qui sont les principaux microbes des enfants allaités, ne parviennent dans l'intestin, et de haut en bas, qu'un certain temps après la naissance (1).

Il est clair que si l'enfant vient à mourir avant que les germes n'aient pris possession de son tube digestif, ce n'est pas de ce dernier que partira l'attaque des micro-organismes Ceux-ci envahiront le cadavre par la peau et surtout par les orifices naturels, d'où ils gagneront petit à petit les diverses parties du corps.

On a été frappé depuis longtemps de ces particularités de la putréfaction des nouveau-nés.

Mais c'est la bactériologie qui en a fourni l'explication, en montrant les conditions toutes particulières, chez ces petits cadavres, de la parasitologie intestinale.

Dans un travail publié en 1893 par l'Académie de médecine de Belgique (2), nous avons étudié la flore microbienne des cadavres des nouveau-nés les plus variés, fœtus macérés, enfants mort-nés, enfants ayant vécu de plusieurs heures à quelques jours après la naissance. Ces cadavres étaient abandonnés à la putréfaction naturelle à une température de 18 à 20°. Nous avons pu réunir quatorze observations, étudiées dans tous leurs détails, tant au point de vue microscopique que bactériologique.

(1) D'après les travaux d'Escherich, Popow, Schild.

(2) MALVOZ, *Recherches bactériologiques sur la putréfaction des nouveau-nés et applications medico-légales.* (*Bulletin de l'Académie de médecine de Belgique*, 1893.)

Nous avons conclu de ces recherches qu'il existe de grandes différences, non seulement dans la répartition des micro-organismes envahissant les divers organes et dans l'intensité des phénomènes de décomposition, mais encore dans les espèces microbiennes en jeu, suivant qu'il s'agit de fœtus morts dans la matrice ou à la naissance, ou bien d'enfants ayant respiré et vécu ensuite un certain temps. Chez ces derniers, la putréfaction commence régulièrement par le tube digestif, et les microbes présidant à la décomposition cadavérique appartiennent surtout aux espèces commensales de l'intestin, les coli-bacilles. Chez les autres, au contraire, ce sont les espèces vulgaires habituelles des substances animales en décomposition, les *proteus*, les *bacillus fluorescens liquefaciens*, les *bacillus subtilis*, certains microcoques, qui commencent l'œuvre de destruction et envahissent le cadavre par toutes les cavités du corps les plus en rapport avec l'extérieur, surtout par les voies aériennes, et beaucoup moins, et en dernier lieu, par le tube intestinal.

Nous avons fait une application originale de ces données ; dans un cas, en nous basant sur les résultats de l'analyse bactériologique, nous pûmes poser le diagnostic, confirmé ensuite par les renseignements, de fœtus mort-né, alors que la docimasie pulmonaire avait laissé beaucoup de doutes : il s'agissait, en effet, d'un enfant asphyxié ayant subi l'insufflation d'air de bouche à bouche et mort tout de suite après.

Dès 1893, nous avons insisté sur l'importance que pourrait présenter à l'occasion, pour certaines expertises, l'analyse bactériologique du contenu intestinal de nouveau-nés, au cas, par exemple, où l'on ne disposerait que de tronçons de cadavre. Un fragment d'intestin frais, dont le contenu serait stérile ou à peu près, pourrait être considéré comme provenant d'un nouveau-né ayant vécu très peu de temps bien évidemment, on tiendrait compte, dans chaque cas, de toutes les circonstances et de toutes les particularités de l'expertise.

On conçoit que ces données perdent beaucoup de leur importance quand il s'agit de cadavres ou de morceaux de cadavre projetés dans les fosses d'aisances. Dans ces conditions, surtout si l'enfant a été jeté vivant dans la fosse, les liquides fécaux pourront pénétrer dans l'estomac et la putréfaction se rapprochera davantage de celle de l'adulte.

§ 2. — *Particularités de la putréfaction des nouveau-nés.*

Phénomène curieux et inattendu, cette putréfaction dans les fosses d'aisances est plutôt ralentie. Brouardel, qui a examiné beaucoup de cadavres de nouveau-nés recueillis dans ces conditions, affirme que la décomposition putride marche plus lentement dans les fosses que dans l'eau ou à l'air, surtout si le contenu est formé de matières fécales et d'urine. Il n'en est pas de même si la fosse reçoit beaucoup d'eaux de lavage, d'eaux savonneuses et est fréquemment aérée. La décomposition des cadavres est alors rapide. Sinon, elle est parfois tellement lente que le fœtus se transforme en adipocire.

La question de savoir à quelle époque remonte la mort du nouveau-né, d'après les signes de la décomposition, est résolue en tenant compte, comme pour l'adulte, des conditions extérieures et des facteurs internes, et en ne perdant pas de vue les particularités déjà signalées.

§ 3. — *Putréfaction et docimasie pulmonaire.*

Un autre point spécial de la putréfaction des nouveau-nés concerne l'*influence des gaz putrides sur la docimasie pulmonaire.* C'est une des objections les plus sérieuses que l'on ait faites à l'épreuve hydrostatique des poumons. On a soutenu que les gaz développés par la putréfaction pouvaient, dans beaucoup de cas, faire surnager le poumon, et, dans bien des circonstances, rendre la docimasie impossible.

Mais, dans ces derniers temps, une forte réaction s'est produite contre cette opinion.

Tardieu avait déjà remarqué que les poumons des nouveau-nés se putréfient très lentement.

Mais c'est surtout au laboratoire de M. Brouardel que l'on s'est occupé de ces particularités de la décomposition des poumons n'ayant pas respiré. Ces poumons, avait-on observé, tombaient en déliquescence, formaient une sorte de magma, sans la moindre bulle gazeuse. On sait au contraire qu'un poumon qui a respiré, présente, à la suite de la putréfaction, un grand nombre de petites bulles gazeuses sous la plèvre ; à la coupe, on voit également des bulles crevant à la moindre pression. Rien de pareil, d'après Brouardel et ses collaborateurs, dans le cadavre d'un fœtus n'ayant pas respiré, malgré la putréfaction la plus intense.

MM. Descoust et Bordas firent de ces observations l'objet d'un mémoire à l'Académie de médecine (1).

Déjà le professeur Tamasia, de Padoue (2), avait nié que la putréfaction seule pût faire surnager les poumons. Pour lui déjà, la natation du poumon n'était possible que si l'enfant avait pu faire pénétrer de l'air dans les bronches.

MM. Descoust et Bordas ont surtout fait leurs expériences au moyen de poumons de petits cochons ou d'agneaux mort-nés n'ayant pas respiré.

Malgré les variations de leurs conditions expérimentales, ils n'ont jamais observé de putréfaction gazeuse. Les poumons sont devenus déliquescents, boueux ; ils sont tombés au fond de l'eau. Seuls, les poumons artificiellement insufflés ont subi la putréfaction gazeuse.

Les résultats ont été identiques quand, au lieu de poumons d'animaux, on s'est servi de poumons d'enfants mort-nés envoyés de la Maternité.

Il résulterait de ces expériences que seuls les poumons ayant respiré subiraient la putréfaction gazeuse.

M. Brouardel (3) insiste longuement sur l'importance de ces faits. Mais, malgré une expérience qui semblait décisive de M. Bordas, montrant l'absence de décomposition gazeuse du poumon chez un fœtus immergé dans de l'eau d'égout, le savant professeur déclare ne pas oser encore apporter cette nouvelle preuve aux assises, en raison de l'aggravation considérable qui en résulterait pour la femme accusée d'infanticide. Jusqu'ici, écrit M. Brouardel, tous les médecins légistes ont dit : « Le poumon nage, c'est vrai, mais il est putréfié. Nous ne pouvons conclure de cette natation des poumons que l'enfant a respiré. »

La question d'infanticide serait donc écartée.

(1) DESCOUST et BORDAS, Académie de médecine de Paris, 1895.

(2) TAMASIA, *Sulla putrefazione del polmone.* (*Rivista speriment. di med. legale,* 1876.)

(3) BROUARDEL, *La mort et la mort subite.* Paris, 1895.

Et nous, nous dirions : « Les poumons nagent ; ils ne nagent que si l'enfant a respiré, car des poumons de mort-nés, même putréfiés, ne nagent pas. » Nous changerions radicalement, ajoute M. Brouardel, la solution donnée jusqu'à ce jour à ce problème.

Frappé nous-même de la haute importance et de la gravité de ces faits nouveaux, nous avons institué des recherches dans le but de contrôler et au besoin de compléter les belles expériences de MM. Bordas et Descoust.

Nous avons demandé à l'abattoir de Liége des fœtus de brebis ou de vaches, trouvés dans l'utérus, encore enveloppés des membranes, et nous les avons abandonnés à la putréfaction, dans des conditions variées.

OBSERVATIONS. — Un fœtus de mouton, d'une longueur de 50 centimètres, tout couvert de poils, reçu de l'abattoir, est abandonné pendant huit jours à la putréfaction naturelle dans la chambre-étuve à 20-21°. Il est maintenu en position verticale.

Après ce temps, l'examen anatomique démontre que le petit cadavre est peu attaqué par la décomposition putride. C'est par la tête et par le pourtour de l'anus que celle-ci a commencé : ces régions sont d'une coloration vert sale ; mais il n'y a pas de tache verdâtre abdominale (c'est la règle d'ailleurs chez les nouveau-nés) ; pas de ballonnement du ventre. Pas de gaz dans le tissu sous-cutané.

Les poumons sont complètement hépatisés, d'un rougé foncé, encore assez fermes. Ils ne présentent pas la moindre bulle gazeuse. Tous les morceaux de poumon tombent immédiatement au fond de l'eau.

L'estomac et l'intestin grêle sont plutôt affaissés, mais les parties terminales du gros intestin sont distendues par des gaz.

RÉSULTAT DES CULTURES. — Les cultures de l'arbre respiratoire nous intéressaient seules dans ce cas.

Ces cultures, ensemencées avec le raclage des terminaisons bronchiques, ont donné des colonies assez nombreuses d'un bacille court et ne donnant pas de gaz dans les milieux sucrés.

Un fœtus de vache de 70 centimètres, à peau absolument lisse, molle, est abandonné pendant six semaines à l'air, à une température de 3 à 5°, puis pendant six jours à la température de la chambre (15 à 18°). Après ce temps très long, le fœtus est très décomposé. Il s'en dégage une odeur repoussante. L'épiderme macéré est complètement vert.

Le foie est transformé en bouillie ; on ne retrouve plus la rate.

Les poumons, volumineux, remplissent la cavité thoracique. Ils sont encore reconnaissables. Par-ci, par-là, on voit sous la plèvre une *bulle gazeuse*, grosse comme un pois, mais *ces bulles sont très rares*. Le parenchyme est mou, friable, rouge noirâtre. Intestin grêle affaissé, tuniques encore conservées.

Les cultures aérobies du poumon ont donné un grand nombre de colonies microbiennes. Les cultures anaérobies du même organe n'ont montré, par plaque, que six ou sept colonies.

Chose très curieuse, les cultures de l'intestin grêle (prises au milieu de cet organe) sont restées presque stériles (aérobies et anaérobies), nouvelle constatation en faveur des faits cités page 96.

Un autre fœtus de même espèce, d'une longueur de 50 centimètres, a été abandonné, comme le précédent, pendant six semaines à l'air froid, puis quatre jours à la chambre-étuve à 20-21°, jour et nuit.

Ce fœtus s'est putréfié d'une façon plus intense encore que le précédent. Il était complètement vert et présentait des gaz dans le tissu sous-cutané, surtout au cou.

On reconnaissait nettement que la décomposition putride avait son point de départ à la cavité buccale et à l'anus.

L'intestin grêle, relativement bien conservé, est affaissé ; le gros intestin, au contraire, est ballonné ; le foie est très mou, pas de bulles gazeuses. Les poumons ont un parenchyme mou, gris rougeâtre. On voit nettement *deux grosses bulles*, d'un bon centimètre de diamètre, sous la plèvre.

Les reins sont contenus dans une capsule très distendue par des gaz, et transformés en une pulpe rouge noirâtre.

On n'a pas fait de cultures, mais des frottis de lamelles ont montré des bacilles abondants et variés dans les poumons et dans les reins, tandis que le méconium pris au milieu de l'intestin grêle ne montrait aucun microbe.

Ces trois observations sont intéressantes à plus d'un titre.

Elles montrent, une fois de plus, que chez le fœtus n'ayant pas respiré, l'intestin grêle et son contenu sont au nombre des organes que la décomposition saprophytique envahit en dernier lieu, au point que l'on peut se demander si le méconium ne joue pas un véritable rôle antiseptique.

C'est par la bouche, c'est par l'anus et aussi, semble-t-il, par l'appareil urinaire jusqu'au rein, que le cadavre est attaqué par les micro-organismes.

En thèse générale, les poumons, dans ces conditions, ne sont pas criblés de bulles gazeuses telles qu'elles se rencontrent chez tant de nouveau-nés ayant respiré, et il semble y avoir une grande part de vérité dans la thèse soutenue par MM. Bordas et Descoust. Nous devons dire cependant que, dans deux observations sur trois, il y avait quelques rares bulles gazeuses, et que cette thèse, dès lors, nous paraît trop absolue.

Nous avions été frappé, en notant les résultats des cultures du poumon de l'une des observations, du très petit nombre de germes anaérobies stricts ayant proliféré, tandis que les plaques aérobies avaient fourni de très abondantes colonies.

Les bactériologistes savent avec quelle facilité certains anaérobies provoquent, dans les milieux de culture, l'apparition de nombreuses bulles de gaz. Une culture de tétanos, de vibrion septique, en gélose, est vite criblée de bulles de toutes dimensions. Que se passerait-il, nous disions-nous, si des fœtus, au lieu d'être abandonnés à la putréfaction dans les conditions habituelles, à l'air, étaient, par exemple, enfouis dans le sol dont certaines couches, surtout dans les endroits habités, sont si riches en germes anaérobies?

Ce sont ces réflexions qui nous ont conduit à étudier la façon dont se fait la décomposition putride du poumon chez le fœtus n'ayant pas respiré, mais dans la bouche duquel nous avions introduit des microbes anaérobies provenant du sol, qui est le grand réceptacle de ces sortes de germes.

OBSERVATIONS. — On prend quatre fœtus, trouvés dans l'utérus de brebis, à l'abattoir. Ils mesurent de 50 à 60 centimètres de long.

L'un est pris comme témoin. Aux trois autres, nous injectons lentement à l'entrée de la bouche 3 centimètres cubes d'une émulsion dans l'eau de terre de jardin. Un tel liquide contient, on le sait, une quantité énorme d'anaérobies variés.

Les quatre fœtus, maintenus en position verticale pour favoriser la propagation microbienne dans l'appareil respiratoire, sont placés dans la chambre-étuve à 20-21°, jour et nuit.

Après huit jours, nous examinons l'un des fœtus injectés et le témoin. La différence est absolument frappante de l'un à l'autre.

Le témoin semble intact; à peine présente-t-il un peu de coloration verdâtre au pourtour de la bouche et de l'anus; les organes internes sont bien conservés; poumons hépatisés, sans bulles.

L'autre est en pleine décomposition putride, le ventre présente un ballonnement considérable comme la région du cou, sous la peau de laquelle on sent le crépitement d'abondantes bulles gazeuses. La tête est boursouflée, complètement vert noirâtre. A l'ouverture du thorax, on est frappé de trouver les poumons remplissant complètement la cage thoracique, recouvrant le cœur. Ils sont en pleine distension. La coloration est d'un beau rose; sous la plèvre, *on voit une infinité de petites bulles gazeuses, très serrées, groupées en mosaïque, de la grosseur moyenne d'une petite tête d'épingle; par-ci, par-là, il en est de plus grosses, mais les petites prédominent; le poumon surnage en masse et par petits lambeaux; il crépite sous le doigt.*

Il est hors de doute qu'un observateur non prévenu et peu habitué aux expertises eût conclu, à première vue, qu'il s'agissait d'un poumon ayant respiré.

L'estomac est également distendu par des gaz.

L'intestin grêle est complètement affaissé et en bon état de conservation.

L'aspect des poumons était tellement remarquable que nous avons, après cultures, fixé l'organe par la formaline, dans laquelle il s'est assez bien conservé (1).

Les cultures du poumon ont, comme il fallait s'y attendre, donné surtout d'abondantes colonies dans les plaques anaérobies. Ce sont les microbes les plus variés, très souvent sporulés. Les plaques d'aérobies du poumon ont aussi donné des colonies variées, mais moins abondantes que les anaérobies.

Contraste frappant, les cultures de l'intestin grêle sont restées stériles.

Un autre fœtus, ayant reçu dans la bouche la même émulsion de terre, a été examiné après quatre semaines. Il est tout vert et pue horriblement. Gaz abondants sous la peau du cou et de la tête.

Les poumons remplissent le thorax; bulles abondantes, de dimensions plus inégales que chez le précédent, variant d'une tête d'épingle à un pois, sous la plèvre et dans le poumon.

-----

(1) Ces pièces ont fait l'objet d'une démonstration au Congrès de médecine légale de 1897. (*Note ajoutée pendant l'impression.*)

Un frottis de lamelles y montre les microbes les plus variés.

L'estomac est distendu par des gaz. Le foie, la rate sont transformés en une bouillie grisâtre. Les reins sont convertis en pulpe liquide dans une capsule très distendue par des gaz.

L'intestin grêle est très mou ; l'examen microscopique du contenu montre quelques bacilles isolés, incomparablement moins abondants que dans le poumon. Il était évident qu'après un temps si long, la propagation microbienne devait atteindre même l'intestin grêle, mais on voit combien elle est peu prononcée encore : pas de gaz, pas de ballonnement, peu de microbes.

Le quatrième fœtus, après cinq semaines, a montré des altérations à peu près semblables aux précédents.

Seulement, ici, les bulles gazeuses du poumon étaient plus grosses et plus rares, comme si, avec le temps, elles avaient une tendance à se réunir et à s'agglomérer.

Il ne nous reste pas le moindre doute en présence de ces expériences, *que, dans certaines conditions, très faciles à réaliser, il peut se produire dans les poumons de nouveau-nés n'ayant pas respiré une intense putréfaction gazeuse du poumon, pouvant rendre impossible la docimasie pulmonaire.* Il a suffi pour cela d'introduire un peu de terre dans la bouche des sujets d'expériences et de les maintenir verticalement à une température assez élevée ; c'est à l'action intense des germes anaérobies que nous paraissent devoir être attribués les phénomènes observés.

On remarquera aussi que ces expériences fournissent une nouvelle preuve de la grande importance des facteurs internes dans la marche et l'intensité de la putréfaction. Deux fœtus presque identiques, ne différant l'un de l'autre que par la flore microbienne des premières voies respiratoires, se décomposent tout différemment ; l'un, placé dans les conditions habituelles, se putréfie avec beaucoup de lenteur et peu de bulles de gaz apparaissent ; elles s'éliminent sans doute au fur et à mesure de leur production. L'autre, présentant dans la bouche des·microbes anormaux, est rapidement envahi par la décomposition putride ; le tissu cellulaire sous-cutané, les poumons mêmes sont tellement criblés de gaz, que ceux-ci ne peuvent se dégager et distendent les tissus.

Il y a, dans ces faits, un enseignement que la médecine légale ne saurait perdre de vue et dont l'importance saute aux yeux, sans qu'il soit nécessaire d'insister davantage.

Les sages réserves de M. Brouardel, émises à propos des expériences de MM. Descoust et Bordas, trouvent dans nos recherches leur complète justification (1).

III. — AUTRES APPLICATIONS DE LA PUTRÉFACTION DES CADAVRES A LA MÉDECINE LÉGALE.

A la suite des notions qui viennent d'être exposées, il faut placer quelques applications spéciales de la putréfaction des cadavres à la médecine légale, d'un grand intérêt pour l'expert judiciaire.

§ 1. — *Les ptomaïnes du cadavre et les recherches toxicologiques.*

On a vu, dans l'introduction de ce mémoire ⟨2⟩, qu'au nombre des substances si variées élaborées par les microbes de la putréfaction, se trouvaient de véritables produits toxiques, désignés communément sous le nom de « ptomaïnes », et dont quelques-uns seulement sont bien connus au point de vue chimique. Brieger en a signalé un certain nombre dans les cadavres en décomposition. Cette production de poisons par des microbes n'a rien qui doive surprendre. La sécrétion de principes toxiques n'est-elle pas pour ainsi dire un phénomène normal dans l'existence des cellules vivantes? La strychnine, la morphine, la quinine ne sont-elles pas des produits vitaux de certaines plantes? Et dans les déchets eux-mêmes de la nutrition des animaux, ne voit-on pas apparaître, comme résultat de la vie des tissus normaux, de petites quantités de poisons, de ces « leucomaïnes » si bien décrites par Gautier, Bouchard, etc.?

(1) Le présent mémoire a été remis à l'Académie de médecine en avril 1897. Le Congrès de médecine légale réuni à Bruxelles en août 1897, s'est occupé de la question des rapports de la docimasie pulmonaire et de la putréfaction, mais il ne nous a pas été possible de communiquer nos observations soumises en ce moment à la Commission académique. (*Note ajoutée pendant l'impression.*)

(2) Pages 11 et suivantes.

Or les recherches de chimie biologique ont fait ressortir, de plus en plus nettement, l'identité foncière des phénomènes vitaux dans les cellules des infiniment petits et dans celles qui, réunies en tissus, constituent l'organisme des animaux supérieurs. Il n'y a, au fond, aucune barrière à élever entre les produits de l'organisme et ceux de la putréfaction : tous sont, en dernière analyse, les résultats de la vie cellulaire.

Il n'est pas étonnant dès lors que l'on ait découvert, dans les substances organiques en décomposition et en particulier dans les cadavres, des corps chimiques présentant des traits communs avec les alcaloïdes vénéneux.

Il est inutile d'insister sur la grande importance que ces faits présentent pour l'expert légiste.

S'il est vrai, comme les recherches de Gautier, Selmi, Brouardel et Boutmy, Brieger, etc., semblent l'avoir démontré, qu'en traitant des viscères putréfiés selon les méthodes employées dans la recherche toxicologique des alcaloïdes végétaux, on arrive souvent à isoler des résidus présentant les caractères généraux des alcaloïdes, quelle confiance peut-on accorder aux conclusions de certaines expertises médico-légales?

L'expert ne peut-il être conduit, par exemple, à affirmer l'existence d'un alcaloïde végétal toxique dans des viscères qui, en réalité, ne contiendraient que des alcaloïdes normalement produits par la putréfaction? Cette question a fait l'objet d'innombrables travaux. Nous ne croyons pas que l'on ait fait preuve de plus de bon sens scientifique, dans l'appréciation de ces points si controversés, que dans l'excellent travail de MM. Ogier et Minovici (1). Ces savants ont analysé, au point de vue spécial de la recherche des alcaloïdes et en suivant une méthode aussi générale que possible, un grand nombre de viscères provenant d'individus non empoisonnés et choisis dans des états de putréfaction très divers. Ils ont pratiqué sur les résidus obtenus les réactions les plus fréquemment mises en œuvre pour déceler les alcaloïdes toxiques importants et voir si les ptomaïnes contenues dans ces résidus donneraient des réactions semblables à celles des alcaloïdes. Les expériences ont porté sur vingt-cinq

---

(1) Ogier et Minovici, *De l'influence des ptomaïnes dans la recherche toxicologique des alcaloïdes végétaux.* (*Travaux du laboratoire de toxicologie.* Paris, 1891.)

cadavres très variés et elles représentent des milliers d'observations.

Sauf dans une expérience, on a toujours trouvé, dans certains des résidus, des matières offrant les caractères généraux des alcaloïdes. Fait constaté déjà ailleurs, les cadavres les plus putréfiés ne fournissent pas toujours le plus de ptomaïnes. La proportion des alcaloïdes est déjà très sensible avec des viscères dont la putréfaction est peu avancée, provenant, par exemple, de cadavres de deux à quatre jours. La proportion paraît s'augmenter à mesure que la putréfaction s'avance, mais au delà d'une certaine limite, les résidus diminuent et les cadavres exhumés après plusieurs mois fournissent beaucoup moins de ptomaïnes. Les doses les plus considérables paraissent se rencontrer dans les cadavres conservés de huit à vingt jours aux températures moyennes.

La chose la plus importante à élucider était la valeur des réactifs usuellement employés, au point de vue de la recherche chimico-légale des alcaloïdes végétaux ; en d'autres termes, les réactions observées sur des résidus contenant des ptomaïnes sans alcaloïdes végétaux eussent-elles été de nature à indiquer faussement la présence de ces derniers? MM. Ogier et Minovici concluent de leurs recherches que certainement les causes d'erreur sont grandes et que l'expert doit toujours se demander, quand il a obtenu une réaction tendant à indiquer la présence d'un alcaloïde, si cette réaction n'est pas produite par une ptomaïne.

Mais, ajoutent-ils, il ne faut pas s'exagérer l'importance de ces causes d'erreur. D'abord, les réactions colorées constatées sur des résidus ne contenant que des ptomaïnes ne sont jamais aussi franches, aussi évidentes qu'avec les bases végétales pures.

De plus, jamais un expert consciencieux ne conclura à la présence d'un alcaloïde végétal toxique en s'appuyant sur de simples réactions colorées ; il doit accumuler un ensemble de preuves, comparer les caractères chimiques avec les résultats de l'expérimentation physiologique, avec les constatations de l'autopsie, avec les documents relatifs aux symptômes ayant précédé la mort.

En réalité, les chances d'erreur ne sont pas aussi grandes que certains l'ont affirmé.

Mais quelle est l'influence de la présence de ptomaïnes quand les résidus contiennent réellement des alcaloïdes végétaux? L'existence d'une ptomaïne de putréfaction, à côté d'un alcaloïde végétal, n'empêche-t-elle pas de constater les réactions propres à celui-ci ?

Il en est ainsi dans beaucoup de cas, comme le prouvent, par de nombreux essais, MM. Ogier et Minovici. Or, comme il est parfois très difficile, sinon impossible, de séparer complètement les ptomaïnes des alcaloïdes, on voit que les causes d'erreur peuvent être considérables.

Mais — et c'est là la conclusion la plus rassurante de cette étude – on remarquera que les causes d'erreur, quand l'expertise est confiée à un toxicologue consciencieux, auront pour effet bien plutôt de faire innocenter un coupable que de faire condamner un innocent.

§ 2. — *Action de la putréfaction sur les poisons.*

Une autre question qui doit avoir sa place dans l'étude de la putréfaction considérée au point de vue médico-légal, est celle des actions réciproques des agents des décompositions putrides ou de leurs produits sur les poisons proprement dits et notamment sur les alcaloïdes végétaux.

C'est là encore une question qui a fait l'objet d'innombrables travaux.

Que deviennent, par exemple, la strychnine, l'atropine, la morphine, la quinine, dans les cadavres des intoxiqués envahis par la décomposition ? La toxicité est-elle maintenue, n'est-elle pas diminuée ou peut-être augmentée ?

Bien des recherches ont été faites pour élucider ces questions. Il faut reconnaître que la plupart d'entre elles ont été entreprises dans des conditions tellement peu comparables qu'il n'est pour ainsi dire pas possible d'en dégager une loi générale.

La plupart des expériences sont à refaire, en utilisant les méthodes sûres de la bactériologie, qui permettent à l'observateur d'être maître de ses conditions de recherches et de déterminer exactement le rôle de tel et tel facteur. C'est précisément ce que vient de tenter Ottolenghi (1) dans un travail envisageant, à ces

---

(1) OTTOLENGHI, *Wirkung der Bakterien auf die Toxicität der Alcaloïde.* (*Viertel-jahrsschrift*, 1896.) Travail analysé par MALVOZ dans les *Annales de la Société de médecine légale de Belgique*, 1897.

points de vue, deux alcaloïdes seulement, mais indiquant bien quelle est la voie à suivre. Il faudrait étendre les expériences d'Ottolenghi à tous les poisons importants.

Ottolenghi avait été frappé par la lecture d'un travail d'Ibsen (1) concluant à l'absence d'action des saprophytes sur la strychnine. Il lui semblait étrange qu'en présence d'organismes aussi actifs que les bactéries, qui fabriquent elles-mêmes parfois des produits toxiques très puissants, les alcaloïdes végétaux ne fussent pas modifiés dans leur toxicité. Aussi crut-il devoir instituer de nouveaux essais. Il choisit comme poisons l'atropine et la strychnine; il prit des microbes divers, appartenant aux espèces trouvées dans les cadavres en décomposition ; à leurs cultures en bouillon, il ajouta des proportions variées d'alcaloïdes. C'est l'épreuve physiologique, extrêmement sensible, qui lui servit à rechercher la toxicité.

Les microbes étudiés ont été le *bacterium liquefaciens putridus*, le *b. coli*, le *b. vulgatus* (*proteus*) et quelques autres moins importants.

Ottolenghi rappelle le rôle si important joué par le *bacterium coli*, qui peut envahir l'organisme pendant la vie; peut-être alors déjà agit-il sur les poisons végétaux introduits thérapeutiquement ou criminellement, et, après la mort, comme microbe de décomposition, il continue son action sur les toxiques.

Les recherches sur l'atropine ont prouvé que dans l'addition aux cultures de 1 pour 100,000 d'alcaloïde, on ne retrouve plus ce dernier déjà après quatre jours. A la dose de 1 pour 10,000, déjà après trois jours, un tiers environ du poison a disparu. Après quinze jours, on n'en retrouve plus.

L'intérêt de ces expériences réside surtout dans la rapidité et l'intensité d'action des bactéries sur l'atropine. On savait déjà que cet alcaloïde est un de ceux que l'on retrouve le plus difficilement dans les cadavres en décomposition, mais on n'avait pas encore montré aussi nettement qu'Ottolenghi la facile disparition du poison.

Pour la strychnine, les expériences, conduites de la même façon, ont donné d'autres résultats. En général, dans les premiers jours,

(1) IBSEN, *Untersuchungen über die Bedingungen des Strychninnachweises bei vorgeschrittener Fäulniss.* (*Vierteljahrsschrift*, 1894.)

on constate, pour un bouillon additionné de strychnine et ensemencé de microbes de putréfaction, qu'une proportion donnée
du liquide présente une toxicité plus forte, en d'autres termes,
que l'on peut produire les mêmes symptômes dans les essais
physiologiques avec une quantité de bouillon inférieure à celle
du bouillon témoin. Mais ensuite, la toxicité diminue peu à peu
et s'abaisse jusqu'à un point donné qui n'est plus dépassé, même
après une observation de plus d'une année.

Les choses se vérifient très nettement en particulier pour le
bacterium coli; la toxicité est augmentée à partir du cinquième
jour, au point d'être triplée; au trentième jour, on observe une
diminution très considérable; enfin, après quatre mois, les effets
toxiques ne sont plus que le tiers de ce qu'ils étaient primitivement.

L'explication de ces faits curieux est très difficile. Ottolenghi
croit qu'il existe dans les cultures jeunes des principes toxiques
qui, injectés en même temps que la strychnine, rendent l'animal
plus sensible à l'action de cette dernière. C'est ainsi que les
propriétés de la strychnine paraissent exagérées.

Les produits toxiques disparaissent, en partie au moins, dans
les vieilles cultures; il y aurait même, dans ces conditions, une
véritable décomposition de l'alcaloïde végétal.

Ce sont là des faits bien curieux dont il serait hautement intéressant d'élucider le mécanisme; jusqu'à présent, on est réduit,
pour les expliquer, à émettre de pures hypothèses.

Cette association des alcaloïdes et des microbes paraît devoir
être d'une grande importance en médecine légale : en négligeant
ces faits, on pourrait être amené à affirmer qu'un poison a été
introduit dans l'organisme à dose plus considérable qu'elle ne
l'était en réalité. On voit ainsi s'imposer de plus en plus, dans
certaines expertises médico-légales, la nécessité de recherches
bactériologiques. Les phénomènes dont il est question ici sont
tellement contingents, tellement variés suivant la nature et le
nombre des microbes du cadavre, suivant les circonstances extérieures, qu'il est nécessaire, pour chaque cas donné, de faire la
part exacte des diverses influences en jeu. Ces notions ont leur
application aussi bien à l'étude toxicologique des cadavres qu'à
certains empoisonnements non suivis de mort et au cours
desquels la toxicité des alcaloïdes ingérés, la symptomatologie

des accidents, peuvent être sensiblement influencées soit par l'intervention de bactéries ayant envahi l'organisme et y sécrétant des toxines, soit par les toxines mêmes qui se forment dans les tissus au cours de certaines auto-intoxications.

§ 3. — *Diffusion des poisons dans l'organisme après la mort.*

Il reste à dire un mot d'une question qui, bien que ne se rattachant qu'indirectement à l'étude de la putréfaction, présente néanmoins un grand intérêt pour l'expert se livrant à la recherche des poisons présents dans le cadavre : c'est celle de la diffusion des poisons dans l'organisme après la mort.

Les recherches récentes de Strassmann et Kirstein (1), d'une part, de Haberda et Wachholz (2), de l'autre, ont apporté beaucoup de lumière dans cette difficile étude.

Il semble bien démontré que si l'on introduit dans l'estomac, après la mort, des substances telles que le violet de gentiane, le ferrocyanure, les solutions arsenicales, le sublimé, le sulfate de cuivre, le nitro-benzol, le chlorate de potasse, etc., etc., il se fait, par continuité, une véritable diffusion de ces toxiques, d'organe à organe, en commençant par ceux qui sont les plus voisins de la cavité stomacale. La position du cadavre joue naturellement un grand rôle dans la direction suivant laquelle se fait cette diffusion. Même chez un cadavre qui ne présente guère de signes visibles de putréfaction, on peut déjà trouver le poison plus ou moins loin de l'estomac.

Aussi importe-t-il, si l'on veut qu'une expertise toxicologique repose sur des bases inattaquables, de déterminer la teneur en poison de chaque rein et de chaque poumon, et même de chacune des moitiés du foie, les organes du côté droit étant moins vite envahis par les poisons introduits après la mort que ceux du côté gauche.

On a reproché souvent à ces recherches des savants allemands

---

(1) STRASSMANN et KIRSTEIN, *Ueber Diffusion von Giften an der Leiche.* (*Virchow's Archiv*, vol. CXXXVI, c. 1, p. 127.)

(2) HABERDA et WACHHOLZ, *Zur Lehre von der Diffusion der Gifte in der menschlichen Leichen* (*Zeitschrift für Medicinalbeamt*, 1893, p. 393.)

d'être d'un intérêt plus théorique que pratique. Il est bien invraisemblable, en effet, que du poison soit introduit dans l'organisme après la mort. Mais l'expert doit toujours tenir compte de toutes les hypothèses, même des moins plausibles, et il est certain que son devoir est d'avoir toujours présentes à l'esprit les constatations de Strassmann, Kirstein, Haberda et Wachholz.

Nous sommes arrivé au bout de notre tâche. Nous croyons avoir examiné, dans ce qu'ils ont d'essentiel, les différents points de l'étude de la putréfaction intéressant l'hygiéniste et l'expert judiciaire.

Le véritable rôle des décompositions putrides est bien mieux précisé, depuis que la bactériologie expérimentale s'est attachée à faire la lumière dans la compréhension de ces phénomènes, qui sont peut-être les plus complexes des phénomènes naturels. Quel chemin parcouru depuis la publication, relativement récente cependant, du traité classique de Hiller (1)! Que d'erreurs, que de préjugés sont désormais rejetés de nos conceptions et ont fait place aux notions si précises et si claires apportées par la bactériologie, qui est venue confirmer et expliquer cet aphorisme, si vrai au fond : « Tout ce qui pue ne tue pas, tout ce qui tue ne pue pas. »

(1) HILLER, *Die Lehre von der Fäulniss.* Berlin, 1879.

TABLE DES MATIÈRES.

———

CONTRIBUTION

A L'ÉTUDE

DES SUBSTANCES MÉTHÉMOGLOBINISANTES

PAR

le Dr Paul MASOIN

ASSISTANT A L'UNIVERSITÉ DE GAND

« La prétention d'être complet n'est
qu'une pure illusion en physiologie et
en médecine. »

CLAUDE BERNARD.

BRUXELLES

HAYEZ, IMPRIMEUR DE L'ACADÉMIE ROYALE DE MÉDECINE DE BELGIQUE
Rue de Louvain, 112

1898

MÉMOIRE

ADRESSÉ A L'ACADÉMIE ROYALE DE MÉDECINE DE BELGIQUE (CONCOURS POUR LE PRIX ALVARENGA, DE PIAUHY; PÉRIODE DE 1897-1898).

Le prix a été décerné à ce mémoire.

CONTRIBUTION

A L'ÉTUDE

DES SUBSTANCES MÉTHÉMOGLOBINISANTES

Après être demeurée longtemps dans l'ornière de l'empirisme, l'étude des antitoxiques est entrée, ces dernières années, dans une voie nouvelle, et si les résultats acquis ne sont pas nombreux, ils sont tels cependant, que les bases sur lesquelles ils reposent, les méthodes qui y ont conduit, permettent d'affirmer que vraiment aujourd'hui l'on se trouve dans la bonne voie. En parlant ainsi, nous n'avons pas en vue — est-il besoin de le dire? — les antidotes physiologiques, mieux appelés fonctionnels ou antagonistes, c'est-à-dire que les symptômes déterminés par ces substances neutralisent des symptômes contraires, comme le ferait, par exemple, une substance paralysante vis-à-vis d'un convulsivant. On l'a déjà compris, nous visons la découverte de divers sérums, sérum antidiphtérique, antitétanique, antistreptococcique, pour ne citer que ceux dont l'efficacité est généralement reconnue ; nous avons en vue les travaux de Fraser et de Calmette sur le sérum antivenimeux ; nous avons en vue la découverte par Lang (1) de l'action antitoxique de l'hyposulfite de soude vis-à-vis du cyanure de potassium, ainsi que les travaux plus récents de Heymans et P. Masoin (2) sur l'action antitoxique chimique de ce même hyposulfite de soude vis-à-vis des dinitriles normaux.

Le présent mémoire a pour but de faire connaître l'existence d'un groupe de substances possédant une action antitoxique vis-à-vis de toute une catégorie de poisons, qui, introduits dans l'organisme, provoquent, entre autres symptômes, des modifications physiques, chimiques et physiologiques du sang, modifica-

---

(1) *Ueber Entgiftung der Blausäure.* (*Archiv. für experimentelle Pathologie und Pharmakologie*, 1895, Bd XXXVI.)

(2) *Étude physiologique sur les dinitriles normaux.* (*Mémoires couronnés de l'Académie de médecine de Belgique*, 1896, et *Archives de pharmacodynamie*, 1897, vol. III)

tions incompatibles avec la vie ; nous avons nommé les substances méthémoglobinisantes.

Nous n'étudierons pas les conditions si variées dont la formation de méthémoglobine est le résultat. Pour ce point, nous ne pouvons mieux faire que de renvoyer à l'excellent mémoire de P. Dittrich (1), où la question est soigneusement étudiée sous ses divers aspects. Retenons seulement ce fait, que la méthémoglobine se produit dans de multiples circonstances, dans les conditions les plus diverses, et notamment, fait connu depuis longtemps d'ailleurs, sous l'action d'un grand nombre de substances médicamenteuses ou autres, qu'elles soient introduites dans le sang *in vitro*, ou qu'elles aient pénétré dans l'organisme.

La méthémoglobine donne au sang une coloration brune (brun sale) et fait apparaître dans le spectre sanguin des bandes d'absorption variables en nombre et en situation suivant la concentration de la solution et suivant la réaction du milieu ; dans cet état, le sang est incapable de remplir sa fonction respiratoire, il n'absorbe plus d'oxygène, n'élimine plus d'anhydride carbonique ; bref, l'asphyxie se produit.

Si l'on connaît de nombreux moyens capables de provoquer la transformation de l'oxyhémoglobine en méthémoglobine, si l'on en connaît d'autres (Am_2S) capables de retransformer *in vitro* la méthémoglobine en hémoglobine, l'on n'a pas signalé — que nous sachions du moins — de moyen de prévenir, d'empêcher même jusqu'à un certain point, la formation de la méthémoglobine aux dépens de l'oxyhémoglobine, *in vitro*, comme au sein de l'organisme. Ainsi que nous venons de le dire, tel est l'objet des recherches consignées dans le présent mémoire.

Il serait oiseux d'exposer comment et à la suite de quelles circonstances nous avons été mis sur la voie de ces recherches : parti d'une idée ensuite reconnue fausse par nous-même, mais nous laissant guider par l'observation exacte des faits, aidé aussi par le hasard, la question s'est présentée tout à coup à notre esprit ; c'est pourquoi, si l'ordre suivi dans l'exposé n'est pas conforme à la filiation des idées, il possède d'autre part l'avantage de la clarté, de la simplicité, et l'argumentation s'en détachera d'autant plus nette et plus solide.

La première partie de ce travail est consacrée à un exposé

1 *Archiv f. exper Path. und Pharmakol.*, 1892, vol. XXIX, p. 247.

succinct des caractères de l'intoxication par quatre substances méthémoglobinisantes, que, suivant les cas et les circonstances, nous avons étudiées chez différentes espèces animales. Nous y indiquons la dose mortelle et la durée de l'intoxication suivant nos propres déterminations; puis, d'une façon parallèle, nous verrons comment l'administration préalable de certains composés est capable d'entraver l'intoxication à un degré variable, suivant la nature et la dose du poison et suivant la nature de l'antidote, dont l'action peut, dans certains cas, aller même jusqu'à empêcher absolument l'intoxication de se développer. Dans la seconde partie de ce travail, nous dégagerons des faits accumulés dans la première partie le principe qui en ressort et nous en ferons la démonstration *in vitro*. Nous terminerons en formulant quelques hypothèses qui pourraient rendre compte du mécanisme de l'action antitoxique étudiée.

CHAPITRE PREMIER.

Le nombre des substances méthémoglobinisantes est fort considérable. L'on en trouvera une liste très fournie et, comme le dit l'auteur lui-même, encore incomplète, dans le travail de Dittrich déjà cité plus haut. Un choix nous était nécessairement imposé en vue de nos expériences; nous nous sommes arrêté à quatre d'entre elles, à savoir : le nitrite de sodium, le chlorate de sodium, l'aniline et l'acétanilide.

Si nous les classons par ordre de puissance méthémoglobinisante, nous voyons que, d'une manière générale, le nitrite l'emporte de loin sur les autres; viennent après lui le chlorate de sodium et, bien après ces deux premiers, l'aniline et l'acétanilide.

Ces substances convenaient parfaitement au but que nous nous proposions : d'une administration facile, toutes quatre donnent lieu à la formation de méthémoglobine, mais à des degrés différents et avec une rapidité qui varie d'après ces substances elles-mêmes et suivant l'espèce animale à laquelle elles sont administrées. (Nous reviendrons plus loin sur ce point.) Il était dès lors possible de poursuivre les diverses modalités de leur action méthémoglobinisante et toxique, modalités se traduisant d'autre part par une inégalité de puissance des substances antitoxiques.

· I. — **Nitrite de sodium**.

EXPÉRIENCES SUR LA GRENOUILLE.

L'injection du nitrite en solution dans l'eau distillée (5 et 10 %) était faite dans le sac lymphatique dorsal. A dose égale, la concentration de la solution n'exerce guère d'influence sur le résultat final ; les solutions concentrées déterminent cependant une intoxication plus rapide que les solutions moins fortes.

Nous tenons à faire remarquer que nous avons opéré sur la grenouille brune (*Rana esculenta*) et sur la grenouille verte (*Rana temporaria*) pendant la période d'hiver ; la résistance de ces deux espèces nous a paru égale.

N'ayant pas l'intention de faire une étude physiologique de l'action du nitrite de sodium, pas plus que pour les trois autres substances que nous avons choisies, nous n'indiquons qu'à grands traits le tableau symptomatique qu'il détermine.

Le seul symptôme constant, après l'injection de doses de 0,2 à 0,8 de milligramme par gramme d'animal, est l'accélération respiratoire. Celle-ci se produit très rapidement (cinq à sept minutes) après l'injection ; ce peut être le seul symptôme extérieurement visible.

Pour des doses plus fortes, 0,5 de milligramme par gramme d'animal, à la période d'accélération respiratoire fait suite une période de ralentissement, en même temps que la paralysie s'établit. Si l'on examine alors la muqueuse buccale, on constate l'existence d'une teinte grisâtre, d'un gris brun, en rapport avec la modification de coloration du sang qui s'est méthémoglobinisé, ainsi que le prouve l'examen fait en ce moment. Si la dose est mortelle (0,53 de milligramme par gramme), la paralysie demeure, la respiration devient de plus en plus rare, de plus en plus superficielle, et l'animal succombe sans convulsions ; on le trouve affaissé, dans l'attitude ordinaire, mi-assise, propre à la grenouille.

Nous donnons ici, dressée en tableau, la toxicité du nitrite de sodium chez la grenouille, ainsi que des indications sur les symptômes présentés.

Numéro.	Poids en grammes.	Quantité de nitrite injectée.	Quantité de nitrite par gr. d'animal.	Survie. — Mort. +	Observations.
		milligr.	milligr.		
1	22	2,5	0,11	—	L'animal n'a rien présenté.
2	24	5,0	0,20	—	Accélération respiratoire et légère parésie.
3	19,5	5,0	0,25	—	Id. id.
4	21,5	7,5	0,35	—	Paralysie; intoxication très grave; durée, 5 à 6 heures.
5	18	7,5	0,41	—	Paralysie; durée, 3 heures environ.
6	17,5	7,5	0,43	—	Intoxication très grave; durée, 6 heures environ.
7	22	10,0	0,45	—	Id. id.
8	20	10,0	0,50	—	Id. id.
9	28	15,0	0,53	+	Paralysie, puis amélioration notable; mort environ 12 heures après.
10	23	12,5	0,54	+	Succombe en 1 1/2 heure environ.
11	35	20,0	0,55	+	Id.

Par conséquent, la dose mortelle du nitrite de sodium chez la grenouille est d'environ 0,55 de milligramme par gramme d'animal. Pour cette dose, la mort survient au bout d'une heure et demie environ.

Après avoir indiqué d'une façon générale la marche de l'intoxication par le nitrite de sodium chez la grenouille, voyons ce qu'elle devient lorsqu'on administre préalablement l'une ou l'autre substance que l'expérience nous a indiquée comme possédant une action antitoxique. C'est ainsi que nous passerons successivement en revue l'action que peuvent exercer le carbonate, le bicarbonate, l'acétate de soude, d'une part, et le sulfate ainsi que le chlorure de sodium, d'autre part (1).

(1) Dans toutes nos expériences, ces substances sont calculées privées d'eau de cristallisation.

Disons, une fois pour toutes, que l'injection de ces substances était pratiquée dans l'un des sacs lymphatiques fessiers, l'aiguille étant introduite au niveau du jarret, poussée jusqu'à la racine de la cuisse, et une légère ligature (fil) étant alors jetée au niveau de l'articulation tibio-fémorale.

Une à deux heures après cette injection, le nitrite était administré dans le sac lymphatique dorsal ; nous évitions ainsi le contact immédiat des deux substances à l'endroit d'application.

Carbonate de sodium et nitrite.

(Dose mortelle du nitrite = 0,55 de milligramme par gramme.)

Numéro.	Poids en grammes.	Quantité de carbonate injectée.	Intervalle.	Quantité de nitrite par gr. d'animal.	— Survie. + Mort.	Observations.
		milligr.	min.	milligr.		
1	18	10	50	0,55	—	1 heure, état normal. Lendemain matin, même état.
2	17	Id.	Id.	0,59	—	1 heure, grenouille normale. Lendemain matin, normale (?).
3	15,5	Id.	Id.	0,64	+	1 heure, normale. Lendemain matin, normale(?) Dans la soirée, donc plus de 24 heures après l'injection, succombe. Sang : méthémoglobine.
4	21,5	Id.	Id.	0,70	—	1 heure, normale. Lendemain matin, paralysie. Soir, normale.
5	21	Id.	Id.	0,71	+	1 heure, normale. Lendemain matin, normale. Après-midi (24 heures après l'injection', succombe. Méthémoglobine.
6	25	Id.	Id.	0,80	+	1 heure, forte paralysie. Lendemain matin, parésie. Succombe dans le courant de la journée, donc environ 18 heures après l'injection du nitrite. Sang : méthémoglobine.
7	25	Id.	Id.	0,80	+	1 heure, parésie. Lendemain matin, parésie. Succombe dans la matinée, donc environ 18 heures après l'injection du nitrite. Sang : méthémoglobine.

Par conséquent, l'injection préalable de carbonate de sodium permet d'élever de 0,55 à 0,60 de milligramme par gramme la dose mortelle de nitrite ; pour des doses plus considérables, il se produit un retard dans l'évolution de l'intoxication : tandis que 0,55 de milligramme par gramme d'animal déterminent la mort au bout de deux heures (maximum), l'injection préalable de carbonate la retarde de dix-huit à vingt-quatre heures, la dose de nitrite étant de 0,7 à 0,8 de milligramme par gramme d'animal.

Bicarbonate de sodium et nitrite.

(Dose mortelle du nitrite = 0,55 de milligramme par gramme.)

Numéro.	Poids en grammes.	Quantité de bicarbonate injectée.	Intervalle.	Quantité de nitrite par gr. d'animal	— Survie + Mort.	*Observations.*
		milligr.	min.	milligr.		
1	25	10	40	0,50	—	Le nitrite a été injecté à 8 heures du soir. Lendemain matin, parésie. Soir, état normal.
2	18,5	Id.	Id.	0,53	—	Id.
3	23,5	Id.	Id.	0,63	—	Id.
4	18	Id.	Id.	0,69	+	Lendemain matin, trouvée morte. Sang : méthémoglobine.
5	21	Id.	Id.	0,71	+	Lendemain matin, parésie (?). Meurt dans le courant de l'après-midi, donc 18 à 24 heures après l'injection du nitrite.
6	16	Id.	Id.	0,79	+	Trouvée mourante le lendemain matin. Meurt 13 à 14 heures après l'injection.

Donc, l'injection préalable de bicarbonate de sodium permet d'élever la dose mortelle de nitrite d'environ 0,10 de milligramme par gramme ; toutefois, pour des doses d'environ 0,7 de milligramme par gramme, l'apparition de l'intoxication paraît moins retardée à l'aide du bicarbonate qu'à l'aide du carbonate.

Acétate de sodium et nitrite.

(Dose mortelle du nitrite = 0,55 de milligramme par gramme.)

Numéro.	Poids en grammes.	Quantité d'acétate injectée.	Intervalle.	Quantité de nitrite par gr. d'animal.	— Survie. + Mort.	Observations.
1	18	milligr. 25	2h30m	milligr. 0,55	—	3 heures, état normal. 5 heures, id. 18 heures, id.
2	19	Id.	Id.	0,65	+	3 heures, paralysie. Mort 5 heures après l'injection.
3	24	Id.	Id.	0,79	+	Mort 3 à 5 heures après l'injection.

L'injection préalable d'acétate de sodium permet donc, ainsi que pour le carbonate et le bicarbonate, d'élever légèrement la dose mortelle ; de même aussi, il se produit un retard dans l'évolution de l'intoxication. Toutefois, l'acétate se montre moins actif que les deux premières substances.

Sulfate de sodium et nitrite.

(Dose mortelle du nitrite = 0,55 de milligramme par gramme.)

Numéro.	Poids en grammes.	Quantité de sulfate injectée.	Intervalle.	Quantité de nitrite par gr. d'animal.	— Survie. + Mort.	Observations.
1	16	milligr. 25	min. 75	milligr. 0,55	+	Accidents très marqués une heure après l'injection ; grenouilles trouvées mortes le lendemain matin.
2	16,5	Id.	Id.	0,60	+	
3	30,5	Id.	Id.	0,73	+	
4	20	Id.	Id.	0,75	+	

Chlorure de sodium et nitrite.

(Dose mortelle du nitrite = 0,55 de milligramme par gramme.)

Numéro.	Poids en grammes.	Quantité de chlorure injectée	Intervalle.	Quantité de nitrite par gr d'animal.	— Survie. + Mort.	Observations.
		milligr.	min.	milligr.		
1	18	25	75	0,55	+	Accidents très graves après 1 heure. Grenouilles trouvées mortes le lendemain matin.
2	23	Id.	Id.	0,65	+	
3	17,5	Id	Id.	0,71	+	

Contrairement à ce que nous avons montré pour le carbonate, le bicarbonate et l'acétate de sodium, l'injection préalable de sulfate ou de chlorure de sodium n'exerce aucune influence sur le chiffre de la dose léthale et ne retarde en rien l'apparition des symptômes d'intoxication.

EXPÉRIENCES SUR LE LAPIN.

La toxicité que nous avons en vue a été déterminée par injection sous-cutanée à l'aide de solutions fraîchement préparées ; comme pour la grenouille, nous avons utilisé des solutions dans l'eau distillée à 5 et à 10 °/₀.

Une intoxication nette ne se manifeste que pour des doses qui se rapprochent notablement de la dose mortelle. Pour une demi-dose mortelle, soit environ 90 milligrammes par kilogramme, deux symptômes apparaissent peu de temps (10 minutes) après l'injection, à savoir : la vaso-dilatation dans le pavillon de l'oreille ainsi qu'une accélération des mouvements respiratoires. (Pour cette dose, nous avons exceptionnellement constaté des phénomènes moteurs consistant en un certain degré de parésie.) Cet état dure trente à quarante minutes, puis tout rentre dans l'ordre. Pour des doses plus fortes (130 à 150 milligrammes par kilogramme), outre la vaso-dilatation et un état dyspnéique, on note l'existence de troubles moteurs consistant en de la parésie, parfois même un état paralytique manifeste. A cette période aussi, on voit les vaisseaux du pavillon de l'oreille prendre une teinte foncée; si l'on examine alors quelques gouttes de sang recueilli par simple piqûre, on constate qu'il possède une coloration brunâtre, et l'examen spectroscopique indique nettement l'existence de méthémoglobine. Pour une dose de 150 à 160 milligrammes par kilogramme, l'intoxication dure une heure et demie à deux heures. Si l'intoxication suit une marche régressive, tous les symptômes s'amendent, la teinte brune du sang disparaît, et dans un laps de temps assez court revient à la normale. Si, au contraire, l'intoxication est mortelle, la respiration devient de plus en plus pénible; à la vaso-dilatation auriculaire fait suite une vaso-constriction, l'animal répond de moins en moins aux excitations et succombe sans présenter de convulsions. La durée de l'intoxication pour une dose simplement mortelle (170 milligrammes par kilogramme) est d'environ cinquante minutes.

Nous donnons ici quelques protocoles qui montrent dans tous ses détails la marche de l'intoxication pour des doses de 150, 160 et 170 milligrammes par kilogramme.

EXPÉRIENCE I. — *Lapin, 940 grammes.*

0h 0m Injection sous-cutanée, 140 milligrammes de nitrite de sodium, soit 150 milligrammes par kilogramme.

0h 10m État dyspnéique manifeste; respiration, 180 à 200 par minute; vaso-dilatation auriculaire; température rectale, 39°.

0h 35m L'animal s'étend sur les membres antérieurs; respiration, 120 environ par minute, très pénible; température rectale, 37°,9; le sang du pavillon de l'oreille offre une teinte brune nette.

0h 50m Incline la tête sur le sol.

1h 0m La paralysie augmente considérablement; quelques frémissements dans la nuque.

1ʰ15ᵐ Animal absolument couché sur le ventre; température rectale, 35°,8.

1ʰ30ᵐ État paraît aggravé.

2ʰ 0ᵐ Amélioration?

3ʰ 0ᵐ Animal sensiblement normal.

Expérience II. — *Lapin, 1200 grammes.*

0ʰ 0ᵐ Injection sous-cutanée, 190 milligrammes de nitrite de sodium, soit 160 milligrammes par kilogramme.

0ʰ23ᵐ Respiration très accélérée, 120 à 150 par minute.

0ʰ28ᵐ Forte quantité de méthémoglobine dans le sang.

0ʰ33ᵐ Parésie; état dyspnéique persistant.

0ʰ53ᵐ Même état.

1ʰ30ᵐ Amélioration(?). Sang fortement méthémoglobinisé.

2ʰ 0ᵐ Amélioration considérable; sang, encore légère teinte brune.

2ʰ30ᵐ État normal; urines recueillies par la sonde : claires, pâles; absence d'albumine.

Expérience III. — *Lapin, 1300 grammes.*

0ʰ 0ᵐ Injection sous-cutanée, 210 milligrammes de nitrite de sodium, soit 171 milligrammes par kilogramme.

0ʰ 5ᵐ Respiration, 55 à 60 par minute.

0ʰ20ᵐ Respiration, 120 à 150 par minute; l'animal est parésié, s'allonge sur le ventre, répond de moins en moins aux excitations.

0ʰ30ᵐ Paralysie; respiration, 180 à 200 par minute.

0ʰ40ᵐ Respiration, plus de 200 par minute; des frémissements apparaissent dans divers muscles.

0ʰ45ᵐ Respiration considérablement ralentie; suppression du réflexe cornéen; pas de convulsions.

0ʰ50ᵐ Mort.

Comme nous l'avons fait pour la grenouille, nous donnons en tableau la toxicité du nitrite de sodium chez le lapin, ainsi que des indications générales sur les symptômes présentés et sur la durée de l'intoxication.

Numéro.	Poids en grammes.	Quantité de nitrite injectée.	Quantité par kilogramme d'animal.	— Survie + Mort.	Observations.
		milligr.	milligr.		
1	1420	190	130	—	Légère intoxication.
2	1280	190	148	—	Troubles respiratoires très marqués. Durée 1 à 1 1/2 heure.
3	940	140	150	—	Dyspnée, paralysie ; durée : 2 heures.
4	1200	190	160	—	Id. durée : 2 1/2 heures environ.
5	1300	210	171	+	Après 50 minutes.
6	1600	290	180	+	Id.
7	1370	250	195	+	Durée : 25 minutes

Nous venons de voir que 150 milligrammes de nitrite par kilogramme déterminent une intoxication très grave, d'une durée de deux heures environ, et que la dose de 170 milligrammes amène la mort au bout de cinquante minutes environ.

Voyons aussitôt, ainsi que nous l'avons fait pour la grenouille, l'influence que le carbonate et le bicarbonate de sodium donnés préalablement exercent sur l'intoxication par diverses doses.

Carbonate de sodium et nitrite.

Des déterminations préalables nous ont appris que 50 centigrammes de carbonate de sodium (anhydre) donnés par voie intraveineuse pouvaient être injectés à un lapin d'un poids moyen (1200 à 1500 grammes) sans que des troubles extérieurs se manifestent. Dans les expériences qui suivent, nous avons, autant que possible, donné le carbonate de cette manière (par l'une des veines auriculaires), ce qui nous évitait les symptômes d'agitation considérables résultant de l'irritation locale que détermine l'injection sous-cutanée, et ce qui nous procurait l'avantage d'une absorption immédiate et complète. Toutefois, nous avons été parfois obligé de donner tout ou une partie du carbonate en injection sous-cutanée. Nous laissions dans ce cas un intervalle de temps considérable entre cette injection et l'administration du nitrite.

(Dose mortelle du nitrite = 170 milligrammes par kilogramme.)

Numéro.	Poids en grammes.	Quantité de carbonate injectée.	Intervalle.	Quantité de nitrite par kgr. d'animal.	— Survie. + Mort.	Observations.
		centigr.	min.	milligr.		
1	1190	50 (s⁵-cut.)	60	150	—	L'animal demeure sensiblement normal.
2	1700	Id.	60	160	—	Après 60 minutes, présente pendant quelque temps (15 minutes) un état légèrement anormal.
3	1470	50 (intrav.)	20	170		Demeure normal pendant 20 à 25 minutes environ. 35 minutes, s'affaisse. 60 minutes, méthémoglobine très nette
					+	85 minutes, succombe.
4	1750	40 (intrav.) 40 (s⁵-cut.)	30	180	+	15 minutes, animal affaissé. Succombe endéans 45 minutes.
5	1275	40 (intrav.) 40 (s⁵-cut.)	23	200	+	Pendant 30 minutes, demeure normal. Brusquement (35 à 40 minutes), l'intoxication apparaît; succombe après 52 minutes.
6	1660	25 (intrav.) 25 (s⁵-cut.)	40	200	+	25 minutes, normal. 40 minutes, parésie certaine, intoxication progresse rapidement; succombe après 57 minutes.

Comme on le voit, après administration préalable de carbonate de sodium, l'animal ne présente aucun symptôme d'intoxication pour une forte dose de nitrite (150 à 160 milligrammes par kilogramme). Ce n'est point à dire cependant qu'il demeure dans un état absolument normal : de la vaso-dilatation se produit, sa respiration est accélérée, il demeure tranquille, en place pendant quelque temps, mais ne présente pas la moindre parésie et son sang n'offre pas la teinte foncée due à la méthémoglobine ; après un temps variable, tout rentre dans l'ordre. On voit, d'autre part, et contrairement à ce que l'on était en droit d'attendre, qu'il n'est pas possible de dépasser la dose mortelle dans les conditions ordinaires (170 milligrammes par kilogramme); toutefois il existe un retard dans l'apparition des accidents.

Bicarbonate de sodium et nitrite.

(Dose mortelle du nitrite = 170 milligrammes par kilogramme.)

Numéro.	Poids en grammes.	Quantité de bicarbonate injectée.	Intervalle	Quantité de nitrite par kgr. d'animal.	— Survie. + Mort.	Observations.
		centigr.	min.	milligr.		
1	1120	50 (intrav)	5	125	—	A aucun moment ne présente rien d'irrégulier.
2	1150	Id.	45	150	—	30 minutes, attitude normale, absence de spontanéité. 60 minutes, même état, pas de méthémoglobine. 75 minutes, même état. 120 minutes, absolument normal, prend de la nourriture.
3	1780	50 (intrav.) 25 (s⁰-cut.)	5	170	—	45 minutes, absolument normal. 80 minutes, état légèrement anormal. 110 minutes, absolument normal.
4	1650	75 (intrav.)	5	180	+	30 à 35 minutes, l'animal prend volontiers de la nourriture. 50 minutes, respiration manifestement accélérée; sang : teinte brune. 60 minutes, parésie. 80 minutes, succombe.
5	1400	50 (intrav.)	10	185	+	40 minutes, absolument normal. 55 minutes, respiration accélérée; méthémoglobine. 70 minutes, s'affaisse. 95 minutes, succombe.
6	1412	Id.	8	215	+	15 minutes, méthémoglobine manifeste. 30 minutes, succombe. Donc pas de retard.

Par conséquent, le bicarbonate de sodium prévient l'intoxication par le nitrite de sodium lors même que celui-ci est administré à dose mortelle (170 milligrammes par kilogramme). Pour des doses supra-mortelles, le bicarbonate, comme le carbonate, détermine un retard dans l'apparition des symptômes. L'examen de nos protocoles, dont les tableaux ci-dessus fournissent une juste idée, permet de l'estimer (pour le carbonate comme pour le bicarbonate), d'une façon générale, à trente minutes environ. Passé ce temps, la respiration s'accélère, les vaisseaux du pavillon de l'oreille se foncent, la paralysie s'établit, bref, l'intoxication s'est installée avec ses caractères ordinaires, et elle évolue alors avec sa vitesse normale.

Voyons, d'autre part, ce que donne l'injection préalable de sulfate ou de chlorure de sodium.

Sulfate de sodium et nitrite.

LAPIN, 1070 GRAMMES.

Injection intraveineuse de 1 gramme de sulfate de sodium. L'animal demeure normal.

0ʰ 0ᵐ Injection sous-cutanée de nitrite, 170 milligrammes par kilogramme.

0ʰ25ᵐ Vaso-dilatation considérable; sang, teinte brune manifeste.

0ʰ30-35ᵐ Parésie.

0ʰ45ᵐ Tombe sur le côté; ralentissement et irrégularités respiratoires.

0ʰ50ᵐ Mort; sang absolument brun.

Aucun retard ne s'est donc produit dans l'intoxication.

Chlorure de sodium et nitrite.

LAPIN, 1090 GRAMMES.

Injection intraveineuse de 1 gramme de chlorure de sodium. L'animal n'a rien présenté d'anormal.

0ʰ 0ᵐ Injection sous-cutanée de nitrite, 171 milligrammes par kilogramme.

0ʰ15ᵐ Vaso-dilatation, respiration accélérée, sang manifestement foncé.

0ʰ20ᵐ Méthémoglobine nette.

0ʰ33ᵐ L'animal s'affaisse, respiration très dyspnéique.

0ʰ45ᵐ Paralysie absolue, respiration ralentie.

0ʰ52ᵐ Mort.

· Par conséquent, pas plus que pour le sulfate de soude, l'injec- ·
tion préalable de chlorure de sodium ne produit un retard dans
l'intoxication. Dans les deux cas, les symptômes se sont développés
avec la même rapidité, et la mort est survenue dans le même
laps de temps que si l'on avait injecté le nitrite seul à la même
dose.

II. — Chlorate de sodium.

Pour éviter l'action toxique spéciale du chlorate de potassium
en tant que sel de potassium, nous nous sommes adressé au
chlorate de sodium, qui, en outre, possède l'avantage d'une
solubilité très grande dans l'eau, condition qui, on le conçoit,
simplifie les expériences et les conditions d'absorption.

EXPÉRIENCES SUR LA GRENOUILLE ET LE LAPIN.

Comme dans nos recherches nous avions en vue la formation
de la méthémoglobine, nous n'avons guère fait d'expériences à
l'aide du chlorate de sodium chez la grenouille ni chez le lapin,
attendu que chez ces deux espèces animales nous avons constaté
(fait d'ailleurs signalé, du moins pour le lapin comme pour le
cobaye) que le sang des animaux qui ont succombé par le chlorate ne présentait pas la coloration brune spéciale due à la
méthémoglobine; même pour une dose trois fois supérieure à la
dose simplement mortelle (1), le sang du lapin n'offre pas, au
moment de la mort, la coloration du sang méthémoglobinisé.
Mais si, comme nous l'avons fait, on recueille à divers moments
de l'intoxication (depuis quinze minutes jusque deux et trois
heures) des échantillons de sang pris à la carotide, on constate
que ceux pris en dernier lieu brunissent les premiers, mais
seulement plus de vingt-quatre heures après la mort.

(1) Après avoir recherché la toxicité du chlorate donné par la voie sous-cutanée, et la
comparant aux résultats que nous ont fournis des recherches analogues sur le chlorure de
sodium, nous répéterons avec Stokvis (qui fit de semblables recherches pour la voie
stomacale) que, chez le lapin, « le chlorate de sodium n'est ni plus ni moins toxique que le
chlorure, et que si l'on place le premier parmi les poisons, il y faut ranger aussi le
second ». (*Archiv f. exper. Path. und Pharmakol.*, 1886, vol. XXI, p. 209.)

Si, d'autre part, on donne à un lapin, même au cours de l'intoxication, du carbonate ou du bicarbonate de sodium, la mort ne semble pas retardée; mais — et c'est sur ce point que nous attirons l'attention — son sang ne présente pas après la mort le changement de coloration qu'offre le premier : la méthémoglobine ne se produit pas.

Ainsi se trouve vérifié chez le lapin, *post mortem,* le même fait général que nous cherchons à mettre en évidence par ce mémoire, à savoir l'action inhibitive exercée par certaines substances sur la formation de la méthémoglobine.

EXPÉRIENCES SUR LE CHIEN.

Tout autrement se comporte le chien vis-à-vis du chlorate de sodium. Chez cet animal, la formation de méthémoglobine se produit nettement, même pour les doses non mortelles, et toujours nous l'avons constatée même encore du vivant de l'animal, quelle que soit la dose (faible ou forte) à laquelle celui-ci succombe. D'après nos recherches, la toxicité de cette substance donnée par la voie sous-cutanée est d'environ 1 gramme par kilogramme, comme le démontre le tableau ci-dessous :

Numéro.	Poids. en grammes.	Quantité de chlorate injectée.	Quantité par kilogramme d'animal.	Survie. — Mort. +	Observations.
		grammes.	grammes.		
1	5700	4,00	0,75	—	Absolument normal.
2	4600	5,75	1,25	+	Demeure normal pendant plus de 4 heures. Puis cris, respiration pénible, paralysie; succombe environ 6 heures après l'injection.
3	6100	8,20	1,35	+	Succombe environ 4 heures après l'injection.
4	5800	11,20	1,93		45 minutes, vomissements; puis demeure tranquille, sombre; respiration normale cependant.
				+	80 minutes, aggravation brusque; succombe 2 ¹/₂ heures après l'injection.

Les symptômes extérieurement visibles à la suite d'injection de chlorate de sodium sont les suivants : une demi-dose mortelle et même davantage (50 à 75 centigrammes par kilogramme) ne provoque aucune modification dans les allures ou dans la manière d'être de l'animal. Pour une dose de 1 gramme à 1^{gr},25 (dose mortelle), apparaissent parfois des vomissements ; mais le plus souvent, à part un état de souffrance, d'abattement, l'animal pendant longtemps ne présente rien de spécial, et durant plusieurs heures on serait tenté de croire que rien de plus grave ne se produira. Mais après un temps qui varie nécessairement avec la dose (voir le tableau ci-dessus), et presque toujours d'une façon assez brusque, l'animal entre dans un léger état d'excitation, puis il chancelle et il tombe : sa respiration s'accélère et devient pénible, des symptômes asphyxiques se montrent, et l'animal succombe rapidement ; le sang présente une coloration brune intense, caractéristique de la méthémoglobine. Pour une dose simplement mortelle (1^{gr},25), la mort survient au bout de six heures environ ; pour une dose deux fois mortelle, la mort survient déjà deux heures et demie après l'injection.

Acétate de sodium et chlorate.

A un chien du poids de 4100 grammes, nous donnons en injection sous-cutanée, dans le flanc gauche, 4 grammes d'acétate de soude (anhydre) dissous dans 30 centimètres cubes d'eau.

Quarante-cinq minutes après, injection de 5^{gr},1 de chlorate de sodium dissous dans 10 à 15 centimètres cubes d'eau, soit donc 1^{gr},25 par kilogramme d'animal, dose qui, d'après le tableau ci-dessus (p. 19), est mortelle endéans six heures. Or, à aucun moment, ce chien ne s'est distingué en rien d'un animal normal.

Ce résultat est conforme à ceux obtenus à l'aide du bicarbonate et du carbonate, que nous verrons aussitôt.

Bicarbonate de sodium et chlorate.

Le bicarbonate, comme le carbonate (voir plus bas), furent injectés en solution aussi concentrée que possible, une partie du sel se trouvant même souvent encore en suspension dans l'eau ;

les endroits d'injection étaient naturellement multipliés. L'injection du chlorate était pratiquée du côté opposé du corps, environ une heure à une heure et demie après l'injection du bicarbonate ou du carbonate. Nos résultats se trouvent consignés dans le tableau suivant :

(Dose mortelle du chlorate = 1 gramme par kilogramme.)

Numéro.	Poids en grammes.	Quantité de bicarbonate injectée.	Quantité de chlorate par gr. d'animal.	— Survie, + Mort.	Observations.
1	4400	grammes. 4,5	grammes. 1,5	—	N'a rien présenté d'anormal.
2	5700	5	1,93	—	3 heures, abattement, respiration pénible. Lendemain matin : refuse de manger. Vers le soir, amélioration. Troisième jour au matin : absolument normal.
3	3400	3,5	2,2	--	Demeure dans un état analogue pendant quelques heures seulement.
4	6900	7	2,9	+	Reste sombre et triste pendant 3 heures; puis redevient absolument normal ; succombe plus de 10 heures après l'injection.
5	3800	5	4,0	+	Demeure normal pendant les 9 heures qui suivent l'injection de chlorate. Trouvé mort le lendemain matin ; sang méthémoglobinisé.

Comme on le voit, l'injection préalable de bicarbonate de sodium (1 gramme environ par kilogramme) permet d'administrer une dose franchement mortelle ($1^{gr},5$ par kilogramme) de chlorate de sodium sans que celle-ci provoque aucune modification dans l'état de l'animal.

Si, pour la même dose de bicarbonate, on administre plus de deux fois la dose mortelle, l'animal présente un état maladif transitoire : il reste couché, refuse sa nourriture; mais en tout cas, après quelques heures, il revient absolument à l'état normal.

Pour une dose trois à quatre fois mortelle de chlorate, l'injection préalable de bicarbonate retarde considérablement l'apparition des accidents (même jusque neuf heures); il se produit des alternatives d'amélioration et d'aggravation, mais finalement l'animal succombe.

Carbonate de sodium et chlorate.

Il était à prévoir que les résultats obtenus avec le bicarbonate seraient confirmés par le carbonate. Les deux expériences suivantes en sont la preuve :

(Dose mortelle du chlorate = 1 gramme par kilogramme.)

Numéro.	Poids en grammes.	Quantité de carbonate injectée.	Quantité de chlorate par gr. d'animal.	— Survie. + Mort.	Observations.
1	3300	grammes. 2,5	grammes. 2	—	L'animal a été souffrant quelques heures.
2	5100	3,5	3	+	A été souffrant pendant 12 heures, puis est revenu à l'état normal; trouvé mort le lendemain matin; sang méthémoglobinisé.

De même que pour le bicarbonate, l'injection préalable de carbonate de soude (1 gramme par kilogramme en injection sous-cutanée) permet donc d'administrer jusque deux fois la dose mortelle de chlorate sans qu'un état d'intoxication manifeste se produise. Pour une dose même trois fois supérieure à la dose mortelle, les accidents se développent avec un retard considérable.

Voyons, d'autre part, ce que donne l'injection préalable de sulfate ou de chlorure de sodium.

Sulfate de sodium et chlorate.

CHIEN, 5390 GRAMMES.

Injection sous-cutanée de 4gr,4 de Na_2SO_4 (anhydre) en solution dans 25 centimètres cubes d'eau.

0h 0m Une heure après l'injection précédente, injection sous-cutanée de 6gr,6 de chlorate, soit 1gr,25 par kilogramme.

1ʰ30ᵐ Animal normal.

2ʰ30ᵐ   Id.

3ʰ30ᵐ   Id.

4ʰ30ᵐ L'animal demeure très tranquille, mais circule un peu quand on l'y provoque, puis se recouche; la respiration est normale.

5ʰ 0ᵐ Même état.

5ʰ45ᵐ   Id.?

6ʰ15ᵐ Paralysie débutante, respiration accélérée.

6ʰ37ᵐ L'animal est trouvé mourant.

6ʰ52ᵐ Mort. Le sang est absolument brun.

Chlorure de sodium et chlorate.

CHIEN, 3500 GRAMMES.

Injection sous-cutanée de 7 grammes de chlorure de sodium.

0ʰ 0ᵐ Injection de 4ᵍʳ,4 de chlorate en solution dans 15 centimètres cubes d'eau, soit 1ᵍʳ,25 par kilogramme. (Cette dernière injection est pratiquée environ une heure après l'administration du chlorure.)

1ʰ 0ᵐ Animal normal.

2ʰ 0ᵐ   Id.

3ʰ 0ᵐ L'animal paraît souffrant, se tient très tranquille.

4ʰ15ᵐ Même état.

5ʰ30ᵐ   Id.

6ʰ 0ᵐ Aggravation. L'animal est couché sur le flanc : la respiration et les pulsations cardiaques sont ralenties.

6ʰ15ᵐ Mort. Sang méthémoglobinisé.

Par conséquent, ni le sulfate ni le chlorure de sodium ne présentent une action préventive analogue à celle signalée pour le carbonate, le bicarbonate et l'acétate de soude.

III. — Aniline.

Les solutions employées étaient faites dans l'huile d'olive, liquide avec lequel l'aniline se mélange instantanément en toute proportion et d'une manière parfaite.

EXPÉRIENCES SUR LA GRENOUILLE.

Par les recherches faites sur des grenouilles, nous avons constaté que la dose mortelle d'aniline, donnée en injection dans le sac lymphatique dorsal, est légèrement inférieure à 2 milligrammes par gramme d'animal (exactement : 1^{mgr},90). L'administration préalable d'acétate, de formiate, de bicarbonate ou de carbonate de sodium ne nous a pas permis d'élever la dose mortelle ou simplement de retarder l'intoxication.

EXPÉRIENCES SUR LE LAPIN.

L'injection de 30 centigrammes d'aniline (solution dans l'huile à 10 %) par kilogramme d'animal détermine rapidement (sept minutes environ) un état d'agitation de courte durée, en même temps que la respiration s'accélère considérablement. Au bout de vingt à vingt-cinq minutes, un état paralytique existe manifestement, et bientôt l'on constate des frémissements dans divers groupes musculaires, particulièrement dans les muscles de la cuisse et dans ceux de la nuque; ces secousses gagnent en intensité et se généralisent, des convulsions se produisent; la respiration, alors encore, est très fréquente, la température rectale est abaissée, des phénomènes asphyxiques se déclarent. La dose de 30 à 40 centigrammes n'étant pas mortelle, un amendement se produit, l'animal revient insensiblement à l'état normal.

Cette intoxication est de très longue durée, même pour des doses notablement inférieures à la dose simplement mortelle : c'est ainsi que pour une dose de 30 centigrammes par kilogramme, la durée d'intoxication est de deux heures environ; pour une dose de 40 centigrammes, cette durée est de plus de huit heures; pour la dose mortelle de 55 centigrammes, la durée d'intoxication est de dix heures environ.

Donnons ici quelques protocoles qui permettront de juger de la symptomatologie présentée au cours de cette intoxication.

EXPÉRIENCE I. — *Lapin, 2500 grammes.*

0ʰ 0ᵐ Injection sous-cutanée de 1ᵍʳ,10 d'aniline, soit 0ᵍʳ,45 par kilogramme.

0ʰ17ᵐ Respiration, 180 à 200 par minute ; animal à peu près couché sur le ventre.

0ʰ55ᵐ Parésie nette ; l'animal peut cependant encore se déplacer.

2ʰ15ᵐ Parésie augmente, frémissements continus dans les membres postérieurs.

3ʰ 0ᵐ Même état.

4ʰ 0ᵐ Pas de changement. Le lendemain matin, l'état paraît normal.

EXPÉRIENCE II. — *Lapin, 2120 grammes.*

0ʰ 0ᵐ Injection sous-cutanée de 1ᵍʳ,30 d'aniline, soit 0ᵍʳ,55 par kilogramme.

0ʰ30ᵐ Après période de parésie, l'animal présente rapidement des convulsions intenses, générales et continues.

1ʰ15ᵐ Même état ; respiration, 200 environ par minute ; température rectale, 35°,5.

2ʰ15ᵐ Même état ; salivation très abondante ; urines à réaction très nette de paramido-phénol.

4ʰ15ᵐ Même état ; température rectale, 30°.

5ʰ30ᵐ   Id.   id.   28°.

7ʰ30ᵐ   Id.   id.   25°.

8ʰ45ᵐ Les convulsions ont à peu près disparu ; paralysie ; respiration très irrégulière et inégale.

10ʰ30ᵐ Mort. Urines à très forte réaction de paramido-phénol.

EXPÉRIENCE III. — *Lapin, 1720 grammes.*

0ʰ 0ᵐ Injection sous-cutanée de 1 gramme d'aniline, soit 0ᵍʳ,60 par kilogramme ; légère agitation consécutive et respiration accélérée.

0ʰ25ᵐ Paralysie, quelques secousses dans les muscles ; urines sans réaction de paramido-phénol.

0ʰ40ᵐ Paralysie absolue; respiration, 50 environ par minute; température rectale, 37°.

1ʰ 0ᵐ Même état; température rectale, 34°.

2ʰ 0ᵐ État convulsif violent

4ʰ 0ᵐ État convulsif violent; température rectale, 24°; urines à très forte réaction de paramido-phénol.

7ʰ30ᵐ État convulsif permanent; réflexe cornéen presque nul.

8ʰ 0ᵐ Respiration très irrégulière; température rectale, 22°.

9ʰ20ᵐ Mort.

Toxicité de l'aniline en injection sous-cutanée chez le lapin.

Numéro.	Poids en grammes.	Quantité injectée.	Quantité par kilogramme d'animal.	− Survie. + Mort.	Observations.
		grammes.	centigr.		
1	1970	0,58	29	−	Paralysie.
2	774	0,20	30	−	Id. convulsions; durée : 2 heures.
3	2500	1,10	45	−	Id. id. pendant plus de 4 h.
4	2120	1,30	55	+	Mort après 10 ¹/₂ heures.
5	1720	1,00	60	+	Id. 9 heures environ.
6	1650	1,15	70	+	Id 10 ¹/₂ heures environ.

Par conséquent, la dose mortelle de l'aniline en injection sous-cutanée est d'environ 55 centigrammes par kilogramme d'animal.

Acétate de soude et aniline.

Des déterminations préalables nous ont montré qu'à un lapin du poids de 1300 à 1500 grammes, on pouvait administrer par la voie intraveineuse 1ᵍʳ,25 d'acétate de soude anhydre sans déterminer quelque trouble extérieur.

Acétate de soude et aniline.

(Dose mortelle de l'aniline = 55 centigrammes par kilogramme.)

Numéro.	Poids en grammes.	Quantité d'acétate injectée.	Intervalle.	Quantité d'aniline par kilog. d'animal.	— Survie. + Mort.	Observations.
1	2270	grammes. 0,16 (intrav.)	min. 10	centigr. 35,2	—	10 minutes, agitation ; respiration accélérée ; légère incertitude de mouvements ; pas de parésie ; injection intraveineuse de 10 centigrammes d'acétate de sodium. 60 minutes, état absolument normal.
2	1374	0,27 (intrav.)	Id.	40	—	10 à 15 minutes, agitation ; respiration accélérée ; injection intraveineuse de 66 centigrammes d'acétate (anhydre). 30 minutes, même état, pas de parésie, mais aucun déplacement spontané. 60 minutes, id. 90 minutes, absolument normal, circule parfaitement.
3	1260	1 (intrav.)	Id.	60	—	3 minutes, respiration fort accélérée. 17 minutes, parésie qui s'accentue insensiblement. 60 minutes, id. 2 heures, circule parfaitement.
4	1160	Id.	5	70	—	Animal tranquille ; respiration ralentie ; il circule quand on l'y provoque. 2 heures 10 minutes, parésie. 3 heures 15 minutes, paralysie ; température rectale, 37°,5. 3 heures 30 minutes, se relève et circule un peu. Le retour complet à l'état normal se fait insensiblement.
5	1748	Id.	10	74	—	1 heure 45 minutes après l'injection, trouvé en paralysie complète ; respiration, 50 par minute. 2 heures 45 minutes, même état ; température rectale, 34°,5. 5 heures, même état ; pas de convulsions ; température rectale, 32°,5. 7 heures, amélioration ? température rectale, 35°,5. Lendemain matin : absolument normal.

Acétate de soude et aniline (suite).

Numéro.	Poids en grammes.	Quantité d'acétate injectée.	Intervalle.	Quantité d'aniline par kilog. d'animal.	− Survie. + Mort.	Observations.
		grammes.	min.	centigr		
6	1769	1 (intrav.)	12	79,6		5 minutes, agitation considérable : respiration très accélérée, s'affaisse. 1 heure 40 minutes, trouvé paralysé respiration, 45 à 50 par minute. 2 heures 40 minutes, paralysie, pas de convulsions ; température rectale 36°. 3 heures, température rectale, 34°. 3 heures 30 minutes, se remet sur pattes. 4 heures 45 minutes, demeure en place ; impossible de circuler ; température rectale, 35°,5. 6 heures, nouvelle aggravation de la paralysie et de l'état général. 7 heures, état stationnaire.
					+	l endemain matin, trouvé mort.
7	1330	2 (sous-cut.)	50	80	—	Injecté le soir, avant de quitter le laboratoire. Le lendemain matin (8 heures), l'animal circule et présente toutes les apparences d'un animal normal.
8	»	Id.	Id.	85		Rapidement intoxication très grave.
					+	Trouvé mort le lendemain matin.
9	1200	1 (intrav.)	5	96		5 minutes, respiration accélérée. 10 minutes, parésie. 60 minutes, parésie, mais circule quand on l'y pousse. 5 heures, aggravation de la paralysie : température rectale, 35°.
					+	6 heures, mort.
10	1370	3 (sous-cut.)	2 h.	1		25 minutes, l'animal paraît normal ; puis rapidement paralysie et convulsions pendant 10 à 15 minutes. 2 heures sur pattes, absence de frémissements dans les muscles ; température rectale, 36°,5. 3 heures, aggravation, état paralytique ; la température rectale baisse insensiblement.
					+	Meurt 8 à 9 heures après l'injection d'aniline.

De l'examen du tableau précédent se dégagent les faits suivants :

1° L'injection préalable d'acétate de soude, à dose suffisante (1 gramme $C_2H_3NaO_2$ pour un lapin de 1500 grammes environ), permet d'élever la dose mortelle de l'aniline donnée en injection hypodermique de 55 à 80 centigrammes, donc de plus de 45 %;

2° Une dose d'aniline de 35 centigrammes par kilogramme, qui, donnée seule, provoque une intoxication grave, ne détermine, si l'on administre préalablement de l'acétate de soude, qu'une intoxication légère et de courte durée (n° 1 du précédent tableau);

3° Des doses d'aniline de 60, 70 et 80 centigrammes, qui, données seules, provoquent rapidement des convulsions intenses et la mort, déterminent, après injection préalable d'acétate de soude, des phénomènes d'intoxication de gravité moindre, qui, après un temps variable suivant la dose (voir le tableau ci-dessus), se dissipent, en sorte que l'animal revient insensiblement à l'état normal;

4° Pour des doses de 85 à 90 centigrammes par kilogramme, l'intoxication paraît se dérouler avec sa vitesse ordinaire et ses caractères habituels.

Formiate de soude et aniline.

En présence des résultats qu'avait fournis l'acétate de soude, nous avons recherché ce que produirait le formiate. Ce sel n'est guère toxique : nous avons pu donner en injection intraveineuse jusque 1 gramme de formiate de soude à un lapin de 1400 grammes, sans que l'animal présentât quelque phénomène anormal.

(Dose mortelle de l'aniline — 55 centigrammes par kilogramme.)

Numéro.	Poids en grammes.	Quantité de formiate injectée.	Intervalle.	Quantité d'aniline par kilog. d'animal.	— Survie. + Mort.	Observations.
1	1150	grammes 0,50 (intrav.)	1 h.	centigr. 55	—	25 minutes, parésie. 60 minutes, circule. 1 heure 30 minutes, absolument normal.
2	1450	1 (intrav.)	10 m.	60	—	5 minutes, parésie. 10 minutes, secousses dans divers muscles. 30 minutes, convulsions. 2 heures et demie, amélioration. 3 heures, les convulsions ont disparu ; la paralysie persiste. Lendemain matin, état normal.
3	1430	Id.	1 h.	65	+	A présenté des convulsions peu de temps après l'injection de l'aniline. État stationnaire pendant toute la journée ; la température rectale a baissé insensiblement. A succombé pendant la nuit.
4	1480	Id.	15 m.	70	—	20 minutes, convulsions. 4 heures, toujours même état. Lendemain matin, état normal.
5	990	Id.	Id.	75	+	Meurt moins de 6 heures après l'injection d'aniline, donc dans le délai ordinaire.

Ainsi donc, l'administration préalable de formiate de soude permet d'élever de plus de 27 °/₀ la dose mortelle de l'aniline.

Bicarbonate de sodium et aniline.

(Dose mortelle de l'aniline = 55 centigrammes par kilogramme.)

Numéro.	Poids en grammes	Quantité de bicarbonate injectée.	Intervalle	Quantité d'aniline par kilog. d'animal.	Survie. — Mort. +	Observations.
1	1500	grammes. 0,75 (intrav.)	min. 45	centigr. 70		30 minutes, paralysie, tremblements convulsifs.
					—	1 heure 30 minutes, paralysie nettement diminuée.
						3 heures 30 minutes, animal sensiblement normal.
2	1800	Id.	Id	55		5 minutes, agitation, respiration accélérée.
						8 minutes, parésie.
					—	60 minutes, même état.
						2 heures, absolument normal.
3	1300	0,62 (intrav.) 0,12 (sous-cut.)	12	80		20 minutes, parésie.
						2 1/2 heures, même état.
					—	Le lendemain matin, trouvé absolument normal.
4	970	1 (sous-cut.)	60	80		Injecté le soir.
					+	Lendemain matin, trouvé mort.
5	970	Id.	Id.	90	+	Id. id.

Par conséquent, l'administration préalable de bicarbonate de soude permet d'élever, comme pour l'acétate, de plus de 45 % la dose mortelle de l'aniline.

Carbonate de sodium et aniline.

(Dose mortelle de l'aniline — 55 centigrammes par kilogramme.)

Numéro.	Poids en grammes.	Quantité de carbonate injectée.	Intervalle.	Quantité d'aniline par kilog. d'animal.	Survie. — Mort. +	Observations.
1	2170	grammes. 1 (intrav.) 0,25 (sous-cut.)	min. 40	centigr. 64	—	10 minutes, paralysie. 60 minutes, amélioration, peut se dé-placer quelque peu. 3 heures, *statu quo;* reste parésié. Lendemain matin, état normal.
2	1320	0,50 (anh.) (intrav.)	10	60	+	(Ce lapin a servi à diverses reprises.) Trouvé mort le lendemain matin.
3	1440	1 (crist.) (intrav.)	30	70	—	Après 1 heure, pas de parésie. Lendemain matin, état absolument normal.
4	1200	Id.	5	75	—	30 minutes, sur pattes, mais chance-lant encore. Respiration accélérée. Lendemain matin, état absolument normal.
5	1318	Id.	10	85	+	Mort.

Ainsi que nous l'avons vu pour l'acétate et pour le bicarbonate de soude, l'injection préalable de carbonate de sodium permet donc d'élever de 45 % la dose mortelle de l'aniline.

Voyons, d'autre part, ce que produit l'injection préalable d'autres sels : le sulfate, l'hyposulfite et le chlorure de sodium.

Sulfate de sodium et aniline.

(Dose mortelle de l'aniline = 55 centigrammes par kilogramme.)

Numéro.	Poids en grammes.	Quantité de sulfate injectée.	Intervalle.	Quantité d'aniline par kilog. d'animal.	— Survie + Mort.	Observations.
1	900	grammes. 0,90 (anh.) 1,39 crist. (intrav.)	min. 18	centigr. 60	+	15 minutes, parésie. 15 minutes, convulsions qui font place à un état paralytique permanent. Mort 9 heures après l'injection d'aniline.
2	620	0,62 (anh.) 0,97 crist. (intrav.)	40	70	+	10 minutes, paralysie. 15 minutes, convulsions. Mort environ 6 heures après l'injection d'aniline.

Hyposulfite de sodium et aniline.

(Dose mortelle de l'aniline = 55 centigrammes par kilogramme.)

Numéro.	Poids en grammes.	Quantité d'hyposulfite injectée.	Intervalle.	Quantité d'aniline par kilog. d'animal.	— Survie + Mort.	Observations.
1	730	centigr. 75 (anh.)	min. 15	centigr. 60	+	Mort 3 heures après l'injection d'aniline.
2	740	Id.	5	70	+	Mort 6 heures après l'injection d'aniline.

Chlorure de sodium et aniline.

(Dose mortelle de l'aniline = 55 centigrammes par kilogramme.)

Numéro.	Poids en grammes.	Quantité de chlorure injectée	Intervalle.	Quantité d'aniline par kilog. d'animal.	— Survie. + Mort.	Observations.
		grammes	min.	centigr.		
1	940	1 (intrav.)	15	60	+	Mort après 3 heures environ.
2	1350	Id.	20	65	+	Mort après 5 heures environ.

Remarquons, en passant, que le chlorure de sodium semble exercer plutôt une action accélératrice sur l'évolution de l'intoxication.

Ainsi donc, nous ne rencontrons ni pour le sulfate, ni pour l'hyposulfite, ni pour le chlorure de sodium, les propriétés préventives spéciales vis-à-vis de l'aniline que nous avons constatées pour l'acétate, le formiate, le bicarbonate et le carbonate de sodium.

IV. — Acétanilide.

L'usage thérapeutique des antithermiques et le reproche qu'on leur adresse souvent de donner lieu à la formation de méthémoglobine nous ont engagé à étudier l'action de divers sels alcalins dans l'intoxication par ces médicaments, parmi lesquels nous avons choisi l'acétanilide ou antifébrine. Toutefois, un inconvénient pour cette étude résultait du peu de solubilité de cette substance dans l'eau à la température ordinaire; aussi étions-nous obligé de peser pour chaque animal en particulier la quantité voulue, de la dissoudre dans de l'eau tiède et de l'injecter rapidement à l'aide d'une seringue à très large canule, sous un volume parfois relativement considérable (30 à 40 centimètres cubes), en espaçant naturellement les endroits d'injection.

EXPÉRIENCES SUR LE LAPIN.

Les premiers symptômes d'intoxication se montrent rapidement (cinq à dix minutes) après l'injection et, à part une très courte période d'accélération respiratoire, qui souvent fait défaut, ils revêtent presque d'emblée le caractère général qu'ils conservent jusqu'à la fin, à savoir : ralentissement respiratoire et paralysie. Un état de vaso-dilatation auriculaire intense existe également pendant la première moitié de l'intoxication, suivi de vaso-constriction. La température rectale, de son côté, subit une chute considérable et rapide.

Que l'intoxication soit mortelle ou non, dans tous les cas elle est de très longue durée ; elle est en moyenne d'au moins 6 heures pour une dose simplement mortelle.

Toxicité de l'acétanilide donnée en injection hypodermique au lapin.

Numéro.	Poids en grammes.	Quantité d'acétanilide injectée.	Quantité par kilogramme d'animal.	— Survie. + Mort.	Observations.
	gram.	centigr.	centigr.		
1	1470	60	40	—	Intoxication pendant 3 heures environ.
2	1200	50	40	—	Intoxication pendant 7 heures
3	1900	95	50	—	Intoxication pendant 4 heures.
4	1450	80	55	—	Id.
5	1410	85	60	+	4 heures environ après l'injection.
6	1820	113	62	+	6 ¹/₂ heures environ après l'injection.
7	1950	127	65	+	8 heures environ après l'injection.

Nous pouvons donc considérer la dose de 60 centigrammes par kilogramme, donnée en injection sous-cutanée, comme mortelle chez le lapin.

Bicarbonate de sodium et acétanilide.

Voyons aussitôt dans quelle limite l'administration du bicarbonate de soude permet d'élever la dose mortelle de l'acétanilide.

(Dose mortelle de l'acétanilide = 60 centigrammes par kilogramme.)

Numéro.	Poids en grammes	Quantité de bicarbonate injectée.	Quantité d'acétanilide par kilogramme d'animal.	— Survie. + Mort.	Observations.
1	1565	grammes. 1 (intrav.)	centigr. 65	—	10 minutes, animal affaissé. 30 minutes, paralysie. 1 $\frac{1}{2}$ heure, même état. 2 $\frac{1}{2}$ heures, se relève spontanément. 3 $\frac{1}{2}$ heures, à peu près normal.
2	1550	Id.	80	—	5 minutes, parésie; insensiblement la paralysie s'établit. 1 heure, même état; températ. rectale, 37°,3. 3 heures, id id. 37°,9. Lendemain matin, absolument normal
3	1100	Id.	85	—	Injecté le soir. Lendemain matin, normal.
4	1000	Id.	100	+	10 minutes, parésie, puis paralysie 3 heures, parésie, température rectale, 37°. 5 heures parésie, température rectale, 36°; fait des efforts pour se relever. 6 heures, sur pattes; températ. rectale, 38°,3. 7 $\frac{1}{2}$ heures, circule, apparences normales. Lendemain matin, parésie Injection de bicarbonate; succombe 1 $\frac{1}{2}$ heure après.
5	1290	Id.	120	+	Mort 5 heures après l'injection; donc dans le délai normal.

Donc l'injection préalable de bicarbonate de sodium permet d'élever de 38 % environ la dose mortelle de l'acétanilide.

Carbonate de sodium et acétanilide.

Numéro.	Poids en grammes.	Quantité de carbonate injectée.	Quantité d'acétanilide par kilogramme d'animal.	— Survie. + Mort.	Observations.
1	1190	grammes. 1 (intrav.)	centigr. 90	—	5 minutes, parésie. 10 minutes, paralysie. 3 ½ heures, amélioration. 5 heures, état sensiblement normal.
2	1180	Id.	100	—	10 minutes, parésie marquée. 1 heure, paralysie absolue; température rectale, 39°. 2 heures, même état; température rectale, 39°. 4 heures, id. id. 6 heures environ, animal se relève à demi. 8 heures, relevé complètement.

Par conséquent, l'injection préalable de carbonate de sodium permet de donner au lapin, en injection sous-cutanée, au moins **50 %** d'acétanilide en plus de la dose mortelle sans que la mort s'ensuive.

Acétanilide, sulfate et chlorure de sodium.

Numéro.	Poids en grammes.	Sulfate et chlorure de sodium.	Quantité d'acétanilide par kilogramme d'animal.	— Survie. + Mort.	Observations.
1	gram. 1950	grammes. 1 Na_2SO_4 intrav.	centigr. 75	+	Succombe après 6 à 7 heures.
2	1430	1 NaCl intrav.	75	+	Id.

Par conséquent, le sulfate et le chlorure de sodium sont dépourvus de la propriété signalée pour le bicarbonate et pour le carbonate.

Nous n'avons étudié jusqu'ici que l'action préventive de certaines substances vis-à-vis du nitrite et du chlorate de sodium, vis-à-vis de l'aniline et de l'acétanilide. Existe-t-il une action curative?

Nous entendons par action curative celle qu'un contre-poison est capable d'exercer alors que l'intoxication est pleinement développée, alors donc que non seulement le poison est absorbé, mais qu'il a agi sur les éléments de l'organisme pour lesquels il présente de l'affinité et que dès lors il développe ses effets.

Nos expériences nous permettent d'affirmer que dans ces conditions, il n'existe pas d'action curative. Les exemples suivants en fournissent la démonstration.

I. Nitrite de sodium. — *Lapin, 1100 grammes.*

0ʰ 0ᵐ Injection sous-cutanée 190 milligrammes, soit donc 172 milligrammes par kilogramme.

0ʰ 8ᵐ Vaso-dilatation manifeste, accélération respiratoire notable.

0ʰ10ᵐ Injection intraveineuse 20 centigrammes Na_2CO_3 (anhydre).

0ʰ20ᵐ L'intoxication progresse très rapidement.

0ʰ22ᵐ Injection intraveineuse 20 centigrammes Na_2CO_3. Pas d'amélioration, sang absolument brun. L'animal succombe trente-huit minutes après l'injection du nitrite.

II. Chlorate de sodium. — *Chien, 6100 grammes.*

0ʰ 0ᵐ Injection sous-cutanée 8ᵍʳ,2, soit 1ᵍʳ,35 par kilogramme.

4ʰ 0ᵐ Animal sur le flanc, respiration très ralentie, 50 pulsations cardiaques par minute. Injection intraveineuse (saphène) 5 à 6 centimètres cubes de solution Na_2CO_3 à 10 %.

Dix minutes après : respiration rétablie et régulière, 20 par minute. Le réflexe cornéen reparaît.

Vingt minutes : action cardiaque et respiration faiblissent. Injection intraveineuse 5 centimètres cubes même solution. L'animal succombe une dizaine de minutes après.

III. Aniline. — *Lapin, 1270 grammes.*

0ʰ 0ᵐ Injection sous-cutanée 77 centigrammes d'aniline, soit 60 centigrammes par kilogramme.

0ʰ15ᵐ Convulsions.

0ʰ20ᵐ Injection intraveineuse 1 gramme d'acétate de soude. Aucune amélioration ne se produit. L'animal succombe dans le délai normal.

IV. Acétanilide. — *Lapin, 1550 grammes.*

0ʰ 0ᵐ Injection sous-cutanée 1ᵍʳ,25 d'acétanilide (en solution dans environ
    30 centimètres cubes d'eau), soit 80 centigrammes par kilogramme.

0ʰ 5ᵐ Animal tranquille.

1ʰ 0ᵐ Paralysie; respiration, 40 à 50 par minute; température rectale, 37°,9.

2ʰ 0ᵐ Animal toujours couché sur le côté; température rectale, 36°,5. Injec-
    tion intraveineuse, 1 gramme de bicarbonate de soude.

3ʰ 0ᵐ Toujours même état; température rectale, 36°,3.

3ʰ30ᵐ Même état. Lendemain matin, trouvé mort.

Il n'existe donc aucune action curative au sens du mot tel que
nous l'avons défini plus haut. Est-ce à dire cependant que toute
intervention serait sans utilité après pénétration du poison dans
le courant circulatoire, mais avant sa fixation et avant l'apparition des phénomènes toxiques? — Non, et nous en voulons pour
preuve les faits suivants.

On a vu qu'un laps de temps notable s'écoule entre le
moment d'administration du chlorate par la voie sous-cutanée et
le moment d'apparition des accidents. Nous avons donc administré (par la voie sous-cutanée) une dose de chlorate (1ᵍʳ,9 par
kilogramme, dose presque deux fois mortelle) qui détermine
la mort endéans deux heures et demie environ; nous avons
donné ensuite du bicarbonate de soude à des intervalles de
temps variables et graduellement croissants depuis cinq minutes
jusque une heure après l'administration du chlorate.

Numéro	Poids du chien.	Quantité de chlorate par kilogramme.	Intervalle.	Quantité de bicarbonate.	Succombe après :
	gram.	grammes.	min.	grammes.	
1	5300	1,93	60	10. sᵉ-cut	2 ¹/₂ heures. (Donc dans le délai normal.)
2	4000	1,90	20	8 id.	5 heures. (Retard de la mort : 2 ¹/₂ heures.)
3	4800	1,90	5, début 15, fin	3, intrav. 6, sous-cut.	6 heures. (Retard de la mort : 3 ¹/₂ heures.)

Par conséquent, dans ces conditions, l'apparition des accidents est retardée, et elle l'est d'autant plus que le moment d'administration du bicarbonate est plus rapproché de celui du chlorate.

Un résultat analogue a été fourni avec l'aniline : nous avons vu plus haut (p. 38) que si l'on administre de l'acétate de soude au moment où les convulsions existent déjà, l'on ne peut espérer sauver l'animal. Si, au contraire, comme dans l'expérience suivante, on injecte de l'acétate alors qu'il n'existe encore que de légers accidents, on peut empêcher l'intoxication de progresser, mais l'on ne fait pas disparaître les symptômes établis : ceux-ci évoluent comme s'ils étaient provoqués par une dose d'aniline qui ne déterminerait que ce degré d'intoxication; en d'autres termes, on empêche l'intoxication de progresser, mais l'on ne fait pas disparaître l'intoxication existante. C'est donc une action antitoxique simplement inhibitive ou préventive et nullement curative.

Lapin, 1120 grammes.

Injection de 65 centigrammes d'aniline, soit 60 centigrammes par kilogramme.

$0^h 7^m$ Agitation, respiration très accélérée.

0^h10^m Parésie établie, animal encore sur pattes, membres antérieurs écartés.

0^h20^m Injection intraveineuse de 40 centigrammes d'acétate de soude.

0^h30^m Parésie progresse.

0^h55^m Pas d'amélioration, pas d'aggravation; toujours même attitude.

$2^h 0^m$ Même état; injection intraveineuse de 20 centigrammes d'acétate.

2^h30^m Toujours même état; lendemain matin, état normal.

Le fait étant donc acquis que l'administration de bicarbonate de soude, même après absorption du poison, peut exercer encore quelque influence sur l'évolution de l'intoxication en retardant le moment d'apparition de la mort (p. 39), nous avons vérifié si après *ingestion* de chlorate à dose mortelle il y avait moyen d'intervenir utilement à l'aide du bicarbonate. Les deux protocoles suivants mis en regard l'un de l'autre répondent à la question.

Chien, 4200 grammes.

A jeun (dernier repas : vingt-quatre heures avant l'expérience).

0ʰ 0ᵐ Administration par la sonde stomacale de 10ᵍʳ,5 de chlorate de sodium (en solution dans 25 centimètres cubes d'eau + 25 centimètres cubes de lait), soit 2ᵍʳ,5 par kilogramme (1).

1ʰ45ᵐ Vomissements. A partir de ce moment paraît souffrant.

2ʰ45ᵐ Titube, tombe. Aggravation rapide.

3ʰ65ᵐ Mort. Sang méthémoglobinisé.

Chien, 5500 grammes.

(Comme ci-contre.)

0ʰ 0ᵐ Administration identique de 13ᵍʳ,25 de chlorate (en solution dans 25 centimètres cubes d'eau + 25 centimètres cubes de lait), soit aussi 2ᵍʳ,5 par kilogramme (1).

0ʰ15ᵐ Injection hypodermique (2) de 9 grammes de bicarbonate de soude, en solution dans 55 centimètres cubes d'eau.

0ʰ30ᵐ Efforts de vomissements; rien n'est expulsé. (Nous avions pris la précaution de fixer l'animal sur une planche, celle-ci placée verticalement.)

0ʰ50ᵐ L'animal est délié. Il paraît souffrant, se tient couché.

1ʰ30ᵐ Se tient tranquille, couché. Respiration, 20 par minute. Cœur, 100 environ.

2ʰ 0ᵐ Amélioration, état sensiblement normal.

2ʰ30ᵐ État absolument normal.

(1) Divers essais nous ont montré que cette dose de chlorate donnée de cette manière est franchement mortelle; l'exemple cité le montre d'ailleurs, et cela malgré des vomissements, tardifs il est vrai. Nous ferons remarquer que notre chiffre (2ᵍʳ,5 par kilogramme) diffère sensiblement de celui de Marchand (1ᵍʳ,25 par kilogramme). Cet auteur, en effet, donnait le chlorate en nature mélangé à de la viande. (*Arch. f. exper. Path. u. Pharm.*, 1886, vol. XXIII, pp. 286 et suivantes.)

(2) La voie gastrique eût été préférable pour le but proposé; mais les tentatives auxquelles nous nous sommes livré ne nous auraient pas permis de conclure, vu que l'administration de bicarbonate provoquait des vomissements, condition à éliminer.

Il est inutile, pensons-nous, d'insister sur l'importance pratique qui se dégage de cette dernière expérience, comme aussi de celles qui précèdent. Le nombre de substances qui chez l'homme donnent lieu à la formation de méthémoglobine est considérable, et parmi celles qui sont le plus souvent cause d'accidents (d'origine théra-peutique, industrielle, erreurs, suicides, etc.), nous citerons, outre les substances étudiées, le chlorate de potassium, l'antipyrine et d'autres antipyrétiques et analgésiques, le nitrobenzol, etc. Dans tous les cas d'intoxication par l'une ou l'autre de ces substances, il se trouvera donc indiqué d'administrer aussitôt que possible du bicarbonate, du carbonate ou de l'acétate de soude. Il est bien évident que cette médication n'exclut nullement l'emploi d'autres moyens (vomitifs, etc.), que les circonstances de l'empoisonnement et les symptômes présentés indiqueront comme pouvant offrir quelque utilité ; car, il ne faut pas l'oublier, la formation de méthémoglobine ne constitue qu'un des symptômes de l'intoxi-cation par ces substances, ainsi que le prouvent d'ailleurs les dif-férences dans les résultats obtenus pour les diverses substances sur lesquelles notre étude a porté.

CHAPITRE II.

Si telle est donc l'action antitoxique de certains sels vis-à-vis des substances méthémoglobinisantes, cherchons à préciser le mécanisme de cette influence.

Le nitrite de sodium, le chlorate, l'aniline, l'acétanilide don-nent lieu d'une façon générale à la formation de méthémoglo-bine ; mais chacune de ces substances possède, en outre, une action toxique sur d'autres tissus : il suffit, en effet, de rappeler que la dose mortelle moléculaire ou absolue, et, plus encore, la symptomatologie diffèrent pour chacun de ces composés. Nous savons également que le chlorate, l'aniline, l'acétanilide ne pro-voquent pas de méthémoglobine chez le lapin, alors que ces mêmes substances en déterminent chez le chien (1) : la formation

---

(1) L'homme, sous ce rapport, se comporte comme le chien et le chat (carnivores). La grenouille et le cobaye se comportent comme le lapin (herbivore).

de la méthémoglobine peut donc ne pas contribuer à l'empoisonnement, et, d'autre part, elle n'est pas la seule cause de la mort.

Afin de trancher entre ces deux alternatives, action antiméthémoglobinisante et action antitoxique générale, nous avons étudié spécialement *in vivo*, et surtout *in vitro*, la formation de la méthémoglobine en présence des sels alcalins précités.

Voici en deux mots le principe de nos expériences : la méthémoglobinisation d'une certaine quantité de sang pouvant être déterminée par une quantité connue de nitrite de sodium, nous avons recherché si l'addition de certains sels alcalins exerçait quelque influence sur cette transformation.

A cet effet, des expériences furent instituées de la manière suivante :

Du sang fraîchement recueilli et défibriné est dilué dans le liquide physiologique de manière à obtenir une solution à 1,5 °/₀, dilution qui, après divers essais, nous a paru la plus convenable pour les recherches que nous nous proposions. Une quantité fixe (10 centimètres cubes) était versée dans une série de tubes ; un échantillon pris comme « type sang pur », ainsi qu'un autre où la transformation en méthémoglobine était parfaite servant de points de comparaison, il était facile de suivre à l'œil nu ou à l'aide du spectroscope la série des modifications de coloration qui pouvaient se présenter.

Nos recherches *in vitro* ont porté sur le sang du lapin et sur celui de la grenouille.

a) Expériences avec le sang de lapin.

Nous recherchions d'abord quelle quantité de nitrite de sodium était nécessaire pour déterminer en un temps donné la disparition de la coloration rose de la solution, celle-ci faisant place à la couleur brune de la méthémoglobine. Ce rapport de quantité et de temps que nous prenions comme base d'estimation, offre quelques variations d'un animal à l'autre ; il faut noter encore que la transformation en méthémoglobine est obtenue plus rapidement avec la même quantité de nitrite lorsque la solution de sang est faite depuis quelque temps (dix à douze heures), que lorsqu'elle est fraîche, ce qui se comprend facilement. Aussi, des déterminations préliminaires à l'aide de diverses quantités de nitrite de sodium sont-elles indispensables, non seulement au début de chaque série d'expériences, de manière à bien obtenir le « type méthémoglobine » en un temps donné qu'on prend comme base (nous avons adopté généralement le temps de deux minutes), mais encore au cours même des recherches si l'on a lieu de penser que des modifications se sont produites dans la solution.

Toutefois, nous appuyant sur de nombreuses recherches, nous estimons qu'endéans les six heures qui suivent l'extraction du sang et sa dilution avec la solution physiologique, il ne se fait pas d'altération capable de modifier sensiblement les résultats obtenus au début de l'expérience.

Après avoir ainsi déterminé la quantité de nitrite servant de mesure, nous ajoutions dans une série de tubes une quantité fixe de l'un des sels dont nous voulions étudier l'action ainsi que des quantités variables de nitrite de sodium. Comme nous l'avons dit, jugeant par comparaison avec les deux tubes témoins, l'on pouvait suivre les moindres modifications de coloration qui se produisaient (1).

Nous avons étudié dans ces conditions l'influence des substances suivantes : soude caustique, carbonate de sodium, bicarbonate de sodium, acétate de sodium, formiate de sodium, sulfate de sodium, nitrate de sodium, chlorure de sodium.

Soude caustique.

La soude par elle-même, à partir d'une certaine concentration, donnant lieu à la formation de méthémoglobine, il était indispensable de rechercher d'abord quelle quantité maximale l'on pouvait ajouter à une quantité donnée de sang (10 centimètres cubes à 1,5 %), sans déterminer des modifications de la solution, du moins endéans un laps de temps convenable pour les observations projetées. Le tableau suivant fournit le résultat de cette recherche préliminaire.

---

(1) Il est préférable de faire ce travail à la lumière du jour (pas au soleil) et d'examiner les tubes en les plaçant au-devant d'une feuille de papier blanc; toutefois, avec un peu d'habitude, mais toujours jugeant par comparaison, il est aisé de faire également ce travail le soir, à la lumière d'un bec Auer, surtout en se plaçant à quelque distance (1 à 2 mètres) des tubes.

Soude décinormale (1 centimètre cube = 4 milligrammes NaOH).

(Sang de lapin, dilution 1,5 %; 10 centimètres cubes dans chaque tube.)

			3 h 9 m.	3 h 25 m.	3 h 35 m.	5 heures.	6 heures.	8 heures.
1	1/10 c. c. soude N/10 = 0gr,4.	à 2h 58m					Pas de modification	Pas de modification.
2	3/10 id.	à 2h 59m				Pas de modification	Bruni.	
3	3/10 id.	à 3h 0m					Bruni.	
4	4/10 id.	à 3h 1m	Pas de modification.	Pas de modification.	Pas de modification.	Bruni.	Bruni	
5	5/10 id.	à 3h 1m30s						
6	1 c. c. id.	à 3h 2m		Légère modification (?)	Ont bruni.			
7	2 id.	à 3h 3m						
8	3 id.	à 3h 3m30s	A neitement bruni.					

On le voit, seul le tube qui contenait un dixième de centimètre cube de soude décinormale n'a pas encore présenté de
modification cinq heures après qu'on y eut introduit la soude ;
dans les autres, la formation de méthémoglobine s'est faite plus
ou moins rapidement suivant la quantité de soude ajoutée.

Comme pendant plus de cinq heures le tube n° 1 ne présentait pas de modification (c'est à peine s'il y en avait une le lendemain matin, c'est-à-dire après dix-huit heures), nous avons pris
cette quantité comme base pour l'expérience rapportée au tableau
suivant : dans toute une série de tubes contenant 10 centimètres
cubes de sang (dilution à 1,5 %) additionnés d'un dixième de
centimètre cube de NaOH décinormale, ajoutons des quantités
croissantes de nitrite de sodium variant de 5 à 300 milligrammes
et voyons ce que devient la formation de méthémoglobine dans
ces conditions.

Des essais préalables nous avaient appris que, pour la même
quantité de ce même sang non additionnée de soude, 5 milligrammes de nitrite déterminaient en moins d'une minute un
brunissement certain, et qu'après une minute et demie à deux
minutes la coloration brune était nette ; $2^{mgr},5$ de nitrite opéraient
cette transformation en une heure environ.

Soude (solution décinormale) et nitrite de sodium.

	à	3 h. 46 m.	3 h 48 m.	3 h. 52 m.	4 h. 0 m.	4 h 7 m	6 h. 0 m.	8 h. 0 m.
1 { 1/10 c. c. NaOH N/10 / 5 mgr. nitrite .	à 3h 7m	Sont identiques au tube témoin « sang pur ».			Pas de modific.	Pas de modifie.	Pas de modific.	Pas de modific.
2 { 1/10 c. c. NaOH N/10 / 10 mgr. nitrite .	à 3h 8m						Légèrement bruni.	
3 { 1/10 c. c. NaOH N/10 / 12mgr,5 nitrite .	à 3h 36m					Légère modification	Bruni.	
4 { 1/10 c. c. NaOH N/10 / 25 mgr. nitrite .	à 3h 37m					Modification certaine.		
5 { 1/10 c. c. NaOH N/10 / 50 mgr. nitrite .	à 3h 39m				Modification ?			
6 { 1/10 c. c. NaOH N/10 / 100 mgr. nitrite .	à 3h 40m			Modification ?	Bruni légèrement.			
7 { 1/10 c. c. NaOH N/10 / 200 mgr. nitrite .	à 3h 42m	A manifestem' bruni.	Transformation complète.		Modification très nette.			
8 { 1/10 c. c. NaOH N/10 / 300 mgr. nitrite .	à 3h 45m	Instantanément léger brunissement.						

Comme il est facile d'en juger par le tableau précédent, l'addi tion d'une minime quantité de soude ($^1/_{10}$ de centimètre cube solution décinormale $= 0^{mgr},4$ NaOH) retarde considérablement la formation de la méthémoglobine, lors même qu'on ajoute des quantités considérables de nitrite.

C'est ainsi que la transformation immédiate ne vint à se pro- duire que pour 300 milligrammes de nitrite; pour 200 milli- grammes, elle n'apparut qu'après quatre minutes (donc plus tard déjà que dans un tube non additionné de soude, ne contenant uniquement que 5 milligrammes de nitrite); pour 100 milli- grammes, elle ne se montra qu'après douze minutes; le tube qui contenait 50 milligrammes de nitrite ne se modifia qu'après vingt minutes environ; celui qui renfermait $12^{mgr},5$ de nitrite ne commença à brunir qu'après une demi-heure environ; enfin celui qui renfermait 5 milligrammes de nitrite ne s'était pas modifié après cinq heures d'observation : il était alors encore absolument identique à un échantillon de la même solution de sang, addi- tionné de soude (un dixième de centimètre cube) ou non.

Répétons à l'aide de carbonate de sodium ce que nous avons fait avec la soude. Le tableau suivant fournit le résultat de l'une de ces expériences (1) :

---

(1) L'expérience suivante, de même que celles que nous avons faites avec le bicarbo- nate, l'acétate, le formiate, le sulfate, le nitrate et le chlorure de sodium, ont été conduites d'une façon parallèle et à l'aide de la même solution de sang.

Carbonate (solution décinormale) et nitrite de sodium.

	De 3 h. à 3 h. 2 m.	8 heures.	5 ½ heures.	6 ½ heures.	8 heures.
1 { 1/10 c. c. Na₂CO₃ N/10 / 2gr,5 de nitrite de sodium.		Pas de modification.	Pas de modification	Pas de modification	Identique au tube témoin « sang pur ».
2 { 1/10 c. c. Na₂CO₃ N/10 / 5 mgr. de nitrite de sodium.		Id.	Id.	A bruni	
3 { 1/10 c. c. Na₂CO₃ N/10 / 7mgr,5 de nitrite de sodium.	De 3 h.	Id.	Id.	Id.	
4 { 1/10 c. c. Na₂CO₃ N/10 / 10 mgr. de nitrite de sodium.	à 3 h. 2 m.	Modification (?)	Brunissement certain.		
5 { 1/10 c. c. Na₂CO₃ N/10 / 12mgr,5 de nitrite de sodium.		Id.	Id.		
6 { 1/10 c. c. Na₂CO₃ N/10 / 15 mgr de nitrite de sodium.		A bruni.			

Le carbonate de sodium détermine donc aussi, comme la soude, un retard dans la formation de la méthémoglobine. Des expériences analogues, faites à l'aide du bicarbonate, de l'acétate, du formiate de soude, ont fourni, à part des différences d'activité d'après ces substances, des résultats analogues : existant au maximum pour la soude, elle est moindre pour le carbonate, moindre encore pour le bicarbonate, l'acétate et le formiate.

Nous avons constaté, en outre, qu'en augmentant la quantité de sel alcalin (carbonate, bicarbonate, etc.), on pouvait élever d'autre part aussi la quantité de nitrite, sans que de la méthémoglobine vînt à se former. C'est ainsi qu'en ajoutant 20 centigrammes de carbonate de sodium à la même quantité de sang, nous avons pu mettre jusque 1 gramme de nitrite en nature sans que la coloration rose de la solution fût modifiée : la teinte brune de la méthémoglobine ne se montra qu'une heure après que le nitrite eût été mis dans la solution, alors que $2^{mgr},5$ de nitrite déterminaient en une minute et demie la formation de méthémoglobine dans la même quantité du même sang comme tel (solution 1,5 %).

Chlorure, sulfate, nitrate de sodium.

Même échantillon de sang que celui employé pour le carbonate de sodium (tableau ci-dessus, p. 49).

10 centimètres cubes de sang, dilution à 1,5 % ; $2^{mgr},5$ de nitrite déterminent en une minute et demie à deux minutes la transformation nette en méthémoglobine.

NaCl. Addition de 1 centimètre cube de NaCl décinormal, donc dix fois plus moléculairement que de NaOH ou de Na_2CO_3.

$2^{mgr},5$ de nitrite : aucun retard dans la formation de méthémoglobine. Cette expérience répétée avec des quantités plus considérables de chlorure fournit toujours le même résultat.

Na_2SO_4. Addition de 1 centimètre cube de Na_2SO_4 décinormal.

$2^{mgr},5$ de nitrite : aucun retard dans la transformation en méthémoglobine. Des quantités plus considérables de sulfate (même jusque 200 milligrammes) ne modifient pas le résultat.

$NaNO_3$. Même résultat que pour le chlorure et le sulfate.

b) Expériences avec le sang de grenouille.

Du sang obtenu par incision des vaisseaux de la base du cœur, puis défibriné (opération de très longue durée : trois quarts d'heure à une heure), était dilué avec la solution physiologique ; la concentration était identique à celle choisie pour le lapin (1,5 %).

Afin d'épargner des animaux, nous avons, dans les expériences qui suivent, opéré sur 5 centimètres cubes de sang au lieu de 10, comme chez le lapin. Ainsi que nous l'avons fait pour le sang de ce dernier animal, nous avons recherché d'abord quelle quantité de nitrite de sodium était nécessaire pour obtenir une transformation de l'oxyhémoglobine en méthémoglobine endéans un laps de temps propre à servir de base aux observations.

Ces expériences nous ont montré que pour obtenir cette transformation il fallait :

Pour 10 milligrammes de nitrite un laps de temps de 1 minute.

   5   id.   id.   id.   4 minutes.

Or, ainsi que nous venons de le dire, nous travaillions sur 5 centimètres cubes de solution de sang, au lieu de 10 comme chez le lapin. Si l'on se souvient, d'autre part, que pour 10 centimètres cubes de sang (1,5 %) de ce dernier animal, 5 milligrammes (souvent 2gr,5 suffisaient ; expériences pp. 49, 50) de nitrite déterminent l'apparition de la méthémoglobine en deux minutes environ, on voit que la résistance du sang de la grenouille à cette transformation est nettement supérieure à celle du sang du lapin (dans l'exemple ci-dessus, elle l'est de deux à trois fois, proportions gardées au volume de sang). Les divers essais auxquels nous nous sommes livré nous ont nettement montré ce fait. Ce dernier subit cependant des variations assez étendues d'un lot d'animaux à un autre, ce qui semble surtout en rapport avec l'état nutritif des grenouilles. Cette résistance, nous l'avons trouvée dans une série d'expériences faites avec du sang provenant de fortes grenouilles (50 grammes) fraîchement capturées, jusque vingt fois supérieure à celle constatée chez certains lapins. Mais, en général, elle est au moins deux à trois fois celle trouvée pour le sang de ce dernier.

De même aussi que nous l'avons fait pour le sang du lapin, voyons quelle quantité de soude décinormale on peut ajouter de manière à ne pas former de méthémoglobine, du moins endéans un laps de temps suffisant pour les observations projetées.

Soude décinormale (1 centimètre cube = 4 milligrammes).

(Sang de grenouille, dilution 1,5 %; 5 centimètres cubes dans chaque tube.)

		10 h. 44 m.	10 h. 48 m.	11 h. 15 m. Aucune modification.	12 heures. Pas de modification.	1 heure. Pas de modification	2 heures. Pas de changement.
1	$^1/_{10}$ c. c. NaOH $N/_{10}$ à 10.28	Pas de modification.		Id.	Id.	Pas de modification	Id.
2	$^2/_{10}$ id. à 10.29			Id.	Id.	Bruni.	
3	$^3/_{10}$ id. à 10.30		Modific., mais non complète	Id.			
4	$^5/_{10}$ id. à 10.31	Transformation certaine.					
5	1 c. c. id. à 10.36						

Ce tableau, comparé à l'analogue dressé pour le sang du lapin, montre, lui aussi, que le sang de la grenouille offre également une plus grande résistance à l'action méthémoglobinisante de la soude.

Voyons aussitôt l'influence inhibitive de la soude sur la formation de la méthémoglobine par le nitrite de sodium.

Soude caustique et nitrite.

(Même sang que pour l'expérience ci-dessus; 5 centimètres cubes dans chaque tube.)

		10 h. 55 m.	11 h. 10 m.	1 heure.	2 heures.	3 heures.	4 h. 30 m.	6 heures.	7 heures.
1 { 1/10 c. c. NaOH N/10, 5 mgr. nitrite. . .	à 10h45	Aucune modification	Aucune modification.	Pas de modification.	Pas de modification.	Pas de modification.	Pas de modification.	Pas de modification.	Légère modification.
2 { 1/10 c. c. NaOH N/10, 10 mgr. nitrie. . .	à 10h46	Id.	Id.	Id.	Id.	Id.	Id.	Id.	Id ?
3 { 1/10 c. c. NaOH N/10, 15 mgr. nitrie. . .	à 10h46	Id.	Id.	Id.	Id.	Id.	Brun?	Brun.	
4 { 1/10 c. c. NaOH N/10, 20 mgr. nitrie. . .	à 10h47	Id.	Id.	Id.	Id.	Id.	Id.	Id.	
5 { 1/10 c. c. NaOH N/10, 25 mgr. nitrie. . .	à 10h48	Id	Id.	Id.	Modification?	Changement certain.			
6 { 1/10 c. c. NaOH N/10, 50 mgr. nitrie. . .	à 10h56	Id.	Id.	Brunisse-ment.	Brunissement certain.				

L'on voit par ce tableau qu'alors que 5 milligrammes de nitrite de sodium déterminaient endéans quatre minutes l'apparition de la méthémoglobine dans 5 centimètres cubes de sang dilué à 1,5.°/₀, cette même quantité, dans un tube contenant un dixième de centimètre cube de NaOH décinormale, ne produisit aucune modification, même après plus de sept heures ; après huit heures, un léger changement s'était peut-être manifesté, ainsi que dans le tube renfermant 10 milligrammes de nitrite, quantité qui, seule, déterminait une transformation très rapide (une minute) de l'hémoglobine.

Dans le tableau qui suit se trouvent exposés les résultats d'expériences analogues faites avec du carbonate de sodium. L'échantillon de sang utilisé pour cette expérience provenait de très fortes grenouilles et offrait, comparativement au précédent, une résistance beaucoup plus considérable à la transformation en méthémoglobine : tandis que pour l'échantillon précédent provenant de grenouilles petites (12 à 15 grammes) et moyennes (20 à 30 grammes), 10 milligrammes de nitrite déterminaient de la méthémoglobine en une minute, la même quantité de nitrite n'opérait cette transformation dans l'échantillon suivant qu'après une demi-heure environ. Aussi avons-nous, pour l'expérience suivante, pris comme base de travail 50 milligrammes de nitrite pour 5 centimètres cubes de solution de sang à 1,5°/₀, quantité qui déterminait la méthémoglobinisation endéans deux minutes.

Carbonate (solution décinormale) et nitrite de sodium.

		11 h. 18 m.	11 h. 23 m.	11 h. 30 m.	11 h. 40 m.	11 h. 55 m.
1 { 1 cent. cube solution Na_2CO_3 · · · · / 50 mgr. nitrite · · · · · ·	à 11ʰ 7ᵐ	Pas de modification.	Pas de modification.	Pas de modification.	Pas de modification.	Paraît brunir.
2 { 1 cent. cube solution Na_2CO_3 · · · · / 100 mgr. nitrite · · · · · ·	à 11ʰ 10ᵐ	Id.	Id.	Id.	Id.	Id.
3 { 1 cent. cube solution Na_2CO_3 · · · · / 150 mgr. nitrite · · · · · ·	à 11ʰ 12ᵐ	Id.			Teinte brune.	
4 { 1 cent. cube solution Na_2CO_3 · · · · / 160 mgr. nitrite · · · · · ·	à 11ʰ 25ᵐ			Pas de modification.	A bruni manifestement.	
5 { 1 cent. cube solution Na_2CO_3 · · · · / 180 mgr. nitrite · · · · · ·	à 11ʰ 28ᵐ			Id.	Id.	
6 { 1 cent. cube solution Na_2CO_3 · · · · / 200 mgr. nitrite · · · · · ·	à 11ʰ 21ᵐ	En 1 minute teinte brune apparaît.	Teinte brune certaine.			

L'addition préalable de carbonate de sodium détermine donc, elle aussi, un retard dans la formation de la méthémoglobine. Des résultats analogues furent également constatés pour le bicarbonate et pour l'acétate de sodium ; pour ce dernier cependant, à bien moindre degré que pour le bicarbonate et le carbonate.

Voyons d'autre part ce que produit la présence du chlorure, du sulfate ou du nitrate de sodium.

(Même sang que pour les expériences avec le carbonate, p. 55.)

NaCl. 1 centimètre cube de solution décinormale (dix fois plus moléculairement que de soude) 50 milligrammes de nitrite : après une minute, la différence d'avec un tube témoin « sang pur » est certaine ; après deux minutes, la coloration brune est nette.

Na₂SO₄. Même résultat.

NaNO₃. Même résultat.

Par conséquent, l'addition préalable de chlorure, de sulfate ou de nitrate de sodium n'a retardé en rien la transformation de la coloration rose de la solution ; la coloration brune s'est manifestée tout aussi rapidement que dans le sang non préalablement additionné de l'un ou l'autre de ces sels.

Ajoutons enfin que des essais avec les sels correspondants du potassium ont fourni des résultats identiques, aussi bien pour le sang de lapin que pour celui de la grenouille.

Une même conclusion générale leur est donc également applicable.

Une différence très nette existe entre les deux groupes des sels alcalins étudiés : les uns qui exercent un retard sur la formation de la méthémoglobine, les autres qui sont sans influence sur cette transformation. Et si nous examinons quel lien commun existe entre les sels qui exercent cette *action inhibitive*, nous voyons aussitôt que seuls en sont doués *les sels alcalins qui jouissent de la propriété basique, ceux qui sont à réaction alcaline*, les sels neutres de réaction étant indifférents aussi sous ce rapport.

Si nous nous reportons aux diverses séries d'expériences exposées dans le premier chapitre, si nous comparons les résultats obtenus *in vivo* avec ceux que nous venons d'indiquer, obtenus *in vitro*, on voit que la concordance est absolue : seuls aussi exercent une action antitoxique les sels qui sont à réaction alcaline ; ceux, par contre, qui ne possèdent pas la propriété basique, sont également privés de cette action antitoxique. Par conséquent, *l'action antiméthémoglobinisante est due à la propriété basique de ces composés, et cette action antiméthémoglobinisante contribue au moins à l'action antitoxique.*

Et pour rendre la démonstration plus nette encore, injectons de la soude caustique à un lapin, et voyons ce que devient l'intoxication pour une dose de 160 milligrammes de nitrite de sodium, quantité qui, donnée seule, provoque des symptômes de haute gravité (voir pp. 12 et 13). La soude, par elle-même, donnant lieu à la formation de méthémoglobine, d'autre part, son action locale étant très vive, nous nous sommes assuré que l'injection de petites doses répétées ne provoquait, en dehors de quelque agitation et d'une accélération respiratoire, aucun trouble sérieux.

Lapin, 1230 grammes.

0ʰ 0ᵐ Injection sous-cut. de 4 c. c. de soude décinormale dans le flanc gauche.

0ʰ15ᵐ   Id.   id.   id.

0ʰ30ᵐ   Id.   id.   id.

0ʰ50ᵐ   Id.   id.   id.

0ʰ65ᵐ   Id.   id.   id.

0ʰ80ᵐ   Id.   Total 24 cent. cubes = 96 mgr. de NaOH.

0ʰ 0ᵐ Injection au flanc droit de 190 milligrammes de nitrite de sodium, soit 160 milligrammes par kilogramme.

0ʰ10ᵐ Agitation, vaso-dilatation intense.

0ʰ20ᵐ Même état; respiration accélérée; pas de parésie, mais l'animal ne se meut pas spontanément, fait quelques pas lorsqu'on le pousse; le sang n'est pas méthémoglobinisé.

0ʰ35ᵐ État sensiblement normal.

0ʰ50ᵐ Absolument normal.

Ainsi donc, tandis que 160 milligrammes de nitrite de sodium donnés seuls déterminent des accidents graves avec formation de méthémoglobine, l'injection préalable de soude caustique empêche, au même titre que le bicarbonate et le carbonate de soude (voir pp. **14** et suiv.), l'évolution ordinaire de l'intoxication et la formation de méthémoglobine. Ajoutons que, de même que l'injection de bicarbonate ou de carbonate de sodium ne permet pas d'élever la dose mortelle de nitrite, on constate le même fait pour la soude.

Mais l'action antitoxique des composés alcalins se borne-t-elle à une action antiméthémoglobinisante?

Nous avons vu, en effet, que l'aniline et l'acétanilide qui déterminent de la méthémoglobine chez le chien, n'en provoquent pas chez le lapin, du moins *in vivo*, et cependant, les composés à réaction alcaline possèdent vis-à-vis de ces substances une action antitoxique certaine. Ce n'est donc pas une action antiméthémoglobinisante qu'ils exercent dans ce cas.

Puisque les diverses substances toxiques étudiées dans ce travail empoisonnent autrement encore que par une formation de méthémoglobine, et que les composés basiques sont également actifs dans ce cas, il faut nécessairement admettre qu'ils empêchent non seulement la formation de méthémoglobine, mais également le processus de l'intoxication en général. Ainsi seulement peut s'expliquer l'action efficace des alcalins dans l'intoxication par l'aniline et par l'acétanilide chez le lapin.

Comment faut-il se représenter cette action antitoxique et cette action antiméthémoglobinisante ?

Les hypothèses peuvent ici se donner libre cours.

On peut s'imaginer qu'une augmentation de l'alcalinité empêche jusqu'à un certain point la pénétration de la substance méthémoglobinisante à l'intérieur des globules rouges et des cellules en général; que dans un milieu alcalin, les globules et les cellules des tissus sont plus stables et résistent davantage à l'action altérante des substances méthémoglobinisantes; que le nitrite, le chlorate, l'aniline, l'acétanilide se décomposent plus difficilement dans un milieu alcalin et qu'ainsi ils ne peuvent aussi facilement développer leur action toxique méthémoglobinisante et autre; enfin, il n'est pas défendu non plus de supposer que l'alcalinité neutralise jusqu'à un certain point le poison méthémoglobinisant et le transforme en une substance inoffensive. Ainsi, en admettant avec Binz (1) que ces poisons agissent en dégageant de l'ozone dans les cellules à réaction acide de l'organisme, on conçoit qu'une diminution de cette réaction acide décompose l'ozone en oxygène inactif et empêche ainsi l'action toxique de se développer.

Résumons, en terminant, les faits que nous avons cherché à établir dans le présent mémoire :

1° *a*) La dose mortelle du nitrite de sodium chez la grenouille étant de 0^{mgr},53 à 0^{mgr},55 par gramme d'animal, l'injection préalable de carbonate, de bicarbonate, d'acétate de soude permet d'élever cette dose mortelle dans une mesure sensiblement la même (de 0^{mgr},55 portée à 0^{mgr},65) pour le carbonate et le bicarbonate, moindre pour l'acétate.

b) Pour des doses de nitrite plus élevées encore (0^{mgr},70 à 0^{mgr},80 par gramme), ces mêmes sels alcalins déterminent un retard (dix-huit à vingt-quatre heures) dans l'évolution de l'intoxication et dans l'apparition de la mort. L'activité de l'acétate se montre, sous ce rapport aussi, moindre que celle du carbonate et du bicarbonate.

c) Ni le sulfate ni le chlorure de sodium ne possèdent, vis-à-vis du nitrite de sodium, une action analogue à celle signalée pour le carbonate, le bicarbonate et l'acétate de soude.

2° *a*) Étant donné que le nitrite de sodium provoque chez le lapin des accidents très graves à la dose de 160 milligrammes par kilogramme, on constate que l'injection préalable de carbonate et de bicarbonate de soude prévient toute intoxication pour ces doses.

b) Si l'on administre une dose mortelle de nitrite (170 milligrammes par kilogramme), l'injection préalable de carbonate ou de bicarbonate de soude détermine un retard d'environ trente minutes sur l'apparition des accidents; passé ce temps, l'intoxication évolue avec ses caractères propres, sa durée et sa terminaison normales.

c) Cette propriété ne se retrouve ni pour le sulfate ni pour le chlorure de sodium.

(1) Binz, *Ueber einige neue Wirkungen des Natriumsnitrits*. (*Archiv. f. exp. Path. u. Pharmakol.*, Bd 13, pp. 137-138.

3° L'administration de bicarbonate de sodium à un lapin intoxiqué par du chlorate de sodium prévient la transformation *post mortem* de l'hémoglobine en méthémoglobine.

4° *a*) Le bicarbonate ainsi que le carbonate de sodium exercent une action préventive sur l'intoxication par le chlorate de sodium chez le chien, jusqu'à concurrence de deux fois, au moins, la dose mortelle.

L'injection préalable d'acétate de soude prévient également toute intoxication pour une dose mortelle (1^{gr},25 par kilogramme) de chlorate.

b) Ni le sulfate ni le chlorure de sodium ne possèdent des propriétés analogues à celles constatées pour le bicarbonate, le carbonate et l'acétate de sodium.

5° La dose mortelle de l'aniline chez la grenouille étant de 2 milligrammes environ (1^{mgr},9) par gramme, l'administration préalable d'acétate, de formiate, de bicarbonate ou de carbonate de sodium n'exerce aucune influence sur la dose mortelle, ou même simplement sur la rapidité de l'intoxication.

6° *a*) L'administration préalable d'acétate de soude au lapin permet d'élever de 46 % la dose mortelle de l'aniline chez cet animal. Le bicarbonate, le carbonate et le formiate de sodium exercent une action analogue à celle de l'acétate; mais tandis que les deux premiers paraissent aussi actifs que celui-ci, le formiate l'est moins.

b) Ici aussi, le sulfate, l'hyposulfite ainsi que le chlorure de sodium ne possèdent pas l'action signalée pour les autres sels.

7° *a*) L'injection préalable de bicarbonate ou de carbonate de sodium permet d'élever d'environ 50 % la dose mortelle de l'acétanilide (antifébrine) chez le lapin.

b) De même que pour les autres substances toxiques étudiées, le sulfate, l'hyposulfite et le chlorure de sodium ne possèdent pas ces propriétés.

8° Les mêmes substances qui exercent une action préventive vis-à-vis du nitrite de sodium, vis-à-vis du chlorate, de l'aniline et de l'acétanilide, ne possèdent aucune action antitoxique curative proprement dite. Toutefois, à raison de leur action inhibitive, même après administration du poison, elles paraissent pouvoir être utiles dans le traitement des empoisonnements par ces substances.

9° *a*) L'action de ces sels alcalins vis-à-vis des poisons étudiés **est** une action antitoxique générale en même temps que antiméthémoglobinisante.

b) *Cette action antitoxique se trouve liée à la propriété basique des sels minéraux en question.* En effet, les sels potassiques correspondants, ainsi que l'alcali comme tel, possèdent la même action antiméthémoglobinisante et antitoxique *in vitro* et *in vivo*.

(Travail du laboratoire de thérapeutique
et de pharmacodynamie à l'Université de Gand.)

TABLE DES MATIÈRES.

DE LA PERSISTANCE

DU TROU DE BOTAL

ET

DE SA VALEUR FONCTIONNELLE

PAR

le Dr Louis VERVAECK

Médecin adjoint à l'Hôpital Saint-Pierre, à Bruxelles

Devise :
Ex diversis fit progressus

BRUXELLES

HAYEZ, IMPRIMEUR DE L'ACADÉMIE ROYALE DE MÉDECINE DE BELGIQUE

Rue de Louvain, 112

—

1899

MÉMOIRE

ADRESSÉ A L'ACADÉMIE ROYALE DE MÉDECINE DE BELGIQUE (CONCOURS POUR LE PRIX ALVARENGA, DE PIAUHY; PÉRIODE DE 1898-1899).

Le prix a été décerné *ex æquo* aux mémoires de **MM.** Vervaeck et Nelis.

DU TROU DE BOTAL

ET

DE SA VALEUR FONCTIONNELLE

I. — Recherches anatomo-pathologiques sur le trou de Botal.

Quand on considère théoriquement la physiologie de la circulation intracardiaque, on éprouve quelque difficulté à admettre qu'une solution de continuité de la paroi interauriculaire reste sans importance au point de vue fonctionnel du cœur.

De là à créer une anomalie, cause de troubles circulatoires importants, il n'y a qu'un pas. On semble obéir à cette conception erronée, que toute altération de la forme anatomique d'un organe entraîne un trouble de la fonction. Le contraire est vrai ; toute altération fonctionnelle d'un viscère reconnaît pour cause une modification, perceptible ou non, des éléments de sa constitution organique ; il est, en effet, de nombreuses anomalies de développement et de structure compatibles avec une parfaite intégrité de fonctionnement.

Telle me paraît devoir être considérée la communication établie entre les oreillettes par une ou plusieurs solutions de continuité.

Il m'est permis de négliger, dans cette étude, les perforations du septum auriculaire d'origine traumatique ou pathologique ; elles sont extrêmement rares et entraînent des conséquences graves au point de vue du fonctionnement cardiaque.

Il me suffira de signaler parmi les premières, les blessures de l'oreillette par une balle ou un instrument tranchant par exemple, et la déchirure de la paroi interauriculaire, à la suite d'une chute ou d'une contusion violente au niveau de la région du cœur.

L'endocardite ulcéreuse et l'athérome peuvent également amener une destruction complète de la paroi de la fosse ovale; j'ai rencontré au cours de mes autopsies, pratiquées à l'hôpital X...(1), des lésions athéromateuses de l'orifice mitral s'étendant très loin dans l'orcillette gauche ; à côté d'infiltrations calcaires, la membrane de Botal présentait, en certains endroits, un amincissement extrême résultant de la nécrose des parties superficielles.

On conçoit que de tels traumatismes, des altérations aussi profondes des cavités auriculaires entraînent, sans parler des complications d'hémorragie, un mélange complet du sang veineux et artériel, l'asphyxie et une mort rapide.

Mais ce ne sont là que des unités infiniment rares dans la masse des membranes de Botal présentant normalement une solution de continuité.

Fréquence. — Depuis Morgagni, un grand nombre d'auteurs ont insisté sur la fréquence de cette disposition anatomique ; leurs statistiques cependant attestent les divergences les plus grandes ; quelques-uns persistent à la signaler comme exception, d'autres déclarent la trouver dans 20 %, 30 % et même 40 % des cas.

Des résultats aussi différents proviennent probablement des conditions dans lesquelles le relevé a été fait. Firket (2) insiste sur la fréquence extraordinaire de la persistance du trou de Botal chez les enfants et en tient compte dans les chiffres qu'il donne.

Sur 289 cadavres, presque exclusivement d'adultes et de vieillards, il a noté 77 fois la persistance d'une fente ou d'un trou, soit 26 fois sur 100.

En combinant ses chiffres à ceux de Klob, Wallman, Poché et Rostan, il arrive à 654 cas de persistance sur 1,914 cadavres de tout âge, soit un peu plus de 34 %.

En ne comptant que les statistiques d'adultes, il trouve 225 cas de persistance sur 1,002 cadavres, soit à peu près 22 %.

---

(1) [Hôpital Saint-Pierre, à Bruxelles.] (*Note ajoutée pendant l'impression.*)
(2) FIRKET, *De la circulation à travers le trou de Botal, chez l'adulte.* (*Bulletin de l'Académie Royale de Médecine*, Bruxelles, 4e série, 1890, p. 86.)

Ma statistique personnelle est basée sur 604 autopsies, pratiquées à l'hôpital X... (1) pendant les années 1896, 1897 et 1898.

Dans ce nombre, j'ai relevé 126 nécropsies d'enfants d'âge variable, le plus souvent de 2 à 5 ans; il m'a été rarement donné d'examiner des cœurs d'enfants de 1 à 6 mois.

Voici la méthode qui a présidé à mes recherches. On sectionne au couteau, aussi loin que possible du cœur, les gros troncs veineux et les artères de la base; on ouvre, à l'aide de ciseaux, les cavités auriculaires au niveau des orifices d'abouchement des veines et on tend la membrane de Botal; on examine par transparence l'état de la valvule membraneuse et l'on explore, au moyen de stylets gradués, les replis et adhérences de son bord antérieur; pour être complète, cette exploration doit se faire sur les deux faces de la fosse ovale.

Le tableau ci-dessous indique la nature des affections auxquelles ont succombé les sujets autopsiés et la proportion dans laquelle la persistance du trou de Botal s'est rencontrée pour chaque catégorie de maladies.

Numéro.	AFFECTIONS.	Cause du décès.	Nombre d'autopsies pratiquées.	Persistance du trou de Botal
I.	Appareil respiratoire. . .	Plèvre	11	3
		Poumons	54	17
		Bronches	10	1
		Tuberculose pulmonaire .	113	32
II.	Appareil circulatoire. . . .	Cœur.	49	11
		Vaisseaux	4	2
III	Appareil digestif	Ulcère de l'estomac . . .	6	1
		Cancer de l'estomac. . .	17	1
		Entérite.	12	1
		Hernie étranglée	7	1
		Choléra	2	2

(1) [Hôpital Saint-Pierre, à Bruxelles.] (*Note ajoutée pendant l'impression.*)

Numéro.	AFFECTIONS.	Cause du décès.	Nombre d'autopsies pratiquées.	Persistance du trou de Botal.
III (suite).	Appareil digestif (suite). . .	Fièvre typhoïde	25	9
		Cirrhose du foie	18	6
		Cancer du foie et de la vessie biliaire	6	1
		Cancer du pancréas . . .	4	1
IV.	Appareil urinaire	Néphrite	29	6
		Tuberculose rénale . . .	3	1
		Cystite, prostatite, uréthrite . .	5	1
V.	Appareil génital	Septicémie puerpérale . .	13	5
		Cancer de l'utérus . . .	8	2
		Tumeurs abdominales . .	28	2
VI.	Péritoine	Péritonite	11	3
VII.	Système nerveux	Apoplexie et hémorragie cérébrale	37	5
		Ramollissement cérébral .	3	3
		Tumeur cérébrale . . .	3	1
		Myélite	9	2
		Épilepsie	3	1
		Méningite purulente . .	5	3
		Méningite tuberculeuse .	17	11
VIII.	Système osseux	Ostéo-sarcome	6	1
		Tuberculose	18	4
		Spina bifida	3	2
IX	Affections diverses		68	10
		TOTAUX . . .	604	152

En résumé, sur 604 cas, j'ai rencontré 152 fois une fente ou un orifice permettant au stylet de passer de l'oreillette droite dans la cavité auriculaire gauche ; la proportion est donc un peu supérieure à 25 %.

Influence de l'âge. — J'ai essayé de déterminer quelle est l'influence de l'âge sur la fréquence d'une communication interauriculaire.

Voici le résultat de mes constatations, exclusion faite des maladies infantiles.

AGE DU SUJET.	Nombre d'autopsies pratiquées.	Persistance du trou de Botal.	Proportion.
10 à 20 ans	72	19	environ 26 %
20 à 30 ans	85	19	— 22 %
30 à 40 ans	78	28	— 36 %
40 à 50 ans	86	26	— 30 %
50 à 60 ans	91	20	— 22 %
60 à 70 ans	49	9	— 18 %
70 à 80 ans	17	11	— 64 %

La proportion est assez faible de 10 à 30 ans, environ 24 % ; elle augmente notablement jusqu'à 50 ans (33 %) pour diminuer pendant la période suivante (20 % de 50 à 70 ans). Constatation curieuse, dont la portée m'échappe, après 70 ans, la proportion devient extrêmement forte (64 %).

Peut-être pourrait-on incriminer, pour expliquer ce fait, un certain affaiblissement de la tonicité cardiaque ou du relâchement dans les adhérences. Le cœur du vieillard subit, en effet, certaines altérations séniles qui peuvent, jusqu'à un certain point, rendre compte de cette fréquence.

Les lésions d'athérome et d'endocardite, inséparables compagnes de l'usure organique, entraînent un trouble dans le fonctionnement du cœur, les oreillettes se distendent, le cœur droit se dilate; il en résulte de la stase pulmonaire et une prédisposition marquée à la chronicité des affections de l'appareil respiratoire.

Ces divers éléments modifient sensiblement la pression du sang dans les oreillettes, la paroi interauriculaire est tiraillée, tendue, les adhérences se détachent, les feuillets glissent l'un sur l'autre déterminant la formation d'un trou ou d'une fente de Botal.

Cette reconstitution lente et progressive de l'état fœtal ne paraît pas entraîner de conséquences bien graves; il en est autrement quand elle se fait brusquement, chez les vieillards, à la suite de lésions aiguës très étendues du poumon, la pneumonie par exemple. Dans ce cas, elle contribue au travail d'asphyxie et assombrit notablement le pronostic.

Sous le rapport de fréquence, la première enfance se rapproche de l'extrême vieillesse; j'ai pu souvent m'en rendre compte et constater la présence presque constante d'une communication entre les oreillettes chez les enfants de quelques mois. Malheureusement, mon nombre d'autopsies est trop restreint pour me permettre une conclusion personnelle.

L'embryologie nous donne l'explication du chiffre très élevé fourni par la statistique infantile.

La nécessité de la projection sanguine de l'oreillette droite dans l'oreillette gauche cesse à la naissance. Dans la circulation fœtale, la veine cave inférieure ramenait au cœur, outre le sang veineux des membres inférieurs et du tronc, le sang artérialisé d'origine placentaire et le conduisait directement, au moyen de la valvule d'Eustache, dans l'oreillette gauche.

Les conditions dans lesquelles se fait la nouvelle circulation permettent la suppression de ce courant intra-auriculaire et entraînent l'obturation du trou de Botal, pour des raisons sur lesquelles j'insisterai plus loin.

Pendant une période de temps variable, généralement assez courte, huit à dix jours d'après la plupart des auteurs, la valvule membraneuse vient s'appliquer contre l'anneau musculaire, mais laisserait toutefois passer une petite quantité de sang. Puis il se crée, entre les bords supérieur et inférieur de l'anneau de Vieussens et la face droite de la valvule de Botal, un travail d'adhérences qui tend à réunir définitivement ces deux feuillets. Mais il persiste en avant un canal plus ou moins large que l'on retrouve généralement chez l'enfant de moins d'un an.

A partir de cet âge, les résistances qu'offre la région antérieure du trou de Botal au travail d'oblitération diminuent progressivement et, dans la majorité des cas, la fermeture est définitive et complète dans toute l'étendue de la circonférence botalienne.

Ces données nous permettent de comprendre la fréquence considérable de la perméabilité du trou de Botal chez l'enfant.

Elle est la règle pendant les premières semaines, se rencontre dans une proportion de 50 %, vers le dixième mois, de 30 % à 25 % à la fin de la deuxième année.

Influence du sexe. — L'influence du sexe est plus contestable.

J'ai autopsié 318 sujets, enfants et adultes, du sexe masculin, en rencontrant 95 fois la persistance du trou de Botal, soit environ 30 %. Sur 286 cœurs provenant de cadavres féminins, la communication existait 56 fois, donc à peu près 20 %.

D'après ces chiffres, la fréquence serait plus grande chez l'homme.

Dimensions. — Les dimensions de l'orifice interauriculaire sont extrêmement variables; le plus souvent très réduites, elles atteignent parfois 1 à 2 centimètres de diamètre et même davantage.

Je ne parle évidemment pas de l'anomalie, très rare, constituée par l'absence ou le manque de développement du septum qui sépare les oreillettes.

Voici ma statistique de mensuration au diamètre vertical du trou de Botal (148 cas) :

Très petit (au-dessous de 1 millimètre)	65 fois
1 à 3 millimètres	14 —
3 à 6 —	16 —
6 à 9 —	13 —
10 —	22 —
12 —	11 —
18 —	2 —
20 —	5 —

Cette mensuration a été prise dans le diamètre vertical, la paroi interauriculaire étant légèrement tendue et fixée par ses extrémités antérieure et postérieure.

Le diamètre transversal est généralement inférieur de moitié à la dimension verticale.

La longueur varie dans de grandes proportions, elle est en raison directe de la distance qui sépare le bord antérieur de la valvule membraneuse du segment antérieur de la circonférence du trou ovale. Elle est nulle dans le cas d'un orifice et peut atteindre de 5 à 10 millimètres s'il s'agit d'une fente.

Multiplicité. — On rencontre, mais assez rarement, plus d'un orifice dans la paroi interauriculaire ; ma statistique compte quatre cas de ce genre.

Le premier cœur présentait, outre une fente oblique de 8 millimètres de hauteur, un orifice arrondi situé au centre de la fosse ovale et muni d'une petite valvule à insertion gauche.

Dans le deuxième cas, j'ai trouvé deux orifices (3 et 6 millimètres).

Un troisième cas me renseigne une fente de 12 millimètres de hauteur en arrière de laquelle était située une perforation circulaire de 4 millimètres de diamètre.

Enfin, j'ai eu l'occasion de voir dernièrement à la Société d'anatomie pathologique de Bruxelles (1), un cœur d'enfant dont le septum auriculaire était quatre fois perforé.

On a signalé quelques cas où la fosse ovale était criblée de petits orifices et l'on a comparé cette disposition à l'état fenêtré que l'on rencontre au bord libre des valvules sigmoïdes, à côté du nodule d'Arantius.

La duplicité du « trou de Botal » tient, généralement, à la bifurcation de la fente primitive formée par des brides ou des rétractions cicatricielles ; il en était ainsi dans les trois premiers cas.

Toute différente est l'origine embryologique de l'état fenêtré qui est dû à des défections ou au développement incomplet de la valvule membraneuse. Sur le cœur présenté à la Société d'anatomie pathologique de Bruxelles, on pouvait constater ces deux variétés de perméabilité botalienne.

Rapport avec les affections du cœur. — On a souvent émis l'opinion qu'il y avait un rapport direct entre les anomalies du cœur

(1) Séance du 11 novembre 1898.

et les altérations organiques de ce viscère ; d'aucuns ont admis que la persistance du trou de Botal était due à des lésions d'endocardite ou d'athérome vasculaire ; d'autres, que cette perforation exerçait une influence fâcheuse sur la circulation cardiaque.

J'ai voulu me rendre compte de la fréquence de cette disposition anatomique dans les maladies de l'appareil circulatoire.

Pour avoir des points de comparaison, j'ai renseigné également dans ma statistique la proportion pour les affections des autres systèmes de l'économie.

Voici le résultat de ces recherches:

Sur 185 décès dus à des maladies de l'appareil respiratoire, j'ai rencontré 53 fois la persistance du trou de Botal, soit 286 °/₀₀.

Pour la tuberculose pulmonaire, qui entre pour une large part dans ce chiffre (113 cas), la proportion est sensiblement la même, 283 °/₀₀.

Dans les affections de l'appareil digestif, elle est de 237 °/₀₀.

Dans les affections de l'appareil génito-urinaire, 198 °/₀₀.

Dans les affections du système nerveux, 337 °/₀₀.

Restent les maladies du cœur et des vaisseaux où la proportion atteint à peine 245 °/₀₀.

Ce chiffre, relativement peu élevé, est déjà en contradiction avec les théories émises plus haut ; un examen plus approfondi en confirme cependant l'exactitude.

Mes recherches ont porté, d'une part, sur le poids et le volume des cœurs présentant un trou de Botal persistant ; d'autre part, sur l'état d'intégrité du feuillet péricardique et du muscle cardiaque, ainsi que sur la fréquence des lésions d'endocardite et d'athérome des vaisseaux.

Les tableaux suivants renseignent les résultats obtenus.

A. — Poids du cœur.

Pour obtenir le poids du cœur, j'ai eu recours à la méthode suivante :

On sectionne au couteau les artères de la base à une distance de 6 à 7 centimètres, les veines au niveau de leur orifice d'abouchement, on exprime les caillots contenus dans les oreillettes et les gros vaisseaux et on fait passer un courant d'eau dans les ventricules; le cœur est ainsi débarrassé de la presque totalité du sang qu'il contenait.

La recherche n'a pas été faite dans 21 cas de persistance du trou de Botal chez l'enfant.

La statistique porte sur 131 cœurs d'adultes.

Moins de 200 grammes. 15	
200 à 250 — 22	} 49 %
250 à 300 — 27	
300 à 350 — 24	} 27 %
350 à 400 — 11	
400 à 450 — 16	
450 à 500 — 5	
500 à 550 — 5	} 24 %
550 à 600 — 3	
600 à 650 — 3	

J'ai considéré comme normal, conformément aux résultats de mes autopsies, un poids du cœur ne dépassant pas 300 grammes; dans son Traité d'anatomie pathologique, Letulle (1) admet comme moyenne, chez l'homme, 270 grammes, chez la femme, 250 grammes.

D'après les chiffres précédents, dans 49 % soit la moitié des cas, le poids du cœur était normal.

Dans 21 %, soit un quart des cas seulement, l'augmentation était considérable; dans 27 % elle était peu marquée.

B. — État du cœur (152 cas).

Pour l'appréciation de l'état du cœur, j'ai tenu compte du poids et des mensurations de l'organe, de l'épaisseur relative des parois ventriculaires et de la surcharge graisseuse cardiaque.

Atrophie . . . . 5; soit 3.3 %
Hypertrophie. . . . . . 57; soit 37,5 %
Dilatation . . . . 9; soit 5,9 %
État normal . . . . 81; soit 53,3 %

En faisant abstraction des rares cas d'atrophie et de dilatation, on voit que l'état normal se rencontre 53 fois %, l'hypertrophie 37.5 %.

(1) Letulle, *Anatomie pathologique.* — *Cœur; Vaisseaux; Poumons,* 1897.

C. — Lésions du cœur (152 cas).

J'ai considéré comme lésions d'endocardite, l'opacité bien marquée, l'épaississement et toutes les altérations graves de l'endothélium et des replis valvulaires, et j'ai rangé dans la catégorie des cœurs normaux ceux même dont l'endocarde était légèrement opacifié ou grisâtre au niveau de la région mitro-sigmoïdienne ; il est en effet très rare de rencontrer, à partir de l'âge de 30 ans, un cœur dont le feuillet endocardique reste transparent dans l'espace qui est situé en dessous des valvules sigmoïdes aortiques, à la hauteur de l'orifice mitral.

Péricardite 45	représentent une série de 57 cœurs
Myocardite 11	offrant des lésions parfois com-
Endocardite 45	binées.
État normal 95	

D'après ces résultats, je puis conclure que les maladies organiques du cœur ne coexistent que dans une proportion de 37.5 °/₀ avec la persistance du trou de Botal.

D. — Athérome des vaisseaux (152 cas).

J'ai trouvé, en examinant à ce point de vue, le système artériel des sujets offrant une persistance du trou de Botal.

27 fois des lésions très développées d'athérome; soit. . . . 17,9 °/₀
69 fois peu d'athérome; soit . . . . 45,3 °/₀
56 fois l'état normal; soit . . . . 36,8 °/₀

Pour cette recherche, j'ai considéré comme dans l'état normal, le cœur qui ne présentait aucune trace d'athérome et dont la paroi était saine.

L'altération athéromateuse peu marquée est représentée par l'apparition de quelques points au niveau de l'intersection des replis valvulaires sigmoïdes et l'infiltration légère de la valvule mitrale.

A un degré plus développé correspond la lésion d'athérome très marqué.

Si je compare ces chiffres à la proportion de fréquence moyenne des lésions athéromateuses rencontrées au cours de mes autopsies :

> Athérome très marqué. . . . . 36 °/₀
>
> Athérome peu marqué. . . . . 38 °/₀
>
> Absence d'athérome. . . . . 26 °/₀

Je puis conclure que l'intégrité du système vasculaire est relativement plus fréquente chez les cœurs dont le septum interauriculaire reste perforé que chez les autres.

En groupant les résultats de ces recherches, nous voyons que :

1° Sur 100 cas d'affection cardiaque, on trouve environ 25 fois la non-oblitération du trou de Botal, soit exactement la même proportion que donne la statistique générale sans distinction de maladies ;

2° Dans 49 °/₀ des cas de persistance de cet orifice, le poids du cœur est normal ;

3° Les lésions d'hypertrophie, d'atrophie et de dilatation ne s'y rencontrent que 47 fois °/₀ ;

4° Les altérations du péricarde, du myocarde et de l'endocarde existent 37 1/2 fois °/₀ ;

5° L'athérome des vaisseaux est peu fréquent chez les sujets à septum interauriculaire oblitéré.

Il se dégage de ces constatations une conclusion très nette : *La persistance du trou de Botal n'est ni cause ni conséquence de lésions organiques du cœur.*

II. — Anatomie du septum auriculaire.

L'anatomie des oreillettes, et spécialement la description de la paroi interauriculaire, manque généralement de précision et varie dans ses détails suivant l'auteur que l'on consulte ; c'est la raison pour laquelle j'ai tenu à la contrôler minutieusement.

Elle doit, pour être rationnelle et claire, suivre pas à pas le développement embryologique.

Au point de vue anatomique, nous aurons à considérer quatre états différents, correspondant aux étapes de l'évolution du trou et de la valvule de Botal :

1° Trou ovale sans valvule chez l'embryon ;
2° Trou ovale avec valvule chez le fœtus ;
3° Trou ovale avec valvule obturante, chez le nouveau-né ;
4° Fosse ovale chez l'adulte.

1. — *Trou ovale sans valvule.*

Nous savons que le cœur, primitivement un tube droit, subit, après sa double incurvation en S, un travail de segmentation multiple, qui aboutit à la formation du ventricule et de l'oreillette uniques, divisés par le sillon auriculo-ventriculaire, au niveau duquel se développent les orifices mitral et tricuspide.

Le sillon supérieur a séparé du cœur le vaisseau primitif, qui donnera naissance aux artères de la base.

A un stade plus avancé, naît la cloison interventriculaire, peu après le septum intermédium qui forme les valvules auriculo-ventriculaires droite ou gauche ; en dernier lieu, surgit à l'angle postéro-supérieur de la cavité auriculaire, une membrane qui marche, vers le bas, à la rencontre du septum intermédium. Elle finit par constituer une cloison qui divise la cavité auriculaire en deux parties sensiblement égales, mais qui reste incomplète et perforée à sa partie centrale, pour des raisons de circulation sur lesquelles j'insisterai plus loin.

Telle est la disposition que l'on rencontre chez l'embryon.

Nous pouvons assigner le quatrième mois de la vie utérine comme extrême limite à cette première période de l'organisation de la paroi interauriculaire.

Elle est constituée, à cette époque, par un feuillet membraneux, contenant dans son épaisseur de rares fibres musculaires et présentant un orifice central de forme ovalaire dépourvu de valvule, que l'on appelle trou de Botal.

2. — *Trou ovale avec valvule.*

Vers le quatrième mois naît la valvule de Botal.

La plupart des auteurs la considèrent comme un prolongement du bord libre du segment postérieur de l'anneau qui limite le trou ovale. D'après mes observations, elle se développerait aux dépens de la face gauche de ce segment postérieur et se dirige en avant dans l'oreillette gauche, sous forme d'un feuillet membraneux transparent, à bord antérieur aminci ; elle progresse parallèlement au trou de Botal qu'elle finit par recouvrir entièrement ; dans les derniers temps, elle dépasse les bords supérieur et inférieur de l'orifice et recouvre la face gauche du segment musculaire antérieur de l'anneau de Vieussens. A la fin du neuvième mois, elle est constituée d'un tissu fibro-celluleux recouvert à ses deux faces d'un revêtement endothélial.

Au moment de la naissance se termine la deuxième phase du développement de la paroi interauriculaire. Elle forme alors un plan médian musculo-membraneux, perforé d'un orifice ovalaire de 8 à 10 millimètres de diamètre vertical et dont le diamètre antéro-postérieur ne dépasse pas 5 à 6 millimètres.

Cette perforation est recouverte, du côté gauche, par une valvule juxtaposée adhérente en arrière, qui la déborde de toutes parts et qui flotte dans l'oreillette gauche, continuellement repoussée par le courant sanguin de la veine cave inférieure qui traverse le trou de Botal.

3. — *Trou de Botal avec obturation valvulaire.*

Pour comprendre la troisième transformation de la paroi interauriculaire, il importe de rappeler les modifications que subit, à la naissance, la circulation fœtale ; elle en est la conséquence directe.

Chez le fœtus, le sang oxygéné dans le placenta est ramené par la veine ombilicale et traverse le canal veineux pour se jeter dans la veine cave inférieure. Ce vaisseau transporte également au cœur le sang des membres inférieurs et des viscères abdominaux, et contient donc du sang veineux et artériel.

La veine cave inférieure se termine à l'oreillette droite, mais la valvule d'Eustache, située près de son embouchure, conduit son contenu à travers le trou de Botal dans l'oreillette gauche.

Le sang qui revient de la tête et des membres supérieurs tombe verticalement de la veine cave supérieure dans l'oreillette droite, croise le courant botalien et distend le ventricule droit.

A la naissance, la première inspiration de l'enfant dilate les poumons qui se remplissent d'air et de sang ; il en résulte une aspiration puissante exercée sur le ventricule droit, par l'intermédiaire de l'artère pulmonaire ; tout le sang de la veine cave inférieure est attiré dans la cavité ventriculaire droite et cesse de passer dans l'oreillette gauche.

La seconde conséquence de la respiration est l'élévation de pression dans l'oreillette gauche, à la suite de l'afflux sanguin très abondant des veines pulmonaires.

D'autre part, la ligature du cordon et l'atrophie des vaisseaux ombilicaux enlèvent à la veine cave inférieure un apport très important de sang ; la pression qui règne dans ce vaisseau diminue donc considérablement.

De cette triple modification dans l'appareil circulatoire résulte l'occlusion du trou de Botal.

En effet, la pression diminue dans l'oreillette droite, parce que le sang veineux est attiré dans le ventricule et que l'apport de la veine cave inférieure est moindre, elle augmente dans l'oreillette gauche par l'activité intense des veines pulmonaires.

La valvule membraneuse se rabat contre l'anneau de Vieussens et tend à fermer le trou de Botal.

Dans ce troisième état, la paroi interauriculaire se présente comme un plan musculo-membraneux à orifice ovalaire central, obturé par une valvule suffisante qui le déborde partout.

4. — *Oblitération du trou de Botal.*

La période d'obturation simple du trou de Botal est très courte : elle dure à peine quelques jours, parfois quelques semaines.

Pendant les premières heures persiste un léger suintement sanguin par le trou ovale, il s'exagère pendant l'effort et par les cris de l'enfant, mais bientôt s'établit un travail d'adhérences qui tend à unir définitivement la valvule membraneuse à l'anneau musculaire de Vieussens.

L'obturation fait place à l'oblitération plus ou moins parfaite que l'on rencontre chez l'adulte.

Nous avons vu précédemment que cette dernière transformation de la paroi interauriculaire se termine dans le courant de la deuxième année et aboutit à la production de la fosse ovale.

Dans un assez grand nombre de cas, 25 % d'après mes statistiques, persiste une communication entre les deux oreillettes, par un orifice plus ou moins grand ou une fente oblique en avant et à gauche.

Entre l'oblitération parfaite et complète et la large perméabilité, existent un nombre considérable d'états intermédiaires, d'aspect variable, sur lesquels j'insisterai plus loin.

D'après Sappey (1), « le trou de Botal est dépourvu de valvule pendant les deux ou trois premiers mois de la vie intra-utérine; mais après cette époque, on voit naître de la moitié inférieure et postérieure de sa circonférence un repli valvulaire très mince, transparent, contenant dans son épaisseur quelques fibres musculaires. Ce repli, qui regarde par une de ses faces du côté de la veine cave inférieure et par l'autre du côté de l'oreillette gauche, *occupe le plan de la cloison interauriculaire*. Sa forme est celle d'un croissant dont le bord concave s'élève peu à peu. Au cinquième ou sixième mois de la grossesse, ce bord concave atteint la partie la plus élevée du trou de Botal, en sorte que celui-ci est presque entièrement fermé. A la naissance, il déborde la partie correspondante de l'anneau de Vieussens et commence à contracter avec cet anneau une union de plus en plus intime. Quelquefois cette union reste incomplète; alors existe la fissure oblique précédemment mentionnée, établissant entre les deux oreillettes une communication apparente, mais disposée de telle sorte que les deux cavités en réalité restent parfaitement indépendantes. »

Cette description renferme quelques inexactitudes :

La valvule membraneuse ne prolonge pas la circonférence

---

(1) Sappey, *Traité d'anatomie descriptive*, 1888, 4ᵉ éd., vol. II, p. 450.

Préparation I.

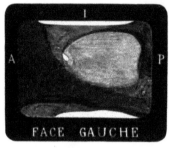

FACE GAUCHE

Fig. 1.

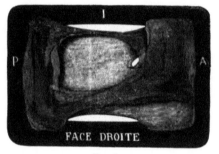

FACE DROITE

Fig. 2.

Fente de Botal. — Forme habituelle de la persistance botalienne; le diamètre vertical mesure sur cette préparation 5 millimètres; les parois de la fente sont écartées afin de mettre en évidence les orifices droit et gauche.

Sur la face gauche (fig. 1) l'endocarde passe sans transition en arrière de la valvule sur l'anneau de Vieussens.

La figure 2 démontre que l'insertion de la valvule se fait bien en arrière du bord libre de la circonférence ovale, qui est très développé sur cette pièce.

Préparation II.   Préparation III.

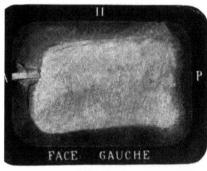

FACE GAUCHE

Fig. 3.

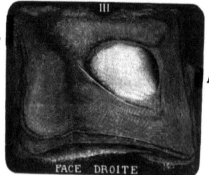

FACE DROITE

Fig 4.

Fig. 3. — *Disposition en cul-de-sac.* — Forme d'oblitération très régulière. La face gauche constitue un plan lisse de toute part; en avant existe l'orifice d'entrée d'un pertuis profond de 7 millimetres qui va en se rétrécissant.

Fig. 4. — *Disposition en cul-de-sac.* — Forme d'oblitération très irrégulière avec épaississement de l'anneau musculaire de Vieussens. En avant existe un cul-de-sac de 4 millimètres de profondeur, en arrière on trouve également un cul-de-sac qui se continue par une gouttière creusée aux dépens du segment inférieur de la circonférence ovale.

N. B. Les gravures sur bois sont la reproduction d'après nature des préparations anatomiques qui étaient annexées au mémoire.

La lettre A indique le bord antérieur du septum inter-auriculaire, la lettre P le bord postérieur.

postéro-inférieure du trou ovale et ne se trouve pas dans le plan de la cloison:

Elle ne s'insère pas, en général, comme l'ont décrit certains auteurs, au bord libre du segment postérieur de la circonférence ovale pour se diriger obliquement à gauche et en avant.

Voici la disposition observée presque régulièrement dans mes autopsies : il n'y a pas de véritable insertion (voir fig. 1 et 2), mais un adossement de la valvule à la face gauche du segment musculaire postérieur de l'anneau de Vieussens, de sorte que l'endocarde auriculaire ne tapisse pas ce segment, mais passe directement sur la face gauche du repli membraneux de Botal. De cet endroit, la valvule se dirige en avant et à gauche, dépasse le bord antérieur du trou ovale et se termine en forme de croissant concave, dont les extrémités se perdent en expansions ou véritables piliers musculo-membraneux qui fixent le repli valvulaire au septum. Il se forme ainsi un angle dièdre, ouvert en avant et à gauche, qui peut atteindre 10 à 15 millimètres de dimension verticale et constitue, en cas de non-oblitération, la fente de Botal.

D'après MM. Bard et Curtillet (1), « cette valvule s'insère en arrière sur la lèvre gauche du bord postérieur du trou ovale ; de là, ses insertions, au lieu de suivre exactement les bords supérieur et inférieur de l'orifice, s'en écartent et s'avancent sur la face gauche de la cloison interauriculaire, de telle manière que la ligne d'insertion, loin de se confondre avec ses bords, forme tout autour, d'eux, en haut et en bas, une gouttière qui devient de plus en plus profonde à mesure qu'on se rapproche de la partie antérieure de l'orifice. Les deux points extrêmes de cette ligne sont réunis par le bord antérieur de la valvule qui passe lui-même en avant du bord antérieur du trou de Botal. Le plan de la valvule forme ainsi avec celui de l'orifice lui-même un angle dièdre ouvert en avant et à gauche.

» Cette disposition explique l'obliquité du trajet sur laquelle tous les auteurs ont insisté et qui se comprendrait mal si la valvule ne s'insérait pas en dehors des bords de l'orifice, si, en un mot, elle occupait le plan même de la cloison. »

(1) BARD et CURTILLET, Contribution à l'étude de la physiologie pathologique de la maladie bleue. Forme tardive de cette affection. (Revue de médecine, t. IX, 1889, p. 995.)

Je n'ai rien à ajouter à cette description qui confirme le résultat de mes observations personnelles; elle démontre, à toute évidence, l'impossibilité pour la valvule et le trou de Botal de se trouver dans le même plan.

Dans leur étude très intéressante, ces auteurs disent avoir rencontré deux fois sur la face droite de l'orifice une petite valvule rudimentaire, analogue à la valvule de Botal.

« Cette dernière, ajoutent-ils, n'est pas aussi rare que pourrait le faire croire le silence des auteurs à son égard; bien que nous ne l'ayons rencontrée que deux fois dans nos recherches à l'état isolé, il est probable que son existence est à peu près constante, car on peut facilement, dans la généralité des cas, en constater les vestiges dans la partie postérieure de la valvule de Vieussens avec laquelle elle se fusionne rapidement. Celle-ci, en effet, est toujours plus épaisse à sa partie postérieure et offre ordinairement sur sa face droite un aspect réticulaire plus ou moins accusé, qui est dû sans doute aux éléments de la petite valvule du côté droit (1). »

Je n'ai jamais rencontré, pour ma part, une deuxième valvule située du côté droit; dans certains cas, il est vrai, le segment postérieur est épaissi et réticulé, mais cette modification se rencontre, plus fréquemment peut-être, dans la zone antérieure et supérieure de l'anneau de Vieussens. Quoi qu'il en soit de l'existence de cette valvule supplémentaire, sa rareté et son exiguïté permettent de ne pas s'y arrêter plus longtemps.

Elle ne répond au surplus à aucune nécessité physiologique chez l'enfant ou l'embryon et me paraît, dans ces conditions, devoir être rattachée à une anomalie de développement.

La perméabilité est-elle une anomalie? J'ai décrit antérieurement la dernière transformation de la paroi interauriculaire qui aboutit généralement dans le cours de la deuxième année à substituer au trou de Botal la fosse ovale.

Dans un certain nombre de cas persiste, chez l'adulte, une perméabilité très réduite. Doit-on considérer cet état anatomique comme une anomalie ou un vice de développement?

Il importe, en premier lieu, de remarquer la différence consi-

(1) BARD et CURTILLET, *loc. cit.*, p. 996.

dérable qui existe entre les malformations du cœur, comme la défection de la paroi interventriculaire, l'interversion des origines artérielles, les anomalies de nombre ou de conformation des valvules sigmoïdes, et la persistance du trou de Botal; les premières ont une origine embryologique et remontent à la vie intra-utérine, l'oblitération du « foramen ovale » se produit après la naissance.

D'autre part, la proportion très grande de sujets (25 °/₀ dans ma statistique personnelle) chez qui la communication interauriculaire persiste, ne permet pas de la considérer comme une exception, mais bien comme une variété de la disposition normale.

On ne peut enfin affirmer que cette dernière soit toujours représentée par une conformation anatomique identique, invariablement la même.

Formes d'oblitération. — Entre l'oblitération parfaite et régulière et la persistance d'une large fente de Botal (voir fig. 3 et 4), on rencontre un grand nombre d'états intermédiaires, qui établissent entre elles un rapport intime et unissent ces extrêmes par une série de graduations insensiblement progressantes.

L'oblitération du trou de Botal peut réaliser un degré de perfection qui rende difficile la délimitation précise du territoire de la fosse ovale; à peine trouve-t-on, en examinant la paroi interauriculaire par transparence, une zone qui reste translucide à la lumière, l'opacité augmentant excentriquement. A gauche, l'endocarde passe sans transition nette de la face postérieure de l'oreillette sur l'anneau de Vieussens et se continue, lisse et transparent, sur les parties antérieures de la cavité; à droite, le cercle musculaire se confond en s'amincissant avec la valvule membraneuse; parfois l'anneau de Vieussens s'est atrophié régulièrement sans rétractions endocardiques et le doigt ne rencontre aucune saillie sur la face droite du septum interauriculaire.

Le plus souvent, le travail de soudure entre les bords du trou de Botal et la valvule membraneuse a laissé des traces très visibles; la fosse ovale est entourée d'une circonférence épaissie, grisâtre, de consistance fibroïde, surtout visible à droite.

Dans le segment antérieur surtout, les expansions valvulaires peuvent rester apparentes sous forme de cordons fibreux, durs;

analogues d'aspect aux piliers cardiaques de troisième ordre ; dans d'autres cas, ils n'adhèrent à la paroi interauriculaire que dans une partie de leur étendue et pourraient se comparer aux piliers valvulaires de l'orifice mitral.

Dans un certain nombre de cas, tout le pourtour de la fosse ovale est entouré de rétractions endocardiques grisâtres, tandis qu'en avant, la valvule se prolonge par des colonnes fibro-musculaires sous lesquelles le stylet pénètre à une profondeur variable (voir fig. 4).

Telles sont quelques-unes des dispositions d'oblitération. Envisageons maintenant les variétés de persistance.

Variétés de persistance. — Elle peut se faire par une fente ou par un trou ; en réalité, la distance qui sépare ces deux modalités n'est qu'apparente et tient au développement plus ou moins marqué de la partie valvulaire qui recouvre le segment antérieur de l'anneau de Vieussens.

Fente. — Si la valvule s'avance sur une grande étendue, on aura un véritable canal à direction oblique en avant et à gauche, dont les orifices antérieur et postérieur peuvent être distants de 5 à 10 millimètres ; généralement l'ouverture droite est plus réduite de diamètre.

Le canal a des dimensions qui vont en augmentant de droite à gauche et fréquemment même l'orifice postérieur est oblitéré (voir fig. 3 et 4); on a alors la variété « en cul-de-sac » constituée par un pertuis plus ou moins régulier, à ouverture antérieure gauche, où le stylet pénètre à une profondeur de quelques millimètres et vient butter en arrière contre l'endocarde droit épaissi et rétracté qui le termine.

La fente de Botal est la disposition la plus fréquente (voir fig. 1, 2 et 7); elle se présente sous la forme d'une fissure allongée dans le sens vertical, pouvant atteindre une hauteur de 15 à 20 millimètres; les bords en sont amincis, surtout celui du côté gauche ; en tendant légèrement le septum interauriculaire, on peut mesurer le diamètre transversal, généralement très petit.

Parmi les formes de persistance, la fente de Botal est incontestablement la plus fréquente, 70 à 75 °/₀ d'après mes statistiques.

Trou de Botal. — On rencontre moins souvent le « trou de Botal » proprement dit. Il résulte de la rétraction des digitations membraneuses antérieures de la valvule et se présente sous forme d'un orifice généralement ovalaire, à grand diamètre vertical, très rarement arrondi ; parfois il est irrégulier, à bords épais, grisâtres (voir fig. 4).

Il est exceptionnel de trouver un orifice botalien de grandes dimensions (voir fig. 6) ; parfois, chez le vieillard, il m'a été donné d'en découvrir, surtout dans les cas de pneumonie et d'affection organique du cœur s'accompagnant de stase pulmonaire et de dilatation des oreillettes.

Persistance de l'état fœtal. — Pour être complet, il me faut encore citer l'état fenêtré et le trou de Botal ayant conservé ses dimensions fœtales, quoique ces variétés doivent être considérées comme des anomalies de développement de la valvule membraneuse.

La persistance de l'état fœtal est due à l'absence ou à la conformation vicieuse du repli valvulaire de Botal ; elle n'est pas compatible avec la vie et rentre pour une infime partie dans l'étiologie de la maladie bleue du nouveau-né.

État fenêtré. — L'état fenêtré de la fosse ovale est une altération encore peu connue de la valvule membraneuse que l'on a comparée, à juste titre, à la disposition analogue que présente parfois le bord libre des valvules aortiques et pulmonaires.

Malheureusement, l'explication que l'on a donnée de cette conformation étrange des replis sigmoïdes : « une raison d'économie organique », me paraît moins admissible ici.

Nous savons, en effet, que seule la partie médiane du bord libre où se trouve le nodule cartilagineux contribue à la suffisance de l'orifice artériel ; les valvules sigmoïdes s'adossent les unes aux autres dans la partie appelée segment inférieur, représentée par un triangle qui a pour base le bord adhérent de la valvule et pour sommet le nodule ; ce segment inférieur est, du reste, le lieu d'élection de l'endocardite aortique.

La même explication ne peut donc se rapporter à l'état fenêtré de la valvule de Botal dont tous les points ont une valeur fonctionnelle égale.

Si dans ce cas on examine la fosse ovale, on la trouve perforée de petits orifices plus ou moins nombreux, surtout au voisinage des bords de la circonférence de Vieussens.

Cette variété est très rare.

J'ai indiqué plus haut combien elle diffère de la multiplicité du « trou de Botal » qui a une tout autre signification.

Sur 604 autopsies, je n'ai rencontré que 4 cœurs dont la paroi interauriculaire offrait plus d'un orifice.

Généralement on trouve au-dessus ou au-dessous de la fente ou de l'orifice principal un trou très petit qui en est séparé par une bride valvulaire.

Fréquence relative. — Si l'on compare enfin la fréquence relative de ces nombreuses variétés de conformation de la paroi interauriculaire chez l'adulte, on est surpris de voir qu'à côté de la proportion de persistance, 25 %, existent des chiffres sensiblement les mêmes pour la forme d'oblitération avec digitations membraneuses et celle en « cul-de-sac »; le dernier quart comprend les diverses variétés plus parfaites et celles qui s'accompagnent d'épaississements et de rétractions très marquées de l'endocarde.

Des considérations précédentes, il est permis de conclure que ces différentes manières d'être de la paroi interauriculaire ont une signification identique ; elles représentent les diverses étapes du travail d'oblitération du trou de Botal et sont aussi normales les unes que les autres.

La persistance du trou de Botal ne peut donc être considérée comme anomalie.

iII. — Valeur fonctionnelle de la persistance
du trou de Botal.

Quelles sont les conséquences de la persistance du trou de Botal au point de vue de la circulation cardiaque?

Alors que la plupart des auteurs persistent à nier même l'existence de courants dérivés interauriculaires, quelques-uns se sont attachés à les démontrer et à en exagérer peut-être l'importance.

Mes vues théoriques sur cette question sont basées sur quelques expériences personnelles, entreprises du reste sans souci de prouver une thèse quelconque.

Leur valeur relative ne m'échappe pas; je les crois cependant assez précises pour me permettre quelques conclusions.

En réalité, le problème de la valeur fonctionnelle d'une persistance botalienne est complexe et difficile à résoudre. Seule l'expérience sur l'animal vivant serait décisive; malheureusement, l'impossibilité à peu près absolue de diagnostiquer cet état anatomique, les difficultés de l'exécution, les causes d'erreur qui fourmillent presque inévitables et enlèveraient à l'expérience toute portée, ne m'ont pas permis, jusqu'à présent, de réaliser ce desideratum; j'ai dû me limiter à des essais de circulation intracardiaque artificielle, dont je décrirai plus loin le procédé et les résultats.

En parcourant le très intéressant travail de M. Firket publié dans le *Bulletin de l'Académie royale de médecine de Belgique*, j'ai rencontré plusieurs points auxquels je ne puis me rallier.

L'auteur écrit ce qui suit (1) : « Pour les cas les plus fréquents où la communication anatomique est réduite à une simple fente, on dit, et avec raison, que lors de la contraction synchronique des oreillettes, la pression sanguine, sensiblement égale des deux côtés de la cloison interauriculaire, tend à accoler intimement les parois de la fente et s'oppose ainsi au passage du sang d'une cavité dans l'autre.

» Même s'il s'agit d'une large ouverture, d'un trou de Botal pro-

---

(1) FIRKET, *loc. cit.*, pp. 87 et 88.

prement dit, on admet que si la pression reste sensiblement la même dans les deux oreillettes, le sang des deux cavités ne se mélange pas, mais qu'il se forme au niveau de l'orifice une couche liquide qui reste immobile, maintenue en équilibre par l'effet des pressions égales en sens contraires. »

Il importe de faire des réserves sur ces opinions admises par M. Firket.

Si l'on se représente théoriquement ce qui se passe dans les cavités auriculaires au moment de la contraction cardiaque, on serait tenté d'admettre une autre manière de voir.

Prenons un cœur sain où les pressions s'exercent normalement.

Les orcillettes peuvent être comparées à deux poches membraneuses, élastiques, se laissant distendre par le sang et se contractant simultanément pour le chasser dans les ventricules.

A droite, nous avons trois orifices d'entrée : un supérieur, pour la veine cave supérieure, deux postérieurs, pour la veine cave inférieure et la veine coronaire ; il en résulte deux courants : vertical et transversal ; à l'extrémité inférieure se trouve l'entrée du ventricule.

A gauche, l'oreillette présente, outre l'orifice de sortie, la quadruple embouchure des veines pulmonaires, située à la paroi supérieure de la cavité ; de ce côté, il n'existe donc qu'un courant unique à direction verticale.

Quelle sera, pendant la diastole, leur action sur la paroi inter-auriculaire et sur les divers états de perforation que l'on y rencontre ?

A la naissance, on peut admettre que le trou de Botal et la valvule membraneuse forment une disposition de soupape permettant à l'onde sanguine de passer de droite à gauche en empêchant le reflux en sens inverse.

Pour annihiler l'effet de son fonctionnement, créer l'état d'obturation, il est indispensable que la pression dans l'oreillette gauche l'emporte sur celle du côté droit.

En réalité, cette différence de pression est considérable chez le nouveau-né et persiste, quoique dans des proportions moindres, pendant les premiers jours qui suivent la naissance.

Si l'on consulte les traités de physiologie, on trouve que les auteurs admettent que la pression est sensiblement la même dans les deux oreillettes : elle oscille autour de zéro, atteint une valeur de + 2 ou + 3 millimètres Hg pendant la réplétion et la systole auriculaire, et descend à — 2 ou — 3 millimètres Hg pendant les inspirations profondes.

D'autres cependant, comme MM. Fallot, Bard et Curtillet, affirment que la pression auriculaire gauche l'emporte sur celle du côté droit. En suivant l'opinion généralement adoptée de l'égalité des pressions auriculaires, on doit admettre, même à l'état normal, la possibilité du passage du sang par une fente de Botal ; la fissure botalienne restant béante permet aux courants dérivés de s'établir.

Si l'on admet que la pression l'emporte à gauche chez l'adulte, on peut affirmer que l'obturation est suffisante ; en effet, la paroi membraneuse gauche de la fente s'applique sur l'anneau de Vieussens et assure l'occlusion de la solution de continuité.

Pour les « trous de Botal » proprement dits, il faut les diviser en grands et petits, suivant leur diamètre et la manière dont ils se comportent vis-à-vis des courants sanguins auriculaires.

Firket admet que, même pour un large orifice, il n'y pas de passage de sang si les pressions sont sensiblement égales.

En théorie, cette manière de voir paraît inadmissible ; si dans deux cavités identiques, séparées par une paroi perforée, passe un courant d'eau à propriétés semblables de vitesse et de direction, ou si elles se distendent d'un liquide à même pression, il semble évident que les molécules aqueuses n'auront aucune tendance à passer d'une cavité dans l'autre.

Mais il n'en est plus de même dans les oreillettes : leur conformation est irrégulière, différente à droite et à gauche, leur surface interne est anfractueuse et inégale, leur capacité même peut varier ; ajoutons-y une différence sensible dans la direction et les caractères de l'apport sanguin ; tous ces facteurs modifient considérablement les conditions de l'expérience.

Il en résulte à toute évidence que la pression subira des fluctuations continuelles et que des courants dérivés s'établiront par un trou de Botal de dimensions importantes.

Le plus fréquemment, le passage s'effectue de gauche à droite par la déviation de l'onde verticale tombant des veines pulmonaires : plus rarement, sous l'influence de causes occasionnelles, se produit une exagération momentanée de pression dans l'oreil-

lette droite, telle la toux par exemple, en entravant passagèrement
la circulation pulmonaire ; dans ce cas, le passage se fera vers la
gauche, par une dérivation du courant vertical de la veine cave
supérieure ou par l'éparpillement du sang veineux amené par la
veine cave inférieure.

Il semble à première vue que l'orifice doive être considérable
pour permettre au sang de passer d'une cavité dans l'autre.

Les expériences rapportées plus loin démontrent qu'il n'en est
point ainsi ; un trou de Botal de 3 millimètres de diamètre suffit
déjà.

M. Firket(1) appuie sa manière de voir de faits nombreux, signalés par les auteurs, où la large persistance botalienne n'a pas
entraîné de troubles circulatoires appréciables.

Au cours de mes autopsies, j'ai rencontré plus d'une fois un
cœur à perforation étendue de la paroi interauriculaire, chez des
sujets n'ayant présenté aucun symptôme d'affection cardiaque ou
pulmonaire.

Peut-on en conclure que le passage du sang ne se produisait
pas ? Il faudrait pour cela démontrer que constamment, cette
dérivation d'un courant auriculaire, même faible, entraîne des
symptômes graves de cyanose.

Cette démonstration n'a jamais été produite et les recherches
récentes sur l'étiologie de la maladie bleue ne sont pas faites pour
la faciliter.

La cyanose congénitale, attribuée anciennement à une persistance de l'état fœtal du trou ovale, reconnaît pour cause certaines
anomalies cardiaques bien déterminées, alors que dans plusieurs
de ces cas on a constaté la parfaite occlusion du trou de Botal.

On ne peut donc affirmer que l'absence de troubles circulatoires implique l'absence de courant interauriculaire ; tout au
plus est-il permis de dire que la quantité de liquide sanguin
qui passe d'une cavité dans l'autre est trop peu considérable pour
exercer une influence fâcheuse ; nous verrons plus loin qu'elle
peut, dans le domaine pathologique, devenir un facteur de
débarras de la circulation pulmonaire.

Il nous reste à envisager les trous de Botal d'un diamètre res-

(1) FIRKET, loc. cit., p. 88.

treint, inférieur à 3 millimètres. Ma statistique renseigne, sur 148 cas de persistance, 65 fois un orifice d'un diamètre inférieur à 1 millimètre, 14 fois une perforation de 1 à 3 millimètres; donc cette variété est très fréquente et se rencontre dans plus de la moitié des cas de persistance.

Le passage du sang est-il encore possible? Je ne le pense pas; la très faible pression du sang, sa viscosité d'autre part, doivent l'enrayer notablement; quoi qu'il en soit de l'existence d'une dérivation de courant sanguin par un orifice aussi réduit, sa minime importance permet de ne pas en tenir compte.

Telles sont, à l'état normal, les conséquences d'une communication interauriculaire pendant la diastole.

Elles paraissent devoir se modifier légèrement pendant la systole auriculaire.

Originaire des grosses veines, l'onde chemine vers les oreillettes qui se contractent et chassent le sang dans le ventricule, où règne en ce moment une pression négative; l'effort exigé de la musculature auriculaire est donc très faible et la pression du liquide sanguin très modérée.

Fibres musculaires. — En outre, un facteur nouveau vient d'entrer en scène : la contraction des fibres musculaires de l'oreillette, dont l'intervention tendra à restreindre l'écoulement du liquide par le trou de Botal.

Il est intéressant d'examiner quelle est à ce point de vue la constitution de la paroi interauriculaire d'un adulte. Elle est mal déterminée; les auteurs se bornent à signaler l'anneau musculaire de Vieussens qui formerait, d'après Sappey (1), une saillie musculeuse inégalement prononcée suivant les individus, qui constitue un sphincter interrompu en bas et en arrière.

Si l'on examine attentivement un grand nombre d'oreillettes, on peut se convaincre que la disposition de cet anneau de Vieussens subit des variations considérables; le plus souvent il a la forme d'un segment d'anneau dirigé obliquement de haut en bas et de gauche à droite; son épaisseur varie : elle est à son maximum en avant, décroît progressivement, pour devenir très minime en

(1) SAPPEY, *loc. cit.*, p. 450.

bas et en arrière ; il est rare cependant de constater une interruption complète à ce niveau.

D'autres fois, il est réduit à quelques fibres circulaires qui se perdent dans l'épaisseur de la paroi interauriculaire. Il m'est arrivé de rencontrer une véritable circonférence fibro-musculeuse très ferme, réalisant le type sphinctérien parfait. Il est donc difficile de faire une description précise de cet anneau de Vieussens ; il n'en est pas moins vrai que sa contraction doit avoir pour résultat de diminuer le calibre du trou de Botal chez le fœtus et d'obturer plus ou moins complètement les perforations qui en sont les vestiges chez l'adulte.

Ce n'est pas tout : la valvule membraneuse comprend, parmi ses éléments constitutionnels, des fibres musculaires ; elles sont surtout apparentes sur des pièces sèches et se dessinent alors sous forme d'élégants faisceaux rubanés, comprenant un nombre plus ou moins grand de filaments musculaires.

Leur direction est variable ; elle est fréquemment circulaire et concentrique à l'anneau de Vieussens, mais souvent aussi mal déterminée ; les ondulations et les sinuosités que décrivent ces faisceaux varient d'un cœur à l'autre.

On observe parfois, et c'est la seule disposition qui nous intéresse, quelques fibres circonscrivant un orifice botalien et se perdant sur le septum, le long des expansions fibro-membraneuses de la valvule.

On arrive, dans certains cas, à délimiter de véritables piliers musculeux, dont j'ai antérieurement signalé les rapports de ressemblance avec les piliers valvulaires des ventricules.

L'action de ces éléments musculaires tend évidemment à réduire le diamètre du trou de Botal qu'ils circonscrivent et à rapprocher ses bords. En résumé, pendant la systole, la faible pression qui règne dans les oreillettes, la contraction des fibres musculaires de Vieussens et des faisceaux de la valvule membraneuse, s'opposent dans une large mesure à la dérivation des courants par le trou de Botal.

Il en résulte que la communication ne reste possible que par un grand orifice.

Après avoir exposé les modifications qu'exerce sur les courants auriculaires la perforation persistante du septum, je tiens à rapporter les expériences sur lesquelles se base ma manière de voir.

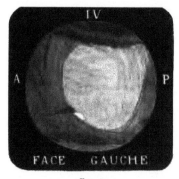
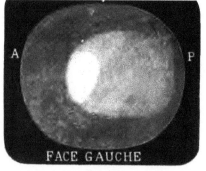

FIG. 5.

FIG. 6.

FIG. 5. — *Trou de Botal.* — Pièce provenant du cœur ayant servi à la première série d'expériences de circulation artificielle. On y voit deux orifices séparés par une languette valvulaire qui s'insère à l'angle inféro-antérieur de la circonférence ovale. Dans l'épaisseur de la valvule existent plusieurs faisceaux musculaires rubanés et onduleux.

FIG. 6. — *Large trou de Botal.* — Pièce provenant du cœur utilisé dans la seconde série d'expériences de circulation artificielle. Le trou de Botal persiste très large et mesure 13 millimètres de hauteur. La valvule membraneuse offre un développement très insuffisant.

Préparation VI.

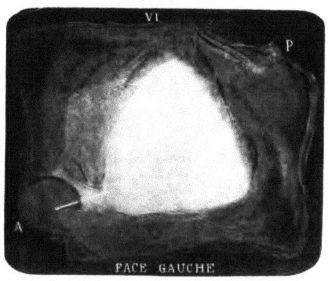

FIG. 7.

Fente de Botal. — Pièce ayant servi à la dernière série d'expériences de circulation artificielle. Un stylet est introduit dans la fente qui est très allongée. L'orifice gauche est limité par une triple digitation membraneuse; l'anneau de Vieussens est complet; le territoire de la fosse ovale, de forme triangulaire, a une étendue considérable.

N. B. Les gravures sur bois sont la reproduction d'après nature des préparations anatomiques qui étaient annexées au mémoire.

La lettre A indique le bord antérieur du septum inter-auriculaire, la lettre P le bord postérieur.

Circulation artificielle. — J'ai essayé de, reconstituer, par la circulation artificielle, ce qui se passe au niveau des oreillettes pendant la diastole et la systole.

Voici les conditions de l'expérience :

On sectionne au couteau les artères de la base et l'on dissèque, aussi haut que possible, les troncs veineux cardiaques, de manière à respecter les oreillettes ; cette préparation n'offre de difficultés qu'au niveau de la veine cave inférieure ; ayant ainsi enlevé le cœur, on exprime les caillots contenus dans ses cavités et l'on y fait passer un courant d'eau jusqu'à ce que le liquide en sorte incolore.

A travers les orifices d'embouchure des veines, on cherche, au moyen du stylet, la conformation du septum interauriculaire afin de déterminer s'il y a persistance du trou de Botal.

On adapte alors aux tronçons veineux des tubes en caoutchouc d'un diamètre voisin de celui du vaisseau.

On peut se contenter de reconstituer ainsi à droite la veine cave inférieure et la veine cave supérieure ; à gauche, une des veines pulmonaires ; on met une ligature sur la veine coronaire, les trois veines pulmonaires restantes et les autres solutions de continuité que l'on rencontre.

On fait un nouveau lavage du cœur pour en éliminer les derniers caillots et on lie les artères de la base.

La première série d'expériences a été faite sur un cœur provenant d'une femme de 51 ans, chez qui l'autopsie avait révélé une infiltration sarcomateuse du mésentère.

L'organe pesait 300 grammes, mesurait 9 centimètres verticalement, 10 centimètres transversalement, 6 centimètres d'épaisseur maximum ; il offrait des plaques nacrées de péricardite, des lésions d'athérome de la valvule mitrale et de l'aorte ; le myocarde était normal, les oreillettes ne présentaient aucune altération.

Le septum interauriculaire offre dans le segment inféro-antérieur de la fosse ovale, immédiatement en arrière de l'anneau de Vieussens (voir fig. 5), un orifice ovalaire à grand diamètre dirigé en haut et en avant mesurant 3 millimètres.

Un examen ultérieur plus précis a permis de constater au-dessus de cette perforation, dont il était séparé par une bride membraneuse, un second orifice dont les dimensions atteignent à peine celle d'une tête d'aiguille.

La circulation a été établie successivement par un courant d'eau, une solution aqueuse de carmin et une de bleu de méthyle.

Voici les résultats obtenus :

1° Si l'on remplit d'eau l'oreillette gauche, on constate l'écoulement du liquide par les tubes de la veine cave inférieure et de la veine cave supérieure.

2° Si l'on distend l'oreillette droite par l'un ou l'autre de ces canaux veineux, l'eau s'écoule par la veine pulmonaire.

3° On fait passer, en même temps, par les trois tubes en caoutchouc, un courant d'eau à pression et vitesse d'écoulement égales ; du côté droit, elle est colorée par du carmin ; on constate que le liquide revenant par la veine pulmonaire est teinté de rose après trente secondes.

4° On fait la même expérience en introduisant le liquide rouge dans l'oreillette gauche, après avoir préalablement enlevé toute trace de colorant. Après trente secondes, on recueille, de la veine cave inférieure, de l'eau légèrement carminée.

5° et 6° Les expériences 3 et 4, répétées avec du bleu de méthyle, donnent les mêmes résultats. Elles ont été faites, à titre de contrôle, pour éviter une confusion possible entre la teinte du carmin et celle du sang resté accidentellement dans le cœur.

7° On sectionne la pointe du cœur et l'on recommence l'expérience précédente ; on obtient alors un résultat négatif.

De ce qui précède, il est permis de conclure :

a) Si la pression l'emporte à gauche, l'eau passe dans l'oreillette droite ;

b) Si la pression l'emporte à droite, l'eau passe dans l'oreillette gauche ;

c) Si des courants de pression égale arrivent en même temps dans les oreillettes, le passage s'effectue dans les deux sens.

Ces expériences étaient entachées d'une cause d'erreur importante : le liquide employé diffère du sang par ses propriétés physiques ; c'est ce qui m'a engagé à les recommencer et à substituer à l'eau, d'une part, le sang veineux provenant du cadavre, d'autre part, comme élément incolore, une solution aqueuse de glycérine ayant la fluidité et les caractères du liquide sanguin.

Les résultats ont été identiques.

Le cœur qui a servi à la seconde série d'expériences provenait d'un homme de 47 ans, décédé à la suite de pleuro-pneumonie droite avec pleurésie fibrineuse gauche et péricardite.

L'organe mesurait 13 centimètres verticalement, 11 centimètres transversalement et 5.5 centimètres dans le diamètre antéro-postérieur; il pesait environ 400 grammes et offrait peu d'altérations du myocarde et de l'endocarde.

Le trou de Botal persiste très large, à cause du développement incomplet de la valvule membraneuse (voir fig. 6); il mesure verticalement 13 millimètres, dans le diamètre antéro-postérieur 6 millimètres.

Il était impossible d'obturer d'une manière complète, par une manipulation quelconque, le septum interauriculaire.

Voici les résultats :

1° Si l'on remplit seulement l'oreillette gauche, la glycérine s'écoule rapidement par la veine cave inférieure.

2° Si l'on distend l'oreillette droite, l'écoulement se fait par la veine pulmonaire non ligaturée.

3° Si l'on introduit au même moment une quantité égale de sang dans l'oreillette droite, de solution glycérinée dans la gauche, la veine pulmonaire laisse échapper son contenu coloré par le sang.

4° Si l'on renverse les conditions d'expérience, le sang teinte la glycérine incolore contenue dans la cavité auriculaire droite.

5° On enlève les ligatures de l'aorte et de l'artère pulmonaire et l'on fait passer dans les oreillettes un courant continu incolore d'un côté, sanguin de l'autre; malgré la vitesse extrême d'écoulement, certes supérieure à celle qui existe physiologiquement dans les artères de la base, le passage interauriculaire en différents sens est trahi par la coloration très nette de la solution glycérinée.

De cette seconde série d'expériences, il résulte que si la paroi interauriculaire offre un orifice circulaire assez étendu, le passage du sang doit se produire fatalement d'une cavité auriculaire dans l'autre.

Cette conclusion a été confirmée par les résultats des circulations artificielles établies sur d'autres organes offrant la même disposition de la valvule membraneuse.

J'ai continué dans la même voie en examinant par ce procédé

quelques cœurs dont la paroi interauriculaire présentait de très petits orifices ou pertuis.

Jamais il ne m'a été donné d'obtenir une trace sensible de passage du sang.

J'ai enfin recherché comment se comportait la disposition en « fente de Botal ».

Une autopsie pratiquée le 31 décembre 1898 m'a fourni un beau cas de cette variété.

Le cœur provenait d'une jeune fille de 19 ans, ayant succombé à une affection cardiaque compliquée de lésions pulmonaires graves ; il pesait 650 grammes et mesurait 12 centimètres verticalement, 13 centimètres de largeur, 5 centimètres d'épaisseur; le ventricule gauche était hypertrophié, le ventricule droit et les oreillettes présentaient un état extrême de dilatation ; les valvules mitrale, tricuspide et aortiques offraient de nombreuses lésions d'endocardite végétante.

Le trou de Botal persiste sous forme d'une fente oblique en avant et à gauche (voir fig. 7), de 5 millimètres de hauteur, de 2 millimètres de diamètre transversal.

La face droite de la fosse ovale possède un endocarde lisse dans toute son étendue ; en avant on dénote un petit orifice fissuraire.

La face gauche est plus irrégulière ; l'orifice antérieur de la fente est caché par une triple digitation de la valvule membraneuse en forme de patte d'oie; le plus grand des piliers mesure 3 millimètres transversalement.

Signalons en arrière, ce qui s'observe très rarement, plusieurs petites digitations musculo-membraneuses ne paraissant avoir aucun rapport avec un orifice botalien quelconque.

En somme, nous avons une fente de 5 millimètres de hauteur, perméable dans toute son étendue.

Voici les résultats de la circulation artificielle :

1° Si l'on distend l'oreillette droite d'eau glycérinée, le liquide passe lentement, mais d'une manière continue, dans la cavité auriculaire gauche.

2° Si l'on renverse les conditions d'expérience en vidant l'oreillette droite et en remplissant outre mesure la gauche, on n'obtient aucun passage du liquide. Cet essai, répété plusieurs fois, a toujours donné le même résultat négatif.

3° Si l'on introduit au même moment dans les deux oreillettes, du côté droit, une solution glycérinée, du côté gauche, du sang veineux, le contenu de la cavité auriculaire droite reste incolore.

4° Si l'on introduit le sang dans l'oreillette droite, la solution glycérinée du côté gauche se teinte lentement de matière colorante sanguine.

5° Si l'on remplit l'oreillette droite de sang, à vitesse d'écoulement et pression supérieures à celles de la solution incolore de glycérine que l'on introduit dans l'oreillette gauche, — cette modification étant obtenue en diminuant le calibre et la hauteur du tube d'apport, — on constate que la coloration sanguine apparaît rapidement dans l'oreillette gauche.

6° L'expérience en sens inverse donne régulièrement un résultat négatif : la fente n'est perméable que de droite à gauche.

7° Si l'on établit une circulation complète, en faisant passer en même temps dans les deux oreillettes un courant de solution incolore à droite, sanguinolente à gauche, le liquide qui s'écoule par l'artère pulmonaire n'est pas teinté de rouge.

En renversant les conditions de coloration, l'expérience donne le même résultat négatif.

. Il m'a été donné plusieurs fois d'examiner des cœurs à paroi interauriculaire offrant cette disposition de fente. Mes expériences de circulation artificielle ont toujours abouti aux mêmes résultats. Nous pourrons donc conclure :

a) Que la fente de Botal d'un diamètre vertical assez grand permet le passage du sang de droite à gauche ;

b) Que cette disposition s'oppose à la dérivation d'un courant vers la droite.

Mes vues théoriques sont donc d'accord avec les expériences sur lesquelles je les ai basées ; en voici la synthèse :

Le cœur normal à septum interauriculaire perforé se conduit différemment pendant la révolution cardiaque suivant la disposition de l'orifice.

I. — La fente de Botal permet le passage de droite à gauche; mais pas en sens inverse.

II. — Le trou de Botal de 3 millimètres et davantage laisse passer indifféremment le sang à droite et à gauche, s'il n'existe aucune disposition musculaire de la valvule qui entraîne son obturation.

III. — Le trou de Botal d'un diamètre inférieur et les fentes très étroites rendent presque impossible une communication interauriculaire.

Passage du sang. — Le passage du sang s'établit donc dans un certain nombre de cas, ce qui s'explique par la conformation physique de la paroi interauriculaire.

Il en est d'autres preuves ; M. Firket a recherché avec soin, par un procédé qui lui est personnel, la disposition des caillots sanguins contenus dans les oreillettes et dit : « Sans avoir pu examiner spécialement à ce point de vue un grand nombre de cadavres, j'ai pu trouver quatre fois la fente de Botal creusée obliquement à travers la cloison et remplie par une travée fibrineuse reliant les coagulums des deux oreillettes (1). »

J'ai pu, dans un certain nombre d'autopsies, vérifier cette assertion et trouver des caillots sanguins passant d'une oreillette dans l'autre.

J'ai rencontré en outre, chez un tuberculeux ayant succombé à une asphyxie progressive d'origine pulmonaire, un état très intéressant à ce point de vue de la paroi interauriculaire.

L'obturation était parfaite, mais il restait à gauche un petit pertuis en cul-de-sac contenant un caillot filiforme, tout le territoire de la fosse ovale était injecté et rougeâtre ; par la dissection, j'ai pu démontrer que du sang extravasé noirâtre et caillé se trouvait entre deux feuillets lamelleux de la valvule et se continuait avec le caillot contenu dans le cul-de-sac.

Ces éléments sanguins semblaient résulter d'une distension extrême de la fente et d'une tentative infructueuse de communication interauriculaire.

Je signale enfin les cas réunis par M. Firket (2) où la communication interauriculaire est démontrée par le développement dans le territoire de la grande circulation de tumeurs métastatiques cancéreuses ou sarcomateuses, dues au transport d'emboles à travers le trou de Botal ; l'auteur rapporte également quelques cas de thromboses qui trouvent leur explication dans cette dérivation.

(1) FIRKET, *loc. cit.*, p. 91.
(2) FIRKET, *loc. cit*, p. 94.

Importance des courants dérivés à l'état normal. — Les considérations précédentes me permettent d'affirmer l'existence fréquente de courants dérivés, dans les cas de persistance botalienne en forme de fente ou de trou d'un diamètre assez grand.

Quelle est leur signification et leur importance chez un sujet normal ?

Disons d'abord que chez un grand nombre, la communication interauriculaire me paraît n'exister que pendant un effort, une crise de toux, à la suite d'une course rapide, toutes causes qui peuvent modifier passagèrement la circulation pulmonaire et les pressions auriculaires.

Quoi qu'il en soit, les conséquences qui en résultent sont peu graves ; qu'importe, au point de vue de l'oxygénation et de la nutrition, qu'une petite quantité de sang veineux passe à chaque révolution cardiaque dans l'oreillette gauche ? Bien moins important encore est le passage de sang artérialisé dans la petite circulation.

C'est la raison pour laquelle on rencontre des solutions de continuité assez étendues du septum auriculaire chez des sujets qui n'ont présenté aucun symptôme de cyanose ou d'asphyxie.

Leur importance dans les affections cardiaques. — J'ai démontré antérieurement, par mes statistiques, que la persistance du trou de Botal n'est ni cause ni conséquence d'affection cardiaque ; ce serait cependant une erreur de croire que les maladies du cœur ne modifient pas l'importance des courants interauriculaires.

D'une manière générale, nous pourrons dire que toutes les lésions cardiaques et pulmonaires qui entraînent comme conséquence une modification des pressions existant normalement dans les oreillettes, influeront sur la direction et la valeur quantitative de la dérivation botalienne.

Toutes les causes qui contribuent à exagérer la pression dans l'oreillette droite favoriseront le passage du sang vers la gauche ; la dérivation sanguine en sens opposé s'accentuera si la pression l'emporte dans l'oreillette gauche.

Si nous consultons les traités de physiologie pathologique de la circulation, nous trouvons plusieurs causes d'augmentation de pression dans l'oreillette droite.

Les premières ont une origine cardiaque; parmi elles nous trouvons :

1° L'insuffisance tricuspide.

A chaque systole ventriculaire, une certaine quantité de sang veineux reflue vers l'oreillette droite qui se dilate rapidement.

2° Le rétrécissement tricuspide.

La pression augmente dans l'oreillette droite qui se vide imparfaitement par suite de la sténose de l'orifice auriculo-ventriculaire.

3° Les lésions très étendues de l'orifice mitral.

Dans une première période, la pression sanguine tend à s'élever dans l'oreillette gauche, mais plus tard, le travail de compensation devenant insuffisant, l'oreillette droite se distend outre mesure, ce qui est dû en partie aux complications d'endocardite droite et de stase pulmonaire.

4° Les altérations profondes de l'orifice aortique.

Dans ces cas, l'augmentation de pression dans l'oreillette droite est généralement tardive.

5° L'insuffisance et le rétrécissement pulmonaires.

Les secondes trouvent leur origine dans l'appareil respiratoire; signalons l'emphysème pulmonaire, la tuberculose, la pleurésie chronique, la stase des poumons, toutes affections qui entraînent à la longue une dilatation progressive de l'oreillette droite.

La pneumonie lobaire très étendue, la congestion intense, l'œdème aigu du poumon, l'atélectasie pulmonaire déterminent une élévation rapide et brusque de la pression droite ; ces lésions peuvent même, dans certains cas, amener une complication cardiaque grave d'origine botalienne, sur laquelle je reviendrai plus loin.

Théoriquement, il me faudrait citer, pour être complet, les facteurs de diminution de la pression artérielle; en pratique, ils se confondent à peu près avec les lésions organiques indiquées plus haut. Telles sont les causes d'augmentation de pression dans l'oreillette droite.

Nous avons vu qu'il en résulte une tendance à la dérivation sanguine vers la gauche si le septum interauriculaire offre une solution de continuité et que ce passage est possible par un orifice ovalaire de 3 millimètres de diamètre et au delà, et pour la disposition en fente de Botal.

Les conséquences en sont déplorables : la circulation pulmonaire, déjà entravée, s'embarrasse encore davantage, l'hématose devient de plus en plus pénible, l'asphyxie s'accentue progressivement.

On pourrait peut-être expliquer de cette manière quelques aggravations inattendues que l'on rencontre au cours de l'évolution de certaines affections aiguës de l'appareil respiratoire, sans que l'état local du poumon en rende compte.

La dérivation nulle ou peu considérable chez le sujet bien portant a acquis par l'excès de pression dans l'oreillette droite une importance très grande, dont les conséquences sont de nature à assombrir notablement le pronostic.

D'après quelques auteurs, et je partage leur manière de voir, il se produit dans certains de ces cas une dérivation sanguine, par le trou de Botal, qui n'avait jamais existé antérieurement.

En effet, la rupture d'adhérences, la perforation d'un cul-de-sac, le glissement des plans musculo-membraneux constituant la fente de Botal, qui peut résulter de la tension extrême du septum interauriculaire, nous expliquent la possibilité de cette communication « accidentelle » entre les deux oreillettes.

C'est dans cet ordre d'idées que MM. Bard et Curtillet ont décrit la forme tardive de la maladie bleue (1).

Si la dérivation sanguine de droite à gauche, malheureusement la plus fréquente, a une signification fâcheuse, le passage du sang en sens inverse résultant de l'exagération de la pression dans l'oreillette gauche est généralement un phénomène favorable qui peut venir en aide au travail de compensation cardiaque.

L'augmentation de la pression sanguine dans l'oreillette gauche existe dans l'insuffisance et surtout dans le rétrécissement mitral, dans les lésions de l'orifice aortique et au début de certaines affections des viscères abdominaux, comme la cirrhose du foie et la sclérose rénale.

Il importe de rappeler ici que la dérivation de gauche à droite n'est possible que par un orifice botalien ou par une fente susceptible de se transformer en « trou de Botal » par suite de la distension extrême du septum interauriculaire, résultant d'une dilatation très marquée de l'oreillette ; la fente, dont la longueur

(1) BARD et CURTILLET, loc. cit., pp. 1003 et suivantes.

ne permet pas cette modification, exclut toute possibilité de courants dérivés pour les raisons physiques que j'ai développées au cours de mon travail.

Dans tous les cas, le passage de gauche à droite constitue, dans les affections organiques du cœur, un facteur de compensation ; il débarrasse la petite circulation de l'excès de sang qui hyperémie les poumons et permet à l'hypertrophie ventriculaire de s'organiser.

IV. — Causes de la persistance du trou de Botal.

Il reste une dernière question assez obscure.

Quelles sont les causes prédisposantes ou déterminantes de la persistance du trou de Botal?

Elles sont de deux ordres : les anomalies cardiaques et tout spécialement le rétrécissement congénital de l'artère pulmonaire.

Cette lésion entraîne comme conséquence une dérivation du courant sanguin par le trou de Botal, véritable suppléance à l'insuffisance de la circulation pulmonaire.

D'autre part, toutes les causes qui, chez le nouveau-né, maintiennent momentanément ou d'une manière continue une pression plus forte dans l'oreillette droite que dans la gauche, facilitent la persistance botalienne et empêchent la valvule membraneuse d'accomplir son œuvre d'obturation ; tels sont les cris du nouveau-né qui suspendent la respiration, les efforts de toux, etc. C'est en effet dans le domaine de l'anatomie et de la physiologie pathologiques du fœtus et du nouveau-né que doivent se trouver les éléments rationnels de l'étiologie de la persistance botalienne.

V. — Conclusions.

I. — La persistance du trou de Botal se rencontre dans une proportion qui varie avec l'âge. Elle est de règle chez le nouveau-né, existe dans 50 % des cas avant l'âge d'un an, dans 25 % des cas chez l'adulte.

II. — La persistance du trou de Botal n'est ni cause ni conséquence de lésions cardiaques.

III. — Au point de vue anatomique, il existe quatre conformations du septum interauriculaire correspondant aux quatre étapes de l'évolution de la valvule membraneuse.

IV. — La valvule membraneuse n'est pas dans le plan de la cloison interauriculaire, elle s'insère généralement à la face gauche du segment postérieur de la circonférence ovale.

V. — Les formes de persistance et d'oblitération présentent une très grande variété.

VI. — La persistance du trou de Botal n'est pas une anomalie, mais une variété de conformation de la paroi interauriculaire.

VII. — La persistance du trou de Botal entraîne la formation de courants dérivés en différents sens.

VIII. — Le passage du sang existe dans les deux sens pour un orifice d'un diamètre d'au moins 3 millimètres.

IX. — La disposition en fente de Botal ne permet le passage du sang que de droite à gauche.

X. — Chez un sujet normal, la dérivation botalienne est peu importante et n'entraîne pas de symptômes graves de cyanose ou d'oppression.

XI. — Dans le domaine pathologique, le passage du sang de droite à gauche existe dans les affections qui exagèrent la pression sanguine dans l'oreillette droite; cette dérivation est fâcheuse et aggrave l'état du malade.

XII. — Il existe dans certains cas une forme tardive de dérivation botalienne vers la gauche.

XIII. — Le passage du sang de gauche à droite est moins fréquent; sa signification est favorable.

VI. — Bibliographie.

BARD et CURTILLET, *Contribution à l'étude de la physiologie pathologique de la maladie bleue. Forme tardive de cette affection.* (*Revue de médecine, t. IX, 1889.*)

FALLOT, *Contribution à l'anatomie pathologique de la maladie bleue.* Marseille, 1889.

FIRKET, *De la circulation à travers le trou de Botal chez l'adulte.* (*Bulletin de l'Académie royale de médecine de Belgique, 1890.*)

HEGER et MARIQUE, *Recherches sur la circulation pulmonaire et l'occlusion du trou de Botal.* (*Annales de l'Université de Bruxelles, 1883.*)

LETULLE, *Anatomie pathologique. — Cœur ; vaisseaux ; poumons, 1897.*

SAPPEY, *Traité d'anatomie descriptive,* 4ᵉ édition, t. II, 1888.

TABLE DES MATIÈRES.

RECHERCHES

SUR LES

BACILLES DIPHTÉRIQUES

ET

PSEUDO-DIPHTÉRIQUES

DE

L'HOMME ET DES ANIMAUX

PAR

le Dr U. LAMBOTTE

Assistant à l'Institut provincial de bactériologie, à Liége

Devise : *Scientia.*

BRUXELLES

HAYEZ, IMPRIMEUR DE L'ACADÉMIE ROYALE DE MÉDECINE DE BELGIQUE

Rue de Louvain, 112

—

1900

MÉMOIRE

ADRESSÉ A L'ACADÉMIE ROYALE DE MÉDECINE DE BELGIQUE (CONCOURS POUR LE PRIX ALVARENGA, DE PIAUHY; PÉRIODE DE 1899-1900).

Une récompense d'une valeur de 150 francs a été accordée à ce mémoire.

RECHERCHES

SUR LES

BACILLES DIPHTÉRIQUES

ET

PSEUDO-DIPHTÉRIQUES

DE

L'HOMME ET DES ANIMAUX

———

La diphtérie est la maladie microbienne dont l'étude paraît la plus complète et la plus définitive. Morphologie du bacille, caractères de ses cultures, virulence, propriétés de la toxine et de l'antitoxine, tous ces points ont fait l'objet d'innombrables mémoires, et il ne semblerait plus guère possible d'augmenter nos connaissances sur les fonctions de ce microbe, si l'on en jugeait par les descriptions qui lui ont été consacrées.

Malgré tout le travail accompli, il reste pourtant plusieurs points de la plus haute importance doctrinale et même pratique qui n'ont pas reçu de solution satisfaisante. Il est surtout une question qui n'est pas résolue : c'est celle des rapports entre la diphtérie humaine et la diphtérie aviaire; ou, en d'autres termes, entre les bacilles que l'on trouve dans la gorge des enfants atteints de lésions diphtériques et les microbes rencontrés chez les volailles présentant des productions du même genre. Il faut bien dire que cette étude n'a peut-être pas préoccupé suffisamment la plupart des bactériologistes. C'est à Löffler que l'on doit la découverte du bacille spécifique de la diphtérie humaine, et le nom de ce savant fait autorité. Il y a déjà longtemps que Löffler a affirmé qu'il n'y avait aucune identité bactériologique entre son bacille de la maladie humaine et les microbes que l'on trouve chez les

TOME XV (5ᵉ fasc.).

1

poules, les pigeons, etc., atteints d'affections rangées aussi par les vétérinaires dans la diphtérie. Lorsque, après Löffler, d'autres chercheurs sont venus affirmer qu'il y avait beaucoup plus de ressemblances que le savant allemand n'en avait reconnues entre le bacille humain et certains bacilles trouvés chez des poules malades, leurs constatations n'ont peut-être pas été accueillies avec toute l'attention qu'elles méritaient. D'ailleurs, de l'aveu même de ceux qui soutenaient que les fausses membranes de l'œil et de la gorge des volailles étaient analogues à celles que l'on rencontre chez les enfants atteints de diphtérie, il n'existait qu'un nombre restreint de cas où l'on trouvait des bacilles voisins du microbe de Löffler, et la plupart des affections dites « diphté-riques » des volailles étaient dues manifestement à d'autres micro-parasites que le bacille de Löffler ou les microbes de ce genre. Et beaucoup se demandaient si, dans ces cas vraiment rares de présence de bacilles de Löffler, signalés chez les poules, il n'y avait pas l'une ou l'autre erreur d'observation.

Ce sera l'honneur de l'Académie de médecine de Belgique d'avoir depuis longtemps compris que cette question des rapports entre la diphtérie humaine et la diphtérie aviaire était une des plus importantes de l'épidémiologie, et que, en présence des nombreuses observations qui semblent démontrer une relation entre des cas de croup et la présence de poules atteintes d'affec-tions néo-membraneuses, il y avait lieu de ne pas se ranger systématiquement du côté des bactériologistes soutenant la thèse radicale de la non-identité.

Un savant Correspondant de l'Académie, le Dr Schrevens, a même consacré sa vie à défendre les rapports étroits qui existent, dans certains cas, entre la maladie humaine et celle des poules. Plusieurs travaux bactériologiques accueillis par l'Académie dans ces dernières années ont appuyé la thèse du Dr Schrevens (1).

On ne peut nier que la question n'est pas définitivement réglée, même au point de vue bactériologique pur. Les travaux de MM. Léon Gallez, Gratia et Liénaux jettent un doute sérieux sur la thèse de Löffler et des savants de son école.

_____

(1) Léon Gallez, _Diphtérie animale et diphtérie humaine,_ 1895. — _Recherches expérimentales sur l'origine aviaire de la diphtérie humaine,_ 1896. — _Observations concernant la diphtérie aviaire,_ 1898. — Gratia et Liénaux, _Contributions à l'étude bactériologique de la diphtérie aviaire,_ 1898.

Nous avons pensé qu'il y avait matière à de nouvelles recherches, et nous nous sommes senti porté vers cette étude avec d'autant plus d'attrait que dans ces derniers temps on a découvert de nouveaux caractères, considérés par certains savants comme tout à fait spécifiques pour le bacille de Löffler.

Une autre raison encore nous a guidé. Si nombreuses que soient les preuves que l'on institue pour établir l'identité du bacille spécifique de la diphtérie humaine, il est cependant une réaction qui n'est pas mise en jeu dans le diagnostic de ce microbe : c'est celle de l'agglutination par le sérum. Tandis que la séro-réaction est peut-être la meilleure épreuve que l'on puisse faire subir à un microbe pour reconnaître en lui le bacille de la fièvre typhoïde, ou la spirille cholérique, ce signe n'est pas utilisé quand il s'agit d'identifier le bacille de Löffler, pas plus d'ailleurs que l'on ne recueille chez les sujets supposés atteints de diphtérie le sang en vue de la séro-réaction, d'après la méthode de Gruber-Widal. Les travaux des rares auteurs qui ont signalé une propriété agglutinante du sang au cours de la diphtérie ont passé pour ainsi dire inaperçus; ils étaient d'ailleurs beaucoup trop sobres de renseignements, et il s'agit là de recherches à peine esquissées (1).

Nous avons pensé qu'il y avait lieu de reprendre systématiquement, au moyen des méthodes d'investigation très précises qui sont aujourd'hui employées pour l'étude de l'agglutination, la question de la séro-réaction du bacille diphtérique et des microbes de la même famille naturelle. Cette étude avait d'ailleurs une importance toute particulière pour la solution de la question posée des rapports entre les microbes de la diphtérie humaine et celle des volailles : n'était-il pas possible, en effet, d'établir plus facilement les ressemblances, ou les différences, entre les microbes de ces affections au moyen de l'agglutination? C'est par l'agglutination spécifique que l'on distingue le mieux le bacille du choléra des spirilles de Finkler, de Metschnikoff, de Deneke qui lui ressemblent par tant de signes : peut-être, en immunisant un animal au moyen de bacilles diphtériques, obtiendrait-on un

(1) Nicolas, *Agglutination du bacille de Löffler. (Comptes rendus de la Société de biologie,* 10 juin 1898.) — Nicolle, *Recherches sur la substance agglutinante. (Annales de l'Institut Pasteur,* 1898.) — Bruno, *Ueber Diphterie-Agglutination. (Berliner klinische Wochenschrift,* n° 51, 1898.)

sérum agglutinant, à de fortes dilutions, le bacille de Löffler, à l'exclusion des autres microbes qui lui ressemblent.

Ce ne sont pas seulement les microbes trouvés chez les volailles atteintes de néo-membranes, décrits par Gallez et Gratia, qu'il est important d'étudier au point de vue de leurs rapports avec le bacille de Löffler. On sait que l'on trouve chez l'homme lui-même, soit chez le sujet sain, soit dans certaines affections chroniques telles que l'ozène, le xérosis, etc., des bacilles ressemblant beaucoup au bacille de Löffler, et qu'à l'heure actuelle des bactériologistes aussi éminents que Roux considèrent comme des microbes atténués de la diphtérie, tandis qu'en Allemagne on combat généralement cette thèse. La séro-réaction agglutinante ne pourrait-elle trancher définitivement la question ?

Le point de départ de nos recherches étant précisé, notre travail sera ainsi divisé :

1° *Existe-t-il une réaction agglutinante, utilisable pour le diagnostic, chez les animaux soumis aux injections de bacilles de Löffler et des microbes de la même famille naturelle ?*

2° *Trouve-t-on, en dehors des sujets atteints de diphtérie humaine à bacilles de Löffler, des affections, et notamment chez les volailles, causées par des microbes de la même espèce ?*

I. — L'agglutination du bacille diphtérique.

Comme il a été dit, Nicolle, Nicolas et Bruno sont les seuls auteurs qui aient parlé de l'agglutination du bacille de Löffler ; mais leurs travaux, très incomplets, n'ont guère été remarqués jusqu'à l'heure actuelle : on ne caractérise nulle part le bacille diphtérique par la séro-réaction, pas plus que cette recherche n'est pratiquée sur le sang des diphtériques.

Il faut d'ailleurs bien savoir qu'il existe des difficultés d'un ordre tout spécial dans l'étude de l'agglutination des bacilles diphtériques. Pour étudier cette formation, si particulière et si curieuse, d'amas bacillaires sous l'influence d'un sérum spécifique, la première condition, indispensable, est d'avoir des bacilles primitivement séparés l'un de l'autre et bien distincts : des microbes en émulsion homogène, suivant l'expression des laboratoires. Ces émulsions s'obtiennent très facilement pour les bacilles typhiques et cholériques : en ensemençant en bouillon, et mieux encore en eau-peptone à 37°, une trace de bacilles typhiques ou cholériques, on a dès le lendemain une culture dans laquelle les microbes sont bien mobiles et bien libres ; en y ajoutant un peu du sérum d'un animal ayant reçu un certain nombre d'injections de bacilles typhiques ou cholériques, dans les proportions, par exemple, d'une partie de sérum pour cinq cents parties de culture, ou mille parties de culture et même davantage, on voit très rapidement les bacilles, de libres qu'ils étaient, se grouper en amas, s'agglutiner ; et, pourvu que le sérum ait été suffisamment dilué, cette réaction est *spécifique* ; elle fournit même le moyen d'identifier des microbes comme vrais bacilles typhiques ou cholériques.

Pourquoi cette réaction, si facile, n'est-elle pas utilisée vis-à-vis des microbes diphtériques? C'est que ces derniers, quand ils prolifèrent dans une culture liquide, restent accolés en véritables petits flocons, composés d'un plus ou moins grand nombre de bacilles ; certains de ces flocons renferment plusieurs centaines de microbes. Comment essayer la sensibilité d'un sérum agglutinant sur des bacilles déjà agglutinés? C'est là une très réelle difficulté qui a paralysé véritablement tous les travaux sur l'agglutination dans la diphtérie. Nicolas et Bruno prétendent avoir obtenu des émulsions homogènes de bacilles diphtériques, l'un en agitant de temps en temps les bouillons, l'autre par de fréquents repiquages de ces derniers.

Voyons s'il est vraiment possible d'obtenir des émulsions homogènes du bacille diphtérique et des microbes qui lui ressemblent.

Pour nos expériences, nous nous sommes servi d'un bacille de la diphtérie humaine, isolé autrefois par M. Roux et qui a servi longtemps à préparer la toxine diphtérique à l'Institut Pasteur. Nous avons utilisé aussi, comparativement, un bacille dit « pseudo-diphtérique » retiré de la conjonctive d'un œil humain normal ; enfin, d'un autre microbe, qui sera décrit plus loin, provenant de poules atteintes d'une affection diphtéroïde.

En bouillon ordinaire à 37°, ces trois bacilles poussent absolument de la même façon, en flocons plus ou moins volumineux, composés de bacilles accolés. Il n'est pas possible d'étudier l'agglutination sur de telles cultures.

Nous avons essayé alors le procédé de Nicolas; nous avons d'abord agité de temps en temps, comme le recommande cet auteur, des cultures liquides. Jamais nous n'avons pu obtenir d'émulsions homogènes utilisables pour l'étude de l'agglutination au microscope. Nous nous sommes alors demandé si l'agitation continue des cultures ne réussirait pas mieux. Nous avions d'autant plus de raisons d'espérer obtenir un bon résultat, que pour d'autres micro-organismes l'agitation continue nous avait donné déjà des cultures homogènes. Voici notre dispositif : nous plaçons dans l'étuve de petits matras contenant 50 centimètres cubes de bouillon ou d'eau-peptone à 4 %, dans un panier; ce panier est soumis à un mouvement de va-et-vient plus ou moins rapide, qui lui est communiqué au moyen d'un petit moteur à air chaud. Dans ces conditions, les levures, par exemple, se développent en émulsions homogènes, sur lesquelles on peut étudier l'agglutination de ces organismes. Mais nous n'avons malheureusement pas réussi avec les bacilles diphtériques et les microbes du même genre; qu'il s'agisse d'agitation lente ou rapide, ces microbes se développent toujours en s'accolant en flocons.

Si l'on filtre ces bouillons, agités ou non, même sur papier Schleicher, sur *asbeste,* on obtient encore des bacilles réunis en petits amas : il est bien possible qu'il ne passe à travers les pores du filtre que les microbes libres dans le liquide, les flocons étant retenus sur le filtre; mais, dans le filtrat, les bacilles s'accolent rapidement les uns aux autres, et l'on se retrouve de nouveau dans les mêmes conditions qu'avant la filtration.

On sait que l'on peut obtenir de belles émulsions homogènes de bacilles typhiques, cholériques, etc., en broyant dans un peu d'eau stérilisée une œsel d'une culture sur agar de un à deux jours. Nous avons aussi essayé cette méthode; mais il n'y a pas eu moyen d'obtenir des bacilles bien isolés. Cependant, si l'on y met beaucoup de soin, si surtout l'on prend une culture sur agar très jeune, et qui a été fréquemment repiquée à des intervalles très courts, les amas de bacilles ne sont alors généralement composés que de quelques éléments seulement, quatre, six ou huit au plus; et à condition de prendre toujours, à titre de comparaison, une préparation témoin, on peut utiliser ces émulsions, qui ne sont pas parfaites, pour étudier les propriétés agglutinantes du sérum spécifique. On sait, par exemple, que le sérum d'un animal injecté de bacilles typhiques ou cholériques, ajouté à une émulsion de ces microbes, provoque des amas de plusieurs centaines d'individus, comprenant parfois tout le champ du microscope. Il est évident que si le sérum d'un animal soumis à des injections de bacilles diphtériques, gagne des propriétés agglutinantes, celles-ci pourront encore être décelées avec une émulsion imparfaite, une émulsion comprenant de tout petits amas de bacilles : on recherchera si ces amas sont devenus plus considérables sous l'influence d'une addition de sérum; s'il reste encore des bacilles libres dans la préparation.

Nous avons été obligé d'adopter cette méthode, en raison de l'échec de nos essais d'agitation, et également de l'insuccès de nos cultures, faites suivant le procédé préconisé par Bruno. Nous avons eu beau faire des repiquages, ainsi que l'indique cet auteur, jusque dix et douze généralement, et de six en six heures, nous n'avons pu obtenir d'émulsions à bacilles libres.

Nous n'avons jamais réussi non plus à obtenir des émulsions homogènes en traitant les microbes accolés par tous les réactifs possibles : éther, alcool, sulfure de carbone, soude, etc., dans l'espoir de dissocier les bacilles agglomérés.

En possession d'un test-objet, le meilleur que l'on pût obtenir pour l'étude de l'agglutination de la diphtérie, nous avons pratiqué chez l'animal des injections dites immunisantes. On sait que les sérums hautement agglutinants, les sérums véritablement spécifiques, c'est-à-dire ceux qui agglutinent les microbes correspondants à de grandes dilutions, et à l'exclusion de tous autres microbes, sont obtenus non pas chez les malades, mais chez les animaux injectés un certain nombre de fois avec des cultures. M. Van de Velde, par exemple, a obtenu un typhus-sérum agglutinant à $1/_{100\ 000}$ le bacille typhique, en injectant un cheval pendant des mois avec des macérations de cultures typhiques.

Pour pouvoir apprécier convenablement les propriétés agglutinantes éventuelles du sang de nos animaux, nous avons fait, comparativement, des expériences avec d'autres microbes dont l'injection donne sûrement la propriété agglutinante au sérum.

Expériences, série I. — Une chèvre reçoit des cultures (émulsions en eau stérilisée de cultures sur agar) de bacilles cholériques chauffées pendant quinze minutes à 60°. Après six injections, sous la peau, de 2 centimètres cubes, le sérum de cette chèvre agglutine le bacille-virgule de Koch à la dose de $1/800$.

Une autre chèvre, qui a reçu une quantité équivalente de bacilles de Löffler, préalablement chauffés, donne un sérum qui est sans influence aucune sur notre test-objet de microbes diphtériques, même à parties égales : or on sait que certains sérums normaux agglutinent le bacille typhique, de même que le bacille cholérique, à la dilution de $1/10$, parfois même de $1/20$. Ici donc, malgré les injections, le sang ne semble pas révéler le moindre pouvoir agglutinant vis-à-vis du microbe diphtérique. Le résultat fut le même, c'est-à-dire absolument négatif, vis-à-vis du microbe pseudo-diphtérique de l'œil et du microbe diphtérique de la poule.

Expériences, série II. — Des lapins sont injectés, les uns avec des bacilles typhiques, les autres avec du *bacterium coli;* d'autres avec le bacille diphtérique de Roux, le bacille de la poule, le bacille de la conjonctive. Pour le bacille diphtérique, on a eu soin de chauffer les émulsions à 60° pour enlever toute pathogénéité aux cultures. Les lapins injectés avec ce bacille, pris de cultures jeunes sur agar, ne meurent pas, parce que ces cultures ne renferment pas assez de toxine.

Tandis que les lapins ayant reçu quelques injections de bacilles typhiques ou de *bacterium coli* donnent un sérum agglutinant les microbes correspondants à $1/300$ environ, le sérum des lapins injectés avec les bacilles diphtériques ou autres microbes voisins n'a pas présenté le moindre pouvoir agglutinant.

Expériences, série III. — Ces expériences ont consisté à essayer le pouvoir agglutinant du sérum antidiphtérique sur les test-objets fournis par les bacilles de la diphtérie et les deux autres bacilles analogues. Nous nous sommes servi d'un sérum antidiphtérique préparé à l'Institut Pasteur, et non chauffé. Le sérum chauffé à 55° pour la stérilisation aurait pu perdre, en partie, son pouvoir agglutinant.

Il fallait prévoir, en raison des résultats négatifs des expériences des séries I et II, que le sérum antidiphtérique ne révélerait pas de pouvoir agglutinant. En effet, il est démontré que pour obtenir un sérum fortement agglutinant, il vaut mieux injecter les corps bacillaires que le filtrat des cultures. Il est vrai qu'en injectant le filtrat d'un culture typhique en quantité suffisante, on obtient aussi un sérum spécifique et agglutinant (Winterberg-Van de Velde). Le sérum antidiphtérique de Paris est obtenu en injectant, pendant des mois, à des chevaux, des macérations de cultures diphtériques filtrées ultérieurement. Pourquoi n'obtiendrait-on pas, avec ce sérum, les mêmes résultats que pour la fièvre typhoïde? Nos essais ont été complètement négatifs. En ajoutant le sérum antidiphtérique plus ou moins dilué d'abord, puis absolument pur, à nos test-objets, on n'a pas constaté au microscope la moindre augmentation de volume des amas microbiens; il est même resté dans les émulsions des bacilles libres, comme auparavant, et le résultat était le même, qu'il s'agit du bacille diphtérique de Roux ou des autres bacilles.

Il nous paraît évident, d'après les résultats de ces expériences, que l'on ne peut arriver à déceler, dans le sérum des animaux fortement impressionnés par les bacilles diphtériques ou les microbes de la même famille naturelle, des propriétés agglutinantes.

C'est là un fait fort intéressant au point de vue de l'étude des propriétés du sérum dans l'immunité. Plus cette question des caractères des sérums spécifiques est étudiée de près, plus on constate que les propriétés acquises par les humeurs, pouvoirs antitoxique, préventif, bactéricide, agglutinant, sont loin de marcher de pair. Dans l'immunisation charbonneuse par exemple (Gengou), on obtient chez le chien un sérum agglutinant, mais non bactéricide, ni préventif. Dans l'immunisation contre le *pyocyaneus* (Wasserman), on aboutit à un sérum bactéricide si l'on injecte des corps bacillaires, et seulement antitoxique si l'on n'inocule que la toxine. Metschnikoff a même vu que l'injection d'un certain microbe (microbe de l'infection cocco-bacillaire du porc) ne donne au sérum ni pouvoir bactéricide ni pouvoir agglutinant, mais seulement le pouvoir préventif.

Il importe donc, au plus haut point, de ne jamais généraliser dans toutes ces questions d'immunité. Tel microbe se comporte d'une façon, tel autre d'une manière entièrement différente. On vient de voir, en ce qui concerne la diphtérie, que les choses ne se passent pas du tout comme dans la fièvre typhoïde ni dans le choléra: le sérum des animaux immunisés est antitoxique mais non agglutinant. On ne peut pas, à l'heure actuelle, donner les raisons de toutes ces différences. Nos connaissances sont encore trop incomplètes sur le mécanisme de l'immunité. Mais nous pouvons établir ici un rapprochement entre ce qui se passe pour la diphtérie et d'autres microbes non moins importants que le bacille de Löffler : il s'agit du bacille de la tuberculose et des microbes de la même famille. De même qu'il existe des microbes de la diphtérie vraie, et d'autres microbes appelés pseudo-diphtériques et qui leur ressemblent beaucoup, de même on connaît tout un groupe de bacilles plus ou moins voisins de ceux de la tuberculose humaine : ce sont les bacilles de la tuberculose aviaire, les bacilles de la phléole, décrits par Mœller, etc.

En même temps que nous essayions de provoquer dans le sérum le pouvoir agglutinant vis-à-vis des bacilles diphtériques, on faisait des expériences parallèles avec le microbe de la tuberculose vraie et avec le microbe de la phléole ; on n'a pu arriver non plus, en injectant de fortes doses d'émulsions de ces derniers microbes à des animaux, à obtenir des sérums agglutinant spécifiquement, contrairement à l'assertion d'Arloing, Courmont, etc. Ce que ces auteurs ont obtenu, c'est une agglutination faible, non spécifique, nullement comparable à celle du typhus-sérum ou du choléra-sérum.

Or les microbes de la famille du bacille de la tuberculose se présentent en cultures liquides, tout comme les bacilles diphtériques et pseudo-diphtériques, en petits flocons formés par des bacilles accolés. On sait de plus, pour ce qui concerne les bacilles de la tuberculose, — les recherches n'ont pas été faites, que nous sachions, pour le bacille diphtérique, — que ces microbes sont formés de substances grasses, en partie cireuse, de cellulose, etc.; ce sont sans doute en partie ces substances grasses qui accolent les bacilles. Peut-être en est-il de même, à en juger par ce que l'on voit au microscope, pour les bacilles diphtériques. Les traits communs entre ces derniers et les microbes de la famille de la tuberculose sont d'ailleurs assez nombreux pour que Lehmann (1), qui est à l'heure actuelle le savant le plus compétent en systéma-tique microbienne, range tous ces bacilles dans la même famille naturelle, sous les noms de *corynebacterium* et *mycobacterium*. Nos constatations, c'est-à-dire le fait que tous ces bacilles, de la famille

(1) LEHMANN, *Grundriss der Bakteriologie*, 1899.

des microbes de la diphtérie et de la tuberculose injectés aux animaux, en grande quantité, ne rendent pas le sérum agglutinant, à la différence des bacilles typhiques, du *bacterium coli*, du bacille cholérique, etc., établissent un nouveau trait commun entre tous ces micro-organismes.

Pourquoi le pouvoir agglutinant n'apparaît-il pas dans le sérum, ou tout au moins ne se manifeste-t-il pas vis-à-vis des microbes?

Il est bien possible qu'à la suite de l'injection de bacilles de la tuberculose, par exemple, ces microbes provoquent la formation d'anticorps agglutinants vis-à-vis de leur protoplasme albumineux, mais non pour les graisses, la cellulose, etc. Ces dernières substances ne donnent pas lieu à la formation d'anticorps dans l'organisme, d'après les belles études de M. Nolf. Dès lors, pour qu'une agglutination se produise en présence du sérum et des bacilles, il faudrait que ceux-ci fussent débarrassés de leur enveloppe de graisse et de cellulose, ce que l'on n'arrive pas à obtenir; et ainsi la propriété agglutinante nous échappe.

Pour mieux nous convaincre encore de l'absence de séro-réaction constatable dans le sérum des animaux diphtérisés, nous avons étudié l'agglutination, non plus sur des émulsions préparées, mais à l'état naissant. On peut, en effet, en ensemençant en même temps dans un bouillon neuf un microbe donné et un peu de son sérum spécifique, obtenir une prolifération en amas, et, dans certaines conditions, ce que Pfaundler a appelé récemment la réaction filamenteuse « Fadenreaction ».

Peut-on obtenir une agglutination à l'état naissant et une « Fadenreaction » au moyen des animaux injectés de bacilles diphtériques ou d'autres microbes de la même famille naturelle?

Expériences, série IV. — Ces expériences ont été conduites de deux façons, soit en goutte pendante, soit dans de tout petits tubes à essai.

Des expériences comparatives avec du typhus-sérum de nos lapins furent faites vis-à-vis du bacille typhique; avec du coli-sérum vis-à-vis du bacille du côlon; avec du sérum des animaux ayant reçu de nombreuses injections du bacille de la diphtérie de Roux, de la diphtérie de la poule, de celle de la conjonctive, vis-à-vis des microbes correspondants.

Si l'on met en goutte pendante de l'eau-peptone à **4 %,** plus une goutte de typhus-sérum dilué à $\frac{1}{200}$, plus une très petite trace de bacilles typhiques, qu'on laisse un jour à 37°, on voit se multiplier le bacille typhique non plus à l'état libre et isolé, mais sous forme d'une magnifique agglutination. Si l'on examine celle-ci à un fort grossissement, on reconnaît que les bacilles ont poussé en longs filaments entortillés, composés d'éléments ayant les dimensions ordinaires, placés bout à bout : c'est là la réaction filamenteuse ou « Fadenreaction ». Dans la préparation témoin, non additionnée de sérum, les bacilles prolifèrent isolément, sans former de filaments.

Avec le *bacterium coli*, dans les mêmes conditions, mais additionné de coli-sérum dilué, on voit plus nettement encore la « Fadenreaction »; tandis que les préparations témoins, sans sérum, montrent de petits bacilles mobiles, bien isolés.

Si nous faisons les mêmes essais, mais en remplaçant les microbes typhiques ou du côlon par les microbes diphtériques ou pseudo-diphtériques, et en les additionnant du sérum des animaux impressionnés par eux, ou de sérum antidiphtérique de l'Institut Pasteur, on n'observe pas de « Fadenreaction ». On voit dans toutes les préparations des bacilles accolés en amas. Mais c'est là l'aspect normal des cultures liquides de ces microbes. Les préparations témoins, sans sérum, sont tout à fait semblables.

L'absence de formes filamenteuses dans ces gouttes pendantes atteste encore que la réaction agglutinante n'est pas décelable dans la diphtérie et la pseudo-diphtérie.

Enfin, il existe encore un autre fait qui vient renforcer notre conviction à cet égard : c'est l'absence du phénomène de Kraus. Cet auteur a montré que les sérums spécifiques correspondant à des microbes agglutinables ne jouissent pas seulement de la propriété d'agglutiner ces microbes; ajoutés à des cultures filtrées de ces microbes, ils sont en outre doués du pouvoir de déterminer, au sein du filtrat, un véritable précipité, parfaitement visible sans le secours du microscope. Ainsi, lorsqu'on additionne une culture filtrée de bacilles typhiques de quelques gouttes de typhus-sérum, on voit se former dans la masse liquide de petits grumeaux qui gagnent les couches inférieures; le phénomène est encore plus apparent quand on introduit dans le liquide filtré des particules d'un corps inerte, comme le cinabre. Nous avons répété cette expérience en additionnant de sérum provenant de nos animaux diphtérisés le filtrat de cultures en bouillon de bacilles de Roux. Nous n'avons pas observé le phénomène de Kraus.

Ces nombreux essais, variés le plus possible, nous ont donc amené à nous convaincre qu'il n'est pas possible, à l'heure actuelle, d'utiliser la réaction dite agglutinante pour diagnostiquer le bacille diphtérique et, éventuellement, pour le séparer des autres microbes. Le fait que l'on n'observe pas la moindre différence dans la façon de se comporter vis-à-vis de la réaction agglutinante du sérum de tous ces microbes diphtériques et pseudo-diphtériques, établit un nouveau trait commun entre tous ces microbes.

II. — Existence du bacille de Löffler en dehors de la diphtérie humaine.

En l'absence de réaction agglutinante, il faudra bien nous contenter, pour identifier les microbes rencontrés dans la diphtérie humaine et chez celle des animaux, d'utiliser les signes classiques habituels.

D'après la plupart des auteurs, le bacille de la diphtérie humaine présente les principaux caractères suivants :

1° Microscopiquement, bacilles d'une longueur variant de 2 à 8 μ; jamais bout à bout, mais disposés en V, ou parallèlement deux par deux, ou quatre par quatre ou en petits paquets ; se colorant bien par le liquide de Roux; présentant des espaces incolores séparés par des stries fortement teintées ; montrant souvent des formes en massue (corynebacterium), parfois même des formes dichotomiques ;

2° Se colore bien par la méthode de Gram ;

3° Par le réactif de Neisser (1), le bacille diphtérique de Löffler, en culture très jeune, sur sérum, montre des granulations colorées, au nombre de deux, trois, quatre et davantage ;

4° Le bouillon devient rapidement acide, puis alcalin ;

(1) NEISSER, *Zur Differentialdiagnose des Diphteriebacillus*. (*Zeitschrift für Hygiene*, Bd. XXIV, 1897.)

5° La culture en bouillon de deux jours, mise sous la peau des cobayes, les fait mourir en un à deux jours. Le sérum antidiphtérique à la dose de $1/_{10}$ à 1 centimètre cube empêche cette mort.

La toxine du microbe est également neutralisée par le sérum antidiphtérique.

Tels sont, dans les grands traits, les principaux signes recherchés dans la diagnose du bacille de Löffler.

S'il était démontré qu'un bacille répondant à tous ces caractères ne s'observe que chez les malades atteints de diphtérie vraie, et d'autre part qu'on ne trouve pas de microbes présentant ces diverses propriétés chez des sujets n'ayant pas la diphtérie, la question de l'étiologie de cette affection serait aussi claire et aussi simple que celle de la peste ou du choléra.

Malheureusement, il est loin d'en être ainsi.

On connaît depuis longtemps déjà un bacille, présent surtout sur la conjonctive de l'œil humain normal, qui possède la plupart des caractères précités, sauf la virulence. Ce bacille, que l'on a cru d'abord être la cause du xérosis, n'a aucun rapport avec cette affection. On a décrit également des bacilles du même genre rencontrés parfois dans le nez et même dans la gorge de sujets sains et dans des affections telles que l'ozène, dans certains poumons de tuberculeux, dans certaines vaginites.

Nous savons bien qu'il y a tantôt l'un, tantôt l'autre des caractères exigés pour constituer le vrai bacille diphtérique qui manque, surtout la virulence. Mais il ne faut pas croire que, même en cas de diphtérie vraie, avec tous les signes anatomiques et cliniques de celle-ci, et guérison spécifique par le sérum, on trouve toujours des bacilles répondant absolument à tous les critériums cités. Neisser (1), qui travaillait chez Flügge, le bactériologiste de l'Allemagne qui a peut être la plus grande expérience de tout ce qui concerne le diagnostic de la diphtérie, reconnaît qu'on observe parfois ce qu'il appelle des bacilles diphtériques avirulents. Sur trente-trois échantillons de bacilles diphtériques provenant de vrais malades, Neisser trouve cinq types dépourvus de virulence chez le cobaye. Il conclut que l'inoculation au cobaye ne constitue pas un critérium sûr. L'absence de virulence chez le cobaye ne permet pas de conclure à la même propriété chez

---

(1) NEISSER, *Zeitschrift für Hygiene.* (*Loc. cu.*)

l'homme. Koch et Pétruchsky (1) décrivent des streptocoques virulents pour l'homme et inoffensifs chez l'animal. Pour Neisser, ce qui importe surtout, c'est la présence de granulations colorées par ses réactifs (bleu de méthylène acétique et vésuvine). Il croit cette réaction absolument spécifique, plus même que l'épreuve de la virulence. Or, nous avons constaté que le microbe de Roux, conservé depuis plusieurs mois à 37°, mis en culture fraîche de dix-huit heures sur sérum coagulé, ne donnait pas les granulations de Neisser, tandis que le microbe de la conjonctive normale en donnait jusque quatre par élément microbien, dans les mêmes conditions. Cette seule constatation ruine déjà, à elle seule, la théorie de Neisser.

Quant à l'acidité des milieux de culture et au titrage, il suffit de jeter un coup d'œil sur le tableau donné par Lehmann et Neumann (2), tableau qui rapporte le titrage de l'acidité des cultures de divers bacilles diphtériques et pseudo-diphtériques, pour constater qu'il n'y a pas moyen de fonder un diagnostic sur cette méthode. Nous-même avons déterminé par la soude normale le titrage d'une vingtaine d'échantillons de bacilles diphtériques provenant de diphtérie vraie, de l'œil normal, de la poule ; les résultats variaient tellement que nous avons dû, à l'exemple de beaucoup d'autres auteurs, abandonner ce critérium, tant il nous conduisait à des erreurs.

Pour ce qui concerne les caractères morphologiques, il n'y a pas de différence nette entre le bacille de la diphtérie pris chez les malades et les microbes de l'œil normal et de la poule. (Voir pl. II, fig. 1 et 2.) Toutes les différences signalées s'observent d'ailleurs chez un seul et même type de microbes diphtériques virulents (formes longues, formes courtes, etc.).

Dès lors, à quels signes reconnaît-on le vrai microbe de la diphtérie humaine ?

D'après Spronck, le meilleur signe serait celui-ci : préparer la toxine et constater que celle-ci est neutralisée par l'antitoxine.

Mais cette affirmation de Spronck est complètement ruinée par la démonstration que Martin, un des savants les plus autorisés

(1) Koch et Pétruchsky, *Zeitschrift für Hygiene*, vol. XXIII, pp. 477 et suiv.
(2) Lehmann et Neumann, *Grundriss der Bakteriologie*, 1899, pp. 388 et 389.

dans cette question, puisque c'est lui qui dirige la préparation du sérum antidiphtérique à l'Institut Pasteur, a faite récemment.

Martin démontre que l'on peut préparer des toxines, très actives, neutralisées par l'antitoxine spécifique, au moyen de bacilles dits pseudo-diphtériques, non virulents pour le cobaye. Ce travail de Martin a une telle importance que nous croyons devoir reproduire ici ses constatations, publiées dans les *Annales de l'Institut Pasteur* en janvier 1898. Martin dit textuellement :

« *Bacilles non virulents, mais toxigènes.* — En possession d'un bon milieu de culture permettant au microbe de sécréter sa toxine, et de plus connaissant comment on doit cultiver un microbe pour lui conserver ses fonctions toxigènes, il importait de reprendre une expérience tentée autrefois avec de mauvais milieux.

» J'avais cherché, au mois de décembre 1895, si un microbe non virulent (1) pour le cobaye donnait de la toxine; j'avais, sans résultat, injecté de 1 à 5 centimètres cubes de culture filtrée.

» Et cependant le bacille 261, qui pendant longtemps a été pour nous le microbe le plus toxigène, ne tue pas le lapin lorsqu'on injecte 1 centimètre cube d'une culture de vingt-quatre heures, mais il sécrète une toxine qui, à la dose de 1 centimètre cube, tue rapidement le lapin.

» Il est bien probable que, parmi les bacilles qui ne tuent pas le cobaye, il en existe cependant qui sécrètent une toxine capable de tuer cet animal.

» Pour faire cette expérience, j'ai pris sept microbes provenant de la gorge d'enfants malades, qui ne tuent pas le cobaye lorsqu'on injecte sous la peau 1 centimètre cube d'une culture de vingt-quatre heures.

» J'ai aussi essayé le bacille 261 court, qui est un bacille atténué dérivant du n° 261, bacille très virulent et toxigène. Ce bacille s'est spontanément atténué et en même temps est devenu très court.

» Ces huit échantillons injectés sous la peau d'un cobaye ne le tuent pas.

» Un seul, le n° 1, donne de l'œdème et une légère escarre au

---

(1) Pour apprécier la virulence d'un bacille, j'injecte à l'animal 1 centimètre cube d'une culture de vingt-quatre heures.

point d'inoculation ; les autres ne donnent aucune lésion locale. Et cependant tous ces microbes produisent de la toxine, comme on peut le voir d'après le tableau suivant :

NUMÉROS.	CULTURE.	TOXINE.			
1	Œdème léger, escarre.	1 centimètre cube tue en 30 heures.			
		1/10	—	—	40 —
2	Rien.	1	—	—	5 jours.
3	Rien.	1	—	—	5 —
7	Rien.	1	—	—	40 —
5	Rien.	1	—	—	24 —
6 (120 court)	Rien.	1	—	—	13 —
1	Rien.	1	—	—	22 —
8 (1)	Rien.	2	—	—	6 —

» Comme en témoigne le tableau ci-dessus (2), tous les microbes essayés ont donné de la toxine.

(1) Ce bacille retiré de Gustave Aubry n'est pas virulent, ne donne pas d'acide dans le bouillon ordinaire, et il est court ; ce garçon est entré à l'hôpital un jour après sa sœur, Germaine Aubry, qui avait un bacille morphologiquement semblable ; mais ce bacille était virulent, produisait une toxine active à $1/50$ et donnait de l'acide dans le bouillon ordinaire.

(2) Avec ces mêmes microbes, j'ai fait l'expérience que M. Spronck, dans la *Semaine médicale* du 29 septembre 1897, regarde comme décisive pour séparer les bacilles diphtériques des pseudo-diphtériques.

Le 7 octobre 1897, à 4 heures du soir, j'ai injecté sous la peau de huit cobayes un demi-centimètre cube de sérum préventif au $1/150\,000$ et antitoxique à 200 unités par centimètre cube.

Le 8 octobre, à 4 heures du soir, j'ai injecté, sous la peau, 2 centimètres cubes

» Le n° 1 sécrète beaucoup de poison, puisque sa toxine tue en quarante heures à la dose de $1/10$ de centimètre cube.

» Le n° 5 est de beaucoup le moins toxigène, puisqu'il a fallu vingt-quatre jours pour tuer un cobaye.

» Il est probable qu'on trouvera des microbes moins toxigènes encore.

» Les lésions des cobayes morts rapidement étaient bien celles de la diphtérie, et je me suis assuré que le sérum antidiphtérique neutralise ces toxines et empêche les cobayes de mourir.

» Cette expérience est pleine d'enseignements. Nombre d'auteurs désignent sous le nom de pseudo-diphtériques des bacilles morphologiquement semblables au bacille diphtérique, et qui n'en diffèrent que par leur manque de virulence pour le cobaye; au lieu d'admettre avec MM. Roux et Yersin que ces bacilles sont des races atténuées du bacille diphtérique vrai, ils soutiennent qu'ils n'ont rien de commun avec lui.

» Sur les huit échantillons de bacilles qui ont servi aux expériences précédentes, sept sont tout à fait inoffensifs pour le

d'une culture de vingt-quatre heures (j'ai pris 2 centimètres cubes comme l'indique M. Spronck).

NUMÉROS.	LE 9 OCTOBRE 3 HEURES DU MATIN.	12 HEURES.	6 HEURES.	10 OCTOBRE.
1	OEdème.	OEdème.	OEdème.	OEdème qui persiste.
2	Très léger œdème.	Disparaît.	Rien.	Rien.
3	OEdème.	Léger.	Léger.	Léger œdème.
4	Rien.	Rien.	Rien.	Rien.
5	Très léger œdème.	Léger.	Léger.	Rien.
6 (262 court)	Léger œdème.	Léger.	Léger.	Léger œdème, devient dur.
7	Léger œdème.	Léger.	Léger.	Léger œdème.
8	Léger œdème.	Léger.	Léger.	Rien.

Pour M. Spronck, un seul bacille serait diphtérique, le n° 4. De beaucoup le moins diphtérique serait le n° 1, qui cependant donne une toxine active à $1/10$ influencée par le sérum.

cobaye; ils rentreraient donc dans la catégorie des bacilles pseudo-dipthériques, et cependant tous donnent de la toxine capable de tuer les animaux, et de plus le sérum antidiphtérique se montre le contrepoison de cette toxine.

» Ces faits suffisent à établir combien est artificielle la distinction absolue que l'on veut trouver entre les bacilles diphtériques vrais et les bacilles pseudo-diphtériques.

» On a souvent observé que des diphtéries d'allures bénignes se terminaient par une syncope mortelle : la bactériologie nous fournit l'explication de ces faits en nous montrant que des microbes peu virulents peuvent sécréter de la toxine; la sécrétion sera lente, l'empoisonnement sera moins rapide, mais ses conséquences n'en seront pas moins fatales.

» Il faut donc, dans l'intérêt du malade et pour se conformer aux faits, cesser d'attacher une grande importance à ces distinctions subtiles de bacilles diphtérique et pseudo-diphtérique, et regarder comme atteints de diphtérie tous les malades dont l'exsudat ensemencé fournit sur sérum, en vingt-quatre heures, de nombreuses colonies de bacilles ayant l'aspect et les réactions colorantes de celui de la diphtérie.

» En agissant ainsi, le médecin s'évitera de pénibles surprises. »

Comme on le voit, ces expériences de Martin sont *décisives :* il n'est plus possible de soutenir que des bacilles qui ne diffèrent du bacille de Löffler que par la virulence chez le cobaye sont des micro-organismes d'une autre espèce; et par conséquent que les microbes pseudo-diphtériques des muqueuses normales n'ont pas de rapport avec l'agent de la diphtérie. Cette manière de voir des savants de l'Institut Pasteur paraît d'ailleurs gagner du terrain Outre-Rhin, ainsi qu'en témoigne un tout récent travail de Schanz (1).

En ce qui concerne spécialement la détermination de la nature diphtérique vraie d'une affection chez l'homme et chez l'animal par les résultats du sérum antidiphtérique inoculé, on commettrait de graves erreurs en utilisant ce critérium. Certains savants ont cru pouvoir s'en servir : prenant, par exemple, un volatile présentant une affection du type diphtéroïde, à fausses membranes

(1) SCHANZ, *Xerosebacillus und die ungiftigen Löffler'schen Bacillen.* (*Zeitschrift für Hygiene,* 1899, B. XXXII, H. 3.)

plus ou moins nettes, et injectant du sérum antidiphtérique, ils ont cru pouvoir conclure, si la guérison s'effectuait, que la maladie était bien due au bacille de Löffler, et inversement dans le cas contraire.

Or, le sérum antidiphtérique, s'il est spécifique surtout contre la toxine diphtérique, produit, comme tout sérum, et même comme beaucoup de liquides physiologiques, y compris le bouillon ordinaire, un effet souvent favorable chez les malades, soit par excitation de la phagocytose, soit autrement. Et l'on ne peut dire du seul fait qu'un animal porteur de fausses membranes ait guéri par le sérum de Behring ou de Roux, qu'il était bien envahi par la toxine du bacille de Löffler : mais ce qui est beaucoup plus important, c'est la neutralisation de la toxine préparée et injectée à un animal neuf par l'antitoxine spécifique, comme l'a fait Martin.

§ 1. — EXAMEN DES LÉSIONS DE MALADES ATTEINTS DE DIPHTÉRIE CLINIQUE.

Nous allons exposer nos propres constatations chez l'homme malade, puis chez le sujet sain.

Nous avons examiné environ quatre cents produits envoyés par des confrères, en vue du diagnostic bactériologique de la diphtérie.

Comme il s'agissait de diagnostics à fournir rapidement, il ne pouvait être question de préparer la toxine dans chaque cas particulier, de faire des inoculations au cobaye, etc.

Nous devions nous contenter d'ensemencer les produits sur sérum de bœuf coagulé, et d'examiner ces cultures après quinze heures d'étuve à 37°. La question importante — et c'est pour ce motif que nous donnons ici les résultats tirés d'une grande pratique — est de savoir si, dans ces conditions, sans recourir à l'analyse de la toxine ni à des injections à des animaux, on risque d'envoyer au praticien un diagnostic erroné, c'est-à-dire de l'informer qu'il y a diphtérie quand il s'agit d'un sujet non malade, ou inversement.

La conviction à laquelle nous sommes arrivé après tous ces essais, c'est qu'il ne faut livrer le diagnostic bactériologique diphtérie, que lorsqu'on trouve des colonies *nombreuses* et *serrées*, sur sérum, après quinze à dix-huit heures, à 35°-37°.

Quand il n'y a que quelques rares colonies, véritables unités, il faut être très réservé, même si, soumis aux réactifs de Neisser, les bacilles donnent des grains colorés.

En effet, le résultat général de ces examens, c'est que l'on ne risque pour ainsi dire pas de se tromper lorsqu'on pose le diagnostic bactériologique de diphtérie quand on trouve sur le sérum d'abondantes colonies de bacilles diphtériques, surtout lorsque ceux-ci appartiennent à la variété longue.

Chaque fois que l'on a obtenu cette pullulation microbienne *intensive,* les renseignements cliniques ultérieurs ont toujours confirmé qu'il s'agissait bien de véritables affections diphtériques.

Mais quand il n'y a que quelques rares colonies, et qu'on est sûr qu'il n'a pas été employé d'antiseptique, cela peut provenir de la gorge d'un sujet sain. Mais c'est relativement rare (dans 10 °/₀ des cas environ) à moins qu'il ne s'agisse d'enfants vivant au voisinage de sujets diphtériques.

Il en est autrement quand on cultive la conjonctive de l'œil humain à l'état normal, et même la muqueuse nasale.

§ 2. — EXAMENS PORTANT SUR DES SUJETS SAINS.

On a ensemencé, dans vingt cas différents, sur du sérum de bœuf coagulé, une *œsel* de la sécrétion du cul-de-sac conjonctival, de la muqueuse du nez et de l'amygdale palatine chez des personnes saines, prises au hasard.

Dans l'œil, on a retrouvé quinze fois, c'est-à-dire dans les trois quarts des cas, le bacille pseudo-diphtérique, le plus souvent en variété courte, avec des formes d'involution. Dans les cinq autres cas, quatre fois les cultures sont restées stériles ; dans le cinquième, on a trouvé du staphylocoque et du streptocoque. L'un des sujets examinés présentait un bel échantillon de la variété longue du bacille pseudo-diphtérique, en tout semblable, tant morphologiquement que par les propriétés colorantes et les caractères des cultures, au vrai bacille diphtérique de Löffler. Ce bacille pseudo-diphtérique pullulait surtout sur la conjonctive, lorsque la personne qui le portait avait séjourné longtemps dans une salle fortement enfumée par le tabac. En cultures, ce bacille pseudo-diphtérique est devenu progressivement de plus en plus petit et a montré de belles formes d'involution qui sont devenues plus nombreuses au fur et à mesure que la culture vieillissait.

Sur la muqueuse nasale, dix fois sur vingt, on a isolé le bacille pseudo-diphtérique; mais les colonies de ce microbe, fournies par l'ensemencement du mucus nasal, ont toujours été moins abondantes que celles fournies par le mucus conjonctival.

Enfin, l'amygdale palatine a montré, chez quatre ou cinq individus seulement, quelques colonies, à l'état d'unités, de bacille pseudo-diphtérique, de la variété courte.

En présence de l'expérience de Martin, nous croyons qu'il était inutile d'essayer la virulence de chacun de ces échantillons.

Le plus souvent d'ailleurs ces microbes, que l'on trouve chez les sujets sains, sont avirulents pour le cobaye. Mais on a vu pour quelles raisons nous ne croyons pas que l'on soit en droit d'affirmer que ces microbes n'ont pas de rapports avec le bacille que l'on trouve dans la gorge enflammée au cours de la diphtérie; pas plus que le premier vaccin du charbon ne peut être considéré comme une espèce différente du charbon virulent.

§ 3. — QUELS SONT LES MICROBES DE LA FAMILLE DIPHTÉRIQUE QUE L'ON TROUVE CHEZ LES ANIMAUX ET PARTICULIÈREMENT CHEZ LES VOLAILLES?

Il fallait d'abord s'assurer de ce que l'on trouve dans l'œil et la gorge d'animaux normaux.

Nous devons reconnaître que nous n'avons pas trouvé une seule fois, chez les animaux sains examinés, tels que chèvre, chien, lapin, cobaye, poule, pigeon, même sur l'œil, des bacilles assimilables au bacille diphtérique.

Tandis qu'il est si fréquent de constater sur l'œil humain normal des bacilles très semblables au bacille de Löffler, nous avons toujours eu des résultats négatifs pour l'œil des animaux (une vingtaine) examinés. Si ce fait est confirmé, il y a là une grande différence, à ce point de vue, entre les animaux et l'homme.

Dans le but de nous procurer du matériel d'étude pour la question de la diphtérie aviaire, nous avons demandé à des vétérinaires de nous envoyer les volatiles chez lesquels ils observeraient ce que l'on appelle couramment « diphtérie ».

Nous avons ainsi reçu des pigeons atteints de la maladie dénommée « mal blanc » et qui consiste en ce que les pigeons malades ont la cavité buccale tapissée d'une épaisse couche muqueuse. Jamais les cultures sur sérum ensemencées avec ces mucosités n'ont donné de bacilles diphtériques ou pseudo-diphtériques.

Nous avons encore examiné, avec l'aide d'un confrère, plus de soixante poules d'autres provenances, chez lesquelles leurs propriétaires ou des vétérinaires avaient reconnu prétendûment la diphtérie. Quelques-unes de ces poules étaient atteintes d'une sorte de tirage chronique, sans lésions visibles de la bouche ou de la gorge. Nos essais n'ont rien donné en fait de bacilles assimilables à la diphtérie. Certaines poules présentaient des mucosités de la bouche et du pharynx ; d'autres des dépôts épais, caséeux, à la surface de cette muqueuse, cas rentrant probablement dans la catégorie de ceux que MM. Gratia et Liénaux appellent la diphtérie des poules. Les cultures faites avec les produits de ces animaux — et dont nous ne donnerons pas le détail qui serait fastidieux — ont été toujours négatives, en ce sens que nous n'avons pas trouvé de bacilles poussant sur le sérum coagulé, pouvant être rangés dans la catégorie des bacilles diphtériques et pseudo-diphtériques.

Nous allions abandonner ces recherches, quand nous eûmes enfin la bonne fortune de rencontrer chez des volailles malades un microbe semblable d'aspect au bacille de Löffler.

Un aviculteur vint nous prier de rechercher la cause d'une maladie qui sévissait parmi un lot de plusieurs centaines de poules d'Italie acquises récemment, maladie qui faisait chaque jour de nombreuses victimes. De l'avis du vétérinaire consulté, il s'agissait de la maladie contagieuse appelée « nifflet », qui est une des formes de la diphtérie des poules. Cette demande était accompagnée de l'envoi de trois poules dont deux déjà mortes, et la troisième en pleine évolution de la maladie. Lorsque cet envoi nous parvint, la poule malade était morte, de sorte qu'il ne fut pas possible alors de constater *de visu* les symptômes de l'affection.

C'est sur cette dernière poule que portèrent nos premières investigations. A l'examen, douze heures environ après la mort, le bec est rempli de mucosités ; sur le voile du palais on voit de petites nodosités blanchâtres, très adhérentes, autour desquelles la muqueuse est uniformément rouge, congestionnée. Du mucus s'écoule par les orifices nasaux. Les conjonctives sont normales. Le larynx, mis à nu, ne présente rien de particulier. Sur les parois de l'œsophage ouvert, on aperçoit quelques petits points blanchâtres, analogues à ceux du voile du palais. Les poumons sont sains. Le cœur est rempli de caillots noirâtres. Le foie est augmenté de volume ; son tissu est friable.

Dans le but de déterminer la nature microbienne éventuelle de ces lésions, nous soumettons les différents organes et produits pathologiques de cette poule aux méthodes habituellement mises en œuvre dans ces sortes de recherches : examen direct, après coloration, des mucosités du bec, des nodosités du voile du palais et des parois de l'œsophage, du sang du cœur, des frottis de rate et de foie ; ensemencement dans les différents milieux.

L'examen direct aussi bien que les cultures décèlent la présence dans tous les organes examinés de la poule d'une petite bactérie très courte, se colorant plus vivement aux extrémités, ne prenant pas le Gram. Cette bactérie se montre à l'état de pureté dans le sang du cœur, du foie et de la rate, associée à d'autres microbes saprophytes dans les mucosités du bec. Nulle part, pas plus dans les produits de la gorge que dans le sang des organes profonds, on ne trouve de microbe ayant quelque ressemblance avec le bacille diphtérique. Ainsi qu'il nous fut possible de l'établir dans la suite, ce résultat négatif tient à ce que les mucosités du bec de cette première poule constituent l'une des lésions d'une affection très contagieuse chez les animaux de basse-cour, affection qui n'a absolument rien de commun avec la diphtérie.

Mais chez les deux autres poules, les résultats furent tout différents. Ces poules présentaient des lésions semblables à celles de la première. De plus, elles avaient dans la cavité bucco-pharyngienne et sur la conjonctive de l'œil d'épaisses pseudo-membranes, difficilement détachables. Ces productions pseudo-membraneuses, de coloration jaune sale, de consistance sèche, friable, à surface rugueuse, se laissaient, après durcissement dans l'alcool fort, assez facilement couper au rasoir. Chez l'une des poules, ces néo-membranes avaient pris un tel développement sur la conjonctive que le globe oculaire, atrophié, disparaissait

Pseudo-membranes développées sur la conjonctive oculaire
de la poule III.

complètement sous une forte tuméfaction (pl. I). D'autres poules, qui nous parvinrent dans la suite (cette épidémie a fait plus de deux cents victimes), ont montré des membranes de la conjonctive tellement épaisses que l'animal présentait une masse du volume d'un marron en avant de l'œil. Chose curieuse, les lésions n'atteignent jamais qu'un seul œil.

Soumises à la méthode de Weigert, qui colore en violet intense la fibrine et les éléments microbiens, les coupes pratiquées dans ces pseudo-membranes montrèrent de la fibrine en petite quantité; le reste est constitué par de petites cellules rondes. De plus, cette méthode décela la présence, à la surface de ces productions, d'une infinité de microbes variés, parmi lesquels il fut possible de distinguer, assez difficilement toutefois, un bacille comparable au microbe de Löffler. Il convient de faire remarquer ici qu'il n'est pas toujours aisé de retrouver le bacille diphtérique dans les coupes des membranes qui envahissent la gorge des enfants atteints de croup.

Quoi qu'il en soit, le résultat ainsi obtenu fut confirmé par celui des cultures. Les membranes recueillies dans le bec et sur l'œil, et mises en cultures, donnèrent surtout deux sortes de colonies microbiennes : les unes constituées par la petite bactérie signalée déjà dans les organes de la première poule; les autres par un bacille beaucoup plus long, prenant et conservant parfaitement le Gram, donnant trois à quatre grains fortement colorés par la méthode de Neisser, ressemblant morphologiquement à s'y méprendre au bacille diphtérique de Löffler.

Chez dix autres poules malades, provenant de la même source et présentant des lésions diphtéroïdes de l'œil et de la gorge, le bacille assimilable par son aspect au bacille diphtérique vrai, fut retrouvé et isolé quatre fois. Dans les six autres cas, les cultures étaient envahies par la petite bactérie décolorée par la méthode de Gram, et qui ne faisait jamais défaut, et par d'autres microbes saprophytes, micrococques, staphylocoques, etc., ainsi que cela s'observe fréquemment dans la diphtérie humaine, lorsque les fausses membranes qui servent à ensemencer les milieux de culture ne sont pas récentes.

Chez toutes ces poules, le microbe diphtérique fut toujours trouvé dans le bec et sur la conjonctive malade. Jamais il n'apparut dans les cultures du sang, des organes profonds, cœur, foie et rate. Ces dernières cultures ne restaient cependant pas stériles. Toujours, dans tous les cas, elles donnèrent, à l'état pur, le petit microbe observé dans les organes de la première poule examinée.

Voilà donc toute une série de poules, malades d'une affection qualifiée de diphtéritique par les vétérinaires, et qui portent en elles deux microbes absolument distincts, vraisemblablement pathogènes tous deux : l'un, grand bacille, présentant les caractères morphologiques du bacille diphtérique de Löffler ; on le retrouve exclusivement dans les fausses membranes développées sur l'œil et dans le bec, jamais dans les organes profonds ; l'autre, cocco-bactérie, se montrant aussi bien dans le bec que dans le foie ou la rate, déterminant chez la poule une véritable septicémie.

Quelle part revient à chacun de ces deux microbes dans l'étiologie de cette épidémie si meurtrière pour les poules? Et d'abord quel est exactement le petit microbe que l'on trouve répandu un peu partout dans le sang des volailles emportées?

Pour arriver à l'identifier, nous l'avons soumis aux différents modes de culture habituellement employés, et nous l'avons expérimenté par inoculation à des animaux sains. Nous avons pu ainsi nous convaincre qu'il répondait au bacille du choléra des poules signalé par les auteurs. Comme ce dernier microbe, parfaitement connu et décrit, notre bacille constitue un court bâtonnet, ayant parfois la forme d'un véritable micrococque, se colorant facilement, surtout aux deux extrémités, par les diverses couleurs d'aniline, mais se décolorant par la méthode de Gram. Il se cultive facilement. En gélatine étalée sur plaques, il donne après trois ou quatre jours de toutes petites colonies blanchâtres ; en piqûre, il se forme le long du trait un grand nombre de petites colonies sphériques, qui finissent par se réunir et donner une ligne blanche ; sur gélose et sur sérum, en strie, on obtient une bande mince, blanchâtre ; le bouillon se trouble légèrement et, après quelques jours, se clarifie par dépôt d'un sédiment minime.

Il n'est pas jusqu'aux lésions observées, et à l'évolution de la maladie, qui ne nous permettent d'affirmer que le microbe que nous avons isolé était bien le bacille du choléra des poules. D'après Nocard, ce microbe détermine, en effet, chez la poule, le pigeon, le lapin, qu'il soit introduit sous la peau ou par la voie gastrique, une véritable septicémie; chez la poule, celle-ci se manifeste par des symptômes d'abattement, de la somnolence, par de la diarrhée et un jetage abondant par le bec et les narines. A l'autopsie, toujours d'après le même auteur, on observe que le foie est congestionné, augmenté de volume, friable; le cœur rempli d'un sang noirâtre, poisseux, etc.

Or ce sont là précisément les lésions décrites chez notre première poule et observées, dans la suite, dans tous les cas.

Ces lésions, nous les avons également rencontrées chez d'autres animaux, tels que le pigeon, le lapin, le cobaye, auxquels nous inoculions expérimentalement un peu de culture en bouillon vieille de trois ou quatre jours. Le bacille du choléra des poules isolé par nous avait acquis une virulence telle, qu'il suffisait d'une injection de $1/10$ de centimètre cube d'une culture de trois jours, pratiquée sous la peau de l'oreille du lapin, pour déterminer la mort en vingt-quatre heures. Des cobayes qui avaient dévoré le cadavre d'un de ces lapins tués par le bacille cholérique furent trouvés morts, quelques-uns déjà au bout de quarante-huit heures; tous les organes de ces cobayes étaient envahis par la petite bactérie si caractéristique du choléra des poules.

Notre microbe du choléra des poules devait être doué d'une virulence vraiment extraordinaire, car on cite souvent le cobaye comme peu sensible à cette affection, lorsqu'on la lui communique par la voie sous-cutanée. Tous les cobayes que nous avons inoculés sous la peau sont morts rapidement, présentant ce microbe dans tous les organes.

Ce choléra des poules a été le point de départ d'un véritable désastre dans nos chenils : un grand nombre de poules saines, de cobayes, ont succombé spontanément, et nous avons dû prendre des mesures sévères de désinfection (1).

(1) Cette épidémie de laboratoire a notamment emporté tout un lot de cobayes qui avaient été injectés au moyen de cultures diphtériques préparées d'après la formule de Spronck, en décoction de levures : ce milieu (*Annales de l'Institut Pasteur*, 1898, p. 701. *Préparation de la toxine diphtérique*) donne une bonne toxine. Nous avions ainsi cultivé du microbe de Roux, du bacille de la conjonctive normale, du microbe de la diphtérie de la poule, en milieu de Spronck; nous en avons isolé la toxine qui a été injectée seule à des cobayes, en même temps que du sérum antitoxique à d'autres cobayes. Tous ces animaux en expérience ont gagné le choléra des poules par contagion. Force nous est de recommencer. Ce sera l'objet d'un autre travail que nous soumettrons à l'Académie.

Comme nous l'avons montré, quelques-unes de nos poules présentaient, en outre, des fausses membranes sur l'œil et dans la cavité bucco-pharyngienne. Or c'est précisément chez ces dernières, et chez celles-là seulement, que nous avons pu isoler, à côté du bacille du choléra, un autre bacille, celui de la diphtérie.

Si nous avons relaté ces faits avec quelque détail, c'est pour bien montrer la facilité avec laquelle on peut confondre des poules malades du choléra avec des poules atteintes de diphtérie vraie ou fausse. Il est bien évident que dans une épidémie semblable à celle que nous avons observée, on doit fréquemment qualifier de diphtérie aviaire, de catarrhe contagieux, de nifflet, de morve, une affection mortelle qui présente, entre autres caractères, un jetage abondant par le bec et les narines, affection qui, comme nous l'avons montré, peut très bien n'être, en somme, que le choléra des poules. Peut-être même cette erreur a-t-elle été commise par Loir et Ducloux, qui ont renseigné, comme agent spécifique de la diphtérie aviaire, un petit cocco-bacille n'ayant aucun rapport avec le bacille de Löffler, se présentant sous la forme d'une bactérie arrondie à ses extrémités, ne prenant pas le Gram et que l'on retrouve dans tous les tissus et liquides de l'organisme qui vient de succomber, dans le sang, les fausses membranes et les mucosités filantes des voies aériennes des animaux malades.

Examinons maintenant d'un peu plus près ce bacille diphtérique que nous avons isolé des fausses membranes de la poule, et voyons s'il présente des rapports avec le vrai bacille diphtérique de Löffler.

Le bacille trouvé chez nos poules possède la plupart des propriétés qui, suivant les auteurs les plus autorisés, caractérisent le vrai bacille diphtérique, l'agent spécifique de la diphtérie humaine.

Ce sont, en général, des bâtonnets, longs de 2 à 8 μ, à extrémités arrondies, souvent plus ou moins renflées en forme de massue, jamais disposés bout à bout, mais en V ou parallèlement les uns aux autres. (Voir pl. II, fig. 1 et 2.)

Ces bacilles se colorent assez mal par les couleurs d'aniline habituellement employées, mais bien mieux par le liquide de Roux ; ils se colorent également très bien par les méthodes de Gram et de Weigert. En culture très jeune sur sérum, ne dépassant

Fig. 1.
Grossissement : 1750.

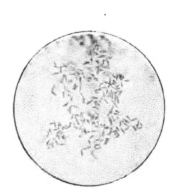

Fig. 2.
Grossissement : 850.

Bacille, type diphtérique, des pseudo-membranes
de la poule III.

pas quinze heures, de nombreux bacilles montrent, dans les préparations, des granulations vivement colorées au nombre de deux, trois ou quatre (1). Ils ne se développent bien qu'à une température comprise entre 35° et 37°, et le milieu de culture de prédilection est le sérum de bœuf coagulé sur lequel de nombreuses colonies apparaissent déjà au bout de douze heures environ. Le bouillon ordinaire devient rapidement acide, puis alcalin au bout de trois ou quatre jours. Les cultures sur gélatine restent stériles à cause de la température basse, 23° à 24°, qu'il faut employer pour éviter la liquéfaction de ce milieu.

Seuls les résultats des inoculations aux cobayes semblent, au premier abord, différencier ce microbe du bacille de Löffler. Comme on le sait, celui-ci fait mourir le cobaye en un à deux jours par injection sous-cutanée d'une culture en bouillon de deux jours. Or le bacille retiré des pseudo-membranes de nos poules détermine, chez le cobaye, dans ces conditions, un léger œdème. Il semble donc y avoir là une différence capitale entre le bacille diphtérique de Löffler et le bacille de nos poules. L'un tue en quelques heures un animal chez lequel l'autre ne détermine qu'un léger œdème à l'endroit de l'inoculation. Mais, comme nous l'avons fait observer à propos du bacille pseudo-diphtérique de l'œil humain normal, les expériences décisives de Martin ne permettent plus de soutenir que des bacilles qui ne se distinguent de l'agent de la diphtérie humaine que par un degré dans la virulence chez le cobaye, constituent une espèce essentiellement différente.

Un fait qui paraît plaider en faveur de cette opinion nous est fourni par la circonstance malheureuse que nous allons relater et qui vient grossir la liste des observations analogues dont feu le Dr Schrevens a entretenu l'Académie à diverses reprises.

Au cours de l'épidémie qui sévissait parmi les volailles, un jeune enfant vint passer quelques jours chez son parent, l'aviculteur. Cet enfant, qui aimait jouer dans la basse-cour, gagne une affection de la gorge avec symptômes rapidement alarmants. Bien qu'il n'y eût pas de cas similaire dans les environs, ni chez les personnes avec lesquelles le petit malade avait été en contact, le confrère traitant déclare qu'il s'agit de croup. Nous n'avons pas

---

(1) *Méthode de Neisser.* (*Loc. cit.*)

eu l'occasion de voir le petit malade, et notre confrère, chose que nous regrettons, n'a pas jugé nécessaire de procéder à un examen bactériologique, tant les symptômes de diphtérie lui ont paru probants. Le sérum antidiphtérique a eu, du reste, facilement raison de cette affection.

Malgré l'absence d'une constatation absolument rigoureuse, voilà certes un fait qui peut nous inciter à penser que le bacille diphtérique des volailles peut, dans des conditions encore mal connues, récupérer de sa virulence et communiquer à l'homme une affection vraiment diphtérique.

Nous avons également essayé l'action du sérum antidiphtérique chez nos poules malades; les poules ainsi inoculées ont paru résister plus longtemps à la maladie; mais elles ont fini quand même par être emportées par le choléra. Du reste, le résultat eût-il été meilleur que, pour les considérations émises déjà précédemment à ce sujet, nous n'eussions pas cru pouvoir en conclure, par ce seul caractère, que nous avions réellement affaire au bacille de Löffler.

Enfin, nous avons aussi inoculé préventivement quelques poules saines, en apparence du moins, au moyen de sérum antidiphtérique. Ces poules inoculées, laissées au contact des poules malades dans la basse-cour infectée, ou isolées après avoir reçu, sur l'œil et dans le bec, du bacille diphtérique, sont mortes, emportées par le choléra, mais n'ont pas présenté de pseudo-membranes. Encore une fois, ce résultat ne prouve rien, parce que nous n'avons jamais pu réussir à déterminer expérimentalement chez la poule l'apparition de pseudo-membranes au moyen du bacille pseudo-diphtérique, pas plus d'ailleurs qu'avec le vrai microbe de Löffler.

Quels enseignements comportent ces diverses constatations, faites sur un grand nombre de volailles chez lesquelles des vétérinaires avaient posé le diagnostic clinique de diphtérie?

Nos investigations prouvent que, comme l'admettent du reste un grand nombre d'auteurs, il existe de nombreuses affections des poules et des pigeons, avec dépôts blanchâtres épais sur la muqueuse buccale, au sein desquels il n'est pas possible de déceler des bacilles assimilables aux microbes de la famille du bacille diphtérique : on y trouve des cocci, des bactéries courtes, etc. Ce sont ces affections qui ont été décrites par Löffler et un grand nombre d'autres savants, et qui ne semblent avoir aucun rapport épidémiologique avec la diphtérie humaine.

Mais il existe une affection de la poule, qui semble bien due à un vrai bacille diphtérique ; seulement, nos constatations diffèrent ici en plus d'un point de celles de MM. Gallez, Gratia et Liénaux. Pour M. Léon Gallez, par exemple, c'est au cours du nifflet, encore appelé coryza contagieux, catarrhe virulent, morve, que l'on trouve de tels microbes : les lésions de cette affection ne sont pas essentiellement pseudo-membraneuses, mais il s'agit plutôt d'une inflammation, une forte sécrétion muqueuse de la bouche, de la gorge, du nez, etc. M. Gallez n'y a pas vu de dépôts pseudo-membraneux considérables.

Quant à MM. Gratia et Liénaux, pour eux la diphtérie des poules à fausses membranes ne présente pas de bacilles assimilables à la diphtérie ; seul, le pigeon les montre.

Dans une épidémie qu'il nous a été donné d'observer, au contraire, les dépôts revêtaient une importance considérable. On voyait, surtout sur la muqueuse de l'œil (fig. 1), des fausses membranes très épaisses au sein desquelles il était facile de pratiquer des coupes microscopiques, et qu'un anatomo-pathologiste d'avant l'ère microbienne eût certainement dénommées : membranes diphtériques. Dans ces dépôts se trouvait un bacille présentant les caractères considérés comme propres au bacille diphtérique, et notamment, les grains colorés que Neisser affirme être spécifiques du microbe de la diphtérie humaine. Ce microbe, à la vérité, n'est guère virulent pour le cobaye ; mais rien ne nous autorise, en présence des travaux de Martin, des constatations de Neisser (1) lui-même, qui a observé dans un sixième des cas de diphtérie humaine vraie des bacilles avirulents pour le cobaye, rien ne nous autorise à en faire une espèce différente du micro-organisme spécifique de la diphtérie de l'homme.

Si l'on doit conclure autrement, il faut nier alors la valeur des expériences de Martin, qui a obtenu une toxine et une antitoxine spécifiques, au moyen d'un microbe non virulent pour le cobaye, identique à notre microbe de la poule.

(1) *Zeitschrift für Hygiene,* vol. XXIV, pp. 454 et 455.

Pourquoi ce microbe a-t-il échappé aux investigations de maints auteurs?

Nous croyons qu'une grosse erreur d'observation a souvent été commise et cette erreur est la méconnaissance d'une affection survenue au cours de la diphtérie des volailles : le choléra des poules. Ce dernier, et on l'oublie trop, est excessivement fréquent. Les poules atteintes présentent souvent une abondante sécrétion de la gorge, de la bouche, du nez, mais sans dépôts membraneux. Nocard, qui a le mieux décrit le choléra des poules, n'y signale pas de fausses membranes.

Certains cas de nifflet, observés par d'autres que nous, n'étaient-ils pas des formes particulières du choléra des poules? Et n'a-t-on pas attribué parfois la mort de poules présentant des bacilles semblables à ceux décrits par M. Léon Gallez à ce dernier microbe, alors que les animaux étaient emportés par le choléra?

Il est très facile de commettre l'erreur que nous signalons. En effet, il arrive facilement que, dans les cultures où se développent en abondance des bacilles du type de la diphtérie, le microbe du choléra des poules, qui est infiniment plus petit, qui ne se colore pas par la méthode de Gram, passe inaperçu. De plus, il faut cultiver surtout le sang du cœur et du foie pour trouver le cocco-bacille du choléra. Or, on se contente souvent, comme le montrent la plupart des observations des savants qui ont travaillé cette question avant nous, de cultiver les produits de la cavité buccale, parce qu'on sait que le microbe diphtérique recherché n'envahit pas l'organisme. Dans ces conditions, l'infection mixte risque d'être complètement méconnue.

D'autre part, le sérum antidiphtérique ne peut donner de résultat chez des animaux atteints à la fois de diphtérie et de choléra des poules, affection très meurtrière. A supposer (et si nous n'avions pas cultivé les organes internes, cette faute eût pu être commise par nous-même) que nous eussions méconnu le choléra chez nos poules, la mort des animaux inoculés avec le sérum antidiphtérique aurait peut-être fait conclure qu'il ne pouvait s'agir de diphtérie, puisque le sérum n'avait pas le moindre effet.

Est-ce à dire que l'affection pseudo-membraneuse que nous avons observée chez la poule, avec bacilles du type diphtérique, soit identique à la diphtérie de l'homme?

Cette question n'est pas facile à résoudre. On constate, en effet, chez l'homme, des affections chroniques, par exemple des formes de rhinite fibrineuse, dans lesquelles on trouve des bacilles diphtériques (1), qui sont considérés comme des microbes de Löffler, mais des microbes très peu virulents.

Pourquoi ne pas assimiler nos cas de diphtérie des volailles à ces cas subaigus ou chroniques de rhinite fibrineuse observés chez l'homme ?

Dans notre épidémie des poules, par exemple, celles-ci auraient été atteintes d'abord de l'affection pseudo-membraneuse à bacilles diphtériques atténués, affection à marche assez lente, — ces énormes dépôts de l'œil ne se forment qu'en plusieurs jours, — puis le choléra serait venu emporter rapidement les poules déjà malades.

Si l'on admet que certaines affections des poules sont bien dues à une variété du bacille diphtérique, — variété peu virulente, mais capable, dans certaines circonstances que nous ne connaissons pas encore, de provoquer la diphtérie chez l'enfant, — les innombrables observations publiées par tant d'auteurs et relatant des faits de contagiosité de la diphtérie aviaire à l'homme, reposent, pour une partie d'entre eux au moins, sur une véritable base scientifique.

(1) LEHMANN, *Loc. cit.*, p. 378.

TRAITEMENT

DE

LA PNEUMONIE

PAR

LA DIGITOXINE

PAR LE

Dr Joseph CORIN
à Seraing

———

BRUXELLES

HAYEZ, IMPRIMEUR DE L'ACADÉMIE ROYALE DE MÉDECINE DE BELGIQUE

RUE DE LOUVAIN, 112

—

1896

MÉMOIRE

ADRESSÉ A L'ACADÉMIE ROYALE DE MÉDECINE DE BELGIQUE (CONCOURS POUR LE PRIX ALVARENGA, DE PLAUHY; PÉRIODE DE 1895-1896).

Ce mémoire a obtenu le second prix.

TRAITEMENT

DE

LA PNEUMONIE

PAR

LA DIGITOXINE

Non multa, sed multum.

INTRODUCTION.

LA PNEUMONIE ET SON TRAITEMENT.

Nous n'avons pas l'intention, dans ce travail, de faire un historique complet ni de la pneumonie, ni même des traitements de la pneumonie. Nous voudrions seulement démontrer de façon succincte comment, malgré l'immense évolution qui s'est faite dans les idées médicales depuis Hippocrate jusqu'à nos jours, tous ceux qui ont tenté contre la pneumonie un traitement quelconque, ont été persuadés, à peu d'exceptions près, que leur traitement s'adressait à la cause, était réellement un traitement pathogénique.

C'est un travers commun d'ailleurs aux meilleurs esprits qui se sont occupés des sciences médicales que de ne savoir pas, à certains moments, s'avouer que nos connaissances sont forcément limitées par la nature des sujets qui nous occupent ; que les traitements les plus efficaces ne sont pas toujours les plus rationnels et

TOME XIV (5ᵉ fasc.). 1

qu'il ne suffit pas d'affirmer d'une thérapeutique qu'elle est causale, pour montrer que l'on connaît la cause et la manière dont notre intervention la modifie.

On comprend, à la rigueur, que les premiers médecins, qui rapportaient tout à des causes simples, qui se contentaient d'un mot pour désigner l'étonnante complexité de forces que nous connaissons ou plutôt que nous soupçonnons dans la vie des cellules les plus rudimentaires, qui considéraient la maladie comme la lutte engagée entre les deux êtres de raison vivant à côté l'un de l'autre et venant en conflit à l'occasion de certaines circonstances, on comprend que pour ces médecins, dis-je, la notion de thérapeutique causale se soit vite imposée. On ne connaissait pas alors de médications ; on connaissait des médicaments, des philtres s'adressant chacun à une affection spéciale, souvent à plusieurs affections des plus différentes, mais composés au hasard de l'empirisme le plus grossier, et souvent des inspirations les plus bizarres.

Il a fallu tout l'étonnant génie du solitaire de Cos pour démêler dans les notions obscures recueillies par des praticiens ignorants, inintelligents, une série de faits tellement positifs, pour en déduire un ensemble de combinaisons tellement logiques que ses écrits ont pu servir de code à tous les médecins jusqu'à nos jours.

Mais, quelle que fût la sagacité de son esprit, Hippocrate n'avait pu voir dans des affections du genre de celle qui nous occupe qu'une réaction relativement simple, comparable aux inflammations observées dans des régions plus superficielles.

L'idée que ces inflammations, caractérisées avant tout par un afflux considérable de sang dans un district déterminé de l'organisme, pouvaient être jugulées si l'on diminuait cet afflux, devait fatalement s'imposer à des observateurs qui n'avaient pour observer que des sens fort imparfaits et, dans tous les cas, moins bien armés que les nôtres.

C'est en somme, il faut savoir se l'avouer, en se basant sur ce fait que la pneumonie est une inflammation particulièrement intense du tissu pulmonaire, que l'on a jusqu'à ce jour imaginé les thérapeutiques causales en apparence les plus diverses, soit que l'on prétendît s'attaquer à l'afflux de sang, soit que l'on crût détruire le génie inflammatoire lui-même.

La saignée que pratiquait Hippocrate et qu'Arétée, Celse, Galien, Fernel, Baillon, Sydenham employèrent après lui d'une façon plus ou moins généreuse, cette saignée, que remirent en honneur les audaces de Broussais, de Husson, de Renauldin, de Bouillaud, agit, d'après Andral (1), « comme dans les autres inflammations ; mais elle a de plus l'avantage de diminuer directement la quantité de sang qui, dans un temps donné, doit traverser le poumon pour y être soumis au contact de l'air ; elle diminue donc l'activité de ses fonctions, et concourt de cette manière à guérir la pneumonie, de même qu'on guérit une ophtalmie en s'opposant à l'exercice de la vision, et un rhumatisme en prescrivant le repos ».

On aurait tort de croire, d'ailleurs, que les anciens n'aient eu sur la réelle origine de la pneumonie que des idées tout à fait insuffisantes. Si Bouillaud a pu dire (2) que « la seule cause déterminante ou occasionnelle de la pneumonie consiste dans un refroidissement plus ou moins brusque, succédant à une chaleur ordinairement portée jusqu'à la sueur, justifiant ainsi le nom de *sueur rentrée* ou de chaud et froid que certains malades donnent à leur maladie», Laënnec, avec son admirable talent d'observation, avait avant lui affirmé que « rien n'est plus commun que de rencontrer des pneumonies auxquelles on ne saurait assigner des causes occasionnelles, que bien des hommes en sont attaqués au coin de leur feu, et malgré tous les soins qu'ils prennent de leur santé (3) ».

Chomel, à une époque peu différente (4), concluait : « Ainsi la pneumonie s'est développée dans les trois quarts des sujets sans le secours d'aucune cause appréciable, et il reste fort douteux que les causes occasionnelles qui, chez les autres, en ont précédé l'apparition, aient activement concouru à la produire ; car on ne peut pas douter que la plupart d'entre eux, je devrais dire tous, ne se fussent exposés impunément, un très grand nombre de fois, à l'action de ces mêmes causes qui ont paru occasionner chez eux le développement de la pneumonie. Que conclure de ces faits ? Que, dans presque tous les cas, la pneumonie, comme la plupart

(1) ANDRAL. *Clinique médicale*, t. I, p. 371.
(2) BOUILLAUD. *Clinique médicale*, 2ᵉ éd., t. I, p. 513.
(3) LAËNNEC. *Auscultation médiate*.
(4) CHOMEL. *Dictionnaire de médecine*, art. Pneumonie.

des autres maladies, se développe sous l'influence d'une disposition intérieure dont l'essence nous échappe, mais dont l'existence ne peut être mise en doute.»

Cette opinion de Chomel peut être considérée comme la divination de nos opinions actuelles sur l'origine de la pneumonie. Il n'est plus permis d'en douter quand on lit un peu plus loin dans le même ouvrage, à l'occasion de l'étude des pneumonies qui éclatent dans les fièvres éruptives et que certains auteurs considèrent comme le résultat de la répercussion de ces exanthèmes : « L'opinion la plus vraisemblable est que le virus de la variole, de la rougeole, de la scarlatine produit l'inflammation des poumons comme il détermine plus communément celle de la membrane muqueuse des intestins dans la première, celle des fosses nasales et des bronches dans la seconde, celle des amygdales dans la troisième; dans cette supposition, une même cause produirait l'inflammation du poumon et celle de la peau. »

Mais, malgré cette conception, si juste en somme, de la nature de la pneumonie, *Chomel ne renonçait aux saignées que lorsque, poussées aussi loin que possible, elles avaient échoué.*

Si nous examinons les faits à la lumière de nos connaissances actuelles, il est difficile de ne pas faire rentrer dans le même ordre d'idées thérapeutiques celles qui ont procédé à l'utilisation de la révulsion. Si l'on a pu admettre avec Jules Guérin que la saignée n'est qu'un fait d'hydraulique passif, et que la révulsion est un phénomène d'ordre vital, actif, modifiant le fonctionnement des éléments anatomiques, il est certain cependant que le vésicatoire, comme la saigné, epermet avant tout une répartition différente du sang dans l'organisme, qu'il peut, tant directement, en appelant une quantité de sang plus grande à la surface du corps, qu'indirectement, en provoquant une vasoconstriction plus ou moins étendue dans les districts profonds, anémier un territoire tel que le poumon.

On ne peut par conséquent pas considérer comme tout à fait irrationnelle la méthode de Cullen, de Monro, de Latour, qui consiste à appliquer dès le début de la pneumonie un large vésicatoire.

Mais nous ne pouvons pas non plus nier que cette révulsion exerce peut-être une action d'une autre nature, qu'elle constitue un moyen, non seulement de diminuer ou d'annihiler la congestion inflammatoire locale, mais aussi d'éloigner du foyer inflammatoire primitif les agents pathogènes qui l'entretiennent. C'est la théorie humorale qui a, dès le principe, justifié l'emploi des révulsifs; ils ont eu depuis lors des fortunes changeantes, mais nous les avons vus remis en honneur, il y a peu d'années, par Fochier, qui préconisa, le premier, les abcès de fixation dans la pneumonie, en se basant sur la tendance des microbes pathogènes à se localiser dans les endroits de moindre résistance.

A côté de la saignée et des révulsifs, il faut naturellement placer les antimoniaux dont la vogue fut si grande à la fin du XVIIe et au commencement du siècle dernier. Il n'est pas douteux que les doses formidables que l'on prescrivait aient souvent provoqué l'apparition d'accidents mortels; mais l'on ne peut méconnaître que le médecin ayant assisté au début solennel de la pneumonie et qui voyait s'établir cet état spécial auquel on a donné le nom de *tolérance du tartre stibié*, cette prostration, cet abaissement de la température et du pouls, n'ait considéré son intervention comme très active et très heureuse. Mais la réaction devait se faire contre cette médication par trop dangereuse; les observations se multiplièrent dans lesquelles le tartre stibié avait déterminé des accidents de collapsus ou d'inflammation des muqueuses.

On revenait insensiblement, après ces interventions à outrance, à l'expectation pure et simple, ou à ce qu'on appelait l'expectation armée, n'intervenant que quand la gravité des symptômes l'exigeait; et l'on observait que l'abstention systématique plus ou moins avouée procurait autant de guérisons que les interventions dites jugulatoires.

Cependant d'autres médications naissaient; l'alcool donnait, dans les mains de Todd, d'excellents résultats, combattait les effets fâcheux de l'élévation de la température tout en tonifiant l'organisme. La quinine, le salicylate de soude, tantôt comme antipyrétiques, tantôt comme antiseptiques, étaient préconisés par de nombreux auteurs.

La vératrine donnait dans les mains de quelques cliniciens de bons résultats, malheureusement trop fugaces.

La digitale, employée dans la pneumonie par Cuming dès 1804 (1), fut reprise par Traube tout d'abord et par l'école alle-

(1) CUMING. *London medical Journal*, 1804.

mande, et prescrite avec le plus grand succès par plusieurs Français,
et spécialement par Hirtz qui en obtint des effets remarquables (1).

Depuis longtemps, on connaît le rôle considérable que joue le
cœur dans la pneumonie et dans les affections aiguës des voies
respiratoires en général. Cette corrélation qui existe entre la force
du cœur et le pronostic de ces affections est telle qu'avec juste
raison les cliniciens disent que, dans l'immense majorité des cas,
le pneumonique meurt par faiblesse du cœur (Lépine et Jürgensen). Aussi, depuis que la pathogénie de la pneumonie est mieux
connue, on est arrivé peu à peu à remplacer les médications
empiriques dans cette affection par les toniques en général, et
spécialement par les toniques du cœur. Cette idée poussée dans
ses dernières limites a donné naissance, dans ces dernières
années, au travail retentissant de Petrescu (2). Ce travail fut
bientôt suivi d'observations analogues ou d'études approfondies
de sa méthode par Fickl (3), Hoepfel (4), Maragliano (5), Masius (6),
Lépine (7), etc.

Je ne reviendrai pas sur les discussions que souleva l'audace de
Petrescu. Fickl formula des conclusions presque identiques et
une statistique aussi belle que celle du célèbre médecin de
Bucarest. Maragliano, sans être aussi affirmatif, admet pourtant
que le processus pneumonique peut être, dans certains cas,
influencé par la digitale à hautes doses.

D'autres auteurs, Masius notamment, n'obtiennent pas de
modifications du processus. Cependant, il ressort clairement des
observations de tous ceux qui ont donné la digitale à la façon de
Petrescu, que ces doses, dépassant de beaucoup les limites
extrêmes permises auparavant, sont loin d'être aussi dangereuses
qu'on eût pu le croire.

Au contraire, loin d'obtenir les effets toxiques de la digitale
avec le traitement de Petrescu, personne ne peut nier que l'on
arrive du côté du cœur et des vaisseaux à des modifications avantageuses, plus profondes qu'avec les doses permises antérieure-

(1) HIRTZ. *Dictionnaire de médecine*, de Jaccoud, art. *Digitale*, t. XI, p. 546.
(2) PETRESCU. *Therapeutische Monatshefte*, 1891, p 121.
(3) FICKL. *Wiener medicinische Zeitschrift*, 1894, nos 24 et 25.
(4) HOEPFEL. *Semaine médicale*, année 1892, LXXIV.
(5) MARAGLIANO. *Gazzetta degli ospedali*, 1894, p. 1295.
(6) MASIUS. *Bulletin de l'Académie royale de médecine de Belgique*, 30 avril 1892.
(7) LÉPINE. *Semaine médicale*, année 1892, p. 21.

ment, mais encore physiologiques. Les tracés de pouls notamment qu'il obtient après l'administration de la digitale à hautes doses ne présentent aucun signe d'intoxication digitalique.

Chacun sait qu'à dose physiologique la digitale ralentit et renforce le pouls; qu'à dose toxique, au contraire, elle l'accélère considérablement, en diminuant et son volume et sa résistance. Les intermittences et les irrégularités se produisent déjà pendant le ralentissement initial du pouls, sans que l'on puisse parler pour cela d'effets toxiques. En résumé, l'action physiologique de la digitale sur le pouls peut assez bien être comparée à une excitation de l'appareil nerveux modérateur du cœur (pneumogastrique notamment), son action toxique étant analogue à la paralysie de ce système régulateur. Tout ce que l'on peut dire du traitement de Petrescu, c'est qu'il pousse à ses dernières limites l'action thérapeutique de la digitale. Il ne craint pas d'obtenir un ralentissement du pouls au-dessous de la normale. C'est ce qui distingue son procédé du traitement antérieurement admis dans la pneumonie, par la digitale, où l'on se borne à diminuer la fréquence du pouls lorsqu'il atteint ou dépasse un chiffre limite réputé dangereux, 120 par exemple, sans même chercher à l'amener à son chiffre ordinaire.

De fait, rien ne surprend que Petrescu puisse arriver à ramener le pouls de ses malades au-dessous de la normale sans accidents, et puisse considérer comme thérapeutiques et non toxiques les infusions de 4 et de 3 grammes de digitale, car le ralentissement obtenu avec ces doses thérapeutiques n'est encore qu'un effet physiologique du médicament; et d'ailleurs, on peut s'imaginer que, s'il faut une dose donnée pour amener à 50 un pouls qui est à 75 ou à 80, il faille une dose plus considérable pour amener à ce chiffre un pouls qui est à 120 ou 130. Cependant, sans prétendre obtenir des effets curatifs directs par la médication digitalique intense, certains auteurs ont, de nos jours, une tendance à donner systématiquement la digitale dans certaines formes de pneumonie du moins, comme le fait par exemple Huchard (1) dans la pneumonie grippale.

Malheureusement, si en fait de médicaments cardiaques nous avons dans la digitale une substance énergique ayant un effet

(1) HUCHARD. *Semaine médicale*, année 1893, p 195.

durable, il n'est peut-être pas beaucoup de médicaments dont la composition chimique soit encore si peu connue et dont l'action soit sujette à tant de variations.

Chacun est d'accord pour admettre que la digitale agit mieux selon l'année, les conditions de terrain, d'exposition, etc., où elle a grandi, la façon dont elle est récoltée et conservée.

Les avis sont déjà plus partagés quant aux préparations à employer. Tel auteur préfère l'infusion, tel autre y ajoute une macération préalable, tel autre encore emploiera la teinture. Certains médecins iront jusqu'à indiquer les cas où la poudre est préférable et ceux où l'infusion agit mieux.

On comprend l'hésitation avec laquelle le monde scientifique accueillit le traitement nouveau de Petrescu, basé sur un médicament aussi dangereux et aussi variable dans son action.

Ces divergences d'avis sur le mode d'administration, cette infidélité d'action du médicament cardiaque le plus fidèle et le plus énergique avaient depuis longtemps provoqué les recherches sur la composition chimique de cet agent; mais, faut-il le dire? ces recherches sont restées longtemps sans résultat pratique. En effet, les substances isolées de la digitale ne donnaient pas de garantie suffisante quant à leur pureté ou quant à la constance de leur effet. Aussi beaucoup de cliniciens se contentèrent des préparations de la plante mère.

Cependant, dans ces dernières années, on est revenu sur l'étude des principes actifs de la digitale.

L'attention de Van Aubel (1), notamment, fut attirée sur ce fait que de tous les principes de la digitale, celui qui passait pour le plus actif, qui était d'autre part le plus facile à obtenir pur et toujours identique, la digitoxine, était écarté à cause de son action trop énergique. Voilà donc un médicament écarté de la thérapeutique pendant bien des années parce qu'il est trop actif! Comme si, pour obtenir un effet hypnotique, nous préférions l'opium à la morphine, parce que 1 centigramme de celle-ci donne à peu près les effets de 10 centigrammes de celui-là.

Il est vrai qu'outre sa grande activité, on devait lui reprocher son action irritante locale et son insolubilité dans l'eau ; Koppe (2)

(1. VAN AUBEL. Bulletin de l'Académie royale de médecine de Belgique, 25 mars 1893.
(2) IDEM. Loc. cit

réussit à la dissoudre en employant comme véhicule l'alcool à 20 %.

Malheureusement, la solution de Koppe précipite au contact des liquides organiques. Van Aubel a montré (1) que l'on pourrait dissoudre parfaitement 1 $1/_2$ à 2 milligrammes de digitoxine dans 200 grammes d'eau en y ajoutant 40 centigrammes de chloroforme et une dizaine de grammes d'alcool à 50 degrés.

Des expériences faites sur des chiens, et celles auxquelles se soumit Gabriel Corin prouvèrent qu'administrée de cette façon, la digitoxine produit l'effet physiologique de la digitale. Avec 2 milligrammes de digitoxine, le pouls de Corin (2) descendit à 67 en sept heures. Dans une autre expérience, Corin prit 4 milligrammes de digitoxine et son pouls descendit à 50 avec très peu d'irrégularité.

Masius (3) , de ses expériences cliniques sur les malades, conclut que la digitoxine était beaucoup supérieure aux digitalines; qu'elle ne provoquait que des troubles gastriques passagers et peu importants ; enfin, que l'effet était obtenu en douze heures. Il insistait, comme Van Aubel, sur son dosage facile.

DIGITOXINE.

MODE D'ADMINISTRATION ET DOSES.

Les avantages incontestables de la digitoxine sur les autres produits de la digitale résident :

1° Dans la facilité de l'obtenir pure plus qu'aucun autre principe actif de la plante mère ;

2° Dans son action plus énergique;

3° Enfin, comme Masius (4) et J. Corin (5) l'ont démontré, dans la rapidité plus grande avec laquelle ces effets peuvent être ob-

(1) VAN AUBEL. *Bulletin de l'Académie royale de médecine de Belgique*, 25 mars 1893

(2) CORIN. *Ibid.*

(3) MASIUS. *Bulletin de l'Académie royale de médecine de Belgique*, série IV, t. 8, n° 6.

(4) MASIUS. *Bulletin de l'Académie royale de médecine de Belgique*, 29 avril 1893.

(5) J. CORIN. *Société médico-chirurgicale de Liége*, mai 1895.

tenus, à condition d'employer des solutions convenables, comme nous le montrerons plus loin.

Quant à la durée de ses effets, elle est tout aussi prolongée que pour n'importe quelle préparation de digitale, comme Masius l'a démontré, et comme il ressort de nos propres expériences.

De la rapidité avec laquelle se montrent les effets de la digitoxine et de la durée de son action découle une conséquence importante pour le mode d'administration et les doses à employer.

Douze heures après l'administration d'une dose de digitoxine, le pouls se ressent de l'action du médicament. Au bout d'un temps variant entre vingt-quatre heures au moins et quarante-huit heures au plus, les effets sur le pouls et sur la température sont à peu près à leur maximum.

Ces effets durent plusieurs jours. Personnellement, je ne veux tirer à ce sujet aucune donnée rigoureusement exacte des observations de pneumoniques traités par la digitoxine : car dès que la crise se produit dans cette affection, le pouls et la température reviennent à la normale ou même au-dessous de la normale (1); or, les sujets auxquels j'administre le médicament à forte dose dès le début étant guéris en trois ou quatre jours, il se peut que les modifications du pouls et de la température, causées selon moi par la seule administration du médicament, puissent aussi, après la disparition du processus, être influencées par les phénomènes, encore trop peu connus dans leur essence intime, qui accompagnent cette disparition.

D'autre part, je peux moins tenir compte des cas dans lesquels la guérison n'a pas été obtenue parce que les doses données étaient trop faibles ou administrées trop tard; car alors la continuation de l'affection peut imprimer au pouls et à la température des modifications très variables, le plus souvent inverses de celles qu'amène la digitoxine, et contrarier les effets de cette dernière, en sorte que l'on ne peut plus savoir exactement jusqu'à quel point l'action de celle-ci peut se manifester. Cependant Masius (2) affirme que ces effets durent jusqu'à huit et dix jours. Si je me hasarde à tirer des conclusions de mes essais sur les

(1) NIEMEYER (*Traité de pathologie interne*) a vu le pouls descendre à 40.
(2) MASIUS. *Bulletin de l'Académie royale de médecine de Belgique*, 30 juin 1894

pneumoniques, je peux presque à coup sûr affirmer qu'ils durent au moins quatre jours. Enfin, dans les affections non fébriles où j'ai employé la digitoxine, chez les cardiopathes par exemple, j'ai pu voir les bons effets de ce médicament sur le pouls perdurer pendant quatre jours au moins; je ne fais allusion, bien entendu, qu'aux individus chez lesquels on ne pouvait accuser la dispari- tion d'un œdème, par exemple, ou d'une stase pulmonaire, ou de tout autre obstacle mécanique à la circulation, cette dispari- tion d'un barrage, selon l'expression pittoresque et heureuse de Huchard (1), pouvant elle-même écarter en grande partie les phé- nomènes d'asystolie.

En résumé, il est acquis que ces effets se font sentir au plus tard vingt-quatre heures et qu'ils sont à peu près à leur apogée moins de deux fois vingt-quatre heures après l'administration de la dose.

Dans ces conditions, *si nous donnons des doses quotidiennes de 1,5 milligramme à un malade, quatre jours après le début du trai- tement, le patient se trouve sous l'influence de deux ou trois fois 1,5 milligramme de digitoxine, c'est-à-dire de 3 à 4,5 milligrammes de digitoxine.*

Dès lors, rien ne s'oppose à ce que nous donnions d'emblée en une fois cette dose de 3 à 4,5 milligrammes de digitoxine, et d'autre part, cette façon d'administrer le médicament peut être moins dangereuse, car alors nous pouvons être tranquilles sur les dangers d'intoxication après quarante-huit heures; tandis que si, à la fin du quatrième jour, des phénomènes inquiétants se manifestent chez un patient soumis à des doses quotidiennes de 1,5 milligramme, nous avons encore l'inquiétude de voir les doses administrées la veille et ce jour même, produire leur effet le lendemain ou le surlendemain seulement; en un mot, nous avons à redouter les effets cumulatifs du médicament.

D'ailleurs, si nous laissons un instant la digitoxine pour en revenir aux hautes doses de digitale de Fickl (2) et de Maragliano, il nous semble que les défervescences par lyse observées par ces auteurs dans la pneumonie s'expliquent très bien d'après notre manière de voir.

(1) HUCHARD. *Semaine médicale,* année 1893, p. 224.
(2) FICKL. *Wiener medicinische Wochenschrift,* 1891, n⁰ˢ 24 et 28.

Si, en effet, les principes *actifs* que peut contenir l'infusion de digitale (c'est-à-dire digitaline et digitaléine à l'exclusion de la digitoxine) ont aussi une action prolongée sur le cœur, de jour en jour les effets des doses administrées à plusieurs reprises doivent s'ajouter jusqu'à produire tout l'effet d'une seule forte dose égale à la somme de plusieurs autres quotidiennes. Les effets cumulatifs renseignés de longue date à l'égard des différentes préparations de digitale doivent reconnaître une cause analogue. On en trouve d'ailleurs en quelque sorte une mention sous-entendue dans ce fait que beaucoup de cliniciens ne permettaient pas de prolonger l'usage du médicament pendant plus de trois jours. Et ceux qui ont pu le faire pendant un temps relativement long, avaient pour eux cette circonstance que les doses anciennement prescrites n'ont jamais été assez fortes pour obtenir dans son entièreté l'action physiologique de la digitale.

La conclusion de cette manière de voir est double. C'est que d'abord, *il n'y a pas de danger, dans certaines limites, à administrer une seule dose massive, plutôt que plusieurs doses fractionnées*

Quoi qu'il en soit, à part les expériences faites dans le laboratoire de Van Aubel par Gabriel Corin sur lui-même (1), ce point a surtout été cause des longs tâtonnements par où j'ai dû passer avant de prescrire, en connaissance de cause, une dose suffisante pour obtenir les effets voulus.

Dès à présent, je dois dire que cette dose varie moins par rapport à l'âge du patient ou même à sa résistance et à ses conditions constitutionnelles, si je puis ainsi m'exprimer, que par rapport à l'époque de la pneumonie, à la nature même de cette pneumonie, et à d'autres facteurs qui peuvent imprimer à celle-ci une marche tout à fait spéciale, l'alcoolisme notamment. Je reviendrai d'ailleurs plus loin sur cette variabilité des doses.

Mais outre l'innocuité d'une dose massive, il y a une autre conclusion naturelle à ce chapitre : c'est qu'une dose massive est en quelque sorte nécessaire pour pouvoir observer d'une façon nette l'effet du médicament, et en tout cas préférable à des doses répétées pour éviter, comme je l'ai montré plus haut, les effets cumulatifs du médicament.

Pour en finir avec cette question, je dois encore citer un avantage

(1) G. CORIN. *Bulletin de l'Académie royale de médecine de Belgique*, 23 mars 1893.

de ce mode d'administration : comme on le sait, et j'y reviendrai plus loin, la digitoxine a un grave inconvénient, celui de provoquer facilement des vomissements ; que ceux-ci découlent directement de celle-là, ou qu'ils soient dus à une action sur les centres nerveux, sur près d'un millier de cas où j'ai administré la digitoxine et dont j'ai tenu note exactement (aussi bien pour la pneumonie que pour d'autres affections), je n'ai vu que quatre ou cinq fois le vomissement se produire immédiatement après l'ingestion du médicament. Très rarement même, lorsqu'il se produit, il ne le fait qu'après un quart d'heure. Plus souvent, c'est après une demi-heure ; plus souvent encore, lorsque je fractionnais la dose en trois prises espacées de plusieurs heures, comme je l'ai fait malheureusement trop longtemps, le vomissement ne se produisait qu'après la dernière prise du médicament. En sorte qu'une première prise expose à vomir les prises ultérieures. Cette observation amenait cette conclusion logique, qu'il valait mieux faire prendre en une fois toute la dose journalière au malade ; et c'est ce que j'ai fait tout récemment avec le plus grand succès. J'ai pu donner 3 milligrammes en une fois à des adultes, 1 milligramme en une fois à des enfants de 2 à 3 ans, sans que le médicament fût vomi. Lorsque le vomissement se produisait, la plus grande partie de la digitoxine, ou même la dose entière, avait pu être absorbée.

Pour éviter les vomissements, la solution indiquée par Van Aubel (1) convient le mieux, jusqu'à nouvel ordre. Cependant, j'ai cru devoir la modifier en réduisant au strict nécessaire la quantité de chloroforme et d'alcool contenue dans la potion (2). Je prescris : digitoxine, 0gr,003 ; chloroforme, 3 gouttes ; alcool, 3 c. c.; eau distillée, 200 gr. La raison de cette modification est que souvent j'avais vu que ce qui répugnait au malade et augmentait ses envies de vomir, c'était précisément le goût prononcé du chloroforme ou de l'alcool.

La solution de Van Aubel ne précipite pas plus au contact du sérum physiologique que du suc gastrique.

Pour que la potion soit facilement supportée par l'estomac, on peut, comme je l'ai indiqué, laisser le malade absolument à

(1) VAN AUBEL. Bulletin de l'Académie royale de médecine de Belgique, 25 mars 1893.
2. J. COMIN. Annales de la Société médico chirurgicale de Liége, mai 1895.

jeun avant et après chaque prise, recommander le décubitus dorsal avec la tête aussi peu élevée que possible, appliquer une vessie de glace, une compresse d'eau froide à la région épigastrique, ou faire prendre un peu de glace ou de champagne frappé après le médicament. Dans la grande majorité des cas, ces précautions sont d'ailleurs inutiles, les vomissements se produisant assez rarement, et plus rarement encore dans les premiers moments qui suivent l'administration du médicament.

Action physiologique de la digitoxine.

A peu de chose près, nous devons nous en rapporter, pour l'action physiologique de la digitoxine, à ce que nous connaissons de l'action physiologique de la digitale. Van Aubel, Masius et Corin ont d'ailleurs démontré que la première donne les effets de la seconde, mais qu'elle les donne plus rapidement, et d'une façon plus certaine et plus énergique. Quoi qu'il en soit, nous ne pouvons guère faire un exposé bien détaillé de l'action physiologique de l'une ou de l'autre substance, parce que nos expériences personnelles ont surtout porté sur les malades, et que d'ailleurs l'objet de notre travail est différent.

Nous rappellerons en peu de mots ce que l'on connaît de l'action de la digitale, en insistant sur les particularités propres à la digitoxine.

Action sur les voies digestives. — On a signalé depuis longtemps les vomissements qui surviennent lors de l'administration de la digitale, le plus souvent avec des doses fortes, mais parfois aussi avec des doses faibles. Peut-être cet effet est-il dû surtout à la digitoxine. Quoi qu'il en soit, l'action irritante locale de cette dernière, surtout lorsqu'elle est en solution concentrée, peut, jusqu'à un certain point, expliquer le phénomène. Mais d'après les expériences de Van Aubel (1), qui a provoqué des vomissements chez des chiens en injectant une solution de digitoxine sous la peau, il faut admettre, avec cet auteur, qu'il doit y avoir avant tout une excitation du bulbe, ou peut-être simplement du pneumogastrique. Deux faits plaident en faveur de cette manière de voir :

(1) Van Aubel *Bulletin de l'Académie royale de médecine de Belgique*, 25 mars 1893.

d'abord, l'explication admise de l'action de la digitale sur le cœur par excitation du nerf vague ; ensuite nos observations qui nous ont démontré que souvent le vomissement se produisait long-temps après l'administration de la digitoxine, et alors qu'elle avait été entièrement absorbée, comme le démontraient d'ailleurs les effets obtenus sur le pouls et sur la température chez mes pneu-moniques.

Les diarrhées provoquées par la digitale sont rares et passagères. Pour mon compte, je les ai observées si rarement avec la digitoxine (deux fois chez tous mes pneumoniques), que je me demande si elles étaient dues au médicament ou à d'autres circonstances.

Pouls et circulation. — Je ne reviendrai pas sur les opinions multiples émises quant au mode d'action de la digitale sur le cœur et sur les vaisseaux. J'insiste seulement sur le fait que l'action physiologique consiste simplement en un ralentissement du pouls, parfois accompagné d'intermittences et coïncidant avec l'augmen-tation de sa force et de sa résistance. Le ralentissement peut aller à 30 et même au-dessous (1).

Où commencent les effets toxiques? Il est admis qu'à doses toxiques la digitale accélère les battements du cœur. Le ralentisse-ment, même considérable, doit être encore regardé comme un effet physiologique et c'est ce qui explique que les empoisonne-ments observés par Tardieu ont eu une issue favorable dans dix-neuf cas sur vingt-huit (2). (Dans tous ces cas, il avait seulement un ralentissement du pouls.) Quoi qu'il en soit, il faut certainement craindre une syncope chez un malade dont le pouls est fortement ralenti ; mais bien que j'aie vu le pouls descendre jusqu'à 40 à la minute, jamais je n'ai observé un seul accident. J'ai pourtant donné plus de cinq cents fois des doses de 3 milligrammes de digi-toxine, tant à des pneumoniques qu'à d'autres patients. Cela ne m'empêche pas de prescrire à tout malade soumis à la digitoxine un repos absolu au lit, suspendant même les levers nécessités par les évacuations naturelles, pour éviter tout accident.

Un phénomène assez particulier se produit souvent en même temps que la diminution de fréquence du pouls ; je veux parler des intermittences qui accompagnent parfois le ralentissement du

(1) Hirtz. *Nouveau dictionnaire de médecine et de chirurgie pratiques,* de Jaccoud, art. *Digitale,* p. 533.

(2) Hirtz *Loc. cit.*

pouls lorsqu'il est très accentué, plus rarement déjà lorsqu'il est à
peu près revenu à la normale chez un pneumonique. Ce fait est
d'autant plus remarquable que la digitale et la digitoxine ont précisément pour effet habituel de régulariser le pouls lorsque celui-ci
est fréquent, irrégulier et inégal. Quoi qu'il en soit, on doit
encore considérer ce phénomène, peut-être comme un effet ultime
de l'action physiologique, mais en tout cas comme un effet physiologique de la digitale et de la digitoxine lorsqu'il coïncide avec
la diminution de fréquence du pouls. Loin de le regarder comme
un effet désagréable, je le considère même comme utile en ce
sens que si, après l'administration de la digitoxine, le pouls, en se
ralentissant, devient intermittent, c'est un signe qui nous avertit
que nous pouvons ou que nous devons suspendre l'administration du médicament.

Le tracé du pouls après l'administration de la digitale montre
mieux encore que le palper, que le pouls ne perd ni de sa force
ni de son ampleur.

Au contraire, un pouls petit et faible devient ample, fort et
résistant. Dans ces tracés, on note particulièrement une obliquité,
un allongement de la ligne de descente indiquant une tension
artérielle forte.

J'attire également l'attention sur ce fait, que l'ondulation dicrote
se fait moins bas sur la ligne de descente, après l'administration
de la digitoxine, ce qui indique une tension artérielle plus forte.
Les deux tracés ci-dessous, pris avant et après la digitoxine chez
un pneumonique, montrent nettement avant la digitoxine un
pouls vibrant, mais avec une descente rapide indiquant le peu de
persistance de l'ondée sanguine et une ondulation de retour
placée si bas que le pouls est franchement anacrote ; sept heures
après la digitoxine, le tracé indique une systole plus prolongée,
une pénétration plus prolongée du sang dans l'artère, une tension
artérielle plus considérable, marquée par une ondulation dicrote
placée plus haut sur la ligne de descente.

Fig. 1. — B. B..., 17 ans, 1ᵉʳ janvier 1895 : Pneumonie croupale depuis vingt heures.
10 ¹/₂ heures du matin, avant digitoxine.

Fic. 2. — H. H..., 17 ans. Pneumonie croupale depuis le 31 décembre 1894 1er janvier 1895, sept heures après 0,003 de digitoxine. 130 p., 38°5.

Les tracés suivants, pris chez un pneumonique avant l'administration de la digitoxine et trente heures après, montrent nettement l'énorme différence qu'il y a au point de vue de la force, de la régularité, de la résistance du pouls et de la tension vasculaire.

Fig. 3. — D..., 17 ans. Pneumonie croupale. Pouls avant digitoxine

Fig. 4. — D..., 17 ans. Pneumonie croupale. Trente heures après digitoxine.

Il faut, bien entendu, dans le premier de ces deux tracés, faire la part des soubresauts de tendons et de l'agitation du malade, dont la fièvre était intense avant la digitoxine.

Je joins ici un tracé normal, celui de mon pouls, qui montre combien le tracé du pouls après la digitoxine se rapproche de celui du pouls normal.

Fig. 5. — Tracé du pouls de l'auteur.

Au point de vue du pouls, l'action physiologique de la digitale et de la digitoxine se confond presque avec l'action thérapeutique.

En effet, dans la fièvre, le pouls est moins résistant, plus fréquent, les vaisseaux capillaires engorgés. Il y a d'ailleurs un relâchement des parois artérielles; après la digitale ou la digitoxine, comme le montrent les tracés ci-dessus, le pouls devient fort, résistant, moins fréquent. Je n'examine pas si la digitale et la digitoxine agissent plus spécialement sur le muscle cardiaque ou sur le vague et son noyau. Je ne m'arrêterai pas non plus aux opinions émises quant à la dissociation du cœur droit et du gauche. Pour Germain Sée (1), Heger (2), entre autres, la digitaline, par exemple, n'agirait que sur le cœur gauche; Crocq (3) n'admet pas cette dissociation. Je ne cite ces opinions que pour mémoire.

Action sur la température. — L'action sur le pouls explique-t-elle l'action sur la température? On peut douter qu'elle y suffise entièrement en tout cas. Car à l'état normal, la température descend rarement, sous l'influence de la digitoxine, d'une façon proportionnelle à la diminution de fréquence du pouls, comme c'est le cas dans la fièvre.

Quoi qu'il en soit, sans vouloir donner mon opinion au sujet de cette question scientifique, j'attire l'attention sur ce point que, s'il est une affection dans laquelle l'action antipyrétique de la digitale se fasse sentir, c'est bien la pneumonie, et celle-là plus que toute autre, sinon à l'exclusion de toute autre. Pour ma part, j'emploie depuis longtemps la digitoxine dans d'autres maladies fébriles sans obtenir, à part l'effet sur la force ou parfois sur la fréquence du pouls, des résultats approchant même de loin ceux que m'ont fournis les pneumoniques. Ce fait n'est pas le moins important de ceux qui militent en faveur de ma manière de voir sur la possibilité de juguler la pneumonie par la digitoxine à hautes doses.

Respiration. — Ici surtout, l'action ne peut guère être qu'indirecte; chez un malade dont la dyspnée est causée par la menace d'asystolie, il n'est pas surprenant que la régulation de l'action du cœur exerce une influence sur cette fonction. Chez un pneumonique dont les poumons sont encombrés par l'exsudat ou dont les parois des infundibula et des alvéoles sont turgescentes par la congestion, la même influence indirecte de la digitale est plus

(1) G. SÉE. *Semaine médicale*, 1881, p. 228.
(2) HEGER. *Bulletin de l'Académie royale de médecine de Belgique*, 28 mai 1892.
(3) CROCQ. *Bulletin de l'Académie royale de médecine de Belgique*, 28 juin 1893.

marquée encore. La diminution de la température doit ici aussi entrer en ligne de compte.

Soit dit en passant, chez un pneumonique, on ne peut accorder autant d'importance qu'on pourrait le supposer de prime abord à la numération des mouvements respiratoires. La pleurodynie joue ici un rôle prépondérant. Tel malade dont un poumon tout entier est hors d'état pour l'exercice de la respiration, exécutera, par exemple, vingt-cinq à trente mouvements respiratoires par minute, retenu qu'il est à chaque mouvement par la pleurodynie, alors que plus tard, en même temps qu'une réduction du processus, on constatera une fréquence des mouvements respiratoires allant de trente-cinq à quarante. En effet, la dyspnée du pneumonique ne se traduit pas exclusivement par une fréquence plus considérable des mouvements respiratoires. C'est parfois le contraire, au début du moins, car alors c'est la pause respiratoire surtout que le malade tend à prolonger, raccourcissant avant tout les mouvements inspiratoires et expiratoires pour diminuer la douleur du point de côté.

Sécrétion urinaire. — Je me contenterai de signaler ici l'opinion généralement admise que la digitale n'est pas un diurétique *sensu strictiori*. Lorsque la sécrétion urinaire est entravée par la stase, surtout par la stase cardiaque, la régulation de l'action du cœur, en faisant disparaître celle-ci, influence favorablement celle-là, souvent même d'une façon surprenante. Avec la digitoxine, mes propres expériences me permettent d'affirmer que les résultats sont au moins aussi beaux et plus constants qu'avec la digitale.

Chez le pneumonique, je n'accorde qu'une importance relative, dans la majorité des cas, à cette action de la digitale. L'abondance et la limpidité des urines sont, comme toujours en pareil cas, un signe favorable annonçant la diminution de la fièvre.

Sécrétions cutanées. — Ici encore, je n'ai rien à noter. Les transpirations abondantes accompagnent souvent la crise de mes pneumoniques, bien que ce soit très loin d'être la règle. Ces transpirations, comme on le sait depuis longtemps, arrivent tout aussi souvent dans les pneumonies abandonnées à elles-mêmes que dans les autres.

Rien non plus à noter *quant à l'action sur le système nerveux.* Je ne puis qu'indiquer, en passant, le calme et le bien-être qui suivent l'administration de la digitoxine, surtout lorsqu'elle supprime le processus. Rien de plus surprenant que de voir, vingt-quatre ou quarante-huit heures après l'administration du médicament, un patient qui était en proie à la fièvre, à l'agitation, au délire, lors du premier examen. Le malade, très inquiétant la veille ou l'avant-veille, repose tranquillement, demande à manger, et souvent même il ne comprend pas qu'on l'oblige à garder le lit, alors qu'il ne se sent plus malade du tout.

Action thérapeutique de la digitoxine dans la pneumonie.

C'est à Masius que revient l'honneur d'avoir, le premier, publié les résultats encourageants sur le traitement de la pneumonie par la digitoxine.

Il emploie la digitoxine au lieu de la digitale et dans les conditions où cette dernière est utilisée, c'est-à-dire lorsqu'il y a menace de faiblesse du cœur ou que le pouls dépasse 120, avec une température élevée.

Sa conclusion est que, dans ces conditions, sous l'influence de doses quotidiennes de 0,0015 de digitoxine, le pouls diminue en fréquence, devient fort, résistant, régulier, égal; les symptômes d'asystolie disparaissent et le malade ne tarde pas à faire sa crise.

Plus récemment, mon frère Gabriel Corin et moi (1), nous avons publié, dans les *Annales de la Société médico-chirurgicale de Liége*, une série de cas de pneumonies au début traités par des doses massives de digitoxine et que ce traitement parvint, au sens propre du mot, à juguler.

Nos observations ont été l'occasion d'une discussion très intéressante sur la pathogénie et le traitement de cette affection.

Je ne puis rappeler ici par le menu cette discussion; j'aurai l'occasion, dans le cours de ce travail, de revenir sur certains points plus spécialement importants.

J'ai pendant longtemps employé la digitoxine dans les mêmes conditions, avec les mêmes avantages que le professeur Masius. Je fus amené bientôt à augmenter et à rapprocher les doses.

Le fait que mon frère avait pu prendre sans danger 0,004 de digitoxine, m'enhardissait encore. Bientôt je me bornai à pres-

---

(1) J. et G. CORIN. *Annales de la Société médico-chirurgicale de Liége*, mai 1895.

crire à un adulte une dose unique de 0,003 que je divisai en trois prises espacées de huit en huit heures ou de six en six heures.

Cependant, en discutant les raisons qui nous font attendre les indications thérapeutiques de la digitale dans la pneumonie, il est facile de se convaincre que souvent l'action du médicament se fait sentir trop tard ; en continuant dans cette voie, on est forcé de conclure qu'il faudrait dans cette affection *prévenir* autant que possible les phénomènes d'asystolie. De là à employer systématiquement la digitoxine dès que l'on est en présence d'un pneumonique, il n'y a qu'un pas.

En effet, quelle est, dans la pneumonie, l'indication de la digitale la plus généralement admise par les cliniciens (1) ? C'est la menace de faiblesse du cœur, caractérisée par l'irrégularité, l'inégalité, la fréquence exagérée et la faible résistance du pouls, d'une part, — par les signes d'hypostase ou les autres manifestations éloignées de l'asystolie, d'autre part.

Notons en passant que beaucoup de ces signes sont déjà des conséquences plus ou moins tardives de l'asystolie et qu'en les attendant pour prescrire un tonique du cœur, si même ce tonique agit instantanément, on aura souvent à regretter qu'il n'ait pu être administré plus tôt.

Or, il se fait que la digitale, que l'on s'accorde à considérer comme le plus efficace des toniques du cœur, n'agit qu'après un temps assez long ; que la digitoxine, bien que plus rapide et plus sûre, exige cependant une période d'attente d'une certaine durée. Dès lors, avant que les effets utiles du médicament se fassent sentir, nous courons grand risque de voir les symptômes alarmants s'aggraver, et s'aggraver peut-être au point de rendre problématique l'efficacité du traitement. Il s'ensuit que, si même les signes de l'asystolie nous permettent de soupçonner celle-ci dès son tout premier début, elle sera déjà plus grave au moment où le médicament pourra produire son action qu'au moment où nous avons cru devoir l'administrer.

C'est ce qui m'engagea à prescrire systématiquement la digitoxine dès que je me trouvais en présence d'un pneumonique.

---

(1) Je passe ici sous silence l'action antipyrétique de la digitale que l'on avait trop négligée depuis que la quinine et le salicylate de soude, et plus tard l'antipyrine et ses succédanés, étaient entrés dans l'arsenal thérapeutique.

Les résultats, très encourageants dans tous les cas, me réservaient cependant un autre champ d'observations.

Dans la soirée du 6 juillet 1894, je fus appelé chez un jeune homme qui souffrait de céphalalgie, de brisement des membres et d'une toux très pénible depuis plusieurs heures, sans signes thoraciques bien accusés. Le lendemain, malgré l'administration de 6 grammes de salipyrine, le patient avait la peau brûlante, un point de côté très douloureux sous le mamelon droit; le pouls dépassait 120; on me montra des crachats nettement rouillés. A l'examen, je trouvai une diminution de sonorité avec augmentation de résistance en arrière et à droite depuis l'angle de l'omoplate jusqu'à la base, et, dans les mêmes limites, des râles crépitants avec un souffle éloigné. Je prescrivis trois prises de 1 milligramme de digitoxine et une limonade purgative. Le lendemain 8, à la soirée, le malade ayant vomi presque aussitôt ses deux premières prises et le pouls n'étant pas modifié, je réitérai la prescription de 0,003 de digitoxine.

Je vis le malade alors qu'il n'avait bu que les deux tiers de sa potion. Il avait donc absorbé au moins 0,003 de digitoxine sur 0,005 qui lui avaient été prescrits, et cela en vingt-quatre heures; il ne s'était pas écoulé quarante-huit heures depuis le début. Je fus très surpris de ne trouver absolument rien à la poitrine. Je me demandais comment j'aurais pu commettre une erreur de diagnostic aussi grossière, et je me contentai de tonifier mon malade, dont le pouls me paraissait inquiétant. Il était parfois irrégulier et marquait de 59 à 62 par minute. — Deux ou trois jours plus tard, mon sujet, tout à fait bien portant d'ailleurs, avait repris ses occupations journalières (1).

En réfléchissant à ce cas très curieux, j'arrivai bientôt à cette conclusion qu'étant donné une pneumonie franche au début, c'est-à-dire à la période d'engouement, avant que l'exsudat soit formé, on peut couper l'affection en administrant une forte dose de digitoxine.

Dans sa forme la plus simple, le problème à résoudre est celui-ci : La période d'engouement de la pneumonie est signalée par une congestion du tissu pulmonaire. Cette congestion, qu'elle

_____

(1) En relisant mes observations recueillies chez mes malades de 1894, j'ai pu retrouver deux cas analogues, presque identiques, auxquels je n'avais alors accordé aucune importance.

soit causée par une insulte extérieure, par une affection préexistante ou *par le germe pathogène lui-même*, aura pour conséquence la formation rapide d'un exsudat alvéolaire qui doit constituer un excellent milieu de culture pour le pneumocoque ou pour tout autre microbe pneumonigène ; elle est, en outre, un obstacle à la circulation du sang dans l'organe lésé ; elle amène donc un certain degré de stase dans celui-ci et une fatigue anormale de l'organe central de la circulation. Pour toutes ces raisons, bien qu'étant jusqu'à un certain point amenée par l'agent ou plutôt par les agents pneumonigènes, on peut considérer cette congestion comme facilitant considérablement, comme causant presque la phlogose de l'organe lésé. Si nous pouvons la supprimer d'emblée, nous aurons beaucoup de chances de couper net la maladie.

Sous beaucoup de rapports, ce raisonnement doit être rapproché de celui qui conclut à la diminution ou à la suppression de la congestion pulmonaire par les émissions sanguines, les révulsifs, etc. Il y a certainement beaucoup à ajouter à cette interprétation, trop simple à première vue, de la pathogénie et du traitement de la pneumonie.

Si nous discutons d'abord le premier point, la pathogénie de l'affection, nous voyons entrer en ligne de compte un facteur nouveau, soupçonné peut-être, mais mal connu des anciens : le ou les microbes pathogènes. Quelles que soient les idées émises actuellement sur ceux-ci, on admet que, dans l'immense majorité des cas, le pneumocoque de Talamon-Fränkel serait l'agent pathogène de la pneumonie ; d'autres schizophytes entrent souvent en ligne de compte. Je ne veux pas ici refaire l'énumération des opinions qui ont cours à ce sujet. Je signalerai seulement la quasi-constance du pneumocoque seul ou associé au streptocoque, au staphylocoque blanc, au staphylocoque doré, etc., et surtout l'importance qu'il acquiert comme cause efficiente tout à fait dans le début.

Le pneumocoque serait un des microbes les moins résistants. Les cultures, notamment, ne gardent leur virulence qu'à la condition d'être conservées à l'abri de l'air.

Je ne citerai que pour mémoire les travaux de Fränkel, de Roux, de Vetter, de Klemperer à ce sujet.

Les essais de sérothérapie tentés contre la pneumonie devaient, à première vue, donner des résultats faciles. Il n'en est rien malheureusement. Les quelques expériences faites par Klemperer (1) et par Audeoud (2) ont donné de l'espoir, mais peu de résultats probants jusqu'à présent. Audeoud, partant de cette idée que la crise serait due à un changement de virulence du pneumocoque, changement provoqué par l'hyperthermie, la phagocytose, et surtout l'antipneumotoxine, injecte du sang de pneumoniques phlébotomisés après la crise.

Quoi qu'il en soit, tous les auteurs sont d'accord pour admettre que le pneumocoque est un microbe peu résistant, exigeant certaines conditions déterminées pour vivre et pour se multiplier. Dès lors il est à prévoir qu'il doit éprouver certaines difficultés à s'implanter et à se développer dans l'organisme. Ceci explique notamment que le pneumocoque existe souvent dans les crachats des personnes saines, et qu'il peut se retrouver plus souvent encore dans ceux de personnes ayant fait une pneumonie depuis plusieurs mois, sans que ces individus puissent être considérés comme n'étant pas en état de santé parfaite. Cette faiblesse de résistance de l'agent pathogène nous indique précisément la voie à suivre pour le combattre. En l'absence d'agents thérapeutiques agissant directement sur le pneumocoque, le tuant dans l'organisme du pneumonique sans nuire à celui-ci, il ne nous reste qu'à soutenir le malade en rendant le terrain impropre à la culture du microbe. Quelles que soient les manifestations locales ou générales de la pneumonie, quels que soient les dangers auxquels le malade peut être exposé en dehors de l'extension du processus pneumonique lui-même, il n'y a au début qu'un point à fortifier, ou en tout cas c'est celui-là qu'il importe surtout de fortifier : le poumon. C'est là que siège la congestion à la faveur de laquelle se développe le pneumocoque; c'est cette congestion qu'il faut supprimer pour couper les vivres au microbe; c'est la circulation pulmonaire qu'il faut ranimer pour éviter la formation de l'exsudat dans les alvéoles ou pour en faciliter la résorption.

C'est, en partie du moins, ce que l'on cherche à faire depuis longtemps en tonifiant le malade. Ce qui a manqué jusqu'à pré-

(1) KLEMPERER. *Cure de la pneumonie par le sérum.* (*Berliner klinische Wochenschrift,* 24 et 31 août 1891.)

(2) AUDEOUD. *Sérothérapie de la pneumonie.* (*Semaine médicale,* année 1892, p. 408.)

sent, c'est un traitement pouvant directement et efficacement modifier les conditions de résistance du poumon. C'est donc en activant énergiquement dès le début la circulation pulmonaire qu'on pourra espérer empêcher le développement du pneumocoque.

Or, la circulation pulmonaire est avant tout, et plus qu'aucune autre de l'organisme, sous la dépendance directe du cœur. Ayant immédiatement devant elle le cœur gauche, derrière elle le cœur droit, elle forme, pour ainsi dire, partie intégrante de l'organe central de la circulation. C'est tellement vrai qu'à chaque instant nous cherchons dans l'auscultation du poumon les premières manifestations de la faiblesse du cœur, alors même que l'examen du cœur et des vaisseaux nous laisse des doutes.

C'est donc aux médicaments cardio-vasculaires qu'il faut s'adresser, et parmi ceux-là, celui dont l'action est la plus sûre, la plus énergique et la plus prolongée, c'est la digitale.

Malheureusement la digitale demande un certain temps pour agir; son action se produit plus tard, sans compter qu'elle n'est pas assez certaine, qu'elle ne peut pas être exactement calculée à priori. La digitoxine présente sur la digitale les avantages d'un effet certain, d'un dosage rigoureux, d'une action rapide; et cette rapidité d'action peut être considérée comme fixée d'avance.

Si maintenant nous examinons de plus près et d'une façon détaillée les avantages et les inconvénients du traitement systématique des pneumonies par la digitoxine à haute dose, nous devons signaler parmi les premiers :

1. L'action bienfaisante sur le cœur. Cette action a été démontrée par Masius pour les doses de 0,0015. En employant le plus tôt possible des doses fortes, elle ne peut être que plus prononcée et plus rapide, se produisant avant même que la défaillance de l'organe central de la circulation ne menace de se produire.

2. La réduction de l'exsudat à un minimum ou même sa résorption plus ou moins complète dans les premiers temps de sa formation.

Je dois signaler ici une opinion récemment émise par Bollinger (1) sur la signification de l'exsudat; la mort, qui survient, selon l'auteur, dans la majorité des cas du sixième au huitième

---

(1) BOLLINGER. *Münchener medicinische Wochenschrift*, 6 août 1895.

jour, serait due au développement considérable de l'exsudat à cette époque, développement qui équivaudrait à une véritable hémorragie interne. Il ne m'appartient pas ici de me prononcer pour ou contre cette manière de voir ; mais, si on l'admet, il est important de noter que mon traitement a pour conséquence directe de réduire cet exsudat à un minimum, d'en empêcher la formation ultérieure et probablement d'en faciliter la résorption dès le début de l'affection ; en sorte qu'il va directement à l'encontre du danger signalé par l'auteur.

A côté de l'action prohibitive sur le développement de l'exsudat, il convient de signaler que le malade soumis à l'influence de la digitoxine doit échapper presque à coup sûr aux dangers de l'œdème aigu du poumon. Sans parler des cas où j'ai traité avec succès un œdème pulmonaire en dehors de toute pneumonie, je signalerai que je n'ai jamais vu survenir cet accident chez les malades soumis dès le début à des doses élevées de digitoxine et que dans un cas où, dès une première visite, le patient présentait des signes d'œdème pulmonaire, ceux-ci ont disparu rapidement sous l'influence du traitement.

Il convient encore de signaler l'opinion de Rivolta (1), d'après laquelle l'œdème aigu de la pneumonie, qui, pour lui, peut amener la mort par diminution de la surface respiratoire, n'est pas d'origine cardiaque, mais serait dû directement aux conditions hydroémiques créées par le diplocoque. Je me permettrai, sans plus discuter cette manière de voir, de signaler le point sur lequel l'auteur base sa conclusion : les pneumocoques trouvés dans l'œdème seraient encore virulents lors de l'autopsie ; cette constatation lui fait exclure la possibilité d'une invasion microbienne *post mortem* et admettre d'emblée la production de l'œdème directement par le pneumocoque ! Je ne sache pas que le pneumocoque ne puisse plus se développer dans les vingt-quatre heures qui suivent la mort d'un individu, et personne ne s'est risqué à dire que l'agent infectieux perdait sa virulence immédiatement après la mort du pneumonique.

Quoi qu'il en soit, si par impossible on admettait au pied de la lettre les conclusions de Rivolta, je pourrais encore prétendre, en régularisant et en renforçant l'action du cœur, amener de par celui-ci l'élimination rapide d'un œdème qu'il n'a pas créé.

---

(1) RIVOLTA. *Gazzetta degli ospedali*, année 1894, p. 560.

J'en arrive à une des questions les plus importantes, la *virulence du pneumocoque.*

De cette virulence, en effet, ou, si l'on veut, de la quantité et de la qualité des toxines fabriquées dans l'organisme par le pneumocoque, peuvent dépendre, non seulement la fièvre, les symptômes nerveux, l'étendue du processus, etc., mais encore l'intoxication et l'affaiblissement du cœur ; la dyspnée, qui peut, en effet, être due autant à l'intoxication directe qu'à la réduction de la surface respiratoire ou aux conditions défectueuses de la circulation ; la diminution de la résistance du sujet.

Eh bien, toutes ces conséquences plus ou moins éloignées de la résorption des pneumotoxines, ne peut-on les combattre en soutenant la force du cœur et en ranimant la circulation pulmonaire ?

La régularisation de la petite circulation a d'abord pour effet de diminuer l'accroissement de cet exsudat que l'on peut considérer comme le milieu de culture nécessaire au pneumocoque, si même cet exsudat est causé par la présence du microbe. Partant, comme nous le démontrions plus haut, la culture du pneumocoque ne doit pas tarder à s'affaiblir, à perdre en virulence, à produire moins de toxines. Ces toxines elles-mêmes, entraînées par la circulation qui s'établit dans des conditions à peu près aussi avantageuses que chez l'homme sain, seront plus facilement éliminées par les émonctoires naturels ou détruites par l'organisme.

La circulation activée dans le point lésé a une autre conséquence : c'est l'apport continuel d'un sang plus riche, plus oxygéné notamment que celui du pneumonique ordinaire dans la partie malade.

Le plus précieux des signes de l'intoxication pneumonique est certainement la *fièvre.* Or, comme il ressort à l'évidence de mes observations, celle-ci disparaît complètement par les fortes doses de digitoxine. Cependant, il ne viendra à l'esprit de personne de supposer que la digitoxine puisse avoir un mode d'action antipyrétique analogue à l'antipyrine, à la quinine, etc. Je ne repousserai pas, pour ma part, cette hypothèse, bien que je la considère comme peu probable.

Je dois, en passant, citer ce fait que chez aucun de mes pneumoniques, je n'ai vu le délire persister, lorsque j'avais pu donner une forte dose de digitoxine et obtenu les effets signalés sur la circulation.

Quant à l'affaiblissement du cœur causé par l'intoxication du myocarde ou de l'appareil nerveux régulateur de celui-ci, il est à peine nécessaire d'insister sur l'action évidente que la digitoxine doit avoir ici pour combattre les effets des toxines pneumoniques. C'est précisément contre elles que la digitoxine agit avant tout. S'il s'agit, en effet, d'une intoxication des centres nerveux régulateurs du cœur, c'est surtout à ceux-ci que s'adresse le poison digitalique. S'il s'agit d'une altération du myocarde, ne peut-elle être justiciable de la digitoxine au même titre que les myocardites sont justiciables de la digitale aussi longtemps que le muscle cardiaque n'est pas trop dégénéré pour répondre à son action. C'est ici l'occasion de signaler à la fois une des explications possibles de l'insuccès des mêmes doses de digitoxine administrées à des pneumoniques à la période d'état, et une des raisons qui permettent d'espérer obtenir encore des résultats favorables en augmentant ces doses.

Plus l'affection est étendue et plus elle est ancienne, plus l'intoxication est forte, plus la dose de digitoxine, agissant en quelque sorte comme antitoxine sur l'appareil nerveux régulateur de la circulation, doit être élevée, ou, si l'on veut, moins l'action d'une dose toujours identique doit être efficace ; c'est ce qui ressort des observations publiées à la fin de cette étude.

Quant à la *dyspnée toxique* dont l'interprétation, d'ailleurs, peut encore, à l'heure actuelle, être fortement controversée, il convient de l'examiner au point de vue des causes qui la produisent et des conséquences qu'elle peut avoir. On doit entendre par dyspnée toxique celle qui survient en dehors de la diminution de la surface respiratoire, comme aussi de la résistance mécanique à la circulation pulmonaire par le processus pneumonique. Dès lors, elle peut être causée par une altération directe du sang due aux bacilles ou à leurs excréta ; ou par une diminution de l'énergie des contractions cardiaques et du tonus vasculaire, diminution qui serait due à l'action des toxines sur le myocarde ou sur les centres nerveux. Cette action des toxines sur les centres nerveux, nous venons de l'examiner à propos de l'affaiblissement du cœur et de l'action bienfaisante de la digitoxine dans ce cas.

Enfin, si la dyspnée tient à une altération directe du sang, la digitoxine, donnée au début, en empêchant indirectement le développement du pneumocoque, réduit aussi la quantité de toxines diverses dans l'organisme et dans les liquides organiques.

A tous égards, ramener autant que possible et le plus tôt possible aux conditions normales la circulation chez le pneumonique constitue un des moyens thérapeutiques les plus puissants contre la maladie elle-même et contre ses conséquences.

Mais il va sans dire que ce serait trop espérer que d'attendre de la digitoxine ces effets bienfaisants à coup sûr dans tous les cas. C'est ici le lieu de signaler l'influence que peuvent avoir, surtout au point de vue de l'intoxication, les schizophytes signalés à côté du pneumocoque (streptocoques, méningocoques de Foa). Quelle influence doit-on attacher, par exemple, aux associations dont parlent Roux et Netter, pour la pneumonie, comme pour la diphtérie et d'autres affections encore?

Il y aurait beaucoup à rechercher dans ce sens. L'insuffisance des données bactériologiques positives à ce sujet nous arrête, tout en espérant qu'un jour la lumière se fera plus complète sur ces points. Nous n'avons d'ailleurs pas la prétention d'aborder la question de la pneumonie autrement qu'au point de vue de nos observations cliniques.

En dehors de l'action jugulante de la digitoxine sur le processus pneumonique, j'ai suffisamment démontré les effets utiles que peut avoir pour le malade la régulation de la circulation que ce remède amène rapidement et à coup sûr.

Il nous reste à voir *les dangers ou les inconvénients qu'il peut présenter.*

Dès l'abord, il pourrait paraître que ces doses massives de digitoxine exposent au collapsus. Je dois dire que j'ai toujours, pour l'éviter, surveillé de près le malade pendant quatre ou cinq jours au moins après avoir cessé le médicament; j'ai aussi toujours prescrit un repos au lit des plus rigoureux pendant tout ce temps, ayant observé que chez les patients soumis à de fortes doses de digitoxine lorsque la fréquence du pouls était notablement diminuée, il se produisait plus facilement qu'à l'état normal des modifications; ces modifications étaient amenées par la fatigue de l'examen, par des efforts de toux, par un changement de position, etc. Ces variations peuvent parfois amener le pouls de 70 à 80; elles m'ont engagé à toujours compter le pouls avant

l'examen. Quoi qu'il en soit, en aucun cas, je n'ai eu d'accidents à
déplorer. Il y a plus, depuis que j'emploie la digitoxine, j'ai
donné peut-être plus de *cinq cents* fois des doses de *trois* milligrammes dans les affections les plus variées : pneumonies, affections cardiaques, scarlatines, rougeoles, fièvres typhoïdes; dans
aucun cas, je n'ai eu d'accident.

Assez souvent, lorsque j'emploie des doses élevées, le pouls,
en diminuant de fréquence, devient plus ou moins intermittent
ou même irrégulier, mais tout en conservant son amplitude, sa
force et sa résistance. Cela ne se présente d'ailleurs que dans les
cas où le pouls descend en dessous de la normale, à 60 par
exemple. Mais qu'on n'oublie pas qu'il s'agit ici encore des effets
physiologiques, poussés à l'extrême il est vrai, et non des effets
toxiques de la digitoxine; le pouls le plus rare que j'aie observé a
été de 49, avec six ou sept intermittences par minute, après avoir
administré, en vingt-quatre heures, 4 milligrammes de digitoxine
à un adulte; il ne s'est d'ailleurs produit aucun phénomène
inquiétant chez le patient, qui fut guéri parfaitement en moins de
trois jours d'une pneumonie croupale.

Je crois même que, dans la majorité des cas, il faut chercher à
amener le pouls au moins à la normale pour obtenir les effets
curatifs de la digitoxine dans le sens que j'indique. Les succès les
plus remarquables que j'ai obtenus, semblent le démontrer.

Cette diminution considérable et ces intermittences du pouls
ne sont pas un danger; elles indiquent simplement que le médicament a produit tout son effet utile et qu'il est temps de s'arrêter ;
elles constituent ainsi une limite jusqu'à laquelle on sait pouvoir
aller. Mais pour y arriver, j'insiste à nouveau sur la nécessité
qu'il y a à donner en une fois une forte dose du médicament
pour attendre ensuite vingt-quatre heures ou plus son effet, plutôt
qu'à répéter longtemps des doses fractionnées qui peuvent s'accumuler dans le sens que j'attribue à ce mot, plus haut.

C'est ici que se montre l'avantage de la digitoxine sur la digitale. La digitoxine peut être dosée exactement; j'ai pu préciser le
temps nécessaire à l'absorption complète et à l'action maxima. Et
pourtant, Petrescu, Fickl, etc., n'ont pas craint, avec leurs
doses élevées de digitale, médicament bien moins fidèle à tous
égards, de diminuer bien plus encore la fréquence du pouls (1).

(1) Fickl a vu descendre le pouls à 36. (*Wiener medicinische Wochenschrift. Loc. cit.*)

Y a-t-il lieu d'adjoindre à la digitoxine d'autres médications? Celles-ci peuvent-elles sans inconvénient être prescrites concurremment à l'administration de la digitoxine? Ces deux questions, très importantes sans doute, n'ont pu être envisagées sous toutes leurs faces dans mon travail.

En effet, j'étudiais tout d'abord l'action de la digitoxine et rien d'autre. Ensuite je n'ai pas employé d'expectorants, d'excitants, etc., médicaments fort utiles sans doute, mais dont je me suis abstenu presque systématiquement, parce que d'abord je n'en ai pas eu besoin et parce que je ne voulais pas m'exposer à mettre sur le compte de la digitoxine des résultats obtenus avec l'aide d'autres médicaments.

Je n'ai pas non plus eu recours une seule fois aux injections de morphine, bien que j'aie souvent été tenté de le faire pour diminuer la pleurodynie qui persistait parfois jusqu'à la disparition complète des signes physiques de la pneumonie. Je n'ai jamais non plus employé de vomitifs.

Je n'ai employé de ventouses que dans quelques cas très rares, et alors que je le faisais, dans mes débuts, c'est qu'il s'agissait de malades que je pouvais être exposé à voir en consultation avec un confrère qui m'aurait reproché de les avoir négligées; encore ai-je eu soin d'observer les effets de ces ventouses avant l'administration du remède, et loin de diminuer aucun des symptômes de l'affection, il m'a paru qu'elles les laissaient parfaitement augmenter, au point de me permettre souvent d'assurer mieux mon diagnostic. Je n'ai, dans aucun cas, employé de vésicatoire.

J'ai eu deux fois recours aux compresses de Priesnitz pour satisfaire au désir d'un confrère appelé en consultation; je n'ai pas à me prononcer sur leur effet bien connu.

En résumé, j'ai prescrit la digitoxine seule à mes pneumoniques pour étudier seulement les effets de la digitoxine.

On a cependant signalé, à propos de la digitale, des médicaments incompatibles ou contre-indiqués [tannin, opium, iodures, etc. (1)]. Je ne sais jusqu'à quel point on doit admettre ou rejeter cette manière de voir, et pour la digitoxine notamment, je ne veux pas me prononcer.

Chez tous mes pneumoniques, j'use des soins hygiéniques habi-

(1) HUCHARD. *Semaine médicale,* année 1893, p. 224.

tuels: température régulière de la chambre, air renouvelé autant que possible, repos absolu au lit, etc.

Comme régime, tout en permettant ou même en prescrivant le vin et l'alcool sous toutes ses formes, j'en fais aussi un usage modéré et j'ai d'ailleurs eu plusieurs patients dont la pneumonie évoluait complètement sans qu'on leur eût administré autre chose que du lait, du bouillon et de l'eau. Ce n'est pas à dire que je ne cherche pas à les nourrir aussitôt que les voies digestives le permettent, leur prescrivant même dans les premiers jours des œufs crus, du lait, du bouillon, du potage, des purées, etc.

Mais j'ai pour règle de ne permettre qu'une alimentation liquide et encore très restreinte pendant la première journée, comptant éviter plus facilement les vomissements et rendre plus aisée l'absorption du médicament par le tube digestif à l'état de vacuité.

Pour amener une absorption rapide du médicament, je crois qu'il est bon de maintenir un fonctionnement régulier de l'estomac et de l'intestin.

Cette pratique est d'ailleurs utile dans toutes les affections et dans la pneumonie en particulier. Dans ce but, plutôt que de recourir aux purgatifs qui peuvent ou provoquer du dégoût et ultérieurement des vomissements de la part du malade, ou même agir d'une façon inconnue sur la digitoxine elle-même ou sur son mode d'absorption, on peut rapidement et sûrement obtenir une évacuation alvine par un lavement glycériné.

Observations cliniques.

Depuis un an, j'ai soigné soixante-treize pneumoniques que j'ai pu suivre régulièrement et auxquels j'ai donné systématiquement la digitoxine dès ma première visite (1).

Ces soixante-treize malades m'ont donné six décès.

Un premier chez un enfant de 8 ans, qui relevait d'une scarlatine et qui était atteint d'une pneumonie infectieuse depuis quatre jours lors de mon arrivée. L'affection, qui occupait tout le poumon droit, commençait à envahir le poumon gauche, et après onze jours le petit malade succombait à la suite de phénomènes méningitiques.

Deux autres malades étaient des vieillards chez lesquels le processus était très avancé et où le début remontait, chez l'un, cardiaque et emphysémateux, à quatre jours avant l'administration du médicament ; chez l'autre, souffrant d'ailleurs depuis plusieurs mois d'un cancer de l'estomac et âgé de 74 ans, à cinq jours. En sorte que chez aucun de ces trois malades, on ne peut accuser de la mort ni la pneumonie ni l'insuffisance du traitement.

Il me reste soixante et onze pneumoniques avec trois décès dus à la pneumonie seule.

Dans un de ces trois cas, la malade, alitée depuis six jours, était agonisante à mon arrivée ; la digitoxine ne pouvait la ressusciter, et je ne puis la compter comme rentrant dans la statistique des malades traités par la digitoxine.

Il me reste donc soixante-dix pneumoniques soignés par la digitoxine avec deux décès. Ces deux décès ont été causés par des pneumonies de buveur : l'une chez un homme de 65 ans, cardiaque et emphysémateux, alcoolique bien caractérisé, présentant à mon arrivée une dyspnée extrême, une cyanose intense, un pouls misérable, petit, faible, irrégulier, inégal, accéléré au point d'être incomptable et chez lequel la pneumonie datait de quatre jours. Le malade vécut encore dix jours sans avoir, pour ainsi dire, repris connaissance et en proie à des attaques de *delirium tremens.*

(1) J'ai vu, en outre, une pneumonique qui était morte avant d'avoir pu prendre la digitoxine.

Le dernier sujet enfin était un homme robuste, de 35 ans, que je vis douze heures après le début signalé par un point de côté intense et un frisson violent. Je parvins à faire prendre au patient 3 milligrammes de digitoxine avant la fin du second jour. Mais qu'on n'oublie pas que je considère cette dose comme insuffisante dans beaucoup de cas chez un homme robuste présentant des signes d'une réaction intense, et que, chez les alcooliques, on donne impunément des doses colossales de digitale. Dans l'espèce, je considère que la digitoxine pourrait être donnée aux alcooliques à des doses proportionnellement aussi étonnantes que la morphine, le chloral, etc. Mon patient, chez qui, pendant les premiers jours, le processus pneumonique resta modéré, fut atteint le quatrième jour d'un accès de *delirium tremens* très intense et mourut le cinquième jour. En résumé, ma statistique, à laquelle je n'accorde d'ailleurs pas plus de valeur qu'à toute autre statistique, fournit *soixante-huit cas traités avant le troisième jour, avec un décès que j'attribue à l'alcoolisme et à l'insuffisance de la digitoxine prescrite dans ce cas, et soixante-sept guérisons.*

Dans ces soixante-sept malades guéris se trouvent cinq enfants de 4 à 15 mois, vingt-huit de 2 $\frac{1}{2}$ ans à 11 ans; trente-deux adultes (de 16 à 55 ans), deux vieillards de 69 et de 80 ans.

Chez les enfants de 4 à 5 mois, trois fois la digitoxine fut administrée moins de vingt-quatre heures après le début signalé par la dyspnée, la respiration crachée, la température élevée; dans les trois cas, il s'agissait d'une broncho-pneumonie bien caractérisée; dans les trois cas, vingt-quatre heures après l'administration du médicament, la fièvre était tombée et le processus profondément modifié; vingt-quatre heures plus tard, la guérison était complète.

Deux fois la digitoxine fut administrée trente-six heures et quarante-huit heures après les signes probables du début. Dans les deux cas, la température était redevenue normale en même temps que les signes thoraciques diminuaient, moins de dix-huit heures après la prise du médicament, et l'affection était entièrement terminée dans les douze heures suivantes.

La difficulté étant donnée d'assurer le diagnostic de la pneumonie chez les enfants en dessous de 1 an, je donne ici en résumé l'histoire de ces cinq cas.

Obs. I. — G..., enfant de 4 mois, serait brûlant et difficile depuis la veille et présenterait depuis lors une gêne respiratoire intense.

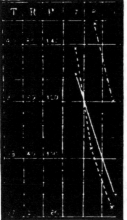

Obs I. — G..., 4 mois
Pls. = --·--·-- R. = —
T. = - - - -

7 novembre. — Examen : Respiration crachée, 70 à la minute; pouls incomptable; température, 39°,9. La poitrine est encombrée de râles, plus nombreux et plus fins dans la région interscapulaire droite, où la sonorité est tympanique; langue saburrale.

Digitoxine, 0ᵐᵍ,25 en une fois.

8 novembre. — T., 38°,2; P., 147 (le pouls est remarquablement fort). R., 51 à la minute. Je ne constate plus que des râles sibilants et ronflants, peu nombreux, avec quelques râles muqueux à la base et dans la région interscapulaire droite.

9 novembre. — T., 37°,2; P., 120. A peine un ou deux ronchus. L'enfant présente un excellent aspect.

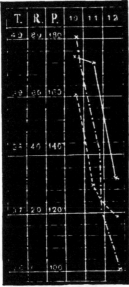

Obs. II. — E..., 5 mois.
Pls. = --·--·-- R. = —
T. = - - - -

Obs. II. — E..., enfant de 5 mois, est agité et brûlant depuis la veille. Toux incessante, dyspnée intense. Diarrhée muqueuse, modérée.

10 décembre. — R., 74; P., 180 par minute; T., 39°. Râles de bronchite avec râles plus fins et son très tympanique en arrière et à gauche, le long de la colonne vertébrale.

Digitoxine : 0ᵐᵍ,25 à la soirée.

11 décembre. — Dans la matinée, l'enfant est redevenu gai et paraît tout à fait bien portant. Le son tympanique persiste, la bronchite est plus modérée. P., 144; R., 72; T., 37°,5.

A la soirée : T., 37°,2; P., 120. L'enfant ne tousse plus; il y a à peine un peu de bronchite avec son tympanique dans la région interscapulaire gauche.

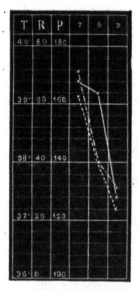

OBS. III. — W., 15 mois.
Pls. = – · – · – ·. R. = —
T. = – – – –

OBS. IV.—D..., 15 mois.
Pls. = – · – · – ·.
T. = – – – –

12 décembre. — P., 100, très fort, un peu irrégulier. T., 36°,9. Absolument rien à la poitrine.

OBS. III. — W..., 15 mois, tousse et respire péniblement depuis le 6 octobre.

Le 7, il présente des signes de bronchite avec râles fins et sous-matité dans les espaces sus- et sous-claviculaires droits. R., 68; P., 172; T., 39°,1.

Digitoxine : 0ᵐᵍ,25 à la soirée.

Le 8, au matin : R., 65; P., 140; T., 38°. Les râles sont moins nombreux ; sonorité à peu près normale au sommet droit.

Le 9 : R., 28; P., 110; T., 37°,2. Absolument rien à signaler à l'examen du thorax.

OBS. IV. — D..., 15 mois ; a vomi le 21 octobre après-midi, et, depuis lors, l'enfant est difficile ; sa respiration est très accélérée ; la peau, brûlante.

22 octobre, matin. — Pouls incomptable, dépassant en tout cas 180. Respiration crachée ; température, 39°,5 ; râles sibilants partout, plus fins et plus nombreux à la base droite où le son est tympanique.

Digitoxine : 0ᵍʳ,0004.

A la soirée : T., 38°,3 ; pouls toujours incomptable ; l'état des voies respiratoires est le même.

23 octobre, au matin. — La respiration est calme, le pouls à 130 à la minute, fort, régulier, égal. T., 36°,4. A peine quelques râles sibilants qui sont disparus le lendemain. Sonorité tout à fait normale.

Obs. V. — D..., 1 an, tousse depuis deux jours et, bien que somnolent pendant la journée, est agité la nuit et présente une accélération excessive des mouvements respiratoires.

Le 15 novembre au soir, je constate les signes d'un catarrhe bronchique intense avec un souffle éloigné dans l'aisselle droite. P., 172; T., 39°,2. Dyspnée excessive : 70 R.

Digitoxine : 0gr,0005.

Le 16 novembre, l'enfant a vomi une demi-heure après sa deuxième prise de digitoxine. R., 36; P., 124.

L'enfant joue. Pas un seul râle dans la poitrine. Bruit respiratoire pur partout. T., 36°,2.

Le 17 novembre, l'état est toujours excellent. T., 36°,2; P., 108.

Obs. V. — D..., 1 an.
Pls. = — · — · · — · · R. = —
T. = - - - -

Je ne puis faire pour tous mes cas l'histoire aussi complète que pour ces enfants. Je tenais absolument à donner avec assez de détails l'histoire de ces cinq malades, autant pour montrer la facilité avec laquelle les enfants supportent la digitoxine et en ressentent les effets, que pour donner une idée des doses relativement fortes qu'on peut leur administrer.

Voici maintenant les résultats que j'ai obtenus chez vingt-sept enfants de 2 à 11 ans.

J'ai d'abord la bonne fortune d'avoir, dans ces vingt-sept observations, dix cas se rapportant tous à des enfants de 2 à 3 ans, ce qui permet de mieux juger des doses à employer dans les différentes circonstances chez des enfants du même âge.

Chez sept enfants, la digitoxine fut employée de vingt-quatre à trente-six heures après le début (signalé par la dyspnée, la toux des vomissements). La dose employée varie de 0mg,3 à 1mg,3. Avec 1/3 de milligramme administré moins d'un jour après le début, le pouls et la température reviennent à la normale en vingt-quatre heures, avec des signes d'amélioration de la lésion broncho-pulmonaire; mais la guérison ne fut définitive que trois jours après l'administration du médicament.

Une dose de ¹/₂ milligramme administrée vingt-quatre heures après le début donne des effets analogues; la guérison n'est à peu près complète qu'après quarante-huit heures. La même dose de ¹/₂ milligramme, administrée douze heures après le début supposé, amène une guérison complète en vingt-quatre heures.

Une dose de 0ᵐˢ,8 à 1 milligramme administrée entre les vingt-quatre et les trente-six premières heures de l'affection, amène le pouls et la température à la normale avec disparition complète du processus en vingt-quatre heures.

Obs. VI. — Chez un enfant de 2 ans, très fort, où le processus était signalé douze heures après le début supposé par du souffle et de la sous-matité dans tout le lobe supérieur droit, ²/₃ de milligramme, qui avaient amené en douze heures, avec les signes de ramollissement, la température de 39°,4 à 36°,2 et le pouls de 145 à 108, n'avaient pas empêché une légère recrudescence de la fièvre vingt-quatre heures plus tard, signalée par une température de 37°,9 et un pouls de 123; une seconde prise de ²/₃ de milligramme amène en quinze heures une guérison complète avec un pouls de 108 à la minute et une température de 36. La pneumonie était donc entièrement guérie en moins de trois jours avec une dose de 1 ¹/₃ milligramme de digitoxine.

Obs. VII. — Chez un enfant de 3 ans, présentant de la dyspnée et une augmentation de température depuis douze heures, l'administration de 1 milligramme de digitoxine en une fois amène, avec une guérison presque complète, le pouls de 144 à 108 et la température de 39°,2 à 36°,4 en vingt-quatre heures. Douze heures après, la guérison était complète; les jours suivants, le pouls reste fort, régulier, égal, entre 100 et 108.

Les quatre autres cas montrent clairement la nécessité de forcer la dose lorsque le processus est plus invétéré, comme nous l'avons vu souvent chez les adultes.

Obs. VIII. — Dans un cas, ¹/₂ milligramme de digitoxine est administré quarante-quatre heures après le début chez un enfant de 3 ¹/₂ ans et présentant une pneumonie à la période d'état ; le pouls et la température arrivent à la normale en vingt-quatre heures, mais la guérison n'est à peu près complète que trois jours plus tard.

Obs. IX. — Dans le deuxième cas, enfant de 3 ans très débilité, 1 milligramme de digitoxine administré quatre jours après le début d'une broncho-pneumonie manifeste, avec une température de 39°,8, ne change rien à l'état du malade; je rends le lendemain 1 milligramme (soit 2 en vingt-quatre heures, du quatrième au cinquième jour), et le jour suivant, avec une disparition à peu près complète des signes thoraciques, je note une température de 35°,9; le pouls est à 51 pendant le sommeil, avec quelques intermittences; à 81, régulier, après l'examen. Le pouls et la température remontent lentement à la normale, qu'ils atteignent trois jours et demi après la dernière prise de digitoxine.

Obs. X. — Le troisième cas se rapporte à une pneumonie arrivée à la période d'état (matité et souffle, pas de râles), sans que les parents aient pu fournir de renseignement sur le début. Une première dose de 1 milligramme ne donne rien après vingt heures; une deuxième dose de 1 milligramme amène en trente-six heures le pouls et la température à peu près à la normale; le ramollissement ne commence que quarante-huit heures après la deuxième prise de digitoxine; la guérison demande encore quarante-huit heures pour être complète.

Je rapporterai *in extenso* la quatrième observation, parce que je la trouve intéressante à un double point de vue : d'abord en ce qu'elle prouve la nécessité de forcer la dose pour arriver à un résultat lorsqu'on est assez éloigné du début de l'affection; ensuite parce qu'elle fait voir comment on peut ne pas reconnaître une pneumonie infantile dès le premier examen.

Obs. XI. — D., B..., enfant de 2 1/2 ans, robuste, a la peau brûlante depuis la soirée du 3 novembre.

Le 4, il vomit.

Le 5, l'examen minutieux de la poitrine ne fait rien découvrir d'anormal et la respiration est à 37 par minute, avec un pouls de 144 et une température de 39°.

Le 6, à la suite d'une purge, l'enfant paraît mieux; le pouls est descendu à 100.

Mais le lendemain 7, à la soirée, l'état s'est beaucoup aggravé : respiration crachée, 57 par minute, 144 pulsations, T., 39°,7. A base gauche, le son est obscur et on entend, avec des râles de bronchite, un souffle éloigné. L'enfant prend 2/3 de milligramme de digitoxine.

Le 8, au matin, le thermomètre marque 38°,4, le pouls 144 et la respiration 62 à la minute. Il y a maintenant de la matité depuis la base jusqu'au milieu de la fosse sous-épineuse; plus haut, son tympanique; en avant et à gauche, son tympanique. Au sommet, la respiration est rude, avec des râles de bronchite; dans les limites de la matité, on constate l'existence d'un souffle bien net. Je rends $1/_3$ de milligramme. A la soirée, les signes physiques sont stationnaires, si ce n'est qu'on entend quelques râles accompagnant le souffle bronchique. La température est de 39°,5; il y a par minute 145 pulsations; R., 60. Je rends encore $1/_2$ milligramme. L'enfant a donc pris 1 $1/_2$ milligramme en vingt-quatre heures, du quatrième au cinquième jour au plus tard, du deuxième au troisième jour au plus tôt après le début.

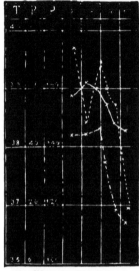

Obs. XI. — D.., B..., 2 $1/_2$ ans.
Pls. = — · · — · · R. = —
T. = — — — —

Le lendemain matin, 9, dix heures après la dernière prise de digitoxine, le thermomètre marque 39°, le pouls 139 et la respiration 54 par minute. Huit heures plus tard (dix-huit heures après la digitoxine), je note 38°,7, 119 pulsations et 49 mouvements respiratoires; il y a un peu de sonorité et des râles humides, sonores, mais plus de souffle à la base gauche.

Le lendemain 10, au matin, trente-deux heures après la digitoxine, le pouls, remarquablement fort, est à 114 par minute, la respiration à 48, la température à 36°,9; la diminution de sonorité est presque nulle; les râles sont plus gros et plus rares.

Le 12 seulement, l'auscultation ne renseigne plus rien d'anormal; le pouls est à 104, la température à 36°,5.

Il est bien entendu qu'à ces résultats obtenus par la digitoxine administrée plusieurs jours après le début, on peut toujours objecter que l'amélioration est due au cours normal de l'affection, et non au médicament.

Je suis tellement peu disposé à m'insurger contre cette interprétation, que je ne mets à l'actif du médicament que les pneumonies où j'ai pu le donner avant la fin du second jour et où le processus avait disparu entièrement deux jours plus tard, c'est-à-dire le quatrième jour après le début de l'affection. Je ne cite ces cas que pour montrer la possibilité d'augmenter la dose en présence d'un processus plus étendu ou plus ancien ; mais il n'en est pas moins vrai qu'il *semble* que, dans ces cas, des doses élevées de digitoxine amènent rapidement la résolution ou tout au moins empêchent l'extension du processus. Toutefois, on ne pourra se faire une opinion à ce sujet avant d'avoir eu un beaucoup plus grand nombre d'observations.

Dans neuf cas, j'ai administré la digitoxine à des enfants de 4 à 6 ans. Chez sept enfants, la pneumonie peu étendue et encore à la période d'engouement, datait de douze à trente-six heures. Chez

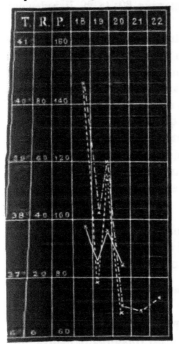

Obs. XII. — I..., 6 ans.
Pls. = -·--·--· R. = —
T. = - - - -

tous, une dose de 1 à 2 milligrammes amena une guérison complète en douze heures au moins, trente-huit heures au plus. Chez trois enfants de moins de 5 ans, je me suis contenté de 1 milligramme ; chez quatre enfants de 6 ans, j'ai employé une dose variant de 1 1/2 à 2 milligrammes. Je ne citerai qu'un seul exemple :

Obs. XII. — I..., garçon de 6 ans, se plaint le 18 novembre d'un point de côté situé en dehors du mamelon gauche, et d'une céphalalgie intense. Il a vomi à midi et tousse depuis lors. A mon arrivée, le pouls donne 144, la respiration très retenue : 37 par minute ; la température est de 40°,4. Je ne trouve que des râles de bronchite, avec diminution des bruits respiratoires à la base gauche, où percussion ne renseigne qu'une augmentation de résistance. e prescris 1 1/3 milligramme de digitoxine.

Le 19, au matin, le pouls est à 103, un peu intermittent. 25 respirations. T., 36°,9.

A la soirée, le pouls remonte à 120, la température à 38°,85, et je compte 36 respirations par minute. La langue est saburrale. A la base gauche, il y a nettement une sonorité tympanique avec augmentation de résistance et un souffle doux, éloigné. Je rends ²/₃ de milligramme de digitoxine. L'enfant a donc pris, entre la douzième et la trente-sixième heure après le début de son affection, 2 milligrammes de digitoxine.

Le 20, à midi, le pouls est très fort, un peu intermittent, 70 par minute. 25 respirations. T., 36°,4. L'enfant a transpiré beaucoup et se trouve tout à fait bien. Il n'y a plus la moindre trace de la lésion pulmonaire.

Le 21, le pouls, toujours fort, marque 69; le 29 il redevient régulier (73 par minute).

Chez deux autres enfants de cette série, les signes rationnels et la fièvre existaient depuis trois jours; on constatait déjà du souffle et de la matité lors de l'administration de la première prise de digitoxine. Celle-ci, prescrite à la dose de 1ᵐᵍ,5, fut suivie vingt-quatre heures plus tard d'un abaissement notable du pouls et de la température, abaissement qui arrivait à la normale quarante-huit heures après la digitoxine. Quant au processus, le ramollissement commença trente-six heures après la digitoxine, et la guérison ne fut complète que trois ou quatre jours plus tard.

Je termine brièvement la nomenclature des observations se rapportant aux enfants.

Obs. XIII. — L..., 8 ans, mal nourri, peu développé; 1 milligramme de digitoxine, administré douze heures après l'éclosion de la maladie, assura la guérison en vingt-quatre heures.

Obs. XIV. — B..., 8 ans. La pneumonie, commencée presque trois jours avant l'administration du médicament, était à la période d'état et occupait à peu près tout le poumon gauche; 3 milligrammes furent suivis de la crise vingt-quatre heures plus tard, et la guérison se fit en trois jours.

Obs. XV. — M..., fillette de 11 ans. 2 milligrammes de digitoxine, vingt-quatre heures après le début, amènent une guérison complète en un jour et demi.

Obs. XVI. — D..., fillette de 11 ans. 3 milligrammes, administrés le troisième jour, amènent la guérison complète en vingt-quatre heures.

Obs. XVII. — V..., fillette de 7 ans, atteinte de fièvre typhoïde depuis une semaine. Le 29 octobre, je constate, avec de la dyspnée, une température qui atteint 40°,3 et un pouls qui ne dépasse pas 110, les signes d'une pneumonie à la période d'état qui occupe le lobe supérieur gauche. L'enfant prend, en vingt-quatre heures, 3 milligrammes de digitoxine.

Le 31, au matin (dix heures après la dernière prise), la température est toujours à 40°,1, pouls fort, 98 par minute. Mais je ne constate que quelques râles sous-crépitants sonores au sommet et dans le haut de l'aisselle, qui ont entièrement disparu le 1er novembre. A cette date, le pouls est à 82, la température à 39°,5. Je rends 1 milligramme sans influencer la température ; la descente par lyse commence seulement quarante-huit heures après, en même temps que le pouls arrive à 66, en restant fort, régulier, égal. Ce n'est que le 12 novembre que la fièvre a entièrement disparu, que la rate rétrograde à la ligne costo-mammillaire et que les selles perdent l'aspect typhique.

La dernière observation est intéressante, en ce sens que la digitoxine, impuissante à modifier une pneumonie à la période d'état du lobe inférieur gauche et datant de trois jours, paraît couper net une invasion du lobe moyen droit en abaissant le pouls et la température en dessous de la normale.

Obs. XVIII. — M..., enfant de 12 ans, a eu de la fièvre le 26 février au soir. Le 28, à la soirée, je constate une pneumonie à la période d'état dans tout le lobe inférieur gauche. T., 40°,5 ; P., 140. 1 1/2 milligramme de digitoxine est immédiatement vomi.

Le 1er mars, je rends 1 milligramme en deux fois ; l'enfant vomit la première moitié. Le 3, la température, qui était depuis deux jours à 38°,5, remonte à 39°,5 ; le pouls, 116, un peu irrégulier ; oppression augmente ; *subdelirium*. Pleurodynie droite. A gauche, matité et souffle de l'épine de l'omoplate à la base. A droite, dans les limites du lobe moyen, sonorité diminuée ; vibrations vocales augmentées ; quelques râles fins, souffle bronchique. Le malade prend à minuit 1 1/2 milligramme.

Le lendemain 4, T., 35°,4 ; 78 pulsations avec trois à six inter-

mittences par minute. A gauche, à peine trace de ramollissement ;
à droite, sonorité et vibrations normales; pas de souffle, à peine
quelques râles muqueux.

Le 5, le murmure vésiculaire s'entend seul à dr_0ite. La guérison, à gauche, n'est manifeste que le 6, et à cette date, le pouls
est à 58, la température à 35°,4.

Ce cas me semble intéressant, en ce sens qu'il montre la différence d'action sur le poumon à la période d'engouement pneumonique et sur le poumon rempli par l'exsudat; comme si, dans
les cas où la circulation est impossible ou difficile, où les alvéoles
sont remplies par l'exsudat, le ralentissement et le renforcement
du courant respiratoire n'avaient rien à faire (1).

J'ai eu l'occasion d'appliquer mon traitement trente-trois fois
chez des adultes (2).

Disons d'abord que dans ce nombre se trouvent deux pneumonies survenues dans le cours d'une influenza sans offrir pour cela
le type asthénique; trois autres, survenues dans les mêmes conditions, mais présentant ce type bien accusé; une pneumonie
hypostatique survenue chez une femme atteinte de mal de Pott
cervical avec paraplégie, décubitus, suppuration, affaiblissement
considérable; et une pneumonie survenue chez une femme cardiaque et emphysémateuse.

Sans vouloir diviser outre mesure l'exposé de ces cas, je les
répartirai en différents groupes correspondant à l'ancienneté de
la lésion ou à la dose employée.

A. Dans seize cas, la digitoxine fut administrée à la dose de
3 milligrammes contre une pneumonie dont le début remontait à
douze heures au moins et à trente heures au plus. (Dans ce
groupe se trouvent deux pneumonies d'influenza, ne présentant
pas le type asthénique.)Dans tous les cas, le pouls et la température descendaient à la normale vingt-quatre heures plus tard, et
l'affection avait disparu sans laisser aucune trace quarante-huit
heures après l'administration du médicament, avant la fin du
quatrième jour de la maladie.

Obs. XIX. — S. F..., 21 ans, sujet de constitution normale.
Aurait pris froid dans la soirée du 22 avril. Le 23, dans la matinée,

(1) J'ai observé un fait analogue chez deux adultes.
(2) Non comptés les deux alcooliques signalés page 35.

à la suite d'un frisson violent, le patient ressent un point de côté très douloureux près du mamelon droit et une gêne respiratoire considérable. Toux incessante, accompagnée, vers midi, d'une

expectoration visqueuse, sanguinolente, aérée. A 1 heure après midi, la température est de 38°,7, le pouls, à 94 ; 30 respirations par minute. Vibrations vocales exagérées à droite, en avant, et en arrière, dans la moitié supérieure de la fosse sous-épineuse et dans la fosse sus-épineuse. Sonorité diminuée et résistance augmentée en avant et à droite. Râles fins très nombreux depuis le sommet jusqu'au cinquième espace en avant ; râles de bronchite en arrière ; râles fins avec souffle éloigné dans l'aisselle. Je prescris 3 milligrammes de digitoxine à prendre en trois fois, à 2 heures et à 10 heures du soir, et à 6 heures du matin. Dans l'entre-temps, à 11 heures du soir, le pouls descend à 82, la température à 38°,4.

Obs. XIX. - S., F..., 21 ans.
Pls. = -·-··- R. = —
T. = - - - -

Le 24, à 11 heures du matin, la température est à 38°,2, le pouls à 71, la respiration à 24. Je ne constate rien d'autre que des râles humides, surtout muqueux, à la base de l'aisselle. L'expectoration est nettement rouillée, finement aérée, visqueuse. La toux est moins fatigante, la céphalalgie et la pleurodynie disparues.

A la soirée, les râles n'apparaissent que dans les inspirations profondes; le thermomètre marque 37°,65; le pouls, 69; la respiration, 21.

Le 25, le pouls arrive à 61, régulier, égal; la température, à 36°. Le malade se trouve tout à fait bien et mange. Il n'y a absolument rien d'anormal à l'examen de la poitrine.

Le pouls et la température ne remontent respectivement à 72 pulsations et à 36°,5 que le 28.

B. Obs. XX. — Chez un malade très solide, une dose de digitoxine de 3 milligrammes, administrée vingt-quatre heures après début d'une pneumonie franche, fut portée douze heures plus rd à 4 1/2 milligrammes, le processus s'étant étendu.

La crise se produisit quelques heures après; la guérison était complète le troisième jour.

Jules S..., 35 ans, solide, bien constitué. Antécédents hérédi-taires nuls; a eu, il y a cinq ans, une pneumonie double (?) à convalescence lente et pénible.

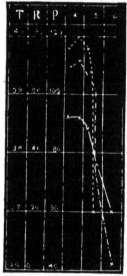

Obs. XX. — J. S.., 35 ans.
Pls. = ‑ · ‑ · · ‑ · R. = ——
T. = ‑ ‑ ‑ ‑

Étant en pleine transpiration, il a refroidi le 3 après midi ; le 3 au soir il est pris d'un frisson intense avec claquements de dents.

Le 4, à 9 heures du matin, je constate les choses suivantes : Dyspnée; toux sèche, fatigante, douloureuse. Expectoration visqueuse, adhérente, rosée et même striée de sang. Pleurodynie extrêmement intense sous le mamelon droit. Peau sèche, brûlante. T., 39°,8; R., 52; P., 110. Langue saburrale, humide. Céphalalgie. Brisement des membres. Exagération des vibrations thoraciques. Submatité à la base droite. Respiration très rude.

Je prescris 3 milligrammes de digi-toxine à prendre en trois fois, à 11 heures, à midi et à 1 heure, avec un peu de champagne frappé.

Le soir, à 8 heures, *statu quo*. T., 40°; P., 112; R., 52.

Le lendemain, à 9 heures du matin, même état général. P., 104; R., 48; T., 39°,8.

Matité complète et souffle tubaire à la base droite. Expectora-tion franchement rouillée et visqueuse. La pleurodynie persiste. Je fais prendre sous mes yeux 1 1/2 milligramme de digitoxine.

A 11 heures, le malade est pris d'une abondante transpiration ; la pleurodynie disparaît en même temps.

Je le revois à midi. T., 37°; P., 76; R., 36. Matité, souffle per-sistant. Le soir, râle de retour; matité persiste. Ce n'est que le surlendemain, le 6, que la respiration descend à 20, que les râles deviennent franchement muqueux, l'expectoration blanchâtre, que la matité disparaît. Mais dans l'intervalle, le pouls est tombé à 42 et a montré un caractère intermittent, irrégulier, tout en gardant sa force. Huit jours plus tard, le pouls est encore à 60, mais les forces du malade sont revenues et il peut se lever.

C. Chez deux sujets, la pneumonie remontait à trente-six heures. Je prescris d'emblée 4 milligrammes de digitoxine ; cette dose fut absorbée en moins de vingt-quatre heures, soit avant la fin du quatrième jour. Chez tous les deux, la guérison fut complète moins de quarante-huit heures après l'administration du médicament.

Obs. XXI. — Il s'agissait chez l'un d'une pneumonie survenant chez une emphysémateuse et signalée, outre les signes stéthoscopiques, peu accusés naturellement, par des crachats nettement rouillés et finement aérés, par une température de 39°,4 et un pouls de 137.

Obs. XXII. — L'autre observation se rapporte à une pneumonie d'influenza, accompagnée d'un délire extrêmement violent, où la guérison fut aussi complète que possible trente-six heures après l'administration du médicament.

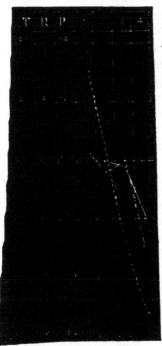

Obs. XXIII. — V..., 52 ans.
Pls. =--·--·- R. = —
T. =----

D. Chez quatre malades, alors que les signes du début remontaient à deux jours, je n'employai que 3 milligrammes de digitoxine. Chez deux d'entre eux, j'obtins une chute du pouls et de la température jusqu'à la normale en vingt-quatre heures et une disparition complète du processus vingt-quatre heures plus tard, donc avant le quatrième jour à dater du début. Il s'agissait, dans ces deux cas, d'une demoiselle de constitution délicate qui souffrait d'influenza depuis trois jours, et d'un homme de 52 ans, très affaibli et mal nourri.

Obs. XXIII. — V..., terrassier, 52 ans, porteur d'une scoliose, très affaibli par les privations. Je vois le malade le 1er novembre à la soirée; il se plaint depuis deux jours d'une pleurodynie siégeant à droite, de brisement des membres, de céphalalgie et d'une toux sèche, quinteuse et fatigante.

Langue saburrale. En avant et à droite, son très obscur, résistance augmentée, absence de murmure vésiculaire, râles fins très nombreux. Pouls petit, dépressible, 103. T., 40°,5; R., 30. Digitoxine : 3 milligrammes en trois fois, de quatre en quatre heures.

2 novembre, midi. — Le malade a pris son dernier milligramme à 2 heures du matin. Râles consonnants dans le deuxième espace intercostal seulement. Rien à noter dans le reste de la poitrine. Le son est seulement obscur dans le deuxième espace. La céphalalgie est disparue, le point de côté ne se manifeste que lors de la toux. Pouls ample, très résistant, 96; T., 39°,1.

3 novembre. — P., 100; T., 37°,4; R., 29. Les râles ne se montrent plus que dans les inspirations profondes et disparaissent après la toux. La langue est belle; le point de côté est disparu.

Le 4, il n'y a plus rien d'anormal à la poitrine, le pouls descend à 71, la respiration à 20, la température à 36°,4.

Chez les deux autres malades, je donnai la même dose de 3 milligrammes deux jours après le début de la pneumonie. Cette dose, insuffisante probablement (il s'agissait de deux hommes très solides, avec une pneumonie étendue à presque tout un poumon), amena la chute de la température et du pouls en vingt-quatre heures, l'effet sur le processus ne débutant que le quatrième jour de la maladie, quarante-huit heures après la digitoxine, et la guérison ne survenant que deux jours plus tard encore.

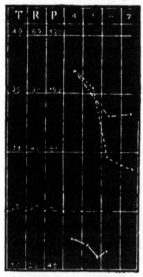

Obs. XXIV. — S.., L., 40 ans.
Pls. = -·-··-·· R. = —
T. = ----

Obs. XXIV. — S..., L., 40 ans, cordonnier, souffre depuis le 25 juin d'influenza. Le 4 juillet il se plaint d'une gêne respiratoire intense et d'une douleur pongitive localisée sous l'omoplate droite. L'auscultation renseigne des râles fins nombreux dans toute la poitrine droite, à l'exception du sommet, avec un souffle en dedans de l'angle de l'omoplate et un autre dans l'aisselle. La sonorité est fortement diminuée. Expectoration blanche, visqueuse, finement aérée. Température, 39°,4; pouls faible, 108; respiration retenue, 25 par minute.

Le malade prend depuis midi jusqu'au lendemain 5, à 4 heures du matin, 3 milligrammes de digitoxine.

Le 5 juillet, les signes sont peu modifiés dans la matinée; le pouls est à 100; la respiration, 24 par minute; la température, 39°,1.

A la soirée, 22 respirations, pouls fort, résistant, 96. Température, 38°,6.

Le 6, au matin, l'état du poumon est peu modifié; la température est à 37°,9, le pouls à 92, 23 respirations.

Le 7, la sonorité revient, il n'y a de souffle nulle part, les râles sont plus gros et moins nombreux, l'expectoration plus facile. Le pouls est à 93, la température à 37°,7.

L'amélioration s'accentue le 8, et le 9 il reste à peine quelques ronchus. Le malade demeure très faible pendant quinze jours encore.

Obs. XXV. — I. F..., 38 ans.
Pls. = — · — · · — R. = —
T = - - - -

E. Le cas du malade qui fait l'objet de l'observation suivante est surtout intéressant en ce qu'il montre et la nécessité et la possibilité d'arriver à des doses énormes lorsque le processus est plus avancé et plus ancien.

Obs. XXV. — I. F..., 38 ans. Pas d'antécédents héréditaires ni personnels, sauf un léger degré d'alcoolisme. A été pris le 16 novembre au soir de frissons répétés et de pleurodynie légère. Il est cependant sorti le 17 et ce n'est que le 18 au soir que, devant l'exagération des symptômes, on me fait appeler. Face vultueuse, dyspnée, pleurodynie à gauche. R., 42; P., 110, plein, résistant.

., 39°,9. Matité, souffle, exagération des vibrations thoraciques la base gauche. Toux sèche, fatigante. Expectoration franchement rouillée. Langue humide, saburrale. 3 milligrammes de digitoxine à prendre en une demi-heure.

Le 19, à 9 heures du matin, *statu quo*. — T., 39°,5. Le souffle s'entend un peu dans la fosse sou-sépineuse droite. Augmentation des vibrations thoraciques et submatité à ce niveau. Le soir, T., 39°,8; P., 110; R., 40.

Le 20, au matin, T., 39°,6; R., 40; P., 108. 2 milligrammes de digitoxine sont repris. *Statu quo* de l'état local. Transpire la nuit.

Le 21, au matin, T., 37°,2; P., 70; R., 28.

Râles de retour, submatité.

Le 22, au matin, T., 37°; P., 50; R., 24.

Râles muqueux. Expectoration blanchâtre.

Le pouls ne remonte à 60 que le 26.

Le 28, le malade sort.

F. Chez deux patients où le processus remontait à moins de trois jours lors de l'administration de 4 milligrammes de digi-toxine, la guérison commença quatorze heures plus tard.

Obs. XXVI. — N..., 32 ans.
Pls. = –·–·– R. = ——
T. = – – – –

Avant la fin du cinquième jour, il ne restait plus trace d'affection des voies respiratoires (soit trente-huit heures après la dernière prise de digitoxine).

Obs. XXVI. — N..., 32 ans. Le malade se plaint, depuis la soirée du 29 septembre, d'abattement, d'un point de côté très doulou-reux; ces signes augmentent le 30 au soir et depuis lors le malade se plaint d'une céphalalgie intense.

Le 1er octobre à midi, crachats jus d'abricot. P., 124; R., 34; T., 39°,8. Vibrations vocales aug-mentées en avant et à droite; son tympanique et résistance augmen-tée dans l'aisselle droite et du quatrième espace au sommet du même côté. Souffle dans ces mêmes limites. Râles fins dans la fosse sus-épineuse et la moitié supérieure de la fosse sous-épineuse. Digitoxine : 3 milligrammes à prendre en trois fois (à 4 heures, à 9 heures du soir, à 2 heures du matin).

Le 2, P., 108, fort et résistant ; R., 29 ; T., 38°,9 (à midi). Expectoration rouillée.

A 10 heures du soir : P., 81 ; R., 30 ; T., 38°,1 (on rend 1 milligramme de digitoxine).

Le 3, à midi, P., 78 ; R., 28 ; T., 37°,8.

Il ne reste qu'une respiration rude, une sonorité un peu diminuée dans la fosse sus-épineuse et au sommet de l'aisselle.

Le 4, il n'y a plus rien à signaler à l'examen de la poitrine ; le malade mange avec appétit.

G. La série des observations suivantes se rapporte à sept patients chez lesquels la pneumonie existait depuis plus de quarante-huit heures, avant que la digitoxine absorbée n'atteignît 3 milligrammes. Cette dose, insuffisante parce qu'il s'agissait d'adultes forts et de pneumonies à la période d'état, ne fut portée à 4 milligrammes que le troisième jour ; le processus ne s'étendit pas, mais ne se modifia pas non plus favorablement. La fièvre descendit par lyse, et dans un cas, celui qui fait l'objet de l'observation XXVII, le délire intense et les symptômes alarmants disparurent rapidement. Dans deux autres cas, dont l'un est relaté à l'observation XXVIII, un nouveau foyer développé dans le poumon sain fut supprimé trente-six heures après son apparition par une nouvelle dose de digitoxine, alors que l'ancienne lésion persistait encore.

Obs. XXVII.— Ch..., 20 ans, constitution très robuste ; pendant la nuit du 8 au 9 juin, souffre d'insomnie, de brisement des membres et de soif intense. Dans la matinée du 9, il vomit à trois reprises ; plus tard surviennent un délire continuel et des évacuations involontaires. Je vois le malade le 18 au matin. Face vultueuse, délire intense. Lèvres sèches, langue saburrale, pouls ample, mais très dépressible, 125 à la minute ; respiration retenue (36) ; température, 40°. Matité de l'épine à la base du côté droit. Souffle et bronchophonie dans toute cette région. Vibrations vocales exagérées. En avant, quelques ronchus et diminution du bruit respiratoire. A gauche, son un peu obscurci et souffle dans la région interscapulaire.

Je prescris 3 milligrammes de digitoxine à prendre de six en six heures. On ne parvient à lui faire prendre le premier tiers de la potion qu'à 2 heures du soir.

A la soirée, les signes sont stationnaires. Le patient ne finit sa potion qu'à 2 heures du matin.

Le 11, je trouve le malade très calme. Il me dit à mon entrée qu'il se trouve bien. Sa physionomie est excellente, la respiration calme, 39; pouls régulier, égal, fort, résistant, 111. T., 38°,7. La matité paraît un peu moins accusée en arrière. A gauche on ne constate rien d'anormal. Langue sèche, saburrale. Herpès labial. La parole paraît embarrassée. Je rends 1 milligramme à 2 heures du soir.

A 6 heures du soir, *statu quo*. Le pouls est à 111. T., 39°,2; R. 30.

Le 12, P., 99; R., 33; T., 39°,5. Signes physiques stationnaires. A la soirée, signes stationnaires; le malade a encore déliré un peu, mais il est de nouveau calmé.

Le 13, P., 87; R., 28; T., 39°,5. Il n'y a plus de souffle; le son revient; râles nombreux dans toute la poitrine droite, plus gros à la base.

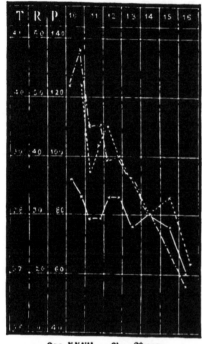

Obs. XXVII. — Ch.., 20 ans.
Pls. = - · - · - · R. = — T. = - - - -

Le 16, il y a encore des râles fins sous l'angle; des râles muqueux dans le reste de la poitrine droite ; les vibrations vocales ne sont plus exagérées. P., 56; R., 20; T., 37°,2.

L'herpès disparaît. Le 18 seulement il n'y a plus rien d'anormal à l'examen de la poitrine.

Obs. XXVIII. — Le début de l'affection est signalé le 3 mars, par une aggravation dans la toux et dans l'aspect du malade qui était grippé depuis huit jours.

Je le vois le 5 mars; il y a, avec une température de 39°,5 et un pouls de 125, des râles fins et de la submatité dans tout le lobe inférieur *gauche*, sauf une très petite portion de la base.

3 milligrammes de digitoxine, en abaissant le pouls à 90 le

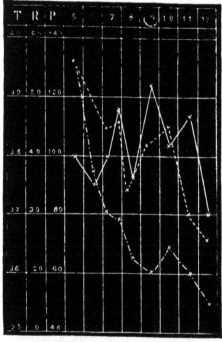

premier jour et à 80 le second au matin (la température à 38°,5, le deuxième jour) ne modifient pas l'état de la poitrine, soit que l'affection soit trop ancienne, soit que la dose employée soit peu forte. (Habituellement, le deuxième jour après la digitoxine, quand elle a jugulé la pneumonie, le pouls descend à 70 et même plus bas, ou devient intermittent.) Pourtant, ce même jour, le 7 mars, à midi, je constate une respiration soufflante et une diminution de sonorité évidente dans la fosse sous-épineuse *droite*. Je donne 0ᵍʳ,001 de digitoxine à midi.

Obs. XXVIII — M. T. ., 26 ans, fort.
Pls = -.----- R = — T.= - - - -

Le soir, le pouls et la température ne sont pas modifiés, la toux est plus fréquente, l'expectoration plus abondante, teintée de sang, et tandis qu'à gauche les signes sont stationnaires, à droite, il y a du souffle, de la submatité et une augmentation des vibrations vocales dans la fosse sous-épineuse.

A dix heures du soir, 0ᵍʳ,001.

Le lendemain, 8 mars, à 9 heures, pouls un peu intermittent, 66 ; température, 37°4. A *droite*, il n'y a plus rien ; à *gauche*, son diminué, souffle moindre, toujours des râles.

Le malade se trouve mieux.

Les signes à gauche disparaissent entièrement le 14 seulement ; dans l'entre-temps, la température a oscillé de 38°,5 à 37°.

Je donne pour finir l'observation d'une pneumonie (grippale?) traitée chez un vieillard.

Obs. XXIX. — D..., 69 ans. Grippe depuis le 9 avril, moins intense le 10.

Le 11, à la soirée, le malade s'alite en se plaignant d'une toux fatigante, douloureuse, et de pleurodynie. Crachats rosés, visqueux, aérés.

Le 12, au matin, pouls irrégulier, inégal, 120 par minute environ. T., 39°,4 ; R., 30. Son tympanique à la base droite avec une respiration indéterminée et des râles crépitants peu nombreux. Langue sèche, brunâtre. Le malade prend 1 milligramme de digitoxine à 1 heure et un deuxième à 9 heures du soir.

Le 13, au matin, je trouve de la sous-matité avec des râles humides très nets à la base droite. P., 80, régulier, égal ; R., 18 ; T., 36°,5. Quelques crachats rosés. Langue blanche, humide. Le malade se trouve mieux.

Le 14, le pouls, la température et la

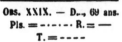

Obs. XXIX. — D..., 69 ans.
Pls. = —·—·— R. = —
T. = — — — —

respiration sont exactement au même point. Quelques râles muqueux, disparaissant après un effort de toux à la base droite. Pas de crachats.

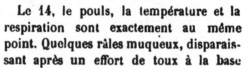

Le 16, l'examen ne renseigne absolument rien d'anormal : R., 18 ; P., 80, régulier.

Obs. XXX. — Chez un vieillard de 80 ans, alcoolique, une dose de 5 milligrammes de digitoxine administrée le troisième jour pour une pneumonie *croupale* à la période d'état, amena la crise le quatrième jour et la guérison était complète le sixième jour.

En résumé, je n'ai pas eu un seul décès *dû à la pneumonie* chez aucun des malades *traités* par la digitoxine, à l'exception de deux alcooliques. Chez cinquante-deux malades qui absorbèrent la dose prescrite moins de trente-six heures après le début de l'affection, la crise survint dans les vingt-quatre heures et la guérison était complète quarante-huit heures après l'administration de la digitoxine.

Ces cinquante-deux malades se répartissent comme suit :

Cinq enfants de 5 à 15 mois.

Vingt-sept enfants de 2 à 11 ans, plus un cas où elle agit sur une seconde poussée, ayant été administrée trop tard pour juguler la première invasion. Dix-neuf adultes. Chez seize adultes, l'effet fut obtenu avec 3 milligrammes ; chez deux autres, avec 4 milligrammes ; chez le dernier, il fallut porter la dose à 4^{mg},5.

Chez cinq adultes, le médicament ne fut pris que quarante-huit heures après le début. Deux fois une dose de 3 milligrammes amena la crise en vingt-quatre heures et la guérison complète en un jour de plus. Deux fois, cette même dose de 3 milligrammes amena une chute de la température et du pouls jusqu'à la normale, la pneumonie entrant en résolution en même temps, mais ne disparaissant entièrement que trois jours plus tard. Enfin, chez le cinquième malade, la dose, portée à 5 milligrammes avant la fin du troisième jour de la maladie, amena la crise le quatrième jour, avec guérison complète avant la fin du sixième jour.

Chez deux malades enfin, la crise fut encore obtenue dans les vingt-quatre heures et la guérison complète dans les quarante-huit heures qui suivirent l'administration de 4 milligrammes de digitoxine, prescrite avant la fin du troisième jour de la pneumonie.

Il me reste sept malades chez lesquels le processus très avancé durait depuis trois jours au plus et chez lesquels je n'osai pas forcer la dose. Chez tous, la chute de la température et du pouls survint par lyse le quatrième ou le cinquième jour, le processus pneumonique persistant encore deux ou trois jours après l'arrivée du pouls et de la température au chiffre normal.

Chez deux d'entre eux, une nouvelle prise de digitoxine fit disparaître une nouvelle poussée de pneumonie dans le poumon resté sain, alors que le poumon primitivement atteint ne se modifiait pas.

L'action jugulatoire de la digitoxine fut tout aussi évidente chez deux vieillards que chez les adultes.

CONCLUSIONS.

La digitoxine peut, dans certaines conditions, supprimer la fièvre et juguler la pneumonie.

Ces conditions sont :

1° Que le processus ne soit pas trop avancé, qu'il n'ait pas dépassé notamment la période d'engouement. Cependant certaines observations tendent à prouver que, même dans le début du stade d'hépatisation, l'affection peut encore être enrayée et même la crise provoquée rapidement, à condition d'augmenter la dose. Cette dose, qui doit être proportionnée d'ailleurs à la force du patient, à son âge, etc., devrait aussi augmenter en proportion de l'étendue et de l'ancienneté de la lésion. Ce qui s'explique par la résistance plus grande que le cœur doit vaincre, mais peut-être plus encore par le degré plus avancé d'intoxication du cœur ou de son appareil régulateur, ou, d'une façon plus générale, parce que le cœur épuisé ne répond qu'à une excitation énergique. Cette observation est à rapprocher de l'opinion qui a cours chez beaucoup d'auteurs, d'après laquelle les fébricitants supportent sans danger des doses fortes de digitale;

2° Que la dose employée soit assez forte. On ne doit donc pas se contenter d'amener le pouls en dessous d'un chiffre inquiétant; on doit le ramener au moins à la normale. Il n'y a même pas d'inconvénient à ce qu'il descende plus bas, puisque, chez un homme bien portant, la digitale, à dose physiologique, produit ce dernier effet ;

3° Que la digitoxine soit employée en solution convenable. Sous ce rapport, ma formule paraît répondre à toutes les exigences : dilution convenable, suffisante, sans obliger le patient à absorber une masse considérable de liquide; cette dilution facilite l'absorption rapide et diminue l'action irritante locale, comme celle indiquée d'abord par Van Aubel, dont ma formule n'est d'ailleurs qu'une modification. Comme Van Aubel le dit, elle ne précipite pas au contact des liquides organiques. Son goût, très peu prononcé, est facilement accepté des malades.

Les obstacles à l'effet de la digitoxine peuvent venir :

1° D'un mauvais état des voies digestives ;

2° D'une trop grande extension du processus, d'une stase dans la circulation générale, d'un œdème concomitant exagéré, etc., constituant ce que Huchard appelle les barrages. Ce serait peut-être le cas alors de faciliter par une médication appropriée l'action de la digitoxine, en tâchant de diminuer, au moins momentanément, les obstacles ;

3° D'une dégénérescence du myocarde ;

4° D'affections concomitantes (tuberculose, emphysème). L'alcoolisme, notamment, paraît augmenter considérablement la résistance du sujet aux effets de la digitoxine (1) ;

5° De l'influence de certaines associations microbiennes, sans que j'aie eu l'occasion de faire des observations à ce sujet.

Au point de vue de l'âge, il est à noter que les enfants supportent facilement des doses relativement exagérées de digitoxine.

Chez les enfants de 4 à 15 mois, des doses variant de $0^{mg},25$ à $0^{mg},5$, administrées dans la première période de la pneumonie, jugulent l'affection sans amener le pouls en dessous de la normale.

Chez les enfants de 2 ans, il faut porter la dose à $0^{mg},8$ et à 1 milligramme pour obtenir les mêmes effets. Lorsque l'affection date d'au moins quarante-huit heures et est assez étendue, on peut, sans inconvénient, porter la dose à 1 $^{1}/_{2}$ milligramme.

A 6 ans, à la période d'engouement, on peut porter la dose à 2 milligrammes.

Chez les adultes enfin, la dose de 3 milligrammes doit être considérée comme le minimum nécessaire pour juguler une pneumonie tout à fait au début. Elle peut, sans danger, être portée à 4 $^{1}/_{2}$ milligrammes et même à 5 lorsque le processus est un peu avancé et qu'il s'agit d'un homme fort, avec une fièvre intense. Elle doit même atteindre ces chiffres si on ne constate pas de modification notable du pouls et de la température douze heures après l'administration de la première dose. Il faut, bien entendu, pour employer ce traitement, examiner soigneusement, voir souvent, et surveiller de près le malade.

(1) Jones de Jersey a proposé contre le delirium tremens 15 grammes de teinture de digitale *pro die* et cette dose serait souvent insuffisante.

TABLE DES MATIÈRES.

———

RECHERCHES EXPÉRIMENTALES

SUR

LES LOCALISATIONS MOTRICES MÉDULLAIRES

CHEZ

LE CHIEN ET LE LAPIN

PAR

C. DE NEEF

ÉTUDIANT EN MÉDECINE A L'UNIVERSITÉ DE LOUVAIN

Devise :

Point n'est besoin d'espérer pour
entreprendre ni de réussir pour
persévérer.

BRUXELLES

HAYEZ, IMPRIMEUR DE L'ACADÉMIE ROYALE DE MÉDECINE DE BELGIQUE

Rue de Louvain, 112

—

1900

MÉMOIRE

ADRESSÉ A L'ACADÉMIE ROYALE DE MÉDECINE DE BELGIQUE (CONCOURS POUR LE PRIX ALVARENGA, DE PIAUHY; PÉRIODE DE 1899-1900).

Une récompense d'une valeur de 400 francs a été accordée à ce mémoire.

RECHERCHES EXPÉRIMENTALES

SUR

LES LOCALISATIONS MOTRICES MÉDULLAIRES

CHEZ

LE CHIEN ET LE LAPIN

INTRODUCTION.

Nous nous proposons, dans le présent travail, d'établir, au moyen de recherches expérimentales, les localisations motrices de la moelle *cervico-dorsale* et de la moelle *lombo-sacrée*.

I. — Historique.

La question des localisations motrices n'est pas nouvelle; depuis longtemps déjà les auteurs s'efforcent de la résoudre par les méthodes les plus diverses.

Localisations radiculaires. — C'est ainsi que Krause (1), Walsch (2) et Kahan (3) ont essayé de poursuivre, par des préparations purement anatomiques, les fibres de chaque nerf périphérique depuis sa terminaison dans le muscle jusqu'à son origine dans la moelle épinière.

Par ces longues et patientes recherches, ils sont parvenus à établir les relations qui existent entre les différentes branches du

---

(1) KRAUSE, *Anatomie des Kaninchens.* Leipzig, 1868.
(2) WALSCH, *Anatomy of the brachial.* (*Abhandl. d. Königl. Preuss. Akad. d. Wissensch. zu Berlin,* 1888.)
(3) KAHAN, *Centralbl. f. Nervenheilk.,* 1882, Bd 5, S. 32.

TOME XV (6ᵉ fasc.).

plexus brachial de l'homme et les racines antérieures des nerfs cervicaux correspondants.

C'est là une localisation purement *radiculaire*. Des recherches analogues ont été entreprises par Peyer (1), Krause, Ferrier et Yeo (2), Forgue et Lannegrâce (3) au moyen d'expérimentations physiologiques faites sur le lapin (Peyer), le singe (Krause, Ferrier et Yeo) et le chien (Forgue et Lannegrâce).

En s'appuyant sur ces recherches, ces derniers auteurs ont pu établir que les muscles les plus volumineux sont innervés par des fibres nerveuses venant de plusieurs racines, et d'autre part que les parties distales du membre supérieur reçoivent leurs fibres nerveuses de racines provenant également de la partie la plus distale du segment médullaire correspondant.

Localisations médullaires. — L'étude des localisations motrices médullaires a d'abord été entreprise par des recherches *anatomo-pathologiques* faites sur l'homme.

C'est ainsi que Prévost et David (4), ayant examiné la moelle épinière d'un homme mort à 60 ans et porteur d'une atrophie presque congénitale des muscles interosseux de la main droite, ont trouvé l'atrophie de la corne antérieure de la moelle au niveau du huitième et du septième segment cervical. Ils concluent de ces recherches que les noyaux d'origine de ces muscles se trouvent dans ces deux segments médullaires.

De même Kahler et Pick (5) ont étudié la moelle épinière d'un homme mort six ans après l'amputation du bras gauche vers le tiers inférieur. Ils ont constaté une diminution du groupe cellulaire externe de la corne antérieure au niveau des cinquième et sixième segments cervicaux.

Des recherches analogues furent publiées par Troissier (6), Edinger (7), Hayem et Gilbert (8), Schultze (9) et bien d'autres.

(1) PEYER, *Zeitschr. f rationelle Med.*, 1854, neue Folge, Bd 4.

(2) FERRIER und YEO, *Centralbl. f. Nervenheilk.*, 1881, IV. Jahrg., Nr 9.

(3) FORGUE et LANNEGRACE, *Comptes rendus*, 1884, t. XCVIII, p. 829.

(4) PRÉVOST et DAVID, *Archives de physiologie normale et pathologique*, 1874, 2e sér., t I, p. 505.

(5) KAHLER und PICK, *Arch. f. Psychiatrie*, Bd X, S. 364.

(6) TROISSIER, *Archives de physiologie*, 1871-1872, t. IV.

(7) EDINGER, *Archiv f. path. Anat.*, etc., von R. Virchow, 1882, 8. Folge, Bd 9.

(8) HAYEM et GILBERT, *Archives de physiologie*, 1884, 3e sér., t. III.

(9) SCHULTZE, *Virchow's Archiv*, 1878, Bd LXXIII.

Sass (1), en 1889, a entrepris le premier l'étude *expérimentale* de ces localisations motrices médullaires en se servant de la méthode de von Gudden. Cet auteur a sectionné, sur des lapins nouveau-nés, l'un ou l'autre des nerfs périphériques et, après une survie de deux, trois ou quatre mois, il a cherché à établir, en comparant le côté lésé au côté sain, de quel niveau de la substance grise provenaient les fibres lésées.

Ces recherches ont surtout porté sur les différents nerfs du plexus brachial chez le lapin.

Voici les résultats obtenus :

Après section du nerf médian, il survient une atrophie principalement dans les deux tiers supérieurs du huitième segment cervical, le tiers inférieur du septième segment cervical et le tiers supérieur du sixième. Après section du nerf radial chez le cobaye, il y a atrophie dans la partie supérieure du huitième segment cervical, dans toute l'étendue du septième et la partie supérieure du cinquième.

Il localise le cubital dans la moitié supérieure du premier segment dorsal et les tiers inférieur et supérieur du huitième segment cervical.

Il résulte de mes recherches, dit-il, que, pour les nerfs périphériques que j'ai examinés, on ne peut pas admettre un noyau médullaire nettement circonscrit. De plus, l'origine réelle du nerf cubital se trouve dans les parties inférieures du renflement cervical, celle du nerf radial dans les parties supérieures du même renflement et celle du nerf médian entre les deux ; de telle sorte que les muscles les plus voisins de la racine du membre sont innervés par des fibres nerveuses ayant leurs cellules d'origine dans les segments les plus élevés de la substance grise de la moelle épinière.

Kaiser (2) a essayé d'élucider le problème des localisations motrices du renflement cervical dans la moelle *normale*.

Comme résultat de ses recherches, il admet que la moelle cervicale renferme les groupements suivants :

1° Une colonne cellulaire médiane s'étendant à travers toute la longueur de la moelle épinière et qu'il met en rapport avec les muscles de la colonne vertébrale ;

(1) SASS, *Virch. Archir.* 1889, Bd CXVI, S. 243.
(2) O. KAISER, *Die Funktionen der Ganglienzellen des Halsmarkes*, 1891.

2° Une colonne représentant le noyau du nerf accessoire, situé en dehors de la précédente et s'étendant depuis la moelle allongée jusque vers le sixième ou le septième segment cervical ;

3° Une colonne formant le noyau d'origine du nerf phrénique enclavé entre les deux premières depuis le troisième jusqu'au sixième segment cervical ;

4° Une colonne en connexion avec le membre supérieur, occupant la partie latérale de la corne antérieure depuis le quatrième segment cervical jusqu'au premier ou deuxième segment dorsal.

La partie proximale de ce noyau se divise en plusieurs groupes innervant les muscles de l'épaule, les fléchisseurs et rotateurs de l'avant-bras et les muscles radiaux.

La partie distale se subdivise en groupes antérieur et postérieur. Le premier innerverait les muscles adducteurs du bras (pectoral, grand dorsal, grand rond) et le muscle triceps; le dernier, les muscles fléchisseurs et extenseurs des doigts, les muscles cubitaux et les petits muscles de la main.

En somme, toutes ces recherches que nous venons d'analyser sont restées insuffisantes. Kaiser s'est borné à décrire les localisations de la moelle *cervicale*, et ses données sont uniquement basées sur l'anatomie comparée. Sass dit bien à quel niveau de la moelle se localisent les différents nerfs, mais il ne dit rien quant aux groupes d'origine. De plus, la méthode de von Gudden, qui a servi à ses investigations, n'est pas assez précise, ainsi que notre maître, M. le Professeur Van Gehuchten, l'a déjà fait ressortir à l'occasion de ses recherches expérimentales sur l'origine réelle du nerf vague et du nerf glosso-pharyngien (1) : « Avec cette méthode, les cellules d'origine des fibres lésées s'atrophient et disparaissent. Aussi faut-il comparer constamment le côté sain du névraxe avec le côté correspondant du nerf lésé pour parvenir à déterminer la place occupée antérieurement par les cellules qui ont disparu. Cette méthode est surtout peu précise quand il s'agit de masses grises constituées par un petit nombre de cellules ».

C'est pour toutes ces raisons que nous nous sommes adressé, pour l'étude des localisations motrices médullaires, à la méthode que Nissl a fait connaître et qu'il a désignée sous le nom de

_____

(1) Van Gehuchten, *Journal de neurologie*, 1897.

Methode der primäre Reizung., méthode qui a déjà rendu de signalés services dans les recherches anatomiques du système nerveux. Cette méthode est basée sur la recherche du phénomène appelé chromatolyse (Marinesco) ou chromolyse (Van Gehuchten), et qui consiste en une série de modifications que présente la cellule nerveuse dont le cylindraxe a subi une solution de continuité.

Une des chromolyses les mieux établies par l'expérimentation est celle qui survient dans les cellules d'origine des nerfs moteurs craniens après la *section* de leur prolongement cylindraxile. Les différentes phases de cette chromolyse ont été décrites par un grand nombre d'auteurs, notamment par Nissl, Marinesco, Van Gehuchten, etc. D'après Van Gehuchten (1), elle consiste en une dissolution plus ou moins complète de la substance chromophile, un gonflement du corps cellulaire et un déplacement plus ou moins considérable du noyau.

Au moyen de ce mode d'investigation, on est déjà parvenu à établir la localisation des noyaux d'origine de différents nerfs craniens (Van Gehuchten pour le nerf oculo-moteur commun, le pathétique, l'oculo-moteur externe, le facial, le glosso-pharyngien et le nerf vague ; Van Biervliet pour le nerf oculo-moteur commun ; Marinesco pour le facial ; Bunzl-Federn pour le nerf accessoire de Willis et le nerf pneumogastrique).

Il était tout naturel de croire qu'après la *section* d'un nerf moteur *spinal*, on dût observer également le phénomène de chromolyse dans les cellules motrices de la moelle.

S'il en était ainsi, la question des localisations motrices médullaires était bien près de recevoir sa solution par voie expérimentale. C'est guidé par cet espoir que notre maître, M. le Professeur Van Gehuchten a entrepris, il y aura bientôt trois ans, une série de recherches auxquelles il a bien voulu nous associer.

Mais, après de nombreuses expériences que nous fîmes dans cette direction, nous avons pu nous convaincre que *toute* lésion d'un neurone périphérique n'entraîne pas inévitablement le phénomène de chromolyse dans les cellules nerveuses correspondantes.

Pas une fois nous n'avons pu obtenir la chromolyse dans les

---

(1) VAN GEHUCHTEN, *Anatomie fine de la cellule nerveuse.* (*Rapport présenté au XII° Congrès international de médecine.* Moscou, août 1897.)

cellules d'origine d'un nerf spinal *sectionné, ligaturé, comprimé* ou même *réséqué*.

Ces solutions de continuité furent faites, tantôt tout près de la moelle (sciatique sectionné au niveau du bord inférieur du muscle grand-fessier), tantôt près de l'extrémité terminale du nerf (section du nerf tibial postérieur au niveau de l'articulation tibio-tarsienne derrière la malléole interne). Le résultat fut négatif dans tous les cas.

Après avoir échoué sur des animaux *adultes*, nous avons cru devoir nous adresser à des animaux très *jeunes* (lapins de quelques semaines, chats de quelques jours), quelques auteurs, tel Marinesco, ayant soutenu l'opinion que la réaction se faisait d'autant plus facilement que l'animal était plus jeune. Ce moyen, pas plus que les autres, ne nous a réussi.

Voici la nomenclature de ces expériences qui furent faites à partir du mois d'octobre 1897 :

A. *Section des nerfs du membre abdominal chez le lapin* :

Section du nerf sciatique dans le creux poplité (quatre lapins);

Section du nerf sciatique poplité externe au niveau de la tête du péroné (deux lapins) ;

Section du nerf sciatique au niveau de l'articulation coxo-fémorale (un lapin);

Section du nerf tibial postérieur au niveau de l'articulation tibio-tarsienne (un lapin).

B. *Sections nerveuses chez le cobaye* :

Section du nerf sciatique une fois dans le creux poplité, une autre fois au niveau de l'articution coxo-fémorale ;

Section du nerf sciatique poplité interne ;

Section du nerf sciatique poplité externe ;

Section du nerf médian ;

Section du nerf radial ;

Section du nerf cubital.

C. *Section du nerf sciatique droit chez un chat âgé de quelques jours.*

Ces expériences ont été très nombreuses, parce que nous croyions que l'absence de modifications cellulaires provenait du fait que nous ne saisissions pas le moment opportun pour les surprendre.

Aussi avons-nous beaucoup varié le temps de survie, tuant

nos animaux sept, huit, dix, douze, quatorze, quinze, vingt ou vingt et un jours après la section.

N'ayant pas obtenu de réaction dans les cellules d'origine après la *section* de ces différents nerfs spinaux, nous nous sommes demandé si, en ajoutant au traumatisme une irritation constante du bout central du nerf sectionné, on ne favoriserait pas le phénomène de chromolyse dans les cellules de la moelle.

A cet effet, nous avons *ligaturé* le nerf sciatique dans le creux poplité chez un lapin ; après quoi nous avons fermé la plaie en laissant le nerf en place. A l'autopsie, nous avons retrouvé la ligature à l'endroit placé ; la lésion du nerf dut être profonde, car le bout central présentait un épaississement notable en forme de névrome.

Dans les coupes que nous avons faites dans la moelle lombosacrée, nous n'avons guère pu observer de modifications cellulaires.

Nous avons ensuite eu recours encore à un mode d'investigation qui ressemble un peu au précédent : la *compression permanente* du nerf.

Nous comprimions le nerf sur une longueur de 1 centimètre entre deux morceaux de liège juxtaposés que nous entourions d'un fil bien serré. A l'autopsie, nous avons pu constater que le nerf, à l'endroit de la compression, était réduit à un mince filet.

Nous avons fait ce genre d'expérience sur le nerf médian de deux lapins que nous avons laissé survivre l'un huit jours, l'autre vingt jours. Le résultat fut également négatif.

Les résultats de ces nombreuses expériences ont déjà été relevés par M. Van Gehuchten (1) qui en a tiré la conclusion suivante, à laquelle nous souscrivons complètement :

« Les neurones moteurs craniens et les neurones moteurs spinaux opposent au traumatisme de leurs axones une résistance variable. La section ou la ligature d'un nerf moteur cranien est suivie, au bout de quelques jours, du phénomène de chromatolyse dans les cellules d'origine des fibres lésées. Après la section ou la ligature d'un nerf moteur spinal, cette chromatolyse peut faire défaut. »

(1) VAN GEHUCHTEN, *A propos du phénomène de chromatolyse* (*Bulletin de l'Académie royale de médecine de Belgique*, séance du 26 février 1898.)

Tandis que nous obtenions ces résultats négatifs chez les animaux, Flatau, Sano, Van Gehuchten et De Buck, Van Gehuchten et Nelis publiaient des résultats positifs obtenus dans la moelle humaine d'amputés.

Flatau (1) a décrit deux cas d'amputation de la jambe; il donne comme suit les lésions survenues dans les cellules motrices de la moelle :

« Les cellules (traitées par la méthode de Nissl) se montrent très fortement augmentées de volume et arrondies; le nombre des prolongements protoplasmatiques est réduit. En lieu et place des blocs chromatiques, avec leur arrangement concentrique parallèle, on constate une masse pulvérulente qui remplit la cellule. Le noyau lui même occupe souvent une position excentrique. »

Sano (2) a observé la chromatolyse des cellules de la moelle lombo-sacrée dans quatre cas d'amputation de segments plus ou moins étendus du membre inférieur, dans lesquels la mort survint respectivement six heures, vingt jours, cinq mois et sept mois après la mélectomie.

Les modifications observées par cet auteur sont les suivantes :

Les cellules les moins atteintes se distinguent par une coloration plus diffuse; le corps cellulaire est un peu gonflé; souvent le noyau est dévié de sa situation normale et se rapproche de la périphérie de la cellule.

Dans un stade plus avancé, la cellule se gonfle encore plus; le noyau se rapproche de la périphérie; la coloration reste diffuse; mais les granulations chromatophiles disparaissent. Enfin, quelques cellules, présentant le maximum des lésions, ont leur centre tout à fait incolore; les prolongements persistent, mais sont également moins colorés; le noyau occupe habituellement le point opposé à l'amas de granulations pigmentaires

Van Gehuchten (3), avec la collaboration de De Buck, a décrit comme suit la chromatolyse dans les cellules des cornes antérieures de la moelle lombo-sacrée après désarticulation de la jambe nécessitée par la gangrène thrombosique : ·

« Les cellules dont plusieurs, comme d'ailleurs beaucoup de

(1) FLATAU, *Deutsche medic. Wochenschrift*, 1897, n° 18.

(2) SANO, *Les localisations motrices dans la moelle lombo-sacrée.* (*Journal de neurologie*, 1897, n°° 13 et 14.)

(3) VAN GEHUCHTEN et DE BUCK, *Journal de neurologie*, 5 mars 1898.

cellules normales, renferment une grande quantité de pigment, sont sensiblement gonflées; leurs éléments chromatophiles ont quasi disparu ; on n'en retrouve que quelques traces sur les rebords cellulaires et au cône des prolongements protoplasmiques. Le reste de la cellule a son aspect plus ou moins granuleux, ou bien présente une coloration diffuse, ou bien encore montre un centre presque incolore, d'apparence vésiculeuse, quelquefois occupé par du pigment. Celui-ci occupe le plus souvent un segment périphérique.

» Le noyau est souvent ectopié, refoulé même contre le rebord cellulaire qu'il soulève, ou engagé dans le cône d'un prolongement protoplasmique. Il semble souvent un peu aplati, mais présente une structure normale. »

Rapprochant les résultats négatifs que nous avions obtenus chez les animaux, des résultats positifs obtenus par Flatau, Sano, Van Gehuchten et De Buck dans la moelle humaine d'amputés, M. Van Gehuchten s'est demandé si l'intoxication ou l'infection qui a nécessité l'amputation n'avait pas été, dans ces cas, une cause prédisposante au phénomène de la chromatolyse.

Pour éclaircir le problème, nous avons porté, en collaboration avec M. Van Gehuchten, nos investigations sur des lapins cachectiques.

Nous avons fait sur ces animaux les expériences suivantes :

Section du nerf sciatique dans le creux poplité ;

Section du nerf sciatique poplité interne ;

Section du nerf sciatique poplité externe ;

Section du nerf médian ;

Section du nerf radial.

Après une survie de sept à huit jours, nous avons tué nos animaux pour en examiner la moelle. Nous n'avons pas obtenu de chromolyse dans les cellules radiculaires des nerfs sectionnés.

C'est alors que nous avons pratiqué une série d'intoxications chez le lapin et le chien, afin de les amener par ce moyen à un état fébrile. Trois lapins injectés avec la toxine diphtéritique et quatre autres injectés avec la toxine streptococcique n'ont donné aucun résultat après la section de différents nerfs des membres antérieurs et postérieurs.

Nous avons également injecté à des lapins 1 centimètre cube de pneumocoques sous la peau ; après section des nerfs sciatique,

sciatique poplité externe, médian et radial chez ces animaux, nous n'avons guère pu déceler de modifications dans les cellules motrices des segments médullaires correspondants.

Nous avons ensuite injecté des bacilles de Koch dans le péritoine de quelques chiens.

Lorsque de la sorte nous avions obtenu chez ces animaux une fièvre suffisante, nous leur avons sectionné les différents nerfs suivants : nerf sciatique, nerf sciatique poplité externe, nerf radial et nerf cubital.

Ces chiens, après une survie de seize jours après la section, n'ont pas présenté de modifications notables dans les cellules motrices médullaires.

Pour toutes nos expériences sur des animaux intoxiqués, nous attendions pour les opérer qu'ils aient atteint une température fébrile modérée.

La température était prise chaque jour, matin et soir, et chaque jour aussi l'animal était pesé ; nous pouvions de la sorte suivre aisément l'évolution de la fièvre.

Dans aucune de nos nombreuses recherches expérimentales faites sur le lapin, le cobaye, le chien et le chat, nous n'avons vu survenir le phénomène de chromolyse dans les cellules de la corne grise antérieure. C'est ce que M. Van Gehuchten a fait ressortir dans une de ses publications.

Marinesco, ayant pris connaissance des résultats négatifs signalés par Van Gehuchten, publia un article où il dit qu'antérieurement déjà il avait obtenu des résultats semblables, mais qu'il s'est abstenu de les publier. Il écrit textuellement (1) : « J'avais commencé tout d'abord par sectionner, chez le chien et chez le lapin, les nerfs principaux du membre antérieur, c'est-à-dire le cubital, le médian et le radial. Après avoir gardé les animaux de dix à vingt jours, je les ai sacrifiés et j'en ai traité la moelle cervicale par la méthode de Nissl. J'ai été quelque peu surpris, après plusieurs expériences, de n'avoir pu déceler les modifications de chromatolyse dans les segments qui correspondent à l'origine apparente de ces nerfs. Intrigué par les résultats de nos expériences antérieures et de celles de Van Gehuchten, j'ai voulu varier

---

(1) MARINESCO, *Contribution à l'étude des localisations des nerfs moteurs dans la moelle épinière. (Revue neurologique*, 30 juillet 1898.)

quelque peu les conditions d'expérimentation. Ainsi, au lieu de simples sections, j'ai déterminé tantôt la résection des nerfs sur un trajet plus ou moins long, tantôt leur arrachement.

» Ces expériences nous ont donné quelques résultats. »

Après une affirmation aussi nette, Marinesco eut un revirement des plus étonnants ; en effet, deux mois plus tard, il écrivit (1) :

« Les expériences que j'ai faites dernièrement (2) sur l'origine réelle de certains nerfs médullaires, ont prouvé que les neurones moteurs spinaux réagissent comme les neurones bulbaires à la suite de la *section* des nerfs périphériques. L'opinion de Van Gehuchten, dit-il, suivant lequel, dans les conditions normales, la section d'un nerf moteur spinal n'est pas suffisante à elle seule pour entraîner le phénomène de chromatolyse, est réfutée par l'observation. »

Van Gehuchten (3), dans un numéro suivant de la *Presse médicale*, a fait justice de ces deux affirmations dont il nous paraît inutile de faire ressortir l'évidente contradiction.

Pour nous, il reste acquis qu'après la *ligature* ou la *section* d'un nerf moteur *spinal*, la chromolyse ne survient pas *toujours* dans les cellules d'origine correspondante.

Marinesco ayant affirmé que la *résection* d'un nerf amène des modifications cellulaires plus constantes et plus évidentes que la simple section, nous avons également pratiqué des résections de nerfs spinaux chez l'animal, mais pas plus que pour la section nous n'avons obtenu des modifications dans les cellules d'origine du nerf réséqué.

Ces résections ont été faites sur une longueur de 2 à 3 centimètres chez des cobayes que nous avons tués cinq, treize, quinze et dix-sept jours après l'opération.

Les résections nerveuses subies par ces animaux ont été faites sur les nerfs suivants : sciatique dans le creux poplité, les sciatiques poplités externe et interne ; les nerfs médian, cubital et radial vers la partie médiane du bras.

Que conclure de ces nombreuses recherches, sinon que la *section*, la *ligature*, la *compression* et la *résection* d'un nerf *spinal*

(1) MARINESCO, *Presse médicale*, n° 82, 5 octobre 1898.
(2) Il renvoie au travail dont nous venons de citer l'extrait.
(3) VAN GEHUCHTEN, *Presse médicale*, n° 1, 4 janvier 1899.

sont insuffisantes, tout au moins chez le lapin, le chien, le cobaye
et le chat, pour amener d'une *façon constante* la chromolyse dans
les cellules médullaires?

II. — Technique opératoire.

Deux modes opératoires presque identiques nous ont donné
des résultats positifs : ce sont l'arrachement et la rupture violente
du nerf. A la suite d'une pareille mutilation d'un nerf, nous avons
vu survenir dans les cellules médullaires motrices du chien et du
lapin les modifications que l'on peut décrire comme suit (voir
fig. 1 et 2) :

La cellule a manifestement augmenté de volume et a changé
aussi de forme : elle est devenue plus ou moins globuleuse, alors
qu'à l'état normal elle affecte plutôt des formes polygonales bien
déterminées, dont les angles se sont allongés pour donner naissance aux prolongements protoplasmatiques (fig. 1). La masse du
protoplasme cellulaire n'est plus occupée par des blocs chromatiques; elle se présente plutôt sous un aspect diffus. Au faible
grossissement, on dirait une masse homogène faiblement colorée
en bleu, mais au fort grossissement on la voit formée d'innombrables granulations fines et pâles. Près des bords cellulaires
persistent souvent par endroits des amas de granulations plus
épaisses, qui suivent quelquefois toute la périphérie de la cellule.
Ces granulations sont probablement le résidu des blocs chromo-
philes qui se sont dissociés.

Le noyau, dans un certain nombre de cellules, reste à sa place,
au centre, mais souvent il gagne une position excentrique; alors
il est refoulé contre la membrane et finit même parfois par la
soulever, de sorte qu'il est comme ectopié. Dans un certain
nombre de cellules, on le voit aussi engagé dans la naissance d'un
prolongement protoplasmatique.

La forme du noyau a changé : elle est devenue irrégulière, et
sa membrane, dans la majorité des cas, semble altérée et se
présente sous un aspect frangé. Le contenu du noyau prend un
aspect diffus, tout autre qu'à l'état normal : il semble formé d'une
masse homogène uniformément colorée.

Il est évident que le noyau est altéré dans ses parties constitutives, alors que dans la chromolyse ordinaire consécutive à la *section* il semble rester intact.

La cellule, dans son aspect général, est pâle; c'est sans doute ce qui a amené Marinesco à donner à cet état le nom de « achromatose ».

Ce sont ces altérations, bien évidentes, consécutives à l'arrachement ou à la rupture, qui nous ont servi pour établir les localisations médullaires motrices en rapport avec les nerfs et les muscles des membres thoracique et abdominal chez le chien et chez le lapin.

Avant d'aborder l'exposé de ces recherches expérimentales, nous croyons utile d'étudier la topographie normale des colonnes cellulaires dans la moelle de ces animaux.

III. — Groupes et colonnes cellulaires de la moelle épinière normale.

Les groupements cellulaires de la moelle épinière n'avaient encore été étudiés, jusqu'en ces derniers temps, que d'une façon sommaire et tout à fait insuffisante pour servir de base à une localisation.

Cette question acquiert actuellement une grande importance, du moins en ce qui concerne les grandes cellules motrices ou cellules radiculaires des cornes antérieures; de nombreuses recherches se font en effet pour établir les connexions de ces groupes cellulaires avec les muscles périphériques. Or il est évident que, sans une description exacte des colonnes cellulaires qui se trouvent *normalement* dans la moelle, on ne peut guère songer à se mettre d'accord sur leur valeur physiologique.

Une description minutieuse des cellules de la corne antérieure de la moelle devient, en conséquence, indispensable pour servir de base à l'étude des localisations motrices médullaires.

Nous allons brièvement passer en revue ce qui jusqu'à ce jour a été écrit à ce sujet :

Ludwig Stieda (1), en 1870, signale que les cellules ganglionnaires de la moelle épinière, chez les mammifères et les autres

(1) Ludwig Stieda, *Studien über das centrale Nervensystem der Wirbelthiere*, 1870.

vertébrés, ne sont guère rassemblées en un seul groupe, comme on le croyait, mais qu'elles forment plusieurs groupes distincts. Il en a compté deux ou trois dans le renflement médullaire antérieur et jusque cinq dans la moelle dorsale ainsi que dans le renflement médullaire postérieur.

Stilling, dans ses travaux, distingue dans la substance grise les groupements cellulaires comme suit :

a) Les groupes postérieurs ou externes ;

b) Les groupes antérieurs ou internes ;

c) Les groupes de la corne latérale (troisième colonne de Stilling) ;

d) Les cellules de petite et de moyenne dimension qui sont éparpillées sans groupement déterminé ;

e) Les cellules ganglionnaires de la moelle cervicale qui sont en connexion avec le nerf accessoire.

Le groupe (*a*) paraît formé de quelques cellules seulement dans la portion dorsale de la moelle épinière.

Les cellules (*b*) forment dans la moelle cervicale deux ou trois petits groupes ; dans la moelle dorsale elles se combinent avec les cellules (*a*) ; et dans la moelle lombaire elles forment souvent deux groupes.

Schroder Van der Kolk décrit les groupements cellulaires dans la moelle épinière de la même façon que Stilling.

Dans Gerlach (1), nous trouvons les cellules de la corne antérieure classées en deux groupes, un médian et un latéral. Ce dernier peut se subdiviser en un groupe antérieur et un groupe postérieur.

Beisso admet qu'il y a quatre groupes dans la corne antérieure de la substance grise :

1° Un groupe antérieur ;

2° Un groupe externe antérieur ;

3° Un groupe externe postérieur ;

4° Un groupe spécial situé entre le groupe 1 et le groupe 2.

Henle (2) distingue en groupe médian et en groupe latéral les cellules de la corne antérieure.

Ces deux groupes peuvent se diviser, dit-il, en sous-groupes.

(1) J. GERLACH, *Von dem Rückenmark.* (*Stricker's Handbuch der Lehre von den Geweben,* S. 665.)

(2) J. HENLE, *Handbuch der Nervenlehre des Menschen,* 2. Aufl.

Il parle en outre de cellules irrégulièrement éparpillées dans la corne antérieure.

Huguenin (1) décrit trois groupes principaux, qu'il classe en groupe antéro-médian, groupe antéro-latéral et groupe postéro-latéral.

Il fait remarquer que le groupe antéro-latéral est le plus important, mais que, en quelques endroits de la moelle, le groupe postéro-latéral acquiert cependant aussi un développement notable.

Pour Obersteiner, il y a dans la moelle lombaire un groupe médian, un groupe latéral ventral, un groupe latéral dorsal et un groupe central.

Leyden (2) distingue en tout cinq groupes de cellules dans la moelle épinière :

1° Les cellules de la corne antérieure ;

2° Les cellules de la corne latérale ;

3° Les cellules de la colonne de Clarke ;

4° Les cellules de la corne postérieure ;

5° Les cellules éparpillées.

Schiefferdecker (3), en 1874, décrit, dans la substance grise des premiers segments sacrés chez le chien, trois colonnes cellulaires : une colonne latérale, une colonne antérieure et une colonne médiane postérieure.

La colonne antérieure et la colonne latérale appartiennent à la corne antérieure. Mais la colonne cellulaire, qu'il décrit sous le nom de colonne médiane postérieure, occupe la partie antéro-interne de la corne postérieure.

Il ne considère donc que deux colonnes cellulaires dans la corne antérieure à ce niveau de la moelle.

Plus tard le même auteur (4) publie un travail où il rappelle qu'il a déjà, antérieurement, considéré quatre groupes de cellules ganglionnaires : les trois groupes dont nous venons de parler et un quatrième formé par les cellules des cornes postérieures.

(1) Huguenin, *Allgemeine Pathologie der Krankheiten des Nervensystems.* I. Allgemeine Einleitung. Zurich, 1873.

(2) Leyden, *Klinik der Rückenmarkskrankheiten.*

(3) Schiefferdecker, *Archiv f. mikr. Anatom.*, 1874, Bd X, S. 471.

(4) Id., *Virchow's Archiv*, 1876, Bd LXVII, S. 542.

Dans ce dernier travail, il ajoute à ces quatre groupements deux groupements nouveaux constitués par :

1° Les cellules gangliónnaires des commissures antérieures ;

2° Les cellules ganglionnaires des commissures postérieures.

Plus loin, il se pose la question s'il faut bien comprendre toutes les cellules de la corne postérieure en un seul groupe.

Kreyssig (1) décrit comme suit la répartition des cellules motrices de la moelle cervicale et lombaire chez le chien et chez le lapin :

Les cellules ganglionnaires sont disposées dans la substance grise en groupes qui sont au nombre de trois : un groupe antérieur dans la pointe de la corne antérieure, un groupe médian et un groupe latéral dans la partie postérieure de la corne antérieure.

Dans la moelle dorsale, dit-il, on ne peut guère retrouver une pareille disposition.

Il se contente de signaler l'existence de ces trois groupes sans en donner une description précise.

Pick et Kahler (2) divisent les cellules de la corne antérieure de la moelle lombaire, chez l'homme, en trois groupes : antérieur, moyen et externe (ou postérieur).

Waldeyer (3) décrit dans la corne antérieure de la moelle cervicale et lombaire, au niveau des renflements, chez le singe, quatre groupes de grandes cellules : groupe médian antérieur; groupe médian postérieur; groupe latéral antérieur et groupe latéral postérieur.

Il considère ensuite des groupes secondaires, formés par les cellules moyennes et petites de la substance grise, groupes qu'il localise dans la partie latérale du canal central et dans la corne postérieure.

Les quatre groupes de cellules que l'on peut poursuivre dans le renflement cervical et le renflement lombaire ne sont plus clairement distincts, dit-il, dans la partie supérieure de la moelle cervicale, dans la moelle dorsale et dans la partie inférieure de la moelle sacrée.

(1) KREYSSIG, *Virchow's Archiv*, 1885, Bd CII, S. 286.

(2) PICK und KAHLER, *Archiv für Psychiatrie und Nervenkrankheiten*, Bd X, S. 353.

(3) WALDEYER, *Das Gorilla Rückenmark*, 1889.

Il ajoute qu'au niveau des renflements, on peut déceler, outre les quatre groupes principaux, quelques groupes secondaires.

Il place son groupe médian antérieur dans l'angle antéro-externe de la corne antérieure.

Les cellules du groupe médian postérieur sont de petites dimensions et en petit nombre. Sur presque toute la longueur de la moelle, ce groupe est formé d'un nombre de cellules à peu près égal ; celles-ci deviennent plus rares dans la moelle sacrée.

Les deux groupes médians ne sont pas toujours distincts.

Le groupe latéral antérieur se poursuit sur toute la longueur de la moelle, mais se subdivise différemment, suivant le niveau et le volume, en groupes plus petits. A partir de la partie supérieure de la moelle cervicale, ce groupe devient volumineux et se subdivise en deux sous-groupes qui peuvent se poursuivre jusque dans la partie supérieure de la moelle dorsale.

Dans la partie moyenne de la moelle dorsale, on ne le retrouve pas, mais il reparaît dans la moelle dorsale inférieure et se subdivise de nouveau en deux groupes dans la moelle lombaire supérieure.

Le groupe est très développé au niveau du deuxième et du troisième segment sacré, où il se subdivise plusieurs fois.

Le groupe latéral postérieur est le plus développé de tous, spécialement dans la moelle cervicale et lombaire. Dans la moelle cervicale, il se subdivise en deux ou trois sous-groupes. Dans la moelle dorsale, il est peu considérable, mais dans la moelle lombaire il reprend son volume et se comporte comme dans la moelle cervicale.

Sano(1) considère dans la moelle épinière quatre colonnes principales de cellules radiculaires, qu'il appelle :

1° *Columna medialis ;*

2° *Columna intermedio lateralis ;*

3° *Columna extremitatis superioris ;*

4° *Columna extremitatis inferioris.*

Les deux colonnes médiane et intermédio-latérale, d'après cet auteur, sont constantes dans presque toute la hauteur de la moelle. Chacune d'elles peut se subdiviser en deux, trois ou quatre groupements secondaires.

(1) SANO, *Les localisations des fonctions motrices de la moelle épinière. (Annales de la Société médico-chirurgicale d'Anvers,* 1897.)

C'est entre ces deux colonnes qu'à l'*intumescentia cervicalis* et à l'*intumescentia lumbalis* il interpose les colonnes de noyaux moteurs qui sont en rapport avec le développement des membres. Chacune de ces deux dernières colonnes comporterait ensuite un grand nombre de subdivisions en petites colonnes secondaires.

Marinesco (1), en 1898, a indiqué de la façon suivante la disposition des quatre groupes cellulaires dont il admet l'existence dans la corne antérieure au niveau des septième et huitième segments cervicaux et du premier segment dorsal chez le chien : un groupe antéro-interne dans l'angle antéro-interne de la corne antérieure ; un groupe antéro-externe, situé dans l'angle antéro-externe de la corne antérieure ; un groupe moyen, situé entre les précédents, et un groupe postéro-latéral.

Au niveau du premier segment dorsal, il ne subsiste, dit-il, que les groupes antéro-interne et postéro-latéral.

Il ajoute que la forme et la grandeur de ces groupes varient non seulement au niveau des différents segments, mais même sur les coupes provenant d'un même segment.

Pour Van Gehuchten et De Buck (2) il existe, dans la moelle lombo-sacrée de l'homme, quatre et cinq groupements cellulaires qu'ils désignent sous les noms de médian, central, antéro-latéral, postéro-latéral ou dorsal primitif et post-postéro-latéral ou dorsal secondaire. Ces groupements forment des colonnes cellulaires nettement distinctes. Deux de ces colonnes, la colonne postéro-latérale primitive et la colonne postéro-latérale secondaire, représentent les noyaux d'innervation pour les muscles de la jambe et du pied.

Ces faits ont été confirmés par Van Gehuchten et Nelis (3). Ces auteurs ont, de plus, pu établir que la colonne postéro-latérale secondaire présidait seule à l'innervation de tous les muscles du pied.

Parhon et Popesco (4) ont décrit dans la corne antérieure, chez le chien, au niveau de la partie supérieure du quatrième seg-

(1) MARINESCO, *Revue neurologique*, 30 juillet 1898.

(2) VAN GEHUCHTEN et DE BUCK, *Journal de Neurologie*, 1898, et *Revue Neurologique*, 1898.

(3) VAN GEHUCHTEN et NELIS, *Journal de Neurologie*, 1899.

(4) PARHON et POPESCO, *Sur l'origine du nerf sciatique.* (*Roumanie médicale*, 1899, n° 1.)

ment lombaire, quatre groupes qu'ils ont dénommés d'après leur situation. Un peu plus bas, ils font intervenir un cinquième groupe, tout à fait postérieur. Ils désignent ces cinq groupes de la façon suivante : antéro-interne, antéro-externe, central, médian et postérieur. Cette disposition se maintient jusque vers la partie inférieure du cinquième segment lombaire, où la topographie change peu à peu. Ils ne distinguent plus à la partie inférieure de ce segment que trois groupes : un antérieur, un central et un postérieur; ce dernier disparaîtrait à la partie supérieure du sixième segment lombaire.

Onuf (1) distingue, au niveau du premier segment sacré dans la corne antérieure chez l'homme, trois groupes latéraux : un antéro-latéral, un postéro-latéral et un post-postéro-latéral. La configuration de la substance grise dans le premier segment sacré, dit-il, ressemble plus à la configuration du cinquième lombaire qu'à celle du deuxième sacré. Au niveau du deuxième sacré, il se met à la place du groupe antéro-latéral, un groupe qu'il désigne par X, dont les cellules seraient étroites et serrées.

Au niveau du troisième segment sacré, il signale deux groupes médians : un antéro-médian et un postéro-médian. Le tableau topographique de l'auteur, que nous joignons au présent travail, nous renseigne sur la disposition des différents groupes (voir fig. 7).

La plupart de ces auteurs donnent une description très courte des groupements cellulaires, que bien souvent ils se contentent de signaler. Ils ne disent même parfois pas à quel niveau de la moelle ils commencent et à quel niveau ils se terminent, ce qui est cependant d'une importance primordiale.

Nous allons commencer par la description, dans la moelle épinière du chien et du lapin, des différents groupements cellulaires, et étudier tout particulièrement comment ceux-ci se comportent les uns vis-à-vis des autres aux différents niveaux. Nous donnerons ensuite une vue d'ensemble en décrivant les *colonnes* que forment ces différents groupes. Nous ne tiendrons exclusivement compte dans ce travail que des grandes cellules motrices ou cellules radiculaires des cornes antérieures, laissant de côté tout ce qui a rapport aux autres cellules de petite et moyenne dimension.

(1) ONUF (*The journal of nervous and mental diseases*, n° 8, August 1899.)

Pour faire cette étude, nous avons pris une moelle épinière de chien et une moelle épinière de lapin que nous avons débitées en coupes de 45 microns depuis le deuxième segment cervical jusqu'au quatrième segment sacré. Ces coupes ont été colorées au bleu de méthylène.

Nous avons ajouté au présent travail un grand nombre de dessins, estimant que, pour une topographie aussi compliquée et en quelque sorte aussi obscure encore, le dessin constituait un puissant moyen pour éclaircir le débat; en outre, ces dessins nous seront d'un grand appui pour la description de nos localisations ultérieures. Ils sont la fidèle reproduction de nos coupes; les contours en ont été dessinés à la chambre claire d'Abbé avec les grossissements microscopiques suivants :

Pour le chien, objectif 3 et oculaire 1 de Nachet.

Pour le lapin, objectif 3 et oculaire 2 de Nachet.

Ces dessins ainsi exécutés ont été réduits de moitié.

Quand on examine une coupe faite au niveau du deuxième segment cervical, on y trouve deux noyaux, un antéro-interne (*a. i.*) et un antéro-externe (*a. e.*), qui sont situés le premier dans l'angle antéro-interne, le second dans l'angle antéro-externe de la corne antérieure.

Nous avons pu poursuivre ces deux groupements cellulaires dans toute la longueur de la moelle épinière.

L'antéro-interne y conserve sensiblement le même volume, tandis que l'antéro-externe augmente de volume dans les renflements cervico-dorsal et lombo-sacré.

Nous avons rendu ces changements de volume sensibles dans notre tableau synoptique (fig. 8 et 9). On peut d'ailleurs s'en faire une idée exacte en parcourant les dessins des coupes. Au niveau de la partie médiane du troisième segment cervical (fig. 10) naît un groupe médian (M), situé derrière et à une distance à peu près égale des deux groupes (*a. i.*) et (*a. e.*).

On a ainsi, dans la partie inférieure du troisième segment cervical, dans tout le quatrième et dans la partie supérieure du cinquième segment cervical, trois groupes cellulaires distincts : l'antéro-interne (*a. i.*), l'antéro-externe (*a. e.*) et le médian (M) (voir fig. 11 et 34).

Vers la partie moyenne du cinquième segment cervical (fig. 12 et

35), apparaît un nouveau noyau (A) dans la partie postéro-externe de la corne antérieure. On voit cette partie de la corne se modifier, s'allonger en une pointe qui forme comme une corne supplémentaire et crée en quelque sorte un terrain nouveau pour l'apparition du groupe cellulaire naissant.

Dans la moitié inférieure du cinquième segment cervical, on a donc quatre groupes : (*a. i.*), (*a. e.*), M et A (voir fig. 12 et 35).

A la partie supérieure du sixième segment cervical (fig. 13 et 36), la corne antérieure se modifie de nouveau dans sa partie postéro-externe pour donner place à l'apparition d'un nouveau groupe (B), qui se place postérieurement au noyau (A).

Nous avons ainsi, déjà au niveau du sixième segment cervical, cinq groupes dans la corne antérieure : (*a. i.*), (*a. e.*), M, A et B (voir fig. 13 et 36).

Dans la partie proximale du septième segment cervical, c'est la portion tout à fait externe de la corne antérieure qui s'allonge pour donner place à l'apparition du noyau (C) qui, par suite (fig. 14 et 37), se met extérieurement aux deux groupes (A) et (B).

Dans la partie la plus élevée du huitième segment cervical disparaît le noyau (B) (fig. 38), et presque en même temps apparaît le groupe (D) dans la partie postéro-latérale de la corne antérieure qui s'est modifiée à cette fin.

Au niveau du septième segment cervical, on a donc les cinq groupes (*a. i.*), (*a. e.*), A, B et C (voir fig. 14 et 37).

Au niveau du huitième segment cervical, nous trouvons les cinq groupes (*a. i.*), (*a. e.*), A, C et D (fig. 15 et 39).

Le noyau A se termine dans la partie proximale du premier segment dorsal, alors que (C) et (D) se terminent vers la partie distale du même segment, le groupe D descendant un peu plus bas que le groupe C (fig. 17 et 41); de sorte que vers la partie moyenne du premier segment dorsal on a les quatre groupes (*a. i.*), (*a. e.*), C et D (voir fig. 16 et 40).

A partir de la partie supérieure du deuxième segment dorsal (fig. 18) jusqu'au deuxième segment lombaire (fig. 22), on ne retrouve que les deux colonnes (*a. i.*) et (*a. e.*) dans la corne antérieure (fig. 19, 20, 21 et 42).

Il y a bien par-ci par-là l'une ou l'autre grande cellule, mais ces cellules se trouvent isolées et sans aucun ordre au milieu des petites cellules ganglionnaires.

Par contre, il apparaît dans la moelle dorsale une corne nouvelle, que nous signalons en passant : la corne latérale (c. lat.),
où l'on observe un groupe de cellules assez petites, d'un caractère un peu spécial (ce groupe est connu sous le nom de troisième
colonne de Stilling).

Cette corne latérale est plus développée dans la partie supérieure
de la moelle dorsale que dans la partie inférieure.

Dans la moelle dorsale et lombaire on observe de plus, près de
la partie interne et antérieure de la corne postérieure, tout près de
la commissure grise, un noyau formé de grosses cellules formant
la colonne de Clarke (ou noyau dorsal de Stilling).

Nous avons pu poursuivre cette colonne depuis la moelle dorsale supérieure (fig. 20) jusque dans la partie distale du quatrième
segment lombaire chez le lapin (fig. 25) et jusque dans le troisième
segment lombaire chez le chien (fig. 43). Cette colonne devient de
plus en plus volumineuse et se place plus postérieurement à
mesure qu'elle descend dans la moelle.

Tout ce que nous avons dit jusqu'à présent se rapporte aussi
bien à la moelle épinière du lapin qu'à celle du chien, mais à partir
de la moelle lombaire il y aura une légère différence quant au
siège des groupes par rapport aux segments. Cette différence vient
de ce que chez le lapin il y a sept segments lombaires, alors que
chez le chien il n'y en a que six.

Il faut tenir compte de ce fait, que c'est le sixième et le septième
segment lombaire et le premier segment sacré qui donnent naissance au nerf sciatique chez le lapin, tandis que chez le chien ce
nerf provient du cinquième et du sixième lombaire et du premier
sacré.

Pour éviter toute controverse quant au rapport des segments
médullaires avec les plexus, nous les avons dessinés nous-même
d'après nature (voir fig. 3, 4, 5 et 6).

Dans les coupes faites au niveau de la partie supérieure du
deuxième segment lombaire (fig. 23), on voit apparaître entre les
groupes (a. i.) et (a. e.) un troisième groupe (M') situé derrière et à
égale distance de ces deux groupes. Il occupe sensiblement la
même situation que le groupe (M) vu dans la partie supérieure de
la moelle cervicale. Chez le chien, ce groupe ne se maintient que
dans les deuxième et troisième segments lombaires (fig. 43),
alors que chez le lapin il descend jusque dans le quatrième segment lombaire (fig. 24 et 25).

Chez le chien, au niveau de la partie inférieure du troisième segment lombaire apparaît, dans la partie latérale de la corne antérieure, un noyau (A') qui devient de plus en plus médian en descendant dans la moelle (fig. 44, 45 et 46).

Un peu plus bas, au niveau du quatrième lombaire (fig. 45), on voit la corne antérieure changer de forme dans sa partie postérolatérale·et faire place à un groupe (B') qui paraît sur quelques coupes divisé en deux sous·groupes.

On a ainsi, au niveau de la moitié inférieure du quatrième segment lombaire chez le chien, quatre groupes : (a. i.), (a. e.), A' et B' (voir fig. 25).

Ces deux groupes A' et B' font leur apparition chez le lapin respectivement au niveau du quatrième (fig. 25) et du sixième segment lombaire (fig. 28).

Le groupe A' disparaît dans la partie proximale du sixième segment lombaire chez le chien (fig. 47) et du septième segment lombaire chez le lapin (fig. 28 et 29).

Vers la partie proximale du sixième segment lombaire chez le chien (fig. 47) et le septième segment lombaire chez le lapin, la substance grise s'accroît dans la partie tout à fait postérieure de la corne antérieure et en même temps apparaît un groupe nouveau (C'), qui occupe ainsi une position postérieure au noyau B'.

Sur certaines coupes, ce groupe C' paraît aussi formé de deux sous-groupes.

Au niveau du sixième segment lombaire chez le chien et du septième segment lombaire chez le lapin nous trouvons donc les quatre groupes cellulaires (a. i.), (a. e.), B' et C dans la corne antérieure.

Vers la partie distale du premier segment sacré (fig. 31) disparaît le groupe B'; en même temps apparaît un dernier noyau D' dans la partie tout à fait postérieure et latérale de la corne antérieure qui s'est encore modifiée en l'occurrence.

Dans la partie inférieure du premier segment sacré on aura ainsi les groupes (a. i.), (a. e.) B', C' et D' (voir fig. 31 et 49).

Au niveau de la partie supérieure du deuxième sacré, on n'a plus que les groupes (a. i.), (a. e.), C' et D' (voir fig. 32 et 50).

Mais le noyau C aussi y disparaît bientôt et il ne reste plus que les deux groupes antérieurs (a. i.) et (a. e.) avec le groupe D' qui ne disparaît que vers la partie inférieure du troisième segment sacré (fig. 33 et 51).

La colonne D', qui s'étend dans le domaine des deuxième et troisième segments sacrés, occupe une position tout à fait latérale et postérieure dans la corne antérieure.

2° *Chez le lapin.* — On y observe les mêmes colonnes que celles que nous avons décrites chez le chien. Elles ont à peu près les mêmes rapports et les mêmes situations. Il faut seulement remarquer que la colonne A' apparaît dans le cinquième segment lombaire, la colonne B' dans le sixième et la colonne C' dans le septième; de plus, que la colonne A' se termine à la partie supérieure du septième segment lombaire.

Mais il suffit de comparer les figures pour se rendre compte que cette différence est toute fictive.

En effet, si l'on considère les segments médullaires dans leurs rapports avec les racines spinales qui donnent naissance au plexus ischiatique, on voit que les cinquième, sixième et septième segments lombaires chez le lapin sont les homologues des quatrième, cinquième et sixième segments lombaires chez le chien (fig. 5 et 6).

Avant de terminer ce chapitre, il nous reste à attirer l'attention sur la disposition parallèle des colonnes dans la moelle cervico-dorsale et lombo-sacrée.

Il suffit de jeter un coup d'œil sur nos figures synoptiques (voir fig. 8 et 9), qui ne sont que la reproduction graphique de la position et du volume relatifs des différents groupes de cellules radiculaires existant dans toute l'étendue de la substance grise, pour se rendre compte que ce parallélisme est presque parfait.

C'est là un fait anatomique important à signaler. Il en résulte, en effet, que les modifications qui surviennent dans la corne antérieure de la moelle lombo-dorsale ne sont que la répétition exacte et fidèle des modifications survenues dans la corne antérieure de la moelle cervico-dorsale.

IV. — Étude des localisations motrices.

LOCALISATION MUSCULAIRE. — Les premières tentatives de localisation motrice médullaire au moyen de la chromolyse ont été entreprises par Sano (1) en examinant des moelles d'amputés.

---

(1) SANO, *Les localisations motrices de la moelle lombo-sacrée.* (*Journal de Neurologie,* 1897.) — *Les localisations des fonctions motrices de la moelle épinière.* Anvers, 1897.

Par l'examen de trois moelles d'amputés du membre inférieur, par quelques recherches expérimentales sur les animaux et se basant en outre sur un grand nombre de recherches anatomo-pathologiques, éparpillées dans la littérature, ainsi que sur les études d'anatomie comparée, Sano a dressé un schéma général des localisations motrices médullaires, schéma dans lequel il a représenté presque chaque muscle périphérique par une colonne cellulaire distincte.

L'idée qui a guidé Sano dans ses recherches personnelles et dans la construction de son schéma, c'est que *chaque muscle* du corps a son noyau d'origine distinct dans la substance grise médullaire. Aussi, d'après lui, pour retrouver ce noyau par des recherches expérimentales, il ne faut pas sectionner des nerfs complexes, tels le radial, le médian, mais seulement le nerf d'un muscle déterminé, ou mieux encore enlever chaque muscle en particulier.

« Il faut, dit cet auteur, étudier la localisation, l'innervation de chaque muscle en particulier. »

Mettant cette idée en pratique, il a, à la suite de Kohnstamm, sectionné le nerf phrénique chez le lapin et a pu établir que ses cellules d'origine constituent une colonne cellulaire occupant la partie moyenne de la corne antérieure depuis le troisième jusqu'au sixième segment cervical. Ces résultats ont été confirmés par Marinesco. C'est cette colonne cellulaire ou noyau du muscle dia-phragme que nous avons retrouvée dans l'examen de la moelle normale et que nous avons désignée par la lettre **M**.

Pour Sano donc, la localisation motrice médullaire est une localisation musculaire, c'est-à-dire que chaque muscle a dans la moelle un noyau d'origine formé par un amas de cellules bien distinct.

LOCALISATIONS NERVEUSES OU PÉRIPHÉRIQUES. — Marinesco (1) et ses élèves Parhon et Popesco (2) ont entrepris des recherches expérimentales qui furent guidées par l'idée que *chaque nerf* avait un noyau d'origine bien distinct dans la moelle.

---

(1) MARINESCO, *Revue de neurologie*, 30 juillet 1898.
(2) C. PARHON et C. POPESCO, *Roumanie médicale*, 1899, n° 1. — Les mêmes : *Roumanie médicale*, 1899, n° 3.

Marinesco s'est efforcé de localiser différents nerfs du membre thoracique chez le chien.

Son travail peut se résumer comme suit :

Après une solution de continuité du *nerf musculo-cutané* dans l'aisselle, on trouve de la chromatolyse dans les cellules du groupe postéro-latéral de la corne antérieure au niveau du sixième segment cervical et dans quelques cellules au niveau de la partie supérieure du septième et de la partie inférieure du cinquième.

Les cellules d'origine du *nerf radial*, dit-il, se trouvent dans un groupe postéro-latéral de la corne antérieure au niveau du septième segment cervical.

Dans le huitième segment cervical, le noyau du radial devient plus antérieur et un groupe cellulaire se met petit à petit à sa place ; ce groupe constituera le groupe postéro-latéral comprenant les cellules d'origine du médian et du cubital.

Le noyau de ces deux derniers nerfs s'étendrait tout le long du huitième segment cervical et dans la partie supérieure du premier dorsal.

Marinesco conclut de ses recherches que chaque nerf périphérique est représenté, dans la moelle, par une colonne cellulaire principale, lui appartenant en propre, et par quelques petits noyaux diffus.

Parhon et Popesco ont pratiqué l'arrachement de différents nerfs du membre abdominal chez le chien. Ces auteurs disent avoir vu survenir la chromatolyse dans plusieurs groupes cellulaires à partir du tiers inférieur du quatrième segment lombaire jusque vers le commencement du sixième segment lombaire, après la rupture du nerf sciatique dans le creux poplité.

Pour eux, chacun de ces groupes cellulaires correspond à une branche terminale du nerf sciatique. Ils localisent le nerf sciatique poplité interne dans la moitié interne du groupe postérieur et le sciatique poplité exerne dans la moitié externe du même groupe.

Après rupture de la branche qui innerve les muscles de la région postérieure de la cuisse, ils ont trouvé la réaction à distance dans les cellules des groupes médian et central.

Ils ont encore arraché le crural, après quoi ils ont constaté la chromatolyse dans un groupe externe et postérieur, vers la moitié du troisième segment lombaire, groupe qui se terminerait vers la partie médiane du quatrième segment lombaire.

En somme, pour Marinesco et ses élèves, la localisation motrice médullaire, quoique un peu diffuse, est une localisation « nerveuse », c'est-à-dire que chaque nerf est en rapport avec un amas de cellules déterminé dans la moelle.

LOCALISATION SEGMENTAIRE. — A la suite des recherches anatomo-pathologiques de Sano, des recherches analogues furent faites par Van Gehuchten et De Buck (1) dans des conditions qui ne s'écartent pas sensiblement de celles établies par l'expérience. Ils ont examiné la moelle lombo-sacrée de deux hommes morts quelques semaines après l'amputation de la jambe. De leurs recherches, il résulte :

Qu'il existe au niveau de la moelle lombo-sacrée deux groupements de cellules nerveuses ou noyaux, qui sont en rapport avec l'innervation motrice de la jambe et du pied ; un premier noyau postéro-latéral allant depuis la partie supérieure du cinquième segment lombaire à la partie inférieure du troisième segment sacré, et un second noyau, postérieur au premier, allant de la partie supérieure du deuxième segment sacré à la partie supérieure du quatrième sacré.

Plus tard Van Gehuchten (2), en collaboration avec Nelis, a publié un article où il émet l'idée que la localisation motrice médullaire n'est ni nerveuse, ni musculaire, mais que cette localisation est segmentaire.

Ils se basent surtout, pour la défense de cette thèse nouvelle, sur l'étude comparative, d'une part de la moelle lombo-sacrée d'un homme mort quelques semaines après l'amputation des deux pieds au niveau des malléoles, d'autre part sur l'étude des moelles lombo-sacrées d'amputés de la jambe examinées par Van Gehuchten et De Buck.

En effet, ces deux auteurs, comme nous l'avons dit précédemment, avaient décrit deux groupes cellulaires en connexion avec les muscles de la jambe et du pied ; tandis que dans le cas d'amputation des pieds au niveau des malléoles, le second noyau, allant de la partie supérieure du deuxième segment sacré jusqu'à la

---

(1) VAN GEHUCHTEN et DE BUCK, *Contribution à l'étude des localisations des noyaux moteurs dans la moelle lombo-sacrée et de la vacuolisation des cellules nerveuses.* (*Revue neurologique*, 1898. Voir aussi : *Journal de Neurologie*, 1898.)

(2) VAN GEHUCHTEN et NELIS, *Journal de Neurologie*, 5 août 1899.

partie supérieure du quatrième segment sacré, fut seul trouvé en chromatolyse. D'où ils ont conclu que ce dernier groupe représentait le noyau d'origine des muscles du pied et l'autre le noyau d'origine des muscles de la jambe.

Il résulte de ce court aperçu des travaux les plus récents que les auteurs ne sont nullement d'accord sur la nature de la localisation motrice médullaire.

D'après Sano, *chaque muscle* est en connexion avec un amas de cellules nerveuses bien distinct dans la moelle.

D'après Marinesco, chaque *tronc nerveux* aurait dans la moelle un noyau d'origine plus ou moins bien limité.

D'après Van Gehuchten et Nelis, il y a dans la moelle des colonnes cellulaires dont chacune est en rapport avec les muscles d'un *segment de membre*, abstraction faite des nerfs d'où ces muscles tirent leur innervation.

Nous avons voulu rechercher laquelle de ces opinions était l'expression de la réalité.

LOCALISATION MUSCULAIRE. — Pour vérifier l'opinion de Sano, nous avons fait l'ablation de quelques muscles du membre supérieur, mais nous n'avons jamais obtenu dans la moelle des modifications cellulaires manifestes au microscope.

Ce fait ne doit pas surprendre, l'ablation d'un muscle correspond, en effet, à la simple section du nerf qui innerve ce muscle. Or, nous avons vu plus haut que, dans les nombreuses expériences que nous avons faites, jamais la *section* d'un nerf n'a entraîné la chromatolyse dans les cellules motrices d'origine de la moelle épinière.

Cette méthode donnant des résultats négatifs, il nous a été impossible de vérifier si, en réalité, chaque muscle périphérique est représenté, dans la substance grise de la moelle, par un amas de cellules nerveuses bien distinct.

S'il est vrai qu'une telle disposition existe dans la moelle, il n'en est pas moins vrai que le moyen nous manque actuellement pour la déceler.

LOCALISATION EN RAPPORT AVEC LES NERFS PÉRIPHÉRIQUES. — Au début de nos recherches, nous avons eu, tout comme Marinesco, l'idée qu'il devait y avoir dans la moelle un noyau d'origine plus ou moins distinct pour chaque nerf; aussi nos premières recherches ont-elles consisté longtemps à ne rupturer que des nerfs isolés.

Nombreuses sont les expériences que nous avons faites dans ce sens chez le chien et chez le lapin.

Nous allons en décrire un certain nombre en nous basant, pour la description, sur la topographie normale que nous avons donnée dans le chapitre précédent.

Notre mode opératoire, d'une manière générale, a été le suivant :

Nous faisons au préalable une dissection sur un animal mort pour bien nous rendre compte de la position et de l'innervation du nerf dont nous voulons rechercher l'origine. Ensuite nous pratiquons sur un animal vivant, aussi aseptiquement que possible, la rupture du nerf.

Nous avons constamment fait la *rupture* plutôt que l'arrachement, parce qu'ainsi on localise mieux. L'arrachement, en effet, est une opération aveugle : on entraîne parfois le nerf sur tout son parcours jusqu'à sa racine en même temps que des nerfs collatéraux, si bien qu'il devient difficile de savoir jusqu'où porte la lésion. C'est ainsi qu'en arrachant sur un animal le sciatique, on entraîne le plus souvent tout le plexus ischiatique, ganglions compris.

Pour faire la rupture, nous prenons le nerf entre les mors d'une pince de Péan, et nous le déchirons brusquement.

L'animal était sacrifié douze à seize jours après cette mutilation pour permettre l'examen de la moelle épinière par la méthode au bleu de méthylène de Nissl, telle qu'elle a été décrite par Van Gehuchten (1).

Ce procédé, simple et facile, nous a permis de débiter les segments médullaires en coupes sériées. Comme il ne s'agissait pas d'étudier la fine structure des cellules, nous avons fait des coupes assez épaisses, de 30 à 45 microns, mais qui étaient suffisantes pour montrer les cellules en chromolyse et qui offraient l'avantage de donner des groupements cellulaires assez compacts.

Nous avons fait une autopsie minutieuse de tous nos animaux

___

(1) VAN GEHUCHTEN, *Mode de conservation du tissu nerveux et technologie de la méthode de Nissl.* (*La Belgique médicale,* 1896.)

opérés, afin de bien nous rendre compte du nerf rupturé et de
l'endroit de la rupture, et déterminer de la sorte quels étaient les
filets nerveux restés intacts.

1. — *Rupture des nerfs du membre thoracique.* — Nous avons
fait, chez le chien et chez le lapin, la rupture isolée des quatre
nerfs principaux du plexus brachial : le musculo-cutané, le radial,
le médian et le cubital.

Nerf musculo-cutané. — Après rupture du *nerf musculo-cutané*
dans le creux axillaire, avant son entrée dans le muscle coraco-
brachial, nous avons pu observer une chromolyse partielle des
cellules de la colonne B, dont la situation et le niveau ont été
décrits plus haut dans le renflement cervico-dorsal.

Faisons remarquer, en passant, que, chez le chien, ce nerf
innerve, comme chez l'homme, les muscles coraco-brachial,
biceps et brachial antérieur, alors que chez le lapin il n'innerve
que les muscles coraco-brachial et biceps. Le muscle brachial
antérieur, chez le lapin, est innervé par une branche nerveuse
fournie par le nerf médian.

Nerf radial. — Après une solution de continuité du *nerf radial*
dans le creux axillaire avant son entrée dans la gouttière radiale,
c'est-à-dire donc avant qu'il ait abandonné des branches nerveuses
aux muscles du bras, nous avons pu observer des cellules en chromolyse mélangées à des cellules normales dans les colonnes B et C.

Nerf médian. — Après rupture du *nerf médian* vers la partie
moyenne du bras, nous avons trouvé quelques cellules atteintes
dans les colonnes C et D.

Nerf cubital. — Après une solution de continuité du *nerf
cubital*, nous avons trouvé des modifications cellulaires partielles
dans les mêmes groupes C et D.

Nous avons pratiqué la solution de continuité de ces quatre
nerfs principaux du membre thoracique dans des conditions
identiques chez le chien et chez le lapin. Les altérations cellulaires survenues chez le chien ont été plus profondes et plus
nettes que chez le lapin, la localisation étant la même chez les

deux animaux. Si nous rapprochons ces résultats de ceux que Marinesco a obtenus après ablation des mêmes nerfs dans le creux axillaire, nous voyons qu'ils concordent en certains points, mais qu'en d'autres ils s'écartent sensiblement les uns des autres.

Pour ce qui concerne la localisation du nerf *musculo-cutané*, les résultats sont presque concordants; en effet, Marinesco place les cellules d'origine de ce nerf dans un noyau postéro-latéral qui correspond à peu près à notre colonne B où nous avons localisé le même nerf, avec cette différence cependant que notre colonne se trouve placée à un niveau d'un demi-segment plus bas dans la moelle.

Quant à la localisation que ce savant donne pour le *nerf radial*, elle s'écarte absolument de la nôtre; pour lui, en effet, ce nerf est localisé dans un seul noyau au niveau du septième segment cervical et la partie supérieure du huitième, alors que pour nous ce nerf se localise en partie dans la colonne B au niveau des sixième et septième segments cervicaux et en partie dans la colonne C au niveau des septième et huitième segments cervicaux.

Toutes les cellules d'origine du *médian* et du *cubital* sont placées par Marinesco dans un noyau commun s'étendant de la partie inférieure du septième segment cervical jusqu'à la partie supérieure du premier dorsal.

Pour nous, chacun de ces deux nerfs a une localisation diffuse dans les deux colonnes C et D, respectivement situées :

C, au niveau des septième et huitième segments cervicaux;

D, au niveau du huitième segment cervical et premier segment dorsal.

D'après nos résultats, on peut voir que nous arrivons à une localisation aussi diffuse, sinon plus diffuse, que celle de Marinesco, en tant que l'on veut retrouver dans la moelle des noyaux d'origine bien distincts pour les différents nerfs.

II. — *Rupture des nerfs du membre abdominal* — Tout comme pour le membre thoracique, nous avons fait au début la rupture de chaque nerf en particulier.

Après rupture du *sciatique poplité externe* au niveau de la tête du péroné, nous avons vu survenir la chromolyse dans une partie des cellules C'. Les cellules les plus externes de ce groupe étaient principalement atteintes, mais par-ci par-là il y avait des cellules de la portion interne qui étaient également altérées. De plus, il y avait chromolyse partielle dans la colonne D'.

Après rupture, dans le creux poplité, du *nerf sciatique poplité interne,* nous avons pu observer la chromolyse dans les cellules, principalement les plus internes, de la colonne C', mais il y avait également des cellules modifiées dans la partie la plus externe de cette colonne. Donc nous observons ici, pour le sciatique poplité interne, juste le contraire de ce qui s'est produit après rupture du sciatique poplité externe. Dans les deux cas il y a, dans la colonne D', une chromolyse partielle.

Nous avons ensuite pratiqué la rupture du *nerf sciatique* sur la face postérieure de la cuisse, de façon à intéresser les nerfs de la cuisse ; nous avons alors retrouvé la chromolyse dans les colonnes C' et D' et, de plus, dans la partie la plus inférieure de la colonne B' (jusque vers la partie supérieure du septième lombaire chez le lapin et du sixième lombaire chez le chien).

Après rupture du *nerf crural* en dessous de l'arcade crurale, avant sa division en branches terminales, nous avons observé une chromolyse diffuse de la partie supérieure de la colonne B' jusque vers la partie supérieure du septième segment lombaire chez le lapin et du sixième segment lombaire chez le chien.

La rupture, chez le chien et le lapin, du *nerf obturateur* au sortir de l'arcade pubienne nous a donné la chromolyse d'un certain nombre de cellules de la colonne B', au même niveau qu'après arrachement du crural. Ce qui fait voir que les cellules d'origine des nerfs crural et obturateur sont mélangées et se trouvent dans la partie supérieure de la colonne B.

Dans une autre expérience, où nous avions rupturé les nerfs crural et obturateur d'un même côté, nous avons observé toutes les cellules de cette partie supérieure de la colonne B' en chromolyse.

Par ce qui précède, nous voyons que la colonne B renferme des cellules d'origine des trois nerfs sciatique, crural et obturateur.

Toutes nos recherches faites sur le membre inférieur ont donc donné, comme pour le membre supérieur, une localisation plus ou moins diffuse.

Il convient de faire ressortir ici les différences que l'on observe entre les résultats obtenus par Parhon et Papesco et les nôtres quant au niveau de localisation.

Ces auteurs localisent le crural, chez le chien, au niveau de la partie inférieure du troisième et de la partie supérieure du quatrième segment lombaire, alors que, pour nous, la partie supérieure de la colonne B', où nous avons placé les cellules d'origine du même nerf, s'étend dans la partie inférieure du quatrième segment lombaire et tout le cinquième segment lombaire chez le même animal.

Ces auteurs décrivent aussi pour le sciatique, dont l'ablation a été faite dans le creux poplité, un noyau qui s'étend le long des quatrième, cinquième et la partie supérieure du sixième segments lombaires, tandis que pour nous les noyaux C' et D', où nous localisons le même nerf, se trouvent, chez le chien, depuis le sixième segment lombaire jusque dans la partie proximale du troisième segment sacré.

Nous sommes persuadé que ces auteurs se sont trompés de segment et qu'ils localisent beaucoup trop haut.

LOCALISATIONS SEGMENTAIRES. — Il résulte de toutes nos recherches faites sur l'origine réelle des nerfs innervant les muscles des membres antérieur et postérieur chez le chien et chez le lapin, que l'on obtient une localisation diffuse dans la moelle après ablation des différents nerfs en particulier, en tant que l'on veut découvrir dans la moelle un noyau distinct pour chacun d'eux.

Mais quand nous appliquons à ces résultats l'opinion émise par Van Gehuchten et Nelis, c'est-à-dire que chaque segment de membre a un noyau moteur bien distinct dans la moelle, alors nos résultats s'expliquent pleinement, et nous voyons que chacune des colonnes que nous avons décrites plus haut est en rapport avec un groupe de muscles déterminé formant, dans son ensemble, un segment de membre.

Localisation motrice médullaire du membre supérieur. — Nous avons pu constater que la colonne B renfermait les cellules d'origine du nerf musculo-cutané et une partie des cellules d'origine du nerf radial. Or les muscles du bras sont innervés par le nerf musculo-cutané et quelques branches collatérales du nerf radial. Nous croyons être en droit de conclure que la colonne B constitue le noyau d'origine des muscles du bras.

Nous avons vu que le nerf radial avait aussi des cellules d'origine dans la colonne C qui, en outre, renferme des cellules d'origine des deux nerfs médian et cubital. Nous savons, d'après l'anatomie, que ces trois nerfs radial, médian et cubital donnent l'innervation aux muscles de l'avant-bras.

La colonne C constitue ainsi le noyau d'origine des muscles de l'avant-bras.

Il reste encore les colonnes A et D.

Les cellules de la colonne A n'ont été vues modifiées dans aucune de nos expériences; nous croyons pouvoir la mettre en rapport avec les muscles de l'épaule.

La colonne D, avons-nous vu, renferme des cellules d'origine des nerfs médian et cubital qui, outre les muscles du bras, innervent les muscles de la main. Cette colonne serait en connexion avec les muscles de la main.

Pour appuyer cette manière de voir sur des preuves positives, nous avons institué une série d'expériences portant sur la rupture de tous les nerfs d'un segment de membre :

a) Rupture chez le chien et le lapin des nerfs *radial, médian et cubital d'un même membre* au niveau du *coude*. A l'autopsie, nous avons pu constater que tous les filets nerveux innervant les muscles du bras avaient été laissés intacts. A l'examen des coupes, nous trouvons en chromolyse les cellules des colonnes C et D qui constituent donc à eux deux les noyaux d'origine des muscles de l'avant-bras et de la main.

b) Rupture chez le chien des nerfs *musculo-cutané et radial* dans le *creux axillaire d'un même côté*, de façon à comprendre tous les filets nerveux innervant les muscles du bras.

La colonne B fut totalement trouvée en chromolyse, ainsi qu'une chromatolyse partielle dans la colonne C; cela se comprend, la colonne B renfermant les cellules d'origine du nerf musculo-cutané et des branches du radial innervant les muscles du bras; et la colonne C renfermant les cellules d'origine des branches du nerf radial innervant les muscles de l'avant-bras.

c) Rupture sur un lapin des *nerfs musculo-cutané, radial et médian d'un même membre thoracique* dans le creux axillaire.

Tous les filets nerveux intéressant les muscles du bras furent enlevés.

Après cette mutilation, nous avons trouvé en chromolyse les cellules de la colonne B en sa totalité; un grand nombre des cellules de la colonne C et de plus un certain nombre de cellules atteintes dans la colonne D.

Le rapport de la colonne B avec les nerfs musculo-cutané et radial ayant été établi, nous n'y reviendrons plus. Rapprochant la localisation de l'innervation de ces nerfs, nous voyons que, d'une part, les nerfs radial et médian innervent la presque totalité des muscles de l'avant-bras, et que d'autre part nous trouvons la majeure partie des cellules de la colonne C en chromolyse. Le nerf médian innerve les muscles internes de la main : nous trouvons une chromolyse partielle dans les cellules nerveuses de la colonne D.

De l'étude comparative de ces expériences, nous croyons être en droit de conclure que la *colonne* B représente le noyau d'origine des muscles du bras; la *colonne* C, le noyau d'origine des muscles de l'avant-bras; la *colonne* D, le noyau d'origine des muscles de la main.

Et s'il est permis de conclure. par exclusion, la *colonne* A représente plus que probablement le noyau d'origine des muscles de l'épaule.

Localisation motrice médullaire du membre inférieur. — Nous avons vu que la colonne C′ renfermait une partie des cellules d'origine des nerfs sciatiques poplités interne et externe; après la rupture du sciatique poplité externe, nous avons vu survenir la chromolyse surtout dans les cellules les plus externes, tandis qu'après la rupture du nerf sciatique poplité interne, les cellules nerveuses les plus internes de ce groupe étaient surtout altérées.

D'autre part, il y avait, après rupture de chacun des nerfs, une chromolyse diffuse dans le noyau D′.

Dans une expérience faite plus tard, nous avons, après la rupture des deux nerfs sciatiques dans le creux poplité, obtenu une chromatolyse totale des deux colonnes cellulaires C′ et D′.

Or nous savons que ces deux nerfs innervent à la fois tous les muscles de la jambe et du pied, qui ont ainsi pour noyau d'origine les colonnes cellulaires C′ et D′.

Si nous passons en revue les expériences où nous avons pratiqué la rupture du nerf sciatique (vers la partie moyenne de la cuisse, de façon à intéresser les muscles de ce segment), du nerf crural et du nerf obturateur, nous voyons que la colonne B′ ren-

ferme les cellules d'origine des deux nerfs crural et obturateur
et des branches collatérales du nerf sciatique qui innervent les
muscles de la cuisse.

Or les nerfs crural et obturateur n'innervent que des muscles
de la cuisse. Nous sommes donc autorisé à conclure que la
colonne B représente un noyau d'origine exclusivement en connexion avec les muscles de la cuisse.

De ces recherches, faites sur l'origine réelle de l'innervation du
membre inférieur ou abdominal, nous tirons la conclusion suivante :

La *colonne* B' représente le noyau d'origine des fibres nerveuses
s'épanouissant dans les muscles de la cuisse.

La *colonne* C' est le noyau d'origine des fibres qui innervent les
muscles de la jambe.

La *colonne* D' est formée par les cellules d'origine des fibres
innervant les muscles du pied.

Quant à la *colonne* A', nous ne l'avons vue présenter des modifications cellulaires dans aucune de nos expériences; aussi, par
exclusion, nous pensons que cette colonne renferme les cellules
dont les cylindraxes vont s'épanouir dans les muscles restants de
la hanche.

Conclusions.

Nous pensons être à présent en droit de tirer, de nos nombreuses recherches expérimentales, les conclusions suivantes :

1° La localisation motrice médullaire est une localisation segmentaire, conformément à l'opinion émise par Van Gehuchten
et Nelis.

2° Il existe dans le *renflement supérieur* ou *cervico-dorsal*, chez
le chien et chez le lapin, *quatre colonnes cellulaires* en connexion
chacune avec un segment du membre thoracique, à savoir :

a) Une colonne cellulaire qui s'étend de la partie médiane du
cinquième segment cervical jusque vers la partie supérieure du
premier segment dorsal dont les cellules sont probablement en
connexion avec les muscles de l'*épaule*.

b) Une colonne cellulaire s'étendant de la partie la plus élevée
du sixième segment cervical jusque dans la partie supérieure du

huitième segment cervical et qui forme le noyau d'origine des branches nerveuses innervant les muscles du *bras*.

c) Une colonne cellulaire allant de la partie proximale du septième segment cervical jusque dans la partie distale du premier segment dorsal et qui constitue le noyau d'origine des nerfs innervant les muscles de l'*avant-bras*.

d) Une colonne située au niveau du huitième segment cervical et premier segment dorsal et qui forme le noyau moteur des muscles de la *main*.

3° Il existe dans le *renflement inférieur* ou *lombo-sacré*, chez le chien et le lapin, quatre colonnes cellulaires en rapport chacune avec un segment du membre abdominal, à savoir :

a) Une colonne cellulaire qui s'étend, chez le chien, de la partie inférieure du troisième segment lombaire jusque dans la partie supérieure du sixième et, chez le lapin, depuis le cinquième jusque dans le septième segment lombaire. Les cylindraxes des cellules de cette colonne s'épanouissent probablement dans les muscles de la hanche.

b) Une colonne cellulaire qui, chez le chien, commence vers la partie médiane du quatrième segment lombaire pour se terminer à la partie supérieure du premier segment sacré et qui diffère chez le lapin en ce qu'elle commence au niveau du sixième segment lombaire.

Cette colonne constitue le noyau d'origine des branches nerveuses innervant les muscles de la cuisse.

c) Une colonne cellulaire commençant, chez le chien, au niveau du sixième segment lombaire; chez le lapin, au niveau du septième segment lombaire, et qui se poursuit jusque dans le deuxième segment sacré. Cette colonne forme le noyau d'origine des nerfs innervant les muscles de la jambe.

d) Une colonne cellulaire s'étendant, chez le chien et chez le lapin, dans le domaine des deuxième et troisième segments sacrés, et qui constitue le noyau moteur des muscles du pied.

TABLE DES MATIÈRES.

C. De Neef, *Mémoires couronnés et autres mémoires,*
publiés par l'Académie royale de médecine de
Belgique (collection in-8°), t. XV, 6ᵉ fasc., 1900.

Pl. I.

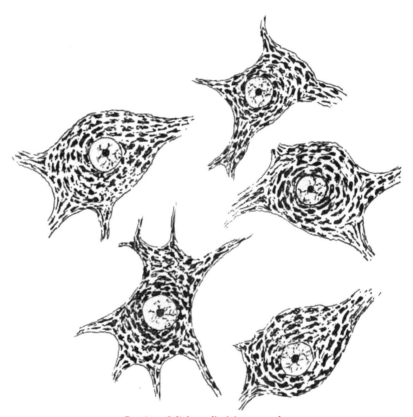

Fig. 1. — Cellules radiculaires normales.

C. De Neef, *Mémoires couronnés et autres mémoires,*
publiés par l'Académie royale de médecine de
Belgique (collection in-8°), t. XV, 6e fasc., 1900.

Pl. II.

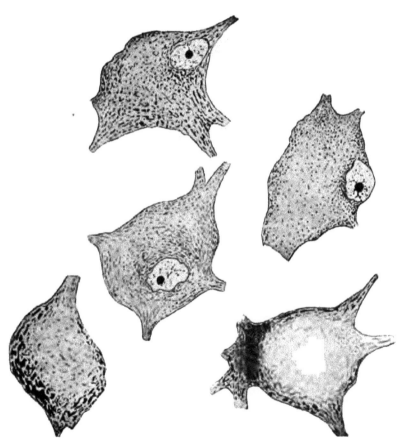

Fig. 2. — Cellules radiculaires en état chromolytique et en état d'achromatose.

C. De Neef, *Mémoires couronnés et autres mémoires,*
publiés par l'Académie royale de médecine de
Belgique (collection in-8°), t. XV, 6e fasc., 1900.

Pl. III.

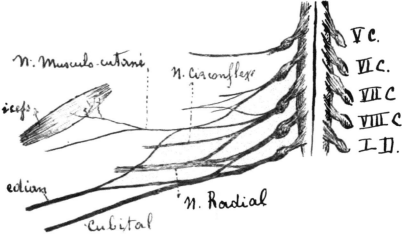

n. Musculo-cutané

n. Circonflexe

icefs

V C.

VI C.

VII C

VIII C

I D.

edian

n. Radial

Cubital

Fig. 4. — Plexus brachial chez le chien.

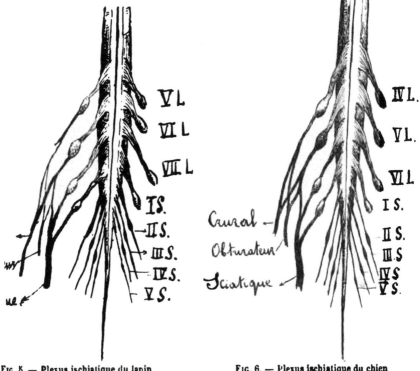

V L

VI L

VII L

I S.

II S.

III S.

IV S.

V S.

IV L.

V L.

VI L

I S.

II S.

III S

IV S

V S.

Crural

Obturateur

Sciatique

Fig. 5. — Plexus ischiatique du lapin
vu . . . . ostérieure.

Fig. 6. — Plexus ischiatique du chien
vu a l f e o tér

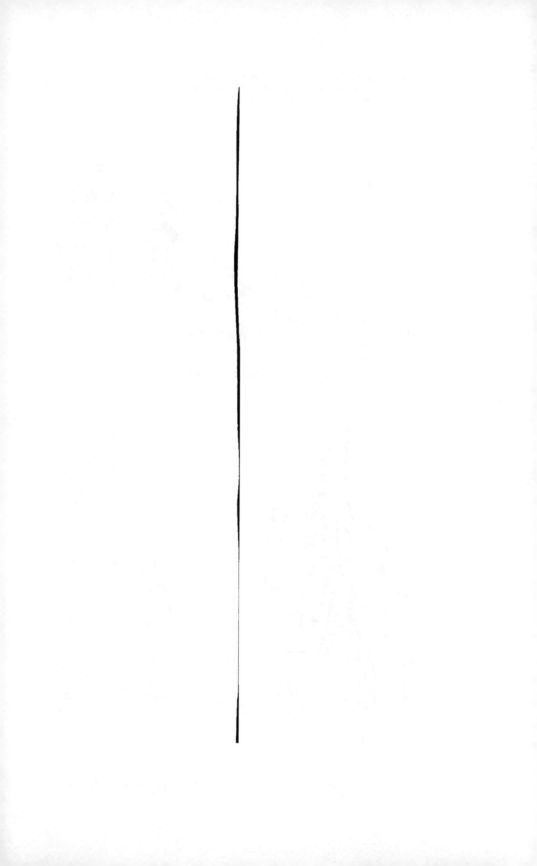

C De Neef, *Mémoires couronnés et autres mémoires,* publiés par l'Académie royale de médecine de Belgique (collection in-8°), t. XV, 6e fasc., 1900.

Pl. IV.

Fig. 7. — Groupements cellulaires de la moelle lombo-sacrée (d'après Onuf).

C. De Neef, *Mémoires couronnés et autres mémoires,*
publiés par l'Académie royale de médecine de
Belgique (collection in-8°), t. XV, 6ᵉ fasc., 1900.

PL. V.

FIG. 8. FIG. 9.

Tableau synoptique montrant la répartition des différentes colonnes cellulaires
de la corne antérieure chez le lapin (fig. 8) et chez le chien (fig. 9).

Lapin.

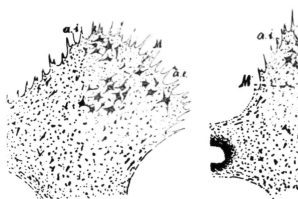

FIG. 10. — Troisième segment cervical.

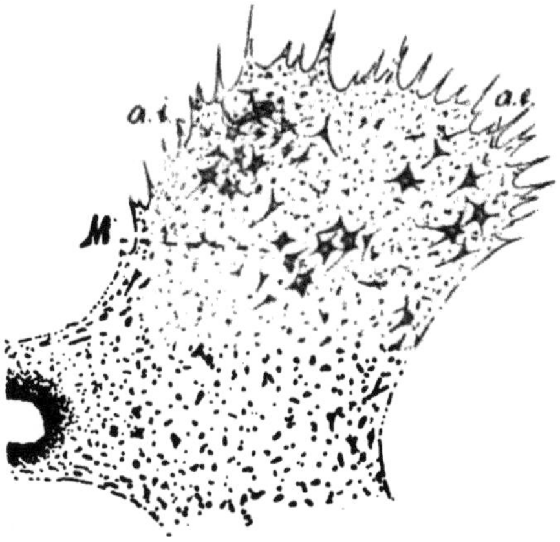

FIG. 11. — Quatrième segment cervical.

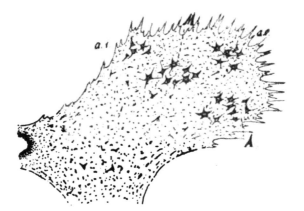

FIG. 12. — Cinquième segment cervical (partie moyenne).

FIG. 13. — Sixième segment cervical (partie supérieure)

C. De Neef, *Mémoires couronnés et autres mémoires*, publiés par l'Académie royale de médecine de Belgique (collection in-8°), t. XV, 6ᵉ fasc., 1900.

PL. VII.

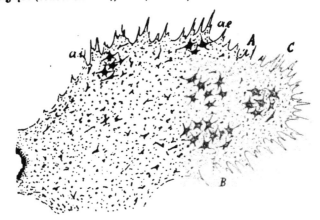

Fig. 14. — Septième segment cervical (partie moyenne).

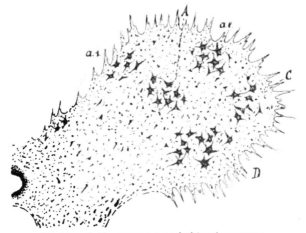

Fig. 15. — Huitième segment cervical (partie moyenne).

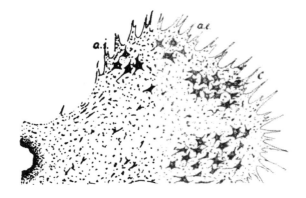

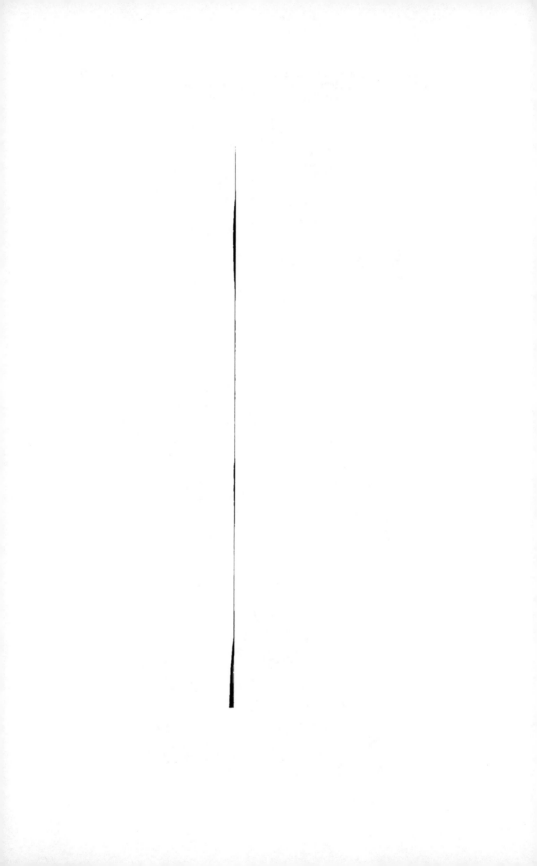

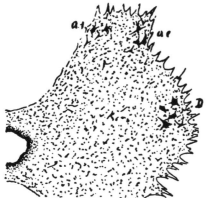

FIG. 17. — Premier segment dorsal (partie inf.).

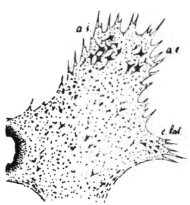

FIG. 18. — Deuxième segment dorsal.

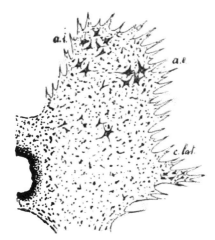

FIG. 19. — Troisième segment dorsal.

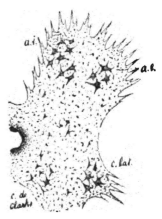

FIG. 20. — Septième segment dorsal.

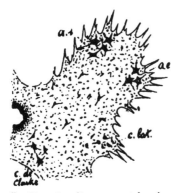

FIG. 21. — Douzième segment dorsal.

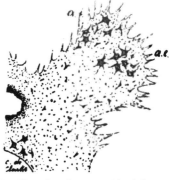

FIG. 22. — Premier segment lombaire.

FIG. 23. — Deuxième segment lombaire.

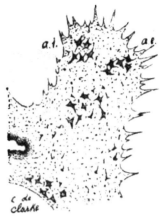

FIG. 24. — Troisième segment lombaire.

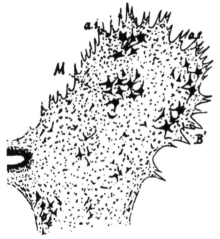

FIG. 25. — Quatrième segment lombaire
(le groupe désigné B' est en réalité le groupe A').

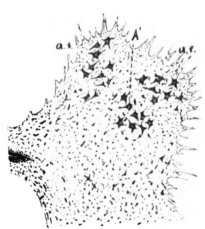

FIG. 26. — Cinquième segment lombaire
(partie moyenne).

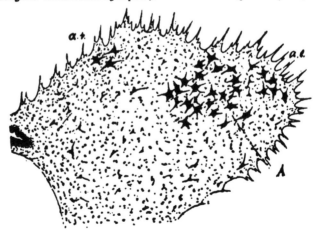

C. De Neef, *Mémoires couronnés et autres mémoires,* publiés par l'Académie royale de médecine de Belgique (collection in-8°), t. XV, 6ᵉ fasc., 1900.

Pl. X.

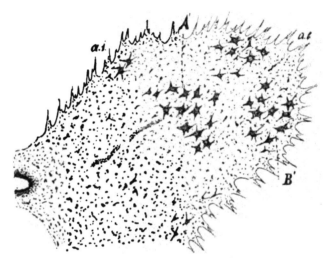

Fig. 28. — Sixième segment lombaire (partie moyenne).

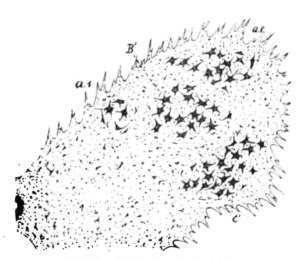

Fig. 29. — Septième segment lombaire.

C. **De Neef**, *Mémoires couronnés et autres mémoires,*
publiés par l'Académie royale de médecine de
Belgique (collection in-8°), t. XV, 6e fasc , 1900.

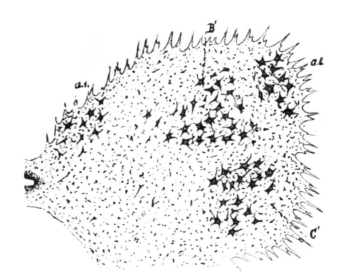

FIG. 30. — Premier segment sacré (partie supérieure).

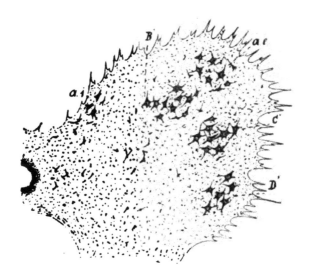

FIG. 31. — Premier segment sacré (partie inférieure).

C. De Neef, *Mémoires couronnés et autres mémoires,*
publiés par l'Académie royale de médecine de
Belgique (collection in-8°), t. XV, 6ᵉ fasc., 1900.

Pl. XII.

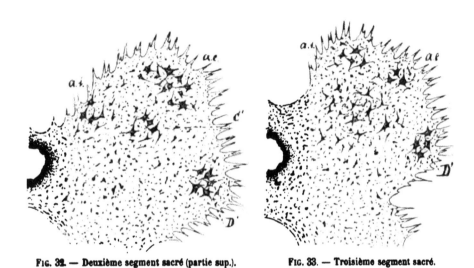

FIG. 32. — Deuxième segment sacré (partie sup.).   FIG. 33. — Troisième segment sacré.

Chien.

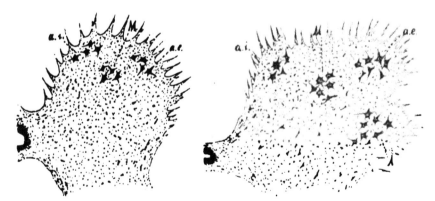

FIG. 34. — Quatrième segment cervical.   FIG. 35.   Cinquième segment cervical (partie moy.)

C. De Neef, *Mémoires couronnés et autres mémoires,* publiés par l'Académie royale de médecine de Belgique (collection in-8°), t. XV, 6° fasc., 1900.

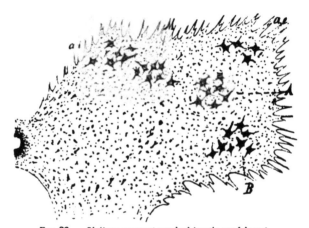

Fig. 36. — Sixième segment cervical (partie supérieure).

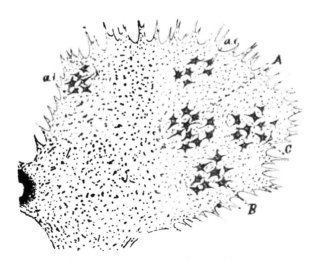

Fig. 37. — Septième segment cervical (partie moyenne).

C. De Neef, *Mémoires couronnés et autres mémoires,*
publiés par l'Académie royale de médecine de
Belgique (collection in-8°), t. XV, 6ᵉ fasc., 1900.

Pl. XIV.

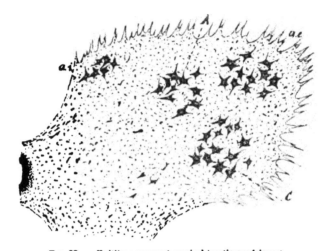

Fig. 38. — Huitième segment cervical (partie supérieure).

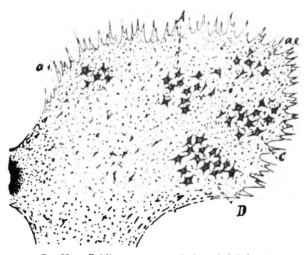

Fig. 39. — Huitième segment cervical (partie inférieure).

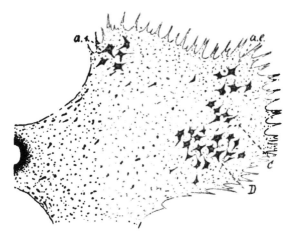

FIG. 40. — Premier segment dorsal (partie moyenne).

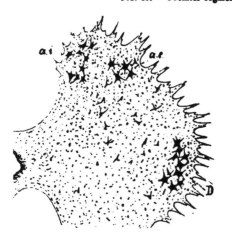

FIG. 41. — Premier segment dorsal (partie inf.).

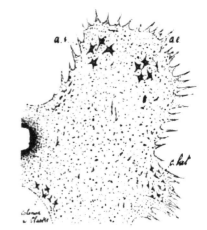

FIG. 42. — Segment dorsal.

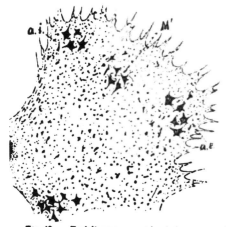

FIG. 43. — Troisième segment lombaire.

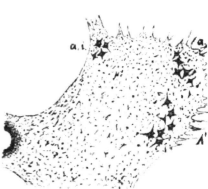

FIG. 44. — Quatrième segment lombaire (partie sup.

C. De Neef, *Mémoires couronnés et autres mémoires,*
publiés par l'Académie royale de médecine de
Belgique (collection in-8°), t. XV, 6e fasc., 1900.

Pl. XVI.

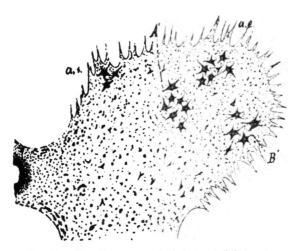

Fig. 45. — Quatrième segment lombaire (partie inférieure).

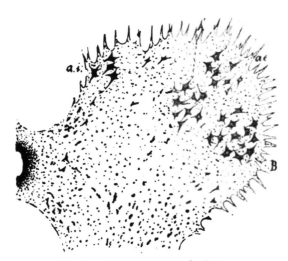

Fig. 46. — Cinquième segment lombaire

C. De Neef, *Mémoires couronnés et autres mémoires,* publiés par l'Académie royale de médecine de Belgique (collection in-8°), t. XV, 6° fasc., 1900.

Pl. XVII.

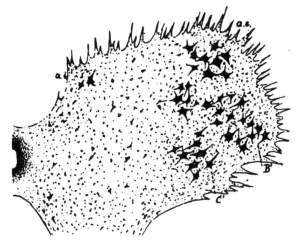

FIG. 47. — Sixième segment lombaire (partie supérieure).

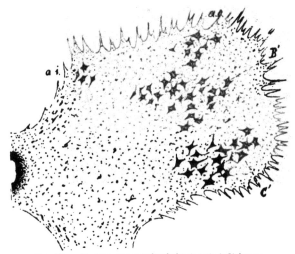

FIG. 48. — Sixième segment lombaire (partie inférieure).

C. De Neef, *Mémoires couronnés et autres mémoires,*
publiés par l'Académie royale de médecine de
Belgique (collection in-8°), t. XV, 6ᵉ fasc., 1900.

Pl. XVIII.

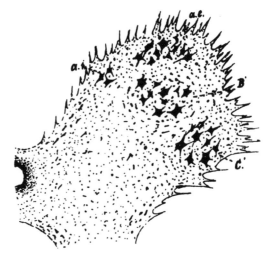

Fig. 49. — Premier segment sacré.

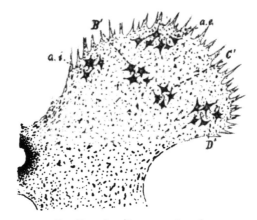

Fig. 50. — Deuxième segment sacré.

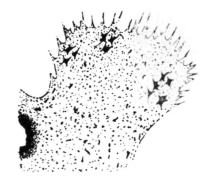

LES
ÉCHANGES MATÉRIELS

DANS LEURS RAPPORTS

AVEC LES PHASES DE LA VIE SEXUELLE

ÉTUDE

DES

LOIS DES ÉCHANGES NUTRITIFS

PENDANT LA GESTATION

PAR

le Dr A. VER EECKE

ANCIEN ASSISTANT A L'UNIVERSITÉ DE GAND, A BRUGES

Devise :
Honos alit artes.

(Travail du Laboratoire de physiologie de l'Université de Gand.)

BRUXELLES

RAYEZ, IMPRIMEUR DE L'ACADÉMIE ROYALE DE MÉDECINE DE BELGIQUE
Rue de Louvain, 112

1900

MÉMOIRE

ADRESSÉ A L'ACADÉMIE ROYALE DE MÉDECINE DE BELGIQUE (CONCOURS POUR LE PRIX ALVARENGA, DE PIAUHY; PÉRIODE DE 1899-1900).

Une récompense d'une valeur de 250 francs a été accordée à ce mémoire.

LES

ÉCHANGES MATÉRIELS

DANS LEURS RAPPORTS

AVEC LES PHASES DE LA VIE SEXUELLE

INTRODUCTION.

Au point de vue de la nutrition, on peut considérer la gestation comme un cas particulier d'endoparasitisme : l'embryon, puis le fœtus puisent tous les matériaux de leur être dans le sein de la mère ; bien plus, la cellule-œuf, elle-même, dérive de l'organisme-hôte, et il n'y a qu'un infiniment petit de matière qui soit d'origine mâle. Ainsi, le fruit, à sa naissance, représente une portion de chair maternelle individualisée.

Aussitôt que fécondé, l'organisme femelle se trouve grevé d'une charge ; au terme de la gestation, il devra payer un tribut prélevé sur sa propre chair.

De quelle manière l'économie pourvoit-elle à cet impôt ; quels sont les lois et le mécanisme de sa gestion financière ? Tel est le problème que nous nous sommes proposé de résoudre.

Les connaissances acquises concernant les échanges matériels qui s'établissent dans l'organisme femelle, au cours de la gestation, sont absolument insuffisantes. Loin de nous permettre de comprendre le jeu de la nutrition intime, grâce auquel la mère peut, tout en faisant face à ses propres besoins, former dans son sein et de toutes pièces, un ou plusieurs êtres nouveaux et pourvoir à leurs dépenses, elles ne peuvent même pas encore nous servir à nous élever à quelques principes généraux solidement établis.

C'est en vain que nous rechercherions, dans les traités classiques de physiologie les plus complets, des doctrines sûres et documentées sur ce sujet; en réalité, nous ne possédons actuellement que des résultats épars, individuels, la plupart de date récente.

Dans le domaine trop négligé de la question qui nous occupe. la plupart des investigations sont encore à faire, beaucoup sont à refaire. La majorité des travaux entrepris dans cette voie ne sont que des essais auxquels n'a pas toujours présidé la rigueur scientifique nécessaire dans ce genre de recherches, où l'on se heurte à des difficultés d'ordre matériel extraordinaires. Cependant ces essais ont amorcé une voie sur un terrain très vaste; il importe que nous relevions les jalons plantés par nos devanciers. En donnant un exposé critique des travaux antérieurs, nous montrerons jusqu'à quelles limites la solution de la question est actuellement avancée.

Exposé critique des données actuelles du problème (1).

I. — NUTRITION DES HYDRATES DE CARBONE ET DE LA GRAISSE.

A. — *Les échanges respiratoires pendant la gestation.*

Andral et Gavarret (2) inaugurèrent, en 1843, les recherches sur le chimisme respiratoire chez la femme pendant la grossesse. Ils se bornèrent toutefois à mesurer la quantité d'acide carbonique exhalé en un temps déterminé dans des circonstances autant que possible identiques, mais négligèrent de doser l'oxygène absorbé.

---

(1) Dans notre travail, nous n'étudions qu'une partie des mutations chimico-nutritives pendant la gestation; nous résumerons cependant, dans ce chapitre, l'ensemble de nos connaissances sur le sujet D'une part, tout s'enchaîne et se complète dans ce genre de recherches, d'autre part, nous nous réservons de traiter plus tard d'autres faces de la question. Aussi bien l importance et la nouveauté de cette revue critique nous ont tenté. Si cette étude suppose la connaissance des processus anaboliques et cataboliques normaux, elle entraîne, comme corollaire, celle des échanges matériels pendant les couches et la lactation. Nous pouvons d'autant moins négliger ces périodes consécutives à la gestation que notre travail renferme des recherches à cet égard et que nous publierons ultérieurement une étude spéciale relative à ces phases de la vie sexuelle.

(2) ANDRAL et GAVARRET, *Recherches sur la quantité d'acide carbonique exhalé par le poumon dans l'espèce humaine.* (*Annales de chimie et de physique*, juin 1843, 3e série, t. VIII, pp. 129-180.) Cf. *Comptes rendus des séances de l'Académie des sciences de Paris*, 16 janvier 1843, n° 3.

Ce travail remarquable intéresse encore aujourd'hui, quelque incomplet qu'il soit. Après avoir établi, pour les divers âges et époques de la vie de la femme, les quantités moyennes de carbone (1) comburé par heure, ils examinèrent quatre femmes enceintes à diverses périodes de grossesse.

Citons leurs chiffres :

La jeune fille, dans la seconde enfance (10-15 ans), combure en moyenne, par heure, 6^{gr},4 de carbone.

La femme adulte (15-45 ans), régulièrement menstruée, combure en moyenne, par heure, 6^{gr},4 de carbone.

La femme adulte, parvenue à l'âge de retour, combure en moyenne, par heure :

$$
\begin{array}{llll}
\text{A l'âge de} & 40\text{-}50 \text{ ans,} & 8^{gr},4 & \text{de carbone.} \\
\text{---} & 50\text{-}60 & 7^{gr},3 & \text{---} \\
\text{---} & 60\text{-}80 & 6^{gr},8 & \text{---} \\
\text{---} & 82 & 6^{gr},0 & \text{---}
\end{array}
$$

Pendant la grossesse :

ÉPOQUE de la grossesse.	AGE du sujet.	SYSTÈME MUSCULAIRE.	CARBONE COMBURÉ en une heure.
3 mois	42 ans.	Bien développé.	7^{gr},8
5 mois	32 »	Id.	8^{gr},1
7 $\frac{1}{2}$ mois	18 »	Faible.	7^{gr},5
8 $\frac{1}{2}$ mois	23 »	Bien développé.	8^{gr},4

Ainsi, « chez la femme, l'exhalation de l'acide carbonique, qui augmente pendant toute la durée de la seconde enfance, s'arrête dans son accroissement au moment de la puberté, en même temps que la menstruation apparaît et reste stationnaire tant que les époques menstruelles se conservent dans leur intégrité. Au

(1) Dans leur mémoire, Andral et Gavarret ont constamment représenté l'acide carbonique exhalé par le carbone qu'il contient.

moment de la suppression des règles, l'exhalation de l'acide carbonique par le poumon augmente tout à coup d'une manière très notable, puis elle décroît à mesure que la femme avance vers l'extrême vieillesse. »

« Pendant toute la durée de la grossesse, l'exhalation de l'acide carbonique s'élève momentanément au chiffre fourni par les femmes parvenues à l'époque de retour. »

Ces données, trop absolues et assez restreintes, encore qu'une critique sévère en réduirait passablement la valeur, furent acceptées par les physiologistes et les obstétriciens comme traduisant, pendant la grossesse, une accélération des échanges gazeux, et ce, sans discussion, près d'un demi-siècle. En 1888, un travail russe tendit à renverser les idées admises jusqu'alors : Repreff (1), étudiant les échanges respiratoires chez divers animaux (trois lapines, une femelle de cobaye, une chienne), les vit se ralentir progressivement. D'après l'auteur, pendant la gestation, il y a diminution de l'absorption de l'oxygène et ralentissement relativement encore plus sensible de l'exhalation de l'acide carbonique. Le quotient respiratoire s'abaisse. Les processus d'oxydation sont d'autant plus affaiblis que la gestation est plus onéreuse.

Cependant, en 1891, Oddi et Vicarelli (2), sans avoir connaissance du travail de Repreff, vinrent confirmer et étendre les résultats d'Andral et Gavarret. Portant leurs investigations sur le rat (*mus musculus*), — pour lequel Oddi (3), dans un travail antérieur, avait examiné la manière de se comporter des échanges respiratoires en conditions normales, — ils déterminèrent la quantité d'O_2 absorbé et de CO_2 émis pendant six heures consécutives par les femelles à diverses périodes de gestation et soumises à une diète constante. Ils eurent soin d'éliminer toute cause étrangère pouvant influencer la marche rigoureuse des expériences. Ils observèrent que le CO_2 exhalé, à commencer du

---

(1) A.-B. REPREFF, cité par ZALESKI in *Maly's Jahresbericht über die Fortschritte der Thierchemie*, 1889, Bd XVIII, et par ZACHARJEWSKI. (Voir plus loin.) Le travail de REPREFF, intitulé : *De l'influence de la gestation sur les échanges matériels chez les animaux*, a été publié en russe dans *Wratsch*, 1888, n° 16. Nous le citons ici et ailleurs d'après la traduction manuscrite que l'auteur a eu la gracieuseté de nous envoyer.

(2) R. ODDI et G. VICARELLI, *Influence de la grossesse sur l'ensemble de l'échange respiratoire*. (*Archives italiennes de biologie*, 1891, t. XV, pp. 367-375.) Cf. *Lo Sperimentale*, année XLV, fasc. 2.

(3) R. ODDI, *Archivio per le scienze mediche*, 1890, vol. XIV, n° 17.

premier jour d'expérience jusqu'au dernier qui précéda de peu le travail de la parturition, subit invariablement une augmentation graduelle et progressive.

La quantité d'O_2 consommé, faible en proportion du CO_2 exhalé, va croissant.

Le quotient respiratoire $\frac{CO_2}{O_2}$ a toujours été très supérieur aux moyennes normales fixées par Oddi, tellement que, dans plusieurs expériences, il a atteint et même dépassé l'unité.

Les auteurs en déduisent que la gestation est caractérisée par une prévalence de la consommation des hydrocarbonés avec le maximum d'épargne des substances azotées utilisées pour la nutrition et l'accroissement du fœtus.

En 1884, J. Cohnheim et N. Zuntz (1) s'ingénièrent à étudier la respiration interne du fœtus du mouton, en comparant les gaz du sang des vaisseaux afférents et efférents du cordon ombilical, recueilli dans un même temps donné. Sous réserve de chiffres approximatifs, ils établirent, par exemple, que le fœtus de 1,300 grammes consomme, proportionnellement au poids, quatre (maximum) à seize fois (minimum) moins d'oxygène que la mère ; que le fœtus à terme de 3,600 grammes consomme douze fois moins d'oxygène que l'animal adulte. Et si l'on considère que le fœtus résiste d'autant mieux au manque d'oxygène qu'il est plus jeune, il devient très probable que, dans les premiers stades de son développement, il consomme encore beaucoup moins d'oxygène eu égard à l'unité de poids.

Bref, les échanges gazeux placentaires seraient relativement restreints, ce qui tendrait à confirmer pleinement la thèse déduite, *a priori*, de considérations purement théoriques par Pflüger (2), seize ans auparavant, d'après laquelle les échanges gazeux propres du fœtus seraient relativement beaucoup moins importants que ceux de l'adulte.

Il ne sera pas sans intérêt de rapprocher des conclusions de J. Cohnstein et N. Zuntz les résultats obtenus par L. Luciani et

(1) J. Cohnstein und N. Zuntz, *Untersuchungen über das Blut, den Kreislauf und die Athmung beim Saügethier-Fötus. (Pflüger's Archiv f. d. ges. Physiol.*, 1884, Bd XXXIV, SS. 173-233.)

(2) E. Pflüger, *Ueber die Ursache der Athembewegungen sowie der Dyspnoe und Apnoe. (Archiv f. d. ges. Physiol. d. Mensch. u. d. Thiere*, 1868, 1. Jahrg., SS. 61-106.)

A. Piutti (1), en étudiant la respiration des œufs du *bombyx mori*. Ils ont trouvé que « le rapport entre l'acide carbonique exhalé par les œufs et l'oxygène absorbé en même temps, soit le *quotient respiratoire,* durant l'incubation naturelle, n'est pas représenté par une constante, mais bien par une quantité croissant progressivement d'une fraction jusqu'à même dépasser l'unité ». Ils en infèrent que « ce fait rend assez probable l'hypothèse que, pendant le développement embryonnaire, il se forme, en même temps que les matériaux d'édification, des molécules chimiques moins oxygénées et, par conséquent, pourvues d'une somme d'énergie potentielle toujours plus grande ».

Il est légitime de supposer une corrélation entre ces observations de L. Luciani et A. Piutti, les résultats de J. Cohnstein et N. Zuntz et l'élévation du quotient respiratoire trouvée pendant la gestation du rat par Oddi et Vicarelli, mais il est clair que cette relation ne pourrait être rigoureusement démontrée que par une étude systématique de l'ensemble des échanges matériels pendant la gestation.

N'oublions pas surtout que les données assez concordantes d'Andral et Gavarret, d'Oddi et Vicarelli, de Luciani et Piutti sont formellement contredites par les observations de Repreff; que, d'autre part, elles se trouvent en partie — celles d'Oddi et Vicarelli notamment — en opposition avec des faits acquis par quelques auteurs (O. Hagemann et nous-même) concernant la nutrition des matériaux azotés pendant la gestation.

Quel que soit le mérite des travaux d'Andral et Gavarret, d'Oddi et Vicarelli, on ne peut se défendre de leur reprocher de baser des conclusions formelles sur des expériences qui ne tiennent pas compte de tous les moments physiologiques ; elles sont, en outre, trop restreintes et trop peu systématiques. Du reste, il nous paraît difficile de se former une idée exacte des échanges gazeux pendant la grossesse en étudiant l'acide carbonique exhalé *éventuellement* pendant *une* heure, comme Andral et Gavarret, ou même en dosant les gaz respiratoires régulièrement pendant *six* heures, comme Oddi et Vicarelli. Sans doute, les valeurs obtenues sont comparables, mais elles ne représentent pas l'intégrale des échanges respiratoires.

(1) L. Luciani et A. Piutti, *Sur les phénomènes respiratoires des œufs du bombyx du mûrier.* (*Archives italiennes de biologie,* 1887, t. IX, p. 319.)

On ne peut adresser ces reproches au travail beaucoup plus important et plus méthodique de Repreff, mais ses conclusions sont passibles de graves critiques que nous formulerons en même temps contre ses vues sur la désassimilation de l'azote pendant la gestation.

Pour ces motifs, nous estimons encore ouverte cette question entourée de difficultés techniques, qu'il ne faut pas cependant désespérer de vaincre.

Il n'existe pas encore de recherches sur les échanges respiratoires pendant les couches ni pendant la lactation.

B. — Lactosurie et glycosurie.

On sait depuis longtemps que l'urine des femmes enceintes et des femmes en couches peut contenir du sucre. Après que le fait eut été signalé par Blot (1), il fut contesté par Leconte (2), qui prétendit attribuer à l'acide urique les phénomènes de réduction observés. Mais la découverte de Blot a été pleinement confirmée par une série d'observateurs tels que Kirsten (3), Iwanoff (4), de Sinety (5), Hempel (6), Gubler (7) et Johannowski (8), pour ne citer que les principaux. Hofmeister (9) et Kaltenbach (10) ont cherché à établir qu'il s'agissait de lactosurie. De tous ces travaux, il résulte que le sucre de lait éliminé par les urines provient d'une résorption dans les glandes mammaires, quand il y a surproduction de lait chez les bonnes nourrices et aussi chez les

---

(1) BLOT, Gazette hebdomadaire, 1855, p. 720. Cf. Gazette des hôpitaux civils et militaires, 1856, n° 121.

(2) LECONTE, Archives générales de médecine, août 1857.

(3) KIRSTEN, Monatschrift für Geburtshilfe, 1857, 9.

(4) IWANOFF, Beiträge zu der Frage über Glycosurie der Schwangeren, etc. Dorpat, 1864.

(5) DE SINETY, Gazette médicale de Paris, 1873, n°° 43 et 45.

(6) HEMPEL, Die Glycosurie im Wochenbette. (Archiv f. Gynäk., 1875, Bd VIII, SS. 312-325.)

(7) GUBLER, Sur la glycosurie temporaire dans l'état puerpéral. (Gazette médicale de Paris, 1876, n° 48, p. 571.)

(8) JOHANNOWSKI, Ueber den Zuckergehalt des Harns der Wöchnerinnen. (Archiv f. Gynäk., 1877, Bd XII, S. 448.)

(9) HOFMEISTER, Ueber Lactosurie. (Zeitschr. f. physiol. Chemie, 1877, Bd I, S. 104.)

(10) KALTENBACH, Lactosurie der Wöchnerinnen. (Zeitschr. f. Gynäk. u. Geburtsh., 1879, Bd IV, S. 161.)

accouchées qui n'allaitent pas ou insuffisamment. Le sucre n'apparaîtrait donc dans le sang (lactohémie) et consécutivement dans l'urine qu'à la suite d'une rupture d'équilibre entre la production et la consommation.

La lactosurie pourrait se manifester déjà vers la fin de la grossesse, d'après Ney (1), qui la rencontra seize fois sur cent femmes enceintes, dans les cas où les seins sont très développés.

D'après Mac Cann et Turner (2), pendant l'état puerpéral, les urines renfermeraient aussi de la glycose. Cette glycosurie, qui s'observerait à un degré variable dans tous les cas et à un moment quelconque de la période puerpérale, présenterait son maximum généralement le quatrième ou le cinquième jour de cette période. La quantité de glycose éliminée (en moyenne de 0.35 °/₀) serait proportionnelle à l'intensité de la sécrétion lactée. Cette glycosurie cesserait avec la suppression de la lactation. Elle serait habituellement minime quand la production et la consommation du lait sont à peu près égales.

II. — Consommation d'albumine.

Les échanges azotés pendant la gestation et post partum.

Il nous semble à peine utile, même au point de vue historique, de rappeler que A. Becquerel (3) publia, il y a quelque cinquante-neuf ans, dans sa « Séméiotique des urines », quelques analyses de l'urine pendant le phénomène de la grossesse. Ces analyses sont par trop sommaires : elles se bornent à évaluer la quantité d'urine éliminée en vingt-quatre heures avec la densité, la quantité globale des principes solides y renfermés, sans spécifier. Nous voyons, du reste, qu'elles ne concernent que des états passablement pathologiques. Au demeurant, nous ne comprenons pas quelle signification pourraient avoir semblables analyses sans souci de l'époque de la grossesse ni du régime suivi. Elles ne présentent pas le moindre intérêt physiologique et les conclusions que l'auteur en tire paraissent naïves aujourd'hui.

(1) NEY, *Ueber das Vorkommen von Zucker im Harn der Schwangeren*, etc. (*Archiv f. Gynäk.*, 1889, Bd XXXV, S. 239.)

(2) F MAC CANN et W. TURNER, Communication faite à la séance du 7 décembre de la Société d'obstétrique de Londres. (Voir *Semaine médicale*, 14 décembre 1892, p. 507.)

(3) A. BECQUEREL, *Séméiotique des urines.* Paris, 1841.

Il ne sera pas davantage tenu compte d'analyses *éventuelles* de l'urée, dans l'urine de femmes enceintes, au cours de diverses observations éparses dans la littérature médicale.

A Winckel (1) revient l'honneur d'avoir ouvert le feu des recherches sur la désassimilation azotée chez la femme pendant la grossesse, la parturition et les couches ; encore n'étudia-t-il, dans ce but, que l'excrétion de l'urée par la méthode de Liebig, sans tenir compte ni de l'azote ingéré ni de celui contenu dans les fèces. D'après ses calculs, pendant la grossesse, l'élimination de l'urée (moyenne : 28ᵍʳ,1 ; minimum : 18ᵍʳ,2 ; maximum : 43ᵍʳ,8 *pro die*) ne subirait pas de modifications ; elle éprouverait une certaine augmentation pendant la parturition, ce que l'auteur attribue aux contractions musculaires, à l'élévation de la pression sanguine et de la température. Pendant les couches normales, il trouva, les premiers jours, une diminution légère de l'urée.

Heinrichsen (2), renouvelant les mêmes recherches un an après, exprime l'avis que, chez les femmes enceintes, par suite de l'augmentation du poids du corps et consécutivement à l'activité des métamorphoses organiques nécessaires à l'élaboration d'un organisme nouveau, la quantité d'urée excrétée devrait augmenter ; toutefois, chez ses sujets, une vie sédentaire et une diète pauvre en substances azotées établirent une compensation ; c'est pourquoi la quantité d'urée différa peu de la normale (moyenne : 26ᵍʳ,6). Le jour de l'accouchement, la quantité d'urée fut, dans la majorité des cas, plus faible que celle des jours précédents. Pendant les couches, il observa une accélération de la désassimilation azotée, ce qu'il met sur le compte des métamorphoses régressives (matrice) qui surviennent pendant cette période.

La question de la désassimilation de l'azote, pendant les couches normales, fut reprise d'une façon plus systématique, mais encore trop peu rigoureuse, par L. Kleinwächter (3), dans deux mémoires

(1) WINCKEL, *Studien über den Stoffwechsel bei der Geburt und im Wochenbette im Anschluss an Harnanalysen bei Schwangeren, Gebärenden und Wöchnerinnen.* Rostock, 1865 (en russe). Cité d'après KLEINWACHTER, GRAMMATIKATI et d'après ZACHARJEWSKY, *loc. infrà cit.*

(2) HEINRICHSEN, *Sur les principes éliminés par l'urine pendant la parturition et les suites de couches.* Dissertation, 1886 (en russe). Cité d'après GRAMMATIKATI et d'après ZACHARJEWSKI, *loc. infrà cit.*

(3) L. KLEINWACHTER, *Ueber den Stoffwechsel und die Diät im Wochenbette.* (*Vierteljahrsschr. f. d. prakt. Heilkunde.* Prague, 1874, Bd CXXIII, SS. 81-100.) — IDEM, *Das*

publiés en 1874 et en 1876. Critiquant, à juste titre, la diète de famine imposée par Winckel à ses accouchées, il accorda à ses sujets d'observation une ration alimentaire plus riche, de valeur croissante jusqu'au cinquième jour après la parturition, mais encore cette ration fut-elle loin de représenter la ration d'entretien normale.

D'un nombre considérable d'analyses de l'urée effectuées, dans ces conditions, par la méthode de Liebig, trouvant comme moyenne 26^{gr},5, la quantité excrétée pendant les huit premiers jours qui suivirent l'accouchement, il observa que l'élimination diminue déjà le premier jour, fléchit encore notablement le second, ce qu'il attribue au début de la sécrétion lactée; de là jusqu'au cinquième jour, elle s'élève considérablement au-dessus de la moyenne, ce qui serait dû à l'activité de l'involution utérine et aussi à l'alimentation plus riche; les jours suivants, elle s'infléchit derechef sous la moyenne.

Somme toute, Kleinwächter considère que la quantité moyenne d'urée éliminée par ses accouchées, pendant les huit premiers jours de leurs couches, ne s'écarte guère de la normale, pour laquelle il semble s'en rapporter aux données que Beigel (1) recueillit chez des femmes d'âge moyen (19-30 ans) en dehors de la grossesse (27^{gr},36 d'urée *pro die*). Il faudrait néanmoins admettre une accélération intense des échanges azotés, parce que une quantité considérable de matériaux azotés fut éliminée en même temps par d'autres voies (lait, lochies, sécrétion sudorale, etc.).

Nous nous souviendrons pour l'auteur que, dans son premier travail, il avait trouvé comme moyenne 35^{gr},5 d'urée et que la marche de l'élimination journalière ne suivait pas celle qu'il commente dans son second mémoire.

Ajoutons que Kleinwächter s'est efforcé d'établir que, chez les accouchées, la quantité d'urée augmente d'année en année jusqu'à l'âge de 30 ans, pour diminuer à partir de cet âge, et que les primipares excrètent moins d'urée (26^{gr},1) que les pluripares (27^{gr},4).

Les conditions si différentes dans lesquelles furent faites les

Verhalten des Harnes im Verlaufe des normalen Wochenbettes. (*Archiv f. Gynäk.*, 1876, Bd IX, SS. 370-393.)

(1) BEIGEL, *Nova acta der Kaiserl. Leopold. Carolinischen Akad.*, 1850.

observations de Winckel, de Heinrichsen et de Kleinwächter, nous rendent compte de la variabilité des résultats obtenus ; ceux-ci sont individuels ; aucune commune mesure ne leur est applicable ; à notre avis, ils démontrent surtout que la désassimilation azotée des femmes en couches est influencée d'une façon prépondérante par l'alimentation. C'est ce qui ressort, à toute évidence, du travail de Klemmer (1), assistant de Winckel, et nous croyons ne pouvoir mieux faire que d'en résumer les données dans le tableau synoptique suivant :

ACCOUCHÉES.	RÉGIME ALIMENTAIRE.	QUANTITÉ d'urée éliminée par jour.	Observations.
1er groupe.	Bouillon .... 1,250 c³ Lait .... 500 — Viande rôtie, d'abord . 525 gr. 　—　　ensuite . 775 — Pain blanc ...... 30 —	54gr,8	Garde-robes fréquentes, en partie liquides, renfermant des restes de viande non digérée. Sécrétion lactée riche. Lochies profuses.
2e groupe.	D'abord : Œufs .... 4 Lait .... 400 c³ Bière .... 400 — Bouillon .... 750 — Compote .... ? Pain blanc ..... 180 gr. Ensuite : Œufs .... 7 Lait .... 600 c³ Bière .... 1,250 — Bouillon .... 750 — Compote .... ? Pain blanc ...... 180 gr.	32gr,9	Garde-robes normales. Sécrétion lactée riche. Lochies de moyenne importance.

(1) KLEMMER, Untersuchungen über den Stoffwechsel der Wöchnerinnen und die zweckmässigste Diät derselben. (Winckel's Berichten u. Studien aus dem k.-sächs. Entbindungs-Institut in Dresden, 1876, Bd II, SS. 155-186.)

ACCOUCHÉES.	RÉGIME ALIMENTAIRE.		QUANTITÉ d'urée éliminée par jour.	Observations.
3ᵉ groupe.	Pain blanc . . . . 245 gr. Viande rôtie . . . . . . 70 — Beurre . . . . 50 — Compote . . . . ?		26ᵍʳ,2	Garde-robes normales. Sécrétion lactée retardée. Lochies minimes.

Tandis que Kleinwächter invoquait l'involution utérine comme facteur principal de l'accélération des échanges azotés des femmes en couches, Grammatikati (1), en 1883, a cherché à montrer qu'il fallait y voir plutôt un effet de l'activité des glandes mammaires. Dans ce but, il a analysé l'urée éliminée pendant des périodes de quatre à neuf jours chez quatorze femmes en couches normales, par la méthode de Liebig, avec défalcation du chlore, et, dans quelques cas, il dosa l'azote total de l'urine par la méthode de Will et Varentrapp. Ses accouchées, astreintes à une diète fixe, recevaient pour la plupart 500 centimètres cubes de lait, 2 œufs, 500 centimètres cubes de bouillon et 1 à 1 1/2 livre de pain. Toutefois, les données concernant les sécrétions lactée, lochiale et sudorale et les fèces sont assez vagues.

D'après l'auteur, l'excrétion maximale d'urée ou d'azote urinaire s'observerait du troisième au cinquième jour après l'accouchement, suivant immédiatement l'établissement d'une sécrétion lactée profuse, et l'augmentation de l'azote de la désassimilation serait proportionnelle à l'intensité de cette activité sécrétoire; ainsi, tandis que chez de bonnes nourrices l'excrétion de l'urée peut s'élever jusqu'à 60 grammes et plus par jour, chez les femmes qui ne nourrissent pas ou dont le lait se tarit, elle peut tomber à 14ᵍʳ,5 par jour.

Les glandes mammaires seraient, par conséquent, ici le foyer des métamorphoses azotées : une quantité considérable d'albumine s'y décomposerait en graisse d'une part, et de l'autre en substances azotées dérivées qui seraient livrées à la combustion et s'élimineraient sous forme d'urée.

(1) GRAMMATIKATI, *Ueber die Schwankungen der Stickstoffbestandtheile des Harns in den ersten Tagen des Wochenbetts.* (*Centralbl. f. Gynäk.*, 1884, Nᵒ 23.)

Tous ces travaux présentent le défaut d'avoir été entrepris sur la femme, chez laquelle les recherches sur la nutrition sont entourées de difficultés majeures. La femme, même à l'état ordinaire, s'accommode mal à un régime simple et toujours identique, *a fortiori* pendant la grossesse et les couches ; or, pour acquérir sur les variations de l'intensité de la désassimilation des renseignements dont la signification soit précise, une condition essentielle est l'invariabilité de l'alimentation.

La plupart des expérimentateurs ayant fait leurs observations sous des régimes très différents (Winckel, Heinrichsen, Kleinwächter, Grammatikati), leurs résultats ne sont pas comparables ; il faut y ajouter d'autant moins de signification générale que ce régime même était variable, pour une même observation, sans que les auteurs aient cherché à fixer la valeur quotidienne des ingesta.

Il n'est pas permis de tirer de l'observation des derniers jours de la grossesse des conclusions générales sur un processus dont la durée est de neuf mois ; même, *a priori*, les échanges matériels pendant cette période ultime de la grossesse doivent différer profondément de ceux qui évoluent pendant le cours antérieur de la gestation. Encore eût-il fallu observer comparativement les sujets en dehors de la grossesse et des couches, et l'on s'aperçoit qu'en définitive les auteurs sont dépourvus de tout terme de comparaison rationnel.

Quant aux données recueillies pendant les couches, elles sont passibles de critiques plus graves encore. Aussi longtemps que l'on ne fournira pas en même temps des renseignements précis sur le régime suivi et sa valeur, sur l'intensité des sécrétions lactée et lochiale, nous ne pourrons considérer comme légitime aucune conclusion sur la marche de la désassimilation.

Plus on étudie ces travaux, plus on se convainc que les auteurs ont fait fausse route. Ils ont plus embrouillé qu'élucidé la question.

Récemment encore (1894), A.-U. Zacharjewsky (1) a repris, chez la femme, l'étude des mouvements nutritifs de l'azote pen-

---

(1) A.-U. ZACHARJEWSKY, *Ueber den Stickstoffwechsel während der letzten Tage der Schwangerschaft und der ersten Tage des Wochenbettes.* (*Zeitschr. f. Biologie*, 1894, pp. 368-438.) Cf. *Zeitschrift. f. Tocol.*, 1894, Bd XXX, N. F. 12.

dant les derniers jours (2-8) de la grossesse, l'accouchement et les couches, dans un travail remarquable empreint d'un esprit plus rigoureux et plus systématique. Sans astreindre des sujets à une ration quantitativement et qualitativement invariable, il a fixé la valeur azotée des ingesta et des egesta (urines et fèces) chez neuf femmes enceintes.

Pendant la grossesse, une quantité considérable de l'azote résorbé est épargnée. Cette épargne varie d'après l'alimentation et aussi d'après d'autres circonstances : les pluripares épargneraient plus que les primipares.

Il faudrait admettre que, pendant la grossesse, la désassimilation est ralentie et l'assimilation accrue au profit du développement et de la nutrition du fruit. Nous ferons observer que la première partie de cette conclusion est illégitime.

Pendant les couches, la consommation d'albumine évolue de manière que pendant les quatre à cinq premiers jours les egesta surpassent les ingesta, mais l'organisme répare assez promptement ces troubles consécutifs à la parturition, — dans les cas normaux, l'équilibre nutritif s'établit déjà vers le cinquième jour, — ensuite, les pertes subies après l'accouchement sont compensées par une épargne jusqu'à ce que, vers le neuvième ou le dixième jour, se rétablisse l'état d'équilibre de nutrition.

Zacharjewsky n'a pas observé la prétendue relation qui, d'après Grammatikati, existerait entre la quantité d'azote éliminée par les urines et l'intensité de la lactation.

Rompant avec les errements de ses devanciers, Repreff (1), le premier, en 1888, dressa le bilan de l'azote chez divers animaux (lapins, cobaye, chienne) en gestation. De la comparaison de l'azote des ingesta, dont la quantité était variable, mais connue, à celui des egesta : urines et fèces, dosé par la méthode de Kjeldahl-Borodin, il apparut que, pendant la gestation, l'assimilation croît et que la désassimilation diminue. La résorption intestinale est plus intense et l'élimination de l'azote par les urines est réduite, d'où l'organisme constitue des épargnes.

(1) A.-W. REPREFF, loc. cit.

La gestation serait, en définitive, caractérisée surtout par un ralentissement progressif de la métamorphose des matériaux azotés; plus la gestation est polygène, plus ce ralentissement s'accentuerait.

Un an après son premier mémoire, le Dr Repreff communiqua à la Société d'obstétrique et de gynécologie de Saint-Pétersbourg des conclusions d'une étude de la nutrition azotée chez les nourrices en couches, d'où il appert que, dans cette phase de la vie sexuelle, les processus d'assimilation sont accrus tandis que la désassimilation serait diminuée, ce qui concorderait avec quelques observations analogues faites sur des lapines et des chiennes.

Sans connaître les travaux de Repreff, le vétérinaire Osc. Hagemann (1), dans une thèse inaugurale, élaborée sous la direction du professeur Zuntz, publia, en 1891, deux expériences sur la chienne gravide; une seule réussit; aussi, malgré la grande valeur de ce mémoire, les conclusions auxquelles il mène demandent-elles confirmation avant que la science les enregistre : *casus unus, casus nullus.*

L'importance de ce beau travail, conçu avec méthode et rigueur, nous oblige à donner un résumé des résultats acquis. L'auteur soumit deux chiennes à une ration de luxe, sensiblement invariable, dont la valeur en azote et en calories était connue, et dosa l'azote des excreta (urines et fèces) avant et pendant la gestation, ainsi que pendant la période de lactation.

L'une, vers le terme, ne mit bas que quelques masses placentaires putrides, en sorte que l'expérience fut manquée et que les données recueillies n'ont qu'une valeur relative et ne sont, en tout cas, d'aucune utilité pour nous.

L'autre chienne, au terme normal, mit bas deux jeunes bien portants. La mère qui, pendant la période préparatoire, grâce à une ration riche en azote, augmentait de poids et retenait environ 0^{gr},57 N *pro die,* aussitôt que fécondée, assimila encore une légère

---

(1) Osc. HAGEMANN, *Beitrag zur Kenntniss des Eiweissumsatzes im thierischen Organismus.* (Inaug. Dissert.) Berlin, 1891. Cf. *Du Bois' Archiv f. Anat. u. Phys., Physiol. Th.*, 1890, S. 577.

quantité d'albumine, mais assez rapidement se produisit une accélération telle de ses échanges, qu'elle perdit par les urines $0^{gr},376$ N *pro die* en plus qu'elle n'en ingérait avec sa ration. L'organisme maternel s'appauvrissait donc d'une manière absolue, à cause de l'augmentation de ses dépenses et aussi relativement par suite du développement du fruit. De là, la désassimilation azotée diminua progressivement jusque vers le milieu de la gestation. Alors le bilan de l'azote devint positif et, vers la fin de la gestation, — surtout pendant la dernière semaine, quand, outre le développement des jeunes, s'établit encore une hypertrophie considérable des glandes mammaires, — l'animal retint d'importantes quantités d'azote, voire jusque $1^{gr},617$ *pro die*.

Sans avoir dosé la quantité d'azote contenue dans les produits de la conception (jeunes et annexes), l'auteur a cherché à l'établir approximativement en se basant sur le poids des jeunes et les données générales, fixées par Bischoff (1) et Volkmann (2). Comparant les chiffres ainsi obtenus à la quantité d'azote épargnée par la chienne pendant la durée entière de la gestation, il trouve que, *malgré son alimentation riche, l'organisme maternel a conçu en partie aux dépens de sa propre chair.*

Toutes déductions faites cependant, l'animal avait gagné $0^{kgr},810$ en poids. Par conséquent, si d'un côté il s'était appauvri en chair, de l'autre il s'était enrichi en graisse et en eau.

L'étude des mouvements nutritifs de l'azote, chez la femme, au cours de la lactation est à refaire sinon à délaisser; pour acquérir dans ce domaine quelques notions exactes, il convient de s'adresser aux animaux domestiques.

On pourrait s'attendre à ce que l'organisme, devant faire face à d'importantes soustractions d'albumine par la sécrétion du lait, cherche, d'un autre côté, à économiser d'autant ses matériaux azotés en couvrant ses dépenses, grâce à la combustion de matériaux d'épargne : hydrocarbures, graisses.

L'ensemble des expériences faites chez les animaux tend à prouver qu'il n'en est pas ainsi. Non seulement l'activité des

(1) E. Bischoff, *Zeitschrift für rationnelle Medicin*, 1863, 3ᵉ R., Bd XX, S. 75.

(2) E. Bischoff und Volkmann, *Berichte über d. Verhandl. der Königl. Sächsisch. Gesellsch. der Wissensch. zu Leipzig.* [Math.-phys. Klasse], 1874, Bd XXVII, S. 202.

glandes mammaires ne réduit pas la désassimilation de l'azote, mais il semble plutôt qu'elle accélère encore la dénutrition de l'albumine. C'est du moins ce qui ressort des travaux de Stohmann (1), de Potthast (2) et de Hagemann (3).

Si l'on analyse de près les expériences de Stohmann (4) sur deux chèvres laitières, on voit que la désassimilation de l'azote se règle plutôt d'après l'intensité de la sécrétion lactée que d'après l'ingestion d'azote.

La chienne de Potthast (5) ingérait quotidiennement, avec sa ration, $9^{gr},372$ d'azote, et, pendant la première période de la lactation, éliminait par les urines, les fèces et la chute des poils, $9^{gr},232$ d'azote; dans une seconde période, pendant laquelle ses jeunes recevaient un supplément de lait de vache, la chienne éliminait $8^{gr},419$ d'azote; après sevrage, l'élimination tomba à $8^{gr},014$ d'azote. Par conséquent, l'animal, en pleine période de lactation, excrétait $1^{gr},35$ d'azote en plus que pendant le repos sexuel.

Le bilan de l'azote chez la chienne de Hagemann (6) se traduisit, pendant la période de lactation, par une épargne de $41^{gr},944$ d'azote, mais les deux jeunes soutirèrent à leur mère 76 grammes d'azote environ, si bien que, pendant une période de quatre semaines, la mère perdit $34^{gr},056$ d'azote ou 1,014 grammes de chair et 1,220 grammes de son poids, par conséquent, encore 206 grammes de graisse et d'eau. Quoique l'organisme maternel perdît environ $1^{gr},5$ d'azote par jour, la désassimilation se maintenait intense et représentait environ 8 grammes d'azote par jour. Hagemann admet, pendant la lactation, l'existence d'un moment physiologique accélérateur des combustions de l'albumine.

A notre avis, le physiologiste n'a guère à s'occuper de l'albuminurie des femmes enceintes; cet accident relève plutôt de la

(1) STOHMANN, *Biographische Studien.* Braunschweig, 1873.

(2) J. POTTHAST, *Beiträge zur Kenntniss des Eiweissumsatzes im thierischen Organismus.* (Inaug. Dissert.) Münster, 1877.

(3) OSC. HAGEMANN, *loc. cit.*

(4) STOHMANN, *loc. cit.*

(5) J. POTTHAST, *loc. cit.*

(6) OSC. HAGEMANN, *loc. cit.*

pathologie. Si l'albuminurie, pendant la grossesse, peut s'observer en dehors de toute néphrite (?), elle tient alors vraisemblablement à des troubles de la circulation rénale : stase veineuse. Cette albuminurie s'observerait :

20 fois sur 100 d'après Blot (1);
14,3 — — Becquerel (2);
10 — — Winckel (3);
5,4 — — Meyer (4);
4,8 — — Ingerslew (5);
2,6 — — Flaischlen (6),

dans la dernière période de la grossesse, mais von Noorden (7) estime que ces chiffres correspondent à peu près à ceux qu'on obtient en examinant sous ce rapport les personnes regardées comme saines en dehors de la grossesse.

Plus intéressante est pour nous l'albumosurie signalée par Fischel (8). La propeptone apparaîtrait en petite quantité dans l'urine des femmes enceintes dans un quart des cas, et, chez les femmes en couches, sa présence serait plus constante et plus notable, surtout les deuxième et troisième jours après l'accouchement. Son origine est encore passablement obscure. Pour Fischel, l'albumosurie des accouchées serait en relation avec l'involution utérine : la propeptone serait un produit de la métamorphose

---

(1) BLOT, cité d'après E. HUBERT, *Traité d'accouchement,* 1892, vol. I, p. 114.

(2) A. BECQUEREL, cité d'après E. HUBERT, *Ibidem.*

(3) WINCKEL, *Albuminurie bei Kreissenden u. die Eklampsie.* (*Berichte u. Studien,* 1874, Bd I, S. 275.)

(4) MEYER, *Zur Lehre von der Albuminurie in der Schwangerschaft u. bei der Geburt.* (*Zeitschr. f. Geburtsh. u. Gynäk.,* 1889, Bd XVI, S. 215.)

(5) INGERSLEW, *Beitrag zur Albuminurie während der Schwangerschaft.* (*Zeitschr. f. Gynäk.,* 1881, Bd VI, S. 176.)

(6) FLAISCHLEN, *Ueber Schwangerschaft und Geburtsniere.* (*Zeitschr. f. Gynäk.,* 1882, Bd VIII, S. 354.)

(7) C. VON NOORDEN, *Albuminurie bei gesunden Menschen.* (*Deutsch. Archiv f. Medicin,* 1886, Bd XXXVIII, S. 203, et *Lehrb. der Pathologie des Stoffwechsels.* Berlin, 1893, S. 136.)

(8) FISCHEL, *Ueber puerperale Peptonurie.* (*Archiv f. Gynäk.,* 1884, Bd XXIV, SS. 400-420.) — IDEM, *Neue Untersuchungen über den Peptongehalt der Lochien nebst Anmerkungen über die Ursachen der puerperalen Peptonurie.* (*Ibid.,* 1885, Bd XXVI, SS. 120-124.) — IDEM, *Ueber Peptonurie in der Schwangerschaft.* (*Centralbl. f. Gynäk.,* 1889, S. 473.)

régressive des parois utérines. Chez les femmes enceintes, d'après Koettnitz (1), elle proviendrait du liquide amniotique qui renfermerait de petites quantités d'albumose.

III. — La désassimilation des matériaux inorganiques.

A. — *Le phosphore.*

En 1882, Delattre (2) a édifié une théorie des échanges du phosphore entre la mère et le fruit sur une prétendue disparition presque complète des phosphates de l'urine au début de la grossesse. Si ce fait repose sur des observations sérieuses (3), il doit se rapporter à des cas anormaux, et nous sommes certain qu'il ne se vérifie pas chez la femme enceinte parfaitement normale ni chez les animaux en état de gravidité.

Chez la chienne, pendant la gestation, l'élimination du phosphore ainsi que celle du soufre subissent des modifications parallèles à celles de l'excrétion de l'azote (Osc. Hagemann) (4).

D'après Repreff (5), au cours de la gestation (lapines, cobaye, chienne), les phosphates urinaires diminuent progressivement; plus la gestation est polygène, plus cette diminution s'accentue.

D'après Kleinwächter (6), la quantité absolue d'acide phosphorique éliminée pendant les couches serait diminuée et la sécrétion lactée n'aurait sur la désassimilation du phosphore presque aucune influence.

La diminution de l'excrétion du phosphore et du soufre pendant les premiers jours des couches, parallèle à celle de l'urée, a également été observée par Winckel (7).

---

(1) Koettnitz, *Ueber Peptonurie in der Schwangerschaft.* (*Deutsch medic. Wochenschr.*, 1888, S. 613.) — Idem, *Beitrag zur Physiologie und Pathologie der Schwangerschaft.* (*Deutsch medicin. Wochenschr.*, 1889, SS. 900, 927, 949, 1080.)

(2) Delattre, *Sur un symptôme du début de la grossesse.* (*Gazette des hôpitaux*, 1882, p. 156.)

(3) L'auteur n'en fait pas mention.

(4) Osc. Hagemann, *loc. cit.*

(5) A.-W. Repreff, *loc. cit.*

(6) Kleinwachter, *loc. cit.*

(7) Winckel, *loc. cit.*

B. — *Le chlore.*

Pendant la grossesse, l'élimination du chlore s'effectuerait comme à l'état normal ordinaire et ne diminuerait pas pendant les couches (Winckel) (1).

Repreff (2) a constaté que pendant la gestation (lapines, cobaye, chienne) l'organisme élimine un peu plus de chlorures que pendant le repos sexuel; les oscillations de l'excrétion du chlore ne concordent ni avec celles des ingesta ni avec celles des autres excrétions, pas même avec celles de la diurèse; elles affectent la forme d'ondes successives et contraires.

C. — *Le calcium.*

S'il fallait s'en rapporter aux recherches déjà anciennes de Donné (3), l'urine, pendant la gestation, contiendrait moins de phosphate de chaux que dans l'état naturel, et ce fait serait en relation avec la formation du tissu osseux du fœtus. Cette diminution de la teneur de l'urine en calcium ne serait pas un fait bien constant, d'après Lehmann (4). Et quand même elle se vérifierait, sa signification serait encore douteuse (von Noorden) (5); en effet, l'élimination de la chaux se fait surtout par la muqueuse intestinale (F. Müller) (6); les reins ne sont, dans l'espèce, que des émonctoires secondaires. En conséquence, toute déduction tirée exclusivement de la teneur des urines en calcium, sur l'absorption, l'assimilation ou la désassimilation de la chaux, demeure forcément hypothétique.

---

(1) Winckel, *loc. cit.*

(2) A.-W. Repreff, *loc. cit.*

(3) Donné, *Gazette médicale de Paris*, 1841, n° 22, p. 347. Cf. *Académie des sciences de Paris*, séance du 24 mai 1811.

(4) Lehmann, *Physiologische Chemie*, 1850, Bd II, S. 397.

(5) C. von Noorden, *Lehrbuch der Pathologie des Stoffwechsels*. Berlin, 1893, S. 137.

(6) F. Müller, *Ueber den normalen Koth des Fleischfressers*. (*Zeitschr. f. Biol.*, 1884, Bd XX, S. 355.)

D. — *Le fer.*

Bunge (1) a trouvé que le fœtus (chien, chat, lapin), à sa naissance, possède une réserve considérable de fer, et celle-ci serait
localisée dans le foie ; d'après Bunge et Zaleski (2), la teneur en
fer du foie lavé serait quatre à neuf fois plus grande chez l'animal
(chien) nouveau-né que chez l'adulte.

D'un autre côté, les analyses de Bunge (3), confirmées par
celles de Mendès de Léon (4), établissent que le lait n'est qu'un
aliment relativement pauvre en fer (par unité de poids, il renfermerait six fois moins de fer que le fruit).

Pendant la gestation, la mère cède au fruit un approvisionne-
ment de fer que Bunge (5) suppose emmagasiné dans quelque
organe maternel bien avant la première conception, vers l'époque
de la puberté. La chlorose, si fréquente à cette phase de la vie
sexuelle féminine, ne serait peut-être qu'une conséquence de
cette mise en réserve.

D'après Bunge, cette différence si notable entre la teneur en fer
du lait et du fruit serait une combinaison économique fort
opportune : l'assimilation des composés organiques du fer étant
difficile (6), l'organisme maternel choisit le procédé le plus économique pour assurer à sa progéniture le quantum de fer nécessaire.
S'il lui fallait subvenir aux besoins du fruit surtout par la sécrétion du lait, une notable quantité de fer risquerait d'être inutilisée
en devenant la proie des bactéries dans le tractus intestinal du
nourrisson ; par la voie placentaire, au contraire, l'échange se
fait sans perte.

Cette théorie de Bunge ne serait pas applicable au cobaye :

(1) G. BUNGE, *Ueber Aufnahme des Eisens in den Organismus des Saüglings.*
(*Zeitschr. f. physiol. Chemie,* 1889, Bd XIII, SS. 399-406.)

(2) ZALESKI, *Studien über die Leber. 1. Eisengehalt der Leber.* (*Zeitschr. f. physiol.
Chemie,* 1886, Bd X, S. 453.)

(3) G. BUNGE, *Der Kali-Natron und Chlorgehalt der Milch verglichen mit dem
anderer Nahrungsmittel und des Gesammtorganismus der Saügethiere.* (*Zeitschr.
f. Biologie,* 1874, Bd X, S. 295.) Cf. *Du Bois' Archiv,* 1886, S. 539, et *Lehrbuch der
physiol. u. pathol. Chemie.* Leipzig, 1887, SS. 98 und 99.

(4) M. MENDÈS DE LÉON, *Archiv für Hygiene,* 1886, Bd VII, S. 286.

(5) G. BUNGE, *Ueber der Assimilation des Eisens.* (*Zeitschr. f. physiol. Chemie,* 1884,
Bd IX, S. 49.)

(6) ID., *Ibid.*

d'après Abderhalden (1), le nouveau-né du cobaye n'apporte pas, comme celui du chien et du lapin, une réserve de fer déposée dans ses tissus; les cendres du lait de cobaye et celles du cobaye nouveau-né ont, même quant au fer, sensiblement la même composition centésimale.

IV. — La toxicité urinaire.

Chambrelant et Demont (2), examinant l'urine des femmes enceintes arrivées aux trois derniers mois de la grossesse, ont constamment trouvé le coefficient de toxicité (0.25) au-dessous de la normale [(0.35) Chambrelant et Demont; (0.46) Bouchard]. D'après Labadie-Lagrave, Boix et Noé (3), cette diminution de la toxicité pourrait se manifester dès le deuxième mois de la grossesse, et Rénon (4) a dit avoir fait des constatations analogues avec l'urine des lapines en état de gravidité.

Labadie-Lagrave, Boix et Noé (5) ont enfin trouvé que la toxicité urinaire du cobaye est diminuée pendant la gestation et ne revient à la normale que cinq à six jours après la mise bas; chez cet animal, la toxicité urinaire se trouve à la fin de la gestation à deux tiers environ (2^{kgr},500) au-dessous de la normale (6^{kgr},520).

Vandervelde (6), au contraire, a observé, chez la lapine gravide, que le sang et l'urine sont plus toxiques qu'à l'état normal.

V. — Température pendant la grossesse.

A défaut de recherches calorimétriques, nous possédons quelques données sur la température pendant la grossesse chez la femme.

(1) E. Abderhalden, *Die Beziehungen der Zusammensetzung der Asche des Säuglings zu derjenigen der Asche der Milch beim Meerschweinchen.* (*Zeitschr. f. physiol. Chemie*, 1899, Bd XXVII, SS. 356-367.)

(2) Chambrelant et Demont, *Recherches expérimentales sur la toxicité urinaire dans les derniers mois de la grossesse.* (*Comptes rendus hebdomadaires des séances et mémoires de la Société de biologie*, 1892, p. 27.)

(3) Labadie-Lagrave, Boix et Noé, *Comptes rendus de la Société de biologie*, 12 décembre 1896.

(4) Rénon, *Ibid.*, 12 décembre 1896.

(5) Labadie-Lagrave, Boix et Noé, *Comptes rendus de la Société de biologie*, 3 juillet 1897. Cf. *Archives générales de médecine*, septembre 1897, n° 9, pp. 257-263.

(6) Vandervelde, *Wiener klin. Rundschau*, 1896.

Les recherches de Wunderlich (1), de Baerensprung (2), de Schroeder (3), de Gruber (4) et de Peter (5), portant surtout sur les variations de la température des organes génitaux gravides (vagin, utérus) concordent peu et sont du reste difficilement comparables.

Temesvary et Backer (6) et Collette (7), qui ont relevé la température axillaire chez les femmes enceintes, l'ont constamment trouvée normale, tant dans les derniers mois de la grossesse que pendant les premiers. C'est, d'ailleurs, au même résultat qu'avaient été conduits auparavant Wunderlich (8) et Gierse (9).

PARTIE ORIGINALE.

Les mouvements nutritifs de l'azote, du phosphore, du chlore et de l'eau pendant la gestation et *post partum* chez la lapine.

BUT ET PLAN.

Dans sa vie de nutrition, l'organisme normal dépense avec mesure et cherche à économiser le plus possible ses substances azotées qui représentent les matériaux les plus essentiels à la vie et qui ont aussi la plus grande valeur financière. Si les manifestations vitales exigent une combustion continuelle des substances protéiques du corps, lesquelles, aussi bien que toutes les autres, doivent se renouveler sans cesse, du moins, dans les conditions ordinaires, leur juste emploi est réglé. Il est, par exemple, assez bien établi aujourd'hui, que l'activité musculaire ne les entame guère, que la calorification est surtout assurée par l'oxydation des hydrates de carbone et de la graisse et que l'organisme ne

(1) WUNDERLICH in JACCOUD, *De la température dans les maladies*, 1872.
(2) BAERENSPRUNG, *Archiv für Anatomie und Physiologie*, 1851.
(3) SCHROEDER, *Virchow's Archiv*, Bd XXXV.
(4) GRÜBER, Berne, 1867.
(5) PETER in *Cliniques médicales*.
(6) TEMESVARY et BACKER, *Archiv für Gynäkologie*, Bd XXXIII.
(7) P. COLLETTE, *Température pendant la grossesse, le travail et les suites de couches normales*. (Thèse de Lille, 1889.)
(8) WUNDERLICH, *loc. cit.*
(9) GIERSE, *Quaenam sit ratio caloris organici*, 1842.

livre sa chair que poussé dans ses derniers retranchements par l'inanition ou par des causes morbides.

D'autre part, on sait que les pertes azotées se réparent avec difficulté et lenteur.

La gestation cependant est un impôt progressif avec le temps, établi sur le capital de la mère, et la parturition est, en définitive, une soustraction de chair. Le fruit étant formé à l'image de l'organisme mère, on y retrouve les mêmes matériaux, à peu de chose près, dans les mêmes rapports. Si l'on s'en réfère aux moyennes fournies par Bischoff et Volkmann (1), pour l'animal adulte on peut admettre, avec Hagemann (2), que le fruit renferme 14 °/₀ d'albumine et de substances collagènes. Ainsi, au service de la conservation de l'espèce, l'économie femelle sacrifie d'importantes quantités d'azote.

Un intérêt majeur s'attache, par conséquent, à l'étude des échanges des matériaux azotés pendant la gestation ; nous nous y sommes d'abord et principalement attaché.

Il est à prévoir que les lois de la nutrition, pendant cette phase de la vie sexuelle, doivent être profondément modifiées, sinon dans leur essence, du moins dans leurs rapports ; deux vies superposées, celle de la mère et celle du fruit, l'une prenant sa source et ses aliments dans l'autre et restant emboîtées jusqu'au moment de la parturition, compliquent singulièrement le mécanisme de la vie végétative du tout.

Une question primordiale s'impose, à laquelle se rattachent toutes les autres : *La mère forme-t-elle le fruit aux dépens de sa propre chair, ou tire-t-elle de l'alimentation tous les matériaux qu'elle lui cède, ou bien encore, conçoit-elle en partie à ses propres dépens, en partie aux dépens de ses imports, dans quelles proportions, quelles conditions et par quel mécanisme?*

Le problème ainsi posé, sa solution n'est possible que pour autant que l'on connaisse, pendant toute la durée de la gestation, la valeur des imports et des exports. Il faut dresser le bilan de l'azote et enfin mettre, en regard du boni ou du déficit, la quantité d'azote représentée par les produits de la conception.

Tel est le plan que nous avons suivi dans notre étude ; cette

(1) Bischoff et Volkmann, *loc. cit.*
(2) Osc. Hagemann, *loc. cit.*

ligne de conduite nous permettra de pénétrer le mécanisme de la consommation d'albumine pendant la gestation; nous connaîtrons, en effet :

a) L'influence de l'alimentation et celle du développement du fruit sur

b) La marche de l'assimilation et de la désassimilation, c'est-à-dire le double processus de la résorption et des combustions organiques azotées.

Étudiant toujours nos sujets d'expériences assez longtemps avant la fécondation et quelque temps après la parturition, *ceteris paribus,* nous avons deux termes de comparaison.

Sülzer (1) a établi qu'il existe entre l'azote et l'acide phospho·rique excrétés un rapport dont la labilité permettrait de se renseigner sur la participation des différents tissus et organes à la nutrition intime générale; en effet, si une proportion constante du P_2O_5 désassimilé doit être rapportée à la combustion de l'albumine, une quantité variable résulte de la désassimilation plus ou moins intense de la lécithine, substance plus riche en phosphore que l'albumine et dont l'importance est capitale au point de vue de la rénovation cellulaire et de la nutrition du système nerveux.

Il est donc intéressant de poursuivre la marche de l'excrétion du P_2O_5 pendant la gestation, alors que, non seulement, comme à l'ordinaire, l'organisme est le siège d'une rénovation incessante, mais devient encore un foyer intense d'édification (fruit, matrice, glandes mammaires).

Enfin, nous avons également porté notre attention sur l'élimination du chlore qui affecte certains rapports, non seulement avec les processus de la transformation de l'albumine de circulation en albumine organisée et vice versa, mais encore avec la diurèse dont la marche nous fournira des renseignements utiles sur la nutrition de l'eau.

OBJETS ET MÉTHODES.

Tenter de résoudre le problème avec la rigueur nécessaire en expérimentant sur la femme, c'est se heurter aux difficultés presque insurmontables que nous avons signalées dans notre

(1) SÜLZER, *Virchow's Archiv,* Bd LXVI.

exposé critique. Tout au plus peut-on dresser le bilan des excreta et des ingesta pendant une courte période, comme l'a fait Zacharjewsky (1) pour les derniers jours (2-8) de la grossesse, encore sous ration quantitativement variable, et l'on arriverait ainsi à des résultats partiels, sans terme de comparaison, et dont on ne pourrait jamais tirer de conclusions précises.

On peut cependant aboutir à des constatations intéressantes en poursuivant la désassimilation chez la femme pendant une longue période de la grossesse, même à défaut de diète fixe, si l'on a pris soin d'observer la marche de ce même processus assez longtemps avant la fécondation. C'est ce que nous avons fait. Nous ne relaterons pas ces observations dans le présent mémoire, auquel nous désirons conserver une parfaite homogénéité. Dans ce travail, il sera exclusivement question de nos recherches chez la lapine.

A notre point de vue spécial, cet animal présentait divers avantages, mais aussi un inconvénient. Il supporte très bien une claustration prolongée et s'accommode facilement et indéfiniment d'une ration simple et fixe; on connaît sa remarquable fécondité qui permet d'observer coup sur coup plusieurs gestations successives. La lapine adulte, qui supporte l'approche du mâle en tout temps, est même plus particulièrement fécondable quelques jours (6-12) après la mise bas. La durée de sa gestation (31-32 jours) est relativement courte. Malheureusement, en captivité dans les cages, elle refuse d'élever sa progéniture qu'il importe de lui soustraire rapidement, sinon elle dévore ses jeunes les uns après les autres. On sait d'ailleurs que, comme beaucoup d'autres mammifères, elle mange les placentas. Nous n'avons donc jamais eu l'occasion d'étudier la période de lactation chez cet animal; en revanche, l'étude de la nutrition après la mise bas, en dehors de toute lactation, s'est montrée intéressante.

Toutes les lapines destinées à nos expériences étaient des sujets adultes et vigoureux de 2 à 3 kilogrammes. Préalablement reconnues saines, elles ont été soumises, aussitôt leur acquisition, à un régime alimentaire régulier et invariable pendant un temps suffisamment long pour obtenir une adaptation convenable.

_____

(1) ZACHARJEWSKY, _loc. cit._

La ration fournie tous les jours, à la même heure, comportait :

200 grammes de carottes.
50 — d'avoine.

quantités prélevées sur un stock suffisant pour des observations de longue durée.

Après cette *période de préparation*, qui dure jusqu'à ce que, par des pesées quotidiennes et l'examen des egesta, on se soit assuré que les lapines ont atteint un état très voisin de l'équilibre nutritif, commence la période d'observation. Pendant celle-ci, l'animal conserve sa même ration ou bien est soumis à une diète plus pauvre ou plus riche, ou bien encore mange *ad libitum*, la quantité de nourriture ingérée étant toujours exactement calculée.

Nos lapines ont séjourné dans les cages du Dr A. Ver Eecke, dont le modèle ainsi que les avantages qu'elles présentent ont été publiés dans les *Archives internationales de pharmacodynamie*, volume IV, pages 81 et suivantes. Elles permettent de recueillir séparément la totalité des urines et les fèces à sec. Les pertes minimales par mouillage des plans inclinés deviennent nulles si l'on a soin de récolter les liquides de lavage.

Tous les matins, à la même heure, les egesta sont enlevés, les fèces pesées et les urines analysées sous les rapports suivants : quantité, réaction, densité, teneur en azote, urée, anhydride phosphorique et chlorures; éventuellement aussi, nous avons recherché la présence de l'albumine, de l'albumose et du sucre dans l'urine.

Ensuite l'animal est pesé et reçoit sa ration.

MÉTHODES D'ANALYSES.

A. *Dosage de l'urée* par la méthode à l'hypobromite de soude en nous servant de l'uréomètre à déversement de Depaire (1).

B. *Dosage de l'azote* dans les ingesta (carottes et avoine) et les egesta (urines, fèces, poils tombés; fruits : jeunes et annexes)

---

(1) DEPAIRE, *Bulletin de l'Académie royale de médecine de Belgique*, 3e sér., t. X, n° 10.

par la méthode de Kjeldahl. Nous avons adopté le procédé suivant, très exact et relativement rapide : ébullition avec l'acide sulfurique pur plus un cristal de sulfate de cuivre jusqu'à ce qu'on obtienne une liqueur parfaitement claire. A la fin de l'opération, addition de cristaux de permanganate de potassium jusqu'à refus. On transforme ainsi tout l'azote organique et inorganique en sulfate d'ammoniaque. Quant à la distillation de l'ammoniaque, nous avons suivi les préceptes classiques (1).

Les quantités prélevées pour ces analyses ont été les suivantes :

1° *Ingesta :* 10 grammes d'avoine, 50 à 80 grammes de carottes soigneusement triées, respectivement avec 40 et 50 à 100 centimètres cubes d'acide sulfurique. Durée de l'ébullition : deux à quatre heures.

Les analyses sont faites en triple tous les cinq à huit jours et l'on prend la moyenne des résultats obtenus comme représentant la valeur azotée des ingesta pendant l'intervalle entre deux séries d'analyses.

2° *Egesta.* a) *Urines :* 20 + 20 centimètres cubes d'acide sulfurique. Durée de l'ébullition : une demi à trois quarts d'heure ; b) *Fèces* séparées, autant que possible, d'avec les poils tombés, sont pesées à l'état frais, puis soumises à la dessiccation, après avoir été arrosées d'acide oxalique dilué pour éviter les pertes de NH_3. Pesées à l'état sec, elles passent au moulin; 5 grammes de fèces finement pulvérisées sont bouillies avec 30 centimètres cubes d'acide sulfurique. Durée de l'ébullition : une à deux heures ; c) *Fruits.* Les jeunes en entier et les placentas, après pesage, sont soumis au même traitement avec deux à trois fois leur poids d'acide sulfurique. Durée de l'ébullition : cinq à huit heures.

C. *Dosage de l'anhydride phosphorique* dans l'urine par le procédé de Neubauer (2). Nous avons employé une solution d'acétate d'urane et comme indicateur la teinture de cochenille préparée d'après Lückow (3).

D. *Dosage des chlorures* directement dans l'urine par la méthode de Mohr (4).

---

(1) NEUBAUER und VOGEL, *Anleitung zur Analyse des Harns*, 1890, 9. Aufl.

(2) NEUBAUER in NEUBAUER und VOGEL, *loc. cit.*, Bd I, S. 450.

(3) LÜCKOW, *Journal für praktische Chemie*, 1884, S. 424.

(4) MOHR, *Lehrbuch der Titrirmethode*, 1856, 2, 13. Cf. NEUBAUER und VOGEL, *loc. cit.*, Bd I, S. 436.

DISCUSSION GÉNÉRALE DU PROBLÈME.

Soit C le capital azoté de la mère au moment de la fécondation; nous désignerons par C′ ce capital après la mise bas, par F l'azote renfermé dans les produits de la conception (jeunes et annexes).

Désignons encore par i l'azote contenu dans la ration journalière (ingesta); par f l'azote éliminé par les fèces; par u l'azote excrété par les urines.

Nous affecterons de l'indice g ces trois éléments lorsqu'ils se rapporteront en particulier à la durée de la gestation.

Soit n le nombre de jours que comporte la durée entière de la gestation.

Enfin, soit P le poids de l'animal avant la gestation, P′ son poids après la parturition.

Le bilan de l'azote, après la mise bas, s'exprime par

$$C + \Sigma i_g - \Sigma (f_g + u_g) - F = C \quad \ldots \ldots \quad (1)$$

ou, si la ration est invariable, par

$$C + n i_g - \Sigma (f_g + u_g) - F = C'.$$

A priori, on peut avoir

$$C' > C \ (a)$$
$$C' = C \ (b)$$
$$C' < C \ (c)$$

Ce qui exprime qu'après la mise bas, la mère peut avoir gagné (a) ou perdu de l'azote (c), ou bien encore, avoir conservé intégral son capital azoté (b).

Considérant que l'organisme maternel doit pouvoir fournir, pendant la période de lactation, un tribut important d'azote pour l'élevage de sa progéniture, les cas a, b, c sont rangés par ordre de prévalence physiologique, a étant l'*optimum*; b étant un cas équivoque; *c* impliquant un état de déchéance organique : c'est le *pessimum*.

Les cas *optimum* et *pessimum* peuvent être plus ou moins accentués.

Examinons les conditions dans lesquelles ces trois cas peuvent se produire.

L'équation (1) peut prendre la forme,

$$\Sigma i_g - (\Sigma f_g + \Sigma u_g) = C' + F - C \quad \ldots \ldots \quad (2)$$

Représentons par Q la valeur du premier membre de l'équation (2); Q est la quantité d'azote épargnée ou perdue, assimilée ou désassimilée pendant les *n* jours de la gestation.

Q peut être : 1° positif; 2° nul ; 3° négatif.

1° Q > 0 d'où $\Sigma i_g - (\Sigma f_g + \Sigma u_g) > 0$ et, par conséquent, C' + F — C > 0, d'où C' + F > C, c'est-à-dire l'assimilation se traduit par un accroissement pour le total de l'organisme gravide au moment de la mise bas.

Trois éventualités sont possibles :

I. Q > F, alors C' > C. La mère a conçu avez gain d'azote pour elle-même : c'est l'*optimum* (*a*).

II. Q = F, alors C' = C; c'est le cas (*b*). La mère a conservé intégral son capital azoté. Il y a lieu de faire remarquer aussitôt que l'intégrité de l'organisme n'est qu'absolue et non relative : l'équilibre organique est rompu; en effet, il y aura eu transport de substances azotées vers les glandes mammaires et la matrice hypertrophiées aux dépens du reste des organes.

III. Q < F, d'où C' < C; la mère a perdu de l'azote; elle a formé les produits de la conception en partie aux dépens de sa propre chair; nous entrons dans le cas (*c*). L'équilibre organique est encore troublé davantage.

2° Q = 0, alors $\Sigma i_g = \Sigma f_g + \Sigma u_g$. L'animal, pour la période entière de la gestation, a conservé l'équilibre de nutrition azoté. On a alors C' + F = C, d'où C' = C — F, ce qui exprime que le fruit a été formé entièrement au détriment de la mère, et l'on voit que l'équilibre organique est encore plus profondément troublé. Ce cas est la limite du III du 1°.

3° Q < 0, c'est-à-dire que $\Sigma i_g < \Sigma f_g + \Sigma u_g$; en dernière

analyse, la gestation s'est constituée en perte d'azote. On a
C' + F < C. Non seulement le fruit s'est développé aux dépens
de la mère, mais celle-ci, après la mise bas, a perdu, en sus
du fruit, une quantité d'azote exprimée par la valeur absolue
de Q. C'est le cas le plus prononcé de la déchéance organique :
le *pessimum* (c).

Nous désignons par *quotient organique azoté* le rapport du
poids de l'azote renfermé dans l'organisme au poids vif.

Ce quotient, de $\frac{C}{P}$ avant la gestation, devient $\frac{C'}{P'}$ après la mise
bas.

On peut avoir les relations suivantes :

$$\frac{C'}{P'} > \frac{C}{P}$$

$$\frac{C}{P'} = \frac{C}{P}$$

$$\frac{C'}{P'} < \frac{C}{P}$$

Après la mise bas, le poids de la femelle peut avoir augmenté,
être resté le même ou avoir diminué par rapport au poids au
moment de la fécondation; le capital azoté peut avoir subi
des variations de même nature, mais non pas nécessairement
parallèles.

Il n'y a pas lieu de discuter les cas possibles *a priori*. Nous
serions conduit à envisager trop de cas, dont plusieurs physiologiquement irréalisables. Nous nous bornerons à examiner les
variations du quotient organique azoté dans chacune de nos
observations ; nous verrons, en outre, comment l'organisme
récupère son quotient normal, avec quelle rapidité et par quel
mécanisme.

Une valeur moyenne de ce quotient nous est renseignée par
Bischoff et Volkmann (1); d'après leurs recherches, chez l'animal
adulte normal, 100 grammes de poids vif renferment 16 grammes
d'albumine et de substance collagène, soit 2^{gr},56 d'azote, ce qui
assigne au quotient organique la valeur moyenne de 0,0256.

---

(1) Bischoff und Volkmann, *loc. cit.*

Nous adopterons, dans toutes nos observations, cette moyenne comme représentant la valeur du quotient organique au moment de la fécondation ; c'est-à-dire qu'on a toujours :

$$\frac{C}{P} = 0,0256$$

ou

$$C = 0,0256\,P.$$

D'après ce schème, nous analyserons toutes nos observations.

PARTIE ANALYTIQUE.

Analyses des expériences.

Ordre adopté. — Dans le but de faciliter l'analyse d'observations très longues et afin de se retrouver dans l'accumulation des données, il nous a été indispensable d'adopter un ordre invariable.

Nos observations comprennent successivement :

1° Une période de repos sexuel (observation préalable) ;
2° Une période de gestation ou phase sexuelle ;
3° Une période *post partum*.

Lorsqu'il nous arrivera de suivre les modifications de la nutrition dans plusieurs gestations successives, chez la même lapine, les périodes *post partum*, étant prolongées autant que possible jusqu'à ce que l'animal ait récupéré son équilibre organique azoté normal, serviront de terme de comparaison pour les périodes de gestation consécutives.

L'intérêt de nos recherches portant surtout sur la phase sexuelle, il nous a semblé utile de la subdiviser en plusieurs étapes. Cette subdivision n'a dépendu que de la durée de la gestation chez la lapine.

Le tableau synoptique suivant renferme, pour chacune de nos expériences, le moment précis du coït fécondant, celui de la parturition et la durée exacte de la gestation.

NUMÉROS d'ordre.	MOMENT de la fécondation.	MOMENT de la parturition.	DURÉE de la gestation.	FRUIT jeunes et placentas.	Observations.
1	21 nov. 1896, 8 h. soir	22 déc. 1896, 0 h. matin.	30 jours, 13 h.	8 jeunes, 8 placent. 1897,812ᵉʳ	Lapine. A. 1ʳᵉ gestation.
2	21 mars 1897, 7 h.	25 avril 1897, 0-0 h. —	31 — 11-14 h.	8 — 8 — 408,583	A. 2ᵉ
3	19 oct. 1896, 9 h.	11 nov. 1896, 9 h. s. (avort.).	....	5 fœtus, 5 — 143,225	B. avortement.
4	24 nov. 1896, 8 h.	25 déc. 1896, 3½ h. soir.	30 jours, 19½ h.	7 jeunes, 7 — 377,378	B. 2ᵉ gestation.
5	20 janv. 1897, 6 h.	20 févr. 1897, 4 h —	30 — 22 h.	6 — 6 — 381,300	C. 1ʳᵉ
6	6 mars 1897, 3½ h. —	dans la nuit de 6 au 7 avril 1897	31 — 6-16 h.	6 — 6 — 329,844	C. 2ᵉ
7	12 oct. 1896, 4 h.	13 nov. 1896, 3 h. soir.	31 — 23 h.	+ 1 embryon avorté. 1 placent. 71,531	D. 1ʳᵉ
8	26 nov. — 2 h.	27 déc. 11 h. matin.	30 — 21 h.	6 — 6 — 363,730	D. 2ᵉ
9	10 janv. 1897, 3 h.	10 févr. 1897, 7 h. 45ᵐ —	30 — 16 h. 45ᵐ.	7 — 7 — 408,843	D. 3ᵉ
10	24 mars 1897, 5 h.	25 avril — 6-7 h. —	31 — 13-14 h.	3 — 3 — 140,526	D. 4ᵉ
11	22 oct. — 6 h. 45ᵐ	23 nov. 1897, 6 h. soir.	31 — 23 h. 15ᵐ.	5 — 5 — 310,960	E. 1ʳᵉ
12	3 déc. — 6 h.	3 janv. 1898, 7 h. —	31 — 4 h.	7 — 7 — 444,300	E. 2ᵉ
13	27 nov. — 4 h.	28 déc. 1897, 2½ h. —	30 — 22½ h	5 — 5 — 381,401	F. gestat. unique.
14	8 oct. — 8 h.	8 nov. — 1 h. matin.	30 — 5 h.	7 — 7 — 367,055	G. 1ʳᵉ gestation.
15	29 nov. — 6½ h.	30 déc. — 8 h. soir.	30 — 22½ h.	9 — 9 — 637,502	G. 2ᵉ
16	20 oct. — 7½ h.	20 nov. — 8 h. 45ᵐ soir.	31 — 4 h. 15ᵐ.	8 — 8 — 500,056	H. 1ʳᵉ
17	4 déc. — 7 h.	5 janv. 1898, 7½ h. matin.	31 — 12½ h.	7 — 7 — 488,546	H. 2ᵉ
18	21 févr. 1898, 7 h.	15 mars 1898,7½ h. m. (avort.).	....	4 embr. 4 — 46,022	I. 1ʳᵉ gest. avort.
19	26 mars — 8 h.	26 avril 1898, 0 h. soir.	31 jours, 4 h.	4 jeunes, 4 placent. 310,000	I. 2ᵉ gestation.

Durée moy. : 31 jours 2½ heures.

La durée de la gestation, chez la lapine, varie entre 30 jours 15 heures et 31 jours 23 heures.

Durée moyenne : 31 jours 2 heures.

Nous subdiviserons arbitrairement la période de gestation en quatre étapes à peu près égales : les deux moyennes de 8 jours, les deux extrêmes de 7 ou 8 jours. Nous n'attachons d'ailleurs à cette division artificielle d'autre importance que de fixer les idées sur la chronologie des divers phénomènes observés.

PROTOCOLE.

Nous présentons ci-après dix-neuf observations chez neuf lapines désignées par les lettres alphabétiques :

A. Expériences n°s 1 et 2.
B.   —   n°s 3 et 4.
C.   —   n°s 5 et 6.
D.   —   n°s 7, 8, 9 et 10.
E.   —   n°s 11 et 12.
F.   —   n° 13.
G.   —   n°s 14 et 15.
H.   —   n°s 16 et 17.
I.   —   n°s 18 et 19.

Pour chacune de ces observations, on trouvera un commentaire analytique (1) conçu d'après le plan invariable suivant :

1° Examen sommaire des échanges nutritifs pendant le repos sexuel (observation préalable).

2° Étude de la nutrition pendant la phase sexuelle :

a) Bilan de l'azote au terme de la gravidité ;

b) Modifications de l'équilibre organique ;

c) Utilisation des ingesta pendant la phase sexuelle comparée à celle du repos sexuel ;

d) Élimination de l'azote urinaire pendant la phase sexuelle comparée à celle du repos sexuel ;

e) Excrétion du P_2O_5 pendant la phase sexuelle comparée à celle du repos sexuel ;

---

(1) L'espace qui nous est réservé dans ce recueil ne nous permet pas de publier les tableaux renfermant les données journalières relatives aux ingesta et aux egesta ni les tableaux annexes donnant les résultats des analyses du fruit. [*Note ajoutée pendant l'impression.*]

f) Excrétion du NaCl pendant la phase sexuelle comparée à celle du repos sexuel ;

g) La diurèse pendant la phase sexuelle comparée à celle du repos sexuel ;

h) Examen critique de la valeur de la ration pendant la gestation et

i) Conclusions générales.

3° Étude des modifications de la nutrition *post partum :*

a) Expression symbolique de l'état de la nutrition au terme de la gravidité ;

b) Expression symbolique de l'état de la nutrition au terme de l'observation *post partum ;*

c) Comparaison et mise en évidence des réactions de l'organisme.

A. — ANALYSE DE L'EXPÉRIENCE N° 1.

Lapine de 2860 grammes soumise depuis la mi-octobre à une ration composée de :

Avoine . . . . 50 grammes;
Carottes . . . . 200 grammes.

Période de repos sexuel.

Observation préalable : 9-21 novembre.

Pendant ce temps (12 jours) :

La lapine ingère. . . . . $12^{gr},2400$ d'azote.
— élimine . . . . . . $9^{gr},9082$ —
— épargne . . . . . . $2^{gr},3318$ —

soit $0^{gr},1943$ d'azote *pro die.*

Son poids vif n'augmente que légèrement ; elle s'enrichit plus en chair qu'en autres matériaux : eau, hydrocarbures, graisses. Grâces à des épargnes importantes d'albumine et à une diurèse abondante, la lapine améliore son quotient organique azoté ; aussi est-elle très vigoureuse et bien musclée. Elle jouit d'une ration de luxe relativement riche en azote, qu'elle utilise économiquement.

Période de gestation.

Durée de la gestation : 30 jours 13 heures.

> Fécondation le 21 novembre. . . . . 8 h. soir.
> Part le 22 décembre . . . . 9 h. matin.

Fruit : 5 jeunes et 5 placentas, d'un poids vif de 327^{gr},892.

Bilan de l'azote.

Valeur des termes (1) :

$$P = 2890 \text{ grammes.}$$
$$P' = 2525 \quad - \quad (2).$$
$$C = 73^{gr},984 \qquad\qquad \text{d'azote.} \quad -$$
$$\Sigma i_g = 31^{gr},7900$$
$$\Sigma f_g + \Sigma u_g = 9^{gr},7257 + 21^{gr},7041$$
$$F = 5^{gr},9698$$
$$Q = \Sigma i_g - (\Sigma f_g + \Sigma u_g) = 31^{gr},7900 - (9^{gr},7257 + 21^{gr},7041)$$
$$= 0^{gr},3602$$

et

$$C' = C + Q - F = C + 0^{gr},3602 - 5^{gr},9698$$
$$= C - 5^{gr},6096$$
$$= 73^{gr},9840 - 5^{gr},6096 = 68^{gr},3744 \quad -$$

L'observation se range rigoureusement dans le III du 1° de la discussion générale.

La mère a formé son fruit en minime partie (6.03 °/₀) aux dépens de ses faibles épargnes pendant la gravidité et en presque totalité (93.97 °/₀) aux dépens de sa chair. Bref, au profit de la progéniture, la mère a sacrifié 7.58 °/₀ de son capital azoté.

Pratiquement, Q étant une quantité négligeable, ce cas peut se ranger dans le 2° de la discussion générale.

---

(1) Sous réserve que la délimitation des urines au moment de la fécondation a été négligée.

(2) Après la mise bas, l'animal pèse 2574 grammes dont il convient de retrancher 49^{gr},035 de chair fœtale et placentaire mangées. P' = 2574 — 49,0 = 2525 grammes.

Équilibre organique.

Variations du poids vif. Poids initial : $P = 2890$ grammes.

Le poids de la lapine augmente d'abord rapidement (première semaine), ensuite plus lentement (deuxième semaine), reste stationnaire pendant la troisième semaine, enfin diminue pendant la quatrième semaine, surtout vers le terme, moment où l'animal déleste son intestin.

Poids final de la gravidité : 2840 grammes.

Le part soustrait $327^{gr},892$ de poids vif.

$$P - P' = 365 \text{ grammes.}$$

La lapine a perdu 365 grammes de poids vif.

$$\frac{C'}{P'} = \frac{68^{gr},3744}{2525} = 0,0271.$$

Le quotient organique azoté a augmenté. Il s'en faut cependant qu'il traduise l'état de nutrition réel ; il convient, en effet, de tenir compte de la chute notable du poids vif qu'a entraînée l'évacuation intestinale avant la parturition (1).

Quoi qu'il en soit et bien que les organes sexuels et les glandes mammaires se soient hypertrophiés aux dépens des autres organes, l'animal peut être considéré comme dans un état d'équilibre satisfaisant : il ne s'est pas surchargé d'eau. L'organisme est diminué mais non déséquilibré.

Utilisation de la ration.

Quantité d'azote utilisée :

	$i_y - f_p$		$\dfrac{i_y - f_p}{i_y}$	
Repos sexuel.	$0^{gr},8001$ N *pro die*		78.4 % de l'N de la ration.	
1re semaine de la gestation.	$0^{gr},8502$	—	83.1 %	— —
2e — —	$0^{gr},6577$	—	64.2 %	— —
3e — —	$0^{gr},7861$	—	76.6 %	— —
4e — —	$0^{gr},5286$	—	51.4 %	— —

(1) Cette évacuation intestinale est si importante qu'elle est suivie d'une suppression presque complète de la défécation pendant cinq jours.

L'utilisation des matériaux azotés de la ration, quelque peu améliorée d'abord, devient défectueuse pendant le reste de la gravidité, surtout vers la fin. Les fonctions digestives ont d'abord été stimulées ; pendant la deuxième semaine se sont manifestés de légers troubles gastro-intestinaux et, pendant le reste de la phase sexuelle, le développement du fruit a progressivement entravé la réaction utile de l'organisme. Réaction et obstacle influencent d'une façon prépondérante la résorption des matériaux azotés.

Élimination de l'azote urinaire.

	u_g		$\dfrac{u_g}{i_g - f_g}$	
Repos sexuel.	$0^{gr},6058$ N *pro die*		75.7 % de l'N résorbé.	
1re semaine de la gestation.	$0^{gr},6741$	—	79.2 %	—
2e — —	$0^{gr},6757$	—	102.7 %	—
3e — —	$0^{gr},7363$	—	93.6 %	—
4e — —	$0^{gr},7165$	—	135.5 %	—

Pendant toute la durée de la gestation, la désassimilation de l'azote surpasse notablement celle du repos sexuel ; elle augmente progressivement jusqu'à la fin de la troisième semaine, puis s'abaisse relativement d'une façon légère.

Comparées aux recettes nettes, $i_g - f_g$, les dépenses de matériaux azotés sont tellement accélérées que, pendant les deuxième et quatrième semaines, l'animal consomme plus d'albumine qu'il n'en résorbe et vit aux dépens de sa propre chair (autophagie).

Élimination du P_2O_5.

			$\dfrac{N}{P_2O_5}$	
Repos sexuel.	$0^{gr},269$ P_2O_5 *pro die*		= 2.25.	
1re semaine de la gestation.	$0^{gr},268$	—	— = 2.52.	
2e — —	$0^{gr},250$	—	— = 2.70.	
3e — —	$0^{gr},261$	—	— = 2.82.	
4e — —	$0^{gr},190$	—	— = 2.77.	

Pendant toute la durée de la gestation, l'excrétion du P_2O_5 est progressivement ralentie d'une façon absolue et relativement à la désassimilation de l'azote. Celle-ci croissant, tandis que l'autre fléchit, le rapport $\dfrac{N}{P_2O_5}$ s'élève. Quoi qu'il en soit et bien que, pendant les derniers jours de la phase sexuelle, l'excrétion du P_2O_5 subisse une chute encore plus profonde, absolue et relative, il n'est pas permis, vu la marche de la résorption intestinale et ses troubles et l'évacuation importante du tractus intestinal avant la parturition, de conclure avec certitude à une rétention active du P_2O_5 dans l'économie.

Chlorures et diurèse.

Sans suivre une marche régulière, leur élimination est constamment inférieure à celle du repos sexuel; leurs oscillations sont synchrones et parallèles; un abaissement plus marqué la seconde semaine coïncide avec les troubles gastro-intestinaux mentionnés.

L'organisme a éliminé plus d'eau par les fèces, surtout pendant les trois dernières semaines de la gravidité. Dans ces conditions, on peut admettre comme probable que l'organisme n'a pas accumulé d'eau et que, s'il y a eu rétention de chlorure, elle a été minime.

La ration.

Pendant le repos sexuel, la lapine, avec une ration comportant 1^{gr},02 d'azote *pro die*, soit 1.38 % de son capital azoté, épargnait 0^{gr},1943 d'azote *pro die*.

Pendant toute la durée de la gestation, avec la même ration, la lapine n'a pu épargner que 0^{gr},3602 d'azote, soit 0^{gr},0116 N *pro die*, plus de seize (16.75) fois moins que pendant le repos sexuel; aussi, le part a-t-il constitué une perte pour ainsi dire pure et simple de chair.

Trois facteurs ont contribué à diminuer l'organisme maternel :

1° Le développement important du fruit qui représente 8.029 % de la chair de la lapine gravide, et, comme conséquence,

2° L'accélération considérable de la désassimilation de l'azote;

3° Les troubles gastro-intestinaux et l'obstacle progressivement croissant apporté aux fonctions digestives par le développement de ce fruit onéreux; ces entraves ont rapidement annihilé et enfin contre-balancé outre mesure la réaction utile développée par l'organisme gravide.

Cette observation démontre comment et pourquoi *une ration*

de luxe pendant le repos sexuel peut, pendant la gravidité, quand celle-ci n'est même que modérément onéreuse, constituer, somme toute, une ration très voisine de celle d'équilibre.

Ainsi l'organisme se trouve mis en demeure d'édifier de sa chair la presque totalité de son fruit et, en outre, de mobiliser, aux dépens de ses autres organes, des quantités importantes d'albumine requises pour l'hypertrophie des organes sexuels et des glandes mammaires. L'équilibre organique est rompu.

Il n'en est pas moins vrai que l'économie peut, grâce à une nutrition harmonique des autres matériaux et en particulier de l'eau, conserver un quotient organique azoté satisfaisant.

Période post partum.

Après la mise bas, la nutrition de la lapine s'exprime par les formules :

$$C' = C - 5^{gr},6096 \, N$$
$$= 68^{gr},3744$$

et

$$\frac{C'}{P'} = \frac{68^{gr},3744}{2524} = 0,0271 \text{ (sous réserves prémentionnées).}$$

Observée pendant quinze jours après la parturition,

La lapine ingère.	. . . .	$16^{gr}.2944$ N.
— élimine	. . . .	$13^{gr},4884$ N.
— épargne	. . . .	$2^{gr},8060$ N.

soit $0^{gr},187$ N *pro die*, c'est-à-dire plus de seize fois autant que pendant la phase sexuelle, en partie parce que :

1° L'animal a surajouté à sa ration une importante quantité de chair fœtale et placentaire : $49^{gr},035$ de poids vif, $0^{gr},9004$ d'azote;

2° En partie, grâce à une utilisation plus économique des ingesta : cette amélioration des fonctions digestives et de la résorption intestinale se traduisant brusquement aussitôt après le part, nous apparaît comme due à la levée de l'obstacle mécanique constitué par le fruit; considérant que, *post partum*, l'animal épuise la ration davantage que pendant le repos sexuel, il faut admettre, en outre, une réaction utile développée par l'organisme diminué et déséquilibré, réaction qui n'est que le renforcement de celle apparue au début de la gravidité mais masquée ensuite.

La désassimilation de l'azote demeure encore quelque temps (six jours) supérieure à celle de la gravidité, ce qui résulte :

1° De l'ingestion de chair fœtale et placentaire (hausse du premier et (?) du deuxième jour après la mise bas) ;

2° De l'involution des organes sexuels et des glandes mammaires.

Après cette hause, la désassimilation de l'azote revient lentement à la norme.

Une diminution du P_2O_5 continue encore pendant deux jours après la mise bas.

Quant aux chlorures, si tant est que l'organisme en a effectivement accumulé, il les élimine après le part.

La diurèse, au contraire, se maintient plutôt sous la normale.

A la fin de cette période, l'état de la nutrition azotée peut s'exprimer comme suit :

$$C = C' + 2^{gr},8060 \qquad \text{d'azote.}$$
$$= 68^{gr},3744 + 2^{gr},8060 \quad —$$
$$= 71^{gr},1804$$

et

$$\frac{C'}{P'} = \frac{71^{gr},1804}{2720^\circ} = 0,0262.$$

Le quotient organique a baissé et s'est ainsi rapproché de la norme par une double réaction :

1° Des épargnes modérées d'albumine ;

2° Une augmentation rapide du poids vif à la suite de l'état de réplétion normal du tractus intestinal et d'une certaine rétention d'eau.

A. — ANALYSE DE L'EXPÉRIENCE N° 2.

Lapine de 2735 grammes soumise depuis le 7 janvier à une ration journalière composée de

40 grammes d'avoine.
180 — de carottes.

Période de repos sexuel.

Observation préalable : 14 au 24 mars.
Pendant ce temps (10 jours 11 heures),

> L'animal ingère. . . . .   8^{gr},2171 d'azote.
> — élimine . . . .   7^{gr},5806   —
> — épargne . . . .   0^{gr},6365   —

soit, par jour, 0^{gr},0608 d'azote, grâce à une utilisation très économique des ingesta et des dépenses minimales. La lapine,
surtout les derniers jours d'observation préalable, tend vers
l'équilibre azoté parfait, la ration étant légèrement susminimale
(0^{gr},7849 de N, soit 1^{gr},114 du capital azoté de l'animal). Le poids
vif n'augmente que fort peu, 20 grammes, d'où l'organisme améliore encore légèrement son quotient organique azoté.

Période de gestation.

Durée de la gestation : 31 jours 11 heures à 31 jours 14 heures.

> Fécondation le 24 mars. . . . . .   7 h. soir.
> Part le 25 avril . . . .   6-9 h. matin (1).

Fruit : 8 jeunes et 8 placentas, d'un poids vif de 405^{gr},854.

Bilan de l'azote.

Valeur des termes :

$$P = 2750 \text{ grammes.}$$
$$P' = 2455 \quad —$$
$$C = 70^{gr},40 \qquad \text{d'azote.}$$
$$\Sigma i_g = 24^{gr},7176 \qquad —$$
$$\Sigma f_g + \Sigma u_g = 6^{gr},3247 + 20^{gr},1219 \quad —$$
$$F = 7^{gr},4032 \text{ (2)}$$

---

(1) La mise bas a duré trois heures.
(2) Quantité totale de l'azote soustraite par le part.

d'où

$$Q = \Sigma i_g - (\Sigma f_g + \Sigma u_g) = 24^{gr},7176 - (6^{gr},3247 + 20^{gr},1219) \text{ d'azote.}$$
$$= -1^{gr},7290 \qquad\qquad -$$

et

$$C' = C + Q - F = C - 1^{gr},7290 - 7^{gr},4032$$
$$= C - 9^{gr},1322$$
$$= 70^{gr},40 - 9^{gr},1322$$
$$= 61^{gr},2678$$

L'observation réalise le cas 3° de la discussion générale ; c'est le *pessimum*.

Pendant la phase sexuelle, la mère a perdu 2.45 % de son capital azoté ; en outre, au profit de sa progéniture, elle a sacrifié 10.51 % de son capital. Bref, le déficit, après la parturition, comporte 12.97 % du capital azoté primitif.

Équilibre organique.

Variations du poids vif. Poids initial : $P = 2750$ grammes. Pendant la première semaine de la gestation, le poids de la mère reste stationnaire ; il augmente notablement pendant la deuxième semaine, s'abaisse légèrement pendant la troisième semaine et conserve son niveau pendant la dernière étape de la phase sexuelle.

Poids final de la gravidité : 2875 grammes.

Le part soustrait à la mère $409^{gr},065$ de poids vif [1].

Après la mise bas, la lapine pèse 2498 grammes, dont il convient de retrancher $38^{gr},2 + 5^{gr},44$ de chair fœtale et placentaire mangée : $P' = 2455$ grammes.

$$P - P' = 300 \text{ grammes.}$$

Après la parturition, la lapine a perdu 300 grammes de poids vif.

$$\frac{C'}{P'} = 0,0249 < \frac{C}{P}$$

Le quotient organique azoté a baissé de 2.74 %.

La lapine s'est appauvrie en chair d'une façon absolue et aussi relativement : elle a proportionnellement plus sacrifié d'albumine

[1] Jeunes, placentas, sang et liquide amniotique.

que d'autres matériaux : hydrocarbures, graisse, etc., et s'est assimilé de l'eau.

L'équilibre organique est manifestement rompu, et, si l'on tient compte du déplacement de quantités notables de matériaux azotés, requis pour l'hypertrophie de la matrice et des glandes mammaires, on admettra que l'équilibre organique est profondément troublé.

C'est un cas des plus prononcés de déchéance organique post-gravidique.

Utilisation de la ration.

Quantités de la ration utilisées :

	$i_g - f_g$	$\dfrac{i_g - f_g}{i_g}$		
Repos sexuel	0gr,6336 N *pro die*	80.7 % de l'N de la ration.		
1re semaine de la gestation.	0gr,6918 —	89.0 %	—	—
2e — —	0gr,6457 —	82.3 %	—	—
3e — —	0gr,5953 —	75.7 %	—	—
4e — —	0gr,4059 —	51.5 %	—	—

L'utilisation des matériaux azotés d'abord favorisée, surtout au début de la première moitié de la gestation, fléchit ensuite et devient très défectueuse à la fin de la phase sexuelle.

La lapine a, pendant toute la durée de sa gestation, pris exactement sa ration journalière; or les quantités résiduelles d'azote sont respectivement :

Pendant le repos sexuel. .	0gr,1513 d'azote *pro die.*
1re semaine de la gestation.	0gr,0858 —
2e — —	0gr,1385 —
3e — —	0gr,1902 —
4e — —	0gr,3810 —

Eu égard à ces données, et si l'on considère le pour-mille de l'azote des fèces, on voit que, sous l'influence de la fécondation, les fonctions digestives, déjà très favorables pendant le repos sexuel, se sont encore améliorées au début, mais ensuite, surtout vers la fin, considérablement ralenties.

L'organisme a d'abord réagi en épuisant davantage ses ingesta, mais le développement exagéré du fruit (14.12 du poids de la mère gravide) a annihilé et contre-balancé outre mesure cette réaction utile.

Élimination de l'azote urinaire.

	u_g	$\dfrac{u_g}{i_g - f_g}$	
Repos sexuel	0^{gr},5735 N *pro die*	90.6 %	de l'N résorbé.
1re semaine de la gestation.	0^{gr},5837 —	84.4 %	— —
2e — —	0^{gr},6056 —	93.8 %	— —
3e —	0^{gr},6620 —	111.2 %	— —
4e —	0^{gr},6973 —	171.8 %	— —

Pendant la gestation, la désassimilation des matériaux azotés est constamment supérieure à celle du repos sexuel et va croissant du début au terme de la gravidité. Pendant la seconde moitié de la phase sexuelle, les dépenses d'azote dépassent de beaucoup les recettes nettes : l'animal a été autophage pendant la plus grande partie de la gestation.

Élimination de P_2O_5.

		$\dfrac{P_2O_5}{N}$	
Repos sexuel	0^{gr},279 P_2O_5 *pro die*;		= 2.05.
1re semaine de la gestation.	0^{gr},270 —		— = 2.16.
2e — —	0^{gr},298 —		— = 2.03.
3e —	0^{gr},299 —		— = 2.21.
4e —	0^{gr},185 —		— = 3.37.

Pendant les trois premières semaines de la gestation, l'excrétion du P_2O_5 augmente légèrement, toutefois beaucoup moins que celle de l'azote. Pendant la dernière semaine, au contraire, elle s'abaisse fortement. Le rapport $\dfrac{N}{P_2O_5}$ croît progressivement et, d'une façon très remarquable, vers la fin de la gravidité. Ce résultat s'explique en grande partie par le ralentissement de la résorption ; une rétention active du P_2O_5 dans l'économie n'est probable que vers le terme de la phase sexuelle.

Élimination des chlorures.

Elle est légèrement diminuée pendant la gravidité sans qu'on puisse affirmer que ce résultat témoigne d'une épargne de chlorures. Ses oscillations sont synchrones, parallèles et proportionnelles à celles de la diurèse.

La diurèse.

En général, la désassimilation de l'eau, pendant la gravidité, est inférieure à celle du repos sexuel. Toutes choses égales, vu la marche de l'élimination de l'eau par les fèces, il faut admettre que l'organisme a retenu de l'eau, surtout pendant la deuxième semaine de la phase sexuelle, moment où le poids vif de la lapine a notablement augmenté.

La ration.

Pendant le repos sexuel, la lapine ingérait une ration journalière quasiment d'équilibre, grâce à une adaptation prolongée, une utilisation très favorable des ingesta et des dépenses minimales.

Cette ration, comportant 0gr,7849 d'azote, soit 1.11 % du capital azoté de l'animal, peut être regardée comme une ration d'entretien légèrement sus-minimale ; or, cette ration, continue pendant la gestation, a mis la mère en demeure de fournir, de sa propre chair, un fruit qui représente 10.78 % du capital azoté de la femelle gravide et de dépenser en sus 2.46 % de son capital azoté primitif pour subvenir aux charges de la gravidité.

La ration sus-minimale pendant le repos sexuel devient d'abord une ration d'un luxe modéré (première semaine), puis une ration d'équilibre sus-minimale (deuxième semaine), ensuite, ration de famine (troisième semaine), et enfin, ration d'inanition (quatrième semaine).

Bref, *la gravidité étant onéreuse et l'animal ne jouissant que d'une ration d'équilibre légèrement sus-minimale, la nutrition évolue de manière que la mère se trouve dans la nécessité de dépenser de sa propre chair pendant une bonne partie de la phase sexuelle (autophagie). Et la parturition constitue, en définitive, une nouvelle et importante soustraction de chair, d'où une profonde déchéance de l'organisme.*

Trois facteurs contribuent dans ces conditions à appauvrir l'organisme :

1° Le fruit qui, d'après son développement, prélève un impôt plus ou moins considérable et, en raison directe,

2° L'accélération de la désassimilation azotée;

3° L'entrave apportée aux fonctions gastro-intestinales et ayant pour conséquence une diminution considérable des recettes nettes.

Ajoutons que l'économie ne peut manifester qu'une seule réaction utile : la stimulation initiale des fonctions digestives, mais cette réaction est éphémère et très limitée dans son efficacité; en effet, l'épuisement, même intégral, d'une ration sus-minimale ayant déjà mis en tension les forces digestives ne peut plus déterminer qu'un accroissement négligeable des recettes nettes, et, du reste, la réaction se trouve rapidement annihilée et contrebalancée par un obstacle progressivement prépondérant.

On peut en conclure, au point de vue pratique, que *pendant la gestation, une ration d'entretien sus-minimale devient une ration de famine et de désintégration organique, et que si, dans ces conditions, l'alimentation laisse beaucoup à désirer à la fin, elle est la plus profitable au début.*

Période post partum.

Après la parturition, l'état de nutrition azotée s'exprime comme il suit :

$$C' = C - 9^{gr},1322 \text{ d'azote.}$$
$$= 61^{gr},2678 \quad -$$
$$\frac{C'}{p'} = 0,0249 < \frac{C}{p}.$$

Bref, la lapine a beaucoup maigri et son équilibre organique est profondément troublé.

Examinons quelles seront les réactions que l'organisme ainsi déchu et déséquilibré mettra en œuvre pour se refaire sous même ration alimentaire.

Observée pendant 17 jours *post partum,*

La lapine ingère.	$15^{gr},7669$ N.
— élimine	$11^{gr},5829$ N.
— assimile	$4^{gr},1840$ N.

soit $0^{gr},2202$ N *pro die,* soit 2.62 fois plus que pendant le repos sexuel précédent.

Trois facteurs ont contribué à favoriser les épargnes *post partum;* ce sont, par ordre d'importance :

1° Le ralentissement considérable de la désassimilation ; celle-ci, d'abord accélérée le lendemain du part, à la suite de l'ingestion d'une grande quantité de chair fœtale et placentaire en sus de la ration journalière, s'est encore maintenue à un niveau relativement élevé trois jours après la mise bas, ce qui correspond, chronologiquement du moins, avec l'acmès des processus d'involution ; ensuite, elle s'est abaissée bien au-dessous de celle du repos sexuel prégravidique ;

2° Une utilisation remarquablement économique des ingesta ; après la parturition, l'obstacle mécanique opposé par la masse du fruit aux fonctions gastro-intestinales ayant disparu et l'animal étant appauvri, l'organisme réagit par une stimulation extraordinaire des fonctions digestives et épuise ses aliments, non seulement beaucoup mieux que pendant le repos sexuel prégravidique, mais, pour ainsi dire, au maximum. Il digère et résorbe aussi bien la chair que sa ration végétale ;

3° Un léger accroissement des ingesta : la chair fœtale et placentaire pour ainsi dire dévorée après la parturition.

La diminution de l'excrétion du P_2O_5 se prolonge encore pendant quelques jours après le part ; eu égard à la résorption intestinale, ce fait traduit, ce semble, une épargne du P_2O_5.

Quant aux chlorures, si tant est que la lapine en a effectivement accumulé vers la fin de la gravidité, elle s'en débarrasse *post partum* avec l'eau manifestement retenue pendant la gravidité.

Malgré cette assimilation active, le poids de l'animal n'augmente que lentement et faiblement :

$$P' - P_1 = -100 \text{ grammes.}$$

Au terme de l'observation *post partum*, la nutrition azotée de la lapine peut s'exprimer comme il suit :

$$C_1 = C' + 4^{gr},1840 \text{ d'azote.}$$
$$= 65^{gr},4518 \quad —$$

et

$$\frac{C_1}{P_1} = \frac{65^{gr},4518}{2555} = 0,0256$$

La lapine a récupéré son quotient organique normal, grâce à un double processus :

1° D'importantes acquisitions de matériaux azotés ;

2° Un drainage de l'eau et des chlorures.

Et comme il est rationnel d'admettre que l'involution des organes sexuels et des glandes mammaires est terminée, l'animal nous paraît avoir réussi à rétablir l'équilibre organique normal. Quoi qu'il en soit, l'organisme, comparé à ce qu'il était antérieurement à la gestation, demeure encore amoindri.

B. — ANALYSES DES EXPÉRIENCES N°s 3 et 4.

Lapine de 2720 grammes soumise, depuis le 25 septembre, à une ration journalière de :

50 grammes d'avoine.
200 — de carottes.

Période de repos sexuel.

Observation préalable :

I. Du 2 au 10 octobre (8 jours),

La lapine ingère. . .	8^{gr},3860 d'azote,	1^{gr},04825 *pro die.*
— élimine . .	7^{gr},9045 —	0^{gr},9881 —
— assimile . .	0^{gr},4815 —	0^{gr},0602 —

et augmente de 50 grammes de poids vif.

II. Du 10 au 19 octobre (9 jours),

L'animal ingère. . .	9^{gr},4130 N,	1^{gr},0459 *pro die.*
— élimine . .	8^{gr},5941 N,	0^{gr},9549 —
— assimile . .	0^{gr},8189 N,	0^{gr},0910 —

et augmente de 30 grammes de poids vif.

En comparant entre elles ces deux périodes successives de repos sexuel, on voit que la lapine épargne des quantités progressivement croissantes de matériaux azotés, parce qu'elle tend à restreindre ses dépenses, son coefficient d'utilisation des ingesta demeurant sensiblement constant :

$$\text{I. } \frac{i-f}{i} = 0,857; \qquad \text{II. } \frac{i-f}{i} = 0,848.$$

Au terme de cette période, la lapine peut être regardée comme soumise à une ration d'un luxe modéré, comportant en azote 1.46 % de son capital azoté. L'utilisation des ingesta est économique ; la désassimilation de l'azote, modérée.

Période de gestation.

Durée de la gravidité anormale : **22 jours 17 heures.**

> Fécondation le 19 octobre . . . . 9 h. soir.
> Avortement le 11 novembre . . . 2 h. soir.

La cause de l'avortement nous échappe ; les jeunes ont été mis bas vivants mais sont morts au bout de 10 à 15 minutes.

Le fruit comporte 5 jeunes et 5 placentas, d'un poids vif de 145^{gr},22.

Bilan de l'azote.

Valeur des termes (1) :

$$
\begin{aligned}
P &= 2800 \text{ grammes.}\\
P' &= 2820 \quad -\\
C &= 71^{gr},68 \qquad\qquad\qquad \text{d'azote.}\\
\Sigma i_g &= 25^{gr},1037 \qquad\qquad\qquad\qquad -\\
\Sigma f_g + \Sigma u_g &= 5^{gr},6375 + 17^{gr},0704\\
F &= 2^{gr},1537
\end{aligned}
$$

d'où il suit que

$$
\begin{aligned}
Q = \Sigma i_g - (\Sigma f_g + \Sigma u_g) &= 25^{gr},1037 - (5^{gr},6375 + 17^{gr},0704) \quad -\\
&= 2^{gr},3958
\end{aligned}
$$

et que

$$
\begin{aligned}
C' = C + Q - F &= 71^{gr},68 + 2^{gr},3958 - 2^{gr},1537\\
&= 71^{gr},68 + 0^{gr},2421\\
&= 71^{gr},9221
\end{aligned}
$$

---

(1) Sous réserve que les egesta n'ont été délimités ni au moment de la fécondation ni à celui de la mise bas prématurée.

L'observation se range dans le I du 1° de la discussion générale.

Au moment de l'avortement, la lapine se trouve avoir formé son fruit entièrement aux dépens de ses ingesta et s'en être, en sus, assimilé une petite quantité : c'est l'*optimum*.

Pratiquement, Q étant sensiblement égal à F, ce cas peut se ranger dans le II du 1° de la discussion générale.

Équilibre organique.

Variations du poids vif pendant la gravidité. Poids initial :

$$P = 2800 \text{ grammes.}$$

· Pendant les deux premières semaines de la gravidité, le poids de la lapine a augmenté régulièrement ; pendant la troisième semaine, le poids reste stationnaire.

Poids final de la gravidité :

$$P' = 3100 \text{ grammes.}$$

La mise bas prématurée a soustrait 145^{gr},22 de poids vif.

$$P - P' = - 20 \text{ grammes.}$$

Après l'avortement, la femelle a gagné 20 grammes de poids vif.

$$\frac{C'}{P'} = \frac{71^{gr},9221}{2820} = 0,0255.$$

Le quotient organique n'a que très légèrement baissé ; bien que ce cas réalise l'optimum physiologique absolu, les réserves accumulées sont trop minimes pour couvrir l'hypertrophie des organes sexuels et des glandes mammaires ; il y aura eu mobilisation de matériaux azotés aux dépens du reste des organes ; on doit donc considérer que l'équilibre organique a été troublé dans une certaine mesure.

Utilisation de la ration.

Quantités d'azote utilisées :

	$i_g - f_g$	$\dfrac{i_g - f_g}{i_g}$
Repos sexuel, 10-19 oct.	$0^{gr},8867$ N *pro die*,	84.8 % de l'N de la ration.
1re semaine de la gestation.	$0^{gr},8702$ —	83.0 % — —
2e — —	$0^{gr},8474$ —	80.8 % — —
3e —	$0^{gr},7156$ —	68.7 % — —

Pendant toute la durée de la gravidité, les recettes nettes ainsi que l'utilisation des ingesta ont été progressivement diminuées; l'organisme n'a manifesté aucune réaction utile et le développement progressif du fruit a, au contraire, entravé de plus en plus les fonctions des organes gastro-intestinaux.

Élimination de l'azote urinaire.

	u_g	$\dfrac{u_g}{i_g - f_g}$
Repos sexuel, 10-19 octobre.	$0^{gr},7957$ N *pro die*,	89.8 % de l'N résorbé.
1re semaine de la gestation .	$0^{gr},8010$ —	92.0 % —
2e — —	$0^{gr},7147$ —	84.3 % —
3e —	$0^{gr},6181$ —	86.4 % —

La désassimilation azotée, légèrement accélérée d'une manière absolue et relativement aux recettes nettes pendant la première semaine de la gravidité, s'est abaissée considérablement et progressivement sous la norme d'une manière absolue et relativement aux recettes nettes pendant le reste de la gravidité.

Élimination du P_2O_5.

		$\dfrac{N}{P_2O_5}$
Repos sexuel, 10-19 octobre.	$0^{gr},262$ P_2O_5 *pro die*,	= 3.04.
1re semaine de la gestation .	$0^{gr},300$ —	= 2.67.
2e —	$0^{gr},320$ —	— = 2.23.
3e —	$0^{gr},248$ —	— = 2.49.

Pendant les deux premières semaines de la gravidité, l'excrétion du P_2O_5 a progressivement augmenté d'une manière absolue et davantage encore relativement à la désassimilation de l'azote ; vers la fin de la gestation, elle s'est abaissée, sous le taux du repos sexuel, ce qui semble beaucoup moins dépendre d'une rétention problématique du P_2O_5 que d'une résorption intestinale défavorable *præ abortum*.

L'élimination des chlorures et la diurèse n'ont présenté que des modifications irrégulières et peu significatives.

La ration.

Pendant le repos sexuel, l'animal ingérait en azote 1.46 % de son capital azoté et épargnait, grâce à des dépenses modérées et une utilisation économique des ingesta, $0^{gr},091$ d'azote par jour.

Pendant la gravidité, accidentellement écourtée (22 jours 17 heures), la lapine continuant la même ration, à la vérité même quelque peu moins riche en azote à partir du 9 novembre, a ingéré en moyenne par jour (1) $1^{gr},046$ d'azote, soit toujours 1.46 % du capital primitif; mais, malgré la diminution générale de la désassimilation azotée, la mère n'a pu épargner sensiblement qu'un peu plus que pendant le repos sexuel ($0^{gr},0998$ N *pro die*), principalement parce que l'utilisation des ingesta et, en conséquence, les recettes nettes ont été progressivement diminuées.

Quoi qu'il en soit, au moment de l'avortement, les épargnes avaient couvert l'impôt prélevé par un fruit peu onéreux (2.90 % de la chair de la mère gravide) et une partie des matériaux requis par l'hypertrophie des organes sexuels et des glandes annexes.

L'anomalie du cas nous engage à ne pas pousser plus loin l'analyse et nous défend de formuler des conclusions générales. Remarquons toutefois que la gravidité n'est pas seulement anormale dans sa terminaison, mais encore dans son évolution; en effet :

1° L'organisme fécondé n'a manifesté aucune réaction utile ;

2° La désassimilation de l'azote s'est progressivement ralentie dès le septième jour de la gravidité.

Et si l'on considère que le fruit était dans un état de développement organique relativement assez inférieur (voyez le poids et la teneur en azote), l'avortement nous apparaît non comme accidentel, mais comme préparé par un vice de nutrition générale.

(1) Bien que la gravidité n'ait duré que 22 jours 17 heures, nos moyennes doivent porter sur 24 jours en raison de la non-délimitation des ingesta et des egesta.

Période post abortum.

Après l'avortement, l'état de la nutrition de la femelle s'exprime comme suit :

$$C' = C + 0^{gr},2421 \text{ d'azote.}$$
$$= 71^{gr},9221 \quad —$$
$$\frac{C'}{P'} = \frac{71^{gr},9221}{2820} = 0,0255 < \frac{C}{P}$$

La mère a très légèrement augmenté son capital azoté et son poids vif, mais son équilibre organique est plus moins ou troublé.

Examinons les modifications subséquentes de sa nutrition intime, toujours sous même ration journalière.

I. Du 12 au 18 novembre (6 jours),

La lapine ingère	$6^{gr},3638$ N.
— élimine	$5^{gr},3450$ N.
— assimile	$1^{gr},0188$ N.

soit $0^{gr}1698$ N *pro die*, donc 1.7 fois autant que pendant la gravidité.

Trois facteurs ont favorisé les épargnes *post abortum* ; ce sont, par ordre de prépondérance :

1° L'amélioration brusque de l'utilisation des ingesta aussitôt que l'entrave aux fonctions digestives a disparu avec la mise bas prématurée ;

2° Le ralentissement des dépenses azotées. Celles-ci cependant, immédiatement après l'avortement, ont subi une hausse remarquable, mais elle correspond à une ingestion de chair placentaire aussi bien que chronologiquement à l'acmès des processus d'involution ;

3° L'accroissement peu important des ingesta (2 placentas mangés).

Au terme de cette première étape, nous pouvons poser les égalités :

$$C_1 = C' + 1^{gr},0188 \text{ d'azote.}$$
$$= 72^{gr},9409 \quad —$$
$$\frac{C_1}{P_1} = \frac{72^{gr},9409}{2855} = 0,0256.$$

La lapine s'est enrichie en chair, a augmenté de 35 grammes de poids vif, a récupéré son quotient organique azoté normal et se trouve dans un état très voisin de l'équilibre organique normal.

II. Du 18 au 24 novembre (6 jours), *période d'observation préalable à la deuxième gestation.*

Pendant cette seconde étape, continuant toujours la même ration journalière,

$$\text{La lapine ingère.} \quad . \quad . \quad . \quad . \quad . \quad 6^{gr},1200 \text{ d'azote.}$$
$$\text{— élimine} \quad . \quad . \quad . \quad . \quad \underline{4^{gr},8410 \quad —}$$
$$\text{— assimile.} \quad . \quad . \quad . \quad 1^{gr},2790 \quad —$$

soit $0^{gr},2132$ d'azote *pro die*, plus encore que pendant l'étape précédente, parce que, concurremment avec une amélioration de l'utilisation des ingesta, les dépenses d'albumine se sont abaissées à un niveau très bas. Grâce à cette adaptation remarquable, la lapine peut être considérée comme soumise à une alimentation d'un luxe modéré.

Au terme de cette seconde étape, l'état de la nutrition azotée s'exprime par

$$C_2 = C_1 + 1^{gr},2790 \text{ d'azote.}$$
$$= 74^{gr},2199 \quad —$$
$$\frac{P_2}{C_2} = \frac{74^{gr},2199}{2870} = 0,0258.$$

La lapine s'est encore enrichie en chair, a gagné 15 grammes de poids vif, a sensiblement amélioré son quotient organique azoté et, les processus d'involution pouvant être regardés comme terminés, a plutôt modifié son équilibre organique dans un sens favorable.

Deuxième période de gestation.

Durée de la gestation : 30 jours 19 $^1/_2$ heures.

$$\text{Fécondation le 24 novembre.} \quad . \quad . \quad . \quad . \quad . \quad 8 \text{ h. soir.}$$
$$\text{Part le 25 décembre} \quad . \quad . \quad . \quad . \quad . \quad . \quad . \quad 3\frac{1}{4} \text{ h. soir.}$$

Fruit : 7 jeunes et 7 placentas, d'un poids vif de $377^{gr},472$.

Bilan de l'azote.

Valeur des termes (1) :

$$P_2 = 2870 \text{ grammes.}$$
$$P'_2 = 2755 \quad —$$
$$C_2 = 74^{gr},2199 \qquad\qquad \text{d'azote.}$$
$$\Sigma i_g = 33^{gr},0173 \qquad\qquad —$$
$$\Sigma f_g + \Sigma u_g = 6^{gr},9444 + 23^{gr},2530$$
$$F = 6^{gr},7487$$

d'où il suit que :

$$Q = \Sigma i_g - (\Sigma f_g + \Sigma u_g) = 33^{gr},0173 - (6^{gr},9444 + 23^{gr},2530)$$
$$= 33^{gr},0173 - 30^{gr},1974$$
$$= 2^{gr},8199$$

et que :

$$C'_2 = C_2 + Q - F = 74^{gr},2199 + 2^{gr},8199 - 6^{gr},7487 \quad —$$
$$= 74^{gr},2199 - 3^{gr},9288$$
$$= 70^{gr},2911$$

L'observation se range dans le III du 1° de la discussion générale.

La mère a formé son fruit en moindre partie (41.8 %) avec ses épargnes pendant la gravidité, en majeure partie (58.2 %), aux dépens de sa propre chair.

Bref, au profit de sa progéniture, la mère a sacrifié 5.29 % de son capital azoté.

Équilibre organique.

Variations du poids vif pendant la gravidité. Poids initial : $P_2 = 2870$ grammes.

Le poids de la lapine gravide a augmenté progressivement du début jusque vers le terme de la gestation, moment où il s'est légèrement abaissé. L'accroissement du poids vif a surtout été rapide pendant la deuxième semaine de la phase sexuelle. Poids final de la gravidité : 3115 grammes.

Le part a soustrait 377,472 grammes de poids vif.

$$P_2 - P'_2 = 115 \text{ grammes.}$$

---

(1) Sous réserve que la délimitation des ingesta et des egesta n'a eu lieu ni au moment de la fécondation, ni après la parturition.

Après la mise bas, la mère a perdu 115 grammes de poids vif.

$$\frac{C'_2}{P'_2} = \frac{70^{gr},2911}{2755} = 0,0255 < \frac{C}{P} < \frac{C_2}{P_2}.$$

Le quotient organique azoté n'a que très légèrement baissé sous la normale, mais est notablement inférieur à ce qu'il était immédiatement avant la deuxième fécondation. La lapine a perdu plus de chair que d'autres matériaux. Outre l'amoindrissement de l'organisme, l'hypertrophie des organes sexuels et des glandes mammaires a mobilisé d'importantes quantités de matériaux azotés, d'où il suit que l'équilibre organique a subi un trouble relativement important.

Utilisation de la ration.

Quantités d'azote utilisées :

	$i_g - f_g$	$\dfrac{i_u - f_g}{i_g}$	
Repos sexuel (18-24 nov.).	$0^{gr},8734$ N *pro die*,	$85.6^{o}/_{o}$	de l'N de la ration.
1re semaine de la gestation.	$0^{gr},8599$ —	$84.0^{o}/_{o}$ —	—
2e — —	$0^{gr},8399$ —	$81.9^{o}/_{o}$ —	—
3e —	$0^{gr},8875$ —	$86.2^{o}/_{o}$ —	—
4e —	$0^{gr},6717$ —	$63.9^{o}/_{o}$ —	—

Les recettes nettes et l'utilisation des ingesta ont été progressivement décroissantes, surtout vers le terme de la phase sexuelle où l'utilisation de la ration est devenue défectueuse. Si l'organisme a réagi virtuellement, cette réaction n'a pu se traduire effectivement, parce que le développement d'un fruit onéreux a rapidement opposé aux fonctions gastro-intestinales stimulées, un obstacle mécanique prépondérant.

Élimination de l'azote urinaire.

	u_g	$\dfrac{u_g}{i_g - f_g}$	
Repos sexuel (18-24 nov.) .	$0^{gr},6602$ N *pro die*,	$75,5^{o}/_{o}$	de l'N résorbé.
1re semaine de la gestation.	$0^{gr},7262$ —	$84,4^{o}/_{o}$ —	—
2e — —	$0^{gr},7552$ —	$90,0^{o}/_{o}$ —	—
3e —	$0^{gr},7363$ —	$83,0^{o}/_{o}$ —	—
4e —	$0^{gr},6887$ —	$102,5^{o}/_{o}$ —	—

Pendant toute la durée de la gestation, la désassimilation de l'azote a notablement dépassé celle du repos sexuel ; elle s'est progressivement accrue du début au milieu de la phase sexuelle, de là elle s'est graduellement abaissée ; toutefois, même et surtout pendant la dernière semaine, la lapine a dépensé une quantité relativement plus grande de ses recettes nettes jusqu'à devenir autophage.

Élimination du P_2O_5.

Repos sexuel (18-24 nov.) . $0^{gr},286$ P_2O_5 pro die, $\dfrac{N}{P_2O_5} = 2.31$.

1re semaine de la gestation. $0^{gr},322$ — — $= 2.26$.

2e — — $0^{gr},327$ — — $= 2.31$.

3e — — $0^{gr},311$ — — $= 2.36$.

4e — — $0^{gr},257$ — — $= 2.68$.

Pendant les trois premières semaines de la gestation, l'excrétion du P_2O_5 a marché parallèlement à celle de l'azote urinaire ; pendant les derniers jours de la phase sexuelle, l'excrétion du P_2O_5 est considérablement réduite, mais cette réduction ne paraît reconnaître d'autre cause que le ralentissement plus marqué de la résorption intestinale.

L'élimination des chlorures et la diurèse marchent parallèlement ; leur réduction pendant la deuxième semaine de la gestation, correspondant aussi au moment où le poids de la lapine augmente le plus, traduit une certaine rétention active, tandis que leur diminution finale reconnaît plutôt une réduction de l'absorption de ces matériaux nutritifs.

La ration.

Pendant la deuxième étape du repos sexuel, laquelle peut nous servir de terme de comparaison rationnel, la lapine ingérait une ration journalière comportant $1^{gr},02$ d'azote, soit 1.37 % de son capital azoté au moment de la deuxième fécondation ; grâce à une utilisation très économique des ingesta et à une désassimilation azotée faible, la lapine parvenait à épargner $0^{gr},2132$ d'azote par jour. Il en résulte que, par suite d'une adaptation spéciale, l'animal était soumis à une ration d'un luxe modéré.

Pendant la gestation, la lapine a régulièrement pris la même ration sensiblement invariable ; or, pendant toute la durée de la phase sexuelle, elle n'a épargné que $2^{gr},8199$ d'azote, soit $0^{gr},0881$ d'azote en moyenne par jour, par conséquent 1.42 fois moins que pendant le repos sexuel.

Deux facteurs ont contribué à restreindre les épargnes pendant la gravidité ; ce sont, par ordre d'importance :

· 1° L'accélération de la désassimilation des matériaux azotés ;

2° La diminution progressive des recettes nettes.

L'importance de ces deux facteurs correspond au développement du fruit ; celui-ci, en effet, représente 8.76 % de la chair de la mère gravide.

Cette observation permet de conclure qu'*une ration qui, grâce à une adaptation spéciale de l'organisme, constitue, pendant le repos sexuel, une alimentation d'un luxe modéré, peut, pendant la gravidité, quand celle-ci est onéreuse, ne servir à couvrir qu'une minime partie de l'impôt prélevé par le fruit,* parce que, dans ces conditions, les dépenses augmentent et que le développement du fruit peut, en entravant les fonctions gastro-intestinales, réduire considérablement les recettes nettes, empêcher ou masquer toute réaction utile de l'économie.

La gestation aboutit alors à une perte pure et simple d'une certaine quantité de chair, et, en outre, à un trouble non négligeable de l'équilibre organique.

Période post partum.

La lapine aborde cette période dans un état de nutrition exprimé par :

$$C'_2 = C_2 - 3^{gr},9288 \text{ d'azote}$$
$$= 70^{gr},2911 \qquad —$$

et

$$\frac{C'_2}{P_2} = \frac{70^{gr},2911}{2755} = 0,0255.$$

La lapine est amoindrie et son équilibre organique passablement troublé.

Poursuivons la marche de sa nutrition intime *post partum*.

Observée pendant onze jours après la parturition,

$$\begin{array}{lll}
\text{La lapine ingère} & \ldots\ldots & 11^{gr},2860\ \text{N.}\\
\text{—} \quad \text{élimine.} & \ldots\ldots & 10^{gr},5497\ \text{N.}\\
\hline
\text{—} \quad \text{assimile} & \ldots\ldots & 0^{gr},7363\ \text{N.}
\end{array}$$

soit $0^{gr},0669$ d'azote par jour, moins que pendant la gestation, pour deux motifs qui sont, par ordre d'importance :

1° La désassimilation azotée, après la mise bas, subit d'abord une hausse, puis se maintient encore, pendant quatre à cinq jours, au-dessus du niveau de celle de la gravidité.

La hausse du lendemain de la parturition reconnaît surtout comme cause une ingestion de chair placentaire (représentant $0^{gr},1853$ N) en sus de la ration journalière ; le niveau élevé subséquent peut être rapporté à l'acmès des processus d'involution.

Ce n'est que relativement tard que la désassimilation azotée redescend à la norme ;

2° L'utilisation des ingesta, d'abord plus défavorable encore qu'au terme de la gravidité, ne s'améliore que lentement et fort peu.

De même que la fécondation n'a pas paru déterminer de stimulation appréciable des fonctions digestives, ainsi, après la parturition, la réaction fait défaut ; en effet, l'amélioration légère et tardive de l'utilisation des ingesta semble tenir plutôt à la disparition des entraves mécaniques qu'à une réaction de l'organisme appauvri.

Au terme de l'observation *post partum*, nous pouvons traduire l'état de nutrition de l'animal par

$$\begin{aligned}
C_3 = C'_2 + 0^{gr},7363 \qquad & \text{d'azote}\\
= 70^{gr},2911 + 0^{gr},7363 \quad & \text{—}\\
= 71^{gr},0274
\end{aligned}$$

et par

$$\frac{C_3}{P_3} = \frac{71^{gr},0274}{2800} = 0,0254.$$

L'animal a fort peu gagné en chair, n'a pas encore récupéré son quotient organique azoté normal ni recouvré son équilibre organique.

C. — ANALYSE DES EXPÉRIENCES Nᵒˢ 5 ET 6.

Lapine de 2550 grammes, soumise depuis le 6 janvier à un régime alimentaire fixe composé de

51ᵍʳ,5 d'avoine.
200ᵍʳ,0 de carottes.

Période de repos sexuel.

Observation préalable.
I. Pendant une première étape de 4 jours (12-16 janvier),

La lapine ingère. . .	4ᵍʳ,0268 d'azote,	1ᵍʳ,0067 N *pro die.*
— élimine . .	3ᵍʳ,5680 —	0ᵍʳ,8920 —
— épargne . .	0ᵍʳ,4588 —	0ᵍʳ,1147 —

et augmente légèrement en poids ; elle ingère donc une ration de luxe et améliore son quotient organique azoté.

II. A partir du 16 janvier, la ration journalière est réduite à

45 grammes d'avoine.
190 — de carottes.

Observée pendant 4 jours et 10 heures sous ce nouveau régime,

La lapine ingère. . .	4ᵍʳ,0477 d'azote,	0ᵍʳ,9164 N *pro die.*
— élimine . .	3ᵍʳ,7120 —	0ᵍʳ,8404 —
— épargne . .	0ᵍʳ,3357 —	0ᵍʳ,0760 —

Bien que, pendant cette seconde étape, les recettes nettes aient été réduites d'une façon absolue et légèrement aussi d'une manière relative (utilisation un peu moins économique des ingesta), les dépenses n'ont baissé qu'insensiblement.

On peut donc, eu égard à ces données, considérer à ce moment l'animal comme étant dans un état très voisin de l'équilibre azoté sous ration vraisemblablement sus-minimale et désassimilation également sus-minimale.

Première période de gestation.

Durée de la gestation : 30 jours 22 heures.

Fécondation le 20 janvier. . . .   6 h. soir.
Part le 20 février . . . .   4 h. soir.

Fruit : 6 jeunes et 6 placentas, d'un poids vif de 351^{gr},3.

Bilan de l'azote.

Valeur des termes :

$$P = 2545 \text{ grammes.}$$
$$P' = 2396 \quad —$$
$$C = 65^{gr},152$$
$$\Sigma i_g = 28^{gr},1566$$
$$\Sigma f_g + \Sigma u_g = 6^{gr},5519 + 20^{gr},4490$$
$$F = 6^{gr},7930$$

d'azote. —

D'où il suit que :

$$Q = \Sigma i_g - (\Sigma f_g + \Sigma u_g) = 28^{gr},1566 - (6^{gr},5519 + 20^{gr},4490)$$
$$= 1^{gr},1557$$

et que

$$C' = C + Q - F = C + 1^{gr},1557 - 6,7930$$
$$= C - 5^{gr},6373$$
$$= 65^{gr},152 - 5^{gr},6373 = 59^{gr},5147 \quad —$$

L'observation se range dans le III du 1° de la discussion générale.

La mère a formé son fruit en minime partie (17 %) avec ses épargnes pendant la gravidité, et en majeure partie (83 %) aux dépens de sa propre chair.

Bref, au profit de sa progéniture, la mère a sacrifié 8.65 % de sa chair.

Équilibre organique

Variations du poids vif pendant la gravidité. Poids initial :

$$P = 2,545 \text{ grammes.}$$

Pendant la première semaine de la gestation, le poids de la lapine n'augmente guère ; il s'élève rapidement pendant la deuxième semaine, plus lentement pendant le reste de la phase sexuelle. Poids final de la gravidité : 2770 grammes.

Le part soustrait 351^{gr},3 de poids vif.

$$P' = 2396 \text{ grammes (1)}.$$
$$P - P' = 149 \quad -$$

Après la mise bas, la lapine a perdu 149 grammes de poids vif.

$$\frac{C'}{P'} = \frac{59^{gr},5147}{2396} = 0,0249.$$

Le quotient organique azoté a baissé de 2.74 °/₀. L'organisme s'est appauvri en chair d'une manière absolue et aussi relativement ; il a moins perdu d'autres matériaux : graisses, hydrocarbures, et a accumulé de l'eau.

L'équilibre organique est remarquablement troublé ; l'utérus et les glandes mammaires se sont hypertrophiés aux dépens des autres organes.

Bref, l'organisme est diminué et affaibli.

Utilisation de la ration.

Quantités d'azote utilisées :

	$i_g - f_g$	$\dfrac{i_g - f_g}{i_g}$	
Pendant le repos sexuel .. { 1°	0^{gr},7897 d'Az *pro die*,	78.4 °/₀ de l'N	
2°	0^{gr},7129 —	77.8 °/₀ —	de la ration.
1ʳᵉ semaine de la gestation.	0^{gr},7147 —	80.6 °/₀ —	
2° — —	0^{gr},7192 —	80.6 °/₀ —	
3°	0^{gr},6947 —	77.7 °/₀ —	
4°	0^{gr},6646 —	68.2 °/₀ —	

L'utilisation des matériaux azotés de la ration, quelque peu améliorée pendant les trois premières semaines, devient plus

---

(1) Après la parturition, la lapine pèse 2410 grammes, dont il convient de soustraire 14 grammes de placentas mangés = 2396 grammes.

défectueuse à la fin de la phase sexuelle. Pendant toute la durée de la gravidité, la même ration journalière a été régulièrement ingérée, et sa teneur en azote n'a subi que des oscillations insensibles; or, les quantités résiduelles d'azote sont respectivement :

Pendant le repos sexuel (16-20 janvier).   0gr,2035 d'Az. *pro die.*
1re semaine de la gestation . . . . .   0gr,1717   —
2e   —   —   . . . . .   0gr,1734   —
3e   —   —   . . . . .   0gr,1993   —
4e   —   —   . . . . .   0gr,3093   —

par conséquent notablement inférieures à celles du repos sexuel, excepté pendant les derniers jours de la gestation.

D'où il appert que la digestion et la résorption des matériaux azotés, déjà très favorables pendant le repos sexuel, ont été stimulées davantage pendant la durée presque entière de la gestation; cette réaction utile n'a été effectivement entravée par le développement du fruit que vers la fin de la gravidité.

Élimination de l'azote urinaire.

	u_g	$\dfrac{u_g}{i_g - f_g}$
Repos sexuel . . . . . { 1°	0gr,6750 N *pro die,*	85.5 % de l'N résorbé.
2°	0gr,6368 —	89.3 % —
1re semaine de la gestation . .	0gr,6512 —	91.1 % —
2e — — . .	0gr,6609 —	91.9 % —
3e — — . .	0gr,6331 —	91.1 % —
4e — — . .	0gr,7034 —	105.8 % —

Pendant toute la durée de la gestation, la désassimilation de l'azote surpasse celle du repos sexuel (2°) sous même ration; surtout accélérée pendant la première moitié de la phase sexuelle, elle tend à se ralentir pendant la seconde moitié, mais se relève encore davantage vers la fin.

La lapine a consommé une quantité progressivement croissante de ses recettes nettes; elle en a donc épargné des quantités de plus en plus petites, et vers la fin de la gravidité, elle est devenue autophage

Élimination du P_2O_5.

Repos sexuel	$\{$	1° $0^{gr},288$ P_2O_5 *pro die*	$\dfrac{N}{P_2O_5}$ = 2.34
		2° $0^{gr},250$ —	— = 2.54
1re semaine de la gestation. .		$0^{gr},253$ —	— = 2.57
2e —	— . .	$0^{gr},262$ —	— = 2.52
3e	— . .	$0^{gr},256$ —	— = 2.47
4e	— . .	$0^{gr},148$ —	— = 4.75

L'excrétion du P_2O_5 suit les oscillations de celle de l'azote pendant les trois premières semaines, diminue rapidement pendant la quatrième semaine et, pendant les derniers jours, se réduit tellement que l'on pourrait être tenté d'admettre une véritable rétention du P_2O_5, n'était l'état défavorable concomitant de la résorption intestinale.

Les chlorures diminuent progressivement du commencement à la fin de la gestation ; leurs oscillations correspondent, en général, à celles de la diurèse ; celle-ci, d'abord légèrement accrue, se réduit assez fortement vers la fin. Toutes choses égales, si l'on tient compte en même temps de l'eau éliminée par les fèces, on s'aperçoit que l'organisme a accumulé une certaine quantité d'eau.

La ration.

Pendant le repos sexuel, la ration primitive renfermant $1^{gr},0067$ N, soit 1.54 % du capital azoté de l'animal, constituait une ration de luxe : la lapine épargnait $0^{gr},1147$ N *pro die*.

Diminuée de 10.6% environ, la ration journalière, qui renferme dès lors $0^{gr},8995$ N, soit 1.38 % du capital azoté, permet encore d'épargner $0^{gr},076$ N *pro die*.

Pendant la gestation, cette ration, régulièrement ingérée, n'a permis d'épargner que $1^{gr},1557$ N, soit $0^{gr},03738$ N *pro die*, par conséquent 1.03 fois moins que pendant le repos sexuel.

Il en est résulté qu'après le part, le capital azoté de la mère a subi une perte de 8.65 %.

Il faut remarquer que la gestation a évolué dans les conditions suivantes :

1° La gravidité a été onéreuse : le fruit est relativement très développé (10.24 %. du capital de la mère gravide) ; en conséquence :

2° La désassimilation azotée a été accélérée ;

3° Bien que l'organisme ait réagi en épuisant davantage sa ration et que cette réaction n'ait été que tardivement entravée par le développement du fruit, l'effet utile, c'est-à-dire, l'accroissement des recettes nettes, a été minime et contre-balancé.

Cette observation montre qu'*une ration de luxe voisine de la ration d'équilibre sus-minimale, si le fruit est onéreux, ne peut couvrir qu'une minime partie des frais de la gestation ;* dans ces conditions, l'organisme est incapable d'épargner autant que pendant le repos sexuel, parce que ses dépenses augmentent et que la seule réaction utile qu'il puisse mettre en œuvre peut être inefficace ou négligeable.

Période post partum.

La lapine aborde cette période dans un état d'amoindrissement :

$$C' = 59,5147 < C.$$

Elle a perdu 149 grammes de poids vif ; en outre, son quotient organique azoté a baissé de 2.74 %., et l'équilibre organique est profondément troublé.

Examinons les modifications subséquentes de sa nutrition intime, d'abord sous même ration, ensuite sous ration plus pauvre.

1° Sous même ration. Du 20 février, 4 heures du soir, au 28 février (7 jours 16 heures).

La lapine ingère. . . . $6^{gr},4398$ d'azote.
— élimine . . . $5^{gr},6107$ —
— assimile . . . $0^{gr},8291$ —

soit $0^{gr},1081$ N *pro die,* beaucoup plus que pendant la gestation et même notablement plus que pendant le repos sexuel antérieur (2°), uniquement à cause d'une utilisation plus économique des ingesta : $\frac{i-f}{i} = 0,888$. L'obstacle qui entravait le fonctionnement des organes digestifs étant levé, l'organisme appauvri épuise davantage ses ingesta.

La désassimilation azotée s'accélère encore pendant deux à trois jours après la mise bas, ce qui coïncide avec l'acmès des processus d'involution, puis revient lentement à la norme.

L'excrétion du P_2O_5 suit une marche parallèle à celle de l'azote.

L'organisme se débarrasse rapidement des chlorures et de l'eau retenus pendant la gravidité.

Cette double réaction, épargne d'albumine, drainage de l'eau et des chlorures, concourt à améliorer le quotient organique azoté; en effet, à ce moment on a

$$C_1 = C' + 0^{gr},8291 \qquad \text{d'azote.}$$
$$= 59^{gr},5147 + 0^{gr},8291 \quad —$$
$$= 60^{gr},3438$$

et comme le poids vif est à peu près resté le même :

$$\frac{C_1}{P_1} = \frac{60^{gr},3438}{2400} = 0,0252 > \frac{C'}{P'} = 0,0249.$$

2° Pendant les sept jours suivants (28 février au 7 mars), la ration est diminuée de 8.5 °/₀ environ.

La lapine
(ingère . $5^{gr},0176$ N, soit $0^{gr},7168$ N *pro die*, 1.17 °/₀ du capital azoté.
(élimine. $4^{gr},3732$ N,
————————
(épargne. $0^{gr},6444$ N, soit $0^{gr},0921$ —

L'animal parvient encore à assimiler d'importantes quantités d'azote, accessoirement parce que ses fonctions digestives se tendent encore et principalement parce que sa désassimilation s'est considérablement ralentie.

A la fin de cette étape, on a :

$$C_2 = C_1 + 0^{gr},6444 \text{ d'azote.}$$
$$= 60^{gr},9882 \quad —$$
$$\frac{C_2}{P_2} = \frac{60^{gr},9882}{2382} = 0,0256.$$

L'animal a récupéré son quotient organique azoté, et comme on peut admettre que l'involution est terminée, il peut être considéré comme en parfait état d'équilibre organique.

Cette dernière étape peut donc nous servir de terme de comparaison pour la deuxième période de gestation.

Deuxième période de gestation.

Durée de la gestation : 31 jours 6 heures à 31 jours 16 heures.

Fécondation le 6 mars à $3\frac{1}{4}$ du soir.
Part dans la nuit du 6 au 7 avril.

Fruit : 6 jeunes et 6 placentas plus un embryon avorté, d'un poids vif de $320^{gr},9$.

Bilan de l'azote.

Valeur des termes (1) :

$$P_2 = 2380 \text{ grammes.}$$
$$P'_2 = 2250 \quad -$$
$$C_2 = 60^{gr},9882 \qquad \text{d'azote.}$$
$$\Sigma i_g = 22^{gr},1888 \qquad -$$
$$\Sigma f_g + \Sigma u_g = 3^{gr},8666 + 15^{gr},9244 \quad -$$
$$F = 5^{gr},8863$$

d'où l'on obtient :

$$Q = \Sigma i_g - (\Sigma f_g + \Sigma u_g) = 22^{gr},1888 - (3^{gr},8666 + 15^{gr},9244) \text{ N.}$$
$$= 2^{gr},3978 \text{ N.}$$

et

$$C'_2 = C_2 + Q - F = C_2 + 2^{gr},3978 - 5^{gr},8863 \text{ N.}$$
$$= C_2 - 3^{gr},4885 \text{ N.}$$
$$= 60^{gr},9882 - 3^{gr},4885 = 57^{gr},4997 \text{ N.}$$

L'observation se range dans le III du 1° de la discussion générale.

---

(1) Dans cette expérience, on a négligé de délimiter les egesta au moment de la fécondation, et cette séparation n'a pu être faite au moment du part qui a eu lieu la nuit du 6 au 7 avril ; ces deux causes d'erreur de sens contraire se compensent approximativement.

La mère a formé le fruit en plus petite partie (40.7 %) avec ses épargnes pendant la gravidité, en plus grande partie (59.3 %) aux dépens de sa propre chair. Au profit de sa progéniture, elle a sacrifié 5.72 % de son capital azoté.

Équilibre organique.

Variations du poids vif pendant la gravidité. Poids initial :

$$P_2 = 2380 \text{ grammes.}$$

Le poids de la mère, après être resté d'âbord stationnaire (première semaine), augmente rapidement pendant la deuxième semaine, reste encore stationnaire pendant la troisième semaine et enfin augmente encore notablement vers la fin de la gravidité. Poids final de la gravidité : 2660 grammes.

Le part soustrait $320^{gr},9$ de poids vif.

$$P_2 - P'_2 = 130 \text{ grammes.}$$

Après la parturition, l'animal a perdu 130 grammes de poids vif.

$$\frac{P'_2}{C'_2} = \frac{57^{gr},4997}{2250} = 0,0255.$$

La mère s'est appauvrie en chair d'une manière absolue, mais elle a conservé un quotient organique azoté sensiblement invariable. L'équilibre organique n'est troublé que pour autant que l'hypertrophie des organes de la génération et des glandes mammaires s'est constituée aux dépens des autres organes.

Utilisation de la ration.

Quantités d'azote utilisées :

	$i_g - f_g$		$\frac{i_g - f_g}{i_g}$		
Repos sexuel (28 fév.-7 mars).	$0^{gr},5802$ N *pro die*,		80.9 % de l'N de la ration.		
1re semaine de la gestation .	$0^{gr},6036$	—	84.4 %	—	—
2e —	—	$0^{gr},6088$	— 85.3 %	—	—
3e —	—	$0^{gr},5991$	— 83.7 ∞/	—	—
4e —	—	$0^{gr},5471$	— 76.0 %	—	—

L'utilisation de la ration, déjà très économique pendant le repos sexuel, s'améliore encore pendant les trois premières semaines de la gestation, mais fléchit notablement pendant le reste de la phase sexuelle : l'organisme fécondé a réagi en épuisant davantage ses ingesta ; mais, vers la fin de la gravidité, le développement du fruit a entravé cette stimulation des fonctions digestives.

Élimination de l'azote urinaire.

	u_g	$\dfrac{u_g}{t_0 - f_0}$
Repos sexuel (28 fév.-7 mars).	$0^{gr},4881$ N pro die,	84.1 % de l'Az résorbé.
1re semaine de la gestation . .	$0^{gr},5596$ —	92.7 % — —
2e — — . .	$0^{gr},5121$ —	84.1 % — —
3e — . .	$0^{gr},4664$ —	77.8 % — —
4e — . .	$0^{gr},5170$ —	94.5 % — —

Pendant presque toute la durée de la gestation (troisième semaine exceptée), les dépenses azotées ont surpassé celles du repos sexuel d'une manière absolue ainsi que relativement aux recettes nettes ; l'accélération des combustions azotées a surtout été prononcée pendant la première moitié de la phase sexuelle.

Élimination du P_2O_5.

Repos sexuel (28 fév. au 7 mars).	$0^{gr},270$ P_2O_5 pro die,	$\dfrac{N}{P_2O_5}$	$= 1.81$
1re semaine de la gestation. . .	$0^{gr},265$	—	$— = 2.11$
2e — — . . .	$0^{gr},246$	—	$— = 2.08$
3e — . . .	$0^{gr},233$	—	$— = 2.00$
4e — . . .	$0^{gr},226$	—	$— = 2.29$

L'excrétion du P_2O_5 est progressivement diminuée pendant toute la durée de la gestation ; eu égard à la marche de la résorption intestinale, on peut admettre comme probable une rétention du P_2O_5.

Chlorures.

Ils diminuent progressivement et fortement ; leurs oscillations correspondent à celles de la diurèse ; celle-ci est, en général, notablement réduite, surtout pendant les deuxième et troisième semaines, seuls moments où le poids vif de la lapine a augmenté. L'organisme a manifestement retenu une quantité modérée d'eau et de chlorures.

La ration.

Pendant le repos sexuel, une ration comportant $0^{gr},7168$ N *pro die*, soit 1.17 % du capital azoté de l'animal, permettait d'épargner $0^{gr},921$ N *pro die*, grâce à une utilisation très économique des ingesta et à une désassimilation azotée réduite.

Pendant la gestation, cette même ration, régulièrement ingérée, n'a permis d'épargner que $2^{gr},3978$ N, soit $0^{gr},0767$ N *pro die*, notablement moins que pendant le repos sexuel.

Il en est résulté qu'après la parturition, le capital azoté de la mère a subi une perte de 5.72 %.

Il est à remarquer que la gestation a évolué dans les conditions suivantes :

1° La gravidité a été onéreuse : le fruit représente 9.28 % du capital de la mère gravide ; en conséquence,

2° La désassimilation de l'azote a été sensiblement accélérée;

3° Quelque énergiquement que l'organisme ait réagi en épuisant davantage sa ration pendant la plus grande partie de la gravidité, l'effet utile de cette réaction a été contre-balancé à la fin de la gestation par les entraves apportées aux fonctions gastro-intestinales par la masse du fruit.

Cette seconde gestation conduit aux mêmes conclusions générales que la première.

Période post partum.

Après la parturition, la lapine se trouve dans l'état de nutrition exprimé par les formules :

$$C'_2 = 57,4997 \text{ N} < C_2.$$
$$P'_2 = 2250 \text{ gr.} = P_2 - 130 \text{ gr.}$$

Elle a perdu 5.72 % de son capital azoté, 130 grammes de poids vif, mais

$$\frac{C'_2}{P'_2} = \frac{57^{gr},4997}{2250} = 0,0255$$

son équilibre organique n'est troublé que pour autant que l'hypertrophie des organes sexuels et des glandes mammaires s'est constitué aux dépens des autres organes.

La lapine rétablit rapidement son équilibre et augmente encore notablement de poids parce que, outre sa ration journalière, elle ingère une grande quantité de chair fœtale et placentaire ($135^{gr},4$ de jeunes, 4,828 grammes de placenta, soit $2^{gr},5885$ d'azote).

Le 15 avril, huit jours après le part, on a :

$$C_3 = C'_3 + 2^{gr},0357 \text{ d'azote.}$$
$$= 59^{gr},5354 \quad —$$

et

$$\frac{C_3}{P_3} = \frac{59^{gr},5354}{2320} = 0,0256.$$

Le quotient organique azoté est redevenu normal, et, comme l'involution touche probablement à sa fin, l'équilibre organique est parfait.

Cette observation montre qu'après le part, la lapine peut digérer et utiliser d'une façon remarquable la chair animale quand ses fonctions digestives sont stimulées après une gestation ayant amené l'organisme dans un état de dénutrition. En effet, dans l'espèce, les fèces éliminées après l'ingestion de la chair fœtale et placentaire renferment encore moins d'azote résiduel qu'à la fin de la gestation et pas plus que pendant le repos sexuel précédent.

Le régime alimentaire ayant été modifié après le part, nous devons nous borner à constater que la hausse extraordinaire de la désassimilation, le lendemain de la mise bas, résulte de la résorption d'un surplus d'aliments riches en azote, P_2O_5 et eau ; toutefois, la désassimilation ne tarde pas à revenir à ce qu'elle était pendant le repos sexuel précédent.

L'animal soumis ensuite à une ration, plus pauvre encore, a refusé les approches du mâle.

D. — ANALYSE DES EXPÉRIENCES Nᵒˢ 7, 8, 9 ET 10.

Lapine de 2060 grammes, soumise depuis le 30 septembre à une ration composée de

51,5 grammes d'avoine.
200,0 grammes de carottes.

Période de repos sexuel.

Observation préalable du 6 au 12 octobre à 4 heures du soir.
Pendant ce temps (6 jours 8 heures),

La lapine {
ingère. . $6^{gr},8417$ N,   soit $1^{gr},0803$ N *pro die,*   2.02 % du capital azoté
élimine . $6^{gr},3449$ N.

assimile. $0^{gr},4968$ N,   soit $0^{gr},0784$ N *pro die*

et augmente de 30 grammes environ de poids vif.

Bien que l'animal jouisse d'une ration relativement riche (2.02 % du capital azoté), celle-ci ne constitue qu'une alimentation d'un luxe modéré, principalement parce que l'utilisation des ingesta est assez peu économique $\left(\frac{i-f}{i} = 0,695\right)$ et que, d'autre part, la désassimilation azotée est relativement active, l'animal étant jeune et en pleine période de croissance. Remarquons toutefois que les dépenses azotées vont décroissant.

Période de gestation.

Durée de la gestation : 31 jours 23 heures.

> Fécondation le 12 octobre. . . . . . . 4 h. soir.
> Part le 13 novembre . . . . 3 h. soir.

Fruit : 1 jeune et 1 placenta, d'un poids vif de $71^{gr},654$.

Bilan de l'azote.

Valeur des termes :

$$P = 2090 \text{ grammes.}$$
$$P' = 2360 \quad —$$
$$C = 53^{gr},504 \qquad \text{d'azote}$$
$$\Sigma i_g = 33^{gr},9383 \qquad —$$
$$\Sigma f_g + \Sigma u_g = 9^{gr},5396 + 19^{gr},8719 \qquad —$$
$$F = 1^{gr},413$$

d'où l'on a :

$$Q = \Sigma i_g - (\Sigma f_g + \Sigma u_g) = 33^{gr},9383 - (9^{gr},5396 + 19^{gr},8719) \text{ N.}$$
$$= 4^{gr},5268 \text{ N.}$$

et

$$C' = C + Q - F = C + 4^{gr},5268 - 1^{gr},413 \text{ N.}$$
$$= C + 3^{gr},1138 \text{ N.}$$
$$= 53^{gr},504 + 3^{gr},1138 = 56^{gr},6178 \text{ N.}$$

Ce cas réalise le I du 1° de la discussion générale : l'*optimum physiologique*.

La mère a formé son fruit entièrement aux dépens de ses épargnes pendant la gravidité et, de plus, a pu augmenter son capital azoté de 5.8 %.

Hâtons-nous de mettre en évidence que la gestation a été peu onéreuse : le fruit ne représente que 2.43 % du capital de la mère gravide.

Équilibre organique.

Variations du poids vif pendant la gravidité ; poids initial :

$$P = 2090 \text{ grammes.}$$

Le poids de la lapine augmente modérément pendant la première semaine, rapidement pendant la deuxième semaine, plus lentement ensuite pendant le reste de la phase sexuelle. Poids final : 2430 grammes environ.

Le part soustrait à la mère $71^{gr},65$ de poids vif.

$$\frac{C'}{P'} = \frac{56^{gr},6178}{2360} = 0,0240.$$

Le quotient organique azoté a baissé de 6.4 %, ce qui exprime que l'organisme s'est plus enrichi en eau et peut-être aussi en hydrocarbures et en graisse qu'en albumine.

Quant à l'équilibre organique, il n'est probablement troublé que d'une manière relative, même en tenant compte de l'hypertrophie des organes sexuels et des glandes mammaires.

Utilisation de la ration.

Quantités d'azote utilisées :

	$i_2 - f_2$	$\dfrac{i_2 - f_2}{i_2}$	
Repos sexuel (8-12 oct.) .	$0^{gr},7523$ N *pro die*,	69.6 % de l'N de la ration.	
1re semaine de la gestation.	$0^{gr},7041$ —	67.8 %	— —
2° — —	. $0^{gr},7510$ —	71.1 %	— —
3° — —	$0^{gr},7668$ —	72.2 %	— —
4° — —	$0^{gr},8271$ —	75.8 %	— —

Sauf pendant la première semaine de la gestation, l'utilisation des matériaux azotés de la ration a été progressivement, mais modérément favorisée.

La gravidité ayant été fort peu onéreuse, il en est résulté que :

1° La stimulation des fonctions digestives a été modérée et lente à se manifester : réaction proportionnée aux besoins ;

2° Le fruit, étant peu développé, n'a pu entraver effectivement cette réaction utile.

Ajoutons que cette réaction semble avoir porté de préférence sur l'eau et les matériaux azotés des ingesta.

Élimination de l'azote urinaire.

	u_g	$\dfrac{u_g}{i_g - f_g}$	
Repos sexuel (8-12 octobre).	0gr,6302 N *pro die,*	83.7°/₀ des recettes nettes.
1re semaine de la gestation.	0gr,5935 —	84.3°/₀ — —
2e — —	0gr,5647 —	75.2°/₀ — —
3e — —	0gr,6655 —	86.8°/₀ — —
4e — —	0gr,6610 —	79.9°/₀ — —

Pendant la première moitié de la phase sexuelle, la désassimilation de l'azote paraît légèrement ralentie d'une façon absolue, moins relativement aux recette nettes. Pendant la seconde moitié de cette phase, les dépenses azotées sont au contraire accélérées d'une manière absolue et moins relativement aux recettes nettes.

Somme toute, les combustions organiques azotées semblent être demeurées, pendant la gestation, à peu de chose près, ce qu'elles étaient pendant le repos sexuel. Il importe de se rappeler que le fruit est peu développé et que d'ailleurs l'animal était jeune et en période de croissance ; pendant le repos sexuel, sa désassimilation avait une tendance manifeste à baisser.

Élimination du P_2O_5.

			$\dfrac{N}{P_2O_5}$	
Repos sexuel (8-12 octobre).	0gr,238 P_2O_5 *pro die,*		= 2.65.
1re semaine de la gestation.	0gr,216	—	— = 2.74.
2e — —	0gr,222	—	— = 2.54.
3e — —	0gr,254	—	— = 2.62.
4e — —	0gr,230	—	— = 2.87.

L'excrétion du P_2O_5 est inférieure à celle du repos sexuel, surtout pendant la première moitié de la phase sexuelle. Vers la fin
de la gestation, le rapport $\frac{N}{P_2O_5}$ augmente encore, surtout les derniers jours. Vu la marche de la résorption intestinale, on pourrait
supposer une certaine rétention du P_2O_5.

Élimination des chlorures.

Elle est peu influencée d'une façon absolue, sinon vers la fin de
la gestation, où le NaCl est retenu par l'organisme.

En général, les oscillations de l'excrétion des chlorures suivent
celles de la *diurèse;* celle-ci est inférieure à celle du repos sexuel :
l'animal a retenu de l'eau, surtout pendant la première moitié de
la gestation. Et c'est précisément à ce moment que le poids de
l'animal a le plus augmenté.

La ration.

Pendant le repos sexuel, la ration qui comportait en azote
2.02 °/₀ du capital azoté de l'animal ne constituait qu'une alimentation d'un luxe modéré, du moins au point de vue de la nutrition
de l'azote; en effet, la lapine n'épargnait que 0ᵍʳ,0784 N *pro die ;*
cette nutrition peu prospère, malgré une alimentation relativement riche, s'explique par une utilisation peu économique des
ingesta, traduisant une adaptation insuffisante de l'organisme et
par une désassimilation relativement active, l'animal étant jeune
et en pleine période de développement (1).

Eu égard à l'augmentation de poids vif de l'animal, on peut
remarquer que l'organisme s'enrichissait moins en albumine
qu'en autres matériaux nutritifs. De là nous pouvons inférer que
la ration n'était pas adéquate aux besoins de l'organisme.

Cette même ration, pendant la gestation, a permis à la lapine
d'épargner 4ᵍʳ,5268 d'azote, soit 0ᵍʳ,1416 *pro die*. Ainsi la mère a
épargné environ deux fois autant d'azote pendant la gravidité que
pendant le repos sexuel, et ce accessoirement par suite d'une

---

(1) On sait que, pendant la croissance, les mutations nutritives sont plus actives que
chez l'adulte. (CAMERER, *Zeitschrift für Biologie*, Bd XIV, S. 395.)

légère diminution de ses dépenses, principalement grâce à une utilisation progressivement meilleure de ses ingesta. C'est à cette réaction que l'organisme doit d'avoir pu édifier un fruit très peu onéreux (2.43 % du capital de la mère gravide), entièrement aux dépens de son alimentation, et d'avoir pu en outre augmenter son capital de 5.8 %.

Bref, *la gravidité, quand elle est très peu onéreuse, peut modifier favorablement les échanges organiques chez un animal en croissance*, parce que,

1° La fécondation développe dans l'organisme gravide une réaction utile : une stimulation des fonctions digestives ;

2° Cette réaction n'est pas entravée par le faible développement de la masse du fruit et peut en conséquence sortir ses effets jusqu'au terme de la gravidité ;

3° L'édification d'un fruit peu développé n'entraîne, dans ces conditions spéciales, pas d'accélération absolue de la désassimilation de l'azote.

Remarquons enfin que la ration relativement trop pauvre en albumine pendant la période d'observation ne s'est pas montrée plus adéquate pendant la période de gestation : la lapine a continué de s'enrichir moins en chair qu'en autres matériaux nutritifs, ce qu'exprime le faible quotient organique azoté après la parturition.

Période post partum.

La lapine aborde cette période avec un capital azoté augmenté de 5.8 %, mais avec un quotient organique défectueux.

Examinons les modifications de la nutrition après le part sous le même régime alimentaire.

Pendant les 13 jours d'observation après le part,

La lapine ingère. . . . 13gr,8268 N.
 — élimine . . . 10gr,4284 N.

 — assimile. . . 3gr,3984 N.

soit 0gr,2621 N *pro die*, par conséquent, beaucoup plus que pendant la gravidité, et ce principalement ensuite du ralentissement de la désassimilation azotée. Celle-ci, cependant, ne fléchit que le quatrième jour après le part, chronologiquement après l'acmès des processus d'involution des organes sexuels et des glandes mammaires qui s'accompagnent, dans l'espèce, d'une accélération des combustions azotées.

Or, tandis que l'organisme s'enrichit en albumine, le poids vif de l'animal tend plutôt à baisser. L'organisme récupère son quotient azoté normal :

1° En augmentant ses épargnes ;

2° En se débarrassant de l'eau accumulée pendant la gravidité.

Cette double réaction aboutit le 26 novembre à un équilibre organique normal ; en effet, à ce moment, on a

$$C_4 = C' + 3^{gr},3984 \text{ d'azote}$$
$$= 60^{gr},8162 \quad -$$

et par suite

$$\frac{C_4}{P_4} = \frac{60^{gr},0162}{2350} = 0,0256,$$

et l'on peut admettre que l'involution est terminée.

Utilisation de la ration post partum.

Elle redevient moins favorable que vers la fin de la gestation : la stimulation des fonctions digestives s'affaiblit en harmonie avec la diminution des besoins de l'organisme ; la réaction cesse avec la disparition de la cause.

Quant à l'excrétion du P_2O_5, elle ne demeure ralentie que très peu de temps.

L'élimination des chlorures augmente parallèlement à la diurèse profuse après la mise bas.

La période *post partum*, prolongée jusqu'au retour à une nutrition normale, peut nous servir de période d'observation préalable à la deuxième phase sexuelle.

Deuxième période de gestation.

Durée de la gestation : 30 jours 21 heures.

Fécondation le 26 novembre. . .   2 h. du soir.

Part le 29 décembre . . . . . .   11 h. du matin.

Fruit : 6 jeunes et 6 placentas, d'un poids vif de 393^{gr},7.

Bilan de l'azote pendant la gravidité.

Valeur des termes :

$$P_1 = 2400 \text{ grammes.}$$
$$P'_1 = 2530 \quad - \quad (1).$$
$$C_1 = 60^{gr},0162 \qquad \text{d'azote.}$$
$$\Sigma i_g = 33^{gr},3185 \qquad -$$
$$\Sigma f_g + \Sigma u_g = 7^{gr},7425 + 20^{gr},1098 \quad -$$
$$F = 5^{gr},0596$$

d'où l'on obtient :

$$Q = \Sigma i_g - (\Sigma f_g + \Sigma u_g) = 33^{gr},3185 - (7^{gr},7425 + 20^{gr},1098)\,N.$$
$$= 5^{gr},4662 \ N.$$

et

$$C'_1 = C_1 + \overset{\circ}{Q} - F = C_1 + 5^{gr},4662 - 5^{gr},0596 \ N.$$
$$= C_1 + 0^{gr},4066 \ N.$$
$$= 60^{gr},4228 \ N.$$

Rigoureusement, l'observation se range dans le cas I du 1° de la discussion générale.

La mère a formé son fruit entièrement aux dépens de ses ingesta et, de plus, s'en est assimilé une certaine quantité : c'est *l'optimum physiologique.*

Remarquons toutefois que Q est sensiblement égal à F, d'où pratiquement le cas peut être rapporté au II du 1° de la discussion générale.

Équilibre organique.

Variations du poids vif pendant la gravidité. Poids initial :

$$P_1 = 2400 \text{ grammes.}$$

Le poids de la lapine gravide augmente lentement la première semaine, rapidement la deuxième semaine, plus lentement pendant le reste de la phase sexuelle. Poids final de la gravidité : 2795 grammes.

Le part soustrait $393^{gr},7$ de poids vif.

$$P_1 - P'_1 = 130 \text{ grammes.}$$

(1) Poids de la lapine le lendemain du part.

Après la parturition, la lapine a augmenté de 130 grammes de poids vif.

$$\frac{C'_1}{P'_1} = \frac{60^{gr},4228}{2530} = 0,0239.$$

Le quotient organique azoté a baissé de 6.64 °/₀.

Ce cas, bien que réalisant l'*optimum physiologique* dans le sens absolu, n'en est pas moins équivoque; en effet, la nutrition a été défectueuse, parce que l'animal s'est plus enrichi en eau et autres matériaux nutritifs qu'en albumine. De ce fait, l'équilibre organique est déjà profondément troublé; il l'est davantage encore si l'on tient compte de la mobilisation des matériaux azotés qu'implique l'hypertrophie de l'utérus et des glandes mammaires.

Utilisation de la ration.

Quantités d'azote utilisées :

	$i - f$	$\frac{i-f}{i}$
Pendant le repos sexuel.	$0^{gr},8032$ N *pro die*,	75.3 °/₀ de l'N de la ration.
1ʳᵉ semaine de la gestation.	$0^{gr},8531$ —	82.6 °/₀ — —
2ᵉ — —	$0^{gr},7868$ —	73.7 °/₀ — —
3ᵉ — —	$0^{gr},8030$ —	75.1 °/₀ — —
4ᵉ — —	$0^{gr},8766$ —	75.8 °/₀ — —

La ration demeure invariable, sa teneur en azote très constante; or les quantités résiduelles d'azote sont :

Pendant le repos sexuel.	$0^{gr},2638$ N.
1ʳᵉ semaine de la gestation.	$0^{gr},1795$ N.
2ᵉ — —	$0^{gr},2798$ N.
3ᵉ — —	$0^{gr},2656$ N.
4ᵉ — —	$0^{gr},2790$ N.

L'utilisation des matériaux azotés de la ration a d'abord été sensiblement favorisée (première semaine); puis, accidentellement, plus défectueuse (deuxième semaine) — à la suite de légers troubles gastro-intestinaux; enfin, s'est maintenue au taux normal pendant la seconde moitié de la phase sexuelle. Les fonctions digestives ont été stimulées; mais cette réaction, contre-balancée dès la deuxième semaine, a été en grande partie enrayée ensuite par le développement du fruit.

Élimination de l'azote urinaire.

	u_g		$\dfrac{u}{i-f}$		
Repos sexuel.	0gr,5409 N *pro die,*		67.3 % des recettes nettes.		
1re semaine de la gestation.	0gr,7033	—	82.4 %	—	—
2e — —	0gr,6952	—	88.3 %	—	—
3e — —	0gr,6070	—	75.5 %	—	—
4e — —	0gr,5953	—	68.0 %	—	—

Pendant toute la durée de la gestation, la désassimilation de l'azote dépasse notablement celle du repos sexuel, tant *post partum* que primitif ; elle s'élève d'abord rapidement vers un *fastigium*, se ralentit ensuite progressivement jusqu'au terme de la gravidité.

Élimination du P_2O_5.

			$\dfrac{N}{P_2O_5}$	
Repos sexuel	0gr,246 P_2O_5 *pro die,*		= 2.20.	
1re semaine de la gestation.	0gr,259	—	— = 2.72.	
2e — —	0gr,295	—	— = 2.35.	
3e — —	0gr,292	—	— = 2.08.	
4e — —	0gr,224	—	— = 2.69.	

L'excrétion du P_2O_5 augmente d'abord relativement moins que celle de l'azote, et, vers la fin de la gestation, s'abaisse au point que, la résorption intestinale demeurant sensiblement normale, on peut conclure à une rétention du P_2O_5.

Chlorures.

Leur élimination suit les oscillations de la diurèse; celle-ci diminue progressivement, surtout pendant la dernière semaine.

L'organisme a manifestement retenu d'importantes quantités d'eau.

La ration.

Pendant le repos sexuel *post partum*, la lapine réparait son équilibre organique azoté troublé pendant la gestation antérieure ; elle épargnait 0gr,2622 N *pro die* avec une ration qui, au moment de la deuxième fécondation, représente en N 1.77 % du capital azoté de l'animal. Cette ration constitue à ce moment une alimentation de luxe, grâce surtout à une désassimilation décroissante, l'utilisation des ingesta étant moyenne.

Pendant la seconde gestation, la lapine, continuant le même régime alimentaire, épargne $5^{gr},4662$ d'azote, soit $0^{gr},1770$ N *pro die*, beaucoup moins que pendant le repos sexuel *post partum*, malgré une utilisation plus économique des ingesta, parce que la désassimilation azotée a été notablement accélérée pendant toute la durée de la gravidité. Ces épargnes ont toutefois suffi à couvrir l'impôt prélevé par un fruit moyennement développé (7.72 % du capital azoté de la mère gravide), mais l'utérus et les glandes mammaires se sont développés en majeure partie aux dépens du reste des organes.

En outre, de même que dans la gestation précédente, la nutrition générale a été vicieuse en ce sens que la lapine s'est plus enrichie en eau et autres matériaux nutritifs qu'en albumine, au point d'abaisser son quotient organique azoté de 6.64 %.

Cette observation montre qu'*une ration de luxe modéré peut suffire à couvrir les frais d'une gestation quand elle n'est pas trop onéreuse.* Dans ces conditions, l'organisme peut épargner suffisamment, malgré l'accélération de sa désassimilation, parce que la fécondation stimule les fonctions gastro-intestinales et que le développement du fruit n'entrave pas outre mesure cette réaction utile.

Toutefois, la nutrition générale de la mère est exposée à être plus ou moins défectueuse au point de vue de la conservation de l'équilibre organique.

Période post partum.

La nutrition de l'azote chez la lapine, au début de cette période, est exprimée par

$$C'_t = 60,4228 > C_t$$

et

$$\frac{C'_t}{P'_t} = \frac{60^{gr},4228}{2530} = 0,0239 < \frac{P_t}{C_t}.$$

Observée, pendant 13 jours 21 heures après la mise bas, sous même ration que pendant la deuxième gestation,

La lapine ingère . . . . 14^{gr},1839 d'azote.

— élimine . . . . 11^{gr},5133   —

— assimile . . . . . . 2^{gr},6706   —

soit 0^{gr},1925 N *pro die*, plus que pendant la deuxième gestation, grâce à une utilisation plus économique des ingesta $\frac{i-f}{i}$ 0^{gr},836 ; la mise bas ayant levé l'obstacle aux fonctions gastro-intestinales, l'animal, appauvri relativement, cherche à épuiser davantage sa ration.

Quant à la désassimilation azotée, elle ne revient à la norme qu'après avoir subi une hausse pendant trois à quatre jours après la parturition, ce qui coïncide avec l'acmès des processus d'involution.

Une légère rétention du P_2O_5 se continue encore pendant peu de temps après la mise bas.

Quant aux chlorures, si tant est que la mère en a effectivement retenu, surtout à la fin de la gestation, elle s'en débarrasse rapidement avec l'eau accumulée.

Ainsi, 13 jours 21 heures après la parturition, on a :

$$C_2 = C'_1 + 2^{gr},6706 \text{ d'azote.}$$
$$= 63^{gr},0934 \quad —$$

Or, malgré ses épargnes d'albumine, la lapine a plutôt diminué de poids vif à cause surtout de la diurèse profuse *post partum.*

$$P_2 = 2525 \text{ grammes} < P'_1.$$

On a, par conséquent :

$$\frac{C_2}{P_2} = \frac{63^{gr},0934}{2525} = 0,0250.$$

Le quotient organique a augmenté de 4.6 °/₀₀. Cette amélioration de nutrition générale de l'organisme nous apparaît comme la résultante d'une double réaction :

1° D'importantes acquisitions d'albumine ;
2° D'un drainage de l'eau et des chlorures.

L'involution des organes sexuels et des glandes mammaires pouvant être considérée comme terminée approximativement, on voit que la lapine n'est plus éloignée de l'équilibre organique normal.

Expériences n⁰ˢ 9 et 10.

Même lapine de 2350 grammes (1) soumise, depuis sa dernière gestation, à la même ration journalière de

$$51^{gr},5 \text{ d'avoine}$$
$$200^{gr},0 \text{ de carottes}$$

dont la teneur en N a légèrement baissé depuis le 8 janvier.

Période de repos sexuel.

Observation préalable (11-16 janvier).
Pendant ces cinq jours,

La lapine ingère	$5^{gr},0335$ N,	$1^{gr},0067$ N pro die	
— élimine . . .	$4^{gr},3483$ N.		
— épargne . . .	$0^{gr},6852$ N,	$0^{gr},1370$ N pro die	

et n'augmente que de 10 grammes de poids vif.

A partir du 16 janvier, la ration est réduite à

$$40 \text{ grammes d'avoine}$$
$$180 \quad — \quad \text{de carottes}$$

c'est-à-dire, diminué de 19.4 %.

Observée pendant 3 jours 7 heures,

La lapine ingère	$2^{gr},8490$ N,	$0^{gr},8655$ N pro die	
— élimine . . .	$2^{gr},7361$ N.		
— assimile . . .	$0^{gr},1129$ N,	$0^{gr},0343$ N pro die	

se trouve par conséquent dans un état voisin de l'équilibre d'azote sous ration sus-minimale et désassimilation d'activité moyenne.

---

(1) Les analyses ayant été négligées pendant un jour (du 10 au 11 janvier), nous reprenons, comme point de départ de nos calculs, le postulatum C = 0,0255 P.

Troisième période de gestation.

Durée de la gestation : 30 jours 17 heures.

Fécondation le 19 janvier. . . . .   3 heures du soir.
Part le 19 février. . . . .   7 h. 45 m. du matin.

Fruit : 7 jeunes et 7 placentas, d'un poids vif de 408^{gr},84.

Bilan de l'azote.

Valeur des termes :

$$P = 2525 \text{ grammes}$$
$$P' = 2380 \quad -$$
$$C = 64^{gr},54 \qquad\qquad \text{d'azote}$$
$$\Sigma i_{,} = 21^{gr},6902 \qquad -$$
$$\Sigma f_{,} + \Sigma u_{,} = 5^{gr},035 + 19^{gr},6651 \quad -$$
$$F = 7^{gr},3215$$

d'où l'on obtient :

$$Q = \Sigma i_{,} - (\Sigma f_{,} + \Sigma u_{,}) = 21^{gr},6902 - (5^{gr},035 + 19^{gr},6651) \text{ N.}$$
$$= - 0^{gr},0099 \text{ N.}$$

sensiblement égal à zéro, et

$$C' = C + Q - F = C - 0^{gr},0099 - 7^{gr},3215 \text{ N.}$$
$$= 64^{gr},64 - 7^{gr},3314 = 57^{gr},3086 \text{ N.}$$

Rigoureusement, cette observation se range dans le 3° de la discussion générale.

C'est un cas de *pessimum* physiologique. La mère a formé le fruit entièrement aux dépens de sa propre chair et, en outre, a perdu 0^{gr},0099 N pour subvenir aux frais de la gravidité.

Bref, le déficit comporte 11.36 % du capital azoté.

Pratiquement Q = 0, le cas peut être rapporté au 2° de la discussion générale.

Équilibre organique.

Variations du poids vif pendant la gravidité. Poids initial :

$$P = 2525 \text{ grammes.}$$

Le poids de la lapine gravide demeure stationnaire pendant les onze premiers jours; augmente vers la fin de la deuxième semaine; reste stationnaire pendant la troisième semaine; enfin, augmente encore quelque peu pendant la quatrième semaine. Poids final de la gravidité : 2790 grammes environ.

Le part soustrait 408^{gr},84 de poids vif.

$$P - P' = 145 \text{ grammes.}$$

Après la mise bas, la lapine a perdu 145 grammes de poids vif.

$$\frac{C'}{P'} = \frac{57^{gr},3086}{2380} = 0,0241.$$

Le quotient organique azoté a baissé de 5.86 %, ce qui exprime que l'organisme a plus perdu d'albumine que d'autres matériaux nutritifs : eau, etc.

Ajoutez à cela que l'hypertrophie de l'utérus et des glandes mammaires s'est faite aux dépens des autres organes. L'équilibre organique est par conséquent profondément troublé.

Utilisation de la ration.

Quantités d'azote utilisées :

	$i_g - i_\theta$	$\dfrac{i_g - i_\theta}{i_g}$	
Pendant le repos sexuel. . . . { 1°	0^{gr},7454 N *pro die*,	74.0 % de l'N	
2°	0^{gr},6200 —	71.6 % —	
1re semaine de la gestation	0^{gr},6646 —	84.1 % —	de la ration.
2° — —	0^{gr},6394 —	79.2 % —	
3° —	0^{gr},6532 —	80.8 % —	
4° —	0^{gr},5988 —	73.9 % —	

L'utilisation de la ration est améliorée, sauf pendant les derniers jours de la gravidité.

Pendant toute la durée de la gestation, la ration a été régulièrement ingérée et sa teneur en azote n'a subi que des variations
négligeables ; or, les quantités résiduelles d'azote sont respectivement :

$$f_g$$

Pendant le repos sexuel . .	{ 1° 0^{gr},2613 N *pro die,*
	{ 2° 0^{gr},2455 —
1re semaine de la gestation . . . 0^{gr},1251 —	
2° — — . . . 0^{gr},1683 —	
3° — — . . . 0^{gr},1554 —	
4° — — . . . 0^{gr},2116 —	

constamment inférieures à celles du repos sexuel.

On voit que la digestion et la résorption ont été progressivement
stimulées jusqu'à la quatrième semaine, où ces processus n'ont été
que légèrement entravés par le développement d'un fruit même
très onéreux.

Élimination de l'azote urinaire.

$$u_g \qquad \frac{u_g}{i_g - f_g}$$

Repos sexuel	{ 1° 0^{gr},6084 N *pro die,* 81.6 % de l'N résorbé.
	{ 2° 0^{gr},5856 — 94.5 % —
1re semaine de la gestation. . . 0^{gr},6653 — 100.1 % —	
2° — — . . . 0^{gr},6696 — 104.7 % —	
3° — . . . 0^{gr},6267 — 95.9 % —	
4° — . . . 0^{gr},5952 — 99.4 % —	

Pendant toute la durée de la gestation, la désassimilation azotée
est supérieure à celle du repos sexuel ; surtout accélérée pendant
la première moitié de la gestation, elle se ralentit quelque peu,
comparativement, pendant la deuxième moitié. Somme toute, les
dépenses d'albumine ont égalé les recettes nettes.

Élimination du P_2O_5.

Repos sexuel.	{ 1° 0^{gr},289 P_2O_5 *pro die,* $\frac{N}{P_2O_5} = 2.11.$
	{ 2° 0^{gr},326 — — = 1.80.
1re semaine de la gestation . . . 0^{gr},250 — — = 2.66.	
2° — — . . . 0^{gr},265 — — = 2.53.	
3° — . . . 0^{gr},222 — — = 2.82.	
4° — . . . 0^{gr},153 — — = 3.89.	

L'excrétion du P_2O_5 diminue progressivement et le rapport $\frac{N}{P_2O_5}$ va croissant, surtout vers la fin de la phase sexuelle. On peut admettre une rétention active du P_2O_5.

Chlorures.

Ils diminuent progressivement du début au terme de la gravidité ; leurs oscillations correspondent assez bien à celles de la diurèse ; celle-ci diminue aussi progressivement. L'organisme retient de l'eau, surtout pendant les deuxième et quatrième semaines, qui sont précisément celles où le poids de la lapine a augmenté le plus.

La ration.

Pendant le repos sexuel, la lapine pesant 2550 grammes, la ration primitive renferme 1^{gr},0067 N, soit 1.54 % du capital azoté et constitue une alimentation d'un luxe modéré.

Diminué de 19.4 %, l'animal pesant 2525 grammes, la ration comporte 0^{gr},8140 N, soit 1.26 % du capital azoté, et permet encore à l'animal d'épargner 0^{gr},0343 N *pro die* ; ces épargnes toutefois sont si minimes qu'on peut considérer la nutrition azotée comme fort rapprochée de l'équilibre.

Pendant la gestation, cette ration n'a permis de faire aucune épargne, Q est sensiblement égal à zéro ; elle a suffi seulement à maintenir l'équilibre azoté absolu de la mère gravide, et le part a constitué, pour la femelle, une soustraction de 11.36 % de sa chair ; de plus, l'hypertrophie des organes sexuels et des glandes mammaires s'est faite aux dépens des autres organes.

Il importe de faire remarquer que :

1° Le fruit était très développé, 11.34 % du capital de la mère gravide, en conséquence ;

2° La désassimilation a été notablement accélérée ;

3° La réaction utile que l'organisme y a opposée n'a pu sortir que des effets très restreints : la ration étant modique, la stimulation des fonctions gastro-intestinales n'a pu déterminer qu'une augmentation minime des recettes nettes ; du reste, vers la fin de la phase sexuelle, le développement du fruit a enrayé et contrebalancé à peu près cette réaction.

On peut en conclure qu'une ration voisine de celle d'équilibre et sus-minimale pendant le repos sexuel peut aboutir, au terme d'une gestation très onéreuse, à mettre la mère dans la nécessité de former la totalité du fruit aux dépens de sa propre chair. Dans ces conditions, l'organisme risque de ne pouvoir faire aucune épargne, parce que ses dépenses augmentent et que la seule réaction qu'il puisse développer est insuffisante à compenser l'accélération de ses mutations nutritives.

Période post partum.

La lapine aborde cette période dans les conditions représentées par les formules :

$$C' = C - 7^{gr},3314 = 57^{gr},3086 \text{ d'azote.}$$
$$P - P' = 145 \text{ grammes.}$$

et

$$\frac{C'}{P'} = \frac{57^{gr},3086}{2380} = 0,0241.$$

Elle est fort amoindrie, amaigrie, et son équilibre organique azoté est profondément troublé.

I. Pendant neuf jours après la parturition, continuant la même ration,

La lapine ingère.	$7^{gr}.3298$ d'azote,
— élimine	$5^{gr}.4250$ —
— épargne	$1^{gr},9048$ —

soit $0^{gr},2116$ N *pro die*, d'importantes quantités d'azote, surtout parce que l'utilisation de sa ration s'améliore brusquement : l'entrave aux fonctions gastro-intestinales ayant disparu, l'organisme, avide d'albumine, épuise ses ingesta beaucoup mieux que pendant le repos sexuel précédent, digère et résorbe aussi bien la chair placentaire que ses aliments végétaux.

Quant à la désassimilation azotée, elle demeure relativement élevée pendant quelques jours après le part, ce qui correspond chronologiquement à l'acmès des processus d'involution.

Au terme de cette étape (28 février), l'état de nutrition est exprimé par

$$C_1 = C' + 1^{gr},9048 \qquad \text{d'azote,}$$
$$= 57^{gr},3086 + 1^{gr},9048 \quad —$$
$$= 59^{gr},2134$$

et

$$\frac{C_1}{P_1} = \frac{59^{gr},2134}{2377} = 0,0249.$$

La lapine a augmenté son capital azoté et amélioré son quotient organique par une double réaction :

1° Une épargne importante d'azote ;

2° Une diurèse profuse : la lapine se débarrasse de l'eau accumulée pendant la gravidité.

II. A partir du 28 février, la ration journalière est diminuée de 18.71 °/₀. Placée auprès du mâle à diverses reprises, la lapine en refuse les approches jusqu'au 24 mars.

Poursuivons la marche de sa nutrition pendant cette longue période de repos sexuel sous ce nouveau régime.

Du 28 février au 14 mars,

La lapine ingère . . . . . . 9^{gr},0986 N.
— élimine . . . . . 8^{gr},7963 N.
— assimile . . . . . 0^{gr},3023

on a

$$C_2 = C_1 + 0^{gr},3023 \ N$$
$$= 59^{gr},2134 + 0^{gr},3023 = 59^{gr},5157 \ N.$$

et

$$\frac{C_2}{P_2} = \frac{59^{gr},5157}{2338} = 0,0255 > \frac{C_1}{P_1} \quad \ldots \ldots \ldots \quad (1)$$

Du 14 au 24 mars,

La lapine ingère . . . . 6^{gr},7998 d'azote.
— élimine . . . . . . 6^{gr},5540 —
— assimile . . . . . 0^{gr},2458, — 0^{gr},0237 N pro die;

on a

$$C_3 = C_2 + 0^{gr},2458 \ N.$$
$$= 59^{gr},5157 + 0^{gr},2458 \ N = 59^{gr},7615 \ N.$$

et

$$\frac{C_3}{P_3} = \frac{59^{gr},7615}{2340} = 0,0259 \ldots \ldots \ldots \ldots \quad (2)$$

Remarquons que la diminution de la ration ayant fait varier brusquement P_2 et P_3, les quotients normaux (1) et susnormaux (2) peuvent être regardés comme sensiblement subnormaux et normaux.

La période qui s'étend du 14 au 24 mars peut donc nous servir de période d'observation préalable à la quatrième gestation.

Pendant cette période, la ration qui renferme en N 1.08 % du capital de l'animal, constitue une alimentation d'équilibre susminimale.

Quatrième période de gestation.

Durée de la gestation : 31 jours 13 à 14 heures.

Fécondation le 24 mars . . . . 5 h. soir.
Part le 25 avril . . . . 6-7 h. matin.

Fruit : 3 jeunes plus 3 placentas, d'un poids vif de 149^{gr},5.

Bilan de l'azote.

Valeur des termes :

$$P_3 = 2310 \text{ grammes.}$$
$$P'_3 = 2330 \quad —$$
$$C_3 = 59^{gr},7615 \text{ d'azote.}$$
$$\Sigma i_g = 20^{gr},4506 \quad —$$
$$\Sigma f_g + \Sigma u_g = 4^{gr},3096 + 15^{gr},3024 \text{ N.}$$
$$F = 2^{gr},4849 \text{ N. (1)}$$

d'où il suit que

$$Q = \Sigma i_g - (\Sigma f_g + \Sigma u_g) = 20^{gr},4506 - (4^{gr},3096 + 15^{gr},3024) \text{ N.}$$
$$= 0^{gr},8386$$

et que

$$C'_3 = C_3 + Q + F = C_3 + 0^{gr},8386 - 2^{gr},4849 \text{ N.}$$
$$= C_3 - 1^{gr},6463 \text{ N.}$$
$$= 59^{gr},7615 - 1^{gr},6463 = 58^{gr},1152 \text{ N.}$$

(1) Sous réserves. La quantité d'azote éliminée par le part était peut être plus considérable : il se peut que la mère ait mangé une partie du fruit pendant la nuit du 24 au 26 avril.

L'observation se range dans le III du 1° de la discussion géné-rale. La mère a formé le fruit en partie (33.75 %) avec ses épar-gnes pendant la gravidité, en plus grande partie (66.25 %) aux dépens de sa propre chair.

Bref le déficit comporte 2.75 % du capital azoté.

Équilibre organique.

Variations du poids vif pendant la gravidité. Poids initial :

$$P_3 = 2310 \text{ grammes.}$$

Pendant la première semaine, le poids de la lapine reste sta-tionnaire, il augmente lentement pendant la deuxième semaine, demeure stationnaire pendant la troisième, enfin augmente encore lentement pendant la dernière semaine. Poids final de la gravidité : 2580 grammes.

Le part soustrait 149^{gr},5 de poids vif.

$$P_3 - P'_3 = -20 \text{ grammes.}$$

Après la mise bas, la lapine a augmenté de 20 grammes de poids vif.

$$\frac{C'_3}{P'_3} = \frac{58^{gr},1152}{2330} = 0,0250.$$

Le quotient organique a baissé de 2.7 %. La lapine s'est plus appauvrie en chair qu'en autres matériaux nutritifs : eau, etc. Les organes sexuels et les glandes mammaires se sont hypertro-phiés au détriment du reste des organes. L'équilibre organique est profondément troublé.

Utilisation de la ration.

Quantités d'azote utilisées :

		$i_9 - f_9$	$\dfrac{i_9 - f_9}{i_9}$	
Pendant le repos sexuel.	{ 1° 28 fév.-14 mars .	0^{gr},5154 N *pro die,*	79.3 % de l'N	
	{ 2° 14-24 mars . . .	0^{gr},5230 —	79.8 % —	
1re semaine de la gestation		0^{gr},5164 —	80.7 % —	de la ration.
2° — —		0^{gr},5448 —	83.7 % —	
3° — —		0^{gr},5138 —	79.3 % —	
4° — —		0^{gr},4668 —	72.1 % —	

L'utilisation des matériaux azotés de la ration, progressivement améliorée pendant la première moitié de la gestation, s'est graduellement ralentie pendant la seconde moitié de la phase sexuelle. Eu égard aux quantités résiduelles d'azote progressivement décroissantes pendant la première moitié, progressivement croissantes pendant la deuxième moitié de la gestation, on admettra que, sous l'influence de la fécondation, les fonctions gastro-intestinales ont été stimulées, mais cette réaction utile a été suspendue pendant la troisième semaine et contre-balancée outre mesure pendant la quatrième semaine de la gestation à cause du développement du fruit.

Élimination de l'azote urinaire.

	u_g	$\dfrac{u_g}{i_g - f_g}$	
Repos sexuel. { 1° 28 fév.-14 mars.	$0^{gr},4938$ N *pro die,*	95.7 %	des recettes nettes.
2° 14-24 mars. . .	$0^{gr},4993$ —	95.5 %	— —
1re semaine de la gestation .	$0^{gr},5156$ —	99.8 %	— —
2e — —	$0^{gr},4727$ —	86 8 %	— —
3e — —	$0^{gr},4494$ —	87.5 %	— —
4e — —	$0^{gr},4993$ —	106.9 %	— —

Somme toute, d'une manière absolue, la désassimilation de l'azote pendant la gestation a été très légèrement inférieure (3 %) à celle du repos sexuel ; tandis qu'elle s'est un peu accélérée pendant la première semaine, elle s'est ralentie pendant les deuxième et troisième semaines et est redevenue normale à la fin de la gestation.

Eu égard aux recettes nettes, la désassimilation de l'azote a été quelque peu moins intense pendant la gravidité que pendant le repos sexuel, c'est-à-dire $\dfrac{u}{i - f} > \dfrac{u_g}{i_g - f_g}$.

Élimination du P_2O_5.

			$\dfrac{N}{P_2O_5}$	
Repos sexuel. { 1° 28 fév.-14 mars	$0^{gr},243$ P_2O_5 *pro die,*		$= 2.12.$
2° 14-24 mars. . .	$0^{gr},239$ —		$— = 2.09.$
1re semaine de la gestation	$0,^{gr}217$ —		$— = 2.37.$
2e — — . . .	$0^{gr},271$ —		$— = 1.74.$
3e — — . . .	$0^{gr},311$ —		$— = 1.45.$
4e — — . . .	$0^{gr},254$ —		$— = 1.97.$

Aussi bien d'une manière absolue que d'une manière relative, l'excrétion du P_2O_5 a été supérieure à celle du repos sexuel. Loin de manifester une tendance à retenir du P_2O_5, l'organisme s'est relativement appauvri en phosphore.

Chlorures.

Ils ont été diminués et vraisemblablement retenus avec de l'eau; leurs oscillations correspondent en général avec celles de la *diurèse*. Celle-ci a été réduite principalement les deuxième et quatrième semaines, ce qui correspond aux moments où le poids de la lapine a augmenté.

La ration.

Pendant le repos sexuel (14-24 mars), la lapine, qui avait réparé son équilibre organique précédemment troublé et qui se trouvait adaptée depuis quelque temps à une ration pauvre comportant au moment de la fécondation 1.08 % du capital azoté de l'animal, épargnait encore $0^{gr},0237$ N *pro die*. Sa nutrition azotée se trouvait dans un état voisin de l'équilibre d'azote.

Pendant la gestation, cette même ration a permis d'épargner $0^{gr},0278$ N *pro die*, très légèrement plus que pendant le repos sexuel, ce qui tient en définitive à un léger ralentissement absolu des dépenses d'azote. Ces épargnes n'ont cependant permis de couvrir qu'une minime (33.75 %) partie des frais de la parturition, bien que le fruit ait été très peu développé (4.10 % du capital de la mère gravide).

Il importe d'appeler l'attention sur deux faits corrélatifs insolites, observés pendant cette gestation :

1° C'est un des rares cas où l'on assiste, pendant la gravidité, à une assimilation un peu plus forte que pendant le repos sexuel, et inversement,

2° Pendant cette gestation, nous observons, en opposition à la règle, une très légère diminution de la désassimilation de l'azote.

Remarquons enfin que l'excrétion du P_2O_5 a également suivi une marche aberrante de la norme.

Sans vouloir, pour le moment, chercher à interpréter ces exceptions, nous montrerons aussitôt que cette observation est sujette à caution.

Période post partum.

L'animal aborde cette période amoindri, amaigri, déséquilibré. Observé pendant 17 jours, il cherche encore à réagir en épuisant davantage sa ration et en éliminant l'eau et les chlorures retenus pendant la gravidité.

Néanmoins, il désassimile continuellement plus d'azote qu'il n'en résorbe (autophagie); on assiste à une débâcle de la nutrition; l'animal maigrit à vue d'œil, devient misérable et cachectique.

L'autopsie, pratiquée le 12 mai, révèle une infiltration tuberculeuse des poumons.

Ainsi, des déchéances organiques successives, occasionnées par des gestations onéreuses, peuvent diminuer les résistances de l'organisme contre les infections.

E. — ANALYSE DES EXPÉRIENCES Nᵒˢ 11 ET 12.

Lapine de 2850 grammes, soumise depuis le 5 octobre à un régime composé de :

> 51ᵍʳ,5 d'avoine.
> 200ᵍʳ,0 de carottes.

Période de repos sexuel.

Observation préalable : 11-22 octobre.
Pendant ce temps :

La lapine ingère.	14ᵍʳ,3000 N,
— élimine	13ᵍʳ,3284 N,
— assimile	0ᵍʳ.9716 N,

soit 0ᵍʳ,0883 N *pro die.*

Bien que la ration journalière comporte 1.74 % du capital azoté et quelque économique que soit l'utilisation des ingesta, elle ne constitue qu'une alimentation d'un luxe modéré, parce que les combustions organiques sont relativement importantes.

Remarquons en outre que l'animal s'enrichit relativement un peu plus en eau et autres matériaux nutritifs qu'en albumine.

Période de gestation.

Durée de la gestation : 31 jours, 23 heures, 15 minutes.

> Fécondation le 22 octobre . . . . . . 6 h. 45 m. soir.
> Part le 23 novembre . . . . 6 heures soir.

Fruit : 5 jeunes et 5 placentas, d'un poids vif de 310^{gr},86.

Bilan de l'azote pendant la gravidité.

Valeur des termes :

$$P = 2910 \text{ grammes.}$$
$$P' = 2765 \quad —$$
$$C = 74^{gr},496 \quad \text{d'azote.}$$
$$\Sigma i_g = 43^{gr},9566 \quad —$$
$$\Sigma f_g + \Sigma u_g = 7^{gr},4158 + 35^{gr},0249 \text{ N.}$$
$$F = 6^{gr},7552 \text{ N.}$$

On a par conséquent :

$$Q = \Sigma i_g - (\Sigma f_g + \Sigma u_g) = 43^{gr},9566 - (7^{gr},4158 + 35^{gr},0249) \text{ N.}$$
$$= 1^{gr},5159 \text{ N,}$$

et

$$C' = C + Q - F = C + 1^{gr},5159 - 6^{gr},7552 \text{ N,}$$
$$= 74^{gr},496 - 5^{gr},2393 = 69^{gr},2567 \text{ N.}$$

Ce cas se range dans le III du 1° de la discussion générale. La mère a formé le fruit en minime partie (22.44 °/$_0$) aux dépens de ses épargnes, en majeure partie (77.56 °/$_0$) aux dépens de sa propre chair.

Bref, au profit de sa progéniture, la mère a sacrifié 7.03 °/$_0$ de son capital azoté.

Équilibre organique.

Variations du poids vif pendant la gravidité. Poids initial :

$$P = 2910 \text{ grammes.}$$

Le poids de l'animal reste stationnaire pendant la première semaine, s'élève rapidement pendant la deuxième semaine, plus lentement pendant la troisième semaine, légèrement encore au début de la quatrième semaine et fléchit pendant les derniers jours, parce que l'animal se déleste avant le part.

Poids final de la gravidité : 3150 grammes environ.

Le part soustrait 310^{gr},86 de poids vif.

Le lendemain de la mise bas,

$$P' = 2765 \text{ grammes.}$$
$$P - P' = 145 \quad —$$

Après la parturition, la femelle a perdu 145 grammes de poids vif.

$$\frac{C}{P'} = \frac{69^{gr},2567}{2765} = 0,0251.$$

Le quotient organique azoté a baissé de 1.99 %.

L'animal s'est appauvri en chair d'une manière absolue et aussi relativement : il a moins perdu d'eau et d'autres matériaux nutritifs que d'albumine.

L'équilibre organique est rompu, et, si l'on considère que l'hypertrophie de l'utérus et des glandes mammaires a exigé le déplacement de quantités importantes de matériaux azotés, on doit admettre que cet équilibre est profondément troublé.

Utilisation de la ration.

Quantités d'azote utilisées :

	$i_g - f_g$	$\dfrac{i_g - f_g}{i_g}$	
Pendant le repos sexuel . .	1^{gr},1376 N *pro die,*	87.5 % de l'Az de la ration.	
1re semaine de la gestation.	1^{gr},1461 —	86 1 %	—
2e — —	1^{gr},1599 —	87 2 %	—
3e —	1^{gr},1414 —	85.6 %	—
4e —	1^{gr},0600 —	74.6 %	—

Quantités résiduelles d'azote :

Repos sexuel . . . . $0^{gr},1624$ N *pro die*.
1re semaine de la gestation . . . . . $0^{gr},1844$ —
2e —   —   . . . . . $0^{gr},1695$ —
3e —   . . . . . $0^{gr},1915$ —
4e —   . . . . . $0^{gr},3610$ —

Considérant que, la ration demeurant invariable, i_g va croissant légèrement, on voit que la résorption des matériaux azotés, d'abord légèrement favorisée pendant la première moitié de la phase sexuelle, est devenue défectueuse à la fin. Sous l'influence de la fécondation, les fonctions digestives ont d'abord été stimulées, puis, à mesure que le fruit s'est développé, elles ont été progressivement entravées.

Élimination de l'azote urinaire.

	u_g	$\dfrac{u_g}{i_g - f_g}$
Repos sexuel	$1^{gr},0493$ N *pro die*,	92.2 % des recettes nettes.
1re semaine de la gestation.	$1^{gr},1833$ —	103.2 % — —
2e — —	$1^{gr},1414$ —	98 4 % — —
3e — —	$0^{gr},9837$ —	86.2 % — —
4e — —	$1^{gr},0118$ —	95.4 % — —

Les dépenses azotées sont notablement accrues pendant la première moitié de la phase sexuelle, légèrement ralenties pendant la seconde moitié. Relativement aux recettes nettes, les combustions azotées, accélérées pendant la première moitié de la gestation, redeviennent normales à la fin.

Élimination du P_2O_5.

Repos sexuel. . . . . $0^{gr},335$ P_2O_5 *pro die*, $\dfrac{N}{P_2O_5} = 3.13$.
1re semaine de la gestation . . . . $0^{gr},364$ —   — $= 3.25$.
2e —   —   . . . . $0^{gr},389$ —   — $= 2.93$.
3e —   . . . . $0^{gr},400$ —   — $= 2.46$.
4e —   . . . . $0^{gr},333$ —   — $= 3.04$.

L'excrétion absolue du P_2O_5 augmente progressivement pendant les trois premières semaines, diminue légèrement pendant

la dernière semaine, ce qui dépend probablement de l'utilisation
défectueuse terminale de la ration. Somme toute, sans suivre les
oscillations de l'excrétion de l'azote, celle du P_2O_5 ne lui est pas
relativement inférieure.

Élimination des chlorures.

Les oscillations correspondent à celles de la diurèse; l'animal
a retenu des chlorures et de l'eau, surtout vers le milieu de la
phase sexuelle, ce qui correspond à la marche rapidement croissante du poids vif à ce moment de la gravidité.

La ration.

Pendant le repos sexuel, la femelle augmentait de poids et
épargnait 0gr,0883 d'azote *pro die* avec une ration dont la teneur
en azote équivalait à 1.74 % du capital azoté. La lapine ingérait
une ration de luxe modéré; l'utilisation des ingesta était très
favorable, mais la désassimilation active.

Cette ration, même légèrement plus riche en azote, pendant la
gravidité, loin de suffire à couvrir les charges de la gestation, n'a
permis d'épargner que 1gr,5159 d'azote, soit 0gr,0474 N *pro die*,
comparativement beaucoup moins que pendant le repos sexuel.
Il en est résulté que la mère a dû former 77.56 % du fruit aux
dépens de sa propre chair et que, de ce chef, son capital a été
diminué de 7.03 %.

Il convient de remarquer que :

1° Le fruit était très développé; il représentait 8.88 % du
capital de la mère gravide; en conséquence:

2° Les combustions azotées déjà actives ont été accélérées ;

3° Bien que l'organisme fécondé ait réagi d'abord en épuisant
davantage sa ration, l'effet utile de cette stimulation des fonctions
digestives a été négligeable et d'ailleurs contre-balancé par les
entraves opposées par le développement de la masse du fruit.

On peut en conclure qu'*une ration riche en azote, mais d'un
luxe modéré chez un animal à mutations nutritives actives, peut ne
suffire à couvrir qu'une minime partie des frais d'une gestation onéreuse*; dans ces conditions, l'organisme est incapable d'épargner

autant que pendant le repos sexuel, parce que ses dépenses augmentent et que ses recettes nettes risquent plutôt de diminuer.

Au point de vue pratique, on peut remarquer que l'alimentation de l'animal laisse surtout à désirer pendant la première moitié de la gravidité.

Période post partum.

Après la parturition, l'état de nutrition de la lapine est exprimé par

$$P - P' = 145 \text{ grammes,}$$
$$C' = 69,2567 < C,$$

et

$$\frac{P'}{C'} = 0.0251.$$

L'animal est amoindri, amaigri, et son équilibre organique est troublé.

Examinons les modifications de sa nutrition pendant dix jours de repos sexuel *post partum*.

L'animal a d'abord continué sa ration primitive du 23 au 30 novembre, ensuite il a été soumis à une ration double du 3 novembre au 3 décembre.

I. Pendant 6 $\frac{1}{2}$ jours après le part,

La lapine ingère	$8^{gr},1230$ N,
— élimine	$7^{gr},4476$ N,
— épargne.	$0^{gr},6754$ N,

$0^{gr},1032$ N *pro die*, beaucoup plus que pendant la gravidité et même plus que pendant le repos sexuel prégravidique, grâce à l'augmentation des recettes nettes.

II. Du 30 novembre au 3 décembre, 6 heures du soir,

La lapine ingère . . $8^{gr},6450$ N, soit $2^{gr},5302$ *pro die*, 3.54 °/₀ du capital azoté.

— élimine . $6^{gr},9842$ N.

— assimile. $1^{gr},6608$ N, soit $0^{gr}4860$ N *pro die*.

A la fin du repos sexuel *post partum*, on a :

$$C_1 = C' + 2,3362 = 71^{gr},5929 \text{ N.}$$

Les conditions nouvelles d'alimentation empêchent de comparer rigoureusement $\frac{C'}{P'_t}$ à $\frac{C_t}{P_t}$.

L'élimination de l'azote augmente encore pendant les cinq jours consécutifs au part, tandis que les phosphates diminuent.

La diurèse et les chlorures augmentent : l'organisme se débarrasse d'une certaine quantité d'eau et de chlorures retenus pendant la gravidité.

On peut rapporter ces modifications de la désassimilation à l'involution des organes sexuels et des glandes mammaires.

Quant à l'utilisation des ingesta, elle s'améliore ensuite de la levée de l'obstacle aux fonctions gastro-intestinales.

La période du 30 novembre au 3 décembre, 6 heures du soir, peut nous servir d'observation préalable à la seconde gestation.

Deuxième période de gestation.

Durée de la gestation : 31 jours, 1 heure.

Fécondation le 3 décembre. . . . . . 6 h. soir.
Part le 3 janvier. . . . . 7 h. soir.

Fruit : 7 jeunes et 7 placentas, d'un poids vif de 441^{gr},308.

Bilan de l'azote.

Valeur des termes :

$$P_t = 2950 \text{ grammes.}$$
$$P'_t = 2954 \quad —$$
$$C_t = 71^{gr},5929 \qquad \text{d'azote.}$$
$$\Sigma i_g = 70^{gr},4142 \qquad —$$
$$\Sigma f_g + \Sigma u_g = 21^{gr},1536 + 38^{gr},811 \quad —$$
$$F = 9^{gr},2487 + 0^{gr},3569 (1) —$$

d'où l'on obtient :

$$Q = \Sigma i_g - (\Sigma f_g + \Sigma u_g) = 70^{gr},4142 - (21^{gr},1536 + 38^{gr},811)$$
$$= 10^{gr},4492 \text{ N,}$$

et

$$C'_t = C_t + Q - F = C_t + 10^{gr},4492 - (9^{gr},2487 + 0^{gr},3569)$$
$$= C_t + 0^{gr},8436 \text{ N.}$$
$$= 72^{gr},4365 \text{ N.}$$

L'observation se range dans le I du 1° de la discussion géné-

---

(1) Sang et liquide amniotique.

rale. La mère a formé le fruit entièrement aux dépens de ses ingesta et de plus s'en est assimilé une partie; c'est l'*optimum physiologique.*

Équilibre organique.

Variations du poids vif pendant la gravidité. Poids initial :

$$P_1 = 2950 \text{ grammes.}$$

Le poids de la lapine augmente d'abord lentement, plus rapidement pendant la deuxième semaine de la gestation et, pendant le reste de la phase sexuelle, malgré quelques oscillations, se maintient sensiblement au même niveau. Poids final de la gravidité : 3420 grammes environ.

Le part soustrait 441^{gr},308 de poids vif.

$$P'_1 = 2954 \text{ grammes; } P_1 - P'_1 = 0;$$

or, comme $C'_1 > C_1$, on a la relation :

$$\frac{C'_1}{P'_1} > \frac{C_1}{P_1}.$$

La mère a conservé son poids, quelque peu amélioré son quotient organique; toutefois trop peu, semble-t-il, pour qu'on puisse admettre que l'hypertrophie des organes de la génération et des glandes mammaires n'ait pas troublé l'équilibre organique.

Utilisation de la ration.

Quantités d'azote utilisées :

	$i_g - f_g$	$\dfrac{i_g - f_g}{i_g}$	
Pendant le repos sexuel (30 nov.-3 déc.).	1^{gr},6076 N *pro die,*	63.5 % de l'N	
1re semaine de la gestation.	1^{gr},8896 —	77.1 % —	
2e — —	1^{gr},8058 —	72.5 % —	de la ration.
3e —	1^{gr},4672 —	63 9 % —	
4e —	1^{gr},1727 —	64.5 % —	

Les recettes nettes, considérablement accrues pendant la première moitié de la gestation, sont, au contraire, fortement et

progressivement diminuées vers la fin de la phase sexuelle.
L'augmentation du début reconnaît une stimulation des fonctions
digestives; la diminution finale s'explique principalement par la
diminution des ingesta, l'appétit ayant décliné à la fin, et en
partie par les entraves apportées aux fonctions gastro-intestinales
par le développement d'un fruit onéreux.

En effet, pendant les trois premières semaines de la gestation,
la ration demeure à peu près constante; or, les quantités résiduelles d'azote sont respectivement :

Pendant le repos sexuel . . $0^{gr},6290$ d'azote *pro die*.
1re semaine de la gestation. $0^{gr},5612$ —
2e — — $0^{gr}.6829$ —
3e — — $0^{gr},8270$ —

Enfin, pendant la quatrième semaine, la quantité d'aliments
ingérés *ad libitum* va diminuant, et cependant la quantité résiduelle
d'azote est de $0^{gr},6461$ *pro die*, c'est-à-dire, dépasse celle du repos
sexuel.

Élimination de l'azote urinaire.

	u_g	$\dfrac{u_g}{i_g - f_g}$	
Repos sexuel	$1^{gr},1215$ N *pro die*,	69.7 °/₀ des recettes nettes.
1re semaine de la gestation.	$1^{gr},1307$ —	59 8 °/₀ — —
2e — —	$1^{gr},2936$ —	71 6 °/₀ — —
3e — —	$1^{gr},3639$ —	92.9 °/₀ — —
4e — —	$1^{gr},2035$ —	102.6 °/₀ — —

Pendant toute la durée de la gestation, la désassimilation de
l'azote dépasse celle du repos sexuel; elle augmente d'abord progressivement pendant les trois premières semaines, fléchit légèrement pendant la dernière semaine. Excepté au début de la
gravidité, l'animal a consommé des quantités toujours plus
grandes de ses recettes nettes et, vers la fin, est devenu autophage.

Élimination de P_2O_5.

Repos sexuel.	$0^{gr},464$ P_2O_5 *pro die*,	$\dfrac{N}{P_2O_5}$ — 2.42.
1re semaine de la gestation.	$0^{gr},530$ —	— = 2.13.
2e — —	$0^{gr}630$ —	— = 2.05.
3e — —	$0^{gr},589$ —	— = 2.31.
4e — —	$0^{gr},359$ —	— = 3.35.

L'excrétion du P_2O_5 croît d'abord plus vite que celle de l'azote pendant la première moitié de la gestation, diminue ensuite progressivement d'une manière absolue et plus vite que celle de l'azote. Le rapport $\frac{N}{P_2O_5}$ augmente dans une forte mesure vers la fin de la gestation, ce qui tient peut-être exclusivement à la réduction des ingesta.

L'élimination des chlorures est progressivement diminuée ; ses oscillations se règlent sur celles de la diurèse ; celle-ci, légèrement accrue au début, se restreint ensuite progressivement, ce qui dépend presque exclusivement de la diminution des ingesta. L'organisme semble ne pas avoir accumulé d'eau.

La ration.

Pendant le repos sexuel, l'animal ingérait une ration très riche en azote, comportant 3.54 °/₀ de son capital azoté, qui lui permettait d'épargner 0ᵍʳ,486 N *pro die*. Cette ration constituait donc une alimentation d'un luxe très important, utilisée d'une manière satisfaisante.

Pendant la gravidité, l'animal a ingéré 70ᵍʳ,4142 N, soit 2ᵍʳ,2714 N *pro die*, par conséquent moins que pendant le repos sexuel ; il a épargné 10ᵍʳ,4492 N, soit 0ᵍʳ,337 N *pro die*.

Cette alimentation a cependant permis de réaliser l'*optimum physiologique*, malgré que le fruit constituât une masse très considérable ; il représente, en effet, 11.27 °/₀ du capital de la mère gravide.

Tandis que, pendant la première moitié de la gestation, l'appétit de la lapine n'était pas satisfait et ses fonctions gastro-intestinales stimulées, pendant les derniers jours de la gravidité l'animal n'a pu continuer sa ration de luxe, et le développement du fruit a considérablement entravé l'utilisation des ingesta.

Au point de vue pratique, on peut en conclure que, dans l'espèce, l'alimentation, toutes choses égales, eût été plus profitable si elle avait été mieux répartie : plus abondante au début, progressivement décroissante vers la fin de la gestation, en harmonie avec l'appétit de l'animal et l'activité des fonctions gastro-intestinales.

En comparant les deux gestations successives chez cette lapine, nous voyons que, pendant le repos sexuel, une ration de luxe comportant en N 1.75 °/₀ du capital azoté devient à peine suffisante pour couvrir 22 46 °/₀ des frais d'une gestation dont le fruit comporte 8.87 °/₀ du capital de la mère gravide, et que cette ration doublée, c'est-à-dire comportant en N 3.54 °/₀ du capital, peut réaliser l'*optimum physiologique*, le fruit représentant 11.27 °/₀ du capital de la mère.

Période post partum.

La lapine aborde cette période dans un état de nutrition assez favorable, exprimé par les équations :

$$C_1 = C + 0^{gr},8436 \, N - 72^{gr},4365 \, N,$$
$$\frac{C_1}{P_1} = \frac{72^{gr},4365}{2954} = 0,0245 > \frac{C_1}{P_1} \; (1).$$

La mère a conservé son poids, constitué quelques réserves d'albumine, mais trop peu pour qu'on puisse admettre l'intégrité de son équilibre organique.

Poursuivons la marche de sa nutrition intime *post partum*.

Observée pendant 13 jours, 13 heures après la mise bas du fruit, soumise aux mêmes conditions alimentaires que pendant la gestation,

La lapine ingère . . . . $30^{gr},9129 \, N$, soit $2^{gr}.8828 \, N$ *pro die,* en moyenne,
— élimine . . . . $20^{gr},8633 \, N$,
— assimile . . . . $10^{gr}.0496 \, N$, soit $0^{gr},7421 \, N$ *pro die,*

1.2 fois plus que pendant la gestation, 0.53 fois plus que pendant le repos sexuel prégravidique.

Trois facteurs ont concouru à favoriser l'assimilation *post partum* ; ce sont, par ordre d'importance :

1° L'augmentation des ingesta : après le part, l'appétit est devenu plus vif;

2° Le ralentissement notable de la désassimilation de l'azote malgré l'accroissement considérable des recettes nettes.

---

(1) Sous réserves prémentionnées.

Les dépenses d'azote ont cependant été relativement accélérées pendant les premiers jours après la parturition, fait qui coïncide avec l'acmès des processus d'involution; elles ont ensuite été plus ou moins irrégulièrement ralenties.

3° L'utilisation des ingesta, considérablement améliorée comparativement à celle de la gravidité et même à celle du repos sexuel prégravidique. Le part ayant levé l'obstacle mécanique aux fonctions gastro-intestinales, la lapine a épuisé davantage ses aliments et même a parfaitement digéré et résorbé la chair placentaire mangée (14^{gr},7).

L'excrétion du P_2O_5 est assez rapidement retournée au taux normal, après avoir subi une certaine rétention *post partum*.

Quant aux chlorures et à la diurèse, ils augmentent rapidement ; l'organisme se débarrasse de leur excès accumulé vers la fin de la gestation.

Au terme de l'observation (17 janvier), l'état de nutrition de la lapine peut s'exprimer par

$$C_2 = C'_1 + 10^{gr},0496 \text{ d'azote}$$
$$= 82^{gr},4861 \qquad —$$

et

$$\frac{C_2}{P_2} = \frac{82^{gr},4861}{3290} = 0,0251 > \frac{C_1}{P'_1} \text{ (1)}.$$

La lapine a augmenté de poids et s'est notablement enrichie en chair. Son quotient organique azoté, considérablement augmenté, peut être considéré comme normal, toutes proportions gardées. Enfin, en admettant l'involution terminée, l'équilibre organique peut être regardé comme normal, sinon plutôt favorablement modifié; aussi l'animal est-il plus fort et plus vigoureux qu'auparavant.

F. — ANALYSE DE L'EXPÉRIENCE N° 13.

Lapine de 2750 grammes, soumise depuis le 16 novembre à une ration composée de

51^{gr},5 d'avoine,
200^{gr},0 de carottes.

---

(1) Toujours sous réserves prémentionnées.

Période de repos sexuel.

1° Observée d'abord pendant 4 jours (19-22 novembre), sous ration prémentionnée,

La lapine ingère. . . . . . 4ᵉʳ.9680 N.
— élimine . . . . . 5ᵉʳ,5668 N.
— perd . . . . . . 0ᵉʳ,5788 N,

soit 0ᵉʳ,1447 N *pro die* et diminue de 30 grammes de poids vif.

Jouissant d'une ration qui représente en azote 1.77 °/₀ de son capital azoté, la lapine maigrit non tant à cause d'une désassimilation trop vive de ses matériaux azotés, mais plutôt parce qu'elle utilise ses ingesta d'une manière peu économique; en effet $\frac{i-f}{i}$ = 70.6 °/₀. L'animal est encore mal adapté à son régime.

2° Du 23 au 27 novembre, 4 heures du soir (4 jours 8 heures), la lapine se nourrit *ad libitum;* pendant cette période,

La lapine ingère. . . . . 11ᵉʳ,2152 N.
— élimine . . . . 8ᵉʳ,1182 N.
— épargne . . . . 3ᵉʳ,0970 N,

soit 0ᵉʳ,7147 N *pro die,* et augmente de 120 grammes de poids vif. L'animal jouit d'une alimentation d'un luxe important; la désassimilation est très modérée; l'utilisation des ingesta n'a pas varié et demeure médiocre.

Période de gestation.

Durée de la gestation : 30 jours, 22 ½ heures.

Fécondation le 27 novembre. . . . . . . 4 h. soir.
Part le 28 décembre . . . . 2¼ h. soir.

Fruit : 5 jeunes et 5 placentas, d'un poids vif de 351ᵉʳ,4 environ (1).

(1) Sous réserve que les placentas ayant été mangés par la mère, nous avons évalué leur poids et leur teneur en azote en nous rapportant à des moyennes.

N. B. — Pendant les deux premiers jours de la gestation, l'animal se nourrit *ad libitum* ; pendant le reste de la phase sexuelle et pendant la période d'observation *post partum*, il mange *ad libitum* jusqu'à concurrence de 103 grammes d'avoine et 400 grammes de carottes.

Bilan de l'azote.

Valeur des termes :

$$P = 2830 \text{ grammes.}$$
$$P' = 2830 \quad —$$
$$C = 72^{gr},448 \qquad\qquad \text{d'azote,}$$
$$\Sigma i_g = 64^{gr},6609 \qquad —$$
$$\Sigma f_g + \Sigma u_g = 23^{gr},2410 + 30^{gr},8519 \quad —$$
$$F = 6^{gr},6732 \qquad\qquad .$$

d'où il suit que

$$Q = \Sigma i_g - (\Sigma f_g + \Sigma u_g) = 64^{gr},6609 - (23^{gr},2410 + 30^{gr},8519)\,N.$$
$$= 10^{gr},5680\,N,$$

et

$$C' = C + Q - F = C + 3^{gr},8948\,N.$$
$$= 72^{gr},448 + 3^{gr},8948\,N.$$
$$= 76^{gr},3428\,N.$$

L'observation réalise le I du 1° de la discussion générale. La mère a formé le fruit entièrement aux dépens de ses ingesta et, de plus, s'en est assimilé une quantité importante : c'est l'*optimum physiologique*.

Équilibre organique.

Variations du poids vif pendant la gravidité. Poids initial :

$$P = 2830 \text{ grammes.}$$

Le poids de la lapine reste stationnaire pendant les douze premiers jours ; il augmente de là jusqu'à la fin de la troisième semaine, enfin, pendant la quatrième semaine, il reste de nouveau stationnaire. Poids final de la gravidité : 3178 grammes.

Le part soustrait à la mère 331^{gr},5 de poids vif environ.

$$P - P' = 0.$$

Après la mise bas, la mère a conservé son poids primitif.

$$\frac{C'}{P'} = \frac{76^{gr}.3428}{2830} = 0,0269.$$

Le quotient organique azoté a augmenté de 5.07 %.

La lapine a donc assimilé proportionnellement plus d'albumine que d'autres matériaux. Les organes sexuels et les glandes mammaires ont pu s'hypertrophier sans appauvrir le reste des organes. L'équilibre organique s'est modifié dans un sens favorable : l'animal possède des réserves qu'il pourrait utiliser pour l'allaitement de ses jeunes : c'est l'*optimum physiologique vrai*.

Utilisation de la ration.

Quantités d'azote utilisées :

	$i_g - f_g$	$\dfrac{i_g - f_g}{i_g}$	
Repos sexuel (23-27 nov).	$1^{gr}.6202$ N *pro die*,	62.6 % de l'N des ingesta.
1re semaine de la gestation.	$1^{gr},2696$ —	65.0 %	— —
2e — —	$1^{gr},5494$ —	68.2 %	— —
3e —	$1^{gr},4466$ —	64.9 %	— —
4e	$1^{gr},0616$ —	56.4 %	— —

Les recettes nettes ont été constamment inférieures à celles du repos sexuel, principalement à cause d'une diminution des ingesta, surtout accentuée pendant les première et dernière semaines de la gestation. Tandis que l'utilisation des ingesta s'est progressivement améliorée pendant les trois semaines de la gestation, elle est devenue défectueuse à la fin de la phase sexuelle. Les fonctions gastro-intestinales ont été stimulées, mais cette réaction utile a été entravée à la fin de la gestation par le développement du fruit.

Élimination de l'azote urinaire.

	u_g	$\dfrac{u_g}{i_g - f_g}$	
Repos sexuel	$0^{gr}.9056$ N *pro die*,	55.8 % de l'N résorbé
1re semaine de la gestation.	$0^{gr},9426$ —	74.2 %	—
2e — —	$1^{gr}.0679$ —	69.0 %	—
3e —	$1^{gr}.0108$ —	69.2 %	—
4e	$0^{gr},9621$ —	90.6 %	—

Pendant toute la durée de la gestation, les quatre derniers jours exceptés, la désassimilation de l'azote a dépassé notablement celle du repos sexuel ; elle s'est d'abord progressivement accélérée jusque vers le milieu de la phase sexuelle ; de là, elle s'est ralentie modérément d'abord, plus fortement à la fin de la gestation, alors que l'alimentation a décliné avec l'appétit.

Élimination du P_2O_5.

Repos sexuel . . . . $0^{gr},305$ P_2N_5 *prodie,* $\dfrac{N}{P_2O_5} = 2.97.$

1re semaine de la gestation. $0^{gr}.332$ — — $= 2.84.$

2e — — $0^{gr}.402$ — — $= 2.65.$

3e — — $0^{gr},477$ — — $= 2.12.$

4e — — $0^{gr},342$ — — $= 2.81.$

L'excrétion du P_2O_5, constamment supérieure à celle du repos sexuel, a augmenté relativement plus que celle de l'azote pendant les trois premières semaines de la gestation et s'est abaissée relativement pendant la dernière semaine. Les variations des ingesta vers la fin de la phase sexuelle empêchent de conclure à une épargne du P_2O_5 pendant cette période.

Élimination des chlorures.

Elle est principalement influencée par les variations des ingesta et celles de la diurèse.

Diurèse.

Elle dépend de l'eau ingérée ; il semble toutefois que vers la fin de la gestation l'organisme a retenu de l'eau.

La ration.

I. Pendant la première partie de la période de repos sexuel, la lapine ingérait une ration journalière comportant 1247 grammes d'azote, soit 1.77 °/₀ du capital azoté ; or, cette ration était insuffisante à maintenir l'équilibre de nutrition azoté ; en effet, l'animal diminuait de poids et désassimilait par jour $0^{gr},1447$ d'azote. La ration était ainsi défectueuse, surtout parce que l'animal utilisait sa ration d'une manière peu économique.

II. Pendant la seconde étape de la période de repos sexuel, l'animal mangeait *ad libitum* et ingérait 2^{gr},5881 N *pro die*, soit 3.57 % de son capital azoté, et épargnait 0^{gr},7147 d'azote par jour.

Pendant la gestation, la lapine s'alimente *ad libitum* jusqu'à concurrence de 103 grammes d'avoine et 400 grammes de carottes; son appétit, d'abord légèrement troublé, a ensuite été excellent jusque vers les derniers jours de la phase sexuelle.

Somme toute, l'animal a ingéré pendant la gestation 64^{gr},6609 N, soit par jour 2^{gr},0900 N, (2.88 % du capital azoté), environ 1/8 en moins que pendant le repos sexuel et a épargné 10^{gr},568 N, soit 0^{gr},3415 N *pro die*, 1.09 fois moins que pendant le repos sexuel.

Deux facteurs ont contribué à amoindrir l'assimilation pendant la gravidité, malgré l'utilisation relativement plus économique des ingesta ; ce sont :

1° La réduction des ingesta ;

2° L'accélération de la désassimilation.

Quoi qu'il en soit, ces épargnes amoindries pendant la gravidité ont permis de couvrir l'impôt prélevé par un fruit onéreux, représentant 8.04 % du capital de la mère gravide, et d'accumuler une réserve représentant 5,1 % du capital de la mère après la mise bas.

Cette observation montre que, chez un animal dont le coefficient d'utilisation des ingesta est peu économique (0^{gr}706) pour qu'une gestation modérément onéreuse (8.04 % du capital) puisse aboutir à l'*optimum physiologique vrai* (réserve de 5,1 % du capital), il faut lui fournir une ration équivalant à 2.88 % de son capital azoté.

Au point de vue pratique, on peut remarquer que l'alimentation sera la plus profitable si, toutes choses égales, on soumet l'animal à une diète progressivement décroissante, en harmonie avec les processus de résorption et l'appétit.

Période post partum.

Après la parturition, nous avons :

$$C' = C + 3^{gr},8948 \text{ d'azote}$$
$$= 76^{gr},3428 \qquad —$$
$$\frac{C'}{P'} = 0,0269.$$

Examinons les modifications de la nutrition après le part, l'animal continuant à manger *ad libitum,* jusqu'à concurrence des quantités d'aliments prémentionnées.

Pendant une période de 19 jours, 17 heures,

$$\begin{array}{lr}
\text{la lapine ingère.} \ldots \ldots & 44^{gr}.0703 \text{ N,} \\
\text{— élimine} \ldots \ldots & 32^{gr},4174 \text{ N,} \\
\hline
\text{— épargne} \ldots \ldots & 11^{gr},6529 \text{ N,}
\end{array}$$

soit $0^{gr},5943$ N *pro die,* 0.73 fois plus que pendant la gravidité, parce que :

1° La lapine a vu son appétit s'améliorer et a ingéré des quantités plus considérables d'aliments ;

2° L'utilisation des ingesta s'est améliorée après le part, l'obstacle mécanique ayant disparu ;

3° La désassimilation azotée, après avoir subi une hausse assez considérable pendant 7 à 8 jours après le part, s'est abaissée ensuite progressivement jusque sous la norme.

Remarquons que, chronologiquement, l'accélération des combustions azotées après la parturition coïncide avec les processus d'involution des organes sexuels et les glandes mammaires.

L'excrétion du P_2O_5 est demeurée relativement réduite pendant les deux premiers jours après la mise bas.

A la fin de l'observation, le 17 janvier, l'état de la nutrition s'exprime par :

$$C'_1 = C + 11^{gr},6529 \text{ N}$$
$$= 87^{gr},9957 \text{ N,}$$

et

$$\frac{C'_1}{P'} = \frac{87^{gr},9957}{3105} = 0,0283.$$

L'animal a augmenté de poids et s'est enrichi surtout en chair ; il est plus vigoureux qu'auparavant.

G. — ANALYSE DES EXPÉRIENCES Nᵒˢ 14 ET 15.

Lapine de 3120 grammes soumise, depuis le 23 septembre, à un régime fixe composé de

$$\begin{array}{ll}
65 & \text{grammes d'avoine,} \\
220 & \text{— de carottes.}
\end{array}$$

Période de repos sexuel.

Observation préalable : du 28 septembre au 8 octobre, 8 heures du soir.

Pendant ce temps (10 jours, 12 heures),

la lapine ingère. . . 15ᵍʳ,8828 d'azote, soit 1ᵍʳ,5126 N *pro die,*
— élimine . . 12ᵍʳ,7259 —
— épargne . . 3ᵍʳ,1569 — soit 0ᵍʳ,3007 *pro die,*

et augmente de 100 grammes de poids vif. L'animal jouit donc d'une ration de luxe comportant 1.76 % de son capital azoté ; il utilise assez économiquement ses ingesta et sa désassimilation azotée est modérée.

Première période de gestation.

Durée de la gestation : 30 jours, 5 heures.

Fécondation le 8 octobre . . . . . . 8 h. soir.
Part le 8 novembre . . . . 1 h. matin.

Fruit : 7 jeunes et 7 placentas, d'un poids vif de 397ᵍʳ,9.

Bilan de l'azote.

Valeur des termes :

$$P = 3200 \text{ grammes.}$$
$$P' = 2736 \quad - \quad (1).$$
$$C = 81^{\text{gr}},92 \qquad \text{d'azote.}$$
$$\Sigma i_g = 40^{\text{gr}},7201 \qquad -$$
$$\Sigma f_g + \Sigma u_g = 16^{\text{gr}},1458 + 30^{\text{gr}},9169 \quad -$$
$$F = 7^{\text{gr}},4643$$

D'où l'on obtient :

$$Q = \Sigma i_g - (\Sigma f_g + \Sigma u_g) = 40^{\text{gr}},7201 - (16^{\text{gr}},1458 + 30^{\text{gr}},9169) \, N$$
$$= - 6^{\text{gr}} 3426 \, N,$$

et

$$C' = C + Q - F = C - 6^{\text{gr}},3426 - 7^{\text{gr}},4643 \, N$$
$$= C - 13^{\text{gr}},8069 \, N$$
$$= 81^{\text{gr}},92 - 13^{\text{gr}},8069 \, N$$
$$= 68^{\text{gr}},1131 \, N.$$

(1) Après le part, la lapine pèse 2795 grammes ; or, elle a mangé 36ᵍʳ,38 de jeunes et 22ᵍʳ,37 de placentas ; en défalquant ces quantités, on obtient : P' = 2736 grammes.

Cette observation réalise le 3º de la discussion générale. La mère a sacrifié 9.11 °/₀ de son capital azoté au profit de sa progéniture et, en sus, 7.74 °/₀ de ce même capital pour subvenir aux besoins de la phase sexuelle.

Bref, le déficit comporte 16.85 °/₀ du capital azoté.

Équilibre organique.

Variations du poids vif pendant la gravidité. Poids initial : 3200 grammes.

Pendant la première semaine de la gestation, le poids de la lapine reste stationnaire ; il s'élève un peu pendant la deuxième semaine, diminue pendant la troisième semaine et plus encore pendant la quatrième, au point qu'à la fin de la gestation, la mère gravide pèse moins qu'au moment de la fécondation. Poids final de la gravidité : 3150 grammes.

Le part soustrait 397^{gr},9 de poids vif.

$$P - P' = 464 \text{ grammes.}$$

Après le part, la mère a perdu 464 grammes de poids vif.

$$\frac{C'}{P'} = \frac{68^{gr},1131}{2736} = 0,0249.$$

Le quotient organique azoté a baissé de plus de 2.7 °/₀.

L'animal a relativement perdu plus de chair que d'autres matériaux (eau et graisse). De plus, l'hypertrophie des organes sexuels et des glandes mammaires a mobilisé d'importantes quantités de matériaux azotés, d'où l'on peut conclure que l'équilibre organique est profondément troublé : c'est le *pessimum*.

Utilisation de la ration.

Quantités d'azote utilisées :

	$i_g - f_g$		$\frac{i_g - f_g}{i_g}$		
Pendant le repos sexuel.	1^{gr},1809 N *pro die*,		77.9 °/₀ de l'azote ingéré.		
1re semaine de la gestation.	1^{gr},0128	—	74.6 °/₀	—	—
2e —	—	0^{gr},7093	—	48.7 °/₀	—	—
3e —	—	0^{gr},9897	—	67.9 °/₀	—	—
4e —	—	0^{gr},5048	—	46.8 °/₀	—	—

L'utilisation des matériaux azotés de la ration journalière est progressivement diminuée; elle est absolument défectueuse pendant les trois derniers quarts de la période de gestation.

Sauf les trois derniers jours, la lapine a régulièrement ingéré toute sa ration, dont la teneur en azote est demeurée très constante; or les quantités résiduelles d'azote sont respectivement :

Pendant le repos sexuel. .	$0^{gr},3317$ N *pro die.*	
1re semaine de la gestation.	$0^{gr},3446$	—
2e — —	$0^{gr},7466$	—
3e — —	$0^{gr},4682$	—
4e — —	$0^{gr},5727$	—

Ainsi les résidus d'azote croissent dans une forte proportion; même pendant la dernière semaine où la ration a été réduite, la quantité résiduelle d'azote atteint à peu près 1.73 fois celle du repos sexuel.

Eu égard à la quantité de fèces éliminées et à leur teneur pour mille en azote, on voit que la digestion et la résorption des matériaux azotés ont été d'abord stimulées; par contre, le fonctionnement des organes digestifs a été progressivement entravé pendant le reste de la phase sexuelle.

Élimination de l'azote urinaire.

	u_g	$\dfrac{u_g}{i_g - f_g}$	
Repos sexuel	$0^{gr},8802$ N *pro die,*	74.5 %	de l'N résorbé.
1re semaine de la gestation.	$0^{gr},9451$ —	93.3 %	-- —
2e — —	$0^{gr},8996$ —	126.8 %	— —
3e — —	$1^{gr},1233$ —	113.5 %	— —
4e — —	$1^{gr},1396$ —	225.7 %	— —

Pendant toute la durée de la gestation, les dépenses d'azote sont continuellement supérieures à celles du repos sexuel et vont croissant du commencement à la fin, bien que la résorption des matériaux azoté aille diminuant; pendant la plus grande partie de la gestation, les dépenses surpassent de beaucoup les recettes nettes correspondantes, c'est-à-dire que l'animal a été autophage pendant les trois dernières semaines de la gestation.

Élimination des phosphates.

Repos sexuel . . . . . $0^{gr},317$ P_2O_5 pro die, $\dfrac{N}{P_2O_5} = 2.78.$

1re semaine de la gestation. $0^{gr},433$ —   — $= 2.18.$

2e —   — $0^{gr},366$ —   — $= 2.46.$

3e — $0^{gr},388$ —   — $= 2.89.$

4e — $0^{gr},231$ —   — $= 4.93.$

Pendant la première moitié de la gestation, l'excrétion du P_2O_5 croît proportionnellement plus que celle de l'azote. Dans la deuxième moitié, elle se maintient d'abord parallèle à celle de l'azote, puis diminue progressivement, concurremment avec la diminution des ingesta. La valeur élevée du rapport $\dfrac{N}{P_2O_5} = 4.94$ tend à faire admettre une rétention active du P_2O_5.

Élimination des chlorures.

Sa marche irrégulière est attribuable en partie aux troubles gastro-intestinaux (relâchement) survenus à la fin de la deuxième semaine. Quant à la diminution notable qu'elle subit à la fin de la gestation, elle dépend principalement de la réduction des ingesta.

La diurèse a été influencée par les mêmes incidents de la gravidité. L'eau que l'animal semble avoir retenue pendant la dernière semaine a compensé les pertes subies d'abord.

La ration.

Pendant le repos sexuel, la lapine augmentait de poids, gagnait en chair. En effet, elle épargnait par jour $0^{gr},3007$ d'azote avec une ration qui comportait en azote 1.76 °/₀ du capital azoté de l'animal.

Pendant la gravidité, la mère a ingéré $40^{gr},7201$ d'azote, soit $1^{gr},3048$ N pro die, 1.6 °/₀ du capital azoté de l'animal, et, loin d'épargner, elle a désassimilé $6^{gr},3426$ N, soit $0^{gr},2099$ N pro die.

La ration de luxe pendant le repos sexuel se rapproche de la ration d'équilibre pendant la première semaine de la gestation, devient une ration de famine pendant les deuxième et troisième semaines; enfin, pendant les derniers jours de la gestation, l'animal, réduisant spontanément ses ingesta, se trouve en inanition relative et consomme une notable quantité de sa propre chair.

Ainsi, pendant la gravidité, la mère s'est appauvrie en chair (7.74 °/₀) et le part a été un nouveau sacrifice de 9.11 °/₀.

Il y a lieu de faire remarquer :

1° Que le fruit représente une masse considérable (9.87 °/₀) du capital de la mère gravide; en conséquence,

2° Les combustions organiques azotées ont été notablement accélérées ;

3° Bien que l'organisme fécondé ait réagi d'abord en épuisant davantage ses ingesta, la stimulation des fonctions digestives a été bientôt progressivement entravée par le développement du fruit, à tel point que l'appétit de la lapine a décliné. Enfin des troubles gastro-intestinaux d'ordre réflexe (?) ont contribué à affaiblir l'utilisation des ingesta.

On voit qu'*une ration de luxe, pendant le repos sexuel, peut, pendant la gravidité, si celle-ci est onéreuse, devenir une ration de famine et conduire au* PESSIMUM PHYSIOLOGIQUE, parce que l'utilisation de cette ration peut devenir très défectueuse et que, malgré la réduction des recettes nettes, l'organisme gravide doit désassimiler plus qu'à l'état normal ordinaire.

Au point de vue pratique, il paraît rationnel, devant ces éventualités, de suralimenter la mère au début de la gestation, au moment de la stimulation des fonctions gastro-intestinales, afin de compenser à l'avance les pertes possibles pendant le reste de la phase sexuelle.

Période post partum.

Rappelons qu'après la mise bas, on a :

$$C' = 68^{gr},1131 \, N < C$$
$$\frac{C'}{P'} = 0,0249.$$

La lapine est amoindrie, amaigrie, et son équilibre organique est profondément troublé.

Examinons comment se modifiera sa nutrition *post partum*, la ration restant la même pendant 14 jours, 7 heures.

Pendant cette période,

$$
\begin{array}{ll}
\text{la lapine ingère.} \; . \; . \; . \; . \; . & 21^{gr},3344 \; N \\
\text{— élimine} \; . \; . \; . \; . \; . & 14^{gr}.7958 \; N \\
\hline
\text{— assimile} \; . \; . \; . \; . \; . & 6^{gr},5386 \; N,
\end{array}
$$

soit $0^{gr},4575$ N *pro die*, beaucoup plus que pendant le repos sexuel précédent, et augmente de 243 grammes de poids vif.

A la fin de cette période, on a :

$$C_4 = C' + 6^{gr},5386 = 74^{gr},6517 \; N,$$
$$P_4 = P' + 243 = 2980 \text{ grammes},$$

d'où

$$\frac{C_4}{P_4} = \frac{74^{gr},6517}{2980} = 0,0251.$$

La lapine a amélioré son quotient organique et davantage encore son équilibre azoté, puisqu'on peut admettre que l'involution de la matrice et des glandes mammaires est terminée.

Élimination de l'azote urinaire post partum.

Pendant les deux à cinq premiers jours après la parturition, l'élimination se maintient à un niveau élevé, supérieur à celui du repos sexuel précédent, ce qui correspond, chronologiquement, à l'acmès des processus d'involution. A partir du sixième jour, la désassimilation azotée s'abaisse et se maintient ensuite à un niveau inférieur à celui de l'observation préalable.

La diminution absolue et surtout relative de l'excrétion du P_2O_5 se manifeste encore pendant deux à trois jours après le part et traduit une rétention active du P_2O_5; ensuite l'élimination des phosphates suit une marche parallèle à celle de l'azote.

Utilisation des ingesta.

Aussitôt après la parturition, elle s'améliore remarquablement : le taux de l'azote résiduel devient inférieur à celui de l'observation préalable. La mise bas du fruit ayant levé un obstacle considérable aux fonctions gastro-intestinales, et l'animal étant pour ainsi dire en inanition d'azote, l'organisme réagit en épuisant davantage ses ingesta, à tel point qu'il digère et résorbe aussi bien la chair animale (jeunes et placentas mangés) que sa ration végétale. Mais à mesure que la nutrition revient à l'équilibre, l'utilisation des ingesta retourne à la normale : la réaction apparaît donc proportionnée aux besoins.

Deuxième gestation.

Pendant 7 $1/2$ jours d'observation préalable et pendant toute la durée de la deuxième gestation, la lapine mange *ad libitum*.

Observation préalable : 7 jours, 10 $1/2$ heures.

Pendant cette période,

la lapine ingère. . . . 20^{gr},2797 N,   soit 2^{gr},7266 N *pro die,*
—   élimine . . . 13^{gr},7629 N.
—   assimile. . . 6^{gr},5168 N,   soit 0^{gr},8762 N *pro die,*

et augmente de 210 grammes de poids vif; on a :

$$C_2 = C_1 + 6^{gr},5168 \text{ N}$$
$$= 81^{gr},1685 \text{ N};$$
$$P_2 = P_1 + 210 = 3190 \text{ grammes,}$$

d'où

$$\frac{C_2}{P_2} = 0,0255,$$

sensiblement égal à $\frac{C}{P}$, ce qui exprime qu'au moment de la deuxième fécondation, la lapine a atteint son poids primitif, récupéré sensiblement son capital azoté primitif et son quotient organique normal. Et comme on peut admettre que l'involution des organes sexuels et des glandes mammaires est complètement achevée, l'animal a recouvré son équilibre organique antérieur; aussi est-il redevenu vigoureux et bien musclé.

Remarquons que, malgré l'augmentation extraordinaire des ingesta, l'utilisation des aliments n'est pas inférieure à celle de l'observation préalable antérieure.

Bref, la lapine jouit d'une alimentation d'un luxe très important, qu'elle utilise assez économiquement, tandis que sa désassimilation est relativement très modérée.

Deuxième période de gestation.

Durée de la gestation : 30 jours, 22 $1/2$ heures.

> Fécondation le 29 novembre . . . . 6$\frac{1}{4}$ h. soir.
> Part le 30 décembre . . . . 5 h. soir.

Fruit : 9 jeunes et 9 placentas, d'un poids vif de 637^{gr},4.

Après le part, l'animal pèse 2910 grammes, dont il convient de retrancher 101^{gr},7 de fruit mangé.

Bilan de l'azote.

Valeur des termes :

$$P_2 = 3190 \text{ grammes.}$$
$$P'_2 = 2808 \quad —$$
$$C_2 = 81^{gr},1685 \qquad \text{d'azote.}$$
$$\Sigma i_g = 60^{gr},0911 \qquad —$$
$$\Sigma f_g + \Sigma u_g = 22^{gr},7019 + 34^{gr},2301 \quad —$$
$$F = 10^{gr},7286$$

d'où l'on obtient :

$$Q = \Sigma i_g - (\Sigma f_g + \Sigma u_g) = 60^{gr},0911 - (22^{gr},7019 + 34^{gr},2301)\,N$$
$$= 3^{gr},1591\,N,$$

et

$$C'_2 = C_2 + Q - F = C_2 + 3^{gr},1591 - 10^{gr},7286\,N$$
$$= C_2 - 7^{gr},5695\,N$$
$$= 73^{gr},5990\,N.$$

L'observation se range dans le III du 1° de la discussion générale. La mère a formé le fruit en partie (29.4 %) avec ses épargnes pendant la gravidité et en plus grande partie (70.6 %) aux dépens de sa propre chair.

Bref, la mère a sacrifié, au profit de sa progéniture, 7^{gr},5695 d'azote, soit 9.33 % de son capital azoté.

Équilibre organique.

Variations du poids vif pendant la gravidité. Poids initial :

$$P_2 = 3190 \text{ grammes.}$$

Le poids de la lapine gravide augmente progressivement pendant la première moitié de la gestation, puis diminue irrégulièrement jusqu'à la fin de la phase sexuelle. Poids final de la gravidité : 3400 grammes.

Le part soustrait à la mère $637^{gr},4$ de poids vif.

$$P_2 - P'_2 = 382 \text{ grammes.}$$

Après la mise bas, la lapine a perdu 382 grammes de poids vif.

$$\frac{C'_2}{P'_2} = \frac{73^{gr},5990}{2808} = 0{,}0262.$$

Le quotient organique azoté a augmenté de 2.74 %.

La lapine a relativement moins perdu de chair que d'autres matériaux nutritifs. Malgré le déplacement de chair qu'a dû entraîner l'hypertrophie des organes sexuels et des glandes mammaires, on peut admettre que l'équilibre organique est demeuré sensiblement inaltéré.

Utilisation de la ration.

Quantités d'azote utilisées :

	$i_g - f_g$	$\dfrac{i_g - f_g}{i_g}$	
Pendant le repos sexuel. .	$1^{gr},8544$ N *pro die*,	68.0 % de l'N des ingesta.	
1re semaine de la gestation.	$1^{gr},8927$ —	74.5 % —	—
2e — —	$1^{gr},6530$ —	62 6 % —	—
3e — —	$1^{gr},1256$ —	58.6 % —	—
4e — —	$0^{gr},1148$ —	19.3 % —	—

Pendant la première semaine de la gestation, les recettes nettes augmentent, la résorption est activée légèrement d'une manière absolue, davantage relativement aux recettes brutes : l'organisme réagit en épuisant plus favorablement ses ingesta ; mais, pendant le reste de la gravidité, les recettes nettes diminuent progressivement jusqu'à devenir insignifiantes pendant les derniers jours de la phase sexuelle.

Deux facteurs ont contribué à restreindre les recettes nettes ; ce sont :

1° L'obstacle graduellement croissant apporté aux fonctions

gastro-intestinales par une portée onéreuse, et, comme conséquence :

2° Parallèlement, la réduction progressive de l'alimentation :
l'appétit de la lapine a correspondu au ralentissement des fonctions gastro-intestinales.

Élimination de l'azote urinaire.

	u_g		$\dfrac{u_g}{t_g - l_g}$		
Repos sexuel	0gr,9781 N *pro die*,		52.7°/₀ des recettes nettes.		
1re semaine de la gestation .	1gr,1144	—	58.9°/₀	—	—
2e — —	1gr,1665	—	70.5°/₀	—	—
3e — —	1gr,0825	—	96.2°/₀	—	—
4e — —	1gr,0591	—	9,22 fois		

la quantité d'azote résorbée.

Pendant toute la durée de la gestation, la désassimilation de
l'azote est supérieure à celle du repos sexuel; elle croît d'abord
rapidement jusque vers le milieu de la phase sexuelle et, de là,
diminue légèrement jusqu'à la fin.

Comparativement aux recettes nettes correspondantes, la désassimilation azotée augmente du commencement à la fin. Tandis
que pendant la première moitié de la phase sexuelle, l'animal
assimile de l'azote, mais en quantités graduellement décroissantes, dès la troisième semaine il consomme à peu près autant
d'albumine qu'il en résorbe et finalement les dépenses surpassent
tellement ses recettes nettes qu'il se trouve dans un état d'inanition
relative.

Élimination du P_2O_5.

			$\dfrac{N}{P_2O_5}$	
Repos sexuel.	0gr,431 P_2O_5 *pro die*,		= 2.27.	
1re semaine de la gestation .	0gr,537	—	— = 2.07.	
2e -- —	0gr,569	—	— = 2.05.	
3e —	0gr,421	—	— = 2.57.	
4e —	0gr,212	—	— = 5.00.	

Pendant les deux premières semaines, l'élimination du P_2O_5
croît proportionnellement un peu plus que l'azote; pendant la
seconde moitié de la phase sexuelle, elle fléchit progressivement

et beaucoup plus que celle de l'azote. La réduction concomitante des recettes brutes ne permet pas de conclure à une rétention active certaine du P_2O_5.

Élimination du chlore.

Bien qu'elle se règle visiblement sur la diurèse et qu'elle dépende aussi, en grande partie, comme cette dernière, de la quantité d'aliments ingérés, on remarque qu'elle est aussi proportionnelle à la désassimilation de l'azote. A la fin de la gestation, on peut admettre que l'organisme épargne des chlorures.

Diurèse.

L'alimentation variant journellement avec l'appétit de l'animal, on ne peut que constater que la diurèse se règle sur les ingesta.

La ration.

Pendant le repos sexuel, la lapine augmentait de poids et épargnait d'importantes quantités d'azote ($0^{gr},8762$ N *pro die*), grâce à une alimentation abondante, prise *ad libitum*, comportant $2^{gr},7266$ N en moyenne *pro die*, soit 3.36 °/₀ du capital azoté de l'animal, assez économiquement utilisée et à des dépenses modérées.

Pendant la gestation, l'animal ayant pu continuer à se nourrir *ad libitum*, a ingéré des quantités graduellement décroissantes d'aliments.

Somme toute, la lapine a ingéré pendant sa gestation $60^{gr},0911$ d'azote, soit $1^{gr},9423$ N *pro die*, notablement moins que pendant le repos sexuel. Or, cette quantité d'azote qui correspond à 2.39 °/₀ du capital azoté ne permet d'épargner que $3^{gr},1591$ N, soit $0^{gr},1021$ N *pro die*, huit fois moins que pendant le repos sexuel.

Il en est résulté que la mère n'a pu former qu'une minime partie (29,4 °/₀) de son fruit avec ses épargnes pendant la gravidité, et que le part a constitué une soustraction de 9.33 °/₀ du capital azoté primitif.

Il importe de faire observer que :

1° Le fruit constitue une masse très considérable de chair ; il représente 12.72 °/₀ du capital de la mère gravide, et qu'en conséquence,

2° Les combustions organiques azotées ont été fortement accélérées ;

3° La stimulation des fonctions gastro-intestinales du début a été rapidement annihilée et contre-balancée par l'obstacle considérable opposé par le développement d'une portée onéreuse ; du reste, l'appétit de l'animal en a graduellement souffert.

On en peut inférer qu'*une alimentation, même copieuse et riche en azote, prise* ad libitum, *peut être très insuffisante à couvrir les frais d'une gestation quand le fruit est très développé*, parce que, toutes choses égales, les dépenses sont plus élevées pendant la gravidité que pendant le repos sexuel et qu'une portée onéreuse peut entraver dans une forte mesure le fonctionnement des organes gastro-intestinaux.

Au point de vue pratique, diététique, il importe de fournir au début de la gravidité une alimentation aussi copieuse et aussi riche que possible, en harmonie avec la stimulation de l'appétit et des fonctions gastro-intestinales, afin de compenser à l'avance les pertes éventuelles que peut entraîner une nutrition défectueuse finale.

Période post partum.

La lapine aborde cette période, amoindrie,

$$C'_2 = 73^{gr}{,}5990 \text{ N} < C_2,$$

mais approximativement en équilibre organique azoté normal.

Examinons comment l'animal s'alimentera *ad libitum* après le part et quelle sera, dans ces conditions, la marche de sa nutrition intime :

1° La lapine n'ingère d'abord plus autant que pendant le repos sexuel, où elle réparait son équilibre azoté ; cette alimentation inférieure s'explique parce que l'animal se trouve en équilibre et amoindri ;

2° Au fur et à mesure que la lapine augmente de poids, elle ingère davantage.

L'observation est poursuivie pendant 18 jours, 15 heures *post partum*. Pendant cette période,

la lapine augmente de 532 grammes de poids vif,
— épargne . . 13^{gr},3063 d'azote,

soit 0^{gr},7144 N *pro die*, par conséquent beaucoup plus que pendant la gravidité, mais un peu moins que pendant le repos sexuel.

A la fin de l'expérience, on a :

$$C_3 = C'_2 + 13^{gr},3063 \text{ d'azote}$$
$$= 86^{gr},9063 \quad\quad —$$

et

$$\frac{C_3}{P_3} = \frac{86^{gr},9063}{3340} = 0,0260.$$

L'animal a considérablement augmenté son capital azoté et amélioré son quotient organique azoté; il est devenu plus vigoureux qu'auparavant et, comme on peut admettre que l'involution des organes sexuels et des glandes mammaires est achevée, il a amélioré sa nutrition générale.

Élimination de l'azote urinaire post partum.

Elle augmente légèrement le lendemain de la parturition, ce qu'il faut surtout attribuer à l'ingestion d'une notable quantité de chair fœtale et placentaire. Elle s'abaisse ensuite brusquement et continue encore à fléchir jusqu'au quatrième jour après la mise bas; de là elle revient lentement et progressivement à la normale; l'animal mangeant de plus en plus et sa masse augmentant, sa désassimilation croît dès lors dans le même sens.

Remarquons que sous une alimentation *ad libitum*, l'influence de l'involution des organes sexuels et des glandes mammaires sur la désassimilation *post partum* devient obscure.

Élimination du P_2O_5 post partum.

La diminution absolue et relative constatée pendant les derniers jours de la gestation continue encore pendant environ quatre jours après le part ; on peut admettre une rétention active prolongée du P_2O_5.

L'élimination des chlorures se règle sur la diurèse, laquelle dépend surtout des ingesta.

Utilisation de la ration post partum.

Après le part, non seulement les fonctions digestives s'améliorent brusquement, mais l'animal épuise ses ingesta davantage encore que pendant le repos sexuel prégravidique ; ses fonctions gastro-intestinales sont à tel point stimulées que la chair animale est aussi bien utilisée que les aliments végétaux.

A mesure que la lapine se refait et qu'elle prend une nourriture plus copieuse, l'utilisation des ingesta se rapproche de ce qu'elle était primitivement. Ici encore la réaction est proportionnée aux besoins.

H. — ANALYSE DES EXPÉRIENCES Nos 16 ET 17.

Lapine de 3150 grammes, soumise depuis le 24 septembre à une ration composée de

> 70 grammes d'avoine,
> 240 — de carottes.

Période de repos sexuel.

Observation préalable : du 5 au 20 octobre, 7 $^1/_2$ heures du soir.

Pendant ce temps (15 jours, 11 $^1/_2$ heures),

la lapine ingère . 25gr,1162 d'azote, 1gr,5725 *pro die*, 1.89 °/₀ du cap. azoté,
— élimine . 19gr,9543 —
— assimile . 5gr,1619 d'azote, soit 0gr,3335 *pro die*

et augmente de 90 grammes de poids vif. La lapine jouit donc d'une ration de luxe riche en azote, qu'elle utilise économiquement ; sa désassimilation est d'une activité moyenne. Elle s'enrichit surtout en matériaux azotés et améliore son quotient organique azoté.

Première période de gestation.

Durée de la gestation : 31 jours, 1 heure, 15 minutes.

Fécondation le 20 octobre . . . . . . 7 h. 30 m. soir.
Part le 20 novembre. . . . . 8 h. 45 m. soir.

Fruit : 8 jeunes et 8 placentas, d'un poids vif de 500^{gr},9.

Bilan de l'azote.

Valeur des termes :

$$P = 3250 \text{ grammes.}$$
$$P' = 3100 \quad —$$
$$C = 83^{gr},20 \qquad \text{d'azote.}$$
$$\Sigma i_g = 48^{gr},7496 \qquad —$$
$$\Sigma f_g + \Sigma u_g = 12^{gr},676 + 31^{gr},9689 \quad —$$
$$F = 9^{gr},8869$$

d'où l'on obtient :

$$Q = \Sigma i_g - (\Sigma f_g + \Sigma u_g) = 48^{gr},7496 - (12^{gr},676 + 31^{gr},9689) \text{ N.}$$
$$= 4^{gr},1047 \text{ N,}$$

et

$$C' = C + Q - F = C + 4^{gr},1047 - 9^{gr},8869 \text{ N}$$
$$= C - 5^{gr},7822 \text{ N}$$
$$= 83^{gr},20 - 5^{gr},7822 \text{ N}$$
$$= 77^{gr},4178 \text{ N.}$$

L'observation se range dans le III du 1° de la discussion générale. La mère a édifié le fruit en partie (41.5 °/.) avec ses épargnes pendant la gravidité, en majeure partie (58.5 °/.) aux dépens de sa propre chair. Bref, au profit de sa progéniture, la mère a sacrifié 5^{gr},7822 N, soit 7.08 °/. de son capital azoté.

Équilibre organique.

Variations du poids vif pendant la gravidité. Poids initial :

$$P = 3250 \text{ grammes.}$$

Pendant la première semaine de la gestation, le poids de la lapine reste stationnaire ; il augmente rapidement vers la fin de la

deuxième semaine et continue à croître progressivement jusqu'à
la fin de la gestation. Poids final de la gravidité : 3600 grammes.

Le part soustrait 500^{gr},9 de poids vif.

$$P - P' = 150 \text{ grammes.}$$

Après la mise bas, la lapine a perdu 150 grammes de poids vif.

$$\frac{C'}{P'} = \frac{77^{gr},4178}{3100} = 0,0250.$$

Le quotient organique azoté a baissé de 2.34 %.

L'équilibre organique est troublé d'une manière absolue; de
plus, les organes sexuels et les glandes mammaires se sont hypertrophiés aux dépens du reste des organes.

Utilisation de la ration.

Quantités d'azote utilisées :

	$i_q - f_0$	$\dfrac{i_q - f_q}{i_q}$
Repos sexuel	1^{gr},2487 N pro die,	76.9% de l'N de la ration.
1re semaine de la gestation.	1^{gr},0363 —	70.7% — —
2e — —	1^{gr},0615 —	67.5% — —
3e —	1^{gr},2942 —	82.6% — —
4^e	1^{gr},2509 —	74.8% — —

L'utilisation des matériaux azotés de la ration, notablement
diminuée pendant la première moitié de la gestation, a été normale pendant la deuxième moitié de la phase sexuelle.

Pendant toute la durée de la gestation, la ration régulièrement
ingérée ne varie guère ; or, les quantités résiduelles d'azote
augmentent notablement, surtout la deuxième semaine où se sont
produits quelques troubles gastro-intestinaux ; ces troubles d'ordre
réflexe (?) ont empêché l'organisme de manifester sa réaction
utile pendant la première moitié de la gravidité; cette réaction a
sorti quelque effet pendant la troisième semaine, mais a été
entravée la quatrième semaine par le développement du fruit.

Élimination de l'azote urinaire.

	u_g	$\dfrac{u_g}{i_g - f_g}$	
Repos sexuel	0gr,9153 N *pro die*,	73,3 °/₀	de l'N résorbé.
1re semaine de la gestation.	1gr,1400 —	110,0 °/₀	— —
2e — —	1gr,0213 —	96,2 °/₀	— —
3e —	0gr,9726 —	75,2 °/₀	— —
4e —	0gr,9870 —	78.9 °/₀	— —

Pendant toute la durée de la gestation, la désassimilation de l'azote est supérieure à celle du repos sexuel ; surtout accélérée pendant la première moitié de la gestation, elle l'est moins dans la seconde moitié de la phase sexuelle. Comparées aux recettes nettes, les dépenses d'albumine ont été notablement accrues ; elles les ont dépassées pendant la première semaine de la gravidité.

Élimination du P_2O_5.

		$\dfrac{N}{P_2O_5}$	
Repos sexuel	0gr,433 P_2O_5 *pro die*,		= 2.11.
1re semaine de la gestation.	0gr,512 —	—	= 2.23.
2e — —	0gr,362 —	—	= 2.82.
3e —	0gr,458 —	—	= 2.12.
4e —	0gr,374 —	—	= 2.64.

L'excrétion du P_2O_5 suit la marche de la désassimilation azotée pendant les première et troisième semaines, mais elle est notablement diminuée pendant les deuxième et quatrième semaines. Il faut attribuer la baisse pendant la deuxième semaine aux troubles gastro-intestinaux (diarrhée), tandis que la chute finale, surtout prononcée les derniers jours de la gravidité, peut reconnaître en partie une rétention active du P_2O_5.

Élimination des chlorures.

Elle suit une marche parallèle à celle des phosphates ; les mêmes observations trouvent ici leur application.

Diurèse.

En général, elle est plutôt accrue, sauf pendant la deuxième semaine, où la lapine a perdu de notables quantités d'eau par les selles diarrhéiques.

La ration.

Pendant le repos sexuel, la lapine ingérait une ration comportant en N, 1.95 % du capital azoté et épargnait 0^{gr},3335 N *pro die*. Elle s'enrichissait surtout en chair.

Pendant toute la durée de la gestation, cette même ration, régulièrement ingérée, n'a permis d'épargner que 4^{gr},1047 N, soit 0^{gr},1322 N *pro die*, 1.5 fois moins que pendant le repos sexuel, principalement à cause de l'augmentation des dépenses, en partie aussi à cause d'une diminution des recettes nettes.

Les épargnes effectuées pendant la gravidité n'ont pu couvrir que 41.5 % de l'impôt prélevé par le part sur le capital de la mère; en outre, les organes sexuels et les glandes mammaires ont dû s'hypertrophier aux dépens des autres organes.

Trois facteurs ont contribué à appauvrir la mère :

1° Le développement d'un fruit onéreux, représentant 11.3 % de la chair de l'organisme gravide, et comme conséquence,

2° L'accélération notable de la désassimilation azotée;

3° Les troubles gastro-intestinaux et les entraves au fonctionnement des organes digestifs apportées par le développement excessif du fruit.

Cette observation montre qu'*une ration d'un luxe important, pendant le repos sexuel, peut, pendant la gravidité, être insuffisante à couvrir même la moitié des frais d'une gestation très onéreuse,* parce que, dans ces conditions, les dépenses augmentent et que la seule réaction utile que l'organisme puisse y opposer peut être compromise par des troubles des fonctions gastro-intestinales d'ordres réflexe et mécanique.

Pratiquement, on voit que, toutes choses égales, l'alimentation sera plus profitable au début qu'à la fin de la gravidité, mais qu'une alimentation copieuse peut n'être pas tolérée.

Période post partum.

Après la mise bas, la nutrition azotée de la mère s'exprime par

$$C' = C — 5^{gr}.7822 \text{ d'azote}$$
$$= 77^{gr},4178 \quad —$$

et

$$\frac{C'}{P'} = \frac{77^{gr},4178}{3100} = 0,0250.$$

La lapine est amoindrie, amaigrie, et son équilibre organique est passablement troublé.

Examinons les modifications de sa nutrition après le part :

1° Sous même ration journalière (20 novembre, 8 heures du soir au 30 novembre, 9 $^1/_2$ jours);

2° Sous alimentation *ad libitum* (30 novembre au 4 décembre, 7 heures du soir, 4 $^1/_2$ jours).

I. Du 20 novembre, 8 heures du soir au 30 novembre (9 $^1/_2$ jours),

la lapine ingère . . . . . . 13^{gr},6582 d'azote,
— élimine . . . . . 9^{gr}.9469 —
— assimile . . . . . 3^{gr},7113 —

soit 0^{gr},3906 N *pro die*, donc 1.95 fois plus que pendant la gravidité et même un peu plus que pendant le repos sexuel antérieur, principalement parce que :

1° L'utilisation des ingesta s'améliore considérablement $\frac{i-f}{i}$ = 0.924. La mise bas ayant levé l'obstacle mécanique aux fonctions gastro-intestinales, la lapine appauvrie réagit en épuisant davantage sa ration.

2° Accessoirement, parce que la désassimilation de l'azote se ralentit et revient à son taux primitif, non sans s'être élevée encore pendant les trois premiers jours après le part, ce qui correspond chronologiquement avec l'acmès des processus d'involution.

L'élimination du P_2O_5 revient à la norme après avoir continué de se ralentir pendant trois jours après le part (rétention du P_2O_5).

L'élimination des chlorures augmente parallèlement à la diurèse.

A la fin de cette période, l'état de nutrition de la lapine s'exprime par

$$C_1 = C' + 3^{gr},7113 \qquad \text{d'azote}$$
$$= 77^{gr},4178 + 3^{gr},7113 \qquad —$$
$$= 81^{gr},1291$$

et

$$\frac{C_1}{P_1} = \frac{81^{gr},1291}{3260} = 0,0249.$$

La lapine a accru son capital, mais pas encore récupéré son quotient organique normal.

II. Du 30 novembre au 4 décembre, 7 heures du soir ($4 \frac{1}{2}$ jours), la lapine se nourrit *ad libitum*, manifeste un appétit vorace,

$$
\begin{aligned}
\text{ingère.} & \dots\dots\dots\dots & 15^{gr},7063 \text{ N,} \\
\text{élimine} & \dots\dots\dots\dots & 8^{gr},4110 \text{ N,} \\
\hline
\text{assimile} & \dots\dots\dots\dots & 7^{gr},2953 \text{ N,}
\end{aligned}
$$

soit $1^{gr},6363$ N *pro die* et augmente de 192 grammes de poids vif.

Cette alimentation copieuse est remarquablement bien utilisée : $\frac{i-f}{i} = 0,744$, et, malgré l'accroissement considérable des recettes nettes la désassimilation de l'azote augmente peu.

A la fin de cette période, l'état de nutrition de l'animal s'exprime par

$$C_2 = C_1 + 7^{gr},2953 \qquad \text{d'azote}$$
$$= 81^{gr},1291 + 7^{gr},2953 \qquad —$$
$$= 88^{gr},4244$$

et

$$\frac{C_2}{P_2} = \frac{88^{gr},4244}{3455} = 0,0256.$$

La lapine a augmenté considérablement son capital azoté et récupéré son quotient normal. Enfin, les processus d'involution pouvant être considérés comme terminés, la lapine a recouvré son équilibre organique.

L'animal est devenu beaucoup plus vigoureux qu'auparavant.

Cette dernière étape du repos sexuel *post partum* peut nous servir de terme de comparaison pour la période suivante.

Deuxième période de gestation.

Durée de la gestation : 31 jours, 12 $1/_2$ heures.

Fécondation le 4 décembre . . . . 7 h. soir.
Part le 5 janvier . . . . 7¼ h. matin.

Fruit : 7 jeunes et 7 placentas, d'un poids vif de 489ᵍʳ,536 environ.

Bilan de l'azote.

Valeur des termes (1) :

$$P_2 = 3455 \text{ grammes.}$$
$$P'_2 = 3256 \quad -$$
$$C_2 = 88^{gr},4244 \qquad \text{d'azote;}$$
$$\Sigma i_g = 76^{gr},4098 \qquad -$$
$$\Sigma f_g + \Sigma u_g = 25^{gr},6497 + 38^{gr},6319 \quad -$$
$$F = 10^{gr},0746$$

d'où il suit que

$$Q = \Sigma i_g - (\Sigma f_g + \Sigma u_g) = 76^{gr},4098 - (25^{gr},6497 + 38^{gr},6319) \text{ N.}$$
$$= 12^{gr},1282 \text{ N,}$$

et

$$C'_2 = C_2 + Q - F = C_2 + 12^{gr},1282 - 10,0746 \text{ N}$$
$$= C_2 + 2^{gr},0536 \text{ N} \quad . . . . . .$$
$$= 90^{gr},4780 \text{ N.}$$

L'observation se range dans le I du 1° de la discussion générale.

La mère a formé le fruit entièrement aux dépens de ses ingesta et, de plus, s'en est assimilé une partie. Ce cas réalise l'*optimum physiologique.*

Équilibre organique.

Variations du poids vif pendant la gravidité. Poids initial :

$$P_2 = 3455 \text{ grammes.}$$

---

(1) Sous réserve que les placentas ayant été mangés par la mère, nous avons évalué leur poids et leur valeur en N en nous rapportant à des moyennes.

Pendant la première moitié de la gestation, le poids de la lapine augmente progressivement; il reste stationnaire pendant la troisième semaine et diminue notablement pendant la quatrième semaine. Poids final de la gravidité : 3885 grammes.

Le part soustrait à la mère 489^{gr},5 de poids vif environ.

$$P_2 - P'_2 = 200 \text{ grammes.}$$

Après la mise bas, la lapine a perdu 200 grammes de poids vif.

$$\frac{C'_2}{P'_2} = \frac{90^{gr}.4780}{3256} = 0,0278.$$

Le quotient organique s'est élevé de 8.6 °/₀. Il s'en faut cependant qu'il traduise l'amélioration réelle de la nutrition (1). Quoi qu'il en soit, il est certain que la lapine s'est surtout enrichie en chair; elle a pu hypertrophier ses organes sexuels et ses glandes mammaires sans appauvrir ses autres organes; elle possède ainsi quelques réserves; c'est l'*optimum physiologique vrai*.

Utilisation de la ration.

Quantités d'azote utilisées :

	$i_0 - f_0$		$\frac{i_0 - f_0}{i_0}$		
Repos sexuel	2^{gr}.6221	N *pro die,*	74.4 °/₀	de l'N des ingesta.	
1re semaine de la gestation.	2^{gr}.3454	—	73 0 °/₀	—	—
2e — —	2^{gr}.0479	—	66 0 °/₀	—	—
3e — —	1^{gr} 5748	—	61.8 °/₀	—	—
4e — —	0^{gr},5112	—	58.2 °/₀	—	—

Les recettes nettes ont été progressivement diminuées du début au terme de la gravidité, en partie à cause d'une réduction progressive des ingesta, en partie parce que les fonctions gastro-intestinales ont été progressivement ralenties à mesure que le fruit a opposé un obstacle mécanique de plus en plus grand.

---

(1) P'$_2$ est influencé par l'état de vacuité relative du tractus intestinal; ainsi P'$_2$ n'est plus comparable à P$_2$.

Élimination de l'azote urinaire.

	u_g		$\dfrac{u_g}{i_j - f_g}$	
Repos sexuel	0gr,9853 N *pro die*,		37.6 % de l'azote résorbé.	
1re semaine de la gestation.	1gr,3047	—	55.6 %	— —
2e — —	1gr,3499	—	65.9 %	— —
3e — —	1gr,2843	—	81.5 %	— —
4e — —	0gr,9648	—	188.7 %	— —

Pendant la gestation, les deux ou trois derniers jours exceptés, la désassimilation azotée surpasse très notablement celle du repos sexuel; elle augmente d'abord progressivement jusque vers le milieu de la phase sexuelle, se maintient à peu près à ce niveau élevé pendant la troisième semaine, fléchit vers la fin jusque sous le taux de la période de repos sexuel.

Eu égard aux recettes nettes, les dépenses azotées ont été progressivement croissantes : l'organisme a épargné de moins en moins et finalement les dépenses ont dépassé les recettes nettes.

Élimination du P_2O_5.

			$\dfrac{N}{P_2O_5}$	
Repos sexuel	0gr,541 P_2O_5 *pro die*,		= 1.82.	
1re semaine de la gestation.	0gr,675	—	— = 1.93.	
2e — —	0gr,698	—	— = 1.93.	
3e — —	0gr,592	—	— = 2.17.	
3e — —	0gr,272	—	= 3.55.	

L'excrétion du P_2O_5 augmente parallèlement à celle de l'azote pendant la plus grande partie de la gravidité, diminue ensuite absolument et surtout relativement à la désassimilation de l'azote ; la réduction des ingesta et plus encore celle des recettes nettes empêchent de décider si la chute finale de l'excrétion du P_2O_5 reconnaît en partie une rétention active du phosphore.

Élimination des chlorures.

Pendant la première moitié de la phase sexuelle, elle est proportionnelle aux ingesta et à la diurèse, mais également en corrélation avec la désassimilation de l'azote. Pendant la seconde moitié de la gravidité, elle est surtout influencée par l'alimentation et la diurèse correspondante.

Diurèse.

Elle a été considérablement accrue pendant la plus grande partie de la gravidité. Les variations journalières des ingesta ne permettent pas de décider si l'organisme n'a pas plutôt perdu que retenu de l'eau.

La ration.

Pendant le repos sexuel, la lapine augmentait rapidement de poids et épargnait d'importantes quantités d'azote, voire $1^{gr},6363$ N *pro die*, grâce à une alimentation abondante, prise *ad libitum*, comportant en moyenne par jour $3^{gr},5229$ N, soit 3.98 % du capital azoté de l'animal.

Pendant la gestation, la lapine a ingéré d'abord des quantités légèrement croissantes d'aliments; à partir du milieu de la phase sexuelle, l'alimentation avec l'appétit a diminué d'abord lentement, puis rapidement jusqu'à devenir insignifiante.

Somme toute, pendant la gestation, la lapine a ingéré $76^{gr},4098$ N, soit $2^{gr},4241$ N par jour en moyenne, ce qui équivaut à 2.74 % du capital azoté, et a épargné $12^{gr},1282$ N, soit $0^{gr},3847$ N en moyenne par jour, par conséquent, 3.25 fois moins que pendant le repos sexuel. Trois causes ont concouru à restreindre les épargnes pendant la gravidité; ce sont, par ordre d'importance :

1° La réduction des ingesta, l'appétit ayant progressivement baissé vers la fin;

2° L'accélération intense de la désassimilation des matériaux azotés, malgré la réduction considérable des recettes nettes;

3° L'utilisation de plus en plus défavorable des ingesta à mesure que le développement du fruit a opposé aux fonctions gastro-intestinales un obstacle de plus en plus grand.

Quoi qu'il en soit, ces épargnes ont permis de couvrir l'impôt prélevé par un fruit très onéreux, représentant 10.02 % de la chair de la mère gravide, et de constituer une réserve représentant 2.26 % du capital de la mère après la parturition.

Cette observation montre qu'un animal qui pendant le repos sexuel possède un coefficient d'utilisation des ingesta favorable

(0^{gr},744) doit, pour couvrir les frais d'une gestation très onéreuse ($F = 10.02$ °/₀ de C + Q) et constituer quelques réserves, même modérées (2.26 °/₀ de C'), jouir d'une alimentation abondante (2.74 °/₀ de C) et que celle-ci, pour être la plus profitable, sera, toutes choses égales, progressivement décroissante.

Période post partum.

Après la mise bas, nous avons :

$$C'_2 = C_2 + 2^{gr},0536 \text{ N}$$
$$= 90^{gr},4780 \text{ N},$$

et

$$\frac{C'_2}{P_2} = \frac{90^{gr},4780}{3256} = 0,0278.$$

La lapine a augmenté son capital, amélioré son quotient organique (sous réserves prémentionnées), et son équilibre organique s'est modifié dans un sens favorable.

Après la parturition, l'animal a continué à se nourrir *ad libitum*; son appétit, après être resté en défaut pendant deux jours, est redevenu plus vif et les ingesta ont augmenté progressivement.

Somme toute, pendant les treize jours d'observation *post partum,*

> la lapine ingère. . . $30^{gr},0986$ N, en moyenne $2^{gr},3152$ N *pro die,*
> — élimine . . $19^{gr},8223$ N,
> — assimile . . $10^{gr},2763$ N, en moyenne $0^{gr},7905$ N *pro die.*

On voit que, *post partum*, la lapine a épargné 1.05 fois plus que pendant la gestation, bien que, en moyenne, elle ait moins ingéré.

Deux causes ont contribué à augmenter les épargnes *post partum;* ce sont, par ordre d'importance :

1° La diminution considérable des dépenses de matériaux azotés;

2° Une utilisation plus économique des ingesta : avec la mise bas du fruit a disparu un obstacle mécanique considérable aux fonctions gastro-intestinales, et l'animal a épuisé davantage ses aliments, même la chair placentaire.

Remarquons que la désassimilation de l'azote avant de revenir à la normale s'est encore accrue après la mise bas, malgré une alimentation réduite; ce fait correspond chronologiquement du moins à l'acmès des processus d'involution.

L'excrétion du P_2O_5 est demeurée ralentie pendant trois à quatre jours *post partum;* ce fait traduit une certaine rétention active du P_2O_5 dans l'économie.

Quant aux chlorures, si tant est que l'organisme en a retenu pendant la gravidité, il les élimine en grande partie *post partum.*

En définitive, le treizième jour après la parturition, la nutrition azotée de la lapine s'exprime par

$$C_3 = C'_2 + 10^{gr},2763 \text{ N}$$
$$= 100^{gr},7543 \text{ N},$$

et par

$$\frac{C_3}{P_3} = \frac{100^{gr},7543}{3700} = 0,0272.$$

La lapine a augmenté de 444 grammes de poids vif, s'est enrichie surtout en chair, et comme on peut admettre que l'involution est en grande partie achevée, l'équilibre organique azoté s'est modifié dans un sens favorable.

I. — ANALYSE DES EXPÉRIENCES N^{es} 18 ET 19.

Lapine de 2785 grammes, soumise depuis le 7 février à une ration journalière composée de

> 45 grammes d'avoine,
> 190   —   de carottes.

Période de repos sexuel.

Observation préalable : 11-21 février, 7 heures du soir (10 jours 11 heures). Pendant ce temps,

la lapine ingère. . . . . $9^{gr},1014$ d'azote, $0^{gr},8705$ N *pro die,*
—   élimine . . . . $10^{gr},0695$ —
—   désassimile . . $0^{gr},9681$ — $0^{gr},0926$ —

et perd 45 grammes de poids vif.

La ration journalière, comportant en azote 1.24 % du capital azoté de l'animal, bien que très économiquement utilisée, constituait une ration de déficit à cause de l'activité des combustions organiques.

Première période de gestation.

Durée de la gestation anormale : 21 jours, 13 $^1/_2$ heures.

Fécondation le 21 février. . . .   7 h. soir.
Avortement le 15 mars. . . . .   8$\frac{1}{4}$ h. matin.

Fruit : 4 embryons et 4 placentas ramollis, d'un poids vif de 49^{gr}92.

Bilan de l'azote.

Valeur des termes :   .

$$P = 2740 \text{ grammes.}$$
$$P' = 2800\,(1) \quad —$$
$$C = 70^{gr},144 \qquad \text{d'azote;}$$
$$\Sigma i_g = 18^{gr},6409 \qquad —$$
$$\Sigma f_g + \Sigma u_g = 3^{gr},2875 + 14^{gr},2875 \quad —$$
$$F = 0^{gr}.5716 \qquad \cdot$$

d'où il suit que

$$Q = \Sigma i_g - (\Sigma f_g + \Sigma u_g) = 18^{gr},6409 - (3^{gr},2875 + 14^{gr},2875)\,N$$
$$= 1^{gr},0659\,N,$$

et que

$$C' = C + Q - F = C + 1^{gr},0659 - 0^{gr},5716\,N$$
$$= 70^{gr},144 + 0^{gr},4943\,N$$
$$= 70^{gr},6383\,N.$$

Cette observation se range dans le l du 1° de la discussion générale.

La mère a formé le fruit entièrement aux dépens de ses ingesta et, de plus, s'en est assimilé une légère quantité : c'est l'*optimum physiologique*.

---

(1) Le 15 mars, à 8 heures du matin, la lapine pèse 2850 grammes, la parturition soustrait 49^{gr},9 de poids vif; la lapine ingère aussitôt 14^{gr},7 de jeunes.

Équilibre organique.

Variations du poids vif pendant la gravidité. Poids initial :

$$P = 2740 \text{ grammes.}$$

Le poids de la lapine fécondée a augmenté d'abord lentement, puis plus rapidement jusqu'au dix-septième jour de la gestation ; de là il s'est légèrement abaissé jusqu'à l'avortement. Poids final de la gravidité : 2850 grammes.

L'avortement soustrait à la mère 49gr,92 de poids vif.

$$P - P' = - 60 \text{ grammes.}$$

Après l'avortement, la lapine a augmenté de 60 grammes de poids vif.

$$\frac{C'}{P'} = \frac{70^{gr},6383}{2800} = 0,0252.$$

Le quotient organique azoté a légèrement fléchi ; bien que ce cas réalise l'*optimum physiologique,* il est douteux que la faible réserve d'azote ait suffi à couvrir l'hypertrophie des organes sexuels et des glandes mammaires. L'équilibre organique est donc quelque peu troublé.

Utilisation de la ration.

Pendant toute la durée de la gravidité, l'utilisation de la ration a été un peu moins favorable que pendant le repos sexuel. L'organisme fécondé n'a pas manifesté la réaction utile ordinaire ; d'un autre côté, le développement anormal du fruit n'a opposé aucune entrave aux fonctions gastro-intestinales.

Désassimilation de l'azote.

Elle manifestait déjà une tendance à décroître pendant le repos sexuel et s'est considérablement abaissée pendant la gravidité. C'est grâce à cette diminution des dépenses que l'animal, qui pendant,

le repos sexuel dépensait de sa propre chair, a pu épargner
suffisamment pour couvrir l'impôt prélevé par le fruit et constituer une petite réserve d'azote.

Il convient de remarquer que le fruit, excessivement peu développé, a été mis bas dans un état de décomposition; l'arrêt de
son développement datait donc déjà de quelques jours. Cette
gestation peut donc être regardée comme pathologique, ce qui
rend compte des anomalies constatées dans le jeu des mutations
nutritives.

Période post partum.

Observée pendant 11 jours, 12 heures après l'avortement,
d'abord sous même ration, ensuite sous ration diminuée,

$$la\ lapine\ ingère\ \ldots\ldots\ 9^{gr},9629\ N,$$
$$—\quad élimine.\ \ldots\ldots\ 9^{gr},0445\ N,$$
$$—\quad assimile\ \ldots\ldots\ 0^{gr},9184\ N,$$

et augmente de 50 grammes de poids vif.

Au moment de la deuxième fécondation, on a, par conséquent :

$$C_1 = C' + 0^{gr},9184\ N$$
$$= 71^{gr},5567\ N.$$
$$\frac{C_1}{P_1} = \frac{71^{gr},5567}{2850} = 0,0251.$$

L'animal a légèrement augmenté son capital azoté, mais son
quotient organique azoté a encore baissé : l'animal a moins assimilé de chair que d'autres matériaux.

Après le part, l'animal assimile encore un peu plus que pendant
la gravidité précédente, principalement parce qu'il utilise plus économiquement ses ingesta, accessoirement parce que ses dépenses
azotées continuent à fléchir. Immédiatement après l'avortement
toutefois, les combustions azotées subissent une hausse pendant
trois jours, ce qui correspond chronologiquement à l'acmès des
processus d'involution. En même temps, l'organisme se débarrasse de l'eau et des chlorures.

Deuxième période de gestation.

A partir du 25 mars, la ration est réduite à

> 40 grammes d'avoine,
> 160 — de carottes.

Durée de la gestation : 31 jours, 1 heure.

> Fécondation le 26 mars . . . . 8 h. soir.
> Part le 26 avril. . . . . 9 h. soir.

Fruit : 4 jeunes et 4 placentas, d'un poids vif de 210^{gr},86 environ.

Bilan de l'azote.

Valeur des termes :

$$P_1 = 2850 \text{ grammes.}$$
$$P'_1 = 2675 \quad —$$
$$C_1 = 71^{gr},5567 \qquad \text{d'azote ;}$$
$$\Sigma i_2 = 23^{gr},5600 \qquad —$$
$$\Sigma f_2 + \Sigma u_2 = 4^{gr},1014 + 20^{gr},7965 \quad —$$
$$F = 3^{gr},8930$$

d'où il suit que

$$Q = \Sigma i_2 - (\Sigma f_2 + \Sigma u_2) = 23^{gr},5600 - (4^{gr},1014 + 20^{gr},7965) \text{ N}$$
$$= -1^{gr},3379 \text{ N,}$$

et que

$$C'_2 = C_2 + Q - F = C_2 - 1^{gr},3379 - 3^{gr},8930 \text{ N}$$
$$= C_2 - 5^{gr},2309 \text{ N}$$
$$= 66^{gr},3258 \text{ N.}$$

L'observation se range dans le 3° de la discussion générale. La mère a formé le fruit entièrement aux dépens de sa propre chair ; elle lui a sacrifié 5.44 % de son capital azoté ; en sus, elle a dépensé 1.87 % de ce capital pour subvenir aux frais de la gravidité : c'est le *pessimum*.

Bref, le déficit comporte 7.31 % du capital azoté.

Équilibre organique.

Variations du poids vif pendant la gravidité. Poids initial :

$$P_1 = 2850 \text{ grammes.}$$

Le poids de la lapine, après être resté stationnaire pendant la plus grande partie de la première moitié de la phase sexuelle, s'élève tout à coup rapidement jusque vers le milieu de la troisième semaine, puis, après être demeuré quelques jours à ce niveau, fléchit légèrement vers la fin de la gestation. Poids final de la gravidité : 2930 grammes.

Le part soustrait à la mère 210^{gr},86 de poids vif.

$$P_1 - P'_1 = 175 \text{ grammes.}$$

Après la mise bas, la mère a perdu 175 grammes de poids vif.

$$\frac{C'_1}{P'_1} \quad \frac{66^{\text{gr}},3258}{2675} = 0,0248.$$

Le quotient organique a baissé. L'animal a relativement plus perdu de chair que d'autres matériaux; de plus, il y a eu mobilisation de quantités importantes de matériaux azotés pour l'hypertrophie des organes sexuels et des glandes mammaires. L'équilibre organique est, par conséquent, profondément troublé.

Utilisation de la ration.

Quantités d'azote utilisées (1) :

1re semaine de la gestation.	0^{gr},6526 N *pro die*,	86.1 °/₀ de l'Az de la ration.
2° —	—	0^{gr},6451 —	84.9 °/₀	— —
3° —	—	0^{gr},6710 —	88.2 °/₀	— —
4° —	—	0^{gr},5351 —	70.7 °/₀	— —

(1) Ici comme ailleurs, il ne serait pas rationnel de comparer la marche des divers processus analysés avec ceux du repos sexuel immédiatement antérieur, parce que deux jours avant la fécondation la ration a été notablement réduite.

Pendant la plus grande partie de la gravidité, les fonctions gastro-intestinales ont été stimulées ; ce n'est guère que pendant les derniers jours de la phase sexuelle que le développement du fruit a entravé cette réaction utile.

Élimination de l'azote urinaire.

1re semaine de la gestation. 0gr,7044 N *pro die*, 107.9 °/₀ des recettes nettes.

2e	—	—	0gr,6645	—	103.0 °/₀	—	—
3e	—	—	0gr,6062	—	90.3 °/₀	—	—
4e	—	—	0gr,7091	—	132 6 °/₀	—	—

Pendant la majeure partie de la gravidité, la lapine a dépensé plus d'azote qu'elle n'en a résorbé ; c'est surtout au début et à la fin de la phase sexuelle que la mère a été réduite à vivre aux dépens de sa propre chair.

L'*excrétion* du P_2O_5 a été irrégulièrement décroissante ; le rapport $\frac{N}{P_2O_5}$ s'est notablement élevé ; une épargne du P_2O_5 paraît admissible.

La *diurèse* a été réduite ; l'organisme semble avoir accumulé un peu d'eau.

La ration.

Pendant la gravidité, la lapine a ingéré en moyenne par jour, 0gr,7589 d'azote, soit 1.06 °/₀ du capital azoté. Quelque économique qu'ait été l'utilisation de cette alimentation réduite, la mère, pour subvenir aux besoins de la gravidité, a dû dépenser plus d'azote qu'elle n'en a résorbé, soit 1gr,3379 N, 1.87 °/₀ de son capital azoté. Et la parturition a constitué une dernière et importante soustraction de chair : 3gr,893 N, soit 5.44 °/₀ du capital.

Pendant la période *post abortum*, l'animal parvenait à épargner encore 0gr,0799 N *pro die*, avec une ration comportant 0gr,8663 N, ration d'équilibre approximatif ; réduite un jour et demi avant la deuxième gestation à 0gr,7589 N, la ration est momentanément légèrement subminimale, mais il est hors de doute que, même l'utilisation demeurant la même, l'animal, dans les conditions ordinaires, s'y fût adapté rapidement.

Pendant la deuxième gestation, l'insuffisance de cette ration ne fait que s'accentuer, malgré l'amélioration de l'utilisation des ingesta : l'organisme fécondé est incapable de restreindre ses dépenses, et la stimulation des fonctions gastro-intestinales, quelque prolongée qu'elle soit, demeure forcément négligeable.

Période post partum.

Observée pendant 6 jours, 11 heures, sous même ration,

la lapine ingère . . . . . $4^{gr},9608 + 0^{gr},3129$ N (chair placentaire),
—   élimine . . . . $4^{gr},6280$ N,

—   épargne . . . . $0^{gr},6457$ N, soit $0^{gr},0999$ *pro die,*

ce qui résulte surtout de ce que les dépenses ne tardent pas à se réduire; accessoirement de ce que l'utilisation des ingesta s'améliore encore : l'animal digère et résorbe aussi bien la chair placentaire que sa ration végétale.

Les deux premiers jours qui suivent le part, l'élimination de l'azote demeure élevée, ce qui correspond à l'acmès des processus d'involution. En même temps, l'animal se débarrasse de l'eau, des phosphates et des chlorures accumulés, et cherche ainsi à rétablir son équilibre organique.

Pendant les trois jours suivants, la ration est encore diminuée, $(0^{gr},6805)$ N, et cependant l'animal, en restreignant ses dépenses, parvient encore à s'y adapter.

PARTIE SYNTHÉTIQUE.

Le lecteur qui aura bien voulu nous suivre dans les analyses méthodiques et rigoureuses des observations relatées dans ce mémoire, aura déjà saisi 'dans leurs grandes lignes les conclusions auxquelles nous a conduit cette étude.

Que s'il se demande pourquoi l'auteur a pensé devoir accumuler tant de matériaux et expérimenter le plus souvent dans des conditions assez différentes de celles dans lesquelles l'animal se reproduit en liberté, nous répondons :

Dans un système d'équations algébriques, la valeur des inconnues demeure indéterminée aussi longtemps que le nombre des équations distinctes n'est pas au moins égal à celui des inconnues; *a fortiori,* dans le domaine expérimental, lorsqu'on se propose de résoudre un problème compliqué, c'est-à-dire d'étudier un phénomène qui suppose l'intervention de multiples facteurs inconnus, il importe de multiplier les expériences.

Deux conditions prépondérantes font varier les mutations nutritives pendant la gravidité : l'alimentation de la mère et l'importance du produit de la conception. Nous ne pouvons déterminer à volonté que la première.

Pour apprécier les modifications de la nutrition intime pendant la gestation, il faut un terme de comparaison. On peut recourir à deux procédés différents d'inégale valeur :

1° Comparer les échanges pendant la gestation à ceux du repos sexuel, sous alimentation prise *ad libitum*, et par conséquent variable, mais qualitativement et quantitativement connue;

2° Comparer les échanges de la gravidité à ceux du repos sexuel sous ration fixe et invariable.

Au point de vue de la rigueur scientifique, il est évident que le second procédé l'emporte sur le premier, qui admet un plus grand nombre de causes d'erreur et aussi un plus grand nombre de facteurs inconnus

Bref, le problème proposé se ramène essentiellement à l'étude des variations d'un rapport qu'on pourrait exprimer symboliquement par $\frac{E_g}{E_r}$.

Ce rapport est avant tout fonction de i et de F.

Il variera donc avec l'importance de la gravidité; celle-ci est aléatoire.

Il variera encore et surtout d'après l'alimentation, et ce facteur peut être fixé à l'avance.

Il est à prévoir que l'influence de la gravidité sur les échanges sera d'autant mieux mise en évidence que l'alimentation, tout en étant invariable, sera plus réduite Néanmoins, comme, dans les sciences biologiques, il faut se méfier des conceptions *a priori*, nous avons expérimenté à l'aide des deux méthodes en donnant toutefois la préférence à la seconde.

Notre étude présente deux faces également intéressantes :

L'une, exclusivement scientifique, biologique, envisage les moments physiologiques dont la combinaison détermine les lois qui président à la reproduction des êtres.

L'autre, pratique, considère l'influence des variations des conditions extrinsèques sur la marche des mutations nutritives pendant la gestation.

Il nous reste maintenant à réunir en un faisceau les résultats épars dans la partie analytique de ce travail; nous ferons saillir leur concordance ou leur discordance, d'où découleront des lois générales; enfin, nous chercherons à interpréter aussi rationnellement que possible les phénomènes ainsi mis en évidence.

Nous traiterons successivement :

1° La désassimilation pendant la gravidité et *post partum :*

a) Désassimilation de l'azote ;

b)   —   du P_2O_5 ;

c)   —   des chlorures ;

d)   —   de l'eau.

2° L'utilisation des ingesta pendant la gravidité et *post partum.*

3° Le bilan de l'azote pendant la gravidité et *post partum.*

Nous répondrons ainsi à la question posée au début de ce travail : *La mère forme-t-elle le fruit aux dépens de sa propre chair ou tire-t-elle de l'alimentation tous les matériaux qu'elle lui cède, ou bien encore, conçoit-elle en partie aux dépens de ses imports, en partie à ses propres dépens, dans quelles proportions, quelles conditions et par quel mécanisme ?*

Enfin quelles sont les conséquences de ces éventualités pour la mère et pour le fruit ?

LA DÉSASSIMILATION DE L'AZOTE PENDANT LA GESTATION ET *post partum.*

La plupart des auteurs qui se sont occupés de cette question, Hagemann (1) excepté, ont cru trouver et ont admis, sans plus chercher, que, pendant la gravidité, la désassimilation des matériaux azotés est ralentie et, partant de ce fait mal établi, se sont fait de la nutrition de l'azote dans l'organisme gravide une idée simple, et néanmoins absolument fausse. Leur opinion, plus ou moins explicitement professée, nous semble pouvoir se formuler comme suit : l'organisme fécondé possède la faculté de restreindre, au profit du fruit, ses dépenses d'albumine. Et ils semblent admettre que pour l'édification de la progéniture, il faut, mais il suffit que la mère économise une quantité adéquate de matériaux azotés, soit que cette réserve se constitue grâce à une

---

(1) HAGEMANN, *loc. cit.*

augmentation des recettes nettes, soit qu'elle reconnaisse un ralentissement des combustions organiques azotées.

Examinons avant tout jusqu'à quel point ces auteurs sont fondés à admettre un ralentissement des combustions organiques azotées pendant la gestation.

Ce ne sont pas les résultats d'analyses de l'urée urinaire recueillis par Winckel (1) et par Heinrichsen (2) qui peuvent prétendre juger la question. Les conditions de leurs recherches étaient trop variables et trop peu définies pour autoriser même de vagues appréciations : régime arbitraire, de valeur variable et toujours indéterminé ; absence de terme de comparaison rationnel, etc.

Les recherches de Zacharjewski (3), faites dans des conditions plus étroitement définies, démontrent tout au plus que, pendant la grossesse (deux à huit derniers jours), la femme peut épargner des quantités d'albumine variables avec l'alimentation ; mais l'auteur manque absolument de terme de comparaison pour affirmer que la désassimilation de l'azote est ralentie. Et quand cette conclusion serait exacte, plusieurs considérations inviteraient à ne pas étendre à toute la période sexuelle des déductions tirées d'observations faites au terme de celle-ci.

L'opinion de Repreff (4), bien que reposant sur des bases plus étendues et plus solides, n'en est pas moins sujette à caution. Nous ne pouvons songer à passer en revue les six expériences, pour la plupart incomplètes, que l'auteur analyse dans son travail, le plus documenté qui ait été fait jusqu'aujourd'hui sur les échanges matériels pendant la gestation. Nous nous bornerons à émettre l'avis que les résultats consignés dans ce mémoire laissent la question en suspens. Les conditions expérimentales ne sont ni assez rigoureuses, ni suffisamment définies :

1° Les sujets d'expériences (lapines, chiennes) mangeaient *ad libitum*, d'où le rapport entre le repos sexuel et la période de gestation présente un caractère d'indétermination ;

2° Le terme de comparaison, quand il n'est pas anormal (période postgravidique) ou tout à fait arbitraire (animal témoin) est trop écourté.

(1) WINCKEL, *loc. cit.*
(2) HEINRICHSEN, *loc. cit.*
(3) ZACHARJEWSKI, *loc. cit.*
(4) REPREFF, *loc. cit.*

Ajoutons enfin que, comme il fallait s'y attendre du reste, dans la méthode adoptée, les résultats sont loin de concorder.

La seule expérience irréprochable est celle de Hagemann(1) sur la chienne; elle démontre que, pendant la gravidité, la désassimilation de l'azote subit une accélération considérable, mais que celle-ci peut, vers la fin de la gestation, être remplacée par un ralentissement notable.

Interrogeons maintenant nos résultats et voyons à quelles conclusions ils nous mènent.

Règle générale, pendant la gestation, la désassimilation de l'azote est plus considérable que pendant le repos sexuel prégravidique. Cette accélération des combustions organiques est, toutes choses égales, fonction du développement du fruit.

Nous admettons, avec Hagemann, l'existence d'un moment physiologique accélérateur des combustions organiques azotées pendant la gestation.

Hagemann interprète ce moment physiologique comme suit : il suppose que « les éléments organiques ne peuvent former synthétiquement des molécules d'albumine, pas même transformer une espèce en une autre sans perte d'azote » ; en conséquence, il admet que « pendant la métamorphose d'albumine maternelle en albumine organisée de l'utérus et des fœtus, de même qu'en albumine du lait, des groupes atomiques azotés perdent leur caractère spécifique au point que, ne pouvant plus entrer dans la constitution des molécules d'albumine nouvelles, ils s'éliminent par les urines.

Dans cet ordre d'idées, il compare l'accélération des combustions organiques azotées observée par lui, pendant la gestation et la lactation, à celle que Fr. Müller (2) a constatée pendant le développement de tumeurs pathologiques, notamment de carcinomes, en l'absence de réaction fébrile.

A ce fait que Hagemann met en parallèle avec ses propres observations, nous en joindrons deux autres :

Depuis les expériences déjà anciennes de von Jürgensen (3) et

(1) HAGEMANN, loc. cit.

(2) FR. MÜLLER, Zeitschr. f. klin. Med., Bd XVI, Heft 5 und 6.

(3) VON JÜRGENSEN, Quomodo ureae excretio sanguine exhausto afficiatur. (Dissert. inaug. Kiliae. 1863.)

celles plus récentes de J. Bauer (1), confirmées par Ver Eecke (2), nous savons que les soustractions sanguines, loin de ralentir la désassimilation de l'albumine, peuvent l'accélérer dans une forte mesure, même chez l'animal en inanition (Bauer). Ainsi, la reconstitution du tissu sanguin ne se fait pas sans dépenses de matériaux azotés.

Camerer (3) a établi que la désassimilation de l'albumine est, par unité de poids, beaucoup plus intense pendant la période de croissance que chez l'adulte; dans l'espèce humaine, elle augmente progressivement pendant les deux premières années, puis diminue jusque vers l'âge de 15 ans.

Ainsi, partout où se manifeste une activité spéciale des processus d'organisation, nous la voyons accompagnée d'une accélération des combustions organiques azotées. Toute édification de chair suppose, en effet, outre une quantité adéquate de matériaux constitutifs, une dépense d'énergie. A priori, on ne peut savoir à quelle source (graisses, hydrocarbures, albumines) l'économie puisera cette énergie. L'expérience affirme que le travail d'organisation de l'albumine est emprunté au moins en partie à la combustion des matériaux azotés, et ce proportionnellement à l'énergie à fournir.

Appliquons ce principe au cas de la gravidité. Le fruit qui se développe dans le sein de la mère ne représente pas seulement une quantité de matériaux résorbés ou mobilisés, mais des éléments organisés, c'est-à-dire, en outre, une somme de travail d'édification qui a exigé une dépense d'énergie chimique équivalente. Cette énergie est puisée dans l'organisme maternel et fournie, tout au moins pour une part, par la combustion de matériaux azotés.

Ainsi conçu, le moment physiologique accélérateur de la désassimilation azotée peut, si nous représentons par d_r l'accroissement journalier du poids de l'azote contenu dans le fruit (jeunes et annexes) et par δ la quantité d'azote dépensée pour le travail

---

(1) J. BAUER, *Ueber die Zersetzungsvorgänge im Thierkörper unter dem Einfluss von Blutentziehungen*. (*Zeitschr. f. Biologie*, 1872, Bd VIII, S. 567.)

(2) A. VER EECKE, *Les échanges organiques dans leurs rapports avec les phases de la vie sexuelle.* — I *Étude des modifications des échanges organiques sous l'influence de la menstruation.* (*Bull. de l'Acad. roy. de med. de Belgique*, septembre, 1897.)

(3 CAMERER, *Zeitschr. f. Biologie*, Bd XIV, S. 398.

d'édification de l'unité de poids de cet accroissement, s'exprimer symboliquement par δd_r. Mais toute quantité de chair fœtale organisée possède, comme toute quantité de chair maternelle, un coefficient d'entretien. Le fruit est, en effet, le siège de manifestations vitales; s'il est un foyer de synthèses, il possède sa désassimilation propre; mais les expériences de Cohnstein et de Zuntz (1) nous font entrevoir que les combustions organiques fœtales sont incomparablement moins actives que celles de l'adulte. Si nous désignons par γ le coefficient d'entretien du capital azoté du fruit, nous pourrons représenter par γF_m la valeur de la désassimilation azotée du fruit au m^{ime} jour de la gravidité; γF_m constitue un nouveau moment physiologique modificateur de la désassimilation azotée de l'organisme gravide. Mais si la valeur absolue de γF_m est, à tout moment, positive et va croissant en fonction de F et de γ, il n'en est pas moins vrai que ce moment physiologique pourra être tantôt accélérateur, tantôt modérateur de la désassimilation de l'azote suivant que la chair du fruit sera fournie aux dépens des matériaux des ingesta ou aux dépens de la chair maternelle et suivant la série des combinaisons possibles de ces éventualités. L'influence du moment physiologique γF_m sur la désassimilation azotée de la mère variera donc avec le bilan azoté du moment considéré.

Après le part, la désassimilation ne revient au taux normal qu'après avoir régulièrement subi une hausse nouvelle qui correspond à l'acmès des processus d'involution. Ainsi toute mobilisation d'albumine s'accompagne de dépenses d'azote.

LA DÉSASSIMILATION DES PHOSPHATES PENDANT LA GRAVIDITÉ ET *post partum*.

Pendant la gestation, l'excrétion du P_2O_5 subit des modifications en grande partie correspondantes à celles de la désassimilation de l'azote. D'une manière absolue, elle est, en règle générale, d'abord accélérée pendant une partie plus ou moins longue de la phase sexuelle, mais cette accélération est proportionnellement plus faible que celle de la désassimilation azotée, le rapport $\frac{N}{P_2O_5}$ ayant une tendance à croître de plus en plus.

(1) COHNSTEIN et ZUNTZ, *loc. cit.*

Vers la fin de la gravidité, on assiste invariablement à une diminution relative et absolue très considérable du P_2O_5, en sorte que le rapport $\frac{N}{P_2O^5}$ devient brusquement maximal.

Le plus souvent cette chute de l'excrétion du P_2O_5 reconnaît principalement une résorption intestinale défectueuse, accessoirement une épargne probable de P_2O_5.

Après la parturition, le seul fait intéressant et manifeste est une persistance assez constante de la rétention active du P_2O_5, laquelle toutefois ne s'étend pas au delà de deux à trois jours après la parturition en dehors de tout allaitement. Ultérieurement, l'organisme se débarrasse de cette réserve.

L'époque à laquelle se manifeste cette rétention du P_2O_5 indique que ce phénomène est en relation avec l'activité sécrétoire des glandes mammaires.

L'ÉLIMINATION DES CHLORURES ET LA DIURÈSE PENDANT LA GRAVIDITÉ ET *post partum*.

Il apparaît clairement que la nutrition de l'eau et du chlore, pendant la gravidité et *post partum*, est en relation étroite avec l'état général de la nutrition azotée de l'organisme. Celui-ci manifeste une tendance à accumuler de l'eau et des chlorures aussitôt que le quotient organique s'infléchit ou que l'équilibre organique azoté se rompt. Réciproquement, l'excrétion des chlorures et la diurèse sont accélérées quand la nutrition de l'azote évolue de manière à maintenir ou à améliorer l'équilibre organique.

Quoi qu'il en soit, après le part, l'organisme se débarrasse promptement de l'eau et des chlorures de rétention, et ce d'autant plus rapidement que la réparation des pertes azotées est plus active.

UTILISATION DES INGESTA PENDANT LA GESTATION ET *post partum*.

Nous entendons par quotient d'utilisation des ingesta, le rapport des recettes nettes aux recettes brutes : $\frac{i-f}{i}$. Il nous renseigne sur l'état des fonctions gastro-intestinales : la digestion et la résorption.

En étudiant les variations de ce rapport pendant la gestation, on s'aperçoit que les fonctions gastro-intestinales peuvent être influencées par deux moments physiologiques antagonistes.

L'un doit être conçu comme un obstacle mécanique exercé par le développement progressif de la masse du fruit. Ses effets s'exercent d'autant plus rapidement et avec d'autant plus d'intensité que la gravidité est plus onéreuse et que les recettes brutes sont plus copieuses.

L'autre peut être regardé comme une réaction utile de l'organisme fécondé; pendant la gestation, les fonctions gastro-intestinales sont d'autant plus énergiquement stimulées que les besoins de l'organisme sont plus grands et que les recettes brutes sont plus réduites.

Le quotient d'utilisation des ingesta nous apparaît ainsi à tout moment comme la résultante de la stimulation des fonctions gastro-intestinales et de l'obstacle mécanique constitué par le fruit.

Effectivement, les recettes nettes qui peuvent croître au début, sont presque toujours notablement et progressivement diminuées à mesure qu'on se rapproche du terme de la gravidité.

On remarquera que l'entrave n'est effective que pour autant que le fruit est assez développé et que la réaction sortira des effets d'autant plus utiles que la ration est plus riche.

Après le part, l'entrave aux fonctions gastro-intestinales étant brusquement levée, l'utilisation s'améliore d'ordinaire brusquement; la réaction de l'organisme réapparaît d'autant plus énergique que la gestation a exigé un sacrifice plus considérable.

LE BILAN DE L'AZOTE.

Au point de vue du bilan azoté, nous avons vu se réaliser tous les cas prévus dans la discussion générale :

1° La mère forme le fruit aux dépens de sa propre chair du moment que son alimentation se rapproche de la ration d'équilibre;

2° Elle le forme le plus souvent en partie aux dépens de sa propre chair, en partie aux dépens de ses ingesta, même quand elle jouit d'une alimentation relativement luxueuse;

3° Elle ne peut tirer de son alimentation tous les matériaux qu'elle cède au fruit que pour autant que cette alimentation soit riche.

La gravidité place l'organisme dans des conditions de nutrition défavorables; en effet, les dépenses sont accrues et les recettes nettes tendent à diminuer; quelque énergique que soit la réaction, son efficacité est éphémère et le plus souvent contrebalancée même outre mesure.

La gestation constitue donc le plus souvent un sacrifice de l'individu en faveur de l'espèce. Elle peut gravement compromettre la nutrition de la mère, et des gestations répétées et onéreuses peuvent diminuer les résistances aux infections.

Quelque considérable cependant que soit l'impôt prélevé par la gestation et quelque profond que soit le trouble de l'équilibre organique, après la parturition, l'économie peut réparer rapidement ses pertes; en effet, après la parturition, les épargnes sont favorisées par le ralentissement des combustions azotées et la stimulation des fonctions digestives proportionnée aux besoins.

Quant au fruit, il est d'autant plus riche en azote que la nutrition de la mère est plus favorable, mais ce rapport est loin d'être constant.

EXPRESSION SYMBOLIQUE DES ÉCHANGES NUTRITIFS PENDANT LA GESTATION.

En manière de conclusion, nous essaierons d'exprimer symboliquement les divers facteurs qui entrent en jeu dans les échanges de l'azote pendant la gravidité.

A cet effet, nous désignerons, comme dans la discussion générale du problème :

1° Par des lettres majuscules, les quantités pondérales constituant des capitaux ;

2° Par des lettres minuscules, les éléments pondéraux journaliers (profits et pertes).

En plus des notations qui y figurent, nous désignerons par d_c la quantité positive ou négative constituant la variation journalière du capital azoté de la mère ; par d_f l'accroissement pendant un jour de la gestation du poids de l'azote contenu dans le fruit (jeunes et annexes).

Les deux quantités ci-dessus varient évidemment d'après le moment considéré.

Cas du repos sexuel. — Avant d'aborder le cas de la gravidité, considérons l'animal à un jour quelconque en dehors de la phase sexuelle, soumis à un régime régulier ou à variations lentes et régulières.

Soit C_r le capital-azoté à ce moment. L'équation journalière de l'azote ingéré peut s'écrire :

$$i = f + u + d_c, \qquad (1)$$

d'où la valeur journalière de l'azote utilisé :

$$i - f = u + d_c. \qquad (2)$$

La quantité u, c'est-à-dire l'azote désassimilé, se décompose en deux parties :

1° Celle due à la rénovation et au travail physiologique de l'organisme ;

2° Une partie constituant l'azote dépensé pour le travail d'édification de la variation d_c.

Si nous représentons par α le coefficient d'entretien, c'est-à-dire la quantité d'azote dépensée pour la rénovation et le travail physiologique correspondant à 1 gramme du capital azoté, la première partie sera représentée par

$$\alpha C_r.$$

De même, nous pourrons représenter la seconde partie par

$$\beta d_c,$$

β étant un coefficient positif, quand d_c représente une quantité positive, d'où

$$u = \alpha C_r + \beta d_c. \qquad (3)$$

(2) peut donc s'écrire :

$$i - f = \alpha C_r + (\beta + 1)d_c. \qquad (4)$$

Si nous représentons par x le rapport $\frac{i-f}{i}$, quotient d'utilisation, l'équation de la ration sera :

$$i = \frac{i-f}{x} = \frac{1}{x}\,[\alpha C_r + (\beta + 1)d_c]. \qquad (5)$$

Cas de la gravidité. — Considérons le $m^{ième}$ des n jours de la gestation et supposons toujours un régime alimentaire régulier ou à variations lentes et régulières.

Le capital azoté de la mère est à ce moment C_m, qui d'ailleurs s'exprime en fonction du capital primitif C et des variations successives d_c par

$$C + \Sigma_1^{m-1} d_c.$$

A ce moment, l'azote du fruit sera F_m et vaudra :

$$\Sigma_1^{m-1} d_F.$$

Nous pouvons écrire pour le cas de la gravidité des équations analogues aux cinq ci-dessus, en tenant compte de la présence du fruit ; on a :

$$i_g = f_g + u_g + d_c + d_F ; \qquad (1')$$
$$i_g - f_g = u_g + d_c + d_F. \qquad (2')$$

Quant à la valeur de u_g, nous aurons à y considérer, outre les termes $\alpha_g C_m$ et $\beta_g d_c$, deux nouveaux termes, respectivement analogues, relatifs au fruit. En désignant par γ et δ des coefficients relatifs au fruit et respectivement analogues à α et β, nous pouvons écrire :

$$u_g = \alpha_g C_m + \beta_g d_c + \gamma F_m + \delta d_F,$$

d'où

$$i_g - f_g = \alpha_g C_m + (\beta_g + 1)d_c + \gamma F_m + (\delta + 1)d_F,$$

et

$$i_g = \frac{1}{x_g}\,[\alpha_g C_m + (\beta + 1)d_c + \gamma F_m + (\delta + 1)d_F].$$

Les trois dernières équations, en y remplaçant C_m et F_m par leur valeur, peuvent s'écrire :

$$u_g = \alpha_g(C + \Sigma_1^{m-1} d_C) + \beta_g d_C + \gamma \Sigma_1^{m-1} d_F + \delta d_F, \qquad (3')$$

et

$$i_g - f_g = \alpha_g(C + \Sigma_1^{m-1} d_C) + (\beta_g + 1)d_C + \gamma \Sigma_1^{m-1} d_F + (\delta + 1)d_F, \quad (4')$$

et

$$i_g = \frac{1}{x_g}\left[\alpha_g(C + \Sigma_1^{m-1} d_C) + (\beta_g + 1)d_C + \gamma \Sigma_1^{m-1} d_F + (\delta + 1)d_F\right]. \quad (5'$$

Des relations physiologiques multiples existent entre la plupart des grandeurs qui entrent dans ces équations; elles ne peuvent prétendre donner la solution mathématique des problèmes de physiologie qui s'y rattachent. Il convient de les considérer simplement comme la représentation symbolique des divers éléments que nous avons été amené à considérer dans le jeu des mutations nutritives pendant la gestation.

TABLE DES MATIÈRES.

PATHOGÉNIE

ET

TRAITEMENT DE L'ÉPILEPSIE

PAR

M. le Dr N. KRAINSKY

Directeur de l'Asile d'aliénés du gouvernement de Novgorod
(Kolmovo, Russie)

Devise :

$$CO < ^{NH_2}_{OH.NH_3}$$

BRUXELLES

HAYEZ, IMPRIMEUR DE L'ACADÉMIE ROYALE DE MÉDECINE DE BELGIQUE

Rue de Louvain, 112

—

1900

MÉMOIRE

ADRESSÉ A L'ACADÉMIE ROYALE DE MÉDECINE DE BELGIQUE, EN RÉPONSE
A LA QUESTION SUIVANTE DU CONCOURS DE 1895-1899 (PRIX FONDÉ PAR UN ANONYME)

« Élucider par des faits cliniques et au besoin par des expériences la pathogénie et la thérapeutique des maladies des centres nerveux et principalement de l'épilepsie. »

(Une récompense de 1,000 francs a été accordée à M. le Dr N. Krainsky, à Novgorod.)

PATHOGÉNIE

ET

TRAITEMENT DE L'ÉPILEPSIE

INTRODUCTION.

Il est peu de maladies du domaine de la pathologie nerveuse qui disposent d'une littérature aussi riche que l'épilepsie.

La pathologie de cette affection a fait l'objet de nombreuses recherches de la part de savants les plus éminents; personne n'ignore sans doute les théories classiques que Nothnagel, Kussmaul et Tenner, du Bois-Reymond, Albertoni, Jackson et d'autres ont émises sur l'épilepsie, conséquence des longues et soigneuses recherches expérimentales de Brown-Séquard, Westphal, Fritsch et Hitzig, Heidenhain, Unverricht et d'autres.

Ces théories, très différentes les unes des autres, étaient également contradictoires dans leur application à l'étude et au traitement de l'épilepsie. Alors que les uns, estimant que « ubi affluxus ibi irritatio », attribuaient l'attaque épileptique à la congestion momentanée du cerveau et fondaient sur cette hypothèse des essais de traitement par la ligature de la carotide ou de l'artère vertébrale, les autres, avec Kussmaul et du Bois-Reymond, attribuaient les attaques à un spasme tonique de toutes les artères céphaliques, c'est-à-dire à l'anémie du cerveau.

Des opinions également opposées avaient été émises touchant la localisation des centres nerveux, point de départ des attaques convulsives. Pour Nothnagel, la cause des attaques résidait dans la moelle allongée ; Fritsch et Hitzig, de leur côté, montrèrent que l'on peut provoquer une attaque d'épilepsie en irritant l'écorce cérébrale, ce qui fut confirmé par une série d'expérimentateurs inspirés des idées de Ferrier. Grâce aux excellents travaux de

Binswanger, Féré, J. Voisin, Unverricht, Nothnagel et d'autres, la
doctrine de l'épilepsie nous paraît aujourd'hui clairement définie;
sa symptomatogie et son évolution clinique, même sa localisation
dans cet organe si complexe qu'est le cerveau et ses dépendances,
nous sont bien connues aujourd'hui.

On ne peut en dire autant de la pathogénie de cette affection. Y
aurait-il, comme fondement d'une attaque, un spasme convulsif
des vaisseaux cérébraux avec l'anémie du cerveau comme conséquence? Ou bien dépendrait-elle de l'irritation de l'une ou l'autre
partie du cerveau? Quoi qu'il en soit, les conditions qui provoquent ce jeu complexe des vaso-moteurs dont les attaques
épileptiques sont la conséquence, nous restent totalement inconnues. Les causes de la périodicité des attaques dans l'intervalle
desquelles les malades recouvrent la santé demeurent également
obscures.

Les efforts tentés par les savants pour expliquer la cause et le
mécanisme des attaques épileptiques, en prenant pour base
d'étude le tableau clinique de l'épilepsie, ont pareillement laissé la
question sans réponse.

Les recherches soigneuses anatomo-pathologiques ne furent pas
plus heureuses à cet égard, et l'espoir de trouver tôt ou tard
un traitement rationnel de l'épilepsie semblait à ce point de vue
irréalisable. Dans les dernières années, de nombreux travaux ont
montré qu'il existe chez les épileptiques un groupe de modifications pathologiques dont l'existence avait échappé aux auteurs
anciens; ces travaux promettaient d'ouvrir de nouveaux horizons
dans la recherche de la cause et de la pathologie de cette maladie :
ces découvertes, en effet, envisageaient les modifications chimiques
de l'organisme chez les épileptiques.

En 1880, Kovalevsky (1) signala une diminution considérable
du poids du corps consécutive aux accès d'épilepsie.

Les recherches de Jolly, Lehman, Olderroge, Kranz, Schuchardh,
Stern, Occhs, Hallager et Féré montrèrent que la diminution du
poids du corps ne peut être démontrée dans tous les cas et,
bien que fréquente, qu'elle n'est pas pathognomonique pour les
attaques d'épilepsie.

Beale, chez un épileptique qui présenta pendant dix-sept heures

---

(1) KOVALEVSKY, *Archiv für Psychiatrie*, Bd XI, p. 2.

une série d'attaques se répétant toutes les cinq à dix minutes, trouva dans les urines du lendemain, 10 à 11 grammes de phosphates par litre, tandis que le surlendemain 5ᵍʳ38 seulement, et le jour d'après 5ᵍʳ21. Dans un autre cas, le chiffre des phosphates éliminés sous l'influence d'attaques épileptiques atteignait 8ᵍʳ86 par 1,000 centimètres cubes d'urine.

Mendel (1) a trouvé que les attaques apoplectiques et les attaques épileptiques déterminent une augmentation à la fois absolue et relative de la quantité d'acide phosphorique éliminé par les urines.

Kühn (2) n'a pas trouvé une augmentation de l'acide phosphorique dans les urines.

Lépine et Jaquin (3) ont trouvé chez un épileptique âgé de 14 ans que les attaques modifient complètement le rapport qui existe normalement entre l'acide phosphorique uni aux alcalins et celui combiné aux alcalino-terreux ; le chiffre de ces derniers dépassait de beaucoup celui des phosphates alcalins. Dans une observation d'épilepsie d'origine alcoolique, on voit que sous l'influence du vertige le chiffre de l'acide phosphorique uni aux alcalins tend à diminuer, tandis que l'élimination des phosphates terreux augmente. Cette augmentation se retrouve également chez les individus en imminence d'attaque, ce qui prouve que cette augmentation n'est pas due aux phénomènes musculaires ou autres, mais qu'elle se rattache aux troubles du système nerveux dont cette attaque est une des manifestations. Sous l'influence d'attaques d'épilepsie, la proportion entre l'acide phosphorique et l'azote serait augmentée, tandis que dans l'intervalle des attaques, ce rapport serait diminué.

Mairet (4) a étudié chez les épileptiques l'élimination de l'acide phosphorique en dehors des attaques ainsi que pendant l'état de mal épileptique. Il a observé sept épileptiques, et a trouvé que, sous l'influence des attaques, comparaison faite avec l'état ordinaire : 1° l'azote rendu par vingt-quatre heures est augmenté ;

---

(1) MENDEL, *Archiv für Psychiatrie*, 1872, p. 660.
(2) KÜHN, *Deutsches Archiv für klinische Medicin*, 1878, p. 211-215.
(3) LÉPINE et JAQUIN, *Excrétion de l'acide phosphorique par les urines dans les rapports avec celle de l'azote.*
(4) MAIRET, *Recherches sur l'élimination de l'acide phosphorique chez l'homme sain, l'aliéné, l'épileptique et l'hystérique.*

l'augmentation de cet élément est constante ; 2° l'acide phosphorique uni aux alcalino-terreux est augmenté ; cette augmentation est proportionnellement plus considérable que celle de l'azote et que celle de l'acide phosphorique uni aux alcalins ; 3° l'acide phosphorique uni aux alcalins est généralement augmenté ; 4° l'acide phosphorique total est augmenté. — Sous l'influence de l'état de mal épileptique : 1° l'azote rendu par vingt-quatre heures est augmenté ; 2° l'acide phosphorique uni aux alcalino-terreux est augmenté ; 3° P_2O_5 uni aux alcalins est augmenté ; 4° P_2O_5 total est augmenté ; 5° les rapports entre P_2O_5 et l'azote sont légèrement diminués. En dehors des attaques et dans l'état de mal épileptique, l'élimination de l'azote et de l'acide phosphorique par les urines n'est pas modifiée ; les attaques et l'état de mal épileptique augmentent l'élimination de l'azote et de l'acide phosphorique et activent les échanges qui se passent au sein du système nerveux.

En 1885, Lailler (1) a trouvé, après les attaques, une augmentation de l'acide phosphorique dans les urines et une légère augmentation de l'urée ; si les attaques se succèdent rapidement, cette augmentation de l'urée de l'acide phosphorique est évidemment plus marquée.

En 1886, Birt (2) a trouvé dans les urines des épileptiques une diminution des phosphates minéraux et une augmentation absolue de l'acide glycéro-phosphorique.

En 1888, Haig (3) a constaté chez les épileptiques une augmentation de l'acide urique immédiatement après l'attaque, ainsi qu'une diminution avant et quelque temps après. Cet auteur attribue l'attaque épileptique à la rétention de l'acide urique dans l'organisme.

Zülzer (4) a trouvé que, dans les intervalles des attaques, la formation de l'acide phosphorique est diminuée ; elle est augmentée immédiatement après l'attaque. On peut parfois remarquer une augmentation de l'acide phosphorique en dehors de toute attaque, mais, dans ce cas, il faut toujours supposer, dit-il, que l'attaque n'a pas été remarquée.

(1) LAILLER, L'Encéphale, 1885, 1.
(2) BIRT, The Brain, 1886, n° 4.
(3) HAIG, Neurologisches Centralblatt, 1888.
(4) ZÜLZER, Untersuchungen über die Semeiologie des Harns

En 1889, Rivano (1) a trouvé, après les attaques épileptiques et les accès vertigineux, une augmentation constante de l'urée, de l'acide phosphorique (33 %) et des phosphates terreux, tandis que l'augmentation des phosphates alcalins est inconstante et de peu d'importance.

En 1889, Deny et Schouppe (2) communiquèrent les résultats des premières recherches sur la toxicité urinaire chez les épileptiques. Dans dix cas sur treize, ils trouvèrent la toxicité urinaire normale, dans les trois autres cas ils notèrent une hypertoxicité avec une diminution de la diurèse et fermentation ammoniacale. Ces auteurs n'ont pas signalé de différence entre les urines qui précèdent et celles qui suivent les attaques.

En 1889, Christiani (3) trouva que l'urée, l'acide phosphorique et la densité des urines augmentent après les accès d'épilepsie et durant les équivalents psychiques avec irritation mais sans attaque antérieure.

Smyth (4) confirma l'augmentation de l'acide urique et de l'acide phosphorique après les attaques épileptiques.

Féré (5), étudiant la toxicité urinaire des épileptiques, trouva une hypotoxicité postparoxystique et une hypertoxicité préparoxystique.

En 1891, Edes (6) trouva dans l'état de mal épileptique une augmentation de la diurèse et de l'urée, ce qui l'amena à penser que dans l'état de mal il se produit une destruction des substances albuminoïdes.

Il y a longtemps déjà, Seifert (1854) avait signalé la présence de l'albumine en grande abondance dans l'urine émise après les attaques ; ses résultats furent partiellement confirmés par Reynold, Sieveking et Sailly ; Bazin la considéra comme fréquente dans les crises violentes ; Huppert, de Witt et Nothnagel discutèrent les relations existant entre l'absence de l'albuminurie et l'intensité des accès. Fürstner, Rabou, Otto, Fiori, Hallager, Klendgen, Mabille, Bowett et Saundly, au contraire, la repoussent. Voisin et Péron (7),

(1) Rivano, *Annali di Frenetria*, 1888.
(2) Deny et Schouppe, *Comptes rendus de la Société de biologie*, 1889.
(3) Christiani, *Arch. di psychiatria*, 1890.
(4) Smyth, *The Journal of mental science*, 1890.
(5) Féré, *Comptes rendus de la Société de biologie*, 1890.
(6) Edes, *Virginia medical Monthly*, 1891.
(7) Voisin et Péron, *Archives de Neurologie*, 1892.

de leur côté, trouvèrent que : 1° l'albuminurie postparoxystique
existe dans la moitié des cas ; 2° elle se rencontre dans tous les
modes d'épilepsie ; 3° l'état de mal épileptique paraît toujours
être accompagné d'albuminurie ; 4° l'albuminurie est constante
chez les mêmes malades, mais elle est très fugace et très variable
en quantité. Elle se montre surtout dans les deux premières
heures qui suivent l'accès convulsif et elle paraît être en rapport
constant avec la congestion du visage.

En 1892, poursuivant leurs recherches, Voisin et Petit (1) trouvèrent qu'il existe une hypotoxicité avant et pendant les accès, et
une hypertoxicité après les accès, c'est-à-dire qu'il existerait alors
une véritable élimination de toxines. Pareils résultats furent également constatés chez les épileptiques hémiplégiques devenus
épileptiques généraux. Cette toxicité urinaire se montrerait toujours en sens inverse des troubles de l'appareil digestif, attendu
que l'hypotoxicité apparaît lorsque ces troubles se manifestent,
tandis que leur disparition accompagne l'hypertoxicité.

Gilles de la Tourette (2) signala que les attaques d'épilepsie
partielle organique et d'épilepsie vraie sont accompagnées d'une
augmentation dans l'élimination des résidus solides de l'urine,
de l'urée et des phosphates ; au contraire, l'épilepsie partielle
hystérique est accompagnée d'une diminution de ces éliminations. L'augmentation d'acide phosphorique consécutive aux
accès pourrait, d'après cet auteur, servir au diagnostic différentiel
de l'épilepsie et de l'hystérie ; cette formule serait préférable à
celle de l'inversion des phosphates.

Voisin et Olivero (3) ont trouvé qu'à la suite des accès :
1° l'urine des vingt-quatre heures est généralement plus abondante ; 2° la quantité d'urée est augmentée ; 3° les phosphates surtout s'y trouvent en excès. Contrairement à ce que prétendent
Gilles de la Tourette et Chantillieau, l'inversion des phosphates ne
serait pas constante dans l'épilepsie ; elle se présenterait aussi
bien dans l'hystérie et dépendrait de l'alimentation ; 4° ces urines
contiennent presque toujours des peptones. Utilisant la méthode
de Greffitchs, ces auteurs isolèrent dans les urines, à plusieurs

(1) Voisin et Petit, *Archives de Neurologie*. 1892.
(2) Gilles de la Tourette, *Comptes rendus du Congrès de chirurgie*, 1892.
(3) Voisin et Olivero, *L'Épilepsie*, p. 126.

reprises, un corps extrêmement toxique pour les animaux ; cette substance, dont la composition ne fut pas déterminée, présentait l'aspect d'un magma ou d'une poudre brunâtre, à odeur particulière très forte, rappelant à la fois celle du musc et de l'ammoniaque ; elle est soluble dans l'eau. Injectée aux animaux, cette substance provoque les mêmes accidents convulsifs que ceux déterminés par l'injection des urines. Ces auteurs constatèrent que les urines sont hypotoxiques avant et pendant les accès ; après les attaques, il se produit une véritable élimination de toxines, témoignée par l'hypertoxicité urinaire consécutive aux paroxysmes. Cette hypertoxicité serait probablement due à la présence de cette substance éliminée par les urines.

Gadsiazky (1) a constaté, dans trois cas sur quatre qu'il a étudiés, l'existence de l'albuminurie. Il ajoute que pour l'épilepsie il doit confirmer le fait, bien connu d'ailleurs, qu'immédiatement après l'attaque épileptique on trouve de l'albumine dans les urines s'il n'y en avait pas auparavant, ou une augmentation s'il y en avait déjà. Il n'a pas trouvé de glucosurie.

Mairet et Bosc (1892) étudièrent la toxicité des urines des aliénés. Brugia également entreprit des recherches et trouva quelques leucomaïnes toxiques dans les urines.

Marzocchi, après avoir étudié l'élimination de l'acide urique dans les états de dépression mentale, s'associe à l'hypothèse de Haig.

Marro (2) (1892) observa des phénomènes convulsifs chez les grenouilles auxquelles il avait injecté de l'urine recueillie au cours d'attaques d'épilepsie ; il pense devoir les attribuer à l'action de peptotoxines.

D'Abundo (3) a noté l'hypotoxicité du sang des épileptiques dans la période qui suit l'attaque.

Herter et Smyth (4) signalèrent certains rapports entre la putréfaction intestinale et les attaques d'épilepsie.

Tarnier et Chamberland trouvèrent une hypertoxicité des urines dans l'éclampsie puerpérale.

Tamburini et Vassale, s'occupant du même objet, n'obtinrent

(1) GADSIAZKY, *Wiestnik psych.*, 1892, p. 2 (en russe).
(2) MARRO, *Annali di Frenetria*, 1892.
(3) D'ABUNDO, *Rivista speriment. di Frenetria*, 1892.
(4) HERTER et SMYTH, *New York medical Journal*, 1892.

pas de résultats constants dans leurs études sur la toxicité urinaire chez les épileptiques.

Cette question fut mise en discussion au Congrès de la Rochelle
en 1893. Les recherches de Féré et Voisin qui le suivirent donnèrent des résultats différents de ceux acquis par les auteurs
précédents.

En 1894 parut le grand travail de Haig (1), où cet auteur
développe une intéressante théorie sur la pathogénie de la migraine
et de l'épilepsie. Il avait trouvé qu'avant l'attaque épileptique, la
quantité d'acide urique diminue dans les urines, et qu'après
l'attaque son élimination est augmentée. Il considère l'accès comme
la conséquence d'une intoxication par l'acide urique qui, n'étant
pas éliminé, s'accumule dans l'organisme, détermine une hyper-
tension artérielle et une attaque de migraine ou d'épilepsie. Son
travail est le plus complet et le plus soigné de tous ceux qui
envisagent l'origine chimique de l'épilepsie ; au cours du présent
mémoire, nous aurons plus d'une fois l'occasion d'y revenir.

Rossi signala la créatinine comme la cause des attaques
épileptiques.

Mirto (1894), en étudiant la toxicité des urines chez les épileptiques, trouva que dans l'épilepsie psychique le degré de la toxicité
urinaire est très élevé, mais sans aucun rapport avec les convulsions.

Evans (2) (Chicago) montra que les urines des épileptiques,
injectées aux animaux, reproduisent la période de la maladie
durant laquelle l'urine était recueillie ; il considère l'épilepsie
comme une maladie des échanges matériels.

En 1895, J. Voisin et Petit publièrent, dans les *Archives de neurologie,* un travail sur l'intoxication dans l'épilepsie. Ces auteurs
distinguent une forme toxique d'épilepsie. Il existerait, d'après
eux, une auto- et une hétéro-intoxication ; les attaques d'épilepsie
toxiques différeraient des attaques d'épilepsie réflexe.

En 1896, Claus et Van der Stricht (3), dans leur mémoire sur la
pathogénie et le traitement de l'épilepsie, rappellent le rôle que

(1) HAIG, *Uric acid as a factor in the causation of disease.* London, 1894.

(2) EVANS, *Journal of the american medical Association,* 1894.

(3) GLAUS et VAN DER STRICHT, *Pathogénie et traitement de l'épilepsie,* Mémoires
couronnés de l'Académie royale de médecine de Belgique, 1896.

depuis longtemps on a fait jouer à la congestion et à l'anémie cérébrale dans la production des accès d'épilepsie.

L'action des toxines sur le système vaso-moteur laisse entrevoir l'explication rationnelle, fait toucher du doigt la véritable cause de l'ictus épileptique. De leurs propres recherches, Claus et Van der Stricht concluent « que les urines recueillies avant les accès sont plus convulsivantes, plus toxiques, et que, d'une façon générale, le coefficient toxique urinaire est plus élevé chez les épileptiques que chez les sujets normaux ».

D'après les mêmes auteurs, la densité du sang, d'une façon générale, est moindre chez un épileptique que chez un homme normal, et cette densité est à son minimum immédiatement avant l'attaque. L'augmentation de densité pendant l'accès, et immédiatement après, s'expliquerait, selon eux, par le travail musculaire, la perte de liquides, etc. L'attaque d'épilepsie serait donc due à « la présence dans le sang de certaines matières (toxines, toxiques): ces matières y sont renfermées d'une façon anormale par suite de troubles de nutrition. Les forces dégagées de réactions chimiques anormales jouent peut-être aussi un certain rôle. »

Alt (1) (1894) estime que, pour ce qui concerne l'épilepsie endogène, un rôle considérable revient à l'action des toxines. Il est très probable que dans des conditions spéciales du tube digestif les bactéries, habituellement inoffensives, produisent des toxalbumines irritantes pour l'écorce cérébrale. Il signale que les produits de destruction des substances albuminoïdes possèdent des propriétés convulsivantes, d'où résulte, d'après lui, ce fait que les convulsions sont plus violentes chez les sujets soumis à un régime carné. L'auteur signala l'importance de l'état de santé du canal digestif et note qu'il faut y veiller lorsque l'on traite des épileptiques.

Sigmound (1896) trouva de la glucosurie chez 7.4 % des épileptiques.

Hamilton (2) signala quelques rapports entre les attaques épileptiques et les processus de putréfaction.

Agostini (3) a trouvé que chez l'épileptique les échanges matériels sont ralentis : à la période prodromique, l'élimination des

(1) ALT, *Münchener medicin. Wochenschrift*, 1894, n° 12.

(2) HAMILTON, *New York medical Journal*, 1896.

(3) AGOSTINI, *Rivista sperimentale di Frenetria*, 1896.

substances azotées est diminuée ; après un accès moteur violent,
la densité de l'urine et son acidité sont augmentées ; les produits
de désassimilation, les chlorures, les phosphates, surtout les phosphates terreux, sont éliminés en plus grande quantité ; il n'existe
aucun rapport constant entre les corps anormaux et les accès. La
toxicité urinaire est habituellement élevée, mais elle l'est peu
durant l'accès et la période qui le précède ou qui le suit immédiatement ; elle est en rapport direct avec les troubles gastro-intestinaux et est due à une substance mal définie, qui donne les réactions d'une leucomaïne.

Hyde (1) (1896) étudia les urines de cinquante épileptiques ; il
trouva comme densité moyenne 1,022, maximum 1,033, minimum 1,003 ; la réaction était acide dans 94 °/₀ des cas, neutre
dans 4 °/₀, alcaline dans 2 °/₀ ; il trouva de l'albumine ou des traces
seulement dans 6 °/₀ des cas ; jamais il ne constata de glucosurie.
La quantité moyenne de l'urée était 1.9 °/₀, minimum 0.2 °/₀,
maximum 3.4 °/₀.

Bleile (2) (1897) étudia les urines de douze épileptiques.
D'après lui, sous l'influence des attaques d'épilepsie, il n'existe pas
de variation définie dans la quantité des urines et dans leur densité ; l'élimination des phosphates paraît un peu augmentée, surtout celle des phosphates alcalins ; on constate rarement une
augmentation de l'indican, qui parfois est absent ou simplement
diminué ; les produits sulfo-conjugués sont diminués : l'urée
existe ordinairement en quantité normale. Le jour suivant une
attaque, dix-sept fois la quantité d'urée fut augmentée, vingt et
une fois elle fut diminuée et cinq fois demeura invariable ; il n'y
a, d'après lui, aucun rapport entre l'élimination de l'acide urique
et les attaques d'épilepsie. Dans tous les cas, un excepté, l'élimination de l'acide urique était habituellement basse ; le jour
précédant l'attaque, seize fois elle fut un peu plus élevée et quatorze fois un peu moindre ; le jour suivant l'attaque, seize fois
elle fut un peu plus haute et onze fois un peu plus basse. De
plus, il observa de graves symptômes à la suite d'injections intraveineuses d'urines post-paroxystiques, mais les résultats n'étaient
guère constants.

(1) HYDE, *State hospital Bulletin*, 1896.
(2) BLEILE, *New York medical Journal*, 1897.

Orlandi (1) observa une hypertoxicité des urines en rapport avec les attaques dans un cas d'épilepsie jacksonienne. Dans ce cas, il y avait également de l'acétonurie, mais cette dernière n'était pas en cause dans la production de l'hypertoxicité.

Teeter (2) a observé une augmentation de l'urée dans le sang, en rapport avec les paroxysmes, et pense que l'action toxique du sang des épileptiques est due à cette substance. .

Cabitto (3) n'a pas obtenu de résultats positifs dans ses études sur la toxicité de l'urine chez les épileptiques.

Pellegrini (4) a trouvé chez les épileptiques une hypertoxicité urinaire qu'il attribue à l'indican qui abandonne l'organisme.

Alessi (5) a constaté une augmentation de l'élimination d'acide urique après l'attaque convulsive, augmentation d'autant plus considérable que la période des convulsions était plus longue.

Weber (6), dans son travail clinique, donne une note sur la théorie toxique de l'épilepsie.

Des recherches expérimentales publiées dans les dix dernières années, il résulte que dans l'échange matériel et dans les réactions chimiques de l'organisme des épileptiques, il se produit des phénomènes anormaux sur lesquels nous sommes loin de posséder des données précises. Mais les faits acquis étaient toutefois suffisants pour attirer l'attention sur le côté chimique de l'épilepsie et pour y rechercher les causes de cette maladie encore si obscure.

D'ailleurs, les succès considérables remportés par la pathologie des maladies infectieuses dans ces dernières années, nous ont appris que, dans un grand nombre de cas, l'état morbide est dû à des substances toxiques formées dans l'organisme par des microbes pathogènes ou directement par l'organisme lui-même sous l'influence des conditions spéciales inhérentes à la maladie.

Les quelques données anatomo-pathologiques trouvées jusqu'à ce jour ne peuvent expliquer le mécanisme de l'épilepsie. La clinique et la physiologie pathologique, bien qu'elles soient

(1) ORLANDI, *Atti della R. Accadem. di medic. di Torino*, 1897.

(2) TEETER, *State hospital Bulletin*, 1897.

(3) CABITTO, *Rivista sperim. di Frenetria*, 1897.

(4) PELLEGRINI, *Riv. quind. di psicologia*, 1898.

(5) ALESSI, *Riforma medica*, 1890.

(6) WEBER, *Münchener klin. Wochenschrift*, 1898.

exactement connues, ne peuvent davantage expliquer son caractère périodique.

Les découvertes modernes incitaient donc à étudier l'épilepsie au point de vue chimique et à rechercher les réactions anormales dont l'organisme de l'épileptique est le siège.

C'est à ce point de vue que je me suis placé dans les recherches que j'ai entreprises depuis 1894. Bien qu'à cette époque déjà eussent paru les travaux de Mairet, Lailler, Zülzer et surtout de Haig, il me sembla judicieux de reprendre cette étude *ab ovo* en examinant l'échange des matières dans l'organisme épileptique, attendu que c'était le seul moyen capable de faire découvrir les réactions anormales de l'organisme épileptique, pour autant qu'elles pouvaient exister.

Féré, Brugia, d'Abundo et Voisin avaient déjà soulevé la question de la toxicité urinaire chez les épileptiques. Mais il me paraissait plus exact de commencer par étudier les urines au point de vue chimique, et non au point de vue physiologique. On pouvait dire, déjà de prime abord, que s'il apparaît dans les urines une substance réellement toxique, nous ignorons, encore moins avons-nous le droit d'affirmer, si ce composé chimique agit dans l'organisme sous la même forme que celle sous laquelle il est éliminé par les urines, car il peut se faire que des substances fortement toxiques se retrouvent dans les urines sous une forme qui n'est nullement toxique, et inversement. D'ailleurs, les urines normales sont toxiques par elles-mêmes et nous ne disposons pas de méthodes assez exactes pour pouvoir déterminer avec certitude le degré normal de toxicité urinaire. Il me semblait, d'autre part, qu'il serait plus logique de connaître la nature de la substance toxique avant d'étudier son action; d'autre part encore, il me semblait peu raisonnable de deviner la nature chimique de cette substance en prenant pour base son action toxique.

Depuis janvier 1894, je me suis occupé de l'épilepsie, ayant toujours à ma disposition un grand nombre de sujets épileptiques parmi les sept à huit cents aliénés internés à l'asile où j'étais médecin, et dont plus tard je devins le directeur.

Dans ce travail, je désire publier les recherches effectuées jusqu'à présent, malgré qu'un nombre considérable de questions ne soient point encore définitivement résolues.

———

CHAPITRE PREMIER.

Recherches sur les échanges nutritifs et sur les urines des épileptiques.

La première série de mes expériences a porté sur cinq épileptiques qui furent placés dans des conditions spéciales dans l'appartement psychiatrique de l'asile.

Conditions d'expériences. — Les cinq malades furent placés isolément dans une chambre où se trouvait en permanence un gardien, de sorte que, aussi bien la nuit que le jour, ils n'étaient jamais sans être observés.

Les ingesta et les excreta, ainsi que les observations sur l'état de santé du malade, étaient soigneusement notés chaque jour en comptant la période des vingt-quatre heures de 8 heures du matin au lendemain à 8 heures du matin. Chaque matin, à 8 heures, les malades étaient pesés après avoir uriné et être allés à la selle s'ils en éprouvaient le besoin.

Le chiffre placé dans les tableaux (voir tableaux annexés à la fin du mémoire) en face du jour de l'expérience indique le poids du corps au commencement de chaque journée. Dès ce moment, on pesait et l'on mesurait la nourriture que recevait le malade, et l'on notait dans les observations la quantité des urines émises et des excréments. Attention spéciale était apportée aux accès, à leur moment d'apparition et à leurs caractères. En plus des deux gardiens spécialement chargés de la surveillance de ces malades, un infirmier passait auprès d'eux la majeure partie de la journée, et moi-même je les visitais très souvent chaque jour; lorsque la chose m'était possible, je les observais pendant les attaques. Un de ces malades (n° 1), homme intelligent et sans troubles psychiques, m'aidait à faire observer rigoureusement par les autres malades les règles des expériences. Deux autres malades (n°ˢ 2 et 5) avaient assez d'intelligence pour comprendre toutes les conditions d'expérimentation; il ne fallait spécialement surveiller que les deux autres (n°ˢ 3 et 4); mais tous, ayant l'espoir d'une prompte guérison, exécutaient les prescriptions ponctuellement et avec plaisir. Aux heures des promenades, ces malades n'échappaient pas moins à l'observation. Pendant

toute la durée de l'expérience, ces sujets ne communiquaient pas
avec les autres malades.

Les heures des repas étaient réglées de la manière suivante :

> 10 heures du matin : déjeuner (300 centimètres cubes de lait,
> 2 œufs = 104 grammes, avec pain noir et sel).
> 1 heure de l'après-midi : dîner. Menu invariable : soupe, 420 cen-
> timètres cubes, boulettes de viande et pain (100 grammes),
> riz au lait (420 centimètres cubes), pain noir à volonté.
> 6 heures du soir : thé avec pain.
> 8 heures du soir : viande bouillie et pain.
> 6 heures du matin : thé avec pain.

Pour les autres conditions, ces sujets se conformaient à celles
des autres malades de l'établissement.

Les aliments liquides étaient mesurés à l'aide d'un verre d'une
contenance de 420 centimètres cubes ; les malades étaient habitués
à boire la quantité entière. Durant les cinquante-six premiers
jours de l'expérience, les aliments solides furent donnés à tous
les malades à portions égales en notant le poids moyen ; à partir
du cinquante-sixième jour jusqu'à la fin des expériences, on pesait
avec soin la quantité d'aliments prise par chaque malade.

Les aliments variaient très peu dans leur composition : les bou-
lettes étaient faites expressément toujours avec la même quantité
de viande et de pain ; le pain était confectionné toujours avec la
même farine ; la soupe renfermait toujours la même quantité de riz.

Les aliments furent analysés plusieurs fois ; le tableau ci-dessous
montre les chiffres moyens obtenus dans ces analyses.

Nombre d'analyses.	ALIMENTS.	Azote.	P_2O_5.	Eau.	Résidu solide.	Cendres.
		pour-cent	pour-cent	pour-cent	pour-cent	pour-cent
22	Lait	0.564	0.132	88.40	11.60	0 68
18	Boulettes (pain + viande) . .	3.420	0.442	43.14	56.86	3.26
16	Pain noir	2.081	0 322	44.18	55.82	2.36
14	Pain blanc	2.198	0 340	31.48	68.52	1.40
12	Soupe	1.086	0.222	—	—	—
12	Bouillon	0.946	0.198	—	—	—
6	Macaroni	0.424	—	—	—	—
8	Œufs	2.082	—	74.15	25.85	1.52

Afin d'éviter des conditions artificielles, je ne voulus pas insister sur la constance de la quantité des aliments ingérés. Dans la seconde moitié de l'expérience, les malades recevaient autant d'aliments qu'ils en désiraient; seulement, afin de rendre les recherches plus faciles, les liquides étaient administrés par quantités déterminées de 420 centimètres cubes.

Chacun sait que les urines sont très variables de composition; c'est pourquoi les observations doivent porter sur une longue période si l'on veut conclure à bon droit que les altérations observées ne sont pas accidentelles. La première série de mes recherches comporte une durée de cent dix à cent douze jours. Les *urines* étaient conservées dans des récipients en verre munis d'un couvercle. La quantité totale des vingt-quatre heures était mesurée chaque jour à 8 heures du matin, puis filtrée et examinée.

Je notais la quantité des urines, leur densité, le nombre des mictions pendant vingt-quatre heures, la réaction des urines; je dosais l'azote, l'urée, l'acide urique, P_2O_5, les chlorures, SO_3, l'albumine et la glucose.

Les *excréments* étaient gardés par quantités de vingt-quatre heures; après les avoir parfaitement mélangés, une portion moyenne était analysée au point de vue de l'azote, l'eau, les résidus solides, les cendres et P_2O_5 contenu dans ces dernières.

Méthodes d'analyses. — L'azote fut dosé par la méthode de Kjeldahl-Borodine; l'urée, d'après la méthode de Borodine après précipitation des substances extractives par le réactif de Chavane et Richet.

L'acide urique et les corps alloxuriques furent dosés d'après la méthode de Haycraft.

L'acide urique lui-même, d'après Haycraft, Ludwig-Salkowski et d'après Hopkins.

P_2O_5 et SO_3 furent dosés d'après Salkowski; les chlorures, d'après Volhardt.

La glucose fut dosée quantitativement d'après la méthode de Fehling, et qualitativement par la phénilhydrazine et le réactif de Nylander.

L'albumine fut dosée par les réactifs d'Esbach, de Zuchlos, de Spiegler et par une solution d'acide chromique.

Je ne m'attacherai pas à décrire ces diverses méthodes : j'ai suivi les règles tracées par les auteurs. Je me bornerai à dire quelques mots des analyses de l'acide urique.

Les recherches de Salkowski et de Gauthier ont montré que les urines ne contiennent pas seulement de l'acide urique, mais encore une série de corps très voisins de celui-ci par leur composition chimique. Ces composés forment le groupe de l'acide urique représenté par les leucomaïnes xanthiniques de Gauthier, les « Alloxürkörper » de Krüger et Salkowski.

Ce groupe est constitué de biuréides, d'uréides et d'acides ureiques, composés qui ne diffèrent entre eux que par le nombre des molécules d'eau ; ils sont formés par l'urée et des acides organiques avec perte d'une ou de deux molécules d'eau.

D'après les recherches de Salkowski, ces substances se caractérisent par le sédiment insoluble qu'elles donnent avec le nitrate d'argent en solution ammoniacale. Salkowski, le premier, voulut utiliser cette réaction pour l'analyse quantitative de l'acide urique. Plus tard, Ludwig publia sa méthode fondée sur l'extraction de l'acide urique de ce sédiment d'argent. Sa méthode, modifiée par Salkowski, fut adoptée partout, et jusqu'à présent c'est encore la meilleure.

En 1885, Haycraft publia une méthode d'analyse de l'acide urique basée sur la quantité d'argent obtenue par l'analyse du sédiment (Ludwig). Cette méthode, très facile est très commode, fut adoptée par beaucoup d'auteurs, mais on remarqua bien vite qu'elle fournissait des chiffres plus élevés que ceux obtenus par la méthode de Ludwig-Salkowski ; c'est pour ce motif qu'elle fut considérée quelque temps comme dépourvue d'exactitude.

Mais les recherches de Deroide ont démontré que la différence en plus donnée par la méthode de Haycraft résulte de ce que les urines renferment, outre l'acide urique, des corps xanthiniques qui donnent avec l'argent la même réaction que l'acide urique lui-même. Des recherches ultérieures ont montré que la méthode de Haycraft, appliquée à des solutions d'acide urique, donne des résultats absolument exacts, conformes à ceux de la méthode de Ludwig-Salkowski. Mais, appliquée aux urines, la méthode de Haycraft fournit toujours des chiffres de 6 à 36 °/. supérieurs à ceux obtenus par la méthode de Ludwig-Salkowski : cette différence est due à la xanthine et à d'autres substances de la même nature chimique. Deroide, en ajoutant aux urines une certaine quantité d'acide urique, la retrouva toujours exactement en analysant d'après la méthode de Haycraft. La modification apportée par Hermann donne les mêmes résultats que ceux obtenus par la méthode de Haycraft elle-même.

En étudiant le groupe de l'acide urique, j'ai contrôlé ces diverses méthodes et j'ai constaté que, appliquées aux solutions d'acide urique, les méthodes de Haycraft et de Ludwig-Salkowski donnent des résultats constants et exacts. Appliquée aux urines, la méthode de Haycraft donne toujours des chiffres supérieurs à ceux obtenus par la méthode de Ludwig-Salkowski. La différence varie beaucoup d'une urine à l'autre, de 5 à 40 %, et parfois même à plus de 100 %. Mais appliquée à des échantillons identiques de la même urine, la méthode fournit toujours le même chiffre et les écarts ne dépassent pas 1 %.

J'ai pu confirmer également les recherches de Deroide, et j'ai toujours retrouvé la quantité d'acide urique qui était ajoutée aux urines ; voilà pourquoi je partage l'opinion de cet auteur et j'estime que la différence fournie par les deux méthodes représente la quantité de corps xanthiniques, « Alloxürbasen ». Les deux méthodes sont également exactes : la méthode de Haycraft fournit tout le groupe de l'acide urique, c'est-à-dire les « Alloxürbasen » et l'acide urique, tandis que la méthode de Ludwig-Salkowski donne l'acide urique seul.

Les recherches récentes de Salkowski nous ont donné une méthode directe pour mesurer ces corps « Alloxürbasen », c'est-à-dire les « Alloxürkörper » sans l'acide urique. Cette méthode fournit des chiffres moindres que la différence entre les résultats fournis par les méthodes de Ludwig-Salkowski et de Haycraft.

Me basant sur ces expériences, je crois que la signification physiologique de tout ce groupe urique est à peu près la même. J'ai toujours employé la méthode de Haycraft pour déterminer la quantité des « Alloxürkörper », et les méthodes de Ludwig-Salkowski et de Hopkins pour analyser l'acide urique lui-même.

Je pense que la méthode de Haycraft (également dans sa modification par Hermann) fournit des résultats très exacts : je n'ai jamais trouvé d'erreur dans la méthode d'analyse.

J'ai été heureux du concours que MM. Patokov et Schifrine m'ont prêté dans ces recherches, et je leur adresse ici mes plus vifs remerciements.

Avant d'exposer les résultats de ces travaux, je dois dire quelques mots du plan suivi dans les derniers temps dans les recherches sur les échanges nutritifs.

Voit a démontré que pour juger avec exactitude de l'échange azoté, on ne doit pas se borner simplement à l'analyse des urines, mais il est nécessaire : 1° d'examiner les aliments et de déterminer exactement la quantité d'azote qu'ils renferment ; 2° d'examiner les excréments et de déterminer la quantité d'azote qu'ils contiennent.

Par assimilation, on comprenait jadis la proportion pour cent de la quantité d'azote qui n'était pas retrouvée dans les excréments à celle prise par les aliments ; l'*échange azoté* était représenté par la production pour cent de la quantité d'azote éliminée par les urines à celle d'azote assimilée.

Il est incontestable qu'il y a impossibilité de juger de la nutrition de l'organisme si l'on ignore la composition et le degré d'assimilation des aliments (Voit). Mais quand il s'agit d'expériences dont la durée n'est pas très longue, alors s'élève la question d'exactitude entre la relation de la quantité d'azote prise avec la nourriture à la quantité éliminée par les excréments. On peut déterminer avec un certain degré d'exactitude la période à laquelle appartiennent les excréments éliminés. Avec quelque droit, on peut les attribuer aux restes de la nourriture non assimilés dans la période examinée, mais cela ne signifie nullement que toute la quantité d'azote qui représente le produit des échanges appartient et doit être attribuée seulement à la période étudiée. Je ne pense pas que les relations soient aussi simples ; assurément, il est reconnu que l'augmentation de substances azotées dans la nourriture provoque bien vite, même après quelques heures, une augmentation dans l'élimination de l'urée. Mais le temps de la formation de l'acide urique et des autres composés azotés nous est totalement inconnu. Si nous pouvons dire avec certitude que la formation de la majeure partie de l'urée éliminée doit être attribuée à telle période que nous pouvons désigner, nous n'avons nulle qualité pour en dire autant des autres composés azotés des urines. C'est pour ce motif que de semblables recherches doivent comporter une longue durée d'observation.

Je pense que le pour-cent d'aliments assimilés peut nous donner une certaine représentation de ce qui se passe dans l'organisme, alors que le chiffre des échanges ne nous fournit sur ce point aucune idée nette. Nous ne pouvons en aucune manière être assurés que les corps éliminés par les urines à telle période donnée proviennent par transformation de la nourriture assimilée et qu'ils peuvent réellement être attribués aux produits assimilés.

Au début de mon travail, je désirais me borner à résumer les résultats des chiffres des échanges et de l'assimilation; mais quand j'eus terminé ce travail, je remarquai que ce procédé ne convenait pas à mes recherches. J'avais pour but d'examiner l'état des échanges aux jours d'attaques et aux jours intercalaires; mais je ne parvins pas à résumer l'activité des échanges, attendu qu'il me fut impossible de séparer nettement la période de l'attaque de la période intercalaire; ensuite, j'ai trouvé que l'influence de l'attaque sur l'ordre d'élimination des différentes substances azotées n'est pas toujours identique. D'autre part, malgré les meilleures conditions dont on puisse disposer, on ne peut jamais avoir l'assurance absolue que la nourriture solide est constante dans sa composition. On calcule généralement la quantité d'azote introduite par la nourriture en multipliant les chiffres obtenus par l'analyse de quantités moyennes d'aliments par la quantité totale de ceux-ci; mais il n'est pas facile de choisir une quantité moyenne, et le chiffre obtenu peut ne pas être exact, car un morceau de pain peut différer sensiblement de composition d'un autre morceau identique en apparence. Aussi je pense que les valeurs obtenues par cette méthode ne répondent pas aux quantités réelles; l'écart est toujours très sensible.

Pour ce motif, on ne peut nier l'importance des travaux des anciens auteurs qui se bornèrent simplement à l'examen des produits d'élimination par les urines. En comptant, comme on le fait dans les méthodes nouvelles, le pour-cent d'assimilation par jour, on ne commet qu'une infime erreur sans influence sur le résultat final.

C'est ce motif qui m'a déterminé à classer mes résultats dans des tableaux sans traduire la valeur des échanges par des chiffres pour cent. La quantité totale des aliments reçus chaque jour y est notée, et l'on peut juger facilement de la quantité des produits éliminés par les urines comparativement à la quantité contenue dans les aliments.

On peut calculer aisément la quantité d'azote et de P^2O^5 pris chaque jour par la nourriture en multipliant les chiffres moyens des analyses du tableau (p. 16) par le chiffre exprimant la quantité totale de nourriture.

————

CHAPITRE II.

Expériences.

La première série de recherches renferme cinq expériences dont la durée fut de cent dix à cent douze jours.

EXPÉRIENCE N° 1.

(Voir à la fin du mémoire tableau et tracé n° 1.)

B..., jeune homme de 27 ans, bien constitué et d'apparence robuste. Tous les organes internes sont sains. Le système nerveux dans ses sphères motrice, sensible et vaso-motrice est absolument normal. Dans la sphère psychique, on constate une tendance aux emportements et aux caprices. Caractère épileptique; indécision; variabilité d'humeur; conscience normale; l'intelligence est bien développée : il possède une certaine instruction. Pour le reste, les sphères psychique et physique sont normales. Il est sujet depuis l'âge de 13 ans à des attaques d'épilepsie qui se représentent une fois par mois ou une fois tous les deux mois. Attaques classiques : chute avec cri, convulsions symétriques, respiration sifflante, dilatation pupillaire avec absence de réaction, cyanose; après l'attaque, le malade dort une ou deux heures. Amnésie complète. A l'attaque succède de la céphalée durant vingt-quatre heures. Le père du malade était alcoolique, la mère une femme nerveuse, la sœur une choréique. Le sujet lui-même est alcoolique depuis l'enfance. Il éprouva la première attaque à l'âge de 13 ans et, dans la première année, il en eut environ trente. Les attaques étaient plus graves et plus fréquentes après usage d'alcool. Il réside à l'asile depuis dix mois; pendant les mois de février et mars 1894, il a été soumis à la méthode de traitement de

Flechsig. Il n'a suivi aucun traitement pendant les cinq mois qui précédèrent les expériences ; celles-ci durèrent cent douze jours, du 20 août au 10 décembre 1894.

Dès le premier jour, la nourriture fut exactement pesée.

Au cours de l'expérience, le malade eut trois attaques de grand mal convulsif (les cinquième, quinzième et cent sixième jours) ; une attaque au trentième jour reste douteuse parce qu'elle ne fut pas constatée ; une blessure à la langue, remarquée le lendemain matin, servit d'indice. Le quatre-vingt-dixième jour, le malade fut légèrement excité, ce qu'on doit considérer comme un équivalent psychique d'une attaque épileptique. Les quarante et unième, cent unième et cent deuxième jours, il fut un peu excité. Deux fois, les cinquante et unième et soixante-dix-septième jours, il eut de légers tics cloniques faiblement exprimés, qui font chez lui présager l'attaque et qui quelquefois la remplacent. Le trente-neuvième jour, il eut un paroxysme fébrile avec température de 38°,1 à 38° ; le quarante-neuvième jour au matin, température : 38°,2 ; le cinquante-huitième jour, température : 38°,3 ; le soir : 37°,9. Les neuvième, dix-huitième, vingt-sixième, trente-deuxième, trente-quatrième, quarante-quatrième, cinquante-huitième, septante-troisième, quatre-vingt-cinquième et quatre-vingt-treizième jours, le malade présenta des pollutions nocturnes.

Examinant les variations du *poids du corps*, nous voyons que le poids est constant, variant de 63^{kg},6 à 66 kilogrammes ; seulement, du cinquante-huitième au soixante-dixième jour, le poids baissa jusqu'à 62^{kg},8-63 kilogrammes, probablement à la suite de la fièvre qu'il éprouva le cinquante-huitième jour. Le poids ne fut pas altéré le jour de la première attaque ; jusqu'au jour de la seconde, le poids s'éleva de 1 kilogramme et demeura sans altération les jours suivants ; après la troisième attaque, le malade perdit 700 grammes, mais le troisième jour après cette attaque, le poids augmenta de 2^{kg},10 ; le jour de l'attaque psychique, la perte de poids fut de 400 grammes ; les tics convulsifs n'eurent aucune influence sur l'altération de poids. Ainsi donc, dans cette expérience, ni les attaques ni les autres manifestations épileptiques ne provoquèrent de modifications du poids du corps. Les variations qui se produisirent les jours d'attaques ne sont pas supérieures à celles qu'on observe les jours sans attaques. Ces variations montrent que dans cette expérience l'équilibre azoté se maintint.

Si nous considérons la *quantité de nourriture*, la première chose qui frappe c'est le volume considérable de liquide absorbé chaque jour. La quantité de nourriture solide prise les jours d'attaques ne diffère pas d'avec les autres jours. La veille de la deuxième attaque, la quantité de liquide absorbée fut augmentée (3,360 centimètres cubes de plus que la veille). Le jour même de la seconde attaque, la quantité de nourriture solide fut également plus élevée.

En examinant la *quantité des urines* émises par ce malade, nous voyons qu'elle est très grande pendant toute la durée de l'expérience. Habituellement, variant de 3 à 5 litres par jour, elle descendit rarement au-dessous de 2 à 2 1/2 litres, plusieurs fois elle s'éleva jusqu'à 6 litres. Cette quantité considérable d'urines s'explique par la grande quantité de liquide, surtout du thé, pris par le sujet. L'examen du tableau démontre la concordance entre l'ingestion plus grande de boisson et l'augmentation de la diurèse. Quant à l'influence des attaques sur la quantité des urines, on remarque que cette quantité fut très élevée seulement le jour de la seconde attaque (quinzième jour). Cette augmentation répond à la quantité des liquides pris la veille et le jour même de l'attaque. Le jour de l'attaque douteuse (trentième jour), la quantité des urines augmenta de plus que la quantité de thé absorbée (3,780 centimètres cubes) n'aurait pu le faire supposer ; le soixante-dix-septième jour, pendant lequel on observa des tics convulsifs, la quantité des urines subit une augmentation (5,825 centimètres cubes) nullement correspondante à la quantité des liquides ingérée. Le jour de l'équivalent psychique, la quantité des urines n'augmenta pas.

Alors que la quantité des urines est en général un peu élevée les jours d'attaques, la densité ne subit guère de modification. Le nombre des mictions demeura le même les deux premiers jours des attaques (cinquième et quinzième jours), mais fut considérablement élevé le jour de la troisième attaque (cent sixième jour) et les deux jours de tics convulsifs (cinquante et unième et soixante-dix-septième jours).

La *quantité d'azote* dans les urines augmenta fortement le jour de la seconde attaque (quinzième jour, monte de 19^{gr},5 à 25^{gr},2), mais il n'est guère possible d'attribuer cette augmentation à l'attaque, parce que la quantité des aliments azotés ingérés ce jour et celle des liquides absorbés la veille sont plus considérables que d'habitude. Ce jour, le poids du corps augmenta de 900 grammes. En général, le bilan de l'azote correspond à celui de l'urée.

La *quantité de l'urée* est un peu augmentée le jour de la première attaque (cinquième jour); elle l'est fortement le jour de la seconde (quinzième jour) et n'est pas modifiée le jour de la troisième (cent sixième jour, urée : 28^{gr},5; 30^{gr},6 le jour précédent). Le jour de l'attaque douteuse (trentième jour), la variation ne fut pas considérable (3 grammes de plus). Les jours où furent observés les tics convulsifs (cinquante et unième et soixante-dix-septième jours), il ne se produisit aucune modification digne d'être signalée. Pareillement, il ne se produisit pas de modification le jour d'irritation psychique (quatre-vingt-dixième jour). On remarquera que dans cette expérience la quantité d'urée (et elle seulement) est manifestement augmentée le quatrième jour qui suivit chacune des trois attaques; la même augmentation se constate le quatrième jour après les tics convulsifs (cinquante et unième jour), et le cinquième jour après ceux du soixante-dix-septième jour (68 grammes). Après l'attaque douteuse, l'augmentation de l'urée se montra le sixième jour. Au contraire, on ne constate pas d'augmentation le jour qui suit l'attaque psychique. Comparant ces augmentations de l'urée à la quantité d'aliments ingérés, nous ne pouvons les attribuer à ceux-ci, attendu que les variations dans la quantité des ingesta ne dépassent pas les quantités habituelles; les neuvième et dix-neuvième jours, la quantité des aliments azotés fut supérieure à celle des jours voisins.

Il existe un rapport très clair entre l'*élimination des corps alloxuriques* et les attaques d'épilepsie. Durant les trois jours d'attaques, la quantité d'acide urique est augmentée ces jours mêmes ainsi que le lendemain. Les deux premières fois, cette quantité atteignit le maximum au quatrième jour. Parallèlement à chacun des trois jours d'attaques, la quantité des corps alloxuriques fut diminuée : le minimum se produisit la veille du jour de la première attaque et l'avant-veille des deux suivantes (quinzième et cent sixième jours); ainsi, les attaques se produisirent après une diminution préalable dans l'élimination des corps alloxuriques. Les attaques apparaissent ensuite au moment du maximum de l'élimination, ou bien le jour qui précède l'élimination maximale.

La même modification de la courbe des corps alloxuriques se

montra sous l'influence de l'attaque douteuse (trentième jour).
L'avant-veille de l'attaque (vingt-huitième jour), cette quantité fut
diminuée, et le second jour après l'attaque (trente-deuxième jour)
elle augmenta considérablement. Il est intéressant de remarquer
que les mêmes changements de la courbe eurent lieu sous
l'influence de l'équivalent psychique (quatre-vingt-dixième jour);
la veille, on constata une diminution considérable ($0^{gr},280$), et
durant les trois jours qui suivirent l'attaque on observa une
augmentation soutenue. Au contraire, les jours de tics convulsifs
il n'exista aucune modification dans l'élimination des corps
alloxuriques.

Dans cette expérience, il y eut encore d'autres jours où il se
produisit une élimination considérable des corps alloxuriques, à
savoir les vingtième, quarantième et soixante et onzième jours.
L'élévation du trente-huitième au quarantième jour doit être
attribuée à une attaque de fièvre qui se manifesta le trente-neuvième jour. La quantité des corps alloxuriques fut également
augmentée le cinquante-septième jour pour la même cause.

Les augmentations des vingtième, soixante et onzième et
soixante-quinzième jours ne dépendent pas des phénomènes
épileptiques. En dehors de ces variations, la courbe de l'élimination des corps alloxuriques est très régulière. Si les changements de la courbe étaient plus considérables, on serait en droit
de penser qu'une attaque aurait pu apparaître le quatre-vingt-
troisième jour, mais la diminution antérieure ainsi que l'augmentation ultérieure ne furent pas assez marquées.

Les chiffres exprimant le rapport entre l'urée et les corps
alloxuriques sont considérablement diminués les jours des
attaques (cinquième, quinzième, cent sixième jours) et les jours
suivants, ce qui s'explique par l'altération des corps alloxuriques
indépendamment de celle de l'urée. Ce chiffre est également
moindre le jour de l'attaque douteuse et sous l'influence de
l'attaque psychique équivalente.

L'*acide phosphorique* (P_2O_5) n'est modifié dans cette expérience
ni les jours des attaques ni les jours avoisinants. Seulement
le jour de la seconde attaque (quinzième jour) et le jour suivant
(augmentation d'aliments pour ce jour), la quantité de P_2O_5
augmenta légèrement. La quantité de 8 grammes de P_2O_5 notée
pour le soixante-dix-septième jour est due, je pense, à une erreur
d'analyse.

Mais si nous ne pouvons noter aucune influence des attaques sur l'élimination de l'acide phosphorique les jours mêmes des attaques, il faut signaler que le quatrième jour (neuvième jour d'expérience) après la première attaque, la quantité de P_2O_5 augmenta ainsi que l'urée et SO_3. Nous constatons la même modification de P^2O^5 trois jours après l'attaque douteuse (trentième jour); la quantité de SO_3 est également augmentée. Dans toutes les expériences, l'élimination de P_2O_5 fut régulière, et ni le mouvement d'hyperthermie, ni les tics convulsifs, ni l'attaque psychique n'eurent d'influence sur sa courbe d'élimination.

Les attaques épileptiques n'exercèrent guère d'influence sur l'élimination des *chlorures*. Leur quantité ainsi que celle des autres substances des urines est remarquablement augmentée le jour de la seconde attaque (quinzième jour d'expérience); ces modifications sont conformes d'ailleurs aux modifications habituelles dans la courbe en dehors des attaques. Il est intéressant de noter qu'après chacune des trois attaques d'épilepsie convulsive, après l'attaque douteuse et les jours des tics convulsifs, on constate chaque fois une augmentation des chlorures quatre jours après le symptôme épileptique. A noter cependant que l'attaque d'irritation psychique n'eut pas ce résultat. A noter également l'augmentation de NaCl le jour de l'attaque douteuse (trentième jour).

Les *sulfates* (SO_3) sont un peu augmentés le jour de la première attaque (cinquième jour) et le sont considérablement le jour de la seconde (quinzième jour); le jour de l'attaque douteuse, ainsi que la veille, il y eut une augmentation; aux jours des tics convulsifs (cinquante et unième et soixante-dix-septième jours), la quantité de SO^3 fut légèrement inférieure par rapport à la veille; la quantité de SO^3 augmenta le lendemain de l'attaque d'irritation psychique.

Ainsi, deux fois seulement, les quinzième et trentième jours, on trouva une modification de l'élimination de SO^3 attribuable aux attaques d'épilepsie. Mais il existe un autre fait qui donne à penser que cette augmentation est réellement la conséquence des attaques : en effet, la quantité de SO^3 est manifestement augmentée le quatrième jour (neuvième jour d'expérience) après la première attaque, ainsi que trois jours après la seconde et après l'attaque douteuse (dix-huitième et trente-troisième jours). Cette augmentation fut faible sous l'influence de la dernière attaque (cent sixième jour d'expérience). L'augmentation du neuvième jour se constate également pour les autres substances; le dix-neuvième jour elle existe seule, et le trente-troisième jour elle est plus considérable que l'augmentation de P^{2}O^5. Cette modification ne se produisit pas après les tics convulsifs (cinquante et unième et soixante-dix-septième jours) ni le jour de l'attaque d'irritation psychique. Il est remarquable que les courbes de l'élimination de SO^3 sont complètement identiques le jour de la seconde attaque et celui de l'attaque douteuse.

Le rapport de la quantité de l'azote à celle de SO^3 est dans cette expérience généralement constant : 4-5 à 1; mais les variations de SO^3 ne correspondent pas toujours à celles de l'azote.

Dans ces expériences, j'ai examiné chaque jour les urines au point de vue de l'*albumine* et de la *glucose*; jamais, ni avant ni après les attaques, je n'en ai trouvé trace.

Les recherches sur les *excréments* n'ont guère apporté d'éclaircissements; on ne peut remarquer de rapport constant entre l'élimination des excréments et les attaques. Leur quantité et leur composition varient considérablement, et ces variations ne sont pas dues aux attaques d'épilepsie. Il existe habituellement un rapport assez constant entre la quantité de P^{2}O^5 renfermée dans les excréments et les cendres (environ 10 %); cette quantité suit une marche parallèle à la quantité des excréments et la régularité de leur élimination. De même, on ne peut remarquer aucun rapport entre l'élimination d'azote par les excréments et les attaques d'épilepsie; cette quantité est très variable et varie proportionnellement avec la masse solide des excréments.

Nous voyons donc que, dans cette expérience, les attaques d'épilepsie exercent une influence bien constante sur l'élimination des diverses substances par les urines. Cette constance porte surtout sur l'élimination des corps alloxuriques. Cette influence est si légitime qu'elle donne le droit d'affirmer que l'attaque signalée comme douteuse a eu lieu réellement. Nous considérons l'influence des attaques épileptiques sur l'élimination des corps alloxuriques comme tellement pathognomonique qu'on peut dire avec assurance, uniquement par l'examen de la courbe, quand ont eu lieu les attaques. On ne peut constater d'influence directe et permanente sur l'élimination de l'urée, de P^{2}O^5 ou de SO^3.

Il faut noter que le quatrième jour après la première attaque, la quantité des urines et des substances y renfermées est considérablement augmentée. Le même phénomène se constate trois jours après l'attaque douteuse; on ne l'observa ni après la seconde ni après la troisième attaque; nous n'avons donc pas le droit de l'attribuer à l'influence des attaques épileptiques.

L'attaque d'irritation psychique exerça sur l'élimination des corps alloxuriques une influence pareille, mais elle n'altéra pas l'élimination des autres substances.

Les tics convulsifs n'eurent pas d'influence sur l'élimination des corps alloxuriques ni des autres substances.

Expérience N° 2.

(Voir, à la fin du mémoire, tableau et tracé n°° 2.)

T..., paysan, 26 ans, taille 1^m,67, bonne constitution, crâne arrondi; tête un peu trop volumineuse relativement au corps. La craniométrie donne les chiffres suivants : circonférence maximum, 59 centimètres; ligne glabellaire jusqu'à la protubérance occipitale externe, 32 centimètres; ligne entre les oreilles, 39 centimètres; diamètre longitudinal maximum du crâne, 24 centimètres; diamètre transversal, 20 centimètres; organes internes sains. Système nerveux moteur et sensible absolument normal. Sphère psychique indemne; caractère bon et pacifique; conscience normale.

Il est sujet à des attaques d'épilepsie convulsive survenant à intervalles de six à seize jours. Les attaques de grand mal apparaissent sous la forme typique. La durée de l'attaque est de trois à cinq minutes; après l'attaque, sommeil durant une à deux heures suivi d'amnésie absolue. Il éprouve également des attaques plus faibles avec cyanose intense et perte de connaissance complète.

Il fut bien portant dans l'enfance. Les parents sont sains; les antécédents ne décèlent ni alcoolisme ni syphilis.

La maladie a débuté il y a quatre ans. Le sujet éprouva souvent de la céphalée l'année précédant l'apparition de la maladie. Durant la première année, les attaques se produisirent trois à quatre fois par semaine. Après le traitement dans l'asile, les attaques devinrent plus rares : une ou deux fois par mois. Entré à l'asile le 6 juillet, douze jours avant le début des expériences; depuis quatre mois, il ne prenait plus de médicaments.

L'expérience dura cent dix jours, du 18 juillet au 5 novembre 1894, soixante-quatre jours sans traitement et quarante-six jours de traitement par le borax ($Na_2Bo_4O_7$).

Durant les douze jours qui précédèrent les expériences, il eut deux attaques, les 6 et 17 juillet. Pendant la durée des expériences, il eut quinze attaques de grand mal et une de petit mal. Il se produisit dix attaques durant la période de traitement. Les dix-sept premiers jours du traitement, le sujet reçut 1 gramme de borax; les neuf jours suivants, il reçut 2 grammes; et les vingt jours après, 3 grammes de borax par jour. Sous l'influence du traitement, le nombre et l'intensité des attaques diminuèrent; les attaques des quatre-vingtième et quatre-vingt-sixième jours furent légères. Les modifications des échanges matériels dans cette expérience furent les suivantes :

Le *poids du corps* ne se modifia guère sous l'influence des attaques. Presque régulièrement, le lendemain de chaque attaque le poids du corps diminua de 400 à 600 grammes; deux fois (vingt-cinquième et quatre-vingt-sixième jours) il augmenta de la même quantité. En résumé, ces variations ne dépassent pas les oscillations journalières habituelles chez ce malade. A la fin de l'expérience, le malade avait gagné 4 $^1/_2$ kilogrammes.

La *quantité des aliments* ingérés chaque jour demeura très régulière dans cette expérience. Elle ne fut point modifiée sous l'influence des attaques d'épilepsie; la quantité des liquides introduits demeura également invariable et fut toujours assez grande.

On ne constate pas dans cette expérience de rapports entre les attaques et la *quantité des urines*. Cette quantité fut toujours élevée, supérieure à 2 litres. La densité des urines demeura aussi invariable les jours des attaques, pour autant qu'il ne se produisit pas de modifications dans la quantité des urines, comme il arriva les vingt et unième et vingt-cinquième jours; le vingt-neuvième jour, la quantité des urines augmenta et la densité diminua, mais ces variations sont habituelles à ce malade et l'on ne peut les attribuer à l'influence des attaques. Le nombre des mictions ne fut point non plus changé comparativement aux autres jours.

On ne constate pas une influence constante des attaques d'épilepsie sur l'*élimination de l'azote* et de *l'urée.* Les oscillations de la courbe demeurent dans les limites ordinaires. Dans la plupart des cas, les jours des attaques la quantité de l'urée est un peu diminuée comparativement aux jours voisins (vingt-neuvième, trente-septième, trente-huitième, cinquante-huitième, soixante-onzième, quatre-vingtième, quatre-vingt-quatrième et cent quatrième jours). Dans les autres cas, elle n'est pas altérée. Dans quelques cas (vingt-neuvième, trente-huitième, cinquante-deuxième, soixante-cinquième, soixante-seizième et quatre-vingtième jours), on peut remarquer une augmentation de l'urée trois ou quatre jours après l'attaque; mais ces augmentations ne dépassent pas les oscillations habituelles.

L'influence des attaques sur l'*élimination des corps alloxuriques* dans cette expérience est clairement exprimée. En examinant attentivement les jours où la quantité des corps alloxuriques atteint son maximum, nous verrons que la plupart de ces maxima se présentent les jours d'attaque (cinquante-deuxième, soixante-cinquième, soixante-onzième et quatre-vingtième jours) ou les jours suivants (vingt-sixième, trente-neuvième et cent cinquième jours). Les maxima constatés les trente-quatrième, quarante-quatrième à quarante-sixième jours ne sont pas la conséquence des attaques et, d'ailleurs, ne sont pas considérables. Cette influence est beaucoup plus évidente dans la seconde moitié de l'expérience, à partir du cinquante-cinquième jour. Parallèlement, on remarque une autre modification exercée par les attaques, surtout dans la première moitié de l'expérience, à savoir, une diminution d'élimination des corps alloxuriques avant chaque attaque (vingt et unième, vingt-neuvième, trente-septième à trente-huitième, cinquante et unième à cinquante-deuxième, soixante-cinquième, soixante-onzième, quatre-vingtième et quatre-vingt-sixième jours). Cette diminution se produit la veille ou plus souvent l'avant-veille de l'attaque. Si nous considérons attentivement toutes les chutes dans la courbe d'élimination des corps alloxuriques, nous voyons que dans tous les cas, exception faite pour le quarantième jour, il apparaît une attaque d'épilepsie le lendemain de cette diminution. L'examen du tracé montre que le minimum d'élimination des corps alloxuriques eut lieu le jour même de l'attaque (quatre-vingt-sixième jour), le jour même et la veille de l'attaque (trente-septième et trente-huitième jours), la veille de l'attaque (vingt-cinquième, cinquante-deuxième et soixante-onzième jours), pendant les deux jours précédant l'attaque du vingt-neuvième, trois jours avant l'attaque du soixante-cinquième jour.

La diminution constatée le trente-huitième jour s'explique par ce fait, que l'attaque eut lieu à 6 heures du matin, c'est-à-dire à la fin des vingt-quatre heures ; elle ne pouvait donc provoquer d'augmentation que le lendemain (trente-neuvième jour).

On remarquera que dans la seconde période de l'expérience, à partir du soixante-cinquième jour (période de traitement par le borax), chaque augmentation des corps alloxuriques après les attaques est précédée d'une diminution. Mais celle-ci n'est pas inférieure aux minima habituels, elle est simplement relative. Cette modification, qui était très marquée dans la première partie de l'expérience, n'est pas clairement exprimée dans la seconde.

Pendant la période de traitement : 1° la quantité moyenne de l'élimination des corps alloxuriques quotidienne est augmentée ; 2° les oscillations de cette courbe, outre qu'elles présentent les augmentations consécutives aux attaques, sont devenues plus petites ; 3° les diminutions manifestes qui précèdent les attaques sont également devenues beaucoup moindres.

Le rapport entre la quantité de l'urée et celle des corps alloxuriques dans la première période de l'expérience présente des variations très étendues et très irrégulières. D'une façon générale, on peut remarquer que les chiffres sont plus élevés aux jours des attaques et les jours suivants. Dans la seconde période de l'expérience, les variations sont moins marquées et à chaque jour d'attaques ce chiffre est manifestement diminué. A partir du soixante-cinquième jour, tous les jours d'attaques correspondent exactement aux chiffres minima exprimant ce rapport. Il semblerait donc que le traitement a pour effet de diminuer l'étendue du rapport de l'urée aux corps alloxuriques et de le rendre plus constant et plus régulier.

La quantité des *phosphates* dans cette expérience n'est guère modifiée et les modifications ne sont pas constantes ; toutefois, après quelques attaques (vingt et unième, cinquante-deuxième, soixante-cinquième et soixante et onzième jours), la quantité de P^2O^5 est fortement augmentée, mais elle seulement (vingt-troisième,

cinquante-sixième, soixante-septième et soixante-quinzième jours).
Si nous comparons l'élimination de P^2O^5 à celle des corps alloxuriques, nous verrons qu'il existe quelque rapport entre elles, et
que chaque augmentation de P^2O^5 a lieu un à deux jours après
l'élimination des corps alloxuriques :

maxima.

Corps alloxuriques . . . . = jours : 55-65-71-80.

P_2O_5 . . . . = jours : 56-67-75-81 à 82.

On ne remarque guère de rapport entre l'élimination des
chlorures et les attaques épileptiques. Deux fois (vingt et unième
et vingt-cinquième jours), la quantité des chlorures diminua les
jours des attaques ; dans la plupart des cas, elle fut peu modifiée,
et aux cinquante-deuxième, quatre-vingtième, quatre-vingt-
sixième et cent quatrième jours (jours d'attaques), elle est un peu
diminuée.

La quantité des *sulfates* ne fut pas modifiée aux jours d'attaques ;
souvent elle fut augmentée les jours suivants, particulièrement
les troisième et quatrième jours :

Attaques . . . . . = jours : 38-52-65-71-80-86-104.

Augmentation SO^3 . . = jours : 41-54-69-75-83-87-106.

Je ne constatai jamais d'*albumine* ou de *glucose* dans les urines
des vingt-quatre heures ; dans les urines éliminées après les
attaques, j'ai trouvé une fois 0.4 °/. de glucose dans 85 centimètres cubes ; elle avait disparu dans les portions suivantes.

Les *éliminations excrémentitielles* étaient régulières chez ces
malades ; on ne constate guère de rapport entre elles et les
attaques, si ce n'est que souvent les jours d'attaques la quantité
des excréments, de l'azote et de P^2O^5 qu'ils renferment est
quelque peu diminuée ; mais ce rapport n'est pas constant.

Nous voyons donc que, dans cette expérience, il existe un
rapport constant entre les attaques d'épilepsie et l'élimination des
corps alloxuriques ainsi qu'entre l'urée et les corps alloxuriques.
Particulièrement intéressante est dans cette expérience l'influence
du traitement sur les attaques et sur l'élimination des corps
alloxuriques.

EXPÉRIENCE N° 3.

(Voir à la fin du mémoire tableau et tracé n°° 3.)

P..., paysan, 19 ans; bien constitué et d'apparence robuste; légère dolichocéphalie; la craniométrie donne des chiffres à peu près normaux. Organes des sens normaux. Le système nerveux ne présente pas d'altération : les sphères motrice et sensible sont normales; les réflexes sont normaux; réflexes vaso-moteurs assez marqués; organes internes sains. Sphère psychique : démence assez marquée; conscience encore assez nette, mais vie intellectuelle peu développée. Caractère pacifique, aisé à satisfaire. Tendance à la cleptomanie. Était autrefois facilement irritable.

A l'âge de 4 ans, il fit une chute d'une hauteur de 3 mètres, en suite de laquelle il demeura quelques jours sans connaissance. Bientôt après apparurent des attaques d'épilepsie. Elles se montrent sous la forme typique du grand mal, le plus souvent en série d'attaques se rapprochant de l'état de mal épileptique. Pendant cette période, la conscience est obnubilée et l'intelligence déprimée; le sujet est dans un état stuporeux, il réagit très peu aux impressions ambiantes. Le père du sujet fut atteint de delirium tremens; le malade lui-même fut alcoolique. Il entra à l'asile le 4 avril 1894; ne fut jamais soumis à une médication quelconque. Avant le début de l'expérience, les attaques étaient égales d'ordre et de physionomie, caractères qu'elles conservèrent pendant toute la durée de l'expérience.

L'expérience dura cent dix jours, du 8 juillet au 5 novembre 1894 : les soixante-quatre premiers jours sans traitement, et les quarante-six jours suivants avec traitement par le borax; dix-sept jours, 1 gramme par jour; dix jours, 2 grammes, et dix-neuf jours, 3 grammes par jour. Pendant la durée de l'expérience, le malade eut cent cinq attaques : soixante-quatorze dans la période sans traitement et trente et une pendant la période de traitement. Les attaques apparurent par périodes parmi lesquelles on peut en remarquer cinq plus intenses (du deuxième au septième jour : quatorze attaques; du vingt-quatrième au trente et unième jour : vingt-trois attaques; du quarante-septième au cinquante-sixième jour : vingt-cinq attaques; du quatre-vingt-deuxième au quatre-vingt-sixième jour : quinze attaques; du cent deuxième au cent cinquième jour : treize attaques). Outre ces périodes, eurent lieu des attaques uniques, surtout dans la première partie de l'expérience.

L'influence du traitement dans cette expérience apparaît avec évidence : les attaques uniques ont presque disparu et les périodes de *status epilepticus* sont devenues plus courtes; les symptômes consécutifs étaient également beaucoup moins marqués.

Pendant l'état de stupeur avec troubles de la conscience qui accompagnaient les périodes d'attaques, il était très difficile de recueillir la quantité totale des urines et d'obtenir du sujet qu'il urinât dans son récipient, qu'en temps habituel il connaissait cependant très bien. Pour ce motif, je notai combien de fois il urina ailleurs que dans son récipient, attendu qu'on ne pouvait pas l'en empêcher. Dans le tableau n° 3, ces jours sont notés par des fractions dans la colonne qui renseigne sur la quantité des urines et dans celle qui donne le nombre des mictions par jour.

Dans la colonne qui indique la quantité des urines, le dénominateur représente la quantité des urines vraiment recueillie, et le numérateur, celle qui est déduite, avec une correction. A la colonne exprimant le nombre des mictions, le numérateur exprime le nombre de fois que les urines furent recueillies, et le dénominateur, ce qui fut perdu. La correction fut faite de la manière suivante : la quantité des urines recueillie était divisée par le nombre de mictions; on avait ainsi la quantité moyenne des urines pour chaque miction. Cette quantité était multipliée par le nombre d'émissions à urines perdues, et les deux chiffres additionnés. D'après cette quantité corrigée, on calculait la totalité des corps composants pour les urines des vingt-quatre heures.

Le *poids du corps*, dans la majorité des cas, tombe un peu le matin de la journée qui suit l'attaque, de 400 à 800 grammes. On remarquera à cet égard l'exactitude de l'observation faite par Kovalevsky, à savoir, que lorsque les attaques se succèdent, la diminution du poids du corps est plus marquée après la première attaque qu'après les attaques ultérieures. Il est intéressant de noter que durant toute la durée des expériences, le malade conserva très bon appétit et qu'il eut des selles très régulières; même aux périodes d'état stuporeux avec troubles de la conscience, le malade mangea toujours sa portion habituelle, et ce fut seule-

ment aux deux dernières périodes d'attaques qu'il prit moins
de thé que d'habitude (quatre-vingt-quatrième au quatre-vingt-
cinquième et cent troisième au cent quatrième jour).

La quantité de pain noir fut moindre aussi dans ces deux
périodes. L'influence dse attaques oniques sur la quantité des
aliments ingérés est peu considérable.

La *quantité des urines* est généralement élevée : de 2 à 3 litres ;
elle n'est guère modifiée les jours d'attaque unique, mais aux
périodes d'état de mal elle est un peu moindre que d'habitude
(le sujet boit alors moins de thé) ; par contre, la densité est plus
élevée pendant ces jours.

Le nombre des mictions n'est pas changé les jours des attaques
isolées : il est un peu diminué, parallèlement à la quantité des
urines durant les deux dernières séries d'attaques (quatre-vingt-
troisième au quatre-vingt-sixième, et cent troisième au cent quinzième jour).

La *quantité d'urée* est peu modifiée les jours d'attaques isolées,
mais deux ou trois jours après, on remarque habituellement une
augmentation (vingt-deuxième, trente troisième, trente-septième,
trente-neuvième, quarante-troisième, cinquante-neuvième jours).
Dans les périodes d'état de mal, on peut remarquer en général
que la quantité d'urée est diminuée comparativement aux jours
voisins. Elle l'est fortement dans les premiers jours de ces
périodes ; elle augmente après et atteint son maximum les jours
qui suivent la période des attaques. La courbe n'est donc pas
régulière. Cette particularité est évidente dans les périodes des
vingt-quatrième au trente et unième, quarante-septième au
cinquante-sixième, quatre-vingt-deuxième au quatre-vingt-sixième,
cent deuxième au cent sixième jour.

Il y a dans cette expérience un rapport évident entre les
attaques d'épilepsie et l'*élimination des corps alloxuriques.* Mais ce
rapport est ici plus compliqué, et il est plus difficile de définir
sa légitimité. Les jours d'attaques isolées (dix-huitième, trente-
troisième, trente-sixième au trente-septième, quarante-troisième,
soixante-quatrième, soixante-quinzième jours), on constate une
modification très caractéristique de la courbe d'élimination des
corps alloxuriques. Leur quantité est considérablement augmentée
le jour de l'attaque ou le jour suivant ; au contraire, avant chaque
attaque, on trouve une diminution considérable dans l'élimination.

L'élimination des corps alloxuriques durant les périodes d'attaques est plus compliquée. On remarque que cette quantité est diminuée durant presque toute la période; le minimum correspond aux premiers jours. Aussi longtemps que l'élimination des corps alloxuriques reste faible, les attaques gagnent en fréquence et en intensité; parallèlement apparaît l'état stuporeux; le nombre des attaques s'élève jusqu'à quatre à six par jour, et après pareille série, la courbe d'élimination s'élève fortement et rapidement : les attaques diminuent immédiatement en intensité et en nombre; toutefois, quelques attaques isolées se produisirent encore au moment du maximum d'élimination des corps alloxuriques les jours suivant la période (trente-troisième, trente-cinquième, cinquante-neuvième jours).

La courbe de l'élimination des corps alloxuriques nous donne l'impression que l'organisme réagit vis-à-vis de la diminution de l'élimination des corps alloxuriques par des attaques d'épilepsie et qu'il ne se rétablit de l'état de mal que lorsque la quantité de l'acide urique éliminé en vingt-quatre heures augmente.

Le traitement par le borax exerce également une influence sur la courbe d'élimination des corps alloxuriques : 1° leur quantité moyenne par jour s'est élevée; 2° les oscillations de la courbe sont moindres; 3° les minima d'élimination aux jours qui précèdent les jours d'attaques isolées et au début des périodes d'état de mal sont beaucoup plus faibles.

Ainsi, le résultat de cette expérience est identique à celui de la précédente. Le rapport entre la quantité de l'urée et des corps alloxuriques varie dans de larges proportions : très inconstant dans la première partie de l'expérience, il devient plus régulier dans la période de traitement en même temps qu'il diminue quelque peu. On peut remarquer qu'aux jours des attaques ou aux jours qui les précèdent, ce rapport est plus grand; il diminue après l'attaque ou dès le jour même (voir tableau : cinquante-neuvième, soixante-quatrième, soixante-douzième, soixante-treizième et soixante-quinzième jours). Durant les périodes d'état de mal, ce rapport est très inconstant et les variations sont très étendues; le chiffre est plus fort les premiers jours, il diminue les derniers.

La *quantité de phosphates* (P_2O_5) est quelquefois un peu augmentée les jours d'attaques (dix-huitième, vingt-deuxième, trente-troi-

sième, cinquante-neuvième, soixante-douzième et soixante-quinzième). Parfois le maximum d'élimination a lieu les jours suivants
(trente-septième, quarante-troisième et soixante-quatrième). Dans
cette expérience, ainsi que dans la précédente, on peut remarquer que l'élimination de P_2O_5 suit parallèlement les élévations du
tracé d'élimination des corps alloxuriques, mais avec cette particularité que souvent elle retarde d'un jour, c'est-à-dire que le
maximum d'élimination a lieu vingt-quatre heures après celle des
corps alloxuriques. Cette courbe d'élimination diffère de celle des
corps alloxuriques par des variations moindres, qui pour vingt-
quatre heures ne dépassent pas les limites normales. Aux derniers
jours des périodes d'état de mal, la quantité de P_2O_5 est nettement
augmentée, alors que les premiers jours elle est relativement
diminuée. L'augmentation de l'élimination aux cinquante-troi-
sième et cinquante-quatrième jours correspond à l'augmentation
du nombre d'attaques qui eurent lieu durant ces jours.

Aux jours d'attaques isolées, la *quantité des chlorures* ne subit
guère de modification (soixante-quatrième et soixante-quinzième
jours) ; ou bien elle est un peu diminuée (vingt-deuxième, quarante-troisième, cinquante-neuvième, soixante-douzième et soixante-treizième jours); elle est fortement augmentée le dix-huitième
jour. Dans la période des attaques (vingt-quatrième au trente et
unième jour), elle fut diminuée; du quarante-septième au cinquante-sixième jour, les variations sont parallèles à celles de
l'urée, mais la quantité moyenne demeure dans les limites normales; du quatre-vingt-deuxième au quatre-vingt-cinquième jour,
elle ne diffère pas considérablement de celle des jours voisins ;
du cent deuxième au cent cinquième jour, elle est diminuée.
Ainsi, dans cette expérience, on ne constate pas de rapport
constant et exact entre les attaques et l'élimination des chlorures.

La *quantité des sulfates* (SO_3) est augmentée les jours des
attaques isolées (dix-huitième, trente-troisième, trente-septième,
cinquante-neuvième, soixante-douzième, soixante-quinzième
jours). Elle est augmentée la veille ainsi que les jours qui suivent
l'attaque du soixante-quatrième jour; mais le jour même elle
est moindre; elle est diminuée le quarante-troisième jour (jour
d'attaque) mais elle est augmentée le jour suivant. Durant les
périodes d'état de mal, la quantité de SO_3 ne présente pas de

modifications constantes et suit, d'une façon générale, les variations de l'élimination des chlorures.

Chez ce malade, je n'ai jamais trouvé ni *albumine* ni *glucose*.

Je n'ai constaté aucun rapport entre la quantité des *excréments*, leur composition d'une part et les attaques et leurs périodes d'apparition d'autre part. Les selles étaient régulières, même aux jours de nombreuses attaques avec troubles psychiques. Je n'ai point constaté chez ce malade de modifications attribuables à l'état démentiel.

EXPÉRIENCE N° 4.

(Voir à la fin du mémoire tableau et tracé n°° 4.)

K..., paysan, 28 ans; taille au-dessous de la moyenne; constitution normale. Organes internes normaux. Rien d'anormal du côté des organes sensitifs, de la sensibilité cutanée ou des réflexes. Athétose de la main droite avec légère atrophie musculaire. Sphère psychique : le malade comprend difficilement les questions qu'on lui pose; conscience obnubilée; réflexion très limitée; ne sait seulement que $3 + 2 = 5$. Se rappelle que dans son enfance une voiture passa sur lui. Parole lente mais assez distincte. Est habituellement d'humeur tranquille et ne s'intéresse pas à ce qui l'entoure. Parfois irritable; manifeste souvent de la cleptomanie. Le malade présente des attaques d'épilepsie assez fréquentes. Une tous les deux à quatre jours; attaques sous forme typique.

La mère était également épileptique. Lui-même présenta des attaques dès la première année de la vie.

Entré à l'asile le 24 mai 1894, il ne fut soumis à aucune médication.

L'observation dura du 18 juillet au 5 novembre 1894, soit cent dix jours : soixante-quatre jours sans traitement, et quarante-six jours avec traitement par des doses variables de bromure de sodium. Au cours de l'expérience, ce malade eut cinquante-sept attaques en quarante-sept jours; durant dix jours, il eut deux attaques par jour; trente-cinq attaques en vingt-huit jours se produisirent pendant la période non médicamenteuse, et vingt-deux attaques en dix-neuf jours durant la période de traitement. L'influence du traitement dans cette expérience fut faible. Les attaques ne diminuèrent pas en quantité; leur intensité seule fut diminuée.

Le *poids du corps* subit souvent une diminution le jour qui suivit l'attaque; elle fut parfois assez considérable (soixante-douzième jour : 1 kilogramme; quatre-vingt-onzième jour : 1,200 grammes). Ce phénomène n'est donc pas constant; quelquefois même le poids du corps augmente après l'attaque. D'une façon générale, les variations du poids du corps les jours d'attaques ne s'écartent pas des variations habituelles.

La quantité quotidienne des aliments ne différa pas les jours d'attaques de la normale habituelle. Dans cette expérience, on constate parfaitement un rapport entre les attaques et la *quantité des urines*, dont la masse est manifestement augmentée les jours des attaques (neuvième, seizième, dix-septième, dix-huitième, vingtième, vingt et unième, vingt-cinquième, vingt-septième, trente-troisième, trente-septième, trente-neuvième, quarante-troisième, quarante-quatrième, quarante-sixième, cinquantième, cinquante et unième, cinquante-huitième, soixantième, soixante-septième, soixante-douzième, quatre-vingt-unième, cent troisième, cent quatrième et cent septième jours), ou le jour suivant si l'attaque a eu lieu à la fin des vingt-quatre heures (quatre-vingt-neuvième, quatre-vingt-douzième et cent cinquième jours). Leur densité n'est pas modifiée ou n'est que faiblement diminuée : c'est-à-dire que l'augmentation du volume urinaire doit être attribuée à la quantité d'eau éliminée. Cette augmentation ne dépend pas de la quantité d'eau introduite par les aliments. La quantité des urines est en général très élevée : 2,5 litres à 3,5 litres. Le nombre des mictions augmente souvent les jours d'attaques, mais ce phénomène n'est pas constant.

On ne remarque guère de rapport entre les attaques épileptiques et l'élimination de l'*azote*.

La *quantité de l'urée* éliminée les jours d'attaques ne subit pas de modifications constantes; parfois elle est un peu augmentée (vingt-troisième, soixantième, soixante-septième jours), mais cette augmentation n'est pas considérable et ne dépasse pas les limites ordinaires; parfois l'augmentation apparaît le jour suivant (cinquante et unième, quatre-vingt-quatrième, quatre-vingt-neuvième, quatre-vingt-douzième, quatre-vingt-dix-huitième, cent cinquième jours). Après les attaques des soixantième, soixante-quinzième, quatre-vingt-quatrième, quatre-vingt-douzième jours, cette augmentation ne se montra que le quatrième jour après les attaques.

Dans cette expérience, comme dans les trois précédentes, il existe un rapport exact entre les attaques épileptiques et l'*élimination des corps alloxuriques*. Les jours d'attaques, leur quantité est presque toujours augmentée comparativement aux jours voisins. Une diminution dans l'élimination se produit ordinairement avant chaque attaque, habituellement la veille. Si les attaques se produisent plusieurs jours consécutifs, les variations de l'élimination des corps alloxuriques sont moins régulières; elles deviennent plus constantes vers la fin de la période des attaques, réalisant ainsi ce qui se produit également à la suite d'une seule attaque.

La quantité des corps alloxuriques est généralement augmentée après la dernière attaque. On peut également remarquer dans cette expérience que si, comparaison faite avec la règle générale, la quantité des corps alloxuriques n'augmente pas les jours de l'attaque ou les jours qui suivent, on doit s'attendre à de nouvelles attaques dans un temps très rapproché, jusqu'à ce que toute la quantité des corps alloxuriques retenue dans l'organisme soit éliminée. Dans cette expérience, ainsi que dans les précédentes, on voit que les variations des corps alloxuriques pour vingt-quatre heures ne dépassent pas au total les limites normales : il ne s'agit uniquement que d'une distribution anormale de son élimination avant et après les attaques.

Le rapport entre les quantités d'urée et des corps alloxuriques varie dans une assez large mesure; cependant, on peut remarquer que, d'une façon générale, il est plus élevé avant les attaques et qu'il diminue les jours d'attaques ou les jours suivants. Si les attaques sont quotidiennes, la diminution du rapport est plus considérable les derniers jours (quarante-neuvième, cinquantième, cinquante et unième jours).

La quantité des *phosphates* augmente souvent les jours des attaques (dix-septième, vingt-septième, quarante-troisième, quarante-quatrième, soixantième, soixante-septième, soixante-douzième et cent cinquième jours), ou les jours qui suivent (trente-troisième, trente-neuvième, quarante-sixième, cinquante et unième, cinquante-huitième, quatre-vingt-quatrième, quatre-vingt-neuvième jours).

On peut remarquer que si quelques attaques se suivent de près, la quantité de P_2O_5 subit une augmentation plus marquée le jour de la dernière attaque ou le jour suivant. L'élimination de P_2O_5 ressemble donc un peu à celle des corps alloxuriques, avec cette différence qu'il n'existe pas de diminution préparoxystique; elle diffère en outre par ceci, que son maximum de hauteur retarde un peu sur celui de la courbe des corps alloxuriques (voir tableau n° 4).

La *quantité des chlorures* varie en de larges limites, et l'on ne peut remarquer d'influence constante entre les attaques épileptiques et leur élimination. Il faut noter qu'à partir du soixante-cinquième jour, — début du traitement par le bromure de sodium, — les quantités de chlore et de brome sont notées ensemble dans la colonne des chlorures du tableau 4.

La quantité des *sulfates* (SO_3) est généralement augmentée les jours des attaques (neuvième, vingtième, vingt et unième, vingt-troisième, vingt-septième, soixante-quatrième, soixante-quatorzième, soixante-quinzième jours); cette augmentation se produit plus rarement le jour suivant (quatre-vingt-deuxième, quatre-vingt-douzième jours). Il faut noter cependant que le rapport entre l'azote et SO_3 demeure assez constant.

Les analyses quotidiennes ne m'ont jamais permis de constater l'existence d'*albumine* ou de *glucose* dans les urines.

On ne peut non plus constater de rapports entre l'élimination des *excréments*, leur composition et les attaques épileptiques.

Expérience N° 5.

(Voir à la fin du mémoire tableau et tracé n°° 5.)

M..., paysan, 32 ans, taille moyenne, bonne constitution. Organes de la sensibilité, sphères motrice et sensible, réflexes sont normaux, sauf les réflexes vaso-moteurs un peu accusés; sphère psychique normale. Les attaques d'épilepsie se présentent sous des formes variables : attaques typiques de grand mal; attaques de petit mal toujours avec inconscience. Habituellement, les attaques sont très violentes. L'aura est habituellement accompagnée de mouvements de course; fréquemment nocturnes, elles se présentent presque toujours plusieurs fois par jour.

Il éprouva la première attaque en 1885, au cours d'une revue militaire. Il souffrait depuis longtemps de céphalalgie. Les parents sont sains; ses propres enfants également; le commémoratif ne décèle ni alcoolisme ni syphilis. Le malade entra à l'asile le 29 mai 1894.

Depuis cette date jusqu'au début de l'expérience (18 juillet), il eut cinquante-neuf attaques (n'était soumis à aucune médication). L'expérience dura cent dix jours, du 18 juillet au 5 novembre 1894 : soixante-quatre jours sans traitement et quarante-six jours avec traitement par bromure de sodium.

L'analyse du tableau de cette expérience montre une différence évidente entre celle-ci et les expériences antérieures. Contrairement à ce qui se présenta dans ces dernières, la quantité des substances éliminées par les urines varie dans d'étroites limites.

L'examen des chiffres d'élimination des diverses substances depuis le cinquantième jour jusqu'au dernier montre que les oscillations sont régulières et qu'elles demeurent dans les limites normales. Les changements du *poids du corps* ne dépassent pas les limites habituelles. La quantité d'aliments solides et liquides est également régulière; les chiffres exprimant la *quantité des urines*, l'*élimination de l'azote* et de l'*urée* sont moins sujets à variations que dans les expériences précédentes.

L'*élimination des corps alloxuriques* dans cette expérience est très régulière; on ne constate pas ici les particularités typiques qui se présentent dans les expériences antérieures. Il faut noter aussi que la quantité des corps alloxuriques n'atteint jamais des chiffres aussi élevés que dans les expériences précédentes ; deux fois seulement leur quantité s'éleva à plus de 1 gramme (soixante-quatorzième et cent troisième jours).

Le rapport entre l'urée et les corps alloxuriques est constant et ne présente pas de variations.

L'élimination des *phosphates* suit assez exactement celle des corps alloxuriques; leurs maxima correspondent, mais on ne peut remarquer de rapports spéciaux entre les quantités éliminées et les attaques d'épilepsie.

L'élimination des *chlorures* et des *sulfates* ne présente pas non plus de modifications qu'on puisse attribuer aux attaques d'épilepsie. A partir du soixante-cinquième jour, chlore et brome éliminés sont notés ensemble.

On ne constate également aucun rapport entre les attaques et l'élimination des *excréments*.

Dans les expériences précédentes, il existait une distribution anormale de l'élimination des corps alloxuriques sous l'influence des attaques pendant les jours d'attaques et aux jours avoisinants; dans la présente expérience (exp. 5), les attaques se produisaient chaque jour plusieurs fois; c'est pour ce motif qu'il ne serait possible de trouver les modifications caractéristiques, pour autant qu'elles existent, qu'en examinant les urines de ces malades, non par jours, mais par heures.

Expérience Nº 6.

J'ai cherché à répondre à ce desideratum en analysant séparément chaque portion des urines d'un même malade; j'ai constaté que l'élimination de l'acide urique est en quelque rapport avec les attaques; la quantité des corps alloxuriques augmente une à deux heures après l'attaque.

Du 27 décembre 1894 au 2 janvier 1895.

Malade M...

HEURES DES MICTIONS.	HEURES DES ATTAQUES.	URINES.						
		Quantité	Nombre de fois.	Réaction	Densité.	Urée.	Acide urique.	Urée : ac. urique.
		c. c				gr.	mgr.	
3 h. 45 m. après-midi.	10 h. 5 m. après midi attaque forte.	355	1	acide	1024	8,4	115	73
7 h. 0 m. du soir.	2 h. 0 m. après-midi.	175	1	—	1026	4,8	82	58
4 h. 0 m. du matin.	—	385	1	—	1025	11,4	93	123
		915	3			24,6	290	

HEURES DES MICTIONS.	HEURES DES ATTAQUES.	URINES.							
		Quantité.	Nombre de fois.	Réaction	Densité.	Urée.	Acide urique.	Urée : ac. urique.	
9 h. 56 m. du matin.	—	c. c. 500	1	acide.	1012	gr. 9,0	mgr. 168	54	} 275,2
1 h. 35 m. après-midi.	1 h. 25 m. après-midi.	380	1	—	1015	5,3	107	50	
3 h. 15 m. après-midi.	—	165	1	—	1018	2,3	44	57	} 145,7
6 h. 35 m. du soir.	5 h. 20 m. du soir.	190	1	—	1024	4,1	104	39	
8 h. 30 m. du soir.	—	155	1	—	1021	2,8	63	44	} 115,6
10 h. 5 m. du soir.		235	1	—	1015	2,7	52	52	
5 h. 0 m. du matin.		500	1	—	1014	7,6	162	47	
		2125	7			33,8	698		
9 h. 40 m. du matin.	—	415	1	—	1012	5,7	131	43	} 245,0
11 h. 20 m. après-midi.	11 h. 15 m. après-midi.	235	1	—	1008	2,1	52	40	
1 h. 15 m après-midi.	—	200	1	—	1010	2,1	64	34	
3 h. 45 m. après-midi.	2 h. 20 m. après-midi.	180	1	—	1020	2,7	71	38	} 198,2
6 h. 20 m. du soir.	—	210	1	—	1017	2,1	55	39	
7 h. 7 m. du soir.		285	1	—	1020	2,8	71	39	
2 h. 35 m. la nuit.		500	1	—	1028	8,4	117	71	
5 h. 30 m. du matin.		485	1	—	1025	10,4	81	123	
		2510	8			36,3	642		
8 h. 5 m. du matin.	—	335	1	—	1011	3,0	76	39	} 199,7
1 h. 5 m. après-midi.	—	470	1	—	1015	4,5	123	37	
4 h. 10 m. après-midi.	3 h. 35 m. après-midi.	160	1	—	1028	2,9	58	51	
5 h. 5 m. après-midi.	—	180	1	—	1020	2,7	58	46	} 145,0
7 h. 0 m. du soir.	—	140	1	—	1022	1,9	39	49	
4 h. 0 m. du matin.	3 h. 50 m la nuit.	560	1	—	1025	12,7	278	46	} 351,1
7 h. 40 m. du matin.	6 h. 40 m. du matin.	180	1	—	1025	3,8	72	53	
		2025	7			31,5	704		

HEURES DES MICTIONS.	HEURES DES ATTAQUES.	URINES.						
		Quantité.	Nombre de fois.	Réaction.	Densité.	Urée.	Acide urique.	Urée : ac. urique.
11 h. 25 m. après-midi.	—	310	1	acide.	1004	1,0	22	44	
2 h. 30 m. après-midi.		400	1	—	1016	3,7	94	40
4 h. 30 m. après-midi.		310	1	—	1023	3,6	89	41	240,1
6 h. 35 m. du soir.	—	260	1	—	1022	2,8	68	41
6 h. 20 m. du matin.	3 h. 45 m. la nuit.	440	1	—	1034	13,2	307	42
		1720	5			24,3	577	
11 h. 40 m. après-midi.	9 h. 35 m. du matin.	275	1	—	1026	—	151	—
4 h. 25 m. après-midi.	2 h. 50 m. après-midi.	195	1	—	1034	5,9	67	88
6 h. 27 m. du soir.	—	195	1	—	1028	4,0	26	153	94,0
8 h. 25 m. du soir.		470	1	—	1026	3,5	50	70
12 h. 40 m. la nuit.		345	1	—	1033	12,4	290	42
6 h. 25 m. du matin.		360	1	—	1025	8,6	150	57
		1540	6			34,4	734	

Moment des attaques.	Temps d'élimination maximale.	Quantité éliminée.
5 h. 20 m. du soir.	6 h. 35 m. du soir.	104.7 mgr.
3 h. 50 m. du matin.	4 h. 35 m du matin.	278.5 —
3 h. 45 m. —	6 h. 20 m. —	307.5 —
9 h. 35 m. —	11 h. 40 m. —	151.5 —

Cette expérience confirme donc les indications de Haig.

EXPÉRIENCE N° 7.

Épilepsie typique; attaques de grand mal; intelligence intacte; organes internes sains; les urines furent examinées pendant treize jours.

La série d'attaques qui eurent lieu les cinquième et sixième jours exerça une influence considérable sur l'élimination des corps alloxuriques et de l'acide urique, dont la quantité s'éleva jusqu'à 1ᵉʳ,5 le cinquième jour. L'attaque d'équivalent psychique (neuvième jour) eut une influence pareille, mais plus faible. La quantité de P_2O_5 diminua les jours des attaques.

Du 8 au 21 février 1895.

Jour.	ATTAQUES.	Quantité.	Densité.	Urée.	Acide urique Ludwig	Acide urique Haykraft	P_2O_5	Phosphates alcalino-terreux.	Urée : ac. urique.
		c. c.		gr	mgr.	mgr.	gr.	gr.	
1	Attaque : 9 h. 25 m. matin	2440	1019	20,2	895	934	3,4	0,8	22
2	—	2615	1017	28,3	795	896	3,4	0,7	32
3		3010	1017	27,6	677	900	2,8	0,7	31
4	—	2545	1015	22,3	567	763	2,4	0,7	29
5	3 attaques : 10 h. soir; 12 h. 45 m. de la nuit; 2 h. 45 m. de la nuit.	2825	1016	22,0	1243	1462	2,4	0,9	15
6	4 attaques : 8 h. 35 m. soir; 10 h. soir; 11 h. 25 m. soir; 2 h. 10 m. de la nuit.	2320	1014	15,2	777	857	2,7	0,9	18
7	Attaque : 1 h. 10 m. après midi	1325	1016	10,8	496	650	1,9	0,5	16
8	—	1875	1018	15,6	745	794	2,6	0,8	20
	Irritation psychique : 3 h. 30 m. du matin.	2905	1043	25,8	850	887	2,4	0,7	29
10	—	3000	1015	27,7	966	1089	3,3	0,9	25
11	—	2570	1016	24,4	586	639	3,1	0,9	38
12		2350	1016	23,5	764	900	3,0	0,8	26
13		3150	1012	29,0	865	1022	3,5	1,0	28

N. B. — Ces chiffres expriment les quantités totales pour vingt-quatre heures.

EXPÉRIENCE N° 8.

S..., épilepsie typique depuis l'enfance ; sans altération des sphères physique et psychique.

L'examen des urines, pratiqué pendant seize jours (dans l'espace desquels il avait eu deux attaques), a démontré que la première attaque n'eut pas d'influence considérable sur l'élimination des corps alloxuriques, alors que la seconde (onzième jour) eut une influence considérable sur la courbe d'élimination : diminution jusqu'à 0^{gr},365 la veille, et augmentation le jour même de l'attaque jusqu'à 1^{gr},706.

Il était nécessaire de contrôler par d'autres méthodes les résultats obtenus par la méthode de Haycraft pour l'analyse de l'acide urique. Il fallait résoudre le point de savoir si les variations observées dépendaient de l'acide urique lui-même ou si elles résultaient d'autres corps alloxuriques (xantiques) qui se trouvent dans le sédiment précipité par le nitrate d'argent dans les urines ammoniacales.

Pour y parvenir, il fallait pratiquer des analyses d'après la méthode de Ludwig-Salkowski, où l'acide urique est obtenu comme tel. Dans les expériences qui suivent, j'ai fait des analyses parallèlement d'après trois méthodes : 1° Ludwig-Salkowski, 2° Hopkins et 3° Haycraft. Ces analyses étaient faites aussi soigneusement que possible ; réactifs de la maison Kahlbaum, de Berlin.

Jour.	ATTAQUES.	URINES.							
		Quantité.	Densité.	Urée.	Acide urique.		P$_2$O$_5$	Phosphates alcalino-terreux.	Urée : ac. urique.
					Ludwig.	Haykraft.			
		c.c.		gr.	mgr.	mgr.	gr.	mgr.	
1		1895	1018	16,2	573	509	1,9	625	32
2		2075	1016	15,4	599	614	1,6	476	26
3		2715	1011	18,4	494	584	1,9	462	31
4		1805	1023	17,6	777	804	2,3	614	22
5	—	1500	1022	13,5	577	524	1,8	630	25
6	Attaque à 8 h. 10 m. du matin	1650	1020	16,2	664	732	2,7	676	22
7	—	710	1023	5,5	325	295	0,7	263	18
8		2000	1025	28,1	644	659	2,5	720	43
9		2100	1025	30,7	—	1044	2,6	840	29
10		2170	1015	20,0	—	365	2,0	561	55

Jour	ATTAQUES.	URINES.							
		Quantité.	Densité.	Urée.	Acide urique.		P₂O₅	Phosphates alcalino-terreux.	Urée : ac. urique.
					Ludwig.	Haykraft.			
11	Attaque à 10 h. du matin	c. c. 2350	1026	gr. 33,8	—	mgr. 1706	gr. 4,0	mgr. 1057	19
12		1950	1016	23,1	—	655	1,7	526	35
13		625	1030	15,2	—	236	1,3	175	64
14		720	1026	24,6	—	252	1,9	317	97
15		760	1025	20,0	—	326	1,3	274	61
16		1180	1025	19,0	—	714	1,6	330	26

Dans les deux expériences suivantes, j'ai cherché à prévoir, me basant sur les analyses des urines, le moment où se produiraient des attaques d'épilepsie.

EXPÉRIENCE N° 9.

S..., 31 ans, sujet à des attaques d'épilepsie depuis l'âge de 14 ans; quatre à sept attaques par mois. État somatique normal; apathie et indifférence pour ce qui l'environne; lenteur des opérations intellectuelles.

De l'examen du tableau de cette expérience ressort avec évidence la relation entre l'élimination de l'acide urique et les attaques d'épilepsie.

D'après ces variations, toutes les attaques étaient prévues, et pour le dernier jour on prévit deux attaques, qui eurent lieu en en effet. Chacune des trois fois, au jour précédant l'attaque, on constata une diminution d'élimination de l'acide urique; l'élimination augmenta le jour où les dernières attaques se produisirent (vingtième et vingt et unième jours).

TOME XV (8° fasc.).

Ces variations se constatent également par chacune des trois méthodes employées pour l'analyse de l'acide urique.

Jour.	ATTAQUES.	URINES.					
		Quantité.	Densité.	Urée.	Acide urique.		
					Haykraft.	Ludwig.	Hopkins.
1	.	2300	1011	gr. 24,6	mgr. 495	mgr. 460	mgr. —
2		1250	1015	17,4	314	262	250
3	—	2350	1010	29,5	515	—	442
4	Attaque à 10 h. du soir	2465	1008	16,3	280	247	—
5	Attaque à 3 h. du soir.	2650	1011	28,6	721	583	477
6	—	2130	1015	26,0	601	575	533
7		2325	1012	26,6	468	488	—
8		3500	1010	35,9	447	350	455
9		1600	1011	18,5	416	416	528
10		2350	1012	20,8	484	493	423
11		2275	1020	41,8	888	810	773
12	—	3570	1010	34,9	480	378	428
13	Forte attaque à 10 h. du soir . .	3050	1011	44,6	711	579	—
14	—	2700	1010	22,8	646	594	513
15		2600	1014	31,7	526	472	464
16		2720	1009	20,9	296	357	385
17		2100	1010	22,5	296	265	252
18		2650	1010	25,5	356	307	265
19		2500	1012	30,9	504	375	225
20	—	2030	1014	25,1	682	913	751
21	Attaques à 11 h. du mat. et à minuit.	1800	1017	26,5	954	972	1062

Expérience N° 10.

S..., A..., 26 ans, épilepsie typique. Malade depuis l'âge de 6 ans. Sujet de très forte constitution ; sphères somatique et psychique absolument normales. Comme on le voit par le tableau de cette expérience, la quantité des urines est un peu diminuée comparativement à celle des jours voisins, à partir du jour de la seconde attaque exclusivement. Conformément à ce qui s'est vu dans les expériences précédentes, l'influence des attaques épileptiques sur l'élimination de l'acide urique est nettement exprimée. En se basant sur ces manifestations, les attaques des septième et quatorzième jours furent prévues; le premier jour on put même prévoir l'heure de l'attaque (on l'attendait entre minuit et 8 heures du matin, elle se produisit à 6 heures du matin). D'après la courbe, on pouvait encore s'attendre, du onzième au douzième jour, à une attaque, qui cependant n'eut pas lieu.

Jour.	ATTAQUES.	URINES.					
		Quantité.	Densité.	Urée.	Acide urique.		
					Haykraft.	Ludwig.	Hopkins.
		c. c.		gr.	mgr.	mgr.	mgr.
1	Attaque à 5 h. du matin	3475	1011	28,9	774	616	—
2	Attaque à 9 h. du matin	3600	1009	25,5	726	540	—
3	—	3340	1010	32,7	740	501	534
4		4450	1010	32,4	597	445	—
5		4250	1009	33,7	585	—	467
6	—	4300	1008	30,8	289	—	—
7	Attaque à 6 h. du matin	4650	1008	32,2	468	372	—
8	—	4420	1009	32,2	746	706	—
9		4900	1006	23,6	658	539	—
10		3140	1008	27,6	524	342	373
11		1900	1016	31,3	843	855	646
12		3125	1014	37,3	1029	1003	750
13	—	3070	1010	44,3	660	522	—
14	Attaques à 5 h. et à 7 h. du matin.	3500	1010	23,3	568	605	595
15	—	2700	1012	37,4	1070	999	783

Jour.	ATTAQUES.	URINES.					
		Quantité.	Densité.	Urée.	Acide urique.		
					Haykraft.	Ludwig.	Hopkins.
		c. c.		gr.	mgr.	mgr.	mgr.
16		1650	1015	29,4	751	594	—
17		2500	1012	34,0	672	650	—
18		5265	1010	44,3	601	590	—
19		2520	1011	30,5	613	606	—
20		2300	1016	39,1	912	644	644
21		1650	1020	27,8	876	561	610
22	—	3450	1008	35,5	788	—	552
23	Attaque à 6 h. du matin	2300	1013	26,2	494	—	—
24	Attaque à midi	—	—	—	—	—	—

EXPÉRIENCE N° 11.

J'ai choisi pour cette expérience un malade sujet à des attaques quotidiennes; étant donnée cette fréquence des attaques, on pouvait s'attendre à trouver entre celles-ci et l'élimination de l'acide urique un rapport différant de celui des expériences précédentes.

G..., paysan, 32 ans; épilepsie depuis l'enfance; anémie; réflexes marqués; les facultés intellectuelles sont affaiblies; d'humeur apathique, parfois légère irritabilité. Comme on le voit par le tableau de cette expérience, l'élimination de l'acide urique chez ce malade est très inconstante, et l'on ne peut pas remarquer de rapport avec les attaques épileptiques. Le résultat de cette expérience est donc négatif.

Examinant les résultats obtenus par les diverses méthodes pour la recherche de l'acide urique, on peut constater que généralement les quantités décelées par chacune d'elles sont sensiblement semblables; cependant, il est rare qu'on obtienne des chiffres absolument identiques. Habituellement, on note une différence de 1 à 3 milligrammes pour 100 centimètres cubes d'urine, ce qui, pour vingt-quatre heures, représente une différence de 5 à 15 centigrammes. La méthode de Haycraft indique presque toujours 10 centigrammes de plus pour vingt-quatre heures, résultat semblable à celui obtenu par tous les auteurs qui se sont occupés de l'analyse de l'acide urique. La méthode de Hopkins m'a donné en général des chiffres moindres que la méthode de Ludwig-Salkowski.

Les oscillations de l'élimination de la courbe de l'acide urique se montrent parallèles à l'aide de chacune des trois méthodes; j'estime que, pour des analyses comparatives, toutes ces méthodes sont bonnes. si l'on travaille exactement. Chacune d'elles peut faire déceler des modifications supérieures à 10 centigrammes pour vingt-quatre heures. Pour ce qui concerne les recherches sur l'épilepsie, la méthode de Haycraft est commode parce qu'elle indique non seulement l'acide urique lui-même, mais la totalité des corps alloxuriques, substances dont les actions physiologiques ne sont pas distinctes les unes des autres.

		URINES.					
					Acide urique.		
Jour	ATTAQUES.	Quantité.	Densité.	Urée.	Haycraft.	Ludwig.	Hopkins.
		c. c.		gr.	mgr.	mgr.	mgr.
1	2 attaques.	1810	1014	27,1	754	633	570
2	1 attaque	1160	1012	16,5	296	266	151
3	Excitation psychique	1750	1012	18,8	412	245	—
4	3 attaques.	1670	1015	20,9	415	417	417
5	1 attaque	2580	1011	20,5	507	412	464
6	1 attaque	2200	1010	22,6	370	396	—
7	Excitation psychique	2250	1009	15,0	392	450	427
8	2 attaques.	1550	1015	25,5	677	605	434
9	2 attaques.	2300	1012	29,7	846	756	784
10	1 attaque	1500	1015	19,7	655	555	—

Jour.	ATTAQUES.	URINES.					
		Quantité	Densité.	Urée.	Acide urique.		
					Haykraft.	Ludwig.	Hopkins.
		c. c.		gr.	mgr.	mgr.	mgr.
11	1 attaque	1950	1016	27,6	668	721	780
12	1 attaque	3750	1010	20,6	731	787	713
13	1 attaque	2050	1011	22,4	440	451	—
14	Excitation psychique	1550	1017	20,2	602	589	527
15	—	2100	1014	22,2	630	522	478
16		1900	1012	15,8	475	447	380
17	1 attaque . . . . ✓ . .	1560	1011	14,8	355	359	—
18	1 attaque	2800	1007	23,5	520	388	352
19	1 attaque	1350	1013	15,4	562	—	—
20	1 attaque	1250	1015	17,1	664	562	462
21	1 attaque	1500	1020	18,5	788	775	690
22	1 attaque	1350	1011	13,6	366	—	297
23		1750	1019	39,1	647	—	—

EXPÉRIENCE Nᵒ 12.

Haig explique les variations de l'élimination d'acide urique sous l'influence des attaques de migraine par des changements correspondants de l'alcalinité du sang. Il suppose qu'il est possible de régulariser l'élimination de l'acide urique en régularisant l'alcalinité du sang, et il croit même possible de couper l'attaque en recourant aux acides, par exemple. Si cette hypothèse était exacte pour l'épilepsie, et si les variations d'acide urique dans les urines dépendaient seulement du degré d'alcalinité du sang, on pourrait tenter de provoquer artificiellement une attaque. J'ai tenté un essai avec le malade B... (nᵒ 1) qui avait eu une attaque quelques jours auparavant et qui ne devait pas en attendre de nouvelle.

Durant trois jours, le malade reçut, toutes les deux heures (jour et nuit), cinq gouttes d'acide chlorhydrique dilué. Pendant ce temps, l'alcalinité du sang devait donc devenir moindre et l'élimination d'acide urique diminuer, c'est-à-dire qu'on devait s'attendre à une rétention de l'acide urique dans l'organisme. Pendant les trois jours suivants, le malade recevait, toutes les deux heures, 2 grammes de bicarbonate de sodium pur, soit donc 24 grammes en vingt-quatre heures. L'alcalinité du sang devait donc s'élever rapidement et toute la quantité d'acide urique retenue dans l'organisme pendant les jours précédents devait pénétrer dans le sang et provoquer une attaque d'épilepsie. L'attaque ne se produisit pas, ni ces jours ni les jours suivants; elle ne survint que dix jours après l'expérience. On peut cependant remarquer que les trois premiers jours la quantité d'acide urique fut moindre et qu'elle augmenta les jours suivants. Au cinquième jour de l'expérience, le malade présentait des tics convulsifs, symptôme qui, chez lui, précède souvent les attaques.

Ainsi, cette expérience, sans confirmer les vues de Haig, n'autorise cependant pas à les repousser, car on peut constater dans l'élimination de l'acide urique une variation répondant à l'hypothèse émise.

Jour.	ATTAQUES.	URINES.						
		Quantité	Densité.	Urée.	Acide urique.	P_2O_5	Phosphates alcalino-terreux	Urée:ac. urique.
		c. c.		gr.	mgr.	gr.	mgr.	
1		3425	1012	25,0	806	—	—	31
2	5 gouttes acid. mur. toutes les 2 h. . . .	4350	1010	25,4	848	2,7	870	30
3		3375	1013	22,0	544	2,9	978	40
4		3460	1016	35,5	673	3,3	761	52
5	2 gr. Natri bicarbonati toutes les 2 h. . .	3795	1015	33,6	894	2,9	754	38
6		3850	1012	25,6	1113	2,4	577	23

EXPÉRIENCE N° 13.

A l'effet de résoudre la question de la présence de l'*albumine* ou du *glucose* dans les urines des épileptiques, j'ai fait chez dix-huit épileptiques des recherches à l'aide des méthodes décrites ci-dessus, tant après les attaques que dans les périodes inter-calaires. Or, jamais je ne constatai d'albumine ; quant à la glucose, sur plusieurs centaines d'essais, je n'en ai rencontré que deux fois seulement dans les urines éliminées trois à cinq heures après l'attaque ; une fois, j'en trouvai 40 centigrammes pour 85 centi-mètres cubes ; une autre fois, j'en trouvai moins encore.

CHAPITRE III.

Conclusions.

Si nous essayons de résumer le résultat de toutes ces expériences, nous devons d'abord signaler que les attaques épileptiques sont loin d'être indifférentes sur les échanges nutritifs. On ne peut considérer l'épilepsie comme une simple névrose vaso-motrice ; de plus, les attaques épileptiques provoquent dans l'économie de l'organisme malade des troubles des échanges qui pourront peut-être amener à découvrir l'essence de cette maladie si obscure.

Il ne m'était pas possible, dans ce travail, de confirmer la plupart des indications émises par les auteurs qui signalèrent ou tâchèrent de justifier l'existence de phénomènes constants con-comitants aux attaques d'épilepsie, tels la diminution du poids du corps après les attaques, l'albuminurie, l'augmentation de la quantité des urines, de l'azote, de l'urée, etc. Toutefois, mes propres recherches ne m'autorisent pas à mettre en doute la plupart des observations faites avant moi, attendu que s'il existe certaines modifications qui se représentent d'une manière assez constante dans la plus grande partie des cas, il en est d'autres qui sont très inconstantes.

Les attaques d'épilepsie déterminent parfois des modifications qui ne se montrent que chez certains malades seulement, telles, par exemple, l'augmentation des chlorures chez le malade n° 1 ; parfois même chez un même malade les effets des attaques varient suivant le caractère de celles-ci.

Ainsi, certaines manifestations sont constantes, et l'on peut avec quelque droit les considérer comme pathognomoniques pour les attaques ; les autres, malgré leur fréquence, ne sont pas la conséquence constante des attaques, qu'elles existent chez un même malade ou chez des malades différents. Les variations d'élimination des corps alloxuriques et de l'acide phosphorique appartiennent au premier groupe ; les modifications de la quantité des urines, de l'urée, des chlorures et des sulfates appartiennent au second.

Il faut particulièrement signaler que :

1° Le poids du corps diminue souvent après les attaques d'épilepsie ; mais ce symptôme n'est pas constant et n'est pas pathognomonique pour l'épilepsie.

2° La quantité des urines chez les épileptiques est en général plus grande que chez les hommes sains ou chez les aliénés vivant dans les mêmes conditions. Les quantités de 2 à 3 litres sont habituelles pour les épileptiques ; la quantité de 4 litres ne présente rien d'extraordinaire. Ce phénomène est caractéristique pour l'épilepsie.

3° La quantité des urines ne se modifie pas sous l'influence des attaques. Mais chez certains malades elle augmente assez régulièrement aux jours des attaques.

4° On ne peut constater de rapport constant entre les attaques épileptiques et l'élimination de l'azote et de l'urée ; les oscillations demeurent dans les limites normales. Chez certains malades, on trouve plus souvent une augmentation de l'urée les jours des attaques, ou plus souvent trois ou quatre jours après. Dans d'autres cas, au contraire, et même assez souvent, on constate une diminution de l'urée les jours des attaques.

5° Il n'existe pas de rapport constant entre l'élimination des chlorures et les attaques d'épilepsie.

6° On ne trouve pas davantage de rapport constant entre l'élimination des sulfates et les attaques. Parfois cependant la quantité des sulfates est augmentée aux jours des attaques ou les troisième et quatrième jours qui les suivent.

7° Contrairement aux auteurs précédents, je n'ai pas trouvé d'albuminurie chez les épileptiques. A la suite de mes recherches, je pense que l'albuminurie constatée après les attaques est un symptôme qui n'appartient pas à l'épilepsie; elle ne se rencontrerait que comme complication accidentelle.

8° La glucosurie ne se rencontre pas davantage chez les épileptiques après les attaques.

9° Il y a un rapport plus évident, parfois même un rapport constant, entre les attaques et l'élimination de P_2O_5. Après les attaques, il se produit habituellement une élimination plus grande des phosphates; elle a lieu le jour de l'attaque ou le jour suivant. Cette augmentation se produit souvent plus tardivement que l'augmentation correspondante de l'élimination des corps alloxuriques. Les chiffres maxima ne dépassent cependant pas les limites maxima habituelles pour l'homme sain.

10° En résumé de mes recherches, je considère comme indéniable le rapport entre les variations de l'élimination des corps alloxuriques et les attaques d'épilepsie. Ce rapport est généralement le suivant : un des jours les plus rapprochés de l'attaque, la quantité des corps alloxuriques éliminée pendant vingt-quatre heures diminue; au contraire, immédiatement après l'attaque, cette quantité s'élève brusquement et proportionnellement à la diminution antérieure. Examinant les courbes des expériences, il semblerait que les attaques soient la réaction vis-à-vis la rétention des corps alloxuriques dans l'organisme. Ces recherches ont démontré que :

a) Le rapport entre l'élimination des corps alloxuriques et les attaques d'épilepsie est un phénomène constant.

b) Les trois méthodes employées pour l'analyse de l'acide urique, moyennant exactitude dans le travail et pureté des réactifs, sont aptes à faire constater les variations de quantité de cet acide.

c) Se basant sur les changements de l'élimination de l'acide urique, on peut souvent prévoir l'apparition de l'attaque épileptique. Je pense être en droit de considérer ce rapport comme constant et soumis seulement à des exceptions partielles, telles que, par exemple, chez les malades à attaques quotidiennes.

Une diminution d'acide urique se produit invariablement avant chaque attaque, le plus souvent un à deux jours avant. Je pense que, sans cette diminution préalable, l'attaque ne peut avoir lieu,

et que si un épileptique élimine chaque jour de 60 à 80 centigrammes d'acide urique, il ne présentera pas d'attaque. Lorsque
la quantité d'acide urique tombe au-dessous de 45 centigrammes
et surtout au-dessous de 35 centigrammes pour vingt-quatre
heures, une attaque est inévitable, le plus souvent trois jours
après. Le jour qui suit la diminution, la quantité d'acide urique
pour vingt-quatre heures est souvent normale; le troisième jour
survient l'attaque et, en même temps, la quantité de l'acide urique
s'élève brusquement; cette augmentation est habituellement proportionnelle à la diminution antérieure. Ainsi donc, la production
de l'acide urique n'est pas modifiée au point de vue quantitatif
absolu, mais seulement dans sa répartition dans le temps.

Il faut toutefois signaler qu'il n'est pas toujours facile de saisir
cette diminution qui précède l'attaque. Si la diminution d'élimination persiste vingt-quatre heures, elle sera certainement moins
marquée si elle tombe sur la fin de la journée et le commencement
d'une autre; mais avec quelque habitude on ne se trompe guère.
Il arrive quelquefois qu'après une diminution d'acide urique, il
ne survienne pas d'attaque; mais ces cas sont rares et ne se produisent que lorsque la diminution n'est pas considérable.

Dans les conditions habituelles, la quantité d'acide urique éliminée en vingt-quatre heures est toujours supérieure à 40 centigrammes. Je pense que, dans certaines conditions, l'organisme
d'un épileptique peut, sans qu'il soit nécessaire qu'une attaque
se produise, se débarrasser de l'acide urique retenu. L'attaque se
produit inévitablement lorsque l'organisme n'a pas le moyen
d'éliminer autrement l'acide urique retenu. C'est ainsi qu'on peut
expliquer l'apparition si fréquente des équivalents chez les épileptiques, tels les accès de migraine, le délire épileptique, les tics
convulsifs, les vertiges, etc. Enfin, dans certains cas, la diminution
de l'acide urique porte, non pas sur vingt-quatre heures, mais sur
une série de jours, ce qui a pour conséquence de provoquer une
accumulation insensible de l'acide urique dans l'organisme.

On peut mieux remarquer un rapport entre la diminution
de l'acide urique et l'intensité et le nombre des attaques. D'une
façon générale, on peut dire qu'avant chaque attaque, 25 centigrammes d'acide urique sont retenus dans l'organisme; enfin, si
cette diminution excède 30 centigrammes ou si elle persiste les
jours suivants, il faut s'attendre à plusieurs attaques ou à une très

forte (1). Si ces conclusions et si les expériences mêmes sont exactes, elles doivent satisfaire jusqu'à preuve du contraire. S'il est possible, en se basant sur les analyses, de prédire une attaque, il doit aussi être possible, en examinant la courbe, de dire les jours où elles ont lieu; cette expérience a donné des résultats intéressants. J'ai souvent fait des analyses d'acide urique en présence de quelques-uns de mes collègues; je calculais la quantité pour vingt-quatre heures et j'indiquais le jour de l'attaque; comparant cette indication avec les notes du livre d'appartement, elle y correspondait exactement.

Mes recherches confirment donc le rapport signalé la première fois par Haig entre l'élimination de l'acide urique et les attaques épileptiques.

———————

CHAPITRE IV.

Recherches sur l'action thérapeutique des moyens capables de dissoudre l'acide urique chez les épileptiques.

Si le retard de l'élimination de l'acide urique et sa rétention ·dans l'organisme jouent — comme le pense Haig — un grand rôle dans l'épilepsie, on doit s'attendre à ce que divers médicaments qui possèdent une action sur l'élimination de l'acide urique ne soient pas indifférents, eux aussi, vis-à-vis des attaques d'épilepsie. Sans que j'eusse osé espérer guérir les malades, j'ai cherché simplement à savoir si les médicaments qui ont une influence sur l'élimination de l'acide urique sont indifférents ou non sur les attaques d'épilepsie.

A ce point de vue, j'ai essayé l'action thérapeutique : 1° de la pipérazine; 2° de la lysidine; 3° du carbonate de lithium.

PREMIÈRE SÉRIE. — Pipérazine.

EXPÉRIENCE N° 1.

Malade M... (exp. n° 5, chap. II.). Durant cinq jours, les urines furent examinées en dehors de tout traitement constitué

————————

(1) Si l'on ne trouve pas ces modifications dans les urines des vingt-quatre heures, il faut faire les recherches par heure.

pendant dix jours par 2 grammes de pipérazine et neuf jours par 3 grammes de pipérazine par jour (1 gramme *pro dosi*).

Jour.	ATTAQUES.	Quantité de pipérazine.	URINES.							
			Quantité.	Densité.	Urée.	Acide urique.	Phosphates.	Chlorures.	Sulfates.	Urée : ac. uriq.
		gr.	c. c.		gr.	mgr.	gr.	gr.	gr.	
1	4 attaques.	—	1865	1015	24.8	476	2.2	9.7	2.3	52
2	3 —	—	2275	1023	37.1	872	3.4	25.5	3.9	42
3	3 —	—	2300	1022	37.5	804	3.4	23.2	4.2	46
4	4 —	—	2625	1019	36.9	703	2.9	26.9	3.7	52
5	4 —	—	2375	1020	34.6	590	3.0	23.4	3.9	58
6	4 —	2	2600	1020	42.4	746	3.3	13.2	4.0	57
7	5 —	2	—	—	—	—	—	—	—	—
8	4 —	2	2675	1017	32.7	503	3.4	17.8	4.4	65
9	5 —	2	1625	1026	18.6	721	3.3	15.6	3.5	26
10	3 —	2	4450	1014	39.7	596	3.9	27.9	4.4	66
11	4 —	2	4170	1012	36.7	795	3.1	25.8	3.9	46
12	1 —	2	1850	1016	24.7	572	2.5	11 5	3 3	43
13	1 —	2	3150	1015	35.7	741	3.6	25.5	—	48
14	2 —	2	3155	1015	37.0	806	3.6	21.4	4.1	46
15	1 —	2	3390	1015	33.0	683	3.4	23.2	4.0	48
16	1 —	3	2430	1020	30.6	1009	3.7	25.1	4.7	30
17	1 —	3	3550	1013	31.9	692	3.1	27.0	3 7	46
18	3 —	3	3850	1013	33.6	750	3.2	27.9	3.9	45
19	1 —	3	2990	1017	25.7	623	3.0	26.9	3 9	41
20	1 —	3	3025	1018	31.7	732	3.2	24.9	3.7	43
21	1 —	3	3850	1018	42.4	1293	4.3	29.8	5.0	32
22	2 —	3	2750	—	—	—	—	—	—	—
23	3 —	3	2200	1025	—	562	—	—	—	—
24	2 —	3	3250	1011	25.2	—	—	—	—	—

Dans cette expérience, la quantité des urines sous l'influence de la pipérazine est devenue plus considérable et la densité s'est abaissée; mais l'acide urique, l'urée, P_2O_5 et SO_3 ne sont pas modifiés. L'influence de la pipérazine sur les urines fut donc presque nulle; elle eut cependant quelque effet sur les attaques, qui devinrent plus rares et plus faibles; les convulsions cessèrent et les attaques furent exprimées sous forme de petit mal. Cette influence est d'autant plus étonnante que le traitement du même malade par le salicylate de soude (d'après Haig, dose $= 0^{gr}5$, six fois par jour) aggrava si fort l'épilepsie, qu'après dix-sept jours j'ai dû interrompre la médication.

Cette influence de la pipérazine sur les attaques demeure sans explication, étant donnée son influence si faible sur l'élimination de l'acide urique.

EXPÉRIENCE N° 2.

Malade S... (exp. n° 10, chap. II.). L'influence de la pipérazine sur les attaques et sur l'élimination de l'acide urique fut nulle. Le rapport typique entre les attaques et l'élimination de l'acide urique est clairement exprimé dans cette expérience.

Jour.	ATTAQUES.	URINES.			Pipérazine.
		Quantité.	Densité.	Acide urique.	
1	Attaque à 6 h. du matin.	c.c. 2500	—	mgr. 386	
2	—	2100	1008	889	
3		2050	1015	551	2 grammes par jour.
4		2000	1012	645	
5		1600	1022	870	
6		2000	1016	752	
7		2400	1015	885	

Jour.	ATTAQUES.	URINES.			Pipérazine.
		Quantité.	Densité.	Acide urique.	
8		c. c. 2400	1008	mgr. 435	
9		2500	1011	722	
10		2750	1012	784	
11	—	4350	1008	585	
12	Attaque à 5 h. du matin	2150	1011	291	2 grammes par jour.
13	Attaques à 9 h. et à 11 h. du matin . .	2100	1017	919	
14	Attaques à 12 h. et à 3 h. du matin . .	3450	1008	1238	
15	Attaque à 8 h. 30 m. du matin. . . .	950	1023	479	
16	—	2050	1008	624	
17		3500	1025	846	
18		2200	1019	813	
19		2100	1012	504	
20		3700	1009	579	

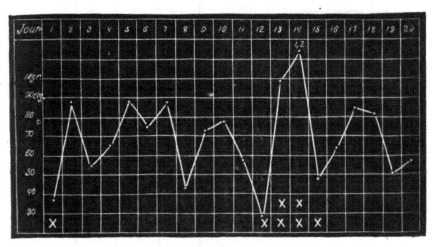

Le signe ✕ représente une attaque d'épilepsie.

EXPÉRIENCE N° 3.

Malade G... (exp. n° 11, chap. II.). Attaques très fréquentes. Résultat identique à celui de l'expérience précédente : négatif pour l'influence de la pipérazine, et positif pour le rapport entre les attaques et l'élimination de l'acide urique.

Jour.	ATTAQUES.	URINES.			Pipérazine.
		Quantité.	Densité.	Acide urique.	
		c. c.		mgr.	
1	Attaque à 5 h. du soir	750	1014	207	
2	Attaque à 6 h. du soir	2250	1011	423	
3	—	1150	1018	680	
4	—	850	1025	600	
5	Attaque à 1 h. du soir	950	1025	606	
6	Attaque à minuit	1400	1014	451	
7	—	2800	1008	715	
8	Attaques à 5 h. du soir et 5 h. du matin.	1800	1015	602	
9	—	1500	1016	454	
10		950	1025	654	
11	—	500	1028	420	
12	Attaques à 4 h., à 5 h., à 6 h. et à 10 h. du soir.	850	1025	200	
13	Attaques à 3 h. et à 5 h. du matin . .	1000	1010	—	
14	Attaque à 3 h. du matin.	1550	1016	583	
15	—	1660	1014	538	
16	—	900	1014	450	
17	Attaque à 3 h. du soir	1900	1012	612	

2 grammes par jour.

DEUXIÈME SÉRIE. — Lysidine.

EXPÉRIENCE N° 1.

Malade S..., A... (exp. n° 9, chap. II.). On ne peut remarquer aucune influence du traitement sur les attaques ou sur la composition des urines et l'élimination de l'acide urique.

Jour.	ATTAQUES.	URINES.			Lysidine.
		Quantité.	Densité.	Acide urique.	
1		c. c. 2850	—	mgr. 629	
2		3060	1010	535	
3		1775	1016	358	
4		2500	1010	524	
5		2400	1015	677	
6		2350	1014	752	
7		3100	1011	583	
8	Attaque	2350	1013	1026	10 gouttes 2 fois par jour.
9	Attaque	1050	1014	494	
10		2500	1014	933	
11		2275	1014	611	
12		1600	1017	594	
13		1650	1017	745	
14		1350	1022	702	

Jour.	ATTAQUES.	URINES.			Lysidine.
		Quantité.	Densité.	Acide urique.	
15		c. c. 2400	1014	mgr. 605	
16	Attaque	2500	1009	470	
17	Attaque	2600	1012	822	
18		1000	1015	403	15 gouttes, 2 fois par jour.
19		2500	1010	611	
20		2500	1012	555	
21		3000	1006	302	
22		1350	1015	517	
23		1600	1015	516	
24	Attaque . . . . `. . .	2500	1007	369	
25		2600	1010	490	
26		2500	1009	303	
27		2500	1006	453	
28	Attaque	3050	1010	748	18 gouttes, 3 fois par jour.
29		3500	1008	1552	
30		2200	1012	813	
31		2600	1008	419	
32		2300	1012	587	
33		3200	1009	645	
34		2600	1012	636	
35		2650	1010	480	

N B. — Voir diagramme ci-contre.

Courbe d'élimination de l'acide urique. (Le signe $\times$ représente une attaque d'épilepsie.)

Expérience N° 2.

Malade S..., O... (exp. n° 10, chap. II). La quantité de l'acide urique augmenta un peu au cours du traitement; il n'y eut pas d'attaques pendant cette période.

Jour.	ATTAQUES.	URINES.			Lysidine.
		Quantité.	Densité.	Acide urique.	
1	Pas d'attaques	c. c. 4750	1007	mgr. 479	
2		3050	1010	615	
3		2650	1010	463	
4		3500	1009	424	
5		3050	1010	574	
6		2600	1012	594	
7		4600	1007	742	
8		3750	1008	756	
9		5100	1006	925	
10		3600	1008	709	15 gouttes, 3 fois par jour.
11		4150	1007	558	
12		2600	1010	687	
13		3000	1010	1169	
14		1200	1023	806	
15		2600	1015	908	

Expérience N° 3.

Malade G... (exp. n° 11, chap. II). L'influence de la lysidine est nulle sur les attaques ainsi que sur la composition des urines.

Jour.	ATTAQUES.	URINES.			Lysidine.
		Quantité.	Densité.	Acide urique.	
		c.c.		mgr.	
1	—	1950	1010	366	
2	Attaques : 10 h. soir ; 3 h. de la nuit . .	1300	1044	463	
3	Attaque : 3 h. de la nuit.	1800	1015	1144	
4	—	1000	1011	289	
5	Attaque : 3 h. de la nuit.	1200	1017	710	
6	Attaque : 11 h. soir	1050	1016	388	
7	—	2100	1608	522	
8	—	1600	1015	645	
9	Attaque	2400	1009	323	15 gouttes, 3 fois par jour.
10	Attaque	1500	1015	500	
11	—	1250	1018	706	
12	—	1500	1012	524	
13	Attaque	1700	1015	776	
14	—	2100	1015	776	
15	Attaque	1150	1019	750	

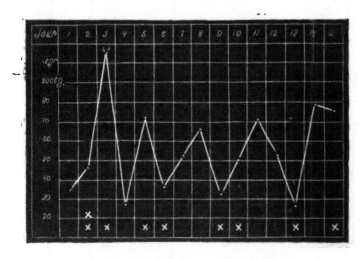

Le signe ✕ représente une attaque d'épilepsie.

Expérience N° 4.

Malade M... (exp. n° 5, chap. II). Le résultat de. l'expérience est négatif.

Jour.	ATTAQUES.	URINES.			Lysidine.
		Quantité.	Densité.	Acide urique.	
		c. c.		mgr.	
1	2 attaques	1200	1015	427	
2	1 attaque.	1650	1021	721	10 gouttes 2 fois par jour.
3		1650	1020	721	
4	2 attaques	1500	1020	575	
5		1000	1023	612	
6	1 attaque.	500	1027	424	
7	1 attaque.	1430	1028	490	
8		2600	1012	—	
9	2 attaques	2600	1017	769	
10		2150	1012	361	15 gouttes 3 fois par jour.
11	1 attaque.	1600	1015	516	
12		2050	1016	524	
13	2 attaques	3600	1010	544	
14	3 attaques	1600	1016	677	
15	3 attaques	2550	1012	651	
16	3 attaques	3300	1008	554	
17	1 attaque.	2300	1014	618	
18	2 attaques	1500	1019	544	
19	2 attaques	800	1029	661	15 gouttes 3 fois par jour.
20	2 attaques	700	1025	524	
21	1 attaque.	1450	1012	380	
22	2 attaques	—	—	—	
23	1 attaque.	3200	1009	560	
24	1 attaque.	—	—	—	
25	2 attaques	2500	1014	454	
26	1 attaque.	1000	1026	625	
27		1900	1013	714	

Expérience N° 5.

Malade B... (exp. n° 7, chap. II). Le résultat de l'expérience est négatif.

Jour.	ATTAQUES.	URINES.			Lysidine.
		Quantité.	Densité.	Acide urique.	
1		c. c. 1500	1024	mgr. 726	
2		2000	1016	806	
3		2500	1018	974	
4		4000	1010	538	
5		2750	1015	906	
6		2850	1011	748	
7		2900	1011	663	
8	5 attaques	2600	1014	924	
9	3 attaques	2700	1014	635	
10	1 attaque.	2450	1012	744	
11		2100	1014	1185	
12		3100	1015	728	15 gouttes 3 fois par jour.
13		2950	1013	456	
14		3150	1014	505	
15		2350	1015	480	
16		2900	1014	346	
17		2800	1014	489	
18		2600	1012	769	
19		3500	1015	682	

Expérience N° 6.

Malade Tsch... (exp. n° 2, chap. II). L'influence de la lysidine fut nulle. Le rapport entre les attaques et l'élimination des corps alloxuriques apparaît d'une manière très évidente.

Jour.	ATTAQUES.	URINES.		
		Quantité.	Densité.	Acide urique.
		c. c. 1700	1028	mgr. 914
		1600	1030	1021
o	.	1700	1028	915
4	Attaque à 1 h. 40 m. du matin	1700	1025	228
		1850	1025	597
		2350	1020	758
		2350	1022	805
8	Attaque à 10 h. 30 m. du matin.	2650	1020	178
		1950	1017	773
10		2550	1020	823
11		2600	1018	1363
12		3250	1015	947
13		3000	1017	847

Jour.	ATTAQUES.	URINES.		
		Quantité.	Densité.	Acide urique.
		c. c.		mgr.
14	—	2250	1020	784
15	Attaque à 10 h. 41 m. du matin.	3000	1042	806
16	—	1600	1025	408
17		2250	1020	408
18		2000	1024	887
19		2050	1033	303

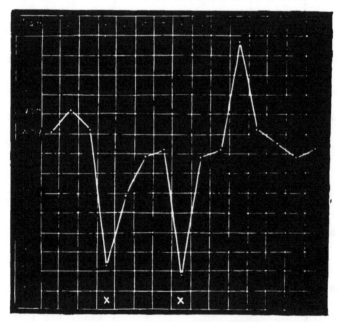

Le signe ✕ représente une attaque d'épilepsie.

Ainsi, ces six expériences démontrent que la lysidine de même que la pipérazine n'ont aucune influence ni sur les attaques ni sur l'élimination de l'acide urique.

TROISIÈME SÉRIE. — Carbonate de lithium.

Cette troisième série d'expériences porta sur les mêmes malades dix jours après la fin des expériences précédentes.

EXPÉRIENCE N° 1.

S..., A... (exp. n° 10, chap. II). Ce malade reçut 1 gramme de carbonate de lithium, trois fois par jour.

Les sept premiers jours du traitement, il eut au total quatre attaques, c'est-à-dire plus que d'habitude, attendu qu'auparavant il n'avait que cinq à sept attaques par mois. Les deux premiers jours, l'état du malade ne différa pas de l'état habituel, mais des symptômes très graves apparurent les jours suivants : apathie extrême, état presque stuporeux, obnubilation de la conscience, tics convulsifs rythmiques aux deux mains (quinze à vingt fois par minute), faiblesse des jambes; le malade commença à uriner au lit. En présence de pareil état, je décidai d'interrompre le traitement par le carbonate de lithium, qui, à partir du dixième jour, était donné à doses de 6 grammes par jour. Après treize jours de traitement, la médication fut abandonnée et, en quelques jours, le malade revint à son état normal. Mais parallèlement à une influence si intense sur l'état général de la santé, les attaques cessèrent tout à fait à partir du huitième jour; durant un mois entier, le malade n'eut pas d'attaque. Après qu'il fut revenu à l'état normal et qu'il fut demeuré vingt-quatre jours sans attaques, je lui donnai de nouveau de la lithine, mais à doses plus petites, 50 centigrammes, trois fois par jour. Le huitième jour, il eut une légère attaque. Ces doses furent bien tolérées par le malade.

Il est regrettable que le tableau ci-après ne résolve pas la question de l'influence du carbonate de lithium sur la quantité urinaire et sur l'élimination de l'acide urique; car, comme nous l'avons dit, au bout de quelques jours il était devenu impossible de rassembler les urines à raison de l'état de santé du malade.

Dans la période qui suivit (à partir du quarante-septième jour), on constate une augmentation de la quantité des urines sans modification remarquable de la quantité d'acide urique.

Ainsi, dans cette expérience, la lithine eut une influence très nette sur l'état de santé du malade et sur les attaques d'épilepsie.

JOUR.	Mars.	Avril.	Mai.	Juin.	Juillet.	Août.	Septembre.	Octobre.
1	—	1	—	—	—	*Lysidine, 15 g.. 2 fois par j.* —	3 gr.	1
2	—	—	—	—	2	—	*Lithium, 6 gr. par j.* —	—
3	—	—	—	—	—	1	—	—
4	—	—	—	1	—	—	—	—
5	1	—	—	—	—	—	—	—
6	2	—	1	—	—	—	—	—
7	—	—	1	—	—	—	—	—
8	—	—	—	2	—	*Lysidine, 15 gouttes 3 fois par jour.* —	—	1
9	—	—	—	—	—	1	—	
10	—	—	—	—	1	—	—	*Lithium, 1gr.5 pro die.*
11	—	—	—	—	—	—	—	—
12	—	—	—	—	—	—	—	—
13	—	—	—	—	—	—	—	—
14	—	1	—	—	—	—	—	—
15	1	1	—	1	—	—	—	—
16	—	—	1	1	—	—	—	—
17	—	—	—	—	—	1	—	—
18	—	—	-	—	*Lysidine, 10 g.. 3 fois par j.* 1	—	—	—
19	—	—	—	—	1	—	—	—
20	—	—	—	—	—	—	—	—
21	—	—	—	—	—	—	—	—
22	—	—	—	—	—	1	—	—
23	1	—	1	—	—	—	—	—
24	—	—	—	1	—	—	—	—

JOUR.	Mars.	Avril.	Mai.	Juin.	Juillet.	Août.	Septembre.	Octobre.
25	—	—	—	—	—	1	—	—
26	—	—	—	—	1	1	—	—
27	—	—	—	—	1		—	—
28	—	—	—	—			—	—
29	—	1	—	—			—	—
30	—	1	—	—		1	—	—
31	2	—	—	—	—	1	—	—
TOTAL des attaques.	7	5	4	6	7	9	—	2

Juillet : Lysidine, 15 g^tt 2 fois par j. — Août : Lithium carb., 3 gr. pro die. — Septembre : Lithium, 1 gr,5 pro die.

Jour.	ATTAQUES.	Quantité.	Densité.	Urée.	Acide urique.	Lithium carbonicum.
		URINES.				
1		c. c. 2600	1008	—	mgr. 559	
2	Attaque.	3500	1007	—	571	
3		1800	1015	—	714	
4		1200	1015	—	452	
5		1600	1007	—	322	
6		2500	1011	—	672	
7	Attaque.	3000	1009	—	544	
8		2500	1040	—	672	
9		2150	1015	—	896	

Jour.	ATTAQUES.	URINES.				Lithium carbonicum.
		Quantité.	Dens¹ité.	Urée.	Acide urique	
		c. c.			mgr.	
10	Attaque.	2700	1010	—	942	
11	Attaque	2500	1012	—	1025	
12		2700	1010	—	690	
13		2600	1008	—	612	3 grammes par jour.
14	Attaque.	2350	1012	—	442	
15	Attaque.	1650	1018	—	543	
47	—	3000	1007	24,1	1008	
48		2500	1008	19,0	504	
49		2700	1008	20,4	507	
50		4500	1008	18,4	816	
51		3600	1010	27,2	725	Oer A, 3 fois par jour.
52		3600	1009	18,0	761	
53		2100	1009	18,9	565	
54		1500	1012	18,3	736	
55		1500	1011	14,0	343	

EXPÉRIENCE N° 2.

Malade S..., O... L'influence du carbonate de lithium fut ici clairement exprimée. Le malade avait d'habitude de six à dix attaques par mois; pendant la durée du traitement, il ne présenta qu'une seule attaque endéans quarante-huit jours, période pendant laquelle il reçut 6 grammes par jour. Il supportait parfaitement les doses de 3 grammes par jour, mais les doses de 6 grammes provoquaient des phénomènes de dépression (apathie, migraine) qui se terminaient par une attaque; aussi, les doses durent-elles être réduites à 3 grammes.

La quantité des urines augmenta fortement; elle resta en moyenne de 5 litres, et s'éleva parfois jusqu'à 7 litres par jour.

La réaction des urines était neutre ou faiblement alcaline. La quantité de l'urée augmenta légèrement; la quantité d'acide urique s'éleva également quelque peu, mais son élimination se régularisa notablement, et la quantité éliminée par jour ne demeura pas inférieure à 60 centigrammes. Le poids du corps resta le même durant quarante-huit jours.

JOUR.	Janvier.	Février.	Mars.	Avril.	Mai.	Juin.	Juillet.	Août.	Septembre.	Octobre.
1	—	1	—	—	—	—	—	—	3 gr.	—
2	—		—	—	—	—	—	—		—
3	—		—	—	—	—	—	—		—
4	—		—	1	—	1	—	—		—
5	1	—	—	—	—	1	2	—		—
6	—		—	—	—	—	—	—	Lithium, 6 grammes pro die.	Lithium carbonicum, 3 grammes pro die.
7	—		—	—	—	—	—	—		—
8	—		—	1	—	—	—	—		—
9	—		—	—	—	—	1	—		—
10	—		—	—	1	—	—	Lysidine, 15 gouttes 3 fois par jour.		—
11	—		2	—	2	—	—		1	—
12	—		—	—	1	—	1			—
13	Natrium bromatum.	Natrium bromatum.	—	—	—	2	—			—
14			—	—	—	—	—			—
15			—	—	—	—	—		Lithium carbonicum, 3 grammes par jour.	—
16			—	—	—	—	—	1		—
17			—	—	—	—	—			—
18			—	—	—	—	—			—
19			—	—	—	1	—			—
20	—	—	1	1	—	—				—
21	—	—	4	1	—	—	Pipér. 2 gr. pro die.			—
22	—	—	—	1	—	—				—
23	—	—	—	—	—	1				—

JOUR.	Janvier.	Février.	Mars.	Avril.	Mai.	Juin.	Juillet.	Août.	Septembre.	Octobre.
24	—	—	—	—	—	—	2	—	—	—
25	—	—	—	—	—	1	2	—	—	—
26	—	—	—	—	—	1	—	—	—	—
27	Natrium bromatum.	Natrium bromatum.	—	—	—	—	Pipérazine, 2 grammes pro die.	Lithium carb., 3 gr. pro die.	Lithium carb., 3 gr. par jour.	—
28	—	—	—	—	—	—	—	—	—	—
29	—	—	—	1	—	—	—	—	—	—
30	—	—	—	—	1	—	—	—	—	—
31	—	—	—	—	—	—	—	—	—	—
TOTAL des attaques.	1	1	7	6	5	7	10	1	1	—

Jour.	ATTAQUES.	URINES.				Lithium carbonicum.
		Quantité.	Densité.	Urée.	Acide urique.	
		c. c.			mgr.	
1	Attaque.	2500	1008	—	588	
2		4200	1007	—	1016	
3		5900	1011	—	935	
4		3000	1010	—	887	
5		2100	1011	—	722	
6		3600	1010	—	871	
7		3050	1011	—	943	
8		2800	1012	—	1053	
9		3600	1010	—	943	
10		3200	1008	—	796	
11		2450	1010	—	724	3 grammes par jour.
12		2300	1012	—	927	

Jour.	ATTAQUES.	URINES.				Lithium carbonicum.
		Quantité.	Densité.	Urée.	Acide urique.	
49		c. c. 7000	1008	23,9	mgr. 934	
50		6200	1005	43,5	946	
51		5300	1005	29,7	890	
52		5300	1005	30,7	925	3 grammes par jour.
53		5000	1009	36,5	806	
54		5300	1008	32,3	742	
55		5000	1008	28,0	1008	
56		5200	1007	23,9	1007	
57		5000	1008	34,0	1182	

EXPÉRIENCE N° 3.

Malade G... Durant les neuf premiers jours du traitement par le carbonate de lithium (3 grammes par jour), quelques symptômes d'intolérance se sont manifestés; ils augmentèrent durant les douze jours suivants, lorsque la dose de lithium fut poussée jusqu'à 6 grammes par jour. Du côté du système nerveux, ces symptômes se manifestèrent sous forme de céphalée, obnubilation de la conscience, faiblesse dans les membres inférieurs; les contractions convulsives dans les pieds, que le malade présentait parfois dans les conditions habituelles s'accentuèrent. Après vingt et un jours, la médication fut abandonnée et le malade revint en peu de jours à son état habituel. Le lithium exerça donc une action très marquée, mais dans un sens défavorable. Durant ce mois, pendant les treize premiers jours du

traitement, le malade eut cinquante-cinq attaques, alors que
d'habitude il n'en avait environ que vingt par mois.

JOUR	Avril.	Mai.	Juin.	Juillet.	Août.	Septembre.	Octobre.
1	3	2	—	1	2	1	—
2	2	1	—	1	1	—	—
3	7	3	2	1	—	—	—
4	1	1	2	—	1	—	—
5	1	1	3	—	1	1	—
6	1	2	5	—	—	1	—
7	2	2	2	2	—	1	1
8	—	—	1	1	1	2	—
9	—	—	1	—	1	3	3
10	—	—	—	1	1	1	—
11	1	1	3	—	1	1	—
12	1	—	1	—	1	—	—
13	1	1	2	1	—	1	—
14	—	—	—	—	1	1	—
15	2	1	3	1	1	2	—
16	—	—	1	—	1	4	—
17	—	—	1	—	2	4	—
18	5	1	1	—	1	5	—
19	1	1	2	1	1	5	—
20	2	1	2	1	—	3	—
21	—	1	1	2	—	4	—
22	—	3	1	—	1	2	—
23	—	—	—	—	—	2	—
24	—	—	2	—	—	6	—
25	1	1	—	4	1	2	—
26	—	1	—	2	1	—	—

Juillet : Pipérazine, 3 grammes par jour.

Août : Lysidine, 15 gouttes 3 fois par jour. — Lith. c., 3 gr.

Septembre : Lithium, carbonicum 3 grammes par jour.

JOUR.	Avril	Mai	Juin	Juillet	Août	Septembre	Octobre
27	—	—	—	1	—	2	—
28	—	—	1	—	—	1	—
29	1	—	1	Pipérazine, 3 gr. par jour.	1 (Lithium carb., 3 gr. pro die.)	—	—
30	2	1	1	1	1	—	—
31	—	1	—	—	—	—	—
TOTAL des attaques.	34	26	39	20	20	55	—

EXPÉRIENCE N° 4.

Malade M... (exp. n° 5, chap. II), également sujet à des attaques quotidiennes. Les attaques cessèrent complètement chez ce malade à partir du deuxième jour du traitement par le carbonate de lithium, alors que les quatorze mois précédents les attaques se produisaient quotidiennement. J'ai essayé sans succès de nombreux médicaments parmi ceux proposés pour le traitement de l'épilepsie; seul, le bromure de sodium, à la dose de 15 grammes par jour, délivrait pour quelques jours le malade de ses attaques; mais ces rémissions ne se prolongeaient pas au delà de six jours.

Les dix premiers jours, le malade reçut 3 grammes de lithium par jour, et il ne présenta pas d'attaque. Il se sentait très bien et n'offrait pas de symptômes d'intoxication. Après dix jours, la dose fut élevée jusqu'à 6 grammes par jour; dès les premiers jours se développèrent des symptômes du côté du système nerveux (céphalée, obnubilation de la conscience, somnolence); à partir de ce moment, il présenta des attaques les troisième et quatrième jours; à partir du septième jour, les attaques devinrent plus fréquentes et plus fortes qu'elles n'étaient précédemment. Parallèlement, l'état de santé générale devint si mauvais, qu'au douzième jour je revins à la dose de 3 grammes par jour : tous les symptômes d'intoxication disparurent immédiatement et, durant les vingt-six jours suivants, le sujet présenta deux légères attaques seulement. Sous l'influence de la médication, la quantité d'urine augmenta considérablement : elle variait de 8 à 10 litres par jour. Sa réaction était habituellement faiblement alcaline et la densité très faible. La quantité de l'urée ne fut presque pas modifiée, pas plus que celle de l'acide urique.

Au cours de cette expérience, le malade perdit 9ᵏᵍ2 de son poids.

JOUR.	Janvier.	Février.	Mars.	Avril.	Mai.	Juin.	Juillet.	Août.	Septembre.	Octobre.
1	2	4	—	1	1	5	2	3	—	
2	4	4	1	2	1	1	1	3	—	
3	2	5	2	—	3	2	1	3	—	
4	6	5	—	—	4	—	1	1		
5	4	5	—	1	2	—	3	2	1	
6	4	3	1	—	1	—	3	2	1	
7	4	4	1	1	2	1	2	2		
8	7	1	2	1	—	—	5	1		
9	4	1	1	2	2	2	4	1	2	
10	6	2	5	2	1	1	—	1	6	
11	4	1	1	3	2	2	—	1	4	
12	4	1	3	2	—	3	2	2	3	
13	5	1	4	2	3	3	1	1	1	
14	4	3	1	2	3	—	1		2	
15	5	1	2	1	1	1	1	2		
16	2	1	1	•2	—	2	4	2	1	
17	4	—	2	2	2	3	2	1		
18	3	1	3	1	4	3	1	1		
19	3	2	1	3	1	2	2	2		
20	4	—	1	2	1	1	1	2		
21	7	3	3	2	2	—		1		

Janvier : Attaques. — Natrium salicylicum, 3 grammes par jour.
Février : Natr. salic., 3 gr. par jour.
Juillet : Lysidine, 10 g. p. j.
Août : Lysidine, 15 g 3 f p. j. — Lysidine, 15 gouttes 3 fois par jour.
Septembre : Lithium, 6 grammes par jour. — Lithium, 3 gr. par jour.
Octobre : Lithium, 3 grammes par jour. (Voir plus loin tableaux du chapitre VIII.)

JOUR.	Janvier.	Février.	Mars.	Avril.	Mai.	Juin.	Juillet.	Août.	Septembre.	Octobre.
22	3	2	1	4	1	2	2	1	—	
23	3	—	2	5	2	1		2		
24	3	1	3	1	2	3	1	2	1	
25	3	1	2	3	1	5	1		1	
26	2	—	1	1	4	—				
27	2	3	—	2	1	2	2			
28	4	1	1	1	2	2				
29	3	—	—	1	3	—	1			
30	3	—	1	2	1	1				
31	4	—	1	—	2	—	2			
TOTAL des attaques.	118	56	47	52	55	48	46	41	22	—

Annotations : Janvier — Natrium salicylicum, 3 grammes par jour. Juin — Lysidine, 45 g. 3 f. p. j. Juillet — Lysidine, 10 g. p. j. Août — Lithium, 3 grammes par jour. Septembre — Lithium, 3 grammes par jour. Octobre — (Voir plus loin tableaux du chapitre VIII.)

Jour.	ATTAQUES.	URINES.				Lithium carbonicum.
		Quantité.	Densité.	Urée.	Acide urique.	
		c. c.		gr.	mgr.	
1	2 attaques	2850	1012	—	642	
2	1 attaque	2200	1015	—	814	
3	1 attaque	2500	1012	—	762	
4	2 attaques	2000	1015	—	636	
5	2 attaques	2500	1013	24.3	688	
6	1 attaque	3700	1010	27.0	770	
7	1 attaque	3600	1012	20.5	581	
8	2 attaques	3000	1013	18.3	1190	
9	2 attaques	3200	1014	33.6	989	

Jour.	ATTAQUES.	URINES.				Lithium carbonicum.
		Quantité.	Densité.	Urée.	Acide urique.	
		c. c.		gr.	mgr.	
10	1 attaque............	3800	1010	28.1	741	
11		3000	1014	30.0	645	
12		3000	1015	18.0	504	
50		9500	1005	34.8	830	Lithium carbonicum, 3 grammes par jour.
51		8000	1005	27.4	645	
52		6600	1005	18.0	621	
53		8000	1007	21.9	591	
54		8500	1005	22.7	687	
55		9100	1005	24.0	848	
56		8500	1006	31.1	1600	
57		8400	1006	20.4	790	
58		5000	—	12.1	471	

EXPÉRIENCE Nº 5.

Le malade B... (exp. nº 7, chap. II) supportait mal le carbonate de lithium, surtout à la dose de 6 grammes par jour; toutefois les attaques devinrent plus rares et plus faibles. De cette expérience, ainsi que des précédentes, il se dégage nettement que les fortes doses de lithium exercent sur les attaques une influence pernicieuse, contrairement aux petites doses; ainsi, cinq attaques sur les neuf qui eurent lieu au cours du traitement répondent aux jours de l'augmentation des doses de lithium. Les doses que le malade supportait bien exercèrent une heureuse influence sur son état général : habituellement très irritable, il était devenu plus tranquille, et ne présentait pas de délire dans les périodes intercalaires.

La quantité des urines augmenta sous l'influence du lithium ainsi que la quantité d'acide urique éliminée.

JOUR.	Janvier	Février	Mars	Avril	Mai	Juin	Juillet	Août	Septembre	Octobre
1	—	1	—	—	—	—	—	—	—	1
2	—	2	—	—	—	—	—	—	—	—
3	*Attaques.*	2	—	—	—	—	—	—	—	—
4		1	—	1	—	—	—	—	—	—
5		—	—	—	1	—	—	5		
6	1	—	—	—	1	—	—	3		
7	1	—	—	1	—	—	—	1		
8	2	1	1	1	—	—	—		*Lithium, 6 grammes pro die.*	1
9	1	—	—	—	—	1	2			1
10	1	—	—	—	3	3	3		1	
11	—	—	—	—	1	3	2	*Lysidine, 15 gtt. 3 fois par jour.*	1	—
12	—	3	—	—	—	3	1			—
13	—	4	—	1	—	2	—		3	—
14	—	1	2	2	—	—	—			—
15	—	—	2	2	—	—	—		*Lithium, 3 g. pro die.*	
16	—	—	3	—	1	—	—			
17	—	—	2	—	1	—	—			
18	—	—	—	—	1	—	—		—	
19	1	—	—	—	1	—	—	2	—	
20	2	—	—	—	—	—	2	2	—	
21	2	—	—	—	—	—	2	1	—	
22	—	—	—	—	—	—	—	2		
23	—	—	—	—	1	—	—	2	—	

JOUR.	Janvier.	Février.	Mars.	Avril.	Mai.	Juin.	Juillet.	Août.	Septembre.	Octobre.
24	—	—	—	—	2	—	—	—	—	
25	—	1	1	2	—	1	—			—
26	—	4	2	2	—	3	1			—
27	—	2	—	2	—	5	1	*Lithium, 3 grammes pro die*	*Lithium, 1.5 pro die*	1
28	—	2	1	2	1	—	1			—
29	—	—	1	—	1	1	—			1
30	—	—	—	—	—	—	—			2
31	—	—	—	—	—	—	—			—
TOTAL des attaques.	11	24	15	16	15	22	15	20	9	

Jour.	ATTAQUES.	URINES.				Lithium carbonicum.
		Quantité.	Densité.	Urée.	Acide urique.	
		c. c.		gr	mgr.	
1		3100	1012	—	542	
2		3300	1015	—	1241	
3		2600	1015	—	594	
4	2 attaques	2600	1015	—	1031	
5	2 attaques	3600	1010	—	1524	
6	1 attaque	3450	1012	—	1020	
7	2 attaques	3200	1008	—	753	
8	2 attaques	2150	1014	—	708	
9		3000	1014	—	1069	

Jour.	ATTAQUES.	URINES.				Lithium carbonicum.
		Quantité.	Densité.	Urée.	Acide urique.	
		c. c.		gr.	mgr.	
10		2600	1011	—	786	Lithium carbon., 3 gr. pro die.
11		2350	1015	—	790	
12		3100	1013	—	937	
13		2500	1012	—	670	
50		3400	1012	31.6	800	Lithium carbonicum, 3 gr. pro die.
51		5000	1011	42.5	1008	
52		4050	1010	21.7	762	
23		4200	1010	15.1	565	
54		3600	1010	25.6	653	
55		4600	1010	23.5	958	
56	1 attaque...........	4000	1010	32.0	931	
57	1 attaque...........	4000	1010	37.6	1300	
58		3600	1012	28.1	1044	

Expérience N° 6.

　　Malade Tsch... (exp. n° 2, chap. II). On remarquera ici également l'influence exercée par le lithium. Les attaques devinrent plus rares et, pendant trente-huit heures, le malade n'en eut pas, alors qu'habituellement il présentait six à dix attaques par mois. L'état de santé générale demeura bon aussi longtemps que les doses furent de 3 grammes par jour; mais lorsqu'elles furent élevées jusqu'à 6 grammes par jour, le malade éprouva des maux de tête, de la somnolence et offrit une très forte attaque d'épilepsie, à la suite de laquelle la dose fut abaissée à 3 grammes. Le lithium provoqua une augmentation de la diurèse et de l'urée éliminée. L'acide urique n'augmenta pas, mais son élimination devint plus régulière ; sa quantité ne fut pas inférieure à 60 centi-grammes par vingt-quatre heures, et, parallèlement, les attaques d'épilepsie disparurent.

JOUR.	Janvier.	Février.	Mars.	Avril.	Mai.	Juin.	Juillet.	Août.	Septembre.	Octobre.
1	—	—	—	1	—	—	—	—	—	—
2	—	—	—	—	—	—	2	—	1	—
3	—	—	—	—	—	—	—	—	—	—
4	2	—	—	—	—	—	—	1	—	—
5	—	—	1	—	—	—	—	—	—	—
6	—	—	—	—	1	—	—	—	1	—
7	—	1	2	—	—	1	—	—	—	—
8	—	—	—	—	1	—	—	—	—	—
9	—	—	1	—	—	1	2	—	—	—
10	—	—	—	—	—	—	—	—	—	—
11	2	—	—	—	—	—	—	1	—	—
12	—	—	—	—	—	—	—	—	—	—
13	—	—	—	—	—	—	—	—	—	—
14	—	—	—	2	—	—	—	—	—	—
15	—	—	—	—	1	—	—	—	—	—
16	—	1	1	—	—	5	—	—	—	—
17	—	—	—	—	2	—	—	—	—	—
18	—	—	—	—	—	—	—	1	—	—
19	—	—	3	2	—	—	—	—	—	—
20	1	1	—	—	—	—	—	—	—	—
21	—	—	—	—	—	—	1	—	—	—
22	—	3	—	—	2	—	—	—	—	—
23	—	—	—	—	—	1	—	—	—	—

Annotations in Août column: *Lysidine, 15 gtt. 3 fois par j.* (rows 7–13).
Annotations in Septembre column: *Lithium, 6 grammes pro die.* (rows 5–13) ; *Lithium, 3 gr. par jour.* (rows 21–23).

JOUR.	Janvier.	Février.	Mars.	Avril.	Mai.	Juin.	Juillet.	Août.	Septembre.	Octobre.
24	—	—	—	-	—	—	—	—		—
25	1	—	..	—	—	—	—	1		—
26	—	—	—	—	—	—	—			—
27	—	—	—	—	1	—	-			—
28	—	—	—	1	—	—	—			—
29	—	—	1	2	2	—	—			—
30	—	—	—	—	—	—	—			—
31	—	—	—	—	—	—	—			—
TOTAL des attaques.	6	6	9	9	10	8	6	4	2	0

(Août : Lithium, 3 grammes pro die. — Septembre : Lithium, 3 grammes par jour.)

Jour.	ATTAQUES.	URINES				Lithium carbonicum.
		Quantité.	Densité.	Urée.	Acide urique.	
		c. c.		gr.	mgr.	
1		3150	1023	—	530	
2	1 attaque............	4100	1014	—	1046	
3		2100	1020	—	451	
4		4200	1026	—	540	
5		2000	1025	—	984	
6		3200	1022	—	1206	
7		2800	1015	—	808	
8		2600	1020	—	576	
9	1 attaque............	3500	1023	—	1293	

Jour.	ATTAQUES.	URINES.				Lithium carbonicum.
		Quantité.	Densité.	Urée.	Acide urique.	
10		c. c. 2100	1022	gr. —	mgr. 423	Lithium carbonicum, 3 grammes par jour.
11		2100	1025	—	531	
12		2000	1026	—	874	
49		4250	1011	33 0	771	
50		3100	1012	28.8	666	
51		3100	1012	26.4	623	
52		3500	1014	32.9	800	
53		3600	1014	33.8	774	
54		3500	1014	32.6	935	
55		3500	1010	29 7	816	
56		4500	1009	40.0	756	
57		4000	1010	29.2	725	

En résumé de ces expériences, nous voyons que des trois médicaments étudiés, — pipérazine, lisydine et carbonate de lithium, — les deux premiers sont absolument indifférents vis-à-vis des attaques d'épilepsie, ainsi que vis-à-vis de l'élimination de l'acide urique ; au contraire, le carbonate de lithium exerce sur l'épilepsie une influence certaine.

Au début de ces expériences, je pensais que si l'organisme épileptique est le siège de réactions qui s'expriment par une diminution d'élimination de l'acide urique, et que si la cause de l'épilepsie dépend précisément de la rétention de cette substance, j'étais en droit de m'attendre à ce que les médicaments qui augmentent l'élimination et la dissolution de l'acide urique dussent exercer une heureuse influence sur l'épilepsie en diminuant le nombre des attaques. Haig, on le sait, attribue les attaques à la rétention de l'acide urique, dont une quantité plus grande pénètre dans le sang, grâce à une modification de son alcalinité. Si nous acceptons cette théorie, nous serons autorisés à penser qu'en administrant des médicaments qui augmentent l'élimination de l'acide urique, on pourra provoquer d'abord une augmentation des attaques; mais plus tard, lorsque l'acide urique retenu dans l'organisme sera éliminé, il n'y a pas possibilité aux quantités nouvelles d'être retenues dans l'organisme et les attaques devront cesser. Tandis que je tenais les malades en observation, cette hypothèse semblait se confirmer. On pouvait aisément se convaincre du fait que les fortes doses de lithium, qui augmentent davantage l'élimination de l'acide urique, provoquaient une augmentation des attaques et donnaient le tableau d'une intoxication, alors que les doses plus petites exerçaient une heureuse influence sur ces attaques. Le tableau d'intoxication ressemblait à celui décrit par Haig, qui l'attribue à l'action de l'acide urique.

Mais les analyses des urines des malades mis en observation ne permettaient pas d'accepter cette interprétation. Le lithium ne produisait qu'une augmentation considérable de la diurèse, alors que les quantités d'urée et d'acide urique, tout en étant parfois augmentées, n'étaient pas suffisamment modifiées pour expliquer les résultats obtenus. Dans ces expériences, on peut voir que pendant la durée du traitement par le lithium, l'élimination de l'acide urique est plus régulière qu'en dehors du traitement, et, notamment, on ne constate pas de jours où se montre la diminution qui précède habituellement les jours d'attaques. Ce fait ne confirme donc pas la théorie de Haig.

Ces expériences donnent à penser que le carbonate de lithium exerce à peine une influence sur la formation de l'acide urique et que peut-être il n'a même pas d'action notable sur l'élimination de l'acide urique malgré ses propriétés dissolvantes. Il n'y a de certain que ce fait : le carbonate de lithium est loin d'être indifférent vis-à vis des attaques d'épilepsie.

Ces observations démontrent que cette action n'est pas aussi simple qu'on pourrait le penser de prime abord. Il est très possible que l'influence du lithium sur les attaques ne soit pas basée sur l'élimination de l'acide urique retenu dans l'organisme épileptique. Il est impossible que, grâce à son affinité pour l'acide urique, le lithium crée simplement dans l'organisme d'un épileptique des conditions nouvelles en raison desquelles les réactions qui provoquent l'accès ne peuvent plus se produire dans les mêmes limites qu'auparavant. Aussi longtemps que dure la médication par le lithium, on ne peut constater d'accumulation d'acide urique dans l'organisme, et, parallèlement, il n'y a pas d'attaque; la pipérazine, au contraire, n'exerce d'influence ni sur la courbe de l'acide urique, ni sur les attaques.

Tout ceci nous donne à penser que les attaques d'épilepsie ne sont pas dues à l'acide urique et à sa pénétration dans le sang, comme le pense Haig; mais bien plutôt, qu'*il faut très probablement considérer la modification dans l'élimination de l'acide urique comme un résultat et un indicateur des réactions encore inconnues dont l'organisme des épileptiques est le siège.* Aussitôt que ces réactions atteignent un certain degré d'intensité, elles se déchargent sous forme d'attaques; celles-ci doivent être envisagées comme un moyen de défense de l'organisme vis-à-vis des réactions anormales, qui, sinon, eussent amené inévitablement l'organisme à la mort.

Me basant sur mes premiers résultats, je considérais, il y a quelques années, l'épilepsie non comme une maladie proprement nerveuse, mais comme une anomalie des échanges matériels ayant pour résultat l'accumulation dans l'organisme d'un produit de désassimilation. Dans ces derniers temps, les progrès de la bactériologie ont montré le rôle considérable exercé par des toxines, et d'autre part, la pathologie a créé la doctrine des auto-intoxications. Un grand nombre de manifestations morbides s'expliquent aujourd'hui par l'une ou l'autre de ces doctrines, suivant que les symptômes sont provoqués par des ptomaïnes ou par des leucomaïnes. Le caractère séduisant de cette explication eut pour conséquence de faire intervenir à tout propos les « toxines », faisant usage de ce nom et de cette explication dans des cas où il n'y a nulle indication sur la nature des substances qu'on suppose exister ou sur leurs propriétés chimiques. On emploie aujourd'hui le mot toxine dans tous les cas où il y a possibilité, même éloignée, d'expliquer les phénomènes constatés par une intoxication. Je ne supposais pas juste de considérer l'épilepsie comme une intoxication par des substances spéciales — des toxines, produits analogues aux leucomaïnes et ptomaïnes connues. Comprenant donc sous le nom de toxines des substances chimiques qui normalement n'existent pas dans l'organisme et qui dans les conditions habituelles ne s'y forment pas, nous n'avions pas de motifs suffisants pour les rechercher dans l'organisme de l'épileptique.

On peut dire, déjà de prime abord, que dans un laboratoire aussi complexe que l'est l'organisme vivant, des conditions différentes venant à se produire, une série infinie de déviations est possible au cours des réactions chimiques qui s'y passent. Chacun des corps formés dans ces conditions peut devenir plus ou moins toxique ou indifférent, suivant ses propriétés ou les conditions de formation.

On pourrait supposer que, chez l'épileptique, il se produit, au cours des réactions chimiques, des déviations qui s'expriment par une formation et une élimination moindres de l'acide urique. Aussitôt que cette réaction anormale a atteint certain degré, il se forme probablement un produit qui exerce sur le système nerveux une action toxique, provoquant une excitation des centres moteurs et, par suite, une attaque d'épilepsie. Il est très possible que l'attaque épileptique elle-même détermine des conditions nouvelles (accumulation de CO_2 dans le sang, altération de la réaction du sang), à la suite desquelles le cours ultérieur des réactions anormales devient impossible, et que dès lors les processus chimiques se poursuivent suivant la direction antérieure, normale. De cette manière, l'anomalie dans les échanges matériels, ainsi que son produit, est détruite par l'attaque elle-même après l'avoir provoquée. La formation et la destruction de cette substance sont étroitement liées à la genèse de l'acide urique, ce qui se traduit par une diminution d'élimination avant l'attaque, et une augmentation après. Cette hypothèse explique complètement pourquoi l'acide urique retenu dans l'organisme avant l'attaque s'élimine sitôt celle-ci produite. Les attaques elles-mêmes sont donc pour l'organisme épileptique, à l'instar du clapet de la machine à vapeur, un mode de décharge et de défense, aussitôt que les réactions vitales de l'organisme prennent, sous l'influence de certaines conditions, une direction anormale.

En exprimant ces idées, je ne me rallie donc pas à l'opinion de Haig, qui considère l'acide urique et sa rétention dans l'organisme comme la *cause* des attaques épileptiques, d'autant plus que les recherches de Frerichs et Wöhler et d'autres ont montré que, après injection intraveineuse d'acide urique ou d'urate, ainsi qu'après son introduction *per os*, on retrouve ces substances dans les urines, mais sous la forme d'urée.

CHAPITRE V.

Ayant eu l'occasion de faire, de 1894 à 1898, l'autopsie de nombreux sujets épileptiques, j'ai porté mon attention sur les altérations anatomo-pathologiques du cerveau. Conformément à ce qui est connu à ce jour, je n'ai pas trouvé d'altérations qui puissent expliquer la mort, qu'elle soit survenue au cours des attaques ou à la suite d'état de mal épileptique.

Les cas où les malades succombaient brusquement au cours d'une attaque épileptique, alors que leur santé antérieure ne laissait en rien à désirer, sont surtout énigmatiques. En dehors des modifications habituelles de l'asphyxie, on ne trouve à l'autopsie aucune altération spéciale. Ces cas donnent à penser que la seule explication possible de la mort, dans ces conditions, est une intoxication.

D'autre part, mettant à profit les résultats de mes recherches antérieures, je me suis proposé de déceler la région où il faudrait rechercher le poison épileptique, agent provocateur de l'attaque. Contrairement à beaucoup d'auteurs, j'ai laissé de côté les recherches sur la toxicité des urines, parce que j'estimais que trouver un corps toxique dans les urines ne signifie pas encore qu'on a obtenu le poison qui agit dans l'organisme. Les substances éliminées par les urines apparaissent, en effet, sous des formes tout autres qu'elles ne se trouvent dans l'organisme, et je pense que toutes les recherches sur la toxicité des urines des épileptiques ne fourniront aucune donnée qui aidera à résoudre la question de l'auto-intoxication dans l'épilepsie.

J'ai fait quelques expériences pour rechercher dans les cerveaux la substance toxique, mais je n'ai obtenu que des résultats négatifs. Alors, en 1894, j'ai pratiqué des essais en injectant du sang de sujet épileptique recueilli à différentes périodes avant et après les attaques.

Les premiers résultats de mes expériences furent très nets, ce qui m'engagea à poursuivre mes recherches, bien que les résultats ultérieurs ne vinssent pas confirmer les premiers. J'ai poursuivi ces recherches pendant quatre années, et je dois avouer qu'à ce jour encore je ne me crois pas en droit d'exprimer sur ce point une opinion fondée et nette.

Ces expériences sont d'une exécution difficile; elles réclament des observations longues et attentives, et surtout elles exigent beaucoup de prudence dans les conclusions.

Mes premières expériences furent les suivantes (années 1894 et 1895) :

Expérience n° 1. — A l'aide d'une ventouse, j'ai recueilli du sang chez un épileptique âgé de 15 ans, pendant la période de mal épileptique (cinquante et une attaques pendant un jour ; mort). Le sang fut pris au moment même de l'attaque, défibriné, puis injecté sous la peau d'un lapin à la quantité de 2 centimètres cubes. Après deux à trois minutes, le lapin présenta une attaque convulsive violente, qui dura deux minutes environ, fut suivie d'une période de forte dépression ; après quoi l'animal revint à l'état normal ; toutefois, il demeura une paralysie définitive du train postérieur. Le même jour, à 5 heures, le lapin présenta une seconde attaque d'épilepsie, et, au cours des quatre jours suivants, on en observa environ dix. L'animal succomba le cinquième jour. L'autopsie démontra une dilatation de la vessie et la présence de sang dans les urines y contenues.

Expérience n° 2. — Chez un épileptique, périodiquement sujet à des accès de somnolence profonde suivie d'hébétude, j'ai pris, au moyen d'une ventouse, 1 centimètre cube de sang et l'injectai sous la peau d'un lapin. Après deux à trois minutes, le lapin éprouva une attaque convulsive, après laquelle il resta une paralysie du train postérieur. Pendant les trois jours suivants, on observa cinq ou six attaques ; l'animal présenta de la dyspnée et un état de faiblesse. Il mourut au quatrième jour ; l'autopsie ne démontra rien d'anormal.

Expérience n° 3. — Deux centimètres cubes de sang furent prélevés chez le même malade pendant une période de lucidité ; son injection au lapin ne fut suivie d'aucun effet ; l'injection de la même quantité, pratiquée quinze minutes après, demeura également sans résultat : l'animal demeura absolument normal.

Expérience n° 4. — Quelque temps après, au moment d'un état de somnolence, je prélevai de nouveau, chez le même malade, 3 centimètres cubes de sang et les injectai au lapin qui servit dans l'expérience n° 3 ; deux minutes après, l'animal présenta une attaque convulsive suivie de prostration et de paralysie des extrémités postérieures. Les jours suivants, l'animal offrit deux ou trois attaques par jour ; il succomba le neuvième jour. L'autopsie ne révéla rien d'anormal.

Expérience n° 5. — Le sang du même malade, recueilli en dehors du moment d'attaque, ne détermina rien de particulier après injection au lapin.

Des expériences semblables, répétées avec le sang de plusieurs autres épileptiques, donnèrent des résultats négatifs : le sang recueilli dix à quinze minutes après une attaque et injecté au lapin en quantité de 5 à 10 centimètres cubes ne provoqua aucun phénomène chez l'animal.

Des résultats tels que ceux décrits aux expériences 1, 2 et 4 sont absolument rares. Toutefois, j'ai observé d'autres cas encore où le sang recueilli pendant la période d'état de mal épileptique ou d'autres manifestations épileptiques graves, et injecté au lapin à la quantité de 1, 3 à 6 centimètres cubes, provoqua immédiatement une paralysie des membres postérieurs et des attaques d'épilepsie ; ces attaques se répétèrent les jours suivants et les lapins succombèrent après quatre à huit jours.

Il faut noter que, chez les lapins intoxiqués par le sang épileptique, les attaques se produisent spontanément, mais on peut toutefois les provoquer si l'on excite l'animal. Il se produit alors un phénomène analogue à celui qui existe chez les sujets épileptiques : l'organisme est comme chargé et, à la première secousse assez violente pour l'ébranler, il réagit par une attaque d'épilepsie.

Il est naturellement beaucoup plus difficile de démontrer la toxicité du sang d'un épileptique qui ne présente que des attaques rares et d'autres manifestations épileptiques moins fortement exprimées. On le comprendra facilement si l'on songe à la quantité de poison que doit renfermer le sang d'un épileptique pour provoquer des attaques chez un lapin qui n'en a reçu que 1 à 3 centimètres cubes. Il est difficile souvent de dire si le sujet est en imminence d'attaque; si tel était le cas, il faudrait, pour provoquer chez les animaux les mêmes effets que ceux constatés après injection de sang d'un sujet qui présente des symptômes graves d'épilepsie, il faudrait, disons-nous, injecter des quantités beaucoup plus considérables du sang du premier que du second.

Il est difficile d'expliquer la paraplégie; peut-être serait-elle due à l'action locale du poison épileptogène.

Je considère cette partie de mon travail comme la plus difficile; c'est celle aussi qui exige le plus de prudence dans les conclusions : durant quatre années (1894 à 1898), j'ai fait plus de cent expériences, et je n'ose pas encore exprimer de conclusion définitive.

Plus fréquents que les cas décrits plus haut sont ceux où les lapins présentent des attaques quatre à huit jours après injection de 8 à 10 centimètres cubes de sang défibriné provenant d'un sujet épileptique. Ces lapins présentent des attaques d'épilepsie deux à quatre fois par jour et succombent après trois à quatre jours en état de coma épileptique.

Le sang provenant de sujets épileptiques n'exerce pas d'effets absolument identiques : tandis que le sang de certains sujets provoque toujours les mêmes phénomènes ch z les animaux auxquels il est injecté, le sang provenant d'autres sujets, injecté à la quantité de 5 centimètres cubes, se montre au contraire absolument indifférent.

J'ai constaté également que parfois les lapins injectés avec 5 à 10 centimètres cubes de sang de sujet épileptique, et demeurés les premiers temps absolument normaux, devenaient malades deux à trois semaines après l'injection. Les deux premières années de mes recherches, je ne tins pas compte de ces résultats et les considérai comme négatifs; je laissais les lapins dans l appartement commun avec les autres lapins qui n'avaient pas encore servi à des expériences et négligeais de les observer. Plus tard, je remarquai qu'après quelque temps ces lapins devenaient épileptiques et succombaient. Je tins alors les animaux plus longtemps en observation et je constatai que les lapins deviennent épileptiques après un laps de temps variant de trois semaines à trois mois après l'injection; dans ce cas, ils maigrissent et succombent une à deux semaines après l'apparition des premiers symptômes. Les attaques sont typiques : cri, chute, convulsions toniques puis cloniques, dilatation des pupilles, salivation, blessures de la langue et miction ; après les attaques, somnolence durant dix minutes à une heure et demie. Après les attaques on constate habituellement une paraplégie qui parfois est définitive.

Insensiblement, les attaques convulsives deviennent plus fréquentes et, après développement évident de la maladie, lorsque les attaques se répètent plusieurs fois par jour, le lapin, paralysé, succombe généralement au bout d'une semaine, dans le coma. Il est des cas cependant où les attaques sont plus rares. Aux derniers jours de la vie, on constate de l'ataxie ; elle progresse insensiblement jusqu'à la mort de l'animal. Il est intéressant de noter que jusqu'au dernier jour les animaux mangent avec un appétit vorace.

L'autopsie ne fait rien constater de remarquable.

Ces résultats furent obtenus après injection de sang provenant de divers malades, et particulièrement de deux, sujets à des attaques quotidiennes. Le malade M... (exp. 5, chap. II) m'a servi douze fois au cours des années 1897 et 1898, et douze fois le résultat fut identique. Voici les protocoles des dernières expériences.

I. — Le 28 novembre 1897, je recueillis, chez le malade M... (exp. 5, chap. II), 110 centimètres cubes de sang (une demi-heure après l'attaque ; ils servirent à l'analyse chimique) ; 5 centimètres cubes défibrinés furent injectés au lapin. Les premiers jours l'animal présenta un peu de dépression ; ensuite, il resta absolument sain jusqu'au 17 mars. Ce jour, il fut un peu prostré et légèrement parésié du train postérieur.

20 mars : il a fortement maigri, bien qu'il mangeât beaucoup.

24 mars : la parésie a disparu ; si on l'excite, on remarque un tremblement convulsif.

25 mars : a présenté le matin deux attaques convulsives avec prostration consécutive ; dix minutes après la première attaque, l'animal se rétablit. Les attaques furent séparées par un intervalle d'une demi-heure environ. Après les attaques, l'animal était très faible, restait couché sur le côté et ne pouvait se soulever. Le soir, il se rétablit ; on n'observa pas de parésie.

26 mars : l'animal est très amaigri ; assez vif.

28 mars : il mange bien ; animal excitable.

30 mars : a eu une attaque d'épilepsie le matin, des convulsions, du trismus; animal très amaigri; ataxique après l'attaque; des convulsions se produisent spontanément, mais non sous forme typique; à 7 heures du soir, deux attaques suivies de grand affaiblissement; tremblement; ataxie; à 8 heures, nouvelle attaque, forte, typique. Je prélevai 8 centimètres cubes de sang défibriné que j'injectai à un autre lapin (lapin n° 3); il demeura absolument sain pendant quatre mois d'observation.

L'autopsie du lapin qui servit à cette expérience ne donna aucun résultat.

II. — 10 mars 1898. Sur le même malade, je prélevai 5 centimètres cubes de sang que j'injectai au lapin n° 2. Jusqu'au 17 mars, l'animal fut absolument normal; ce jour, on observa une parésie du train postérieur.

19 mars : la parésie est accentuée; le lapin est affaibli.

24 mars : la parésie a presque disparu; l'animal est vif.

28 mars : l'animal est complètement normal.

1 avril : a eu le matin trois attaques d'épilepsie manifestes. A eu une série d'attaques à partir de 9 heures du matin (huit à dix attaques); se rétablit après les premières attaques, mais, après la troisième (à midi), il resta tout le temps couché sur le côté, en état de prostration; de temps en temps, on remarque des convulsions et du coma. Attaques typiques. L'animal succombe dans la nuit. Autopsie sans résultat.

Dans ces deux cas, la paraplégie fut temporaire, mais, dans la majorité des cas, elle est permanente.

Je dois faire remarquer que, contrairement à ce groupe d'expériences dont je n'ai exposé que deux en détail, j'ai tenu en observation pendant un an des lapins auxquels j'avais injecté 5 à 10 centimètres cubes de sang de sujet épileptique et qui, durant tout ce temps, demeurèrent absolument normaux.

Les rats blancs sont absolument réfractaires aux effets du sang des épileptiques; même à la quantité de 5 centimètres cubes, je n'ai jamais observé d'effet quelconque.

Résumant toutes mes recherches sur cette question, je pourrais dire que :

1° Dans un grand nombre de cas (60 à 70 %), le sang des épileptiques injecté au lapin en quantité de 5 à 10 centimètres cubes ne provoque pas de phénomènes d'intoxication;

2° Le sang de certains épileptiques (25 à 30 °/₀), injecté à des lapins à la quantité de 5 à 10 centimètres cubes, provoque chez ces animaux un état maladif qui se traduit par des attaques épileptiques et des symptômes nerveux;

3° Le sang de quelques épileptiques (1 à 5 °/₀) recueilli au cours d'un état épileptique très grave est très toxique pour les lapins, même à petite dose, et provoque rapidement l'épilepsie et la mort après deux, quatre à huit jours. Le sang de ces lapins malades, injecté à d'autres lapins, ne provoque rien d'anormal.

Je n'ai pas observé de modifications anatomo-pathologiques chez les lapins morts consécutivement aux phénomènes morbides décrits.

Toutes ces expériences tendent à confirmer l'hypothèse de la formation d'une substance toxique qui se détruirait pendant l'attaque d'épilepsie. Toutefois, il y a des phénomènes qu'on ne peut expliquer par cela seul. Si l'action toxique du sang pris chez un sujet épileptique pendant l'état de mal dépendait seulement du corps toxique qu'il renferme, on pourrait expliquer l'apparition d'une ou de plusieurs attaques consécutives ainsi que la paraplégie qui les suit; toutefois, l'apparition des attaques aux jours qui suivent l'injection demeure inexplicable, car si l'on suppose que le poison, agent provocateur de l'attaque d'épilepsie, se détruit pendant l'attaque elle-même, celle-ci ne devrait plus se reproduire, sauf au cas où le poison introduit n'est pas encore détruit.

La répétition des attaques donne donc à penser que le sang recueilli au cours de l'état épileptique grave exerce non seulement une action toxique par la quantité de poison qu'il renferme, mais qu'en outre il possède la faculté de provoquer chez le lapin auquel il est injecté une formation périodique du poison qu'il renferme. L'action de ce poison rappellerait donc celle des ferments.

Mais, je le répète encore une fois, en terminant ce chapitre, la question de la toxicité du sang des épileptiques est extrêmement difficile à résoudre, et il faut user d'une très grande prudence dans les conclusions.

CHAPITRE VI.

Disposant de tous les résultats de mes recherches, je me suis posé la question suivante : Serait-il possible de résoudre, au point de vue théorique, la question de la nature chimique des réactions anormales supposées qui ont pour résultat la formation d'une substance toxique? Ceci me paraissait d'autant moins impossible que la voie à suivre était déjà indiquée : le rapport de ces réactions avec les variations de l'élimination des corps alloxuriques.

La première question qui attira notre attention fut la suivante : Serait-il possible de considérer ces variations comme une anomalie de l'élimination ou de la formation de l'acide urique?

Les recherches qui précèdent, particulièrement les essais avec le lithium, ont démontré que, malgré l'activité du médicament employé, l'organisme ne peut pas éliminer plus d'acide qu'il ne s'en forme dans les conditions ordinaires. Il fallait donc penser que l'épilepsie est due, non à une rétention de l'acide urique dans l'organisme, mais à des altérations dans les conditions de sa formation.

D'après ces faits, les idées de Haig, qui défendait l'identité de pathogénie de la goutte et de l'épilepsie, doivent être modifiées : tandis que la goutte est une anomalie d'élimination de l'acide urique, l'épilepsie est une anomalie de formation de cet acide; toutefois, ces deux maladies, bien que de nature très différente, peuvent donner des courbes semblables pour l'élimination de l'acide urique en vingt-quatre heures. D'ailleurs, précédemment déjà, j'ai attiré l'attention sur le fait, que l'action toxique dont les phénomènes épileptiques sont la manifestation ne peut, contrairement aux idées de Haig, être attribuée à l'acide urique (recherches de Salesky, Frerichs et Wöhler et autres).

Ensuite, se présentait la question de savoir si cette substance toxique n'était peut-être pas un corps de structure chimique voisine de celle de l'acide urique, appartenant au même groupe chimique que ce dernier. Cette hypothèse serait fondée dans la supposition que, au lieu de l'acide urique normal il se forme pendant quelque temps une autre substance appartenant au même groupe chimique; dans ce cas, la formation de ce corps, remplaçant l'acide urique, répondrait à une diminution de formation de ce dernier, laquelle diminution cesserait à son tour avec le retour de l'organisme vers la normale.

On était en droit de repousser pareille supposition, attendu que la méthode de Haycraft s'applique à la totalité des corps alloxuriques, substances qu'il n'est pas possible de différencier les unes des autres, c'est-à-dire que la substance toxique n'appartiendrait pas à ce groupe; si, au contraire, elle faisait partie de ce groupe, le surplus d'une substance compenserait le *minus* d'un autre, et il ne serait dès lors pas possible de constater de variations dans la courbe des corps alloxuriques.

Le seul moyen possible de résoudre cette question était d'étudier préalablement les conditions de la formation de l'acide urique dans l'organisme. Nous ne possédons, à cet égard, que peu de données précises. Les résultats les plus sérieux sont dus à Horbaczewski et à Kossel; leurs recherches démontrent la relation qui existe entre la formation de l'acide urique et la destruction de nucléo-albumines provenant des leucocytes. L'hypothèse de ces auteurs est toutefois encore loin de pouvoir nous expliquer les phénomènes qui se passent dans l'organisme de l'épileptique. L'opinion ancienne, qui considérait l'acide urique comme un produit d'oxydation incomplète des substances azotées, est complètement abandonnée aujourd'hui; non plus correcte au point de vue théorique, comme nous le verrons plus loin, est l'opinion basée sur le seul fait que l'acide urique donne l'urée par oxydation.

N'ayant pas réussi à trouver une explication de la formation de l'acide urique dans l'organisme, je devais m'arrêter exclusivement à des considérations théoriques, en me basant sur des synthèses de l'acide urique, lesquelles diffèrent suivant les auteurs qui les ont obtenues.

Durant les années 1895 et 1896, je me suis particulièrement occupé de ce point de chimie organique dans le laboratoire du professeur J.-M. Ponomareff, auteur particulièrement compétent en la matière. Grâce à son obligeance, il m'a été donné d'étudier les réactions spéciales se rapportant à cette étude ainsi que les procédés compliqués que comportent ces recherches; grâce donc à ces travaux spéciaux, j'ai pu obtenir les résultats consignés dans les chapitres suivants de ce mémoire.

L'acide urique est un biuréide de l'acide tartronique. Les biuréides que l'acide urique représente dans l'organisme sont constitués par deux molécules d'urée unies par un radical d'acide organique.

$$CO \Big\langle \begin{matrix} NH - CO \\ | \\ C - NH \\ | \\ NH - C - NH \end{matrix} \Big\rangle CO$$

Acide urique.

On obtient les biuréides par la synthèse de corps moins complexes — uréides et acides uréiques — caractérisés par une molécule d'urée. Tous les corps du groupe de l'acide urique sont obtenus par combinaison de l'urée aux acides organiques.

Une molécule d'urée s'unit à une molécule d'acide organique et donne, avec perte d'une molécule d'eau, des acides uréiques; avec perte de deux molécules d'eau, elle donne des mono-uréides.

$$\begin{matrix} COOH \\ | \\ COOH \end{matrix} + CO < \begin{matrix} NH_2 \\ NH_2 \end{matrix} = H_2O + CO < \begin{matrix} NH . CO . COOH \\ NH_2 \end{matrix}$$

ac. oxalique   urée   ac. oxalurique.

2.
$$\begin{matrix} COOH \\ | \\ COOH \end{matrix} + CO < \begin{matrix} NH_2 \\ NH_2 \end{matrix} = 2H_2O + CO < \begin{matrix} NH . CO \\ NH . CO . \end{matrix} (1)$$

ac. parabanique.

Par une suite de réactions, on en obtient par synthèse les biuréides; on y parvient en introduisant dans ces corps une seconde molécule d'urée (2).

Pour former un biuréide, il n'est pas indispensable de passer par le stade de mono-uréide; c'est ainsi que Horbaczewsky a obtenu de l'acide urique en faisant agir l'urée sur le glycol. Mais quelle que soit la suite de ces réactions, l'élément nécessaire, indispensable, c'est l'urée. Voilà pourquoi il faut considérer la formation de l'acide urique (quel que soit le schème adopté) comme un processus de synthèse dont l'urée doit absolument être l'un des éléments constituants.

(1) Réaction de Ponomareff.
(2) $C_3H_2N_2O_3 + CON_2H_4 + CO_2 = C_5H_4N_4O_3 + O + H_2O.$
ac. parabanique   urée   ac. urique.

A cet égard, il est impossible de considérer l'acide urique comme un produit d'oxydation incomplète des substances azotées, capable de donner de l'urée par une oxydation ultérieure, de considérer donc l'acide urique comme le stade immédiatement antérieur à l'urée. Il est contraire à la nature que le total précède sa propre partie, et pourtant c'est à cette conclusion absurde que nous aboutirions si nous considérions comme tel l'acide urique par rapport à l'urée.

De sorte qu'il faut considérer la formation de l'acide urique comme une réaction peu compliquée, dont l'organisme est capable alors que la formation de l'urée est déjà terminée.

Dans la nature, rien n'est livré au hasard ; tous les phénomènes sont logiquement unis les uns aux autres, et l'on peut difficilement supposer un jeu fortuit dans la formation de l'une ou l'autre substance en dépendance de la perfection des phénomènes d'oxydation. Il est très probable que chacun des corps éliminés par les urines représente un résultat bien défini de réactions indépendantes les unes des autres, entre lesquelles il n'y a pas de lien absolument nécessaire. L'urée est probablement le résultat, le produit de la destruction de l'albumine en général, et, d'après l'opinion de Voit, de l'albumine circulante en particulier. De même que la créatinine représente l'effet des réactions dont le tissu musculaire est le siège, ainsi l'acide urique est le produit des modifications des nucléo-albumines ; en se détruisant, celles-ci donnent naissance à des composés qui, d'une façon générale, renferment le radical caractéristique des acides organiques ; ces corps ne peuvent être éliminés comme tels : ils doivent s'unir à l'urée. Il existe ainsi une foule de réactions dont la formation d'acide urique est la terminaison. Il est à remarquer que les produits de la destruction des nucléo-albumines nous sont inconnus ; si nous avons pris plus haut l'acide oxalique comme exemple, ce n'est que pour faciliter notre démonstration. Il est très probable d'ailleurs que l'acide oxalique joue effectivement quelque rôle ; car, outre qu'on le trouve dans les urines, on sait que sa quantité augmente dans les urines en fermentation, augmentation qu'on rattache à une destruction correspondante de l'acide urique.

Nous nous représentons de la manière suivante la formation de l'acide urique dans l'organisme : les éléments formateurs des tissus qui renferment des nucléo-albumines donnent, en se détruisant, des corps (renfermant le radical acide organique) qui ne peuvent être éliminés par l'organisme sous leur forme propre, mais qui entrent immédiatement en réaction de synthèse avec l'urée préalablement existante, à laquelle ils s'unissent en quantité déterminée. Le corps formé en dernier lieu est l'acide urique ; ceux qui le précèdent sont les acides oxalurique, parabanique, et les autres acides uréiques et les mono-uréides.

Cette hypothèse rend parfaitement compte du fait que chez les oiseaux, les amphibies et les reptiles, le produit ultime de la métamorphose azotée est l'acide urique. On pensait en trouver l'explication en imaginant que, chez ces animaux, l'oxydation de l'acide urique est incomplète. La chose est, de fait, plus simple encore: l'organisme de ces animaux est beaucoup plus riche que les autres en corps nucléiniques, et les éléments du sang, contenant les radicaux acides, donnent des produits qui se combinent avec l'urée et la transforment en acide urique. Par conséquent, la partie de l'urée qui, chez les diverses espèces animales, se transforme en acide urique et qui s'élimine sous cette forme, doit être directement proportionnelle à la richesse relative des tissus de l'organisme en corps nucléiniques.

En vertu de ce qui précède, nous pouvons donc considérer *la formation de l'acide urique dans l'organisme comme le produit d'une réaction de synthèse*

$$a + b = c,$$

où *a* représente un dérivé des acides organiques se caractérisant par un radical acide COOH, *b* l'urée, et *c* l'acide urique.

Connaissant les propriétés du corps toxique recherché et sa relation avec la formation de l'acide urique, on pourrait le chercher dans l'acide urique lui-même (*c*) ou dans un de ses composants (*a* ou *b*); nous savons que la quantité *c* diminue avant l'attaque et qu'elle augmente après. Or, ceci est possible :

1° Dans le cas où, grâce à une modification dans les conditions de réaction, les corps *a* et *b*, tout en existant en quantités suffisantes, ne peuvent pas entrer en réaction réciproque.

2° Si la quantité d'un des composants est trop faible.

Il est facile de voir que le second cas se confond avec le précédent si nous nous souvenons que la cause de l'insuffisance quantitative d'un des corps composants dépend toujours des réactions anormales étrangères à un organisme sain.

Le même résultat se produira si, au lieu d'un des corps *a* ou *b* (partiellement), il s'en formait un autre se rapprochant d'eux par sa nature chimique, soit par exemple b^1 au lieu de *b*. On ne peut donc supposer une transformation complète, car si le corps *b* était totalement absent, la formation de *c*, c'est-à-dire d'acide urique, serait tout à fait suspendue.

Alors $a + b^1$ ne donneraient évidemment pas *c* et la formation de *c* serait ralentie, attendu que *a* entre en réaction seulement avec *b*, dont la quantité est diminuée par suite de sa transformation partielle.

Aussitôt que la réaction anormale, formation de b^1 au lieu de *b*, est terminée, elle revient vers le type normal : de nouveau $a + b$ forment *c*, et *c* sera éliminé en même quantité que précédemment. Cette déviation dans les réactions de la formation de l'acide urique (*c*) peut être représentée par un tracé

où la ligne descendante représente le commencement de la réaction anormale, et la ligne ascendante sa fin, la ligne directe signifiant formation normale de l'acide urique.

Mais, dans notre cas, nous introduisons encore une condition : au moment où la réaction anormale revient vers la normale, le corps *c* se forme non seulement dans les mêmes quantités que précédemment, mais encore avec un excès égal au déficit antérieur ; ce qui peut se représenter par le tracé

Ce fait peut se produire à la condition seulement que le *corps* b^1 renferme *b* et donne, en se détruisant, le corps *b* en quantité égale à celle qu'il renferme dans sa molécule, c'est-à-dire sous la condition que

$$b^1 = b + x.$$

Alors seulement on pourra s'expliquer pourquoi la formation de *c*, qui est diminuée pendant le temps où un des corps en réaction b est partiellement remplacé par un corps voisin b^1, augmente de nouveau au moment où b^1 se détruit, et met en liberté toute la quantité de b renfermée dans sa molécule et qui ne s'est pas combinée avec a.

Ainsi, $a + b = c$. Mais si, au lieu de b, il se forme partiellement du b^1, a s'unit seulement à b et la quantité de c sera diminuée d'une quantité d'autant plus grande que le quantité de b transformée en b^1 sera plus grande ; d'autre part, la quantité de a qui entrera en réaction sera diminuée en proportion de la quantité transformée de b. Le reste de a n'étant pas entré en réaction pour la formation de c reste retenu dans l'organisme et entrera en réaction lorsque le corps b^1 étant détruit mettra en liberté la quantité de b qu'il renferme.

Toutes ces réflexions nous amènent à conclure qu'on doit chercher le produit supposé originaire de la métamorphose des substances, non pas dans le groupe de l'acide urique, c'est-à-dire dans c, mais dans le groupe d'un des deux corps qui prennent part à sa formation, c'est-à-dire dans a ou dans b.

Nous obtenons ainsi de nouvelles données déjà plus définies pour juger de la nature du composé toxique que nous recherchons :

1° Il doit appartenir au groupe de l'un des corps a ou b, dans lesquels b est l'urée et a un dérivé d'acide organique.

2° A raison des conditions de sa formation, ce corps doit être très proche de composition de a ou de b, attendu que dans la suite des réactions chimiques qui s'opèrent la déviation de formation n'est que partielle; si b était remplacé en totalité par b^1, la formation de c serait nulle.

3° Le corps supposé doit être de nature chimique très voisine de l'un des deux corps prénommés et, en se détruisant, doit donner le corps correspondant dans la quantité qu'il renferme — resp. $b^1 = b + x$ (voir plus haut).

4° Ce corps doit être peu stable, et, dans des conditions telles que celles qui se présentent dans l'organisme épileptique pendant l'attaque, il doit se détruire dans le sens exposé plus haut.

5° Ce corps, contrairement aux composés correspondants a ou b, doit être extrêmement toxique, tout en différant peu de nature chimique de a ou de b.

Ces conditions une fois établies, la solution du problème ne présentait plus guère de difficultés.

D'accord avec la première condition, il fallait dès l'abord porter son attention sur les dérivés de l'urée, attendu que ce corps nous est plus connu, et l'on pouvait dire, déjà de prime abord, que le groupe des acides organiques ne nous fournirait pas de corps répondant aux conditions établies ci-dessus, attendu que tous sont des éléments plus ou moins stables.

D'accord avec la seconde condition, il fallait songer à l'acide carbaminique, qui est le dérivé de l'acide carbonique, analogue au dérivé neutre — l'urée —, attendu que l'acide carbaminique, par les conditions de sa formation, est celui qui se rapproche le plus de l'urée.

De tous les dérivés de l'acide carbaminique, le carbaminate d'ammonium seul répond à la troisième condition : une molécule de carbaminate d'ammonium perdant une molécule d'eau donne une molécule d'urée, tandis que les sels de sodium et de potassium donnent une molécule d'urée par destruction de deux molécules de ces sels.

D'accord avec la quatrième condition, le carbaminate d'ammonium est un corps très instable qui se transforme en urée à la température de 135° à 140°, comme aussi sous l'action du courant faradique.

Relativement à la toxicité du carbaminate d'ammonium existaient les indications de Nencki et de Pavlow, qui ont noté son action convulsivante.

Ainsi, en conclusion de toutes les recherches qui précèdent, se présentait la question de savoir si les attaques d'épilepsie ne sont pas dues à la rétention ou à la formation de carbaminate d'ammonium dans l'organisme. On devait dès lors penser qu'il se formait aux dépens de l'urée, qui normalement doit servir à la synthèse de l'acide urique. Peut-être qu'à la suite des conditions vitales altérées dans l'organisme épileptique, la molécule d'urée se modifie-t-elle en reprenant une molécule d'eau, se transformant ainsi en carbaminate d'ammonium. Ce dernier corps ne peut servir à la synthèse de l'acide urique, et, par suite, la formation de celui-ci diminue comme aussi son élimination ; il ne peut non plus être éliminé avec les urines.

Restant dans l'organisme, le carbaminate d'ammonium s'accumule jusqu'à ce qu'il provoque une attaque ; lorsque celle-ci se produit, il se détruit, se transforme en urée par perte d'une molécule d'eau ; l'urée entre immédiatement en une réaction de synthèse pour former de l'acide urique et s'élimine sous cette forme en proportion de la quantité retenue avant l'attaque.

CHAPITRE VII.

L'acide carbaminique n'étant pas connu à l'état libre, représente une amide-acide de l'acide carbonique, correspondant à l'amide neutre du même acide, à savoir l'urée.

$$CO < {OH \atop OH} \qquad\qquad CO < {NH_2 \atop NH_2} \qquad\qquad CO < {NH_2 \atop OH}$$

acide carbonique   urée   acide carbaminique

L'acide carbaminique est connu sous la forme des sels potassiques, sodiques et alcalino-terreux ; on l'a surtout étudié sous la forme de sel ammoniacal.

Les méthodes de préparation de l'acide carbaminique sont complètement identiques à celles de l'urée.

L'ammoniaque sec se combine avec l'acide carbonique sec pour former le carbaminate d'ammonium ; ce dernier, chauffé jusqu'à 135°, ainsi que sous l'influence du fluide faradique perd une molécule d'eau et se transforme en urée.

$$a) \quad CO_2 + 2NH_3 = CO < {NH_2 \atop OH}.\,NH_3$$

$$b)\ CO < {NH_2 \atop OH}.\,NH_3 = CO < {NH_2 \atop NH_2} + H_2O$$

Le sel ammoniacal de l'acide carbaminique ne diffère de l'urée que par une molécule d'eau. D'autre part, reprenant une molécule d'eau, il donne le carbonate d'ammonium.

$$CO < {NH_2 \atop NH_2} + H_2O = CO < {OH \atop NH_2}.\,NH_3 + H_2O = CO < {O\,(NH_4) \atop O\,(NH_4)}$$

urée.   carbaminate d'ammonium.   carbonate d'ammonium.

Les sels du potassium et du sodium se trouvent également en rapport étroit avec l'urée. D'après Drechsel :

$$2CO < {NH_2 \atop ONa} = CO < {NH_2 \atop NH_2} + Na_2CO_3$$

$$\left(CO < {NH_2 \atop O}\right)_2 Ca + H_2O = CaCO_3 + CO < {NH_2 \atop OH}. NH_3$$

Le carbaminate d'ammonium est une poudre blanche cristalline, à odeur ammoniacale très forte, et qui, maintenue à l'état sec, se conserve sans s'altérer. Il fixe très facilement une molécule d'eau et se transforme en carbonate d'ammonium. Ce corps est très peu stable; aussi est-il difficile de le conserver dans toute son intégrité. Il se dissout facilement dans l'eau (1 : 6), mais il se détruit quelque peu. Les sels alcalins de l'acide carbaminique sont plus stables; le sel calcique se détruit facilement aussi (1).

La question du rôle exercé par l'acide carbaminique dans l'organisme et la signification de cette substance fut soulevée par Nencki et Schultzen en 1869 et en 1872. Ces auteurs, se basant sur le fait que les acides-amides introduits dans l'organisme s'éliminent sous la forme d'urée, émirent l'hypothèse que, dans l'organisme, subissant les actions d'oxydation, ils se transformaient en acide carbaminique. Nous avons déjà dit que l'acide carbaminique perdant une molécule d'eau donne l'urée. Les recherches de Drechsel ont démontré que pendant l'oxydation du glycol dans une solution alcaline, il se forme du CO_2, $C_2O_4H_2$, de l'acide oxaminique, de l'acide carbaminique, etc.

D'après Drechsel, l'acide carbaminique se forme dans tous les cas où les corps organiques sont brûlés en solution alcaline, ou, en général, lorsque CO_2 et NH_3 se rencontrent à l'état naissant.

Nencki et Drechsel considèrent l'acide carbaminique comme un stade précédant l'urée. Drechsel n'a pas réussi à obtenir l'urée en oxydant le glycol : il n'a pu obtenir que l'acide carbaminique. Il pense que l'urée se forme aux dépens d'un sel de l'acide carbaminique et formule son idée dans le schéma suivant : destruction des corps albuminoïdes avec formation de leucine, tyrosine, glycol, etc; ces derniers donnent par oxydation l'acide carbami-

(1) *Journ. f. pract. Chem.*, S. II, Bd 12 et 16.

nique, qui se combine avec le sodium. Sous l'action d'un ferment, ce sel se décompose en urée et en carbonate de sodium.

En 1892 parut le travail de Nencki et Pavlov (1); Massen et Hahn, qui également étudièrent l'action physiologique de l'acide carbaminique, le considérèrent comme la cause de l'intoxication observée chez les animaux après l'opération de la fistule de Eck. En décrivant le tableau de l'intoxication, ces auteurs ont noté qu'à certaine dose le carbaminate d'ammonium provoque chez les animaux des convulsions qu'ils comparent de très près aux convulsions épileptiques.

Lorsque la dose injectée est assez forte, on constate de la catalepsie, puis des convulsions. L'animal présente une véritable attaque épileptique, des convulsions cloniques, de la salivation et de la dilatation pupillaire.

Les auteurs donnent le schéma suivant de l'intoxication : 1° somnolence avec ataxie; 2° irritation avec ataxie et amaurose; 3° catalepsie avec anesthésie; 4° épilepsie; 5° tétanos. Après administration d'acide carbaminique *per os*, on n'observait pas d'intoxication.

Dans leur premier travail, Nencki et Pavlov pensaient que l'effet toxique de l'acide carbaminique différait de l'action de l'ammoniaque, mais leurs recherches ultérieures (2) vinrent démontrer l'identité d'action de l'ammoniaque et de l'acide carbaminique.

On voit, d'après ce qui précède, que déjà les auteurs prénommés signalèrent quelques-uns des phénomènes observés comme possédant un caractère épileptique, ce qui m'engagea à étudier plus soigneusement cette question.

Tout d'abord, j'ai étudié les résultats de l'injection du carbaminate d'ammonium chez le lapin et le chien, et j'ai constaté que les observations des auteurs précités se confirmaient complètement. A noter que le sel était préparé chaque fois à frais pour le moment de s'en servir.

Dix à quinze minutes après l'injection hypodermique de $0^{gr},4$ à $0^{gr},6$ de carbaminate d'ammonium à un lapin, on remarque les premiers symptômes, qui se traduisent par la somnolence et l'ataxie. Après cinq à dix minutes, le lapin s'endort tranquillement. Quelques minutes après apparaît une période de courte durée, caractérisée par une exagération des réflexes. A chaque bruit, à chaque claquement des mains, l'animal réagit avec un tressaillement analogue à une secousse électrique : en frappant des mains, on peut provoquer autant de secousses qu'on désire. Mais si l'on ne soumet l'animal à aucune excitation, il reste tranquillement couché pendant toute cette période. Pendant ce temps, il semble comme sous charge, semblable à une arme à feu, attendant la première excitation pour répondre par une décharge sous forme d'attaque d'épilepsie. Cette période dure très peu de temps, une demi-minute à deux minutes, et parfois même peut passer inaperçue. Ensuite apparaît une attaque d'épilepsie qui présente les caractères aussi typiques que possible : période des convulsions toniques, avec trismus et opisthotonos, dilatation des pupilles, souvent précédée d'un cri ; ensuite la période des convulsions cloniques (mouvements et convulsions de locomotion, d'après Binzvanger) ; insensiblement les mouvements convulsifs sont plus rares et plus faibles, les pupilles se rétrécissent et alors commence la troisième période, période de prostration avec perte des réflexes. Pendant cette attaque, produite par le carbaminate d'ammonium, on peut observer tous les symptômes accessoires de l'attaque épileptique : salivation, blessures de la langue, miction, etc. La respiration est pénible et sifflante. L'attaque même dure de une à deux minutes ; cinq à dix minutes après, la respiration se régularise et l'animal se trouve plongé dans un sommeil tranquille et profond. Suivant la dose injectée, le lapin présente une seule attaque, ou plusieurs à des intervalles variant de dix à deux minutes. Si la dose est forte, les attaques présentent l'aspect d'un *status epilepticus*, au cours duquel l'animal succombe. Si le nombre des attaques ne dépasse pas deux ou trois, il se rétablit après avoir présenté un état de sommeil pendant une demi-heure à une heure, et se trouve après aussi sain que s'il n'avait pas servi de sujet d'expérience. Si la dose injectée est grande, les convulsions sont très fortes et très fréquentes, mais on peut toujours remarquer qu'elles sont composées d'attaques isolées. Notons en terminant que chez les lapins qui ont présenté plusieurs attaques, on observe parfois une paraplégie qui persiste après l'expérience.

Ainsi, les résultats de ces expériences ont confirmé que le carbaminate d'ammonium injecté aux animaux provoque des convulsions qui sont identiques aux convulsions des épileptiques et qui se montrent sous forme d'attaques typiques espacées par des intervalles sans convulsions.

Dès lors, il fallait s'expliquer la genèse du premier stade de l'intoxication, à savoir, la somnolence et l'ataxie, symptômes qu'on n'observe pas d'habitude chez les épileptiques avant l'attaque, et il fallait résoudre la question de savoir si l'action toxique était due à l'ammoniaque ou à l'acide carbaminique.

Dans toutes ces expériences, il faut veiller à ce que le sel employé soit toujours très frais, attendu que son exposition à l'air diminue sa toxicité.

En injectant hypodermiquement aux lapins des sels ammoniacaux en solution aqueuse, je devais arriver à conclure que tous les sels ammoniacaux produisent le même tableau d'intoxication, tableau qui est identique à celui décrit ci-dessus. Il n'existe à cet égard aucune différence ; seule la dose toxique des sels varie.

Comparant les expériences faites à l'aide des injections de carbonate à celles pratiquées à l'aide du carbaminate d'ammonium, on arrive à conclure que la première période d'intoxication (somnolence et ataxie) doit être attribuée à l'influence du carbonate, et la seconde période (convulsions) au carbaminate d'ammonium.

Cette hypothèse explique la différence considérable que j'ai observée chez les chiens suivant que j'injectais le carbaminate d'ammonium sous la peau ou dans les veines. Dans le premier cas, la première période d'intoxication est très clairement exprimée et les attaques épileptiques surviennent une demi-heure à une heure après l'injection de 0^{gr},6 à 0^{gr},7 par kilogramme du poids de l'animal. Au contraire, si nous l'injections dans la veine, on ne remarquait ni somnolence ni d'autres symptômes de la première période, mais on obtenait d'emblée des convulsions. Pour obtenir des effets similaires, il faut que la dose de carbaminate d'ammonium injectée sous la peau soit de six à dix fois supérieure à la dose injectée directement dans le sang.

Il y a donc lieu de croire que le carbaminate d'ammonium est transformé par l'organisme en carbonate d'ammonium, lequel s'élimine par les urines et la peau. Si cette élimination est lente, elle provoque de la somnolence et de l'ataxie. Si la quantité de carbaminate d'ammonium est trop grande et ne peut être transformée, elle provoque une attaque d'épilepsie au cours de laquelle le carbaminate se détruit pour former de l'urée et de l'eau. Ainsi, le carbonate d'ammonium s'élimine lentement, tandis que le carbaminate disparaît tout à coup de l'organisme à la suite d'une attaque, ce qui explique pourquoi le malade se rétablit si rapidement.

D'autre part, cependant, le carbonate d'ammonium en grande quantité peut se transformer en carbaminate et provoquer des convulsions.

Il fallait ensuite rechercher si le même mode d'action se présente pour les autres sels ammoniacaux. Or, j'ai constaté que tout sel ammoniacal, subissant l'influence du Na_2CO_3 ou du $NaHCO_3$, se transforme dans le sang en carbaminate et en carbonate d'ammonium, et que l'action de tous ces sels doit être rapportée à ces deux derniers.   .

Des recherches que j'ai instituées, il ressort que les doses des divers sels ammoniacaux ne sont pas identiques relativement à leur action toxique. Les classant du plus toxique vers le moins, on trouve en tête le chlorate d'ammonium, dont l'action est presque égale à celle du carbaminate d'ammonium ; à dose égale, le bromure d'ammonium n'est presque pas toxique et son action reste la même, la dose étant deux à trois fois plus grande. Il est à remarquer que la toxicité des sels ammoniacaux est d'autant plus grande que le poids de la molécule est moindre.

Quant à la mise en réaction de ces substances avec le carbonate (ou avec le bicarbonate) de sodium, de manière à obtenir la même quantité de carbaminate d'ammonium, il faut prendre du sel ammoniacal en quantité d'autant plus grande que le poids de sa molécule est plus élevé. (Bien entendu, sous condition de la même quantité de Na_2CO_3, ainsi que cela se passe dans le sang.)

$$1. \quad 2NH_4Cl + Na_2CO_3 = 2NaCl + H_2O + CO . NH_2OH . NH_3$$
$$2. \quad 2NH_4Br + Na_2CO_3 = 2NaBr + H_2O + CO . NH_2OH . NH_3$$

Le poids de la molécule $NH_4Cl = 53,5$ et de $NH_4Br = 98$, c'est-à-dire que, pour obtenir la même quantité de carbaminate d'ammonium, il faut prendre une quantité de NH_4Br presque deux fois plus considérable que de NH_4Cl.

J'ai examiné l'action physiologique des trois autres sels de l'acide carbaminique — du potassium, du sodium et du calcium — que j'avais préparés suivant les indications de Drechsel. Les résultats obtenus diffèrent un peu de ceux acquis par Nencki et Pavlov. Suivant mes expériences, je pense que les sels de potassium et de sodium ne sont pas toxiques, même injectés aux lapins à la dose de 1 gramme par kilogramme d'animal. L'action toxique observée par les auteurs doit s'expliquer, je pense, par la méthode de préparation de ces sels employée par Drechsel, qui les lave par l'alcool avec NH_3; sous cette forme, ils contiennent de l'ammoniaque en état libre et se désagrègent en présence de l'eau en formant du carbaminate d'ammonium. Les sels préparés de cette manière sont réellement toxiques, mais si on lave à l'alcool les sels fraîchement préparés jusqu'à ce que l'alcool ne donne pas de réaction avec le réactif de Nessler, on peut les injecter aux animaux sans provoquer d'intoxication.

En présence de l'eau, tous les sels de l'acide carbaminique se désagrègent en dégageant de l'ammoniaque.

Le réactif de Nessler décèle l'ammoniaque seulement dans le groupe d'ammonium (NH_4 et NH_3), mais ne le montre pas le groupe amide (NH_2). C'est pourquoi les sels propres de l'acide carbaminique ne doivent pas donner de réaction avec le réactif de Nessler; si cette réaction a lieu, cela indique que les sels sont déjà désagrégés.

Tout autre est l'action du sel calcique; il est très toxique et provoque de très fortes convulsions. Ce sel, introduit dans l'organisme, forme du carbaminate d'ammonium,

$$\left(CO < {NH_2 \atop O}\right)_2 Ca + H_2O_2 = CaCO_3 + CO < {OH \cdot NH_3 \atop NH_2}$$

et la seconde période d'intoxication est plus fortement exprimée. Se formant dans l'organisme, il n'a pas la possibilité de se transformer vivement en carbonate, comme il arrive lorsqu'on l'introduit brusquement dans l'organisme.

J'ai essayé encore l'action de l'éther éthylique de l'acide carbaminique, de l'uréthane. Le tableau d'intoxication est tout autre, ce qui amène à rapporter la cause principale de l'intoxication à l'ammoniaque et non à l'acide carbaminique.

Il résulte de ces expériences que le carbaminate d'ammonium injecté aux animaux dans le sang provoque des attaques convulsives qui sont absolument identiques aux attaques épileptiques. Ce corps est si instable qu'il se détruit avec une grande facilité, et ce n'est que grâce à cette instabilité que l'organisme peut survivre à l'action du poison, réagissant par des attaques et se défendant par elles contre une mort inévitable.

L'organisme peut se débarrasser du carbaminate d'ammoniaque soit en le transformant en carbonate, et alors apparaissent les symptômes d'apathie, de dépression, de somnolence et autres symptômes urémiques ; soit en le transformant en urée au moyen des attaques épileptiques.

De cette manière, ces expériences ont totalement confirmé les déductions théoriques en vertu desquelles nous considérons l'épilepsie comme une intoxication périodique par le carbaminate d'ammonium, qui provoque les attaques et se détruit à leur suite en urée et en eau.

CHAPITRE VIII.

Si nous admettons la formation périodique de carbaminate d'ammoniaque comme cause des attaques épileptiques, nous aurons une explication théorique de l'action efficace des quelques médicaments dont l'emploi dans l'épilepsie est jusqu'à présent purement empirique.

Le brome possède une influence indéniable sur les attaques, bien qu'il n'y ait aucun doute qu'on ne peut guérir complètement un épileptique par le brome. Il est également bien connu que souvent l'action du brome s'affaiblit par le temps ; on doit alors en augmenter la dose, ce qui provoque parfois une dépression psychique et hâte la démence.

Tous ces symptômes s'expliquent complètement par la théorie

exposée plus haut. Les bromures de potassium et de sodium entrent en réaction avec le carbaminate d'ammonium et forment du bromure d'ammonium et du carbaminate de sodium (ou de potassium) :

$$CO . NH_2 . OHNH_3 + BrNa = NH_4Br + CO . NH_2 . ONa.$$

Les expériences décrites ci-dessus ont réellement montré que les carbaminates de sodium et de potassium ne sont aucunement toxiques s'ils sont introduits à la même dose que le carbaminate d'ammonium.

Le carbaminate de sodium, qui se forme dans l'organisme épileptique sous l'influence du bromure de sodium, se détruit d'après le schéma de Drechsel :

$$2CO . NH_2 . ONa = CO(NH_2)_2 + Na_2CO_3.$$

Le carbonate d'ammonium, sel qui est près de deux fois moins toxique que le carbaminate d'ammonium, a le temps de s'éliminer sans provoquer l'intoxication propre à tous les sels ammoniacaux.

Cette réaction aboutit indirectement au même résultat qui se produit directement dans l'organisme pendant l'attaque épileptique. Sur cette réaction, c'est-à-dire sur la transformation du carbaminate d'ammonium en urée, est basée la signification de l'action défensive des attaques pour l'organisme.

Ces considérations expliquent également pourquoi le bromure de sodium ne parvient pas à guérir complètement un épileptique et pourquoi son influence thérapeutique est limitée. Comme il est dit plus haut, le bromure d'ammonium n'est pas toxique lui-même, mais il agit toxiquement dans l'organisme sous la forme de carbaminate ou de carbonate.

Ainsi, le bromure d'ammonium, en se formant dans l'organisme épileptique sous l'influence du bromure de sodium, s'élimine librement jusqu'à ce que sa quantité ne dépasse pas une certaine limite. Aussitôt cette limite atteinte, le bromure d'ammonium entre en réaction avec le carbonate de sodium contenu dans le sang et fournit de nouveau du carbaminate d'ammonium et du bromure de sodium :

$$2BrNH_4 + Na_2CO_3 = CO . NH_2OH . NH_3 + H_2O + 2NaBr.$$

De cette manière, la réaction qui s'opère librement dans un ballon peut s'exercer indéfiniment dans l'organisme, grâce à la présence du carbonate de sodium ; ce dernier, en effet, empêche l'influence thérapeutique du bromure de sodium sur l'épilepsie.

L'action thérapeutique du bromure d'ammonium ne peut pas contredire cette hypothèse, attendu que ce sel est absorbé sous forme de bromure de sodium. Le bromure d'ammonium lui-même, injecté dans le sang, provoque, ainsi que tous les autres sels d'ammoniaque, des attaques épileptiques.

Il est probable que le même mécanisme constitue le fond de l'action thérapeutique du borax (biborate de sodium).

Ainsi, ce n'est pas le brome lui-même qui est la substance essentielle dans la thérapeutique de l'épilepsie, mais plutôt le métal alcalin, qui, sous la forme d'un sel de brome, fournit plus facilement la réaction donnée. D'abord, il est important d'introduire dans l'organisme d'un épileptique un métal alcalin qui pourrait se substituer à l'ammoniaque dans la formation du sel de l'acide carbaminique. Deuxièmement, il est important qu'il se forme un sel qui se transforme le plus difficilement possible en un sel ammoniacal sous l'influence du carbonate de sodium contenu dans le sang. Les bromures alcalins répondent surtout à ces conditions, attendu qu'ils entrent en réaction d'autant plus facilement qu'ils ne sont pas des éléments composants normaux de l'organisme; ils se montrent comme des corps accidentels et entrent en réaction avec les éléments les plus instables qui se trouvent dans l'organisme (carbaminate d'ammonium).

Au contraire, le chlorate de sodium, qui se trouve normalement dans l'organisme, ne peut avoir aucune action thérapeutique, attendu que le poids atomique du chlore (35,5) est plus que deux fois inférieur à celui du brome (80). Si, sous l'influence du chlorate de sodium, il se formait du chlorate d'ammonium, celui-ci se transformerait immédiatement de nouveau en carbaminate d'ammonium sous l'influence du carbonate de sodium du sang, attendu que, pour la formation de la même quantité de carbaminate d'ammonium, il suffit d'une quantité de chlorate d'ammonium deux fois moindre que de bromate d'ammonium.

Il est certain néanmoins que toutes ces considérations ne diminuent pas la signification de l'action sédative du brome sur l'écorce cérébrale.

Secondement, en considérant la formation périodique de carbaminate d'ammoniaque dans l'organisme comme la cause de l'épilepsie, nous pouvons nous expliquer le fait, remarqué depuis longtemps, à savoir l'action nuisible exercée par la viande, et en général par la nourriture azotée, sur la santé des épileptiques. Le Dr Alt, en 1894, fut le premier qui émit l'hypothèse que la substance toxique, cause de l'épilepsie, pouvait être un produit se formant par suite de la destruction de la molécule d'albumine. Si mes recherches sont confirmées plus tard, on pourra dire que cette hypothèse sera prouvée. C'est pour ce motif que le régime diététique joue dans l'épilepsie un si grand rôle. En Russie, le professeur P. Kovalewsky interdit depuis longtemps la viande aux épileptiques et, dans ces derniers temps, tous les auteurs ont unanimement constaté l'influence nuisible de la nourriture azotée chez les épileptiques. D'autre part, les recherches de Nencki et Pavlov ont démontré que les chiens empoisonnés par l'acide carbaminique (fistule de Eck) vivent plus longtemps si on les prive de viande que si on leur en fournit. Ces observations concordent absolument avec mes idées.

D'après les recherches de Nencki et Pavlov, qui attribuent la formation de l'acide carbaminique à l'action insuffisante du foie, on pourrait penser que chez l'épileptique le carbaminate d'ammonium se produit grâce à cette insuffisance du foie à transformer l'ammoniaque formée dans le canal digestif aux dépens des substances azotées.

J'ai pratiqué quelques expériences en donnant aux épileptiques des doses variables de chlorate d'ammonium *per os* (de 3 à 24 grammes par jour). Il fallait penser que si le foie des épileptiques est incapable normalement de neutraliser l'ammoniaque absorbée, on pouvait s'attendre à constater une augmentation du nombre des attaques. Mais les observations donnèrent des résul-

tats négatifs; pour ce motif je ne les décrirai pas. Les épileptiques supportaient de fortes doses de chlorate d'ammonium
aussi bien que des hommes sains, et je n'ai remarqué aucune
influence sur les attaques. Je n'ai pas remarqué davantage une
augmentation de l'élimination de l'urée, ce qui donne à penser
que peut-être l'absorption du chlorate d'ammonium était défectueuse.

La théorie de la formation périodique de carbaminate d'ammonium dans l'organisme épileptique permet d'expliquer encore
un phénomène noté au chapitre IV de ce travail, à savoir l'action
thérapeutique du carbonate de lithium sur l'épilepsie.

Comme il est dit, les doses moyennes de lithium exercent une
heureuse influence sur les attaques d'épilepsie, alors que les
grandes doses provoquent des symptômes marqués d'intoxication
et une augmentation du nombre des attaques.

Le carbonate de lithium entrant en réaction avec le carbaminate d'ammonium forme du carbaminate de lithium et du carbonate d'ammonium :

$$2CO \cdot NH_2OH \cdot NH_3 + Li_2CO_3 = 2CO \cdot NH_2 \cdot OLi + (NH_4)_2 CO_3.$$

Le carbonate d'ammonium, aussi longtemps qu'il se forme en
petites quantités, s'élimine, sans préjudice pour l'organisme, par
les reins, les poumons et la peau. Mais si la réaction est plus
active, l'organisme n'a pas le temps d'éliminer le carbonate
d'ammonium formé; parallèlement, le carbaminate d'ammonium
qui se forme ne se neutralise plus et les attaques deviennent plus
fortes et plus fréquentes. En effet, si nous examinons le tableau
des symptômes qui furent observés chez les épileptiques au cours
du traitement par de grandes doses de lithium (chap. IV), on peut
se persuader que la somnolence, l'ataxie, la dépression et l'obnubilation de la conscience sont identiques au premier stade de
l'intoxication ammoniacale et doivent être attribués au carbonate
d'ammoniaque; la dose augmentant, les attaques deviennent plus
fortes et l'action du carbaminate d'ammonium apparaît.

Le carbaminate de lithium, formé à la suite de la réaction
indiquée, se résout en urée et en carbonate de lithium, et toute la

quantité de carbonate de lithium entrée en réaction est mise en liberté :

$$1. \quad 2CO . NH_2 . OH . NH_3 + Li_2CO_3 = 2CO . NH_2 . OLi + (NH_4)_2 CO_3.$$
$$2. \qquad\qquad 2CO . NH_2 . OLi = CO(NH_3)_2 + Li_2CO_3.$$

Ainsi, théoriquement, une même quantité de lithium pourrait transformer en urée successivement des quantités très considérables de carbaminate d'ammonium et, théoriquement aussi, cette réaction est supérieure à celle par le brome, attendu que cette dernière est entravée par la présence du carbonate de sodium dans le sang. En pratique cependant, cela ne se produit pas, d'abord parce que le lithium s'élimine très vite de l'organisme, et secondement parce qu'il est très difficile de régulariser la dose thérapeutique du carbonate de lithium.

Au cours de ces trois dernières années, j'ai fait de nombreuses observations sur l'épilepsie, et je crois que le lithium exerce une influence très nette sur les attaques. En général, on observe la règle signalée au chapitre IV, à savoir, que les doses moyennes exercent une heureuse influence sur les attaques, tandis que les grandes doses ont une action nuisible.

Considérant la réaction signalée comme une réaction quantitative, on s'explique pourquoi, chez un même malade, des doses différentes exercent une action toute différente aussi.

Mes recherches ont montré que : la thérapeutique par le lithium chez les épileptiques qui ont des attaques rares (une à deux fois par mois), n'est guère heureuse, ce qui s'explique bien par la propriété du lithium de s'éliminer très vite de l'organisme. Grâce à cette élimination, il ne peut pas se trouver toujours dans l'organisme une quantité de lithium suffisante pour neutraliser à chaque moment la quantité formée de carbaminate d'ammonium capable de provoquer une attaque.

Mais, lorsque les attaques sont très fréquentes, et surtout lorsqu'elles se répètent chaque jour, on obtient parfois des résultats excellents et manifestes. Très souvent on parvient chez ces malades à faire cesser absolument les attaques; mais la première chose dont on doit se souvenir, c'est que la dose de carbonate de lithium diffère pour chaque malade, et que seulement une *certaine* dose produit de l'effet. Si la dose est inférieure, elle n'a pas d'influence ; si elle la dépasse, elle provoque une intoxication avec formation de carbonate d'ammonium et apparition de symptômes d'urémie.

Les épileptiques sont très sensibles au lithium ; on pourrait même presque dire que le lithium est un réactif pour l'épilepsie ; sitôt que la dose dépasse une certaine limite, il se produit une intoxication. La même chose se produit relativement à l'action thérapeutique : on n'obtient une disparition des attaques que si on trouve la dose qui convient exactement au sujet ; si la dose donnée est inférieure, elle ne donne aucun résultat ; si elle est supérieure, elle augmente l'intensité et le nombre des accès.

Et cependant, dans quelques cas c'est un excellent moyen. Dans nombre de cas d'épilepsie, lorsque les attaques sont très fréquentes, lorsqu'elles se produisent plusieurs fois par jour, là où la médication bromurée fut inutile, le traitement par le carbonate de lithium donne d'excellents résultats : les attaques cessent tout à coup complètement, et tous les symptômes psychiques disparaissent. La quantité des urines augmente considérablement au cours du traitement et atteint parfois jusque 10 litres par jour.

Voici quelques observations :

OBSERVATION I. — Malade M... (voir exp. nº 5, chap. II, etc.), qui eut pendant trois ans quelques attaques par jour et chez lequel le traitement bromuré n'a donné aucun résultat ; pendant la troisième année, il est traité par le lithium.

Le commencement de cette expérience est décrit plus haut (chap. IV). Les tableaux ci-dessous représentent les notes des attaques durant quatre ans chez ce malade ; on voit que, sous l'influence du lithium, les attaques sont devenues beaucoup plus rares. L'état psychique du malade s'était beaucoup amélioré à la suite du traitement et l'irritabilité générale qu'on observait souvent chez lui diminua manifestement sous l'influence de cette médication.

Malade M...

JOUR.	Mai.	Juin.	Juillet.	Août.	Septembre.	Octobre.	Novembre (1).	Décembre (1).
				ANNÉE 1894.				
1	—	1	»	2	»	1	»	»
2	—	1	1	1	5	3	»	»
3	—	1	2	1	1	2	»	»
4	—	1	1	1	4	3	»	»
5	—	1	1	1	3	1	»	»
6	—	1	1	2	5	1	»	1
7	—	1	1	1	2	5	1	»
8	—	»	»	1	4	2	»	»
9	—	4	2	3	2	1	1	»
10	—	3	»	2	1	4	»	»
11	—	1	3	1	5	2	»	»
12	—	1	2	»	2	1	1	1
13	—	»	2	2	2	4	1	»
14	—	»	2	1	2	3	»	»
15	—	»	1	1	3	3	1	»
16	—	1	»	1	3	1	»	1
17	—	»	3	1	3	1	1	»
18	—	1	2	2	2	2	2	»
19	—	1	3	»	2	1	»	»
20	—	1	4	3	3	2	»	»
21	—	2	2	2	2	2	1	»
22	—	»	1	1	3	»	»	»
23	—	1	2	2	1	»	»	»
24	—	3	3	1	3	2	»	1
25	—	3	2	3	2	»	»	1
26	—	1	2	2	2	3	»	1
27	—	2	1	2	1	»	1	3
28	—	1	2	3	1	1	»	2
29	—	2	2	2	2	1	»	2
30	1	2	4	3	1	»	1	2
31	»	»	1	3	»	1	»	2
TOTAL.	1	37	53	54	72	53	11	18

(1) Traitement par le bromure.

Malade M...

Treatment annotations (vertical text):
- Août : *Lithium carb., 6 gr. par jour.*
- Août : *Lithium carb., 3 gr. p.-j.*
- Septembre : *Lithium carb., 3 grammes par jour.*
- Octobre : *Lithium carbonicum, 3 grammes par jour.*
- Novembre : *Lithium carbonicum, 3 grammes par jour.*

JOUR.	Janvier.	Février.	Mars.	Avril.	Mai.	Juin.	Juillet.	Août.	Septembre.	Octobre.	Novembre.	Décembre.
1	2	4	»	1	1	5	2	3	»	»	»	1
2	4	4	1	2	1	1	1	3	»	»	1	»
3	2	5	2	»	3	2	1	3	»	»	2	1
4	6	5	»	»	4	»	1	1	»	»	1	»
5	4	5	»	1	2	»	3	2	1	»	1	1
6	4	3	1	»	1	»	3	2	1	»	2	»
7	4	4	1	1	2	1	2	2	»	»	»	»
8	7	1	2	1	»	»	5	1	»	»	»	»
9	4	1	1	2	2	2	4	2	2	»	1	1
10	6	2	5	2	1	1	»	1	6	»	»	1
11	4	1	1	3	2	2	3	1	4	1	»	3
12	4	1	3	2	»	3	2	2	3	1	»	1
13	5	1	4	2	3	3	1	1	1	4	»	1
14	4	3	1	2	3	»	1	»	2	2	»	1
15	5	1	2	1	1	1	1	2	»	2	»	4
16	2	1	1	2	»	2	4	2	1	»	»	1
17	4	»	2	2	2	3	2	1	»	1	»	»
18	3	1	3	1	4	3	1	1	»	»	»	1
19	3	2	1	3	1	2	2	2	»	1	»	1
20	4	»	1	2	1	1	1	2	»	2	1	1
21	7	3	3	2	2	»	»	1	»	»	»	1
22	3	2	1	4	1	2	2	1	»	»	1	2
23	3	»	2	5	2	1	»	2	»	»	1	1
24	3	1	3	1	2	3	1	2	1	»	1	2
25	3	1	2	3	1	5	1	1	»	»	1	2
26	2	»	1	1	4	»	»	»	1	1	»	1
27	2	3	»	2	1	2	2	»	»	»	»	1
28	4	1	1	1	2	2	»	»	»	»	2	1
29	3	»	»	1	3	»	1	»	»	»	»	1
30	3	»	1	2	1	1	»	»	»	»	»	1
31	4	»	1	»	2	»	2	»	»	1	»	1
TOTAL.	118	56	47	52	55	48	46	41	22	16	16	33

Malade M...

JOUR.	ANNÉE 1896.											
	Janvier.	Février.	Mars.	Avril.	Mai.	Juin.	Juillet.	Août.	Septembre.	Octobre.	Novembre.	Décembre.
1	»	1	1	»	»	2	»	»	»	1	1	3
2	1	»	2	»	»	1	»	1	»	»	1	2
3	1	1	»	1	»	1	»	»	1	»	2	»
4	2	1	1	»	»	1	»	»	2	»	»	1
5	1	1	1	»	1	3	1	1	1	»	1	»
6	3	»	1	»	»	1	»	1	1	2	»	2
7	2	»	2	»	1	»	»	»	»	1	»	2
8	3	1	2	»	2	»	»	»	1	»	2	2
9	2	3	1	»	1	»	1	»	1	»	1	5
10	2	2	2	»	1	»	1	1	»	»	1	1
11	1	»	3	1	»	»	1	1	1	4	»	1
12	»	»	1	»	3	»	»	1	1	2	1	1
13	»	1	3	»	»	»	»	»	2	2	1	»
14	»	»	»	»	1	»	1	»	1	1	1	2
15	»	»	2	»	2	»	1	1	1	1	1	1
16	»	»	3	»	1	»	3	»	1	1	1	1
17	»	»	»	1	1	»	2	3	»	»	»	»
18	»	»	2	2	2	1	»	2	»	»	»	1
19	»	»	2	2	1	»	»	»	»	»	»	1
20	»	»	2	»	»	»	1	»	»	»	»	2
21	»	»	2	3	»	»	1	1	1	»	»	»
22	»	1	1	»	»	»	1	1	1	»	»	»
23	»	»	»	1	»	1	1	2	1	1	»	2
24	1	»	2	»	1	4	»	»	5	»	»	»
25	1	1	2	1	»	4	2	2	1	»	»	»
26	1	1	3	»	1	2	1	»	»	»	»	»
27	»	2	»	1	1	2	1	1	»	1	»	»
28	1	2	1	»	2	»	1	1	»	1	1	»
29	»	1	3	»	4	1	1	»	»	2	2	1
30	2	»	»	»	»	1	1	»	»	4	1	1
31	2	»	1	»	1	»	»	»	»	1	»	»
TOTAL.	26	19	46	13	27	25	22	19	22	22	17	31

Annotations dans les colonnes : Janvier — Lithium carbonicum, 3 grammes par jour. ; Février — Lithium carbonicum, 3 grammes par jour. ; Avril — Lithium carbonicum, 3 grammes par jour. ; Mai — Lithium carbonicum, 3 grammes par jour. ; Juin — Lith. carb, 3 gr. p. j. ; Lithium carbonicum, 4 grammes par jour. ; Juillet — Lithium carbonicum, 4 grammes par jour. ; Août — Lithium carbonicum, 4 grammes par jour. ; Septembre — Lithium carbonicum, 4 grammes par jour. ; Octobre — Lithium carbonicum, 4 grammes par jour. ; Novembre — Lithium carbonicum, 4 grammes par jour.

Malade M...

JOUR.	Janvier.	Février.	Mars.	Avril.	Mai.	Juin.	Juillet.	Août.	Septembre.	Octobre.	Novembre.	Décembre.
						ANNÉE 1897.						
1	1	»	»	»	»	»	»	»	»	»	»	«
2	»	»	»	»	»	»	»	»	»	»	»	»
3	1	»	»	»	»	»	»	»	»	»	»	»
4	2	2	»	»	»	»	»	»	»	»	»	»
5	3	1	»	»	»	»	»	»	»	»	»	»
6	2	»	»	»	»	»	»	»	»	»	»	»
7	»	3	»	»	»	»	»	»	»	»	»	»
8	2	4	»	»	»	»	»	1	»	»	»	»
9	1	»	1	»	»	»	»	»	»	»	»	»
10	»	»	1	»	»	»	»	»	»	»	»	»
11	1	»	2	»	»	»	»	»	»	»	»	»
12	1	»	3	»	»	»	»	»	»	1	»	»
13	1	»	2	»	»	»	»	»	»	»	»	»
14	3	»	1	»	»	»	1	»	»	»	»	»
15	4	»	1	»	»	»	»	»	»	»	»	»
16	1	»	»	»	»	»	»	»	»	»	»	»
17	»	»	1	»	»	»	»	»	»	»	»	»
18	1	»	»	»	»	»	4	»	»	»	»	»
19	1	»	»	»	»	»	1	»	»	2	»	»
20	1	»	1	»	1	»	6	»	»	2	»	»
21	»	»	»	»	1	»	6	»	»	5	»	»
22	»	»	»	»	1	»	2	»	»	4	»	»
23	»	»	»	1	2	»	3	»	»	1	»	»
24	1	»	»	»	1	»	3	»	»	»	»	»
25	»	»	»	1	2	»	1	»	»	»	»	»
26	»	»	»	»	2	»	1	»	»	»	»	»
27	»	»	»	»	1	»	»	»	»	»	»	»
28	»	»	»	1	1	»	»	»	»	»	»	»
29	»	»	»	»	»	»	»	»	»	»	»	»
30	»	»	»	»	»	»	1	»	»	»	»	»
31	»	»	»	»	»	»	»	»	»	»	»	»
TOTAL.	27	11	12	3	11	»	29	1	»	15	»	»

Notes thérapeutiques portées verticalement dans les colonnes :
Février : *Lithium carbonicum, 3 grammes par jour.*
Mars : *Lithium carb., 3 gr. par jour.* — *Lithium carbonicum, 4 grammes pro die.*
Avril : *Lithium carbonicum, 4 grammes pro die.*
Mai : *Lithium carbonicum, 4 grammes pro die.*
Juin : *Lithium carbonicum, 4 grammes pro die.*
Juillet : *Lithium carbonicum, 4 grammes pro die.*
Août : *Lithium carbonicum, 4 grammes pro die.*
Septembre : *Lithium carbonicum, 4 grammes pro die.*
Octobre : *Lithium carbonicum, 4 grammes pro die.*
Novembre : *Lithium carbonicum, 4 grammes pro die.*
Décembre : *Lithium carbonicum, 4 grammes pro die.*

Malade M...

JOUR.	ANNÉE 1898.									
	Janvier.	Février.	Mars	Avril	Mai.	Juin.	Juillet.	Août.	Septembre.	Octobre.
	Lithium carbonicum, 4 grammes *pro die.*	Lithium carbonicum, 4 grammes *pro die.*	Lithium carbonicum, 4 grammes *pro die.*	Lithium carbonicum, 4 grammes *pro die.*	Lithium carbonicum, 4 grammes *pro die.*	Lithium carbonicum, 4 grammes *pro die.*	Lithium carbonicum, 4 grammes *pro die.*	Lithium carbonicum, 4 grammes *pro die.*	Lithium carbonicum, 4 grammes *pro die.*	Lithium carbonicum, 4 grammes *pro die*
1	»	»	7	»	1	»	»	»	»	»
2	»	»	»	»	2	»	»	»	»	»
3	»	»	»	»	4	»	»	»	»	»
4	»	»	1	»	2	»	»	»	»	»
5	»	»	»	»	1	»	»	»	»	»
6	»	»	»	»	1	»	»	»	»	»
7	»	»	3	»	»	»	»	»	»	»
8	»	»	1	»	»	»	»	»	»	»
9	»	»	1	»	»	»	»	»	»	»
10	»	»	2	»	1	»	»	»	1	»
11	»	»	»	»	»	»	»	»	»	»
12	»	»	»	»	»	»	»	»	»	»
13	»	»	1	»	»	»	»	»	»	»
14	»	»	3	»	»	»	»	»	»	»
15	1	»	1	»	»	»	»	»	»	»
16	»	»	1	»	»	»	»	»	»	»
17	»	»	»	1	»	»	»	»	»	»
18	»	»	»	»	»	»	»	»	»	»
19	»	»	3	»	»	»	1	»	»	»
20	»	»	»	»	»	»	»	»	»	»
21	»	2	1	»	»	»	»	»	»	»
22	»	»	1	»	»	2	»	»	»	»
23	»	»	»	»	»	»	»	»	»	»
24	»	»	1	1	»	»	»	»	»	»
25	»	2	»	»	»	»	»	»	»	»
26	»	4	»	»	»	»	»	»	»	»
27	»	2	»	»	»	»	»	»	»	»
28	»	8	1	»	»	»	»	»	»	»
29	»	»	»	»	»	»	»	»	»	»
30	»	»	3	»	»	»	»	»	»	»
31	»	»	»	»	»	»	»	»	»	»
TOTAL . .	1	18	31	2	12	2	1	»	1	»

OBSERVATION II. — (1895, V, 22.) Garçon S..., 14 ans, assez bien développé, un peu anémique. Appartenant à une famille de nerveux. Épileptique depuis l'âge de 10 ans. Depuis les trois dernières années, les attaques sont quotidiennes, se présentent plusieurs fois par jour; aucun traitement ne donna de résultat. Les attaques sont très fortes et apparaissent sous forme de grand mal. Pour la sphère somatique, on remarque une anémie générale sans d'autres altérations. Pour la sphère psychique, le sujet présente un tableau très net de la *moral insanity*. Dans ces derniers temps, il est devenu grossier, bizarre. La conscience est encore conservée, mais les facultés intellectuelles sont fortement affaiblies. Il a oublié le dessin, ce qu'il connaissait jadis. Il se bat avec tous les malades; il vole ce qu'il peut trouver; il casse et il abîme ce qu'il réussit à prendre. S'adonne beaucoup à l'onanisme, même en public. Il mange son sperme. On l'a, un jour, surpris essayant de la pédérastie.

Après deux mois et demi d'observation, je le soumis à la méthode de traitement d'après Bechterew, que je poursuivis, durant deux mois, mais sans aucun résultat. Le 13 octobre 1895, après une rémission de quelques jours dans le traitement, je lui donnai 0^{gr},5 de carbonate de lithium, à prendre trois fois par jour. Comme on le voit au tableau, dès ce jour même et le jour suivant, au lieu de neuf à six attaques qu'on observait les jours précédents, il n'en eut qu'une seule par jour, et pendant six jours, il n'en eut point. Puis les attaques reparurent. J'élevai la dose jusqu'à 2 grammes par jour. Il y eut trois attaques les 25 et 26 octobre. J'élevai alors encore la dose jusqu'à 3 grammes. A partir de ce jour, il se produisit une attaque le 28 octobre, puis une seule attaque le 19 novembre. Puis les attaques cessèrent absolument et, chose plus intéressante, durant les deux premières semaines, tous les symptômes psychiques disparurent complètement.

Le 1ᵉʳ décembre, j'abandonnai le traitement; toutefois, les attaques ne reparurent pas. Une attaque se produisit le 26 décembre et, à partir de ce jour, le sujet n'eut pas d'attaques jusqu'au 23 février 1896 ; à partir de ce jour, il eut une série d'attaques. Durant les mois d'avril et mai, les attaques deviennent plus fréquentes, mais l'état général reste excellent et l'on n'observe pas de troubles psychiques.

Le 24 mai, je recourus de nouveau au lithium (3 grammes par jour). Les attaques cessèrent immédiatement. A partir de ce moment, pendant trois années, le malade recevait par périodes du carbonate de lithium, et toujours on pouvait constater les mêmes effets. Il fallait simplement modifier parfois la dose, la diminuer ou l'augmenter. J'ai parfois laissé le sujet sans traitement (août à novembre 1896 ; janvier à mars 1897), et alors les attaques revinrent. Depuis avril 1897, il reçut toujours du lithium et les attaques furent rares; le sujet était bien portant.

En 1898, il rentra chez lui et les parents m'ont dit qu'il était guéri, ce que je ne pense pas, car les attaques se montreront de nouveau lorsque le lithium sera abandonné ou que les doses ne seront pas modifiées.

Cette expérience prouve que le lithium exerce une influence sur les attaques et sur les phénomènes psychiques, en même temps qu'on doit considérer ceux-ci comme un effet de l'intoxication. On pouvait parfaitement remarquer sur ce malade, si on poussait les doses de lithium jusqu'à 5 à 6 grammes par jour, que de la dépression et de la somnolence apparaissaient et que les attaques devenaient plus fortes. La quantité des urines devint énorme sous l'influence du traitement : 5 à 8 litres par jour. Il fallait veiller à toujours modifier la dose suivant l'état du malade.

––––––––––

Malade S...

JOUR.	ANNÉE 1895.							
	Mai.	Juin.	Juillet.	Août.	Septembre.	Octobre.	Novembre.	Décembre.
1	—	8	2	2	6	4	»	»
2	—	9	»	2	5	5	»	»
3	—	7	1	2	5	8	»	»
4	—	7	1	3	5	7	»	»
5	—	8	2	»	5	7	»	»
6	—	7	2	3	6	6	»	»
7	—	8	2	2	3	6	»	»
8	—	10	1	2	2	6	»	»
9	—	5	2	3	6	9	»	»
10	—	9	1	3	3	5	»	»
11	—	6	2	5	5	9	»	»
12	—	9	»	3	7	8	»	»
13	—	7	1	»	4	1	»	»
14	—	6	1	2	4	1	»	»
15	—	9	2	3	5	» (Lithium carb, 1.5 gr.)	»	»
16	—	5	1	3	2	»	»	»
17	—	8	2	4	6	»	»	»
18	—	3	5	1	5	»	»	»
19	—	4	»	3	3	»	1	»
20	3	3	1	3	2	»	»	»
21	4	2	4	2	3	1	»	»
22	5	»	»	5	4	3 (Lith. carb, 2 gr.)	»	»
23	3	»	2	3	7	1	»	»
24	8	2	2	3	6	1	»	»
25	5	1	1	3	«	3	»	»
26	4	1	1	8	5	3	»	1
27	7	1	2	4	7	»	»	»
28	4	3	»	6	5	1	»	»
29	7	1	»	4	3	»	»	»
30	6	1	2	6	5	»	»	»
31	5	»	»	7	»	»	»	»
TOTAL.	59	150	44	99	133	95	1	1

Novembre : Lithium carbonicum, 3 grammes pro die.

Malade S...

JOUR.	Janvier.	Février.	Mars.	Avril.	Mai.	Juin.	Juillet.	Août.	Septembre.	Octobre.	Novembre.	Décembre.
					ANNÉE 1896.							
1	»	»	12	»	»	»	»	»	»	»	2	1
2	»	»	7	»	2	»	»	»	»	»	1	»
3	»	»	1	»	»	»	»	»	»	1	»	»
4	»	»	»	»	»	»	»	»	»	»	2	»
5	»	»	1	»	2	»	»	»	»	»	5	»
6	»	»	»	»	»	»	»	»	»	»	1	»
7	»	»	»	»	»	»	»	»	»	»	4	»
8	»	»	»	5	4	»	»	»	»	»	3	1
9	»	»	»	»	»	»	1	»	»	»	1	»
10	»	»	»	»	3		»	»	»	»	1	»
11	»	»	2	1	1		»	»	»	»	2	»
12	»	»	»	1	»		»	»	»	»	2	»
13	»	»	»	»	2		»	»	1	2	2	»
14	»	»	»	»	1		»	»	»	»	1	»
15	»	»	»	»	2		»	»	»	»	1	»
16	»	»	»	1	4		»	5	»	»	2	»
17	»	»	»	1	»		»	5	»	»	»	1
18	»	»	»	»	2		»	»	»	»	»	»
19	»	»	»	1	1		»	»	»	»	3	»
20	»	»	»	2	1		»	»	»	»	5	»
21	»	»	»	»	3		»	»	»	»	»	»
22	»	»	»	»	1		»	3	»	»	1	1
23	»	7	»	»	2		»	»	»	»	2	»
24	»	4	»	»	1	1	»	»	»	»	2	»
25	»	6	»	»	1	3	»	»	»	»	»	»
26	»	5	»	1	»	»	»	»	3	4	»	»
27	»	9	1	»	»	»	»	»	4	1	1	»
28	»	5	1	1	»	»	»	»	»	»	1	»
29	»	1	2	4	»	»	»	»	»	»	2	»
30	»	»	3	»	»	»	»	»	»	1	»	»
31	»	»	1	»	»	»	»	»	»	1	»	»
TOTAL.	»	37	29	18	33	4	1	13	8	7	47	3

Annotations (texte vertical) :
- Mai : *Carb. de lith, 3 gr. p. d.*
- Juin : *Carbonate de lithium, 3 grammes pro die.*
- Juillet : *Carbonate de lithium, 3 grammes pro die.*
- Décembre : *Carbonate de lithium, 3 grammes pro die.*

Malade S...

JOUR.	ANNÉE 1897.											
	Janvier.	Février.	Mars	Avril.	Mai.	Juin.	Juillet.	Août.	Septembre.	Octobre.	Novembre.	Décembre.
1	1	3	2	1	»	»	»	»	»	»	»	2
2	1	6	1	»	»	»	»	»	»	»	»	1
3	1	4	2	»	»	»	»	»	»	»	»	»
4	1	3	2	»	»	»	»	»	»	»	»	»
5	1	3	3	»	»	»	»	4	»	1	»	»
6	1	5	2	»	»	»	»	»	»	2	»	»
7	1	3	1	»	»	»	1	1	»	»	»	»
8	1	»	2	»	»	»	2	»	»	»	»	»
9	1	»	7	»	»	»	»	»	»	»	»	»
10	2	»	8	»	»	»	»	»	»	»	1	»
11	4	»	3	»	»	»	»	»	1	»	»	»
12	2	»	2	»	»	»	»	»	»	»	»	»
13	1	2	6	»	»	»	»	»	»	»	»	»
14	1	1	4	»	»	»	»	»	»	»	»	»
15	1	»	3	»	»	»	»	»	»	»	»	»
16	2	»	6	»	»	»	»	»	»	»	»	»
17	1	»	3	»	»	»	»	»	»	»	»	»
18	2	1	3	»	»	»	»	»	»	»	»	»
19	1	3	10	»	3	»	»	»	»	»	»	»
20	1	2	12	»	3	»	»	»	»	»	»	»
21	1	»	10	»	»	»	»	»	»	»	»	»
22	1	2	3	»	»	»	»	»	»	»	»	»
23	»	4	4	»	»	»	»	»	»	»	»	»
24	2	5	9	1	»	»	»	»	»	»	»	»
25	2	»	5	»	»	»	»	»	»	»	»	»
26	1	7	1	»	»	»	»	»	»	1	»	»
27	2	3	»	»	»	»	»	»	»	»	»	»
28	3	4	3	»	»	»	»	»	»	»	»	»
29	4	»	»	»	»	»	»	»	1	»	»	»
30	»	»	»	»	»	»	»	»	»	»	»	»
31	2	»	1	»	»	»	»	»	»	»	»	»
TOTAL.	45	58	118	2	6	»	3	5	2	4	1	3

Carbonate de lithium, 3 grammes pro die. (Avril à Décembre)

Carb. de lith, 3 gr. p. d. (Mars)

OBSERVATION III. — Cette observation est particulièrement intéressante : elle montre le rôle que joue la dose de carbonate de lithium dans le traitement de l'épilepsie et démontre que nous avons affaire ici à une réaction purement quantitative.

Malade L..., 26 ans. Souffre depuis trois ans d'attaques épileptiques très fortes et très fréquentes, se présentant plusieurs fois par jour. Les convulsions sont fortes, mais les accès sont courts et le malade se rétablit bien vite après l'attaque, sans période de sommeil. Durant la dernière année, on l'a soumis, sans succès, à une forte médication bromurée.

Entré à l'asile le 20 décembre 1896, il eut pendant ce mois trente-sept attaques.

Le 24 janvier 1897 commença le traitement par 3 grammes de carbonate de lithium par jour ; il ne fut suivi d'aucun succès, car durant ce mois de janvier le malade eut quatre-vingt-treize attaques.

Le 5 février, la dose fut élevée jusqu'à 4 grammes *pro die* ; action faible. Le douzième jour, la dose fut poussée jusqu'à 5 grammes et le quinzième jour jusqu'à 6 grammes ; le malade supporta bien ces doses et ne présenta aucun symptôme d'intoxication. Il est à noter que ce

Malade L...

JOUR.	Décembre 1896.	ANNÉE 1897.		
		Janvier.	Février.	Mars.
1	—	5	1	»
2	—	1	»	»
3	—	4	3	»
4	—	3	8	»
5	—	4	1	»
6	—	3	4	»
7	—	3	»	»
8	—	3	»	»
9	—	2	5	»
10	—	1	7	»
11	—	5	1	»
12	—	1	2	»
13	—	4	2	»
14	—	2	1	»
15	—	3	1	»
16	—	2	»	»
17	—	2	1	»
18	—	»	1	»
19	—	4	1	1
20	1	1	»	»
21	4	4	»	»
22	4	9	»	»
23	4	4	»	»
24	5	2	»	»
25	2	4	»	»
26	6	5	»	»
27	»	2	2	»
28	3	2	»	»
29	5	3	»	»
30	1	3	»	»
31	2	1		»
TOTAL	37	93	42	1

(Annotations portées en marge des colonnes : Décembre — Lith. carb, 3 gr. pro die. ; Janvier — Lithium carbonicum, 7 gr. pro die. ; Février — Lith. carb, 3 gr. / Lithium carb, 4 gr. / lith. c, 5 g. / Lith. carb, 6 gr / Lithium carbonicum, 7 gr. pro die. ; Mars — Lithium carbonicum, 7 grammes pro die.)

malade ne présenta jamais de troubles psychiques. Sous l'action des doses de 6 grammes, les attaques sont devenues plus rares. Le vingtième jour, j'élevai la dose jusqu'à 7 grammes par jour et les attaques cessèrent immédiatement. Le malade eut seulement deux attaques, le 27 février et le 19 mars, alors que durant deux années les attaques étaient quotidiennes.

Le malade supporta très bien ces doses et quitta l'établissement comme complètement rétabli. On voit que l'effet ne se montra que lorsque la dose eut atteint 7 grammes. C'est la dose la plus haute que j'aie vue être supportée par un épileptique sans qu'aucune intoxication se produisît.

Étant convaincu que l'éclampsie des femmes enceintes est, au point de vue clinique, une épilepsie aiguë et que les attaques d'éclampsie sont absolument identiques aux attaques d'urémie, j'ai essayé, dans trois cas d'éclampsie, le traitement par le carbonate de lithium. Les résultats furent excellents. Les attaques cessèrent trente minutes à une heure après une dose de 1 à 2 grammes de carbonate de lithium. Je l'ai donné à doses de 50 centigrammes à 1 gramme, répétées toutes les demi-heure à une heure, dans les cas graves *per clysmam*. Endéans quelques heures, les malades furent guéris après avoir présenté une période de profond sommeil. J'insiste sur cette méthode de traitement, qui est basée sur des déductions théoriques, car j'ai lieu de croire qu'elle donnera de bons résultats.

J'ai également essayé ce traitement dans l'éclampsie des enfants, et là également avec grand succès.

Ainsi, les résultats de ces recherches confirment la théorie du carbaminate d'ammonium. Je ne pense pourtant pas qu'on puisse simplement ainsi résoudre la question du traitement de l'épilepsie. Je suis sûr que l'étude des réactions chimiques dans l'organisme épileptique nous indiquera la voie à suivre dans la solution du problème du traitement de l'épilepsie, plus spécialement quant au moyen de transformer le corps toxique, agent provocateur des attaques, en une forme inoffensive, ce qui d'ailleurs est déjà en partie réalisé, grâce aux réactions indiquées dans ce chapitre. Mais il faut avouer que ces considérations ne permettent guère d'entrevoir une guérison complète de l'épilepsie. Une neutrali-

sation constante de toxine n'empêche nullement la formation
d'une nouvelle quantité, et je crois que la question du traitement
de l'épilepsie ne sera complètement résolue que lorsqu'on aura
trouvé la cause et le lieu de formation des réactions anormales
dont l'organisme épileptique est le siège.

CHAPITRE IX.

Tous les faits qui sont exposés dans les chapitres précédents
découlent directement les uns des autres et confirment l'hypothèse
que nous avons émise, à savoir, la formation périodique de
carbaminate d'ammonium, cause déterminante des attaques
d'épilepsie. Pour prouver cette théorie d'une manière complète,
il fallait constater la présence de cette substance dans le sang des
épileptiques recueilli à des moments différents avant et après les
attaques.

La dernière série de mes recherches s'appliqua à cet objet.

Mais je dois préalablement expliquer pourquoi je ne me suis
pas préoccupé de rechercher l'acide carbaminique dans les urines.
Comme suite aux opinions citées de Nencki et de Drechsel, nous
savions que l'acide carbaminique doit s'éliminer de l'organisme
normalement sous forme d'urée. Mais si quelque portion de cet
acide était éliminée sous forme d'un sel quelconque, il serait
impossible de juger de la quantité d'acide carbaminique qui se
trouve dans l'organisme. L'acide carbaminique peut, en effet,
manquer dans les urines, alors que l'intoxication de l'organisme
par le sel ammoniacal de cet acide a lieu ; d'autre part, l'acide
carbaminique peut se trouver dans les urines, par exemple sous
forme de carbaminate de sodium, sans qu'il y ait à cet égard un
rapport établi avec une intoxication passée.

Voilà pourquoi il était de loin beaucoup plus exact de rechercher le poison directement où il se trouve et où il agit comme
tel, c'est-à-dire dans le sang, ou peut-être dans le cerveau.

J'ai analysé le sang au point de vue de la présence de l'acide
carbaminique, en me servant de la méthode de Drechsel (1). Ces

(1) DRECHSEL, *Journ. f. pract. Chem.*, n. F., Bd 12.

analyses m'ont démontré que l'acide carbaminique se trouve toujours dans le sang d'un épileptique ; de plus, on peut remarquer un rapport entre l'état de santé de l'épileptique et la quantité d'acide carbaminique contenue dans le sang. Au moment où des phénomènes épileptiques graves se produisent, et surtout pendant l'état de mal, la réaction de l'acide carbaminique est très nettement exprimée. Au contraire, durant les périodes intercalaires, la réaction est faible, bien qu'on la perçoive toujours.

J'ai trouvé aussi l'acide carbaminique dans le sang de l'homme sain, mais la quantité paraît être beaucoup plus faible que celle qu'on constate pendant les états graves épileptiques.

Mais ces constatations ne résolvaient pas toute la question. D'abord, l'acide carbaminique fut trouvé déjà par Drechsel comme un élément constant du sang du chien, et pour ce motif sa présence dans le sang des épileptiques était loin d'être la preuve de son action toxique. Deuxièmement, l'acide carbaminique pourrait être uni au potassium ou au sodium, qui ne sont point toxiques, car seul le sel ammoniacal provoque les attaques épileptiques.

Je devais donc, après avoir constaté la présence d'acide carbaminique dans le sang, m'arrêter sur la destination de l'ammoniaque dans le sang des épileptiques.

Ces recherches ne sont pas encore complètement achevées, et je les publierai plus tard. Je me bornerai à dire que les analyses faites d'après les méthodes de Nencki-Salesski et de Salkowski ont démontré que l'ammoniaque existe dans le sang des épileptiques et que sa quantité semble être en quelque rapport avec les attaques. Toutefois, je dois ajouter que les variations ne sont pas considérables, comparaison faite avec les quantités qu'on trouve chez l'homme sain.

Tous les résultats que j'ai obtenus jusqu'à présent relativement à la présence de l'ammoniaque et de l'acide carbaminique dans le sang, confirment mes idées; comme je l'ai dit, ces recherches seront publiées ultérieurement avec plus de détails.

Je me borne pour le moment à attirer l'attention sur une question qui a déjà joué quelque rôle à propos de la théorie de Frerichs sur l'urémie. Il est très difficile de déceler l'ammoniaque dans le sang des animaux empoisonnés par cette substance, attendu qu'il disparaît très vite en se transformant après les attaques en urée et en eau; aussi, j'estime qu'on a abandonné à tort la théorie de Frerichs, se basant sur le fait qu'on ne pouvait pas déceler dans le sang la présence de grandes quantités d'ammoniaque.

J'ai parfois trouvé dans le même échantillon de sang à la fois une quantité considérable d'acide carbaminique et seulement des traces d'ammoniaque, ce qui peut donner à penser que l'acide carbaminique dans le sang puisse être uni avec des corps autres que l'ammoniaque. D'autre part, l'ammoniaque peut être combinée avec l'acide carbaminique ainsi qu'avec l'acide carbonique. C'est pourquoi, il est douteux qu'on puisse, en se basant sur les quantité d'ammoniaque et d'acide carbaminique prises séparément, juger de la quantité de carbaminate d'ammonium qui se trouve dans le sang.

En terminant mon travail, je dois ajouter que j'explique par l'intoxication par l'acide carbaminique, non seulement les attaques d'épilepsie, mais aussi tous les symptômes psychiques qui se montrent chez les épileptiques. Ce poison n'exerce pas seulement une action sur les centres moteurs, mais encore sur le cerveau en général. Je suis absolument d'accord avec Binswanger, qui dit que les diverses formes d'épilepsie ne sont pas toutes d'origine toxique. Je considère les convulsions épileptiques comme un symptôme d'ordre général à l'égal de la fièvre, qui peut donc, ainsi que cette dernière, relever de causes très différentes. Ainsi, la pathogénie de l'épilepsie traumatique peut être tout autre et la relation entre le trauma et l'épilepsie peut être analogue à celle qui existe pour la tuberculose traumatique.

Et maintenant, je veux avancer plus encore dans mes recherches; je rechercherai le siège et la cause des réactions anormales dont l'organisme épileptique est le siège. Et s'il n'y a pas de grandes erreurs dans mon travail, et si mes recherches sont confirmées ultérieurement par d'autres, je m'estimerai heureux, car j'aime à espérer qu'il sera dès lors possible de trouver un remède curatif de cette terrible maladie.

TABLEAU N° 1.

JOUR D'EXPÉRIENCE.	Eau.	LAIT.			Thé.	Soupe.	Riz au lait.	Boulettes (hachis).	Viande bouillie.	Concombres.	Pain noir.	Pain blanc.	Sel.	OEufs.	Bouillon.	Macaroni.
		Quantité.	Densité.	Graisse %.												
	c.c.	c.c.	—	—	c.c.	c.c.	gr.	gr.	gr.	gr	gr.	gr.	gr.	gr.	gr.	
1	—	420	—	—	3360	—	420	204	—	190	440	192	—	—	500	
2	—	420	—	—	2940	—	—	204	—	190	148	192	—	100	500	
3	—	420	—	—	4200	—	420	102	—	285	76	192	—	100	420	
4	—	420	—	—	3780	—	—	102	—	285	—	288	—	100	420	
5	—	420	—	—	3360	—	420	204	—	285	—	288	—	100	420	
6	—	420	—	—	3780	—	—	102	—	285	—	440	—	200	420	
7	—	420	—	—	2940	—	420	204	—	285	107	440	—	100	420	
8	—	420	—	—	3360	—	—	102	—	285	156	440	—	100	420	
9	—	420	—	—	5460	—	—	204	—	285	168	288	—	300	420	
10	—	420	—	—	4200	—	—	102	—	285	—	440	—	200	420	
11	—	420	—	—	2940	—	—	255	—	380	—	192	—	100	288	
12	—	420	—	—	5040	—	—	102	—	190	—	440	—	250	512	
13	—	420	—	—	2940	—	—	204	—	285	212	440	—	250	420	
14	840	420	—	—	5460	—	—	204	—	285	—	440	—	250	420	
15	—	420	—	—	5040	—	—	408	—	195	330	440	3.5	100	420	
16	—	420	1036	3.5	4620	—	—	102	92	237	110	440	2	200	420	
17	—	420	1035	3.7	3780	—	—	102	—	285	—	602	1	200	420	
18	—	420	—	—	3360	—	—	102	—	207	303	440	1	150	420	
19	—	420	1032	2.7	4620	—	—	102	260	270	—	602	1	150	420	
20	—	420	1033	—	3780	--	—	204	205	216	79	440	1	100	420	
21	—	420	1034	3.3	5040	—	—	204	—	232	248	192	1	150	420	
22	—	420	1030	2.7	3360	—	—	95	76	240	176	440	2	150	420	

Les chiffres fixant la quantité de nourriture ingérée expriment la quantité totale p...

bservation 1, p. 22.)

REMARQUES.

—

11 heures 35 minutes du soir, attaque d'épilepsie . . . . —   —

—

Potution . . . . —   —

—

3 heures 45 minutes de la nuit, attaque d'épilepsie . . . . —   —

—

Potution . . . . —   —

ingt-quatre heures.

TABLEA|

JOUR D'EXPÉRIENCE.	CORP{								
	Urines.								
	Quantité.	Nombre de mictions.	Réaction.	Densité.	Azote.	Urée.	Azote de l'urée.	Acide urique.	P_2O_5	Chlorures (N 4 Cl)
1	c.c. 4950	13	acide.	1010	gr. 17,6	gr. 34,8	gr. 16,2	mgr. 865	gr. 4,4	g —
2	3525	12	—	1010	17,3	29,9	13,9	758	3,2	C
3	4450	16	alcal.	1010	13,7	27,8	12,9	497	3,6	t.l
4	4250	10	acide.	1010	15,6	29,3	13,6	286	3,3		
5(*)	4150	14	—	1010	17,7	32,1	14,9	892	3,2	2l
6	4000	16	—	1010	17,0	27,8	—	914	3,3	,
7	3700	11	—	1013	15,1	25,3	11,8	448	3,7	2	
8	4350	11	—	1010	17,0	32,0	14,9	292	3,3	2
9	6000	17	—	1009	23,7	43,5	20,3	—	4,5	40
10	4175	14	—	1009	13,9	22,2	10,3	505	3,3	2	
11	3700	9	—	1010	18,2	21,5	14,6	895	2,2	30
12	5825	15	—	1008	16,4	30,8	14,3	626	2,6	2.	
13	2725	10	—	1012	14,9	28,3	13,4	916	3,2	13	
14	4475	14	—	1010	19,2	27,0	12,5	1023	2,5	19	
15(*)	5775	12	—	1010	25,2	46,6	21,7	1009	3,7	31,2
16	5000	13	—	1010	18,1	33,2	15,5	1210	3,6	2	2
17	4650	11	—	1009	15,4	26,7	12,5	906	2,6	2·0
18	3875	10	—	1010	17,5	32,8	15,1	677	3,1	21,3
19	6125	14	—	1008	24,8	43,9	20,5	823	3,1	24,1
20	4070	11	—	1008	17,4	34,7	16,1	1174	2,6	15,2
21	5600	14	—	1008	22,6	37,0	17,3	715	3,1	25,2
22	3700	13	—	1010	17,0	35,1	16,3	895	3,2	17,3

(*) Les jours marqués d'un astérisque sont des jours d'attaque; voir p. 139.
Les chiffres fixant la quantité d'urine et d'excréments éliminés expriment la quantité to·

11 (*suite*).

LIMINÉS.

				Excréments.						
Sulfates (SO₃).	Albumine.	Glucose.	Proportion de l'urée à l'acide urique.	Quantité.	Nombre de selles.	Eau.	Résidu solide.	Cendres.	P₂O₅.	Azote.
gr. 2,7	absence	absence	40	gr. 186	1	gr. 150,2	gr. 35,7	gr. 4,0	gr. 0,3	gr. —
3,5	—	—	39	322	2	266,2	21,1	7,4	0,7	—
3,3	—	—	55	453	3	386,6	66,3	10,0	0,8	—
3,2	—	—	102	absence	absence	—	—	—	—	—
4,0	—	—	36	183	1	153,5	29,4	5,4	0,3	—
3,8	—	—	30	200	1	162,8	37,1	5,2	0,3	—
3,4	—	—	56	59	1	45,0	13,9	2,0	0,1	—
3,8	—	—	109	440	2	331,8	78,1	3,7	0,5	—
5,0	—	—	—	200	1	159,1	40,8	4,6	0,2	—
3,0	—	—	44	204	1	166,8	37,1	5,3	0,2	—
3,8	—	—	24	absence	absence	—	—	—	—	—
4,3	—	—	49	356	2	303,2	52,7	8,0	0,5	4,8
2,5	—	—	31	absence	absence	—	—	—	—	—
4,6	—	—	26	469	2	392,4	77,5	10,1	1,0	4,4
4,6	—	—	46	121	1	97,8	23,1	2,4	0,1	0,7
3,7	—	—	27	510	2	437,9	72,0	11,5	1,0	2,0
3,2	—	—	29	absence	absence	—	—	—	—	—
5,1	—	—	48	278	1	205,7	72,2	8,1	0,6	2,5
4,1	—	—	53	416	2	364,2	51,7	7,1	0,5	—
3,5	—	—	29	166	1	150,9	15,0	3,2	0,1	0,5
—	—	—	51	absence	absence	—	—	—	—	—
3,1	—	—	39	488	2	416,4	87,5	12,4	1,0	2,7

pour vingt-quatre heures.

NOURRITURE INGÉRÉE.

JOUR D'EXPÉRIENCE.	Eau.	LAIT. Quantité.	Densité.	Graisse °/₀.	Thé.	Soupe.	Riz au lait.	Boulettes (hachis).	Viande bouillie.	Concombres.	Pain noir.	Pain blanc.	Sel.	Œufs.	Bouillon.	
	c. c.	c. c.			c. c.	c. c.	gr.	gr.	gr.	gr.	gr.	gr.	gr.	gr.	gr	
23	—	420	1035	2,0	2520	—	—	108	—	257	—	442	1	150	420	—
24	—	420	—	—	4200	—	—	99	—	302	25	407	2	150	420	—
25	—	420	1035	2,0	3360	—	—	100	—	240	114	480	—	—	42	
26	—	420	—	—	3360	—	—	98	82	192	—	449	1	50	42	
27	—	420	1034	2,3	5040	—	—	100	122	217	288	424	1,5	200	420	—
28	—	420	1035	—	4620	—	—	98	—	217	—	420	—	—	420	
29	—	420	—	—	2520	—	—	98	—	217	—	456	1	150	420	
30	—	420	1033	2,9	3780	—	—	101	—	204	234	461	2	150	420	
31	—	420	—	—	4200	—	—	91	172	203	—	445	—	—	420	
32	—	420	—	—	3780	—	—	99	—	252	139	460	—	—	420	
33	—	420	—	—	3780	—	—	100	65	302	206	427	1	50	840	
34	—	420	—	—	2940	—	—	106	92	297	215	460	1	100	120	—
35	—	420	035	3,5	2100	—	—	104	—	247	—	919	—	—	120	
36	—	420	—	—	3360	—	—	104	97	—	45	818	1	—	420	
37	840	420	—	—	2940	—	—	107	90	307	—	440	1	150	420	
38	—	420	—	—	2100	—	—	105	80	263	—	460	—	—	420	
39	—	420	—	—	2940	—	—	108	78	306	—	592	—	—	420	
40	—	420	—	—	2940	—	—	113	113	300	—	674	—	—	420	
41	—	420	—	—	2520	—	—	111	97	205	—	795	—	—	420	
42	—	—	03	3,0	2100	—	—	101	76	325	—	440	—	—	420	
43	—	420	—	—	2940	—	—	111	95	248	—	614	—	100	420	—
44	—	—	—	—	3360	—	—	104	90	284	—	940	—	—	420	—

Les chiffres fixant la quantité de nourriture ingérée expriment la quantité totale po:

° 1².

REMARQUES.

kil.			
64,6		—	
65,2		—	
64,2		—	
64,4	Polution	—	
64,2		—	
64,3		—	—
64,2		—	—
64,4	Attaque douteuse	—	—
64,2		—	—
64,0		—	—
64,3		—	—
64,0		—	—
64,2		—	—
64,2		—	—
64,8		—	—
64,6	—	—	—
—	Matin : température 38°,4 ; soir : température 38°	—	—
64,2	. —	—	—
64,0	Excitation psychique	—	—
64,2		—	—
65,0		—	—
64,4		—	—

vingt-quatre heures.

JOUR D'EXPÉRIENCE.	CORPS								
	Urines.								
	Quantité.	Nombre de mictions	Réaction.	Densité.	Azote.	Urée.	Azote de l'urée.	Acide urique.	P_2O_5	Chlorures $(NaCl)$
	c. c.				gr.	gr.	gr.	mgr.	gr.	gr.
23	3250	10	acide	1011	16,0	31,3	14,6	524	2,6	15,0
24	6100	16	—	1009	20,6	40,1	18,7	820	3,6	17
25	4000	11	—	1008	16,8	28,5	13,3	699	3,1	15,0
26	4000	10	—	—	15,7	28,6	13,3	850	2,5	27
27	5600	15	—	1008	20,1	37,8	17,6	790	2,6	18,3
28	4200	11	—	1040	16,8	31,1	13,3	508	2,7	20,7
29	3125	8	—	1043	16,2	32,0	14,9	693	2,5	18,3
30(*?)	5000	10	—	1011	18,0	35,5	16,5	773	2,5	26,3
31	4350	12	—	1040	18,8	37,1	17,3	877	2,5	20,9
32	3625	9	—	1012	15,6	25,8	12,0	1510	2,5	21,8
33	5300	13	—	1009	19,7	37,7	17,6	849	4,0	27,8
34	3395	10	—	1014	19,4	34,5	16,1	1118	3,1	17,5
35	2700	9	—	1014	19,8	36,3	17,0	889	2,7	18,0
36	3355	8	—	1011	24,4	45,3	21,2	992	2,8	14,8
37	3750	10	—	—	22,8	40,2	18,7	957	2,8	21,7
38	2675	7	—	1015	15,5	28,8	13,4	1133	1,8	11,4
39	3675	9	—	1011	15,2	28,6	13,3	988	1,0	21,5
40	4300	10	—	1011	18,0	33,9	15,8	1272	2,8	27,3
41(*?)	3300	10	—	1011	18,3	32,6	15,2	954	3,1	19,6
42	2990	10	—	1013	18,5	33,9	15,8	743	2,1	22,9
43	3405	11	—	1040	22,6	37,2	18,9	755	1,8	21,0
44	3850	12	—	1009	18,4	31,8	14,7	1035	2,3	24,0

(*) Les jours marqués d'un astérisque sont des jours d'attaque; voir p. 143.
Les chiffres fixant la quantité d'urine et d'excréments éliminés expriment la quantité total

1² *(suite).*

Quantité. Nombre de selles.	Eau.	Résidu solide.	Cendres.	P₂O₅.	Azote.
	gr.				gr.
1	184,2				1,8
absence	—				—
1	146,3				0,8
2	342,9				3,7
1	279,5				2,4
1	93,7				—
1	166,0				0,9
1	103,3				0,9
1	350,2				2,8
absence	—				—
1	378,4				
absence	—				—
1	287,5				2,2
1	275,0				1,5
2	219,0				2,3
absence	—				—
absence	—				—
1	316,7				2,7
1	76,3				0,3
absence	—				—
1	356,6				4,9
absence	—				—

our vingt-quatre heures.

TABLEAU

JOUR D'EXPÉRIENCE.	NOURRITURE INGÉRÉE.														
	Eau.	LAIT.			Thé.	Soupe.	Riz au lait.	Boulettes (hachis).	Viande bouillie.	Concombres.	Pain noir.	Pain blanc.	Sel.	Œufs.	Bouillon.
		Quantité.	Densité.	Graisse °/₀.											
	c. c.	c. c.	—	—	c. c.	c. c.	gr.	gr.	gr.	gr.	gr.	gr.	gr.	gr.	gr.
45	—	....	—	—	2940	—	—	115	194	300	-	694	—	—	420
46	--	—	—	—	2940	—	—	102	102	220	68	412	—	—	420
47	—	420	—	—	2940	—	—	109	84	274		461	—	—	420
48	—	420	—	—	2940	—	—	110	99	226	—	424	1	100	420
49	—	420	—	—	3780	—	—	111	157	300	—	667	—	—	420
50	—	—	1033	2,9	3780	—	—	113	214	225	—	927	—	—	420
51	—	420	—	—	2940	—		108	167	252	—	447	—	—	420
52	—	420	—	—	2940	—	—	115	151	247	—	628	—	—	420
53	—	420	—	—	3360	—	—	105	168	300	—	655	—	150	420
54	—	420	—	—	3360	—	—	105	245	300	—	486	—		420
55	—	420	—	—	2940	—	—	112	206	356	—	599	—	—	420
56	—	—	—	—	2940	—	—	110	217	301	—	460	—	—	420
57	—	420	—	—	2520	—	—	114	93	205	—	363	—	—	420
58	—	—	—	—	2520	—	420	110	68	80	—	302	—	—	—
59	—	—	1035	3,5	2100	—	—	100	142	179	60	498	—	—	420
60	—	420	—	—	2940	—	—	120	107	150	-	391	—	—	420
61	—	420	—	—	2520	—	—	233	—	273	—	667	—	—	420
62	—	420	—	—	2940	—	—	110	114	197	—	436	—	—	420
63	—	420	—	—	2940	—	—	110	177	185	—	608	—	—	—
64	—	420	—	—	2520	—	—	112	155	267	—	595	—	—	420
65	—	420	—	—	2100	—	—	112	159	215	—	552	—	—	420
66	—	420	—	—	2940	—	—	112	179	115	87	569	1	—	420

Les chiffres fixant la quantité de nourriture ingérée expriment la quantité totale pour

• **1**[3].

REMARQUES.

	—	—
	—	—
	—	—
—	—	—
Matin : température 38°,2; soir : température 38°,9.	—	—
—	—	—
Tics convulsifs	—	—
	—	—
	—	—
	—	—
	—	—
—	—	—
Matin : température 39°,3; soir : température 37°,9.	—	—
—	—	—
	—	—
	—	—
	—	—
	—	—
	—	—

ingt-quatre heures.

TABLEAU

	CORPS									
JOUR D'EXPÉRIENCE.	Urines.									
	Quantité.	Nombre de mictions.	Réaction.	Densité.	Azote.	Urée.	Azote de l'urée.	Acide urique.	P₂O₅.	Chlorures (NaCl).
	c. c.				gr.	gr.	gr.	mgr.	gr.	gr.
45	2460	9	acide	1011	12,9	24,9	11,6	645	1,5	20,3
46	2350	8	—	1012	13,2	26,0	12,1	790	1,8	17,2
47	4750	14	—	1009	19,0	37,0	17,2	1054	3,3	25,1
48	3440	11	—	1011	17,4	30,3	14,2	948	2,6	23,5
49	5100	15	—	—	21,0	35,5	16,6	925	3,2	24,3
50	4275	12	—	1040	20,1	40,0	18,6	1034	2,6	25,7
51(*)	3660	14	—	1009	18,1	32,3	15,1	762	2,4	22,4
52	3850	11	—	1010	19,6	39,2	18,3	828	3,1	24,2
53	4260	11	—	1008	18,4	35,4	16,5	973	2,9	27,4
54	4310	13	—	1008	19,3	37,4	17,4	869	2,7	23,7
55	4500	11	—	1010	22,0	42,8	19,9	846	3,0	31,5
56	2725	11	—	1011	16,0	29,1	13,5	1007	1,7	17,5
57	3460	10	—	1013	23,5	42,9	20,0	1156	2,9	28,7
58	3450	14	—	1009	17,8	32,1	14,9	881	2,1	9,4
59	3410	11	—	1011	18,3	31,5	15,5	1003	2,7	20,0
60	4050	12	—	1008	18,7	34,4	16,4	925	2,4	20,2
61	4260	11	—	1010	22,4	35,3	20,7	620	2,9	23,9
62	4350	12	—	1009	16,9	32,4	15,1	1111	3,4	25,5
63	3050	9	—	1010	18,0	33,2	15,5	861	2,2	16,8
64	2750	13	—	1013	20,5	37,7	17,6	961	1,9	17,1
65	2650	8	—	1014	21,8	43,6	20,3	1051	2,9	17,6
66	5300	15	—	1008	25,7	47,1	21,9	1068	3,7	23,1

(*) Les jours marqués d'un astérisque sont des jours de tics convulsifs ; voir p. 447.
Les chiffres fixant la quantité d'urine et d'excréments éliminés expriment la quantité totale

° 1³ (suite).

Excréments.

Quantité.	Nombre de selles.	Eau.	Résidu solide.	Cendres.	P₂O₅.	Azote.
gr. 353	1	gr. 293,7	gr. 58,2	gr. 6,2	gr. 0,6	gr. 3,9
absence	absence	—	—	—	—	—
431	2	351,8	60,5	8,1	1,3	4,3
absence	absence	—	—	—	—	—
absence	absence	—	—	—	—	—
189	1	156,7	32,2	5,3	0,7	1,6
346	1	303,0	42,9	7,5	0,4	3,3
absence	absence	—	—	—	—	—
214	1	168,0	42,9	5,7	0,3	2,3
55	1	47,4	7,5	1,6	0,05	0,4
172	1	140,4	31,5	4,9	0,3	1,9
absence	absence	—	—	—	—	—
229	1	195,4	33,5	5,2	0,4	2,1
absence	absence	—	—	—	—	-
absence	absence	—	—	—	—	—
81	1	59,7	21,2	2,6	0,1	0,9
absence	absence	—	-	—	—	—
167	1	124,2	42,7	1,6	0,2	1,5
absence	absence	—	—	—	—	—
244	1	205,4	38,5	6,2	0,5	0,3
32	1	22,0	10,0	1,3	0,3	0,2
170	1	128,9	44,0	3,0	1,0	1,5

ur vingt-quatre heures.

TABLEAU

JOUR D'EXPÉRIENCE	Eau.	LAIT. Quantité.	Densité.	Graisse °/₀.	Thé.	Soupe.	Riz au lait.	Boulettes (hachis).	Viande bouillie.	Concombres.	Pain noir.	Pain blanc.	Sel.	OEufs.	Bouillon.	Macaroni.
	c. c.	c. c.			c. c.	c. c.	gr.	gr.	gr.	gr.	gr.	gr.	gr.	gr.	gr.	
67	—	—	—	—	2520	—	—	117	172	262	—	615	—	208	42	—
68	—	420	—	—	2520	—	—	110	149	238	—	646	—	—	—	—
69	—	420	—	—	3360	—	—	120	164	275	—	735	—	—	—	—
70	—	420	—	—	3360	—	—	120	195	192	—	620	—	—	420	—
71	—	420	—	—	2940	—	—	122	195	252	—	756	1	—	420	—
72	—	420	—	—	2100	—	—	115	170	190	—	415	1	—	420	—
73	—	—	—	—	2940	—	—	120	182	215	—	720	1	162	—	
74	—	420	—	—	2100	—	—	120	155	255	—	932	—	—	420	
75	—	420	—	—	2940	—	—	117	160	208	—	666	—	—	420	
76	—	420	—	—	2520	—	—	118	150	193	—	530	—	—	420	
77	—	—	—	—	2520	—	—	118	177	255	—	960	—	—	420	
78	—	420	—	—	2400	—	—	216	—	195	—	670	—	—	420	
79	—	—	—	—	2440	—	—	115	220	210	—	263	—	207	420	
80	—	420	—	—	2520	—	—	116	145	215	—	517	—	—	420	
81	—	420	—	—	2100	—	—	110	190	210	67	423	4	—	420	
82	—	—	—	—	2940	—	—	112	176	215	—	524	—	—	420	
83	—	420	—	—	2520	—	—	109	164	202	—	492	—	—	—	
84	—	—	—	—	3360	—	—	230	193	198	132	467	—	—	420	
85	—	—	—	—	2940	—	—	116	153	61	—	418	3	—	420	
86	—	420	—	—	2940	—	—	113	190	223	—	543	4	—	420	
87	—	420	—	—	3360	—	—	118	193	107	—	658	—	—	420	
88	—	—	—	—	3780	—	—	120	159	250	—	415	—	—	420	
89	—	—	—	—	3360	—	—	117	87	210	106	436	6	—	420	

Les chiffres fixant la quantité de nourriture ingérée expriment la quantité totale pou

N° 14.

REMARQUES.

Tics convulsifs . . . . —

vingt-quatre heures.

TABLEAU

CORPS

JOUR D'EXPÉRIENCE.	Quantité.	Nombre de mictions.	Réaction.	Densité.	Azote.	Urée.	Azote de l'urée.	Acide urique.	P_2O_5	Chlorures (NaCl).
					Urines.					
					gr.	gr.	gr.	mgr.	gr.	gr.
67					20,1	36,8	17,1	596	3,0	16,3
68					20,0	37,8	17,6	890	2,9	13,5
69					19,8	37,2	17,4	695	3,2	23,1
70					20,2	38,3	17,8	913	2,6	21,0
71					21,3	39,7	18,5	1271	2,6	25,0
72					19,1	36,0	16,8	1026	3,2	21,5
73					19,1	36,5	17,0	842	2,7	18,9
74					22,9	43,3	20,2	986	2,8	22,2
75					23,2	44,4	20,7	1167	2,8	26,5
76					—	34,9	16,3	888	2,6	17,9
77(*)					—	41,0	19,1	744	8,0	24,7
78					—	35,2	18,4	1097	4,0	24,0
79					—	37,5	17,4	834	3,3	12,6
80					20,1	37,6	18,5	1044	3,4	14,0
81					21,4	37,6	17,5	488	2,7	26,3
82					—	68,1	34,8	591	3,4	16,5
83					18,9	35,9	16,8	946	3,6	20,7
84					20,8	38,0	17,7	994	2,9	18,7
85					18,7	36,9	17,2	871	2,9	23,4
86					23,5	44,2	19,2	800	2,8	23,1
87					22,5	42,7	19,9	—	2,6	16,9
88					18,9	42,7	18,5	620	2,8	18,1
89					19,8	38,3	17,8	276	3,9	35,1

(*) Les jours marqués d'un astérisque sont des jours de tics convulsifs ; voir p. 151.
Les chiffres fixant la quantité d'urine et d'excréments éliminés expriment la quantité totale

14 (suite).

Sulfates (SO₃).	Albumine.		Quantité.	Nombre de selles.	Eau.	Résidu solide.		Azote.
								gr.
								2,7
								2,3
								—
								0,4
								3,7
								—
								—
								1,6
								—
								—
								2,2
								1,4
								—
								4,3
								—
								—
								3,6

our vingt-quatre heures.

TABLEAU

JOUR D'EXPÉRIENCE.	NOURRITURE INGÉRÉE.														
	Eau.	LAIT.			Thé.	Soupe.	Riz au lait.	Boulettes (hachis).	Viande bouillie.	Concombres.	Pain noir.	Pain blanc.	Sel.	Œufs.	Bouillon.
		Quantité.	Densité.	Graisse %.											
	c. c.	c. c.			c. c.	c. c.	gr.	gr.	gr.	gr.	gr.	gr.	gr.	gr.	gr.
90	—	—	—	—	3360	—	—	105	147	217	—	532	2	—	420
91	—	—	—	—	3360	—	—	115	162	235	—	565	—	—	420
92	—	—	—	—	2940	—	—	219	67	230	—	336	—	—	420
93	—	—	—	—	2940	—	—	105	167	234	—	520	—	109	420
94	—	—	—	—	3360	—	—	112	143	251	—	272	—	—	—
95	—	—	—	—	2940	—	—	110	54	162	—	450	2	—	—
96	—	—	—	—	3360	—	—	118	—	139	—	—	—	—	—
97	—	—	—	—	3780	—	—	105	—	67	—	188	—	—	—
98	—	—	—	—	4200	—	—	118	187	153	—	275	—	—	—
99	—	—	—	—	3780	—	—	112	109	257	—	328	—	—	420
100	—	—	—	—	3780	—	—	120	184	237	—	529	—	—	—
101	—	420	—	—	3780	—	—	120	—	278	—	682	—	—	—
102	—	—	—	—	4200	—	—	105	—	67	—	397	—	—	—
103	—	—	—	—	3360	—	—	107	163	252	—	420	—	—	—
104	—	—	—	—	3360	—	—	112	—	68	—	612	—	—	—
105	—	—	—	—	3360	—	—	109	215	305	—	420	—	—	—
106	—	—	—	—	2940	—	—	102	78	112	—	497	—	—	—
107	—	—	—	—	2520	—	—	113	67	253	—	550	—	—	—
108	—	—	—	—	2100	—	—	110	—	230	—	575	—	—	—
109	—	—	—	—	2940	—	—	114	68	115	—	548	—	—	—
110	—	—	—	—	2520	—	—	96	73	259	—	493	—	—	—
111	—	—	—	—	2520	—	—	110	—	186	—	517	—	—	—
112	—	—	—	—	2940	—	—	112	—	193	—	393	—	—	—

Les chiffres fixant la quantité de nourriture ingérée expriment la quantité totale p...

▸ **15.**

REMARQUES.

Attaque psychique . . . .

Excitation psychique . . . .

—

Attaque d'épilepsie à 4 h. 10 m. du soir . . . .

—

ringt-quatre heures.

TABLEAU

CORPS

JOUR D'EXPÉRIENCE.	Urines.			Azote de l'urée.	Acide urique.	P_2O_5	Chlorures (NaCl).
	c. c.			gr.	mgr.	gr.	gr.
90(*)	3675	8	1011	20,3	840	2,5	22,1
91	3770	9	1011	21,2	·1140	2,4	16,7
92	3880	12	1009	19,4	1095	2,7	12,5
93	4000	11	1009	—	1183	2,3	20,5
94	3225	9	1010	·	804	1,8	14,5
95	3935	12	1009	·	1084	—	20,1
96	4110	11	1010	·	1105	—	21,5
97	4755	13	1007	·	927	3,3	19,9
98	3850	8	1008	·	983	2,8	12,0
99	4300	11	1008	·	1040	2,4	20,4
100(*?)	3845	11	1010	·	827	2,1	17,6
	3925	14	1010	·	844	—	22,1
	4850	12	·1008	·	737	3,1	25,4
	4110	13	1008	·	334	—	20,0
	4115	12	1009	·	719	3,0	21,5
105	4105	9	1008	·	828	3,0	20,5
106(*)	4355	12	1008	·	1129	2,0	23,6
107	2070	8	1018	·	1113	2,4	18,1
108	3625	10	1010	·	926	2,1	24,2
109	4345	12	1008	·	822	2,7	23,3
110	4185	12	1011	·	1050	2,7	28,7
111	3915	14	1010	·	947	2,5	22,9
112	3190	11	1011	·	943	2,3	16,7

(*) Les jours marqués d'un astérique sont des jours d'attaque; voir p. 155.
Les chiffres fixant la quantité d'urine et d'excréments éliminés expriment la quantité totale

° **1**⁵ *(suite)*.

Nombre de selles.	Eau.	Résidu solide.	Azote.
	gr. 341,2	gr. 55,7	gr. —
—	—		
—	—		
—		.	
—		.	
—		.	
—		.	
—		.	
—		.	
—		.	
—		.	
—		.	
—		.	
—		.	
—			
—		.	

pour vingt-quatre heures.

TABLEAU N° 2.

JOUR D'EXPÉRIENCE	NOURRITURE INGÉRÉE.															
	Eau.	LAIT.			Thé.	Soupe.	Riz au lait.	Boulettes (hachis).	Viande bouillie.	Concombres.	Pain noir.	Pain blanc.	Sel.	Œufs.	Bouillon.	Macaroni.
		Quantité.	Densité.	Graisse %.												
	c.c.	c.c.			c.c.	c.c	gr.	gr.	gr.	gr	gr.	gr.	gr.	gr.	gr.	
1	—	—	—	—	—	—	—	—	—	—	—	—	—	—	—	—
2	—	—	—	—	—	—	—	—	—	—	—	—	—	—	—	—
3	—	—	—	—	—	—	—	—	—	—	—	—	—	—	—	—
4	—	—	—	—	—	—	—	—	—	—	—	—	—	—	—	—
5	—	—	—	—	—	—	—	—	—	—	—	—	—	—	—	—
6	—	—	—	—	—	—	—	—	—	—	—	—	—	—	—	—
7	—	—	—	—	—	—	—	—	—	—	—	—	—	—	—	—
8	—	—	—	—	—	—	—	—	—	—	—	—	—	—	—	—
9	—	—	—	—	—	—	—	—	—	—	—	—	—	—	—	—
10	—	—	—	—	—	—	—	—	—	—	—	—	—	—	—	—
11	—	—	—	—	—	—	—	—	—	—	—	—	—	—	—	—
12	—	—	—	—	—	—	—	—	—	—	—	—	—	—	—	—
13	—	—	—	—	—	—	—	—	—	—	—	—	—	—	—	—
14	—	—	—	—	—	—	—	—	—	—	—	—	—	—	—	—
15	420	300	—	—	2100	420	420			54	615	440	1	—	—	—
16	420	300	—	—	2100	420	420			»	615	410	1	—	—	—
17	420	300	—	—	2520	420	420	102 grammes en moyenne.	122 grammes en moyenne.	»	615	410	1	—	—	—
18	—	300	—	—	2520	420	420			»	615	410	1	—	—	—
19	420	300	—	—	2520	420	420			»	615	410	1	—	—	—
20	420	300	—	—	2520	420	420			»	615	410	1	—	—	—
21	420	300	—	—	2520	420	420			»	615	410	1	—	—	—
22	—	300	—	—	2520	420	420			»	820	410	1	—	—	—

Les chiffres fixant la quantité de nourriture ingérée expriment la quantité totale pour

Expérience 2, p. 29.)

REMARQUES.

—

6 heures 10 minutes du matin, attaque d'épilepsie . . . .

—

—

6 heures 45 minutes du soir, attaque d'épilepsie. . . . .

—

ingt-quatre heures.

TABLEAU

JOUR D'EXPÉRIENCE.				CORPS					
	Urines.								
	Quantité.	Nombre de mictions.	Réaction.	Densité.	Azote.	Urée.	Azote de l'urée.	Acide urique.	P_2O_5	Chlorures (NaCl).
	c.c.				gr.	gr.	gr.	mgr.	gr.	gr.
1	2800	—	acide.	1008	—	—	—	—	2,5	12,
2	2400	—	—	1013	—	—	—	—	2,7	16.
3	2950	—	—	1010	—	—	—	—	2,9	16,7
4	2150	—	—	1013	—	—	—	—	2,3	14,3
5	3150	—	—	1007	—	—	—	—	—	—
6	2900	—	—	1014	—	—	—	583	3,1	12,5
7	—	—	—	1013	—	—	—	—	—	—
8(*)	2450	—	—	1016	—	—	—	—	2,9	19,2
9	1800	—	—	1022	—	—	—	544	2,6	22,3
10	2000	—	—	1023	—	—	—	496	3,6	22,4
11	2150	—	—	1021	—	—	—	—	—	—
12	2250	—	alcal.	1020	—	—	—	—	3,6	37,3
13	3100	—	acide.	1010	—	—	—	349	4,0	68,2
14	1500	—	—	1021	—	—	—	—	4,0	11,2
15	2300	8	—	1016	—	—	—	309	3,2	17,3
16	2700	10	—	1016	—	—	—	435	3,4	24,5
17	2600	9	—	1018	—	—	—	350	3,7	22,5
18	2650	8	—	1016	—	39,0	—	356	3,8	16,0
19	2625	9	—	1017	—	37,1	—	282	4,6	17,0
20	2000	7	—	1016	—	28,3	—	581	3,7	6,8
21(*)	1450	4	—	1023	—	28,6	—	390	3,4	11,5
22	1100	5	—	1025	18,0	22,6	—	425	2,9	8,1

(*) Les jours marqués d'un astérisque sont des jours d'attaque; voir p. 159.
Les chiffres fixant la quantité d'urine et d'excréments éliminés expriment la quantité totale

• 21 (suite).

:LIMINÉS.

Sulfates (SO₃).	Albumine.	Glucose.	Proportion de l'urée à l'acide urique.	Excréments.						
				Quantité.	Nombre de selles.	Eau.	Résidu solide.	Cendres.	P₂O₅.	Azote.
gr.	absence	absence	—	gr.		gr.	gr.	gr.	gr.	gr.
—				—		—				—
—	—	—	—	—	—	—	—	—	—	—
—	—	—	—	—	—	—	—	—	—	—
—	—	—	—	—	—	—	—	—	—	—
3,6	—	—	—	—	—	—	—	—	—	—
—	—	—	—	—	—	—	—	—	—	—
4,3	—	—	—	—	—	—	—	—	—	—
4,6	—	—	—	—	—	—	—	—	—	—
—	—	—	—	—	—	—	—	—	—	—
—	—	—	—	—	—	—	—	—	—	—
3,8	—	—	—	—	—	—	—	—	—	—
4,3	—	—	·	—	—	—	—	—	—	—
3,	—	—	—	—	—	—	—	—	—	—
4,6	—	—	—	—	—	—	—	—	—	—
5,2	—	—	—	493	2	—	—	—	—	—
4,5	—	—	110	323	2	—	—	—	—	—
4,	—	—	132	344	2	—	—	—	—	—
3,8	—	· —	50	674	3	—	—	—	—	—
2,5	—	—	73	169	2	—	—	—	—	—
3,2	—	—	54	336	2	—	—	—	—	—

pour vingt-quatre heures.

TABLEAU

JOUR D'EXPÉRIENCE.	Eau.	LAIT.			Thé.	Soupe.	Riz au lait.	Boulettes (hachis).	Viande bouillie.	Concombres.	Pain noir.	Pain blanc.	Sel.	Œufs.	Bouillon.	
		Quantité.	Densité.	Graisse %.												
	c. c.	c. c.			c. c.	c. c.	gr.	gr.	gr.	gr.	gr.	gr.	gr.	gr.		
23	—	300	—	—	2100	420	420			54	615	440	1		—	—
24	—	300	—	—	2520	420	420			»	615	440	1		—	—
25	420	300	—	—	2520	420	420			»	615	440	1		—	—
26	420	300	—	—	—	420	420			»	615	440	1		—	—
27	420	300	—	—	2520	420	420			»	615	440	1		—	—
28	—	300	—	—	2100	420	420			»	615	440	1		—	—
29	—	300	—	—	2100	420	420			»	615	440	1		—	—
30	—	300	—	—	2100	420	420			»	615	440	1		—	—
31	—	300	—	—	2100	420	420	102 grammes en moyenne.	122 grammes en moyenne.	»	615	440	1	Chaque jour deux œufs, 104 grammes en moyenne.	—	—
32	—	300	—	—	2100	420	420			»	615	440	1		—	—
33	—	300	—	—	2520	420	420			»	615	440	1		—	—
34	—	300	—	—	2520	420	420			»	615	440	1		—	—
35	—	300	—	—	2520	420	420			»	615	440	1		—	—
36	—	300	—	—	2520	420	420			»	615	440	1		—	—
37	—	300	—	—	2520	420	420			»	615	440	1		—	—
38	420	300	—	—	2520	420	420			»	615	440	1		—	—
39	420	300	—	—	2250	420	420			»	615	440	1		—	—
40	—	300	—	—	2520	420	420			»	615	440	1		—	—
41	—	300	—	—	2520	420	420			»	615	440	1		—	—
42	420	300	—	—	2520	420	420			»	615	440	1		—	—
43	—	300	—	—	2520	420	420			»	615	440	1		—	—
44	—	300	—	—	2520	420	420			»	615	440	1		—	—

Les chiffres fixant la quantité de nourriture ingérée expriment la quantité totale

f° 2².

REMARQUES.

Lu.	
76,2	
76,4	—
75,6	6 heures du soir, attaque d'épilepsie (convulsions de courte durée) . . .
76,4	—
76,2	
76,4	—
75,8	8 h. 30 m., 10 h. 10 m. et 11 h. du mat., attaque (sans conv. avec cyanose) . .
75,4	—
76,0	
76,4	
76,8	
76,8	
76,8	
77,1	
77,2	Attaque d'épilepsie vers midi . . . .
76,7	6 heures du matin, attaque d'épilepsie . . . .
77,2	—
77,4	
77,7	
76,6	
77,2	
77,8	

ingt-quatre heures.

TABLEAU

CORPS

JOUR D'EXPÉRIENCE.	Urines.									
	Quantité.	Nombre de mictions.	Réaction.	Densité.	Azote.	Urée.	Azote de l'urée.	Acide urique.	P_2O_5	Chlorures (NaCl)
	c. c.				gr.	gr.	gr.	mgr.	gr.	gr.
23	1900	5	acide	1022	17,8	35,3	—	575	3,9	13
24	2250	6	—	1013	13,0	24,0	10,1	484	3,0	12
25(*)	1500	5	—	1024	15,2	28,8	13,4	534	2,5	14
26	2775	6	—	1012	19,6	35,1	16,3	746	3,4	16
27	1525	5	—	1025	21,3	25,6	17,8	236	3,8	12
28	3725	7	—	1019	27,8	53,1	26,3	201	3,8	20
29(*)	3450	8	—	1013	21,2	44,9	19,9	742	4,3	11
30	2375	6	—	1017	27,1	48,8	22,8	970	4,5	9
31	2200	5	—	1017	26,6	46,2	21,5	769	4,3	11
32	2930	8	—	1017	24,0	59,3	27,8	593	4,4	13
33	3750	10	—	1015	29,8	58,5	27,3	756	4,8	17
34	2650	7	—	1018	28,9	51,6	24,6	997	4,1	8
35	2400	9	—	1019	—	54,8	25,5	839	4,7	15
36	2275	8	—	1015	17,9	36,1	16,8	764	3,2	12
37(*)	2175	10	—	1016	19,0	38,9	18,1	399	3,8	14
38(*)	1850	7	—	1016	17,4	34,8	16,2	363	3,4	13,5
39	2800	10	—	1016	24,1	45,7	21,3	715	4,0	21,4
40	2675	9	—	1017	24,7	47,4	22,1	288	3,9	19,3
41	2775	8	—	1017	21,6	40,2	20,3	522	4,1	18
42	2950	10	—	1015	27,6	52,0	24,3	—	3,6	14,1
43	2325	9	—	1017	26,7	48,5	22,4	812	4,0	12
44	2950	8	—	1018	30,1	57,5	26,7	1080	4,4	12

(*) Les jours marqués d'un astérisque sont des jours d'attaques; voir p. 163.
Les chiffres fixant la quantité d'urines et d'excréments éliminés expriment la quantité

2² (*suite*).

Sulfates (SO₃).	Albumine.	Glucose.	Proportion de l'urée à acide uriq		Nombre de selles.	Excréments.				Azote.
						Eau.	Résidu solide.	Cendres.		
gr. 3,9	absence	absence	61	gr. 296	2	gr. —	gr. —	gr. —	gr. —	gr. —
3,6	—	—	49	424	2	346,2	77,7	7,2	—	—
—	—	—	54	204	2	137,6	66,4	4,5	0,5	—
5,1	—	—	47	371	2	288,1	82,8	9,1	0,7	—
3,1	—	—	110	351	1	—	—	—	—	—
6,0	—	—	278	345	3	260,3	84,6	7,8	0,8	—
4,5	—	—	66	80	1	56,5	23,4	2,7	0,2	—
4,8	—	—	50	461	2	390,7	70,3	8,7	1,2	—
5,0	—	—	61	232	2	177,1	54,8	3,9	0,6	—
4,6	—	—	100	434	3	343,2	90,7	10,2	1,5	—
5,0	—	—	77	268	2	221,3	46,6	2,5	0,2	—
3,9	—	—	52	489	2	358,6	130,3	10,0	1,0	—
5,3	—	—	65	553	3	429,5	123,4	11,3	1,3	—
3,5	—	—	47	164	1	125,5	38,4	3,6	0,4	—
4,5	—	—	97	687	3	555,3	131,7	11,9	1,2	—
3,8	—	—	96	681	2	567,6	113,3	9,6	1,0	—
4,8	—	—	64	285	2	230,3	55,6	5,2	0,4	—
4,7	—	—	165	274	2	215,7	58,2	5,7	0,5	—
5,3	—	—	77	369	2	295,2	73,8	7,3	0,6	—
5,2	—	—	—	152	2	138,0	13,9	3,1	0,3	—
4,0	—	—	60	724	3	593,6	130,3	13,2	1,1	—
6,3	—	—	53	306	1	253,9	52,0	5,0	0,4	—

pour vingt-quatre heures.

JOUR D'EXPÉRIENCE	NOURRITURE INGÉRÉE.														
	Eau.	LAIT.			Thé.	Soupe.	Riz au lait.	Boulettes (hachis).	Viande bouillie.	Concombres.	Pain noir.	Pain blanc.	Sel.	OEufs.	Bouillon. Macaroni
		Quantité.	Densité.	Graisse %.											
	c. c.	c. c.			c. c.	c. c.	gr.	gr.	gr.	gr.	gr.	gr.	gr.	gr.	gr
45	420	300	—	—	2320	420	420			54	—	410	1		—
46	420	300	—	—	2320	420	420			»	—	410	1		—
47	420	300	—	—	2320	420	420			»	—	410	1		—
48	420	300	—	—	2100	420	420	102 grammes en moyenne.	122 grammes en moyenne.	»	—	410	1		—
49	420	300	1036	3,5	2100	420	420			»	—	410	1		—
50	840	300	1033	3,7	2100	420	420			»	—	410	1		—
51	420	300	—	—	2320	420	420			»	—	410	1		—
52	420	300	1032	2,7	2320	420	420			»	—	410	1		—
53	420	300	1033	—	2320	420	420			»	—	410	1		—
54	420	300	1031	3,3	2320	420	420			»	—	410	1	Chaque jour deux œufs, 104 grammes en moyenne.	—
55	420	300	1030	2,7	2100	420	420			»	—	410	1		—
56	840	300	1035	2,0	2100	420	420	99	182	»	192	447	1		—
57	420	300	—	—	2100	420	420	103	194	»	283	419	1		—
58	420	300	1035	2,0	2100	420	420	93	160	»	356	472	1		—
59	420	300	—	—	2100	420	420	90	171	45	383	444	1		—
60	420	300	1034	2,3	2100	420	420	100	169	75	372	441	1		—
61	—	300	1035	—	2100	420	420	92	182	81	275	450	1		—
62	—	300	—	—	2100	420	420	100	159	63	366	438	1		—
63	—	300	1033	2,9	2100	420	420	103	161	60	293	444	1		—
64	—	300	—	—	2100	420	420	90	185	82	286	472	1		—
65	—	300	—	—	2100	420	420	97	155	59	380	465	1		—
66	—	300	—	—	2100	420	420	113	162	62	292	294	1		—

Les chiffres fixant la quantité de nourriture ingérée expriment la quantité totale po

• **23**.

REMARQUES.

Attaque (vertige) à 8 h. du matin . . . .

Attaque à 11 h. 30 m. du matin. . . . .

Attaque à 9 h. 45 m. du matin et à 2 h. après-midi . . . .

ingt-quatre heures.

TABLEAU

CORPS

Jour d'expérience	Nombre de mictions	Réaction	Densité	Azote	Urée	Azote de l'urée	Acide urique	P₂O₅	Chlorures (NaCl)
					Urines.				
	c. c.				gr.	gr.	gr.	mgr.	gr.
45	2940	10	acide	1016	25,7	50,3	23,4	876	3,7	17.2
46	3300	8			26,0	49,4	53,0	1060	3,8	20,4
47	2950	9			23,4	43,6	20,6	873	3,9	11,4
48	2850	8			24,9	48,8	22,7	498	4,1	19,4
49	2375	8			22,8	45,6	21,2	414	3,6	14,5
50	2175				25,2	48,9	22,8	906	3,6	14,2
51(*)	2540	8		1017	27,5	52,5	24,5	747	3,4	13,4
52(*)	2400	8		1016	23,8	42,7	19,9	1000	3,1	11,8
53	2670	9			26,5	44,8	22,1	546	3,3	16,7
54	3100	10			22,6	44,7	19,4	958	3,9	22,5
	2350	9		1019	22,	44,1	20,0	1070	3,6	16,7
56	2950	7			29,8	59,0	27,6	476	5,3	21,9
57	2650	8		1017	27,9	53,6	25,0	978	4,3	13,9
58	2730	8			27,1	48,4	24,7	587	4,0	15,3
59	2800	10			27,2	53,9	25,1	1022	4,9	17,6
60	2850	9			29,1	57,0	26,5	958	4,7	17,8
61	2640	8			26,7	73,0	34,8	790	—	13,3
62	1600	8			24,6	49,1	22,9	473	4,1	9,3
63	2450	9			27,7	57,0	26,5	728	3,9	15,3
64	2850	7			28,1	55,7	26,0	1284	4,4	21,2
65(*)	2195	10			25,2	54,2	23,9	1475	2,9	13,8
66	2450	8			24,5	50,1	23,8	969	3,9	13,9

(*) Les jours marqués d'un astérisque sont des jours d'attaques; voir p. 167.
Les chiffres fixant la quantité d'urine et d'excréments éliminés expriment la quantité totale

2³ (*suite*).

			Excréments:			
Quantité.	Nombre de selles.	Eau.	Résidu solide.	Cendres.	P₅O₅.	Azote.
gr. 316	2				gr. 0,6	gr. —
277	2				0,6	4,1
474	2				0,7	4,4
256	2				0,3	1,4
400	2				0,6	2,7
359	2		41,4		0,5	2,5
374	2				0,6	5,7
252	1	170,9	51,0		0,3	2,9
334	2		41,1		0,4	2,0
399	2				0,5	3.6
258	1		57,6	7,1	0,3	2,3
296	1	216,6			0,2	2,6
314	2				0,4	2,2
105	1				0,1	0,7
380	1				0,6	3,8
395	3				0,5	3,8
241	1				0,2	1,5
386	2				0,6	1,9
313	2				0,3	2,6
372	2				0,5	3.9
129	1				0,3	1,0
503	2			11,0	0,5	3.6

r vingt-quatre heures.

JOUR D'EXPÉRIENCE.	Eau.	LAIT.			Thé.	Soupe.	Riz au lait.	Boulettes (hachis).	Viande bouillie.	Concombres.	Pain noir.	Pain blanc.	Sel.	Œufs.	Bouillon.	Macaroni.
		Quantité.	Densité.	Graisse %.												
	c. c.	c. c.			c. c.	c. c.	gr.	gr.	gr.	gr.	gr.	gr.	gr.	gr.	gr.	
67	—	300	—	—	2100	420	420	97	170	70	248	450	1		—	—
68	—	300	—	—	2100	420	420	100	184	70	285	405	1		—	—
69	—	300	1035	3,5	2100	420	420	103	188	—	273	471	1		—	—
70	—	300	—	—	2100	420	420	110	177	47	249	459	1		—	—
71	—	300	—	—	2100	420	420	102	165	70	404	421	1		—	—
72	—	300	—	—	2100	420	420	108	168	66	269	447	1		—	—
73	—	300	—	—	2100	420	420	120	192	65	283	452	1		—	—
74	—	300	—	—	2100	420	420	115	199	95	78	477	1		—	—
75	—	300	—	—	2100	420	420	97	150	77	330	233	1		—	—
76	—	300	1032	3,0	2100	420	420	111	169	48	209	314	1		—	—
77	—	300	—	—	2100	420	420	106	150	56	195	475	1		—	—
78	—	300	—	—	2100	420	420	107	160	64	263	467	1		—	—
79	—	300	—	—	2100	420	420	107	189	65	321	438	1		—	—
80	—	300	—	—	2100	420	420	104	150	75	199	248	1		—	—
81	—	300	—	—	2100	420	420	104	219	68	277	484	1		—	—
82	—	300	—	—	2100	420	420	112	184	82	280	467	1		—	—
83	—	300	1033	2,9	2100	420	420	111	198	56	256	399	1		—	—
84	—	300	—	—	2100	420	420	100	178	80	247	412	1		—	—
85	—	300	—	—	2100	420	420	114	185	84	272	432	1		—	—
86	—	300	—	—	2100	420	420	103	170	67	255	410	1		—	—
87	—	300	—	—	2100	420	420	107	204	70	193	407	1	93	—	—
88	—	300	—	—	2100	420	420	112	177	111	243	454	1	102	—	—

Note (Œufs column, vertical): Chaque jour deux œufs, 104 grammes en moyenne.

Les chiffres fixant la quantité de nourriture ingérée expriment la quantité totale par

f⁰ **24.**

REMARQUES.

Attaque à 10 h. 20 m. du matin. . . . . —

Attaque légère à 1 h. 15 m. du matin . . . . —

Attaque légère à 1 h. 30 m. du matin . . . . —

vingt-quatre heures.

TABLEAU

CORPS

JOUR D'EXPÉRIENCE.	Urines.									
	Quantité.	Nombre de mictions.	Réaction.	Densité.	Azote.	Urée.	Azote de l'urée.	Acide urique.	P_2O_5	Chlorures (NaCl).
	c. c.						gr.	mgr.		
67	2875	7	acide.	1014			18,6	985		
68		9	—				23,7	1071		
69		11	—	1015			19,8	951		
70		9	—				20,4	798		
71(*)		11	—				16.8	1322		
72		10	—				18,1	1098		
73		9	—				17,5	1055		
74		8	—	1016			18,0	1049		
75	3110	10	—				21,3	982		
76		7	—				18,9	753		
77		9	—	1013			20,7	· 958		
78		9	—	1013			18,7	926		
79		8	—				20,3	956		
80(*)		7	—	1013			17,4	1503		
81		9	—	1015	21,8		20,3	1096		
82		10	—				19,5	961		
83		8	—	1015			22,6	920		8,3
84	3170	9	—				22,4	831		8,9
85		10	—		24,7		21,0	766		
86(*)	2790	9	—	1013	19,0		16,5	713		
87		13	—	1011			23,1	845		
88		8	—				20,9	924		

(*) Les jours marqués d'un astérisque sont des jours d'attaques; voir p. 471.
Les chiffres fixant la quantité d'urines et d'excréments éliminés expriment la quantité totale

Nᵒ 24 (suite).

Sulfates (SO_3).	Albumine.	Quantité.	Nombre de selles.	Eau.	Résidu solide.		Azote.
							gr.
	absence						0,8
							2,0
							2,0
							4,1
							1,8
							2,5
							2,3
							1,4
							3,5
							1,7
							5,5
							2,9
							3,4
							3,5
							2,2
					143,4		3,4
						2,8	1,0
							5,5
							3,2
							5,8
							3,6
					53,5		3,2

our vingt-quatre heures.

TABLEAU

NOURRITURE INGÉRÉE.

Eau.	LAIT.			Thé.	Soupe.	Riz au lait.	Boulettes (hachis).	Viande bouillie.	Concombres.	Pain noir.	Pain blanc.	Sel.	OEufs.	Bouillon.	
	Quantité.	Densité.	Graisse %.												
c.c.	c.c.			c.c.	c.c.	gr.	gr.	gr.	gr.	gr.	gr.	gr.	gr.	gr.	gr.
—	300	—	—	2100	420	420	112	197	87	185	350	1	98	—	·
—	300	—	—	2100	420	420	102	187	80	295	470	1	107	—	-
—	300	—	—	2100	420	420	110	150	70	219	482	1	94	—	-
—	300	1035	3,5	2100	420	420	105	165	70	185	395	1	100	—	-
—	300	—	—	2100	420	420	109	173	87	256	451	1	103	—	-
—	300	—	—	2100	420	420	104	155	92	285	435	1	110	—	—
—	300	—	—	2100	420	420	114	180	55	259	395	1	102	—	—
—	300	—	—	2100	420	420	112	150	100	200	330	1	107	—	—
—	300	—	—	2100	420	420	107	175	110	198	338	1	102	—	—
—	300	—	—	2100	420	420	115	197	98	—	407	1	104	—	—
—	300	—	—	2100	420	420	115	205	89	199	298	1	100	—	—
—	300	1030	3,2	2100	420	420	122	154	75	185	425	1	95	—	—
—	300	—	—	2100	420	420	101	175	79	238	338	1	102	—	—
—	300	—	—	2100	420	420	118	160	93	210	337	1	100	—	—
—	300	—	—	1680	420	420	98	170	90	180	329	1	107	—	—
—	300	—	—	2100	420	420	122	160	15	317	402	1	96	—	—
—	300	—	—	1680	420	420	112	207	15	125	323	1	107	—	—
—	300	—	-	2100	420	420	110	252	75	175	415	1	100	—	—
—	300	—	—	1180	420	420	125	227	78	185	407	1	107	—	—
—	300	—	—	1680	420	420	101	145	57	250	420	1	109	—	—
—	300	—	—	2100	420	420	108	195	70	250	374	1	100	—	—
—	300	—	—	2100	420	420	114	175	73	215	412	1	92	—	—

Les chiffres fixant la quantité de nourriture ingérée expriment la quantité totale pour

ſº **25.**

REMARQUES.

—

Attaque forte à 4 h. 10 m. du matin . . . .

—

vingt-quatre heures.

TABLEAU

JOUR D'EXPÉRIENCE.	CORPS									
	Urines.									
	Quantité.	Nombre de mictions.	Réaction.	Densité.	Azote.	Urée.	Azote de l'urée.	Acide urique.	P_2O_5	Chlorures (NaCl).
	c. c.				gr.	gr.	gr.	mgr.	gr.	gr.
89	2825	9	acide	1013	20,4	40,2	18,8	816	3,5	16,9
90	2375	12	—	1014	21,0	41,5	19,4	878	3,8	14,2
91	2800	9	—	1013	23,8	42,1	19,6	723	4,0	17,4
92	2385	7	—	1016	23,7	42,9	21,0	1039	3,7	11,9
93	2700	10	—	1015	21,4	42,2	19,7	874	3,4	18,3
94	3035	6	—	1013	22,7	44,8	20,9	874	3,4	17,8
95	2960	8	—	1014	21,5	43,5	19,2	915	4,2	17,9
96	3350	8	—	1011	23,0	43,1	20,1	968	3,6	17,1
97	2825	8	—	1014	19,1	38,0	17,7	816	3,8	15,1
93	2725	7	—	1014	20,8	37,5	17,5	934	3,2	16,2
99	2630	8	—	1016	26,1	51,4	24,0	860	3,7	17,9
100	2860	7	—	1016	28,2	55,3	25,9	884	3,7	18,7
101	3125	8	—	1012	24,4	44,2	20,6	903	3,8	13,4
102	2400	8	—	1016	20,2	38,5	19,1	874	3,6	11,4
103	2510	6	—	1019	28,2	55,2	25,7	1113	4,6	17,2
104(*)	2325	7/1	—	1014	16,4	33,0	15,4	1068	2,4	13,0
105	2225	6	—	1020	22,6	48,5	21,6	1361	3,6	14,3
106	2775	8	—	1017	25,1	49,3	23,0	1156	4,0	15,9
107	2435	6	—	1017	24,7	47·0	21,9	1030	3,7	17,0
108	1735		—	1020	19,7	38,0	17,7	1026	3,3	9,5
109	2180	5	—	1016	—	40,2	18,7	908	3,4	11,7
110	2325	8	—	1015	—	40,4	18,8	797	3,2	15,1

(*) Les jours marqués d'un astérisque sont des jours d'attaques; voir p. 175.
Les chiffres fixant la quantité d'urines et d'excréments éliminés expriment la quantité par

I° 2⁵ (suite).

ÉLIMINÉS.

Sulfates (SO₃).	Albumine.	Glucose.	Proportion de l'urée à l'acide urique.	Excréments.						
				Quantité.	Nombre de selles.	Eau.	Résidu solide.	Cendres.	P₂O₅.	Azote.
gr. 3,1	absence	absence	49	gr. 214	1	gr. 161,4	gr. 52,5	gr. 6,9	gr. 0,4	gr. 1,9
3,8	—	—	48	540	2	464,2	75,7	11,2	0,7	5,3
3,2	—	—	58	34	1	24,1	9,8	0,5	—	0,5
3,5	—	—	41	434	2	346,7	87,2	10,9	0,7	6,0
1,9	—	—	49	220	2	187,6	32,3	4,4	0,3	1,7
4,4	—	—	51	336	2	259,9	76,0	9,3	—	3,4
4,4	—	—	47	367	2	305,6	51,4	6,7	0,6	4,0
4,0	—	—	44	329	1	289,2	39,7	6,2	0,6	3,4
3,4	—	—	46	186	1	150,9	35,0	3,4	0,3	—
4,0	—	—	40	281	2	—	—	—	—	—
3,7	—	—	60	154	2	—	—	—	—	—
3,9	—	—	63	433	2	—	—	—	—	—
3,7	—	—	48	265	2	—	—	—	—	—
3,2	—	—	41	710	3	—	—	—	—	—
4,8	—	—	50	327	2	—	—	—	—	—
2,7	—	—	31	218	2	—	—	—	—	—
3,8	—	—	36	395	2	—	—	—	—	—
4,8	—	—	43	334	1	—	—	—	—	—
4,1	—	—	43	211	1	—	—	—	—	—
3,2	—	—	37	272	2	—	—	—	—	—
3,4	—	—	44	315	2	—	—	—	—	—
3,9	—	—	51	—	2	—	—	—	—	—

ur vingt-quatre heures.

TABLEAU N° 3

JOUR D'EXPÉRIENCE.	NOURRITURE INGÉRÉE.														
	Eau.	LAIT.			Thé.	Soupe.	Riz au lait.	Boulettes (hachis).	Viande bouillie.	Concombres.	Pain noir.	Pain blanc.	Sel.	Œufs.	Bouillon.	Macaroni.
		Quantité.	Densité.	Graisse %.												
	c. c.	c. c.			c. c.	c. c.	gr.	gr.	gr.	gr.	gr.	gr.	gr.	gr.	gr.	
1	—	—	—	—	—	—	—	—	—	—	—	—	—	—	—	—
2	—	—	—	—	—	—	—	—	—	—	—	—	—	—	—	—
3	—	—	—	—	—	—	—	—	—	—	—	—	—	—	—	—
4	—	—	—	—	—	—	—	—	—	—	—	—	—	—	—	—
5	—	—	—	—	—	—	—	—	—	—	—	—	—	—	—	—
6	—	—	—	—	—	—	—	—	—	—	—	—	—	—	—	—
7	—	—	—	—	—	—	—	—	—	—	—	—	—	—	—	—
8	—	—	—	—	—	—	—	—	—	—	—	—	—	—	—	—
9	—	—	—	—	—	—	—	—	—	—	—	—	—	—	—	—
10	—	—	—	—	—	—	—	—	—	—	—	—	—	—	—	—
11	—	—	—	—	—	—	—	—	—	—	—	—	—	—	—	—
12	—	—	—	—	—	—	—	—	—	—	—	—	—	—	—	—
13	—	—	—	—	—	—	—	—	—	—	—	—	—	—	—	—
14	—	—	—	—	—	—	—	—	—	—	—	—	—	—	—	—
15	840	300	—	—	2520	420	420			54	615	440	1	—	—	—
16	420	300	—	—	2520	420	420	102 grammes en moyenne.	122 grammes en moyenne.	»	615	440	1	Chaque jour deux œufs, 104 gr en moyenne.	—	—
17	420	300	—	—	2520	420	420			»	615	615	1		—	—
18	420	300	—	—	2520	420	420			»	615	440	1		—	—
19	420	300	—	—	2520	420	420			»	615	440	1		—	—
20	420	300	—	—	2520	420	420			»	615	440	1		—	—
21	420	300	—	—	2521	420	420			»	615	440	1		—	—
22	420	300	—	—	2520	420	420			»	820	440	1		—	—

Les chiffres fixant la quantité de nourriture ingérée expriment la quantité totale pour

périence 3, p. 34.)

POIDS DU LIÈVRE.	REMARQUES.		
.II.	—	—	—
—	Attaque d'épilepsie à 6 h. 15 m du matin	—	—
—	Id. id. 6 h. 20 m., à 10 h. 15 m. du matin et à minuit . . .	—	—
—	Id. id. 1 h. 10 m. de la nuit	—	—
—	Id. id. 1 h. 25 m. de l'après-midi et à 10 h. 45 m. du soir. .	—	—
—	Id. id. 4 h. 20 m. de l'après-midi, à 11 h., à 12 h. 35 m., à 1 h. 45 m. et à 3 h. 45 m. de la nuit.	—	—
—	Id. id. 5 h. 30 m. du matin et à 4 h. 15 m. de l'après-midi.	—	—
0,0	—	—	—
1,2		—	—
9,2		—	—
9,2		—	—
0,4		—	—
0,8		—	—
0,4		—	—
0,4		—	—
0,0		—	—
0,5	—	—	—
0,5	Attaque d'épilepsie à 2 h. 40 m. de l'après-midi	—	—
0,0	—	—	—
0,0	—	—	—
0,0	Attaque d'épilepsie à 6 h. 30 m. du soir.	—	—
0,0	Id. id. 11 h. 30 m. du matin.	—	—

β-quatre heures.

TABLEAU

CORPS

JOUR D'EXPÉRIENCE.	Urines.									
	Quantité.	Nombre de mictions.	Réaction.	Densité.	Azote.	Urée.	Azote de l'urée.	Acide urique.	P_2O_5	Chlorures (NaCl).
	c.c.				gr.	gr.	gr.	mgr.	gr.	gr.
1	1100	—	m. acide	1013	—	—	—	—	1,7	
2(*)	450	—	m. acide	1013	—	—	—	—	0,4	
3(*)	1160	—	—	1010	—	—	—	—	1,7	
4(*)	1600	—	—	1013	—	—	—	—	1,5	
5(*)	1000	—	—	1008	—	—	—	—	—	—
6(*)	800	—	—	1013	—	—	—	—	0,6	
7(*)	300	—	—	1030	—	—	—	—	1,0	
8	1050	—	—	1020	—	—	—	—	1,3	
9	775	—	—	1020	—	—	—	—	1,2	
10	870	—	—	1014	—	—	—	—	1,0	
11	1250	—	—	—	—	—	—	—	—	—
12	1750	—	—	1013	—	—	—	—	1,5	
13	2250	—	—	1007	—	—	—	—	1,8	
14	1550	—	—	1008	—	17,0	—	—	1,9	
15	1700	9	—	1007	—	—	—	240	1,7	
16	1725	8	—	1012	—	19,3	—	486	1,7	
17	2850	10	—	1012	—	45,6	—	361	2,9	
18(*)	2850	9/1	—	1016	—	33,6	—	901	3,7	
19	2545	8/1	—	1010	—	31,7	—	733	3,3	
20	1600	6	—	1013	—	19,2	—	387	2,8	
21(*)	1850	6	—	1008	—	13,0	—	372	2,0	—
22(*)	800	3	—	1021	11,8	16,2	—	161	3,2	

(*) Les jours marqués d'un astérisque sont des jours d'attaque; voir p. 179.
Les chiffres fixant la quantité d'urine et d'excréments éliminés expriment la quantité to

Iº 31 (suite).

Sulfates (SO³).	Albumine.	Glucose.	Proportion de l'urée à l'acide urique.	Quantité.	Nombre de selles.	Eau.	Résidu solide.	Cendres.	P²O⁵.	Azote.
gr. —	absence		—	gr. —	—	gr. —	gr. —	gr. —	gr. —	gr. —
—	—		—	—	—	—	—	—	—	—
—	.		—	—	—	—	—	—	—	—
—	.		—	—	—	—	—	—	—	—
—	.		—	—	—	—	—	—	—	—
1,1	.		—	—	—	—	—	—	—	—
1,5	.		—	—	—	—	—	—	—	—
1,1	.		—	—	—	—	—	—	—	—
1,6	.		—	—	—	—	—	—	—	—
—	.		—	—	—	—	—	—	—	—
—	.		—	—	—	—	—	—	—	—
3,2	.		—	—	—	—	—	—	—	—
1,6	.		..	—	—	—	—	—	—	—
4,2	.		—	—	—	—	—	—	—	—
2,7	.		40	—	—	—	—	—	—	—
4,9	.		426	593	3	—	—	—	—	—
5,5	.		37	183	2	—	—	—	—	—
3,1	.		43	422	3	—	—	—	—	—
2,5	.		50	372	3	—	—	—	—	—
1,9	.		35	200	2	—	—	—	—	—
2,5	.		402	933	2	—	—	—	—	—

our vingt-quatre heures.

JOUR D'EXPÉRIENCE.	NOURRITURE INGÉRÉE.															
	Eau.	LAIT.			Thé.	Soupe.	Riz au lait.	Boulettes (hachis).	Viande bouillie.	Concombres.	Pain noir.	Pain blanc.	Sel.	Œufs.	Bouillon.	Moutarde.
		Quantité.	Densité.	Graisse °/₀.												
	c. c.	c. c.			c. c.	c. c.	gr.	gr.	gr.	gr.	gr.	gr.	gr.	gr.		
23	840	300	—	—	2520	420	420			54	615	410	1		—	—
24	840	300	—	—	2520	420	420			»	615	410	1		—	—
25	420	300	—	—	—	420	420			»	615	410	1		—	—
26	840	300	—	—	2520	420	420			»	615	410	1		—	—
27	840	300	—	—	2520	420	420			»	615	410	1		—	—
28	420	300	—	—	2520	420	420			»	615	410	1		—	—
29	420	300	—	—	2520	420	420			»	615	410	1		—	—
30	420	300	—	—	2520	420	420			»	615	410	1		—	—
31	420	300	—	—	2520	420	420	102 grammes en moyenne.	122 grammes en moyenne.	»	615	410	1	Chaque jour deux œufs, 104 grammes en moyenne.	—	—
32	840	300	—	—	2520	420	420			»	615	410	1		—	—
33	420	300	—	—	2520	420	420			»	615	410	1		—	—
34	420	300	—	—	2520	420	420			»	615	410	1		—	—
35	420	300	—	—	1680	420	420			»	615	410	1		—	—
36	420	300	—	—	2100	420	420			»	615	410	1		—	—
37	420	300	—	—	2520	420	420			»	615	410	1		—	—
38	420	300	—	—	2520	420	420			»	615	410	1		—	—
39	420	300	—	—	2250	420	420			»	615	410	1		—	—
40	420	300	—	—	2520	420	420			»	820	410	1		—	—
41	840	300	—	—	2520	420	420			»	820	410	1		—	—
42	840	300	—	—	2520	420	420			»	820	410	1		—	—
43	840	300	—	—	2520	420	420			»	820	410	1		—	—
44	840	300	—	—	2520	420	420			»	820	440	1		—	—

Les chiffres fixant la quantité de nourriture ingérée expriment la quantité totale

|° 3⅔.

REMARQUES.

	—	—
Attaque à 11 h. 50 m. de la nuit	—	—
Id. à 4 h. 45 m. après-midi	—	—
Id. à 2 h. après-midi et à 11 h. 30 m. de la nuit; après l'attaque, somnolence.	—	—
Id. à 10 h. 45 m. du matin et à 3 h. 30 m. après-midi	—	—
Id. à 2 h. après-midi, à 9 h. 20 m. soir, à 12 h. 40 m., à 3 h., à 4 h., à 7 h. et à 7 h. 40 m. du matin.	—	—
Attaques à 8 h. 50 m et à 10 h. 10 m. du matin, à 11 h. 30 m. et à 3 h. 45 m. après-midi, et à 6 h. 40 m. du soir.	—	—
Attaque à 10 h. du soir, à 12 h. et à 4 h. 30 m. du matin (convulsions) . .		
Id. à 2 h. 20 m. et à 6 h. 40 m. du matin	—	—
	—	—
Id à 2 h. de la nuit.	—	—
	—	—
Id. à 10 h. 30 m. du matin	—	—
Id. à 11 h. 50 m. du matin	—	—
Id. à 10 h. 30 m. du soir	—	—
	—	—
Id. à 5 h. 20 m. du matin.	—	—
	—	—
	—	—
	—	—
Id. à 6 h. de la nuit.	—	—
	—	—

ingt-quatre heures.

CORPS

JOUR D'EXPÉRIENCE.	Urines.									
	Quantité.	Nombre de mictions.	Réaction.	Densité.	Azote.	Urée.	Azote de l'urée.	Acide urique.	P_2O_5	Chlorures (NaCl)
					gr.	gr.	gr.	mgr.	gr.	gr.
23					9,0	39,9	—	371	3,1	14,5
24(*)					5,6	.10,4	9,4	644	3,2	7,5
25(*)					14,9	28,7	13,4	291	3,4	8,8
26(*)					8,1	24,8	11,6	337	2,6	4,5
27(*)					—	30,8	14,3	375	3,4	4,4
28(*)					11,2	23,3	11,0	463	4,7	8,4
29(*)					15,2	44,6	14,7	257	3,6	12,6
30(*)					13,9	41,0	19,1	908	3,9	8,6
34(*)					18,9	34,3	16,0	915	4,4	11,5
32					24,2	40,5	19,0	635	4,5	20,2
33(*)					24,1	40,8	19,0	854	5,8	10,0
34					20,0	37,6	17,4	847	5,4	9,9
35(*)					21,6	54,0	18,2	965	2,8	14,4
36(*)					14,6	26,1	12,2	325	2,8	6,9
37(*)					17,9	30,9	14,4	855	4,0	16,0
38					16,9	34,8	16,2	944	4,6	14,0
39(*)					15,9	31,5	14,7	794	3,4	15,9
40					20,9	36,9	17,2	789	4,8	15,3
44					14,9	27,8	12,9	—	2,0	13,5
42	{ 2864 2.25 }	7/2			14,9	27,6	12,9	385	2,6	15,7
43(*)	2000	8			13,5	26,4	12,3	457	2,9	8,0
44	2800	9			16,9	34,4	15,8	847	4,0	9,3

(*) Les jours marqués d'un astérisque sont des jours d'attaques ; voir p. 183.
Les chiffres fixant la quantité d'urines et d'excréments éliminés expriment la quantité totale

|° **3²** (*suite*).

====

Sulfates (SO₃).	Albumine.	Glucose	Proportion de l'urée à l'acide urique	Excréments.						
				Quantité.	Nombre de selles.	Eau.	Résidu solide.	Cendres.	P₂O₅.	Azote.
gr.				gr.		gr.	gr.	gr.	gr.	gr.
3,6	absence	absence	108	595	2	428,1	166,8	10,3	—	—
2,8	—	—	163	356	3	281,4	74,5	6,2	—	—
3,1	--	—	99	339	2	214,6	124,3	5,5	0,6	—
2,8	--	—	74	258	2	156,8	101,1	5,0	1,0	—
—		—	82	477	1	—	—	—	—	—
2,2	—	—	50	305	2	244,7	63,2	7,5	0,7	—
3,8	—	—	192	239	2	164,6	74,3	6,2	0,8	—
3,5	—	—	45	293	2	230,8	62,1	6,0	0,8	—
3,8	—	—	63	250	2	180,9	69,0	6,9	0,8	—
4,5	—	—	63	730	3	639,0	90,9	10,9	2,1	—
4,9	—	—	49	314	2	244,1	70,8	5,0	0,5	—
4,3	—	—	44	802	3	637,7	164,2	14,3	1,7	—
4,2	—	—	56	367	2	302,6	64,3	6,3	0,8	—
2,8	—	—	80	492	2	379,7	112,2	6,5	1,0	—
5,7	—	—	36	447	2	340,5	106,4	7,8	0,4	—
4,5	—	—	38	302	3	268,6	33,3	5,1	0,7	—
3,7	—	—	40	544	2	440,9	103,0	7,8	0,9	—
2,1	—	—	46	561	3	499,6	111,3	9,1	1,0	—
3,1	—	-	—	167	2	111,8	55,1	3,7	0,4	—
3,2	—	--	72	505	3	387,5	117,4	10,2	1,1	—
2,9	—	—	58	763	3	608,1	154,8	17,0	1,4	—
4,2	—	—	40	227	1	169,5	57,5	4,8	0,4	1,7

par vingt-quatre heures.

TABLEAU

JOUR D'EXPÉRIENCE	Eau	LAIT. Quantité.	Densité.	Graisse %.	Thé.	Soupe.	Riz au lait.	Boulettes (hachis).	Viande bouillie.	Concombres.	Pain noir.	Pain blanc.	Sel.	Œufs.	Bouillon.	Macaroni.
	c. c.	c. c.			c. c.	c. c.	gr.	gr.	gr.	gr.	gr.	gr.	gr.	gr.	gr.	
45	840	300	—	—	2100	420	420			54	820	440	1		—	-
46	840	300	—	—	2320	420	420			»	820	410	1		—	
47	840	300	—	—	2320	420	420			»	820	410	1		—	
48	840	300	—	—	2320	420	420			»	820	410	1		—	
49	420	300	—	—	2100	420	420	102 grammes en moyenne.	122 grammes en moyenne.	»	820	440	1		—	
50	840	300	—	—	2520	420	420			»	820	440	1		—	
51	840	300	—	—	2520	420	420			»	820	410	1		—	
52	420	300	—	—	2320	420	420			»	820	410	1		—	
53	420	300	—	—	2520	420	420			»	820	440	1		—	
54	1680	300	—	—	2320	420	420			»	820	440	1		—	
55	420	300	—	—	1680	420	420			»	820	440	1		—	
56	»	300	—	—	2520	420	420	82	198	»	447	470	1	Chaque jour deux œufs, 104 grammes en moyenne.	—	
57	»	300	—	—	2520	420	420	106	155	»	516	433	1		—	
58	»	300	—	—	2100	420	420	93	142	»	568	423	1		—	
59	»	300	—	—	2100	420	420	98	163	43	655	450	1		—	
60	»	300	—	—	2520	420	420	95	120	57	602	430	1		—	
61	»	300	—	—	2520	420	420	98	169	50	643	430	1		—	
62	420	300	—	—	2100	420	420	87	150	58	696	440	1		—	
63	420	300	—	—	2100	420	420	96	178	52	676	440	1		—	
64	420	300	—	—	2100	420	420	93	181	64	770	435	1		—	
65	420	300	—	—	2100	420	420	109	175	57	670	448	1		—	
66	840	300	—	—	2100	420	420	94	134	63	665	443	1		—	

NOURRITURE INGÉRÉE.

Les chiffres fixant la quantité de nourriture ingérée expriment la quantité totale par

N° 3[3].

REMARQUES.

Attaque à 3 h. 45 m. de la nuit . . . .

Id. à 4 h. de la nuit. . . . .

Id. à 11 h. 10 m. de la nuit . . . .

Id. à 11 h. matin et à 8 h. 30 m. du soir . . . .

Id. à 8 h. 30 m. matin, à 12 h. après-midi, à 11 h. 30 m. et à 4 h. 20 m. la nuit.

Id. à 8 h. 30 m. du matin. à 8 h. 30 m., à 9 h. et à 10 h. 10 m. du soir, à 1 h. 55 m. et à 3 h. 30 m. de la nuit.

Attaque à 3 h après-midi, à 7 h. 40 m. du soir, à 2 h. et à 7 h. du matin . .

Id. à 8 h. 15 m. du soir, à 10 h. 30 m. et à 2 h. de la nuit, à 7 h. 30 m. matin. État de stupeur.

Attaque à 5 h. 30 m. du matin . . . .

Id. à 11 h. 5 m. après-midi. État de stupeur . . . .

Amélioration . . . .

Attaque à 8 h. 30 m. du matin . . . .

Id. à 10 h. 35 m. du soir . . . .

vingt-quatre heures.

TABLEA

JOUR D'EXPÉRIENCE.	Quan	Nombre de mictions	Réaction.	Densité.	Azote.	Urée.	Azote de l'urée.	Acide urique.	P₂O₅	Chlorures (NaCl).
	c. c.				gr.	gr.	gr.	mgr.	gr.	gr.
45	2610	10	acide	1011	16,9	27,6	12,9	699	3,2	9,2
46	2625	9	—	1014	17,4	31,7	14,3	741	3,0	13,4
47(*)	1900	7	—	.1013	.12,4	.19,0	11,2	587	2,1	9,9
48(*)	2925 / 2600	8/1	—	1013	.17,2	.29,4	13,6	294	3,3	13,5
49(*)	2000	7	—	1016	14,0	28,0	13,1	538	3,2	7,8
50(*)	2891 / 2570	8/2	—	1016	21,9	44,2	17,0	661	4,2	14,0
51(*)	1870	7	alc.	1014	12,9	26,2	12,2	644	2,6	7,1
52(*)	2549 / 1700	6/3	acide	1016	17,0	33,2	15,5	240	3,5	14,3
53(*)	2610 / 2030	7/2	—	1018	25,9	49,1	23,7	702	5,1	16,3
54(*)	3255 / 1900	7/5	—	1018	22,5	54,6	20,0	932	6,6	18,7
55(*)	2129 / 1825	6/1	—	1020	22,3	42,9	20,1	543	4,5	13,1
56(*)	3534 / 2465	7/3	—	1013	29,2	55,3	25,7	949	4,1	22,4
57	2010 / 1150	4/3	—	1021	24,7	50,6	23,6	945	4,7	9,2
58(*)	2442 / 1900	7/2	—	1022	28,5	61,3	26,2	1477	4,9	18,4
59(*)	2574 / 2200	7/4	—	1015	23,0	44,0	20,5	1124	5,2	8,6
60	2287 / 1525	6/3	—	1021	29,4	56,6	26,4	861	5,1	11,7
61	1990 / 1770	8/1	—	1021	19,7	46,0	18,5	669	4,3	11,3
62	2650	9	—	1014	16,2	31,8	14,8	356	3,4	12,5
63	34·0 / 2600	9/2	—	1018	28,6	55,2	25,7	1004	4,1	17,5
64(*)	3520 / 3200	10·2	—	1013	26,1	38,7	23,7	1136	4,1	15,3
65	3077 / 26·5	11/2	—	1015	29,6	40,1	26,1	1240	4,7	14,4
66	3269 / 2675	9/2	—	1017	24,8	42,6	19,8	1010	5,5	18,x

(*) Les jours marqués d'un astérisque sont des jours d'attaques; voir p. 187.
Les chiffres fixant la quantité d'urine et d'excréments éliminés expriment la quantité totale

3³ (*suite*).

Sulfates (SO₃)	Albumine.	ucose.	Proportion de l'urée urique.	Excréments.						
				Quantité.	Nombre de selles.	Eau.	Résidu solide.	Cendres.	P₂O₅.	Azote.
gr. 40			gr.	gr. 427	2	gr. 355,7	gr. 71,2	gr. 5,8	gr. 0,6	gr. —
				200	2	155,8	44,1	3,8	0,4	1,8
				255	2	199,9	55,0	5,4	0,5	—
				406	2	328,6	77,3	6,8	0,5	2,6
				600	3	435,3	164,7	10,1	1,0	6,9
				204	2	171,9	32,0	3,0	0,3	1,7
				494	2	443,9	50,0	8,7	1,0	3,9
				212	2	170,6	41,3	3,2	0,3	1,5
				207	1	150,3	56,6	4,6	0,3	1,1
				520	2	416,0	104,0	7,6	0,6	2,9
				583	2	430,1	52,8	11,2	1,1	6,3
				527	2	387,4	139,6	10,6	1,4	5,0
				258	1	213,8	44,1	3,9	0,4	1,5
				461	3	367,8	93,4	7,2	—	3,0
				200	1	—	—	—	—	—
				587	4	475,8	111,1	9,4	1,1	4,3
				856	3	717,9	138,0	12,4	1,3	5,3
				255	1	218,2	36,7	3,8	0,4	3,1
				351	3	278,1	72,9	6,8	0,6	1,9
				676	3	576,2	99,7	10,5	0,9	7,4
				232	2	195,8	36,1	3,6	0,3	—
				193	1	151,2	41,7	3,8	0,3	1,3

ur vingt-quatre heures.

TABLEA

NOURRITURE INGÉRÉE.

| JOUR D'EXPÉRIENCE | Eau. | LAIT. | | | Thé. | Soupe. | Riz au lait. | Boulettes (hachis). | Viande bouillie. | Concombres. | Pain noir. | Pain blanc. | Sel. | Œufs. | Bouillon. |
		Quantité.	Densité.	Graisse °/₀.											
	c. c.	c. c.			c. c.	c. c.	gr.	gr.	gr.	gr.	gr.	gr.	gr.	gr.	gr.
67	420	300	—	—	1260	420	420	97	174	49	470	422	1	—	—
68	420	300	—	—	2100	420	420	97	151	57	518	426	1	—	—
69	420	300	—	—	2100	420	420	94	156	—	239	435	1	—	—
70	420	300	—	—	2100	420	420	102	167	60	536	425	1	—	
71	420	300	—	—	2100	420	420	108	162	59	580	450	1	—	
72	420	300	—	—	2100	420	420	105	90	61	530	441	1	—	
73	-	300	—	—	1680	420	420	110	140	50	479	450	1	—	
74	420	300	—	—	1680	420	420	105	187	70	620	437	1	—	
75	420	390	—	—	2100	420	420	97	175	81	453	421	1	—	
76	810	300	—	—	2100	420	420	107	150	46	503	432	1	—	
77	—	300	—	—	2100	420	420	108	160	60	457	472	1	—	
78	840	300	—	—	2400	420	420	113	181	53	324	505	1	—	
79	420	300	—	—	2100	420	420	85	170	58	416	470	1	—	
80	420	300	—	—	2100	420	420	107	155	93	488	422	1	—	
81	420	300	—	-	2100	420	420	110	153	75	464	485	1	—	
82	840	300	—	—	2100	420	420	112	162	52	615	446	1	—	
83	810	300	—	—	2100	420	420	abs.	abs.	abs	335	428	1	—	
84	420	300	—	—	840	420	420	102	190	75	302	432	1	—	
85	420	300	—	-	1680	420	420	103	141	49	319	439	1	—	
86	420	300	—	—	2100	420	420	103	150	60	575	450	1	—	
87	840	300	—	·	2100	420	420	104	178	60	527	425	1	01	—
88	—	300	—	—	2100	420	420	110	158	90	491	441	1	12	—

(Colonne Œufs : Chaque jour deux œufs, 101 grammes en moyenne.)

Les chiffres fixant la quantité de nourriture ingérée expriment la quantité totale par

r° 34.

REMARQUES.

	4	
	4	
	.	
	.	
	.	
—	.	
Attaque à 2 h. 6 m. de l'après-midi	4	—
Id. à 5 h. du matin ; attaque forte	4	—
. . —	4	
Id. à 5 h du matin ; attaque forte	4	—
. —	4	
	4	
	4	
	4	
	.	
—	4	
Attaque à 6 h. 20 m. et à 11 h. 15 m. du matin ; fortes	2	—
Id. à 6 h. 45 m. du soir, à 5 h. et à 8 h. du matin ; fortes	2	—
Id. à 10 h. du matin et à 6 h. 30 m. du soir ; fortes	2	—
Id. à 11 h 40 m. matin, à 8 h. 15 m. du soir, à 12 h. et à 2 h. 40 m. de nuit, et à 6 h, 40 m. du matin ; légères.	2	—
Attaque à 8 h. 40 m. et à 9 h. 30 m. du matin, à 1 h. 30 m. de nuit ; légères .	2	—
—	2	
	2	

ingt-quatre heures.

TABLEAU

| JOUR D'EXPÉRIENCE. | CORPS Urines. | | | | | | | | |
	Quantité.	Nombre de mictions.	Réaction.	Densité.	Azote.	Urée.	Azote de l'urée.	Acide urique.	P_2O_5	Chlorures (NaCl).
	c. c.				gr.	gr.	gr.	mgr.	gr.	r.
67	3110 2765	8/1	acide.	1014	24,6	41,8	19,4	1024	4,2	21
68	3700	10	—	1012	23,0	40,2	18,7	1218	4,6	15
69	3107 2825	10/1	—	1013	22,2	40,1	18,7	1094	4,5	15
70	3420	9	—	1013	24,3	45,4	21,2	1126	4,2	14
71	3100	12	—	1012	15,7	31,1	14.5	1042	4,0	13
72(*)	2920	13	—	1014	18,1	33,6	15,7	1393	4,2	9,1
73(*)	2540 2310	10/1	—	1011	12,2	22,0	12,2	1041	3,2	11,6
74	1430	9	—	1023	16,8	33,1	15,4	604	4,1	10
75(*)	2845	11	—	1015	21,5	41,7	19,8	1109	4,7	16,3
76	2950	11	—	1012	20,2	39,9	18,6	961	4,3	16,7
77	3240	12	—	1011	18,9	35,8	16,5	1088	4,2	15,8
78	2650	11	—	1013	17,6	31,8	14,9	819	3.4	14,1
79	3200	10	—	1011	19,4	35,8	16,2	1075	5,0	15
80	2450	10	—	1015	15,9	28,2	13,2	925	3,9	12
81	2500	11	—	1014	15,8	23,1	13,0	959	3,5	15,6
82(*)	3350	12	—	1012	21,1	37,0	17,2	1216	5,6	15
83(*)	2310 1820	7/2	—	1010	13,9	24,0	11.2	548	2,6	18,5
84(*)	2250	11	—	1016	18,6	36,0	17,8	756	3,8	16,3
85(*)	2350	10	—	1019	19,9	33,1	15,4	1005	3,1	18,3
86(*)	2450	10	—	10.6	21,8	41,9	19,6	1037	4,4	16,2
87	3125	13	—	1012	22,0	41,1	19,3	1003	3,8	17,1
88	2400	11	—	1016	21,4	42,6	19,9	936	4,2	15,1

(*) Les jours marqués d'un astérisque sont des jours d'attaques; voir p. 191.
Les chiffres fixant la quantité d'urines et d'excréments éliminés expriment la quantité totale

3⁴ (*suite*).

Sulfates (SO₃).	Albumine.	Glucose.	Proportion de l'urée à l'acide urique.	Quantité.	Nombre de selles.	Eau.	Résidu solide.	Cendres.	P₂O₅.	Azote.
gr.				gr.		gr.	gr.	gr.	gr.	gr.
4,3	absence	absence	41	292	1	251,4	40,5	6,2	0,5	2,3
4,2	—	—	33	672	2	520,4	151,5	12,6	1,1	5,7
5,1	—	—	31	190	2	154,9	35,0	4,5	0,2	1,7
4,3	—	—	40	166	1	140,3	25,6	4,9	0,2	1,5
3,8	—	—	30	180	2	146,9	42,0	3,9	0,1	1,9
4,6	—	—	21	307	2	242,5	61,6	7,4	0,1	1,9
3,2	—	—	21	217	1	191,5	25,4	5,0	0,4	2,5
4,5	—	—	55	492	3	390,0	101,9	11,8	0,9	4,5
5,0	—	—	38	215	1	155,1	59,8	5,7	0,3	2,7
4,4	—	—	41	386	1	290,0	95,9	8,8	0,7	5,0
3,7	—	—	33	417	2	380,2	46,7	9,1	0,7	5,5
3,6	—	—	39	347	2	252,3	64,7	8,8	0,6	4,2
3,2	—	—	33	113	1	82,4	30,5	3,1	0,2	1,0
3,2	—	—	30	205	1	227,5	67,4	7,1	0,6	3,6
3,6	—	—	29	298	1	221,3	76,6	5,0	0,3	3,1
3,7	—	—	30	301	2	318,2	72,7	8,1	0,7	2,8
3,8	—	—	44	187	1	145,2	41,7	4,0	0,4	1,5
3,3	—	—	47	382	2	320,8	61,1	8,7	0,2	3,9
3,0	—	—	33	232	1	181,2	50,7	6,0	0,3	3,4
4,3	—	—	40	239	2	188,3	50,6	5,8	0,5	2,7
4,3	—	—	41	218	2	166,9	51,0	4,8	0,4	2,0
3,9	—	—	46	271	3	204,5	66,4	6,8	0,6	3,0

par vingt-quatre heures.

TABLEA𝐔

| JOUR D'EXPÉRIENCE. | NOURRITURE INGÉRÉE. | | | | | | | | | | | | | | | |
| | Eau. | LAIT. | | | Thé. | Soupe. | Riz au lait. | Boulettes (hachis). | Viande bouillie. | Concombres. | Pain noir. | Pain blanc. | Sel. | Œufs. | Bouillon. | |
		Quantité.	Densité.	Graisse °/o.												
	e. c.	e. c.		gr	c. c.	c. c.	gr	gr.	gr.	gr.	gr.	gr.	gr.	gr.		
89	—	300	—	—	2100	420	420	107	140	60	518	392	4	98	—	—
90	—	300	—	—	2100	420	420	102	147	70	437	430	1	98	—	—
91	—	300	—	—	2100	420	420	113	154	46	509	439	1	109	—	—
92	—	300	—	—	2100	420	420	100	170	82	662	452	1	107	—	—
93	—	300	—	—	2100	420	420	106	152	64	360	409	1	102	—	—
94	420	300	—	—	2100	420	420	110	175	72	480	427	1	104	—	—
95	—	300	—	—	2100	420	420	105	125	55	369	377	1	55	—	—
96	—	300	—	—	2100	420	420	10	185	62	347	404	1	105	—	—
97	—	300	—	—	2100	420	420	107	465	75	385	417	1	105	—	—
98	420	300	—	—	2100	420	420	112	149	75	300	410	1	102	—	—
99	—	300	—	—	2100	420	420	107	160	70	338	425	1	107	—	—
100	—	300	—	—	2100	420	420	113	165	62	338	412	1	93	—	—
101	—	300	—	—	2100	420	420	110	152	75	305	398	1	106	—	—
102	105	300	—	—	2100	420	420	112	164	78	295	420	1	90	—	—
103	—	300	—	—	1680	420	420	420	172	107	300	399	1	100	—	—
104	—	300	—	—	420	420	420	102	149	82	432	407	1	93	—	—
105	—	300	—	—	2100	420	420	112	165	70	312	420	1	109	—	—
106	—	300	—	—	2100	420	420	115	157	70	590	380	1	105	—	—
107	—	300	—	—	2100	420	420	105	175	73	738	385	1	90	—	—
108	—	300	—	—	2100	420	420	110	155	65	1013	418	1	96	—	—
109	—	300	—	—	2100	420	420	122	135	abs.	720	440	1	91	—	—
110	—	300	—	—	2100	420	420	106	110	75	610	415	1	102	—	—

Les chiffres fixant la quantité de nourriture ingérée expriment la quantité totale por

35.

REMARQUES.

—

Attaques à 10 h. 30 m. matin et à 8 h. soir; fortes . . . .

Id. à 12 h. matin, à 6 h. 10 m. soir, à 12 h nuit et à 6 h. 35 m. matin; fortes.

Id. à 10 h. 40 m. matin, à 2 h. et à 3 h. 35 m. après-midi; fortes . . . . .

Id. à 8 h. 30 m. et à 11 h. 40 m. matin, à 12 h. 30 m. après-midi
et à 8 h. 40 m. soir; fortes.

—

—

gt-quatre heures.

TABLEA

JOUR D'EXPÉRIENCE.	Quantité.	Nombre de mictions.	Réaction.	Densité.	Azote.	Urée.	Azote de l'urée.	Acide urique.	P_2O_5	Chlorures (NaCl).
	c. c.				gr.	gr	gr.	mgr.	gr.	gr.
89	3950	16	acide	1010	21,7	39,3	18,3	925	4,0	3,2
90	3075	17	—	1010	21,0	32,9	15,3	764	3,1	1,2
91	2480	13	—	1014	21,1	39,1	18.2	983	4,2	10,2
92	3730	10	—	1012	17,7	29,7	13,8	660	3,4	17,2
93	3650	11	—	1012	21,7	37,4	17,4	981	3,4	20,9
94	3625	9	—	1014	22,2	34,4	16,2	974	4,6	18,1
95	4070 3700 }	10/1	—	1014	22,1	30,5	17,6	1258	5,0	21,5
96	2150	7	—	1014	16,8	32,1	15,1	954	4,3	11,2
97	3430	9	—	1014	18,8	33,2	15,5	845	4,5	14,6
98	2500	10	—	1013	14,5	27,0	12,6	830	3,2	15,6
99	2725	9	—	1012	17,9	33,7	15,7	989	3,7	13,7
100	2675	9	—	1013	16,0	20,8	14,5	849	3,6	15,3
101	2690	8	—	1013	15,6	30,7	14,3	831	3,6	15,7
102(*)	3029 2625 }	13/2	—	1014	17,9	35,1	16,4	1547	4,0	18,6
103(*)	2137	6	—	1010	11,0	19,9	9,3	786	2,6	8,9
104(*)	1987 1325 }	4/2	—	1024	26,0	37,5	15,6	908	6,1	12,9
105(*)	2600	4	—	1016	22,5	42,8	19,9	839	4,3	15,4
106	2775	15	—	1013	19,6	37,1	17,3	932	3,5	14,9
107	2660	8	—	1014	21,0	35,4	16,3	1106	3,6	14,4
108	2225	14	—	1016	19,0	36,0	16,8	837	0,3?	11,1
109	1650	6	—	1017	—	36,2	16,9	899	0,3?	6,6
110	3000	8	—	1012	—	30,0	14,0	806	3,7	11,8

(*) Les jours marqués d'un astérisque sont des jours d'attaques; voir p. 195.
Les chiffres fixant la quantité d'urines et d'excréments éliminés expriment la quantité total

Γ° **35** (*suite*).

É L I M I N É S.

Sulfates (SO₃).	Albumine.	Glucose.	Proportion de l'urée à l'acide urique.	Excréments.						
				Quantité.	Nombre de selles.	Eau.	Résidu solide.	Cendres.	P₂O₅.	Azote.
gr. 2,7	absence	absence	42	gr. 403	3	gr. 312,0	gr. 90,9	gr. 9,2	gr. 1,0	gr. 4,5
2,5	—	—	43	368	1	200,5	77,4	8,9	0,8	4,8
2,9	—	—	40	218	1	163,7	54,2	5,8	0,5	1,4
2,5	—	—	45	770	3	567,8	202,2	16,4	1,6	9,5
2,6	—	—	38	338	2	274,3	63,6	8,0	0,6	3,2
4,3	—	—	35	211	2	163,7	47,2	5,0	0,4	2,1
3,2	—	—	31	382	2/1	303,8	78,1	8,5	0,6	3,3
2,9	—	—	34	398	2	337,5	60,6	6,9	0,5	4,1
3,4	—	—	30	154	2	106,8	47,1	3,1	0,2	1,5
2,5	—	—	32	268	1	—	—	—	—	—
2,7	—	—	34	549	2	—	—	—	—	—
2,5	—	—	25	286	2	—	—	—	—	—
2,6	—	—	36	432	2	—	—	—	—	—
3,3	—	—	22	344	2	—	—	—	—	—
1,6	—	—	25	185	1	—	—	—	—	—
5,8	—	—	41	170	1/2	—	—	—	—	—
3,6	—	—	52	483	2	—	—	—	—	—
3,2	—	—	39	410	2	—	—	—	—	—
3,3	—	—	31	445	2	—	—	—	—	—
3,8	—	—	43	495	2	—	—	—	—	—
3,0	—	—	60	757	2	—	—	—	—	—
3,0	—	—	37	—	2	—	—	—	—	—

pour vingt-quatre heures.

TABLEAU N°

NOURRITURE INGÉRÉE.

JOUR D'EXPÉRIENCE.	Eau.	LAIT.			Thé.	Soupe.	Riz au lait.	Boulettes (hachis).	Viande bouillie.	Concombres.	Pain noir.	Pain blanc.	Sel.	Œufs.	Bouillon.
		Quantité.	Densité.	Graisse %.											
	c.c.	c.c.	—	gr.	c.c.	c.c	gr.	gr.	gr.	gr.	gr.	gr.	gr.	gr.	
1	—	—	—	—	—	—	—	—	—	—	—	—	—	—	—
2	—	—	—	—	—	—	—	—	—	—	—	—	—	—	—
3	—	—	—	—	—	—	—	—	—	—	—	—	—	—	—
4	—	—	—	—	—	—	—	—	—	—	—	—	—	—	—
5	—	—	—	—	—	—	—	—	—	—	—	—	—	—	—
6	—	—	—	—	—	—	—	—	—	—	—	—	—	—	—
7	—	—	—	—	—	—	—	—	—	—	—	—	—	—	—
8	—	—	—	—	—	—	—	—	—	—	—	—	—	—	—
9	—	—	—	—	—	—	—	—	—	—	—	—	—	—	—
10	—	—	—	—	—	—	—	—	—	—	—	—	—	—	—
11	—	—	—	—	—	—	—	—	—	—	—	—	—	—	—
12	—	—	—	—	—	—	—	—	—	—	—	—	—	—	—
13	—	—	—	—	—	—	—	—	—	—	—	—	—	—	—
14	—	—	—	—	—	—	—	—	—	—	—	—	—	—	—
15	»	300	—	—	2400	420	420	Chaque jour, 102 gr. environ.	—	Chaque jour, 54 gr. environ.	615	Chaque jour, 410 grammes.	1	Chaque jour deux œufs, 104 gr. en moyenne.	—
16	840	300	—	—	2100	420	420		—		615		1		—
17	840	300	—	—	1680	420	420		—		615		1		—
18	»	300	—	—	2520	420	420		—		615		1		—
19	420	300	—	—	2520	420	420		—		615		1		—
20	420	300	—	—	2100	420	420		—		615		1		—
21	420	300	—	—	2520	420	420		—		615		1		—
22	420	300	—	—	2520	420	420		—		820		1		—

Les chiffres fixant la quantité de nourriture ingérée expriment la quantité totale

xpérience 4, p. 39.)

POIDS DU CORPS.	REMARQUES.		
kil.	Attaque d'épilepsie à 9 h. 45 m. soir	—	—
—	Attaque à 12 h. 20 m. après-midi	—	—
-	—	—	—
-		—	—
—	Attaque à 9 h. 20 m. soir	—	—
-		—	—
—		—	·
66,4		—	—
66,0	Attaque à 7 h. soir	—	—
66,0	—	—	—
66,4	Attaques à 9 h. matin et à 7 h. soir	—	·-
66,4	—	—	·-
66,8		—	—
66,8		—	—
68,0		—	-
67,2	Attaque à 7 h. 5 m. soir	—	—
68,2	Id. à 12 h. 40 m. après-midi	—	-·
68,0	Id. à 11 h. 15 m. matin	—	—
67,4		—	·
68,0	Attaque à 11 h. matin	—	—
69,8	Id. à 10 h. 30 m. matin et à 4 h. après-midi	—	·
67,8	—	—	—

ringt-quatre heures.

TABLEAU

JOUR D'EXPÉRIENCE.	Quantité.	Nombre de mictions.	Réaction.	Densité.	Azote.	Urée.	Azote de l'urée.	Acide urique.	P$_2$O$_5$	Chlorures (NaCl)
	c. c.				gr.	gr.	gr.	mgr.	gr.	gr.
1(*)	950	—	acide	1013	—	—	—	—	1,3	9
2(*)	250	—	—	1021	—	—	—	—	1,2	0
3	450	—	—	1028	—	—	—	—	1,6	2
4	1300	—	—	1020	—	—	—	—	2,6	9
5(*)	600	—	—	1013	—	—	—	—	—	—
6	2700	—	—	1012	—	—	—	—	3,2	17
7	1400	—	—	1023	—	—	—	—	3,3	14
8	1925	—	—	1017	—	—	—	—	2,3	16
9(*)	2400	—	—	1015	—	—	—	494	2,4	13
10	1800	—	—	1014	—	—	—	461	2,4	11
11(*)	1700	—	—	1014	—	—	—	—	3,3	13
12	1500	—	—	1017	—	—	—	—	—	—
13	750	—	—	1015	—	—	—	284	1,3	5
14	2150	—	—	1010	—	—	—	—	3,6	8,4
15	1900	6	—	1012	—	—	—	284	3,0	5,7
16(*)	3600	10	alc.	1012	—	—	—	847	3,3	20,0
17(*)	2650	8	—	1011	—	—	—	429	3,8	10,4
18(*)	2600	7	alc.	1013	—	18,8	—	744	2,8	14,1
19	2150	7	—	1015	—	26,5	—	347	3,7	11,7
20(*)	2600	8	—	1013	—	27,4	—	699	3,9	8,6
21(*)	3000	9	—	1013	—	28,5	—	685	3,7	13,3
22	1350	5	—	1018	14,2	22,5	—	318	3,0	5

(*) Les jours marqués d'un astérisque sont des jours d'attaques; voir p. 199.
Les chiffres fixant la quantité d'urine et d'excréments éliminés expriment la quantité totale

f° 4¹ (suite).

ÉLIMINÉS.

				Excréments.						
Sulfates (SO₃).	Albumine.	Glucose.	Proportion de l'urée à l'acide urique.	Quantité.	Nombre de selles.	Eau.	Résidu solide.	Cendres.	P₂O₅.	Azote.
gr.	absence	absence	—	gr.	—	gr.	gr.	gr.	gr.	gr.
—	—	—	—	—	—	—	—	—	—	—
—	—	—	—	—	—	—	—	—	—	—
—	—	—	—	—	—	—	—	—	—	—
—	—	—	—	—	—	..	—	—	—	—
2,6	—	—	—	—	—	—	—	—	—	—
2,6	—	—	—	—	—	—	—	—	—	—
2,8	—	—	—	—	—	—	—	—	—	—
3,8	—	—	—	—	—	—	—	—	—	—
3,0	—	—	—	—	—	—	—	—	—	—
—	—	—	—	—	—	—	—	—	—	—
—	—	—	—	—	—	—	—	—	—	—
1,2	—	—	—	—	—	—	—	—	—	—
2,9	—	—	—	—	—	—	—	—	—	—
4,0	—	—	—	—	—	—	—	—	—	—
3,5	—	—	—	absence	absence	—	—	—	—	—
3,9	—	—	—	—	—	—	—	—	—	—
3,2	—	—	26	394	1	—	—	—	—	—
3,4	—	—	76	absence	absence	—	—	—	—	—
3,6	—	—	39	absence	absence	—	—	—	—	—
4,1	—	—	42	947	2	—	—	—	—	—
2,9	—	—	71	absence	absence	—	—	—	—	—

our vingt-quatre heures

TABLEAU

JOUR D'EXPÉRIENCE.	NOURRITURE INGÉRÉE.															
	Eau.	LAIT.			Thé.	Soupe.	Riz au lait.	Boulettes (hachis).	Viande bouillie.	Concombres.	Pain noir.	Pain blanc.	Sel.	Œufs.	Bouillon.	
		Quantité.	Densité.	Graisse %.												
	c. c.	c. c.		gr.	c. c.	c. c.	gr.	gr.	gr.	gr.	gr.	gr.	gr.	gr.		
23	420	300	—	—	2520	420	420		205		615		1		—	—
24	420	300	—	—	2100	420	420		410		645		1		—	—
25	840	300	—	—	2520	420	420				615		1		—	—
26	840	300	—	—	2520	420	420				615		1		—	—
27	420	300	—	—	2520	420	420				615		1		—	—
28	420	300	—	—	2520	420	420				615		1		—	—
29	420	300	—	—	2520	420	420				615		1		—	—
30	420	300	—	—	2520	420	420	Chaque jour, 102 grammes environ.	Chaque jour, 122 grammes.	Chaque jour, 54 grammes environ.	615	Chaque jour, 410 grammes.	1	Chaque jour deux œufs, 104 grammes en moyenne.	—	—
31	420	300	—	—	2520	420	420				615		1		—	—
32	420	300	—	—	2520	420	420				615		1		—	—
33	420	300	—	—	2520	420	420				615		1		—	—
34	420	300	—	—	2520	420	420				615		1		—	—
35	420	300	—	—	2520	420	420				615		1		—	—
36	420	300	—	—	2520	420	420				615		1		—	—
37	420	300	—	—	2520	420	420				615		1		—	—
38	420	300	—	—	2520	420	420				615		1		—	—
39	420	300	—	—	2520	420	420				615		1		—	—
40	420	300	—	—	2520	420	420				615		1		—	—
41	420	300	—	—	2520	420	420				615		1		—	—
42	420	300	—	—	2520	420	420				615		1		—	—
43	840	300	—	—	2520	420	420				615		1		—	—
44	840	300	—	—	2520	420	420				615		1	52	—	—

Les chiffres fixant la quantité de nourriture ingérée expriment la quantité totale par

J° 42.

REMARQUES.

h.			
	Attaque à 4 h. 45 m. soir.	—	—
	Attaque à 11 h. 45 m. matin.	—	—
	—	—	—
	Attaques à 11 h. 40 m. matin et à 2 h. après-midi	—	—
	—	—	—
70,0	Attaque à 5 h. 10 m. après-midi	—	—
		—	—
		—	—
	Attaque à 6 h. soir; forte.	—	—
		—	—
70,0		—	—
70.6	Attaque à 4 h. après-midi	—	.
70,4	Id. à 2 h. et à 4 h. 30 après-midi	—	.
71,2	Id. à 8 h. matin	—	.
	Id. à 4 h. 30 m après-midi	—	—
		—	—
		—	!
	—	—	!
71,2	Attaques à 8 h. 30 m. matin et à 12 h. midi	—	—
	Id. à 10 h. 50 m. matin	—	—

vingt-quatre heures.

TABLEAU

JOUR D'EXPÉRIENCE.	Quantité.	Nombre de mictions.	Réaction.	Densité.	Azote.	Urée.	Azote de l'urée.	Acide urique.	P_2O_5	Chlorures (NaCl).
	c. c.				gr.	gr.	gr.	mgr.	gr.	gr.
23(*)	2250	6	—	1013	20,1	37,7	—	605	2,7	11,7
24	2375	7	—	1013	15,0	25,1	11,7	349	3,7	10,3
25(*)	3150	8	acide	1011	16,1	30,9	14,4	635	3,0	12,4
26	3025	7	—	1008	11,4	23,1	10,7	386	2,3	8,6
27(*)	3425	9	—	1014	18,2	34,6	16,3	375	5,4	11,1
28	2350	6	—	1014	14,3	29,6	13,8	411	3,0	7,2
29(*)	2675	7	—	1013	16,8	33,9	15,3	851	3,3	11,2
30	2850	8	—	1011	19,4	36,6	17,2	651	3,6	8,8
31	2325	6	—	1015	20,3	35,9	16,7	734	4,3	8,9
32	1625	7	—	1022	19,7	36,4	16,9	173	3,7	5,5
33(*)	3725	10	—	1010	17,6	35,0	16,5	1380	3,9	13,7
34	2600	9	—	1013	20,6	34,5	15,9	943	5,0	10,2
35	2700	8	—	1013	20,6	38,7	18,0	835	4,2	9,6
36(*)	2900	7	—	1013	18,7	34,1	14,5	526	3,6	14,6
37(*)	3040	8	—	1013	17,4	35,4	16,5	368	3,6	15,3
38(*)	2150	7	—	1014	16,4	29,6	14,5	583	3,6	13,0
39(*)	3000	10	—	1013	19,2	35,3	16,4	887	3,9	16,5
40	3400	9	—	1013	18,0	35,7	16,6	639	4,6	16,3
41	2350	8	—	1017	14,4	26,5	12,5	537	3,9	15,4
42	2700	9	—	1013	18,3	37,8	17,6	—	3,7	10,6
43(*)	4000	11	—	1018	22,6	44,2	21,1	1400	4,4	20,0
44(*)	3500	10	—	1013	21,0	40,8	19,0	1090	4,3	11,7

(*) Les jours marqués d'un astérisque sont des jours d'attaques ; voir p. 203.
Les chiffres fixant la quantité d'urines et d'excréments éliminés expriment la quantité totale

[ᵒ **4²** *(suite).*

:LIMINÉS.

				Excréments.					
Sulfates (SO₃).	Albumine.	Glucose.	Proportion de l'urée à l'acide urique	Quantité.	Nombre de selles.	Eau.	Résidu solide.	Cendres.	P₂O₅.	Azote.
gr. 3,6	absence	absence	62	gr. 879	2	gr. 632,9	gr. 242,0	gr. 10,7	gr. —	gr. —
2,8	—	—	79	absence	absence	—	—	—	—	—
3,2	..	—	49	273	2	157,4	115,5	4,7	0,5	—
2,4	..	—	60	644	2	493,7	140,3	—	—	—
3,7	—	—	93	65	2	—	—	—	—	—
2,7	—	—	72	971	3	772,0	198,0	17,5	2,4	—
3,2	—	—	39	289	1	234,2	54,7	5,3	0,5	—
4,2	—	—	56	721	2	620,0	100,9	9,3	1,0	—
4,0	—	—	50	619	2	517.7	101,2	7,4	1,1	—
3 5	—	—	236	483	2	399,7	84,2	5,1	0,8	—
3,1	—·	—	25	375	2	301,6	73,3	6,3	0,8	—
2,7	—	—	36	632	2	468,8	163,1	12,0	1,6	—
2,7	—	—	46	814	3	674,8	139,1	13,1	1,5	—
2,9	—	—	60	137	1	111.3	25,6	2,0	0,3	—
3,2	—	—	97	228	1	176,6	51,3	3,0	0,4	—
3,2	—	—	51	862	1	703,2	158,7	14,7	1,7	9,2
3,4	—	—	40	2C0	2	153,8	46,1	3,7	0,3	0,8
3,8	—	—	56	407	2	334,1	72,8	6,5	0,7	4,4
2,4	—	·	50	257	1	20 ',4	56,5	4,7	0,4	—
3,4	—	—	—	165	1	124,5	40,4	2,2	0,3	1,9
3,8	—	—	30	223	1	173,6	49,3	4,6	0,5	—
3,7	—	—	40	absence	absence	—	—	—	—	—

our vingt-quatre heures.

NOURRITURE INGÉRÉE.

JOUR D'EXPÉRIENCE.	Eau.	LAIT. Quantité.	Densité.	Graisse %.	Thé.	Soupe.	Riz au lait.	Boulettes (hachés).	Viande bouillie.	Concombres.	Pain noir.	Pain blanc.	Sel.	OEufs.	Bouillon.	Macaroni.
	c. c.	c. c.		gr.	c. c.	c. c.	gr.	gr.	gr.	gr.	gr.	gr.	gr.	gr.		
45	8;0	300	—	—	2520	420	420				645		1	52	—	—
46	840	300	—	—	2520	420	420	Chaque jour, 102 grammes environ.	Chaque jour, 122 grammes.		510	Chaque jour, 410 grammes.	1		—	—
47	840	300	—	—	2520	420	420				510		1		—	—
48	840	300	—	—	2520	420	42				510		1		—	—
49	420	300	1036	3,5	2520	420	420			Chaque jour, 54 grammes environ.	510		1		—	—
50	420	300	1035	3,7	2520	420	430				510		1		—	—
51	8;0	300	—	—	2520	420	420				510		1		—	—
52	420	300	1032	2,7	2520	420	420				510		1		—	—
53	420	300	1033	—	2520	420	42				510		1		—	—
54	840	300	10??	3,3	2520	420	420				510		1		—	—
55	»	300	1030	2,7	2100	420	420				510		1	Chaque jour deux deux œufs, 101 grammes en moyenne.	—	—
56	»	300	1035	2,0	2520	420	420	96	181		280	460	1		—	—
57	»	300	—	—	2520	420	420	94	155		398	442	1		—	—
58	»	300	1035	2,0	2100	420	420	90	144		360	400	1		—	—
59	420	300	—	—	2100	420	420	90	128	59	485	462	1		—	—
60	420	300	1034	2,3	2520	420	420	93	146	48	507	427	1		—	—
61	420	300	1035	—	2520	420	420	98	149	58	475	440	1		—	—
62	420	300	—	—	2100	420	420	98	177	50	364	435	1		—	—
63	420	300	1033	2,9	2100	420	420	98	161	67	327	437	1		—	—
64	420	300	—	—	2100	420	42	100	151	82	329	435	1		—	—
65	420	300	—	—	2100	42	420	102	171	80	465	462	1		—	—
66	420	300	—	—	2100	420	420	103	135	53	464	408	1		—	—

Les chiffres fixant la quantité de nourriture ingérée expriment la quantité totale po

F° 43.

REMARQUES.

Attaque à 4 h. 20 m. après-midi . . . .

Attaque à 4 h. 30 m. après-midi . . . .
Id. à 8 h. matin . . . .
Id. à 1 h. 50 m. après-midi et à 6 h. soir . . . .

Attaque à 1 h. 30 m. nuit; très forte . . . .

Attaques à 2 h. 40 m. après-midi et à 9 h. 30 m. soir . . . .

Attaque à 8 h. 40 m. matin . . . .

ingt-quatre heures.

TABLEA

JOUR D'EXPÉRIENCE.	Quantité.	Nombre de mictions	Réaction.	Densité.	Azote.	Urée.	Azote de l'urée.	Acide urique.	P_2O_5	Chlorures
	c. c.				gr.	gr.	gr.	mgr.	gr.	gr.
45	2500	8	—	1015	22,0	39,1	18,2	739	2,8	106
46(*)	3250	8	—	1013	20,2	37,7	17,5	764	3,4	14,1
47	2150	7	—	1019	18,4	36,2	17,1	840	4,1	162
48	3175	9	—	1014	22,8	43,0	20,0	567	4,0	19,3
49(*)	2900	9	—	1015	25,7	35,6	23,3	585	3,9	14,5
50(*)	3100	10	—	1011	20,3	37,9	17,7	843	4,2	11,6
51(*)	3175	9	—	1015	23,8	41,3	19,3	875	4,1	16,1
52	3100	8	—	1012	21,6	44,0	20,6	542	4,5	12,7
53	2800	9	—	1014	20,9	41,1	19,1	828	3,8	15,2
54	3145	10	—	1012	19,9	35,7	16,6	782	3,9	14,1
55	4100	12	—	1013	25,5	39,4	18,3	778	4,1	22,7
56	2200	7	—	1015	16,8	32,8	15,3	473	3,7	11,4
57	1475	9	—	1020	17,8	34,9	16,1	535	3,2	7,9
58(*)	3125	8/1.	—	1013	18,4	34,0	15,8	638	3,0	15,0
59	3100	10	—	1011	17,1	33,0	15,4	503	4,0	11,8
60(*)	3 50	11	—	1012	23,2	43,9	20,5	983	4,3	19,1
61	2890	8	—	1014	25,0	22,9	10,9	738	4,1	10,4
62	2300	7	—	1017	23,0	45,0	21,0	544	3,4	9,4
63	3550	9	—	1016	29,7	55,6	26,3	1048	4,2	19,5
64(*)	2900	8.	—	1014	24,0	42,0	21,6	896	3,5	14,5
65	2500	10	—	1017	25,4	33,8	15,7	790	3,2	16,2
66	2730	9	—	1016	20,7	36,9	17,2	550	3,7	16,3

(*) Les jours marqués d'un astérisque sont des jours d'attaques; voir p. 207.
Les chiffres fixant la quantité d'urine et d'excréments éliminés expriment la quantité tota

N° 43 (suite).

ÉLIMINÉS.

Sulfates (SO$_3$).	Albumine.	Glucose.	Proportion de l'urée à l'acide urique.	Excréments.						
				Quantité.	Nombre de selles.	Eau.	Résidu solide.	Cendres.	P$_2$O$_5$.	Azote.
gr. 3,3	absence	absence	gr. 53	gr. 1194	3	gr. 931,3	gr. 262,6	gr. 22,9	gr. 4,1	gr. 12,6
3,3	—	—	50	172	1	157,2	14,7	1,7	0,0	0,6
3,2	—	—	43	515	2	422,8	92,1	8,1	0,9	3,2
4,1	—	—	86	absence	absence	»	»	»	»	»
3,4	—	—	61	320	2	232,4	87,5	6,9	1,6	3,9
4,1	—	—	46	321	2	257,4	63,5	6,3	1,2	3,0
3,9	—	—	27	290	2	208,1	82,8	5,5	0,6	3,7
3,6	—	—	40	260	—	207,5	52,4	5,5	0,6	3,1
3,2	—	—	25	555	2	443,2	111,7	12,3	1,2	9,0
3,7	—	—	25	—	—	—	—	—	—	—
4,5	—	—	32	316	1	255,6	60,3	5,3	0,4	2,5
3,8	—	—	61	574	1	459,2	114,8	13,8	0,8	7,4
3,2	—	—	65	92	1	81,8	10,2	1,3	0,1	0,7
2,7	—	—	53	170	1	134,9	35,0	3,5	0,2	1,6
3,2	—	—	66	48	1	36,9	11,0	1,1	0,1	0,5
4,0	—	—	45	370	1	298,6	71,3	8,0	0,7	2,3
4,1	—	—	31	absence	absence	»	»	»	»	»
4,0	—	—	83	394	2	296,8	97,1	9,1	1,0	3,0
3,7	—	—	53	294	1	229,3	54,7	6,3	0,7	1,9
5,4	—	—	46	absence	absence	»	»	»	»	»
3,5	—	—	42	304	1	235,6	63,4	8,9	0,7	2,1
3,1	—	—	67	141	1	103,1	32,8	3,6	0,3	1,4

our vingt-quatre heures.

NOURRITURE INGÉRÉE.

	Eau.	LAIT.			Thé.	Soupe.	Riz au lait.	Boulettes (hachis).	Viande bouillie.	Concombres.	Pain noir.	Pain blanc.	Sel.	Œufs.	Bouillon.	Mar...
		Quantité.	Densité.	Graisse °/₀.												
	c. c.	c. c.		gr.	c. c.	c. c.	gr.	gr.	gr.	gr.	gr.	gr.	gr.	gr.		
67	420	300	—	—	2100	420	420	104	126	66	335	429	1		—	—
68	420	300	1035	3,5	2100	420	420	90	148	63	355	416	1		—	—
69	420	300	—	—	2100	420	420	108	126	»	362	464	1		—	—
70	420	300	—	—	2100	420	420	110	185	48	226	426	1		—	—
71	420	300	—	—	2100	420	420	105	165	52	385	461	1		—	—
72	420	300	—	—	2100	420	420	107	137	58	368	440	1		—	—
73	»	300		—	2100	420	420	113	135	62	346	454	1		—	—
74	420	300	—	—	2100	420	420	104	167	74	324	482	1		—	—
75	»	300	1032	3,0	2100	420	420	96	134	74	465	431	1		—	—
76	420	300	—	—	2100	420	420	109	152	50	342	329	1		—	—
77	420	300	—	—	2100	420	420	»	»	»	421	442	1		—	—
78	»	300	—	—	2100	420	420	100	154	58	350	476	1		—	—
79	»	300	—	—	2100	420	420	107	162	57	395	463	1		—	—
80	420	300	—	—	2100	420	420	90	160	96	370	454	1	Chaque jour deux œufs, 104 grammes en moyenne.	—	—
81	420	300	—	—	2100	420	420	100	170	83	348	444	1		—	—
82	»	300	—	—	2100	420	420	104	157	60	400	460	1		—	—
	420	300	1035	2,9	2100	420	420	113	135	48	404	455	1		—	—
	420	300	—	—	2100	420	420	103	155	98	300	402	1		—	
	420	300	—	—	2100	420	420	112	163	70	400	417	1		—	
	»	300	—	—	2100	420	420	105	170	52	335	427	1		—	
	420	300	—	—	2100	420	420	100	175	102	355	388	1	95	—	
	»	300	—	—	2100	420	420	115	164	»	270	414	1	112	—	

Les chiffres fixant la quantité de nourriture ingérée expriment la quantité totale pour

° 44.

REMARQUES.

Attaque à 3 h. 30 m. après-midi ; forte . . . .

—

—

Attaques à 2 h. après-midi et à 6 h. 30 m. soir . . . .

Id. à 8 h. soir . . . .

Id. à 4 h. après-midi . . . .

Id. à 4 h. 30 m. après-midi . . . .

Attaque à 4 h. 30 m. nuit . . . .

Id. à 4 h. 45 m. après-midi . . . .

Id. à 4 h. 15 m. nuit et à 6 h. 30 m. matin . . . .

—

Attaques à 8 h. 45 matin et à 4 h. 45 m. après-midi ; fortes . . . . . .

—

ngt-quatre heures.

TABLEA

JOUR D'EXPÉRIENCE.	CORPS									
	Urines.									
	Quantité.	Nombre de mictions.	Réaction.	Densité.	Azote.	Urée.	Azote de l'urée.	Acide urique.	P₂O₅	Chlorures (NaCl).
	c. c.				gr.	gr.	gr.	mgr.	gr.	gr.
67(*)	3500	10	acide.	1014	24,8	42,7	19,9	1012	3,9	
68	2920	8	—	1013	26,1	39,7	18,5	844	3,3	
69	2425	9	—	1014	18,1	34,9	16,2	750	3,6	13,5
70	2300	10	—	1015	19,4	38,0	17,7	788	3,2	11
71	2820	11	—	1014	20,3	36,8	17,1	948	4,0	13,4
72(*)	4325	12	—	1012	20,8	36,9	17,2	1075	4,6	21
73(*)	2725	10	—	1012	17,4	30,8	14,1	842	3,6	9,1
74(*)	2940	11	—	1015	23,5	40,9	17,7	1027	3,1	12,9
75(*)	2855	9	—	1015	23,4	43,5	21,6	940	2,3	13
76	2410	8	—	1012	18,5	33,8	15,7	648	3,1	12,7
77	2800	9	—	1013	19,5	32,0	14,9	790	3,5	15,4
78	2940	7	—	1013	19,1	56,2	23,4	844	3,4	13,8
79	2525	9	—	1012	18,8	34,5	15,8	747	3,0	12,2
80(*)	2800	8	—	1012	22,4	40,9	19,0	753	2,9	18,2
81(*)	3450	10	—	1011	20,5	32,6	14,2	1321	3,4	13,3
82(*)	2850	11	—	1013	23,0	44,6	20,8	996	4,0	15,3
83	2785	9	—	1013	24,5	38,1	17,7	880	3,3	15,3
84(*)	2075	8	—	1015	26,2	42,1	20,1	885	3,6	18,2
85	2955	10	—	1013	26,0	45,2	21,0	755	5,3	17,3
86	3380	11	—	1012	24,6	37,0	17,3	862	4,6	19,0
87	2950	12	—	1012	17,8	33,0	15,4	674	3,5	16,3
88	3120	8	—	1013	26,8	45,5	23,3	965	3,9	20,6

(*) Les jours marqués d'un astérisque sont des jours d'attaques; voir p 214.
Les chiffres fixant la quantité d'urines et d'excréments éliminés expriment la quantité totale

N° 44 (suite).

ÉLIMINÉS.

Sulfates (SO₃).	Albumine.	Glucose.	Proportion de l'urée à l'acide urique.	Excréments.						
				Quantité.	Nombre de selles.	Eau.	Résidu solide.	Cendres.	P₂O₅.	Azote.
gr. 3,1	absence	absence	42	gr. 335	1	gr. 243,2	gr. 94,7	gr. 7,7	gr. 0,7	gr. 3,2
3,0	—	—	47	184	1	127,3	56,6	4,7	0,4	1,9
4,1	—	—	46	255	1	167,4	87,5	6,7	0,5	0,5
3,8	—	—	48	255	1	198,6	56,3	5,6	0,4	1,8
3,5	—	—	38	422	2	337,1	84,8	9,2	0,5	4,4
3,5	—	—	34	absence	absence	»	»	»	»	»
3,1	—	—	35	238	1	168,8	69,1	6,3	0,4	3,0
4,6	—	—	39	491	2	392,8	98,1	11,5	1,9	4,4
4,7	—	—	46	340	2	263,3	76,6	7,9	0,5	3,4
3,0	—	—	52	359	1	235,5	123,4	9,0	0,4	3,6
2,8	—	—	40	absence	absence	»	»	»	»	»
3,6	—	—	66	309	2	236,1	72,8	7,5	0,6	4,4
2,4	—	—	42	302	2	220,8	81,1	7,4	0,7	3,0
2,7	—	—	54	208	1	151,7	56,2	5,8	0,4	2,7
3,2	—	—	24	114	1	84,3	29,6	2,9	0,1	1,7
3,9	—	—	44	290	2	209,0	80,9	8,4	0,6	2,4
5,5	—	—	43	281	2	217,1	63,8	6,8	0,6	3,2
2,7	—	—	47	293	2	232,3	60,6	6,8	0,7	3,2
2,5	—	—	58	257	1	200,7	56,2	6,5	0,6	4,5
3,8	—	—	43	302	2	233,6	68,3	7,3	0,6	4,3
2,7	—	—	49	533	2	431,4	101,5	12,5	0,9	5,1
3,8	—	—	47	235	1	181,8	53,1	5,4	0,2	2,3

our vingt-quatre heures.

| JOUR D'EXPÉRIENCE. | Eau. | NOURRITURE INGÉRÉE. | | | Thé. | Soupe. | Riz au lait. | Boulettes (hachis). | Viande bouillie. | Concombres. | Pain noir. | Pain blanc. | Sel. | Œufs. | Bouillon. | Soupe aux légumes. |
| | | LAIT. | | | | | | | | | | | | | | |
		Quantité.	Densité.	Graisse %.												
	c. c.	c. c.		gr.	c. c.	c. c.	gr.	gr.	gr.	gr.	gr.	gr.	gr.	gr.		
89	»	300	—	—	2100	420	420	109	142	87	368	477	1	109	—	
90	»	300	—	—	2100	420	420	110	200	80	380	398	1	94	—	
91	»	300	—	—	2100	420	420	110	148	58	349	431	1	106	—	—
92	»	300	1035	3,5	2100	420	420	102	153	77	417	442	1	106	—	
93	»	300	—	—	2100	420	420	108	177	68	287	449	1	90	—	
94	»	300	—	—	2100	420	420	110	152	98	350	413	1	97	—	—
95	»	300	—	—	2100	420	420	109	162	56	265	380	1	98	—	
96	»	300	—	—	2100	420	420	110	184	75	275	445	1	107	—	—
97	»	300	—	—	2100	420	420	112	150	107	350	425	1	104	—	
98	»	300	—	—	2100	420	420	108	147	90	349	458	1	109	—	
99	»	300	—	—	2100	420	420	107	154	87	355	450	1	100	—	—
100	»	300	1033	3,2	2100	420	420	115	132	85	300	424	1	105	—	
101	»	300	—	—	2100	420	420	115	175	117	338	400	1	95	—	
102	»	300	—	—	2100	420	420	108	152	100	290	82	1	81	—	
103	»	300	—	—	2100	420	420	120	142	72	277	387	1	102	—	
104	»	300	—	—	2100	420	420	120	147	84	188	390	1	100	—	
105	»	300	—	—	2100	420	420	115	190	85	297	432	1	105	—	
106	»	300	—	—	2100	420	420	120	162	62	265	435	1	102	—	
107	»	300	—	—	2100	420	420	115	175	73	210	420	1	90	—	—
108	»	300	—	—	2100	420	420	117	145	77	345	475	1	98	—	—
109	»	300	—	—	2100	420	420	122	148	75	268	382	1	107	—	—
110	»	300	—	—	2100	420	420	108	136	90	365	392	1	102	—	—

Les chiffres fixant la quantité de nourriture ingérée expriment la quantité totale po:

ſᵒ **45.**

REMARQUES.

Attaque à 5 h. 45 m. matin; légère . . . .

Attaque à 1 h. 10 m. nuit; forte . . . .
Id. à 4 h. 30 m. nuit; légère. . . . .

Attaque à 9 h. matin; légère . . . .
Id. à 5 h. matin; forte. . . . .

Attaque à 9 h. matin; forte . . . .
Id. à 6 h 5 m. matin; légère . . . .
Id. à 8 h. 45 m. matin; légère . . . .
Id. à 7 h. 30 m. matin; forte . . . .

Attaque à 5 h. 30 m. soir; légère . . . .

vingt-quatre heures.

BROMURE SO

TABLEA

CORPS

	c. c.						Azote de l'urée	Acide urique	P$_2$O$_5$	Chlorures (NaCl)
					gr.	gr.	gr.	mgr.		
89(*)	2750	7	acide	1010	16,4	28,7	13,3	573	3,2	1.3
90	3550	10	—	1013	26,4	47,5	22,1	1097	4,2	3.2
91(*)	1950	4	—	1015	14,5	28,3	13,2	721	3,2	12.4
92(*)	2475	6	—	1015	20,6	39,7	18,5	1048	3,5	10.
93	3100	5	—	1013	21,9	44,1	19,1	979	3,5	16,2
94	3470	7	—	1010	19,1	35,5	16,4	793	3,4	17.5
95	3280	7	—	1013	23,9	45,1	21,3	758	4,3	21,1
96	3085	6	—	1012	20,2	36,6	17,1	827	3,4	16.1
97(*)	2950	7	—	1013	19,6	26,2	16,9	753	3,7	14,5
98(*)	2340	5/4	—	1012	15,4	25,9	12,0	582	2,3	13.1
99	3050	5	—	1012	22,1	44,5	19,3	943	3,5	14.4
100	2850	6	—	1014	22,8	39,6	18,4	900	4,2	18,5
101	2680	7	—	1012	24,4	44,3	20,6	852	3,7	16,1
102(*)	2770	6	—	1013	21,3	36,2	16,9	804	3,2	13,0
103(*)	3420	5	—	1012	19,0	35,9	16,8	695	3,5	17,4
104(*)	3100	7	—	1014	34,4	37,1	29,7	1083	3,6	18.0
105(*)	2070	5	—	1015	17,9	33,0	15,4	850	4,3	11,6
106	3600	7	—	1012	24,0	42,1	19,6	919	3,9	18,4
107(*)	3060	5	—	1012	20,9	35,1	16,4	864	3,3	15,3
108	2475	7	—	1012	17,6	32,0	14,9	765	3,3	10,5
109	2590	8	—	1013	—	37,6	17,6	905	2,9	11,9
110	2625	7	—	1013	—	36,8	17,1	670	3,5	12,1

(*) Les jours marqués d'un astérisque sont des jours d'attaques; voir p. 245.
Les chiffres fixant la quantité d'urines et d'excréments éliminés expriment la quantité ...

'o **45** (suite).

Glucose.	Proportion de l'urée à l'acide urique.	Nombre de selles.	Eau.	Cendres.	P₂O₅.	Azote.
gr.			gr.	gr.	gr.	gr.
1,8	absence		22,3	2,3	0,1	1,2
3,6	—		31,7	4,3	0,2	1,5
2,6	.		153,5	17,9	1,8	6,6
2,2			»	»	»	»
3,5			29,3	4,0	0,3	1,6
2,3			100,0	5,0	0,3	2.8
3,7			61,4	6,5	0,5	1,6
3,6			49,1	5,9	0,5	1,9
3,0	.		40,4	4,9	0,4	—
2,3	.		—	—	—	—
3,2	.		—	—	—	—
3,3	.		—	—	—	—
4,2	.		—	—	—	—
2,8	.		—	—	—	—
3,4	.		—	—	—	—
3,9	.		—	—	—	—
3,6	.		—	—	—	—
3,7			»	»	»	»
3,2	.		—	—	—	—
2,7	.		—	—	—
2,7			—	—	—
2,6	.		—	—	—

pour vingt-quatre heures.

TABLEAU N° 5.

JOUR D'EXPÉRIENCE.	LAIT.													
	Quantité.	Densité.	Graisse %.											
	c. c.	c.c.		gr.	c. c.	c c	gr.	gr.	gr.	gr.	gr.	gr.	gr.		
1	—	—	—	—	—	—	—	—						—	—
2	—	—	—	—	—	—	—	—						—	—
3	—	—	—	—	—	—	—	—						—	—
4	—	—	—	—	—	—	—	—						—	—
5	—	—	—	—	—	—	—	—						—	—
6	—	—	—	—	—	—	—	—						—	—
7	—	—	—	—	—	—	—	—	—	—	—	—		—	—
8	—	—	—	—	—	—	—	—	—	—	—	—		—	—
9	—	—	—	—	—	—	—	—	—	—	—	—		—	—
10	—	—	—	—	—	—	—	—	—	—	—	—		—	—
11	—	—	—	—	—	—	—	—	—	—	—	—		—	—
12	—	—	—	—	—	—	—	—	—	—	—	—		—	—
13	—	—	—	—	—	—	—	—	—	—	—	—		—	—
14	—	—	—	—	—	—	—	—	—	—	—	—		—	—
15	840	300	—	—	2100	—	—		—	—	1			—	—
16	420	300	—	—	2520	420	420	Chaque jour, 102 gr. environ.	615	410	1	Chaque jour, 54 gr. environ.	615	410	1
17	840	300	—	—	2100	420	420		615	410	1			—	—
18	420	300	—	—	2520	420	420		615	410	1			—	—
19	420	300	—	—	2520	420	420		615	410	1			—	—
20	420	300	—	—	2520	420	420		615	410	1			—	—
21	420	300	—	—	2520	420	420		645	410	1			—	—
22	420	300	—	—	2520	420	420		820	410	1			—	—

Les chiffres fixant la quantité de nourriture ingérée expriment la quantité totale par

Expérience 5, p. 42.)

REMARQUES.

Attaques épileptiques à 6 h. 25 m. matin et à 12 h. nuit	—	—
Attaques à 6 h. 15 m. matin, à 2 h. 30 m. après-midi et à 10 h. 45 m. soir.	—	—
Id à 6 h. 10 m. et à 10 h. 10 m. matin, à 7 h. soir et à 11 h. 45 m. nuit. .	—	—
Id. à 3 h. après-midi et à 10 h. 45 m. soir	—	—
Id. à 11 h. nuit	—	—
Id. à 11 h. 10 m. matin et à 12 h. midi	—	—
Id. à 4 h. et à 6 h. matin et à 12 h. 30 m. nuit	—	—
Id. à 3 h. 45 m. après-midi	—	—
Id. à 1 h. 45 et à 1 h. 50 nuit	—	—
Id. à 12 h. nuit	—	—
Id. à 8 h. 5 m. soir et à 3 h. 50 m. nuit	—	—
Id. à 2 h. 30 m. après-midi et à 1 h 20 m. nuit	—	—
Id. à 6 h. matin, à 4 h. 25 m. après-midi, à 9 h. soir et à 1 h. nuit . . .	—	—
Id. à 5 h. 10 m. soir	—	—
Id. à 9 h. 35 m. matin et à 3 h. 30 m. nuit.	—	—
Id. à 12 h. et à 4 h. nuit	—	—
Id. à 12 h. 40 m. et à 5 h. 45 m. nuit.	—	—
Id. à 2 h. 40 m. après-midi, à 1 h. et à 4 h. nuit, à 5 h. 20 m. et à 7 h. matin.	—	—
Id. à 5 h. 30 m. soir et à 12 h. nuit	—	—
Id. à 6 h. 30 m. soir et à 12 h. 45 m nuit	—	—
Id. à 9 h. 30 m. soir	—	—
Id. à 2 h. nuit.	—	—

vingt-quatre heures.

TABLEA

JOUR D'EXPÉRIENCE.						P₂O₅	Chlorures (NaCl).
			gr.	gr.	gr.		
1(*)	f. acide	1012	—	—	—		
2(*)		1017	—	—	—		
3(*)		1010	—	—	—		
4(*)		1016	—	—	—		
5(*)		1013	—	—	—		
6(*)		1017	—	—	—		
7(*)		1015	—	—	—		
8(*)		1015	—	—	—		
9(*)		1016	—	—	—		
10(*)		1013	—	—	—		
11(*)		1024	—	—	—		
12(*)		1017	—	—	—		
13(*)		1010	—	—	—		
14(*)		1010	—	—	—		
15(*)		1016	—	—	—		
16(*)		1010	—	—	—		
17(*)		1013	—	—	—		
18(*)		1013	—	34,7	—		
19(*)		1016	—	29,7	—		
20(*)		1016	—	26,7	—		
21(*)		1010	—	31,3	—		
22(*)		1015	15,6	25,6	—		

(*) Les jours marqués d'un astérisque sont des jours d'attaques; voir p. 219.
Les chiffres fixant la quantité d'urine et d'excréments éliminés expriment la quantité totale

° **5**¹ (*suite*).

Azote.

gr.		gr.			gr.	gr.
—	absence	—	—		—	—
—	—	—	—		—	
—	.	—	—		—	
—	.	—	—		—	
—	.	—	—		—	
3,7	.	—	—		—	
2,6	.	—	—		—	
2,9	.	—	—		—	
5,1	.	—	—		—	
4,3	.	—	—		—	
—	.	—	—		—	
—	.	—	—		—	
2,6	.	—	—		—	
5,1	.	—	—		—	
3,9	.	—	—		—	
3,2	.	—	—		—	
4,6	.	258	2		—	
3,7	.	445	2		—	
3,4	.	139	1		—	
3,6	.	789	3		—	
4,2	.	399	2		—	
3,5	.	902	2		—	

pour vingt-quatre heures.

TABLEAU

JOUR D'EXPÉRIENCE.	NOURRITURE INGÉRÉE.															
	Eau.	LAIT.			Thé.	Soupe.	Riz au lait.	Boulettes (hachis).	Viande bouillie.	Concombres.	Pain noir.	Pain blanc.	Sel.	OEufs.	Bouillon.	Macaroni.
		Quantité.	Densité.	Graisse %.												
	c.c.	c.c.		gr.	c.c.	c.c.	gr.	gr.	gr.	gr	gr.	gr.	gr.	gr		
23	840	300	—	—	2520	420	420		205		615	410	1		—	—
24	420	300	—	—	2100	420	420		410		615	410	1		—	—
25	840	300	—	—	2520	420	420		»		615	410	1		—	—
26	840	300	—	—	2520	420	420		102		615	410	1		—	—
27	420	300	—	—	2520	420	420		102		615	410	1		—	—
28	420	300	—	—	2520	420	420		102		615	410	1		—	—
29	840	300	—	—	2520	420	420		102		615	410	1		—	—
30	420	300	—	—	2520	420	420	Chaque jour, 102 grammes environ.	102	Chaque jour, 54 grammes environ.	615	410	1	Chaque jour deux œufs, 104 grammes en moyenne.	—	—
31	420	300	—	—	2520	420	420		102		615	410	1		—	—
32	420	300	—	—	2520	420	420		102		615	410	1		—	—
33	420	300	—	—	2520	420	420		102		615	410	1		—	—
34	420	300	—	—	2520	420	420		102		615	410	1		—	—
35	420	300	—	—	2520	420	420		102		615	410	1		—	—
36	420	300	—	—	2520	420	420		102		615	410	1		—	—
37	420	300	—	—	2520	420	420		102		615	410	1		—	—
38	420	300	—	—	2520	420	420		102		615	410	1		—	—
39	420	300	—	—	2520	420	420		102		615	410	1		—	—
40	420	300	—	—	2520	420	420		102		615	410	1		—	—
41	420	300	—	—	2520	420	420		102		615	410	1		—	—
42	420	300	—	—	2520	420	420		102		615	410	1		—	—
43	840	300	—	—	2520	420	420		102		615	410	1		—	—
44	420	300	—	—	2520	420	420		102		615	410	1		—	—

Les chiffres fixant la quantité de nourriture ingérée expriment la quantité totale pour

N° 52.

REMARQUES.

kn.	
73,6	Attaques à 3 h. 4 m. après-midi, à 1 h. 30 m. et à 3 h. 15 m. nuit et à 6 h. 30 m. matin.
74,8	Id. à 12 h. nuit . . . .
74,8	Id. à 11 h. 30 m. nuit . . . .
74,6	Id. à 5 h. nuit . . . .
75,6	Id. à 12 h. nuit . . . .
75,8	Id. à 12 h. après-midi et à 8 h. soir . . . .
75,2	—
75,4	Attaque à 10 h. 30 m. soir . . . .
74,8	Id. à 10 h. 20 m. soir et à 5 h. nuit . . . .
75,4	Id. à 9 h. 45 m. soir . . . .
75,2	Id. à 4 h. et à 5 h. nuit . . . .
—	Id. à 2 h. 15 m. après-midi et à 12 h. 20 m. nuit. . . . .
75,2	Id. à 3 h. et à 4 h. après-midi ; légères et à 5 h. 20 m. nuit . . . . . .
75,6	—
75,2	Attaques à 12 h. 30 m. après-midi, à 5 h. soir et à 11 h. nuit ; légères . .
75,4	Id. à 11 h. matin. . . . .
76,2	Id. à 2 h. après-midi, à 5 h. et 7 h. soir et à 10 h. 45 m. nuit ; légères .
75,6	Id. à 1 h. 30 m. après-midi et à 9 h. soir . . . .
76,2	Id. à 9 h. 55 m. matin, à 1 h. 45 m. après-midi, à 10 h. 25 m. nuit et à 6 h. matin.
76,2	Id. à 4 h. 30 m. après-midi et à 11 h. 35 m. nuit. . . . .
76,8	Id. à 8 h. 30 m. matin et à 9 h. soir . . . .
76,8	Id. à 12 h. et à 2 h. 15 m. après-midi et à 4 h. 45 m. nuit . . . . . .

ingt-quatre heures.

TABLEA[

CORPS

JOUR D'EXPÉRIENCE.	Urines.					
			Azote de l'urée.	Acide urique.	P_2O_5	Chlorures (NaCl).
	c. c. 2050				gr. 4,3	gr. 3,[
24(*)	2325	8			3,7	9,2
25(*)	3350	10			4,5	1[,]
26(*)	2525	9			3,8	16,7
27(*)	2300	8			3,7	20,4
28(*)	3000	10			4,1	17,0
29	3200	9			3,8	12,9
30(*)	3200	11			4,7	15,[
31(*)	2650	9			4,8	9,2
32(*)	3150	10			3,2	13,5
33(*)	2625	9			4,8	13,4
34(*)	2900	8			4,4	15,5
35(*)	2200	9			4,9	13,9
36	2850	7			4,1	16,0
37(*)	3000	9			4,8	16,5
38(*)	2325	8			4,0	13,0
39(*)	3225	9			5,3	26,1
40(*)	2300	8			4,0	14,9
41(*)	1800	7			2,0	17,5
42(*)	2600	8			5,4	16,0
43(*)	2650	9			4,1	14,5
44(*)	3000	· 10 ·			3,8	17,8

(*) Les jours marqués d'un astérisque sont des jours d'attaques; voir p. 223.
Les chiffres fixant la quantité d'urines et d'excréments éliminés expriment la quantité tota[

° 5² (suite).

ÉLIMINÉS.

Sulfates (SO₃).	Albumine.	Glucose.	Proportion de l'urée à l'acide urique	Quantité.	Nombre de selles.	Eau.	Résidu solide.	Cendres.	P₂O₅.	Azote.
						Excréments.				
gr. 4,3	absence	absence	—	gr. 594	2	gr. 408,7	gr. 95,2	gr. 8,5	gr. —	gr. —
3,9	—	—	66	713	2	587,3	125,7	8,9	—	—
—	—	—	60	655	2	540,4	114,5	8,1	0,7	—
4,3	—	—	89	478	2	396,5	81,5	5,5	0,6	—
7,3	—	—	83	234	1	—	—	—	—	—
4,5	—	—	89	603	3	484,3	118,6	10,5	0,8	—
4,4	—	—	48	523	2	456,1	66,8	6,0	0,9	—
6,0	—	—	65	746	2	655,2	90,7	9,2	1,8	—
4,2	—	—	69	135	1	101,6	33,4	1,9	0,2	—
5,7	—	—	80	809	3	679,0	129,9	12,7	1,3	—
5,4	—	—	66	306	2	229,1	76,9	6,5	0,7	—
5,0	—	—	58	479	2	399,0	79,9	9,4	0,7	—
5,5	—	—	63	330	2	270,6	59,3	5,4	0,6	—
4,4	—	—	72	395	2	323,8	71,1	4,1	0,5	—
4,9	—	—	59	603	2	492,6	110,3	9,3	1,1	—
4,4	—	—	—	242	1	195,8	46,1	4,2	0,5	2,1
5,9	—	—	50	204	2	157,1	46,8	4,4	0,4	1,4
4,0	—	—	63	335	2	266,8	68,1	6,7	0,6	3,8
4,7	—	·	—	499	3	417,2	81,7	8,2	0,8	—
4,6	—	—	—	200	1	151,0	48,9	2,9	0,3	2,0
4,8	—	—	65	696	3	567,1	128,8	11,6	1,3	4,7
6,0	—	—	63	200	2	171,0	28,9	2,7	0,2	2,1

pour vingt-quatre heures.

TABLEAU

JOUR D'EXPÉRIENCE.	Eau.	LAIT.			Thé.	Soupe.	Riz au lait.	Boulettes (hachis).	Viande bouillie.	Concombres.	Pain noir.	Pain blanc.	Sel.	Œufs.	Bouillon.
		Quantité.	Densité.	Graisse %.											
	c. c.	c. c.		gr.	c. c.	c. c.	gr.	gr.	gr.	gr.	gr.	gr.	gr.	gr.	
45	840	300	—	—	2520	420	420		102		613	440	1		—
46	420	300	—	—	2520	420	420		102		512	440	1		— —
47	420	300	—	—	2520	420	420	Chaque jour, 102 grammes environ.	102		512	440	1		— —
48	420	300	—	—	2520	420	420		102		512	440	1		— —
49	420	300	1036	3,5	2520	420	420		102	Chaque jour, 84 grammes environ.	512	440	1		— —
50	840	300	1035	3,7	2520	420	420		102		512	440	1		—
51	420	300	—	—	2520	420	420		102		512	440	1	Chaque jour deux œufs, 104 grammes en moyenne.	—
52	420	300	1032	2,7	2520	420	420		102		512	440	1		—
53	420	300	1033	—	2520	420	420		102		512	440	1		—
54	420	300	1034	3,3	2520	420	420		102		512	440	1		—
55	420	300	1030	2,7	2100	420	420		102		512	440	1		—
56	840	300	1035	2,0	2520	420	420	97	186		300	470	1		—
57	420	300	—	—	2520	420	420	99	179		392	442	1		— —
58	420	300	1035	2,0	2100	420	420	103	185		361	441	1		— —
59	420	300	—	—	2100	420	420	95	175	55	205	480	1		— —
60	420	300	1034	2,3	2100	420	420	103	135	57	234	480	1		— —
61	420	300	1035	—	2520	420	420	92	180	75	315	425	1		— —
62	420	300	—	—	2100	420	420	100	183	62	234	439	1		— —
63	420	300	1033	2,9	2100	420	420	100	164	85	150	414	1		— —
64	420	300	—	—	2100	420	420	102	160	94	267	476	1		— —
65	420	300	—	—	2100	420	420	102	157	57	399	420	1		— —
66	420	300	—	—	2100	420	420	99	175	65	334	428	1		— —

Les chiffres fixant la quantité de nourriture ingérée expriment la quantité totale par

› **5**³.

REMARQUES.

Àll.		**gr.**	
76,4	Attaques à 8 h 40 m. matin, à 6 h. 50 m. soir et à 3 h. 35 m. nuit . . .	—	—
77,0	Id. à 9 h. et à 11 h. 20 m. matin et à 5 h. 30 m. nuit	—	—
76,2	Id. à 1 h. et à 3 h. 40 m. après-midi, à 2 h. 55 m. et à 3 h. 35 m. nuit . .	—	—
76,4	Id. à 7 h. 30 m. soir et à 6 h. nuit.	—	—
74,4	Id. à 11 h. 30 m. matin, à 2 h. 20 m. après-midi, à 3 h. et à 6 h 35 m. nuit.	—	—
76,3	Id. à 6 h. soir et à 10 h. 20 m. nuit	—	—
75,8	Id. à 11 h. 25 m. matin, à 2 h. et à 4 h. après-midi, à 10 h. 30 m. et à 4 h. 30 m. nuit.	—	—
76,2	Id. à 8 h. soir, à 10 h. 50 m. et à 6 h. nuit.	—	—
76,0	Id. à 12 h. 45 m. après-midi, à 10 h. 30 m. et à 2 h. nuit.	—	—
76,4	Id. à 7 h. soir, à 11 h. et à 2 h. nuit	—	—
75,8	Id. à 10 h. 30 m. matin, à 12 h. après-midi et à 10 h. soir	—	—
75,8	Id. à 5 h., à 9 h. 30 m. et à 10 h. soir, à 2 h. et à 3 h. 30 m. nuit	—	—
76,8	Id. à 8 h. 30 m. et à 9 h. soir	—	—
76,4	Id. à 3 h. après-midi et à 3 h. 45 m. nuit	—	—
77,0	Id. à 9 h. soir et à 4 h. nuit.	—	—
76,4	Id. à 9 h. soir et à 4 h. nuit	—	—
77,0	Id. à 2 h. après-midi et à 2 h. 20 m. nuit	—	—
76,8	Id. à 9 h. matin, à 9 h. 40 m. soir et à 4 h. 30 m. nuit.	—	—
77,2	Id. à 2 h. après-midi, à 10 h. soir et à 2 h. 30 m. nuit.	--	—
76,8	Id. à 9 h. soir, à 10 h. 35 m. et à 2 h. 15 m. nuit.	—	—
77,1	Id. à 10 h. 20 m. matin et à 3 h. nuit	1	—
77,0	Id. à 4 h. après-midi et à 10 h. soir	1	-

ingt-quatre heures.

TABLEAU

JOUR D'EXPÉRIENCE.	CORP*									
	Urines.									
	Quantité.	Nombre de mictions	Réaction.	Densité.	Azote.	Urée.	Azote de l'urée.	Acide urique.	P_3O_5	Chlorures (NaCl)
	c. c.				gr.	gr.	gr.	mgr	gr.	gr.
45(*)	2500	8	acide	1016	24,2	43,2	21,3	790	3,5	
46(*)	3400	9	—	1013	23,8	49,3	23,0	822	4,0	
47(*)	2525	8	—	1015	21,2	42,7	19,9	797	3,8	
48(*)	3200	10	—	1015	22,4	44,7	20,8	602	3,5	
49(*)	1175	7	—	1623	13,9	23,9	11,7	237	2,5	
50(*)	3100	10	—	1017	25,8	48,8	22,7	917	4,4	
51(*)	2975	9	—	1014	18,5	40,1	18,7	720	3,5	
52(*)	2900	9	—	1012	22,1	46,5	21,6	740	3,8	
53(*)	2940	8	—	1014	22,0	45,3	21,1	869	3,9	
54(*)	3440	9	—	1012	23,7	39,1	18,2	855	3,6	
55(*)	2775	11	—	1018	18,4	36,2	16,9	876	3,6	
56(*)	2400	9	—	1018	19,3	44,4	18,9	694	4,0	
57(*)	3100	10	—	1014	25,7	48,5	22,6	729	3,9	
58(*)	2450	7	—	1018	24,3	40,7	23,2	659	4,2	
59(*)	2975	9	—	1014	23,8	47,9	22,3	879	3,9	
60(*)	2775	7/1	—	1016	24,3	49,2	22,9	820	3,8	
61(*)	2900	9	—	1015	23,8	45,7	21,3	507	3,5	
62(*)	2475	8	—	1017	23,4	48,4	22,6	782	3,7	
63(*)	3050	11	—	1012	19,4	34,0	15,8	963	3,5	
64(*)	2850	7	—	1014	21,2	46,2	18,9	952	4,0	
65(*)	2650	9	—	1014	23,0	40,9	19,8	836	3,4	
66(*)	2760	8	—	1017	23,6	43,3	20,2	648	4,1	

(*) Les jours marqués d'un astérisque sont des jours d'attaques; voir p. 227.
Les chiffres fixant la quantité d'urine et d'excréments éliminés expriment la quantité ʙⁱ

5[3] (*suite*).

			Excréments.					
Glucose.	Proportion de l'urée à l'acide urique.	Quantité.	Nombre de selles.	Eau.	Résidu solide.	Cendres.	P₂O₅.	Azote.
		gr.		gr.	gr.	gr.	gr.	gr.
absence	absence 54	404	2	345,6	54,3	5,2	0,4	2,6
		298	2	257,0	40,9	3,7	0,4	2,8
		445	2	374,3	70,6	9,0	0,8	5,0
		410	2	340,6	69,3	6,4	0,7	4,8
		651	2	579,0	72,0	8,0	0,7	8,3
		176	2	157,1	48,8	4,8	0,4	4,2
		461	2	381,9	79,0	8,3	0,7	4,0
		334	2	294,4	39,5	3,9	0,3	2,4
		300	2	254,6	45,3	4,6	0,4	3,2
		341	2	274,1	66,3	6,3	0,5	3,3
		208	1	142,7	65,2	5,9	0,4	4,1
		324	2	257,7	66,2	7,0	0,4	3,3
		254	1	197,4	56,5	5,2	0,3	3,0
		305	1	250,5	54,5	5,7	0,4	3,5
		162	1	124,7	37,2	3,5	0,3	1,4
		325	2	252,8	72,1	6,6	0,4	2,0
		256	1	200,3	55,6	5,6	0,5	3,0
		443	2	372,4	70,8	7,4	0,6	2,4
		267	1	221,6	45,5	4,5	0,3	1,5
		138	1	100,8	37,1	4,3	0,3	1,5
		451	2	378,0	72,9	8,3	0,7	3,3
		361	2	278,4	82,5	7,9	0,7	2,5

ur vingt-quatre heures.

TABLEAU

JOUR D'EXPÉRIENCE.	Eau.	LAIT.			Thé.	Soupe.	Riz au lait.	Boulettes (hachis).	Viande bouillie.	Concombres.	Pain noir.	Pain blanc.	Sel.	Œufs.	Bouillon.	Margarine.
		Quantité.	Densité.	Graisse %.												
	c. c.	c. c.		gr.	c. c.	c. c.	gr.	gr.	gr.	gr.	gr.	gr.	gr.	gr.		
67	420	300	—	—	2100	420	420	100	189	78	274	446	1		—	—
68	420	300	—	—	2100	420	420	101	145	61	100	427	1		—	—
69	420	300	1035	3,5	2100	420	420	97	161	»	162	413	1		—	—
70	420	300	—	—	2100	420	420	102	155	50	253	480	1		—	—
71	420	300	—	—	2100	420	420	98	147	58	485	448	1		—	—
72	420	300	—	—	2100	420	420	110	168	68	187	440	1		—	—
73	»	300	—	—	2100	420	420	111	150	60	385	428	1		—	—
74	420	300	—	—	2100	420	420	106	182	75	342	482	1		—	—
75	420	300	—	—	2100	420	420	104	181	59	244	421	1		—	—
76	420	300	1032	3,0	2100	420	420	109	174	52	295	452	1		—	—
77	420	300	—	—	2100	420	420	106	180	62	330	475	1		—	—
78	420	300	—	—	2100	420	420	102	172	73	395	448	1		—	—
79	420	300	—	—	2100	420	420	110	162	88	300	438	1		—	—
80	420	300	—	—	2100	420	420	98	157	122	374	432	1		—	—
81	420	300	—	—	2100	420	420	107	169	67	298	489	1		—	—
82	420	300	—	—	2100	420	420	98	157	70	220	447	1		—	—
83	420	300	1033	2,9	2100	420	420	110	142	72	192	460	1		—	—
84	420	300	—	—	2100	420	420	95	145	96	238	490	1		—	—
85	420	300	—	—	2100	420	420	107	165	65	186	472	1		—	—
86	420	300	—	—	2100	420	420	102	168	62	270	440	1		—	—
87	420	300	—	—	2100	420	420	108	210	80	287	447	1	95	—	—
88	420	300	—	—	2100	420	420	112	173	89	259	458	1	112	—	—

Note colonne Sel: Chaque jour deux œufs, 101 grammes en moyenne.

Les chiffres fixant la quantité de nourriture ingérée expriment la quantité totale pour

N° 54.

POIDS DU CORPS.	REMARQUES.	BROMURE DE SODIUM.	
kil.		gr.	
77,2	Attaques à 9 h. 30 m. matin, à 12 h. 50 m. après-midi et à 12 h. nuit . .	1	—
77,5	Id. à 9 h. soir et à 3 h. 30 m. nuit	1	—
77,1	Id. à 11 h. et à 2 h. nuit	1	—
77,4	Id. à 11 h. 30 m. et à 2 h. nuit.	1	—
77,8	Id. à 12 h. 30 m. après-midi et à 10 h. 45 m. nuit	1	—
77,2	Id. à 9 h. 30 m. et à 10 h. 30 m. matin, à 10 h. 20 m. et à 4 h. nuit . . .	1	—
77,6	Id. à 7 h. et à 8 h. 45 m. soir; fortes.	1	—
77,6	Id. à 11 h. matin, à 5 h. soir et à 12 h. 35 m. nuit	1	—
78,0	Id. à 4 h. 30 m. après-midi et à 12 h. nuit	1	—
77,6	Id. à 3 h. 45 m. nuit	1	—
77,2	Id. à 7 h. 30 m. et à 9 h. soir et à 12 h. nuit	1	—
77,8	Id. à 2 h. après-midi et à 3 h. 15 m. nuit	1	—
77,8	Id. à 9 h. soir, à 12 h. et à 3 h. 35 m. nuit.	1	—
77,6	Id. à 4 h. 5 m. après-midi et à 3 h. nuit.	1	—
78,0	Id. à 1 h. 30 m. après-midi et à 11 h. 45 m. nuit.	1	—
77,4	Id. à 9 h. matin, à 1 h., à 3 h. et à 4 h. 40 m. après-midi, à 6 h 15 m. soir, à 2 h. et à 4 h. nuit et à 7 h. matin.	2	—
77,6	Id. à 6 h. matin	2	—
76,6	Id. à 12 h. après-midi et à 3 h. 30 m. nuit.	2	—
77,6	Id. à 2 h. 30 m. après-midi, à 7 h. 55 m. soir, à 1 h. 30 m. et à 3 h. 30 m. nuit.	2	—
77,6	Id. à 10 h. soir, à 5 h. 15 m. et à 6 h. 45 m. matin; légères	2	—
77,8	Id. à 12 h. 40 m. nuit et à 4 h. matin; légères	2	—
77,0	Id. à 3 h. 15 m. et à 4 h. 40 m. après-midi, à 11 h. 50 m. nuit et à 4 h. 30 m. matin; légères.	2	—

vingt-quatre heures.

TABLEAU

JOUR D'EXPÉRIENCE.	Quantité.	Nombre de mictions.	Réaction.	Densité.	Azote.		Azote de l'urée.	Acide urique.	P₂O₅	Chlorures (NaCl).
	c. c.				gr.	gr.	gr.	mgr.	gr.	r.
67(*)	2950	10	acide	1017	25,8	44,1	22,0	832	4,0	18,4
68(*)	3100	9	—	1013	25,3	46,7	21,8	874	4,0	18,7
69(*)	3000	11	—	1013	20,9	39,4	18,4	725	3,6	15,0
70(*)	3100	9	—	1016	24,3	48,9	22,8	895	4,1	21,3
71(*)	2480	12	—	1016	21,1	40,7	19,3	883	4,3	16,2
72(*)	2800	10	—	1016	20,1	38,5	18,0	903	4,1	18,4
73(*)	3200	11	—	1012	23,0	44,4	19,2	860	3,8	14,0
74(*)	2800	9	—	1015	24,1	44,4	20,7	1025	3,7	17,5
75(*)	3010	10	—	1013	25,0	45,9	21,4	849	4,5	15,0
76(*)	2925	9	—	1012	24,7	38,9	18,1	786	3,8	19,3
77(*)	2325	8	—	1015	25,2	47,9	22,5	875	4,2	14,3
78(*)	2900	8	—	1012	23,4	46,2	21,6	877	4,2	15,5
79(*)	2800	10	—	1012	20,7	40,2	18,7	753	3,7	16,8
80(*)	2650	9	—	1016	25,2	47,7	22,2	890	4,6	18,2
81(*)	3400	11	—	1012	21,7	44,5	19,2	822	4,3	19,3
82(*)	2660	10	—	1013	18,6	38,4	17,9	669	4,1	15,9
83(*)	3175	8	—	1014	21,6	42,6	19,9	948	4,2	17,8
84(*)	2100	9	—	1017	22,2	43,4	20,2	734	3,5	16,2
85(*)	3100	11	—	1014	25,3	48,2	22,4	833	4,1	22,1
86(*)	3335	12	—	1010	20,4	36,5	17,0	874	3,5	19,6
87(*)	2995	12	—	1012	24,7	43,2	20,1	765	4,0	17,9
88(*)	2600	9	—	1014	23,4	46,8	21,8	704	3,9	16,5

(*) Les jours marqués d'un astérisque sont des jours d'attaques ; voir p. 231.
Les chiffres fixant la quantité d'urines et d'excréments éliminés expriment la quantité totale

• **5⁴** (*suite*).

Sulfates (SO₃).	Albumine.	Quantité.	Nombre de selles.	Eau.	Résidu solide.			Azote.
				gr.	gr.	gr.	gr.	gr.
absence	absence			325,7	52,2	6,1	0,5	2,7
				425,6	85,3	7,6	0,7	3,8
				171,6	54,3	4,9	0,2	1,1
				128,2	22,8	2,8	0,1	1,2
				374,8	57,1	6,5	0,4	4,2
				167,7	38,2	4,0	0,2	0,9
				86,1	20,8	2,0	0,1	0,6
				527,2	94,8	9,5	0,7	2,1
				217,6	71,3	5,6	0,4	2,4
				81,0	5,9	2,3	0,2	1,6
				183,8	56,1	5,5	0,3	3,0
				327,4	77,5	9,3	0,5	4,9
				217,4	56,5	3,5	0,2	3,2
				274,6	58,3	4,9	0,4	1,8
				296,0	61,9	5,8	0,5	4,0
				129,6	35,3	3,2	0,2	1,5
				379,6	112,3	11,6	0,6	5,1
				221,9	47,1	5,8	0,3	2,2
				478,9	56,0	4,3	0,2	11,5
				211,5	30,4	3,0	0,2	2,0
				527,1	68,8	9,1	0,7	5,7
				186,8	35,1	3,1	0,1	1,9

ar vingt-quatre heures.

TABLEAU

JOUR D'EXPÉRIENCE.	Eau.	LAIT.			Thé.	Soupe.	Riz au lait.	Boulettes (hachis).	Viande bouillie.	Concombres.	Pain noir.	Pain blanc.	Sel.	Œufs.	Bouillon.	Soupe aux légumes.
		Quantité.	Densité.	Graisse %.												
	c. c.	c c.		gr.	c. c.	c. c.	gr.	gr.	gr.	gr.	gr.	gr.	gr.	gr.		
89	420	300	—	—	2100	420	420	107	197	80	165	441	1	110	—	—
90	420	300	—	—	2100	420	420	102	193	92	198	495	1	107	—	—
91	420	300	—	—	2100	420	420	112	180	60	194	482	1	112	—	—
92	420	300	1035	3,5	2100	420	420	115	200	70	41	470	1	107	—	—
93	630	300	—	—	2100	420	420	110	189	87	148	432	1	98	—	—
94	420	300	—	—	2100	420	420	100	170	90	157	406	1	101	—	—
95	210	300	—	—	2100	420	420	115	172	70	200	385	1	100	—	—
96	420	300	—	—	2100	420	420	112	157	70	149	467	1	100	—	—
97	420	300	—	—	2100	420	420	112	150	102	225	403	1	105	—	—
98	420	300	—	—	1890	420	420	107	175	113	190	398	1	109	—	—
99	420	300	—	—	2310	420	420	115	151	82	230	405	1	101	—	—
100	»	300	1033	3,2	2100	420	420	110	153	107	280	442	1	90	—	»
101	420	300	—	—	2310	420	420	118	147	124	210	450	1	100	—	—
102	420	300	—	—	2100	420	420	112	160	105	207	402	1	98	—	—
103	210	300	—	—	1680	420	420	118	160	119	205	440	1	102	—	—
104	»	300	—	—	2100	420	420	120	177	94	211	425	1	100	—	—
105	»	300	—	—	1890	420	420	115	185	80	225	407	1	90	—	—
106	210	300	—	—	2100	420	420	105	177	110	240	417	1	95	—	—
107	»	300	—	—	2100	420	420	118	190	76	210	439	1	95	—	—
108	210	300	—	—	2100	420	420	109	147	72	265	506	1	107	—	—
109	210	300	—	—	2100	420	420	118	170	50	135	398	1	101	—	—
110	210	300	—	—	2100	420	420	110	148	175	310	407	1	90	—	—

Les chiffres fixant la quantité de nourriture ingérée expriment la quantité totale pour

N° 55.

REMARQUES.

Attaques à 7 h. 10 m. soir, à 3 h. 15 m. nuit et à 5 h. matin; légères. . .

Id. à 5 h. 40 m. matin, à 2 h. et à 2 h. 30 m. nuit; légères . . . . . .

Id. à 10 h. 5 m. et à 4 h. 10 m. nuit; légères . . . .

Id. à 4 h. 10 m. nuit et à 6 h. matin; légères . . . .

Id. à 11 h. 45 m. et à 4 h. 30 m. nuit; légères. . . . .

Id. à 12 h. 50 m. et à 3 h. 35 m. nuit; légères. . . . .

Id. à 10 h. soir et à 1 h. 40 m. nuit; légères . . . .

Id. à 11 h. 30 m. et à 1 h. nuit; légères. . . . .

Id. à 9 h. 45 m. soir et à 4 h. 30 m. matin; légères. . . . .

Id. à 5 h. matin; forte. . . . .

Id. à 3 h. après-midi et à 3 h. 45 m. matin; fortes . . . .

Id. à 5 h. 30 m. matin; légère . . . .

Id. à 12 h. 50 m. et à 2 h. nuit et à 6 h. 15 m. matin; fortes. . . . . .

Id. à 2 h. 30 m nuit; légère. . . . .

Id. à 12 h. 30 m. après-midi et à 12 h. 30 m. nuit; légères . . . . . .

Id. à 6 h. 15 m. soir; !égère. . . . .

Id. à 5 h. 50 m. matin; forte . . . .

Absence d'attaques. . . . .

     Id.   . . . .

     Id.   . . . .

     Id.   . . . .

     Id.   . . . .

vingt-quatre heures.

TABLEAU

CORPS

JOUR D'EXPÉRIENCE.	Urines.					Urée.	Azote de l'urée.	Acide urique.	P₂O₅.	Chlorures (NaCl).
	c. c.				gr.	gr.	gr.	mgr.	gr.	r.
89(*)	3520	8	acide	1011	22,5	41,8	19,5	740	2,9	22,b
90(*)	3250	10	—	1012	21,7	37,1	17,3	961	3,7	20,9
91(*)	3150	10	—	1013	22,9	46,6	21,4	910	3,9	16,3
92(*)	3875	8	—	1011	26,9	49,4	23,0	990	4,7	20,5
93(*)	3400	9	—	1012	27,0	44,2	20,6	685	3,8	20,9
94(*)	3050	11	—	1010	24,2	45,4	21,1	861	3,8	17,5
95(*)	3170	12	—	1013	28,1	52,1	24,3	895	4,4	16,b
96(*)	3750	11	—	1011	23,1	46,4	21,6	983	4,0	20,b
97(*)	2900	13	—	1011	21,7	39,2	18,3	799	3,6	14,4
98(*)	3100	9	—	1012	22,3	41,9	19,5	896	4,2	15,9
99(*)	3140	11	—	1012	25,4	48,2	22,5	928	3,1	16,1
100(*)	2800	8	—	1015	23,9	43,7	20,4	863	3,8	21,0
101(*)	3285	10	—	1013	24,0	48,9	22,7	927	3,8	21,5
102(*)	2900	10	—	1013	15,1	33,3	15,5	702	3,2	15,3
103(*)	2100	7	—	1017	26,5	51,6	24,0	1048	4,9	13,2
104(*)	2625	8	—	1015	22,9	39,9	18,6	863	3,4	18,0
105(*)	2625	8	—	1014	23,7	45,7	21,3	935	3,9	15,2
106	2450	7	—	1015	21,5	40,3	18,8	790	3,7	13,7
107	2115	4	—	1017	21,3	40,8	19,0	967	3,7	10,3
108	2425	7	—	1014	21,7	38,5	17,9	815	3,7	13,7
109	3170	8	—	1012	—	39,9	18,6	682	4,1	20,2
110	2210	9	—	1014	—	32,6	15,2	535	1,5	12,1

(*) Les jours marqués d'un astérisque sont des jours d'attaques; voir p. 235.
Les chiffres fixant la quantité d'urines et d'excréments éliminés expriment la quantité to..

N° 5⁵ *(suite).*

ÉLIMINÉS.

Sulfates (SO₃)	Albumine.	Glucose.	Proportion de l'urée à l'acide urique.	Excréments.							
				Quantité.	Nombre de selles.	Eau.	Résidu solide.	Cendres.	P₂O₅.	Azote.
gr. 2,6	absence	absence	59	gr. 335	2	gr. 273,8	gr. 61,2	gr. 5,5	gr. 0,2	gr. 3,0
3,5	—	—	38	161	2	123,8	37,1	4,1	0,5	1,4
3,2	—	—	51	472	2	370,9	101,1	10,5	0,7	5,9
4,1	—	—	50	absence	»	»	»	»	»	»
4,1	—	—	64	171	2	138,8	32,1	4,3	0,1	2,2
3,7	—	—	52	260	2	215,6	44,3	3,9	0,2	1,7
4,6	—	—	59	470	2	372,1	97,8	11,1	0,6	4,5
3,7	—	—	47	absence	»	»	»	»	»	»
2,7	—	—	49	204	1	156,9	47,0	5,4	0,2	0,2
3,9	—	—	46	171	1	—	—	—	—	—
3,8	—	—	52	409	2	—	—	—	—	—
3,5	—	—	50	379	2	—	—	—	—	—
3,5	—	—	51	197	2	—	—	—	—	—
2,6	—	—	47	147	2	—	—	—	—	—
4,2	—	—	49	511	2	—	—	—	—	—
3,8	—	—	46	211	2	—	—	—	—	—
3,5	—	—	48	214	2	—	—	—	—	—
3,3	—	—	51	48	2	—	—	—	—	—
3,4	—	—	42	576	1	—	—	—	—	—
—	—	—	47	85	2	—	—	—	—	—
3,3	—	—	59	—	2	—	—	—	—	—
3,1	—	—	61	—	2	—	—	—	—	—

pour vingt-quatre heures.

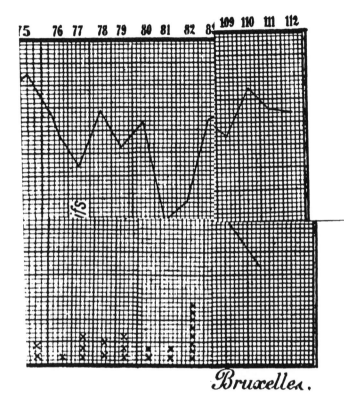

Bruxelles.

...nces 1 à

38 et sui...
58 et sui...
'8 et sui...
18 et sui...
18 et sui...

TABLE DES MATIÈRES.

RECHERCHES

SUR

LA VOIE ACOUSTIQUE CENTRALE

(VOIE ACOUSTIQUE BULBO-MÉSENCÉPHALIQUE)

PAR

le Dr A. VAN GEHUCHTEN

Correspondant de l'Académie
Professeur à l'Université de Louvain

Devise : *Ars longa.*

BRUXELLES

HAYEZ, IMPRIMEUR DE L'ACADÉMIE ROYALE DE MÉDECINE DE BELGIQUE

Rue de Louvain, 112

—

1902

MÉMOIRE

ADRESSÉ A L'ACADÉMIE ROYALE DE MÉDECINE DE BELGIQUE (CONCOURS POUR LE PRIX ALVARENGA, DE PIAUHY; PÉRIODE DE 1901-1902).

Une récompense d'une valeur de 400 francs a été accordée à ce mémoire.

RECHERCHES

SUR

LA VOIE ACOUSTIQUE CENTRALE

HISTORIQUE.

Les connexions centrales du nerf acoustique constituent, sans aucun doute, un des problèmes les plus ardus de la neurologie.

On sait depuis longtemps que le nerf de la huitième paire est en connexion avec le bulbe par deux faisceaux de fibres nerveuses ou deux racines : une racine externe, supérieure ou dorsale et une racine interne, inférieure ou ventrale. Les recherches de Bechterew (1), faites sous la direction et dans le laboratoire de Flechsig, ont démontré, d'une façon indiscutable, que la racine externe est constituée exclusivement par des fibres provenant du limaçon, tandis que toutes les fibres de la racine interne proviennent du vestibule. Ce fait a été confirmé par les recherches expérimentales d'un grand nombre d'auteurs ; aussi les noms de *racine cochléaire* et de *racine vestibulaire*, proposés par Bechterew respectivement pour la racine externe et la racine interne du nerf acoustique, ont-ils reçu droit de cité dans la science.

Les connexions centrales de la racine cochléaire sont les seules qui nous intéressent dans le présent travail.

Les auteurs admettent généralement aujourd'hui, à la suite des recherches de Retzius, Van Gehuchten et d'autres, que les fibres du nerf cochléaire ont leurs cellules d'origine dans le ganglion

---

(1) BECHTEREW, *Neurolog. Centralbl.*, 1885, n° 7.

TOME XV (9e fasc.).

spiral ou ganglion de Corti et qu'elles se terminent, sur la face antéro-latérale du pédoncule cérébelleux inférieur, dans le noyau accessoire et le tubercule latéral.

Quelles sont les connexions ultérieures de ces masses grises?

Les premières observations positives tendant à la solution de cette question sont dues à Flechsig et à Bechterew (1). En étudiant l'époque de la myélinisation des différents faisceaux de fibres nerveuses dans le névraxe de l'homme, ces auteurs ont pu établir que, chez des fœtus de 28 à 30 centimètres de longueur, l'état de la myélinisation est tel qu'il oblige à admettre que le tubercule quadrijumeau inférieur est en connexion, par le lemniscus latéral, avec l'olive supérieure et avec le corps trapézoïde et, par là, avec le nerf de la huitième paire. Dans une de ses publications, Bechterew fait remarquer encore que le lemniscus latéral représente une voie nerveuse « welcher vorwiegend in der gleichseitigen, zum Teil aber auch in der anderseitigen Oberolive entspringt und somit letztere mit dem hinteren Vierhügelganglion verknüpft ». Il fait ressortir en même temps que l'olive supérieure est reliée au noyau antérieur du nerf acoustique par les fibres transversales du corps trapézoïde. Il résulte de là que, pour Flechsig et Bechterew, la voie acoustique centrale naîtrait dans le noyau antérieur du nerf acoustique pour se rendre, par les fibres du corps trapézoïde, à l'olive supérieure du même côté et à celle du côté opposé. Ces deux olives seraient reliées à leur tour au tubercule quadrijumeau inférieur par le lemniscus latéral (fig. 1).

Cette connexion du corps trapézoïde avec le noyau antérieur de l'acoustique fut contestée la même année par Onufrowicz (2), travaillant sous la direction de Forel. Cet auteur a étudié le tronc cérébral de deux lapins auxquels Forel et Kaufman avaient détruit toutes les parties de l'oreille interne. Ces animaux avaient survécu respectivement six mois et deux mois et demi à l'opération.

---

(1) BECHTEREW, *Zur Anatomie der Schenkel des Kleinhirns.* (*Neurolog. Centralbl.*, 1885, S. 111.) — *Ueber Schleifenschicht.* (Ibid., 1885, S. 356.) — *Ueber die Verbindungen der oberen Oliven und ihre wahrscheinliche physiologische Bedeutung.* (Ibid., 1885, N° 21.)

(2) ONUFROWICZ, *Experimenteller Beitrag zur Kenntniss des Ursprungs des Nervus acusticus des Kaninchens.* (*Archiv für Psychiatrie und Nervenkrankheiten*, 1885, Bd XVI.)

Malgré l'atrophie complète de la racine cochléaire du nerf acoustique, le corps trapézoïde était intact. Onufrowicz est disposé à admettre que le corps trapézoïde, *indépendant du noyau antérieur de l'acoustique,* se rend en partie entre la racine spinale du trijumeau et le corps restiforme, en partie aussi dans le corps restiforme, et cela en traversant les racines du nerf acoustique et partiellement aussi le noyau ventral.

Quant aux voies secondaires reliant les centres acoustiques primaires à l'écorce cérébrale, « so können wir darüber kaum etwas Positives sagen, dit Onufrowicz. Ich habe erwähnt, dass die Striae vielleicht eine solche darstellen, die aber nicht weiter verfolgt werden konnte. Ferner ist es nicht ganz unmöglich, dass der Bindearm Acusticusfasern führe ... ». Onufrowicz admet d'ailleurs que les stries médullaires ne sont pas la continuation directe des fibres de la racine cochléaire. Il les considère comme des voies secondaires qu'il lui a été impossible de poursuivre au delà du raphé, « möglicherweise aber haben sie mit dem Acusticus gar nichts zu thun, was Longet schon behauptet hat. Ueber andere secundäre Bahnen wissen wir nichts Bestimmtes zu sagen ».

Les conclusions des recherches de Bechterew et de Flechsig ont été confirmées par les recherches expérimentales de Baginsky (1). Cet auteur a détruit le limaçon chez des lapins nouveau-nés et, après une survie de six à huit semaines, il a étudié les atrophies consécutives survenues dans le tronc cérébral. Il a trouvé l'atrophie complète de la racine dorsale du nerf de la huitième paire avec intégrité parfaite de la racine ventrale. La racine dorsale est donc exclusivement en connexion avec le limaçon et mérite le nom de racine cochléaire, conformément aux observations de Bechterew. En même temps, il a constaté une atrophie partielle du noyau antérieur de l'acoustique et du tubercule latéral. Le noyau externe et le noyau interne de l'acoustique étaient intacts. Ces dernières masses grises sont donc indépendantes du nerf cochléaire, conformément aux observations de von Monakow, Onufrowicz et Forel.

Il y avait également une atrophie partielle du corps trapézoïde

---

(1) BAGINSKY, *Ueber den Ursprung und den centralen Verlauf des Nervus acusticus des Kaninchen. (Virchow's Archiv,* 1886, Bd CV, SS. 28-46.)

et de l'olive supérieure du même côté, ce qui confirme les observations de Bechterew et de Flechsig concernant les rapports de ces parties avec le nerf cochléaire.

Baginsky a observé également une atrophie partielle des stries médullaires du côté opéré; aussi considère-t-il ces dernières comme un système de fibres secondaires.

Enfin, il a constaté une atrophie manifeste du tubercule quadrijumeau inférieur et du corps genouillé interne du *côté opposé.* Il conclut de là que les fibres de la voie acoustique centrale doivent subir, dans le pont de Varole ou dans la moelle allongée, un entrecroisement complet sans qu'il ait pu établir l'endroit précis où cet entrecroisement se produit.

A la suite de la publication de ce travail de Baginsky, Forel (1) reconnaît que, dans ses recherches faites avec Onufrowicz, il y avait également une légère atrophie du corps trapézoïde, mais cette atrophie n'intéressait que la partie externe de ce dernier et seulement du côté correspondant au nerf cochléaire sectionné. Cette atrophie faisait défaut dans la partie médiane du corps trapézoïde du côté opéré. « Aber was den hinteren Vierhügel, das Corpus geniculatum internum, die laterale Schleife und die obere Olive betrifft, so muss ich sagen, dit Forel, dass ich die Beurtheilung Baginsky's sehr sanguinisch finde. Diese Atrophien kann ich nicht sehen; ich finde nur Verschiebungen. » Les observations de Baginsky sont d'ailleurs, remarque Forel, en contradiction avec celles de v. Monakow (2).

Ce savant a sectionné, chez un chat nouveau-né, le lemniscus latéral du côté droit au niveau de la sortie du nerf trijumeau. En dessous du point sectionné, il a trouvé en atrophie « der vordere Abschnitt der obern Olive und das letztere dorsal umhüllende Mark in recht beträchtlichem Grade ». Cette atrophie pouvait se poursuivre en bas et en dedans, vers le raphé et à travers celui-ci, dans les stries acoustiques du côté opposé jusque dans le tubercule latéral. Ici elle prédominait dans la couche moyenne « wo der Mangel der langgestrekten Ganglienzellen grösseren Kalibers

(1) FOREL, *Einige hirnanatomische Betrachtungen und Ergebnisse.* (*Archiv für Psychiatrie,* 1887, Bd XVIII, SS. 188-190.)

(2) v. MONAKOW, *Ueber den Ursprung und den centralen Verlauf des Acusticus.* (*Correspondenzbl. für Schweizer Aerzte,* 1887, SS. 145 et 146.)

sofort auffiel. » Le noyau antérieur paraissait normal, tandis que la racine cochléaire du nerf acoustique « schien indessen etwas unansehnlicher als rechts ».

Le corps trapézoïde était normal des deux côtés ; il en était de même de l'olive supérieure du côté opposé à la lésion.

Au-dessus du point sectionné, il y avait une atrophie notable du tubercule quadrijumeau inférieur et une atrophie moins intense du corps genouillé interne.

v. Monakow conclut de ces recherches que les stries acoustiques doivent être considérées, en majeure partie, comme des voies acoustiques secondaires (une espèce de chiasma), et le lemniscus latéral « als diejenige Gegend durch welche ein grosser Theil der centralen acustischen Bahn auf dem Wege zum Grosshirn durchzieht. Das dorsale Mark der obern Olive und ein Teil der Faserung in der untern Schleife würde somit die gekreuzte Fortsetzung der vorwiegend den oberflächlichen Schichten der Tuberculum acusticum entstammenden Striae acusticae sein, welche dicht am Corpus restiforme vorbeiziehend und den Deiter'schen Kern durchbrechend sich entbündeln und als fibrae arcuatae die Raphe uberschreiten ».

Bumm (1) a sectionné le nerf acoustique gauche chez deux lapins âgés de 3 jours, et cela d'après le procédé utilisé par Magendie pour la section intracranienne du nerf trijumeau. Ces animaux ont survécu trois semaines. Il a constaté une atrophie complète de la racine cochléaire, de même qu'une atrophie très sensible du noyau antérieur et du tubercule latéral. Les stries médullaires et le corps trapézoïde étaient intacts. Il admet l'existence d'une connexion anatomique incontestable entre le noyau antérieur et le corps trapézoïde, de même qu'entre ce dernier et le tubercule acoustique, « freilich in nicht sehr ausgiebiger Weise indem das Corpus trapezoides, wie ich an einem anderen Ort ausführen werde, seinen Hauptursprung direct aus den Striae medullares herleitet ». Les olives supérieures, le tubercule quadrijumeau inférieur, le lemniscus latéral et le corps genouillé interne du côté opposé étaient normaux (contre Baginsky). Il y avait cependant une légère différence entre le corps trapézoïde du

(1) BUMM, *Experimenteller Beitrag zur Kenntniss des Hörnervenursprungs beim Kaninchen. (Allgem. Zeitschrift für Psychiatrie,* 1889, Bd XLV, SS. 568-572.)

côté opéré et celui du côté opposé. Mais cette différence n'était pas assez profonde pour pouvoir admettre l'opinion de Baginsky, « da rechte und linke Seite des Corpus trapezoides auch an Normalpräparaten nich selten um einige Theilstriche des Mikrometers differiren ».

En résumé, dit Bumm, la racine cochléaire provient du tubercule acoustique et du noyau antérieur. « Beide Ganglien dienen aber ausser der hintern Acusticuswurzel auch noch dem Corpus trapezoides als Ursprungs- resp. Verstärkungsmassen. »

Dans un travail paru en 1890, v. Monakow (1) fait ressortir les différences profondes qui existent entre les résultats des recherches de Baginsky et ceux obtenus par Forel, Onufrowicz et Bumm ; il arrive à se demander « ob nicht einzelne von Baginsky beschriebene Atrophien durch Zufall (Mitläsion des Tuberculum laterale?) erzeugt wurden ».

Il expose les résultats de ses propres recherches : l'ablation d'un lobe temporal entraîne une atrophie du corps genouillé interne du même côté, de même que du bras du tubercule quadrijumeau inférieur, mais le lemniscus latéral reste intact.

La section complète de la partie postérieure de la capsule interne est suivie d'une atrophie dans le corps genouillé interne, dans le bras du tubercule quadrijumeau inférieur et dans ce tubercule lui-même, mais le lemniscus latéral reste intact.

L'ablation du tubercule quadrijumeau inférieur a comme conséquence l'atrophie partielle du lemniscus latéral, mais les stries acoustiques et les racines du nerf acoustique restent normales.

Les résultats sont tout autres si l'on sectionne chez l'animal nouveau-né le lemniscus latéral. v. Monakow a fait cette section chez le chat et le chien. Il a constaté dans les deux cas que le lemniscus latéral renferme des fibres provenant des stries acoustiques et de l'olive supérieure. Les fibres qui proviennent des stries acoustiques relient probablement les centres acoustiques primaires à l'écorce cérébrale. Ces fibres descendent dans la substance blanche située en arrière de l'olive supérieure ; de là elles s'écartent les unes des autres et s'inclinent vers le raphé, où elles s'entrecroisent avec celles du côté opposé pour se réunir de

---

(1) v. MONAKOW, *Striae acusticae und untere Schleife.* (*Archiv für Psychiatrie*, 1890, Bd XXII.)

nouveau en un faisceau compact, contourner la face dorsale du corps restiforme et se terminer dans les couches superficielles du tubercule latéral. Cette partie du lemniscus latéral appartenant aux stries acoustiques serait formée de deux systèmes de fibres : un système ascendant, provenant des cellules du tubercule latéral pour se terminer dans la substance gélatineuse du tubercule quadrijumeau inférieur, et un système descendant, plus petit, provenant du tubercule inférieur pour se terminer dans le tubercule acoustique.

La légère atrophie de l'olive supérieure doit faire admettre, dans le lemniscus latéral, l'existence de fibres ayant leur origine dans cette masse grise, fibres dont les connexions supérieures n'ont pu être déterminées.

v. Monakow conclut de ses recherches que le lemniscus latéral est en connexion avec le nerf acoustique du côté opposé, conformément à l'opinion de Flechsig et de Baginsky. Mais, tandis que ces deux derniers auteurs admettent que cette connexion s'établit par le corps trapézoïde, v. Monakow est d'avis qu'elle a lieu par les stries médullaires (fig. 2). Aussi conclut-il « dass das Corpus trapezoides in keiner directen Continuität mit der unteren Schleife, auch nicht mit Rucksicht auf einzelne Bestandtheile der letzteren, steht ».

En présence des objections formulées par Forel et Flechsig, Baginsky (1) a soumis ses préparations à un nouvel examen qui l'a conduit à confirmer ses premières conclusions. Il a alors détruit le limaçon sur un chat nouveau-né. Après une survie de huit semaines, il a trouvé l'atrophie complète de la racine dorsale de même qu'une atrophie considérable du tubercule latéral et l'atrophie totale du noyau antérieur. Le noyau acoustique externe et le noyau acoustique interne étaient intacts. Il y avait, de plus, une atrophie notable du corps trapézoïde et de l'olive supérieure du même côté. L'olive du côté opposé était normale. Les stries médullaires du côté opéré étaient également très atrophiées. Elles proviennent en partie du tubercule latéral et en partie aussi du noyau antérieur, contournent le corps restiforme d'avant en arrière et de dehors en dedans, puis se divisent en deux faisceaux

(1) BAGINSKY, *Ueber die Ursprung und den centralen Verlauf des Nervus acusticus des Kaninchens und der Katze*. (*Virchow's Archiv*, 1890, Bd CXIX.)

dont l'un, plus grêle, traverse le corps restiforme et la racine
spinale du trijumeau pour se perdre dans le voisinage de l'extrémité postéro-latérale de l'olive supérieure ; l'autre traverse la formation réticulaire pour pénétrer dans le hile de l'olive supérieure
du même côté ; il abandonne sur son trajet quelques fibres qui
s'inclinent en dedans pour se mêler aux fibres arciformes : « Diese
Fasern entzogen sich einer weiteren Verfolgung. »

Baginsky a trouvé également une atrophie notable dans la
couche latérale du ruban de Reïl ou lemniscus latéral, ainsi que
dans le tubercule quadrijumeau inférieur *du côté opposé.* Tandis
que, chez le lapin, cette atrophie n'était évidente qu'à l'endroit
où le lemniscus latéral s'irradie dans le tubercule quadrijumeau
inférieur, elle était, chez le chat, manifeste dans le pont de
Varole. On y constatait très nettement la continuité directe du
lemniscus latéral et du corps trapézoïde. Le corps genouillé
interne était intact. Il y avait également une légère atrophie dans
le tubercule inférieur du *côté lésé.*

Se basant sur ces faits, Baginsky admet avec Flechsig que
l'entrecroisement des fibres acoustiques centrales se fait dans le
corps trapézoïde. Quant aux stries médullaires, elles sont incontestablement en connexion avec la racine dorsale du nerf acoustique, mais ces connexions ne sont pas bien profondes. Les stries
médullaires représentent des voies secondaires reliant la racine
dorsale à l'olive supérieure du même côté (fig. 3). Contrairement
à l'opinion de v. Monakow, Baginsky ne peut admettre que les
stries médullaires représentent une voie acoustique croisée :
« ich kann auf Grund meiner Präparate den Nachweis erbringen,
dit-il, dass eine Kreuzung der Striae medullares in der Raphe
nicht stattfindet, dass sie vielmehr an die gleichzeitige Olive und
deren Mark... übergehen ».

Ainsi donc, en 1890, les connexions centrales de la racine
cochléaire du nerf acoustique étaient loin d'être établies. Forel et
Onufrowicz contestent toute relation avec le tubercule quadrijumeau inférieur. Flechsig, Bechterew, Baginsky et v. Monakow
sont d'accord pour admettre que le nerf acoustique est relié au
tubercule quadrijumeau inférieur du côté opposé par le lemniscus
latéral ; mais, tandis que pour Flechsig, Bechterew et Baginsky
cette connexion se fait *exclusivement* par le *corps trapézoïde,*

v. Monakow défend l'idée qu'elle ne peut s'établir que par les *stries médullaires.*

Edinger (1) partage cette dernière manière de voir. Pour lui, les stries acoustiques relient, d'une façon croisée, le noyau antérieur et le tubercule latéral au tubercule quadrijumeau inférieur. Le corps trapézoïde serait formé de fibres nerveuses unissant le noyau antérieur à l'olive supérieure du même côté et du côté opposé. De ces olives partent alors de nouvelles fibres destinées au cervelet et aux noyaux des nerfs moteurs oculaires.

En 1891, Held (2) a publié les résultats de ses recherches sur les voies centrales du nerf acoustique chez le chat en se servant de la méthode embryologique de Flechsig. Il arrive à admettre, pour la première fois, que chacun des noyaux terminaux du nerf cochléaire donne origine à deux systèmes de fibres : un système dorsal et un système ventral.

Noyau antérieur. — Les fibres *dorsales* qui proviennent du noyau antérieur (jointes à des fibres radiculaires directes) contournent le corps restiforme de dehors en dedans pour se terminer dans le noyau du facial et dans l'olive supérieure du même côté. Une troisième partie de ces fibres se laisse poursuivre jusque dans la substance blanche située en arrière de l'olive supérieure du côté opposé en constituant la partie la plus dorsale du corps trapézoïde.

Les fibres *ventrales* qui sortent du noyau antérieur entrent dans le corps trapézoïde pour se terminer dans l'olive supérieure du même côté et du côté opposé. Une partie de ces fibres passent directement dans le lemniscus latéral du côté opposé.

Tubercule acoustique. — Les fibres *dorsales* nées du tubercule acoustique (stries médullaires ou stries acoustiques) contournent le corps restiforme pour traverser ensuite le noyau acoustique interne et la branche radiculaire externe du nerf facial. Quelques-unes de ces fibres s'épanouissent dans le hile de l'olive supérieure du même côté. Les autres deviennent fibres arciformes internes.

(1) EDINGER, *Zwölf Vorlesungen über den Bau der nervösen Centralorgane,* 1892, S. 182.

(2) HELD, *Die centralen Bahnen des Nervus acusticus bei der Katze.* (*Archiv für Anat. und Phys., Anat. Abth.,* 1891, SS. 271-291.)

Les plus ventrales de celles-ci se rendent dans la substance blanche située en arrière de l'olive supérieure du côté opposé « und bilden den grösseren Theil des dorsal von ihr liegenden Markes ».

Les fibres *ventrales* nées du tubercule acoustique pénètrent dans le corps trapézoïde pour se terminer en partie dans l'olive supérieure des deux côtés, et se rendre en partie dans le lemniscus latéral du côté opposé.

Le corps trapézoïde renferme encore des fibres commissurales unissant les deux olives et occupant sa partie moyenne. Les olives supérieures sont, de plus, encore en connexion avec le noyau du nerf oculo-moteur externe, avec le noyau du nerf facial et avec la formation réticulaire.

De l'olive supérieure et des masses blanches qui l'enveloppent provient le lemniscus latéral. Celui-ci renferme donc :

1º Des fibres *croisées* provenant du noyau antérieur de l'acoustique en passant par le corps trapézoïde, ou bien provenant du tubercule acoustique en passant par le raphé en arrière du corps trapézoïde. Ces dernières fibres constituent la partie la plus interne du lemniscus latéral, tandis que les fibres du corps trapézoïde forment la partie externe du lemniscus ;

2º Des fibres provenant des olives supérieures ;

3º Un faisceau de fibres nerveuses unissant le cordon latéral au noyau rouge du côté opposé et n'entrant que temporairement dans la constitution du lemniscus.

Le lemniscus latéral ainsi constitué se termine dans le noyau du tubercule quadrijumeau inférieur qui doit ainsi être considéré comme un organe central du nerf cochléaire. Une partie des fibres du lemniscus latéral dépassent cependant le tubercule inférieur pour se rendre dans la substance grise du tubercule quadrijumeau supérieur. Ces fibres relieraient le tubercule supérieur au noyau du nerf oculo-moteur externe en passant par le corps trapézoïde et l'olive supérieure.

Une autre partie des fibres du lemniscus se rendent dans le pédoncule cérébelleux supérieur et, par là, vers les parties supérieures du névraxe.

Ces recherches de Held montrent donc que le corps trapézoïde constitue une voie acoustique importante. L'auteur ne se prononce pas sur la valeur des stries médullaires, mais nous lisons dans un autre travail (1) que ces stries ne constituent pas une voie acoustique centrale. J'ai conclu, dit-il, « dass nicht den Striae acusticae wie v. Monakow meint, die Bedeutung einer Verbindungsbahn zwischen den primären Acusticuscentren und dem Grosshirn zukomme, sondern dass der Trapezkörper und die untere Schleife diesen Weg vorstellen ».

Se basant alors sur l'examen du tronc cérébral d'un fœtus humain de 45 centimètres, il admet que le lemniscus latéral, un peu au-dessus du tubercule quadrijumeau inférieur, se divise en trois parties : une partie pénètre dans le tubercule supérieur du même côté; une autre gagne le tubercule supérieur du côté opposé. La troisième partie traverse le tubercule inférieur pour pénétrer dans le bras de ce tubercule, se joindre au lemniscus médian et se rendre, d'après Flechsig, par la capsule interne dans l'écorce du lobe temporal (fig. 4).

Dans un travail ultérieur (2), illustré d'un grand nombre de figures schématiques, Held expose tout au long les résultats de ses recherches sur la voie acoustique centrale (fig. 5).

Il admet maintenant que les fibres de la voie acoustique ventrale proviennent exclusivement du noyau antérieur, tandis que les fibres de la voie acoustique dorsale ou fibres des stries médullaires proviennent à la fois du noyau antérieur et du tubercule latéral. Chacune de ces voies nerveuses renferme cependant des fibres radiculaires.

Held étudie alors les connexions particulières de cette double voie acoustique avec les masses grises voisines.

Les fibres nées du noyau antérieur se rendent dans le corps trapézoïde, soit directement en passant au-devant du corps restiforme, soit après avoir contourné ce dernier. Le corps trapézoïde entre ensuite en connexion avec l'olive supérieure et avec le noyau du corps trapézoïde du même côté; puis, après avoir passé la ligne médiane, avec les mêmes masses grises du côté opposé, et cela en leur abandonnant des ramifications collatérales. Un certain nombre des fibres du corps trapézoïde se terminent cependant dans ces masses grises, tandis qu'une autre partie se poursuit

(1) HELD, *Ueber eine directe acustische Rindenbahn und den Ursprung des Vorderseitenstranges beim Menschen. (Archiv für Anat. und Phys., 1892.)*
(2) HELD, *Die centrale Gehörleitung. (Archiv für Anat. und Phys., Anat. Abth., 1893.)*

jusque dans le lemniscus latéral. Pendant ce trajet, le corps trapézoïde se trouve renforcé par de nouvelles fibres nerveuses (fibres de troisième ordre) naissant dans ces masses grises.

Le corps trapézoïde est ainsi un système complexe formé de fibres radiculaires et de fibres provenant soit du noyau antérieur, soit de l'olive supérieure, soit du noyau du corps trapézoïde.

Arrivées au niveau de l'olive supérieure du côté opposé, les fibres du corps trapézoïde changent de direction : de transversales elles deviennent verticales, afin de pénétrer dans le lemniscus latéral. Au moment où ce changement dans la direction se produit, ces fibres enveloppent l'olive supérieure en constituant le « Markmantel der oberen Olive ». Les fibres dorsales du corps trapézoïde venant du noyau antérieur se placent en *arrière* de l'olive où elles forment le « dorsales Mark der oberen Olive », tandis que les fibres ventrales du corps trapézoïde (venant du noyau antérieur, de l'olive supérieure et du noyau du corps trapézoïde) se placent en partie en dedans de l'olive, en partie au centre même de l'olive et entre celle-ci et le noyau du corps trapézoïde.

En se recourbant dans le lemniscus latéral, ces fibres (croisées) sont renforcées par des fibres directes provenant du noyau antérieur du même côté.

Les fibres venant du tubercule latéral entrent dans les stries médullaires. Celles-ci se rendent en petite partie dans *l'olive* supérieure du même côté; en majeure partie cependant elles croisent le raphé pour se rendre dans la substance blanche située en arrière de l'olive supérieure du côté opposé. Là ces fibres changent de direction; elles se recourbent en haut pour pénétrer dans le lemniscus latéral.

Le lemniscus latéral monte alors. Entre ses fibres apparaissent des masses grises désignées par Roller sous le nom de *noyau du lemniscus latéral*. Au niveau du tubercule quadrijumeau inférieur, le plus grand nombre de ses fibres se terminent dans le tubercule du même côté; quelques-unes se rendent dans le tubercule du côté opposé; un certain nombre de fibres s'épanouissent dans le tubercule supérieur du même côté et du côté opposé. Toutes ces fibres forment la *voie acoustique réflexe*. Une troisième partie de fibres se rend à l'écorce grise du lobe temporal en constituant une *voie acoustique corticale directe*.

Dans une communication préliminaire très écourtée, parue en 1892, Kirilzew (1) résume les résultats de ses recherches expérimentales faites chez le cobaye et consistant en destruction du limaçon, section du lemniscus latéral et lésion des stries médullaires. Les animaux ont été gardés en vie pendant un temps variable de quinze jours à six mois. Les pièces ont été traitées par le carmin, la méthode do Weigert-Pal et la méthode de Marchi. Voici les conclusions qu'il formule :

1° Le noyau acoustique interne et le noyau de Deiters ne doivent pas être considérés comme des noyaux terminaux du nerf acoustique, au moins de sa racine dorsale ;

2° Le noyau antérieur et le tubercule acoustique sont des centres primaires pour la racine dorsale ;

3° Les olives supérieures appartiennent également aux centres primaires du nerf de la huitième paire ;

4° Les fibres acoustiques qui se terminent dans l'olive supérieure sont des *fibres radiculaires*. L'auteur ignore si ces fibres appartiennent à la racine dorsale ou à la racine ventrale ;

5° Les stries médullaires proviennent du tubercule acoustique; elles contournent le corps restiforme et se rendent, en traversant obliquement le raphé, vers l'olive supérieure du côté opposé. Elles se terminent probablement en partie dans l'olive; en majeure partie, elles se joignent cependant au lemniscus latéral pour se rendre au tubercule quadrijumeau inférieur. Une petite partie des fibres des stries médullaires se rend dans l'olive supérieure et dans le tubercule inférieur du même côté.

Sala (2) admet, avec v. Monakow, qu'il n'y a pas de connexion anatomique entre le corps trapézoïde et le lemniscus latéral. Les fibres du corps trapézoïde sont cependant en connexion étroite avec le noyau accessoire. D'après Sala, en effet, ce noyau accessoire n'est pas un noyau *terminal* pour les fibres du nerf cochléaire, mais bien un noyau *d'origine*, l'homologue d'un ganglion cérébro-spinal. Les cellules constitutives de ce noyau sont des cellules unipolaires dont le prolongement unique se bifurque en deux branches : l'une se rend dans le nerf périphérique et l'autre

(1) KIRILZEW, *Zur Lehre vom Ursprung und centralen Verlauf des Gehörnerven.* (*Neurolog. Centralbl.*, 1892, S. 669.)

(2) SALA, *Ueber den Ursprung des Nervus acusticus.* (*Archiv für mikr. Anatomie*, 1893, Bd XLII.)

dans le corps trapézoïde. Les fibres du corps trapézoïde ont donc leurs cellules d'origine dans le noyau accessoire, mais, conformément à la manière de voir de v. Monakow, ce corps trapézoïde est indépendant du lemniscus latéral, bien que Sala ne nous dise pas où se rendent ses fibres constituantes. Quant aux stries médullaires, elles proviennent du tubercule latéral et de la partie postérieure du noyau accessoire; elles contournent en faisceau compact le pédoncule cérébelleux inférieur pour se grouper en deux faisceaux distincts : un faisceau externe, dont les fibres se perdent dans le réseau fibrillaire situé en dedans du corps restiforme et se poursuivent peut-être jusque dans l'olive supérieure (Baginsky), et un faisceau interne, plus volumineux, dont les fibres gagnent également, par un trajet un peu plus compliqué, l'olive supérieure du même côté.

En 1893 a paru un travail important de Bumm (1), que l'auteur a eu l'extrème obligeance de nous envoyer. Cet auteur a étudié les connexions centrales du nerf acoustique chez un jeune chat tué sept semaines après l'extirpation unilatérale du tubercule acoustique et du noyau antérieur, accompagnée de la section des deux racines du nerf acoustique et de celle du corps trapézoïde. Il a constaté :

1° *Du côté opéré*, l'atrophie complète du corps trapézoïde, une atrophie considérable de l'olive supérieure et de l'olive accessoire interne, une atrophie partielle du noyau inférieur du lemniscus inférieur et du faisceau interne et externe de ce lemniscus lui-même ;

2° *Du côté opposé*, une atrophie moins importante de l'olive supérieure et de l'olive accessoire interne, de même qu'une atrophie considérable du noyau inférieur du lemniscus et des fibres latérales, médianes et centrales du lemniscus lui-même pouvant se poursuivre jusque dans le tubercule quadrijumeau inférieur.

Il nous a paru un peu difficile de nous retrouver dans les résultats des recherches de Bumm, et cela parce que l'auteur s'est contenté de décrire simplement ses différentes préparations sans donner nulle part une vue d'ensemble de ces résultats eux-mêmes. Il résulte, croyons-nous, de ses recherches — en supposant que

(1) BUMM, *Experimentelle Untersuchungen über das Corpus trapezoïdes und den Hörnerven der Katze.* Wiesbaden, 1893.

nous ayons partout bien saisi la pensée de l'auteur — que les fibres du corps trapézoïde proviennent du noyau antérieur. De ce noyau, ces fibres se dirigent transversalement en dedans, passent la ligne médiane pour s'arrêter au-devant de l'olive accessoire interne du côté opposé. Pendant ce trajet, un certain nombre de ces fibres se sont arrêtées au-devant de l'olive accessoire interne du côté correspondant. Le corps trapézoïde renfermerait donc, au moins dans sa moitié externe, une petite partie de fibres *directes* destinées à la voie acoustique homolatérale et une grande partie de fibres destinées à passer le raphé pour entrer dans la constitution de la voie acoustique hétérolatérale. Arrivées au-devant de l'olive accessoire interne, les fibres croisées se réunissent avec les fibres directes, puis toutes se recourbent en haut pour devenir verticales et pénétrer, au moins en majeure partie, dans la partie médiane du lemniscus latéral et, par là, se rendre dans le tubercule quadrijumeau inférieur (fig. 6).

Entre le corps trapézoïde et ce tubercule inférieur s'intercale le lemniscus latéral. Celui-ci est formé d'une masse grise, le noyau inférieur du lemniscus donnant origine à des fibres nerveuses *descendantes* (faisceau latéral du lemniscus inférieur) dont les unes se rendent dans le noyau acoustique antérieur du même côté (fibres directes), tandis que les autres se rendent dans le noyau du côté opposé en devenant les fibres ventrales du corps trapézoïde. C'est là l'extrémité inférieure du lemniscus latéral.

Le lemniscus inférieur est encore formé de fibres nerveuses d'origine bien différente. Il renferme :

1° Dans sa partie médiane, des fibres *ascendantes* provenant du corps trapézoïde ;

2° Des fibres *descendantes* provenant du tubercule quadrijumeau inférieur (Vierhügelschleife). Ces fibres occupent la partie centrale du lemniscus et se rendent dans le noyau inférieur du lemniscus ou dans l'olive supérieure ;

3° Des fibres *ascendantes* en connexion avec les stries médullaires ;

4° Les fibres du faisceau de v. Monakow.

Pour conclure, dit Bumm : « kreuzen sich also Corpus trapezoides und untere Vierhügelschleife partiell theils auf direktem, theils auf indirektem Weg ». Le tubercule quadrijumeau inférieur

est donc « ein kapitales Ursprungsganglion von unterer Schleife
und Corpus trapezoides ». Quant à leur origine inférieure (cau-
dale Ursprungsganglien), il faut la chercher dans l'olive supérieure
et l'olive accessoire interne des deux côtés et dans le noyau
acoustique du côté opposé.

D'après les recherches de Bumm, les stries médullaires étaient
atrophiées incomplètement du côté opéré. L'auteur conclut de là
que ces stries renferment au moins deux espèces de fibres : les
unes, atrophiées, reliant le tubercule latéral, soit à l'olive supérieure du même côté (fibres supérieures et directes), soit à l'olive
du côté opposé (fibres inférieures et croisées ou stries médullaires
arciformes); les autres ayant une origine probablement cérébel-
leuse. Mais on ne voit pas très bien dans le travail de Bumm
quelles sont les connexions ultérieures de ces stries acoustiques.
Tantôt l'auteur semble admettre que ces stries sont formées de
fibres allant du tubercule acoustique vers les olives des deux
côtés ; tantôt, au contraire, il semble les considérer comme provenant des olives et se rendant dans le tubercule latéral, puisqu'il
les appelle « Radiärfasern », représentant les voies périphériques
(peripheren Verbindungsbahnen) des olives, les voies de connexion centrale de ces dernières étant représentées par le corps
trapézoïde et par les fibres dorsales reliant les olives au lemniscus latéral.

Oseretzkowsky (1) a eu recours à des recherches d'anatomie
comparée. Il admet qu'une partie insignifiante des fibres radiculaires du nerf cochléaire ne fait que traverser le noyau ventral
pour se joindre aux stries médullaires et se rendre à l'olive
supérieure.

La voie acoustique dorsale est formée de deux faisceaux ; l'un
provient du noyau antérieur, contourne ou traverse le corps restiforme, descend en dedans de la racine spinale du trijumeau
pour traverser le noyau du facial et se diviser en deux moitiés :
l'une, externe, se termine sur la face dorsale de l'olive supérieure
du même côté ; l'autre, interne, croise le raphé en formant la
partie dorsale du corps trapézoïde pour se rendre à l'olive supérieure du côté opposé. L'autre faisceau, plus important, provient

(1) OSERETZKOWSKY, *Zur Frage vom centralen Verlaufe des Gehörnervs.* (*Archiv
für mikr. Anatomie,* 1895, Bd XLV, SS. 450-463.)

du tubercule acoustique; il contourne avec le premier le corps restiforme pour se rendre en partie à l'olive supérieure du même côté, l'autre partie passe le raphé et *semble* se perdre dans la formation réticulaire.

Le corps trapézoïde ou voie acoustique ventrale est formé de fibres venant du noyau antérieur. On peut y distinguer une partie inférieure et une partie supérieure. La partie inférieure, indépendante des masses grises olivaires, est formée probablement de fibres commissurales reliant entre eux les deux noyaux antérieurs. La partie. supérieure, en connexion intime avec les masses grises olivaires, existe sur toute la hauteur de l'olive supérieure. Elle comprend une partie dorsale provenant de la voie acoustique dorsale en connexion avec l'olive supérieure et une partie ventrale provenant du noyau antérieur. Celle-ci se termine en partie dans l'olive supérieure du même côté et dans l'olive accessoire. La masse principale de ses fibres se rend cependant du côté opposé et se termine dans l'olive accessoire ; quelques fibres gagnent l'olive supérieure.

Il résulte de là que :

1° L'olive supérieure est surtout le noyau terminal pour les fibres de la partie dorsale du corps trapézoïde ;

2° La partie croisée du corps trapézoïde est plus importante que la partie non croisée ;

3° Les fibres croisées se terminent principalement dans l'olive accessoire.

La troisième partie du corps trapézoïde s'étend depuis l'extrémité supérieure de l'olive supérieure jusqu'à l'endroit où le corps trapézoïde entre dans le lemniscus latéral. Celui-ci se compose en partie de fibres *croisées* provenant du corps trapézoïde et de l'olive accessoire du même côté. Ainsi se forme une connexion étroite entre le lemniscus latéral et l'olive accessoire (et non l'olive supérieure).

Le lemniscus latéral se termine dans le noyau du tubercule quadrijumeau inférieur.

En résumé donc, d'après les recherches de Oseretzkowsky, les fibres du nerf cochléaire se terminent dans le noyau antérieur et dans le tubercule latéral. Quelques-unes de ces fibres se rendent directement dans l'olive supérieure. Du noyau antérieur et du tubercule latéral, les fibres acoustiques gagnent l'olive supé-

rieure par une voie acoustique ventrale et par une voie acoustique
dorsale. La voie dorsale est en connexion étroite avec l'olive
supérieure des deux côtés et avec la formation réticulaire. La voie
ventrale, directe et croisée, va par le corps trapézoïde aux olives
et au lemniscus latéral. La voie croisée est la plus importante.
Les fibres directes se rendent principalement à l'olive supérieure,
tandis que les fibres croisées gagnent avant tout l'olive accessoire.
Le lemniscus latéral est formé de fibres croisées du corps trapézoïde, de fibres directes venant de l'olive accessoire et de fibres
venant du noyau du lemniscus lui-même.

En 1895, v. Monakow (1) s'est élevé contre l'existence d'une
voie acoustique corticale directe admise par Held.

Si quelque chose, dit-il, peut être démontré par la méthode
des dégénérescences, c'est bien le fait que, chez le lapin comme
chez le chien, après l'ablation du lobe temporal, la dégénérescence secondaire descendante ne dépasse pas le corps genouillé
interne.

Dans toutes les expériences qui ont été faites, les centres
acoustiques primaires (noyau accessoire et tubercule latéral), de
même que les masses grises du corps trapézoïde, les olives supérieures et même le lemniscus latéral, ont été trouvés complètement normaux.

Inversement, la section du lemniscus latéral ne retentit en
aucune façon, ni sur la radiation corticale du corps genouillé
interne, ni sur le segment postérieur de la capsule interne.

Ces faits démontrent en toute évidence, dit-il, que les fibres
qui proviennent du tubercule latéral et du noyau accessoire n'arrivent à la capsule interne qu'après avoir été interrompues, soit
dans le noyau du tubercule quadrijumeau inférieur, soit dans le
corps genouillé interne. La connexion corticale ne peut s'établir
que par des neurones provenant du corps genouillé interne.

Kölliker (2) admet l'opinion de Held : la voie acoustique centrale est formée de fibres provenant du noyau ventral et de fibres
provenant du tubercule latéral. Chacun de ces deux noyaux
donne naissance à des fibres ventrales et à des fibres dorsales.

(1) v. MONAKOW, *Experimentelle und pathologisch-anatomische Untersuchungen.*
(*Archiv für Psych.*, 1895, Bd XXVII, S. 446.)

(2) KÖLLIKER, *Handbuch der Gewebelehre*, 1896, S. 258.

Les fibres ventrales forment le corps trapézoïde. Celui-ci est constitué :

1° De fibres provenant en majeure partie du noyau ventral et, en petite partie, du tubercule latéral ;

2° De fibres provenant du noyau du corps trapézoïde ;

3° De fibres du noyau ventral et qui contournent le pédoncule cérébelleux inférieur pour traverser la substance gélatineuse du trijumeau et se terminer dans l'olive des deux côtés. Ce faisceau de fibres nerveuses, décrit pour la première fois par Held, porte le nom de *faisceau de Held* ou faisceau trapézoïde dorsal (dorsale Trapezbündel).

Quelles sont les connexions ultérieures de l'olive supérieure? En se basant sur les recherches de Flechsig et de Baginsky, les auteurs admettent généralement, dit Kölliker, que le nerf cochléaire est en connexion avec le tubercule quadrijumeau inférieur et le corps genouillé interne du côté opposé par le corps trapézoïde, les olives et le lemniscus latéral, mais « die anato- mische Anhaltspunkte für diese Aufstellung sind allerdings noch lange nicht ausschlaggebend und direkt beweisend, indem auch Held keine Schleifenfasern direkt zu Zellen der kleinen Olive oder zu Trapezzellen oder zu Trapezfasern verfolgt hat, immerhin lehrt eine genaue Untersuchung des Ursprunges der unteren Schleife dass dieselbe in der Umgebung der kleinen Oliven beginnt und von hier aus lateral- und dorsalwärts sich entwic- kelt ». Kölliker n'admet donc pas comme démontrée la conti- nuation des fibres du corps trapézoïde avec celles du lemniscus latéral.

La seconde voie acoustique centrale est représentée par les stries acoustiques. Celles-ci se rendent en petite partie dans l'olive supérieure du même côté; le plus grand nombre de leurs fibres passent le raphé pour se rendre dans la substance réticulaire en arrière de l'olive du côté opposé. Là, ces fibres deviennent verti- cales pour se joindre probablement au lemniscus latéral. « Auch mit Bezug auf die Elemente der Striae, remarque Kölliker, fehlen bis jetzt alle und jede Anhaltspunkte um zu bestimmen wie die- selben zur kleinen Olive und zur Schleife sich verhalten. »

Les fibres de la voie acoustique qui se rendent à l'olive du même côté, dit encore Kölliker (p. 380), « erreichen die Olive da, wo der mediale Nebenlappen an das Hauptorgan angrenzt... und

verliert sich... in einem dichten Fasergewirre, ohne dass sich
bestimmen liesse, was aus den Elementen derselben wird ». Il
est *probable* qu'elles deviennent là des fibres longitudinales.

Dans la dernière édition de son livre (1), Edinger admet que
toutes les fibres du corps trapézoïde se terminent dans l'olive
supérieure des deux côtés. Là se termine le second neurone des
voies acoustiques, de telle sorte que le lemniscus latéral renferme, dans sa partie correspondante au corps trapézoïde, exclusivement des neurones de troisième ordre ayant leur origine dans
les deux olives. Les fibres des stries médullaires se rendent, au
contraire, directement du tubercule latéral dans le lemniscus du
côté opposé. Toutes les fibres du lemniscus se terminent dans le
tubercule quadrijumeau inférieur et probablement aussi dans le
tubercule supérieur.

Pour Cajal (2), le corps trapézoïde représente une importante
voie acoustique secondaire destinée à relier les noyaux terminaux
du nerf cochléaire d'un côté au tubercule quadrijumeau inférieur
du côté opposé, étendant son influence, pendant son trajet intrabulbaire, à une partie des masses grises : l'olive supérieure, le
noyau préolivaire interne et externe, le noyau du corps trapézoïde et le noyau du lemniscus latéral.

Les fibres du corps trapézoïde proviennent principalement du
noyau ventral et du tubercule latéral. Un certain nombre de ses
fibres proviennent cependant des noyaux préolivaires et du noyau
du corps trapézoïde; il est même possible que le corps trapézoïde renferme quelques fibres radiculaires directes.

Dans le corps trapézoïde, les fibres nées du noyau ventral sont
placées au-devant des fibres nées du tubercule latéral. Ces dernières forment trois faisceaux : un antérieur, un moyen et un
postérieur formé par les stries acoustiques. Le faisceau antérieur
passe au-devant de l'olive. Le faisceau moyen ou faisceau de Held
provient de la partie moyenne et postérieure du tubercule latéral,
il contourne le corps restiforme, traverse en partie la substance
gélatineuse du noyau sensitif du nerf V, en partie les fibres de la
racine spinale de ce nerf pour gagner la région dorsale de l'olive

---

(1) EDINGER, *Vorlesungen über den Bau der nervösen Centralorgane*, 1900, SS. 401
zum 403.

(2) CAJAL, *Textura del sistema nervioso del hombre y de los vertebrados*, 4e fasc.,
décembre 1900.

supérieure où ses fibres deviennent transversales. Ce faisceau moyen est nettement développé chez le chat et le lapin, il manque chez l'homme.

Le faisceau postérieur ou stries acoustiques, très développé chez l'homme, ne fait cependant pas défaut chez le chat, le lapin et la souris. Il est formé de petits faisceaux séparés. Ceux-ci naissent de la partie la plus dorsale du tubercule latéral, contournent le pédoncule cérébelleux inférieur, croisent transversalement le noyau de Deiters, gagnent le raphé et, après entrecroisement, se perdent dans la substance réticulaire sans que Cajal ait pu déterminer leur destinée ultérieure.

Cajal admet encore que des fibres, nées dans le noyau du corps trapézoïde et dans l'olive supérieure, se joignent pendant quelque temps aux faisceaux trapézoïdiens. Quelques-unes de ces fibres, si pas toutes, ne passent pas la ligne médiane, mais se recourbent dans la substance blanche préolivaire ou dans des régions plus internes pour constituer des voies acoustiques longitudinales.

Le trajet, l'origine et la terminaison des fibres du corps trapézoïde, remarque Cajal, constituent un des problèmes les plus difficiles de l'anatomie du système nerveux. Voici quelques-unes des questions qui demandent une solution : Le corps trapézoïde possède-t-il des fibres commissurales mettant en communication les ganglions acoustiques? A côté de la voie acoustique croisée, existe-t-il une voie acoustique homolatérale ou directe? Toutes les fibres du corps trapézoïde entrent-elles dans le lemniscus latéral ou bien y en a-t-il qui se terminent dans les noyaux acoustiques secondaires du bulbe? Les cellules des noyaux olivaires et du noyau du corps trapézoïde renforcent-elles de leurs axones la voie acoustique centrale dans le lemniscus latéral ou bien engendrent-elles des voies acoustiques courtes, de nature réflexe?

La structure complexe que Held donne de la voie acoustique centrale est purement hypothétique, parce que les seules fibres du corps trapézoïde que Held a pu poursuivre avec certitude sont les fibres acoustiques de second ordre nées dans le noyau ventral et le tubercule latéral et pouvant se poursuivre jusque dans le lemniscus latéral.

Kölliker semble admettre que les fibres du corps trapézoïde se terminent toutes dans l'olive supérieure du côté opposé, de telle sorte que le lemniscus latéral serait formé exclusivement de neurones de troisième ordre. Contrairement à cette opinion, Cajal admet que toutes ou presque toutes les fibres du lemniscus latéral proviennent du corps trapézoïde et représentent des neurones de deuxième ordre.

Les fibres du corps trapézoïde sont des fibres croisées. Cajal n'a pu se convaincre de l'existence d'une voie acoustique homolatérale; peut-être cette voie est-elle représentée par les stries médullaires.

Les axones nés de l'olive principale, de l'olive accessoire et des noyaux préolivaires constituent des voies acoustiques verticales, réflexes.

Le corps trapézoïde ne paraît pas renfermer des fibres commissurales destinées à relier entre elles des masses grises homonymes.

Les fibres du corps trapézoïde en se recourbant dans le lemniscus latéral produisent une voie longitudinale ascendante et descendante. La voie descendante est courte, elle est formée de fibres du corps trapézoïde et de fibres nées dans l'olive et les ganglions limitrophes. La voie ascendante est formée exclusivement de fibres du corps trapézoïde constituant le lemniscus latéral. Celui-ci entre en contact avec des masses grises appelées *noyau inférieur* et *noyau supérieur* du lemniscus dont les cellules envoient leur axone vers le raphé.

Les fibres du lemniscus se terminent dans le tubercule quadrijumeau inférieur; aucune ne passe la ligne médiane.

Le problème des voies acoustiques centrales a donc été étudié par les méthodes les plus diverses : la méthode expérimentale de v. Gudden (destruction du labyrinthe, section du lemniscus latéral, ablation du lobe temporal) a été employée par v. Monakow, Baginsky, Bumm et Kirilzew; la méthode embryologique a donné entre les mains de Flechsig, Bechterew et Held des résultats remarquables; Sala, Cajal, v. Kölliker et Held ont eu recours à la méthode de Golgi ; Oseretzkowsky s'est appuyé sur l'anatomie comparée. Les résultats obtenus sont loin d'être concordants. Il en est de même de ceux obtenus tout récemment par Ferrier et Turner et par Tschermak à l'aide de la méthode de Marchi.

Ferrier et Turner (1) ont détruit, chez le singe, le nerf acoustique ainsi que le noyau accessoire. Ils ont obtenu en dégénérescence les fibres du corps trapézoïde. Ces fibres passent la ligne médiane et peuvent se poursuivre jusqu'au-devant de l'olive supérieure du côté opposé. Là elles deviennent verticales pour pénétrer dans le lemniscus latéral. Un petit nombre de fibres s'étendent cependant jusque dans le noyau accessoire du côté opposé (fibres commissurales). Il y avait également des fibres en dégénérescence dans le faisceau longitudinal postérieur du même côté et quelques-unes aussi dans le faisceau du côté opposé, et cela aussi bien au-dessus qu'au-dessous du niveau de la lésion.

Immédiatement au-dessus du corps trapézoïde, la dégénérescence intéressait les deux lemniscus latéraux, mais elle était plus marquée dans le lemniscus du côté opposé à la lésion. Cette dégénérescence était moins étendue que dans les coupes sous-jacentes, parce qu'un certain nombre des fibres du corps trapézoïde se terminent dans les olives supérieures et dans le noyau du lemniscus latéral.

Quelques-unes des fibres du lemniscus du côté opposé à la lésion pénètrent dans le tubercule quadrijumeau inférieur; il en est de même pour *toutes* les fibres en dégénérescence dans le lemniscus du côté opéré.

Au-dessus du tubercule quadrijumeau inférieur, on rencontre encore en dégénérescence de nombreuses fibres du lemniscus latéral du côté opposé. Ces fibres peuvent se poursuivre jusque dans le corps genouillé interne et pas au delà.

Ferrier et Turner concluent de leurs recherches que :

1° Les fibres du corps trapézoïde proviennent du noyau accessoire. Quelques-unes de ces fibres se rendent dans le lemniscus latéral du même côté, les autres dans le lemniscus du côté opposé ;

2° Les fibres du lemniscus latéral provenant du noyau accessoire se terminent dans le tubercule quadrijumeau inférieur des deux côtés et dans le corps genouillé interne du côté opposé ;

3° Il n'y a aucune raison pour admettre l'existence de fibres

(1) FERRIER et TURNER, *On cerebro-cortical afferent and efferent tracts.* (*Philosop'.* *Transactions* (B), 1898, vol. CXC.)

allant directement du lemniscus latéral jusque dans le lobe temporal sans interruption dans le corps genouillé interne.

Tschermak (1) a produit, chez le chat, une section linéaire du
corps trapézoïde au niveau de l'origine apparente du nerf oculo-
moteur externe, entre la couche des fibres sensitives du lemniscus
interne (Hauptschleife) et les fibres du faisceau de Gowers-
Löwenthal (lateroventrale Seitenstrangrest), et cela sur presque
toute la hauteur de l'olive supérieure.

La lésion a respecté les fibres les plus distales et les fibres
ventrales de la partie proximale du corps trapézoïde. Outre la
section des fibres du corps trapézoïde, la lésion avait intéressé :
les stries acoustiques provenant du côté droit après leur entrecroisement dans le raphé et quelque peu aussi celles du côté
gauche, les fibres intrabulbaires du nerf oculo-moteur externe, le
noyau du corps trapézoïde, la partie médio-dorsale de l'olive
accessoire, la partie médio-ventrale de l'olive supérieure au
niveau de son pôle distal, une partie de la substance blanche
située en dedans de l'olive supérieure ainsi que la partie de la
formation réticulaire comprise entre l'olive accessoire et l'olive
supérieure d'un côté et les fibres radiculaires du nerf VI de l'autre,
et cela jusqu'au niveau du faisceau longitudinal prédorsal, également lésé par la section. Des lésions indirectes s'observaient dans
la partie interne du faisceau de Gowers, le bord latéral du lemniscus interne, le noyau préolivaire médian, la substance blanche
située en avant et en dedans de l'olive accessoire, en dedans et en
arrière de l'olive supérieure.

Se basant sur l'étude des dégénérescences secondaires, Tschermak divise les fibres du corps trapézoïde en trois groupes : les
fibres du tiers ventral, du tiers moyen et du tiers dorsal.

Les fibres du tiers dorsal passent le raphé au-devant du faisceau
longitudinal prédorsal et au-devant de l'entrecroisement des stries
médullaires pour se rendre dans la substance blanche située en
arrière de l'olive accessoire, en dedans et en arrière de l'olive.

Les fibres du tiers moyen se rendent, après entrecroisement,
autour du noyau du corps trapézoïde et dans la partie médio-
ventrale de la substance blanche entourant l'olive accessoire.

(1) TSCHERMAK, *Ueber die Folgen der Durchschneidung des Trapezkörpers bei der
Katze. (Neurolog. Centralbl.,* 1899.)

Les fibres du tiers antérieur se rendent, en partie, dans le noyau du corps trapézoïde, en partie autour du noyau préolivaire interne ; quelques rares fibres passent au-devant du noyau préolivaire externe, croisent les fibres radiculaires du facial et du nerf vestibulaire et peuvent se poursuivre jusque dans le noyau ventral de l'acoustique. Des fibres analogues, plus nombreuses, existent du côté opéré.

En arrière des fibres du tiers dorsal et au-devant des fibres du faisceau longitudinal postérieur, on observe quelques petits faisceaux de fibres dégénérées se rendant dans la substance blanche située en arrière de l'olive supérieure. Ces fibres représentent les stries acoustiques.

Les fibres de la substance blanche enveloppant de tous côtés l'olive bulbaire (fibres *croisées* appartenant aux stries médullaires et au tiers dorsal du corps trapézoïde et fibres *directes* provenant de l'olive elle-même) vont constituer la partie interne du lemniscus latéral et se terminer dans le noyau de ce lemniscus et le tubercule quadrijumeau inférieur. .

Les fibres du tiers moyen du corps trapézoïde (provenant, d'après Held, principalement de l'olive du côté opposé), jointes à des fibres directes d'origine olivaire, traversent le noyau du lemniscus latéral ; quelques rares fibres pénètrent alors dans la partie interne de ce lemniscus pour se rendre dans le tubercule quadrijumeau inférieur. Le plus grand nombre de ces fibres se rendent dans le « tiefen Grau » des tubercules quadrijumeaux supérieurs et dans la lame médullaire interne de la couche optique.

Quant aux fibres qui forment le tiers ventral du corps trapézoïde, elles se terminent en partie dans le noyau accessoire, le noyau du corps trapézoïde et le noyau préolivaire médian du côté opposé. Le plus grand nombre de ces fibres vont constituer la partie externe du lemniscus latéral pour se terminer, en petite partie, dans le tubercule quadrijumeau inférieur ; en majeure partie, ces fibres gagnent le « mittlere Grau » du tubercule quadrijumeau supérieur du même côté, ou bien du côté opposé (en passant par la commissure postérieure), le corps genouillé interne et la région ventro-latérale de la couche optique. « Ihre thalamische Einstrahlung, dit Tschermak, liegt in der Umgebung der Lamina medullaris externa und erstreckt sich durch den ganzen caudalen und mittleren Theil des Sehhügels. »

Pour les fibres du tiers moyen du corps trapézoïde que Tschermak a pu poursuivre jusque dans la couche optique, l'auteur admet comme possible qu'elles appartiennent à la voie centrale du nerf trijumeau (1).

Les fibres du tiers ventral lui paraissent, au contraire, appartenir incontestablement à la voie acoustique. Aussi insiste-t-il sur ce fait pour faire ressortir l'importance de la couche optique dans la voie acoustique centrale.

Tschermak n'a pas pu poursuivre des fibres dégénérées jusque dans la capsule interne. Il fait cependant remarquer que, dans les coupes qu'il a examinées, la substance blanche de toutes les parties du névraxe présentait de fines granulations noires, faciles à distinguer des granulations disposées en séries linéaires produites par la dégénérescence. Ces granulations pourraient cependant, dit l'auteur, cacher l'une ou l'autre fibre réellement dégénérée.

L'expérience sur laquelle Tschermak se base pour établir les connexions centrales des fibres du corps trapézoïde est assez complexe, la lésion ayant intéressé un grand nombre de fibres n'appartenant pas à la voie acoustique.

D'autre part, à l'endroit où la lésion s'est produite, la voie acoustique a déjà une structure compliquée, les fibres du corps trapézoïde ayant dépassé des masses grises importantes avec lesquelles elles sont en connexion intime.

Enfin la lésion a interrompu à la fois les fibres acoustiques droites et gauches; il en est résulté une dégénérescence ascendante bilatérale, ce qui empêche de rechercher si ces fibres dégénérées sont directes ou croisées.

RECHERCHES PERSONNELLES.

Les recherches que nous poursuivons nous-même depuis bientôt trois ans sur la constitution, le trajet et la terminaison de la voie acoustique centrale, dont nous avons fait connaître les

---

(1) Les recherches de Wallenberg aussi bien que les nôtres sur la voie centrale du trijumeau ont prouvé que les fibres de cette voie sont complètement indépendantes du corps trapézoïde. — Voir A. VAN GEHUCHTEN, *La voie centrale du trijumeau*. (*Le Névraxe*, 1901, vol. III.)

premiers résultats dans la troisième édition de notre *Anatomie du système nerveux* (1), nous ont conduit à des résultats sensiblement différents de ceux publiés jusqu'à présent. Nous avons pris le lapin comme objet d'étude, et nous nous sommes proposé comme but de léser soit les masses grises où la voie acoustique centrale prend son origine, c'est-à-dire le noyau ventral et le tubercule latéral ; soit la voie acoustique ventrale *en dehors de l'olive supérieure*, c'est-à-dire dans cette partie de son trajet comprise entre l'olive supérieure et les noyaux terminaux du nerf cochléaire, où les fibres qui la constituent proviennent, incontestablement et exclusivement, soit du nerf périphérique lui-même, soit du noyau accessoire ou du tubercule latéral ; soit la voie acoustique dorsale immédiatement en dedans du tubercule latéral.

Les expériences que nous avons réalisées peuvent se grouper en trois séries.

Dans une première série, nous avons produit une lésion partielle du corps trapézoïde au niveau de l'origine apparente du nerf facial, dans le voisinage immédiat de la racine bulbospinale du nerf trijumeau.

Dans une deuxième série, nous avons obtenu lésées, à côté d'un grand nombre de fibres du corps trapézoïde, sur la face ventrale du bulbe, soit les fibres de la partie dorsale du corps trapézoïde, soit les fibres constituantes des stries médullaires.

Dans une troisième série d'expériences, nous avons eu pour but d'éliminer partiellement ou complètement les masses grises terminales du nerf cochléaire, afin d'obtenir en dégénérescence toutes les fibres constituantes de la voie centrale du nerf de la huitième paire.

Nous avons laissé survivre nos animaux de quinze jours à trois semaines après l'opération afin de laisser à la dégénérescence secondaire des fibres lésées le temps de se produire avec toute son intensité. Le tronc cérébral de chacun de nos nombreux lapins, traité par la méthode de Marchi, a été débité en une série ininterrompue de coupes transversales, de 60 μ d'épaisseur, et cela depuis la partie inférieure du bulbe jusqu'au-dessus des couches optiques. Employée avec prudence, la méthode de Marchi

---

(1) A. Van Gehuchten, *Anatomie du système nerveux de l'homme*. Louvain, 1900, 3e édit., vol. II, pp. 462 et 463.

est, d'après notre expérience personnelle, la seule qui, dans l'état actuel de la science, puisse nous fournir sur le trajet des voies nerveuses, *chez l'adulte*, des données certaines.

I.

LÉSION PARTIELLE DU CORPS TRAPÉZOÏDE.

Cette lésion des fibres du corps trapézoïde a été obtenue par nous d'une manière tout à fait accidentelle. En arrachant le nerf facial au niveau du trou stylo-mastoïdien, après l'avoir bien dégagé du tissu conjonctif qui l'environne au niveau de sa sortie du canal de Fallope, dans le but d'étudier les connexions bulbaires du nerf accessoire de Willis (1), nous avons constaté que la rupture du facial se fait, dans un certain nombre de cas, à une profondeur plus ou moins grande dans le bulbe, à l'endroit où ses fibres radiculaires traversent le faisceau compact de fibres transversales appartenant au corps trapézoïde. La rupture des fibres radiculaires du nerf facial entraîne comme conséquence la lésion d'un nombre plus ou moins considérable de fibres de la voie acoustique ventrale, ainsi que l'interruption d'un certain nombre de fibres du faisceau rubro-spinal et du faisceau de Gowers.

Un coup d'œil jeté sur une coupe transversale du tronc cérébral de lapin passant par l'origine apparente du nerf facial (fig. 7 explique parfaitement la lésion concomitante des fibres du corps trapézoïde.

Nous savons que les fibres du corps trapézoïde proviennent du noyau ventral ou accessoire de l'acoustique. Au sortir de cette masse grise, les fibres acoustiques ventrales, réunies en un faisceau compact, contournent d'arrière en avant la face externe ou convexe de la racine bulbo-spinale du nerf trijumeau (premier segment du corps trapézoïde). Arrivées au bord antérieur de cette racine descendante, elles rencontrent les fibres radiculaires du nerf facial qui les traversent. A ce niveau, les fibres acous-

---

(1) A. Van Gehuchten, *Recherches sur la terminaison centrale des nerfs sensibles périphériques.* I. *Le nerf intermédiaire de Wrisberg.* (*Le Névraxe*, 1900, vol. I, pp. 5-12.)

tiques s'écartent quelque peu les unes des autres. A la place du faisceau compact qui croise la racine du trijumeau, nous trouvons ici un grand nombre de petits faisceaux à direction transversale décrivant de légères courbes à concavité antérieure (deuxième segment du corps trapézoïde). Ces faisceaux sont séparés les uns des autres par des fibres nerveuses à direction longitudinale, dont les unes, les plus externes et les plus voisines des fibres radiculaires du facial, représentent, d'après nos recherches récentes (1), les fibres descendantes du faisceau de v. Monakow ou faisceau rubro-spinal, tandis que les autres, plus voisines de l'olive supérieure, appartiennent au faisceau de Gowers. En se rapprochant de l'olive supérieure, les fibres acoustiques se réunissent de nouveau en un faisceau compact passant au-devant de l'olive supérieure et de l'olive accessoire interne, en décrivant une courbe à concavité postérieure (troisième segment du corps trapézoïde). En dedans de l'olive accessoire interne, les fibres s'écartent de nouveau les unes des autres en devenant nettement transversales et en constituant une large bande tendue entre les deux noyaux du corps trapézoïde et les deux olives accessoires internes (segment médian du corps trapézoïde); elles gagnent ainsi le raphé, en passant en arrière des pyramides, et là s'entrecroisent avec les fibres du côté opposé. Dans cette dernière partie de son trajet, le corps trapézoïde traverse une petite masse grise située en dedans et quelque peu au-devant de l'olive accessoire interne et connue sous le nom de *noyau du corps trapézoïde*.

La rupture des fibres radiculaires du nerf facial se produisant dans la partie périphérique de son trajet intrabulbaire, entre la surface libre du bulbe, la racine descendante du nerf trijumeau et l'olive supérieure, on comprend aisément qu'elle puisse entraîner l'interruption d'un nombre plus ou moins considérable de fibres du corps trapézoïde avant que celles-ci ne se soient mises en connexion avec les masses grises de l'olive supérieure. C'est ce qui s'est produit sur la plupart des lapins auxquels nous avons arraché le nerf facial au niveau du trou stylo-mastoïdien.

La lésion bulbaire ainsi produite ressort nettement de l'examen de notre figure 8, dans laquelle la partie périphérique du trajet

(1) A. VAN GEHUCHTEN, *Les voies ascendantes du cordon latéral de la moelle épinière.* (*Le Névraxe,* 1904, vol. IIL)

intrabulbaire du nerf facial droit est formée de fibres rupturées
et en dégénérescence. Cette rupture du nerf facial a lésé les fibres
voisines du corps trapézoïde. Celles-ci, séparées de leurs cellules
d'origine qui se trouvent dans le noyau accessoire, se sont mises
en dégénérescence. On les voit, à partir du point lésé, s'incliner
en dedans, contourner la face antérieure convexe des masses
olivaires du côté correspondant, puis s'écarter les unes des autres
pour prendre part à la constitution de la partie médiane ou
segment médian du corps trapézoïde. Elles gagnent ainsi le
raphé, où elles passent la ligne médiane et peuvent se poursuivre
jusque dans le voisinage du corps trapézoïde du côté opposé. Là
les fibres les plus ventrales s'arrêtent en dedans de ce noyau
pour se recourber en haut et devenir verticales ; les fibres les
plus dorsales passent, au contraire, en arrière du noyau du corps
trapézoïde et au-devant de l'olive accessoire interne pour devenir
verticales sur la face latérale de la première de ces deux masses
grises.

En parcourant la série des coupes transversales de bas en haut
(fig. 8, 9, 10, 11, 12 et 13), on voit que l'entrecroisement des
fibres du corps trapézoïde se poursuit sur une grande hauteur du
bulbe et de la protubérance annulaire, et que des fibres en dégénérescence se trouvent encore bien loin au-dessus du point lésé.
Cela tient à ce fait que, au point lésé, les fibres du corps trapézoïde
forment un faisceau serré et compact. Une fois arrivées en dedans
de l'origine apparente du nerf facial, ces fibres s'écartent largement les unes des autres non pas seulement dans le sens antéro-
postérieur comme nous l'avons signalé en décrivant la figure 7,
et comme le démontre nettement la figure 8, mais encore dans le
sens vertical. A partir du point lésé, un grand nombre de fibres
du corps trapézoïde montent donc légèrement dans le tronc
cérébral avant de devenir nettement transversales. Ce sont ces
fibres dégénérées que nous retrouvons dans nos figures 9 à 13.

Après avoir passé le raphé, les fibres du corps trapézoïde
deviennent donc verticales à l'entour du noyau du corps trapézoïde et au-devant des productions olivaires. Bientôt ces masses
grises disparaissent (fig. 10). A ce niveau, les fibres acoustiques
se réunissent ensemble en un faisceau compact, de forme semi-
lunaire, à convexité antérieure, embrassant par sa face concave
une masse grise nouvelle qui est le noyau inférieur du lemniscus
latéral. C'est à ce faisceau de fibres nerveuses que nous avons

donné le nom de *faisceau arqué* (1). Il se trouve enclavé entre le lemniscus médian, qui est en dedans, et un faisceau compact externe qui le sépare de la racine motrice du trijumeau et qui est formé à la fois par les fibres du faisceau rubro-spinal et par les fibres du faisceau de Gowers (2).

En remontant dans le tronc cérébral, ce faisceau arqué avec la masse grise qu'il enveloppe s'écarte lentement de la ligne médiane (fig. 11) pour venir occuper bientôt la place des fibres du faisceau de Gowers et du faisceau rubro-spinal qui se sont inclinées en arrière.

Bientôt ses fibres constituantes se recourbent également en arrière pour constituer la partie la plus superficielle du lemniscus latéral (fig. 12). Elles contournent quelque peu le pédoncule cérébelleux supérieur (fig. 13) pour s'arrêter dans une masse grise, de forme irrégulière, qui occupe la base de l'éminence postérieure des tubercules quadrijumeaux inférieurs. C'est le noyau supérieur du lemniscus latéral.

Aucune fibre en dégénérescence ne se laisse poursuivre jusque dans le noyau du tubercule inférieur. Aucune fibre non plus ne dépasse ce tubercule.

Pour pouvoir nous rendre compte du nombre et de la position exacte des fibres du corps trapézoïde lésées par la rupture du nerf facial dans son trajet intrabulbaire, nous avons pratiqué, dans le tronc cérébral d'un lapin soumis à la même opération, une série continue de coupes sagittales (fig. 14 à 22).

Quand on parcourt ces coupes du côté lésé (fig. 14) vers le côté sain, on voit que la rupture du facial n'a interrompu que la moitié supérieure environ de toutes les fibres qui entrent dans la constitution du corps trapézoïde.

En se dirigeant en dedans, de l'origine apparente du nerf facial (fig. 14) jusque dans le voisinage du raphé (fig. 17), les fibres du corps trapézoïde s'inclinent lentement en haut pour pénétrer dans la partie inférieure de la protubérance annulaire.

(1) A. Van Gehuchten, *Recherches sur les voies sensitives centrales. La voie centrale des noyaux des cordons postérieurs ou voie centrale médullo-thalamique.* (*Le Névraxe*, 1902, vol. IV, fasc. 1.)

(2) A. Van Gehuchten, *Les voies ascendantes du cordon latéral de la moelle épinière.* (*Le Névraxe*, 1901, vol. III.)

Cette marche légèrement oblique se poursuit encore dans la moitié opposée du tronc cérébral (fig. 18) jusqu'un peu au-devant de l'olive supérieure (fig. 19). Là, les fibres deviennent verticales. Elles se réunissent bientôt en un faisceau compact, le *faisceau arqué* (fig. 20), de forme semi-lunaire, à concavité posté-rieure et supérieure enveloppant la masse grise connue sous le nom de noyau inférieur du lemniscus latéral. Ce faisceau va con-tourner lentement la face latérale du mésencéphale pour prendre part à la constitution du lemniscus latéral, ainsi que nous l'ont montré les coupes transversales, s'épanouir et se terminer bientôt dans la masse grise située à la base du tubercule quadrijumeau inférieur (fig. 21 et 22) et qui est connue sous le nom de noyau supérieur du lemniscus latéral.

Conclusions. — Cette série de coupes sagittales vient donc con-firmer les conclusions qui se dégageaient déjà de l'étude des coupes transversales :

Les fibres de la moitié supérieure du corps trapézoïde se rendent vers la base du tubercule quadrijumeau inférieur du côté opposé.

Aucune d'entre elles n'atteint le noyau du tubercule inférieur.

Aucune d'entre elles non plus ne peut se poursuivre plus haut que jusqu'au noyau supérieur du lemniscus latéral.

De l'étude de cette série de coupes sagittales se dégagent encore d'autres faits bien intéressants. Si l'on compare, par exemple, la coupe de la figure 14 avec celle de la figure 21, qui passent appro-ximativement au même niveau dans les deux moitiés du tronc cérébral, on voit que, dans les parties *latérales* du tronc, les fibres appartenant aux deux voies acoustiques droite et gauche sont nettement séparées : les fibres de la voie acoustique droite, ici partiellement en dégénérescence (fig. 14), sont situées, dans la partie homolatérale de leur trajet, beaucoup plus bas que les fibres de la voie acoustique gauche, FA, dans la partie hétéro-latérale de leur trajet. De plus, ces deux voies sont indépendantes l'une de l'autre.

Au fur et à mesure que l'on se rapproche au contraire de la ligne médiane (fig. 15 et 20, fig. 16 et 19, fig. 17 et 18), on voit que les deux voies acoustiques droite et gauche se confondent, avec cette différence cependant que les fibres *directes* prédominent toujours dans la partie *ventrale* du corps trapézoïde, tandis que

les fibres *croisées* sont plus abondantes dans sa partie *dorsale*
Cette disposition résulte du fait, qui ressort clairement de l'examen de toutes nos figures, à savoir que, au moment où les fibres

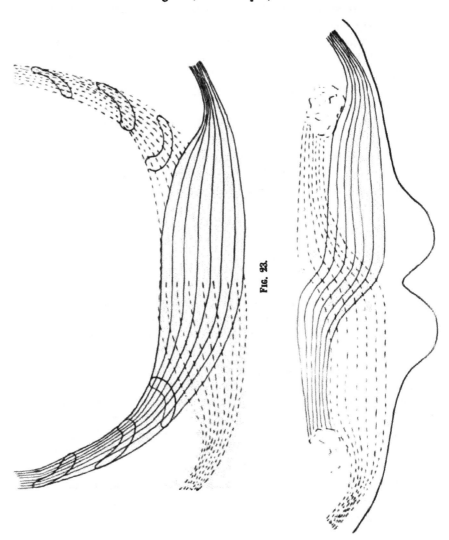

FIG. 23.

Schémas montrant la façon dont les fibres du corps trapézoïde se comportent au niveau du raphé. La figure 23 les représente dans un plan frontal et la figure 24, dans un plan transversal.

acoustiques croisent le raphé, elles s'inclinent généralement en arrière de façon à venir occuper, dans la moitié opposée du tronc cérébral, la partie dorsale du corps trapézoïde.

L'entrecroisement des fibres des deux voies acoustiques, dans le segment médian du corps trapézoïde, se fait donc à la fois dans le plan transversal et dans le plan frontal, ainsi que nous avons essayé de le faire ressortir dans les deux schémas reproduits dans les figures 23 et 24.

Cette dégénérescence de certaines fibres du corps trapézoïde, après arrachement du facial au niveau du trou stylo-mastoïdien, a été signalée pour la première fois par Bregman (1), en 1892, mais cet auteur se contente d'affirmer que quelques-unes d'entre elles s'arrêtent dans l'olive supérieure du côté opposé, ou bien entrent dans la constitution du lemniscus latéral, sans poursuivre le trajet ultérieur de ces fibres dégénérées.

II.

LÉSION DE TOUTES LES FIBRES VENTRALES DU CORPS TRAPÉZOÏDE.

Mais ces conclusions ne s'appliquent qu'aux fibres de la voie acoustique, qui forment environ la *moitié supérieure* du corps trapézoïde, les seules qui sont lésées par la rupture brusque du nerf facial. Pour obtenir la dégénérescence secondaire de *toutes* les fibres ventrales du corps trapézoïde, nous avons essayé de provoquer une lésion expérimentale dans le voisinage immédiat du noyau accessoire. Cette opération se pratique assez facilement quand on pénètre dans la boîte crânienne par la fosse mastoïdienne, d'après le procédé que nous avons recommandé pour la section intracrânienne du nerf trijumeau (2). Ce procédé a cependant un désavantage, c'est que la lésion bulbaire doit se faire à l'aveugle et qu'on ne saurait en mesurer ni le degré ni l'étendue.

De plus, l'opération est grave, et quand la lésion a intéressé les masses grises du bulbe en connexion avec le nerf acoustique, il

---

(1) BREGMAN, *Ueber experimentelle aufsteigende Degeneration motorischer und sensibler Hirnnerven.* (*Obersteiner's Arbeiten,* 1892, S. 87.)

(2) A. VAN GEHUCHTEN, *Un nouveau procédé de section intracrânienne du trijumeau, etc.* (*Le Névraxe,* 1900, vol. II.)

est très rare de pouvoir conserver l'animal en vie pendant plus de trois ou quatre jours, temps tout à fait insuffisant pour que la dégénérescence secondaire puisse s'établir.

Parmi les nombreux lapins que nous avons opérés de la sorte, un seul a survécu un temps suffisant. Il présentait, à l'autopsie, une lésion à la surface du bulbe ayant interrompu toutes les fibres du corps trapézoïde dans le voisinage du bord postérieur de la racine bulbo-spinale du trijumeau, à une distance assez considérable en dehors des fibres radiculaires du nerf facial, tout en respectant la masse grise connue sous le nom de *noyau accessoire*.

La série des coupes transversales que nous avons faites dans le tronc cérébral, et dont les figures 25 à 33 représentent quelques-unes des plus importantes, prouve que toutes les fibres du corps trapézoïde passant au-devant de la racine bulbo-spinale du trijumeau ont été interrompues par la lésion. Les fibres dégénérées se dirigent en dedans, croisent le raphé en s'inclinant manifestement en arrière. Elles deviennent verticales entre le noyau du corps trapézoïde et l'olive accessoire interne du côté opposé. En remontant dans le tronc cérébral, ces fibres se tassent lentement pour constituer bientôt un faisceau compact (fig. 29, 30 et 31), de forme semi-lunaire, qui embrasse le noyau inférieur du lemniscus latéral. Ce *faisceau arqué* (fig. 31) s'écarte lentement de la ligne médiane. Arrivé au niveau du bord supérieur du pédoncule cérébelleux moyen, il se dégage de ce dernier, entre dans la constitution du lemniscus latéral (fig. 32), dont il forme les fibres les plus superficielles, et peut se poursuivre, avec ce lemniscus, jusqu'à la base du tubercule quadrijumeau inférieur (fig. 33).

Conclusions. — De ces trois séries d'expériences il résulte donc que les fibres du corps trapézoïde qui passent *en dehors de la racine descendante du nerf trijumeau*, ou *fibres de la partie ventrale du corps trapézoïde*, s'entrecroisent dans le raphé, entrent dans la constitution du lemniscus latéral du côté opposé et peuvent se poursuivre jusque dans une masse grise située à la base du tubercule quadrijumeau inférieur. Aucune de ces fibres ne se rend dans le lemniscus latéral du côté correspondant. Aucune de ces fibres ne dépasse le tubercule quadrijumeau inférieur.

Les fibres ventrales du corps trapézoïde relient donc bien,

d'une façon exclusivement croisée, le noyau accessoire de l'acoustique d'un côté au noyau supérieur du lemniscus latéral du côté
opposé.

III.

LÉSION DE FIBRES VENTRALES ET DORSALES DU CORPS TRAPÉZOÏDE.

En présence de la difficulté extrême que nous avions de maintenir en vie les lapins auxquels nous avions essayé de produire
une lésion bulbaire par la fosse mastoïdienne, nous avons tenté
d'atteindre les voies acoustiques en enfonçant un fin couteau dans
toute l'épaisseur du bulbe par le plancher du quatrième ventricule, que l'on peut facilement mettre à nu chez le lapin. Malheureusement, cette opération est grave également, et bien peu d'animaux survivent assez longtemps pour pouvoir être utilisés en vue
de l'étude des dégénérescences secondaires. Un de nos animaux a
survécu cependant douze jours. Le tronc cérébral, débité en
coupes transversales, nous a montré (fig. 34, 35 et 36) que la
lame du couteau a traversé le bulbe dans toute son épaisseur, en
longeant la face interne du corps restiforme et le noyau terminal
de la racine descendante du nerf trijumeau. Elle a lésé la *moitié*
externe du noyau d'origine du facial et les fibres du corps trapézoïde dans leur moitié inférieure. Cette lésion a été suivie de la
dégénérescence secondaire des fibres inférieures de la partie ventrale du corps trapézoïde, fibres qui se comportent d'une façon
identique à celle que nous avons décrite dans nos expériences
antérieures, ainsi que cela résulte de l'examen de nos figures 34
à 41.

Mais à côté de ces fibres *ventrales* du corps trapézoïde, nos
préparations montrent l'existence d'un mince faisceau de fibres
dorsales (fig. 35 et 36). Leur dégénérescence commence en arrière
et quelque peu en dehors des masses olivaires ; de là, elles s'inclinent en avant pour contourner quelque peu le bord postérieur
des masses grises olivaires (fig. 35). A partir de ce point, ces
fibres deviennent transversales, elles passent le raphé en s'inclinant légèrement en arrière et peuvent se poursuivre jusqu'en
arrière de l'olive accessoire interne du côté opposé (fig. 35 et 36).
Là, ces fibres se recourbent en haut pour devenir ascendantes
(fig. 37). Elles longent quelque peu la face dorsale de l'olive qui

les sépare des fibres ventrales (fig. 36). Après la disparition de ces masses grises, elles restent indépendantes du faisceau arciforme ventral (fig. 37), montent sur la face dorsale du noyau inférieur du lemniscus latéral (fig. 38), avec lequel elles s'inclinent lentement en dehors (fig. 39). Arrivées au bord supérieur de la protubérance annulaire (fig. 40), ces fibres dorsales s'inclinent en arrière; elles entrent dans la constitution du lemniscus latéral, dont elles forment la couche la plus profonde. Elles contournent alors la face externe du pédoncule cérébelleux supérieur et peuvent se poursuivre jusque dans la masse grise située à la base du tubercule quadrijumeau inférieur ou *noyau supérieur du lemniscus latéral* (fig. 41). Comme pour les fibres ventrales, ces fibres dorsales du corps trapézoïde sont toutes des *fibres croisées*.

Cette expérience nous renseigne bien sur le trajet et la terminaison de ces fibres dorsales, mais elle ne nous donne aucun renseignement sur la masse grise d'où elles proviennent. Ces fibres dorsales correspondent, sans aucun doute, aux fibres décrites par Held, fibres qui proviennent du noyau accessoire, contournent le pédoncule cérébelleux inférieur et se rendent vers l'olive supérieure du même côté en longeant la face interne de la racine bulbo-spinale du trijumeau. Kölliker et Cajal les désignent sous le nom de *faisceau de Held*.

Nous avons vu que, d'après Kölliker, ce faisceau provient du noyau accessoire et se termine dans l'olive supérieure des deux côtés. Pour Cajal, au contraire, les fibres du faisceau de Held auraient leurs cellules d'origine dans la partie moyenne et postérieure du tubercule latéral.

Pour élucider la question de l'origine de ces fibres dorsales du corps trapézoïde, nous avons essayé de détruire directement chez le lapin une seule des deux masses grises d'où naissent les voies acoustiques centrales, et notamment le noyau acoustique accessoire ou noyau ventral.

IV.

LÉSION DU NOYAU ACCESSOIRE.

C'est là une opération difficile à réaliser. Pour la mener à bonne fin, nous avons utilisé le procédé que nous avons recommandé antérieurement pour la section intracrânienne du nerf

trijumeau. Après avoir trépané le crâne au niveau de la fosse
mastoïdienne et enlevé le flocculus du cervelet, nous avons introduit un ténotome par l'orifice de communication de la fosse mastoïdienne avec la cavité crânienne, et nous nous sommes efforcé
de produire une lésion superficielle de la face latérale du bulbe
intéressant le noyau ventral de l'acoustique. Les conséquences
immédiates de l'opération ne sont pas bien graves, mais les animaux sont difficiles à conserver en vie. Ils présentent, en effet,
dès qu'on les enlève de la table d'opération, un mouvement de
rotation autour de l'axe longitudinal du corps, mouvement de
rotation qui se fait toujours du côté opéré vers le côté sain. Ce
mouvement ne s'arrête que lorsque l'animal rencontre un point
d'appui, pour recommencer au moindre attouchement.

Parmi les nombreux lapins opérés de cette façon, nous
sommes parvenu à en conserver un seul en vie, en le maintenant
fixé sur une planche pendant plusieurs jours.

Après une survie de quinze jours, l'animal a été tué, et le tronc
cérébral, traité par la méthode de Marchi, a été débité en une
série ininterrompue de coupes transversales.

Ainsi que cela ressort de l'examen de nos figures 42, 43, 44 et
45, la lésion a détruit le noyau ventral de l'acoustique (fig. 42 et
43) et la partie sus-jacente de la racine bulbo-spinale du nerf
trijumeau (fig. 44 et 45), tout en respectant le tubercule latéral.
Du noyau ventral détruit de l'acoustique, on voit partir deux faisceaux de fibres en dégénérescence : l'un, ventral, passe au-devant
de la racine spinale du trijumeau ; l'autre, dorsal, contourne le
pédoncule cérébelleux inférieur (fig. 42), descend le long de la
face interne de ce pédoncule, puis traverse l'extrémité postérieure
de la racine descendante du nerf trijumeau.

Le faisceau ventral est représenté par les fibres qui vont former
la partie ventrale du corps trapézoïde. En parcourant la série des
coupes transversales (fig. 42 à 50), on voit que ces fibres se comportent comme nous l'avons décrit dans nos expériences
précédentes.

Le faisceau dorsal, beaucoup plus grêle, après avoir longé,
comme petit faisceau compact, la face interne de la racine descendante du trijumeau (fig. 42), s'incline en dedans (fig. 43). Ses
fibres s'écartent les unes des autres pour passer en arrière des masses
olivaires du côté correspondant (fig. 44).   . .

Elles gagnent ainsi la ligne médiane qu'elles traversent (fig. 45), en constituant plusieurs fascicules très grêles, et peuvent se poursuivre jusqu'en arrière des masses olivaires du côté opposé (fig. 46). Là, ces fibres deviennent verticales. Elles montent dans le tronc cérébral en se mettant en arrière du noyau inférieur du lemniscus latéral (fig. 47). Elles s'écartent, avec ce dernier, insensiblement de la ligne médiane (fig. 48) pour s'incliner bientôt en arrière. Elles entrent ainsi dans la constitution du lemniscus latéral, dont elles forment la couche la plus profonde, contournent la face externe du pédoncule cérébelleux supérieur (fig. 49), pour se terminer dans la masse grise qui se trouve à la base du tubercule quadrijumeau inférieur (fig. 50).

Conclusions concernant les fibres du corps trapézoïde.

Il résulte donc de l'ensemble de ces recherches expérimentales que les fibres acoustiques *qui proviennent du noyau accessoire,* forment, dans le tronc cérébral, deux faisceaux distincts, qui tous deux prennent part à la constitution du corps trapézoïde :

Un *faisceau ventral,* le plus volumineux, formé de fibres nerveuses qui sortent du noyau accessoire et passent *au-devant de la racine spinale du nerf trijumeau.* Les fibres de ce faisceau ventral forment la partie constituante principale du segment médian du corps trapézoïde.

Un *faisceau dorsal,* beaucoup plus grêle. Celui-ci sort du noyau accessoire, puis se dirige en arrière en longeant la face externe du pédoncule cérébelleux inférieur. Il contourne alors ce pédoncule de dehors en dedans, puis d'arrière en avant, en passant entre le segment interne et le segment externe du corps restiforme. On le voit longer la face *interne* de la racine spinale du trijumeau pour devenir bientôt transversal, passer derrière l'olive supérieure, traverser le raphé et se rendre jusque dans la substance blanche rétro-olivaire du côté opposé. Ces fibres forment la partie tout à fait dorsale du segment médian du corps trapézoïde.

Arrivées dans la moitié opposée du bulbe, les fibres ventrales et les fibres dorsales se recourbent en haut pour devenir verticales, les unes au-devant, les autres en arrière du noyau inférieur du lemniscus latéral. Ces fibres montent en s'inclinant lentement en dehors, pénètrent dans le lemniscus latéral et peuvent se poursuivre jusqu'à la base du tubercule quadrijumeau inférieur.

Les fibres du faisceau de Held ont donc leurs cellules d'origine dans le noyau ventral et peuvent se poursuivre jusqu'à la base du tubercule quadrijumeau inférieur du côté opposé.

La *voie acoustique ventrale*, née du noyau accessoire, est formée *exclusivement de fibres croisées*. Dans aucune de nos nombreuses coupes, nous n'avons rencontré de fibres en dégénérescence dans le lemniscus latéral du côté lésé. L'entrecroisement qui se fait dans le corps trapézoïde est un *entrecroisement complet*.

Dans aucune de nos nombreuses expériences, nous n'avons pu poursuivre les fibres dégénérées jusque dans le noyau même du tubercule quadrijumeau inférieur. Ce tubercule n'est pas un centre acoustique en connexion avec le *noyau accessoire*. Le véritable centre où se terminent les fibres de la voie acoustique *ventrale*, c'est la masse grise qui se trouve dans le pédicule du tubercule quadrijumeau inférieur et que Cajal désigne sous le nom de *noyau supérieur* du lemniscus latéral.

Dans aucune de nos nombreuses expériences, nous n'avons pu poursuivre des fibres en dégénérescence *au-dessus* de la partie distale du tubercule quadrijumeau inférieur. Une voie acoustique corticale *directe* en connexion avec les tubercules quadrijumeaux supérieurs et avec l'écorce cérébrale, telle que l'admet Held, n'existe pas chez le lapin.

Jamais non plus nous n'avons rencontré dans les parties latérales du bulbe, *en dessous du corps trapézoïde*, des fibres *descendantes* en dégénérescence. Si la voie descendante décrite par Cajal existe, il faut qu'elle soit formée de fibres amyéliniques.

Le corps trapézoïde forme une partie importante de la voie acoustique centrale. Il relie, d'une façon croisée, le noyau accessoire au noyau supérieur du lemniscus latéral.

V.

LÉSION DES STRIES MÉDULLAIRES.

Mais le corps trapézoïde ne forme pas toute la voie acoustique centrale. Nous savons, par les observations de v. Monakow et de beaucoup d'autres, que les *stries médullaires* interviennent également dans la constitution de cette voie.

On admet généralement que les stries médullaires proviennent en majeure partie du tubercule latéral et, en petite partie, du noyau accessoire.

Nous croyons que, chez le lapin, les cellules du noyau accessoire sont indépendantes des stries médullaires. Chez le lapin, en effet, chez lequel nous avons détruit cette masse grise ventrale, nous n'avons observé dans les stries acoustiques aucune fibre en dégénérescence.

Les stries médullaires doivent donc provenir exclusivement du tubercule latéral.

Nous avons essayé bien des fois de détruire, chez des lapins, le tubercule latéral, en pénétrant dans la cavité crânienne par la membrane occipito-atloïdienne. Nous avons essayé également de détruire les stries acoustiques sur le plancher du quatrième ventricule, mais nous n'avons pas obtenu de résultats. La plupart de nos animaux ne survivaient pas un temps suffisant à l'opération pour pouvoir être utilisés en vue de l'étude des dégénérescences secondaires, et chez les trois ou quatre lapins qui ont survécu assez longtemps, la lésion n'avait pas atteint le but désiré.

Nous désespérions déjà de pouvoir conduire nos recherches à bonne fin, lorsqu'un jour nous avons constaté que, sur un de nos lapins auxquels nous avions arraché le nerf facial au niveau du trou stylo-mastoïdien, la rupture du nerf s'était faite non dans la partie périphérique de son trajet intrabulbaire, mais à l'endroit où le genou du facial se recourbe en dehors pour devenir branche radiculaire externe, c'est-à-dire dans le voisinage immédiat du plancher du quatrième ventricule, à l'endroit précis où les fibres radiculaires du facial sont croisées par les stries acoustiques. La rupture du facial à ce niveau a entraîné la rupture des stries médullaires. Cette lésion tout à fait accidentelle des stries acoustiques se voit nettement sur notre figure 51.

En parcourant, de bas en haut, la série des coupes transversales, on voit que, à partir du point lésé, les fibres constituantes des stries acoustiques se dirigent en dedans en s'écartant les unes des autres (fig. 52). Elles gagnent ainsi insensiblement le raphé en s'inclinant doucement en avant (fig. 53). Au delà du raphé, les plus dorsales de ces fibres se recourbent dans le faisceau longitudinal postérieur (fig. 53), tandis que les plus ventrales continuent leur direction oblique en avant jusqu'à une petite distance en arrière des masses olivaires du côté opposé (fig. 54). Cet entrecroisement des fibres des stries médullaires se poursuit sur une certaine hauteur de la protubérance annulaire (fig. 55 et 56). L'entrecroisement terminé, les fibres des stries médullaires vont constituer un faisceau ascendant volumineux, situé immédiatement en arrière de la substance blanche rétro-olivaire occupée par les fibres dorsales du corps trapézoïde, au-devant et quelque peu en dedans du noyau moteur du trijumeau, immédiatement au-devant des fibres de la voie centrale du nerf trijumeau (1) (fig. 56). En remontant dans le tronc cérébral, ces fibres ascendantes des stries médullaires s'inclinent lentement en dehors (fig. 57). Au niveau du bord supérieur du pédoncule cérébelleux moyen, ces fibres s'inclinent en arrière, pour entrer dans la constitution du lemniscus latéral (fig. 57 et 58). En s'infléchissant en arrière, ces fibres des stries médullaires recouvrent en quelque sorte les fibres dorsales du corps trapézoïde, ainsi que cela résulte de la comparaison des figures 57, 58 et 59 avec les figures 49 et 50, 39 et 40. Elles entrent ainsi dans la constitution du lemniscus latéral, dont elles forment la zone profonde (fig. 58), pénètrent dans le pédicule du tubercule quadrijumeau inférieur (fig. 59), avec les fibres ventrales du corps trapézoïde, et peuvent se poursuivre jusque dans la partie ventrale du noyau du tubercule quadrijumeau inférieur (fig. 60, 61 et 62). Ces fibres acoustiques se poursuivent donc beaucoup plus haut que les fibres du corps trapézoïde.

Conclusions concernant les fibres des stries médullaires.

Les stries médullaires représentent une voie acoustique *croisée* reliant le tubercule latéral d'un côté au tubercule quadrijumeau inférieur du côté opposé en passant par le lemniscus latéral.

L'entrecroisement de ces fibres se passe dans la partie tout à fait dorsale du raphé, à une petite distance en arrière de l'entrecroisement des fibres dorsales du corps trapézoïde.

(1) A. Van Gehuchten, *La voie centrale du trijumeau.* (*Le Névraxe*, vol. III, fasc. 3.)

Cet entrecroisement est *complet*. Dans aucune de nos coupes nous n'avons rencontré de fibres en dégénérescence dans le lemniscus latéral du côté correspondant.

Toutes les fibres de cette voie acoustique dorsale s'arrêtent dans la partie ventrale du tubercule quadrijumeau inférieur.

Il n'existe donc pas, pas plus pour la voie acoustique dorsale que pour la voie acoustique ventrale, de connexion directe entre les masses grises terminales du nerf acoustique et les tubercules quadrijumeaux supérieurs ou l'écorce cérébrale telle que l'admet Held.

Résumé.

Si nous résumons maintenant la constitution de la voie acoustique centrale, qui relie les masses acoustiques du bulbe aux masses grises du mésencéphale, telle qu'elle se dégage de l'ensemble de nos recherches, nous pouvons dire :

Les fibres du nerf cochléaire se terminent dans le noyau accessoire et le tubercule latéral; elles forment la *voie acoustique périphérique*.

Dans le noyau accessoire et le tubercule latéral commence la *voie acoustique centrale*. Celle-ci n'est pas une *voie acoustique bulbo-corticale ;* mais, dans son trajet ascendant vers les centres nerveux supérieurs, elle se trouve interrompue dans le noyau du lemniscus latéral et dans le tubercule quadrijumeau inférieur, constituant ainsi une *voie acoustique bulbo-mésencéphalique*.

Cette voie est double : elle est formée d'une partie ventrale et d'une partie dorsale.

La *voie acoustique ventrale* provient du noyau accessoire; elle va constituer tout le corps trapézoïde, puis, plus loin, le faisceau arciforme, et se termine dans le noyau supérieur du lemniscus latéral.

La *voie acoustique dorsale* provient du tubercule latéral ; elle est indépendante du corps trapézoïde, elle passe le raphé dans sa moitié postérieure, va constituer un faisceau ascendant en arrière des masses olivaires du côté opposé, entre dans la constitution du lemniscus latéral et peut se poursuivre jusque dans la partie ventrale du noyau du tubercule quadrijumeau inférieur.

Le corps trapézoïde, les stries médullaires et la partie correspondante du lemniscus latéral sont formés en majeure partie, si pas en totalité, de neurones de second ordre.

Nos recherches ne nous permettent pas d'établir les connexions qui existent entre les fibres acoustiques ventrales et dorsales que nous avons obtenues en dégénérescence et les différentes masses grises bulbaires échelonnées le long de cette voie bulbo-mésen-céphalique, pas plus que la part que les cellules constituantes de ces masses grises peuvent prendre à la constitution du corps trapézoïde et du lemniscus latéral. Tout ce que nos recherches nous permettent d'affirmer, c'est qu'il n'existe pas de fibres com-missurales unissant le noyau accessoire et le tubercule latéral d'un côté aux mêmes masses grises du côté opposé.

A la partie inférieure du mésencéphale s'arrête le chaînon de la voie acoustique centrale que nous sommes parvenu à léser dans nos recherches expérimentales, ou *voie acoustique bulbo-mésencéphalique* dont nous avons essayé de reproduire la consti-tution dans le schéma de la figure 63.

Il est incontestable que la voie acoustique doit se poursuivre, plus que probablement par un nouveau chaînon, jusque dans l'écorce cérébrale (*voie acoustique mésencéphalo-corticale*).

Jusqu'à présent, nous ne sommes pas encore parvenu à obtenir en dégénérescence les fibres de ce dernier tronçon. Nous avons cependant fait, dans ce but, de nombreuses recherches expéri-mentales, recherches dans lesquelles nous avions produit une destruction plus ou moins complète du tubercule quadrijumeau inférieur ; mais, à notre grand étonnement, cette destruction n'était pas suivie d'une dégénérescence ascendante.

Ces recherches expérimentales ont d'ailleurs été entreprises à l'époque où, sur la foi des auteurs, nous croyions que le tubercule quadrijumeau inférieur était la masse grise terminale pour toutes les fibres acoustiques d'origine bulbaire. Nous savons mainte-nant, par nos propres recherches, qu'il n'en est pas ainsi. Les fibres du corps trapézoïde ne dépassent pas le noyau supérieur du lemniscus latéral ; les fibres des stries médullaires se ter-minent dans la masse grise sus-jacente. Ce sont ces masses grises qu'il faudrait pouvoir détruire pour continuer, au moyen des dégénérescences secondaires, l'étude si importante de la voie acoustique dans son trajet vers l'écorce. C'est ce que nous nous proposons de faire dans des recherches à venir.

Avant de terminer ce travail, nous désirons encore appeler l'attention sur certaines fibres en dégénérescence que nous avons observées, au-devant de la racine bulbo-spinale du nerf trijumeau, *du côté correspondant à la lésion* chez les animaux auxquels nous avons arraché le facial à la sortie du trou stylo-mastoïdien. Nous les avons représentées dans la figure 8 et dans la figure 52. Ces fibres en dégénérescence ont été observées également par Bregman, qui les fait entrer dans le pédoncule cérébelleux moyen.

En étudiant la série des coupes transversales (fig. 53, 54 et 55), on constate que ces fibres, après avoir croisé la face convexe de la racine bulbo-spinale du trijumeau, longent en dedans la face interne du noyau accessoire pour se joindre aux fibres du pédoncule cérébelleux inférieur, au moment où celles-ci s'épanouissent dans la substance blanche du cervelet.

Nous croyons que ces fibres n'appartiennent pas à la voie acoustique, qu'elles ne représentent pas non plus des fibres commissurales tendues entre les noyaux acoustiques du bulbe, mais qu'elles sont, au niveau du mésencéphale, les homologues des *fibres bulbo-cérébelleuses* que nous avons décrites dans un travail antérieur (1). Ces fibres dégénérées proviennent plus que probablement de la formation réticulaire du mésencéphale. Elles constituent une *voie mésencéphalo-cérébelleuse*. Nous croyons que la *voie bulbo-cérébelleuse* et la voie mésencéphalo-cérébelleuse représentent pour le myélencéphale et pour le mésencéphale l'homologue de la voie *médullo-cérébelleuse* établie par les fibres du faisceau cérébelleux et par les fibres du faisceau de Gowers.

(1) A. VAN GEHUCHTEN, *Recherches sur les voies sensitives centrales. La voie centrale des noyaux des cordons postérieurs ou voie centrale médullo-thalamique.* (*Le Névraxe*, 1902, vol. IV, p. 44.)

A. Van Gehuchten, *Mémoires couronnés et autres mémoires,*
publiés par l'Académie royale de médecine de Belgique
(collection in-8°), t. XV, 9° fasc., 1902.

Pl. I.

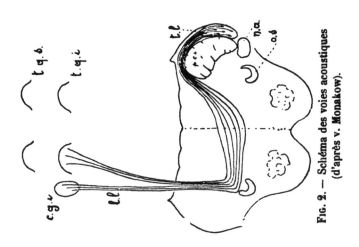

Fig. 2. — Schéma des voies acoustiques
(d'après v. Monakow).

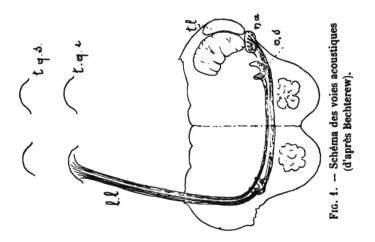

Fig. 1. — Schéma des voies acoustiques
(d'après Bechterew).

A. Van Gehuchten, *Mémoires couronnés et autres mémoires*,
publiés par l'Académie royale de médecine de Belgique
(collection in-8°), t. XV, 9ᵉ fasc., 1902.

Pl. II.

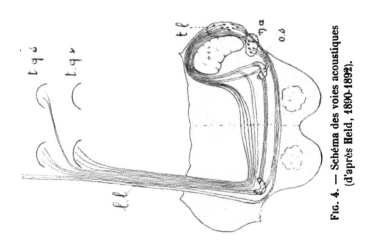

Fig. 4. — Schéma des voies acoustiques
(d'après Held, 1890-1892).

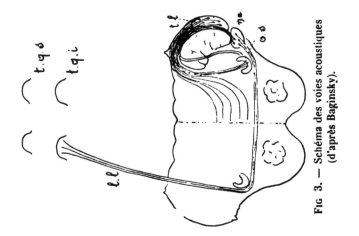

Fig 3. — Schéma des voies acoustiques
(d'après Baginsky).

A. Van Gehuchten, *Mémoires couronnés et autres mémoires,*
publiés par l'Académie royale de médecine de Belgique
(collection in-8"), t. XV, 9ᵉ fasc., 1902.

Pl. III.

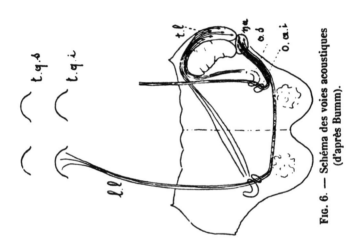

Fig. 6. — Schéma des voies acoustiques
(d'après Bumm).

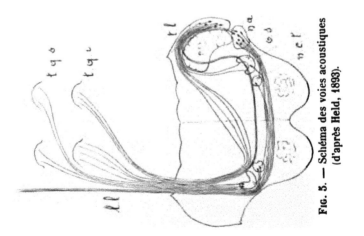

Fig. 5. — Schéma des voies acoustiques
(d'après Held, 1893).

A. Van Gehuchten, *Mémoires couronnés et autres mémoires,* publiés par l'Académie royale de médecine de Belgique (collection in-8°), t. XV, 9° fasc , 1902.

Pl. IV.

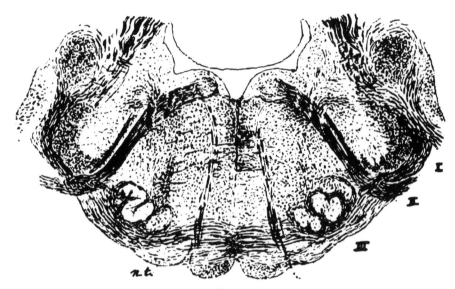

FIG. 7.

I. Premier segment du corps trapézoïde.
II. Deuxième segment du corps trapézoïde.
III Troisième segment du corps trapézoïde.

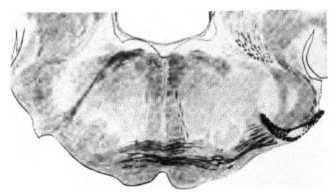

FIG. 8.

A. Van Gehuchten, *Mémoires couronnés et autres mémoires,*
publiés par l'Académie royale de médecine de Belgique
(collection in-8º), t. XV, 9º fasc , 1902.

Pl. V.

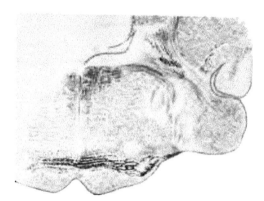

FIG. 9.

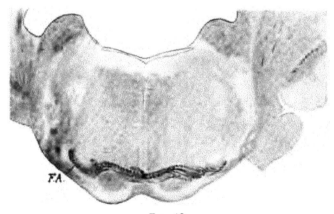

FIG. 10

A. Van Gehuchten, *Mémoires couronnés et autres mémoires,*
publiés par l'Académie royale de médecine de Belgique
(collection in-8º), t. XV, 9º fasc., 1902.

Pl. VI.

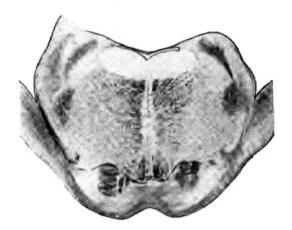

FIG. 12

A. Van Gehuchten, *Mémoires couronnés et autres mémoires,* **Pl. VII.**
publiés par l'Académie royale de médecine de Belgique
(collection in-8°), t. XV, 9e fasc., 1902.

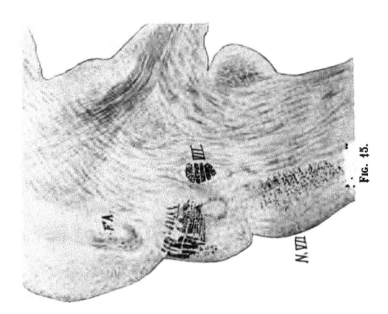

FIG. 15.

FIG. 14.

A. Van Gehuchten, *Mémoires couronnés et autres mémoires,*
publiés par l'Académie royale de médecine de Belgique
(collection in-8ᵘ), t. XV, 9ᵉ fasc., 1902.

Pl. VIII.

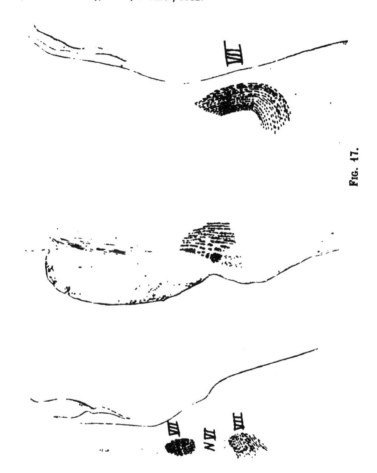

Fig. 17.

Fig. 16.

A. Van Gehuchten. *Mémoires couronnés et autres mémoires,*
publiés par l'Académie royale de médecine de Belgique
(collection in-8°), t. XV, 9° fasc., 1902.

Pl. IX.

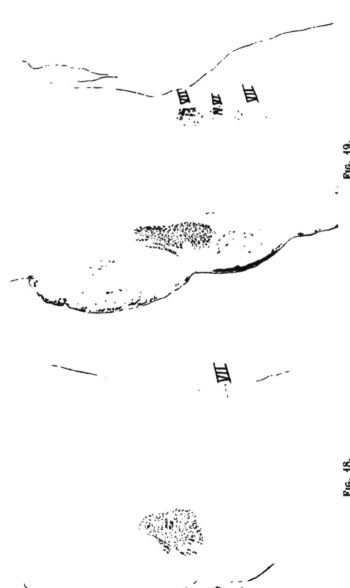

Fig. 19.

Fig. 18.

A. Van Gehuchten, *Mémoires couronnés et autres mémoires,*
publiés par l'Académie royale de médecine de Belgique
(collection in-8°), t. XV, 9° fasc., 1902.

Pl. X.

Fig. 21.

90.

A. Van Gehuchten, *Mémoires couronnés et autres mémoires,*
publiés par l'Académie royale de médecine de Belgique
(collection in-8°), t. XV, 9° fasc., 1902.

Pl. XI.

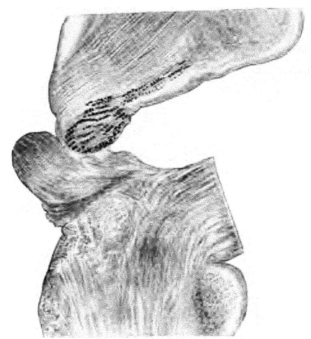

FIG. 22

FIG. 25.

A. Van Gehuchten, *Mémoires couronnés et autres mémoires,*
publiés par l'Académie royale de médecine de Belgique
(collection in-8°), t. XV, 9° fasc., 1902.

Pl. XII.

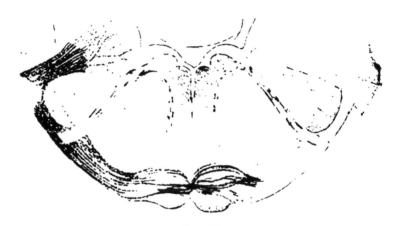

Fig. 26.

Fig. 27.

A. Van Gehuchten, *Mémoires couronnés et autres mémoires,* publiés par l'Académie royale de médecine de Belgique (collection in-8º), t. XV, 9º fasc., 1902.

Pl. XIII.

Fɪɢ. 28.

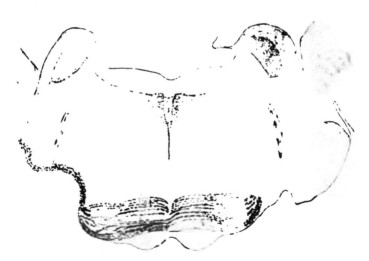

Fɪɢ. 29.

A. Van Gehuchten, *Mémoires couronnés et autres mémoires,* **Pl. XIV.**
publiés par l'Académie royale de médecine de Belgique
(collection in-8°), t. XV, 9° fasc., 1902.

Fig. 30.

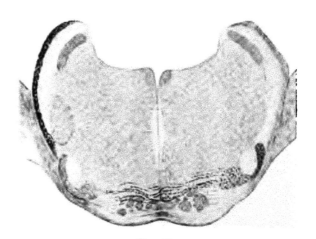

Fig. 31.

A. Van Gehuchten, *Mémoires couronnés et autres mémoires*, publiés par l'Académie royale de médecine de Belgique (collection in-8º), t. XV, 9ᵉ fasc., 1902.

Pl. XV.

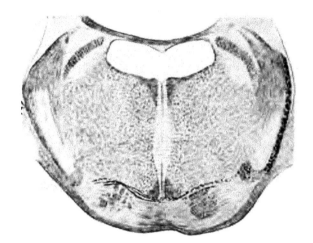

Fig. 32.

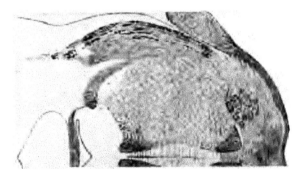

Fig. 33.

A. Van Gehuchten, *Mémoires couronnés et autres mémoires,*
publiés par l'Académie royale de médecine de Belgique
(collection in-8°), t. XV, 9ᵉ fasc., 1902.

Pl. XVI.

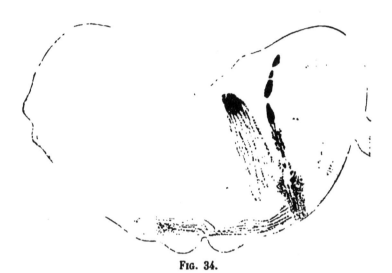

Fig. 34.

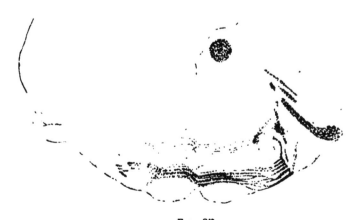

Fig. 35.

A. Van Gehuchten, *Mémoires couronnés et autres mémoires,*
publiés par l'Académie royale de médecine de Belgique
(collection in-8°), t. XV, 9ᵉ fasc., 1902.

Pl. XVII.

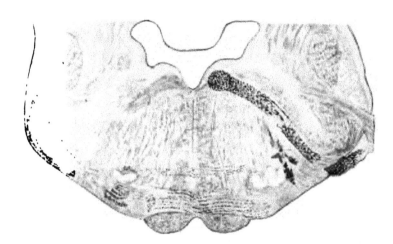

Fig. 36.

Fig 37.

A. Van Gehuchten, *Mémoires couronnés et autres mémoires,*
publiés par l'Académie royale de médecine de Belgique
(collection in-8ᵛ), t. XV, 9ᵉ fasc., 1902.

Pl. XVIII.

Fig. 38.

Fig. 39.

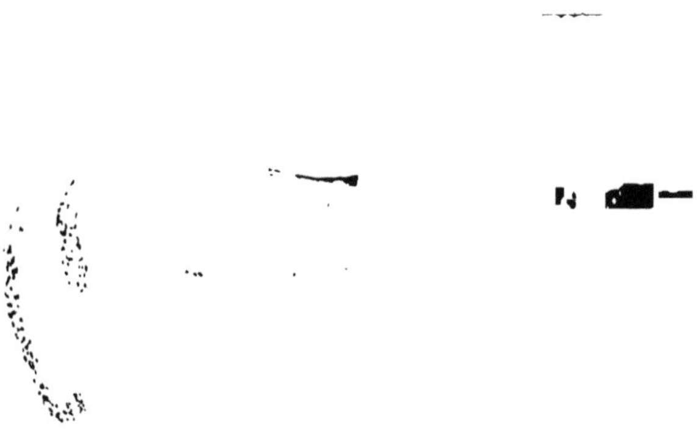

A. Van Gehuchten, *Mémoires couronnés et autres mémoires,*
   publiés par l'Académie royale de médecine de Belgique
(collection in-8°), t. XV, 9ᵉ fasc., 1902.   **Pl. XIX.**

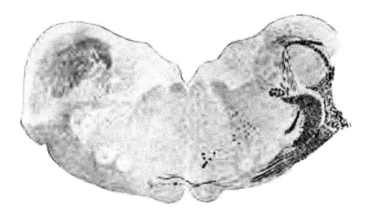

Fig. 42.

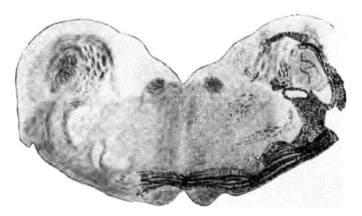

Fig. 43.

A. Van Gehuchten, *Mémoires couronnés et autres mémoires,*
publiés par l'Académie royale de médecine de Belgique
(collection in-8°), t. XV, 9ᵉ fasc., 1902.

Pl. XX.

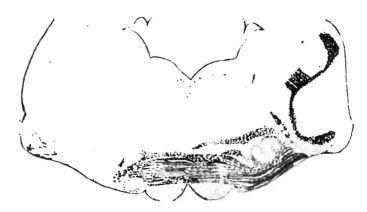

Fig. 44.

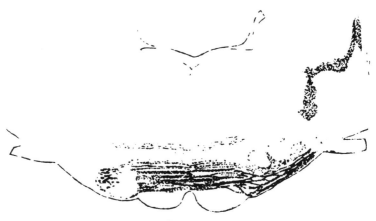

Fig. 45.

A. Van Gehuchten, *Mémoires couronnés et autres mémoires,* publiés par l'Académie royale de médecine de Belgique (collection in-8°), t. XV, 9° fasc., 1902.

Pl. XXI.

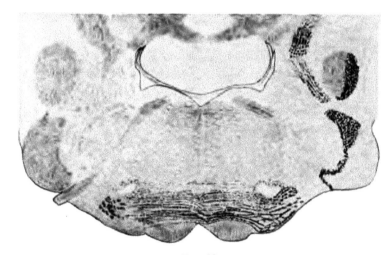

FIG. 46.

A. Van Gehuchten, *Mémoires couronnés et autres mémoires,* publiés par l'Académie royale de médecine de Belgique (collection in-8°), t. XV, 9ᵉ fasc., 1902.

Pl. XXII.

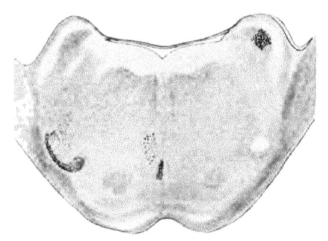

FIG. 48.

A. Van Gehuchten, *Mémoires couronnés et autres mémoires,*
publiés par l'Académie royale de médecine de Belgique
(collection in-8°), t. XV, 9° fasc.. 1902.

Pl. XXIII.

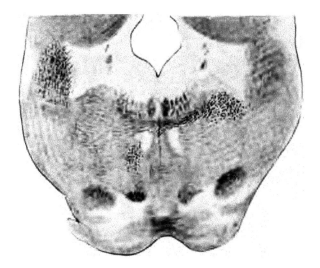

Fig. 50.

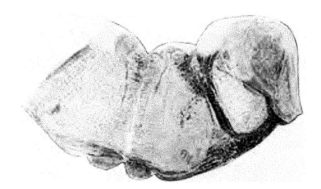

Fig. 51.

A. Van Gehuchten, *Mémoires couronnés et autres mémoires,*
publiés par l'Académie royale de médecine de Belgique
(collection in-8°), t. XV, 9° fasc., 1902.

Pl. XXIV.

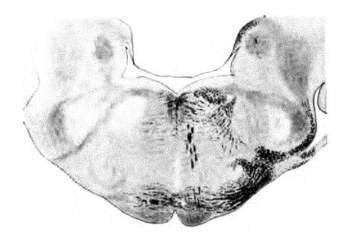

Fig. 52.

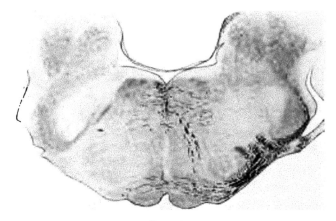

Fig. 53.

A. Van Gehuchten, *Mémoires couronnés et autres mémoires,*
publiés par l'Académie royale de médecine de Belgique
(collection in-8º), t. XV, 9º fasc., 1902.

Pl. XXV.

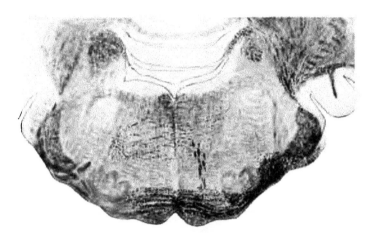

Fig. 54.

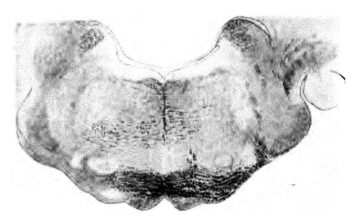

Fig. 55.

A. Van Gehuchten, *Mémoires couronnés et autres mémoires,*
publiés par l'Académie royale de médecine de Belgique
(collection in-8°), t. XV, 9ᵉ fasc., 1902.   Pl. XXVI.

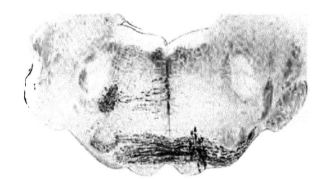

Fig. 56.

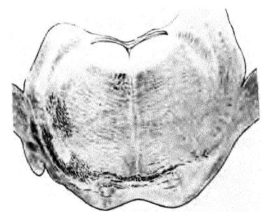

Fig. 57.

A. Van Gehuchten, *Mémoires couronnés et autres mémoires,*
   publiés par l'Académie royale de médecine de Belgique
   (collection in-8°), t. XV, 9ᵉ fasc., 1902.

Pl. XXVII.

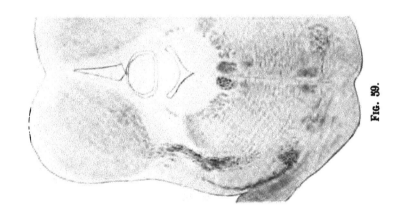

Fig. 59.

Fig. 58.

A. Van Gehuchten, *Mémoires couronnés et autres mémoires,*
publiés par l'Académie royale de médecine de Belgique
(collection in-8°), t. XV, 9° fasc., 1902.

Pl. XXVIII.

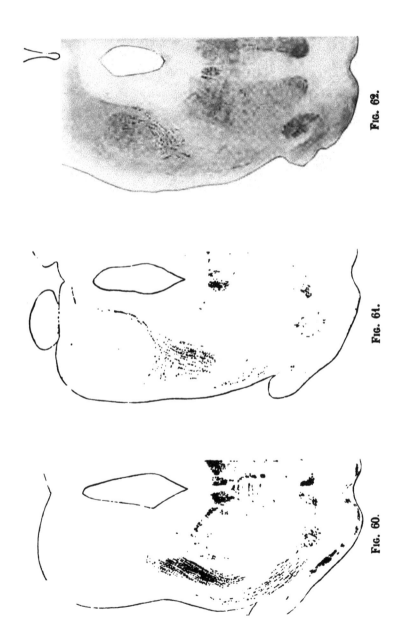

Fig. 62.

Fig. 61.

Fig. 60.

Lightning Source UK Ltd.
Milton Keynes UK
UKHW010824101218
333751UK00009B/204/P